令和04年【春期】【秋期】
Applied Information Technology Engineer

応用情報技術者 合格教本

大滝みや子＋
岡嶋裕史・共著

技術評論社

JN250086

はじめに

　応用情報技術者試験は，情報処理技術者試験制度のスキルレベル3に相当する試験です。午前試験における出題範囲は，IT技術者への登竜門といわれている基本情報技術者試験（スキルレベル2）とほぼ同じですが，当然のことながら応用情報技術者試験では，より深い知識と応用力が試されます。また，午後試験においてはその多くの設問が記述形式になっています。そのため，単に「AならばB」といった暗記的学習だけでは合格が難しく，基本情報技術者試験に合格できても，楽々と合格できる試験ではありません。基本情報と応用情報の間には，高く厚い壁があることに注意してください。

　本書は，その高く厚い壁を乗り越えることができるよう，合格に必要となる知識や応用力をつけることを目的としたテキストです。試験の出題範囲や傾向を十二分に分析したうえで，用語の暗記だけで事足りる部分，計算能力が求められる部分，しっかり理論を理解しなければいけない部分を明確にし，それに従って解説しています。したがって，本書による学習を進めることで必ずや“合格証書”を手にすることができると信じています。途中であきらめることなく頑張ってください。読者のみなさんが応用情報技術者試験に“合格”し，真のIT技術者への第一歩を踏み出すことを心よりお祈り申し上げます。

令和3年10月　著者代表　大滝みや子

●本書ご利用に際してのご注意●

・本書記載の情報は2021年10月現在のものです。内容によっては今後変更される可能性もございます。試験に関する最新・詳細な情報は，情報処理技術者試験センターのホームページをご参照ください。ホームページ：https://www.jitec.ipa.go.jp

・本書の内容に関するご質問につきましては，最終ページ（奥付）に記載しております『お問い合わせについて』をお読みくださいますようお願い申し上げます。

C O N T E N T S

目　次

学習の手引き ……………………………………… **12**
シラバス内容の見直し，及び実施試験区分 ………… **14**

第1章　基礎理論

1.1　集合と論理 …………………………………………………… **16**
　1.1.1　集合論理 ……………………… **16**　　1.1.3　論理演算 ……………………… **21**
　1.1.2　命題と論理 …………………… **18**　　1.1.4　論理式の簡略化 ……………… **22**

1.2　情報理論と符号化 …………………………………………… **23**
　1.2.1　情報量 ………………………… **23**　　1.2.3　ディジタル符号化 …………… **28**
　1.2.2　情報源符号化 ………………… **25**

1.3　オートマトン ………………………………………………… **29**
　1.3.1　有限オートマトン …………… **29**　　COLUMN　その他のオートマトン ……… **31**
　1.3.2　有限オートマトンと正規表現 … **31**

1.4　形式言語 ……………………………………………………… **32**
　1.4.1　形式文法と言語処理 ………… **32**　　1.4.3　構文解析の技法 ……………… **36**
　1.4.2　構文規則の記述 ……………… **34**　　1.4.4　正規表現 ……………………… **38**

1.5　グラフ理論 …………………………………………………… **40**
　1.5.1　有向グラフ・無向グラフ …… **40**　　1.5.3　グラフの種類 ………………… **42**
　1.5.2　サイクリックグラフ ………… **41**　　1.5.4　グラフの表現 ………………… **42**
　COLUMN　小道 (trail) と経路 (path) … **41**　　1.5.5　重みつきグラフ ……………… **45**

1.6　確率と統計 …………………………………………………… **46**
　1.6.1　確率 …………………………… **46**　　COLUMN　モンテカルロ法 ……………… **50**
　1.6.2　確率の応用 …………………… **48**　　1.6.3　確率分布 ……………………… **51**

1.7　回帰分析 ……………………………………………………… **55**
　1.7.1　単回帰分析 …………………… **55**　　1.7.3　ロジスティック回帰分析 …… **59**
　1.7.2　重回帰分析 …………………… **58**

1.8　数値計算 ……………………………………………………… **60**
　1.8.1　数値的解法 …………………… **60**　　COLUMN　AIとGPU ……………………… **66**
　1.8.2　連立一次方程式の解法 ……… **64**

1.9　AI（人工知能） ……………………………………………… **67**
　1.9.1　機械学習とディープラーニング … **67**

得点アップ問題 ………………………………………………………… **69**

CONTENTS

第2章 アルゴリズムとプログラミング

2.1 リスト 76
2.1.1 リスト構造 76
2.1.2 データの追加と削除 77
2.1.3 リストによる2分木の表現 79

2.2 スタックとキュー 80
2.2.1 スタックとキューの基本操作 ...80
2.2.2 グラフの探索 81
COLUMN スタックを使った演算 81

2.3 木 82
2.3.1 木構造 82
2.3.2 完全2分木 83
2.3.3 2分探索木 84
2.3.4 バランス木 87

2.4 探索アルゴリズム 89
2.4.1 線形探索法と2分探索法 89
2.4.2 ハッシュ法 90
COLUMN オーダ（order）：O記法 ...93

2.5 整列アルゴリズム 94
2.5.1 基本的な整列アルゴリズム 94
2.5.2 整列法の考え方 95
2.5.3 高速な整列アルゴリズム 96

2.6 再帰法 99
2.6.1 再帰関数 99
2.6.2 再帰関数の実例 100

2.7 プログラム言語 101
2.7.1 プログラム特性 101
2.7.2 プログラム制御 102
2.7.3 言語の分類 104

得点アップ問題 107

第3章 ハードウェアとコンピュータ構成要素

3.1 ハードウェア 120
3.1.1 組合せ論理回路 120
3.1.2 順序論理回路 124
3.1.3 LSIの設計・開発 125
3.1.4 低消費電力LSIの設計技術 126
3.1.5 データコンバータ 128
3.1.6 コンピュータ制御 130

3.2 プロセッサアーキテクチャ 132
3.2.1 プロセッサの種類と方式 132
3.2.2 プロセッサの構成と動作 134
3.2.3 オペランドのアドレス計算 136
3.2.4 主記憶上データのバイト順序 137
COLUMN ウォッチドッグタイマ 138
3.2.5 割込み制御 139

3.3 プロセッサの高速化技術 141
3.3.1 パイプライン 141
3.3.2 並列処理 145
3.3.3 マルチプロセッサ 146
3.3.4 プロセッサの性能 148
COLUMN クロックの分周 149

CONTENTS

3.4 メモリアーキテクチャ … 150
3.4.1	半導体メモリの種類と特徴 … **150**	3.4.4	主記憶への書込み方式 … **154**
3.4.2	記憶階層 … **152**	3.4.5	キャッシュメモリの割付方式 … **156**
3.4.3	主記憶の実効アクセス時間 … **153**	3.4.6	メモリインタリーブ … **158**

3.5 入出力アーキテクチャ … 159
3.5.1	入出力制御 … **159**	3.5.2	インタフェースの規格 … **161**
COLUMN	USBメモリとSSD … **160**		

得点アップ問題 … 163

第4章 システム構成要素

4.1 システムの処理形態 … 172
4.1.1	集中処理システム … **172**	COLUMN	VDI … **174**
4.1.2	分散処理システム … **173**		

4.2 クライアントサーバシステム … 175
4.2.1	クライアントサーバシステムの特徴 … **175**	4.2.3	Webシステムの3層構造 … **177**
COLUMN	クライアントサーバの実体 … **175**	4.2.4	クライアント・サーバ関連技術 … **178**
4.2.2	クライアントサーバアーキテクチャ … **176**	COLUMN	MVCモデル … **179**

4.3 システムの構成と信頼性設計 … 180
4.3.1	デュアルシステム … **180**	4.3.3	災害を考慮したシステム構成 … **182**
4.3.2	デュプレックスシステム … **181**	4.3.4	高信頼化システムの考え方 … **183**

4.4 高信頼性・高性能システム … 185
4.4.1	クラスタリングとクラスタシステム … **185**	COLUMN	ロードバランサ(負荷分散装置) … **187**
4.4.2	グリッドコンピューティング … **187**		

4.5 ストレージ関連技術 … 188
4.5.1	RAID … **188**	COLUMN	Hadoop … **192**
4.5.2	ストレージの接続形態 … **191**		

4.6 仮想化技術 … 193
4.6.1	ストレージ仮想化 … **193**	4.6.2	サーバ仮想化 … **194**

4.7 システムの性能特性と評価 … 196
4.7.1	システムの性能指標 … **196**	COLUMN	その他の性能評価方法 … **200**
4.7.2	システムの性能評価の技法 … **197**	4.7.4	キャパシティプランニング … **201**
4.7.3	モニタリング … **199**	COLUMN	システムの動的な拡張性 … **202**

4.8 待ち行列理論の適用 … 203
4.8.1	待ち行列理論の基本事項 … **203**	4.8.4	ケンドール記号と確率分布 … **209**
4.8.2	待ち時間の計算 … **206**	4.8.5	M/M/Sモデルの平均待ち時間 … **211**
COLUMN	利用率ρと平衡状態 … **207**	COLUMN	CPU利用率と応答時間のグラフ … **213**
4.8.3	ネットワーク評価への適用 … **208**		

5

CONTENTS

4.9　システムの信頼性特性と評価 ················ **214**

4.9.1　システムの信頼性評価指標 ··· **214**
4.9.2　システムの信頼性計算 ······· **215**
4.9.3　複数システムの稼働率 ······· **219**

4.9.4　通信網の構成と信頼性 ······· **221**
COLUMN　通信システムの稼働率 ······· **224**
COLUMN　故障率を表す単位：FIT ······· **224**

得点アップ問題 ················ **225**

第5章　ソフトウェア

5.1　OSの構成と機能 ················ **238**

5.1.1　基本ソフトウェアの構成 ····· **238**
5.1.2　制御プログラム ············· **238**

5.1.3　カーネルモードとユーザモード ··· **240**
COLUMN　マイクロカーネルとモノリシックカーネル ··· **240**

5.2　タスク（プロセス）管理 ················ **241**

5.2.1　タスクの状態と管理 ········· **241**
5.2.2　タスクのスケジューリング ··· **244**
5.2.3　同期制御 ················· **247**

5.2.4　排他制御 ················· **249**
5.2.5　デッドロック ············· **252**
5.2.6　プロセスとスレッド ········· **253**

5.3　記憶管理 ················ **255**

5.3.1　実記憶管理 ············· **255**
COLUMN　メモリプール管理方式 ··· **258**

5.3.2　仮想記憶管理 ············· **259**
5.3.3　ページング方式 ··········· **259**

5.4　言語プロセッサ ················ **264**

5.4.1　言語プロセッサとは ········ **264**
5.4.2　コンパイル技法 ··········· **265**

5.4.3　リンク（連係編集）········ **266**

5.5　開発ツール ················ **268**

5.5.1　プログラミング・テスト支援 ··· **268**
5.5.2　開発を支援するツール ······ **270**

COLUMN　AIの開発に用いられるOSS ··· **271**

5.6　UNIX系OS ················ **272**

5.6.1　ファイルシステムの構造とファイル ··· **272**
5.6.2　UNIX系OSの基本用語 ······· **274**

5.6.3　OSS（オープンソースソフトウェア）··· **275**
COLUMN　コンピュータグラフィックスの基本技術 ··· **276**

得点アップ問題 ················ **277**

COLUMN　午後試験「組込みシステム開発」の対策 ··· **286**

第6章　データベース

6.1　データベースの基礎 ················ **288**

6.1.1　データベースの種類 ········ **288**
6.1.2　データベースの設計 ········ **290**
6.1.3　データベースの3層スキーマ ··· **292**

COLUMN　インメモリデータベース ··· **293**
6.1.4　E-R図 ················· **294**

6.2　関係データベース ················ **296**

6.2.1　関係データベースの特徴 ···· **296**
6.2.2　関係データベースのキー ···· **298**

COLUMN　代用のキー設定 ······· **299**

6.3 正規化 300
6.3.1 関数従属 .... **300**   6.3.2 正規化の手順 **302**

6.4 関係データベースの演算 306
6.4.1 集合演算 .... **306**   COLUMN 内結合と外結合のSQL文 **311**
6.4.2 関係演算 **307**

6.5 SQL 312
6.5.1 データベース言語SQLとは ... **312**   6.5.3 その他のDML文 **321**
6.5.2 SELECT文 **313**

6.6 データ定義言語 324
6.6.1 実表の定義 .... **324**   6.6.2 ビューの定義 **327**
COLUMN データベースのトリガ .... **326**   6.6.3 オブジェクト（表）の処理権限 **329**

6.7 埋込み方式 330
6.7.1 埋込みSQLの基本事項 .... **330**   6.7.2 カーソル処理とFETCH **331**

6.8 データベース管理システム 333
6.8.1 トランザクション管理 ..... **333**   6.8.4 問合せ処理の効率化 **343**
6.8.2 同時実行制御 .... **334**   6.8.5 データベースのチューニング ... **346**
6.8.3 障害回復管理 **338**

6.9 分散データベース 347
6.9.1 分散データベースシステム ... **347**   COLUMN ネットワーク透過性 **349**
6.9.2 異なるサイト間での表結合 ... **348**   6.9.3 分散データベースの更新同期 ... **350**

6.10 データベース応用 352
6.10.1 データウェアハウス .... **352**   COLUMN リアルタイム分析を行うCEP ... **354**
6.10.2 データマイニング .... **354**   6.10.3 NoSQL **355**

6.11 ブロックチェーン 357
6.11.1 ブロックチェーンにおける関連技術 ... **357**   COLUMN 仮想通貨マイニング **358**

得点アップ問題 359

第7章 ネットワーク

7.1 通信プロトコルの標準化 372
7.1.1 OSI基本参照モデル .... **372**   7.1.2 TCP/IPプロトコルスイート ... **373**

7.2 ネットワーク接続装置と関連技術 376
7.2.1 物理層の接続 .... **376**   7.2.4 トランスポート層以上の層の接続 ... **380**
7.2.2 データリンク層の接続 ..... **376**   COLUMN ネットワーク仮想化（SDN, NFV） **380**
7.2.3 ネットワーク層の接続 ...... **378**   7.2.5 VLAN **381**

C O N T E N T S

7.3 データリンク層の制御とプロトコル ··················· 384
7.3.1 メディアアクセス制御 ····· **384**　　7.3.3 IEEE 802.3規格 ···········**387**
7.3.2 データリンク層の主なプロトコル ··· **386**

7.4 ネットワーク層のプロトコルと技術 ················· 388
7.4.1 IP ······················· **388**　　7.4.4 IPv6とアドレス変換技術 ···· **394**
7.4.2 IPアドレス ············· **389**　　7.4.5 ネットワーク層のプロトコル (ICMP) ··· **397**
COLUMN 通信の種類 ············· **391**　　COLUMN ネットワーク管理のコマンド ··· **397**
7.4.3 サブネットマスク ······· **392**

7.5 トランスポート層のプロトコル ························· 398
7.5.1 TCPとUDP ············· **398**

7.6 アプリケーション層のプロトコル ····················· 400
7.6.1 メール関連 ··············· **400**　　7.6.4 その他のアプリケーション層プロトコル ··· **407**
7.6.2 Web関連 ················· **401**　　7.6.5 インターネット上の電話サービス ··· **408**
COLUMN Cookie(クッキー) ········· **403**　　COLUMN VoIPゲートウェイ ········· **409**
7.6.3 アドレス管理及び名前解決技術 ··· **404**

7.7 伝送技術 ·· 410
7.7.1 誤り制御 ················· **410**　　7.7.3 伝送制御 ················· **413**
7.7.2 同期制御 ················· **412**

7.8 交換方式 ·· 414
7.8.1 パケット交換方式とATM交換方式 ··· **414**　　COLUMN MTU ····················· **416**
7.8.2 フレームリレー ········· **416**

7.9 無線LAN ··· 417
7.9.1 無線LANの規格 ········· **417**　　7.9.3 無線LANのアクセス制御方式 ··· **419**
7.9.2 無線LANのアクセス手順 ··· **418**　　7.9.4 無線LANのチャネル割り当て ··· **420**

得点アップ問題 ··· 421

第8章　セキュリティ

8.1 暗号化 ·· 438
8.1.1 暗号化に必要な要素 ·········· **438**　　8.1.2 暗号化方式の種類 ············· **439**

8.2 無線LANの暗号 ·· 442
8.2.1 無線LANにおける通信の暗号化 ··· **442**

8.3 認証 ·· 444
8.3.1 利用者認証 ············· **444**　　8.3.3 RADIUS認証 ··············· **449**
8.3.2 リモートアクセス ····· **448**

8.4 ディジタル署名とPKI ·································· 450
8.4.1 ディジタル署名 ········· **450**　　8.4.3 SSL/TLS ··················· **454**
8.4.2 PKI(公開鍵基盤) ········· **452**

CONTENTS

8.5 情報セキュリティ対策 ··········· 456
8.5.1 コンピュータウイルス ········ **456**
8.5.2 ネットワークセキュリティ ··· **458**

COLUMN TLSアクセラレータとWAF ··· **460**

8.6 情報セキュリティの脅威と攻撃手法 ········ **463**
8.6.1 セキュリティのとらえ方 ··· **463**
8.6.2 脅威 ············· **463**

8.6.3 攻撃手法 ············· **464**

8.7 情報セキュリティ管理 ············· **467**
8.7.1 リスクマネジメント ········· **467**
8.7.2 セキュリティ評価の標準化 ··· **468**

COLUMN 情報セキュリティ機関・評価基準 ··· **470**

得点アップ問題 ················· **471**

第9章 システム開発技術

9.1 開発プロセス・手法 ················· **492**
9.1.1 ソフトウェア開発モデル ··· **492**
9.1.2 アジャイル型開発 ········· **494**
9.1.3 組込みソフトウェア開発 ··· **496**

9.1.4 ソフトウェアの再利用 ······ **496**
9.1.5 共通フレームの開発プロセス ··· **497**
9.1.6 ソフトウェアプロセスの評価 ··· **499**

9.2 分析・設計手法 ················· **500**
9.2.1 構造化分析法 ··············· **500**
9.2.2 データ中心設計 ············· **502**

9.2.3 事象応答分析 ············· **503**
COLUMN システム開発プロジェクトのライフサイクル ··· **505**

9.3 オブジェクト指向設計 ················· **506**
9.3.1 オブジェクト指向の基本概念 ··· **506**
9.3.2 クラス間の関係 ············· **508**

9.3.3 オブジェクト指向で使われる概念 ··· **509**
9.3.4 UML ··············· **510**

9.4 モジュール設計 ················· **512**
9.4.1 モジュール分割技法 ········· **512**
9.4.2 モジュール分割の評価 ········ **515**

COLUMN コード設計 ················· **518**

9.5 テスト ················· **519**
9.5.1 ブラックボックステスト ····· **519**
9.5.2 ホワイトボックステスト ····· **522**
9.5.3 モジュール集積テスト技法 ··· **525**

COLUMN デシジョンテーブル（決定表）··· **527**
COLUMN その他のテスト ··············· **527**

9.6 テスト管理手法 ················· **528**
9.6.1 バグ管理図 ················· **528**

9.6.2 バグ数の推測方法 ············ **530**

9.7 レビュー ················· **532**
9.7.1 レビューの種類と代表的なレビュー手法 ··· **532**

COLUMN 形式手法 ················· **534**

得点アップ問題 ················· **535**

9

CONTENTS

第10章　マネジメント

10.1　プロジェクトマネジメント　546
10.1.1　プロジェクトマネジメントとは … **546**
10.1.2　JIS Q 21500:2018 …… **547**
10.1.3　PMBOK …………………… **548**
10.1.4　プロジェクトマネジメントの活動 … **549**

10.2　スケジュールマネジメントで用いる手法　552
10.2.1　スケジュール作成手法 ……… **552**
10.2.2　進捗管理手法 ……………… **555**

10.3　コストマネジメントで用いる手法　557
10.3.1　開発規模・工数の見積手法 … **557**
10.3.2　EVM(アーンドバリューマネジメント) … **560**

10.4　サービスマネージメント　562
10.4.1　ISO/IEC 20000(JIS Q 20000) … **562**
10.4.2　サービスマネジメントシステム(SMS)の運用 … **563**
10.4.3　ITIL ……………………… **569**
COLUMN　サービスデスク …………… **570**

10.5　システム監査　571
10.5.1　システム監査の枠組み ……… **571**
10.5.2　システム監査の実施 ……… **573**
10.5.3　情報システムの可監査性 … **574**
COLUMN　システム監査技法 ……… **574**

得点アップ問題　575

第11章　ストラテジ

11.1　システム戦略　592
11.1.1　情報システム戦略 ………… **592**
11.1.2　全体最適化 ……………… **594**
11.1.3　ITガバナンスと情報システム戦略委員会 … **595**
11.1.4　IT投資戦略とITマネジメント … **596**
11.1.5　業務プロセスの改善 ……… **598**
COLUMN　BRMS(ビジネスルール管理システム) … **599**
11.1.6　ソリューションサービス … **600**

11.2　経営戦略マネジメント　602
11.2.1　経営戦略 ………………… **602**
11.2.2　経営戦略手法 …………… **603**
11.2.3　マーケティング ………… **608**
11.2.4　ビジネス戦略と目標・評価 … **611**
11.2.5　経営管理システム ……… **612**
COLUMN　ヒューマンリソースマネジメント及び行動科学 … **614**

11.3　ビジネスインダストリ　615
11.3.1　e-ビジネス ……………… **615**
11.3.2　エンジニアリングシステム … **617**
COLUMN　RFID ………………… **617**
11.3.3　IoT関連 ………………… **618**
COLUMN　技術開発戦略に関連する基本用語 … **619**

11.4　経営工学　620
11.4.1　意思決定に用いる手法 …… **620**
COLUMN　市場シェアの予測 …… **621**
11.4.2　線形計画問題 …………… **622**
11.4.3　在庫問題 ………………… **623**
11.4.4　資材所要量計画(MRP) … **625**
11.4.5　品質管理手法 …………… **626**
11.4.6　検査手法 ………………… **629**

CONTENTS

11.5 企業会計 ·············· 630
- 11.5.1 財務諸表分析 ·············· 630
- COLUMN 貸借対照表 ·············· 631
- COLUMN キャッシュフロー計算書 ·············· 631
- 11.5.2 損益分析 ·············· 632
- 11.5.3 棚卸資産評価 ·············· 634
- COLUMN 利益の計算 ·············· 635
- 11.5.4 減価償却 ·············· 636

11.6 標準化と関連法規 ·············· 637
- 11.6.1 共通フレーム ·············· 637
- 11.6.2 情報システム・モデル取引・契約書 ·············· 641
- COLUMN 情報システム調達における契約までの流れ ·············· 641
- 11.6.3 システム開発に関する規格、ガイドライン ·············· 642
- 11.6.4 関連法規 ·············· 646

得点アップ問題 ·············· 649

応用情報技術者試験　サンプル問題 ·············· 663
- 午前問題 ·············· 664
- 午後問題 ·············· 683
- 午前問題の解答・解説 ·············· 717
- 午後問題の解答・解説 ·············· 734

索引 ·············· 756

本書で使用する記号・アイコン

AM/PM	午前試験出題項目
AM/PM	午後試験出題項目
AM/PM	午前・午後試験出題項目
参考	具体事例，追加解説など
参照	本書内の参照箇所を明示
試験	試験出題のポイント事項
用語	用語の補足説明

【ご購入特典】DEKIDAS-WEBの使い方

「DEKIDAS-WEB」はスマホやPCで学習できる問題演習用のWebアプリで，平成25年以降の午前問題に挑戦できます。Edge, Chrome, Safariに対応しています。

スマートフォン，タブレットで利用する場合は以下のQRコードを読み取り，エントリーページへアクセスしてください。なお，ログインの際にメールアドレスが必要になります。QRコードを読み取れない場合は，下記URLからアクセスして登録してください。

- URL：https://entry.dekidas.com/
- 認証コード：gd04zuidmh13apiJ

※本アプリの有効期限は，2023年12月5日です。

学習の手引き

■ 応用情報技術者試験の概要

応用情報技術者試験は、「高度IT人材となるために必要な応用的知識・技能をもち、高度IT人材としての方向性を確立した人」を対象に行われる、経済産業省の国家試験です。試験は、年に2回(春：4月、秋：10月)実施され、午前試験、午後試験の得点がすべて合格基準点以上の場合にのみ合格となります。

	午前試験	午後試験
試験時間	9：30〜12：00 （150分）	13：00〜15：30 （150分）
出題形式	多肢選択式（四肢択一）	記述式
出題数と解答数	出題数は問1〜問80までの80問 解答数は80問（すべて必須解答）	出題数は問1〜問11までの11問 解答数は5問（問1が必須解答、問2〜問11の中から4問を選択し解答）
配点割合	各1.25点	各20点
合格基準	100点満点で60点以上	100点満点で60点以上

※注意：出題内容などが変更される場合がありますので、受験の際は、情報処理技術者試験センターのホームページ「https://www.jitec.ipa.go.jp」をご確認ください。

■ 午前試験の出題

午前試験では、受験者の能力が応用情報技術者試験区分における"期待する技術水準"に達しているかどうかを、応用的知識を問うことによって評価されます。出題は、下表に示す三つの分野に分類されていて、各分野からの出題数は、次のようになっています。

分野	大分類	出題数	本書の対応する章
テクノロジ系	基礎理論	50問 (問1〜問50)	第1章 基礎理論 第2章 アルゴリズムとプログラミング
	コンピュータシステム		第3章 ハードウェアとコンピュータ構成要素 第4章 システム構成要素 第5章 ソフトウェア
	技術要素		第6章 データベース 第7章 ネットワーク 第8章 セキュリティ
	開発技術		第9章 システム開発技術
マネジメント系	プロジェクトマネジメント	10問 (問51〜問60)	第10章 マネジメント
	サービスマネジメント		
ストラテジ系	システム戦略	20問 (問61〜問80)	第11章 ストラテジ
	経営戦略		
	企業と法務		

※注意：年度によって、各分野からの出題数が若干前後する場合があります。

■ 午後試験の出題

午後試験では，受験者の能力が応用情報技術者試験区分における"期待する技術水準"に達しているかどうかを，知識の組合せや経験の反復により体得される課題発見能力，抽象化能力，課題解決能力などの技能を問うことによって評価されます。午後試験の分野別出題数は下表のとおりです。問1の情報セキュリティ分野の問題のみが必須解答問題です。

分 野		問1	問2〜11
ストラテジ系	経営戦略	―	○
	情報戦略		○
	戦略立案・コンサルティング技法		○
テクノロジ系	システムアーキテクチャ	―	○
	ネットワーク	―	○
	データベース	―	○
	組込みシステム開発	―	○
	情報システム開発	―	○
	プログラミング（アルゴリズム）	―	○
	情報セキュリティ	◎	―
マネジメント系	プロジェクトマネジメント	―	○
	サービスマネジメント	―	○
	システム監査	―	○
出題数		1	10
解答数		1	4

◎：必須解答問題　○：選択解答問題

■ 本書の活用法

- 本書は，午前試験及び午後試験に対応したテキストです。学習の際には，本文の他，**側注やCOLUMN**も見落とさずに学習することをお薦めします。
- 各章の最後に，**得点アップ問題**として，その章の代表的な午前問題と午後問題※を掲載しています。学習の理解度チェック，並びに午後問題対策の第一歩としてお役立てください。解答ミスをしてしまった問題や忘れてしまった知識があれば，本文に戻り再度学習することで知識の定着が望めます。
- **サンプル問題**は，過去に出題された問題を厳選して掲載しています。学習の総仕上げとして是非チャレンジしてみてください。「サンプル問題を解く→解答を確認する→解説を読む」といった流れで学習することにより，合格に必要な＋αの知識・実力をつけてください。

※午前問題：応用情報以外の問題も掲載しています。この場合，出典年度の末尾に試験区分名を記しています。
　　　　　　例えば，基本情報問題なら「R01秋問10-FE」，ネットワークスペシャリスト問題なら「R03春問1-NW」。
　　　　　　なお，高度試験の午前Ⅰは応用情報と同じ問題であるため，本書掲載問題は午前Ⅱのみです。また，各試験の区分名については次ページに掲載しています。

※午後問題：紙面の都合上，一部の設問を除いた抜粋問題を掲載している場合もあります。

13

シラバス内容の見直し，及び実施試験区分

■ シラバスの一部内容見直し

近年ほぼ毎年，シラバスの一部内容の見直しが行われています。下記に，その主な内容をまとめます。

平成31年5月	次に示す項目の追加あるいは強化 ① AI（Artificial Intelligence：人工知能） ② IoT，ビッグデータ，数学（線形代数，確率・統計等） ③ アジャイル ④ ①～③以外の新たな技術・サービス・概念（ブロックチェーン，RPA等） ⑤ その他，用語表記の見直し
令和2年5月	① サービスマネジメント分野におけるJIS Q 20000-1：2012が，JIS Q 20000-1：2020に改訂されたことに伴い，シラバスにおける当該分野の構成・表記の変更
令和3年10月	① システム開発技術分野におけるJIS X 0160：2012がJIS X 0160：2021に改訂されたことに伴い，シラバスにおける当該分野の構成・表記の変更 ② 「ディジタル」表記が「デジタル」表記に変更 （なお，本書ではこれまでと同様「ディジタル」表記としている）

上記のうち令和2年5月の①，及び令和3年10月の①におけるシラバスの見直しは，情報処理に関する主要なJISとの整合を高めることを目的としたものです。したがって，シラバスの構成や表記（名称）が若干変更されていますが，試験で問われる知識や技能の範囲そのものに変更はありません。なお，令和3年（2021年）10月現在の最新シラバス（Ver.6.2）については，下記を参照してください。

https://www.jitec.ipa.go.jp/1_13download/syllabus_ap_ver6_2.pdf

■ 実施試験区分

現在，情報処理技術者試験(12区分)と情報処理安全確保支援士試験の計13区分の試験が実施されています。各試験の区分名は次のとおりです。

情報処理技術者試験	
IP：IT パスポート試験	PM：プロジェクトマネージャ試験
SG：情報セキュリティマネジメント試験	NW：ネットワークスペシャリスト試験
FE：基本情報技術者試験	DB：データベーススペシャリスト試験
AP：応用情報技術者試験	ES：エンベデッドシステムスペシャリスト試験
ST：IT ストラテジスト試験	SM：IT サービスマネージャ試験
SA：システムアーキテクト試験	AU：システム監査技術者試験
SC：情報処理安全確保支援士試験	

※応用情報技術者試験の前身試験には，SW：ソフトウェア開発技術者試験(平成13年から20年まで実施)，1K：第一種情報処理技術者試験(平成12年まで実施)があります。

第1章
基礎理論

　本章では，コンピュータに関する学習をするうえで必要となる基礎事項・知識を養うことを目標にしています。本章で学習する内容は，コンピュータそのものというより，コンピュータの原理原則，情報の理論といった理論的かつ抽象的なものが中心です。しかし，試験センターが発表している「テクノロジ系　基礎理論」の技術レベルが他の分野と同じ「3」であることを考えると，決して不必要な分野ではありません。基本情報技術者試験の範囲と大きくオーバーラップする分野ですが，応用情報技術者試験では，さらに深く理論的な内容が問われますから，「1つひとつの知識をより広く・深く」という気持ちで学習を進めてください。

1.1 集合と論理

1.1.1 集合論理

部分集合とべき集合

集合とは，ある条件を満たし，他のものとは明確に区別できるものの集まりのことです。ある1つの集合Uについて，それに属するものを**要素**あるいは元といい，要素数が0である集合を**空集合**といいます。空集合は記号ϕ（ファイ）で表します。

また，要素が有限個である集合を**有限集合**，無限個の要素をもつ集合を**無限集合**といいます。さらに，1つの集合の中でいくつかの集合を考えることができますが，これを**部分集合**といいます。

例えば，数1，2，3からなる集合Uの場合，その部分集合は，空集合ϕ及び集合U自身を含めて全部で$8=2^3$個あります。つまり，要素数がN個である集合の部分集合は，全部で2^N個ということになります。また，部分集合を集合の要素とした集合をその集合の**べき集合**といいます。

参考：集合Aが集合Bの部分集合であり，AとBが一致しないとき，AをBの**真部分集合**という。

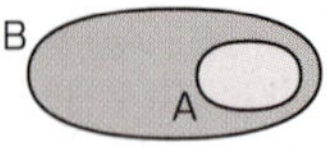

```
集合U＝{1, 2, 3}
集合Uのべき集合＝{φ, {1}, {2}, {3}, {1, 2}, {1, 3},
                {2, 3}, {1, 2, 3}}
```

差集合と対称差

ある集合AとBがあるとき，集合Aの要素であって，集合Bの要素ではない集合を集合AとBの**差集合**といい，A－Bで表します。

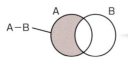

参考：∩は積集合，∪は和集合を表す。一般に，集合Aの補集合は$\overline{A}$と表すが，A^Cと表すこともある。

差集合A－Bは$A\cap\overline{B}$と表現することもできる

▲ 図1.1.1　差集合

また，集合Aの要素であってBの要素でないか，又は，集合Bの要素であってAの要素でない集合を集合AとBの**対称差**といい，A△Bで表します。

1.1 集合と論理

対称差は差集合A−BとB−Aの和集合なので、
$A \Delta B = (A-B) \cup (B-A)$
$= (A \cap \overline{B}) \cup (B \cap \overline{A})$
と表現することができる

参考 対称差は、論理演算でいう排他的論理和(p21参照)に相当する。

▲ 図1.1.2　対称差

集合の要素数

集合Aの要素数を表すとき、一般に、n(A)と表します。集合Aと集合B、及び集合Cが有限集合であれば、それぞれの和集合の要素数は以下の公式で求めることができます。

> **POINT** 和集合の要素数を求める公式
> ① $n(A \cup B) = n(A) + n(B) - n(A \cap B)$
> ② $n(A \cup B \cup C) = n(A) + n(B) + n(C) - n(A \cap B) - n(B \cap C)$
> 　　　　　　　　　$- n(C \cap A) + n(A \cap B \cap C)$

例えば、100戸の世帯についてA、Bの2つの新聞の購読状況を調べたところ、Aをとっている世帯が66戸、Bをとっている世帯が54戸、両方ともとっていない世帯が6戸あったとき、A、B両方をとっている世帯は、以下のように求められます。

Aをとっている：$n(A) = 66$

Bをとっている：$n(B) = 54$

両方ともとっていない：

$$n(\overline{A} \cap \overline{B}) = n(\overline{A \cup B}) = 100 - n(A \cup B) = 6$$

参考 「$\overline{A \cap B} = \overline{A} \cup \overline{B}$」はド・モルガンの法則(p21参照)。

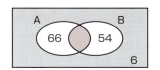

▲ 図1.1.3　ベン図での表現

$n(A \cup B) = 100 - 6 = n(A) + n(B) - n(A \cap B)$
　　　　　　$= 66 + 54 - n(A \cap B)$

∴　A、B両方をとっている世帯 $= n(A \cap B) = 26$戸

1 基礎理論

..1.1.2.... 命題と論理 AM / PM

命題

命題とは，1つの判断や主張を記号や文章で表したもので，それが正しい(真：True)か正しくない(偽：False)かがはっきり区別できるものをいいます。

例えば，「3はいい数字だ」は，主観的で真偽がはっきりしないので命題とはいえません。一方，「3は素数である」は真の命題，「10は素数である」は偽の命題となります。一般に，命題は，p，qといった記号で表されます。

命題の中には，変数が指定されてはじめて真偽が明確になるものがあります。例えば，集合U={1, 2, 3}における任意の部分集合をX，Yとして，このX，Yに対して，「X∩Y=Xである」という主張は，X={1}，Y={1, 2}であれば，{1} ∩ {1, 2} = {1}で真となりますが，X={1, 2}，Y={3}の場合は，{1, 2} ∩ {3} = φで偽となります。

このように，命題にある変数xを含み，そのxの値によって真偽が決まる命題を**条件命題**あるいは**命題関数**といい，一般にp(x)，q(x)と表します。

> 参考　変数がx, yと2つある場合，命題p(x, y)と表す。

複合(合成)命題

複数の命題を「かつ」，「又は」などで結んでつくられる命題を**複合命題**あるいは**合成命題**といいます。

▼ **表1.1.1**　複合命題の種類

	意　味	論理記号	真理値
連言命題 (合接命題)	pかつq	p∧q	命題p，qがともに真のとき真，それ以外は偽
選言命題 (隣接命題)	p又はq	p∨q	命題p，qの少なくとも一方が真であれば真，ともに偽のときは偽
否定命題	pでない	¬p	命題pが真であれば偽，偽であれば真
条件文 (含意命題)	pならばq	p→q	命題pが真で命題qが偽のとき偽，それ以外は真
双条件文	pならばq かつ qならばp	p↔q (p≡q)	命題pとqの真理値が同じとき真，それ以外は偽

1.1 集合と論理

> **例** 下記2つの命題が与えられているとき,「中古の外国車」という複合命題は論理式「¬q∧¬p」で表すことができ,真理値は図1.1.4のようになる。
>
> 命題p：国産車である ， 命題q：新車である
>
> | p | q | ¬q | ¬p | ¬q∧¬p |
> |---|---|----|----|-------|
> | 1 | 1 | 0 | 0 | 0 |
> | 1 | 0 | 1 | 0 | 0 |
> | 0 | 1 | 0 | 1 | 0 |
> | 0 | 0 | 1 | 1 | 1 |
>
> 1：真（True），0：偽（False）
>
>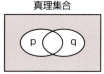
>
> ▲ 図**1.1.4** ¬q∧¬pの真理値表と真理集合

> 真をT，偽をFで表す場合もある。

条件文（含意命題）

複合命題「pならばqである」という命題を**条件文**といい，「p→q」と表します。"→"は，「真→偽」となるときに限り結果が偽となる演算で，これを**含意**といいます。

p→qの結果の真偽（真理値）を考えるときには，"pであってqでないことはない"と考えます。つまり，p→qの真理値は，論理式¬(p∧¬q)と論理的に同値となります。

また，この論理式をド・モルガンの法則を用いて展開すると，

¬(p∧¬q)＝¬p∨q

となることから，p→qの真理集合は，図1.1.5のようになります。

> 条件文「p→q」のpを条件文の前件，qを後件という。

p	q	¬	p	∧	¬q	p	→	q
0	0	1	0	0	1	0	1	0
0	1	1	0	0	0	0	1	1
1	0	0	1	1	1	1	0	0
1	1	0	1	0	0	1	1	1

(p∧¬q)の否定　　p→qの真理値

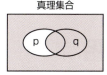

1：真（True），0：偽（False）

▲ 図**1.1.5** p→qの真理値表と真理集合

> 論理式の真理値は，それを構成するpやqといった論理式（これを原子論理式という）の真理値によって定まる。なお，原子論理式の真理値に係わらず常に真となる論理式を**トートロジー**といい，常に偽となる論理式を**矛盾式**という。

ここで，図1.1.5の真理値表を見ると，p→qの結果が偽となるのは，pが真，qが偽のときだけです。このことからも，"→"は「真→偽」のときに限り，結果が偽となる演算だとわかります。

条件文「p→q」の逆・裏・対偶

ある条件文「p→q」に対しての逆・裏・対偶は図1.1.6のようになり、元の条件文と対偶の真偽は一致します。

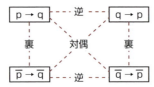

p	q	p→q	q→p	$\bar{p}→\bar{q}$	$\bar{q}→\bar{p}$
0	0	1	1	1	1
0	1	1	0	0	1
1	0	0	1	1	0
1	1	1	1	1	1

1：真（True），0：偽（False）

▲ **図1.1.6** 逆・裏・対偶

では、この性質を利用し、次の前提条件から論理的に導くことができる結論は、どちらであるかを考えてみましょう。

〔前提条件〕
　受験生は毎朝，紅茶かコーヒーのどちらかを飲み，両方を飲むことはない。紅茶を飲むときは必ずサンドイッチを食べ，コーヒーを飲むときは必ずトーストを食べる。
〔結論〕
① 受験生は朝，サンドイッチを食べるときは紅茶を飲む。
② 受験生は朝，サンドイッチを食べないならばコーヒーを飲む。

前提条件である「紅茶を飲むときは必ずサンドイッチを食べる」，つまり「紅茶を飲むならば必ずサンドイッチを食べる」と真偽が一致する**対偶命題**は，「サンドイッチを食べないならば紅茶を飲まない」となります。ここで，紅茶かコーヒーのどちらかを飲むことに注意すると，この対偶命題は「サンドイッチを食べないならばコーヒーを飲む」となります。したがって，前提条件から論理的に導くことができる結論は②です。

一方，①の「サンドイッチを食べるときは紅茶を飲む」は，前提条件「紅茶を飲むならば必ずサンドイッチを食べる」の逆命題です。前提条件が真でも，その逆命題は必ずしも真とはならないため，論理的に導くことができる結論とはいえません。

参考 前提条件には，「サンドイッチとトーストを両方食べるときはない」という記述がない。そのため，「サンドイッチを食べるとき，トーストも食べ，コーヒーを飲む」ことも考えられる。つまり，前提条件が真でも，逆である①は必ずしも真とはならない。

1.1.3 論理演算

論理演算と集合演算

基本論理演算には，論理積演算（AND演算），論理和演算（OR演算），否定演算（NOT演算）があり，この3つの演算を行う基本論理回路を組み合わせることにより，様々な論理回路をつくることができます。

ここでは，論理演算で用いられる記号や演算の種類（演算則）を確認し，これら演算則を用いた式の簡略化ができるようにしておきましょう。また，集合演算との対応も重要です。どちらの演算記号が用いられても演算できるようにしておきましょう。

参照 論理式の簡略化については，次ページを参照。

参考 排他的論理和

A	B	A⊕B
0	0	0
0	1	1
1	0	1
1	1	0

〔例〕ビットの反転
ビットを反転させる場合，「1」との排他的論理和演算を行う。例えば，8ビットのデータの下位4ビットを反転させるには，0F$_{(16)}$との排他的論理和を求めればよい。

データA：1011 0110
0F$_{(16)}$：0000 1111
　　　　1011 1001

▼ 表1.1.2　演算記号

	論理演算	集合演算
論理積	・ 又は ∧	∩
論理和	＋ 又は ∨	∪
否定	‾ 又は ¬	‾ 又は c
排他的論理和	⊕	△　A△B=(A∩$\overline{B}$)∪($\overline{A}$∩B)

▼ 表1.1.3　演算則

	論理演算	集合演算
べき等則	A・A=A	A∩A=A
	A+A=A	A∪A=A
交換の法則	A・B=B・A	A∩B=B∩A
	A+B=B+A	A∪B=B∪A
結合の法則	(A・B)・C=A・(B・C)	(A∩B)∩C=A∩(B∩C)
	(A+B)+C=A+(B+C)	(A∪B)∪C=A∪(B∪C)
分配の法則	A・(B+C)=(A・B)+(A・C)	A∩(B∪C)=(A∩B)∪(A∩C)
	A+(B・C)=(A+B)・(A+C)	A∪(B∩C)=(A∪B)∩(A∪C)
吸収の法則	A+(A・B)=A	A∪(A∩B)=A
	A・(A+B)=A	A∩(A∪B)=A
ド・モルガンの法則	$\overline{A・B}=\overline{A}+\overline{B}$	$\overline{A∩B}=\overline{A}∪\overline{B}$
	$\overline{A+B}=\overline{A}・\overline{B}$	$\overline{A∪B}=\overline{A}∩\overline{B}$
その他	A+0=A　　A・0=0	A∪φ=A　　A∩φ=φ
	A+1=1　　A・1=A	A∪U=U　　A∩U=A
	A+$\overline{A}$=1　　A・$\overline{A}$=0	A∪$\overline{A}$=U　　A∩$\overline{A}$=φ

φ：空集合，U：全体集合

1.1.4 論理式の簡略化　AM/PM

与えられた論理式を簡略化する(等価な論理式を求める)方法を以下に示します。

演算則を用いた簡略化

まず，次の論理式を演算則を用いて簡略化してみましょう。

$\overline{A}\cdot\overline{B}$を追加しても，べき等則により，式の値は変わらない(等価)。

$\overline{B}+B=1$，$A+\overline{A}=1$

$$\overline{A}\cdot\overline{B}+\overline{A}\cdot B+A\cdot\overline{B}$$
$$=\overline{A}\cdot\overline{B}+\overline{A}\cdot B+A\cdot\overline{B}+\overline{A}\cdot\overline{B} \quad \leftarrow \overline{A}\cdot\overline{B}\text{を追加}$$
$$=\overline{A}\cdot(\overline{B}+B)+\overline{B}\cdot(A+\overline{A}) \quad \leftarrow 第1, 2項を\overline{A}で，第3, 4項を\overline{B}でくくる$$
$$=\overline{A}+\overline{B}$$
$$=\overline{A\cdot B} \quad \Big) \text{ド・モルガンの法則により，2式は等価}$$

カルノー図を用いた簡略化

論理式を図的に表現したものが**カルノー図**です。では，上と同じ論理式をカルノー図を用いて簡略化してみましょう。まず，図1.1.7のような図を用意し，論理式の各項に対応するマス(セル)に「1」を，対応しないマスには「0」を入れます。

論理変数がA, B, C, Dと4つある場合は，変数A, Bと変数C, Dに分けた下図のようなカルノー図で考える。なお，下図のカルノー図と等価な論理式は，
「$\overline{A}\cdot\overline{B}\cdot\overline{D}+B\cdot D$」

Cの真偽に関係なく
$\overline{A}\cdot\overline{B}\cdot\overline{D}$であれば真

〈例〉
CD AB	00	01	11	10
00	1			
01		1	1	
11		1	1	
10				

※「0」は省略

A, Cの真偽に関係なく
B・Dであれば真

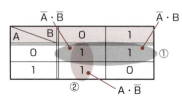

▲ 図1.1.7　論理式$\overline{A}\cdot\overline{B}+\overline{A}\cdot B+A\cdot\overline{B}$を表したカルノー図

次に，「1」が横あるいは縦に連続したマスをまとめます。図1.1.7では，①と②の部分が連続しているので，それぞれの部分をまとめます。

　①の部分は，Bの真偽に関係なく$\overline{A}$であれば真なので，$\overline{A}$
　②の部分は，Aの真偽に関係なく$\overline{B}$であれば真なので，$\overline{B}$

以上から，論理式$\overline{A}\cdot\overline{B}+\overline{A}\cdot B+A\cdot\overline{B}$は，$\overline{A}+\overline{B}$と簡略化できることになります。

1.2 情報理論と符号化

1.2.1 情報量

> **参考** 処理の対象となる事柄はすべて，有限長のビット列に符号化される。この符号化されたデータに何らかの意味(ある特定の目的について，適切な判断を下したりするために必要となる知識)を付加したものが"情報"である。

情報には，「その内容が妥当かどうか，正当かどうか」という"情報の質"と「情報量が多いか少ないか」という"情報の量"の両面があります。ここでは，情報の量について説明します。

情報量（I）

一般に，"情報の量"は，**情報量**(information content)という情報の大きさを定量化した値で表します。具体的には，ある事象Jが起こったときに伝達される情報の大きさを情報量(単位はビット)といい，次の式で求めることができます。

> **POINT 情報量**
>
> 情報量$I(J) = -\log_2 P(J)$
>
> ＊$P(J)$は事象Jの生起確率：$0 \leq P(J) \leq 1$

> **参考** 対数の重要公式
> $a > 0$, $a \neq 1$, $M > 0$, $N > 0$とする。
> ・$\log_a a = 1$
> ・$\log_a 1 = 0$
> ・$\log_a M^k = k \times \log_a M$
> ・$\log_a M = \dfrac{\log_b M}{\log_b a}$
> （底のbは任意）
> ・$\log_a \dfrac{M}{N}$
> $= \log_a M - \log_a N$
> ・$\log_a MN$
> $= \log_a M + \log_a N$
> なお，$\log_{10} 2 = 0.301$, $\log_2 10 = 3.32$は暗記しておこう。

100円玉を投げて表が出るという事象が起こる確率は1／2なので，この事象が起ったときの情報量は，

$$情報量 I = -\log_2 \frac{1}{2} = -\log_2 2^{-1} = 1 〔ビット〕$$

となります。また，サイコロを投げて1が出る事象が起こる確率は1／6なので，このときの情報量は，

$$情報量 I = -\log_2 \frac{1}{6} = -\log_2 6^{-1} \fallingdotseq 2.58 \rightarrow 3 〔ビット〕$$

となります。つまり，確率1／2で起こる事象のもつ情報量は1ビット，1／6で起こる事象のもつ情報量は3ビットということになり，このことから次のことがわかります。

・事象の生起確率が大きくなれば，情報量は小さくなる。
・事象の生起確率が小さくなれば，情報量は大きくなる。

さらに別のいい方をすれば,情報量は「何ビットでどのくらいの情報を表現することができるか」又は「ある情報を表現するのに何ビット必要か」という尺度ともいえます。

例えば,大文字の英字2文字を並べてできるすべてのパターンを,とり得る状態の数とした場合,これを表現するためには少なくとも何ビット必要となるか,公式に当てはめてみましょう。

英字大文字はA〜Zまで26文字あるので,この2文字を並べてできるパターンは全部で26×26＝676通りです。この676通りのうち,1つのパターンが起こる確率は1／676なので情報量は,

$$情報量I = -\log_2 \frac{1}{676} = -\log_2 676^{-1} ≒ 9.4 \rightarrow 10 〔ビット〕$$

となり,676通りの表現に10ビット必要となることがわかります。

参考 $-\log_2 676^{-1}$ の簡易計算方法
$-\log_2 676^{-1}$
$=(-1)×(-\log_2 676)$
$=\log_2 676$
また,$2^9=512$であり,$2^{10}=1024$であるから,
$\log_2 2^9 < \log_2 676 < \log_2 2^{10}$
つまり
$9 < \log_2 676 < 10$
が成り立つ。このことから,$\log_2 676$の値,すなわち$-\log_2 676^{-1}$の値は「9.…」とわかる。

情報量の加法性

ある事象J_aとJ_bが互いに独立に起こるとしたとき,事象J_aとJ_bが同時に起こったときの情報量$I(J_{ab})$は,それぞれの情報量の和で表すことができます。例えば,前ページで説明した,「100円玉を投げて表が出る」を事象J_a,「サイコロを投げて1が出る」を事象J_bとしたとき,これらは互いに独立ですから,2つが同時に起こったときの情報量$I(J_{ab})$は,次のようになります。

$$情報量I(J_{ab}) = I(J_a) + I(J_b) ≒ 1 + 2.58 = 3.58 \rightarrow 4〔ビット〕$$

平均情報量(H)

すべての事象$(J_1〜J_n)$の平均的な情報量を**平均情報量**(エントロピー)といい,次の式で求めることができます。

> **POINT 平均情報量**
>
> $$平均情報量 H = \sum_{k=1}^{n} \{P(J_k) \times I(J_k)\}$$
>
> ＊$P(J_k)$：事象J_kの生起確率　　$I(J_k)$：事象J_kの情報量

平均情報量は曖昧さの程度を表します。平均情報量が小さいほど曖昧さがなく,どの事象が起こるのか予測しやすいことを示

情報理論と符号化　**1.2**

1
基礎理論

し，逆に，大きいほど曖昧で，どの事象が起こるのか予測が難しいことを示します。例えば，50％の確率で晴れ，50％の確率で雨が降るという天気予報(情報)がもつ曖昧さは，

$$平均情報量H=0.5×(\text{"晴"の情報量})+0.5×(\text{"雨"の情報量})$$
$$=0.5×(-\log_2 0.5)+0.5×(-\log_2 0.5)$$
$$=2×0.5×(-\log_2 0.5)$$
$$=2×0.5×1=1〔ビット〕$$

となり，求められた平均情報量(1ビット)は，事象が2つであるときの**最大平均情報量**と一致するので，晴れか雨かの予測が最も難しいことを示します。もし，100％の確率で晴れるという予報であれば，

$$平均情報量H=1.0×(\text{"晴"の情報量})$$
$$=1.0×(-\log_2 1.0)$$
$$=1.0×0=0〔ビット〕$$

となり，この情報のもつ曖昧さはないことになります。

> **参考** 「60％の確率で晴れ，40％の確率で雨」の場合，平均情報量はおよそ0.97となり，若干曖昧さがなくなる。
> $$H=0.6×(-\log_2 0.6)$$
> $$+0.4×(-\log_2 0.4)$$
> $$≒0.97$$

> **参考** 事象の個数がKのときの**最大平均情報量**は，
> $$-\log_2 \frac{1}{K}=\log_2 k$$
> なので，K=2なら，
> $$-\log_2 \frac{1}{2}=\log_2 2$$
> $$=1$$

1.2.2　情報源符号化　**AM / PM**

情報は，通信路や記憶媒体を通して受信者に伝達されますが，その際，情報を正しく伝達するための**通信路符号化**や，情報が膨大である場合，できるだけ短く(小さく)する**情報源符号化**が行われます。ここでは，情報源符号化の代表的な方法であるハフマン符号化とランレングス符号化について説明します。

> **参照** 通信路符号化の代表的な方法に，パリティチェック，CRC，ハミング符号などがある。これらについては，「7.7.1 誤り制御」(p410)を参照。

ハフマン符号化

情報を表す際は，最も少ないビット数で一意に符号化することが重要となります。例えば，文字'a'～'d'の4文字を符号化する場合，1文字当たり2ビットあればそれを一意に識別できますが，各文字の出現確率が異なるときは，1文字当たりの平均ビット数を2ビットより少ないビット数で表現することができます。

ハフマン符号化は出現度の高い文字は短いビット列で，出現度の低い文字は長いビット列で符号化することで，1情報源記号(文字)当たりの平均符号(ビット)長を最小とする圧縮方法です。

文字'a'～'d'をハフマン符号化したときのそれぞれのビット表

> **参考** 情報源　情報を記号の系列(一定の順序に従って並べられた一連のもの)とみなしたとき，その記号を次から次へと発生する源のこと。

25

1 基礎理論

記とその出現確率を表1.2.1に示します。このとき，1文字当たりの平均ビット数はどのくらいになるか計算してみましょう。

▼ **表1.2.1** 'a' ～ 'd' のビット表記と出現確率

文字	ビット表記	出現確率(%)
a	0	50
b	10	30
c	110	10
d	111	10

参考 文字 'a' ～ 'd' のビット表記は，**ハフマン符号化**によって符号化したもの。

確率変数Xのとり得る値（x_1，x_2…）に対して，確率Pがそれぞれ表1.2.2のように定まっているとき，確率変数Xの**期待値E(X)**は次の式で求められます。

$$E(X) = x_1 p_1 + x_2 p_2 + x_3 p_3 + \cdots + x_n p_n = \sum_{i=1}^{n} x_i p_i$$

▼ **表1.2.2** 確率変数Xと確率Pの値

確率変数X	x_1	x_2	x_3	$\cdots$	x_n
確率P	p_1	p_2	p_3	$\cdots$	p_n

（$p_1 + p_2 + p_3 + \cdots + p_n = 1$）

参考 Σ記号は，和を表す。例えば，$\sum_{k=1}^{5} 2k$は，「kを1～5まで1ずつ増やしながら2kを加算する」という意味。
〔Σ記号の性質〕
・$\sum_{k=1}^{n}(a \times k) = a \sum_{k=1}^{n} k$
・$\sum_{k=1}^{n} a = n \times a$
※aは定数

したがって，表1.2.1のハフマン符号化における1文字当たりの平均ビット数（期待値）は，

$$1 \times 0.5 + 2 \times 0.3 + 3 \times 0.1 + 3 \times 0.1 = 1.7 ビット$$

となります。これは，10文字表現したとき17ビット，100文字表現したとき170ビット程度になることを意味するので，1文字当たりを2ビットで表現した場合に比べて，少ないビット数ですむことになります。

○ハフマン符号化の手順

ハフマン符号化においては，まず，各文字の出現確率を参照しながら次ページに示す手順に従って，**ハフマン木**を葉から根へとボトムアップに作成します。

次に，作成したハフマン木を根から葉（目的文字）に向かって進み，節で左に進む場合は「0」，右に進む場合は「1」と読むことで，その目的文字を符号化します。

情報理論と符号化 1.2

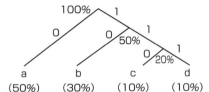

文字	出現確率（％）
a	50
b	30
c	10
d	10

▲ 図1.2.1　ハフマン木

> **参考** 図1.2.1のハフマン木において，目的文字aを根からたどると"0"，bは"10"，cは"110"，dは"111"となる。

> **試験** 試験では，出現確率が与えられた文字'a'～'d'をハフマン符号化する問題がよく出題される。

POINT　ハフマン木の作成手順
① 文字の種類を木構造の葉とした，葉だけからなる木を作る。ここで，各々の木の重みは文字の種類の出現確率とする。
② 木の重みの大きい順に，木を並べ替える。
③ 並べ替えの結果，重み最小の木を2つ選んで，両者を子にもつ木を作る。この木の重みは両者の和とする。
④ 以上，②，③の操作を1つの木になるまで繰り返す。

ランレングス符号化

　データ列の冗長度に着目し，同じデータ値が連続する部分をその反復回数とデータ値の組に置き換えることによって，データ長を短くする圧縮方法を**ランレングス符号化**といいます。

　例えば，「連続する同一の文字（1バイトコードとする）の長さから1を減じたものを1バイトで表し，その後に当該文字を配置する」という方式では，次のようになります。

> **参考** 図1.2.2の方式では，一度に256バイト（256の同じ文字）を2バイトに圧縮できるときが最大の圧縮率となる。

▲ 図1.2.2　ランレングス符号化の例

> **参考** 最初の画素は白で始まるものとする。ただし，その画素が黒の場合は，先頭に0個の白があるものとして符号化を行う。

　また，ランレングス符号化は，文字データ列だけでなく2値画像の圧縮にも利用されます。この場合，同じ色（値）が連続した個数だけを記録するという方法で，例えば，白を「0」黒を「1」で表した「000000000000111111111100」は「12，10，2」という情報を使った表現に置き換えます。

1 基礎理論

..1.2.3.... ディジタル符号化 AM/PM

ここでは，情報伝達のもう1つの技術として，アナログデータをディジタル符号に変換する**パルス符号変調**（PCM：Pulse Code Modulation）について説明します。PCMでの符号化手順は，次のとおりです。

参考 PCMを改良した方式に，DPCMやADPCMがある。**DPCM**（差分PCM）は，直前の標本との差分を量子化することでデータ量を削減する方式。**ADPCM**（適応的差分PCM）は，DPCMを更に改良し，標本の差分を表現するビット数をその変動幅に応じて適応的に変化させる方式。主に音声信号に用いられ，PCMに比べて1/4程度に圧縮できる。

POINT PCMによる符号化手順

① **標本化**（サンプリング）：アナログ信号を一定時間間隔で切り出す。1秒間にサンプリングする回数を**サンプリング周波数**という。

② **量子化**：サンプリングしたアナログ値をディジタル値に変換する。このとき，1回のサンプリングで生成されるビット数を**量子化ビット数**といい，例えば，量子化ビット数が8ビットであれば，0〜255の数値に変換される。

③ **符号化**：②の量子化で得られたディジタル値を2進符号形式に変換し，符号化ビット列を得る。例えば，ディジタル値が180なら10110100に，165なら10100101に符号化される。

参考 **標本化定理**では，「対象とするアナログ信号の最高周波数をfとすると，$2f$以上の周波数で標本化すれば，元のアナログ信号が復元できる」としている。

参考 サンプリングの時間間隔を**サンプリング周期**といい，サンプリング周期は，サンプリング周波数の逆数で求められる。

PCMを用いてディジタル化する場合，**標本化定理**に基づき，音声信号の上限周波数の2倍以上の周波数でサンプリングします。

ではここで，4kHzまでの音声信号を，量子化ビット数8ビットで符号化した場合，1秒間に生成されるディジタルデータはどのくらいの大きさになるのか計算してみましょう。

まず，必要なサンプリング周波数は，音声信号の上限周波数の2倍なので，4kHz×2＝8kHzです。次に，サンプリング周波数8kHzでサンプリングを行うと，1秒間に$8×10^3$回のサンプリングが行われ，1回のサンプリングで得られた音声信号（アナログ値）は量子化ビット数8ビットで符号化されます。したがって，1秒間に生成されるディジタルデータ量は，次のようになります。

$$8×10^3 回／秒×8ビット／回＝64×10^3＝64kビット／秒$$

POINT 1秒間に生成されるディジタルデータ量

1秒間に生成されるディジタルデータ量
＝サプリング周波数×量子化ビット数

28

1.3 オートマトン

1.3.1 有限オートマトン　AM/PM

順序機械

1つの入力値によって1つの出力値が決まるのではなく，入力値と入力されたときの状態によって出力値が決まるという**順序機械**があります。順序機械は，フリップフロップ回路や自動販売機などのように，過去の状態を記憶(保持)できる回路や機械をモデル化したものです。この順序機械における，入力値とその状態によって決まる出力値及び次の状態は，図1.3.1に示すような状態遷移表や状態遷移図で表すことができます。

> 参照　フリップフロップ回路については「3.1.2 順序論理回路」(p124)を参照。

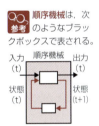

参考　**順序機械**は，次のようなブラックボックスで表される。

＊tは時刻を意味し，状態(t+1)は次の状態を意味する。

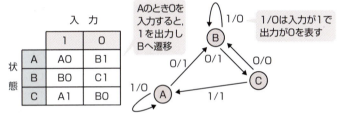

▲ 図1.3.1　順序機械の状態遷移表と状態遷移図の例

有限オートマトン

有限オートマトン(FA：Finite Automaton)は，順序機械に言語を認識するアルゴリズムを与えた数学的なモデルです。

有限オートマトンは，『有限個の状態の集合K，入力記号の有限集合Σ，Σに属する各入力記号と現在の状態が引き起こす状態遷移関数σ，さらに，状態Kの集合の一要素である初期状態q_0，状態Kの部分集合である受理状態集合F』によって定義されます。

次ページに，「最後が10で終わる長さ2以上のビット列」を検査する有限オートマトンAの定義を示します。図1.3.2の状態遷移図は，系に入力を加えたときに，その系が次にどういう状態になるかを表したもので，初期状態からスタートし受理状態で終了すれば，その入力ビット列は「最後が10で終わっている」と判断し，受理します。

1 基礎理論

> 例えば、状態aで入力"1"を受けたとき状態bに遷移する**状態遷移関数**δは、次のように表される。
> δ(a, 1)＝b
> なお、K×Σとは、集合Kと集合Σの直積集合を意味する。

```
有限オートマトンA＝<K, Σ, δ, q₀, F>
    状態の有限集合K＝{a, b, c, d}
    入力記号の有限集合Σ＝{0, 1}
    状態遷移関数δ：δはK×ΣからKへの写像
    初期状態q₀＝a
    受理状態集合(受理集合)F＝{c}
```

> 一般に、状態遷移図では、初期状態を「➡」で示し、受理状態を「◎」で表す。

	入力ビット	
	0	1
a	a	b
b	c	d
c	a	b
d	c	d

状態

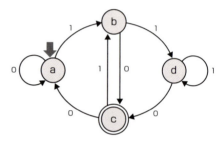

▲ 図**1.3.2** 有限オートマトンAの状態遷移表と状態遷移図

　このように定義された有限オートマトンAは、図1.3.3に示すように、テープ上に書かれた入力ビット列を読み込むことができる制御部をもつ機械とみなすことができます。

> 右図中のFAは、有限オートマトン(Finite Automaton)を表す。

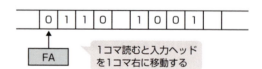

▲ 図**1.3.3** 有限オートマトンAのモデル

　有限オートマトンAは、入力ヘッドをテープ上の左端のコマに置き、状態を初期状態aにして動作を開始します。そして、テープ上の1コマのビット記号を読むと、その入力により状態遷移関数で定義された状態へと遷移し、同時に入力ヘッドを1コマ右に進めます。次に、移動した先のコマを読み込み、同様な動作を繰り返します。有限オートマトンAが入力ビット列の最後のビット記号を読み込んで遷移した先が受理状態集合Fに属していれば、それまでに入力したビット列を受理し、そうでなければ受理しません。

例えば，入力ビット列が「0110」の場合は，最後の状態がcなので受理されますが，入力ビット列が「1001」の場合は，最後の状態がbなので受理されません。

1.3.2 有限オートマトンと正規表現 AM/PM

> 参照 正規表現については，「1.4.4 正規表現」(p38)を参照。

> 参考 正規表現のメタ記号の意味は，次のとおり。
> ①r1｜r2
>   r1又はr2
> ②(r)*
>   rの0回以上の繰返し

正規表現によって表される言語を**正規言語**といい，有限オートマトンは，正規言語を認識するために利用されます。

例えば，正規表現(0｜10)*1によって表される正規言語が生成する文(列)は，1，01，101，00101，1000101，…といった，「最後が1，最後の1を除く1の次は必ず0」の文であり，これらの文は，図1.3.4の有限オートマトンで認識できます。

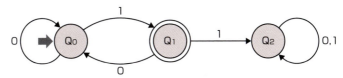

▲ **図1.3.4** (0｜10)*1で表される文を受理する有限オートマトン

ここでは，正規表現から有限オートマトンへの作成方法については出題範囲外なので省略しますが，試験では，「有限オートマトンが受理する正規表現」が問われることがあります。図1.3.4の有限オートマトンが，正規表現(0｜10)*1によって表される文全体を受理することを確認しておきましょう。

COLUMN

その他のオートマトン

・プッシュダウンオートマトン

　文脈自由文法(次節参照)から生成される文脈自由言語を認識するオートマトンです。有限オートマトンに，プッシュダウンストアというスタックを付加し，入力記号とプッシュダウンストアの最上位記号と現在の状態によって，次に遷移する状態を決めます。

・チューリング機械(チューリングマシン)

　プッシュダウンオートマトンより高い能力をもつ，ノイマン型コンピュータの動作原理の理論的基本モデルで，句構造言語を認識するオートマトンです。

1.4 形式言語

1.4.1 形式文法と言語処理

言語には，日常私たちが使用している自然言語と特定の目的のためにつくられた人工言語があります。人工言語のうち，特に，コンピュータ処理のためにつくられた言語が**プログラム言語**で，そのほとんどの構文は，**文脈自由文法**（形式文法）で表すことができます。

文脈自由文法（形式文法）

文脈自由文法は，「書換えを行う対象となる非終端記号の集合N，書換えを行うことができない終端記号の集合T，書換え（生成）規則の集合P，そして書換えを開始する最初の非終端記号となる（開始記号）S」によって，G＝(N, T, P, S)で定義されます。

> 例
> G＝(N, T, P, S)
> N＝{K, S}, T＝{a, b}, P＝{S→ε, S→aK, K→bS}
> ＊文法Gによって，次のような文が生成（導出）される。
> ① S⇒aK⇒abS⇒ab
> ② S⇒aK⇒abS⇒abaK⇒ababS⇒abab

記号→は，生成の実行，つまり左辺の非終端記号を書換え（生成）規則に従って，右辺で置き換えることを表します。右辺は，長さ0以上の非終端記号と終端記号の記号列です。これにより，非終端記号の集合Nのそれぞれは，終端記号によって再帰的に生成される文の集合を表すことになります。

このように，書換え（生成）規則において，左辺が必ず1つの非終端記号となっているのが文脈自由文法です。なお，文脈自由文法によって生成される文の集合を**文脈自由言語**といいます。

言語処理

言語の構成要素を小さいものから順に並べると，「文字＜字句（トークン）＜文＜言語」となります。そして，文字から字句を構

用語 言語
1つの規則に基づく文の集合。

用語 形式文法
言語を生成する規則を抽象化したもの。基本的なものに，句構造文法，文脈依存文法，文脈自由文法，正規文法がある。また，形式文法により生成される抽象言語を**形式言語**という。

参考 記号εは空列を表す。

試験 試験では，問題に提示された文法Gによる正しい生成（導出）過程が問われるので，①，②の過程を理解しておくこと。

用語 字句
トークンともいい，文を構成する最小の単位。

1.4 形式言語

成(生成)するための規則を**字句規則**といい，字句の正しい並べ方の規則を**構文規則**といいます。

ある言語で記述されたプログラムを実行(解釈)する際は，前もって，その文法に基づいた翻訳(コンパイル)が行われます。このコンパイル処理で行われる字句解析と構文解析を自動化するためには，その言語の字句規則と構文規則を適切に定義する必要があります。例えば，評価順序を表す括弧を用いない，四則演算からなる数式の字句規則と構文規則は，次のようになります。

> 参照　コンパイルについては，「5.4.2 コンパイル技法」(p265)を参照。

indata＊2＋cnt

〔字句規則〕
- 数は，数文字0〜9からなる長さ1以上の列
- 変数は，a〜zの英小字からはじまる長さ1以上の列
- 演算子は，"＋"，"−"，"＊"，"／"のいずれか

〔構文規則〕
- 数は，式
- 変数は，式
- 式と演算子を「式　演算子　式」と並べたものは，式

> 参考　数式は，文脈自由文法で生成される文脈自由言語の1つ。
> 右の例の数式を生成する文脈自由文法は，次のとおり。
> N＝{式，S}
> T＝{数，変数，演算子}
> P＝{S→式，
> 　　式→数，
> 　　式→変数，
> 　　式→式 演算子 式}

● 字句解析

字句規則に基づいた字句の検査と切出しを行うのが**字句解析**です。字句規則は，**正規表現**を用いて表すことができ，正規表現には，それと等価な有限オートマトンが存在します。したがって，例えば，上記例の「数」は，正規表現[0−9]＋で表すことができるので，側注の図のような有限オートマトンを用いて，「数」であるか否かの判断(認識)ができます。つまり字句解析では，字句規則で定義された正規表現と等価な有限オートマトンによって，字句の検査と切出しが行われるわけです。

> 参考　正規表現[0−9]＋と等価な有限オートマトン。
>
> なお，正規表現については，p38を参照。

● 構文解析

字句解析によって切り出された字句を構文規則に従って解析し，文法的正当性を検査するのが**構文解析**です。構文規則は，**文脈自由文法**を用いて表すことができ，文脈自由文法を形式的に記述する代表的な表記法がBNF表記です。次項1.4.2より，構文規則の記述方法や構文解析の技法について説明していきます。

1 基礎理論

..1.4.2....構文規則の記述　　AM/PM

BNF記法

> **参考**
> BNF記法は，**文脈自由文法**を形式的に記述する代表的な方法。構文規則だけでなく，字句規則を記述するときにも使用される。

BNF記法は，Algol60の構文規則を記述するのに用いられた表記法で，現在多くのプログラム言語の構文規則の記述に用いられています。

BNF記法では，例えば，1桁の数字と1文字の英字(小文字)，また，1桁の英数字を以下のように定義します。

```
<英数字>::=<英字>|<数字>
<数字>::=0|1|2|…|7|8|9
<英字>::=a|b|c|…|x|y|z
```

> **P O I N T** BNF記法の記号
> ① "::=(is defined as)"は，左辺と右辺の区切りを意味する
> 　　　　　　　　　　　　(右辺で左辺を定義する)
> ② "|"は，「又は(or)」を意味する
> ③ 非終端記号は，"< >"でくくる(<数字>，<英字>)
> ④ a，b，c…や0，1，2…，9を終端記号という

● 算術式の構文

試験には次のような算術式(四則演算)を表現する構文規則が出題されています。

```
<式>::=<項>|<式><加減演算子><項>
<項>::=<因子>|<項><乗除演算子><因子>
<因子>::=数
<加減演算子>::=+|-
<乗除演算子>::=*|／
```

> **試験**
> 試験では，括弧'('，')'を追加する場合の<因子>書換え問題が出題される。

算術式の評価順序を明示的に記述するための括弧"("，")"を追加する場合，<因子>は次のような定義に書き換える必要があります。

```
<因子>::=数|'(' <式> ')'
```

34

1.4 形式言語

BNF記法の再帰的な読み方

算術式を表現する構文規則では，＜式＞を定義するために自分自身である＜式＞を用います。このように「自分の定義に自分を用いる」ことを**再帰的定義**といいます。

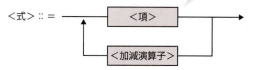

> **試験** BNF問題ではこの再帰的定義がよく問われるので，解釈できるようにしておくこと。

再帰的に定義された構文は，図1.4.1のように構文図に書き換えると，解釈しやすくなります。

例．次のBNFで定義される＜DNA＞に合致するものは？

```
<DNA> ::=
  <コドン> |
  <DNA><コドン>
<コドン> ::=
  <塩基><塩基>
  <塩基>
<塩基> ::= A|T|G|C
ア  ACGCG
イ  AGC
```

〈答え〉イ
構文図は，次のようになる。

＜DNA＞ ::=

構文図では，矢印の順に進んでいきながら，「＜項＞1つでも＜式＞となる」，「＜項＞から＜式＞となったものに＜加減演算子＞，さらに＜項＞が続いたら＜式＞となる」，「＜式＞となったものに…」というように，読み進めます。

構文図

基本構文図には次のようなものがあります。

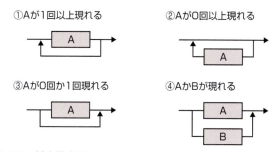

▲ 図1.4.2　基本構文図

基本構文図を用いて前述した構文規則を表現すると，図1.4.3のようになります。

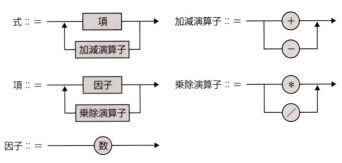

▲ 図1.4.3　算術式を表現する構文規則の構文図

1.4.3　構文解析の技法　AM/PM

構文木

構文解析では，字句解析で切り出された字句(トークン)が，定義された構文規則に合致しているかどうかを構文解析表を用いて解析し，同時に，字句を構文規則に従い，図1.4.4のような木構造で表現します。これを**構文木**，あるいは解析木といいます。

参考　算術式を構成した構文木を特に**算術木**という。

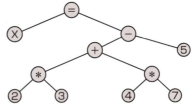

▲ 図1.4.4　構文木の例

参考　文法に沿って構文木を上から下へと作成する方法を**下降型構文解析法**，逆に，下から上へと作成する方法を**上昇型構文解析法**という。

構文木の利用

構文解析により，構文規則に合致した文であると判断された場合には，次のフェーズである**意味解析**に進みます。そして，構文解析の結果を受けて，次に示す3つ組み，4つ組み，逆ポーランド表記法などの手法を利用し，構文木から**中間語**(中間コード)を生成します。

参考　意味解析については，p265を参照。

● 3つ組み

3つ組みでは，構文木を下位レベルの部分木から順に「演算子」，「左の項」，「右の項」という記述にまとめ上げていきます。

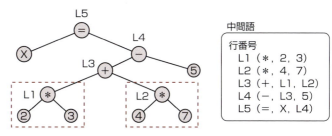

▲ 図1.4.5　3つ組み

● 4つ組み

3つ組みの表現に対し，各部分木の演算結果を何にするか（何に置き換えるか）を追加したものが4つ組みです。

φは空値を意味する。

● 逆ポーランド表記法

逆ポーランド表記法は，演算子を演算の対象である演算数の右側に記述する記法です。このため，**後置表記法**とも呼ばれます。構文木から逆ポーランド表記に変換する場合は，構文木を深さ優先順で，**後行順序木**（帰りがけのなぞり）として走査します。

木の走査については，「2.3.3 2分探索木」(p84)を参照。

図1.4.6の構文木から得られる逆ポーランド表記については，次ページを参照。

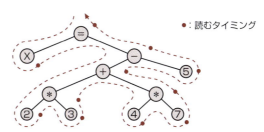

▲ 図1.4.6　構文木の走査

後行順とは，1つの部分木に対し「左→右→節」という順でなぞることをいいます。図1.4.6では，点線に従ってなぞるなかで，そのノードを最終に出るときにノードの値を読めばよいので，後行順序木として走査した結果(逆ポーランド表記)は，次のようになります。

```
X 2 3 ＊ 4 7 ＊ ＋ 5 － ＝
```

なお，算術式を逆ポーランド表記に変換する方法として，最後に作用する演算から始めて，順に内側の演算へと変換を進めていく下記の方法も覚えておきましょう。

> **参考** ここでは，変換途中で変換済みの演算は "［演算数,演算数］演算子" と表す。演算数の間に演算子がなくなった状態で，括弧(［ ］)とカンマ(，)を取り除く。

```
X=2＊3+4＊7－5
[X, (2＊3+4＊7－5)]＝
[X, [(2＊3+4＊7), 5]－]＝
[X, [[(2＊3), (4＊7)]＋, 5]－]＝
[X, [[[2, 3]＊, [4, 7]＊]＋, 5]－]＝
       ↓括弧とカンマを取り除く
  X 2 3 ＊ 4 7 ＊ ＋ 5 － ＝   ← 逆ポーランド表記
```

1.4.4 正規表現

> **参考** 正規表現を**正規式**ともいう。

正規表現は，字句記号や探索記号の定義など，広く使用されているパターン定義法で，その基本となるのが記号列です。

記号列

記号列とは，0個以上のn個の記号を並べたもので，一般に「$a_1 a_2 a_3 \cdots a_n$」と表します。この記号列を構成する記号の個数を記号列の長さといいます。また，長さ0の記号列を空列(empty string)といい，ϕあるいはεで表します。

記号列は，アルファベットと呼ばれる有限集合Vからいくつかの要素を重複可能に取り出し，作成されたもので，これをV上の記号列といいます。また，V上の記号列すべての集合をV＊と表します。つまり，私たちが取り扱う字句は，V＊の部分集合ということになります。

> アルファベットV = {a, b, c}
> V* = {{a}, {ab}, {abc}, {aabbc}, {bcca}, {bbbbaabc}, ……}

正規表現の例

記号列すべての集合V*のなかで，どのような規則をもったものを字句として取り扱うかを定義したものが正規表現です。正規表現では，次のような**メタ記号**(メタ文字)が用いられます。

メタ記号の意味は，試験問題に示される。

メタ記号*，+，?の違いは，次のとおり。
・ABX*
　⇒AB, ABX, ABXX など
・ABX+
　⇒ABX, ABXX, ABXXXなど
・ABCD?
　⇒ABC又はABCD

POINT 正規表現に用いるメタ記号
① [m−n]：m 〜nまでの連続した文字の中の1文字を表す
② ＊：直前の正規表現の0回以上の繰返しを表す
③ ＋：直前の正規表現の1回以上の繰返しを表す
④ ？：直前の正規表現が0個か1個あることを表す
⑤ r_1｜r_2：正規表現r_1又は正規表現r_2であることを表す

例えば，「英大文字のA〜Zが1回以上繰り返され，続いて0〜9の数字が0回以上繰り返される」という規則をもった字句は，次のように定義されます。

> 正規表現：[A−Z]＋[0−9]＊
> ＊ "IKATO0410"，"A6240"，"AB" などは，この正規表現が定義する集合の要素となる。

正規表現の短縮

例えば，"kimi" と "kami" を集合の要素とする正規表現は，上記POINTの⑤に示した「｜」を用いて「kimi｜kami」と定義できますが，この2つの字句の違いは2文字目だけです。そこで一般には，2文字目に「｜」記号を用いて，「k(i｜a)mi」と定義します。また，"kimi"，"kami"，"keami" の3つの字句を集合の要素とする場合は，「k(i｜e?a)mi」と定義します。

> 正規表現：kimi｜kami　　　⇒　k(i｜a)mi
> 　　　　　kimi｜kami｜keami　⇒　k(i｜e?a)mi

1.5 グラフ理論

1.5.1 有向グラフ・無向グラフ AM/PM

> **参考** グラフにおいて，頂点(Vertex)のことを節点ともいう。また，辺のことを枝(Edge)ともいう。

グラフ(Graph)は，頂点の集合Vと2つの頂点を連結する辺の集合Eからなる図形で，一般に，G＝(V，E)と表します。また，グラフにおいて，頂点v_iとv_jを連結する辺をv_i，v_jの順に捉えれば，辺に「$v_i \rightarrow v_j$」という向きができ，グラフは**有向グラフ**となります。一方，頂点v_iとv_jに順序をもたせなければ，グラフは**無向グラフ**となります。

▲ **図1.5.1** 有向グラフと無向グラフ

有向グラフにおいて，頂点v_iとv_jを連結する辺eは，その順序を順序対(v_i，v_j)で表現することができます。このとき，頂点v_iを辺eの始点，v_jを終点といい，v_iとv_jは隣接しているといいます。

> **参考** v_iをv_jの先行点，v_jをv_iの後続点ともいう。

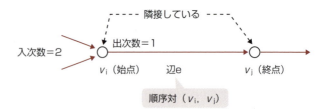

▲ **図1.5.2** 有向グラフの構成

図1.5.2では，頂点v_iに2つの辺が入り，1つの辺が出ています。有向グラフでは，頂点に入ってくる辺の数をその頂点の**入次数**，出て行く辺の数を**出次数**，その和を**次数**といいます。

また，グラフには，「始点と終点が同一である辺」や「始点と終点を共有する複数の辺」がありますが，前者を自己ループ，後者を多重辺，あるいは並列辺といいます。

> **参考** 自己ループと多重辺の例

1.5.2 サイクリックグラフ　AM/PM

有向グラフは，閉路をもつ**サイクリックグラフ**と閉路をもたない**非サイクリックグラフ**に分けられます。図1.5.3のサイクリックグラフを見ると，頂点②からスタートし，③，④とたどると，再び頂点②に戻ることができます。これが**閉路**(cycle)です。

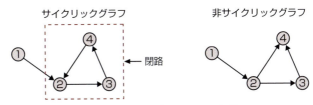

▲ **図1.5.3** サイクリックグラフと非サイクリックグラフ

閉路をもたない非サイクリックグラフでは，すべての辺(v_i, v_j)について頂点番号iが頂点番号jの前方になるように，頂点番号を一列に並べることができます。この頂点番号の並びを，**トポロジカル順序**(topological order)といいます。図1.5.3の非サイクリックグラフでは，①－②－③－④がトポロジカル順序となります。

> **参考** 1つの非サイクリックグラフに対して，いくつかのトポロジカル順序が存在することがある。

小道(trail)と経路(path)　COLUMN

グラフにおいて連続した頂点と辺を結んだものを**歩道**といい，頂点とそれに隣接する辺を交互に記述して，「歩道＝$(v_1, e_1, v_2, e_2, …, e_i, v_i)$」と表します。この歩道には，すべての辺が異なる**小道**とすべての頂点が異なる**経路**があります。

小道＝$(v_1, e_1, v_2, e_3, v_3, e_4, v_4, e_5, v_2,)$　経路＝$(v_1, e_2, v_3, e_3, v_2, e_5, v_4)$

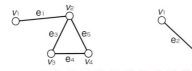

▲ **図1.5.4** 小道と経路の例

また，ある頂点から同じ頂点に戻る歩道が存在するとき，それが，すべての辺が異なる小道であれば，それを**回路**(circuit)といい，さらに，すべての頂点が異なる経路であれば**閉路**(cycle)といいます(次ページの表1.5.1を参照)。

1 基礎理論

1.5.3 グラフの種類 AM/PM

代表的なグラフを表1.5.1にまとめておきます。

▼ **表1.5.1** 代表的なグラフ

参考 自己ループや多重辺をもたないグラフを**単純グラフ**という。

多重グラフ	始点と終点が一致する**自己ループ**や，同じ始点から出て同じ終点に入る**多重辺**をもつグラフ	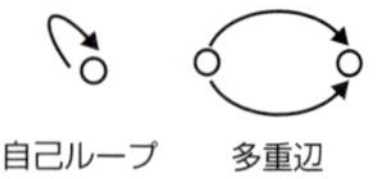 自己ループ　多重辺
完全グラフ	すべての2頂点が1つの辺で結ばれているグラフ。頂点の数がnである完全グラフをKnと表す	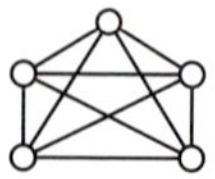
2部グラフ	頂点の集合Vを2つの部分集合V_1とV_2に分割でき，グラフのどの辺も一方の端点はV_1に，他方の端点はV_2に属するグラフ	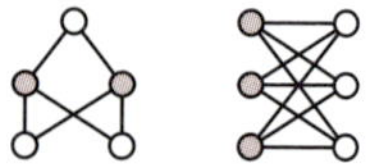
オイラーグラフ	始点と終点が等しく，グラフを構成するすべての辺をただ1回だけ通る**回路**（オイラー回路）をもち，一筆書きが可能なグラフ	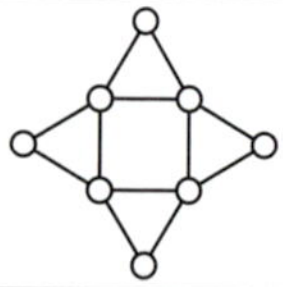
ハミルトングラフ	始点と終点が等しく，グラフを構成するすべての頂点をただ1回だけ通る**閉路**（ハミルトン閉路）をもつグラフ	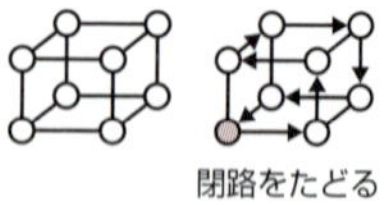 閉路をたどる
正則グラフ	各頂点の価数（その頂点を端点とする辺の本数）が等しいグラフ	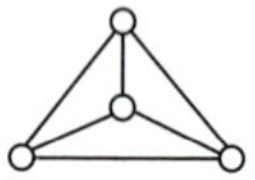

参考 2部グラフについて，V_1とV_2には次のような関係がある。
$V_1 \cup V_2 = V$
$V_1 \cap V_2 = \phi$

試験 2部グラフとハミルトン閉路は午前試験で，オイラーグラフは午後試験で出題されている。

1.5.4 グラフの表現 AM/PM

グラフを表現する方法には，配列表現，行列表現，リスト表現があります。

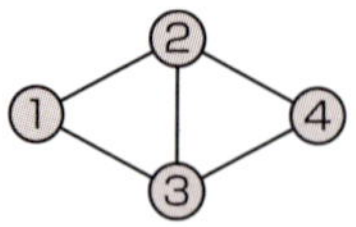

・配列表現

グラフを構成する辺eの端点v_i，v_jをそれぞれの配列に格納する

v_i | ① | ① | ② | ② | ③ |

v_j | ② | ③ | ③ | ④ | ④ |

▲ **図1.5.5** 配列表現

グラフ理論 1.5

行列表現

行列表現では，グラフの構造を**隣接行列**と呼ばれる正方行列で表現します。例えば，前ページ図1.5.5のグラフの場合，頂点数が4個なので，4行4列の正方行列を使います。そして，各行及び列にそれぞれの頂点を対応させ，v_iとv_jを端点とする辺があれば，行列の要素(i, j)に1を，なければ0を格納します。

> **用語** 行列表現には，**接続行列**を用いる方法もある。接続行列とは，各行が頂点に，各列が辺に対応した行列のこと。頂点v_iと辺e_jが接続していれば，行列要素(i, j)に1，それ以外は0が格納される。

j i	①	②	③	④
①	0	1	1	0
②	1	0	1	1
③	1	1	0	1
④	0	1	1	0

$$M = \begin{pmatrix} 0 & 1 & 1 & 0 \\ 1 & 0 & 1 & 1 \\ 1 & 1 & 0 & 1 \\ 0 & 1 & 1 & 0 \end{pmatrix}$$

2行3列の要素の1は，②と③を端点とする辺があることを意味する

▲ **図1.5.6** 行列表現

行列表現では，頂点の数が多くなると隣接行列も大きくなり，使用する記憶域が膨大になります。また，グラフアルゴリズムの多くは行列の乗算計算を必要とするため処理時間もかかります。

ここで，行列要素のほとんどが0であるような行列を「疎である」といいます。隣接行列が疎である場合は，動的なデータ構造を使って表現できるリスト表現の方が効率的です。

リスト表現

リスト表現は，行列表現の各行を**線形リスト**で表現したものです。例えば，図1.5.6の1行目を見ると，頂点①を端点とする辺は2つあり，1つは②，もう1つは③が端点です。リスト表現では，これを「①－②－③」の順につなげた線形リストで表現します。この方法は，隣接行列の対角要素の右上部分のみを表現することになるので，行列表現に比べて記憶域が節約できます。

> **参照** 線形リストについては，「2.1.1 リスト構造」(p76)を参照。

> **参考** リスト表現されたものを**隣接リスト**という。

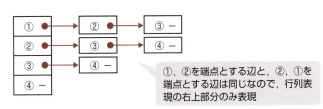

①，②を端点とする辺と，②，①を端点とする辺は同じなので，行列表現の右上部分のみ表現

▲ **図1.5.7** リスト表現

行列表現の応用例

頂点の個数がnのグラフを，n行n列の行列Mで表現するとき，i行j列の要素m_{ij}を頂点v_iとv_jを直接結ぶ辺の本数とするならば，この行列Mの積M^2のi行j列の要素は，次のことを表します。

> **POINT 隣接行列M^2の要素がもつ意味**
> 頂点v_iとv_jが1つの頂点をはさんで結ばれる経路の数，すなわち，頂点v_iとv_jが結ばれる経路のうち経路上の辺の数が2となる経路の数

参考 頂点v_iとv_jが1つの頂点をはさんで結ばれている場合，その経路の辺の数は2本である。

図1.5.6の行列表現されたグラフの場合，4×4(4行4列)の行列Mを2乗すると，図1.5.8のような4×4の行列となります。

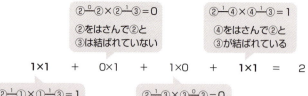

▲ **図1.5.8** 4×4の行列

参考 2行3列の要素は，点線でくくられた部分の乗算(ベクトルの内積)で求めることができる。

ここで，M^2行列の2行3列の要素は，図1.5.9の式で求められることに着目し，各項それぞれのもつ意味を探ってみます。

②⁰②×②¹③＝0
②をはさんで②と③は結ばれていない

②¹④×④¹③＝1
④をはさんで②と③が結ばれている

1×1 ＋ 0×1 ＋ 1×0 ＋ 1×1 ＝ 2

②¹①×①¹③＝1
①をはさんで②と③が結ばれている

②¹③×③⁰③＝0
③をはさんで②と③は結ばれていない

▲ **図1.5.9** M^2行列の2行3列の要素

参考 ②と③が1つの頂点をはさんで結ばれる経路は2つ。

図1.5.9の式の1つ目の項は，「②と①を結ぶ辺の数×①と③を結ぶ辺の数」を表し，この値が1ということは，「②－①－③」の経路が1つ存在するということです。また，4つ目の項の値も1なので，「②－④－③」経路が1つ存在することになります。つまり，図1.5.9の式で求められるのは，②と③が1つの頂点をはさんで結ばれる経路の数です。

1.5.5 重みつきグラフ

> **参考**: 重みつきグラフを重みつきネットワークということもある。

グラフの辺に値をもたせたグラフを**重みつきグラフ**といいます。そして，重みつきグラフに処理の開始点である始点が与えられ，始点から目的点までの最短経路を求める問題を**最短経路問題**といいます。最短経路を求めるアルゴリズムで代表的なのは，ダイクストラ法です。

ダイクストラ法

ダイクストラ法では，各頂点への最小コスト（最短距離）を，始点の隣接点から1つずつ確定し，徐々に範囲を広げていき，最終的にすべての頂点への最小コストを求めます。図1.5.10に，始点Aから目的点Dに至るまでの最小コストを求める手順を示します。

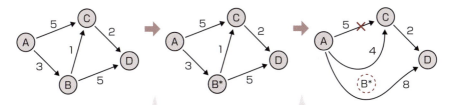

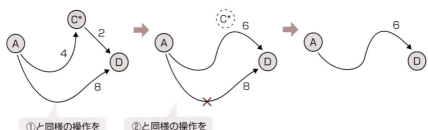

▲ **図1.5.10** 最小コストを求める手順

> **試験**: 試験では，目的点までの最小コストの他，各頂点までのコストが確定していく順番が問われる。

この操作の結果，始点Aから，B，C，Dの順にコストが確定していき，目的点Dまでの最小コストは6と求められます。

最小コストとなる経路：A→B→C→D

1 基礎理論

1.6 確率と統計

1.6.1 確率 　　　　　　AM/PM

場合の数

確率を考えるとき，「場合の数」という言葉が頻繁にでてきます。場合の数とは，ある事柄(事象)の起こり方のことで，その起こり方が全部でm通りあるとき，このmを場合の数といいます。例えば，サイコロを投げたときの目の出方は，1，2，3，4，5，6の6通りなので，出る目の場合の数は6通りであるといいます。

> **POINT 積の法則と和の法則**
>
> ・積の法則
> 　2つの事象A，Bがあって，Aの起こり方がm通りあり，その各々に対してBの起こり方がn通りであるとき，AとBがともに起こる場合の数はm×n通り
> ・和の法則
> 　同時には起こらない2つの事象A，Bがあって，Aの起こり方がm通り，Bの起こり方がn通りであるとき，A，Bいずれかが起こる場合の数はm+n通り

組合せ

参考 組合せに対して順列がある。順列は，取り出したものを順に並べる並べ方で，「$_nC_r \times r!$」で求められる。

n個の異なるものの中から任意にr個($r \leqq n$)とってできる組の1つひとつを，「n個からr個とってできる組合せ」といい，その組合せの数を$_nC_r$で表します。

> **POINT n個の中からr個選ぶ選び方(組合せ)**
>
> $$_nC_r = \frac{n!}{r! \times (n-r)!} \qquad *_nC_1 = n,\ _nC_n = 1,\ _nC_0 = 1$$
>
> n個の中から / r個を選ぶ

$$_5C_2 = \frac{5!}{2! \times (5-2)!} = \frac{5 \times 4 \times 3 \times 2 \times 1}{2 \times 1 \times 3 \times 2 \times 1} = 10$$

確率と統計 **1.6**

1 基礎理論

確率の定義

起こり得るすべての場合がn通りあり，どの場合も同様に確からしく起こるとするとき，n通りの中である事象Aが起こる場合の数がa通りであれば，事象Aの起こる確率P(A)は，次の式で求められます。

参考 一般に，確率は記号Pで表す。

POINT 確率の求め方

$$P(A) = \frac{a}{n}$$

確率には次のような基本的な性質があります。

▼**表1.6.1** 確率の基本性質

必ず起こる事象Uの確率	$P(U) = 1$
事象Aの起こる確率P(A)	$0 \leq P(A) \leq 1$
事象Aの起こらない確率P($\overline{A}$)	$P(\overline{A}) = 1 - P(A)$
決して起こらない事象(φ)の確率	$P(\phi) = 0$

参考 決して起こらない事象を空事象といい，φで表す。

加法定理と乗法定理

事象Aと事象Bの起こる確率が，それぞれP(A)，P(B)であったとき，事象A又はBの起こる確率は，この2つの事象が互いに排反であるかないかで異なります。

用語 排反 一方の事象が起こったとき，もう一方の事象は起こらないこと。

POINT 確率の加法定理
・事象AとBが互いに排反事象である場合
 $P(A \cup B) = P(A) + P(B)$
・事象AとBが互いに排反事象でない場合
 $P(A \cup B) = P(A) + P(B) - P(A \cap B)$

また，事象Aと事象Bがともに起こる確率を**同時確率**といい，この確率は事象AとBが独立であるか従属であるかで異なります。

事象AとBが互いに**独立事象**であるとき，2つの事象AとBがともに起こる確率はP(A)とP(B)の積で求まられます。一方，事象Aが起こることを条件として事象Bが起こる場合，すなわち事象

用語 独立 ある事象の起こり方が，他の事象の起こり方に互いに影響しないこと。

47

Bが事象Aの**従属事象**であるとき，事象Bが起こる確率を，Aを条件とするBの**条件付き確率**といい，これを$P_A(B)$又は$P(B|A)$と表します。そして，事象Aと事象Bがともに起こる確率は$P(A)$と$P_A(B)$の積になります。

> **POINT　確率の乗法定理**
> ・事象AとBが独立事象である場合
> $P(A \cap B) = P(A) \times P(B)$
> ・事象Bが事象Aの従属事象である場合
> $P(A \cap B) = P(A) \times P_A(B)$

1.6.2 確率の応用　AM/PM

原因の確率

互いに排反である2つの事象E_1，E_2のそれぞれの結果として，1つの事象Nが起こるとき，Nが起こった原因がE_1，あるいはE_2である確率を**原因の確率**といいます。例えば，事象Nが起こった原因がE_1である確率Pは，**ベイズの定理**により次のように求められます。

参考　ベイズの定理の一般化
事象E_1, E_2, …, E_nが互いに排反であるとき，任意の事象Nについて次の式が成り立つ。
$$P_N(E_k) = \frac{P(E_k) \times P_{E_k}(N)}{\sum_{i=1}^{n} \{P(E_i) \times P_{E_i}(N)\}}$$

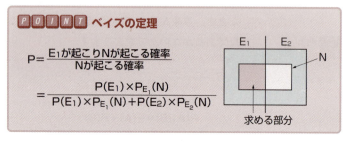

具体的な例で考えてみましょう。

> A社，B社，C社からそれぞれ製品全体の50%，30%，20%を購入している。各社の製品の不良率は，それぞれ1%，3%，3%であった。購入した製品1個を任意に抽出したところ不良品であった。これがA社から購入したものである確率はいくらか。

まず，次の3つのケースに分けて考えます。ここで，不良品である事象をNとします。

・A社の製品が抽出され，それが不良品である確率
$$P(A) \times P_A(N) = 0.5 \times 0.01 = 0.005$$

・B社の製品が抽出され，それが不良品である確率
$$P(B) \times P_B(N) = 0.3 \times 0.03 = 0.009$$

・C社の製品が抽出され，それが不良品である確率
$$P(C) \times P_C(N) = 0.2 \times 0.03 = 0.006$$

次に，上記の3つのケースから不良品である全確率を求めると，
$$P(A) \times P_A(N) + P(B) \times P_B(N) + P(C) \times P_C(N) = 0.02$$

となり，求める確率は次のようになります。

$$\frac{\text{A社の不良品である確率}}{\text{不良品である確率}} = \frac{0.005}{0.02} = 0.25$$

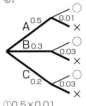

参考 確率木を描くとわかりやすくなる。

① $0.5 \times 0.01 = 0.005$
② $0.3 \times 0.03 = 0.009$
③ $0.2 \times 0.03 = 0.006$

マルコフ過程

マルコフ過程とは，いくつかの状態があり，その中のある状態が現れる確率は，その直前の状態にのみ関係する確率過程のことです。直前の状態がAであったとき，状態Bが現れる（すなわち，状態Bに遷移する）確率を**推移確率**といい，p_{AB}と表します。

例えば，S_1，S_2の2つの状態がある場合，状態S_iからS_jへの推移確率はp_{ij}（$i, j = 1 \sim 2$）と表すことができ，これを**推移行列**Pに表すと図1.6.1のようになります。

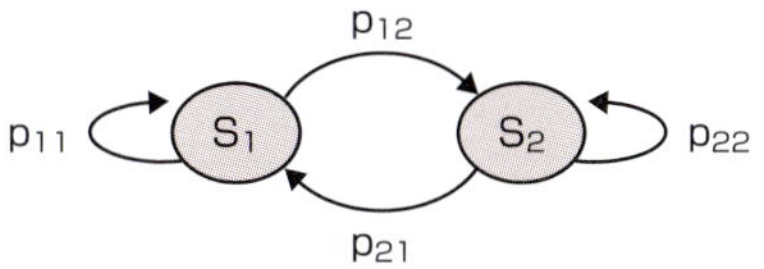

$$P = \begin{pmatrix} p_{11} & p_{12} \\ p_{21} & p_{22} \end{pmatrix}$$

▲ **図1.6.1** 推移行列P

ここで，$P \times P (= P^2)$で求められる2段階推移行列（図1.6.2）の網掛け部分（$p_{11}p_{12} + p_{12}p_{22}$）の示す意味を考えてみます。

$$P^2 = \begin{pmatrix} p_{11} & p_{12} \\ p_{21} & p_{22} \end{pmatrix} \times \begin{pmatrix} p_{11} & p_{12} \\ p_{21} & p_{22} \end{pmatrix} = \begin{pmatrix} p_{11}p_{11} + p_{12}p_{21} & p_{11}p_{12} + p_{12}p_{22} \\ p_{21}p_{11} + p_{22}p_{21} & p_{21}p_{12} + p_{22}p_{22} \end{pmatrix}$$

▲ **図1.6.2** 2段階推移行列

p_{11}はS_1からS_1への推移確率，p_{12}はS_1からS_2への推移確率なの

で，$p_{11}p_{12}$は$S_1 \to S_1 \to S_2$となる確率です。同様に考えると，$p_{12}p_{22}$は$S_1 \to S_2 \to S_2$となる確率です。

したがって，2段階推移行列の1行2列の要素$p_{11}p_{12}+p_{12}p_{22}$は，状態$S_1$から，状態$S_1$あるいは状態$S_2$のどちらかの状態を経て，状態$S_2$へ2段階で推移する確率といえます。このことから，$P \times P$（$=P^2$）で求められた2段階推移行列の各要素$P^2_{ij}$は，状態$S_i$からある状態を経て状態$S_j$へ推移する確率を表すことになります。

具体的な例で見てみましょう。例えば，図1.6.3の表において，天気の移り変わりはマルコフ過程であると考えたとき，雨の2日後が晴れである確率は，状態S_3から状態S_1へ2段階で推移する確率です。したがって，この確率は，2段階推移行列で求められる3行1列の要素から得られます。

> **別解**
> **参考** 雨の2日後が晴れになる過程は，次のいずれかである。
> ①「雨→晴れ→晴れ」
> ②「雨→曇り→晴れ」
> ③「雨→雨→晴れ」
> したがって，それぞれの確率を求め，それを加算すればよい。
> ①の確率＋②の確率＋③の確率
> ＝(0.3×0.4)＋(0.5×0.3)＋(0.2×0.3)
> ＝0.33

		S_1	S_2	S_3
		翌日晴れ	翌日曇り	翌日雨
S_1	晴れ	40	40	20
S_2	曇り	30	40	30
S_3	雨	30	50	20

$$\begin{pmatrix} 0.4 & 0.4 & 0.2 \\ 0.3 & 0.4 & 0.3 \\ 0.3 & 0.5 & 0.2 \end{pmatrix} \times \begin{pmatrix} 0.4 & 0.4 & 0.2 \\ 0.3 & 0.4 & 0.3 \\ 0.3 & 0.5 & 0.2 \end{pmatrix} = \begin{pmatrix} \Box & \Box & \Box \\ \Box & \Box & \Box \\ \blacksquare & \Box & \Box \end{pmatrix}$$

$0.3 \times 0.4 + 0.5 \times 0.3 + 0.2 \times 0.3 = 0.33$

▲ 図1.6.3 マルコフ過程の例

COLUMN

モンテカルロ法

モンテカルロ法は，数値モデルとして定義された問題（確率過程を含む）の解を，**乱数**を用いて推定する手法の総称です。もともとは，確率を伴わない問題を確率問題に置き換えて解決する方法として考案された手法で，その代表例が「円周率πの近似計算」です。現在では，AIの強化学習など様々な分野に応用されています。

① 0.0～1.0までの乱数を2つ発生させ，1つをx，もう1つをyとした座標位置に打点する。これをN回繰り返す。
② 四分円内（円周上含む）の点を数える（ここでは，p個とする）。
③ 円の面積$\pi r^2 = \pi \times 1.0^2 = 4 \times (p/N)$より$\pi$の値を求める。

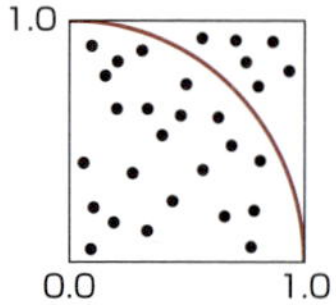

▲ 図1.6.4 円周率πの近似計算

確率と統計 **1.6**

1.6.3 確率分布　AM/PM

代表値

データの性質やそのデータの分布の特徴を数値的に表したものを**代表値**といい，次の3つがあります。

> **POINT 代表値**
> ・平均値…データの分布のバランスポイント
> $$\text{平均値}\ \overline{x} = \frac{1}{n}\sum_{i=1}^{n} x_i = \frac{1}{n}(x_1+x_2+x_3+\cdots+x_n)$$
> ・中央値（メジアン：Me(median)）…データの中央の値
>   データ数nが奇数の場合：$(n\div 2)+1$番目の値
>   データ数nが偶数の場合：
> $(n\div 2)$番目の値と$(n\div 2)+1$番目の値の平均
>   ＊データの並びは昇順又は降順
> ・最頻値（モード値）…並の値，データの中で最も出現度の多い値

参考 $(n\div 2)$の小数点以下は切捨てとなる。

散布度

データの性質を見るためには，データ全体がどのような分布をしているのかという，データのばらつきの大きさも重要となります。このばらつきを測る尺度として最もよく知られているのが，レンジ，分散及び標準偏差です。

レンジは，データのばらつきの範囲を意味し，データ中の最大値から最小値を引いて求められる値です。また，**分散**と**標準偏差**は，次の式で求めることができます。

参考 $\overline{X}$管理図のUCL，LCLは，分布の中心を表すCLから$\pm 3\sigma$を表す線であるが，標本数が少ない場合，σの代わりに標本から求めたレンジ(R)の平均$\overline{R}$が用いられる。

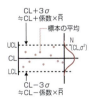

> **POINT データx_i（i=1, 2, …, n）における分散**
> $$\text{分散}\ \sigma^2 = \frac{1}{n}\sum_{i=1}^{n}(x_i-\overline{x})^2 \qquad \text{標準偏差}\ \sigma = \sqrt{\sigma^2}$$

参考 $(x_i-\overline{x})$を**偏差**という。したがって，分散は「偏差の2乗の平均」という意味をもつ。

この式で求められる分散σ^2は，平均値を中心とする分布の広がりの程度を示す値です。つまり，σ^2が小さければデータは平均値のまわりに，σ^2が大きければ平均値から離れたところにデータが多いということになります（次ページ図1.6.5）。

51

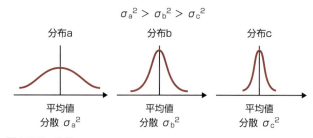

▲ 図1.6.5　分散

平均値と分散・標準偏差の性質

平均値と分散・標準偏差には，表1.6.2のような性質があります。

▼ 表1.6.2　平均値と分散・標準偏差の性質

$\overline{x+a}=\overline{x}+a$	すべてのデータに定数aを加えたときの平均は，もとの平均+a
$\overline{a \times x}=a \times \overline{x}$	すべてのデータを定数a倍したときの平均は，もとの平均×a
$\sigma^2_{x+a}=\sigma^2_x$	すべてのデータに定数aを加えても分散は変わらない
$\sigma^2_{x \times a}=a^2 \times \sigma^2_x$	すべてのデータを定数a倍したときの分散は，もとの分散×a^2
$\sigma_{x \times a}=|a| \times \sigma_x$	すべてのデータを定数a倍にしたときの標準偏差は，もとの標準偏差×$|a|$

$\overline{x+a}$は変量(x+a)の平均，σ^2_{x+a}は変量(x+a)の分散
$\overline{x \times a}$は変量(x×a)の平均，$\sigma^2_{x \times a}$は変量(x×a)の分散

確率分布の種類

ある集団の性質や特性を調べるために，その一部分だけを調べて全体を推測することを**標本調査**といいます。標本調査では，全体の集団を**母集団**，調査のため無作為に抜き出した集団を**標本**（サンプル）とします。

参考　母集団の平均を母平均，標本の平均を標本平均という。

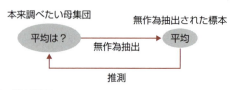

▲ 図1.6.6　標本調査

無作為に抜き出された標本は，母集団の性質をそのまま小さくしたものと考えられます。そこで，標本の分布に確率を導入したのが**確率分布**です。確率分布は，その確率変数によって，連続型確率分布と離散型確率分布の2つに分かれます。

> **参考** 待ち行列理論では，指数分布とポアソン分布が重要。

> **用語 ポアソン分布**
> 二項分布B(n, p)において，平均npを一定とし，nを無限大とした場合の確率分布(非常に大きなサンプルにおいて，発生する確率pが極めて小さい場合の確率分布)。

▲ **図1.6.7** 連続型確率分布と離散型確率分布

正規分布の性質

正規分布(Normal distribution)は**ガウス分布**とも呼ばれ，統計では最も重要となる確率分布です。図1.6.8のように，正規分布の形は平均を中心とした左右対称型で，釣鐘型になることが知られています。

> **参考** 正規分布は，ドイツの数学者ガウス(Gauss)が土地測量の結果を整理するために考案したもの。

> **参考** 正規分布の曲線を表す関数(確率密度関数)は次の式により表される。
> $f(x) = \dfrac{1}{\sqrt{2\pi}\,\sigma} e^{-t}$
> $t : \dfrac{(x-\mu)^2}{2\sigma^2}$
> π：円周率
>   (3.14159…)
> e：自然対数の底
>   (2.71828…)

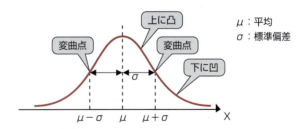

▲ **図1.6.8** 正規分布

正規分布の形は，平均μと標準偏差σによって決まります。ある確率変数Xの平均がμ，標準偏差がσである場合の正規分布はN(μ, σ^2)と表します。特に，平均が0，標準偏差が1である正規分布N(0, 1^2)を**標準正規分布**といいます。また，次ページの図1.6.9に示す正規分布の性質は大切なので，覚えておきましょう。

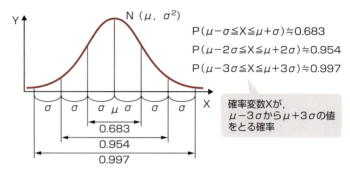

▲ 図1.6.9　正規分布の性質

> 参考: 図1.6.9の数字は、「$\mu \pm \sigma$の範囲に全体の約68.3%, $\mu \pm 2\sigma$の範囲に全体の約95.4%, $\mu \pm 3\sigma$の範囲に全体の約99.7%が含まれる」ことを意味する。

標本平均と標本合計の分布

母集団が、平均μ, 分散σ^2の正規分布に従うとき、ここから無作為に抽出された大きさnの標本の平均$\bar{x}$の分布は、nが大きくなるにつれて、平均μ, 分散はσ^2/nの正規分布に近づくことが知られています。

また、合計Σxの分布は、nが大きくなるにつれて、平均$n \times \mu$, 分散$n \times \sigma^2$の正規分布に近づきます。

> 参考: 母集団が正規分布でない場合でも、n=50以上になると$\bar{x}$の分布はほぼ正規分布になる。

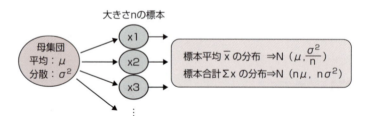

▲ 図1.6.10　標本平均と標本合計

正規分布の加法性

2つの確率変数X, Yが互いに独立で、それぞれが正規分布$N(\mu_x, \sigma_x^2)$, $N(\mu_y, \sigma_y^2)$に従うとき、2つの変数の和と差はそれぞれ次の正規分布に従います。

> 参考: 正規分布の加法性を再生性ともいう。

POINT　正規分布の加法性
和：X+Y　　$N(\mu_x+\mu_y, \sigma_x^2+\sigma_y^2)$
差：X−Y　　$N(\mu_x-\mu_y, \sigma_x^2+\sigma_y^2)$

> 参考: 分散は、和、差に関係なく、2つの正規分布の分散を加えた値となることに注意。

1.7 回帰分析

ある変量とその要因となる変量間の関係性を統計的に分析して，それを$y=f(x)$という数式モデルに当てはめることを **回帰分析** といいます。回帰分析は，1つ，あるいは複数の要因から目的変量の値を推測・予測したり，目的変量に影響を与えている要因を探してその影響度を図ったりする場合に用いられます。

1.7.1 単回帰分析

単回帰分析とは

回帰分析のうち，目的変量に影響を与える要因が1つの場合の分析方法を **単回帰分析** といいます。なかでも，目的変量をy，目的変量に影響を与える要因をxとしたとき，xとyの関係が$y=ax+b$といった式で表されるなら，これを **線形回帰** といいます。

なお，回帰分析では，目的変量を表す変数yを目的変数(従属変数)といい，要因となる変数xを説明変数(独立変数)といいます。

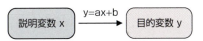

▲ 図1.7.1　単回帰分析(線形回帰)

線形回帰の例

表1.7.1は，ある商品の，地域別の販売高yと地域所得xを観測した結果です。このデータを，縦軸に販売高y，横軸に地域所得xをとったグラフ上にプロットして **散布図** に表すと，次ページの図1.7.2のようになり，10個の点の分布がほぼ直線状になります。

▼ 表1.7.1　販売高と地域所得

(販売高：千万円，地域所得：百億円)

販売地域	1	2	3	4	5	6	7	8	9	10
販売高y	15	14	8	12	16	8	15	5	9	16
地域所得x	20	18	10	18	18	8	18	8	10	20

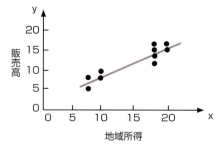

▲ 図1.7.2　地域所得xと販売高yの散布図

地域所得xと販売高yの間に直線的関係が想定できるとき，「販売高yの地域所得xに対する回帰は直線と想定できる」という。

係数a, bのことを**回帰係数**あるいは回帰パラメータという。

このように，地域所得xと販売高yの間に直線的関係が想定できる場合，線形回帰モデル「y＝ax＋b」を適用します。そして，「y＝ax＋b」が，点(x, y)の分布に最もよく合うよう（よい近似となるよう）に，係数a, bを推測していきます。このとき用いられる最も代表的な手法が**最小二乗法**です。

◯ 最小二乗法

最小二乗法とは，点と直線の残差の2乗和が最小となるように係数a, bを決定する方法です。いま，任意の点$P_i(x_i, y_i)$からy軸に平行に引いた直線が「y＝ax＋b」と交わる点をQ_iとすると，点$P_i(x_i, y_i)$と直線の残差は，「$e_i = y_i - (ax_i + b)$」となります。最小二乗法では，この残差の2乗和$\sum_{i=1}^{n} e_i^2 = \sum_{i=1}^{n} \{y_i - (ax_i + b)\}^2$を最小とする係数a, bを次の式から求めます。

係数a, bは，残差の2乗和，
$S = \sum_{i=1}^{n} \{y_i - (ax_i + b)\}^2$
をa及びbで偏微分して，それを0とおいた次の式から求められる。
$\frac{\partial S}{\partial a} = 0, \frac{\partial S}{\partial b} = 0$
※式の詳細は省略
なお，この方程式を**正規方程式**という。

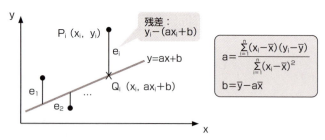

▲ 図1.7.3　最小二乗法

このようにして求めたy＝ax＋bを，「yのxへの**回帰直線**」といいます。回帰直線は，分布の中心的傾向を示したものなので，xとyの間に強い相関がある場合には，xの任意の値に対するyの中心的

な値を予測することができます。なお、「yのxへの回帰直線」を用いて、yの値からxの値を予測することはできません。これを行う場合には、xとyを入れ替えて、yの各値に対するxの中心的傾向を示す「xのyへの回帰直線」を求める必要があります。

相関係数

回帰直線が分布の中心的傾向を示すのに対し、**相関係数**は分布の広がりの程度を示します。すなわち、変数xとyの関係性の度合いを測る尺度となるのが相関係数です。

全体の点が回帰直線の近辺に集中して分布している場合、相関係数の絶対値は1に近い値となります。このとき回帰直線は有効となりますが、分布が広がってしまっている場合は、相関係数の絶対値は0に近い値になり、回帰直線は有効とはいえません。

相関係数の求め方と解釈方法を下記POINTに示します。ここで、相関係数の取りうる値の範囲は、「−1≦相関係数≦1」です。また、相関係数の符号（＋、−）は回帰直線の傾きの符号と一致します。

参考：xyの共分散は、一般に記号c_{xy}で表され、次の式で求められる。
$$\frac{1}{n}\sum_{i=1}^{n}(x_i-\bar{x})(y_i-\bar{y})$$
また、x及びyの標準偏差の式は次のとおり。
xの標準偏差
$$=\sqrt{\frac{1}{n}\sum_{i=1}^{n}(x_i-\bar{x})^2}$$
yの標準偏差
$$=\sqrt{\frac{1}{n}\sum_{i=1}^{n}(y_i-\bar{y})^2}$$

POINT 相関係数(r)

$$r = \frac{xyの共分散}{xの標準偏差 \times yの標準偏差} = \frac{\sum_{i=1}^{n}(x_i-\bar{x})(y_i-\bar{y})}{\sqrt{\sum_{i=1}^{n}(x_i-\bar{x})^2} \times \sqrt{\sum_{i=1}^{n}(y_i-\bar{y})^2}}$$

・すべての点が回帰直線上にある：$|r|=1$（完全相関）
　例えば、すべての点が正の傾きをもつ回帰直線上にあるとき、rの値は+1。
・分布が回帰直線に近い：$|r|$は1に近い値（強い相関）となる。
・分布が広がっている：$|r|$は0に近い値（弱い相関）となる。
・直線的傾向が見られない：$r=0$（相関なし）となる。

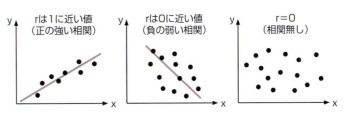

▲ 図1.7.4　相関係数

1.7.2 重回帰分析

> 重回帰分析は，**多元回帰分析**ともいう。

単回帰分析が，1つの目的変数を1つの説明変数で推測・予測するのに対し，1つの目的変数を複数の説明変数を用いて推測・予測しようというのが**重回帰分析**です。

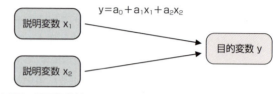

▲ 図1.7.5　重回帰分析

> 説明変数がn個ある場合のモデル式は，次のようになる。
> $y = a_0 + a_1 x_1 + a_2 x_2 + \cdots + a_n x_n$

先の例（図1.7.2）において，販売高を左右する，その他の要因（地域所得以外の要因），例えば，各地域の平均気温を加えて分析する場合は重回帰分析になります。この場合，地域所得をx_1，地域平均気温をx_2とし，次の回帰式の係数$a_0 \sim a_2$を求めます。係数の求め方は，最小二乗法を用います。

$$y = a_0 + a_1 x_1 + a_2 x_2$$

偏相関係数

偏相関係数は，当該2変数間の関係の度合いを測る尺度です。2変数間の関係の度合いを，他の変数の影響を取り除いて知りたい場合に利用します。例えば，地域所得x_1と販売高yの間に相関が認められても，もしかしたら他の変数（平均気温x_2）の影響を受けた見かけ上の相関関係かもしれません。この見かけ上の相関を**擬似相関**といい，擬似相関が考えられる場合は，影響を与えている変数の影響を取り除いた上での，偏相関係数を求める必要があります。

> 偏相関係数
> $r_{yx_1 \cdot x_2}$は，次の式で求められる。
> $$\frac{r_{yx_1} - r_{yx_2} r_{x_1 x_2}}{\sqrt{1 - r_{yx_2}^2} \sqrt{1 - r_{x_1 x_2}^2}}$$

x_2をまったく考慮しなかった場合の，yとx_1の間の相関係数を**単相関係数**といいr_{yx_1}と表します。また，x_2の影響を考慮してこの影響を除いた上での，yとx_1の間の**偏相関係数**を$r_{yx_1 \cdot x_2}$と表します。下付記号$yx_1 \cdot x_2$は，y及びx_1からx_2の影響を除いたことを表しています。単相関係数r_{yx_1}と偏相関係数$r_{yx_1 \cdot x_2}$は，一般には等しくならないことに注意が必要です。

1.7.3 ロジスティック回帰分析　AM/PM

ロジスティック回帰分析は，目的変数の値が「1 or 0」の2値のときに利用される分析法です。ある事象が発生するか否かを判別する場合，その事象の生起を説明する変数群X(x_1, x_2, …, x_n)を用いて当該事象が発生する確率を算出する回帰モデル(図1.7.6)を適用します。そして，入力に対する出力値(確率)が閾値以上(一般には0.5以上)ならば「1(発生する)」，そうでなければ「0(発生しない)」と判断します。

例えば，「この人(新規顧客)は商品を購入するか否か」を判別する場合，既存顧客についての情報(例えば，年齢，年収，性別)と購入の有無との関係を調べ，購入するかどうかを判別するモデル式を作ります。そして，このモデル式を使って，新規顧客の情報から，新規顧客の購入の有無を判別します。

参考：eは自然対数の底(2.71828…)。

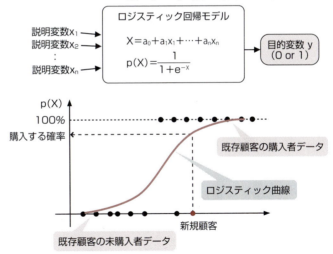

▲ 図1.7.6　ロジスティック回帰分析

このようにロジスティック回帰分析は，2値分類を行うための分類モデルでもあります。そのため，**機械学習**においては，判別認識の手法として用いられています。

参照：機械学習についてはp67を参照。

1.8 数値計算

ここでは，非線形方程式の数値的解法（二分法，ニュートン法）と定積分の数値的解法，さらに連立一次方程式の解法といった，数値計算に関する基本的な内容を説明します。

1.8.1 数値的解法　AM/PM

二分法

二分法は，$f(x)=0$の近似根を求める1つの方法です。$f(x)$がxの連続関数であり，区間$[a, b]$の間で単純に増加する場合，「$f(a)$と$f(b)$が異符号，すなわち$f(a)<0$かつ$f(b)>0$」であれば，求める根は$a<x<b$の範囲に存在します。そこで，この範囲を二分割すれば，根の範囲を半分に狭められることから，**二分法**では，根の範囲を二分割する操作を繰返し行って，範囲を十分に狭めていくことで近似根を求めます。

参考　区間$[a, b]$は，下図の閉区間を表す。

参考　POINTに示した手順の前提条件⇒関数$f(x)$が区間$[a, b]$で単調に増加する連続関数であり，「$f(a)<0$かつ$f(b)>0$」を満たす。

参考　ε（イプシロン）は収束判定に用いる，十分に小さい正の値。

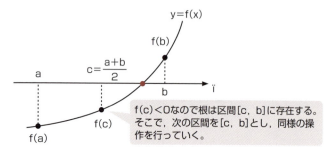

▲ 図1.8.1　二分法

POINT　二分法

区間$[a, b]$内で$f(x)=0$となるxの値を近似的に求める手順

① $c \leftarrow (a+b)/2$
② $|a-b|<\varepsilon$なら，cの値を近似根として終了する。
③ $f(c)<0$ならば$a \leftarrow c$，そうでなければ$b \leftarrow c$とする。
④ ①に戻る

ニュートン法

ニュートン法は，y＝f(x)の接線を利用して近似根を求める方法です。ニュートン法では，「ある値x_0における接線とx軸とが交わるx_1は，x_0より真の根に近くなる」という考え方に基づいて反復計算を行うため，二分法よりも速く収束します。

具体的な方法としては，まず，あらかじめ予測できる近似値を初期値x_0とし，点$(x_0, f(x_0))$におけるy＝f(x)の接線とx軸とが交わる点のx座標x_1を求めます。次に，このx_1を新たなx_0として同様の操作を繰り返していき，$|x_1 - x_0| < \varepsilon$（$\varepsilon$は収束判定値）となったところで計算を止め，そのときのx_1を近似根とします。

> **参考** その他の方法に，**はさみうち法**がある。はさみうち法は**線形逆補間法**とも呼ばれる方法で，根を含む区間[a, b]において，点(a, f(a))と点(b, f(b))を通る直線と，x軸との交点xを求め，xを新たな区間の端として，同様の操作を繰り返し行い近似根を求めていく。

点$(x_0, f(x_0))$におけるy＝f(x)の接線

＊x_0とx_1の差が次第に小さくなる

▲ **図1.8.2** ニュートン法

◯接線とx軸とが交わる点x_1の求め方

> **参考** f'(x)は，f(x)を微分して求めた導関数。

点$(x_0, f(x_0))$における接線は，次のように表すことができます。

$$y - f(x_0) = f'(x_0)(x - x_0)$$

そこで，この接線とx軸とが交わる点x_1は，上式のxにx_1，yに0を代入し，次のように求めることができます。

$$0 - f(x_0) = f'(x_0)(x_1 - x_0)$$

$$-f(x_0) = f'(x_0) \times x_1 - f'(x_0) \times x_0$$

$$-f'(x_0) \times x_1 = f(x_0) - f'(x_0) \times x_0$$

$$x_1 = \frac{f'(x_0) \times x_0 - f(x_0)}{f'(x_0)} = x_0 - \frac{f(x_0)}{f'(x_0)} \quad \cdots ①$$

> **試験** 試験では，①に示した，x_1とx_0の関係式が問われることがある。

1 基礎理論

数値積分

用語 数値積分
積分公式を使わずに関数の描く曲線で囲まれた面積の近似値を求める方法。

関数f(x)について，x＝aからx＝bまでの定積分を数値的に計算する方法に台形公式があります。台形公式は台形則とも呼ばれる方法で，考え方は，「区間[a, b]内でf(x)を一次関数で近似し，それによってできた台形の面積を求めれば，そこそこの近似値が得られる」というものです。一次関数で近似するとは，区間[a, b]の両端における関数上の点を直線でつなげるということです。

参考 台形の面積の求め方。
(上底＋下底)×$\frac{高さ}{2}$

$$\int_a^b f(x)dx \fallingdotseq \frac{b-a}{2}(f(a)+f(b))$$

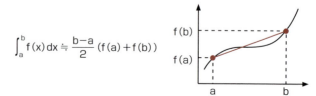

▲ 図**1.8.3** 数値積分

区間[a, b]をn等分して，さらに微小な区間に狭めていくことで，よりよい近似値が得られるとしたのが台形公式です。台形公式を使うと，定積分$\int_a^b f(x)dx$は，次の式で近似できます。ここで，区間[a, b]をn等分した微小区間幅をh(＝(b－a)／n)とし，各区間の端点をx_0, x_1, x_2, …, x_nとします。

参考 誤差をさらに少なくするために工夫された方法にシンプソン法がある。シンプソン法では，微小区間を一次関数ではなく，二次関数で近似することによって，$\int_a^b f(x)dx$の近似値を得る。

POINT 台形公式

$$\int_a^b f(x)dx$$
$$\fallingdotseq \frac{h}{2}(f(x_0)+f(x_1))+\frac{h}{2}(f(x_1)+f(x_2))+\cdots+\frac{h}{2}(f(x_{n-1})+f(x_n))$$
$$= \frac{h}{2}(f(x_0)+2f(x_1)+2f(x_2)+\cdots+2f(x_{n-1})+f(x_n))$$

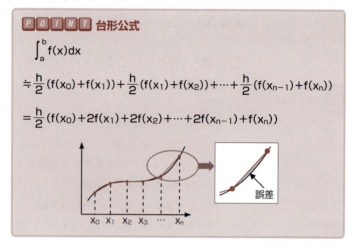

数値計算 **1.8**

台形公式を用いた数値積分では、区間$[a, b]$を$n=2^k$($k=1, 2,$ $\cdots$)等分していき、台形公式でS_kを順次求めていきます。そして、$|S_k-S_{k-1}|<\varepsilon$となったところで計算を止め、そのときの$S_k$の値を積分値とします。

誤差

代数方程式や定積分の数値的解法(近似計算法)では、収束判定式の値がε(収束判定値)より小さくなったところで計算を打ち切るため、εの値が大きければ真値に近づくことなく計算は打ち切られ、εの値が適切に小さければ誤差はあるものの、よい近似値を得ることができます。いずれにしても、この打切りにより近似値と真値との間には誤差が発生します。これを**打切り誤差**といいます。

計算過程で生じる誤差には、打切り誤差の他に、丸め誤差、情報落ち、桁落ちがあります。表1.8.1にそれぞれの誤差の特徴をまとめます。

▼ **表1.8.1** 誤差の種類

丸め誤差	数値を有限ビット数で表現するため、最下位桁より小さい部分について四捨五入や切上げ、切捨てが行われることにより発生する誤差
情報落ち	絶対値の非常に大きな数と小さな数の加減算を行ったとき、指数部が小さいほうの数の仮数部の下位部分が計算結果に反映されないために発生する誤差
桁落ち	絶対値のほぼ等しい2つの数の差を求めたとき、有効桁数が大きく減るために発生する誤差
打切り誤差	計算処理を途中で打ち切ることによって発生する誤差

参考 指数部の値が異なる2つの数の加減算では、指数部を大きいほうに揃えてから演算する。そのため、指数部の小さいほうの数の仮数部の値が右にシフトされ、**情報落ち**が発生する。

⊃絶対誤差と相対誤差

近似値と真値との差、|近似値−真値|を**絶対誤差**といいます。一方、絶対誤差と真値との比、|絶対誤差÷真値|=|(近似値−真値)÷真値|を**相対誤差**といいます。

また、誤差が越えることのない範囲を**誤差限界**といい(|近似値−真値|$\leqq\varepsilon$であればεが誤差限界)、誤差限界÷真値を**相対誤差の限界**といいます。

参考 A, Bの近似値をa, b、それぞれの絶対誤差(誤差限界)をd_a, d_bとして、A, Bの積を求めたときの**相対誤差の限界**を評価する式は次のようになる。

$$\left|\frac{d_a}{A}\right|+\left|\frac{d_b}{B}\right|$$

1 基礎理論

....1.8.2.... 連立一次方程式の解法 AM/PM

　前節で述べた最小二乗法など，多くのデータから新しい情報を
得るために，複数の未知数からなる多元連立一次方程式を解くこ
とがあります。連立方程式の解法については，いくつかの方法が
ありますが，ここではその代表的な解法の1つを説明します。

連立一次方程式の行列による表現

　多元連立一次方程式（以下，連立方程式という）は，図1.8.4に
示すように，xの項の係数及びyの項の係数からなる行列と，定数
項からなる列ベクトルを用いて表すことができます。

$$\begin{cases} 2x+3y=4 \\ 5x+6y=7 \end{cases} \Rightarrow \begin{pmatrix} 2 & 3 \\ 5 & 6 \end{pmatrix}\begin{pmatrix} x \\ y \end{pmatrix} = \begin{pmatrix} 4 \\ 7 \end{pmatrix}$$

▲ **図1.8.4**　連立方程式と行列表現

　ここで，xの項とyの項の係数からなる行列 $\begin{pmatrix} 2 & 3 \\ 5 & 6 \end{pmatrix}$ をA，解を表
す列ベクトル $\begin{pmatrix} x \\ y \end{pmatrix}$ を α，定数項からなる列ベクトル $\begin{pmatrix} 4 \\ 7 \end{pmatrix}$ をbとおけ
ば，上記の連立方程式は，

　　$A\alpha = b$

と書き替えることができ，$A\alpha = b$ から α を求めることができれ
ば，同時に連立方程式の解が求められることになります。

◯ 単位行列と逆行列

　単位行列とは，対角要素が1で，他はすべて0となる行列のこと
です。例えば，2×2の単位行列は，$\begin{pmatrix} 1 & 0 \\ 0 & 1 \end{pmatrix}$ となります。この単位
行列をEと表したとき，行列Aに対して，

　　$AB = BA = E$

を満たすBが存在するとき，BをAの**逆行列**といい A^{-1} と表しま
す。

> **参考** 単位行列は，一般に，E又はIと表す。

> **参考** Aが逆行列 A^{-1} をもつとき，Aを**正則行列**という。

◯ $A\alpha = b$ から α を求める

　「$A^{-1}A = E$」となる性質を利用します。つまり，先の式 $A\alpha = b$

64

の両辺にA⁻¹を掛けると，

$$A^{-1}A\alpha = A^{-1}b \quad \text{*両辺に}A^{-1}\text{を掛ける}$$
$$E\alpha = A^{-1}b$$
$$\alpha = A^{-1}b$$

となり，α は $A^{-1}b$ で求められます。

$A = \begin{pmatrix} 2 & 3 \\ 5 & 6 \end{pmatrix}$ の逆行列 A^{-1} は，$-\dfrac{1}{3}\begin{pmatrix} 6 & -3 \\ -5 & 2 \end{pmatrix}$ です。したがって，これを $\alpha = A^{-1}b$ に代入すると，

$$\alpha = A^{-1}b = -\frac{1}{3}\begin{pmatrix} 6 & -3 \\ -5 & 2 \end{pmatrix}\begin{pmatrix} 4 \\ 7 \end{pmatrix} = \begin{pmatrix} -1 \\ 2 \end{pmatrix}$$

という解が得られます。このように，行列Aに逆行列があればAα＝bの解αは，一意に決まります。

掃き出し法

Aα＝bの両辺にA⁻¹を掛け，A⁻¹Aα＝A⁻¹bとすることで，解αを求める操作は，Aα＝bの左辺のAを単位行列に変換することを意味します。この考え方に基づいた方法が**掃き出し法**です。

掃き出し法では，行列Aとbをまとめて，(A｜b)という行列を作り，この行列を(E｜c)の形に変形します。このとき，cが解となります。なお，行列と列ベクトルをまとめ，両者の間に「｜」を引いた行列を**拡大係数行列**又は拡大行列といいます。

$$(A|\mathbf{b}) = \begin{pmatrix} 2 & 3 & | & 4 \\ 5 & 6 & | & 7 \end{pmatrix} \Longrightarrow (E|\mathbf{c}) = \begin{pmatrix} 1 & 0 & | & -1 \\ 0 & 1 & | & 2 \end{pmatrix}$$

▲ **図1.8.5** 掃き出し法のイメージ

連立方程式に，掃き出し法を適用して，係数と定数項からなる行列を変形しても，(E｜c)の形にならないことがある。このような場合には，連立方程式は解をもたない(不能)か，無数に多くの解をもつ(不定)か，いずれかであることが知られている。

> **POINT 掃き出し法**
>
> 〔手順〕
> ① x及びyの項の係数からなる行列Aと定数項からなる列ベクトルbをまとめて，(A｜b)という行列を作る。
> ② この行列に対して，基本変形(1)～(3)のいずれかを順次施して，(E｜c)の形に変形する。このとき，cが解となる。
>
> 〔基本変形〕
> (1)ある行をk倍する（k≠0）。
> (2)ある行のk倍を他の行に加える。
> (3)ある行と他の行を入れ替える。

1 基礎理論

図1.8.6に，掃き出し法による解法例を示します。ここでは，拡大係数行列を表形式で表すこととします。

	連立方程式	拡大係数行列とその操作	
1	2x+3y=4 5x+6y=7	2 3 4 5 6 7	1行目を−2倍し，2行目に加える 2行目は「1　0　−1」となる
2	2x+3y=4 x+0y=−1	2 3 4 1 0 −1	行を入れ替える
3	x+0y=−1 2x+3y=4	1 0 −1 2 3 4	1行目を−2倍し，2行目に加える 2行目は「0　3　6」となる
4	x+0y=−1 0x+3y=6	1 0 −1 0 3 6	← 2行を1／3倍する
5	x+0y=−1 0x+y=2	1 0 −1 0 1 2	

▲ **図1.8.6**　掃き出し法による解法

参考 行列式を用いても解が得られる。
$$\begin{cases} ax+by=p \\ cx+dy=q \end{cases}$$
に対して，
$$D=\begin{vmatrix} a & b \\ c & d \end{vmatrix} \neq 0$$
であれば，解は次のとおり。
$$x=\frac{1}{D}\begin{vmatrix} p & b \\ q & d \end{vmatrix}$$
$$y=\frac{1}{D}\begin{vmatrix} a & p \\ c & q \end{vmatrix}$$

図1.8.6に示した掃き出し法は，**ガウス・ジョルダン法**とも呼ばれる方法です。この他，連立方程式の解法には，**ガウスの消去法**という解法もあります。ガウスの消去法では，拡大係数行列の行列Aに対応する部分を，対角要素より左下の各要素がすべて0となる三角行列に変形した後(これを前進消去という)，後退代入を行って解を得ます。

COLUMN

AIとGPU

　GPU(Graphics Processing Unit)は，3Dグラフィックスなどの画像描画計算を高速に行うためのプロセッサです。GPUが得意とするのは，膨大かつ単純な演算処理で，GPUは「単純な演算処理を，多数のデータに，並列に，繰り返し適用する」ことを得意とする高性能演算装置です。近年では，GPUの高い演算性能を活用して，画像処理以外の用途で利用される**GPGPU**も数多く登場しています。その1つが**AI**を急速に発展させた**ディープラーニング**です。ディープラーニングでは，大量のデータをもとに膨大な計算処理を行います。また計算処理の大部分が行列計算であることから，CPUの代わりにGPUを搭載したGPUサーバが活用されています。

　なお，GPGPUは "General-Purpose computing on Graphics Processing Units" の略で，「GPUコンピューティング」「GPUによる汎用計算」などと呼ばれています。

AI（人工知能） **1.9**

1
基礎理論

1.9 AI（人工知能）

AI（Artificial Intelligence：**人工知能**）とは，人間の"知能"を実現させるための技術です。ここでは，試験出題用語を中心にAIの概要を説明します。

1.9.1 機械学習とディープラーニング **AM/PM**

機械学習

機械学習は，AIを実現するためのアプローチの1つであり，コンピュータを教育する方法の総称です。具体的には，特定のタスク（判別，分類，予測など）を行うために，「大量のデータ」と「データを解析し，その結果からタスクを実行する方法を学習できるアルゴリズム」を使って，コンピュータをトレーニングするというのが機械学習です。学習の仕方には，表1.9.1に示す3つがあります。

▼ **表1.9.1** 機械学習の学習の仕方

教師あり学習	入力と正解がセットになったトレーニングデータを与え，未知のデータに対して正解を導き出せるようトレーニングする。用途としては，過去の実績から未来を予測する**回帰**や，与えられたデータの分類・判別などがある
教師なし学習	膨大な入力データを与え，コンピュータ自身にデータの特徴や規則を発見させる。用途としては，類似性をもとにデータをグループ化する**クラスタリング**や，データの意味をできるだけ残しながら，より少ない次元の情報に落とし込む**次元削減**（例えば，データの圧縮，データの可視化など）がある
強化学習	試行錯誤を通じて，"価値（報酬）を最大化する行動"を学習する。この学習手法には，「環境，エージェント（学習者），行動」という3つの主な構成要素があり，ある環境内におけるエージェントに，どの行動を取れば価値が最大化できるかを学習させる。"環境"に使用される最も基本的なモデルは，**マルコフ決定過程（確率モデル）**であり，これを用いて最終的に最も高い価値（報酬）が得られる状態遷移シーケンスを見つける。用途としては，将棋や碁などのソフトウェア，株の売買などがある。なおマルコフ決定過程とは，**マルコフ過程**をもとに各状態で報酬が与えられるようにした確率モデル

参考 回帰で用いられる代表的なアルゴリズムに，**線形回帰**，ベイズ線形回帰などがある。また，分類・判別で用いられる代表的なアルゴリズムには，**ロジスティック曲線**，決定木などがある。

参考 次元削減で用いられる代表的なアルゴリズムに，**主成分分析**（p73参照）がある。

67

ディープラーニング（深層学習）

機械学習をさらに発展させたものが**ディープラーニング**です。ディープラーニングでは，人間の脳の神経回路網を模したニューラルネットワークが用いられます。**ニューラルネットワーク**とは，脳の神経細胞（ニューロン）を数理モデル化した形式ニューロンをいくつか並列に組合せた入力層と，出力を束ねる出力層の間に，隠れ層と呼ばれる中間層をもたせた数理モデルです。このネットワークに，大量の学習用データを与え，出力と正解（目標値）の誤差が最小になるように信号線の重みを自動調整することによって，入力に対して最適な解が出せるようにします。なお，最適な重みに調整するために**誤差逆伝播法（バックプロパゲーション）**というアルゴリズムが使われます。これは，簡単にいうと，出力層から入力層に向かって順に，各重みの局所誤差が小さくなるよう調整していくというものです。

> **参考** ニューラルネットワークというと，一般には，3層からなる**多層パーセプトロン**のことを指す。なお，入力層と出力層の2層からなるものを，単に**パーセプトロン**，あるいは単純パーセプトロンという。ニューラルネットワークについては，第2章「チャレンジ午後問題2」も参照のこと。

> **参考** 出力層のニューロンの数は，解くべき問題に応じて適宜決める必要がある。例えば，クラス分類を行う問題であれば，出力ニューロンの数は分類したいクラスの数に設定するのが一般的。

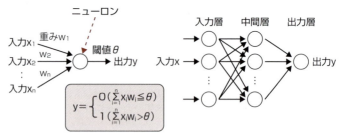

▲ 図1.9.1　形式ニューロンとニューラルネットワーク

ほぼ毎回，正解が出せるようになるまで，すなわちニューロンの入力に対する重みが最適化されるまでの学習段階を経て，ニューラルネットワークは，正解にたどり着くためのルール（例えば，犬か猫かを区別するための目の付けどころ）が独習できるようになります。また，これは，学習用データが多ければ多いほど精度が高くなります。

ディープラーニング（深層学習）は，このニューラルネットワークを多層化し，中間層とニューロンを増やした**DNN**（Deep Neural Network：**ディープニューラルネットワーク**）を利用して，膨大なデータを処理することで，より複雑な判断ができるようトレーニングを行うというものです。

> **参考** その他のNNには，画像認識処理でよく利用される畳み込みNN（**CNN**）や，時系列データを扱えるようにした再帰型NN（**RNN**）などがある。

得点アップ問題　**Q&A**

1
基礎理論

得点アップ問題

解答・解説は71ページ

問題1　(R01秋問2)

全体集合S内に異なる部分集合AとBがあるとき，$\overline{A} \cap \overline{B}$に等しいものはどれか。ここで，A∪BはAとBの和集合，A∩BはAとBの積集合，$\overline{A}$はSにおけるAの補集合，A−BはAからBを除いた差集合を表す。

ア　$\overline{A}$−B　　イ　$(\overline{A} \cup \overline{B})$−(A∩B)　　ウ　(S−A)∪(S−B)　　エ　S−(A∩B)

問題2　(R03春問3)

サンプリング周波数40kHz，量子化ビット数16ビットでA/D変換したモノラル音声の1秒間のデータ量は，何kバイトとなるか。ここで，1kバイトは1,000バイトとする。

ア　20　　　イ　40　　　ウ　80　　　エ　640

問題3　(R02秋問3)

式A+B×Cの逆ポーランド表記法による表現として，適切なものはどれか。

ア　+×CBA　　　イ　×+ABC　　　ウ　ABC×+　　　エ　CBA+×

問題4　(H30秋問3)

受験者1,000人の4教科のテスト結果は表のとおりであり，いずれの教科の得点分布も正規分布に従っていたとする。90点以上の得点者が最も多かったと推定できる教科はどれか。

教科	平均点	標準偏差
A	45	18
B	60	15
C	70	8
D	75	5

ア　A
イ　B
ウ　C
エ　D

問題5　(H08春問95-1K改変)

外的規準となる変数(従属変数)を二つ以上の変数(独立変数)から推定する一次結合式を，最小二乗法によって求める技法はどれか。

ア　因子分析　　　イ　クラスタ分析　　　ウ　重回帰分析　　　エ　判別分析

問題6　(R03秋問3)

AIにおけるディープラーニングに最も関連が深いものはどれか。

ア　ある特定の分野に特化した知識を基にルールベースの推論を行うことによって，専門

69

1 基礎理論

家と同じレベルの問題解決を行う。

イ 試行錯誤しながら条件を満たす解に到達する方法であり，場合分けを行い深さ優先で探索し，解が見つからなければ一つ前の場合分けの状態に後戻りする。

ウ 神経回路網を模倣した方法であり，多層に配置された素子とそれらを結ぶ信号線で構成され，信号線に付随するパラメタを調整することによって入力に対して適切な解が出力される。

エ 生物の進化を模倣した方法であり，与えられた問題の解の候補を記号列で表現して，それらを遺伝子に見立てて突然変異，交配，とう汰を繰り返して逐次的により良い解に近づける。

チャレンジ午後問題 (H22秋問2抜粋)

解答・解説73ページ

構文解析に関する次の記述を読んで，設問1〜3に答えよ。

宣言部と実行部からなる図1のような記述をするプログラム言語がある。その構文規則を，括弧記号で表記を拡張したBNFによって，図2のように定義した。

```
short  aa  ;
long   b1  ;      } 宣言部
long   c ;
aa  =  3  ;
b1  =  aa  -  1  ;   } 実行部
c  =  aa  +  2  *  b1  ;
```

図1 プログラムの記述例

図2において，引用符「'」と「'」で囲まれた記号や文字列，＜数＞，及び＜識別子＞は終端記号を表す。そのほかの「＜」と「＞」で囲まれた名前は非終端記号を表す。＜数＞は1文字以上の数字の列を表し，＜識別子＞は英字で始まる1文字以上の英字又は数字からなる文字列を表す。また，A｜BはAとBのいずれかを選択することを表し，{A} はAを0回以上繰り返すことを表す。

```
＜プログラム＞  ::= ＜宣言部＞ ＜実行部＞
＜宣言部＞    ::= ＜宣言部記述＞ {＜  ア  ＞}
＜実行部＞    ::= ＜文＞ {＜文＞}
＜宣言部記述＞  ::= ＜宣言記述子＞ ＜  イ  ＞ ';'
＜宣言記述子＞  ::= 'short' | 'long'
＜文＞      ::= ＜識別子＞ '=' ＜式＞ ';'
＜式＞      ::= ＜項＞ {'+' ＜項＞| '-' ＜項＞}
＜項＞      ::= ＜  ウ  ＞ {'*' ＜因子＞| '/' ＜因子＞}
＜因子＞     ::= ＜数＞|＜識別子＞
```

図2 構文規則

70

得点アップ問題 Q&A

1

基礎理論

例えば，図1の最初の行 "short aa ;" は，図2の＜宣言部記述＞の定義に従っていて，
＜宣言記述子＞と 'short'，＜　イ　＞と 'aa'，更に ';' 同士がそれぞれ対応している
ことが分かる。

設問1　図2中の　ア　～　ウ　に入れる適切な非終端記号又は終端記号の名前を答え
よ。

設問2　次のプログラム記述には，図2で示した構文規則に反するエラーが幾つか含まれて
いる。構文規則に反するエラーを含む行の番号をすべて答えよ。

```
short  abc ;                 ・・・・・ ①
short  def  ghi ;            ・・・・・ ②
long  mno ;                  ・・・・・ ③
abc = def + 34 ;             ・・・・・ ④
ghi = - 2 * mno ;            ・・・・・ ⑤
mno = abc / 0 ;              ・・・・・ ⑥
xyz = def - 7 ;              ・・・・・ ⑦
```

設問3　"d=a*(3+b) ;" のように，式の演算子の評価順序を明示的に記述するため，「(」
及び「)」を使えるように構文規則を拡張したい。図2の構文規則の中の＜因子＞の行を，
次のように書き換えた。　エ　に入れる適切な字句を答えよ。
＜因子＞ : : = ＜数＞ | ＜識別子＞ | '(' 　エ　 ')'

━━━━━━━━━━━━━ ‖‖‖ **解 説** ‖‖‖ ━━━━━━━━━━━━━

問題1　　　　　　　　　　　　　　　　　　　　　解答：ア

　差集合A－Bは，「AからBを除いた集合」すなわち「Aの要素である
がBの要素ではない要素の集合」のことなのでA∩B̄と表現できます。
このことを参考に考えれば，Ā∩B̄は，集合ĀからBを除いた差集合Ā
－Bと等しいことがわかります。

◀p16を参照。

問題2　　　　　　　　　　　　　　　　　　　　　解答：ウ

　サンプリング周波数が40kHzなので，1秒間に40×10³回のサン
プリングが行われます。また，1回のサンプリングで得られた値は，
16ビットで符号化されます。したがって，1秒間のデータ量は，
　　（40×10³×16）÷8ビット
　　＝80×10³バイト＝80kバイト
になります。

◀p28を参照。

71

問題3　　　　　　　　　　　　　　　　解答：ウ

　式A＋B×Cは，「A」と「B×Cの結果」を加算する演算です。これを構文木にすると，下図のようになります。逆ポーランド表記を得るためには，この構文木を後行順に走査します。

問題4　　　　　　　　　　　　　　　　解答：イ

　正規分布$N(\mu, \sigma^2)$では，下記に示すように，平均μからの隔たりが大きくなるほど，その範囲に含まれる得点者が多くなります。
・$\mu\pm\sigma$に全体の約68％が含まれる
・$\mu\pm2\sigma$に全体の約95％が含まれる
・$\mu\pm3\sigma$に全体の約98％が含まれる

　このことは，平均μからの隔たりが小さいほど，それ以上の得点者が多いことを意味します。そこで，各科目の得点分布における得点90の平均点からの隔たりが，標準偏差の何倍であるかを計算すると，

　　科目A：(90－45)／18＝2.5　　科目C：(90－70)／8＝2.5
　　科目B：(90－60)／15＝2.0　　科目D：(90－75)／5＝3.0

となり，科目Bの値が一番小さいので，90点以上の得点者が最も多いと推測できるのは科目Bです。

問題5　　　　　　　　　　　　　　　　解答：ウ

　従属変数を2つ以上の独立変数から推定する一次結合式を，最小二乗法によって求める技法は重回帰分析です。重回帰分析では，従属変数yを推測するための，「$a_0＋a_1x_1＋a_2x_2＋\cdots＋a_nx_n$」という一次結合式の係数を，残差平方和$S=\sum_{i=1}^{n}\{y_i－(a_0＋a_1x_1＋a_2x_2＋\cdots＋a_nx_n)\}^2$が最小となるよう最小二乗法によって求めます。

ア：**因子分析**は，観測された変数間の相関関係をもとに，共通して存在する潜在的な因子(仮定される変数)を導出する手法です。
イ：**クラスタ分析**は，分類対象のデータを，互いに似たものを集めた集団(これをクラスタという)に分類する手法です。**クラスタリング**ともいいます。
エ：**判別分析**は，分類のわかっている既知のデータの属性値に基づいて，未知のデータがどの分類に入るのかを判別する手法です。

得点アップ問題 **Q&A**

1
基礎理論

〔補足〕

　主成分分析とは，多くの変数を，これらの変数がもつ情報をできるだけ失わないように統合して，より少ない変数(これを主成分という)に要約する方法です。主成分分析の主な目的は「情報を縮約して見通しをよくすること」です。これに対して，**因子分析**は「共通因子を見つけること」を目的とした分析手法です。

問題6　　　　　　　　　　　　　　　　　　　解答：ウ　　←p68を参照。

　ディープラーニングに最も関連が深い記述は〔ウ〕です。

ア：エキスパートシステムに関連する記述です。

イ：木の深さ優先探索によって解を求める，バックトラック法(後戻り法)に関連する記述です。**バックトラック法**とは，しらみつぶし的な探索を，組織的にかつ効率よく行うための技法の1つです。　　※ここでいう"木"とは，処理や解法手順を表現した仮想的なもの。

エ：遺伝的アルゴリズム(Genetic Algorithm:GA)に関連する記述です。

チャレンジ午後問題

設問1	ア：宣言部記述　イ：識別子　ウ：因子
設問2	②，⑤
設問3	エ：＜式＞

●設問1

空欄ア：図1のプログラムを見ると，宣言部及び実行部にはそれぞれ複数行の記述があり，これを図2の構文規則では，　　←p34を参照。

　　＜宣言部＞：：＝＜宣言部記述＞{＜　ア　＞}

　　＜実行部＞：：＝＜文＞{＜文＞}

と定義しています。＜実行部＞は，「＜文＞と0個以上の＜文＞から構成される」すなわち「1個以上の＜文＞から構成される」と解釈できるので，＜宣言部＞の定義も同様に，「1個以上の＜宣言部記述＞から構成される」と定義すればよく，そのためには空欄アに**宣言記述部**を入れます。

空欄イ：図1の"short aa ;"の'aa'は，何に対応するのかを考えます。実行部を見ると"aa＝3 ;"と記述されていて，この"aa＝3 ;"は1つの＜文＞です。そこで，＜文＞の定義を見ると，

　　＜文＞：：＝＜識別子＞'='＜式＞';'

と定義されていることから，'aa'は＜識別子＞だとわかります。したがって，空欄イには**識別子**が入ります。

※図1のプログラム
宣言部
short aa ;＜宣言部記述＞
long b1 ;＜宣言部記述＞
long c ;＜宣言部記述＞
実行部
aa＝3 ;　　　＜文＞
b1＝aa-1 ;　＜文＞
c＝aa+2＊b1 ;＜文＞

73

空欄ウ：＜式＞の定義を見ると，

　　　＜式＞::=＜項＞{'+'＜項＞|'-'＜項＞}

と定義されています。これは，「＜式＞は，1個の＜項＞あるいは，'+'又は'-'で分離された複数の＜項＞から構成される」と解釈でき，例えば，1つの項しかなくても＜式＞，また1+2，1+2-3といった式が＜式＞であることを意味します。

　そこで，＜項＞及び＜因子＞の定義を見ると

　　　＜項＞　::=＜　ウ　＞{'*'＜因子＞|'/'＜因子＞}
　　　＜因子＞::=＜数＞|＜識別子＞

と定義されています。ここでのポイントは，1つの数あるいは識別子だけでも＜項＞，また1*2，1*2/3といった'*'と'/'だけの式が＜項＞であることです。つまり「＜項＞は，1個の＜因子＞あるいは，'*'又は'/'で分離された複数の＜因子＞から構成される」と定義すればよいので，空欄ウには**因子**が入ります。

　なおこの構文規則により，例えば図1の"c = **aa + 2 * b1** ;"の＜式＞部分は，次のように評価されることになります。

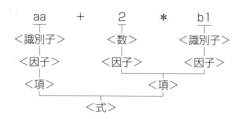

●設問2

　図2で示された構文規則に反する行が問われています。まず，＜宣言部記述＞は，「＜宣言記述子＞＜ イ：識別子 ＞ ';'」と定義されているため，1つの＜宣言記述子＞に対し，2つの＜識別子＞が記述されている②の"short def ghi ;"は構文規則に反します。

　次に，演算子'+'，'-'，及び'*'，'/'は二項演算子として使用されているので，'-'を単項演算子として使用している⑤の"ghi = - 2 * mono ;"は構文規則に反します。

●設問3

　"d = a * (3 + b) ;"の網掛け部分は，'a'→＜因子＞，"(3 + b)"→＜因子＞と評価された後，"a * (3 + b)"→＜項＞，さらに＜式＞と評価されなければなりません。つまり，括弧記号でくくられた部分を＜因子＞と評価する必要があるので，次のように定義します。

　　　＜因子＞::=＜数＞|＜識別子＞|'('＜ エ：式 ＞')'

※＜式＞，＜項＞は，下記のように書き換えることができる。
＜式＞::=
　＜項＞
|＜式＞'+'＜項＞
|＜式＞'-'＜項＞
＜項＞::=
　＜因子＞
|＜項＞'*'＜因子＞
|＜項＞'-'＜因子＞

※c = a + 2 * b1 ;
　|　　＜式＞
＜識別子＞

※「1+2」のように，演算子の左右にある2つの項を演算するのが**二項演算子**。一方，+2，-2というように単独で使われるのが**単項演算子**。単項演算子は，直後の定数や変数の値に符号を与えるときに使う。

第2章
アルゴリズムと
プログラミング

　本章で学習するデータ構造とアルゴリズムは，プログラムを設計，あるいはプログラミングするうえで重要な要素です。データ構造には，配列型をはじめとした基本データ構造と，リスト，スタック，キュー，木など，与えられた問題を解決するための問題向きデータ構造があります。また，代表的なアルゴリズムとしては，探索アルゴリズム，整列アルゴリズムなどがあります。

　応用情報技術者試験では，基本情報技術者試験と比較して，問われる知識範囲が広く，応用力も求められます。データ構造とアルゴリズムを個別に捉えるのではなく，「データ構造＋アルゴリズム＝プログラム」という立場から，両者を学習する必要があります。単なるアルゴリズムの操作ではなくその計算量が問われるため，常に処理効率（計算量）を意識するよう心がけてください。午後問題でも必ず出題されるテーマなので，基礎力はここで完全なものにしておきましょう。

2 アルゴリズムとプログラミング

2.1 リスト

2.1.1 リスト構造　AM / PM

同じ種類のデータが1列に並んだものを**列**といい，列を表現できる主なデータ構造に**配列**と**連結リスト**があります。連結リストは配列に比べて，任意の要素への参照は必ずしも高速ではありませんが，追加・削除を得意とするデータ構造です。ここでは，連結リストを中心に説明していきます。

> 参考：一般に，**リスト**といったときは連結リストを指す。

連結リスト

連結リストの各データ（ノード）は，データ部とポインタ部から構成され，ポインタ部には，次につながるデータの格納場所（アドレス）を指す情報が格納されます。

> 参考：連結リストの最後のノードがもつポインタ部には，一般に，どのノードも指していないことを意味するNULLあるいはNILが格納される。

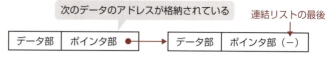

▲ 図2.1.1　連結リストの構成

連結リストは，データとデータ間をどのように連結するか（データ間の関連をどのようにもたせるか）で次の3種類に分けられます。

▼ 表2.1.1　連結リストの種類

> 参考：単方向リストのことを一般に**線形リスト**という。

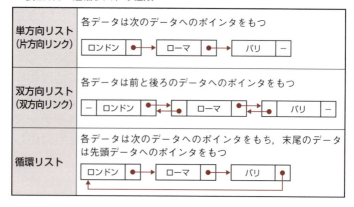

連結リストでは，データ間をポインタで関連づけるため，データの削除や追加は，ポインタの付け替えだけで行えます。例えば，表2.1.1の単方向リストにおいて，「ローマ」を削除する場合，「ローマ」のポインタ部の値を，「ロンドン」のポインタ部に付け替えるだけですみます。ここで，連結リストは，動的に領域を確保するデータ構造に適していることを知っておきましょう。

> 参考：動的確保のための記憶領域を**ヒープ領域**という。

2.1.2 データの追加と削除　AM/PM

HeadとTailをもつ単方向リスト

試験で出題されるリストで一番多いのが，先頭データへのポインタを格納した**Head**と最後尾データへのポインタを格納した**Tail**をもった図2.1.2のリストです。

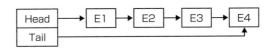

▲ 図2.1.2　HeadとTailをもつリスト

このような構造をもつリストにおいて，データの先頭と最後尾でデータの追加・削除を行う場合の処理を考えてみましょう。

> 試験：リストの先頭と最後尾における，データの追加と削除の処理量が問われることがある。

○ データの追加

データの追加は，リストの先頭で行っても最後尾で行っても，その処理量は同じです。

・新しいデータE0をリストの先頭に追加する場合
　① E0のポインタ部にHeadがもつE1のアドレスを設定する。
　② HeadにE0のアドレスを設定する。

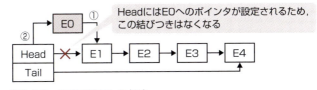

▲ 図2.1.3　先頭で追加した場合

・新しいデータE5をリストの最後尾に追加する場合

① Tailから得たE4のポインタ部にE5のアドレスを設定する。

② TailにE5のアドレスを設定する。

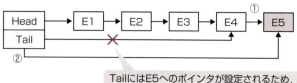

▲ 図2.1.4　最後尾で追加した場合

データの削除

参考：動的にリストを作成する場合，削除されたデータは，その記憶領域を解放する必要がある。メモリ上に不要となった領域が多くなると，システムで使用できるメモリが徐々に減少する（**メモリリーク**）。

データの削除（読出しのあとで削除）は，リストの先頭で行うより最後尾で行う方が処理量が多くなります。

・リストの先頭データE1を削除する場合

HeadからE1とたどり，HeadにE1のもつE2のアドレスを設定する。

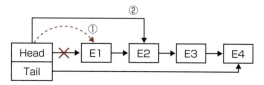

▲ 図2.1.5　先頭で削除した場合

参考：最後尾データの削除に要する時間は，要素数にほぼ比例する。

・リストの最後尾データE4を削除する場合

① Headから順にE3までたどる。

② E3のポインタ部をNULL（空値）に設定する。

③ TailにE3のアドレスを設定する。

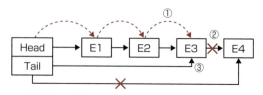

▲ 図2.1.6　最後尾で削除した場合

2.1 リスト

以上のことから，このような構造をもつリストは，データの追加と削除を先頭で行うスタックとして，あるいは，データの追加は最後尾で行い，削除は先頭で行うキューとして用いることができます。しかし，スタックとして使用する場合には，最後尾データへのポインタをもつTailは不要です。したがって，要素の追加は最後尾，取出しは先頭で行う**キュー**（FIFO）に適しているといえます。

> **参考** リストでキューを実現する場合，単方向リストより双方向リストの方が途中への要素追加・削除を容易に行える。

2.1.3 リストによる2分木の表現 AM/PM

リスト構造を用いて2分木を表現することができます。このときの各ノードのデータ構造は次のようになります。

例 2分木を表現するときの，ノードのデータ構造

| key | Parent | Left | Right |

- key[p]はノードpのキー値
- Parent[p]はノードpの親を指すポインタ
- Left[p]はノードpの左部分木を指すポインタ
- Right[p]はノードpの右部分木を指すポインタ

▲ 図2.1.7　ノードのデータ構造

> **参考** 配列で表現した場合。
>
>

> **参考** 図中の－は，NIL（指し示す先がない）を意味する。

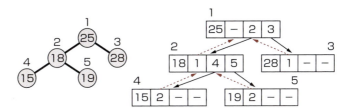

▲ 図2.1.8　リストで表現した2分木

> **参考** あるノードpの親ノードがもつ左部分木へのポインタはLeft[Parent[p]]，右部分木へのポインタはRight[Parent[p]]で表される。

このような構造をもつ2分木において，例えば，キー値19をもつノード⑲の右部分木にキー値20をもつ新たなノード⑳を追加する場合，次の2つの処理を行います。

- ノード⑲のRightに，ノード⑳を指すポインタを設定する
- ノード⑳のParentに，ノード⑲を指すポインタを設定する

2.2 スタックとキュー

2.2.1 スタックとキューの基本操作 AM/PM

スタック

スタックは，最後に格納したデータから順に取り出せるLIFO（Last In First Out：後入れ先出し）のデータ構造です。データのスタックへの挿入はPUSH（プッシュ），取出しはPOP（ポップ）操作で行い，これらの操作は常にスタックの最上段（頂上）で行われます。

参考：スタックは，配列かリストを用いて実現される。配列を用いる場合，スタックのトップ位置を表す変数top（初期値0）だけを使って操作する。

- PUSH(x)：
  top←top+1
  S[top]←x
- POP：
  top←top−1
  S[top+1]を返す

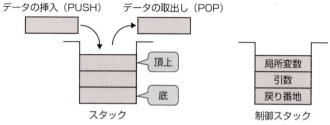

▲ 図2.2.1　スタックと制御スタック

スタックは，再帰的処理に欠かせないデータ構造です。再帰処理では，自分自身を呼び出すごとに，プログラムへの戻り番地，引数，局所変数をスタックに積み上げ，呼出し側に戻るときにスタックから取り出すという方式で，実行途中の状態を制御します。このスタックを制御スタックといい，制御スタックに置かれた引数と局所変数は，再帰処理の実行中に参照や書換えができるという特徴があります。

用語　局所変数：関数(手続)内だけで使用できるローカル変数。これに対して，プログラム(コンパイル単位)内のどの手続からでも参照することができる変数をグローバル変数という。

キュー

キューは，最初に格納したデータから順に取り出されるFIFO（First In First Out：先入れ先出し）のデータ構造です。データの追加を常に一方の端，取出しを他方の端で行うことによって，最も古いデータから処理できます。キューへのデータの挿入はENQ（エンキュー），取出しはDEQ（デキュー）操作で行います。

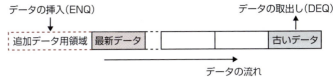

キューは，格納位置を表すxと処理位置を表すyを使って操作する。

＊配列の最後まで格納したら，先頭に戻る。

▲ 図2.2.2 キューの仕組み

2.2.2 グラフの探索 AM/PM

深さ優先探索，幅優先探索についてはp84を参照。

スタックやキューを用いた操作に，グラフの探索処理があります。ある出発点から目的点までの経路を調べるとき，深さ優先探索では**スタック**を，幅優先探索では**キュー**を使用します。一般に，深さ優先探索の方が保持する情報が少なく，記憶域消費という観点から効率のよい探索ができるといわれていますが，局所的に探索していくため，最適経路での探索とならない場合があります。

スタックを使った演算   COLUMN

例　算術式　　　　（2＋3）＊8
　　逆ポーランド表記　２ ３ ＋ ８ ＊

逆ポーランド表記（後置表記）で表された式は，スタックを用いて，次の規則で左端から右へ順に演算を進めることができます。

・規則1：数値（オペランド）が読み込まれると，その数値をスタックに格納する
・規則2：演算子が読み込まれると，スタックから取り出した数値を次に取り出した数値に演算し，結果を再びスタックへ格納する

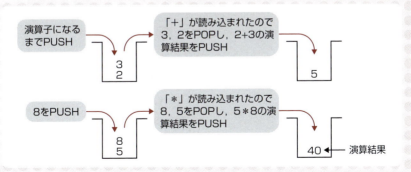

▲ 図2.2.3 スタックを使った演算の手順

2.3 木

2.3.1 木構造　AM/PM

木（tree）は，データ（要素）どうしの階層的な関係（親子関係）を表現するためのデータ構造です。図2.3.1に木の構造を示します。

> 参考：1つの節から出ている枝の数，すなわち子の数をその節の**分節数**といい，分節数が0である節は葉となる。

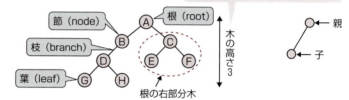

▲ 図2.3.1　木の構造

節から出る枝が高々2本である木を**2分木**（2進木）といいます。また，節から出る枝がn本（n>2）である木をn分木（n進木）といい，このような木を2分木に対して**多分木**といいます。

木の再帰的表現

木には，「根だけしかないもの」や「1つの節とそれを親として別の木を子とするもの」があり，このどちらも木とする特徴があることから，木は再帰的なデータ構造であるといえます。

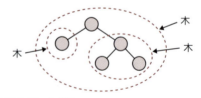

▲ 図2.3.2　再帰的データ構造

したがって，2分木においては，次ページの図2.3.3のように，左部分木，節，右部分木の形式で，再帰的に表現することができます。なお，ここでは部分木がないときは"－"で表現します。

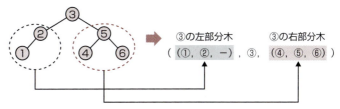

▲ 図2.3.3　2分木における再帰的表現

2.3.2 完全2分木　AM/PM

葉以外の節はすべて2つの子をもち，根から葉までの深さ(根から葉に至るまでの枝の個数)がすべて等しい木を**完全2分木**といいます。ここでは，完全2分木における根から葉までの深さと，葉及び葉以外の節の個数の関係について説明します。

完全2分木の葉の個数

例えば，根から葉までの深さHが3である図2.3.4の完全2分木における葉の個数は8です。これは，深さ3を用いて2^3と表すことができます。つまり，木の深さがHならば，葉の個数は2^Hです。

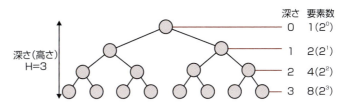

▲ 図2.3.4　深さHが3である完全2分木

葉以外の節の個数

葉を除いた深さH−1までの節の個数は，「$2^0+2^1+\cdots+2^{H-1}$」で表すことができます。ここで，上記の式が「初項が2^0（＝1），公比が2」の**等比数列の和**であることに着目すると，葉以外の節の個数は，次のように求めることができます。

$$\text{葉以外の節の個数} = \frac{\text{初項} \times (1-\text{公比}^H)}{1-\text{公比}} = \frac{2^0 \times (1-2^H)}{1-2}$$

$$= 2^H - 1$$

> **用語　等比数列**
> 隣り合う2項の比が一定である数列。例えば，「5，15，45，135，…」という数列は初項が5，公比が3の等比数列である。

つまり，木の深さがHならば，葉以外の節の個数は2^H-1です。

> 試験では，完全2分木における，葉の個数と葉以外の節の個数の関係が問われる。

POINT　木の深さHの完全2分木の特徴
・葉の個数＝2^H
・葉以外の節の個数＝2^H-1
（葉の個数がnならば，葉以外の節の個数はn−1）

2.3.3　2分探索木　　AM/PM

節にデータをもたせ，木の性質を用いて探索を行うことができる木を**探索木**といいます。ここでは，2分探索木について説明します。

2分木の走査（巡回法）

2分木に対する系統的な巡回法には，幅優先探索（幅優先順）と深さ優先探索（深さ優先順）があります。

> 試験では，幅優先順，あるいは深さ優先順での巡回順序が問われる。

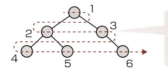

幅優先探索：
分岐が多くなるよう，根に近い節から順に探索する。同じ深さの節では「左→右」の順となる

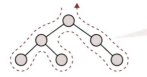

深さ優先探索：
根からできるだけ分岐せずに，できるだけ深く探索する。葉に達したら，1つ前の節に戻って他方を探索する

▲図2.3.5　幅優先探索と深さ優先探索

2分探索木の深さ優先探索

深さ優先探索には，次ページの図2.3.6に示す3つの巡回方法（先行順，中間順，後行順）があります。

2分探索木は，2分木の各節にデータ（値）をもたせ，2分木の性質を利用して探索を行うことのできる木です。各節にもたせるデータは，「任意の節の値は，その左部分木のどの値よりも大きく，

かつ，その右部分木のどの値よりも小さい」という条件があります。したがって，2分探索木を中間順で巡回すると，昇順に整列されたデータを得ることができます。

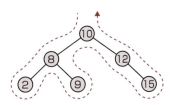

・先行順（節 → 左部分木 → 右部分木）
⑩→⑧→②→⑨→⑫→⑮

・中間順（左部分木 → 節 → 右部分木）
②→⑧→⑨→⑩→⑫→⑮　➡ 昇順

・後行順（左部分木 → 右部分木 → 節）
②→⑨→⑧→⑮→⑫→⑩

▲ 図2.3.6　深さ優先探索の3つの巡回方法

2分探索木における探索

2分探索木における探索では，まず，根のデータと探索データを比較し，根のデータより探索データが小さければ，左部分木の頂点となる節へ進み，根のデータより探索データが大きければ，右部分木の頂点となる節へ進みます。次に，進んだ先の節に対しても同様な比較を行い，これを探索データが見つかるか，あるいは進む節がなくなるまで繰り返します。

2分探索木における探索の計算量は，枝分かれしている節の深さに依存します。つまり，すべての葉が同じ深さであり，かつ，葉以外のすべての節が2つの子をもつ要素数nの完全2分木である2分探索木においては，あるデータを探索するときの最大比較回数は最良の$\log_2 n$となりますが，片方のみに偏った2分探索木では最悪計算量nとなります。

参考　最大比較回数をSとすると，n個の要素は，まず半分，さらにその半分…とS回行われる。つまり，$n = 2^S$が成立する。この式から$S = \log_2 n$が得られる。

試験　試験では，最良及び最悪計算量の式が問われる。また，どのような場合に最悪計算量となるのか問われることもある。

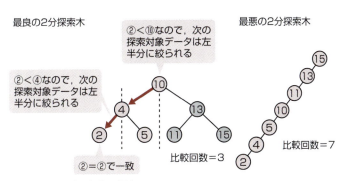

▲ 図2.3.7　データ②の探索

2分探索木における節の挿入と削除

節の挿入

新たな節（ノード）を挿入するには、まず、探索と同じ方法で挿入するキー値を根から順に探索していき、たどる部分木がなくなったところに挿入します。挿入するデータが複数ある場合は、その挿入の順序によって作成される木の形が異なります。

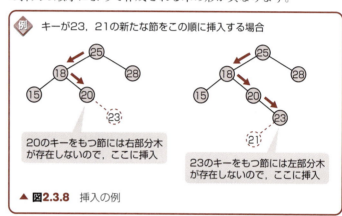

21、23の順に挿入すると、

という形になる。

▲ 図2.3.8　挿入の例

節の削除

節の削除は、節がどの状態かによって処理が異なります。

POINT　削除処理
- 削除する節が葉の場合：単純にその葉を削除する。
- 削除する節が左右どちらかの部分木しかもたない場合：削除する節をその子で置き換える。
- 削除する節が左右の部分木をもつ場合：削除する節を左部分木中の最大値をもつ節か、右部分木中の最小値をもつ節で置き換える。

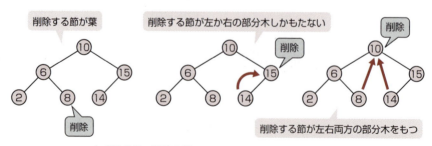

▲ 図2.3.9　削除の例

2.3.4 バランス木 AM/PM

　2分探索木からあるデータを探索する場合，1回の比較で左右どちらの部分木を探索すればよいかが決まるため，左右のバランスがとれた2分探索木であれば探索効率はよいですが，左右のバランスの悪い2分探索木であれば探索効率は悪くなります。そこで，根から葉までの深さがほぼ一定になるようにつくられた木が**バランス木**（平衡木）です。バランス木には，2分木をベースにしたAVL木と多分木をベースにしたB木がありますが，両者とも，要素の追加や削除によって左右のバランスが悪くなる場合は，バランスを保つように木を再構成する機能をもちます。

AVL木

　AVL木は，任意の節において左右の部分木の高さの差が1以下の木です。例えば，図2.3.10において，左の2分木は，どの節においても左右部分木の高さの差が1以下なのでAVL木ですが，右の2分木は，★印のついた節において，左部分木の高さが2，右部分木の高さが0で2の差があるため，AVL木とはいえません。

> 参考：AVL木の再構成法には，1重回転，2重回転がある。
> ・1重回転
>
> 左部分木の根を中心として木全体を右方向に回転させる。
>

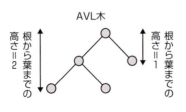
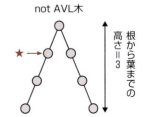

▲ 図2.3.10　AVL木とnot AVL木

B木

> 参考：B木のイメージ
>

　B木は，外部記憶装置にデータを格納するために考えられた，木構造（多分木）のデータ構造です。B木の実現方法にはいろいろあり，2分探索木と同様に各節にデータをもたせる方法もあります。しかしここでは，データを格納するのは葉のみとし，節には，枝と枝の境目を示すキーの値のみをもたせたB木を例に説明します。

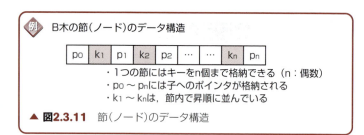

▲ 図2.3.11 節(ノード)のデータ構造

参考 $p_0 \sim p_n$の補足
- p_0が指す部分木内のキーは,すべてk_1より小さい。
- $p_i (1 \leq i < n)$ が指す部分木内のキーは,すべてk_iより大きく,かつk_{i+1}より小さい。
- p_nが指す部分木内のキーは,すべてk_nより大きい。

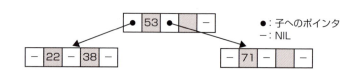

▲ 図2.3.12 B木の例(キーの個数≦2の場合)

参考 B木の種類には,次のものがある。
〔B*木〕
①データを葉に格納し,葉以外の節にキーを格納する。
②節が満杯のとき,兄弟節が空いていれば,それを利用し,2つの兄弟節とも満杯のとき分割を行う。
〔B+木〕
B*木において,キーを格納した最下位の節どうしをポインタで結んだもの。

キーの探索

B木における探索は,2分探索木の場合とほぼ同じです。根から順に,各節に格納されているキーと探索キーを比較し,ポインタをたどることで目的のキーが存在する節を探索します。

新しいキーの挿入

B木に新しいキーを挿入する場合,まず,挿入対象となる節を探索します。例えば,図2.3.12のB木にキー46を挿入する場合,キー22と38が格納されている節が挿入対象となります。しかし,この節には新たにキーを挿入できないので,新しく節を作成し,キー22,38,46を昇順に並べて再配置します(①の操作)。そして,中央のキー38を新しい節へのポインタとともに親のノードの適切な位置に格納します(②の操作)。

参考 B+木インデックス
B+木の構造を利用した**インデックス**。関係データベースで使用される。B+木インデックスの特徴は,大量データでも検索パフォーマンスが得られることと,範囲検索に優れていること。

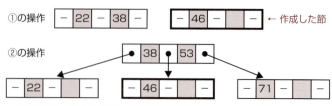

▲ 図2.3.13 節の分割例

探索アルゴリズム **2.4**

2.4 探索アルゴリズム

2.4.1 線形探索法と2分探索法 AM/PM

線形探索法

　線形探索法(逐次探索法ともいう)は，探索対象データの先頭から順に探索していく方法です。探索対象データがn個のとき，探索が終了するまでの最小比較回数は1回，最大比較回数はn回なので，平均して(n+1)／2回の比較で探索ができます。このとき，線形探索法の計算量のオーダは$O(n)$であるといいます。これは，「探索に必要な時間は，データの個数に比例する」という意味です。

> **参考** nが十分大きい場合の平均比較回数はn／2と考える。

> **用語 計算量**
> アルゴリズムが答えを出すまでにどの程度の計算時間を必要とするかといった概念(p93を参照)。

➲番兵法

　線形探索法では，探索の終了を「探索データが見つかったか」，「データの最後まで探索したか」の2つで判定します。この2つの判定を，比較1回ごとに行うと時間的な無駄が生じます。そこで，探索データと同じデータを探索対象データの末尾に追加し，終了判定を「探索データが見つかったか」だけに簡素化します。これを番兵法といいます。

> **参考** 番兵を用いても計算量のオーダ自身は変わらないが，終了判定を1つにすることで実行ステップ数が減るため，実際の計算速度が向上する。

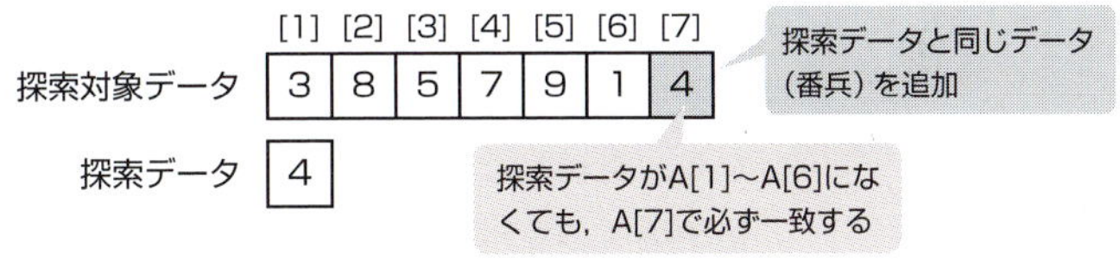

▲ **図2.4.1** 番兵法の例

2分探索法

　2分探索法は，大小比較を使う探索法のうちで最もシンプルな探索法です。昇順あるいは降順に整列されたデータに対してのみ用いることができます。2分探索法では，整列されたデータの中央の位置midにあるデータ(以降，中央の値という)と探索データとを比較し，「探索データ>中央の値」なら次の探索範囲をmidより右とし，「探索データ<中央の値」なら次の探索範囲をmidより

89

2 アルゴリズムとプログラミング

左として，1回の比較ごとに探索範囲を1／2ずつ狭めていきます。そのため，探索対象データがn個なら，$\log_2 n$回比較すれば探索範囲が1以下になって，探索は終了します。したがって，2分探索法の計算量のオーダは$O(\log_2 n)$となります。

> **参考** 探索範囲が1以下，すなわちデータが1つになるまでの比較回数をaとすると「$2^a = n$」が成立する。この式の，2を底とする対数を取ることで「$a = \log_2 n$」が導き出せる。なお，試験では，底の2を省略して$O(\log n)$と表す場合もあるので注意する。

● 線形探索法との比較

2分探索法は，一般に，線形探索法に比べて探索効率がよいとされています。例えば，昇順に整列された1,000個のデータから，ある値を探索する場合，線形探索法では平均で約500回の比較が必要ですが，2分探索法では$\log_2 1,000$，すなわち約10回の比較ですみます。

$$\log_2 1,000 = \log_2 10^3 = 3 \times \log_2 10 \fallingdotseq 3 \times 3.32 = 9.96$$

> **参照** 対数の計算については，p23の側注を参照。

ただし，2分探索法の方が，常に速く探索できるとは限らないことに注意してください。例えば，探索データが探索対象データの先頭にあった場合は，断然，線形探索の方が速く探索できます。

2.4.2 ハッシュ法　　AM / PM

ハッシュ法とは

探索時間のスピードを上げる探索方法に**ハッシュ法**があります。ハッシュ法は，探索データのキー値により，そのデータの格納場所（アドレス）を直接計算する方法です。一意探索に優れていて，線形探索法や2分探索法に比べて探索時間が短くて済みます。しかし，連続したデータの探索には向きません。

格納場所の算出に用いる関数を**ハッシュ関数**，あるキー値からハッシュ関数により求められる値を**ハッシュ値**（ハッシュアドレス）といいます。「異なる2つ以上のキー値から，同一のハッシュ値は得られない」というのがハッシュ法の理想ですが，これを実現するのは難しいとされています。異なるキー値から同一のハッシュ値が求められることを**衝突**あるいは**シノニムの発生**といい，シノニムの発生を最少に押さえるためには，キー値によって算出されるハッシュ値が，次ページ図2.4.2の左図のグラフのように，偏りがない一様分布となるようハッシュ関数を決める必要があります。

> **参考** ハッシュ関数から得られる値の範囲をハッシュ関数の値域という。

> **用語** シノニム　衝突が起き，本来格納すべき場所に格納できないデータのこと。なお，その場所に先に格納されているデータを**ホーム**という。

探索アルゴリズム 2.4

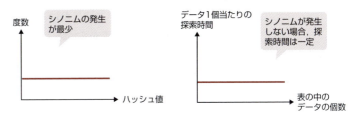

> 試験 試験では，図2.4.2の右図のグラフが問われる。

▲ 図2.4.2　ハッシュ値の分布と探索時間

　図2.4.2の右図に示すように，ハッシュ法を用いた探索では，シノニムの発生がないと仮定した場合の探索時間は，データの個数に関係なく一定ですが，シノニムの発生がある場合の探索時間は，その格納領域の使用率に依存することになります。

　ハッシュ法を用いてデータを格納する場合，前述のように，どのようなハッシュ関数を用いてもシノニムの発生を防ぐことはできません。そこで，シノニム発生時の対応策として，オープンアドレス法とチェイン法の2つの方法があります。

オープンアドレス法

　オープンアドレス法は，シノニムが発生したとき，別のハッシュ関数を用いて再ハッシュを行う方法です。一般には，「求められたハッシュ値＋1」を新たなハッシュ値として，その場所が空いていればそこに格納し，空いていなければ同様の操作で次の格納場所を探します。なお，領域の最後までいっても格納場所が見つからなければ先頭に戻って探します。この方法では，ハッシュ表を十分に大きくとることで，ハッシュ表の中にデータをすべて格納できるというメリットがあります。

> 参考 ハッシュ表は，環状につながっていると考えて，後続の空き要素を順次探索し，空いている要素にデータを格納する。空き要素が1つだけになったときは，格納せずにオーバフローとする。

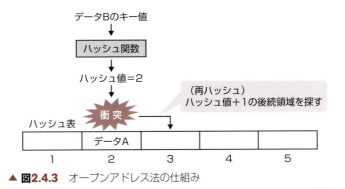

▲ 図2.4.3　オープンアドレス法の仕組み

ここで，オープンアドレス法における問題点を考えておきましょう。図2.4.4の12個の要素からなるハッシュ表において，白い部分は空いている要素を示し，色の部分はデータが格納されている要素とします。

▲ **図2.4.4** ハッシュ表

> 図のように，使用中の要素が連続する現象を**クラスタリング**(clusterling)という。

> 要素番号10に格納されているデータのハッシュ値が10ではなく，7～9のいずれかであれば，本来格納されるべき場所ではなく，後ろにずれて格納されていることになる。

要素番号7～10に連続してデータが格納されていますが，要素番号10に格納されているのは，ハッシュ値が7～10のいずれかであるデータです。そのため，もし要素番号7，8，9，10に格納されているデータのハッシュ値がすべて等しく7であった場合，途中のデータ，例えば，要素番号9のデータを削除すると，要素番号10に格納されているデータの探索ができなくなります。

オープンアドレス法では，これを避けるために，データを削除した場合，それによって探索できなくなるデータを1つずつ前方にずらすといった処理が必要となります。

🍞 チェイン法

チェイン法は，同じハッシュ値をもつデータをポインタでつないだリストとして格納する方法です。次ページの図2.4.5に示すように，データAとデータBが同じハッシュ値をもった場合，最初のデータAへのポインタをハッシュ表に格納し，データBは，データAの次にポインタでつなげます。この方法では，ハッシュ表は，ハッシュ値のとり得る値の数だけの大きさをもち，ハッシュ表には最初のデータへのポインタを入れるだけとなります。

> チェイン法(チェーン法)のことを**連鎖法**(chaining)とも呼ぶ。

◯ 探索の計算量

全データ数がN，ハッシュ表の大きさがM，ハッシュ表につながるリストの長さがいずれもほぼ等しくN／M個であったとします。データの探索は，まず，ハッシュ関数によりハッシュ値hを

2.4 探索アルゴリズム

> **参考** ハッシュ表[h]は，ハッシュ表のh番目の要素を意味する。

求め，ハッシュ表[h] の指すデータから，リストを順次たどり，目的のデータを探すことになるので，目的のデータを見つけるまでには，最小1回，最大N／M回の比較が必要となります。このことから，探索に要する計算量は，N／Mに依存することになり，ハッシュ表の大きさMが大きければ計算量は少なく，小さければ計算量は大きくなります。

> **参考** ハッシュ表の大きさMをデータ数Nに対して十分に大きくすれば，計算量は最良の$O(1)$となる。

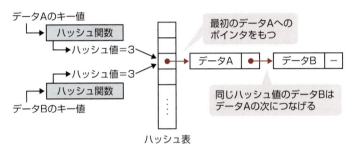

▲ 図2.4.5　チェイン法の仕組み

COLUMN

オーダ（order）：O記法

　オーダは，アルゴリズムの評価に用いる**計算量**を表す方法の1つです。O（ビッグオー）という記号を用いて，問題の大きさ（処理するデータ件数）によって計算量がどう増加し，上限値はどのくらいかを示します。例えば，データ件数nが2倍，3倍，…となると，アルゴリズム実行時間が2^2倍，3^2倍，…となるアルゴリズムの計算量は$O(n^2)$であるといい，これはn件のデータを処理する最大実行時間がn^2で抑えられることを意味します。

　***O*記法**では，定数や係数を除外したうえで，最も増加率の大きな項だけで評価します。したがって，計算量を表す関数$f(n)$が2^n+n^2であっても，n^2より2^nの増加率の方が大きいので，このときの計算量は$O(2^n)$と表します。

n	10	20	40
2^n	1,024	1,048,576	約1.1×10^{12}
n^2	100	400	1,600

　計算量の評価に用いられる関数の大小関係を覚えておきましょう。

$$O(1)<O(\log_2 n)<O(n)<O(n\times\log_2 n)<O(n^2)<O(2^n)<O(n!)$$

　なお，一般にいう計算量とは，アルゴリズムの実行時間を表す尺度で，正確にはこれを**時間計算量**といいます。これに対し，アルゴリズムの実行に必要な領域の大きさを表すものを**領域計算量**といいます。

2.5 整列アルゴリズム

2.5.1 基本的な整列アルゴリズム　AM/PM

1列に並べられたデータをある規則に従って並べ替える処理を整列(**ソート**)といいます。いくつかの整列アルゴリズムの中で，同じキー値をもつデータの順序が整列の前後で変わらないものを安定な整列といい，表2.5.1に示す3つの基本整列法のうちバブルソートと単純挿入法は，安定な整列法とされています。

参考：単純選択法は，実装するアルゴリズム次第で安定に整列することが可能。

▼ 表2.5.1　3つの基本整列法とその特徴

バブルソート	隣り合う要素の値を比較し，大小関係が逆順となっていれば交換する。この比較・交換の操作を必要がなくなるまで繰り返す。**隣接交換法**ともいう。
単純選択法	未整列の要素の中から最も小さい(大きい)要素を選択し，未整列部分の先頭の要素と入れ替える。この操作を最後から2番目の場所に正しい要素が入るまで繰り返す。**最小値**(最大値)**選択法**ともいう
単純挿入法	未整列要素の並びの先頭の要素を取り出し，その要素を整列済みの要素の中の正しい位置に挿入していく

参考：その他，ある一定間隔おきに取り出した要素から成る部分列をそれぞれ単純挿入法で整列し，さらに間隔を詰めて同様の操作を行い，間隔が1になるまでこれを繰り返す**シェルソート**(改良挿入法)がある。

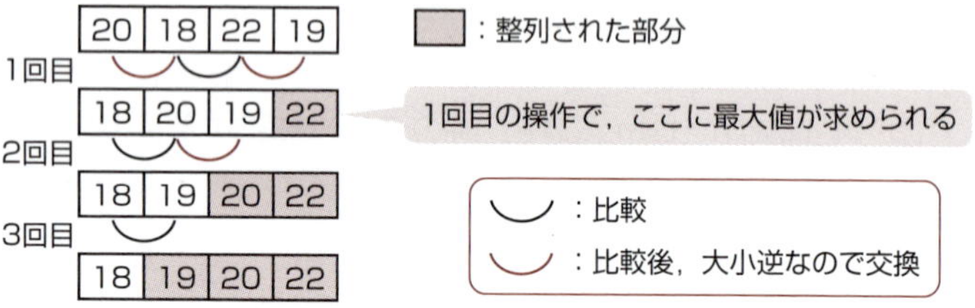

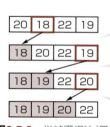

▲ 図2.5.1　バブルソート(昇順)

参考：バブルソート，単純選択法における全比較回数は，データ数nのとき，n(n−1)/2となる。

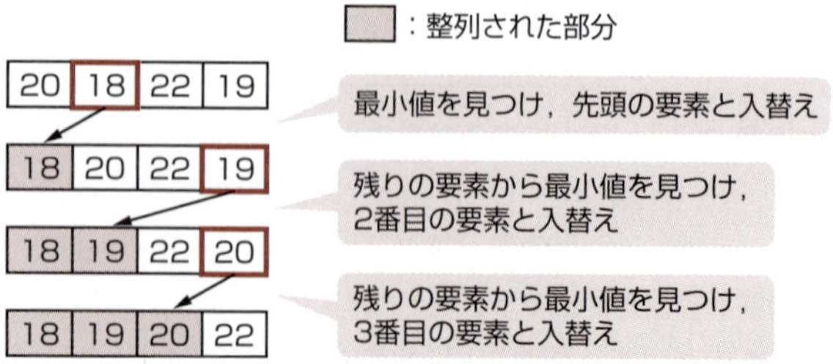

▲ 図2.5.2　単純選択法(最小値選択法：昇順)

単純挿入法における全比較回数は、データ数nのとき、
最悪：n(n−1)／2
最良：n−1
となる。

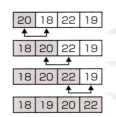

☐ ：整列された部分

20を整列済みの要素とみなす。
20と18を比較し、18を整列済みの正しい位置に挿入

20と22を比較。大小の順が正しいので、そのまま

22と19を比較。大小の順が逆なので、19を順次
1つ前の要素と比較し、正しい位置に挿入

▲ 図2.5.3　単純挿入法（昇順）

整列の計算量は、比較回数で評価します。バブルソートや単純選択法における比較回数は、データ数nのとき、n(n−1)／2回なので、どちらも計算量は$O(n^2)$となりますが、単純挿入法では、平均及び最悪の場合$O(n^2)$、最良の場合$O(n)$の計算量となります。なお、整列の計算量が$O(n\log_2 n)$である高速な整列として、2.5.3項で説明するクイックソート、ヒープソート、マージソートがあります。

元々のデータがほぼ正しい順に並んでいる場合、単純挿入法における計算量は$O(n)$に近くなる。

2.5.2 整列法の考え方　

この他に、ランダム化法という考え方もある。

データ整列法の考え方には、大きく分けて「逐次添加法」、「分割統治法」、「データ構造の利用」の3つがあります。

逐次添加法

逐次添加法では、n個の要素を整列する過程で、(k−1)個が整列済みであるとき、それに1つの要素を加えて整列済みの要素をk個にし、これを、k=2, 3, 4, …, nまで繰り返し行います。バブルソート、単純選択法、単純挿入法は、逐次添加法の考え方に基づいた整列法であるといえます。

分割統治法

分割統治法とは、大きな問題を小さな問題に分割し、各問題ごとに求めた解を結合することによって、全体の解を求めようとする考え方です。ここでいう分割とは、対象とする集合や定義領域を分けるという意味で、分割処理の多くは再帰的な処理によって行われます。クイックソートやマージソートは、この分割統治法

2 アルゴリズムとプログラミング

の考え方に基づいた整列法であるといえます。

データ構造の利用

> **参考** 挿入する箇所を2分探索法で探す方法を**二分挿入法**という。

　整列の効率を上げるためにデータ構造を利用するという考え方です。データ構造を利用した最も代表的な整列法はヒープソートですが，単純挿入法においても，整列済みのデータを2分探索木で表現することで，計算量が$O(n\log_2 n)$となります。

2.5.3　高速な整列アルゴリズム　　AM / PM

クイックソート

> **参考** 基準値のことを軸，又はピボット(pivot)という。

　クイックソートは，まず，整列対象データの中から中間的な基準値を決め，その基準値よりも大きな値を集めた区分と，小さな値を集めた区分とに整列対象データを分割します。次に，それぞれの区分の中で再度基準値を決め，同様の処理をデータ数が1つになるまで繰り返し行うという方法です。

　クイックソートは，分割統治の考え方を利用した整列法であり，高速に整列できますが，安定ではなく，分割のアルゴリズムに再帰処理を利用しているところに特徴があります。

> **試験** 試験では，「どのようなときに計算量が最悪になるのか」が問われる。

　なお，平均計算量は$O(n\log_2 n)$です。ただし，あらかじめ整列されたデータに対し，最小値あるいは最大値を基準値とした場合の計算量は最悪の$O(n^2)$となります。

> **参考** クイックソートの処理手順は，「2.6.2 再帰関数の実例」(p100)を参照。図2.5.4をもとにトレースしておこう。

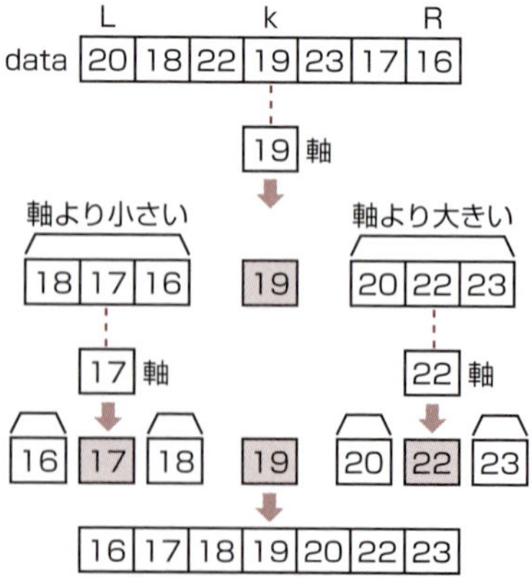

▲ **図2.5.4**　クイックソートのイメージ

2.5 整列アルゴリズム

ヒープソート

ヒープソート(降順の場合)では，まず，未整列のデータを，**ヒープ**(heap)と呼ばれる，各節の値に「親がもつデータ≦子がもつデータ」という関係をもたせた**順序木**に作成し，これを配列で表現します。そして，ヒープの根(配列の先頭)となった最小値を取り出し，既整列の部分に移し，ヒープを再構成します。

ヒープソートは，このような「根の取出し」→「ヒープ再構成」という操作を繰り返して，未整列部分を徐々に縮めていく整列法です。高速に整列することができ，どんなデータ列に対しても計算量は$O(n\log_2 n)$と変わりませんが，安定ではないところに特徴があります。

> **参考** ヒープは，完全2分木か，完全2分木の葉を右のほうからいくつか取り除いた形になる。

> **用語 順序木** 同じレベルの節(兄弟)の間で順序性が定義できる木。

> **参考** 昇順ソートの場合，「親≧子」という関係をもたせたヒープを構成する。

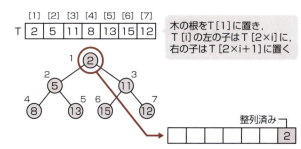

▲ 図2.5.5 ヒープと根の取出し

ヒープの再構成

取り出された根の部分にヒープの最後のデータ⑫を移動して，根から「親がもつデータ≦子がもつデータ」の関係が成立するように，ヒープを再構成します。次ページに，ヒープ再構成の処理概要を示すので，図2.5.6と照らし合わせ，ヒープ再構成処理を理解しておきましょう。

> **参考** 実際は，データ⑫を根に移動して空いた部分に，取り出された根を整列済みとして格納する。
> |12|5|11|8|13|15|2|
> ↑ 取り出された根

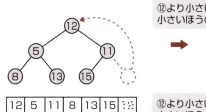
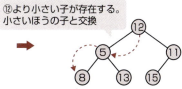

▲ 図2.5.6 ヒープの再構成

2 アルゴリズムとプログラミング

参考 最初にヒープを作成する処理
① i=節数÷2
② i<1になるまで，次の処理を繰り返す
・T[i]を根として，ヒープ再構成
・iを1減らす
〔例〕節数=7の場合
i=1で再構成

i=2で再構成　i=3で再構成

> **POINT** ヒープソートの処理概要
> ① nにヒープの大きさ(節数)を設定する。
> ② nが1になるまで，次の処理③〜⑥を繰り返す。
> ③ T[1]とT[n]を入れ替える。
> ④ nを1減らす。　←ヒープの大きさを1つ減らす
> ⑤ rに1を設定する。
> ⑥ T[r]に，T[r]より小さな値をもつ子が
> 　存在する間，次の処理を繰り返す。
> 　・小さいほうの値をもつ子とT[r]を交換する。
> 　・rに，交換した子の添字を設定する。
>
> ヒープ再構成 (⑤，⑥)

マージソート

参考 マージソートは，外部記憶装置上における大量のデータ整列に用いられる。

　マージソートは，整列対象データ列の分割と併合(マージ)を繰り返して，最終的に1つの整列済みデータ列をつくる整列法です。
　図2.5.7に，データ列を大きさm(=1)になるまで分割を繰り返し，その後，比較しながら併合して整列を完成させる例を示します。この例では，データ列を前半と後半に分割し，前半，後半の順でそれぞれ再帰的にマージソートを行います。したがって，分割，併合の処理順序は，「①→②→④→③→⑤→⑥」となります。
　マージソートは分割統治の考え方を利用した整列法です。アルゴリズムに再帰処理を利用し，計算量はどんなデータ列に対しても$O(n\log_2 n)$であり，安定な整列法です。また，データ数の半分程度の作業領域を必要とするのが特徴です。

参考 mの大きさは，場合によって異なる。ここでは，m=1として説明する。

参考 大きさが1なら整列済み(整列完成)とみなす。

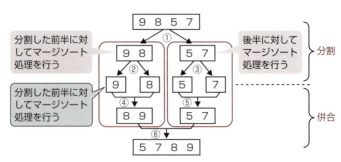

▲ 図2.5.7　マージソート(昇順)

2.6 再帰法

2.6.1 再帰関数

AM / PM

再帰関数の定義

再帰関数は，関数の定義の中で自分自身を使用して定義を行うものです。例えば，再帰関数の代表である階乗関数(n!)は，次のような2つの方法で定義されます。

> **参考** 定義2の式を，数学では**漸化式**という。漸化式とは，「f(1),f(2),…,f(n),…」といった関数列において，f(1)～f(n)のいくつかを用いてf(n+1)を導く法則を与える式のこと。

POINT 階乗関数の定義

階乗関数：$n! = n \times (n-1) \times (n-2) \times \cdots \times 2 \times 1$

・定義1
　関数が受け取ったnの値が0なら1を返し，それ以外ならn×(n-1)!を返す
　f(n) : if n=0 then return 1
　　　　 else return n×f(n-1)

・定義2
　n>0のとき　　f(n)=n×f(n-1)　　自分自身を用いて定義
　n=0のとき　　f(n)=1

> **試験** 次の問題は頻出。
> F(x, y)
> 　・y =0 のときx
> 　・y >0 のとき
> 　　F(y, x mod y)
> F(231,15)の値は？
> 〈答え〉
> 　F(231, 15)
> =F(15,231 mod 15)
> =F(15, 6)
> =F(6, 15 mod 6)
> =F(6, 3)
> =F(3, 6 mod 3)
> =F(3, 0)
> =3

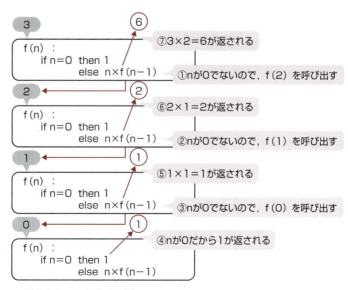

▲ 図2.6.1　3!を求める例

2 アルゴリズムとプログラミング

..2.6.2....再帰関数の実例 AM/PM

　再帰定義された関数（手続）は，自分自身を再帰的に呼び出して使うことができます。その実例として「2.5.3 高速な整列アルゴリズム」で説明したクイックソートを紹介しておきます。

P O I N T クイックソートの概要

① 整列対象を配列dataの区間[L=1, R=n]とする。

② 区間[L, R]の中から要素を1つ選び，その値を基準値Pivotとする。

③ 次の関係を満たすように，[L, R]の範囲にある配列dataの要素を入れ替える。

　　　data[i]<Pivot, L≦i<k　　←基準値より小さい値

　　　data[k]=Pivot

　　　data[i]>Pivot, k<i≦R　　←基準値より大きい値

④ 区間の大きさが1以下になるまで，区間[L, k−1], [k+1, R]に対し，上記②，③の操作を繰り返す。

　※アルゴリズムをわかりやすくするため，整列対象のデータはすべて異なる値とする。

参考 ④で行う，同様な操作を繰り返す部分を，再帰呼出しで実現する。

〔QuickSort関数の例〕

```
function QuickSort(data[], L, R)
    FindPivot(data[], L, R, J)
    if (Jが-1より大きい)   要素数が1になったら終了
        Pivot←data[J]
        Division(data[], L, R, Pivot, k)
                        ┌─基準値より小さいほうを整列
        QuickSort(data[], L, k-1)
                        ┌─基準値より大きいほうを整列
        QuickSort(data[], k+1, R)
    endif
endfunction
```

参考 関数FindPivotは，基準値Pivotを選び，その要素番号をJに返す。なお，要素数が1のときには−1を返す。

参考 関数Divisionは，基準値Pivotより小さい値をもつ要素と，大きい値をもつ要素に分け，その境目（Pivot）の要素番号をkに返す。

100

2.7 プログラム言語

2.7.1 プログラム特性 AM/PM

再入可能

再入可能（リエントラント）**プログラム**は，複数のタスクから同時に呼び出されても，それぞれに対して正しい結果を返すことができるプログラムです。実行によって内容が変化するデータ部分と内容が変化しない手続部分とにプログラムを分離し，手続部分は複数のタスクで共有し，データ部分は各タスク単位に用意することで，再入可能プログラムを実現することができます。

> 試験: 再入可能プログラムの実現方法がよく出題されている。

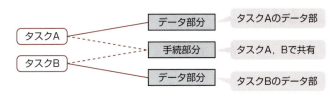

▲ 図2.7.1 再入可能プログラムの実現方法

再帰

再帰（リカーシブ）**プログラム**は，手続の中で自分自身を呼び出して使うことができるプログラムです。下記に特徴をまとめます。

> 参照: 再帰処理とスタックについては，p80を参照。

POINT 再帰プログラムの特徴
- 自分自身を呼び出すことができる
- 実行途中の状態は，スタックを用いてLIFO方式で制御される
- 再入可能である

再使用可能

> 参考: 再使用可能は，**逐次再使用可能**（シリアリリユーザブル）ともいう。

再使用可能（リユーザブル）**プログラム**は，一度実行したプログラムをロードし直さずに再度実行しても，正しい結果を返すことができるプログラムです。プログラムの最初あるいは最後で各変

数の値を初期化することでプログラムを逐次使用できるようにしています。再使用可能プログラムは，再入可能特性をもたないため，あるタスクが使用している間は，他のタスクは待たされます。

再配置可能

再配置可能（リロケータブル）**プログラム**とは，プログラムを主記憶上のどのアドレスに配置しても実行できるようにしたプログラムです。具体的には，ベースレジスタに主記憶上のプログラムの先頭アドレスを設定し，命令を実行する際，このベースレジスタの値をアドレス部のアドレスの値に加え，それを有効アドレスとすることで，プログラムがどのアドレスに配置されてもプログラムを変更せずに実行できます。

2.7.2 プログラム制御

手続の呼出し

ある特定の目的のためにとる一連の動作を，**手続**（プロシージャ）として定義しておき，必要なときにそれを呼び出して処理を行うことがあります。その際の呼び出し方には，**値呼出し**（call by value）と**参照呼出し**（call by reference）があります。

図2.7.2の手続addを例に説明します。ここで，手続addの仮引数Xは値呼出し，仮引数Yは参照呼出しであるとします。

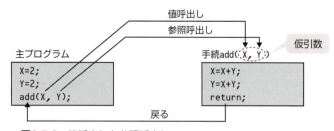

▲ **図2.7.2** 値呼出しと参照呼出し

値呼出しとは，主プログラムから値そのものを引数として渡す方法です。手続add内において変数Xの値を変更しても，主プログラム内の変数Xには一切影響しません。一方，**参照呼出し**は，主プログラムからその変数のアドレスを渡すという方法です。手

続add内において変数Yの値を変更すると，主プログラム内の変数Yの値も変更されます。

変数の記憶期間

変数には，その記憶場所と存続期間を指定することができます。例えば，staticをつけて宣言された変数は**静的変数**と呼ばれ，プログラムの実行を通して（プログラムが終了するまで）記憶域が存在し，静的変数の初期化はプログラム実行前に一度だけ行われます。

一方，autoをつけて宣言された変数は**自動変数**と呼ばれ，手続が呼び出された際に記憶域が確保され，手続が終了すると自動的に解放されます。自動変数の初期化は記憶域が確保された時点でその都度行われます。

> 参考　自動変数の初期化が行われるのは，変数宣言で初期化を行っている場合だけ。
> 〔例〕auto int x = 0;
> 　　　　　　↑
> 　　　0で初期化される

> 参考　変数vは静的変数なので，記憶域はプログラム全体の実行を通して存在する。そのため，変数vの値は1回目の呼出しで10に，2回目の呼出しで20になる。

主プログラム
```
   :
x=func(10);
y=func(10);
```

手続func(u)
```
auto int u;      ← 自動変数
static int v=0;  ← 静的変数
v=v+u;
return v;
```

▲ 図2.7.3　変数の記憶期間（staticとauto）

動的メモリの割り当て

プログラムの実行中，必要となった領域を動的に確保する場合があります。この動的割り当てのための領域を**ヒープ**といいます。ヒープを使用することで，必要な領域をその都度，動的に確保できるという利点がありますが，領域の確保と解放を繰り返すことにより，ヒープ上に小さな未使用領域が多数発生することがあります。このような領域を**ガーベジ**といい，ガーベジとなった領域を回収して再び利用できるようにする処理を**ガーベジコレクション**といいます。

> 参考　Javaはガーベジコレクション機能をもつため，確保した領域を明示的に解放する必要がなく，メモリ管理が容易。

また，プログラムが実行中に確保した領域を，不要になったにもかかわらず解放せずそのままにしておくと，主記憶中の利用可能な部分が減少する**メモリリーク**という現象が発生します。したがって，動的に確保した領域の解放は，プログラム内で明示的に行う必要があります。

2 アルゴリズムとプログラミング

..2.7.3.... 言語の分類　AM/PM

現在，多種多数のプログラム言語が存在しています。ここでは，プログラム言語を「手続型，関数型，論理型，オブジェクト指向」に分類したときのそれぞれの特徴について説明します。

手続型言語

参考 代表的な手続型言語には Fortran，COBOL，PL/I, Pascal, BASIC, Cなどがある。

手続型言語では，問題解決のための処理手順(アルゴリズム)を，1文(命令)ずつ順を追って記述します。記述する文の種類には，変数などを宣言する宣言文，変数に値を設定する代入文，分岐や繰返しを表現する制御文などがあります。制御文を記述すると，単に1文ずつ逐次的に実行するだけでなく，変数の値によって命令の実行順序を変更することができます。

関数型言語

参考 関数型言語の **Lisp**では，リストや2分木などの再帰的データ構造を直接定義する仕組みが用意されていて，自分自身のプログラムもリストで表現できる。

関数型言語は，再帰処理向きのプログラム言語です。関数の定義とその呼出しによってプログラムを記述します。最も基本的な関数定義の記述は，「関数(引数の並び)＝式」ですが，右辺の式の中に「if 条件 then 式 else 式」といった条件式も記述できます。また，関数定義の中ですでに定義されている関数や自分自身を使用した定義ができます。

論理型言語

参考 代表的な論理型言語の1つに，**Prolog**がある。

論理型言語では，述語論理を基礎とした論理式によってプログラムを記述します。「〜ならば…である」という推論を必要とする問題に適していて，プログラムに"事実"と"規則"を記述すれば，言語の処理系がもつ導出原理によって結論("質問"に適合する事実)を導き出せます。

こうした推論処理で重要な役割を果たしているのが，**ユニフィケーション**(単一化)と**バックトラック**(後戻り)です。ユニフィケーションとは，推論のための規則に対して質問のパターンを比較し，変数に値を代入するなど同じ形のものを作っていく操作です。また，バックトラックとは，途中で単一化に失敗した場合，それまでの単一化の効果をすべて元に戻し，再度異なるパターン

104

2.7 プログラム言語

で比較・単一化していく操作です。

なお，論理型言語は，**エキスパートシステム**の開発に使用されます。エキスパートシステムとは，**知識ベース**を利用して推論を行うというもので，その分野に精通していない人でも，正しい結論を導くことができるシステムです。知識ベースと推論エンジンから構成されています。

> **用語 知識ベース**
> 様々な事象の事実や常識，人間の知識や経験則を，「もし〜ならば…」という形式で蓄積した特殊なデータベース。

オブジェクト指向言語

"オブジェクト"をプログラム構成の基本とするのが，**オブジェクト指向言語**です。すべてのデータはオブジェクトであり，また，すべての計算はオブジェクトにメッセージを送ることで実現されます。代表的なものにC++やJavaがあります。

> **参照** オブジェクト指向については，「9.3 オブジェクト指向設計」(p506)を参照。

その他の言語

文書の一部をタグ(<…>と</…>)と呼ばれる特別な文字列で囲うことにより，文書の構造や文字の大きさなどの修飾情報を記述していく言語を**マークアップ言語**といいます。その代表である**XML**(Extensible Markup Language)では，利用者が目的に応じて任意のタグを定義することができます。

XMLと比較される規格に**YAML**があります。YAMLではタグの代わりにインデントを使ってデータの構造を表現します。

また，類似の規格として**JSON**(JavaScript Object Notation)があります。JSONは，**JavaScript**の言語仕様のうち，オブジェクトの表記法などの一部の仕様を基にして規定されたもので，「名前と値の組の集まり」と「値の順序付きリスト」の2つの構造に基づいてオブジェクトを表現します。オブジェクトは，"{"で始まり"}"で終わります。{…}の中に，ダブルクォーテーション(")で囲んだ名前と値をコロン(:)で区切り，{"age":42}という形式で記述します。また，名前と値の組が複数ある場合は，","で区切って記述します。

JavaScriptは，**スクリプト言語**(比較的容易にコード記述や実行ができるプログラミング言語)の1つで，動的なWebサイトの作成に用いられます。この他，スクリプト言語には，近年AI開発に適した言語としても注目を浴びているPython，Webアプリケ

> **参考** YAMLは，「YAML Ain't a Markup Language (YAMLはマークアップ言語ではない)」の略。

> **参考** JSONの記述例
> ※[]は配列
> ```
> {
>  "No":"7",
>  "name":"RAI",
>  "age":42,
>  "ystävä":
>   ["VET","GIO"]
> }
> ```

2 アルゴリズムとプログラミング

ーション開発に適したPHPやRuby，Perlなどがあります。

では最後に，JavaやXMLに関連する試験出題用語・技術を表2.7.1にまとめておきます。

▼ **表2.7.1** Java・XMLに関連する用語

Javaアプレット（アプレット）	Webサーバ上のJavaバイトコードをWebブラウザがダウンロードし，Java仮想マシン（Java VM：Java Virtual Machine）で実行するプログラム
Javaサーブレット（Servlet）	Webクライアントの要求に応じて，Webサーバー上で実行されるJavaプログラム。一度ロードされるとサーバに常駐し，スレッドとして実行される
JavaBeans	Javaで開発されたプログラムをアプリケーションの部品（コンポーネント）として取り扱うための規約
EJB	Enterprise JavaBeansの略。JavaBeans規約にエンタープライズ向け（サーバ側の処理）の機能を追加したもの
J2EE	Java 2 Platform, Enterprise Editionの略。Webベースの大規模企業システムにおけるサーバ側アプリケーション構築の枠組み，あるいはプラットフォーム技術に関する仕様。構成技術として，Servlet，JSP，EJB，JDBCなどがある
Ajax	Asynchronous JavaScript＋XMLの略。JavaScriptの非同期通信の機能を使うことで，画面遷移が起こらない動的なユーザインタフェースを実現する技術
DTD	Document Type Definitionの略。XMLの文書構造（データ記述方法）を定義するスキーマ言語，又はXMLの文書構造を定義するための記述
CSS	Cascading Style Sheetsの略。HTMLやXML文書の文字の大きさ，文字の色，行間などの視覚表現の情報を扱う仕様。HTMLなどから，文書表現に関する定義を分離し，効率的な文書作成や管理を実現
XSLT	XML Stylesheet Language Transformationsの略。XML文書を別の文書形式をもつXML文書やHTML文書などに変換するための仕様
SVG	Scalable Vector Graphicsの略。W3Cで作成された，矩形や円，直線などの図形オブジェクトをXML形式で表現するための規格。ベクタ形式の画像フォーマットなので拡大縮小しても輪郭が粗くならない。また，メモ帳などのテキストエディタでも作成ができる
SMIL	Synchronized Multimedia Integration Languageの略。動画や音声などのマルチメディアコンテンツのレイアウトや再生のタイミングをXMLフォーマットで記述するためのW3C勧告。SMILでは，「○秒ごとに動画を切り替える」といった制御が可能
ebXML	XMLを用いたWebサービス間の通信プロトコルやビジネスプロセスの記述方法，及び取引情報のフォーマットなどを定義する一連の仕様

用語 Java バイトコード
Javaソースコードのコンパイルによって生成された中間コード。

用語 Java 仮想マシン
Javaバイトコードを解釈し，プラットフォームに対応するオブジェクトコード（機械語）に変換して実行するプログラム。

用語 スレッド
プロセスよりも細かい並行処理の実行単位（p253参照）。

参考 W3Cは，Webで使用される技術の標準化を行う非営利団体。

用語 ベクタ形式
画像を，点や線などの図形を表す数値（計算式）の集合で表現する形式。

106

得点アップ問題 **Q&A**

2 アルゴリズムとプログラミング

||| **得点アップ問題** |||

解答・解説は114ページ

問題1 (R02秋問5)

ポインタを用いた線形リストの特徴のうち，適切なものはどれか。

ア　先頭の要素を根としたn分木で，先頭以外の要素は全て先頭の要素の子である。
イ　配列を用いた場合と比較して，2分探索を効率的に行うことが可能である。
ウ　ポインタから次の要素を求めるためにハッシュ関数を用いる。
エ　ポインタによって指定されている要素の後ろに，新たな要素を追加する計算量は，要素の個数や位置によらず一定である。

問題2 (R03春問6)

配列A[1]，A[2]，…，A[n]で，A[1]を根とし，A[i]の左側の子をA[2i]，右側の子をA[2i+1]とみなすことによって，2分木を表現する。このとき，配列を先頭から順に調べていくことは，2分木の探索のどれに当たるか。

ア　行きがけ順(先行順)深さ優先探索　　　イ　帰りがけ順(後行順)深さ優先探索
ウ　通りがけ順(中間順)深さ優先探索　　　エ　幅優先探索

問題3 (H28秋問5)

あるB木は，各節点に4個のキーを格納し，5本の枝を出す。このB木の根(深さのレベル0)から深さのレベル2までの節点に格納できるキーの個数は，最大で幾つか。

ア　24　　　イ　31　　　ウ　120　　　エ　124

問題4 (H19春問11-SW)

n個のデータを整列するとき，比較回数が最悪の場合で$O(n^2)$，最良の場合で$O(n)$となるものはどれか。

ア　クイックソート　　イ　単純選択法　　ウ　単純挿入法　　エ　ヒープソート

問題5 (R03春問7)

アルゴリズム設計としての分割統治法に関する記述として，適切なものはどれか。

ア　与えられた問題を直接解くことが難しいときに，幾つかに分割した一部分に注目し，とりあえず粗い解を出し，それを逐次改良して精度の良い解を得る方法である。
イ　起こり得る全てのデータを組み合わせ，それぞれの解を調べることによって，データの組合せのうち無駄なものを除き，実際に調べる組合せ数を減らす方法である。
ウ　全体を幾つかの小さな問題に分割して，それぞれの小さな問題を独立に処理した結果

107

2 アルゴリズムとプログラミング

をつなぎ合わせて，最終的に元の問題を解決する方法である。
　エ　まずは問題全体のことは考えずに，問題をある尺度に沿って分解し，各時点で最良の
　　　解を選択し，これを繰り返すことによって，全体の最適解を得る方法である。

問題6　(H29秋問7)
fact(n)は，非負の整数nに対してnの階乗を返す。fact(n)の再帰的な定義はどれか。

　ア　if n＝0 then 0 else return n×fact(n−1)
　イ　if n＝0 then 0 else return n×fact(n＋1)
　ウ　if n＝0 then 1 else return n×fact(n−1)
　エ　if n＝0 then 1 else return n×fact(n＋1)

問題7　(H28春問7)
リアルタイムシステムにおいて，複数のタスクから並行して呼び出された場合に，同時に
実行する必要がある共用ライブラリのプログラムに要求される性質はどれか。

　ア　リエントラント　　イ　リカーシブ　　ウ　リユーザブル　　エ　リロケータブル

問題8　(H31春問17)
　プログラムの実行時に利用される記憶領域にスタック領域とヒープ領域がある。それらの
領域に関する記述のうち，適切なものはどれか。

　ア　サブルーチンからの戻り番地の退避にはスタック領域が使用され，割当てと解放の順
　　　序に関連がないデータの格納にはヒープ領域が使用される。
　イ　スタック領域には未使用領域が存在するが，ヒープ領域には未使用領域は存在しない。
　ウ　ヒープ領域はスタック領域の予備領域であり，スタック領域が一杯になった場合にヒ
　　　ープ領域が動的に使用される。
　エ　ヒープ領域も構造的にはスタックと同じプッシュとポップの操作によって，データの
　　　格納と取出しを行う。

チャレンジ午後問題1 (H21春問2抜粋)　　　　　　　　　　　　　　解答・解説：116ページ
　探索アルゴリズムであるハッシュ法の一つ，チェイン法に関する次の記述を読んで，設問
1～3に答えよ。

　配列に対して，データを格納すべき位置（配列の添字）をデータのキーの値を引数とする関
数（ハッシュ関数）で求めることによって，探索だけではなく追加や削除も効率よく行うのが
ハッシュ法である。通常，キーのとり得る値の数に比べて，配列の添字として使える値の範

囲は狭いので，衝突(collision)と呼ばれる現象が起こり得る。衝突が発生した場合の対処方法の一つとして，同一のハッシュ値をもつデータを線形リストによって管理するチェイン法（連鎖法ともいう）がある。

8個のデータを格納したときの例を図1に示す。このとき，キー値は正の整数，配列の添字は0〜6の整数，ハッシュ関数は引数を7で割った剰余を求める関数とする。

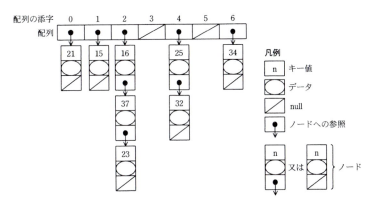

図1　チェイン法のデータ格納例

このチェイン法を実現するために，表に示す構造体，配列及び関数を使用する。

表　使用する構造体，配列及び関数

名称	種類	内容
Node	構造体	線形リスト中の各ノードのデータ構造で，次の要素から構成される。 key…キー値 data…データ nextNode…後続ノードへの参照
table	配列	ノードへの参照を格納する。この配列をハッシュ表という。配列の各要素は，table[n]と表記する（nは配列の添字）。配列の添字は0から始めるものとする。各要素の初期値はnullである。
hashValue(key)	関数	キー値 key を引数として，ハッシュ値を返す。

構造体を参照する変数からその構造体の構成要素へのアクセスには"."を用いる。例えば，図1のキー値25のデータはtable[4].dataでアクセスできる。

〔探索関数 search〕
探索のアルゴリズムを実装した関数searchの処理手順を次の(1)〜(3)に，そのプログラムを図2に示す。

2 アルゴリズムとプログラミング

（1）探索したいデータのキー値からハッシュ値を求める。

（2）ハッシュ表中のハッシュ値を添字とする要素が参照する線形リストに着目する。

（3）線形リストのノードに先頭から順にアクセスする。キー値と同じ値が見つかれば，そのノードに格納されたデータを返す。末尾まで探して見つからなければnullを返す。

```
function search(key)
  hash ← hashValue(key);      // 探索するデータのハッシュ値
  node ← table[hash];         // 着目する線形リストへの参照
  while(node が null でない)
    if(    ア    )
      return node.data;       // 探索成功
    endif
       イ    ;                // 後続ノードに着目
  endwhile
  return   ウ   ;             // 探索失敗
endfunction
```

図2　探索関数 search のプログラム

〔チェイン法の計算量〕

チェイン法の計算量を考える。計算量が最悪になるのは， エ 場合である。しかし，ハッシュ関数の作り方が悪くなければ，このようなことになる確率は小さく，実際上は無視できる。チェイン法では，データの個数をnとし，表の大きさ（配列の長さ）をmとすると，線形リスト上の探索の際にアクセスするノードの数は，線形リストの長さの平均n／mに比例する。mの選び方は任意なので，nに対して十分に大きくとっておけば，計算量が オ となる。この場合の計算量は2分探索木による$O(\log n)$より小さい。

設問1　衝突（collision）とはどのような現象か。"キー" と "ハッシュ関数" という単語を用いて，35字以内で述べよ。

設問2　〔探索関数 search〕について，（1），（2）に答えよ。

（1）図1の場合，キー値が23のデータを探索するために，ノードにアクセスする順序はどのようになるか。"key1→key2→…→23" のように，アクセスしたノードのキー値の順序で答えよ。

（2）図2中の ア ～ ウ に入れる適切な字句を答えよ。

設問3　〔チェイン法の計算量〕について，（1），（2）に答えよ。

（1） エ に入れる適切な字句を25字以内で答えよ。

（2） オ に入れる計算量をO記法で答えよ。

チャレンジ午後問題2 (R01秋問3抜粋)

解答・解説:118ページ

ニューラルネットワークに関する次の記述を読んで,設問1,2に答えよ。

　AI技術の進展によって,機械学習に利用されるニューラルネットワークは様々な分野で応用されるようになってきた。ニューラルネットワークが得意とする問題に分類問題がある。例えば,ニューラルネットワークによって手書きの数字を分類(認識)することができる。
　分類問題には線形問題と非線形問題がある。図1に線形問題と非線形問題の例を示す。2次元平面上に分布した白丸(○)と黒丸(●)について,線形問題(図1の (a))では1本の直線で分類できるが,非線形問題(図1の (b))では1本の直線では分類できない。機械学習において分類問題を解く機構を分類器と呼ぶ。ニューラルネットワークを使うと,線形問題と非線形問題の両方を解く分類器を構成できる。

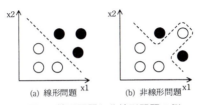

図1　線形問題と非線形問題の例

　2入力の論理演算を分類器によって解いた例を図2に示す。図2の論理演算の結果(丸数字)は,論理積(AND),論理和(OR)及び否定論理積(NAND)では1本の直線で分類できるが,排他的論理和(XOR)では1本の直線では分類できない。この性質から,前者は線形問題,後者は非線形問題と考えることができる。

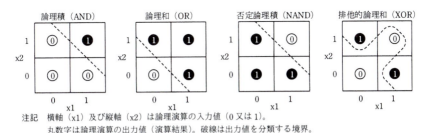

注記　横軸(x1)及び縦軸(x2)は論理演算の入力値(0又は1)。
　　　丸数字は論理演算の出力値(演算結果)。破線は出力値を分類する境界。

図2　2入力の論理演算を分類器によって解いた例

〔単純パーセプトロンを用いた論理演算〕
　ここでは,図2に示した四つの論理演算の中から,排他的論理和以外の三つの論理演算を,ニューラルネットワークの一種であるパーセプトロンを用いて,分類問題として解くことを考える。図3に最もシンプルな単純パーセプトロンの模式図とノードの演算式を示す。ここ

では,円をノード,矢印をアークと呼ぶ。ノードx1及びノードx2は論理演算の入力値,ノードyは出力値(演算結果)を表す。ノードyの出力値は,アークがもつ重み(w1,w2)とノードyのバイアス(b)を使って,図3中の演算式を用いて計算する。

図3 単純パーセプトロンの模式図とノードの演算式

単純パーセプトロンに適切な重みとバイアスを設定することで,論理積,論理和及び否定論理積を含む線形問題を計算する分類器を構成することができる。一般に,重みとバイアスは様々な値を取り得る。表1に単純パーセプトロンで各論理演算を計算するための重みとバイアスの例を示す。

例えば,表1の論理和の重みとバイアスを設定した単純パーセプトロンにx1=1,x2=0を入力すると,図3の演算式から1×0.5+0×0.5−0.2=0.3>0となり,出力値はy=1となる。

表1 単純パーセプトロンで各論理演算を計算するための重みとバイアスの例

論理演算	w1	w2	b
論理積	0.5	0.5	a
論理和	0.5	0.5	−0.2
否定論理積	−0.5	−0.5	0.7

〔単純パーセプトロンのプログラム〕
単純パーセプトロンの機能を実装するプログラムsimple_perceptronを作成する。プログラムで使用する定数,変数及び配列を表2に,プログラムを図4に示す。simple_perceptronは,論理演算の入力値の全ての組合せXから論理演算の出力値Yを計算する。ここで,関数に配列を引数として渡すときの方式は参照渡しである。また,配列の添え字は0から始まるものとする。なお,2次元配列Xの要素は"X[行番号][列番号]"の形式で表記すること。

表2 プログラム simple_perceptron で使用する定数，変数及び配列

名称	種類	説明
NI	定数	入力ノードの数を表す定数。 表1の論理演算では，2入力なので，2となる。
NC	定数	論理演算の入力値の全ての組合せの数を表す定数。 表1の論理演算では，4となる。
X	配列	論理演算の入力値の全ての組合せを表す2次元配列。 表1の論理演算では，[[0,0], [0,1], [1,0], [1,1]]が設定されている。
Y	配列	論理演算の出力値（演算結果）を格納する1次元配列。 表1の論理和では，入力値 X に対応して[0, 1, 1, 1]となる。
WY	配列	ノード y のアークがもつ重みの値を表す1次元配列。 表1の論理和では，[0.5, 0.5]を与える。
BY	変数	ノード y のバイアスの値（b）を表す変数。 表1の論理和では，−0.2を与える。

```
function simple_perceptron(X, Y)
  for( out を 0 から NC−1 まで 1 ずつ増やす )
    ytemp ← [ ア ]
    for( in を 0 から NI−1 まで 1 ずつ増やす )
      ytemp ← ytemp + [ イ ] × [ ウ ]
    endfor
    if( ytemp が [ エ ] )
      Y[out] ← 1
    else
      Y[out] ← 0
    endif
  endfor
endfunction
```

図4 単純パーセプトロンのプログラム

設問1 表1中の [a] に入れる適切な数値を解答群の中から選び，記号で答えよ。

解答群
ア −0.7　　イ −0.2　　ウ 0.2　　エ 0.7

設問2 図4中の [ア] ～ [エ] に入れる適切な字句を答えよ。

解説

問題1
解答：エ ←p76を参照。

ア：木構造(多分木)に関する記述です。
イ：線形リストは，先頭要素から順に探索する線形探索には適しますが，2分探索には不向きです。配列を用いた方が効率的に行えます。
ウ：線形リストの各要素がもつポインタは，次の要素の格納場所(アドレス)です。ハッシュ関数を用いて計算する必要はありません。
エ：ポインタによって指定されている要素の後ろに，新たな要素を追加する操作は次のようになり，このときの計算量は，線形リストを構成する要素の個数や，追加位置に関係なく一定です。

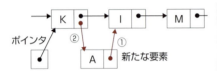

① ポインタで指定された要素('K'の要素)のポインタ部の値を，新たな要素のポインタ部に入れる。
② 'K'の要素のポインタ部に，新たな要素の格納場所(アドレス)を設定する。

問題2
解答：エ ←p84を参照。

A[1]を根とし，A[i]の左側の子をA[2i]，右側の子をA[2i+1]とみなした2分木は，下右図のようになります。したがって，配列Aの先頭から走査することは，2分木を幅優先探索で走査することと同じになります。

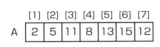
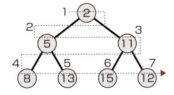

問題3
解答：エ ←p87，88を参照。

本問のB木の各節点の構造は，次のようになります。

| p1 | k1 | p2 | k2 | p3 | k3 | p4 | k4 | p5 |

＊k1〜k4：キー
　p1〜p5：子へのポインタ

深さのレベル0から深さのレベル2までの節点数は，
・深さのレベル0の節点＝1個　（←木の根）
・深さのレベル1の節点＝5個
・深さのレベル2の節点＝5×5＝25個

となり，全部で1＋5＋25＝31個です。そして，各節点に4個のキーが格納されるので，キーの個数は，31×4＝124個となります。

得点アップ問題 Q&A

2
アルゴリズムとプログラミング

問題4
解答：ウ

n個のデータを整列するとき，比較回数が最悪の場合で$O(n^2)$，最良の場合で$O(n)$となる整列法は**単純挿入法**です。

単純挿入法は，未整列データ列の先頭要素を，整列済みデータ列の中の正しい位置に挿入するという操作を繰り返すことによってデータを整列する方法です。一般に，大きさnのデータ列を整列する場合，未整列データ列の先頭であるi(i＝2〜n)番目の要素の挿入位置を決めるために，i－1番目から1番目の要素に向かって順に比較していきます。そのため，i番目の要素の正しい挿入位置が見つかるまでの比較回数は最大(最悪)でi－1回，最小(最良)で1回です。

単純挿入法では，この操作をi＝2番目の要素からi＝n番目の要素まで行うので，整列完了までの比較回数は最悪でn(n－1)／2回(側注参照)，最良でn－1回となり，これをオーダ記法で表すと最悪で$O(n^2)$，最良で$O(n)$となります。

◀p95を参照。

i	最大比較回数
2	1
3	2
…	…
n	n－1

↓
和＝n(n－1)／2

問題5
解答：ウ

分割統治法は，大きさNの問題を大きさN/aのb個に分割し，それぞれを再帰的に解いた結果を利用して，元の問題の解を作るといったアルゴリズム設計法です。〔ア〕は局所探索法，〔イ〕は分枝限定法(最適化問題をバックトラック法で解くための手法であり，バックトラック法における枝刈りの手法の一種)，〔エ〕は貪欲法の説明です。

◀p95を参照。

※問題の計算量f(N)が，「b×f(N/a)＋cN(cは定数)」を満たすように，問題を再帰的に分割していく。

問題6
解答：ウ

nの階乗を返す，fact(n)の再帰的な定義は〔ウ〕になります。

◀p99を参照。

問題7
解答：ウ

共用ライブラリとは，複数のプログラムが共通して利用するライブラリのことです。共用ライブラリに含まれるプログラムは，複数のプログラムから同時に呼び出されても，待たせることなく，かつ正しく実行できなければいけないので，**再入可能(リエントラント)**なプログラムである必要があります。

◀p101を参照。

問題8
解答：ア

スタック領域は，サブルーチンや関数からの戻り番地の退避，また関数内で定義された引数(仮引数)や局所変数の格納に使用されます。一方ヒープ領域は，プログラムの実行中に必要となった領域を動的に割当てたり，不要となった領域を解放したりできる領域です。

◀p80，103を参照。

※スタック領域への退避は，**スタックポインタ**を使って，PUSH操作で行われる。

115

2 アルゴリズムとプログラミング

チャレンジ午後問題1

設問1	異なるキーの値でも，ハッシュ関数を適用した結果が同じになること		
設問2	(1)	16→37→23	
	(2)	ア：node.keyがkeyと等しい　　イ：node ← node.nextNode　　ウ：null	
設問3	(1)	エ：すべてのキーについてハッシュ値が同じになる	
	(2)	オ：$O(1)$	

●設問1

　本問の図1のハッシュ関数は，引数を7で割った剰余をハッシュ値とする関数です。これをhashValue(key)=mod(x, 7)と定義し，キー値25と32のハッシュ値を求めると，

　hashValue(25)＝mod(25, 7)＝4
　hashValue(32)＝mod(32, 7)＝4

となり，同じハッシュ値になります。この現象が衝突です。つまり，衝突(collision)とは，**異なるキーの値でも，ハッシュ関数を適用した結果が同じになること**をいいます。

●設問2（1）

　キー値23のハッシュ値は，hashValue(23)＝mod(23, 7)＝2なので，配列の添え字2の要素(table[2])が参照する線形リストを順にアクセスすることになります。したがって，アクセスするノードのキー値の順序は，**16→37→23**です。

●設問2（2）

　関数searchでは，まずキー値(key)からハッシュ値(hash)を求め，このハッシュ値を添字とする要素(table[hash])を変数nodeに代入します。そして，このnodeを使って線形リストのノードを順に探索していきます。ここで，変数nodeは，構造体（ノード）を参照する変数であり，線形リストのノードのキー値はnode.key，データはnode.dataでアクセスすることに注意します。

空欄ア：処理手順(3)に，「キー値と同じ値が見つかれば，そのノードに格納されたデータを返す」とあるので，空欄アには「キー値と同じ値が見つかった」という条件，すなわち「node.keyがkeyと等しい」を入れればよいでしょう。

空欄イ：現在，nodeが参照しているノードのキー値がkeyと等しくなければ，次のノードをアクセスする必要があります。そのためには，現在，nodeが参照しているノードがもつ後続ノードへの参照(nextNode)をnodeに設定します。つまり，空欄イには「node ← node.nextNode」を入れます。

※ 設問1と設問2の(1)は得点源。あわてず正確に解答しよう。

※プログラムの条件文を解答する場合，他の部分でどのように記述されているかをチェックしよう。本問の場合，while文の条件が「nodeがnullでない」となっているので，「node.key＝key」ではなく，「node.keyがkeyと等しい」あるいは「node.keyがkeyと同じ値」といった解答がベスト。

空欄ウ：プログラムの注釈に「探索失敗」とあるので，キー値と同じ値が見つからなかったときの処理だとわかります。処理手順（3）を見ると，「末尾まで探して見つからなければnullを返す」とあるので，空欄ウにはnullを入れます。

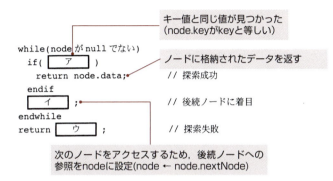

〔例〕ハッシュ値(hash)＝4，key＝32

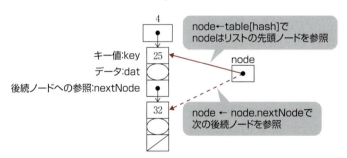

●設問3（1）
チェイン法では，同一のハッシュ値をもつデータを線形リストによって管理します。そのため，**すべてのキーについてハッシュ値が同じになる**場合は1本の線形リストを探索することになり，この場合，計算量が最悪の$O(n)$になります。

●設問3（2）
データの個数をn，表の大きさをmとすると，線形リストの長さ（ノードの個数）の平均はn/mです。また線形リスト上の探索は線形探索となるため，計算量は線形リストの長さn/mに比例します。そこでmを，nに対して十分に大きくとればn/mは1に近くなり，ほぼ1回のハッシュ計算で探索ができ，このときの計算量は**$O(1)$**になります。

※すべてのデータが1本の線形リストになるとき，計算量が最悪となる。

※チェイン法の計算量については，p92を参照。

2 アルゴリズムとプログラミング

チャレンジ午後問題2

設問1	a:ア
設問2	ア:BY　イ:X[out][in]　ウ:WY[in]　エ:0より大きい

●設問1

単純パーセプトロンの出力値yは，演算式「x1×w1+x2×w2+b」で計算され，論理積の重みw1，w2はともに0.5です。論理積はx1とx2が両方とも1のときにのみ結果が1になる演算なので，x1=1，x2=1のときだけ演算式の値が0より大きくなるバイアスの値bを選択します。下記から，これを満たすバイアスの値bは〔ア〕の−0.7です。

　　　x1=0，x2=0：0×0.5+0×0.5+b=　0　+b≦0
　　　x1=0，x2=1：0×0.5+1×0.5+b=0.5+b≦0
　　　x1=1，x2=0：1×0.5+0×0.5+b=0.5+b≦0
　　　x1=1，x2=1：1×0.5+1×0.5+b=　1　+b>0

●設問2

空欄ア：空欄アには変数ytempに設定する初期値が入ります。空欄エを含むif文を見ると，変数ytempの値によってY[out]に1あるいは0を設定しています。このことから，変数ytempは演算式の値を格納する変数です。また，空欄イ，ウを含む式を見ると，この式ではバイアスの値を加算していません。そのため，変数ytempには初期値としてバイアスの値BYを設定する必要があります。

空欄イ，ウ：ここでは，入力値[x1，x2]と重み[w1，w2]に対し，ytemp=ytemp+x1×w1+x2×w2を計算するわけですが，入力値[x1，x2]は，2次元配列XにNC組格納されています。そのため，変数outを使って外側のループ（for文）をNC回繰り返します。つまり，変数outは2次元配列Xの行番号（行の添字）表すことになります。これを踏まえて，上記の式を書き替えると，次のようになります。

　　　ytemp=ytemp + X[out][0]×w1 + X[out][1]×w2

次に，重みは，1次元配列WYに格納されているので，この式は，

　　　ytemp=ytemp + X[out][0]×WY[0] + X[out][1]×WY[1]

と表すことができ，さらに，列番号に変数inを用いれば，

　　　ytemp=ytemp + $\sum_{in=0}^{NI-1}$ X[out][in]×WY[in]

と表すことができます。したがって，空欄イにはX[out][in]，空欄ウにはWY[in]が入ります。

空欄エ：Y[out]には，変数ytempの値が0より大きければ1，そうでなければ（0以下であれば）0を設定します。したがって，空欄エには「0より大きい」が入ります。

※解答群
ア −0.7
イ −0.2
ウ 0.2
エ 0.7

※Yは論理演算の出力値（演算結果）を格納する1次元配列。

※表1の論理演算では，NC=4。

※表1の論理演算では，NI=2。したがって，内側のループ（for文）で，in=0のとき，
ytemp←ytemp+
　X[out][0]×WY[0]
を行い，in=1のとき，
ytemp←ytemp+
　X[out][1]×WY[1]
を行うことになる。

第3章
ハードウェアと
コンピュータ
構成要素

　応用情報技術者試験では，1つひとつのコンピュータアーキテクチャについて一歩踏み込んだ知識が要求されます。基本情報技術者のレベルでは，コンピュータを構成するハードウェアの全体像をつかむことに主眼がおかれ，個々のアーキテクチャについてはその用途や設置の意味，動き方の概念を学習するに留まりましたが，応用情報技術者にはそれらの詳細な挙動，基礎理論，効率化のための技術といった知識が要求されます。

　通り一遍の知識で安心するのではなく，正確な用語や理論を一から確認し直すつもりで学習しましょう。また，基本情報技術者の知識を前提にスキル体系が構築されていますから，例えば，コンピュータの5大要素といった基礎知識に不安がある場合は，先にざっと復習しておくと効率よく対策ができます。

3 ハードウェアとコンピュータ構成要素

3.1 ハードウェア

3.1.1 組合せ論理回路 AM/PM

論理回路

用語 論理演算
1（真：True）か0（偽：False）かの2通りの値しかとらない演算。

用語 論理素子
論理ゲート，あるいは単にゲートともいう。

コンピュータ内部では，論理演算を行う多くの論理回路が用いられています。論理演算を行うための最小の回路を**論理素子**といい，**論理回路**はこれらの論理素子の組合せで構成されます。

論理素子としては，すべての論理演算をその結合で表現できる論理積（AND），論理和（OR），否定（NOT）を含むいくつかの基本論理演算に対応するものがあります。

▼ **表3.1.1** 基本論理演算に対応する論理素子

図記号	説明	論理式
A B Y	**論理積素子**（ANDゲート） 入力A，Bがともに1のときだけ出力Yが1になる	$A \cdot B$ (A AND B)
A B Y	**否定論理積素子**（NANDゲート） 入力A，Bがともに1のときだけ出力Yが0になる	$\overline{A \cdot B}$ NOT(A AND B)
A B Y	**論理和素子**（ORゲート） 入力A，Bの少なくとも一方が1であれば出力Yが1になる	$A + B$ (A OR B)
A B Y	**否定論理和素子**（NORゲート） 入力A，Bがともに0のときだけ出力Yが1になる	$\overline{A + B}$ NOT(A OR B)
A B Y	**排他的論理和素子**（XORゲート） 入力A，Bが異なるとき出力Yが1，同じときYが0になる	$A \oplus B$ (A XOR B)
A Y	**論理否定器**（NOTゲート） 入力Aが1ならYは0，0なら1	$\overline{A}$ (NOT A)

参考 論理回路には，
組合せ論理回路の他に，**順序論理回路**（順序回路ともいう）がある（p124参照）。

入力に対して出力が一意に決まる論理回路を**組合せ論理回路**といい，同じ機能をもつ論理回路でも，論理素子の組合せ方によって様々な構成の論理回路があります。

ここで，"入力AとBが1のときだけ，0を出力する"論理回路は，どのような構成で実現できるのかをみていきましょう。

120

論理回路の設計

論理回路は、「真理値表の作成→論理式を求める→論理回路の設計」といった流れで設計されます。

◆ 真理値表の作成

論理回路に必要な機能を真理値表で表します。この場合、機能は"入力AとBが1のときだけ、0を出力する"なので、これを真理値表に表すと表3.1.2のようになります。

用語 真理値表：条件の真偽(T, F)や入力(1, 0)の組合せによって、論理式や論理回路がどのような値(出力値)をとるのかを表したもの。

▼ **表3.1.2** 真理値表

A	B	出力
0	0	1
0	1	1
1	0	1
1	1	0

入力AとBが1のときだけ、0を出力する

◆ 論理式を求める

作成した真理値表と等価な論理式を求めます。この論理式は、出力が1になる入力条件すべての論理和(**加法標準形**)をとることで求められるので、表3.1.2からは次の論理式が得られます。

$$\overline{A} \cdot \overline{B} + \overline{A} \cdot B + A \cdot \overline{B} \quad \cdots ①$$

次に、①の論理式を簡略化します。

$$\overline{A} \cdot \overline{B} + \overline{A} \cdot B + A \cdot \overline{B} = \overline{A} + \overline{B}$$

参照 論理式の簡略化方法については、「1.1.4 論理式の簡略化」(p22)を参照。

◆ 論理回路を設計する

ド・モルガンの法則から、論理式$\overline{A} + \overline{B}$は$\overline{A \cdot B}$と等価です。したがって、"入力AとBが1のときだけ、0を出力する"論理回路は、次の2つの組合せ論理回路で実現できます。

参考 ド・モルガンの法則
① $\overline{A \cdot B} = \overline{A} + \overline{B}$
② $\overline{A + B} = \overline{A} \cdot \overline{B}$

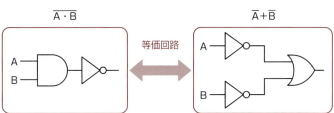

用語 等価回路：回路構成が異なっていても同じ結果を出力する論理回路。

▲ **図3.1.1** 等価回路

参考 半加算器
1桁のみの加算を行う加算回路。

半加算器

"1桁の2進数AとBの加算を行う"論理回路（**半加算器**）を考えてみましょう。

まず，真理値表を作成します。ここで，AとBを加算したときの和の1桁目をS，桁上げをCとします。

S（和の1桁目）は，AとBがともに0のときは"0"，どちらか一方のみが1のときは"1"，そして，AとBがともに1のときは"0"で，このとき桁上げが発生します。また，C（桁上げ）は，AとBがともに1のときのみ"1"です。このことから，SとCの真理値表は次のようになります。

参考
```
  1 …A
+ 1 …B
─────
 1 0
   └和の1桁目（S）
  └桁上げ（C）
```

▼ 表3.1.3　SとCの真理値表

A	B	S（和の1桁目）
0	0	0
0	1	1
1	0	1
1	1	0

A	B	C（桁上げ）
0	0	0
0	1	0
1	0	0
1	1	1

次に，それぞれの真理値表から出力が1になる入力条件すべての論理和をとって，SとCを表す論理式を求めると次のようになります。

参考 半加算器の論理回路

POINT　1桁の2進数の加算を表す論理式
・S（和の1桁目）を表す論理式＝$\overline{A} \cdot B + A \cdot \overline{B}$
・C（桁上げ）を表す論理式＝$A \cdot B$

以上から，"1桁の2進数AとBの加算を行う"半加算器は，論理積素子（ANDゲート）3つ，論理和素子（ORゲート）1つ，論理否定器（NOTゲート）2つを組み合わせた論理回路で実現できることがわかります（側注の図）。

ここで，論理式$\overline{A} \cdot B + A \cdot \overline{B}$は，排他的論理和（XOR）を表す論理式です。また，論理式$(A+B) \cdot \overline{A \cdot B}$とも等価です。このことから半加算器の実現方法としては，少なくても3つの方法があることになります（実際はもっと多い）。

参考 排他的論理和
A⊕Bは，次の2つの論理式と等価。
$A \cdot \overline{B} + \overline{A} \cdot B$
$(A+B) \cdot \overline{A \cdot B}$

このように，機能が複雑になるほど多くの論理式が求められますが，性能や設計のしやすさ，そしてコストなどの面から最適な論理式を採択し，論理回路を設計していく必要があります。

図3.1.2に排他的論理和素子（XORゲート）1つと論理積素子（ANDゲート）1つで構成される半加算器を示します。情報処理技術者試験では，この半加算器を構成する論理素子が問われます。覚えておきましょう。

> **全加算器**
> 入力A，Bの他に，下位桁からの桁上げを入力とする，複数桁の加算に使用される加算回路。
>
> 〔例〕**リップルキャリー加算器**
>
> ＊C_1には0を設定

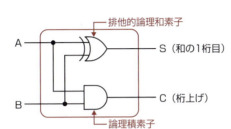

▲ **図3.1.2** XORゲートとANDゲートを用いた半加算器

否定論理積（NAND）

すべての論理演算は，論理積（AND），論理和（OR），否定（NOT）を組み合わせた論理式で表現できます。そのAND，OR，NOTは，次のPOINTに示すように，**否定論理積（NAND）**のみで表現することができます。

> **POINT 基本論理演算をNANDのみで表現した論理式**
> ＊ XとYの否定論理積（$\overline{X \cdot Y}$）は，X NAND Yと表す。
> ① X AND Y ＝（X NAND Y）NAND（X NAND Y）
> ② X OR Y ＝（X NAND X）NAND（Y NAND Y）
> ③ NOT X ＝ X NAND X

> ②の公式と，NANDゲートのみを用いて論理和を実現した下図の回路は頻出。覚えておこう。
>
>

つまり，すべての論理回路は**否定論理積素子**（NANDゲート）のみを用いて実現することが可能です。用いるゲートをNANDゲートに限定することで設計しやすくなるといった利点があり，近年，NANDゲートを多用した論理回路も増えています。なお，NANDゲートのみで論理回路を実現する一手法を**MA法**といいます。

3.1.2 順序論理回路

入力に対して出力が一意に決まる組合せ論理回路に対し，過去の入力による状態と現在の入力とで出力が決まる論理回路を**順序論理回路**（順序回路）といいます。コンピュータの基本機能は，演算と記憶です。しかし，組合せ論理回路では記憶ができないため，記憶ができる順序論理回路は必須です。そして，この順序論理回路の基本構成要素となるのが，SRAMなどで使われている**フリップフロップ**（Flip-Flop：FF）回路です。

フリップフロップ回路

> **参考**　"RS" は，「リセット・セット」の意味。試験では，下図のNAND型RSフリップフロップも出題されている。
>
> S ─┐NAND┐── X
>   └─╳─┐
>   ┌─╳─┘
> R ─┘NAND┘── Y

1ビットの情報を記憶する論理回路です。フリップフロップ回路には，いろいろな種類がありますが最も基本となるのは，図3.1.3に示す**RSフリップフロップ**（RS-FF）です。

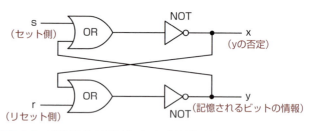

▲ 図3.1.3　論理和素子（ORゲート）によるRS-FF

このRS-FFでは入力sとrに対し，yが記憶される1ビットの情報となります。つまり，**リセット**「s=0, r=1」を行うことでビットの0，**セット**「s=1, r=0」を行うことで1を記憶させることができます。また，「s=0, r=0」では，記憶された情報が保存されます（前の状態をそのまま維持する）。

> **試験**　試験では，「x=0, y=1である状態からx=1, y=0に変える入力」が問われる。xはyの否定なので問題文を「y=1である状態からy=0に変える入力は?」と読み替えることがポイント。答えは『s=0, r=1』

▼ 表3.1.4　RS-FF回路の真理値表

	s	r	y
	0	0	0又は1（前の状態）
リセット→	0	1	0
セット→	1	0	1
	1	1	（出力が確定しないため入力禁止）

ハードウェア **3.1**

3.1.3 LSIの設計・開発　　　AM/PM

LSI
(Large Scale Integration)
加算器やメモリ(FF),
シフトレジスタ,さらに特定用途向けの様々な回路を組み込んだ大規模なIC(集積回路)。

ここでは,LSIの設計・開発に関連する技術(FPGA,SystemC,IPコア)を説明します。

FPGA(Field Programmable Gate Array)は,ユーザが自由に設計して使うLSI(フィールドプログラマブルロジックという)の代表的なものです。いくつかの種類がありますが,プログラムの記憶要素としてSRAMを採用したFPGAでは,回路の書換えを高速に行うことができ,また書換え回数に制限がありません。

代表的なハードウェア記述言語
(HDL:Hardware Description Language)に,VHDLやVerilog-HDLがある。なお,ハードウェア記述言語の他,回路図(ブロック図)を使うこともある。

POINT FPGAの設計フロー
① 該当するFPGAが担う機能・動作を,ハードウェア記述言語を用いて記述する(**機能の記述**)。
② 記述したソース・コードを回路に変換する(**論理合成**)。
③ ②で変換した回路の配置位置や,回路どうしをつなぐ配線経路を決定する(**配置配線**)。また,回路の入出力信号をFPGAのどのI/Oピンに割り当てるのかを決める。
④ 生成された回路情報をFPGAに書込み,動作検証を行う。
⑤ 動作不良や回路仕様の変更が発生したときは①へ戻る。

システムLSI
機能や種類の異なるICを組み合わせ,全体として1つのシステムとして機能するようにしたもの。

SystemCは,C++をベースとしたシステムレベル記述言語です。ハードウェア記述言語よりも抽象度の高い記述ができるため,設計効率の向上が図れます。また,SystemCは,**システムLSI**のハードウェアやその上で動作するシステムソフトウェアを一貫して設計できる言語です。そのためSystemCを,システムLSI設計フローの初期段階で利用することで,ハードウェアとソフトウェア仕様の早期整合(コデザイン)が可能になります。

SoC
System on a Chipの略。複数のチップで構成していた,システムに必要な機能を1つのチップで実現したもの。システムLSIの一種。

IPコア(Intellectual Property Core)は,**SoC**などのLSIを構成するための,再利用可能な機能ブロックの回路設計情報です。ソフトウェアにおける"ライブラリ"に相当し,IPコアを利用することでLSI全体を始めから設計するよりも開発期間を短縮できます。

▼ **表3.1.5**　関連用語

ASSP	ある特定の機能に限定した集積回路。複数の顧客を対象に汎用部品として提供される
ASIC	ユーザの要求に合わせた複数機能の回路を1つにまとめた大規模集積回路(**カスタムIC**)

125

3 ハードウェアとコンピュータ構成要素

..3.1.4.... 低消費電力LSIの設計技術 　AM/PM

集積回路（LSI）の消費電力は，集積度の向上に伴い年々増加の一途をたどっています。消費電力の増大は，冷却の観点からも大きな問題になっていますし，センサネットワークのノードで使われるLSIやRFIDタグなどでは，バッテリーの充電や交換が非常に困難であるため，低消費電力化の実現が必須となっています。

このような背景から近年重要になっているのが，LSIの低消費電力化の設計技術です。ここでは，応用技術者として押さえておきたい「消費電力低減技術」の概要を説明します。なお，LSIの要求性能を低下させずに消費電力を抑えるには，不要不急の動作をする回路ブロックを停止させるか，あるいは低速に動作させるというのが基本設計方針です。

用語 センサネットワーク
小型のセンサ付無線機器を分散配置し，それらを協調動作させることで，環境や物理的状況の観測などを行なう通信ネットワークのこと。IoTで使用するコア技術の1つ。

ダイナミック電力の低減

ダイナミック電力とは，回路ブロックの動作（スイッチング動作）に伴って消費される電力のことです。ダイナミック電力の大きさは，電源電圧Vの2乗と周波数fの積に比例するため，許される範囲で可能な限り電源電圧と周波数を低くすればダイナミック消費電力は低減できます。

しかし，電源電圧を下げると性能が低下し動作速度が遅くなります。そこで，この問題を解決しつつ，ダイナミック電力を低減する技術として，**マルチV$_{DD}$技術**や電源電圧の動的制御技術（**DVS，DVFS**）があります。

参考 LSIの消費電力は，ダイナミック電力とスタティック電力（リーク電力）に大別できる。

用語 スイッチング
信号を流したり切ったりする動作のこと。

▼ **表3.1.6**　ダイナミック電力低減化技術

マルチV$_{DD}$	高性能が必要な回路ブロックには従来の電源電圧を使い，さほど速い動作が必要ではない回路ブロックには低い電源電圧を使うことで消費電力の低減化を図る
DVS，DVFS	プロセッサLSIの負荷（仕事）量が動的に変化することに着目したもの。仕事量が少ない（負荷が軽い）ときには，LSIを高い性能で動作させなくてもよいので電源電圧や動作周波数を下げ消費電力の低減化を図る ・ **DVS**（Dynamic Voltage Scaling） 　負荷量に応じて電源電圧を動的に変える技術 ・ **DVFS**（Dynamic Voltage and Frequency Scaling） 　電源電圧と動作周波数の両方を動的に変える技術

参考 古くから利用されてきた手法に，**クロックゲーティング**がある。ダイナミック消費電力の30%～50%は，チップのクロック分配回路で消費されることに着目し，「クロックが不要ならばその回路へのクロック供給を停止し，省電力化を図る」というもの。

126

スタティック電力の低減

スタティック電力とは、動作の有無にかかわらず漏れ出すリーク電流によって消費される電力のことで、**リーク電力**とも呼ばれます。リーク電力の低減技術として最も注目を浴びているのが、**パワーゲーティング**です。パワーゲーティングは、動作する必要がない回路ブロックへの電源供給を遮断することによって、リーク電流を削減しようという手法です。

試験では、パワーゲーティングがよく問われる。

なお、パワーゲーティングの問題点の1つに、電源供給を遮断すると記憶データを保持できないという点が挙げられます。そこで、電源供給が遮断されているときにも記憶データを保持するため、リーク電流が小さいリテンション・フリップフロップと呼ばれる特別な回路を使います。具体的には、主要部分のフリップフロップ（FF）の横にリテンション・フリップフロップを配置し、ブロックへの電源供給を遮断する直前に、フリップフロップの出力をリテンション・フリップフロップに入力し記憶データを保持させます。

"リテンション"とは、「保持・記憶」という意味。

ブロックへの電源供給が再開されたとき、リテンション・フリップフロップから主要フリップフロップにデータを戻し、回路ブロックの状態を復元する。

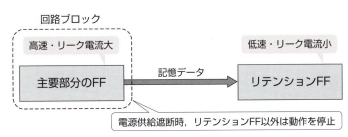

▲ 図3.1.4　パワーゲーティング（記憶データ保持の仕組み）

関連技術

その他、表3.1.7に示す関連技術も押さえておきましょう。

▼ 表3.1.7　その他の関連技術

メモリの消費電力削減	未使用のメモリセグメントを停止する
スタンバイ時の電源制御	システムLSIのように1つのチップ上で多くの機能を実現する場合、すべてのモジュールが常に動作する必要がない。例えば、携帯電話の待受け時などは、着信処理に必要なモジュール以外は動作する必要がないため、それ以外のモジュールへの電源を遮断する

3.1.5 データコンバータ　AM/PM

現在，オーディオ機器をはじめ，通信機器や計測機器，医療機器など様々な電子機器がディジタル化されています。そのため，アナログ信号を入力とする機器において欠かせない回路となっているのが**データコンバータ**（A/Dコンバータ，D/Aコンバータ）です。ここでは，A/Dコンバータの精度（分解能），及び電圧値とディジタル値の関係について説明します。

A/Dコンバータ

アナログ信号をディジタル信号に変換する電子回路です。**A/D変換器**とも呼ばれます。A/Dコンバータは，アナログ信号の振幅を一定時間間隔で切り出し，それをディジタル信号に変換して出力しますが，このA/D変換の際の精度（正確さ）を決める重要な要素となるのが，分解能と変換速度（サンプリング周波数）です。

> 参考：A/D変換の代表的な方式に**PCM**がある（p28参照）。

> 参考：サンプリング周波数が低すぎると元のアナログ信号が復元できない。どの程度の速度でサンプリングするのかは，**標本化定理**（p28参照）に従う。

◯ 分解能

分解能とは変換の細かさを意味し，この細かさは「入力電圧のレンジ（フルスケールレンジ）÷2^出力ビット数」で表すことができます。例えば，入力電圧レンジが0～5Vで，出力ビット数が3ビットのA/Dコンバータでは，レンジ幅5Vを2^3（=8）段階に分割してディジタル値に対応させます。そのため，変換の細かさは「5÷8＝0.625V」となり，入力電圧が0.625V変化すればディジタル出力値が1変化することになります。また，出力ビット数が8ビットに増えれば，2^8（=256）段階になるので，変換の細かさは「5÷256≒0.0195V」となり，約0.0195Vの変化でディジタル出力値が1変化します。

したがって，同じレンジ幅であれば，出力ビット数が多ければ多いほどアナログ値を正確に変換でき，変換時の誤差（**量子化誤差**という）も少なくなります。

> 参考：変換の細かさが0.625Vということは，アナログ値をディジタル値に変換する**量子化**の単位が0.625Vということ。

> 参考：**分解能**は，ディジタル出力値を1変化させる入力信号値の最小変化ともいえる。

 0～5Vの電圧をA/D変換する際の最小単位

・分解能3ビット　➡　$5÷2^3 = 5÷8 = 0.625V$
・分解能8ビット　➡　$5÷2^8 = 5÷256 ≒ 0.0195V$

ハードウェア 3.1

◎ 電圧値とディジタル値の関係

入力電圧が0～5Vであっても，実際に計測（変換）できる最大値は5Vではありません。例えば，分解能3ビットのA/Dコンバータの場合，ディジタル出力値は「$000_{(2)} \sim 111_{(2)}$」の8段階となるので，計測できる最大値は「$5-(5 \div 2^3) = 5-0.625 = 4.375V$」です。

> **LSB**
> A/D変換する際の最小単位。左記例のLSBは0.625V。LSBは "Least Significant Bit" の略で，最下位ビットを意味する。

> **参考** 入力電圧が$-2.5V \sim 2.5V$の場合，計測できる範囲は，$-2.5V \sim 2.5-(5 \div 2^3)V$となる。

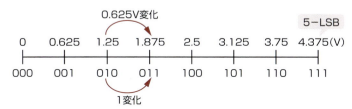

▲ **図3.1.5** 電圧値とディジタル値の関係

◎ A/Dコンバータに必要な最小のビット数

ここで，最下位ビットの重み（LSB）が$1/2,048V$であり，負の値を2の補数表現として「$-1,024V \sim 1,024-(1/2,048)V$」の範囲の電圧を計測できるA/Dコンバータに必要な最小ビット数を考えてみましょう。

負数を2の補数表現する場合，Nビットで表現できる範囲は，通常「$-2^{N-1} \sim 2^{N-1}-1$」です。しかし，1ビットの重みが$1/2,048$なら，「$-2^{N-1} \times (1/2,048) \sim (2^{N-1}-1) \times (1/2,048)$」となります。したがって，次の式を満たすNが最小ビット数です。

> **別解**
> **参考** この場合のLSBは，$(1,024 \times 2) \div 2^N$。これが$1/2,048$であるということは，下記の式を満たす。
> $(1,024 \times 2) \div 2^N = 1/2,048$
> ↓
> $(2^{10} \times 2) \div 2^N = 2^{-11}$
> ↓
> $2^{10+1-N} = 2^{-11}$
> ∴ N=22

① $-2^{N-1} \times (1/2,048) = -1,024$
② $(2^{N-1}-1) \times (1/2,048) = 1,024 - (1/2,048)$

どちらの式からNを求めてもよいので，ここでは①式から求めます。$2,048 = 2^{11}$，$1,024 = 2^{10}$なので，①式は，

$$-2^{N-1} \times 2^{-11} = -2^{10}$$

となり，指数部分を整理すると，

$$-2^{(N-1-11)} = -2^{10}$$

となります。左辺と右辺が等しくなるのは「$N-1-11=10$」のときなので，Nは22です。したがって，このA/Dコンバータに必要な最小ビット数は22ビットと求められます。

> **参考** A/Dコンバータとは逆の変換を行うのが**D/Aコンバータ**（**D/A変換器**）。D/A変換の考え方は，A/D変換の逆と考える。つまり，3ビットのD/A変換器で出力電圧レンジが0～5V（実際には，0～5-0.625V）の場合，ディジタル値が1変化すると出力が0.625V変化することになる。

129

3.1.6 コンピュータ制御

自動制御の種類

各種の機械や装置などに適切な操作を加えて，目的とする動作をとらせたり，目標とする状態に保持したりすることを制御といい，この制御が自動的に行われるものを**自動制御**といいます。

◆シーケンス制御

制御対象となる機械・装置に，状態に対応した複数の異なる段階があるとき用いられる制御で，「あらかじめ定められた順序に従って，制御の各段階を逐次進めていく」という方式です。シーケンス制御を行うため，以前は，リレーと呼ばれる回路（スイッチ）が使用されていましたが，現在では，リレー回路の代替装置として開発された**PLC**（Programable Logic Controller）が多く使用されています。PLCは，パソコン上でプログラミングできる制御装置で，通常，**ラダー図**という言語を用いてシーケンスプログラムを記述します。

参考 ラダー図とは，シーケンス回路図をラダーシンボル（記号）を使って図式化したもの。専用アプリケーションソフトを使ってラダー図を作成すれば，変換からPLCへの書込みまで行われる。なお，ラダーとは"梯子"という意味。記述された回路が梯子のように見えることからこの名前が付いた。

◆フィードバック制御

与えられた目標値と，検出器やセンサから得られた測定値とを比較しながら運転し，目標値に一致させるよう制御を行う方式です。この方式では，外乱による影響をただちにフィードバックし修正するように動作します。

参考 フィードフォワード制御とは，外乱による影響を極力なくすよう必要な修正動作を行うこと。外乱を検知し，その影響を解析して適切な出力（修正量）の決定を行う。通常，フィードバック制御と併用する。

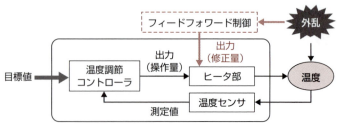

▲ 図3.1.6　フィードバック制御とフィードフォワード制御

センサの種類と特徴

センサには，温度センサをはじめ，様々なものがあります。次ページの表3.1.8に，試験に出題されているものをまとめます。

ハードウェア **3.1**

▼**表3.1.8** 各種センサ

サーミスタ	温度の変化によって電気の流れにくさ（抵抗値）が変化する電子部品。温度検知や温度補償，又は過熱検知，過電流保護などの用途で用いられる
ジャイロセンサ	角速度センサとも呼ばれるセンサで，主な役割は，角速度や傾き，振動の検出
距離イメージセンサ	TOF方式で対象物までの距離を測定するセンサ。TOFは"Time-of-Flight"の略で，TOF方式とは，光源から射出されたレーザなどの光が，対象物に反射してセンサに届くまでの時間を利用して距離を測定する方式のこと。家庭用ゲーム機や自動車の先端運転支援システムに採用されている
ひずみゲージ	変形（ひずみ）を感知するセンサ
ホール素子	ホール効果を用いた非接触型の磁気センサ
ウェアラブル生体センサ	ウェアラブルデバイスに取り付けられる生体センサ。ウェアラブルデバイスとは，腕や衣服など身体に装着して利用できるデバイスの総称

用語 ホール効果 物質中に流れる電流に垂直に磁場をかけると，電流と磁場に垂直な方向に起電力（電界）が現れる現象。

アクチュエータ

アクチュエータは，電気エネルギーや，油圧・空気圧などの流体エネルギーを制御信号に基づき，回転や並進などの動きに変換する装置です。コンピュータ制御では，制御対象の状態をセンサで検出し，それを制御機器が判断して電気信号（制御信号）に変換し，アクチュエータを通して力学的・機械的な動きに変換します。

アクチュエータ（電気式）には，ロボットなどに使われていたDCサーボモータ（直流サーボモータ）や，パソコンのファンなどに使われるDCブラシレスモータ，プリンタの用紙送りなどに使われるステッピングモータなどがあります。

参考 アクチュエータには，電気式の他，油圧によりシリンダ内のピストンを動かしたり，回転運動を得る油圧式や，空気の圧縮膨張によりピストンを動かしたり，空気圧によって回転運動を得る空気圧式がある。

◆アクチュエータ駆動回路

アクチュエータを駆動する回路には，期待する動き方に応じて単にアナログの電圧を出力するものと，電圧のON/OFFを繰り返すスイッチング型があります。例えば，PWM（Pulse Width Modulation：パルス幅変調）制御のアクチュエータでは，1周期に対するONの時間の割合（デューティ比）を変化させることによって，モータの速度を制御します。ONの時間（パルス幅）を長くすれば高い電圧となりモータは速く回転し，逆に短くすれば低い電圧となりモータはゆっくり回転します。

参考 PWM制御

パルス幅W
ON
振幅
OFF
周期T 周期T 周期T

PWMの駆動波形

デューティ比：大
電圧

デューティ比：小

131

3.2 プロセッサアーキテクチャ

3.2.1 プロセッサの種類と方式 AM/PM

プロセッサの種類

用語 CPU (Central Processing Unit)
データの演算・変換・転送，命令の実行，他の装置の制御などを担う，コンピュータの中心的な装置。

プロセッサというと，一般には**CPU**（中央処理装置）のことを指しますが，必ずしも「プロセッサ＝CPU」ではありません。プロセッサは，処理装置の総称であり，データや命令を処理するハードウェアのことです。扱う処理の種類や構成によっていろいろなプロセッサがあります。表3.2.1に，試験に出題されているものをまとめます。

▼ **表3.2.1** プロセッサの種類

MPU	Micro Processing Unitの略。CPU の機能を1つのLSI（集積回路）に実装したもの。**マイクロプロセッサ**ともいう
マルチコアプロセッサ	プロセッサの内部に複数の処理装置を実装したもの。それぞれが同時に別の処理を実行することによってプロセッサ全体の処理性能を高められる。また，同性能のシングルコアプロセッサと比べ，クロック周波数を低く抑えられるため消費電力が少ない
DSP	Digital Signal Processor（**ディジタルシグナルプロセッサ**）の略。ディジタル信号処理に特化したマイクロプロセッサで，音声や画像の計算処理に使われる。DSPは**積和演算**の繰返しを高速に実行でき，必要な信号成分だけを抽出する**ディジタルフィルタ**を効率よく実現できる。なお，積和演算とは，乗算結果を順次加算する「S←S＋A×B」で表される処理のこと
GPU	Graphics Processing Unitの略。3次元グラフィックスの画像処理などをCPUに代わって高速に実行する演算装置

参考 近年用いられているディジタル信号処理システムは，「アナログ入力→A/D変換→DSP処理→D/A変換→アナログ出力」という形態が多い。

プロセッサの方式（命令セット）

プロセッサ（CPU）の命令セットアーキテクチャには，CISCとRISCがあります。

◯ CISC

用語 CISC
複合命令セットコンピュータ。

CISC（Complex Instruction Set Computer）は伝統的なCPUの方式です。CISCでは複雑で多機能な機械語命令が実装されていて，1つひとつの機械語命令が高度な処理機能をもち，プログラマの負担を軽減しています。そのため，プログラミング作業を比

132

較的容易に行うことができるという長所をもっています。また，新たな命令を追加するのも比較的容易です。

しかし，複雑で多機能な長い機械語命令を解釈するため，CPUへの負担は大きくなります。CPUは，1つひとつの命令の長さが同じで処理時間がそろっていると，それぞれの処理を並行して行いやすいため，全体の処理速度が上がりますが，CISCの命令は命令ごとに異なり処理時間がばらばらなので，結果として，CPUの処理効率が悪くなり，処理速度が低下するという欠点があります。

● RISC

用語 RISC
縮小命令セットコンピュータ。

RISC（Reduced Instruction Set Computer）は，CISCがもつ処理効率の悪さを改善するために提案された方式です。

RISCでは，極力単純で短い機械語命令だけを実装し，専用の論理回路で高速に実行できるようにしています。こうすることによって，各命令の処理時間を均一化し，**パイプライン処理**などの処理速度向上技術を実装しやすくしています。

参考 RISCでは，**ロードストアアーキテクチャ**を採用しているため，命令形式は，レジスターレジスタ間，レジスターメモリ間の操作をする形式だけである。

しかし，用意される命令が単純で少ないため，プログラミングの手間はCISCに比べて増大します。また，単純な命令を実行する専用の論理回路によって構成されているため，拡張性に乏しい点もデメリットになります。プログラムを追加すれば機能を追加できるCISCに比べると，自由な拡張は困難です。

▼ **表3.2.2** CISCとRISCの特徴

	CISC	RISC
実装方式	マイクロプログラム	ワイヤードロジック
命令語長	命令ごとに異なる，長い	固定，短い
メリット	高機能命令を実装できる	1命令の処理が単純で高速化しやすい。パイプライン向き
デメリット	1命令の内部構造が複雑になる。パイプラインには不向き	1命令では単純な処理しかできない

参考 マイクロプログラムは，ハードウェアとソフトウェアの境界に位置し，ファームウェアと呼ばれている。ハードウェアで構成されるワイヤードロジックに比べて機能の追加が容易である点が特徴。

● 実装方式

RISCでは，論理回路を組み合わせることで必要な処理を実現します。これを**ワイヤードロジック**（配線論理）といいます。ワイ

ヤードロジックは非常に高速に動作しますが，複雑な命令セットの構築には多大なコストがかかるため，単純な命令セットしかつくることができません。そこで，論理回路を制御するためのマイクロ命令を組み合わせて，マイクロプログラムという処理単位をつくります。この方法を採用しているのがCISCです。

> **参考** プログラマは，マイクロプログラムを用いてプログラミングを行うため，自分で1から命令を組み合わせなくてすみ，工数の削減ができる。

▲ 図3.2.1　CISCとRISC

3.2.2 プロセッサの構成と動作　AM / PM

プロセッサ(CPU)の構成

プロセッサ(CPU)は制御装置，演算装置，レジスタ群で構成されています。**制御装置**は，主記憶に記憶されているプログラムの命令を1つずつ読み出して解読し，その命令の内容によって各装置を制御する装置です。**演算装置**は，制御装置からの指示に従って算術演算，論理演算，比較などの処理を行う装置です。**レジスタ**は，少量で高速な記憶装置です。プログラムカウンタ(PC)や命令レジスタ(IR)など，用途に応じて様々なレジスタがあります。表3.2.3に代表的なレジスタをまとめておきます。

> **参考** 演算装置は，算術論理演算装置(ALU：Arithmetic and Logic Unit)とも呼ばれる。

> **参考** プログラムカウンタは，プログラムレジスタ，命令アドレスレジスタ，命令カウンタとも呼ばれる。

▼ 表3.2.3　代表的なレジスタ

プログラムカウンタ(PC)	次に読み出す命令の格納アドレスをもつ。命令が読み出されると自動的に+1される
命令レジスタ(IR)	主記憶から読み出した命令を格納する
汎用レジスタ(GR)	データの一時的な保持や演算結果の格納など，使い方を自由に決められる
スタックポインタ(SP)	スタック領域の先頭アドレスを保持
グローバルポインタ(GP)	静的領域の先頭アドレスを格納する
インデックス(指標)レジスタ	アドレス修飾に使われる
ベース(基底)レジスタ	プログラムの先頭アドレスを保持

プログラムのロード

CPUがプログラムを実行するためには，補助記憶装置からプログラムを主記憶（メモリ）に読み込まなくてはなりません。まず主記憶上に領域を確保し，そこへプログラムをロードします。そして，プログラムを主記憶のどこに読み込んだのか，どこから実行するのかといったプログラムの実行に必要な情報をレジスタに格納した後，プログラムの実行を開始します。

命令の実行

CPUは主記憶に読み込まれたプログラムの命令を1つずつ，読み出して実行しますが，命令の実行は，いくつかの段階（ステージ）に分かれていて，一般に次の5つのステージを順に実行します。

> **参考 ストアドプログラム方式**
> 主記憶に格納されたプログラムをCPUが順に読み出しながら実行する方式。ノイマン型ともいう。この方式では，CPUと主記憶間のデータ転送能力が，コンピュータの性能向上を妨げる要因になる。これを**フォンノイマンボトルネック**という。

> **POINT 命令実行の5つのステージ**
> ①命令フェッチ（命令読出し）→ ②命令解読 → ③オペランドのアドレス計算→ ④オペランドフェッチ → ⑤実行

> **参考 命令実行の順序**
> ①PCが指定したアドレスにある命令を命令レジスタに読み出す（命令フェッチ）。
> ②読み出した命令を命令デコーダで解読。
> ③処理対象データ（オペランド）の格納アドレスを計算する。
> ④計算されたアドレスからデータを汎用レジスタに読み出す。
> ⑤命令の実行。

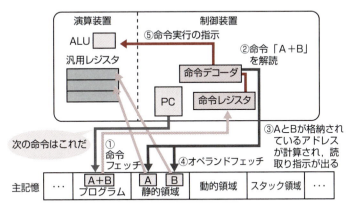

▲ 図3.2.2 命令実行の順序

CPUは，これら一連の手順を経て，1つの命令実行サイクルを終了し，続いて，プログラムカウンタ（PC）が指定する次の命令を読み出すことで，新たな命令実行サイクルに移行します。

3.2.3 オペランドのアドレス計算 （AM / PM）

先にオペランドのアドレス計算について触れましたが，CPUが命令を実行するためには，実行に必要なデータが主記憶上のどこに格納されているのか，そのアドレスをCPUに正しく伝える（CPUが解釈できるように指示する）必要があります。

アドレス指定方式

機械語の命令やその命令形式は，コンピュータによって異なりますが，一般には図3.2.3に示すように，命令や演算を指示する"命令部"と，処理の対象となる主記憶上のアドレスやアドレス修飾などに用いるレジスタを指定する"アドレス（オペランド）部"から構成されます。

命令部	アドレス部（オペランド部）

▲ **図3.2.3** 命令の構成（1アドレス方式）

命令が解読されると，アドレス部に指定されているレジスタやアドレスから，実際にアクセスする主記憶上のアドレス（**有効アドレス**）が計算されます。レジスタとアドレスでどのように有効アドレスを計算するのかという指定が**アドレス指定**です。

アドレス指定にはいくつかの方法がありますが，最も単純なアドレス指定方式は**直接アドレス指定方式**で，アドレス部で指定するアドレスが有効アドレスになります。しかし，これではアドレスの変更などに対応できません。つまり，直接アドレス指定方式でアドレスを指定する場合は，コンパイルの段階でアドレスを決定しなくてはならないため，主記憶上にプログラムを読み込む位置を固定する必要があります。もし，その位置が他のプログラムによって利用されていれば，そこが空くまで待たなくてはなりません。そこで，どのアドレスに配置されてもプログラムが実行可能（**再配置可能**：リロケータブル）となるように，**ベースアドレス指定方式**（**基底アドレス指定方式**ともいう）などのアドレス指定方式が考えられています。

次ページの表3.2.4に，代表的なアドレス指定方式をまとめておきます。

用語 アドレス修飾
アドレス部で指定されているアドレスをレジスタの値で修飾（変更）すること。

参考 アドレス部の数によって，0アドレス方式〜3アドレス方式の4つがある。アドレス部をもたない**0アドレス方式**は，スタックポインタを用いた演算を行う旧方式。

3.2 プロセッサアーキテクチャ

▼ 表3.2.4　アドレス指定方式の種類

方式	説明
即値アドレス指定方式	アドレス部に，対象データ自体が入っている
直接アドレス指定方式	アドレス部に，対象データが格納されている主記憶上のアドレスが入っている。**絶対アドレス指定方式**ともいう
間接アドレス指定方式	アドレス部で指定するアドレスに，対象データが格納されている主記憶上のアドレスが入っている
インデックス（指標）アドレス指定方式	アドレス部に，インデックス（指標）レジスタ番号と，基準となるアドレスが入っている **有効アドレス＝基準アドレス＋インデックスレジスタの内容** インデックスレジスタに基準アドレスからの増減値を入れることで，アドレス部の値を変えることなく配列などの連続したアドレスを参照できる
ベース（基底）アドレス指定方式	アドレス部に，ベース（基底）レジスタ番号とプログラムの先頭からの差分値が入っている **有効アドレス＝ベースレジスタの内容＋差分値** ベースレジスタには，**再配置可能プログラム**を主記憶上に配置したとき，その先頭アドレスがOSにより設定される
相対アドレス指定方式	アドレス部に，プログラムカウンタ（命令アドレスレジスタ）からの変位が入っている **有効アドレス＝プログラムカウンタの値＋変位値**

参考 間接アドレス指定方式

参考 プログラムカウンタは，命令アドレスレジスタ，命令カウンタとも呼ばれる。

3.2.4　主記憶上データのバイト順序　AM/PM

　プロセッサ（CPU）が処理対象とするデータには，1バイトのデータもあれば複数バイトのデータもあります。そこで，主記憶上に配置された複数バイトのデータの場合，どちらを最上位バイト，どちらを最下位バイトと判断するかが問題になります。つまり，すべてのコンピュータシステムが同じバイト順序でデータを配置するわけではなく，これはプロセッサによって異なります。

137

ビッグエンディアンとリトルエンディアン

バイト順序(**バイトオーダ**)には，最上位／最下位どちらのバイトから順に配置するかによって，ビッグエンディアンとリトルエンディアンの2つの方式があります。例えば，2バイトで構成されるデータ$1234_{(16)}$の場合，開始アドレス(低いアドレス)に最上位のバイト$12_{(16)}$を配置する方式が**ビッグエンディアン**(big endian)です。一方，**リトルエンディアン**(little endian)では，開始アドレスに最下位のバイト$34_{(16)}$を配置します。

主記憶(メモリ)のアドレスは，左から右に向かって増える。

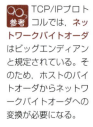

$ABCD1234_{(16)}$の場合
・ビッグエンディアン
| AB | CD | 12 | 34 |
・リトルエンディアン
| 34 | 12 | CD | AB |

TCP/IPプロトコルでは，**ネットワークバイトオーダ**はビッグエンディアンと規定されている。そのため，ホストのバイトオーダからネットワークバイトオーダへの変換が必要になる。

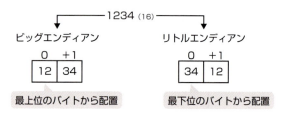

▲ 図**3.2.4** バイト順序

通常のプログラム作成においては，このようなバイト順序をそれほど気にする必要はありませんが，バイト順序の異なるコンピュータ(プロセッサ)間でデータをやり取りするネットワークプログラムにおいては，とても重要になります。

ウォッチドッグタイマ ☕ COLUMN

ウォッチドッグタイマはハードウェアタイマの一種であり，システムの異常や暴走など予期しない動作を検知するための時間計測機構です。最初にセットされた値から一定時間間隔でタイマ値を減少させ，タイマ値が0(タイムアップ)になったとき，**ノンマスカブル割込み**を発生させて例外処理ルーチンを実行します。一般に，この例外処理ルーチンによりシステムをリセットあるいは終了させます。

例えば，ウォッチドッグタイマをある一定値にセットしておき，この値が0になる前にタイマをリセット(初期値でクリア)するようにしておきます。もし，プログラムが無限ループなど異常な状態に陥り，タイマがリセットされなければ，タイマ値が0になるので，このとき異常とみなして割込みを発生させます。

3.2.5 割込み制御

割込み(Interrupt)とは，あるプログラムの実行中に何らかの要因により，実行中のプログラムを一時中断し，その割込み要因に応じた処理を行うことをいいます。

割込みは，その発生原因や優先度，割込み処理の方法でいくつかの種類に分類できます。

> 参考：割込み信号の受信をきっかけに起動されるプログラムを割込みハンドラ(割込み処理ルーチン)という。

割込みの仕組み

現在のOSは基本的にいくつかのプログラムを同時に動かすことができるマルチタスクで動いています。

しかし，これはあくまで人間の目から見て擬似的に同時に動いているように見えるだけで，CPU内部では，1つの処理しか同時に実行することはできません。この処理時間を細かく割って，交互に実行するため，見かけ上，複数のプログラムが同時に動いているように見えるわけです。

あるプログラムが実行されている間，他のプログラムは自分の割り当て時間がくるのを待っていますが，緊急に行わなくてはならない作業がある場合は，正規の順番を待っていられないことがあります。例えば，機械の故障など，すぐに対処しなければならない事態が発生した場合，一般のプログラムの処理に割り込んで問題の解決を最優先に図ります。このとき，割込み処理が終わったあと，速やかに元のプログラムに実行を引き継げるよう，元のプログラムの実行に必要な情報を保持するPSW(Program Status Word：プログラム状態語)をスタックに退避しておきます。

> 用語：マルチタスク 見かけ上複数のプログラムが同時に動いているように見せる処理形式。

> 参考：プログラムの再開に必要な情報(プログラムのCPUの状態を保持するPSWなど)を退避するため，ハードウェア機構が必要となる。

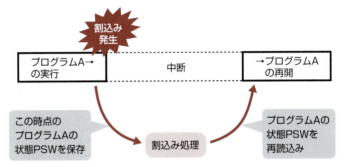

▲ 図3.2.5　割込みの仕組み

3 ハードウェアとコンピュータ構成要素

また，割込みが同時に発生したり，あるいは，割込み処理中に別の割込みが発生する場合もあり，これを**多重割込み**といいます。そこで，割込みの処理に優先順位をつけ，割込みが同時に発生した場合には優先度の高い処理を先に実行します。なお，割込みには，その発生をマスク(抑制)できる割込みと，マスクできない割込みがあります。前者を**マスカブル割込み**，後者を**ノンマスカブル割込み**といいます。

参考 マスクされた割込みは，それが解除された時点で，まだ要因が残っていれば発生する。

割込みの種類

割込みには，**内部割込み**と**外部割込み**があります。

◯ 内部割込み

CPU内部の要因で発生する割込みで，次のものがあります。

▼ **表3.2.5** 内部割込みの種類

プログラム割込み	0での除算やオーバフロー，記憶保護例外など，不正な処理が行われた場合に発生する割込み
SVC割込み	**スーパバイザコール**割込み。カーネルに処理を依頼するために行われる割込みで，例えば入出力命令など，一般のプログラムからは制御できないOSの重要な機能をプログラムが利用したいときに発生する
ページフォールト	プログラムが，主記憶上に存在していないデータ(ページ)に対してアクセスした際に発生する割込み。補助記憶装置からデータの実体を読み込まなければ処理を続けられないため，割込み処理を行ってデータを主記憶上に読み込む

参照 ページフォールトについてはp260も参照。

◯ 外部割込み

CPU外部の要因で発生する割込みで，次のものがあります。

▼ **表3.2.6** 外部割込みの種類

タイマ割込み	プログラムに割り当てられた所定時間が終了したときに発生する割込み。複数のプログラムによりマルチタスクを行う際に用いられる
コンソール割込み	操作員が手動により行う割込み
入出力割込み	キーボードなどの入力装置の操作や，ディスク装置からの読み込み終了にともなって発生する割込み
機械チェック割込み	ハードウェアに障害が発生した際に行われる割込み。最も高い優先順位が割り振られる

参考 割込みコントローラ
CPUとデバイスを中継する装置。CPUが直接デバイスに対して割込み処理を行うと待ち時間が非常に長くなるため，割込み専用の装置を置く。

3.3 プロセッサの高速化技術

3.3.1 パイプライン

> **参照** クロックについては「3.3.4 プロセッサの性能」(p148)を参照。

コンピュータ処理の高速化を考えるとき，CPUのクロックアップ，ハードディスクアクセスの高速化といった構成要素の性能の他，単位時間当たりの処理量(スループット)の向上やマルチCPUでの処理に着目する考え方があります。ここでは，スループットの向上に着目したパイプラインについて説明します。

パイプライン処理

パイプライン処理は，1つの命令を**ステージ**(段)と呼ばれる複数のステップに分割し，各ステージをオーバーラップ(並列に)して処理する方式です。逐次処理では1つの命令が実行し終わるまで次の命令は実行しないので，効率のよい処理ができません。そこで，命令実行を分業化するのがパイプライン処理です。分割されたステージは，それぞれに用意された装置で実行され，次のステージに処理を受け渡します。これによって1つの命令が終了する前に，次の命令の実行を可能にしています。

つまり，パイプライン処理では後続の命令を先読みし，ステージを次々とずらしながら複数の命令を同時に実行することで処理の高速化を図ります。

> **参考** 命令解読機構とは命令デコーダのこと。なお，ここでは説明上，3ステージとする。縦方向に命令をとると，命令1，2の実行は次のとおり。
>

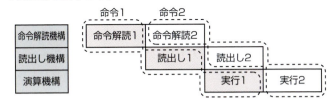

▲ 図3.3.1 パイプライン処理

パイプライン処理をスムーズに行うためには，各命令の実行時間が均一である必要があります。その点で，RISCアーキテクチャがパイプライン処理に向いています。

なお，パイプラインをさらに細分化することによって高速化を図った**スーパパイプライン方式**もあります。

> **参考** スーパパイプライン方式は，パイプラインのステージ数が多いため，各命令間の依存関係が発生しやすい。

141

パイプラインハザード

参考 ステージ数5の場合

パイプライン処理がスムーズに動作すれば，理論的にはステージ数と同じ数の命令が同時に実行でき，高速化が期待できます。しかし実際には，先読みした命令が無駄になったり，待ち合わせが発生したりして，パイプライン処理が乱れる場合があります。このようなパイプライン処理が乱れる状態，あるいはその要因を**ハザード**といいます。

● 制御ハザード(分岐ハザード)

パイプライン処理では，先の命令の実行が完全に終了しないうちに次の命令を実行しはじめる，つまり，先読みすることによって1命令の平均実行時間を短縮します。

これはプログラムが1本道の構造である場合は効果的ですが，途中に分岐命令があると，先読みした命令ではなく分岐先の別の命令が実行されることもあり得ます。この場合，先読みして実行している命令が無駄になります(無効化してしまう)。これを**制御ハザード**あるいは**分岐ハザード**といいます。

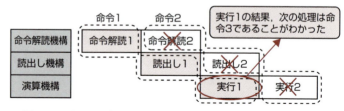

▲ **図3.3.2** 制御ハザード

参考 投機実行
予測が当たれば処理が継続でき性能向上が期待できる。

参考 遅延分岐
分岐命令の後続命令を**遅延スロット**といい，分岐命令直前の命令を遅延スロットにすれば，パイプラインの乱れは抑制できる。

＊命令1を命令2にもってきて，命令2を実行してから分岐。

パイプライン処理を効率よく行うためには，分岐命令を減らすなど，プログラムを構造化する必要がありますが，分岐を完全に無くすことはできません(forやwhileといった繰返し処理は，条件付分岐となる)。そこで，制御ハザード回避策(軽減策)として，分岐条件の結果(分岐する／分岐しない)が決定する前に，分岐先を予測して命令を実行する**投機実行**や，分岐命令の前にある命令の中で，分岐命令の後に移動しても結果が変わらない命令のいつかを分岐命令の後に移動して，その命令を無条件に実行した後，実際の分岐を行う**遅延分岐**といった技法が用いられます。

データハザード

> この他に,ハードウェア資源の競合によって発生する**構造ハザード**などがある。

データハザードは,データの依存関係に起因するハザードです。例えば,命令1でデータを書き換える前に,後続命令である命令2がそのデータを読み込んでしまうと整合性が保てなくなります。この場合,命令1がデータの書換えを終了するまで,命令2の読込みに待合せが発生し,パイプライン処理が乱れます。

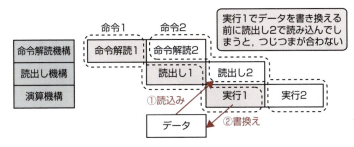

▲ **図3.3.3** データハザード

パイプライン処理効果

> パイプラインを深くするとクロック数が上げやすくなるが,ハザード発生時に発生する無効な処理は大きくなる。

1つの命令を分けたステージの数を**パイプラインの深さ**といい,1ステージの実行に要する時間を**パイプラインピッチ**といいます。パイプラインの深さをD,パイプラインピッチをP秒とすると,N個の命令をパイプラインで実行するのに要する時間は,次の式で表すことができます(パイプラインハザードは考慮しない)。

POINT パイプライン処理時間の求め方

$(D+N-1) \times P$

D:パイプラインの深さ
P:パイプラインのピッチ(秒)
N:命令数

例えば,図3.3.1で示したパイプライン処理において,パイプラインピッチが1ナノ秒であったとします。パイプラインの深さが3,実行している命令数が2なので,公式にこれらの数値を代入すると,$(3+2-1) \times 1 = 4$ナノ秒となります。パイプラインを使用せずに2つの命令を実行した場合,6ナノ秒の時間がかかるため,30%以上の時間短縮が可能になることがわかります。

スーパスカラ

CPU内部に複数のパイプラインを用意して，これを並列に動作させることで高速化を図る技術を**スーパスカラ**といいます。

パイプライン処理では，同じステージを並行して処理することはありませんが，スーパスカラ方式ではパイプラインが複数あるため，同じステージを並列に実行することができます。しかし，スーパスカラを実現するためには，各命令間の依存関係を把握する必要があり，そのためのオーバヘッドがかかります。

> **参考** 縦方向に命令をとると，命令1〜4の実行は次のとおり。
> 命令1 解読 読出 実行
> 命令2 解読 読出 実行
> 命令3　　解読 読出 実行
> 命令4　　解読 読出 実行

			パイプライン数
命令解読機構	命令解読1	命令解読3	（スーパスカラ度）=2
命令解読機構	命令解読2	命令解読4	
読出し機構	読出し1	読出し3	
読出し機構	読出し2	読出し4	
演算機構		実行1	実行3
演算機構		実行2	実行4

▲ **図3.3.4** スーパスカラ方式

VLIW

VLIWは，プログラムをコンパイルする際にあらかじめ依存関係のない複数の命令を並べて1つの複合命令とし，同時に実行させる手法です。同時実行する命令の数を一定させるために，命令数が規定に満たない場合はダミーの命令（NOP命令）が挿入されます。これにより，パイプラインの乱れを抑制し，CPUの処理能力を向上させます。

スーパスカラ方式では，どの命令どうしであれば同時に実行しても差し支えがないか，どの順番で命令を実行すればハザードが起こる確率が低いかなどを実行時に判断します。

> **用語** VLIW
> Very Long Instruction Wordの略。

> **用語** NOP命令
> No OPerationの意味で，「何もしない」という命令。

> **参考** 依存関係がない命令を，プログラムに記述された命令順に関係なく実行する方式を**アウトオブオーダ実行**という。順序を守らないことで性能向上を図る。これに対して，命令順を守る方式を**インオーダ実行**という。

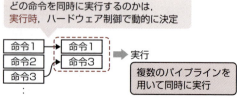

▲ **図3.3.5** スーパスカラ方式での実行

これに対して，VLIW方式を採用したCPUでは，あらかじめ依存関係がチェックされ，複合命令化されているので，実行時にはこうした判断を行う必要がなくなります。結果として，CPUのオーバヘッドが減り，高速化が可能となる一方，コンパイラの設計は難しくなります。

> **参考** VLIWでは実行(演算)ステージが多重化される。パイプラインと合わせた実行イメージは次のとおり。

*F：命令読出し
D：命令解読
R：オペランド読出し
E：実行

▲ 図3.3.6　VLIW方式での実行

スーパスカラやVLIWの特徴は，1クロックサイクルで複数の命令を並列実行することです。これにより，通常のパイプライン処理では，ステージ数を多くしても平均**CPI**（Cycles Per Instruction）の値は1より小さくすることができませんが，スーパスカラやVLIWでは，これを1より小さくすることが可能です。

> **参照** クロック，クロックサイクルについては，p148, 149を参照。

なお，CPIは1命令の実行に必要なクロック数で，**クロックサイクル数**ともいいます。例えば，5ステージ制御で，各ステージが1クロックで実行される場合，CPIは5クロックとなります。

3.3.2　並列処理　AM/PM

近年，コンピュータによって扱われる情報量は極端に増えています。行列演算や流体計算など，大規模で複雑な演算を行うケースも増えてきました。こうした演算を支えるのはプロセッサ（CPU）能力の向上ですが，プロセッサ単独の処理能力向上には限界があります。そこで，複数のプロセッサを協調して動作させる技術が注目されています。これを**並列処理**といいます。

> **参考** 1つのプロセッサ内に複数の処理機能（**コア**：プロセッサの中核）をもたせ並列処理を行わせることで，プロセッサ全体の性能向上を果たす形態を**マルチコア**という。

コンピュータは，並列に実行できる命令数とデータ数の関係から，次ページの表3.3.1に示す4つのアーキテクチャに分類できますが，このうち**SIMD**と**MIMD**が並列コンピュータに対応します。

▼ **表3.3.1** 4つのアーキテクチャ（Flynnの分類）

SISD	Single Instruction stream Single Data streamの略。1つの命令で1つのデータを処理する方式
SIMD	Single Instruction stream Multiple Data streamの略。1つの命令で複数のデータを処理する方式。複数の演算装置が，それぞれ異なるデータに対して同一の演算を同時並列に実行する。従来のベクトル型スーパコンピュータに用いられたアレイプロセッサが該当。また，近年では，音声，画像，動画などのマルチメディアデータを扱うプロセッサ（GPUなど）にも採用されている
MISD	Multiple Instruction stream Single Data streamの略。複数の命令で1つのデータを処理する方式
MIMD	Multiple Instruction stream Multiple Data streamの略。複数の命令で複数のデータを処理する方式。複数のプロセッサが，それぞれ異なる命令を，異なるデータに対して並列に実行する。MPP（Massively Parallel Processor）などが該当。MPPは，安価なマイクロプロセッサを並列につないで動作させることで，従来のベクトル型スーパコンピュータ並みの演算能力を実装した超並列コンピュータ

参考 スーパコンピュータは，アレイプロセッサ（ベクトルプロセッサ）を搭載したベクトル型と，マイクロプロセッサを多数並列につないだスカラ型に大別できる。なお，ベクトルプロセッサとは，配列中の複数のデータを同時に演算できるベクトル演算機能を備えたプロセッサ。

3.3.3 マルチプロセッサ　AM/PM

複数のプロセッサ（CPU）を並列に動作させることによって処理能力の向上を図るのがマルチプロセッサ方式です。構成方法や利用方法によっていくつかの分類方法がありますが，その1つが結合方式による分類です。この方式では，主記憶を共有するかしないかによって密結合型と疎結合型に分けられます。

参考 対称性による分類では，すべてのプロセッサを同等に扱う対称型マルチプロセッシング（SMP：Symmetric Multi Processing）と，それぞれに役割が決められている非対称型マルチプロセッシング（AMP：Asymmetric Multi Processing）に分けられる。

密結合マルチプロセッサ

複数のプロセッサが主記憶を共有し，単一のOSで制御される方式です。基本的に各タスクはどのプロセッサでも実行でき，負荷分散による処理能力は向上しますが，これにはタスク間で同期をとる機能（OS）が必要になります。また，同じ主記憶を利用するため，プロセッサ数が増えると競合が発生しやすくなります。

用語 共通バス　CPUと周辺デバイスを汎用的に結ぶ通信路。競合する可能性があるため，専用のものに比べると，スループットが落ちる傾向にある。

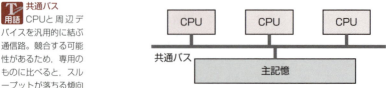

▲ **図3.3.7** 密結合マルチプロセッサ

疎結合マルチプロセッサ

複数のプロセッサが自分専用の主記憶をもつ方式です。密結合型に比べ，プロセッサの独立性が高いため競合が起こりにくく，プロセッサの数を増やすことができますが，プロセッサごとにOSが必要で，構成が複雑になります。

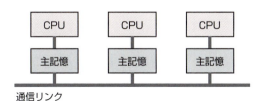

通信リンク 論理的な通信路や，通信が確保されている状態。

▲ 図3.3.8　疎結合マルチプロセッサ

並列化で得られる高速化率

マルチプロセッサでは，並列処理が行える部分は別々のプロセッサで同時に処理を行うため高速化が期待できますが，そもそも同時には実行することができない依存関係のある命令が存在しているため，プロセッサ数と全体の性能は比例関係にはなりません。

そこで，並列処理によって得られる理論上の高速化率（性能比）を予測するのに使われるのが**アムダールの法則**です。アムダールの法則は，並列化が可能な部分の割合によって，高速化率が決まるというものです。

それでは，実際に高速化率を計算してみましょう。

参考 単一プロセッサでの処理時間を1，n個のプロセッサで並列処理をしたときの処理時間を1／nとすると，並列化後の処理時間は次のように求められる。

$(1-r) + r \times 1/n$
$= (1-r) + r/n$

POINT 高速化率の求め方（アムダールの法則）

$$E = \frac{1}{1-r+(r/n)}$$

E：並列処理によって達成される高速化率（単一プロセッサのときと比べた倍率）
n：プロセッサの台数（1≦n）
r：対象とする処理のうち，並列化による高速化が可能な部分の割合（0≦r≦1）

まず，プロセッサの台数を10台として，並列化による高速化が可能な部分が，90％の場合と40％の場合を考えてみます。

並列化処理が90％可能なプログラムでは，

$$E=\frac{1}{1-0.9+(0.9/10)}=\frac{1}{0.19}=5.26\cdots$$

それに対して，並列化処理が40％しかできないプログラムでは，

$$E=\frac{1}{1-0.4+(0.4/10)}=\frac{1}{0.64}=1.56\cdots$$

このように，10台のプロセッサを投入しても，高速化率は10倍にならず，並列化可能部分の割合により異なることがわかります。

次に，並列化処理が90％可能と仮定して，100台のプロセッサ，200台のプロセッサの場合を計算します。

$$E=\frac{1}{1-0.9+(0.9/100)}=\frac{1}{0.109}=9.17\cdots$$

$$E=\frac{1}{1-0.9+(0.9/200)}=\frac{1}{0.1045}=9.56\cdots$$

この結果，プロセッサの台数をいくら増やしても，高々10倍程度の高速化率しか得られないことがわかります。

3.3.4 プロセッサの性能 AM/PM

参照 CPU性能評価に用いられるMIPS，FLOPSについては，p197を参照。

参考 CPUのクロック周波数を**内部クロック**，周辺回路のクロック周波数を**外部クロック**，あるいは，FSB，バスクロック，などと呼ぶ。

プロセッサ（CPU）の性能を表すのによく利用されているのが**クロック周波数**です。**クロック**（Clock）とは，コンピュータ内の動作のタイミングをとるための，一定の周波数の信号（クロック信号又はクロックパルス）あるいはそれを出力する装置です。クロック信号の速さがクロック周波数で，単位は1秒間に出力されるクロック信号の数を10^6あるいは10^9単位で表した**MHz**，**GHz**が使われます。

CPUは1つの命令をいくつかのステージに分けて実行し，各ステージはクロック信号のもとで動作が進められます。そのため，クロック周波数が高いほどCPUの動作速度が速く，命令実行速度は速くなります。しかし，命令によって実行に必要なクロック数（**CPI**）が異なるため，**命令実行時間**はクロックサイクル時間（1

クロックに要する時間)とCPIで，次のように求めます。

用語 クロックサイクル時間
クロック周期ともいう。

クロックサイクル時間

> **POINT** 命令実行時間の求め方
> 命令実行時間＝クロックサイクル時間×CPI
> 　　　　　＝クロック周波数の逆数×CPI

参考 システム全体の性能は，メモリやハードディスク，ネットワークなどの性能が加味されて決まるため，単純にCPUを速くしても，それに比例してシステム全体の性能は向上しない。

　例えば，1命令の実行に5クロックを要する命令を，クロック周波数が1GHzのCPUで実行すると，クロックサイクル時間は，

クロックサイクル時間＝$1 \div 10^9 = 10^{-9}$秒

なので，命令実行時間は，

命令実行時間＝$10^{-9} \times 5$秒＝5ナノ秒

となります。

COLUMN

クロックの分周

　図3.3.9は，情報処理技術者試験に出題された，ワンチップマイコンにおける内部クロック発生器のブロック図です。15MHzの発振器と，内部のPLL1，PLL2及びクロックを2^{10}分の1に分周する分周器の組合せで，CPUに240MHz，シリアル通信(SIO)に115kHzのクロック信号を供給しています。

　最近，このような**クロック発振器**からのクロックを**分周**し，低い周波数のクロックを得る基礎技術に関する問題が増えていますが，問われるのは，分周器の値，あるいは発振器の周波数です。解法のポイントは，供給する周波数と分周前の周波数との比，つまり115kHz／120MHz≒1／1,000≒1／2^{10}に着目することです。

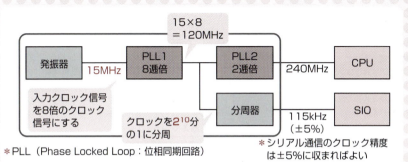

＊PLL（Phase Locked Loop：位相同期回路）

▲ 図3.3.9　内部クロック発生器のブロック図

3 ハードウェアとコンピュータ構成要素

3.4 メモリアーキテクチャ

3.4.1 半導体メモリの種類と特徴 AM / PM

揮発性メモリ（SRAMとDRAM）

○ SRAM

SRAM（Static RAM）は，フリップフロップ回路を用いて情報を記憶するRAMです。主に**キャッシュメモリ**に利用されます。フリップフロップ回路ではリフレッシュと呼ばれる再書込みの処理を行う必要がないため，高速な処理を実現できます。しかし，集積度を上げることが困難で記憶容量が小さく，1ビット当たりの記憶単価が高くなるという欠点もあります。

○ DRAM

DRAM（Dynamic RAM）は，コンデンサ（キャパシタ）に蓄えた電荷の有無によって情報を記憶するRAMです。主に**主記憶装置**に利用されます。集積度を上げることが比較的簡単に実現できるため，記憶容量を大きく取ることができ，また，1ビット当たりの記憶単価を下げることもできます。ただし，コンデンサに蓄えた電荷は時間が経つと失われるので，**リフレッシュ**を随時行わなくてはならず，SRAMと比較すると，処理速度が遅くなります。

▼ **表3.4.1** DRAMの種類

SDRAM	Synchronous DRAMの略。バスクロック（外部クロック）に同期して，1クロックにつき1データを読み出す
DDR SDRAM	Double Data Rate SDRAMの略。クロック信号の立ち上がりと立ち下がりの両方に同期してデータを読み出すことで，SDRAMの2倍の転送速度を実現
DDR2 SDRAM	DDR SDRAMの2倍（SDRAMの4倍）の転送速度を実現したもの。また，CPUがデータを必要とする前にメモリから先読みして，4ビットずつ取り出す**プリフェッチ機能**を備えている
DDR3 SDRAM	転送速度はDDR2 SDRAMの2倍。8ビットずつのプリフェッチ機能を備えている
DDR4 SDRAM	DDR3 SDRAMと同様，8ビットずつのプリフェッチ機能を備え，転送速度はDDR3の2倍

参考 **RAM**（Random Access Memory）は，読出しや書込みができるメモリ。電源を切ると記憶内容が消えてしまう揮発性メモリと，電源を切っても記憶内容が保持できる不揮発性メモリがある。**ROM**（Read Only Memory）は，基本的には読出し専用のメモリで，記憶内容の書換えはできないが，不揮発性なので電源を切っても記憶内容は保持される。

用語 **リフレッシュ** コンデンサに蓄えた電荷が放電しきってしまう前に電荷を再注入する処理。

参考 **コンデンサ** 2枚の金属板の間に絶縁体（誘電体）をはさんだ電子部品。次の2つの性質をもつ。①電荷を蓄える。②直流電流は通さないが，交流電流は通す。なお，試験では②の性質が問われる。

150

メモリアーキテクチャ 3.4

不揮発性メモリ

◯ フラッシュメモリ

> **用語** EEPROM
> Electrically Erasable Programmable ROMの略。EPROMの一種で、電圧をかけることで何度も書込みや消去が可能なROM。

フラッシュメモリはEEPROMの一種で、電源を切っても記憶内容を保持できる不揮発性メモリです。種別には、NAND型とNOR型の2種類があり、データの消去はページを複数まとめたブロック単位で行われますが、データの読み書きについては、NAND型がページ単位、NOR型はバイト単位で行われます。

NAND型フラッシュメモリは、NOR型に比べ書き込み速度が速く、また集積度が高いため安価に大容量化でき、USBメモリやSSD、携帯用機器のメモリカードなどに使用されています。

> **参照** USBメモリやSSDについては、p160のコラムを参照。

NOR型フラッシュメモリは、NAND型に比べ書き込み速度が遅く、回路が複雑で高集積化には不向きですが、データ読み出しはNAND型より高速です。また、高い信頼性をもつため、ファームウェアの格納を主目的として使用されています。

なお、NAND型フラッシュメモリの記憶方式には、メモリセル当たりの記憶容量（ビット数）により、次の3種類があります。

▼ **表3.4.2** NAND型フラッシュメモリの記憶方式

SLC	Single-Level-Cellの略。1つのメモリセルに1ビットのデータを記憶する従来型の方式
MLC	Multi-Level-Cellの略。メモリセルを4段階の電圧レベルで制御し、1つのメモリセルに2ビットのデータを記憶させる方式
TLC	Triple-Level-Cellの略。メモリセルを8段階の電圧レベルで制御し、1つのメモリセルに3ビットのデータを記憶させる方式

◯ FeRAM

FeRAM（Ferroelectric RAM：**強誘電体メモリ**）は、強誘電体材料がもつ分極メカニズムをデータ記憶に用いた不揮発性メモリで、構造的にはDRAMによく似ているといわれています。下記POINTに、FeRAMの特徴をまとめておきます。

> **参考** その他の不揮発性メモリには、結晶状態と非結晶状態の違いを利用して情報を記憶する**相変化メモリ**もある。

> **POINT** **FeRAMの特徴**
> ・データの読み書き速度が速い（読み出し速度はDRAM並み）
> ・フラッシュメモリよりも書換え可能回数が多い
> ・DRAMやフラッシュメモリに比べ低消費電力

151

3.4.2 記憶階層

記憶の階層化

補助記憶装置に記録されているプログラムやデータは主記憶装置に読み込まれ、CPUはそのプログラムの命令を主記憶装置から順に取り出して実行します。また命令実行時には、CPUと主記憶装置との間でデータの読み書きが行われます。ここで問題になるのが、CPUの性能と各記憶装置のアクセス速度の差です。いくらCPUの性能が高くても、主記憶装置や補助記憶装置へのアクセス速度が遅ければ、処理の高速化は期待できません。

CPUが記憶装置に期待するのは、高速かつ大容量です。しかし、一般に記憶装置は、高速なものほど容量が小さく高価で、大容量なものほど低速です。そこで、各記憶装置を図3.4.1のようにうまく階層化してCPUからはあたかも高速かつ大容量の記憶装置があるかのように見せます。これを**記憶階層**といいます。

> **参考** キャッシュメモリは複数設置されることがある。この場合、CPUに近く最初にアクセスされるものを**1次キャッシュ**（L1キャッシュ）といい、そこに必要な情報がない場合、次にアクセスされるものを**2次キャッシュ**（L2キャッシュ）という。

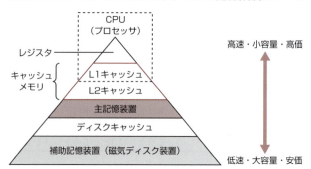

▲ 図3.4.1　記憶階層

▼ 表3.4.3　記憶装置の特徴

レジスタ	CPU内にある高速アクセスができる記憶装置。プログラム実行中に何度も繰り返し使うデータは、いちいち主記憶をアクセスすると効率が悪いのでレジスタに記憶し処理の高速化を図る
キャッシュメモリ	CPUの処理速度と主記憶へのアクセス速度の差を埋めるための、主記憶より高速にアクセスができる記憶装置。CPUがアクセスすると予想されるデータやプログラムの一部を主記憶からキャッシュメモリにコピーしておき、CPUはキャッシュメモリをアクセスするようにすることで処理の高速化を図る。なお、メモリアクセスの局所性をより有効に生かすために、プログラムだけを格納する**命令キャッシュ**とデータ部分だけを格納する**データキャッシュ**を別に設けることがある
ディスクキャッシュ	磁気ディスク装置より高速にアクセスができる記憶装置。磁気ディスク装置に記録されているデータやプログラムの一部をディスクキャッシュにコピーしておくことで処理の高速化を図る

3.4.3 主記憶の実効アクセス時間　AM/PM

主記憶のアクセスにかかる時間

キャッシュメモリは主記憶より高速にアクセスできる記憶装置ですが、キャッシュメモリにはCPUがこれから利用すると予想されるデータしか記憶されていません。したがって、キャッシュメモリ上にCPUが利用するデータがある場合には高速にアクセスできますが、なければ主記憶にアクセスすることになります。

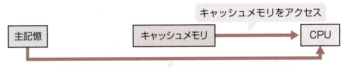

▲ 図3.4.2　主記憶、キャッシュメモリへのアクセス

利用したいデータがキャッシュメモリに存在する確率を**ヒット率**といい、これを用いて、全体の実効アクセス時間(平均アクセス時間)は次のように表すことができます。

> **参考** 利用したいデータがキャッシュメモリに存在しないことを**ミスヒット**といい、ミスヒットとなる確率を**NFP**(Not Found Probability)という。NFPは「1−ヒット率」で求められる。なお、ミスヒットが起きても割込みは発生しない。

> **POINT　実効アクセス時間の求め方**
> 実効アクセス時間=TC×P+TM×(1−P)
> 　TC：キャッシュメモリのアクセス時間
> 　P ：ヒット率
> 　TM：主記憶のアクセス時間

例えば、主記憶Aよりアクセスが低速な主記憶Bに、表3.4.4のようなキャッシュメモリを導入してみます。

> **参考** SI単位系 (国際単位系)
> 10^{-3}=ミリ
> 10^{-6}=マイクロ
> 10^{-9}=ナノ

▼ 表3.4.4　異なる主記憶装置の比較

アクセス時間とヒット率	主記憶A	主記憶B
主記憶アクセス時間（ナノ秒）	50	70
キャッシュアクセス時間（ナノ秒）	−	10
ヒット率	−	0.8

（キャッシュメモリ導入）

ヒット率が0.8(80%)なので、キャッシュメモリへ読みにいく

確率は80％，主記憶Bへデータを読みにいく確率は20％です。

したがって，主記憶Bの実効アクセス時間は，

　　10×0.8＋70×0.2＝22ナノ秒

となります。

> **試験** ヒット率ではなく，NFP(ミスヒットとなる確率)が出題されることもある。

キャッシュメモリの導入により，主記憶Bは，主記憶へのアクセスが高速な主記憶A以下の時間でデータにアクセスできるようになります。主記憶全体の高速化には大きなコストがかかるため，小容量のキャッシュメモリを用いて全体のスループットを上げるこの方法は，コストパフォーマンスの高い技術だといえます。

3.4.4　主記憶への書込み方式　AM/PM

キャッシュメモリ上のデータは，いずれ主記憶に書き出す必要がありますが，その書出しのタイミングにより**ライトスルー方式**と**ライトバック方式**という2つの方式があります。

ライトスルー方式

> **参考** ライトスルー方式では，キャッシュのデータが追い出されるとき，特別な処理を行う必要がないため，機構は単純化することができる。

CPUからデータの書込み命令が発生したとき，キャッシュメモリと同時に主記憶にも書込みを行う方式です。両者の内容が必ず一致するのでデータの一貫性(**コヒーレンシ**)は保持できますが，主記憶への書出しが終わるまでCPUは別の処理に移行できないため高速性といった面でのデメリットがあります。

▲ 図3.4.3　ライトスルー方式

ライトバック方式

> **参考** コヒーレンシ問題など，考慮しなければならない事項が増えるため，ライトバック方式の機構は複雑になる。

CPUからデータの書込み命令が発生したとき，キャッシュメモリにだけデータを書き込んでおき，主記憶への書込みはキャッシュメモリからそのデータが追い出されたときに行う方式です。CPUは，主記憶へ書き込む時間を待たなくてすむためライトスルー方式に比べ高速性は得られますが，主記憶への書込み(キャッシュメモリ上の更新されたデータの主記憶への反映)は，後に

なるので，キャッシュメモリと主記憶間のデータの一貫性（コヒーレンシ）を保持できないといったデメリットがあります。

> **参考** ライトバック方式でキャッシュメモリ上のデータを主記憶に書き込むタイミングには，他にもシステムの処理空き時間などがある。

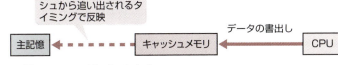

▲ **図3.4.4** ライトバック方式

⬤ ライトバック方式におけるLRUアルゴリズム

ライトバック方式を有効に機能させるには，キャッシュメモリ上のどのデータをどのタイミングで主記憶に追い出す（書き出す）のか，という点が重要になります。タイミングは新たに必要データが発生した時点に設定するとしても，どのデータを追い出すかの選択を誤れば，いま追い出したばかりのデータがまた必要になり，すぐに主記憶から読み直さなければならず，これを繰り返すとヒット率が下がります。そこで，どのデータを追い出せば効率的なのかを判定するアルゴリズムが多数考案されています。

その中で最もよく利用されているのが**LRU**（Least Recently Used）アルゴリズムです。これは「ここ最近で最も長い間利用されていないもの」を追出しの対象とするアルゴリズムですが，時間的局所性から，最近使われていないものは将来にも使われないという推測が成立するため，効果的だといえます。

> **用語** 時間的局所性
> 一度アクセスされたデータが近い将来に再びアクセスされる可能性が高いという性質。

▼ **表3.4.5** LRUアルゴリズムの例

データ	キャッシュに読み込まれた時刻	最後に参照された時刻
小滝	23:07	23:30
古岡	23:14	23:15
丘地	23:22	23:22

> **参考** その他のアルゴリズム
> ・FIFO：一番最初にロードされたデータを追い出す。
> ・LIFO：一番最後にロードされたデータを追い出す。
> ・LFU：最も使用頻度の小さいデータを追い出す。

例えば，表3.4.5のようなデータの場合，最後に使用されてからもっとも経過時間が長いデータは古岡です。したがって，新たにデータが発生し，既存のデータが追い出される場合，対象になるのはデータ"古岡"ということになります。

マルチプロセッサにおけるデータ整合性

主記憶を共有するマルチプロセッサシステムで同じデータを各々のキャッシュメモリに保持している場合，他方により主記憶のデータが更新されると，自身のキャッシュメモリ上のデータと主記憶のデータに不一致が生じます。

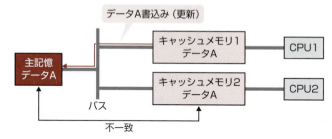

▲ **図3.4.5** 主記憶，キャッシュメモリへのアクセス

> **参考** ライトバック方式の場合は，主記憶に最新のデータが存在しない可能性があるため，主記憶上の古いデータを読み込む危険がある。
> **スヌープ方式**では，これを回避するため，他のキャッシュと更新情報を交換することで，どのキャッシュに最新のデータが存在するかを知ることができる。

そこで，各キャッシュメモリの内容を正しく保つための方式に**スヌープ方式**があります。この方式では，共有する主記憶のデータが変更されたかどうかをバスを介して監視し（この動作を**バススヌープ**という），自身に影響を及ぼす変更があった場合，自身のもつ当該データを最新データで更新するかあるいは無効にします。

3.4.5 キャッシュメモリの割付方式　AM/PM

主記憶上のデータがキャッシュメモリ上のどのデータと対応付けられるのか，その割付方式には次の3つがあります。

ダイレクトマッピング（ダイレクトマップ）方式

主記憶のブロック番号から，キャッシュメモリでのブロック番号が一意に定まる方式を**ダイレクトマッピング方式**といいます。具体的には，主記憶上のブロック番号にハッシュ演算を行い，一意に対応するキャッシュメモリのブロック番号を算出します。

> **用語** ブロック番号
> 8語（word）や16語といった単位でまとめたブロック単位のアドレスのこと。

> **POINT** キャッシュメモリのブロック番号算出方法
> （主記憶のブロック番号）mod（キャッシュメモリの総ブロック数）
> ＝ キャッシュメモリのブロック番号

> modは商の余りを表す記号。例えば、「a mod b」は、aをbで割った余りを表す。

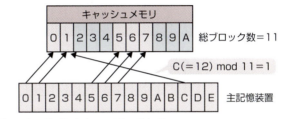

▲ 図3.4.6　ダイレクトマッピング方式

この場合，主記憶のブロック1とCは同じキャッシュブロックが与えられるため，CPUがこれらのデータを連続して読み込むと追出しが発生します。

フルアソシアティブ方式

主記憶のブロックがどのキャッシュブロックにも対応づけられる方式を**フルアソシアティブ方式**といいます。

ダイレクトマッピング方式と異なり，最初に書き込もうとしたブロックがふさがっていても，空いているブロックに書けるので，ヒット率が向上します。しかし，主記憶のどのブロックの内容がキャッシュのどのブロックに格納されているのか，すべて記憶しておく必要があり，また，検索にも時間がかかります。

> フルアソシアティブ方式は，ダイレクトマッピング方式よりオーバヘッドが多く，CPUのキャッシュシステムの仕組みも複雑になる。

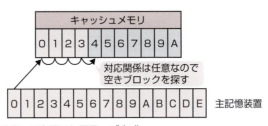

▲ 図3.4.7　フルアソシアティブ方式

セットアソシアティブ方式

ダイレクトマッピング方式とフルアソシアティブ方式の中間に位置する方式を**セットアソシアティブ方式**といいます。具体的には，連続したキャッシュブロックをセットとしてまとめ，そのセットの中であればどのブロックでも格納できる方式です（次ページ図3.4.8を参照）。

> セット内のブロック数がN個のとき，**Nウェイ・セットアソシアティブ**という。

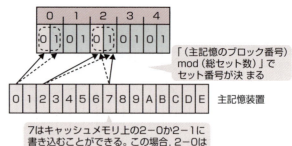

▲ 図3.4.8　セットアソシアティブ方式

　図3.4.8では，主記憶のブロック2と7は，どちらもキャッシュのセット2に対応していますが，セットアソシアティブ方式では，セット2の下に0と1のブロックが存在するため，追出しをせずに，どちらのデータもキャッシュに格納することができます。

3.4.6　メモリインタリーブ　AM/PM

> **参考　メモリインタリーブ**もプロセッサの多重化と同様，バンク数と性能向上は必ずしも一致しない。例えば，読み出したいデータがすべてバンク1にあるような場合は高速化効果はない。高速化を突き詰めるには，メモリインタリーブの特徴を活かすハードウェアやソフトウェアが要求される。

　CPUを待たせないためのアプローチとしてキャッシュ技術を説明しましたが，主記憶へのアクセスを擬似的に高速化することで解決を図る方法もあります。これが**メモリインタリーブ**です。

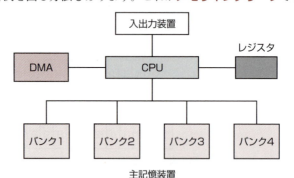

▲ 図3.4.9　メモリインタリーブ

　メモリインタリーブでは，独立にアクセスできる複数のメモリバンク（主記憶をいくつかのアクセス単位に分割したもの）を用意します。これに並行してアクセスすることで，見かけ上のアクセス速度を向上させることができます。しかし，連続したアドレスへのアクセスでないと高速化の効果が薄くなります。

入出力アーキテクチャ **3.5**

3.5 入出力アーキテクチャ

3.5.1 入出力制御 **AM/PM**

3

ハードウェアとコンピュータ構成要素

コンピュータに用意されている入出力インタフェースが適切に動作するように管理するのが入出力制御です。主に次の3つの方式があります。

プログラム制御方式（直接制御方式）

CPUが入出力制御コマンドを発行する方式です。シンプルな考え方ですが，入出力制御が行われるたびにデータがCPUのレジスタを経由するため処理効率を低下させる原因にもなります。

DMA制御方式

CPUを介さずに外部装置と主記憶装置との間で直接データのやり取りを行う方式です。プログラム制御方式に比べ，高速な伝送が可能です。DMA要求が発生すると，システムバスが遮断され，外部装置と主記憶装置の間にデータ伝送路が確保されます。

参考 DMA制御方式では，CPUが**DMAコントローラ**（DMAC）に指示し，DMACがCPUの動作とは独立にデータ伝送を行う。データ伝送の終了は，入出力割込み（外部割り込み）によって，DMACからCPUへ通知される。

チャネル制御方式

DMA制御方式を拡張した制御方式です。**チャネル**と呼ばれる入出力専用の装置を介して，外部装置と主記憶装置のデータ伝送を行います。CPUがチャネルに開始命令を発行したあとは，チャネルがチャネルプログラムに従って入出力処理を行うため，CPUに負荷がかかりません。また，CPU処理と入出処理の並行処理が可能です。データ伝送の終了は，チャネル割込み（入出力割込み）によってCPUに通知されます。

ここで，チャネル制御方式の仕組みを簡単に説明しておきます。

参考 **ストリーミング方式**
汎用コンピュータのチャネル制御方式を用いた補助記憶装置とのデータ転送において，確認信号を待たずに次々とデータを送ることによって，高速化を図る方式。

チャネル指令語（**CCW**）を用いて，一連の入出力動作を定めたチャネル専用のプログラムをチャネルプログラムといいます。チャネルプログラムは，入出力要求が出されたとき，データ管理プログラムによって作成され，主記憶上に記憶されます。このチャ

159

ネルプログラムが記憶されたアドレスを示すのが**チャネルアドレス語**(**CAW**)で，チャネルアドレス語は，主記憶上の所定の(決まった)領域に記憶されます。これにより，CPUから，入出力開始の指示を受けたチャネルは，所定領域にあるCAWを読み込むことで，どのような入出力を行えばよいのかが指令されているチャネルプログラムを1つずつ解釈し実行することができます。

参考 チャネル制御方式の種類

- **マルチプレクサチャネル方式**：チャネルが，複数の入出力装置を時分割により切替えながら同時に制御する方式。データ転送の単位により，バイトマルチプレクサチャネル方式とブロックマルチプレクサチャネル方式がある。
- **セレクタチャネル方式**：入出力処理の最初から最後まで1つの装置がチャネルを占有する方式。

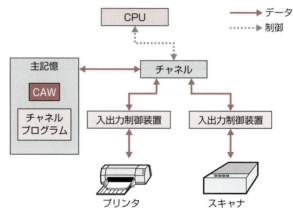

▲ 図**3.5.1** バイトマルチプレクサチャネル方式

COLUMN

USBメモリとSSD

USBメモリは，USBコネクタに接続して使う記憶装置です。直接コンピュータに差し込むだけでデータの読み書きができます。データの記憶には，不揮発性メモリであるフラッシュメモリが使われていて，電源を切っても記憶内容は消えません。

SSD(Solid State Drive)は，ハードディスクの代替デバイスとして登場した，フラッシュメモリを用いた記憶装置です。ハードディスク同様のインタフェース(シリアルATAなど)で接続できます。SSDには機械的な可動部分が無く，既存のハードディスクに比べ，「高速，低消費電力で発熱も少ない，衝撃に強く軽量で動作音がない」といった特徴があります。現在パソコン市場では，ハードディスクとSSDの両方を搭載する機種があったり，特にノートPCやタブレットPCにおいては，SSDを搭載した機種も多くなってきました。また，サーバに採用されるといった使用例もあり，ハードディスクと比較してビット当たりの単価は高いものの，高速性・高信頼性，低消費電力という利点を生かして幅広く利用されています。

入出力アーキテクチャ **3.5**

3.5.2 インタフェースの規格 　AM/PM

コンピュータと周辺機器を接続するための規格や方式をインタフェースといいます。インタフェースは、データをやり取りする方式の違いにより、シリアルインタフェースとパラレルインタフェースに分類することができます。

シリアルインタフェースは、1本の信号線で1ビットずつ直列に伝送する方式です。一方、**パラレルインタフェース**は、複数の信号線を用いて同時に複数ビットを並列に伝送する方式です。シリアルインタフェースに比べ効率は良さそうですが、構造的に複雑になるため、現在では、単純でコスト的にも有利なUSBなどのシリアルインタフェースが主流になっています。

ここでは、試験での出題が最も多いUSB（Universal Serial Bus）の特徴を押さえておきましょう。なお、その他の主な規格については、次ページの表3.5.2にまとめています。

● USB

キーボードやマウスをはじめ、様々なタイプの機器の接続を統一したシリアルインタフェース規格です。PCにプラグを差し込むだけで使える**プラグアンドプレイ**や、電源が入っている状態で機器の脱着が行える**ホットプラグ**に対応している点が特徴です。

USB規格は、「USB1.0→USB1.1→USB2.0→USB3.0…」の順に登場し、その都度、互換性を確保しながら、機能や性能向上が図られてきました。なお、USB2.0までの通信方式は半二重通信でしたが、USB3.0からは全二重通信になっています。また、コネクタのピン数が5本から9本に増えましたが、後方互換性を保っているのでUSB2.0のケーブルも指すことができます。

▼ 表3.5.1 USBの転送速度

転送モード	転送速度（ビット／秒）			
ロースピードモード（LS）	1.5M	USB1.0 USB1.1		
フルスピードモード（FS）	12M		USB2.0	
ハイスピードモード（HS）	480M			USB3.0
スーパースピードモード（SS）	5G			

参考 **USBの転送方式**

・**アイソクロナス転送**：リアルタイム性を重視した方式（データの送達確認は行わない）。音声や映像などのデータ転送に用いられる。

・**インタラプト転送**：一定周期で比較的少量のデータを転送する方式。

・**コントロール転送**：デバイスの設定や制御のための方式。

・**バルク転送**：大量のデータを一括転送するための方式。なお、USB3.0には、更に大量のデータ転送を行う**バルクストリーム転送**がある。

参考 **Wireless USB**

USBを拡張した無線通信の技術規格であるが、有線USBとの互換性はない。

参考 現在、**USB3.1**では10Gビット／秒、**USB3.2**では20Gビット／秒のデータ転送が可能。

3 ハードウェアとコンピュータ構成要素

▼ **表3.5.2** 主なインタフェース規格・通信規格

ATA	内蔵型のハードディスクを接続するためのパラレルインタフェース規格(パラレルATA)。当初はIDE規格として普及していたが,後にATAとして標準化された。なお,パラレルATAをシリアル転送方式に変更したものを**シリアルATA**という
ATAPI (ATA-4)	IDE(ATA)を拡張し,CD-ROM装置などハードディスク以外の機器も接続できるようにした規格(**EIDE**)の一部を規格化したものでATA/ATAPI-4としてATA規格に統合された
SCSI	ANSI(米国規格協会)によって制定されたパラレルインタフェース規格で,PCと周辺機器を接続するために利用される。7台までの周辺機器を数珠つなぎ(**デイジーチェーン**)に接続できる。高速化を図った規格に**SCSI-3**(Ultra SCSI)がある
iSCSI	SCSIプロトコルをTCP/IPネットワーク上で使用できるようにした規格
IEEE 1394	音声や映像など,リアルタイム性が必要なデータの転送に適した高速なシリアルインタフェース規格。**FireWire**とも呼ばれている
PCI	IEEEが標準化したPC用の拡張バス**ISA**に替わって普及した,パラレルインタフェース規格
AGP	ビデオカードとメインメモリを結ぶためのバス規格。ビデオカード用の専用バスであるためスループットが高い
PCI Express	シリアルインタフェースの拡張バス規格であり,PCIとAGPの後継規格に当たる
I²Cバス	組込みシステムで使用される,クロックとデータの2線式バス(双方向シリアルバス)。最大転送速度は3.4Mビット/秒
HDMI	映像信号と音声信号を1本のケーブルで送受信する,ディジタル接続のインタフェース規格。ディジタルテレビやDVDレコーダ,PCとディスプレイの接続などに使用される。なお,HDMIには,著作権で保護されたディジタルコンテンツの不正コピーを防ぐ**HDCP**(ディジタルコンテンツの著作権保護技術)対応のものがあり,HDCP対応のHDMI端子から出力される映像や音声は暗号化される
Display Port	HDMIの対抗となる規格。映像と音声をパケットに分割してシリアル伝送する。シングルモードとデュアルモードがあり,デュアルモードはHDMIに対応している。また,HDCPもサポート
IrDA	赤外線を利用してデータ伝送を行う無線通信規格。赤外線は直進する性質をもつため,遮蔽物のある環境では利用できない
Bluetooth	無線LANと同じ2.4GHz帯域の電波を使用する近距離無線通信の規格。電波到達距離は1～100m程度であり,遮蔽物があっても問題なく通信できる。キーボードやマウス,携帯電話といった比較的低速のデータ通信に利用されている
BLE	Bluetooth Low Energyの略。旧来のBluetoothよりも低電力消費・低コスト化を図ったインタフェース規格。Bluetooth4.0で追加された
ZigBee	下位層に**IEEE 802.15.4**を使用する家電向けの無線通信規格。安価で低消費電力である一方,通信速度は低速で転送距離が短いという特徴がある。**センサネットワーク**への応用が進められている
LPWA	Low Power(省電力)でWide Area(広域エリア)をカバーできる無線通信技術の総称。**Wi-SUN**(50～300bps/500m～1km:IEEE 802.15.4g)などがある
6LoWPAN	IPv6 over Low-power Wireless Personal Area Networksの略。IEEE 802.15.4やBLEなどで構成されたLPWA上でIPv6を利用するためのプロトコル
NFC	Near Field Communicationの略。数cm～1m程度の極短距離で通信する,いわゆる"かざして通信"するための規格。ピアツーピアで通信する機能を備えている
バスパワー	USBケーブル経由で周辺機器に電力を供給する方式

得点アップ問題

解答・解説は166ページ

問題1　(R03秋問22)

1桁の2進数A，Bを加算し，Xに桁上がり，Yに桁上げなしの和（和の1桁目）が得られる論理回路はどれか。

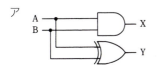
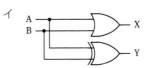

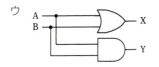
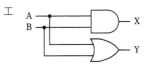

問題2　(R02秋問21)

FPGAなどに実装するディジタル回路を記述して，直接論理合成するために使用されるものはどれか。

ア　DDL　　イ　HDL　　ウ　UML　　エ　XML

問題3　(H26春問9)

メイン処理，及び表に示す二つの割込みA，Bの処理があり，多重割込みが許可されている。割込みA，Bが図のタイミングで発生するとき，0ミリ秒から5ミリ秒までの間にメイン処理が利用できるCPU時間は何ミリ秒か。ここで，割込み処理の呼出し及び復帰に伴うオーバヘッドは無視できるものとする。

割込み	処理時間（ミリ秒）	割込み優先度
A	0.5	高
B	1.5	低

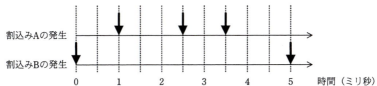

注記　▼は，割込みの発生タイミングを示す。

ア　2　　イ　2.5　　ウ　3.5　　エ　5

3 ハードウェアとコンピュータ構成要素

問題4 （R02秋問24）

8ビットD/A変換器を使って，負でない電圧を発生させる。使用するD/A変換器は，最下位の1ビットの変化で出力が10ミリV変化する。データに0を与えたときの出力は0ミリVである。データに16進表示で82を与えたときの出力は何ミリVか。

ア 820   イ 1,024   ウ 1,300   エ 1,312

問題5 （H29春問22）

16ビットのダウンカウンタを用い，カウンタの値が0になると割込みを発生するハードウェアタイマがある。カウンタに初期値として10進数の150をセットしてタイマをスタートすると，最初の割込みが発生するまでの時間は何マイクロ秒か。ここで，タイマの入力クロックは16MHzを32分周したものとする。

ア 0.3   イ 2   ウ 150   エ 300

問題6 （H26秋問7）

パイプライン方式のプロセッサにおいて，パイプラインが分岐先の命令を取得するときに起こるハザードはどれか。

ア 構造ハザード   イ 資源ハザード   ウ 制御ハザード   エ データハザード

問題7 （H24秋問9）

命令を並列実行するためのアーキテクチャであって，複数の命令を同時に実行するとき，命令を実行する演算器をハードウェアによって動的に割り当てる方式はどれか。

ア SMP   イ VLIW   ウ スーパスカラ   エ スーパパイプライン

問題8 （R01秋問10）

容量が a Mバイトでアクセス時間が x ナノ秒の命令キャッシュと，容量が b Mバイトでアクセス時間が y ナノ秒の主記憶をもつシステムにおいて，CPUからみた，主記憶と命令キャッシュとを合わせた平均アクセス時間を表す式はどれか。ここで，読み込みたい命令コードがキャッシュに**存在しない確率**を r とし，キャッシュ管理に関するオーバヘッドは無視できるものとする。

ア $\dfrac{(1-r) \cdot a}{a+b} \cdot x + \dfrac{r \cdot b}{a+b} \cdot y$ イ $(1-r) \cdot x + r \cdot$

ウ $\dfrac{r \cdot a}{a+b} \cdot x + \dfrac{(1-r) \cdot b}{a+b} \cdot y$ エ $r \cdot x + (1-r) \cdot$

問題9 (H24春問13)

キャッシュメモリを搭載したCPUの書込み動作において、主記憶及びキャッシュメモリに関し、コヒーレンシ(一貫性)の対策が必要な書込み方式はどれか。

ア　ライトスルー　　イ　ライトバック　　ウ　ライトバッファ　　エ　ライトプロテクト

問題10 (H31春問20)

DRAMのメモリセルにおいて、情報を記憶するために利用されているものはどれか。

ア　コイル　　　　イ　コンデンサ　　　ウ　抵抗　　　　　　エ　フリップフロップ

問題11 (H30春問12)

USB3.0の特徴として、適切なものはどれか。

ア　USB2.0は半二重通信であるが、USB3.0は全二重通信である。
イ　Wireless USBに対応している。
ウ　最大供給電流は、USB2.0と同じ500ミリアンペアである。
エ　ピン数が9本に増えたので、USB2.0のケーブルは挿すことができない。

問題12 (R03春問32)

IoTで用いられる無線通信技術であり、近距離のIT機器同士が通信する無線PAN(Personal Area Network)と呼ばれるネットワークに利用されるものはどれか。

ア　BLE(Bluetooth Low Energy)　　　イ　LTE(Long Term Evolution)
ウ　PLC(Power Line Communication)　エ　PPP(Point-to-Point Protocol)

チャレンジ問題 (H26秋問21)

図の回路を用いてアドレスバスから$\overline{CS}$信号を作る。$\overline{CS}$信号がLのときのアドレス範囲はどれか。ここで、アドレスバスはA0〜A15の16本で、A0がLSBとする。また、解答群の数値は16進数である。

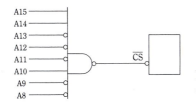

ア　3B00〜3BFF　　イ　8300〜9BFF
ウ　A400〜A4FF　　エ　C400〜C4FF

解説

問題1
解答：ア　　←p122を参照。

1桁の2進数AとBを加算したときの，桁上がりをX，和の1桁目をYとすると，X及びYは次の論理式で表すことができます。
・桁上がり X＝A・B
・和の1桁目 Y＝A・$\overline{B}$＋$\overline{A}$・B＝A⊕B

この2つの論理式から，1桁の2進数の加算を行う論理回路は，論理積素子 と排他的論理和素子 で構成される，〔ア〕の論理回路であることがわかります。この回路を**半加算器**といいます。

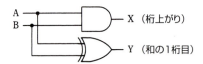

問題2
解答：イ　　←p125を参照。

FPGAなどに実装するディジタル回路の記述に使用されるのは，ハードウェア記述言語（**HDL**：Hardware Description Language）です。

問題3
解答：ア　　←p139, 140を参照。

CPUがメイン処理を実行しているとき，割込みA，Bが図のタイミングで発生すると，CPUは発生した割込みに対応する処理を下図のように実行します。

ここで，「割込み処理の呼出し及び復帰に伴うオーバヘッドは無視できる」とあるので，CPUが割込みA，Bの処理をしていない時間がメイン処理を実行できる時間となり，その合計時間は，
　0.5＋0.5＋1＝2ミリ秒
です。したがって，メイン処理を実行できる時間（メイン処理が利用できるCPU時間）は2ミリ秒です。

※多重割込みが許可されているため，割込みBの処理中に，割込みAが発生すると，CPUは割込みAの処理を行う。

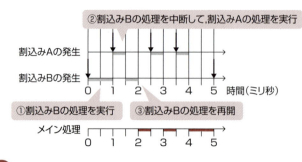

得点アップ問題 **Q&A**

3

ハードウェアとコンピュータ構成要素

問題4   解答：ウ

◀p128, 129を参照。

D/A変換器は，0と1のビット列であるディジタル値をアナログ信号に変換する機器です。本問のD/A変換器は，ディジタル値の最下位ビットが1変化すると，出力が10ミリV変化します。また，データに0を与えたときの出力は0ミリVです。

したがって，データに16進表示で82，つまり10進数で130を与えたときの出力は，

$130×10＝1,300$ ［ミリV］

となります。

問題5   解答：エ

カウンタは1クロックごとに値が1減少し，0になったとき割込みが発生します。またタイマの入力クロック（周波数）は，16MHzを32分周した，「16MHz／32＝$(16×10^6)$／32＝0.5MHz」です。

したがって，1クロックの時間は，

$1／(0.5×10^6)＝2×10^{-6}$秒＝2マイクロ秒

であり，最初の割込みが発生するまでの時間は，次のようになります。

2マイクロ秒×150＝300マイクロ秒

※周波数を1／2^nにすることを分周という。32分周とは，周波数を1／32，すなわち1／2^5にすること。

問題6   解答：ウ

◀p142を参照。

パイプライン処理では，先読みした命令が無駄になったり，待ち合わせが発生したりして，パイプライン処理が乱れる場合があります。このようなパイプライン処理が乱れる状態，あるいはその要因をパイプラインハザードといい，主なものとして，制御ハザード，データハザード，構造ハザードがあります。このうち制御ハザードは，分岐命令の実行によって起こるハザードで，先読みした命令が無駄になるハザードのことです。

※パイプラインの乱れを制御し，性能向上を図る技法に，投機実行，遅延分岐がある。

問題7   解答：ウ

◀p144を参照。

選択肢にある4つの方式は，すべて命令を並列実行するためのアーキテクチャです。このうち，CPU内に複数の演算器をもつのは，スーパスカラとVLIWです。スーパスカラは，パイプライン機構を複数もち，どの命令を並列実行するのか実行時に決める方式で，命令を実行する演算器は，ハードウェアによって割り当てられます。一方，VLIWは，コンパイルの段階で並列実行する命令を1語中にまとめる方式で，演算器を動的に割り当てることはしません。

※スーパスカラのキーワードは，
・複数のパイプライン
・実行時に（動的に）
VLIWのキーワードは，
・長い命令語
・1つの命令にまとめる

167

3 ハードウェアとコンピュータ構成要素

問題8　　　　　　　　　　　　　　解答：イ

　命令キャッシュのアクセス時間がxナノ秒，主記憶のアクセス時間がyナノ秒，ヒット率（読み込みたい命令コードがキャッシュに存在する確率）がPである場合の平均アクセス時間を表す式は，

　　平均アクセス時間＝x・P＋y・（1－P）

です。本問で問われているのは，読み込みたい命令コードがキャッシュに**存在しない確率**をrとしたときの平均アクセス時間を表す式なので，上記の式のPを（1－r）で置き換えればよいことになります。つまり，次の式になります。

　　平均アクセス時間＝x・（1－r）＋y・r＝（1－r）・x＋r・y

←p153を参照。

※問題文に，命令キャッシュ及び主記憶の容量が示されているが，平均アクセス時間に容量は直接関係しない。惑わされないよう注意しよう。

※命令コードがキャッシュに存在しない確率がrなら，1－rがヒット率。

問題9　　　　　　　　　　　　　　解答：イ

　キャッシュメモリ上のデータと，それに対応する主記憶のデータの一貫性を保証することを**コヒーレンシ**といい，両者のデータが一致している状態をコヒーレンシが保たれている状態といいます。

　ライトスルー方式は，書込み命令が実行されたとき，キャッシュメモリと主記憶の両方を書き換える方式なのでコヒーレンシが保持できます。一方，**ライトバック方式**は，キャッシュメモリ上のデータだけを書き換えておき，主記憶上のデータの書換えは当該データがキャッシュメモリから追い出されたときに行う方式です。一時的にキャッシュメモリ上のデータと主記憶のデータとの間で不一致が生じるため，コヒーレンシ対策が必要です。

←p154を参照。

※**ライトバッファ**は，ライトスルー方式における主記憶への書込み動作の高速を図るために，キャッシュメモリと主記憶との間に置くバッファメモリのこと。

問題10　　　　　　　　　　　　　解答：イ

　DRAMのメモリセルは，1個のコンデンサ（キャパシタ）と1個のトランジスタで構成されていて，コンデンサに蓄えた電荷の有無によって1ビットの情報を表します。

←p150を参照。

問題11　　　　　　　　　　　　　解答：ア

　USB2.0までの通信方式は半二重通信でしたが，USB3.0からは全二重通信になっています。

←p161を参照。

問題12　　　　　　　　　　　　　解答：ア

　無線PANに利用されるのは，Bluetoothの拡張仕様の1つである**BLE**（Bluetooth LowEnergy）です。LTEは，第3世代携帯電話よりも高速なデータ通信が可能な携帯電話の無線通信規格。PLCは，電力線を通信回線として利用する技術です。PPPについてはp386を参照。

←p162を参照。

※**無線PAN**とは，IrDAやBluetoothなどの通信技術で構成できる小規模なネットワークのこと。

チャレンジ問題

解答：エ

アドレスバスとは，CPUが読み書きしたいデータの，メモリ上のアドレス（番地）を伝達するための信号伝達経路のことです。本問は，このアドレスバスから送られてくる信号がどの値のとき，$\overline{CS}$がL(Low：0)になるかを考えれば解答できます。

図を見ると，NANDからの出力が$\overline{CS}$になっているので，NANDからの出力を0にすればよいことがわかります。ここで，NANDは入力がすべて1のとき0を出力すること，A8～A15の先にある○印はビットの反転を意味することに注意しながら，順に考えていきます。

※$\overline{CS}$(チップセレクト)の仕組みについては，次ページを参照。

※NANDは否定論理積(p120参照)。

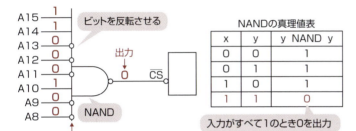

① NANDからの出力が0になるのは，NANDへの入力がすべて1のときです。
② 入力がすべて1になるのは，○印の付いているA13，A12，A11，A9，A8が0(Low)で，A15，A14，A10が1(High)のときです。
③ つまり，下図のとき$\overline{CS}$がL(Low：0)になります。

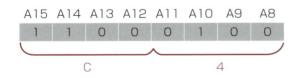

④ 以上から，上位8ビット(16進数で上位2桁)が"C4"になっている〔エ〕のC400～C4FFが正解となります。

※A7～A0は，$\overline{CS}$には関係がないので，0(Low)／1(High)のどちらでもよく，その範囲は"00"～"FF"。

〔補足〕

$\overline{CS}$(チップセレクト)の仕組みを説明しておきましょう。$\overline{CS}$信号は，複数存在するデバイスに対して，どのデバイスをアクセスするのかを指定するための信号です。アクセスするデバイスを選択するには，そのデバイスの$\overline{CS}$信号をアクティブ(有効)にします。ここで，「$\overline{CS}$」の上の横線は，信号が0(L：Low)のときアクティブになることを意味します。では，もう少し具体的に見ていきましょう。

CPUは，アドレスバスとデータバスによってROMやRAMなどの周辺デバイスと接続されています。そして，このアドレスバスを使ってアクセスするデバイスを指定し，データバスを使ってデータを書き込んだり，読み出したりします。

例えば，CPUとメモリ1及びメモリ2を図のように接続したシステムがあるとします。このシステムでは，A15が0(L)のときメモリ1の$\overline{CS}$がアクティブになり，A15が1(H)のときメモリ2の$\overline{CS}$がアクティブになります。

つまり，CPUが指定したアドレスが，16進数表記で0000～7FFFのときはメモリ1をアクセスし，8000～FFFFのときはメモリ2をアクセスすることになります。

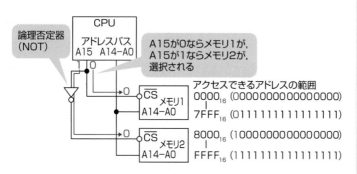

※図では，データバスを省略している。また，このシステムのアドレスバスはA0～A15の16本で，A0がLSB(最下位ビット)。

このように，$\overline{CS}$をうまく使うことによって，例えばメモリ1を命令(プログラム)格納用，メモリ2をデータ格納用といったメモリマップをいろいろに作ることができます。

第4章
システム構成要素

　本章で学習する,「システム構成方式」,「システムの性能評価」,「システムの信頼性」の多くが午前試験だけでなく,午後試験に出題されています。また,「待ち行列理論」については,ネットワークやシステム評価などの午後試験の問題でも,その知識が必要となるケースは多く,重要性の高いテーマといえます。「待ち行列理論」は,確率・統計的な要素が多く,理解が難しいテーマです。本来,第1章の基礎理論で学習するべきテーマですが,システムの性能評価に待ち行列理論を適用することから,本書では,この章で学習します。合格のための必須テーマですので,しっかり理解してください。

　この章に関連する問題は,午前試験と午後試験ともに,知識だけでなく計算力も求められるため,基礎知識に少しでも不安があると解答に時間がかかります。問題を読んだらすぐに計算に取りかかれるくらいの基礎力をつけておきましょう。

4.1 システムの処理形態

情報処理システムの基本的な処理形態は，集中処理と分散処理に大別できます。しかし実際には，両者が混在しているシステムも多くあります。ここでは，集中処理システムと分散処理システムの形態及び特徴を理解しましょう。

4.1.1 集中処理システム　AM/PM

集中処理システムの形態

> **参考**：現在では，後述するクライアントサーバシステムやWebシステムなど，様々なシステムがあり，集中処理システムは過去のものと考えられがちだが，管理しやすく安全性が高いという特徴を理由に，現在でも利用されている。

集中処理システムは，情報資源や処理を1か所に集中させたシステムです。1台のホストコンピュータで複数の業務を行う図4.1.1のような構成がその代表です。

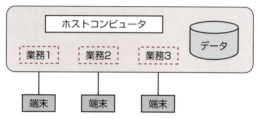

▲ 図4.1.1　集中処理システム

図4.1.1は，いくつかの業務(基幹業務)を統括した構成です。この場合の処理方式は，データエントリとトランザクション処理が中心の**オンライントランザクション処理**となります。

> **用語 オンライントランザクション処理**：座席予約や銀行でのお金の出し入れなど，通信回線を経由して発生したトランザクションを即時に処理する方式。

● シンクライアント端末

集中処理システムでは，処理のほとんどをホストコンピュータで行うため，端末の機能は，通信や入出力など必要最低限ですみます。このように必要最低限の機能のみをもたせた端末を**シンクライアント端末**といいます。端末内にデータが残らないので情報漏えい対策にもなり，また，端末機器を交換する場合，アプリケーションやデータのインストール作業を軽減できるといったメリットがあります。

4.1.2 分散処理システム　AM/PM

分散処理システムの形態

分散処理システムは，データや機能を各コンピュータに分散させ，利用者がネットワークを通してすべてのシステム資源を共有しながら効率よく処理できるように構築されたシステムです。次のような特徴があります。

> **POINT 分散処理システムの特徴**
> ・局所的な処理は，その近傍にある分散コンピュータで行う分散処理方式となる。
> ・システム横断的な処理は，中央コンピュータで行う集中処理方式となる。

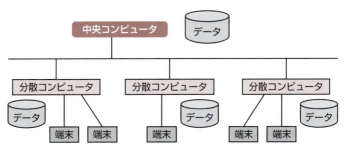

▲ 図4.1.2　分散処理システム

集中処理システムとの比較を表4.1.1にまとめます。

▼ 表4.1.1　集中処理システムと分散処理システムの比較

	集中処理システム	分散処理システム
資源管理	容易	困難
セキュリティ確保	容易	困難
データの維持管理	容易	困難
ユーザ要望による機能追加や変更	困難（要望に即座に応じることができない）	容易（局所的な追加・変更は容易に行える）
障害による影響	一部の障害がシステム全体に影響する	障害発生による影響が局所化できる
障害原因究明	容易	困難

参考　集中処理システムでは，情報資源を1か所に集中させるため，災害に備えて，予備システムを離れた場所に設置するなどの対策が必要。

分散処理システムの形態

分散処理システムは、システム構成の観点から「水平分散」と「垂直分散」、分散対象の観点から「機能分散」と「負荷分散」に分けられます。そして、これらの組合せによって、次の3種類の分散処理システム形態があります。

参考：垂直負荷分散システムは実在しない。

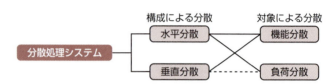

▲ 図4.1.3　分散処理システムの分類

参考：水平負荷分散では、処理要求が発生するたびに、それぞれのコンピュータの負荷状況を見て処理を振り分ける。一部のコンピュータに故障が発生しても他のコンピュータで処理を継続できるため、システム全体の可用性の向上が期待できる。

▼ 表4.1.2　分散処理システムの3つの形態

水平機能分散	業務の種類やデータベースの作成及び維持管理の責任によって、処理するコンピュータを分ける形態
水平負荷分散	同じアプリケーションを複数のコンピュータで実行可能にすることで、それぞれのコンピュータにかかる負荷を分散する形態
垂直機能分散	一連の処理機能を階層的に分割し、それぞれの階層にあるコンピュータごとに異なった処理を行う形態

☕ COLUMN

VDI

シンクライアント端末をさらに発展させ、セキュリティの向上ならびにメンテナンスやコストの軽減を実現するものに**VDI**(Virtual Desktop Infrastructure：**デスクトップ仮想化**)があります。

VDIは、デスクトップ環境を仮想化する仕組みです。利用者は、VDIサーバ上に用意された仮想的なデスクトップ環境を、あたかも手元の端末(PC、タブレットなど)で操作しているかのように扱えます。端末とVDIサーバ間の転送には、VDIの画面転送プロトコルだけが利用されるため、端末に転送されるのは画面だけです。

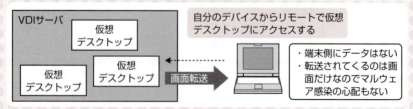

▲ 図4.1.4　VDI(デスクトップ仮想化)

4.2 クライアントサーバシステム

4.2.1 クライアントサーバシステムの特徴 AM/PM

参考：ダウンサイジングとEUCというキーワードとともに，情報処理システム構築の主流となった形態。

クライアントサーバシステムは，目的処理を，サービスを要求するクライアントとサービスを提供するサーバに機能分割することによって，特定のアプリケーションやコンピュータに依存しない柔軟な分散処理(**垂直機能分散**)システムの構築を可能にするというシステム概念です。クライアントはそれぞれアプリケーションを実行する機能を備えていて，必要に応じてサーバにサービスの要求を行います。

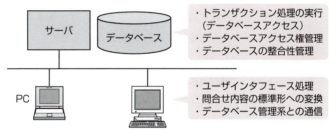

▲ 図4.2.1　クライアントサーバの構成例

サーバの代表的なものとして，データベースサーバ，ファイルサーバ，プリントサーバ，通信サーバがありますが，このように，サーバの機能を専用化することにより，比較的容易に個々のサーバの性能を向上させることができるのが特徴です。

COLUMN

クライアントサーバの実体

　本来，クライアントサーバは，サービスを要求する**プロセス**と，それを提供するプロセスとが相互に通信し合いながら処理を実現する仕組みのことをいいます。
　クライアントサーバのはじまりは，UNIXのX Window(Xウィンドウ)システムです。X Windowシステムでは，同じコンピュータ上で動作するXサーバが，Xアプリケーションからの描画依頼を受けて実際に画面に描画したり，利用者からのキーボードやマウスによる入力をXクライアントに通知するというサービスを提供します。

4.2.2 クライアントサーバアーキテクチャ AM/PM

2層クライアントサーバシステム

2層クライアントサーバシステムは，前ページの図4.2.1のように，「データベースサーバは，データベースの管理とクライアントから要求されたデータベースアクセスだけを実行し，その他の処理はクライアントがすべて行う」という，従来型のクライアントサーバ形態です。

2層クライアントサーバシステムでは，業務に依存するアプリケーション（業務ロジック）が，クライアント側にユーザインタフェースと一体化して組み込まれているため，アプリケーションの肥大化，アプリケーション間での相互矛盾などの問題が発生します。また，業務ロジック変更によるアプリケーションプログラムの修正時には，同時に何台ものクライアントコンピュータのプログラムを修正しなければなりません。

3層クライアントサーバシステム

3層クライアントサーバシステムは，2層クライアントサーバシステムの問題点を解決するため，クライアントから業務に依存するアプリケーション部分を分離し，システムを論理的に，GUI処理を行う**プレゼンテーション層**，業務に依存する処理を行う**ファンクション層**，データベース処理を行う**データベースアクセス層**の3層に分けたシステムです。

> 試験 3層クライアントサーバシステムの各層の名称や役割が問われる。

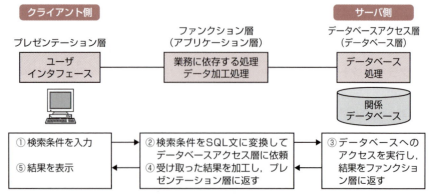

▲ 図4.2.2 3層クライアントサーバシステムの構成

これらの3層は論理的に分けられたものなので，3層とも同一コンピュータ上に実装しても構いませんが，プレゼンテーション層はクライアントコンピュータ(PC)，データベースアクセス層はサーバコンピュータに実装するというのが一般的です。ファンクション層に関しては，サーバコンピュータあるいは別途に設けた**アプリケーションサーバ**に実装します。

3層クライアントサーバシステムでは，クライアントから業務に依存するアプリケーション部分を分離し，それをファンクション層に任せるため，以下のような利点が生まれます。

> **用語 アプリケーションサーバ**
> データベースアクセス層への接続やトランザクションの管理機能をもち，ファンクション層として業務処理の流れを制御する機能をもつ。

POINT 3層クライアントサーバシステムの利点
- 業務ロジックの変更が発生しても，クライアントに与える影響が少ない。
- アプリケーションの修正や追加が頻繁なシステムでは導入効果が高い。
- 各層の独立性が高く，層間の依存度が少ないので，開発作業を層ごとに並行して行うことができる。

4.2.3 Webシステムの3層構造　AM/PM

図4.2.3は，Webシステムを3層クライアントサーバシステム構成で実現したものです。

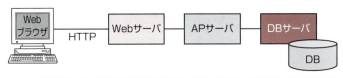

	Webサーバ	APサーバ	DBサーバ
役割	・HTTPリクエストの受付とレスポンスの返却 ・静的コンテンツの配信	・アプリケーション及び動的コンテンツの処理を実行	・データベース機能

▲ 図4.2.3　Web3層構造

> **参考 HTTP通信**は，リクエスト毎にTCPコネクションの接続・切断を繰り返し，持続的なコネクション維持はしない。これに対し，Webブラウザとサーバ間に**ソケット**接続を確立し，その後はHTTPの手順に縛られず1つのTCPコネクション上で双方向通信を実現したものに**WebSocket**がある。

このように，Webサーバ，アプリケーションサーバ(APサーバ)，データベースサーバ(DBサーバ)を，それぞれを異なる物理サーバに配置する形態を**Web3層構造**といいます。

WebサーバとAPサーバを異なる物理サーバに配置する理由は，

両サーバの役割を分離して処理にかかる負荷を分散するためです。

Webサーバの主な役割は、クライアントとの通信(HTTPリクエストの受付とレスポンスの返却)ですが、両サーバを別々の物理サーバに配置し、静的HTMLや画像など負荷が軽い静的コンテンツの処理はWebサーバが行い、CGIプログラムなど負荷が重い動的コンテンツの処理はAPサーバが行うというように処理を分担します。こうすることで、WebサーバとAPサーバを同一の物理サーバに配置するよりも処理負荷の低減ができ、多くのリクエストを効率よく処理することができます。

Web3層構造をはじめ多くのWebシステムでは、バックエンドにデータベースをおき、Webブラウザからデータの検索や登録を行えるようにしています。汎用のWebブラウザを用いることでOSをはじめとしたクライアント側の環境を統一する必要がなく、クライアント環境の保守及びそれにかかるコストも軽減できます。また、クライアントコンピュータの性能に関係なく(非力でも)、Webブラウザさえあればサービスを提供できる利点があります。

4.2.4 クライアントサーバ関連技術 AM/PM

ストアドプロシージャ

一連のSQL命令からなるデータベース処理手続(プロシージャ)を、実行可能な状態でデータベース(DBMS)内に格納したものを**ストアドプロシージャ**といいます。クライアントは、必要なときに必要なプロシージャを呼び出すだけで目的の処理を実行できます。ストアドプロシージャを利用することの利点は、次のとおりです。

参考 ストアドプロシージャの利用による最も期待できる効果は、クライアントとサーバ間の通信量及び通信回数の軽減であるが、プロシージャ化する単位が細かすぎると通信回数が多くなりその効果は期待できない。

> **POINT ストアドプロシージャの利点**
> ・クライアントから1つずつSQL文を送信する必要がない。
> ・クライアントとサーバ間の通信量及び通信回数を軽減できる。
> ・共通のSQL文によるデータベースアクセス手続をクライアントに提供できる(データ操作の標準化、共有化)。
> ・機密性の高いデータに対する処理をプロシージャ化することで、セキュリティを向上させることができる。

RPC

> 参考: RPCをオブジェクトプログラミングに応用したものにCORBAがある。**CORBA**は，OMGが制定した分散オブジェクト技術の仕様。開発言語やプラットフォームに依存しない，オブジェクト間の連携を可能にしている。

他のコンピュータが提供する手続を，あたかも同一のコンピュータにある手続であるかのように呼び出すことができる機能を**RPC**（Remote Procedure Call）といいます。RPCでは，手続を呼び出す側と呼び出される側のプロセスが，それぞれ独立したプロセスとして動作するので，異なるOS間でも手続呼出しができます。このため，分散プログラミングが可能となり，ネットワーク上のコンピュータ資源を有効利用できます。

NFS

NFS（Network File System）は，RPCの上に実現される技術で，主にUNIXで利用されるファイル共有システムです。離れた場所にあるコンピュータのファイルを，あたかも自分のコンピュータのファイルのように操作することができます。

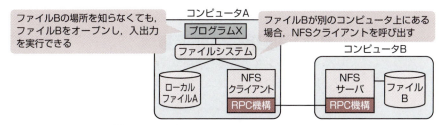

▲ 図4.2.4　NFS

COLUMN

MVCモデル

APサーバ上のアプリケーションを構築する際に用いられるデザインモデルに，MVCモデルがあります。**MVCモデル**は，ヒューマンインタフェースをもつシステムにおいて，機能とヒューマンインタフェースの相互依存を弱めることによって修正や再利用性を向上させることを目的としたアーキテクチャパターンです。システムやアプリケーションを下記の3つの論理的な層に分割して設計・実装します。

- **モデル層**（Model層）：処理の中核（業務処理，ビジネスロジック）を担当
- **ビュー層**（View層）：入力・表示を担当
- **コントローラ層**（Controller層）：モデル層，ビュー層の制御を担当（例えば，ビュー層からの入力に対するロジックの実行をモデル層に依頼し，その処理結果の表示をビュー層に依頼する）

4.3 システムの構成と信頼性設計

コンピュータシステムには，高い信頼性が求められます。どのようにそれを実現するのか，ここでは，信頼性の向上を実現する代表的な構成方式（デュアルシステム，デュプレックスシステム）と，信頼性設計の考え方を説明します。

4.3.1 デュアルシステム

参考：並列冗長型システムともいう。

デュアルシステムは，同じ処理を行うシステムを二重に用意し，処理結果を照合（クロスチェック）することで処理の正しさを確認するシステムです。照合結果が不一致の場合，再度処理を実行し直します。また，一方に障害が発生したら，それを切り離して処理を続行できるため，システムの信頼性は高くなります。

デュアルシステムの特徴

デュアルシステムを，次項で説明するデュプレックスシステムと比較した場合の特徴は，次のとおりです。

試験：デュアルシステムとデュプレックスシステムの特徴を問う問題が出題される。

> **POINT デュアルシステムの特徴**
> ・MTTR（平均修理時間）は，障害が発生した系の切離し時間だけなので，デュプレックスシステムよりも短い。
> ・2つの系で同じ処理を行って処理結果を照合する分，同一のハードウェア構成では，デュプレックスシステムよりスループットが落ちる。
> ・高い信頼性が得られる反面，2組のコンピュータを必要とするため，高価なシステムとなる。

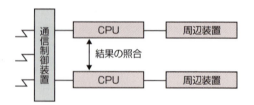

▲ 図4.3.1　デュアルシステム

4.3.2 デュプレックスシステム

> **参考** 待機冗長型システムともいう。

デュプレックスシステムは，主系（現用系）と待機系の2つの処理系をもつシステムです。主系でオンライン処理などの業務処理を行い，主系に障害が発生した場合は待機系に切り替え，業務処理を続行します。

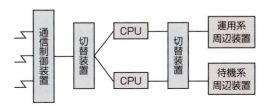

▲ 図4.3.2　デュプレックスシステム

デュプレックスシステムにおける待機系の状態

デュプレックスシステムは，正常時に待機系をどのような状態で待機させるかという観点から次の3つに分類することができます。

なお，障害発生時における待機系システムへの切替えの速度は，速い順に「ホットスタンバイ方式，ウォームスタンバイ方式，コールドスタンバイ方式」となります。

● ホットスタンバイ方式

> **参考** 一般には，主系から待機系へ定期的にメッセージ送信され，それが途切れたとき主系に障害が発生したと判断し，待機系に切り替える。

主系と同じ業務システムを最初から待機系でも起動しておき，主系に障害が発生したら直ちに（自動的に）待機系に切り替える方式です。障害発生を判断し，コンピュータシステムを自動的に切り替えるシステム監視機構が設けられています。

● ウォームスタンバイ方式

> **参考** 一般に，このような待機系のデータベースシステムをウォームスタンバイサーバ，**スタンバイデータベース**などと呼ぶ。

システム（OS）は起動しますが，業務システムは起動しないで待機させる方式です。例えば，主系データベースとほぼ同じ状態のデータベースシステムを待機系に用意します。そして，主系データベースに対して行われた更新内容を，ログなどを利用して待機系データベースに反映させておき，主系データベースに障害が発生したら，待機系データベースに切り替えて業務を継続するという「データだけをバックアップする」方式です。

●コールドスタンバイ方式

主系に障害が発生したとき，待機系を起動する方式です。待機系を，電源を落とした状態で待機させる場合もありますが，通常，バッチ処理やシステム開発などを行いながら待機させます。この場合，待機系で行っていた処理を中断し，システムを再起動した後，主系が行っていた業務システムを起動させます。

4.3.3 災害を考慮したシステム構成 AM / PM

> **参考** 災害などで被害を受けた情報システムを復旧・修復すること，あるいは被害を最小限に抑えるための予防措置を**ディザスタリカバリ**という。ディザスタリカバリは，事業継続管理(p568を参照)における概念の1つ。

> **参考** 別の地域にバックアップサイトを設置する構成を**地域分散構成**という。

地震，火災，台風などにより，コンピュータシステムが機能しなくなると，企業に大きな損害を与えることになります。そこで，このような非常事態の発生に備えて，あらかじめ，**バックアップサイト**を設置しておき，コンピュータシステムの機能を早期に回復させる方法がとられます。

バックアップサイトは，本システムからできるだけ遠隔地に設置し，一地域での非常事態がバックアップサイトにまで影響を及ぼさないようにします。設置方式としては，次の3つの方式があります。

▼ **表4.3.1** バックアップサイトの設置方式

ホットサイト	非常事態発生時，直ちにコンピュータシステムの機能を代行できるよう，常にデータの同期が取れているバックアップシステム(予備システム)を待機させておく方式。例えば，待機系サイトとして稼働させておき，ネットワークを介して常時データやプログラムの更新を行い，災害発生時に速やかに業務を再開する
ウォームサイト	非常事態発生時，バックアップシステムを起動してデータを最新状態にするなどの処理を行った後，処理を引き継ぐ方式。例えば，予備のサイトにハードウェアを用意して，定期的にバックアップしたデータやプログラムの媒体を搬入して保管しておき，非常事態発生時にはこれら保管物を活用してシステムを復元し，業務を再開する
コールドサイト	コンピュータシステムを設置できる施設だけを用意しておく方式。平常時は別の目的で使用し，非常事態が発生したら，必要なハードウェア，バックアップしておいたデータ及びプログラムの媒体を搬入し，業務を再開する

4.3.4 高信頼化システムの考え方　AM/PM

　システム全体の信頼性を向上させようとする考え方には2つあります。1つは，故障の発生を前提とし，システムの構成要素に冗長性を導入するなどして，故障が発生してもシステム全体としての必要な機能を維持させようとする考え方です。これを**フォールトトレランス**(耐故障)といい，フォールトトレラントなシステムを**フォールトトレラントシステム**といいます。

　一方，システムを構成する構成要素自体に故障しにくいものを選ぶなど個々の品質を高めて，故障そのものの発生を防ぐことで，システム全体の信頼性を向上させようとする考え方を**フォールトアボイダンス**(故障排除)といいます。

> 参考：フォールトは「故障」を意味する。

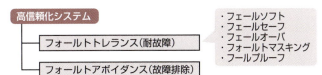

▲ 図4.3.3　高信頼化システムの考え方

フォールトトレランスの実現方法

　フォールトトレランスの実現方法には，いくつかあります。ここでは，代表的なものを説明します。

◯フェールソフト

　障害が発生したとき，障害の程度により性能の低下はやむを得ないとしても，システム全体を停止させずにシステムの必要な機能を維持させようとする考え方です。また，フェールソフトにおいて，障害が発生した装置を切り離し，機能が低下した状態で処理を続行することを**フォールバック**(縮退運転)といいます。

> 参考：フェールソフトは「部分回復」を意味する。

◯フェールセーフ

　システムの誤動作，あるいは障害が発生したときでも，障害の影響範囲を最小限にとどめ，常に安全側にシステムを制御するという考え方です。フェールセーフを説明する例として，「信号機が故障した場合には，すべての信号機を赤信号の状態にして事故が起きないようにする」というのは有名です。

> 参考：フェールセーフは「危険回避」を意味する。

● フェールオーバ

障害が発生したとき，処理やデータを他のシステム（装置）が自動的に引き継ぎ，障害による影響すなわち切り替え処理を利用者に意識させないという考え方です。なお，障害が回復した後，元のシステムに処理を戻す（代替システムから処理を引き継いで元の状態に戻す）ことを**フェールバック**といいます。

> 参考：図4.3.4は，サーバAが稼働系サーバ，サーバBが待機系サーバ。このような構成を**アクティブ／スタンバイ構成**という。

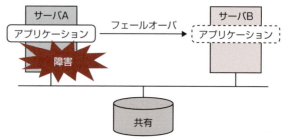

▲ **図4.3.4** フェールオーバ

● フォールトマスキング

障害が発生しても，その影響が外部に出ないようにするという考え方です。障害発生を他のシステム（装置）から隠ぺいしたり，障害発生時に，自律回復を行えるようにします。

● フールプルーフ

誤った操作や意図しない使われ方をしても，システムに異常が起こらないように設計するという考え方です。具体的には，次のような設計を行います。

> 参考：フールプルーフを実現する安全装置・安全機構の考え方の1つに，**インタロック**がある。これは，「一定の条件を満たさなければ動作しないようにする」という考え方。

POINT フールプルーフな設計
- 誤入力が発生してもプログラムを異常終了させずにエラーメッセージを表示して次の操作を促すようにする。
- 不特定多数の人が使用するプログラムには，より多くのデータチェック機能を組み込む。
- ベリファイ入力（異なる入力者が同じデータを入力し，その入力結果を照合する方式）を採用し，データ誤入力チェックを行う。
- 使用権限のない機能は，実行できないようにする。
- オペレータが不注意による操作誤りを起こさないように，操作の確認などに配慮した設計を行う。

4.4 高信頼性・高性能システム

複数のコンピュータを組み合わせることによって，高い信頼性（高可用性）や高い計算能力を得られるようにする技術に，クラスタリングとグリッドコンピューティングがあります。

4.4.1 クラスタリングとクラスタシステム　AM/PM

複数の要素を連携させて，単体では実現できない能力を得られるようにする技術を**クラスタリング**といいます。

クラスタシステムとは，ネットワークに接続した複数のコンピュータを連携し，1つのコンピュータシステムとして利用できるようにしたシステムです。構成方式には様々な方式がありますが，最も代表的なのはHAクラスタ構成です。

> 試験では，"**クラスタリングシステム**"とも出題される。

> クラスタシステムには，高い計算能力を得ることを目的としたものもある。これをハイパフォーマンスクラスタ（**HPCC**）という。

> 広義に捉えると，**デュプレックスシステム**もフェールオーバクラスタの一種。ただし，フェールオーバクラスタは，原則としてホットスタンバイ方式であり，また拡張性も備えているという点が異なる。

■HAクラスタ構成

HAクラスタ（High Availability Cluster）は，高可用性を目的とした構成です。次の2つの構成があります。

●フェールオーバクラスタ構成

アクティブ／スタンバイ方式（ホットスタンバイ方式）のクラスタ構成です。同等な機能をもつサーバを複数用意して，うちいくつかを待機状態にしておき，アクティブサーバに障害が発生したら，待機サーバ（スタンバイサーバ）に切り替えて処理を継続します。ちなみに，前ページの図4.3.4の構成は，フェールオーバクラスタ構成の一種です。

●負荷分散クラスタ構成

アクティブ／アクティブ方式のクラスタ構成です。特定のコンピュータに処理が集中しないように，複数のコンピュータに処理を振り分けます。**ロードバランシングクラスタ**ともいいます。

負荷分散クラスタ構成は，過剰な負荷によるサーバダウンを防ぎ高可用性を実現することに加えて，複数のサーバで処理を分担

することによる処理性能の向上も実現できます。Webサーバや APサーバ，DBサーバでよく見られる構成です。

シェアードエブリシングとシェアードナッシング

クラスタシステムは，ネットワーク以外のリソースを共有するか否かによって，次の2つに分類できます。ここでは，DBサーバを例に説明します。

シェアードエブリシング

複数のサーバが1つのストレージを共有し，負荷分散を行う構成です。サーバリソースの有効活用が可能となり，さらにデータが共有されているので1台のサーバに障害が発生しても処理を継続することができます。一方，同一ストレージにアクセスすることになるので，ストレージに対するアクセス競合がボトルネックとなります。

> 参考 シェアードエブリシング方式では，ストレージの故障が致命的になるため，RAID1+0(p190参照)などの冗長構成にすることで稼働率を確保する。

シェアードナッシング

サーバごとに1つのストレージを割り当てる構成です。データを複数のストレージに分割配置し，サーバとストレージを1対1に対応させているのでストレージに対するアクセス競合がなく，並列処理が可能です。そのため，サーバを増やすことで理論上，システム全体の処理性能を無限に拡張することができます。一方，サーバごとに管理する対象データが決まっているため1台のサーバに障害が発生すると対象データを処理できなくなり，システム全体の可用性が低下する可能性があります。

> 参考 データが分割されていても，利用者やアプリケーションはデータの配置を意識せず，1つのデータベースとして利用できる仕組みになっている。

> 参考 大量のデータを扱うデータウェハウスでは，より高い処理性能(高速性)を確保するため，シェアードナッシング方式が使われることが多い。

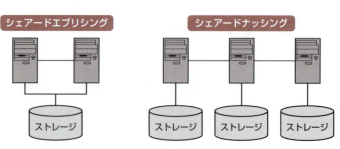

▲ 図4.4.1　シェアードエブリシングとシェアードナッシング

4.4.2 グリッドコンピューティング AM/PM

スーパコンピュータで行うような，気象予報や科学技術計算といった膨大な量のデータ処理や計算を単位時間内に行うことを**ハイパフォーマンスコンピューティング**（**HPC**：High Performance Computing）といいます。**グリッドコンピューティング**は，このHPCを実現する技術の1つです。具体的には，ネットワーク上にある複数のコンピュータ（プロセッサ）に処理を分散することによって，大規模な一つの処理を行います。グリッドコンピューティングを構成するコンピュータはPCから大型コンピュータまで様々なものでよく，この点がクラスタシステムとは異なります。例えば，中央のサーバで，処理を並列可能な単位に分割し，それらをネットワーク上にある複数の異なるコンピュータで並列処理することでHPCを実現するというのがグリッドコンピューティングです。

参考：ハイパフォーマンスクラスタ（HPCC）の場合，1つのコンピュータを制御用とし，その他のコンピュータに処理を振り分けたり，処理結果をとりまとめたりする。

COLUMN

ロードバランサ（負荷分散装置）

ロードバランサ（LB）は，サーバへの要求を一元的に管理し，同等の機能をもつ複数のサーバに要求を振り分け，負荷を分散する装置です。サーバへの振分け機能に加えて，サーバの稼働監視機能などをもっています。

〔サーバの稼働監視〕
・レイヤ3：ICMPパケットによる装置監視
・レイヤ4：TCPコネクション確立要求に対する応答を確認するサービス監視
・レイヤ7：アプリケーション監視

負荷分散方式には，次の方式があります。

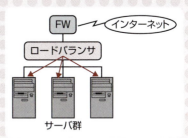

▲ 図4.4.2　ロードバランサ

▼ 表4.4.1　LBの負荷分散方式

ラウンドロビン方式	あらかじめ決めた順序で各サーバに振り分ける
加重ラウンドロビン方式	サーバの処理能力に応じて振り分ける
最少クライアント数方式	接続中のクライアント数が最も少ないサーバに振り分ける
最小負荷方式	CPU使用率が最も低いサーバに振り分ける

4.5 ストレージ関連技術

ここでは，磁気ディスク装置の信頼性や速度を向上させるRAIDと，ストレージの接続形態(NAS，SAN)を説明します。

4.5.1 RAID

AM / PM

参考 安価な磁気ディスク装置を複数組み合わせるという意味で，RAIDの"I"に「Inexpensive(安価な)」を当てはめる場合もある。

RAID(Redundant Arrays of Independent Disks)は，複数の磁気ディスク装置を並列に並べて，それらを論理的な1台のディスク装置(**ディスクアレイ**という)として利用することで，大容量化や入出力(読込み/書込み)の高速化，さらには信頼性の向上をも実現させる技術です。RAIDには，その実現方法によっていくつかのレベルがあります。

● RAID0

データを複数のディスク装置に分散して配置する**ストライピング**により，入出力速度の向上のみを図った方式です。いずれか1台にでも障害が発生すると，ディスクアレイは稼働不可能になるため信頼性には欠けます。

▲ 図4.5.1 RAID0のディスクアレイ構成と稼働率

● RAID1

複数のディスク装置に同じデータを書き込む方式で，**ミラーリング**とも呼ばれます。いずれか1台のディスク装置に障害が発生しても，ディスクアレイとして稼働するため信頼性は高められますが，同じデータが複数のディスク装置に書き込まれることになるので冗長度(重複度)は高くなります。

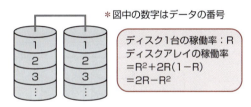

▲ **図4.5.2** RAID1のディスクアレイ構成と稼働率

RAID2

RAID0にメインメモリなどで使用されている**ハミング符号**(エラー訂正符号)用の複数のディスク装置を追加することで障害が発生した際の復元ができるようにした方式です。

> RAID2は、動作も遅く、最小構成でもデータ用2台、エラー訂正用3台の計5台が必要となるため、導入実績はほとんどない。

RAID3, RAID4

RAID0にパリティと呼ばれるエラー訂正情報を保持するパリティディスクを追加し、いずれか1台のディスク装置に障害が発生した場合、正常なディスク装置間で復元できる方式です。RAID3では**ビット**単位、RAID4では**ブロック**単位でストライピングを行います。

読込みはストライピング効果で高速ですが、書込みはパリティディスクにアクセスが集中するためあまり速くありません。

> **エラー訂正符号**とは、エラーの検出/訂正を行うため、元のデータに付加される冗長ビットのこと。**ECC**(Error Correcting Code)ともいう。なお、データ誤りの自動訂正機能をもつメモリを**ECCメモリ**という。

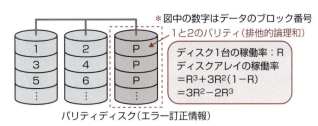

▲ **図4.5.3** RAID4のディスクアレイ構成と稼働率

RAID5

RAID4を改良し、データとパリティを分散させることで、パリティディスクへのアクセスの集中を防ぎ、高速化を実現した方式です。RAID5では**ブロック**単位でストライピングを行います。RAID4と同様に、1台のディスク装置の障害までは、正常なディ

スク装置間で復元することができます。

試験 RAIDのレベルとストライピングの単位，及び冗長ディスクの構成が問われる。次の組合せを覚えておこう。

	単位	構成
RAID3	ビット	固定
RAID4	ブロック	固定
RAID5	ブロック	分散

↑ 冗長ディスク構成

* 図中の数字はデータのブロック番号
1と2のパリティ（排他的論理和）
ディスク1台の稼働率：R
ディスクアレイの稼働率
$= R^3 + 3R^2(1-R)$
$= 3R^2 - 2R^3$

▲ 図4.5.4　RAID5のディスクアレイ構成と稼働率

○RAID6

RAID4やRAID5では，2台のディスク装置が故障すると稼働不可能となります。これに対応するため，通常のパリティ以外に，異なる計算手法を用いた別のパリティを付加した方式です。

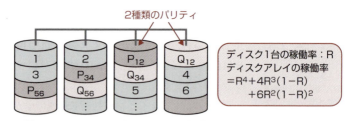

2種類のパリティ

ディスク1台の稼働率：R
ディスクアレイの稼働率
$= R^4 + 4R^3(1-R)$
$\quad + 6R^2(1-R)^2$

▲ 図4.5.5　RAID6のディスクアレイ構成

○RAID01（RAID0+1）

各RAIDレベルを組み合わせて，高速性と高信頼性を実現することができます。例えば，RAID01（RAID0+1）は，RAID0とRAID1を組み合わせた方式です。ストライピングしたディスク装置群を1つの単位としてミラーリングすることで，RAID0の高速性を保ちながら，高信頼性を実現します。

参考 RAID10（RAID1+0）
ミラーリングしたディスク装置群を1つの単位としてストライピングすることで，RAID1の高信頼性を保ちながら，高速性を実現する。

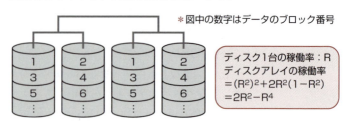

* 図中の数字はデータのブロック番号
ディスク1台の稼働率：R
ディスクアレイの稼働率
$= (R^2)^2 + 2R^2(1-R^2)$
$= 2R^2 - R^4$

▲ 図4.5.6　RAID01のディスクアレイ構成と稼働

4.5.2 ストレージの接続形態 AM/PM

ストレージの主な接続形態には、DAS（側注参照），NAS，SANの3種類があります。

参考 DAS（Direct Attached Storage）は、従来型の接続形態。サーバに直接接続する。

サーバ

NAS

NAS（Network Attached Storage）は，LANに直接接続する形式のストレージです。ファイル共有に特化したOSやネットワークインタフェースなどを備えていることから，ファイルサーバ専用機ともいえます。

従来のファイルサーバよりも高速なアクセスができ，また，NFS（Network File System）やCIFS（Common Internet File System）などのファイル共有プロトコルに対応しているため，異なるOSのコンピュータ間でもファイルを共有することができます。

用語 NFS 主にUNIX系OSで利用されるファイル共有システム（p179を参照）。

用語 CIFS Windows系OSのファイル共有で使用されるSMBを拡張し，Windows以外でも利用できるようにしたもの。TCP/IPを利用してファイル共有を行う。

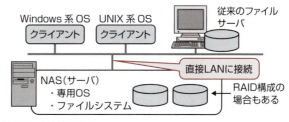

▲ 図4.5.7　NASの構成

SAN

SAN（Storage Area Network）は，サーバとストレージを，通常のLANとは別の高速ネットワークで接続した，ストレージ専用ネットワークです。次ページの図4.5.8に示すように，ストレージが統合されていますので，各サーバからのディスク使用要求に柔軟に対応できます。また，専用ネットワークを使用するため高速で信頼性の高い通信が可能です。なお，アクセス（データ転送）はブロック単位です。

従来，SANの構築には，SCSI-3規格に対応可能な，ギガビット級のデータ転送能力をもつファイバチャネル（FC：Fibre Channel）が多く用いられてきました。これをFC-SANといいます。

4 システム構成要素

> **参考** ファイバチャネル(FC)は、電気ケーブルや光ファイバケーブルで構築可能。

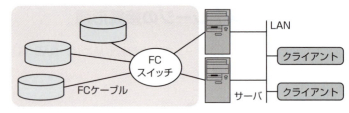

▲ 図4.5.8 FC-SAN

現在では、SCSIプロトコルをTCP/IPネットワーク上で使用するiSCSIを用いたIP-SANもあります。IP-SANは、FC-SANに比べて安価に構築できるという利点はありますが、TCP/IPを使うため処理のオーバヘッドが大きいといわれています。

また、LAN環境とFC-SAN環境を統合する技術として、TCP/IPを使わずに直接FCフレームをイーサネットで通信するFCoE (Fibre Channel over Ethernet) という技術もあります。

> **参考** FCoEは、既存のEthernetを使用するのではなく、高信頼・高性能な通信を可能にした拡張Ethernetを使用する。

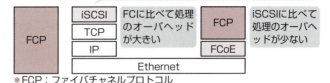

＊FCP：ファイバチャネルプロトコル

▲ 図4.5.9 SAN構築の種類

COLUMN

Hadoop

Hadoopは、大規模データを複数のサーバで分散処理するためのミドルウェア(ソフトウェアライブラリ)です。HDFS(Hadoop Distributed File System)により、複数のサーバに分散されたデータを論理的に取りまとめた、大規模な分散ファイルシステム機能を提供し、MapReduceによって分散並列処理を実現します。MapReduceは、複数のサーバで分散処理を実行するフレームワークです。

＊Hadoopで扱うデータは、ペタバイト(PB)級。ペタバイトは、2^{50} (10^{15})バイト。

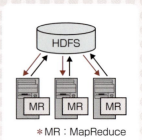

＊MR：MapReduce

▲ 図4.5.10 Hadoop

仮想化技術 **4.6**

4.6 仮想化技術

仮想化技術とは，物理構成とは異なる論理構成を提供する技術の総称です。ここでは，代表的な仮想化技術を説明します。

4.6.1 ストレージ仮想化 　AM / PM

ストレージ仮想化とは，複数のストレージデバイスを論理的に統合して，それを1つのストレージとして扱う技術です。

シンプロビジョニング

ストレージ資源を仮想化して割り当てることでストレージの物理容量を削減できる技術です。利用者には要求容量の仮想ボリュームを提供し，実際には利用している容量だけを割り当てます。

例えば，数年先のデータ量を見込んだ要求容量が50Tバイトで実使用量が10Tバイトであった場合，仮想ボリューム(50Tバイト)を提供し，物理ディスクへの割当ては実使用量分の10Tバイトです。これにより物理ディスクは利用者要求容量の1/5ですみ，ストレージ資源の効率的な利用が可能になります。

ストレージ自動階層化

異なる性能のストレージを複数組合せて階層を作り，利用目的や利用頻度といったデータ特性に応じて，格納するストレージを変えるという考え方を**ストレージ階層化**といいます。

ストレージ階層化を実現するためには，日々更新されていくデータの特性(利用頻度など)を収集・分析し，手動でデータを移動しなければならないため運用に手間が掛かります。そこで，この階層化の制御を自動化したのが**ストレージ自動階層化**です。ストレージ自動階層化では，ストレージ階層を仮想化し，アクセス頻度が高いデータは上位の高速なストレージ階層に，アクセス頻度が低いデータは下位の低速階層にというように，データを格納するのに適したストレージへ自動的に移動・配置することによって，情報活用とストレージ活用を高めます。

参考 ストレージの集約(**プール化**)とシンプロビジョニングとの併用によって，ストレージ資源の利用効率の向上が期待できる。

参考 50TBの物理ディスク容量を割り当てた場合，40Tバイトが未使用で無駄になる。

参考 ストレージの性能とコストは，トレードオフの関係。ストレージ階層化によりコストを抑え，必要な性能の確保が期待できる。

4
システム構成要素

193

4.6.2 サーバ仮想化　AM/PM

サーバ仮想化は，1台の物理サーバ上で複数の仮想的なサーバを動作させるための技術です。サーバ仮想化の方式は，ホスト型，ハイパバイザ型，コンテナ型に大きく分けられます。

> 参考：複数台の物理サーバで運用していたものを1台の物理サーバに統合(**サーバコンソリデーション**)することで，次の2つが期待できる。
> ・サーバの管理コストの削減
> ・コンピュータリソースの利用率の向上

ホスト型仮想化

ホストOSの上に仮想化ソフトウェアをインストールし，その上で仮想サーバを稼働させる方式です。仮想化ソフトウェアによって，サーバ・ハードウェアをエミュレートすることで仮想サーバを実現します。

> 参考：ホスト型は，仮想サーバ環境が手軽に構築できる。ただし，ソフトウェア的にサーバ・ハードウェアをエミュレートするため仮想化のオーバヘッドが大きくなり，全体として処理速度が出にくい。

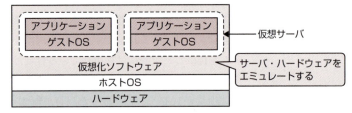

▲ 図4.6.1　ホスト型仮想化

ハイパバイザ型仮想化

仮想サーバ環境を実現するための制御プログラム(**ハイパバイザ**という)をハードウェアの上で直接動かし，その上で仮想サーバを稼働させる方式です。ハイパバイザは，ハードウェアリソースを細かく分割して複数のユーザに割り当てる機能をもった，**仮想OS**とも呼ばれるプログラムです。OSより上位の制御プログラムであるためホストOSを必要としません。

> 参考：ハイパバイザ型は，ハイパバイザがハードウェアを直接制御するため，リソースを効率よく利用でき，ホスト型と比べて処理速度が向上する。

▲ 図4.6.2　ハイパバイザ型仮想化

コンテナ型仮想化

ホストOS上に論理的な区画（**コンテナ**）を作り、それぞれに独立したOS環境を提供する方式です。コンテナにはアプリケーションの動作に必要なライブラリなどが含まれていて、独立したサーバと同様の振る舞いをします。そのため、ホストOSから見ると1つのコンテナは1つのプロセスに見えますが、ユーザから見れば、あたかも独立した個別サーバが別々に動作しているように見えます。

> **参考** コンテナ型は、オーバヘッドが少なく軽量で高速に動作する。ただし、ホスト型やハイパバイザ型では仮想サーバ毎に別々のOSを稼働させることができるが、コンテナ型は同じOS上で実現するため、すべてのコンテナは同じOSしか使えない。

▲ 図4.6.3　コンテナ型仮想化

その他のサーバ仮想化に関連する技術

その他、試験に出題されるサーバ仮想化に関連する技術には、次の2つがあります。

○ ライブマイグレーション

仮想サーバ上で稼働しているOSやアプリケーションを停止させずに、別の物理サーバへ移し処理を継続させる仕組みです。移動対象となる仮想サーバのメモリイメージがそのまま移動先の物理サーバへ移し替えられるため可用性を損なうことがなく、また利用者は仮想サーバの移動を意識することなく継続利用ができます。

> **参考** ライブマイグレーションは、ハードウェアのメンテナンスや部品の交換が必要になったときに有効。

○ クラスタソフトウェア

仮想サーバを冗長化したクラスタシステムの高可用性を実現するための仕組みであり、クラスタシステムを管理/制御するソフトウェアです。OS、アプリケーション及びハードウェアの障害に対応し、障害時に障害が発生していないサーバに自動的に処理を引き継ぐので、切替え時間の短い安定した運用が求められる場合に有効です。

4.7 システムの性能特性と評価

4.7.1 システムの性能指標

基本的な性能指標

ここでは，コンピュータシステムの性能を評価するための基本的な指標を整理しておきましょう。

● スループット

スループットとは，コンピュータシステムが単位時間当たりに処理できる仕事量を指します。オンライントランザクション処理においてはトランザクション数（**TPS**：Transaction Per Sec），バッチ処理においてはジョブ数が仕事量となります。

● レスポンスタイム

レスポンスタイム（**応答時間**ともいう）は，トランザクション処理や会話型処理に用いられる性能指標で，コンピュータシステムに対して処理要求を出してから，利用者側に最初の処理結果が返ってくるまでの時間です。オンラインシステムの性能を評価するとき，特に業務処理性能を評価する指標として重要です。

● ターンアラウンドタイム

ターンアラウンドタイム（TAT：Turn Around Time）は，主にバッチ処理に用いられる性能指標で，ジョブを投入してからその結果がすべて出終わるまでの時間です。一般に，オーバヘッド時間を考慮しないものとすれば，「ターンアラウンドタイム＝処理待ち時間＋CPU時間＋入出力時間」となります。

> **用語 オーバヘッド**
> ジョブやプログラムの本来の処理時間以外の時間で，ジョブやプログラムに割り振ることができないOSが消費する時間。

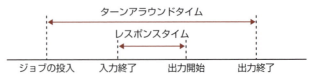

▲ 図4.7.1　レスポンスタイムとターンアラウンドタイム

システムの性能特性と評価 **4.7**

● MIPSとFLOPS

MIPSは，1秒間に実行可能な命令数を百万(10^6)単位で表したものです。一般的には，設計法，構成部品で評価結果が異なるため，同一コンピュータメーカ，同一アーキテクチャのコンピュータシステム間のCPU性能比較に用いられます。

FLOPSは，1秒間に実行可能な浮動小数点演算回数を表したもので，ベクトルコンピュータ(ベクトル計算機)の演算性能指標として用いられます。**ベクトルコンピュータ**は，一次元的に並んだ複数のデータ(ベクトルデータという)をひとまとめに演算する高速な命令を使って並列処理を行う科学技術計算向けのコンピュータです。

> **参考** 一般にFLOPSは，メガ(M)，ギガ(G)，テラ(T)といった接頭語をつけて，10^6FLOPSは1MFLOPS，10^9FLOPSは1GFLOPSというように表す。

4.7.2 システムの性能評価の技法 AM/PM

命令ミックス

プログラムでよく使われる命令の，実行時間とプログラム中における出現頻度(出現率)を表したものを**命令ミックス**といいます。命令ミックスには，事務計算向けの**コマーシャルミックス**と科学技術計算向けの**ギブソンミックス**があります。

評価を行う際には，図4.7.2に示すように，対象となるコンピュータの命令実行時間を当てはめ，平均命令実行時間を求めます。求めた平均命令実行時間を**命令ミックス値**といい，命令ミックス値が小さいほど高性能であるといえます。

評価の対象となるコンピュータの命令実行時間

命　令	実行時間(マイクロ秒)	出現率
加減算	0.3	45%
乗除算	1.1	25%
比較	1.5	20%
分岐命令	4.5	10%
合　　計		100%

→ 平均命令実行時間

▲ **図4.7.2** コマーシャルミックスの例

命令ミックス値は，各命令の実行時間に出現率を乗じ，その和

を取ることで求めます。また，命令ミックス値の逆数を取ることでMIPS値を求めることができます。

命令ミックス値（平均命令実行時間）
$$= 0.3 \times 0.45 + 1.1 \times 0.25 + 1.5 \times 0.2 + 4.5 \times 0.1$$
$$= 1.16 \text{マイクロ秒} = 1.16 \times 10^{-6} \text{秒}$$
MIPS値（1秒間の平均命令実行回数）
$$= 1 \div (1.16 \times 10^{-6}) \fallingdotseq 0.86 \times 10^6 \quad \therefore \text{約0.86MIPS}$$

ベンチマーク

ベンチマークとは，コンピュータの使用目的に適した，あるいは評価対象となる業務の典型的な処理形態をモデル化した標準プログラム（ベンチマークプログラム）を用いて実行時間などを計測し，その結果からコンピュータ性能の評価を行うことをいいます。

同じベンチマークプログラムを異機種で実行することで，異機種間の相互評価を行うことができ，機種選定の評価材料ともなります。代表的なベンチマークにSPECとTPCがあります。

◇SPEC

参考 SPECintで示される評価値は，基準マシンと比較した処理時間の相対値。

プロセッサの性能を評価するベンチマークテストとして，アメリカの非営利団体であるSPEC（Standard Performance Evaluation Corporation：システム性能評価協会）が定めたベンチマークです。整数演算性能を評価する**SPECint**と，浮動小数点演算性能を評価する**SPECfp**があります。それぞれ制定された年度によって，SPECint95，SPECfp2000などと呼ばれます。これらは，1992年にUNIXの世界で業界標準だった**Dhrystone**（整数演算性能）ベンチマークや**Whetstone**（浮動小数点演算性能）ベンチマークの代わりとして定められました。

参考 その他，浮動小数点演算性能を評価するベンチマークにLinpackベンチマークがある。

参考 Dhrystoneベンチマークで測定されたMIPS値をDhrystone/MIPSという。

◇TPC

オンライントランザクション処理（OLTP）システムの性能を評価するベンチマークテストとして，アメリカの非営利団体であるTPC（Transaction Processing Performance Council：トランザクション処理性能評議会）が定めたベンチマークです。TPCは，プロセッサの性能などコンピュータシステムの構成要素の性能評

システムの性能特性と評価 **4.7**

価ではなく，コンピュータシステム全体の性能を評価するところに特徴があります。

> **試験** これまでの試験で出題されたのはTPC-C。今後は，TPC-Eに注意。なお，当初（過去には），TPC-A,B,D,Wなどがあったが，旧式となり現在では利用されていない。

▼ **表4.7.1** 主なTPC

TPC-C	トランザクション処理やデータベースに関する性能評価用ベンチマークモデル。現実の受発注トランザクション処理に近い環境におけるOLTPシステムの評価用に使われる
TPC-E	TPC-Cの後継で，2007年に仕様が公開されたもの。証券会社の業務をモデルとして，複雑なデータベース（市場データ，顧客データ，証券会社データ）を基に，様々な種類のトランザクション処理を実行し，OLTPシステムのパフォーマンスを評価（測定）する
TPC-App	APサーバとWebサービス評価用
TPC-H	意思決定支援システム評価用

4.7.3 モニタリング AM / PM

> **参考** ボトルネックとなっている部分を発見し，改善することをチューニングという。

コンピュータシステムの性能低下には様々な要因があります。何が原因なのか，システムの性能上ボトルネックとなっている部分はどこかを発見し改善することは，システム運用段階において重要となります。

モニタリングは，測定用ソフトウェアや特別なハードウェアを用いて，各プログラムの実行状態や資源の利用状況を測定することです。これにより，システムの性能を評価するためのデータが得られるとともに，システム性能低下の要因となっている部分，あるいはその兆候が現れている部分を発見することができます。

ソフトウェアモニタ

測定用のプログラムを用いて行われるのが**ソフトウェアモニタ**です。OSの一部に組み込まれた機能を利用する場合とモニタリング用の特別なソフトウェアを利用する場合があります。通常，プロセスごとの入出力回数やCPU使用時間の計測は，OSの機能として備えられています。

ソフトウェアモニタは，測定項目の追加や変更が比較的容易ですが，測定対象の資源を使用するため，その影響で測定誤差が生じやすくなります。次ページに，ソフトウェアモニタで測定される項目を示します。

4 システム構成要素

> **POINT** ソフトウェアモニタの測定対象
> ・タスク（プロセス）ごとのCPU使用時間
> ・タスクごとの入出力回数
> ・仮想記憶システムでのページングの回数
> ・スーパバイザモードで動作する時間の割合
> ・メモリの使用状況
> ・応答時間

ハードウェアモニタ

ハードウェアモニタは，測定対象となるCPUや主記憶装置などの資源を使用しないので，測定誤差の少ない厳密な測定が可能です。しかし，測定項目の追加や変更は困難となります。一般に，「ソフトウェアでは不可能」，「ソフトウェアでは効率が低下する」，「正確な値が必要」という項目の測定には，ハードウェアモニタが向いています。

> **POINT** ハードウェアモニタの測定対象
> ・キャッシュメモリのヒット率
> ・実行命令回数と所要時間
> ・命令種別の使用回数
> ・主記憶のアドレスごとのアクセス頻度
> ・チャネルの利用率

COLUMN

その他の性能評価方法

ここでは，試験に出題される，その他の性能評価方法をまとめておきます。

▼ **表4.7.2** 3つの性能評価法

カーネルプログラム法	行列計算など標準的な計算プログラムを実行させ，得られたCPU処理速度と他のコンピュータにおける結果とを比較し評価する
カタログ性能	システムの各構成要素に関するカタログ性能データを収集し，それらのデータからシステム全体の性能を算出する
シミュレーション（模倣）	評価対象システムを模倣するモデルをコンピュータ上に実現し，システムの動作状況の把握，また，何をどれだけ用意すればよいかシステムパラメタのより適切な値やシステムの限界値を得る

200

4.7.4 キャパシティプランニング AM/PM

キャパシティプランニングとは，システムの新規開発や再構築において，ユーザの業務要件や業務処理量，サービスレベルなどから，システムに求められるリソース(CPU性能，メモリ容量，ディスク容量など)を見積り，経済性及び拡張性を踏まえた上で最適なシステム構成を計画することです。

システムの再構築を検討する場合には，次の作業項目の順でキャパシティプランニングが実施されます。

> **POINT キャパシティプランニングの手順**
> ① 現行システムにおけるシステム資源の稼働状況データ(CPU使用率，メモリ使用率，ディスク使用率など)やトランザクション数，応答時間などを収集する。
> ② 将来的に予測される業務処理量やデータ量，利用者数の増加などを分析する。
> ③ 分析結果からシステム能力の限界時期を検討する。
> ④ 要求される性能要件を満たすためのハードウェア資源などを検討して，最適なシステム資源計画を立てる。

キャパシティ管理

システムの負荷について現状分析と将来予測を行い，システムの安定稼働や性能維持のために，システム資源を適切に管理・調整する管理作業を，**キャパシティ管理**(キャパシティマネジメント)といいます。

定期的にシステム資源の利用状況や性能を測定し，その結果を分析・評価して，システムの性能上，ボトルネックとなっている装置を特定したり，将来ボトルネックとなりそうな装置とその時期を予測します。例えば，次ページの図4.7.3は，あるサーバにおける，利用(トランザクション)が集中する特定の日時のシステム状態をレーダチャートで表したものです。この図から，CPU利用率が高く，CPU空き待ち時間が長くなっていることが読み取れます。これにより，トランザクション(TR)数がさらに増加すると，CPUネックによる処理遅延の発生が推測できます。

参考 測定項目には，CPU利用率，CPU空き待ち時間，ページング発生率，ディスク使用率，スループットやレスポンスタイムなどがある。

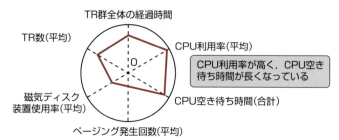

▲ 図4.7.3　キャパシティ性能評価例

サーバの性能向上策

サーバの利用が集中するときの負荷や将来予測される負荷に対応するためには，サーバの処理能力を向上させる必要があります。そのための施策には，次の2つがあります。

◆スケールアウト

既存のシステムにサーバを追加導入することによって，サーバ群としての処理能力や可用性を向上させます。**水平スケール**ともいいます。

> 参考：例えば，参照系のトランザクションが多く，複数のサーバで分散処理を行っているシステムの場合，サーバの台数を増やす**スケールアウト**により処理能力の向上が期待できる。

◆スケールアップ

サーバを構成する各装置をより高性能なものに交換したり，あるいはプロセッサの数やメモリを増やすなどして，サーバ当たりの処理能力を向上させます。**垂直スケール**ともいいます。

COLUMN　システムの動的な拡張性

不特定多数のユーザからアクセスされるWebシステムの場合，ある時間帯，あるいは，特定の日時にのみ一時的にアクセス量が極端に増加することがあります。最大アクセス量に対応可能な処理能力を作り出すために，サーバを追加導入したり，高性能なサーバに交換するといった方策では最適な費用対効果が得られません。

このようなシステムの場合，処理能力を必要に応じて動的に拡張する**スケーラビリティ**を考慮した方策をとります。その1つが，サーバの負荷に応じて自動的にクラウドサーバ数を増減させる**オートスケール**の構築です。アクセス集中時には自動的にサーバ数が増え（**スケールアウト**），平常状態に戻ったらサーバ数も元に戻る（**スケールイン**する）ので，常に最適なサーバ数でシステムを稼働させることができます。

4.8 待ち行列理論の適用

4.8.1 待ち行列理論の基本事項 　AM/PM

> 参考　待ち行列は，オンラインシステムやWebシステム，通信回線など，様々なところで見られる。
> 例えば，オンラインシステムにおいて，トランザクションがサーバの処理を待っている時間が長くなると，当然ながら応答時間も長くなり，システム性能要件を満たせなくなる。そのため，システムの性能評価の1つとして，待ち行列理論をもとに待ち時間の計算を行い，あまりにも長い場合は，その対応策を考えることが重要となる。

待ち行列とは，処理（サービス）を待つ"順番待ち行列"です。ここでは，待ち行列理論の基本事項を説明します。

待ち行列のモデル

待ち行列理論は確率モデルに基づいた理論です。図4.8.1に示すように，レジ（窓口）でサービスを受ける時間は1人ひとり異なるため，自分の番がくるまで「あと何分待つの？」という待ち時間は，○×□＝△といった計算式では求めることができません。

▲ 図4.8.1　待ち行列

待ち行列理論をもとに待ち時間を求めるためには，その対象となる現象をモデル化する必要があります。待ち行列を表すモデルにはいくつかありますが，最も基本となるのはM/M/1モデルです。M/M/1の意味については後述しますが，簡単にいうと，「客（トランザクション）はランダムに到着し，1人の客がサービスを受ける時間はバラバラで，サービスを行う窓口は1つ」というモデルです。

> 参考　M/M/1の意味については，p209を参照。

▲ 図4.8.2　待ち行列モデルM/M/1

4 システム構成要素

待ち時間を求めるための基本要素

待ち時間を求めるためには，以下の要素が重要になります。

❷ トランザクションの到着

単位時間当たりに到着するトランザクション数を**平均到着率**といい，一般に，記号 **λ**（ラムダ）で表します。また，あるトランザクションの到着から次のトランザクションの到着までの平均時間を**平均到着間隔**といい，平均到着間隔は次の式で求めます。

> **POINT 平均到着間隔の求め方**
>
> $$平均到着間隔 = \frac{1}{平均到着率} = \frac{1}{\lambda}$$

参考 例えば，1分間に5人の客がレジに到着する場合，
平均到着率
　=5［人／分］
平均到着間隔
　=1分／5=12［秒］

❷ サービス時間

単位時間当たりにサービス可能なトランザクション数を**平均サービス率**といい，一般に，記号 **μ**（ミュー）で表します。また，1つのトランザクションがサービスを受ける平均時間を**平均サービス時間**といい，平均サービス時間は，次の式で求めます。

> **POINT 平均サービス時間の求め方**
>
> $$平均サービス時間 = \frac{1}{平均サービス率} = \frac{1}{\mu}$$

参考 例えば，1分間に4人の客に対して順番にサービス可能な場合，
平均サービス率
　=4［人／分］
平均サービス時間
　=1分／4=15［秒］

❷ 利用率

利用率とは，単位時間に窓口を利用している割合です。利用率は，記号 **ρ**（ロー）で表し，次の式で求めます。

参考 利用率は，**トラフィック密度**ともいう（M/M/1のとき）。

> **POINT 利用率の求め方**
>
> $$利用率(\rho) = \frac{平均サービス時間}{平均到着間隔} = \left(\frac{1}{\mu}\right) \div \left(\frac{1}{\lambda}\right)$$
>
> $$= \frac{平均到着率}{平均サービス率} = \frac{\lambda}{\mu}$$

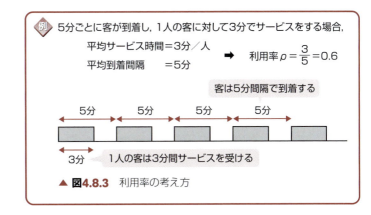

▲ 図4.8.3　利用率の考え方

ここで，次の例題を考えてみましょう。

> 1台のプリンタを複数台のパソコンで共有するネットワークシステムがある。このプリンタに対する平均要求回数は毎分1回である。プリンタは，平均15秒の印刷時間で要求を処理する。プリンタの利用率はいくらか。

まず，時間の単位に注意して，次の①～④の要素を計算します。

計算をするときは，時間などの単位を確認すること。

プリンタに対する平均要求回数は毎分1回です。つまり，1分(60秒)間に平均1回の印刷要求がくるので，

　①平均到着率(λ)＝1回／60秒＝1／60[回／秒]
　②平均到着間隔(1／λ)＝60[秒]

また，プリンタは平均15秒で1回の印刷要求を処理するので，

　③平均サービス率(μ)＝1回／15秒＝1／15[回／秒]
　④平均サービス時間(1／μ)＝15[秒]

次に，計算した要素を用いて利用率を求めます。

$$利用率(\rho) = \frac{平均到着率(\lambda)}{平均サービス率(\mu)} = \frac{1}{60} \div \frac{1}{15} = 0.25$$

又は，

$$利用率(\rho) = \frac{利用率平均サービス時間(1／\mu)}{平均到着間隔(1／\lambda)} = \frac{15}{60} = 0.25$$

4.8.2 待ち時間の計算

待ち時間と待ち行列の長さ

待ち時間とは，トランザクションが待ち行列内にいる時間です。サービスを受けている時間を含めたものを平均応答時間（W_w）といい，サービスを受けている時間を除いたものを平均待ち時間（W_q）といいます。

また，サービス中のトランザクションを含めた"待ち行列の長さ"を平均滞留数（L_w）といい，サービス中のトランザクションを除いた長さを平均待ち行列長（L_q）といいます。

> 待ち行列は，「途中への割込みや途中での離脱がない」ことが前提であるため，FIFOのキュー構造となる。

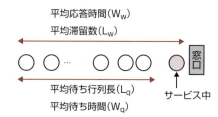

▲ 図4.8.4　待ち行列の長さと待ち時間

平均待ち時間と平均応答時間

平均待ち時間や平均応答時間は，利用率 ρ を用いた次の基本公式で求められます。

POINT 平均待ち時間と平均応答時間の基本公式

$$平均待ち時間(W_q) = \frac{\rho}{1-\rho} \times 平均サービス時間$$

$$平均応答時間(W_w) = 平均待ち時間(W_q) + 平均サービス時間$$

$$= \frac{\rho}{1-\rho} \times 平均サービス時間 + 平均サービス時間$$

＊平均応答時間は，上記の基本公式を変形した次の式でも求められる。

$$平均応答時間(W_w) = \frac{1}{1-\rho} \times 平均サービス時間$$

$$平均応答時間(W_w) = \frac{1}{\mu - \lambda}$$

$$平均応答時間(W_w) = \frac{1}{\lambda} \times L_w \quad (L_w：平均滞留数)$$

次の例題を考えてみましょう。

> 平均2件／秒の割合で発生するトランザクションを，1件当たり平均0.3秒で処理するシステムがある。トランザクションの発生及び処理がM/M/1待ち行列モデルに従うものとすると，システムの平均応答時間は何ミリ秒か。

試験 サービスを受けている時間を除いた平均待ち時間を求めるのか，それともサービス時間を含めた平均応答時間を求めるのかを明確にしてから解答すること。問題文に「平均待ち時間を求めよ」とあっても「到着してから終了するまで」という記述がある場合には，平均応答時間を求めなければならない。

まず，利用率を求めるために必要となる要素を問題文から見つけます。「平均2件／秒の割合で発生するトランザクション」とあるので，平均到着率 λ は2件／秒です。また，「1件当たり平均0.3秒で処理する」とあるので，平均サービス時間は0.3秒です。平均サービス率 μ はこの逆数の $1／0.3$ となります。このことから利用率 ρ は，

$$利用率（\rho）= \frac{平均到着率（\lambda）}{平均サービス率（\mu）} = 2 \div (1／0.3) = 0.6$$

以上から，平均応答時間は次のようになります。

$$平均応答時間（W_w）= \frac{\rho}{1-\rho} \times 平均サービス時間 + 平均サービス時間$$

$$= \frac{0.6}{1-0.6} \times 0.3 + 0.3 = 0.75秒 = 750ミリ秒$$

平均待ち時間（W_q）

☕ COLUMN

利用率 ρ と平衡状態

利用率 ρ が「$\rho > 1$」である場合，平均的に見て到着するトランザクション数の方がサービスされるトランザクション数より多いため，だんだん待ち行列が長くなり，遂には収拾できなくなります。また，「$\rho = 1$」の場合は，到着間隔の分布とサービス時間の分布が規則型であるか否かで異なりますが，基本的には「$\rho > 1$」と同様，待ち行列が長くなり収拾できなくなります。したがって，前ページPOINTに示した基本公式は，利用率が「$\rho < 1$」であることを前提としています。

待ち行列理論では，「$\rho < 1$ であり，待ち行列への途中割込みや途中離脱がない」ことを前提に，「時刻tのとき，待ち行列内のトランザクション数がNであれば，時刻 t＋Δtのときも Nである（Δtは微小時間）」としています。これは，Δt内に到着するトランザクション数とサービスを受けて待ち行列から去るトランザクション数が等しいことを意味し，この状態を平衡状態といいます。

4 システム構成要素

..4.8.3.... ネットワーク評価への適用 　AM / PM

ここで，通信回線上の電文の送受信にM/M/1の待ち行列モデルを適用した基本例題を考えてみましょう。

> 平均回線待ち時間，平均伝送時間，回線利用率の関係がM/M/1の待ち行列モデルに従うとき，平均回線待ち時間を平均伝送時間の3倍以下にしたい。回線利用率を最大何％以下にすべきか。

試験 頻出問題なので，しっかり理解しておこう。

この問題では，平均回線待ち時間，平均伝送時間，回線利用率が，待ち行列理論の次の要素に対応します。

・平均回線待ち時間　⇒　平均待ち時間
・平均伝送時間　　　⇒　平均サービス時間
・回線利用率　　　　⇒　利用率

平均待ち時間の公式に上記の要素を当てはめると，平行回線待ち時間は，次のようになります。

> **POINT 平均回線待ち時間の求め方**
>
> $$平均回線待ち時間 = \frac{回線利用率}{1 - 回線利用率} \times 平均伝送時間$$

そこで，平均回線待ち時間をW，平均伝送時間をT，回線利用率をρとし，「平均回線待ち時間Wが平均伝送時間Tの3倍以下」となる次の式①から，回線利用率ρを求めていきます。

$$W \leqq 3 \times T \quad \Rightarrow \quad \frac{\rho}{1-\rho} \times T \leqq 3 \times T \quad \cdots ①$$

$$\frac{\rho}{1-\rho} \leqq 3$$

$$\rho \leqq 3 \times (1-\rho)$$

$$\rho \leqq 0.75$$

以上から，回線利用率を最大75％以下にすればよいことがわかります。

208

4.8.4 ケンドール記号と確率分布 AM/PM

ここでは、待ち行列モデルを表現するケンドール記号と確率分布について、その基本事項を学習しておきましょう。

ケンドール記号

待ち行列理論では、「到着の分布」、「サービスの分布」、「窓口の数」の3つの要素により待ち行列モデルが決まります。そして、これらの組合せによって、いくつかの待ち行列モデルがあり、それぞれの待ち行列モデルは、**ケンドール記号**を用いて次のように表現されます。

> 参考：「行列の長さの制限」は省略されることが多い。

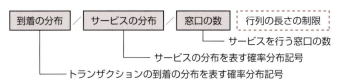

▲ 図4.8.5　ケンドール記号による表現

▼ 表4.8.1　確率分布記号（主なもの）

> 参照：到着の分布、及びサービスの分布については、次ページを参照。

分布記号	到着の分布	サービスの分布
M（ランダム型）	到着間隔（指数分布） 到着個数（ポアソン分布）	サービス時間（指数分布） サービス数（ポアソン分布）
D（規則型）	一定分布（単位分布）	一定分布（単位分布）
G（一般型）	一般分布	一般分布

> 参照：サービスを行う窓口が複数ある場合については、「4.8.5 M/M/Sモデルの平均待ち時間」（p211）を参照。

例えば、M/M/1モデルは正確にはM/M/1(∞)と表記しますが、それぞれの記号には次のような意味があります。またこれは、M/M/1(∞)モデルが正確に適用されるための条件を示していることになります。

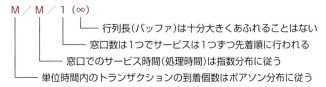

▲ 図4.8.6　M/M/1のケンドール記号による表現

到着の分布とサービスの分布

確率分布とは，確率変数がとる値とその値をとる確率（実現確率）を表したものです。確率分布には，確率変数が1，2，3，…といった数え上げることができる離散値をとる**離散型確率分布**と，時間や距離などのように連続値をとる**連続型確率分布**があります。

到着の分布

トランザクションの到着がランダムであるとき，単位時間当たりに到着するトランザクション数，すなわち平均到着率λは離散型確率分布である**ポアソン分布**となります。また，あるトランザクションが到着してから次のトランザクションが到着するまでの平均時間，すなわち平均到着間隔は連続型確率分布の**指数分布**となります。なお，到着がランダムであるとは，あるトランザクションが到着してから次のトランザクションが到着するまでの時間がマルコフ過程で表され，トランザクションの到着に一定の規則がないということです。

サービスの分布

1つのトランザクションがサービスを受ける時間がランダムであるとき，平均サービス時間は**指数分布**となり，単位時間当たりのサービス数すなわち平均サービス率μは**ポアソン分布**となります。

> **POINT　到着の分布とサービスの分布**
> ・平均到着率λ，平均サービス率μ ⇒ ポアソン分布
> ・平均到着間隔，平均サービス時間 ⇒ 指数分布

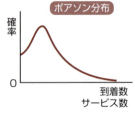
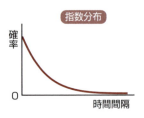

▲ 図4.8.7　ポアソン分布と指数分布

4.8.5 M/M/Sモデルの平均待ち時間 AM/PM

ここで、複数窓口のM/M/Sモデルについて学習しておきましょう。M/M/Sモデルは、複数のWebサーバを並列に用いて負荷分散するシステムのアクセス待ち行列などに適用されます。

> 参考: 窓口が複数あるM/M/Sモデルでは、トランザクション(客)は待ち行列に並んだあと、空いた窓口でサービスを受けることになる。

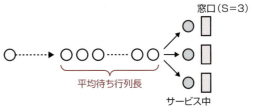

▲図4.8.8　窓口数＝3，M/M/3モデルの模式図

正規化した待ち時間から求める

> 参考: λは平均到着率、μは平均サービス率、Sは同じ能力をもつ窓口の数を表す。

M/M/Sモデルの利用率は「$\rho = \lambda \div (\mu \cdot S)$」で表され、窓口数がS個になると利用率は1／Sになります。そして、平均待ち時間は、平均サービス時間を単位として正規化した図4.8.9のグラフを用いて求めることになります。例えば、窓口が1つで、利用率ρが0.8のときの平均待ち時間は、S＝1のグラフから4です。これは、「平均待ち時間＝4×平均サービス時間」という意味です。

ここで、平均サービス時間は変わらないとして平均到着率λが2倍になったとき、窓口数を2つに増やせば利用率ρは0.8と変わりません。では、このときの平均待ち時間はどのくらいになるでしょう。

> 試験: 試験では、利用率と平均待ち時間の関係を表すグラフが提示される。

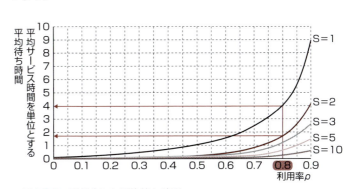

▲図4.8.9　正規化した平均待ち時間

窓口数Sが2なので，図4.8.9のS＝2のグラフを見ます。すると，利用率ρが0.8のときの平均待ち時間は，平均サービス時間のおよそ1.8であることがわかります。このことから，窓口が2つに増えると，平均待ち時間は，平均サービス時間の4倍から1.8倍，つまり45％（＝1.8÷4×100）に短縮できることになります。

> 参考：例えば，平均サービス時間が50ミリ秒である場合，S＝1のときの平均待ち時間は，
> $4 \times 50 \times 10^{-3} = 0.2$秒。
> S＝2のときの平均待ち時間は，
> $1.8 \times 50 \times 10^{-3} = 0.09$秒。
> したがって，
> $0.09 \div 0.2 = 0.45 (45\%)$
> に短縮できる。

公式を利用して求める

先の例では，提示されたグラフを用いて平均待ち時間を求めましたが，一般に，M/M/Sモデルにおける平均待ち時間は，次の式でも算出できます。

POINT　M/M/Sモデルにおける平均待ち時間の求め方

$$\text{平均待ち時間} = \frac{P \times t_s}{S - \lambda \times t_s}$$

S：窓口数，λ：平均到着率，t_s：平均サービス時間

ここで上式で用いられるPは，すべての窓口がサービス中である確率であり，図4.8.10のグラフで表されます。

> 参考：グラフ中の(1)〜(10)は窓口数を表す。

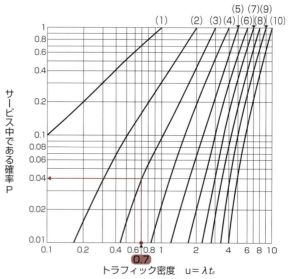

▲ 図4.8.10　S個の窓口がすべてサービス中である確率

4.8 待ち行列理論の適用

> **試験** 午後問題では,平均待ち時間や平均処理時間を求める手順(空欄あり)が示され,その空欄を埋めるという形式で出題される。公式は提示されるので,ここでは,どのように求めればよいのかを確認しておこう。

では,公式を用いて,窓口数が3,トランザクション数が1秒当たり平均10件,トランザクション1件の平均処理時間が70ミリ秒であるときの平均待ち時間を求めてみましょう。

まず,図4.8.10のグラフからPを求めるため,横軸のトラフィック密度uを求めます。平均到着率$λ$は,単位時間当たりのトランザクション数なので$λ=10$(件/秒)です。また,平均サービス時間t_sは,トランザクション1件当たりの平均処理時間なので$t_s=70$(ミリ秒)$=70×10^{-3}=0.07$(秒)です。したがって,トラフィック密度は,$u=λt_s=10×0.07=0.7$となります。

次に,窓口数が3つなので,図4.8.10の(3)のグラフを見ます。すると,横軸のトラフィック密度uが0.7のときのPはおよそ0.04であることがわかります。

以上の結果を公式に代入すると,平均待ち時間は,

$$平均待ち時間 = \frac{P × t_s}{S - λ × t_s} = \frac{0.04 × 0.07}{3 - 10 × 0.07}$$
$$= 0.0012173\cdots 秒 ≒ 1.22 ミリ秒$$

> **参考** 小数点第何位までを求めるのかは,問題文に提示されている。

と求められます。また,待ち時間を含めた平均処理時間(平均応答時間)は,次のように求めることができます。

$$平均処理時間 = 平均待ち時間 + 平均サービス時間$$
$$= 1.22 + 70 = 71.22 ミリ秒$$

COLUMN: CPU利用率と応答時間のグラフ

オンラインリアルタイムシステムにおけるCPUの利用率と応答時間の関係を表したグラフは次のようになります。ここで,トランザクションの発生はポアソン分布とし,その処理時間は指数分布とします(M/M/1待ち行列モデルに従う)。

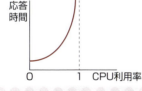

$$応答時間 = \frac{ρ}{1-ρ} × t_s + t_s$$

* $ρ$:利用率
* t_s:平均サービス時間

▲ 図4.8.11 CPU利用率と応答時間

4.9 システムの信頼性特性と評価

4.9.1 システムの信頼性評価指標 AM/PM

システムの信頼性とは，コンピュータシステムがどのくらい安定して稼働しているか，あるいは稼働するかを表す指標です。高度コンピュータ社会において高い信頼性を維持していくためには，常にシステムの信頼性を調査し評価する必要があります。

ここでは，コンピュータシステムの信頼性評価指標であるRASISとハードウェア機器に対する信頼性管理手法であるバスタブ曲線について説明します。

RASIS

RASISは，信頼性を評価する5つの概念，**信頼性**(Reliability)，**可用性**(Availability)，**保守性**又は保守容易性(Serviceability)，**保全性**又は完全性(Integrity)，**安全性**(Security)の頭文字をとった造語です。高信頼化システムの考え方には，フォールトトレランス(耐故障)とフォールトアボイダンス(故障排除)がありますが，RASISはシステムがフォールトトレラントシステムであるかどうかを評価します。

高信頼化システムについては，p183を参照。

▼ 表4.9.1　RASIS

信頼性 (Reliability)	システム全体が故障せずに連続的に動作することを示す。**平均故障間隔**(MTBF)が指標として用いられる。MTBFが大きいほど信頼性が高い
可用性 (Availability)	システムが使用できるという使用可能度を示す。MTBF／(MTBF+MTTR)で算出される**稼働率**(アベイラビリティ)が指標として用いられる。障害復旧が早ければMTTRは短くMTBFは長くなり，稼働率が高くなるため，可用性も向上する
保守性 (Serviceability)	システムが故障したときに容易に修理できること，つまり保守のしやすさを表す。**平均修理時間**(MTTR)が指標として用いられる
保全性 (Integrity)	コンピュータシステムに記録されているデータの完全性(不整合の起こりにくさ)を示す
安全性 (Security)	コンピュータシステムに記録されているデータの災害，障害，コンピュータ犯罪などに対する耐性を示す。機密性ともいう

バスタブ曲線

バスタブ曲線は，ハードウェア機器に対する信頼性管理手法であり，フォールトアボイダンスを評価するものです。図4.9.1に示すように，横軸に経過時間，縦軸に故障率をとり，時間経過に対するハードウェア機器の故障率の推移を表したグラフがバスタブ曲線です。**故障率曲線**とも呼ばれます。

> 選択肢に出てくる用語に**ワイブル分布**がある。ワイブル分布は，時間とともに発生する故障現象を統計的にモデル化したもので，初期故障，偶発故障，摩耗故障を表す関数（ハザード関数という）のモデル化も可能。「ワイブル分布ときたらバスタブ曲線」と覚えておけばよい。

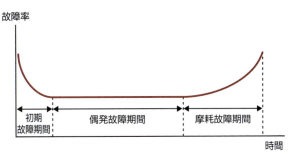

▲ 図4.9.1 バスタブ曲線

ハードウェア機器のライフサイクルは，故障の面から，**初期故障期間**，**偶発故障期間**，**摩耗故障期間**の3つの期間に分けることができます。

▼ 表4.9.2 ハードウェア機器のライフサイクル

初期故障期間	使用初期，製造不良や使用環境との不適合などによって故障の発生が高いが時間経過とともに減少する
偶発故障期間	初期に起こる故障や不具合が改善され，偶発的な故障だけが発生する。故障率は一定
摩耗故障期間	耐用寿命の終盤期，材料の劣化や接点部分の摩耗が進むため故障が多くなる

4.9.2 システムの信頼性計算 AM/PM

稼働率

RASISの「A：可用性」の評価指標である**稼働率**は**アベイラビリティ**とも呼ばれ，システムの信頼性を評価する最も重要な尺度となります。稼働率は，システムが正常に稼働していた時間と故障して使用できなかった時間を用い，次の公式で求められます。

> 稼働率はどの試験区分においても頻出項目である。公式を暗記するだけではなく，活用できるようにしておこう。

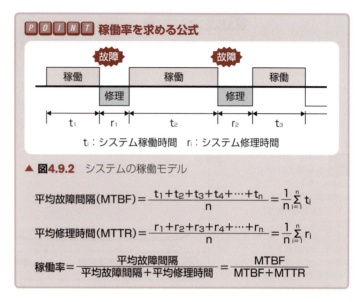

▲ 図4.9.2　システムの稼働モデル

例えば，あるシステムの10か月間における各月の稼働時間と修理時間が，表4.9.3のとおりで，各月の故障回数が1回ずつであったとすると，このシステムの稼働率は次のようになります。

▼ 表4.9.3　各月の稼働時間と修理時間

月	1	2	3	4	5	6	7	8	9	10
稼働時間	100	200	100	100	200	200	200	100	100	200
修理時間	1	1	2	2	2	1	1	1	2	2

「稼働→故障→修理」で1周期となっているので，10で割った平均を求めればよい。

平均故障間隔（MTBF）＝（100＋200＋…＋200）÷10＝150時間
平均修理時間（MTTR）＝（1＋1＋…＋2）÷10＝1.5時間
稼働率＝150÷（150＋1.5）≒0.99

MTBFを長くしてMTTRを短くすれば，稼働率が高くなります。そのための方法には，次のようなものがあります。

デュアルシステムやデュプレックスシステムのホットスタンバイ方式は，MTTRを短くするシステム構成である。

〔MTBFを長くする方法〕
・冗長度の高いシステム構成
・予防保守の実行
・自動誤り訂正機能などの導入

〔MTTRを短くする方法〕
・エラーログ情報の採取
・遠隔地保守
・保守センタの分散配置

故障率

故障率は，単位時間当たりに故障する確率，あるいは回数を表したもので，次の公式で求めることができます。

> **POINT 故障率を求める公式**
>
> $$故障率 = \frac{1}{平均故障間隔} = \frac{1}{MTBF}$$

> 参考：JIS Z 8115（信頼性用語）では，「故障回数÷総稼働時間」，つまり「1/MTBF」で求められる**故障率**を平均故障率と定義しているが，情報処理試験では，これを**故障発生数**（**故障発生率**）と表現している。

また，複数の装置が直列に接続されたシステム全体の故障率は，それぞれの装置の故障率をλ_1，λ_2，…，λ_nとすると，次の式で求められます。

> **POINT 直列接続システムの故障率を求める公式**
>
> 故障率：λ_1 故障率：λ_2 …… 故障率：λ_n
>
> システムの故障率 = $\lambda_1 + \lambda_2 + \cdots + \lambda_n$

故障率からMTBFを求める

> あるコンピュータシステムにおいて，周辺装置のMTBFは2,000時間である。処理装置は，1時間に故障する確率が10^{-8}のコンポーネント20万個から構成されている。このシステム全体のMTBFは何時間か。

システム全体の故障率がわかればMTBFが求められます。この問題の場合，システム全体の故障率は，周辺装置における故障率と処理装置における故障率の和です。そこでまず，周辺装置及び処理装置の故障率をそれぞれ求めます。

周辺装置のMTBFは2,000時間なので，その故障率は，

$$周辺装置の故障率 = \frac{1}{2,000}$$

参考：周辺装置が故障するか，あるいは処理装置が故障すると，システム全体の故障となる。

次に，処理装置は，1時間に故障する確率が10^{-8}であるコンポーネント20万（$=2\times10^5$）個から構成されているので，その故障

率は，それぞれのコンポーネントの故障率の和で求められます。

$$処理装置の故障率 = 10^{-8} \times 2 \times 10^5 = \frac{2 \times 10^5}{10^8} = \frac{4}{2,000}$$

以上から，システム全体の故障率は，

$$システム全体の故障率 = 周辺装置の故障率 + 処理装置の故障率$$
$$= \frac{1}{2,000} + \frac{4}{2,000} = \frac{1}{400}$$

🔍 **参考** 分母の数を同じにしておくと，周辺装置における故障率と処理装置における故障率の和が求めやすくなる。

となります。このことから，このシステムでは400時間に1回故障が発生し，MTBFは400時間であることがわかります。

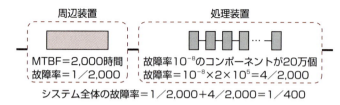

▲ 図4.9.3　故障率の求め方例

故障していない機器の平均台数を求める

故障率λが1.0×10^{-6}（回／秒）である機器が，いま1,000台稼働している。200時間経過後，故障していない機器の平均台数はどのくらいと予測できるか。

このような問題を考える場合，通常，故障率をλ（回／秒），稼働時間をt（秒）とする次ページ図4.9.4の指数関数のグラフを利用します。縦軸であるF(t)は，横軸λtの値が0のときF(t)=1となることからもわかるように，故障していない確率を表します。

まず，横軸の値λtを求めます。故障率$\lambda = 1.0 \times 10^{-6}$回／秒，経過時間$t = 200$時間$= 200 \times 60 \times 60$秒$= 72 \times 10^4$秒なので，

$$\lambda t = 1.0 \times 10^{-6} \times 72 \times 10^4 = 0.72$$

となります。そこで，図4.9.4のグラフから0.72に対応するF(t)の値を見ると，およそ0.5です。これは，200時間経過後，各機器が故障していない確率が0.5であることを意味します。したがっ

て，故障していない機器の平均台数は，

　　1,000台×0.5＝500台

と予測することができます。

> **参考** 故障率がλである機器の故障密度関数$g(x)$は，
> 　$g(x) = \lambda e^{-\lambda x}$
> である。この故障密度関数$g(x)$を0からtまで積分することで，t時間経過後（0時間〜t時間の間）に機器が故障する確率を表す式「$-e^{-\lambda t}+1$」が得られる。これにより，t時間経過後，故障していない確率は，
> 　$1-(-e^{-\lambda t}+1)$
> 　$=e^{-\lambda t}$
> である。

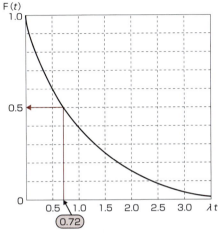

▲ 図4.9.4　指数関数$F(t)=e^{-\lambda t}$のグラフ

4.9.3　複数システムの稼働率　　AM / PM

情報処理技術者試験でよく出題されるのは，システム（構成要素）が複数ある場合の稼働率です。その基本となる稼働率公式を整理しておきましょう。

稼働率の基本公式

● 直列接続の稼働率

直列接続では，両方の装置がともに正常のときにのみシステムが稼働するので，システム全体の稼働率は，それぞれの装置の稼働率の積で求められます。なお，ここではシステムを構成する装置それぞれの稼働率をR_1，R_2とします。

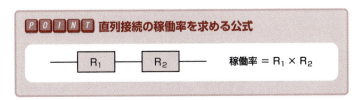

POINT　直列接続の稼働率を求める公式

稼働率 ＝ $R_1 \times R_2$

並列接続の稼働率

並列接続では、どちらかの装置が稼働していればシステムは稼働します。いい換えれば、両方の装置が不稼働となったとき以外は稼働することになります。したがって、システム全体の稼働率は、「1－システムが稼働しない確率」で求められます。

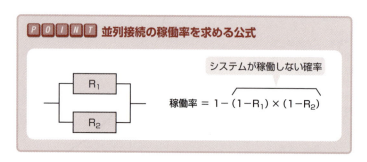

例えば、図4.9.5に示すような3個の装置A，B，Cを直列と並列の組合せで構成したシステムの稼働率を考えてみましょう。なお、ここでは装置A，B，Cの稼働率はすべてRとします。

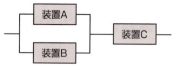

▲ 図4.9.5　システム構成図

このように直列と並列が組み合わさったシステムの稼働率を求めるときは、基本公式が適用できる部分から稼働率計算をし、徐々にシステム全体の稼働率へと計算していきます。

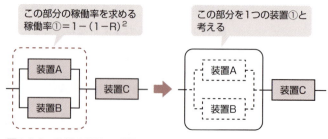

▲ 図4.9.6　稼働率計算の手順

> **参考** 3個の構成要素のうち2個以上が正常でなければいけないシステムを **2 out of 3 システム** といい、システムの信頼性（稼働率）は、次のように求められる。
> ① 3個が正常である確率
> 　$R \times R \times R = R^3$
> ② 2個が正常、1個が故障である確率
> 　$3 \times R \times R \times (1-R)$
> 　$= 3 \times R^2 \times (1-R)$
> 以上から、システムの信頼性は、
> 　$R^3 + 3R^2(1-R)$
> 　$= 3R^2 - 2R^3$
> となる。頻出公式なので覚えておこう！

まず，点線部分は並列接続なので，稼働率は「$1-(1-R)^2$」です。この部分を1つの装置①と考えると，システムは装置①と装置Cが直列に接続された構成と考えられるので，全体の稼働率は次のように計算できます。

システム稼働率＝$\{1-(1-R)^2\} \times R = 2R^2 - R^3$

- 最初に計算した部分（装置①）の稼働率
- 装置Cの稼働率

4.9.4 通信網の構成と信頼性 AM/PM

ここでは，通信システムを例に，システムが稼働する確率（正常に動作する確率：信頼度）を考えていきます。

不稼働率からみた稼働率

ある装置の稼働する確率と稼働しない確率の間には，「稼働しない確率＝1－稼働率」という関係があります。ここでは，この「稼働しない確率」を「不稼働率」といい換えて説明します。

不稼働率からシステム全体の稼働率を求めるには，必要に応じて与えられた不稼働率を稼働率に直し，先の基本公式を適用します。

参考 本来，「1－稼働率」は故障率ではなく，不稼働率（故障している時間の割合）であるが，情報処理試験ではこれを故障率と扱う場合がある。

参考 直列接続の場合の不稼働率
＝1－稼働率
＝1－$(1-P_1) \times (1-P_2)$

参考 並列接続の場合の不稼働率
＝1－稼働率
＝1－$(1-P_1 \times P_2)$
＝$P_1 \times P_2$

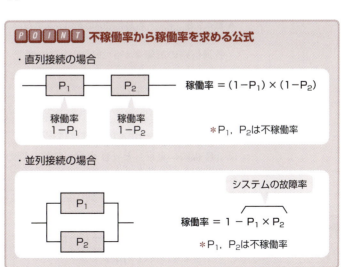

POINT 不稼働率から稼働率を求める公式

・直列接続の場合

稼働率 ＝ $(1-P_1) \times (1-P_2)$

稼働率 $1-P_1$，稼働率 $1-P_2$

＊P_1，P_2は不稼働率

・並列接続の場合

システムの故障率

稼働率 ＝ $1 - P_1 \times P_2$

＊P_1，P_2は不稼働率

> **具体例**

> ここでいう故障率とは,「1−稼働率」で求められる「不稼働率」を意味する。

図4.9.7は,東京〜札幌,東京〜新潟,東京〜福岡,新潟〜札幌,新潟〜福岡の5つの通信路から構成された通信システムです。各通信路の故障率をpとし,分岐点など,それ以外の箇所の故障は無視できるとしたとき,福岡〜札幌の通信が正常に機能する確率を考えてみます。

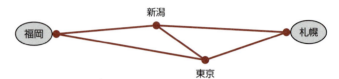

▲ 図4.9.7　通信システムの通信路

まず,東京〜新潟の通信路が故障の場合と正常の場合とに分けて考えます。

・**東京〜新潟が故障の場合**

各通信路を1つのユニットと考えると,上図の通信システムから東京〜新潟を除いた通信システムは,図4.9.8のように書き換えることができます。

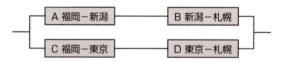

▲ 図4.9.8　東京〜新潟を除いた通信システム

各通信路の故障率がp(通信が正常に機能する確率は1−p)なので,図4.9.8の通信システムの通信が正常に機能する確率は,以下のように求めることができます。

① 「A 福岡—新潟」と「B 新潟—札幌」間の通信が正常に機能する確率は,(1−p)×(1−p)＝(1−p)²

② 「C 福岡—東京」と「D 東京—札幌」間の通信が正常に機能する確率は,(1−p)×(1−p)＝(1−p)²

③ ①,②で求めた部分は並列に接続されているので,福岡〜札幌の通信が正常に機能する確率は,

$$1-\{1-(1-p)^2\} \times \{1-(1-p)^2\}$$
$$=1-\{1-(1-p)^2\}^2$$

> 基本公式をしっかり理解し,③の式を導けるようにしておこう。

・東京〜新潟が正常な場合

故障の場合と同様に，通信システムは，図4.9.9のように書き換えることができます。

▲ 図4.9.9　「東京〜新潟」が正常な場合の通信システム1

しかし，この場合「E 東京—新潟」は正常で，必ず通信ができることから，さらに図4.9.10のように書き換えることができます。

このような書換えができることを理解しておこう。

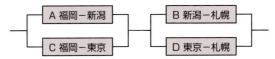

▲ 図4.9.10　「東京〜新潟」が正常な場合の通信システム2

そこで，図4.9.10の通信システムの通信が正常に機能する確率は，以下のように求めることができます。

① 「A 福岡—新潟」と「C 福岡—東京」部分の通信が正常に機能する確率は，$1-p^2$
② 「B 新潟—札幌」と「D 東京—札幌」部分の通信が正常に機能する確率は，$1-p^2$
③ ①，②で求めた部分は直列に接続されているので，福岡〜札幌の通信が正常に機能する確率は，
$(1-p^2) \times (1-p^2) = (1-p^2)^2$

以上を整理すると，
・東京〜新潟が故障の場合，福岡〜札幌の通信が正常に機能する確率は，$1-\{1-(1-p)^2\}^2$
・東京〜新潟が正常の場合，福岡〜札幌の通信が正常に機能する確率は，$(1-p^2)^2$

となります。

そこで，東京〜新潟が故障する確率がp，正常に機能する確率が$(1-p)$であることを考慮すると，福岡〜札幌の通信が正常に機能する確率は，次のように求めることができます。

東京～新潟が故障する確率　東京～新潟が正常に機能する確率

$$[1-\{1-(1-p)^2\}^2] \times p + (1-p^2)^2 \times (1-p)$$

東京～新潟が故障のときの福岡～札幌の通信が正常に機能する確率　東京～新潟が正常のときの福岡～札幌の通信が正常に機能する確率

COLUMN

通信システムの稼働率

N_1とN_3の間で通信を行うデータ伝送網で，N_1とN_3の間の構成について考えた3つの案の稼働率を高い順に並べると「C案＞B案＞A案」となります。ただし，P_1～P_5の故障する確率はすべて等しく，N_1～N_4は故障しないものとします。

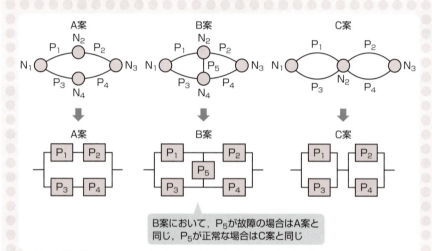

B案において，P_5が故障の場合はA案と同じ，P_5が正常な場合はC案と同じ

▲ 図4.9.11　データ伝送網と稼働率

故障率を表す単位：FIT

システムの故障率を表す単位の1つに，FITがあります。1FITは，10^9時間に1回の故障が起きる確率です。例えば，10,000FITのシステムは，10^9時間に10,000回故障が発生すると考えられます。それでは，10,000FITのシステムのMTBFは何年でしょうか。

10,000FITのシステムの故障率は10,000／10^9なので，「MTBF＝1／故障率」から，MTBFは10^5時間と求められます。これを年に換算すると，

$10^5 \div (24 \times 365) ≒ 11.4$年

となります（1年は365日で計算）。

得点アップ問題 **Q&A**

4
システム構成要素

得点アップ問題

解答・解説は231ページ

問題1 (H31春問12)

Webサーバ，アプリケーション(AP)サーバ及びデータベース(DB)サーバが各1台で構成されるWebシステムにおいて，次の3種類のタイムアウトを設定した。タイムアウトに設定する時間の長い順に並べたものはどれか。ここで，トランザクションはWebリクエスト内で処理を完了するものとする。

〔タイムアウトの種類〕

①APサーバのAPが，処理を開始してから終了するまで
②APサーバのAPにおいて，DBアクセスなどのトランザクションを開始してから終了するまで
③Webサーバが，APサーバにリクエストを送信してから返信を受けるまで

ア ①，③，② イ ②，①，③ ウ ③，①，② エ ③，②，①

問題2 (R03春問13)

システムの信頼性設計に関する記述のうち，適切なものはどれか。

ア フェールセーフとは，利用者の誤操作によってシステムが異常終了してしまうことのないように，単純なミスを発生させないようにする設計方法である。
イ フェールソフトとは，故障が発生した場合でも機能を縮退させることなく稼動を継続する概念である。
ウ フォールトアボイダンスとは，システム構成要素の個々の品質を高めて故障が発生しないようにする概念である。
エ フォールトトレランスとは，故障が生じてもシステムに重大な影響が出ないように，あらかじめ定められた安全状態にシステムを固定し，全体として安全が維持されるような設計手法である。

問題3 (H25秋問13)

80Gバイトの磁気ディスク8台を使用して，RAID0の機能とRAID1の機能の両方の機能を同時に満たす構成にした場合，実効データ容量は何Gバイトか。

ア 320 イ 480 ウ 560 エ 640

問題4 (H25秋問23-SA)

磁気ディスク装置や磁気テープ装置などのストレージ(補助記憶装置)を，通常のLANとは別の高速なネットワークで構成する方式はどれか。

ア DAFS イ DAS ウ NAS エ SAN

4 システム構成要素

問題5 (H29秋問12)

1台のコンピュータで複数の仮想マシン環境を実現するための制御機能はどれか。

ア　シストリックアレイ　　　　イ　デスクトップグリッド
ウ　ハイパバイザ　　　　　　　エ　モノリシックカーネル

問題6 (H31春問15)

あるクライアントサーバシステムにおいて，クライアントから要求された1件の検索を処理するために，サーバで平均100万命令が実行される。1件の検索につき，ネットワーク内で転送されるデータは，平均$2×10^5$バイトである。このサーバの性能は100MIPSであり，ネットワークの転送速度は，$8×10^7$ビット／秒である。このシステムにおいて，1秒間に処理できる検索要求は何件か。ここで，処理できる件数は，サーバとネットワークの処理能力だけで決まるものとする。また，1バイトは8ビットとする。

ア　50　　　　イ　100　　　　ウ　200　　　　エ　400

問題7 (R01秋問14)

キャパシティプランニングの目的の一つに関する記述のうち，最も適切なものはどれか。

ア　応答時間に最も影響があるボトルネックだけに着目して，適切な変更を行うことによって，そのボトルネックの影響を低減又は排除することである。
イ　システムの現在の応答時間を調査し，長期的に監視することによって，将来を含めて応答時間を維持することである。
ウ　ソフトウェアとハードウェアをチューニングして，現状の処理能力を最大限に引き出して，スループットを向上させることである。
エ　パフォーマンスの問題はリソースの過剰使用によって発生するので，特定のリソースの有効利用を向上させることである。

問題8 (R01秋問3)

通信回線を使用したデータ伝送システムにM/M/1の待ち行列モデルを適用すると，平均回線待ち時間，平均伝送時間，回線利用率の関係は，次の式で表すことができる。

$$平均回線待ち時間 = 平均伝送時間 × \frac{回線利用率}{1-回線利用率}$$

回線利用率が0から徐々に増加していく場合，平均回線待ち時間が平均伝送時間よりも最初に長くなるのは，回線利用率が幾つを超えたときか。

ア　0.4　　　　イ　0.5　　　　ウ　0.6　　　　エ　0.7

問題9 (R02秋問14)

MTBFを長くするよりも，MTTRを短くするのに役立つものはどれか。

ア　エラーログ取得機能
イ　記憶装置のビット誤り訂正機能
ウ　命令再試行機能
エ　予防保守

問題10 (H30春問16)

4種類の装置で構成される次のシステムの稼働率は，およそ幾らか。ここで，アプリケーションサーバとデータベースサーバの稼働率は0.8であり，それぞれのサーバのどちらかが稼働していればシステムとして稼働する。また，負荷分散装置と磁気ディスク装置は，故障しないものとする。

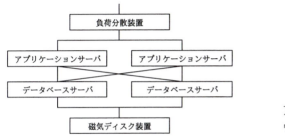

ア　0.64　　イ　0.77
ウ　0.92　　エ　0.96

チャレンジ午後問題 (H26春問4抜粋)　　解答・解説：233ページ

Webシステムの機能向上に関する次の記述を読んで，設問1～3に答えよ。

医薬品商社であるX社は，顧客に医薬品の最新情報を提供することを目的として，Webサイトを開設している。図1に現在のWebサイトのシステム構成を示す。

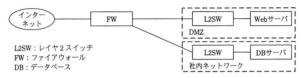

L2SW：レイヤ2スイッチ
FW：ファイアウォール
DB：データベース

図1　現在のWebサイトのシステム構成

〔現在のシステム構成及びアクセス件数〕
- Webサーバは，クライアントからのアクセスとその検索要求に応じて，社内ネットワークのDBサーバ上のデータベースを検索し，必要な医薬品の情報をクライアントに返す。

- 検索の多くは，医薬品の名称や記号から，その成分や効能を調べる内容である。Webサーバは，DBサーバで管理されている医薬品や成分，効能を表すコードを，顧客が理解しやすいように，図やグラフに変換して表示する。DBサーバの検索処理時間は，Webサーバの表示処理時間に比べて極めて短い。
- Webサイトの通常のアクセス件数は，平均毎秒16件である。ただし，特定疾病の流行などによって急増し，通常の100倍以上のアクセスが発生する場合がある。

〔医薬品共同Webサイトの構築〕
　X社は，他の医薬品商社と連携して医薬品の情報を提供することになり，各社のWebサイトをX社のWebサイトに統合し，医薬品共同Webサイト(以下，共同サイトという)として運営することになった。共同サイトの要件は，次のとおりである。
- アクセス件数を，X社単独時の4倍と想定する。
- アクセス時の応答時間は，ネットワークの伝送時間を除き，65ミリ秒以下とする。
- アクセス急増時には"アクセスが集中しておりますので，後ほど閲覧してください。"と表示する。
- 24時間連続稼働を実現する。

〔共同サイトのシステム構成案〕
　X社システム部のY部長は，部内のWeb担当者Z君に共同サイトの構成案作成を指示し，後日Z君から図2に示す構成案が提出された。

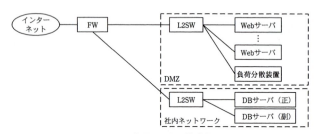

図2　共同サイトの構成案

- Webサーバは，現在と同じ処理能力の機器を利用し，共同サイトの要件を満たすために必要な台数を設置する。
- 負荷分散装置が，インターネットからのアクセス要求を監視し，各Webサーバの状況に基づいて，いずれかのWebサーバに振り分ける。
- 2台のDBサーバは，クラスタ構成とする。

〔現在のWebサイトの処理能力〕

　Z君は，共同サイトの構成案を決定するために，現在のWebサイトの処理能力や稼働率の調査を開始した。現在のWebサイトでは，ネットワークの伝送時間を除くと，1件当たりのアクセス処理時間は，平均50ミリ秒である。

　さらに，現在のWebサイトの処理能力を数値化して評価するために，アクセスに対するサイトの応答時間を，窓口が一つのM/M/1待ち行列モデルを適用し，計算することにした。待ち行列モデルの適用については，平均到着率を単位時間当たりのアクセス件数に，平均サービス時間をアクセス処理時間に読み替える。利用率はアクセス件数とアクセス処理時間を乗じた値となる。Z君は，現在のシステムの利用率，待ち時間，応答時間は，それぞれ0.8，200ミリ秒，250ミリ秒であると計算した。

〔共同サイトの処理能力〕

　Z君は，共同サイトのシステム処理能力を数値化して評価することにした。そこで，複数窓口の待ち行列モデルであるM/M/s待ち行列モデルを適用して，共同サイトの利用率と応答時間を計算し，設置が必要なWebサーバの台数を決定することにした。M/M/s待ち行列モデルの利用率と待ち時間比率の関係(図3)と次の式を利用して，必要なサーバ台数を求めることができる。

- 利用率＝アクセス件数×アクセス処理時間／サーバ台数
- 待ち時間比率＝待ち時間／アクセス処理時間
- 応答時間＝待ち時間＋アクセス処理時間

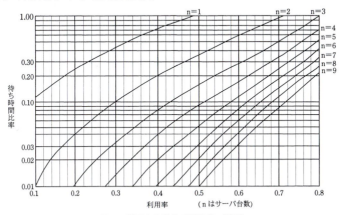

図3　利用率と待ち時間比率の関係

〔処理能力の計算〕

（1）M/M/s待ち行列モデルでの計算方法を確認する。現在のシステム構成及びアクセス件数のままで，Webサーバを1台追加したとすると，次のように計算できる。

4 システム構成要素

- 利用率は　a　となるので，図3のサーバ台数が2（n＝2）の曲線と利用率との交点から待ち時間比率が分かる。
- アクセス処理時間が50ミリ秒であることから，待ち時間はおおよそ　b　ミリ秒で，応答時間は　c　ミリ秒である。

(2) 次に，共同サイトに必要なサーバ台数を決定する。

- サーバ台数をnとすると，利用率は，式　d　で計算できる。サーバ台数が2，3，4，5，6，…のときの利用率をあらかじめ計算しておく。
- 応答時間は共同サイトの要件に従うので，待ち時間は　e　ミリ秒以下になり，これらによって待ち時間比率の目標値が分かる。

Z君は，以上の結果をY部長に報告した。

〔共同サイトのシステム構成の見直し〕

　Y部長は，共同サイトの構成案と必要サーバ台数の報告内容を確認した後，構成案にアクセス急増時の対応が必要と判断し，Z君に修正案の作成を指示した。

　Z君は，負荷分散装置に，振分け先の全てのサーバが稼働しても処理が不能と判断した場合，振分けを中止し，全てのアクセスを特定の1台のサーバに接続させる機能があることを確認した。Z君は，この機能を利用することによって，構成案に①アクセス急増時専用の対策用サーバを追加し，アクセス急増時には全てのアクセスをこのサーバに接続することにした。Z君は修正案を作成し，Y部長に提出した。

設問1　現在のWebサイトの稼働率と，Webサーバの台数をnとしたときの共同サイトの構成案の稼働率を，それぞれ解答群の中から選び，記号で答えよ。なお，FW及び各サーバの稼働率をpとし，L2SW，負荷分散装置及び他のネットワーク機器の稼働率は1とする。

解答群

　ア　p^3　　　　　　　　　　　　　　イ　p^4
　ウ　$(1-p^2)^2$　　　　　　　　　　エ　$1-(1-p^n)^2$
　オ　$p(1-(1-p)^n)(1-(1-p)^2)$　　カ　$(1-p)(1-p^n)(1-p^2)$

設問2　〔処理能力の計算〕について，(1)，(2)に答えよ。
　(1) 本文中の　a　〜　e　に入れる適切な数式又は数値を答えよ。
　(2) 図3を利用して，共同サイトの要件を満たすために必要なWebサーバの最少台数を答えよ。

設問3　〔共同サイトのシステム構成の見直し〕について，本文中の下線①の対策用サーバの主な役割を15字以内で述べよ。

解説

問題1　解答：ウ　←p177を参照。

　Webサーバ，APサーバ，DBサーバが各1台で構成されるWebシステムの場合，処理手順は下図のようになり，各サーバの処理時間は長い順に「Webサーバ，APサーバ，DBサーバ」となります。したがって，設定するタイムアウト時間も長い順に「③，①，②」となります。

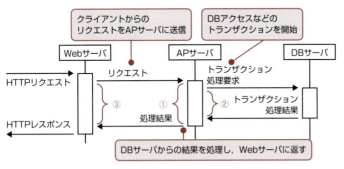

問題2　解答：ウ　←p183を参照。

ア：フェールセーフではなくフールプルーフの説明です。
イ：フェールソフトは，故障が発生した場合に機能を縮退させても稼動を継続するという考え方です。
ウ：正しい記述です。
エ：フォールトトレランスではなくフェールセーフの説明です。

問題3　解答：ア　←p188,190を参照。

　RAID0は，ストライピングにより入出力速度の高速化のみを図った方式であり，冗長構成ではないため実効データ容量はディスク容量と同じになります。一方，RAID1はミラーリングにより信頼性を高めた方式で，実効データ容量はディスク容量の半分になります。
　この両方の機能を同時に満たすRAID構成では，RAID1の機能(ミラーリング)のために，実効データ容量はディスク容量の半分となるので，次のように計算できます。
　　実効データ容量 ＝ 80Gバイト×8台÷2 ＝ 320Gバイト

※RAID0とRAID1の機能を同時に満たす構成は，RAID01とRAID10。

問題4　解答：エ　←p191を参照。

　ストレージ(補助記憶装置)を，通常のLANとは別の高速なネットワークで構成するのはSANです。なお，〔ア〕のDAFS(Direct Access File System)は，クラスタシステムなどノード数が多いシステムに適したファイル共有プロトコルです。

4　システム構成要素

問題5
解答：ウ　　　◀p194を参照。

　仮想マシン環境を実現するための制御機能(ソフトウェア)は〔ウ〕の**ハイパバイザ**です。なお，〔ア〕の**シストリックアレイ**は並列計算機モデルの1つです。単純計算を行うプロセッサを多数個規則的に接続し，個々のプロセッサが「データ受け取り→データ送り出し」というパイプライン化された動作を繰り返すことで並列計算を行います。〔イ〕のデスクトップグリッドは，グリッドコンピューティングと同義です。

※〔エ〕のモノリシックカーネルについてはp240を参照。

問題6
解答：ア

　問題文に提示された条件は，次のとおりです。
- 1件の検索を処理するための平均命令数：100万($100×10^4$)命令
- サーバの性能：100MIPS($100×10^6$命令／秒)
- 1件の検索で転送されるデータ：平均$2×10^5$バイト
- ネットワークの転送速度：$8×10^7$ビット／秒

　問われているのは，このシステムで1秒間に処理できる検索要求の件数です。まず，サーバで1秒間に何件処理できるかを考えます。
　検索要求1件当たりのサーバでの処理時間は，
　　　100万命令／100MIPS＝$100×10^4$／$100×10^6$＝1／100〔秒〕
になるので，サーバでは1秒間に100件の検索要求を処理できます。
　次に，1秒間に何件転送できるかを考えます。検索要求1件当たりのデータ転送時間は，
　　　($2×10^5$×8ビット)／($8×10^7$ビット)＝2／100＝1／50〔秒〕
になるので，1秒間に転送できる検索要求は50件です。
　したがって，このシステムでは，サーバで100件処理ができても，ネットワークの処理能力がボトルネックになり，システム全体では50件しか処理できません。

※単位に注意。転送されるデータの単位(バイト)を，転送速度の単位(ビット)に合わせること。

問題7
解答：イ　　　◀p201を参照。

　キャパシティプランニングでは，現在の状況を調査するだけでなく，将来予測される状況に対してもサービスレベルを維持できるよう，システムの性能や処理能力を計画します。この観点から，キャパシティプランニングの目的として適切なのは，〔イ〕の「システムの現在の応答時間を調査し，長期的に監視することによって，将来を含めて応答時間を維持すること」です。〔ア〕，〔ウ〕，〔エ〕は，いずれも現在発生している問題への対応です。ボトルネックの低減や排除，スループットの向上やリソースの有効利用を検討することは重要ですが，これらに対応することがキャパシティプランニングの目的ではありません。

232

得点アップ問題 Q&A

問題8
解答：イ　←p208を参照。

平均回線待ち時間（W）が，平均伝送時間（T）より大きくなる回線利用率（ρ）は，次の式から求められます。

$$W = T \times \frac{\rho}{1-\rho} > T \quad \xrightarrow{\text{不等号「>」の両辺をTで割る}} \quad \frac{\rho}{1-\rho} > 1$$

上記右の式からρを求めると$\rho>0.5$となり，回線利用率が0.5（50%）を超えたとき，平均回線待ち時間が平均伝送時間よりも長くなります。

問題9
解答：ア　←p216を参照。

MTTRは，システムの故障から復旧までの平均修理時間です。エラーログ取得機能を用いれば，故障箇所や原因を特定するための時間が短縮できるので〔ア〕が正解です。〔イ〕，〔ウ〕，〔エ〕は，いずれもMTBFを長くするのに役立ちますが，MTTRを短くするものではありません。

問題10
解答：ウ

アプリケーションサーバとデータベースサーバの稼働率は0.8です。そして，それぞれのサーバのどちらかが稼働していればシステムは稼働することから，それぞれ2台が並列に接続されているものと見なせます（側注の図を参照）。そこで，各サーバ部分の稼働率はともに，

$1-(1-0.8)^2 = 1-0.04 = 0.96$

であり，システム全体としての稼働率は，次のようになります。

$0.96 \times 0.96 = 0.9216 \fallingdotseq 0.92$

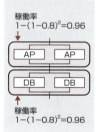

稼働率
$1-(1-0.8)^2=0.96$

稼働率
$1-(1-0.8)^2=0.96$

チャレンジ午後問題

設問1	現在のWebサイト：ア 共同サイト：オ				
設問2	(1)	a：0.4	b：10	c：60	d：3.2／n　e：15
	(2)	5台			
設問3	サーバの状況を案内する				

●設問1

現在のWebサイトの稼働率と，Webサーバの台数をnとしたときの共同サイトの構成案の稼働率を求める問題です。設問文に「FW及び各サーバの稼働率をpとし，L2SW，負荷分散装置及び他のネットワーク機器の稼働率は1とする」とあるので，FW，Webサーバ，DBサーバの構成から，稼働率を考えていくことになります。

※稼働率が1の機器は必ず稼働するので，考慮しなくてもよい。

〔現在のWebサイト〕

現在のWebサイトでは，FW，Webサーバ及びDBサーバの3つが稼働しないと，システムとしては機能しません。このことから，稼働率は次のように求められます。

現在のWebサイトの稼働率
＝FWの稼働率×Webサーバの稼働率×DBサーバの稼働率
＝p×p×p＝p^3

〔共同サイト〕

共同サイトでは，Webサーバがn台あるので，このうちいずれか1台が稼働していればクライアントからのアクセスに応じることができます。つまり，Webサーバ全体の稼働率は，

1－Webサーバ全体が稼働しない確率
＝1－(1－p)×(1－p)×(1－p)×…×(1－p)
＝1－$(1-p)^n$

となります。

次に，DBサーバ部分は，2台のDBサーバ(正と副)のクラスタ構成になっていて，DBサーバ(正)が故障してもDBサーバ(副)による稼働が可能です。つまり，どちらか一方が稼働していればよいので，DBサーバ全体の稼働率は，

1－DBサーバ全体が稼働しない確率
＝1－(1－p)×(1－p)
＝1－$(1-p)^2$

となります。

以上から，共同サイトの稼働率は次のように求められます。

共同サイトの稼働率
＝FWの稼働率×Webサーバ全体の稼働率×DBサーバ全体の稼働率
＝p×$(1-(1-p)^n)$×$(1-(1-p)^2)$

● 設問2（1）

処理能力の計算問題です。問題文に沿って順に考えていきます。

空欄a：現在のシステム構成及びアクセス件数のままで，Webサーバを1台追加したときの利用率が問われています。利用率を求める式は，問題文の〔共同サイトの処理能力〕にある「利用率＝アクセス件数×アクセス処理時間／サーバ台数」を用います。

現在のアクセス件数は平均毎秒16件で，1件当たりのアクセス時間は平均50ミリ秒(0.05秒)です。したがって，利用率は次のようになります。

利用率＝16×0.05／2＝**0.4**

※現在のWebサイトは，FW，Webサーバ，DBサーバが直列構成になっていると考える。

FW	Web	DB

※共同サイトのWebサーバは，n台が並列構成になっていると考える。

Web1
Web2
Web3

※待ち行列モデルでは，サーバ台数がnになると利用率は1／nになる(p211参照)。問題文に「Z君は，現在のシステムの利用率は0.8であると計算した」との記述があるので，これを使って，
0.8／2＝0.4
と計算してもOK。

空欄b：図3を使って，待ち時間と応答時間を求めます。まず，サーバ台数が2（n＝2）の曲線と利用率0.4（空欄a）との交点を見ると，待ち時間比率が0.20であることがわかります。待ち時間比率は，「待ち時間比率＝待ち時間／アクセス処理時間」で求められるので，この式を使うと，待ち時間は次のように求められます。

待ち時間比率＝待ち時間／アクセス処理時間
0.20 ＝待ち時間／50ミリ秒
待ち時間＝0.20×50ミリ秒＝**10ミリ秒**

空欄c：応答時間は，「応答時間＝待ち時間＋アクセス処理時間」で求められるので，

応答時間＝待ち時間＋アクセス処理時間
＝10ミリ秒＋50ミリ秒＝**60ミリ秒**

になります。

空欄d：共同サイトにおけるサーバ台数をn台としたときの利用率です。先の空欄aと同様，利用率は「利用率＝アクセス件数×アクセス処理時間／サーバ台数」で求められるので，この式を用いると，

利用率＝（16×4）×0.05／n＝**3.2／n**

となります。

空欄e：共同サイトにおける待ち時間です。「応答時間は共同サイトの要件に従う」とあり，問題文の〔医薬品共同Webサイトの構築〕を見ると，「アクセス時の応答時間は，ネットワークの伝送時間を除き，65ミリ秒以下とする」とあります。このことから，待ち時間は，次のように求めることができます。

応答時間＝待ち時間＋アクセス処理時間
＝待ち時間＋50ミリ秒≦65ミリ秒
待ち時間≦65ミリ秒－50ミリ秒＝**15ミリ秒**

●設問2（2）

共同サイトの要件を満たすために必要なWebサーバの最少台数が問われています。ここで，空欄d，eで求めたことを整理しておきましょう。「利用率は3.2／n」，「待ち時間は15ミリ秒以下」です。

まず待ち時間が15ミリ秒以下になる待ち時間比率を求めると，

待ち時間比率＝待ち時間／アクセス処理時間
＝15ミリ秒／50ミリ秒＝0.3

となり，待ち時間比率は0.3以下でなければなりません。

次に，図3を使って，待ち時間比率が0.3以下になるサーバ台数nを求めていきます。

ここで，「0≦利用率＜1」であることに気付けば，「利用率＝3.2／n」

※共同サイトではアクセス件数がX社独自の4倍になること，またWebサーバは現システムと同じ処理能力の機器を利用するため，アクセス処理時間は平均50ミリ秒（0.05秒）であることに注意。

から，nは4台以上とわかります。では，n＝4，5，6，…のときの利用率から，待ち時間比率を見ていきます。

　n＝4のときの利用率は3.2／4＝0.8であり，このときの待ち時間比率は0.30より大きくなります。

　n＝5のときの利用率は3.2／5＝0.64であり，このときの待ち時間比率は0.30より小さくなります。したがって，必要なWebサーバの最少台数は**5台**ということになります。ちなみに，n＝6のときの利用率は3.2／6＝0.5333で，このときの待ち時間比率も0.30より小さくなります。

※「利用者＜1」より
3.2／n＜1
n＞3.2
よってnは4台以上

※M/M/s待ち行列モデルの問題では，このような見慣れないグラフが出題される。見た目の難しさに惑わされないことがポイント。

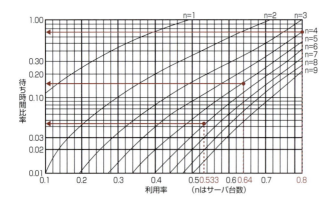

● 設問3

　アクセス急増時専用の対策用サーバの役割が問われています。

　本文中の下線①には，「アクセス急増時専用の対策用サーバを追加し，アクセス急増時には全てのアクセスをこのサーバに接続することにした」と記述されています。アクセス急増時の対応については，〔医薬品共同Webサイトの構築〕に，「アクセス急増時には"アクセスが集中しておりますので，後ほど閲覧してください。"と表示する」との記述があります。

　つまり，対策用サーバを追加するのは，アクセス急増時にこのメッセージを表示するためであり，このメッセージを表示するのが対策用サーバの役割です。したがって解答としては，「アクセス集中メッセージの表示」あるいは「アクセス急増メッセージの表示」とすればよいでしょう。なお試験センターでは解答例を「**サーバの状況を案内する**」としています。

第5章
ソフトウェア

　ソフトウェアを大別すると，システムソフトウェアと応用ソフトウェアとに分けることができます。システムソフトウェアは，ハードウェア資源を有効活用し，効率のよい処理を行うためには必要不可欠なものです。本章では，システムソフトウェア，特に，狭義のOSと呼ばれる制御プログラムを中心に学習していきます。制御プログラムの基本構造を知り，OSの中核であるカーネルの役割を理解します。カーネルの機能のうち，タスク（プロセス）管理や記憶管理は重要です。プログラムの実行が，カーネルによってどのように管理，実行されているのかを理解してください。

　また，本書で学習するリアルタイムOS，割込み処理，同期制御（排他制御）及びタスク間通信などは，午後試験の"組込みシステム開発"問題の出題テーマにもなっている重要な事項です。単に用語を覚えるのではなく，体系的な学習と理解を心がけてください。

5.1 OSの構成と機能

5.1.1 基本ソフトウェアの構成

広義のOS

広い視野でとらえたときの基本ソフトウェアを広義のOSといいます。広義のOSは、制御プログラム（狭義のOS）を中核として、言語プロセッサ、サービスプログラムで構成されています。

> **用語 OS**
> オペレーティングシステム。

> **参照 言語プロセッサ** については、「5.4 言語プロセッサ」(p264) を参照。

▲ 図5.1.1　広義のOSの構成

サービスプログラムは、ユーティリティとも呼ばれ、テキストエディタ・分類併合プログラム・ソートプログラム・ファイル変換プログラムなど、業種や業務に関わらず必要となる処理を行うための実用的なソフトウェアのことをいいます。

5.1.2 制御プログラム

制御プログラムの基本構造

制御プログラムは、カーネル、デバイスドライバ、ファイルシステムの3つから構成されています。

> **用語 ファイルシステム**
> 記憶装置の中にファイルを記録する仕組み。統一的なファイル入出力インタフェースを応用プログラムに提供する。

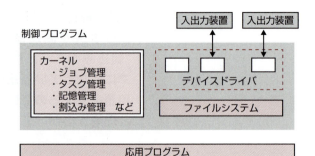

▲ 図5.1.2　制御プログラムの構造

カーネル

カーネル(kernel)は、主記憶装置上に常駐する制御プログラムモジュール群で、スーパバイザプログラムとも呼ばれています。スケジューリング、資源の割振りなど、すべてのプログラムの実行を制御する機能をもち、OSの中核をなす部分といえます。

カーネルの主な機能には、ジョブ管理、タスク管理、記憶管理、割込み管理、入出力管理、そして応用プログラムへのシステムコールサービスなどがあります。

● ジョブ管理

利用者からみた仕事の単位、つまりコンピュータで実行されるひとまとまりの処理をジョブといいます。ジョブは1つ以上のジョブステップから構成され、ジョブステップはCPUの割当てを受ける単位であるタスク又はプロセスから構成されます。

ジョブ管理の役割は、ジョブやジョブを構成するジョブステップの実行を監視、制御することです。JCL(Job Control Language：ジョブ制御言語)を介して、ジョブを連続的かつスムーズに処理させる機能や、低速の入出力処理とプログラムの実行を切り離し、効果的なコンピュータシステムの運用を可能にするスプーリング機能、さらには複数ジョブのスケジューリングを行う機能があります。

● タスク管理と記憶管理

タスク管理の役割は、CPUの割当て単位であるタスクを管理し、同時に実行される複数のタスクに、CPU効率を考慮した適切な順番でCPU時間を与えること(CPUの有効活用)です。

記憶管理の役割は、プログラムを実行するアドレス空間を管理し、それを有効活用することです。なお、タスク管理、記憶管理については次節以降で、詳細を学習していきます。

デバイスドライバ

デバイスドライバは、入出力装置を直接操作・管理するプログラムです。各装置に依存した処理を行うため、装置の種類ごとに用意され、1つのデバイスドライバは1台又は複数台の装置を制御

参考 ジョブは、ジョブスケジューラを構成するリーダ、イニシエータ、ターミネータ、ライタによって順に処理される。

参考 スプーリングはスループット(単位時間当たりの仕事量)の向上に役立つ。

参考 デバイスドライバをカーネルに組み込んだ場合、新しいデバイスの追加の際にカーネルのリコンパイルが必要となるなど、柔軟性に欠ける点がある。そのため、カーネルからデバイスドライバを独立させている。

5 ソフトウェア

> **参考** 新たな周辺装置の接続を検知し，デバイスドライバの組込み，各種設定を自動的に行う機能を**プラグアンドプレイ**（Plug and Play）という。

することになります。

　デバイスドライバは，カーネルと入出力装置とのインタフェースであり，カーネルは最終的には入出力制御をデバイスドライバに任せることになります。つまり，応用プログラムから出された入出力要求はカーネルが受け取りますが，カーネルはその処理要求をデバイスドライバに依頼し，すぐに次の処理にとりかかって，他のタスクを実行します。

5.1.3 カーネルモードとユーザモード　AM/PM

　あるプログラムが誤ってOSを壊してしまうのを避けるため，CPUには2つの異なる実行モードがあります。1つはユーザプログラムの実行を許す**ユーザモード**，もう1つはカーネルだけが実行できる，入出力命令などのようないくつかの特殊命令の実行を許す**カーネルモード**（特権モード）です。

> **用語** パーミッション あるデータに対する読み・書き・実行権限のこと。

　ユーザプログラムがファイルへの読み書きを必要とするとき，ユーザモードでは入出力命令を実行できないため，システムコール（**スーパバイザコール**：SVC）を呼び出します。システムコールを受けたカーネルは，ユーザプログラムが何を要求したのかを理解し，また，ファイルに対するパーミッションをもっているかどうかを確認したうえで，要求された処理を実行します。

マイクロカーネルとモノリシックカーネル　☕ COLUMN

　OSが担う機能すべてをカーネルにもたせるのではなく，タスク管理や記憶管理といった必要最小限の機能だけをカーネルにもたせ，その他の機能はサーバプロセスとして，必要なときに呼び出して利用するというマイクロカーネルアーキテクチャを採用したOSを**マイクロカーネル**のOSといいます。

　これに対して，OSが担うほとんどすべての機能をカーネルにもたせたOSを**モノリシックカーネル**のOSといいます。モノリシック（monolithic）とは“一枚岩的な”という意味で，主記憶にOSの機能が一体化して常駐するため，マイクロカーネルのOSに比べて，サービスの実行に伴うプロセスの切替えの回数が少ない（処理が高速）といった利点がありますが，カーネルサイズが大きく主記憶を有効に使えない，また一枚岩ゆえに特定の機能だけを変更したりすることが困難といった欠点があります。

5.2 タスク(プロセス)管理

5.2.1 タスクの状態と管理 AM / PM

プログラムとタスク

タスクは，CPUからみた処理単位で，処理に必要なCPU，主記憶などのシステム資源を割り当てるときの単位を指します。タスクはプロセスと呼ばれることもあります。

マルチプログラミング環境では，複数のプログラムを見かけ上同時に実行しますが，このとき同じプログラムが同時に実行されることもあります。このためプログラムと，CPUが割り当てられるプログラムとを区別する必要があり，プログラムに対し，CPUが割り当てられるプログラムをタスクと呼びます。

> 参考：タスクのことをUNIX系OS用語では**プロセス**と呼ぶ。タスクとプロセスは若干異なるが，試験においては「タスク＝プロセス」と考えてよい。なお，プロセスについては「5.2.6 プロセスとスレッド」(p.253)も参照。

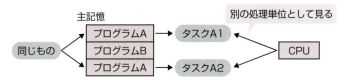

▲ 図5.2.1　プログラムとタスク

タスクの状態遷移

プログラムが実行依頼されると，OS(カーネル)は，実行に必要なシステム資源(CPU以外)など実行環境を整え，CPU割当ての単位であるタスクを生成して，その実行をタスク管理に依頼します。

生成されたタスクはタスク管理プログラムの制御のもと，処理を終えて消滅するまで，表5.2.1及び次ページの図5.2.2に示す3つの状態(過程)をたどります。

> 参考：制御系の組込みシステムで使用される**リアルタイムOS(RTOS)**では，厳密なリアルタイム性が要求されるため，タスクの生成は動的に行わず，あらかじめ(起動時に)生成しておき，これを"休止状態"におく。"休止状態"のタスクは，起動させることによって"実行可能状態"へ遷移する。

▼ 表5.2.1　タスクが遷移する3つの状態

実行可能状態 (ready state)	タスクは実行できる状態にあり，CPU使用権が与えられるのを待っている状態
実行状態 (running state)	CPU使用権が与えられ処理を実行している状態
待ち状態 (wait state)	入出力の完了，あるいは他のタスクからの合図を待っている状態

5 ソフトウェア

> ノンプリエンプティブなマルチタスクOSはプリエンプションの機能がない。

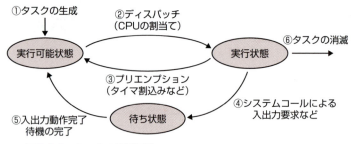

▲ 図5.2.2　タスクの状態遷移

① 生成されたタスクは，実行可能待ち行列に加えられ，実行可能状態となって実行を待つ。
② CPUが割り当てられたタスクは，ディスパッチャにより実行状態へ移される（**ディスパッチ**）。
③ 実行状態のタスクは，自分に割り当てられたCPU時間の終了，あるいは，より優先順位の高いタスクにより強制的に実行を中断させられ，実行可能状態に移される（**プリエンプション**）。
④ 入出力処理の発生により，CPUの使用権を放棄して待ち状態に移されたタスクは，入出力動作の完了（入出力割込み）を待つ。また，ある事象待ちにより待ち状態となったタスクは，その事象の発生を待つ。
⑤ 待ち状態のタスクは，待ちの原因となった事象が完了すると，実行可能状態に移される。
⑥ タスクの実行が完了するとタスクは消滅する。このとき，そのタスクが使用していた資源はすべて解放され，他のタスクが使用できるようになる。

> **用語　プリエンプション**
> 実行中のタスクのCPU使用権を奪い，一時的に中断する動作であり，後でそのタスクを再実行することを指す。

> タスクの実行中に，入出力などを行ったために生じるCPUの空き時間を利用して，別タスクを並行に実行することを**マルチ(多重)プログラミング**という。

タスクの管理

　カーネルは，タスクが生成されると**TCB**（Task Control Block：タスク制御ブロック）にタスク情報を登録し，タスクが消滅するまでそれを管理します。タスク情報には，タスクIDをはじめ，タスクの優先順位，タスクの状態，レジスタ群格納アドレスなどが含まれ，マルチユーザ環境においては，そのタスクを実行しているユーザのユーザIDなども含まれます。このように，それぞ

れのタスクは，タスクごとに付けられたタスクIDで管理されることになります。

> **PSW**（Program Status Word）
> プログラムの実行状態を保持するレジスタ。**プログラムカウンタ**（PC）や割込み情報，実行モードなどが保持されている。

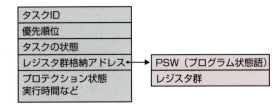

▲ 図5.2.3　TCBの構造例

タスクの切替え

1つのCPUで複数のタスクを実行するためには，CPUが保有する実行中のプログラムの情報（PSWなど）や主記憶アドレス空間の内容を交互に切り替えなければなりません。この切替え操作を**コンテキスト切替え**（コンテキストスイッチング：context switching）といいます。

> プログラムの同時並行処理（マルチプログラミング）を**コンカレント処理**という。コンカレントとは，"同時期"という意味。

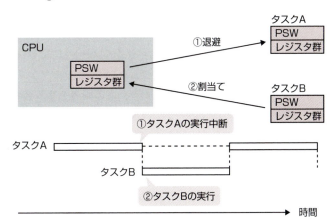

▲ 図5.2.4　コンテキスト切替えの例

> スレッドについては「5.2.6 プロセスとスレッド」（p253）を参照。

タスクのコンテキスト切替えにおいて，PSWなど，レジスタ群の切替えは高速に行えますが，アドレス空間の切替えはオーバヘッドが大きくなり，マルチプログラミングの利点を最大限に引き出すことができません。一方，後述するスレッドは，アドレス空間は共有しているため，コンテキスト切替えのオーバヘッドは，大きく減少します。このことから，スレッドは，マルチプログラミング環境を有効に活用できるといえます。

5 ソフトウェア

5.2.2 タスクのスケジューリング AM/PM

実行中のタスクを中断して別のタスクを実行するとき,「次にどのタスクを実行するか」という点が重要となります。これをタスクの**スケジューリング**といい,カーネルの機能の1つであるスケジューラが,実行待ち状態にあるタスクの中から次に実行するタスクを選び出します。この際,スケジューラがタスクを選び出す方式には,緊急度,優先度,処理の形態などに応じた様々なものがあります。

参考 実行待ち状態にあるタスクは,待ち行列をなす。

スケジューリング方式

タスクのスケジューリング方式には,何によってタスクを切り替えるか,つまり,その切替えのきっかけを何にするか(**トリガ**)と,どのタスクを優先するか(**優先順位**)という2つの考え方があります。そして,この2つの組合せによって,いろいろなスケジューリング方式があります。

用語 トリガ
きっかけ。本来は「引き金」を意味する。

トリガの観点からとらえた場合,環境の変化をトリガとしてスケジューリングする**イベントドリブン方式**と,一定時間(これを**タイムクウォンタム**という)ごとにスケジューリングする**タイムスライス方式**があり,この両者を組み合わせた方式もあります。イベントドリブン方式とタイムスライス方式は,排他的なものではなく,例えば,優先順位の高いタスクにはイベントドリブン方式を適用し,逆に優先順位の低いタスクにはタイムスライス方式を適用するという方法も用いられます。

参考 イベントドリブン方式
「マウスがクリックされた」,「入出力が終了した」など,環境に変化が生じた際に発生する割込みにより,スケジューリングを行う。

優先順位の観点からとらえた場合,タスクに優先順位をもたせない方式と,あらかじめ決められた固定優先順位に従ってスケジューリングする静的優先順位方式,さらに,優先順位を動的に変更しながらスケジューリングする動的優先順位方式があります。

● 到着順方式

到着順方式(FCFS:First Come First Served方式)は,タスクには優先順位をもたせず,実行可能状態になった順に実行する方式です。タスクの実行が終了するまでプリエンプションが発生しないという特徴があります。

参考 到着順方式は,プリエンプションが発生しないということから,**ノンプリエンプション方式**とも呼ばれる。

244

タスク（プロセス）管理　**5.2**

静的優先順位方式

> タスクの優先順位は，TCBで管理される。

静的優先順位方式は**プリエンプション方式**ともいい，静的に決められた最も高い優先順位をもつタスクから実行する方式です。

この方式では，現在実行しているタスクより高位の優先順位をもつタスクが実行可能状態になると，それより低位のタスクの実行はプリエンプションされます。したがって，優先順位の低いタスクにはCPU使用権が与えられず，なかなか実行できないという**スタベーション**（starvation）が起こる可能性があります。

動的優先順位方式

スタベーションを回避するため，待ち時間が一定時間以上となったタスクの優先順位を動的に高くして実行できるようにする方式が**動的優先順位方式（エージング方式）**です。優先順位を高くして実行の可能性を与えることをエージング（aging）といいます。

ラウンドロビン方式

> ラウンドロビン方式は，タイムシェアリングシステム（TSS）のスケジューリングに適した方式。**タイムシェアリングシステム（TSS）**とは，CPU時間を細かく切って各タスクに平等に割り振ることで複数のタスクが同時に実行できるようにしたシステム。

ラウンドロビン方式は，実行可能待ち行列の先頭のタスクから順にCPU時間（タイムクウォンタム）を割り当て実行する方式です。タスクの実行がタイムクウォンタム内に終了しない場合は，実行を中断して，同じ優先順位の実行可能待ち行列の末尾に戻し，次のタスクにCPU時間を割り当てます。

ラウンドロビン方式は，タイムクウォンタムの大きさを変えることでスケジューリングを調整できる方式です。例えば，タイムクウォンタムを長くすれば到着順方式に近づき，短くすれば処理時間（CPU使用時間）が短いタスクの応答時間が短くなり，結果として処理時間順方式に近づくことになります。

> ラウンドロビン方式では，タスクの実行時間が一定時間を超えたことを知らせるために，インターバルタイマからの割込みを利用する。

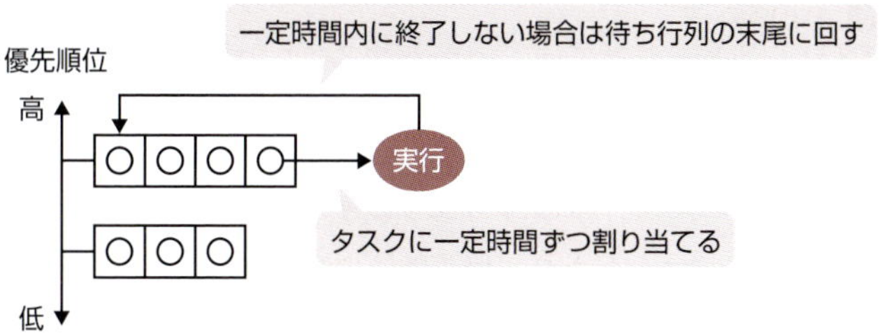

▲ **図5.2.5** ラウンドロビン方式

● フィードバック待ち行列方式

フィードバック待ち行列方式（多重待ち行列方式）は，ラウンドロビン方式に優先順位を加えたもので，一定時間内に処理が終了しない場合は，順次その優先順位を下げていく方式です。

この方式では，最初に高い優先順位と短いCPU時間を割り当て，そのあとは優先順位を低くし，CPU時間を徐々に長くしていきます。これは，CPUを占有しやすいタスクの優先順位を徐々に下げるという考えです。

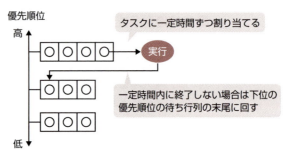

▲ **図5.2.6** フィードバック待ち行列方式

処理時間に関係する，その他のスケジューリング方式には次のものがある。
SEPT方式
処理時間が短いと思われるタスクを優先処理する方式。
SET方式
すでに処理された時間が最も短いタスクを優先処理する方式。

● 処理時間順方式

処理時間順方式は**SPT**（Shortest Processing Time First）方式とも呼ばれ，処理時間の短いタスクに対し，高い優先順位を与え，最初に実行する方式です。この方式は，あらかじめ処理時間を予測できないため，実際にはフィードバック待ち行列方式として実現されます。

プリエンプティブなOS

タスクの実行を中断し，他のタスクを実行することをプリエンプションといいますが，このプリエンプションの機能をもつOSを「プリエンプティブなOS」といい，この機能をもたないOSを「ノンプリエンプティブなOS」といいます。

ノンプリエンプティブなOSのもとでは，タイマ割込みが発生したり，優先順位の高いタスクが実行可能状態になっても，実行中のタスクの中断は行われません。したがって，実行中のタスクが終了するか，あるいはタスク自らOSに制御を戻す命令を発行

プリエンプティブなOSは，マルチタスクにおいて，プログラムの順序制御をOSが強制的に行う。

しない限りOSに制御が戻らないので，仮に永久ループ状態になると，そのタスクがCPUを占有し続けるという欠点があります。

リアルタイムOS

リアルタイム処理のための機能を実装したOSを**リアルタイムOS（RTOS）**といいます。RTOSは，非同期に発生する複数の要求（事象）に対し，定められた時間内に，対応するタスクの処理を終わらせなければいけない制御系の組込みシステムで使用されています。リアルタイム性を実現するため，ほとんどのRTOSでは，静的優先度ベースのイベントドリブン方式（**イベントドリブンプリエンプション方式**）を用いていますが，時間内に処理を終了することを目的に優先度を動的に決定する**デッドラインスケジューリング方式**も用いられます。なお，タスク実行のきっかけは割込みです。つまり，割込みをトリガにタスク切替えが起こります。

> **用語 リアルタイム処理**
> 即時処理ともいい，処理要求が発生すると即時に処理し，応答時間が一定の範囲内にあることが要求される処理。

> **参考** 事象に対応した処理が一定時間内に終了しなかった場合，致命的ダメージが生じるシステムを**ハードリアルタイムシステム**という。例えば，エアバッグ制御システム，エンジン制御システムなど。

> **用語 割込みハンドラ**
> （割込み処理ルーチン）
> 割込み信号の受信をきっかけに起動されるプログラム。

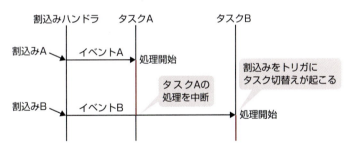

▲ 図5.2.7　タスク切替えのシーケンス例（優先度：タスクA＜タスクB）

5.2.3　同期制御　　AM / PM

同期制御とは，他のタスクと協調し合いながら処理を進める方法です。いい換えれば，他のタスクからの合図を待ち合わせる方法ともいえます。

イベントフラグ

イベントフラグは，0と1を表現できるビットの集合で，それぞれのビットをイベントフラグといいます。イベントフラグでは，ビットをオン（ON）にするSETシステムコール，オフ（OFF）にす

> **参考** イベントフラグには，16ビット，32ビットがある。

るCLEARシステムコール，また，ビットがオンになるまでタスクを待たせるWAITシステムコールが用意されています。

図5.2.8は，タスクB，CがWAITシステムコールでタスクAからの同期を待って，処理を再開する様子を示したものです。このように，イベントフラグを用いることで，条件の成立したタスクすべての待ち状態を同時に解除することができます。

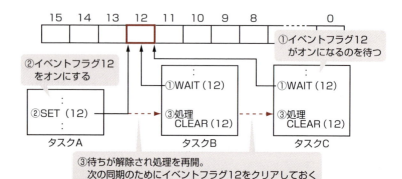

▲ 図5.2.8　16ビットイベントフラグ

Post/Wait命令

> Post/Wait命令は，1つのタスクが情報を生産し，もう1つのタスクが情報を消費する"生産者－消費者問題"の解決に適している。

Post/Wait命令は，1つのイベントフラグをPost（ポスト）とWait（ウェイト）の2ビットで表現し，1つのタスクが作成した情報を送り，もう1つのタスクは情報がくるのを待って同期をとるという方法です。

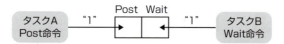

▲ 図5.2.9　Post/Wait命令

タスク間の通信手段

タスクは，単独で作業を行う場合もあれば，複数のタスクでデータ（メッセージ）の交換を行いながら共同作業をする場合もあり

> タスク間の通信手段を、一般にはIPC(Inter-Process Communication：プロセス間通信)という。

ます。このとき用いられるタスク間の通信手段にはいろいろありますが、ここではその代表的なものを表5.2.2に紹介しておきます。

▼ **表5.2.2** データ交換の各種方法

記憶空間共有型	複数のタスクから参照や書込みができる共有領域(共有メモリ：Shared Memory)を用いてデータの交換を行う	共有領域
OSが提供する機能	メールボックス，メッセージキューなど	メールボックス
パイプ機構	ファイルやメモリを経由して、1つのタスクの出力を他方のタスクの入力とする方法	出力 → 入力 データ

> パイプについては、「5.6.2 UNIX系OSの基本用語」(p274)も参照。

5.2.4 排他制御　AM/PM

クリティカルセクション

複数のタスクが共有する共有資源(shared resource)に対し、同時に更新処理を行うとエラーを引き起こす処理部分を**クリティカルセクション**(危険域)といいます。

> エラーとは、整合性のない状態を引き起こすといった論理エラーを指す。

図5.2.10において、共有資源Sに排他的にアクセスする2つのタスクPとQを並行に動作させ、タスクPが①の時点でタスクQによりプリエンプションされたとすると、タスクQにより資源Sは201に更新され、タスクPの再開により再度資源Sは201に更新されるので、本来の正しい結果の202にはなりません。このように、資源Sに対し、同時に更新処理を行うと、整合性のない結果を引き起こす処理部分が資源Sのクリティカルセクションです。

> 資源Sの正しい状態は、タスクPとQを順番に実行(直列実行)した結果、200+1+1=202である。

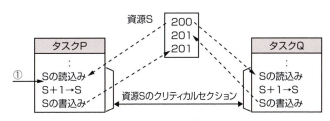

▲ **図5.2.10** クリティカルセクションの例

5 ソフトウェア

このような問題の発生を避ける方法に，**排他制御**があります。排他制御は，1つのタスクがクリティカルセクションを実行している間，他のタスクのクリティカルセクションへの進入を防ぐ方法で，いい換えれば，共有資源を更新しているタスクのプリエンプションを発生させないように制御する方法です。

タスクのプリエンプションを発生させないための最も簡単な方法は，割込みマスク（割込みの禁止）ですが，この方法はマルチCPU上，別々のCPUで実行されているタスクには有効ではありません。そこで，ハードウェア命令として提供されている**TSL**（Test and Set Lock）命令があります。TSL命令は，共有メモリ内の1ビットを使用し，**ロック／アンロック**のロジックを実現するもので，マルチCPUシステムでは必須なものとなっています。

排他制御の最も簡単な方法としては，クリティカルセクションに入る前で，その共有資源に対しロック（鍵）を掛け，クリティカルセクションを出るときロックを解除（アンロック）するという方法がありますが，ここでは，最も一般的に使用されるセマフォを中心に排他制御をみていきます。

> **参照** ロックについては「6.8.2 同時実行制御」(p334)を参照。

2値セマフォ

セマフォ（semaphore）は，ダイクストラによって考案された排他制御のメカニズムで，**セマフォ変数**とそれを操作する**P操作**，**V操作**から構成されます。セマフォ変数は，整数型の共有変数です。1と0の2つの値しか取らないセマフォを**2値セマフォ**といい，これを用いることで，クリティカルセクションに入れるタスク数をただ1つに限定することができます。

> **参考** セマフォとは「信号機」という意味。

> **参考** 2値セマフォは，2進セマフォ，**バイナリセマフォ**ともいう。

P(S)操作の定義
・S＞0の場合：Sの値を1減らし，Pを実行したタスクの実行を継続する（クリティカルセクションに入る）。
・S＝0の場合：Pを実行したタスクはSの待ち行列に入れられ待機状態となる。

V(S)操作の定義
・Sの値を1増やす。Sの待ち行列から1つのタスクが選ばれ，実行可能状態に移される（P操作実行の許可）。

> **参考** セマフォSの値が1のときは，他のタスクがクリティカルセクションに入っていないと考えるので，セマフォSの初期値は1に設定される。

5.2 タスク(プロセス)管理

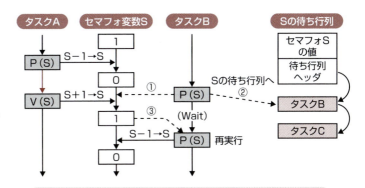

 セマフォSに対してP操作，V操作を行うのは，クリティカルセクションの前後である。試験では，P操作，V操作のタイミングが問われることがある。

① Sの値が0なので，クリティカルセクションには入れない
② Sの待ち行列に入れられる
③ タスクAによりSの値が+1されたので，待ち行列の中から1つのタスク（タスクBとする）が選ばれ，P操作の再実行が許される

▲ 図5.2.11　2値セマフォ

ゼネラルセマフォ

2値セマフォでは，クリティカルセクションに入れるタスク数を1個に限定しましたが，N個のタスクをクリティカルセクションに入れる場合には，Nから0の整数値をとる**ゼネラルセマフォ**（計数セマフォともいう）を使用します。このときのゼネラルセマフォの初期値はNとなります。

午後試験では，問題文や流れ図の空欄を埋めるという形式で，セマフォの種類やセマフォの初期値が問われることがある。初期値には，「同時に使用可能な資源の個数」を設定するので，
・バイナリセマフォの初期値→1
・ゼネラルセマフォの初期値→N(資源数)

ゼネラルセマフォの使用例

次ページの図5.2.12に示すような，N個ある棚を使って，タスクAからタスクBへメッセージを送るという場合を考えます。

タスクAは1番目の棚から順に生成したメッセージを入れ，タスクBは1番目の棚から順にメッセージを取り出します。このとき，タスクAは，棚がいっぱいのときはメッセージを入れるのを停止し，棚が空くのを待ちます。また，タスクBは，メッセージが入っていない空の棚からはメッセージを取り出せないので，メッセージが入るのを待ちます。

このようにタスクAとBを協調して動作させるため，空いている棚の数をセマフォS1(初期値N)に，タスクBが処理すべきメッセージ数をセマフォS2(初期値0)に設定します。図5.2.12は，その処理概要を示したものです。確認してみましょう。

251

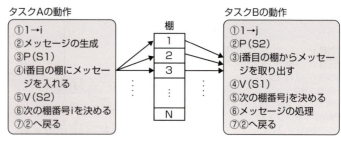

▲ 図5.2.12　ゼネラルセマフォの使用例

参考：次の棚番号を決めるには，タスクAについては(i+1)を，タスクBについては(j+1)を，Nで割った余りとする。

ENQ/DEQ命令

ENQ/DEQ(enqueue/dequeue)命令は，共有資源の占有使用要求及び解放を行う排他制御専用の命令です。ENQ命令で共有資源の占有使用要求を行い，解放にはDEQ命令を使います。同様な命令として，前述のロック／アンロックがあります。また，ENQはセマフォのP操作，DEQはV操作に相当します。

5.2.5　デッドロック　AM/PM

デッドロック発生条件

参照：デッドロックについてはp335も参照。

ロックを複数の共有資源に対して行おうとすると，互いに相手が占有している資源の解除を待ち合う**デッドロック**状態に陥る可能性があります。デッドロックが発生する必要条件は，以下のとおりです。

① 資源はタスクに排他的に割り当てられ，他のタスクは，解放されるまでその資源を使用できない。
② 少なくとも1つの資源を占有し，他のタスクによって占有されている資源を得ようと待っているタスクがある。
③ 一度割り当てられた資源は強制的に取り上げることはできない。タスクは，処理を完了したときだけ資源を解放する。
④ タスク1が要求している資源をタスク2が占有し，タスク2が要求している資源をタスク1が占有しているといった循環待ちが，2つ以上のタスク間に存在する(次ページの図5.2.13参照)。

タスク（プロセス）管理 **5.2**

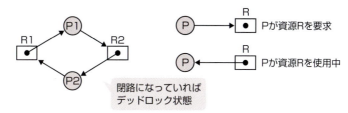

▲ 図**5.2.13** 資源グラフによるデッドロックの検出

> **待ちグラフ**
> デッドロック検出に使われる有向グラフ。グラフが閉路をもてばデッドロック状態。ここで，待ちグラフの"X→Y"は，「Xは，Yがロックしている資源の解放を待っている」ことを表す。下図の例では，A，C，B及びDがデッドロック状態。

デッドロック対策

デッドロック対策として，3つの方法が考えられています。

第1は，デッドロックが発生するまで，資源割当て制限は行わず，デッドロックが発生したときに何らかの対処をとるという考え方です。具体的には，上記の資源グラフなどでデッドロックを検出し，デッドロックを起こしている1つのタスクを強制的に終了させるなどの方法が採られます。

> **資源獲得の順序**を両方のタスクで同じにしておけば，デッドロックは発生しない。

第2は，デッドロックが生じないように，あらかじめ割当てと解放の順を決めておく**静的防止法**です。第3は，資源の割当て状況に応じて，デッドロックが生じないように動的に割当てを行っていく**動的防止法**です。

5.2.6 プロセスとスレッド　AM / PM

> タスク，プロセス，スレッドの関係を集合で表すと，「タスク⊇プロセス⊇スレッド」になる。ただし，リアルタイムOSでは，「プロセス⊇タスク≒スレッド」。

タスクの同義語として，主にUNIX系のOSで用いられる用語に**プロセス**があります。**プロセス**は，広義にはタスクと同様「1つのプログラムを実行する処理単位」を指し，これまでタスクとして説明した事柄はプロセスにも適用できます。

ここでは，ある時点で処理Aと処理Bとを並行処理するといったプログラムを例に，プロセスとプロセスを細分化した**スレッド**との違いを確認しておきましょう。

並行処理におけるプロセスとスレッド

プロセスは，1つのプログラムを実行する処理単位なので，プロセスごとに，スタックとCPUレジスタ群を1セットもちます。

> あるプロセスが別のプロセスを生成した場合，もとのプロセスを親プロセス，生成されたプロセスを子プロセスという。

　また，プロセスは，forkシステムコールによって自分自身をコピーし，子プロセスを生成できるので，図5.2.14に示すように，forkシステムコールを発行した親プロセスには処理Aを，生成された子プロセスには処理Bをというように，お互いに別のプロセスとして実行させることができます。しかしこの場合，親プロセスも子プロセスも，それぞれが独立したアドレス空間で実行されることになるので，主記憶の利用効率が悪くなります。また，親と子プロセスで協調動作をさせるためには同期制御やプロセス間通信が必要になります。

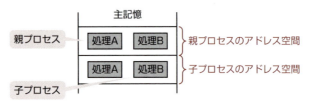

▲ 図5.2.14　プロセスの並行処理

> 同一プロセス内で複数のスレッドが動作することを**マルチスレッド**という。

　一方**スレッド**は，1つのプロセスから生成される並行処理単位で，1つのプロセスの中に複数のスレッドを動作させることができます。また，スレッドはプロセスとは異なり，CPU資源のみが割り当てられ，その他の資源は親プロセスから継承し，プロセス内の他のスレッドと共有します（プロセス内の資源なら何の制限もなく利用できる）。そのため，**軽量プロセス**とも呼ばれます。つまり，スレッドは，自分のレジスタとスタックをもち，図5.2.15に示すように，スレッド1は処理Aを，スレッド2は処理Bをというように，互いに独立して，共有している1つのプログラムを実行できます。そのため，主記憶の利用効率はよく，スレッド間でのデータ交換も容易に行うことができます。ただし，スレッド間での排他制御は必要です。

> スレッドは，すでに存在するプロセスから生成されるため，その生成に多くの時間はかからないが，プロセス生成には多くの時間がかかる。

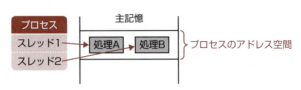

▲ 図5.2.15　スレッドの並行処理

5.3 記憶管理

5.3.1 実記憶管理　AM/PM

> **参考** 記憶管理には，実記憶管理と仮想記憶管理がある。

主記憶装置（実記憶装置）のつくる記憶空間を**実アドレス空間**といいます。タスク（プログラム）を実行するためには，そのタスクの実行に必要となる実アドレス空間を割り当てなければなりません。特に，マルチタスク環境では，複数のタスクにいかに効率よく実アドレス空間を割り当てるかがシステム全体の効率に大きく影響してきます。

実アドレス空間の割当て方式には，**単一連続割当て方式，固定区画方式，可変区画方式，オーバレイ方式**の4つがあります。

単一連続割当て方式

> **参考** 単一連続割当て方式では，下図αの空間に1つのタスクを割り当てる。

主記憶を1つのタスクだけに割り当てる方式です。マルチタスクでは使用することができません。

固定区画方式

主記憶領域をあらかじめいくつかの固定長の区画に分割し，並行実行するそれぞれのタスクに，そのタスクが必要とする大きさをもつ区画を割り当てる方式です。固定長の区画をパーティションということから，**パーティション方式**とも呼ばれています。

> **参考** 固定区画方式は，各タスクが，他の区画をアクセスすることを禁止する記憶保護機構だけあれば，特別なハードウェアがなくても実現でき，管理方法も簡単な方式。

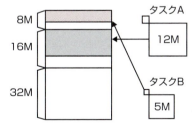

▲ 図5.3.1　固定区画方式の仕組み

> **参考** フラグメンテーション＝断片化。

固定区画方式では，区画の大きさとそこで実行するタスクの大きさが一致しなければ，区画内に未使用領域（**ガーベジ**：garbage）が発生します。これを**内部フラグメンテーション**といいます。

可変区画方式

タスクの大きさに合わせて主記憶領域を可変長の区画に区切って割り当てる方式です。区画内で内部フラグメンテーションが発生しないので，主記憶の使用効率がよいとされていますが，複数のタスクの実行と終了，つまり，区画の割当てと解放を繰り返し行うと，主記憶上に不連続な未使用領域が発生します。これを**外部フラグメンテーション**といいます。

合計値で十分な大きさの未使用領域があっても，それが不連続な領域では，タスクを実行することはできません。そこで，未使用領域を1つの連続領域にまとめる操作が行われます。これを**メモリコンパクション**といい，メモリコンパクションによって実行中のプログラムが再配置されることを**動的再配置**といいます。

参考：外部フラグメンテーションを解消するにはメモリコンパクションを行う。

参考：未使用領域をガーベジ(garbage：ゴミ)と捉え，メモリコンパクションのことを**ガーベジコレクション**(ゴミ収集)と呼ぶ場合もあるが，厳密には両者は区別される。

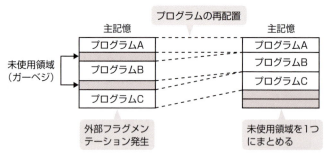

▲ 図5.3.2　メモリコンパクション

○ 未使用領域割り当て方式

主記憶上の未使用領域は，基本的に，各要素に「未使用領域のアドレスとその大きさ」をもたせた**リスト**で管理されます。このリスト管理された未使用領域から必要量の大きさをもつ領域を探し，タスクに割り当てるアルゴリズムには次の3つがあります。

▼ 表5.3.1　未使用領域を割り当てるアルゴリズム

最初適合アルゴリズム (first-fit：ファーストフィット)	必要量以上の大きさをもつ未使用領域のうちで最初に見つかったものを割り当てる
最適適合アルゴリズム (best-fit：ベストフィット)	必要量以上の大きさをもつ未使用領域のうちで最小のものを割り当てる
最悪適合アルゴリズム (worst-fit：ワーストフィット)	必要量以上の大きさをもつ未使用領域のうちで最大のものを割り当てる

参考：**最適適合アルゴリズム**を用いる場合，未使用領域を管理するためのデータ構造として，未使用領域の大きさをキーとする**2分探索木**が用いられることもある。

記憶管理 5.3

オーバレイ方式

主記憶より大きなプログラムを実行させる際，あらかじめプログラムを排他的に実行される複数個のセグメントに分割しておき，実行時に必要なセグメントを主記憶に読み込んで実行する方式です。これは，プログラム全部を主記憶にロードすることはできないので，とりあえず必要となるものをロードしようという考え方です。

例えば，あるプログラムを実行させる場合，そのモジュール構造に着目します。図5.3.3にあるように，プログラムがモジュールA～Fで構成される場合に，モジュールDは，モジュールAとBだけあれば実行できます。また，モジュールE，Fは，モジュールAとCだけあれば実行できます。この考え方に基づいたのが**オーバレイ方式**です。

> **参考** 主記憶の容量を超えるプログラムを実行するためのもう1つの方法が仮想記憶である(p259参照)。
>
> **用語 セグメント** プログラムを構成する関数，モジュールなどといった論理的な単位。

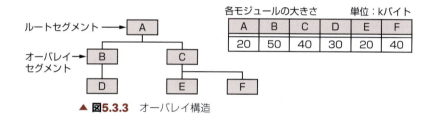

▲ **図5.3.3** オーバレイ構造

このプログラムの実行に必要な主記憶容量は，次のように計算できます。

> ① ルートセグメントAをロードする。
> ② Aから呼び出されるBをロードし，続いてBから呼び出されるDをロードする。この時点で要する主記憶容量は，20＋50＋30＝100kバイトとなる(次ページ図5.3.4を参照)。
> ③ Dの処理が終了し，さらにBの処理が終了すると，これを主記憶から追い出し，Aから呼び出されるC，続いてCから呼び出されるEをロードする。この時点で要する主記憶容量は，20＋40＋20＝80kバイトとなる。
> ④ Eの処理が終了すると，これを追い出し，Fをロードする。この時点で要する主記憶容量は，20＋40＋40＝100kバイトとなる。

参考 Bのローディングは Aから呼び出されたときに実行される。

5 ソフトウェア

参考 モジュールCの実行時には，モジュールCがモジュールBの存在した領域に上書きされるため，モジュールCからモジュールBへの参照はできない。オーバレイ方式では，このことを考慮したモジュール分割を行わなければならない。

以上から，このプログラムの実行に必要な記憶容量は100kバイトとなります。

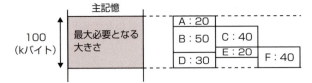

▲ 図5.3.4　必要な主記憶の大きさ

スワッピング

スワッピング（スワップイン／スワップアウト）は，主記憶の割当てに関連し，主記憶を効率よく利用する方法の1つです。

例えば，実行中のプログラムが何らかの理由で中断させられ，長い時間実行待ち状態になっている場合，そのプログラムを主記憶上に置いておくと，主記憶の利用効率が悪くなります。そこで，このようなプログラムを実行状態のまま，**スワップ**と呼ばれる補助記憶上の領域に退避（**スワップアウト**）し，他のプログラムを補助記憶から主記憶に読み込んで実行します。そして，中断されたプログラムの再開時には，退避した状態を読み込んで（**スワップイン**），実行を再開します。

用語 スワップ（swap）
主記憶の容量不足を補うために確保されたハードディスク上の領域。Linuxでは，通常，主記憶容量の約2倍の領域をswapとしてハードディスク上に確保する。

💡 COLUMN
メモリプール管理方式

メモリプールとは，メモリの獲得要求と返却に応じられるよう，あらかじめ確保した主記憶領域のことです。まとまった主記憶領域を一括で確保した後は，その領域から必要なサイズの領域を獲得し，不要になった時点で返却します。メモリプールの管理方法には，固定長方式と可変長方式があります。

固定長方式は，固定長のブロックを必要に応じて複数リンクし，割り当てる方式です。プログラムが獲得する領域はサイズが固定化されているため，獲得及び返却の処理速度は速く一定です。ただし，どんなに小さなサイズの獲得要求でも固定長の領域が割り当てられるため，領域内に未使用領域が発生し，メモリ効率は悪くなります。これに対して**可変長方式**は，要求に応じた大きさの領域を割り当てる方式です。プログラムは，必要に応じたサイズの領域の獲得ができ，固定長方式に比べてメモリ効率はよいですが，領域の獲得と返却を繰り返すとフラグメンテーションが発生します。

記憶管理 **5.3**

..5.3.2.... 仮想記憶管理 AM/PM

仮想記憶方式は，磁気ディスクなどの補助記憶を利用することによって，主記憶の物理的な容量よりはるかに大きなアドレス空間(仮想アドレス空間あるいは論理アドレス空間という)を提供する方式です。プログラム実行の際には，**仮想アドレス**(論理アドレス)から主記憶上の**実アドレス**(物理アドレス)への変換が行われます。このアドレス変換を**動的アドレス変換**(DAT：Dynamic Address Translator)といい，実際にこれを行うハードウェア装置が**MMU**(Memory Management Unit：メモリ管理ユニット)です。

仮想記憶を実現する方式には，大きく分けて次の2つがありますが，一般に仮想記憶方式というとページング方式を指します。

> **参考** プログラムで扱われるアドレスは，仮想アドレスであるため，命令実行の際には，主記憶上の実アドレスに変換される。

> **用語** MMU
> メモリ管理のための様々な機能を提供する装置。主な機能に，CPUが指定した仮想アドレスを実アドレスに対応させる(すなわち仮想記憶管理)機能の他，メモリ保護機能，キャッシュ制御機能などがある。

▼ **表5.3.2** 仮想記憶方式

ページング方式	プログラムをページという固定長の単位に分割し，ページ単位でアドレス変換を行う。実行に必要なページのみ主記憶に読み込むので，主記憶の有効活用ができる。また，メモリフラグメンテーション問題を解決できるといった長所がある
セグメント方式	プログラムをセグメントという論理的な単位(大きさは可変)に分割し，セグメント単位でアドレス変換を行う

..5.3.3.... ページング方式 AM/PM

アドレス変換

ページング方式では，仮想アドレスと実アドレスの対応付け(マッピング)を，次ページの図5.3.5に示す**ページテーブル**というアドレス対応表を用いて行います。

仮想アドレスは，ページ番号とページ内の相対アドレス(変位)から構成され，ページテーブルには，そのページが配置されている主記憶上のアドレスが記録されています。また，ページフォールトビットが設けられ，主記憶上に存在しないページには1，存在するページには0といったフラグが設定されています。

MMUは，各命令の実行ごとにこのページテーブルをアクセスし，主記憶上に該当ページが存在するか否かを判断したり，仮想アドレスから実アドレスを算出します。

> **参考** 命令実行時，ページテーブルを用いて動的にアドレスを変換することで，主記憶上バラバラに配置されているプログラムを順序正しく実行できる。

> **参考** **記憶保護**を容易に行うため，ページテーブルにページのアクセス権を設定する方式もある。

> 図5.3.5では，1ページの大きさを100で表現している。

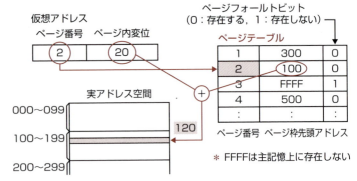

▲ **図5.3.5** 仮想アドレスから実アドレスへの変換

> **TLB**
> （Translation Look-aside Buffer）アドレス変換バッファ，**連想レジスタ**と呼ばれる。最近参照したページの変換履歴を記憶したもの。

しかし，主記憶上にあるページテーブルをアドレス変換のたびにアクセスすると，命令実行の処理速度が低下してしまいます。そこで，MMU内部にある**TLB**という一種のキャッシュ（バッファ）を用いてアドレス変換の高速化を実現します。

ページフォールト

> **ページフォールト割込み**は，DATによるアドレス変換の過程で，ページテーブルのページフォールトビットが1のときに発生する。

プログラムの実行中，処理に必要なページが主記憶に存在しない状態が起きたとき，これを**ページフォールト**（ページ不在）が発生したといいます。実際には，内部割込みである**ページフォールト割込み**が発生します。そして，この割込みによって，該当ページを主記憶に読み込む動作（ページイン）が行われます。

ページインとページアウト（ページング）

> ページを主記憶に読み込むことを**ページイン**といい，主記憶から追い出して補助記憶に書き出すことを**ページアウト**という。

ページインのアルゴリズムには，デマンドページングとプリページングの2つがあります。**デマンドページング**は，ページフォルトが発生した際に，該当ページを読み込む方式です。主記憶に空きページ枠があれば，そこに読み込みますが，なければページ置換え（リプレースメント）アルゴリズムにより決定された不要ページを追い出したあと読み込みます。一方，**プリページング**は，近い将来必要とされるページを予測し，あらかじめ主記憶に読み込んでおく方式です。ページフォールトの発生回数を少なくできるので，補助記憶へのページアクセスを原因とした処理の遅れを減少できますが，読み込むべきページの予測が難しく，実際には，デマンドページングと併用して用いられます。

5.3 記憶管理

参考 LRUは効率のよいアルゴリズムであるといわれている。

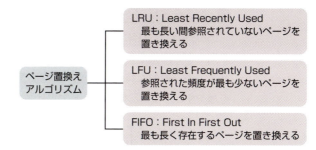

▲ 図5.3.6　ページ置換えアルゴリズム

LRUによるページ置換えの例

　主記憶のページ枠を3ページ，プログラムの大きさを6ページとし，プログラム実行時に決められた順にページが参照される場合のLRUによるページ置換えの様子を図5.3.7に示します。

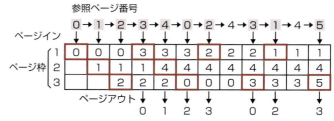

▲ 図5.3.7　ページ置換え例

LRU，FIFOの基本的な考え方

　LRUは，「最も長い間参照されていないページを選択する」という方法で，最近参照されたページは再び参照される可能性が高い，いい換えれば，長い間参照されていないページを再び参照する可能性は低いということを根拠としています。また，FIFOは，「最も長く存在する(最も早くページインした)ページを選択する」という方法ですが，プログラムは一般に順次連続的に実行されることを考えると，最も早くページインしたページを再び参照する可能性は低いという考え方に基づいています。つまり，LRUやFIFOの基本的な考え方は，「その時点以降の最も遠い将来まで参照されないページがどれかを推測する」ことだといえます。

参考 「その時点以降の最も遠い将来まで参照されないページがどれかを推測する」最適(OPT)アルゴリズムは実現不可能であるため，代わりに実現可能なLRUやFIFOが用いられる。

261

割当て主記憶容量とページフォールトの関係

図5.3.8は，LRUにおける割当て主記憶容量とページフォールト発生率の関係をグラフに表したものです。ページ置換えアルゴリズムの一般的な特性として，このように，「割当て主記憶容量を増やすと，ページフォールト発生率は減少する」傾向があります。

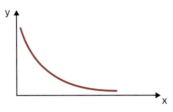

▲ 図5.3.8 割当て記憶容量(x)とページフォールトの発生率(y)

参考 FIFOは，最も長く存在するページを置き換える。

しかし，FIFOでは「割当て主記憶容量を増やすと，逆に，ページフォールト回数が多くなる」場合があります。図5.3.9と5.3.10に示すように，プログラムが参照するページ番号順が，「1 2 3 4 1 2 5 1 2 3 4 5」のとき，主記憶のページ枠を3から4に変更すると，発生するページフォールトの回数は1回増加します。

試験 ここに示したFIFOアルゴリズムを採用したときの現象は頻出。

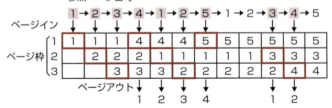

▲ 図5.3.9 ページ枠3の場合

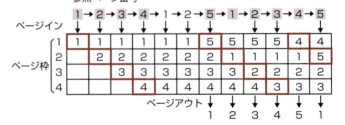

▲ 図5.3.10 ページ枠4の場合

スラッシング

仮想記憶システムにおいて主記憶の容量が十分でない場合，プログラムの多重度を増加させるとページング処理が多発します。これにより，システムのオーバヘッドが増加し，アプリケーションのCPU使用率が極端に減少するといった現象が発生します。この現象を**スラッシング**といいます。

> 参考：ページサイズを極端に小さくした場合にも，ページング処理が多発する。

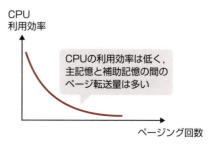

▲ 図5.3.11　スラッシング

ワーキングセット

プログラムには，局所参照性の性質があるといわれています。プログラムの**局所参照性**とは，参照された場所の近くが引き続き参照される可能性が高く，離れた場所が参照される可能性は低いというものです。

> 参考：ループによる反復実行のように，短い時間に主記憶の近接した場所を参照するプログラムの局所参照性は高くなる。一方，分岐命令などによって，主記憶を短い時間に広範囲に参照するほど，局所参照性は低くなる。

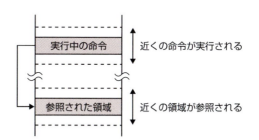

▲ 図5.3.12　プログラムの局所参照性

主記憶の割当てに関して，プログラムの局所参照性を考慮して行う場合がありますが，この場合，OSはプログラム実行時に局所参照性を把握し，各時点で局所参照しているページの集合を管理します。このページの集合を**ワーキングセット**といいます。

> 参考：ワーキングセットは，現在の時間からT時間さかのぼって，その間に参照されたページを指す。

5 ソフトウェア

5.4 言語プロセッサ

5.4.1 言語プロセッサとは AM/PM

テキストエディタなどで記述されたプログラムは，そのままではコンピュータ上で実行できないので，何らかの処理を行い，実行できるようにします。これを行うプログラムを総称して，**言語プロセッサ**といいます。

▼ **表5.4.1** 主要な言語プロセッサ

アセンブラ	アセンブリ言語で記述されたプログラムを機械語に翻訳する
コンパイラ	高水準言語で記述されたプログラムをコンパイル(翻訳)し，機械語の目的プログラムを生成する。**高水準言語**とは，コンピュータアーキテクチャに依存することがなく，人間の思考に近い形の文や数式でプログラムの記述ができるプログラム言語のこと
インタプリタ	プログラムの命令を1つずつ解釈し，その都度翻訳しながらプログラムを実行する
プリプロセッサ	ある高水準言語で記述されたプログラムを別の高水準言語のプログラムに変換する。あるいは，高水準言語に付加的に定義され，記述された命令をもとの高水準言語だけを使用したプログラムに変換する

参考 翻訳(変換)されるもととなるプログラムを**原始プログラム**，ソースプログラムという。

なお，コンパイラには，現在使用しているコンピュータ，あるいは同じアーキテクチャのコンピュータ上で実行できる目的プログラムを生成する**セルフコンパイラ**と，異なるアーキテクチャの(命令形式が異なる)コンピュータ用の目的プログラムを生成する**クロスコンパイラ**の2種類があります。

参考 ソフトウェアを実行する機器と同一の機器で開発を行うことを**セルフ開発**という。これに対して，例えば，携帯電話用のプログラムをパソコン上で開発するなど，実行する機器とは異なる開発専用の機器で開発を行うことを**クロス開発**という。

その他の言語プロセッサ

◯ ジェネレータ(生成系)

ジェネレータは，手続を記述しなくても処理条件となる入力，処理，出力に関する引数(パラメータ)を指定するだけで自動的にプログラムを生成する言語プロセッサです。UNIX系の字句解析ツールであるLexや構文解析ツールYaccも，ジェネレータに分類されます。

● シミュレータ（実行系）

シミュレータは，他のコンピュータ用のプログラムの命令を解読しながら実行する言語プロセッサで，これをハードウェア（マイクロプログラム）で行うものを**エミュレータ**といいます。シミュレータは，開発用のコンピュータにおいて，ターゲットコンピュータ上の動きをソフト的に再現するだけですが，エミュレータは内部動作までも模擬的に再現します。

5.4.2 コンパイル技法

コンパイラの処理手順

コンパイラは，CやCOBOLといった高水準言語で記述されたプログラムを機械語の目的プログラムに変換・翻訳する言語プロセッサです。コンパイラの処理手順と内容は図5.4.1，表5.4.2のようになります。

▲ 図5.4.1　コンパイラの処理手順

▼ 表5.4.2　コンパイラの処理

字句解析	プログラムを表現する文字の列を，変数名，演算子，予約語，定数，区切り記号など，意味をもつ最小単位である字句（**トークン**）の列に分解する
構文解析	字句解析で切り出されたトークンをプログラム言語の構文規則に従って解析し，正しい文であるかを判定する。誤りがあれば文法エラーとする
意味解析	変数の宣言と使用との対応付けや，演算におけるデータ型の整合性チェックを行う。そして，文の意味を解釈し別の表現（同じ意味の文）に直す。一般には，後続の最適化処理を行いやすくするため，構文解析の結果をもとに，3つ組み，4つ組み，逆ポーランドなどによる**中間コード**を生成する
最適化	実行時の処理時間や容量が少なくなるよう，レジスタの有効利用を目的とした変数のレジスタ割付や，不要な演算を省略するなどプログラム変換（再編成）を行う
コード生成	目的プログラムとして出力するコードを生成する

字句解析については「1.4.1 形式文法と言語処理」（p33）も参照。

中間コードについては「1.4.3 構文解析の技法」（p36）を参照。

最適化手法については，p266を参照。

5 ソフトウェア

参考 コンパイラに対して最適化レベルを指定することができる。

コンパイラの最適化手法

コンパイラが行う最適化の考え方に，実行速度からみた最適化とコードサイズからみた最適化の2つがあります。

POINT 2つの最適化手法の特徴
① 実行速度からみた最適化　⇒ 実行時間を短縮する
② コードサイズからみた最適化 ⇒ プログラムサイズを小さくする

〔実行速度からみた最適化〕
・べき乗は乗算，乗算は加算に変換する。
・終始更新されることがない変数は，定数で置き換える。
・関数を呼び出す箇所に，呼び出される関数を取り込み，関数の呼出し時間を節約する(関数の**インライン展開**)。
・ループ中で値の変わらない式は，ループの外に出す。
・ループ中の繰返し処理を展開する(**ループアンローリング**)

〔コードサイズからみた最適化〕
・プログラムの冗長部分や不要・無用命令を排除する。
・変数の初期値や定数に共通部分があれば，それをまとめる。

〔実行速度及びコードサイズからみた最適化〕
・変数をレジスタに割り当てる。
・定数同士の計算式をその計算結果で置き換える。例えば，$x＝1＋2$は$x＝3$に置き換える(**定数の畳込み**)。

5.4.3 リンク(連係編集) AM/PM

コンパイラによって生成された目的プログラム(オブジェクトプログラム)を，実行可能なプログラム(**ロードモジュール**)にするためには，プログラムで使用しているライブラリモジュールなど，実行に必要なものをまとめ上げる必要があります。これを**リンク**(連係編集)といい，それを行うプログラムを**リンカ**といいます。

用語 **ライブラリ** 多くのプログラムが共通に使う機能を部品化し，まとめたファイル。

ライブラリは，リンクのタイミング(実行前に静的に行うか／

266

静的ライブラリは，リンク時において，各プログラムにリンクされるため，他のプログラムとの共有はできない。

共有ライブラリは，プログラム起動時に主記憶上にロードされ，その後，他のプログラムからも使用できるライブラリ。UNIX系OSでは，**動的ライブラリ**と区別される。

ロードモジュールは，**ローダ**により主記憶上にロードされ実行される。

実行時に動的に行うか）や共有性によって，静的ライブラリと動的ライブラリ／共有ライブラリに分類できます。動的ライブラリ／共有ライブラリは，プログラムの実行時に，必要に応じてリンク（マップ）して使用する，主記憶にロードされたライブラリです。複数のプログラムから同時に利用可能なので，静的ライブラリより，主記憶の使用効率はよくなります。

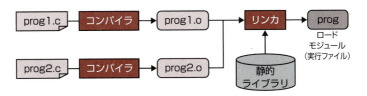

▲ **図5.4.2** 静的リンクの例

コンパイル・リンクの自動化ツール(make)

複数のソースプログラムから1つの実行ファイルを生成する場合，どのプログラムを修正したのか，コンパイルすべきプログラムは何かといった管理が大変になります。プログラムに修正を加えるたびに，すべてのプログラムをコンパイルするのは無駄な作業です。**make**ツールは，ソースプログラム，目的プログラム，実行ファイル間の依存関係と，各ファイルの生成方法を記述したmakeファイルをもとにして，コンパイルすべきファイルは何かを求め，最小の手順で実行ファイルを生成するツールです。

例えば，ソースプログラムprog1.cとprog2.cから，実行ファイルprogを生成する場合，次のようなmakeファイルを作成し，makeコマンドを実行することで，prog1.cのみを修正したのであれば，prog1.cだけをコンパイルし実行ファイルを生成します。

ccは，C言語コンパイラ。オプション"-o"を付けると実行ファイルを生成し，"-c"を付けるとコンパイルのみを行う。また，ライブラリのリンクを静的／動的のどちらにするか指定できる。

> **例** makeファイル(makefile)の例
>
> prog：prog1.o　prog2.o　　← progはprog1.oとprog2.oに依存
> 　　　cc　-o　prog　prog1.o　prog2.o
> prog1.o：prog1.c　　　　　← prog1.oはprog1.cに依存
> 　　　cc　-c　prog1.c
> prog2.o：prog2.c　　　　　← prog2.oはprog2.cに依存
> 　　　cc　-c　prog2.c

5 ソフトウェア

5.5 開発ツール

5.5.1 プログラミング・テスト支援 AM/PM

プログラミングやテストを支援するツールには，プログラムを実行することなくプログラム検証を行う静的テストツールと，プログラムを実行しながら行う動的テストツールがあります。

静的テストツール（静的解析ツール）

構文チェッカ

プログラム（ソースコード）が，言語で定められた構文に従って記述されているかを検査するツールです。

参考 車載製品のソフトウェアなど，C言語で記述する組み込みシステムの品質（安全性と信頼性）を確保するために，C言語のコーディング規則をまとめたものにMISRA-Cがある。

コードオーディタ

ソフトウェア開発において独自に定めたプログラミング規約（コーディング規約）に違反していないかを検査するツールです。

用語 実引数 モジュール（手続）を呼び出すときの引数。

モジュールインタフェースチェックツール

モジュール間のインタフェースの不一致などを検出するツールです。実引数と仮引数の個数の一致，対応する引数のデータ型の一致などをチェックします。

用語 仮引数 手続内で定義された引数。

動的テストツール（動的解析ツール）

トレーサ

トレーサは追跡プログラムとも呼ばれ，命令単位，あるいは，指定した範囲でプログラムを実行し，実行直後のレジスタの内容やメモリの内容など，必要な情報が逐次得られるツールです。実行順に命令とその実行結果を確認できるので，プログラム中の誤り箇所を特定できないときに効果があります。

用語 アサーション プログラムの特定の位置で，必ず成立している関係あるいは条件のこと。

アサーションチェッカ

プログラムの正当性を検証するために，アサーションと呼ばれる条件をプログラムの適切な箇所に挿入し，実行時に検証結果が

開発ツール　5.5

確認できるツールです。

参考 テストカバレージ分析ツール，又はカバレージモニタともいう。なお，テストカバレージには，C0（命令網羅），C1（分岐網羅），C2（条件網羅）などがある。自動車分野の機能安全規格ISO 26262では，テスト指標としてC1カバレージが用いられている。

◯テストカバレージツール

　プログラム（ソースコード）に存在するすべての経路のうち，どれだけの割合の部分をテストによって実行できたかという指標をカバレージ（網羅率）といいます。テストカバレージツールは，ホワイトボックステストにおいてカバレージを測定するツールです。

◯プロファイラ

　プログラムの性能を分析するためのツールです。プログラムを構成するモジュールや関数の呼び出し回数，それにかかる時間，また実行時におけるメモリ使用量やCPU使用量など，プログラムの性能改善のための分析に役立つ各種情報を収集します。

　プロファイラは，例えば，「プログラムの動作が遅い」，「"メモリ不足"エラーが出る」といった場合，プログラムのどの部分で処理が遅くなっているのか，何がメモリを消費しているのかなど，プログラムのボトルネックを検出するのに役立ちます。

◯ICE（インサーキットエミュレータ）

用語 エミュレート 模擬的に動作させること。

　ソフトウェアやハードウェアのデバッグを行うための装置です。MPUをエミュレートする機能をもち，さらにプログラムを1ステップずつ実行する機能や，実行途中で一時停止させるブレークポイント機能，レジスタやメモリの値を表示したり変更したりするデバッグ機能などが備えられています。対象システムのボード上にMPUの代わりに接続し，MPUの動作をエミュレートすることでデバッグ作業を行います。

▼**表5.5.1**　その他のプログラミング・テスト支援ツール

スナップショット	プログラムの特定の命令文が実行されるごとに，指定されたメモリやレジスタの内容を出力する
インスペクタ	実行中のプログラムのデータ（変数やオブジェクト）内容を表示する
テストデータ生成ツール	テストデータのデータ構造を与えることで自動的にテストデータを生成する
テストベッドツール	新しい技術の実証実験や，プログラムの一部分を隔離してテストする際に利用されるテスト環境（プラットフォーム）

5 ソフトウェア

5.5.2 開発を支援するツール AM/PM

　開発を支援するツールには，前項で説明したプログラミング・テスト支援ツールの他に様々なものがあります。ここでは，その中で試験に出題されているものを紹介します。

IDE

参考 IDEの代表的なものにEclipseがある。EclipseはJavaを扱う統合開発環境として開発されたものであるが，現在ではC，C++，Python，Rubyなど数多くのプログラミング言語に対応している。

　IDEは "Integrated Development Environment" の略で，ソフトウェアの開発作業全体を一貫して工程を支援する**統合開発環境**です。ソフトウェアを開発する場合，まずエディタでソースコードを書き，ソースコードからコンパイラとリンカを使って実行ファイルを作成し，そしてテスト支援ツールなどを使用してデバッグ作業を行います。IDEは，これらの作業を1つの開発環境で統一的に一貫して行えるように，エディタやコンパイラ，リンカ，デバッガを，その他の支援ツール(バージョン管理など)とまとめて提供します。

リポジトリ

参考 リポジトリに格納される情報には，同じものでもバージョンが異なるものが存在するため，リポジトリには，格納した情報についての複数のバージョンを管理する機能が必要になる。

　リポジトリとは，ソフトウェアの開発及び保守における様々な情報を一元的に管理するためのデータベースです。各工程での成果物を一元管理することにより，用語を統一することもでき，開発・保守作業の効率を向上させることができます。

　なお，データの属性，意味内容などデータ自身に関する情報を**メタデータ**といい，メタデータを収集・登録，管理したものを**データディクショナリ**といいます。一般に，データディクショナリはデータの管理を基本としますが，リポジトリは，その対象をプログラムやシステムにまで拡大し，各開発工程での成果物をメタ情報として管理するデータベースであるといえます。

バージョン管理ツール

　バージョン管理ツールは，**ソースコード管理ツール**ともいい，ソースコードのバージョンや変更履歴を管理するためのツールです。代表的なものに，Subversion(Apache Subversion)やGitがあります。

270

○Subversion（Apache Subversion）

参考 Subversionは，複数の開発者が1つのリポジトリを共有するため，変更点の競合が発生しやすいというデメリットがある。

中央集中型のバージョン管理機能を備えたソースコード管理ツールです。**Subversion**では，ソースコードやソースコードの変更履歴はすべて中央リポジトリに記録され管理されます。各開発者はネットワーク経由で中央リポジトリに接続し，checkoutもしくはupdateコマンドで中央リポジトリからソースコードを取り出し，commitで中央リポジトリに変更点を反映します。

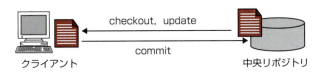

▲ **図5.5.1** Subversion

○Git

分散型のソースコード管理ツールです。**Git**では，全履歴を含んだ中央リポジトリの完全な複製を各開発者，又は各開発セクションが利用できる作業用ディレクトリ（ローカルリポジトリという）にコピーして運用できます。各開発者は，ローカルリポジトリ上で開発し，新規に作成したソースや変更したソースをローカルリポジトリにcommitで反映した後，任意のタイミングでその新規・修正内容を中央リポジトリに反映します。

COLUMN

AIの開発に用いられるOSS

AIの開発に用いられる代表的なOSSには，表5.5.2のようなものがあります。

▼ **表5.5.2** AIの開発に用いられる代表的なOSS

Chainer	ニューラルネットワークを使用した機械学習を行うための機能が実装されたオープンソース・ライブラリであり，ディープラーニング（深層学習）のフレームワーク。Pythonでシンプルなコードを記述するだけでディープラーニングのモデルが作成でき，さらにGPUを使った高速化まで行える
OpenCV	Open Source Computer Vision Libraryの略で，画像処理や画像解析を行うのに必要な様々な機能が実装されたオープンソース・ライブラリ。ディープラーニングの画像認識でよく使用される。Pythonを始め，C/C++，Java，MATLAB用として公開されている。なお**MATLAB**は，数値解析ソフトウェアであり，行列計算やベクトル演算などの豊富なライブラリをもった行列ベースの高性能なテクニカルコンピューティング言語
R	統計解析やデータ分析に特化したプログラミング言語。統計解析・データ分析を効率よく実装するためのソフトウェアパッケージが多数提供（公開）されている。現在は，機械学習やデータマイニングの現場で多く活用されている

5.6 UNIX系OS

5.6.1 ファイルシステムの構造とファイル AM/PM

ファイルシステムの構造

用語 ファイルシステム
記憶装置の中にファイルを記録する仕組み。

UNIXはファイル指向システムです。ファイルシステムの構造はディレクトリ構造をもった階層構造で，すべてのファイルは1つの木構造で階層的に管理されています。階層構造の最上位にあるディレクトリを**ルートディレクトリ**といい，ルートディレクトリ，あるいは任意のディレクトリから，すべてのファイルがたどれるようになっています。

目的のファイルをたどる経路（パス）を表記したものを**パス名**といいます。パス名には，絶対パス名と相対パス名があり，どちらも次々にたどるディレクトリを"/"で区切って指定します。

参考 階層構造の例

● 絶対パス名

絶対パス名は，ルートディレクトリから目的のファイルへのパスを指定したもので，パス名は"/"から始まります。例えば，側注の図のディレクトリD内にあるファイルhogeの絶対パス名は「/A/D/hoge」となります。

● 相対パス名

参考
アカウントをもつユーザには，**ホームディレクトリ**が割り当てられる。ログインすると，ホームディレクトリがカレントディレクトリとなり，ユーザはその作業の大部分をホームディレクトリ内で行う。

相対パス名は，**カレントディレクトリ**（現在，作業しているディレクトリ）から目的のファイルへのパスを指定したものです。相対パス名では，各ディレクトリが有する"."と".."の2つの特別なエントリを使います。"."はカレントディレクトリ自身を指す名前で，".."は親ディレクトリの名前です。例えば，カレントディレクトリがDであったとき，poiの相対パス名は「./poi（poiでもよい）」，また，ディレクトリC内にあるファイルhogeの相対パス名は「../C/hoge」となります。

ファイルの種類

UNIXではファイルを次の3つの種別に分類しています。

○ 通常(ノーマル)ファイル

テキストやソースプログラムなどを格納するためのファイルです。一般に，ファイルというとこの通常ファイルを指します。

○ ディレクトリファイル(ディレクトリ)

> 参考：ディレクトリは，Windowsでいえばフォルダに相当する。

ディレクトリは，別のディレクトリ(サブディレクトリ)を含め，いくつものファイルを納めておくことができる"入れ物"ですが，実際には，そのディレクトリが管理するファイルの，ファイル名とファイルの実体とを対応づけるためのファイルで，これを**ディレクトリファイル**といいます。

ディレクトリファイルには，図5.6.1に示すように，ファイル名とiノード番号が保持されています。i**ノード**とは，「ファイル種類，所有者，サイズ，作成日時／修正日時，アクセス権，データ領域へのポインタ」など，ファイルの実体を示す情報が格納された要素です。iノード番号はそれを識別する番号です。

> 参考：既存のファイルに別名を付けて，その名前でアクセスできる**リンク**という仕組みがある。例えば，ファイル/D/hogeに対してfugaとpiyoという2つの名前でリンクを定義すると，どちらの名前を使っても/D/hogeにアクセスできる。このファイルを**リンクファイル**という。

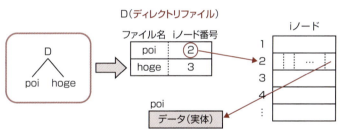

▲ **図5.6.1** Dのディレクトリファイルのイメージ

○ 特殊ファイル(スペシャルファイル)

> 参考：UNIXでは，システムに接続されているすべての周辺装置をディレクトリ階層の中のファイルとして扱う。

磁気ディスクなどの入出力装置にアクセスするためのファイルを**特殊ファイル**といいます。対応する装置がどのような単位でデータを処理するかによって，次の2つに分けられます。

> **POINT** 特殊ファイルの種類
> ・キャラクタスペシャルファイル
> ⇒ 端末やプリンタなど文字単位で入出力を行う装置
> ・ブロックスペシャルファイル
> ⇒ 磁気ディスクなどブロック単位で入出力を行う装置

5.6.2 UNIX系OSの基本用語　AM/PM

ここでは，UNIX系OSの基本用語をまとめておきます。

シェル

シェルは，ユーザとOS(カーネル)間のインタフェースとなるプログラムです。ユーザが入力したコマンドを解釈し，対応する機能を実行するようにOSに指示し，OSからの結果を待ってそれをユーザに返す(表示する)ことを主な役割とします。なお，シェルはシステムの中に固定して組み込まれているものではありません。ログイン時に起動される最初のシェル(**ログインシェル**)をはじめ，各ユーザは自分の好むシェルを指定することができます。

リダイレクション

リダイレクションは，コマンドの入力や出力を切り替える機能です。例えば，lsコマンドを実行すると，その結果は標準出力(通常，画面)に出力されますが，「ls ＞ out」とリダイレクションを行うことで，結果をoutという名前のファイルに出力できます。また，「ls ＞＞ out」と行うと，結果をoutファイルに追加できます。

> **用語 lsコマンド**　ディレクトリ内のファイルの情報を表示するコマンド。オプション「-l」を付けると，ファイルの詳細を表示できる。

パイプ

パイプは，コマンド間でデータを受け渡す仕組みです。複数のコマンドでデータを連続的に処理する場合に使用します。例えば，カレントディレクトリ内に多数のファイルがあるとき，ファイル情報確認のための「ls -l」を発行すると，画面がスクロールしてしまう場合があります。このような場合は，パイプ機能とmoreコマンドを使用して，「ls -l | more 」と実行すれば，1画面ずつ表示することができます。

> **用語 moreコマンド**　ファイルを1画面分ずつ分割して表示するコマンド。

ソケット

ソケットは，アプリケーション間で通信を行うためのプログラムインタフェースで，通信の出入り口(エンドポイント)となるものです。「プロトコル(TCP，UDP)，IPアドレス，ポート番号」の組合せで通信に固有のエンドポイントを識別します。

> **参考 ソケット**　ソケットAにデータを書き込むと，ソケットBに届けられ，ソケットBからデータを読むことができる。

> **デーモン**
>
> デーモン（Daemon）は，OSの機能の一部を提供するプロセスで，**デーモンプロセス**とも呼ばれます。OSと同時に起動されるか，又は必要に応じて起動され，その後はバックグラウンドで常に動作して特定のサービスを実行します。

5.6.3 OSS（オープンソースソフトウェア） AM/PM

ソースコードをインターネットなどを通じて公開し，誰でもそのソフトウェアの利用や改変，また再頒布を行うことを可能にしたソフトウェアを**OSS**（Open Source Software：**オープンソースソフトウェア**）といいます。

OSSは，**Web-DB連携システム**を開発する際に使用されるLAMPやLAPPなどを中心に広く利用されています。**LAMP**は，「Linux，Apache，MySQL，PHP／Perl／Python」の頭文字をとった造語で，OSにLinux，WebサーバにApache，データベースにMySQL，プログラム言語にPHP，Perl，Pythonのいずれかを用いたソフトウェアバンドルです。また，データベースにPostgreSQLを用いたものが**LAPP**です。

用語 ソフトウェアバンドル
単体でも提供可能な製品を，複数組み合わせてセットにしたもの。

参考 OSSの定義は，**OSI**（Open Source Initiative）が**OSD**（The Open Source Definition）で定めている。

参考 OSSの核となるソフトウェア（例えば，Linuxカーネルなど）に独自のソフトウェアを付加し，パッケージとして提供する企業や団体を**ディストリビュータ**という。

> **POINT OSSの定義（特徴）**
> ・誰もが自由にソースコードを入手・解読・研究できる
> ・一定の条件の下で，ソースコードの改変（変更）ができる
> ・自由な再頒布（再配布）ができる
> ・元のOSSを利用し新しいソフトウェア（派生物）を作成できる
> ・派生物を他の利用者に再頒布できる
> ・再頒布した派生物にも，同じライセンスを適用（継承）できる
> ・ライセンス条件下で，作成した派生物を譲渡又は販売できる
> ・誰もがOSSを使用できる（個人や集団に対する差別の禁止）
> ・営利目的の企業での使用や特定の研究分野での使用も許可される（利用する分野に対する差別の禁止）
> ・再頒布において追加ライセンスを必要としない
> ・特定の製品に依存しない
> ・同じ媒体で頒布される他のソフトウェアを制限しない
> ・技術的に中立である

5 ソフトウェア

☕ COLUMN

コンピュータグラフィックスの基本技術

　コンピュータグラフィックス(CG：Computer Graphics)の基礎技術を問う問題も出題されます。いずれも用語・知識問題なので知っているか否かが解答の"鍵"となります。表5.6.1に，出題されている基本用語をまとめておきます。

▼ **表5.6.1** コンピュータグラフィックスの基本技術

マルチメディアオーサリングツール	画像，音声，文字などの素材を画面上で組み合わせて，マルチメディアコンテンツ(作品)を作るためのツール
レンダリング	物体のデータ(形状，表面の質感，光源など)から，ディスプレイに描画できる画像や映像などを生成する処理。バーチャルリアリティ(VR：Virtual Reality)におけるモデリングでは，仮想世界の情報をディスプレイに描画可能な形式の画像に変換する 〔主なレンダリング手法〕 ・レイトレーシング：光源からの光線の経路を計算することにより光の反射や透過などを表現し，物体の形状を描画する処理 ・ラジオシティ：光の相互反射を利用して物体表面の光のエネルギーを算出することにより表面の明るさを決定する処理 ・Zバッファ：3次元CGにおける奥行き情報を格納するためのメモリ領域であり，奥行き情報を用いて物体の描画処理を省略し高速化するための技術。深度バッファとも呼ばれる
アンチエイリアシング	斜め線や曲線のギザギザを目立たなくする処理。画面は格子状に並んだドットの集まりなので，斜め線や曲線を表示すると階段状のギザギザ(ジャギー)が発生する。アンチエイリアシングでは，描画色と背景色から中間色を計算し(平均化演算)，ドットの間に中間色の点を配置することで滑らかな線に見えるようにする
ディザリング	表現可能な色数が少ない環境で，より多くの階調を表現するための技法。表示装置には色彩や濃淡などの表示能力に限界があるが，ディザリングにより，いくつかの画素を使って見掛け上表示できる色数を増やし，滑らかで豊かな階調を表現することができる
クリッピング	画像表示領域にウィンドウを定義し，ウィンドウ内の見える部分だけを取り出す処理
シェーディング	立体感を感じさせるため，物体の表面に陰付けを行う処理
メタボール	物体を球や楕円体の集合として疑似的にモデル化する処理
テクスチャマッピング	モデリングされた物体の表面に柄や模様などを貼り付ける処理
ブレンディング	画像を半透明にして，別の画像と重ね合わせる処理
モーフィング	ある形状から別の形状へ徐々に(滑らかに)変化していく様子を表現するために，その中間を補うための画像を複数作成すること
サーフェスモデル	3次元CG分野で多く用いられている立体表現形式。物体をポリゴンと呼ばれる三角形や四角形などの多角形，又は曲面パッチを用いて表現したもの
ワイヤフレーム	3次元形状をすべて線で表現したもの

276

得点アップ問題

解答・解説は283ページ

問題1 (H24春問22)

プロセスを，実行状態，実行可能状態，待ち状態，休止状態の四つの状態で管理するプリエンプティブなマルチタスクのOS上で，A，B，Cの三つのプロセスが動作している。各プロセスの現在の状態は，Aが待ち状態，Bが実行状態，Cが実行可能状態である。プロセスAの待ちを解消する事象が発生すると，それぞれのプロセスの状態はどのようになるか。ここで，プロセスAの優先度が最も高く，Cが最も低いものとし，CPUは1個とする。

	A	B	C
ア	実行可能状態	実行状態	待ち状態
イ	実行可能状態	待ち状態	実行可能状態
ウ	実行状態	実行可能状態	休止状態
エ	実行状態	実行可能状態	実行可能状態

問題2 (H29秋問18)

CPUスケジューリングにおけるラウンドロビンスケジューリング方式に関する記述として，適切なものはどれか。

ア　自動制御システムなど，リアルタイムシステムのスケジューリングに適している。
イ　タイマ機能のないシステムにおいても，簡単に実現することができる。
ウ　タイムシェアリングシステムのスケジューリングに適している。
エ　タスクに優先順位をつけることによって，容易に実現することができる。

問題3 (R02秋問17)

三つの資源X〜Zを占有して処理を行う四つのプロセスA〜Dがある。各プロセスは処理の進行に伴い，表中の数値の順に資源を占有し，実行終了時に三つの資源を一括して解放する。プロセスAとデッドロックを起こす可能性があるプロセスはどれか。

| プロセス | 資源の占有順序 |||
	資源X	資源Y	資源Z
A	1	2	3
B	1	2	3
C	2	3	1
D	3	2	1

ア　B, C, D　　イ　C, D　　ウ　Cだけ　　エ　Dだけ

問題4 (H30春問18)

セマフォを用いる目的として,適切なものはどれか。

ア 共有資源を管理する。
イ スタックを容易に実現する。
ウ スラッシングの発生を回避する。
エ セグメンテーションを実現する。

問題5 (H29秋問29)

トランザクションA～Gの待ちグラフにおいて,永久待ちの状態になっているトランザクション全てを列挙したものはどれか。ここで,待ちグラフのX→Yは,トランザクションXはトランザクションYがロックしている資源のアンロックを待っていることを表す。

〔トランザクションA～Gの待ちグラフ〕

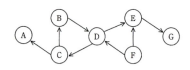

ア A, B, C, D
イ B, C, D
ウ B, C, D, F
エ C, D, E, F, G

問題6 (H27秋問17)

デマンドページング方式による仮想記憶の利点はどれか。

ア 実際にアクセスが行われたときにだけ主記憶にロードするので,無駄なページをロードしなくて済む。
イ 主記憶に対する仮想記憶の容量比を大きくするほど,ページフォールトの発生頻度を低くできる。
ウ プロセスが必要とするページを前もって主記憶にロードするので,補助記憶へのアクセスによる遅れを避けることができる。
エ ページフォールトの発生頻度が極端に高くなっても,必要な場合にしかページを読み込まないのでスラッシング状態を回避できる。

問題7 (R03秋問16)

ページング方式の仮想記憶において,ページ置換えの発生頻度が高くなり,システムの処理能力が急激に低下することがある。このような現象を何と呼ぶか。

ア スラッシング　　　　　　イ スワップアウト
ウ フラグメンテーション　　エ ページフォールト

得点アップ問題 Q&A

問題8 (H29春問18)

ホワイトボックステストにおいて，プログラムの実行された部分の割合を測定するのに使うものはどれか。

- ア　アサーションチェッカ
- イ　シミュレータ
- ウ　静的コード解析ツール
- エ　テストカバレージ分析ツール

問題9 (R03秋問18)

分散開発環境において，各開発者のローカル環境に全履歴を含んだ中央リポジトリの完全な複製をもつことによって，中央リポジトリにアクセスできないときでも履歴の調査や変更の記録を可能にする，バージョン管理ツールはどれか。

- ア　Apache Subversion
- イ　CVS
- ウ　Git
- エ　RCS

チャレンジ午後問題 (H29秋問7)

解答・解説：285ページ

ドライブレコーダに関する次の記述を読んで，設問1～4に答えよ。

H社は，カーアクセサリ用品の開発会社である。H社では，このたび，ドライブレコーダ（以下，レコーダという）を設計することになった。

レコーダは，自動車運転時における周囲の状況を撮影し，急停止，衝突など（以下，衝撃という）を検出すると，衝撃までの最大10秒間及び衝撃後20秒間の動画に，GPS情報を含めて動画ファイルとしてSDカード（以下，SDという）に保存する。

〔レコーダの基本動作〕

図1にレコーダのハードウェア構成を示す。

図1　レコーダのハードウェア構成

(1) 電源投入後の動作

　各ハードウェアは，電源投入で起動し，次のとおり動作を開始する。
① 制御装置は，衝撃センサの割込みを有効にし，カメラに撮影を指示する。
② GPSモジュールは，GPS情報の取得を開始する。取得したGPS情報を1秒ごとに制

5 ソフトウェア

御装置に通知し，GPS情報を取得できないときは通知しない。

　GPS情報には，GPSから得られた位置及び時刻が含まれる。

③　制御装置は，最初のGPS情報を受け取ると，GPS情報から時刻を取り出してシステム時刻に設定し，その後，ソフトウェアでシステム時刻を逐次更新する。また，GPS情報を取得できるときは，GPS情報の時刻によって1時間ごとにシステム時刻を補正する。

④　制御装置は，カメラから1フレームごとの画像データを受け取り，記録バッファに書き込む。このとき，GPS情報があれば，画像データに含めて記録バッファに書き込む。

(2) 衝撃検出時の動作

・衝撃センサは，衝撃を検出すると，制御装置に割込みで通知する。

・制御装置は，衝撃センサからの割込みを受けると記録バッファに書き込まれている画像データを動画ファイルとしてSDに保存する。

(3) 電源断時の動作

　レコーダは電源断となっても最低30秒間は動作を維持できる二次電池を内蔵している。電源断となったときには，衝撃センサからの割込みを禁止とし，二次電池から電力を供給する。この結果，レコーダが　　a　　しているときに電源断となっても，動画ファイルの破損を防止できる。

〔記録バッファ〕

　記録バッファは，画像データを書き込むためのFIFO構成のメモリである。カメラで撮影した画像データが書き込まれ，動画ファイルをSDに保存するとき，その画像データが読み出される。読み出された画像データは記録バッファから削除される。

　画像データが読み出されずに記録バッファの空き容量がなくなったときは，最も古い画像データから順に破棄され，常に最新の画像データが書き込まれていることになる。

　カメラはFフレーム／秒で画像を撮影する。1フレームの画像データはGPS情報を含めてNバイトである。

　記録バッファには，衝撃検出直前の10秒間分の画像データが書き込まれる。さらに，動画ファイルの保存の処理遅れを考慮して，10.5秒間分の画像データを書き込むことができる容量とする。

〔動画ファイルの保存〕

　動画ファイルは，SDの空き容量が十分であれば，衝撃を検出したシステム時刻（YYYYMMDD_hhmmss）をファイル名として保存される。ここで，YYYY，MM，DD，hh，mm，ssは，それぞれ西暦年，月，日，時，分，秒を表す。

　なお，システム時刻が設定されていないときは，動画ファイルを保存しない。

(ⅰ) 制御装置は，衝撃センサからの割込みを受けると，記録バッファに書き込まれている最大10秒間分の画像データを圧縮して動画ファイルとしてSDに保存する。保存に要する時間は最大100ミリ秒である。
(ⅱ) 以降20秒間，記録バッファに書き込まれる画像データを待ち受け，新しい画像データが書き込まれると，逐次，圧縮して動画ファイルに追記する。
(ⅲ) SDに動画ファイルを保存中に再度衝撃センサからの割込みを受けると，受けた時点から20秒間，(ⅱ)と同様に画像データを圧縮して動画ファイルに追記する。

〔レコーダのタスク構成〕
表1にレコーダのタスク構成を示す。
各タスクはイベントドリブン方式で制御され，イベントを受信すると必要な処理を行う。
衝撃センサが衝撃を検出すると割込みで通知し，割込み処理プログラムは保存タスクに衝撃イベントを送信する。

表1　レコーダのタスク構成

タスク	主な動作
録画タスク	・カメラからの画像データを1フレームごとに記録バッファに書き込む。このとき，GPS情報があれば画像データに含める。保存タスクに画像格納イベントを送信する。 ・GPSタスクからGPS取得イベントを受信すると，GPS情報を保存する。
保存タスク	・記録バッファの画像データを動画ファイルとしてSDに保存する。
GPSタスク	・1秒ごとにGPS情報を取得し，録画タスクにGPS取得イベントを送信する。 ・電源投入直後及び1時間ごとに，GPS情報の時刻をシステム時刻に設定する。
タイマタスク	・指定された時間が経過するとタイマ満了イベントを送信する。

〔保存タスクの動作〕
図2に保存タスクの状態遷移図を示す。

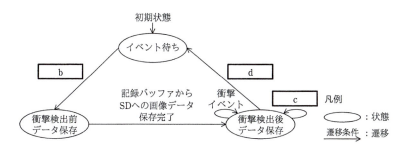

図2　保存タスクの状態遷移図

5 ソフトウェア

(1) イベント待ち

衝撃イベントを受信すると，衝撃検出前データ保存状態に遷移する。

(2) 衝撃検出前データ保存

タイマに ┃ e ┃秒を設定し，動画ファイルを生成する。次に，記録バッファに書き込まれている画像データを読み出して動画ファイルに追記する。記録バッファに書き込まれている最大10秒分の画像データを全て保存すると，衝撃検出後データ保存状態に遷移する。

(3) 衝撃検出後データ保存

各種イベントを受信してイベントに応じた処理を行う。

・画像格納イベントを受信すると，記録バッファから1フレーム分の画像データを読み出し，動画ファイルに追記する。

・衝撃イベントを受信すると，設定してあるタイマ要求を取り消し，タイマに新たに ┃ f ┃秒を設定する。

・タイマ満了イベントを受信すると，動画ファイルの保存を終了し，イベント待ち状態に遷移する。

設問1 〔レコーダの基本動作〕について，本文中の ┃ a ┃に入れる適切な字句を答えよ。

設問2 〔記録バッファ〕について，記録バッファの容量を求める式を，カメラが1秒間に撮影するフレーム数F及びGPS情報を含む1フレームの画像データのバイト数Nを使って答えよ。

設問3 〔保存タスクの動作〕について，(1)，(2)に答えよ。

(1) 図2中の ┃ b ┃〜┃ d ┃に入れるイベントを，本文中のイベントを用いて答えよ。

(2) 本文中の ┃ e ┃，┃ f ┃に入れる適切な数値を答えよ。

設問4 現在のレコーダの設計では，電源投入後に衝撃を検出しても，動画ファイルをSDに保存しないことがある。どのような場合にこのようなことが起きるのか。40字以内で述べよ。ここで，SDには十分な空き容量があり，ハードウェアに故障はないものとする。

得点アップ問題 Q&A

‖‖‖ 解 説 ‖‖‖

問題1　　　　　　　　　　　　　　　　　解答：エ

　プリエンプティブなマルチタスクOSでは，実行中のタスクの優先度よりも高い優先度をもつタスクが実行可能状態になると，タスクの実行を中断し(実行可能状態へ移し)，優先度の高いタスクを実行します。そこで，Aが待ち状態，Bが実行状態，Cが実行可能状態のとき，優先度の一番高いプロセスAの待ちが解消されると，Aは実行可能状態になるので，実行中のプロセスBは中断され(実行可能状態へ移され)，Aが実行されます。したがって，Aが実行状態，B，Cが実行可能状態となります。

◀p241,246を参照。
※**休止状態**とは，タスクが生成されたときの初期状態(起動されていない状態)か，あるいはタスクが終了した状態。リアルタイムOSでは，"休止状態"を含めた4つ以上の状態でタスク管理を行うOSが多い。

問題2　　　　　　　　　　　　　　　　　解答：ウ

　ラウンドロビン方式は，実行可能待ち行列の先頭のタスクから順にCPU時間(タイムクウォンタム)を割り当て実行する方式です。タイムクウォンタムを適切に短くすれば，複数のタスクを短いサイクルで順次繰返し実行することができるため，タイムシェアリングシステムのスケジューリングに適します。

ア，エ：ラウンドロビン方式では，タスクに優先順位をつけないため，優先度に基づくリアルタイム性が要求されるリアルタイムシステムには適しません。

イ：ラウンドロビン方式では，タスクの実行時間が一定時間を超えたことを知らせるために，インターバルタイマからの割込みを利用します。

◀p245を参照。

問題3　　　　　　　　　　　　　　　　　解答：イ

　資源を占有(獲得)する順序が等しいプロセス間では，デッドロックは発生しません。したがって，プロセスAとデッドロックを起こす可能性があるプロセスはCとDです。

◀p253を参照。

問題4　　　　　　　　　　　　　　　　　解答：ア

　セマフォは，共有資源に対する排他制御のメカニズムです。整数型の共有変数であるセマフォ変数と，それを操作するP操作及びV操作を組み合わせて排他制御を実現します。

◀p250を参照。

問題5　　　　　　　　　　　　　　　　　解答：ウ

　待ちグラフは，トランザクション間でデッドロックが発生していることを検出するために使用される有向グラフです。グラフの中で閉路を構成しているトランザクションがデッドロック状態(永久待ちの状態)で

◀p253を参照。

※閉路については
p41を参照。

5
ソフトウェア

283

あると判断できます。

本問の待ちグラフで閉路状になっているのはB，C，Dです。したがって，この3つのトランザクションはデッドロック状態です。さらに，デッドロック状態にあるDがロックしている資源のアンロックを待っているトランザクションFもデッドロック状態となります。

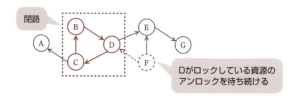

問題6　　　　　　　　　　　　　　　　　　　　　解答：ア　　←p260を参照。

デマンドページング方式とは，ページフォールトが発生したときに，当該ページを主記憶に読み込む方式です。実際にアクセスが行われたときに，必要なページのみを主記憶に読み込むので，無駄なページを読み込まなくてすみます。

イ：主記憶に対する仮想記憶の容量比を大きくするとページ数が増え，ページフォールトの頻度は増加します。

ウ：**プリページング方式**の利点です。プリページング方式では，必要となるであろうページをあらかじめ予測して主記憶に読み込むので，ページフォールトの発生回数を少なくでき，補助記憶への，ページアクセスを原因とした処理の遅れを減少できます。

エ：ページフォールトの発生頻度が高くなると，ページング処理が多発するのでスラッシング状態に陥ります。

問題7　　　　　　　　　　　　　　　　　　　　　解答：ア　　←p263を参照。

ページ置換えの発生頻度が高くなり，システムの処理能力が急激に低下する現象を**スラッシング**といいます。

問題8　　　　　　　　　　　　　　　　　　　　　解答：エ　　←p269を参照。

ホワイトボックステストにおいて，プログラムの実行された部分の割合を測定するのに用いられるのは，**テストカバレージ分析ツール**（テストカバレージツール）です。

問題9　　　　　　　　　　　　　　　　　　　　　解答：ウ　　←p271を参照。

問題文に示されたバージョン管理ツールは**Git**です。

得点アップ問題 **Q&A**

5
ソフトウェア

チャレンジ午後問題

設問1	a：動画ファイルを保存		
設問2	10.5FN		
設問3	(1)	b：衝撃イベント　　c：画像格納イベント　　d：タイマ満了イベント	
	(2)	e：20　　f：20	
設問4	電源投入後，システム時刻の設定が完了するまでの間に衝撃を検出した場合		

●設問1

　〔レコーダの基本動作〕(3)電源断時の動作について，本文中の空欄a に入れる字句が問われています。レコーダは，衝撃を検出すると，衝撃までの最大10秒間及び衝撃後20秒間の動画に，GPS情報を含めて動画ファイルとしてSDに保存します。この動画ファイル保存中に電源断が生じると，動画ファイルに破損が生じる可能性がありますが，レコーダは，二次電池を内蔵することにより電源断から最低30秒間は動作を維持できます。このため，**動画ファイルを保存**（空欄a）しているときに電源断となっても，動画ファイルの破損を防止できます。

●設問2

　記録バッファの容量を求める式が問われています。〔記録バッファ〕に，「10.5秒間分の画像データを書き込むことができる容量とする」とあります。また，カメラは1秒間にFフレームの画像を撮影し，1フレームの画像データはGPS情報を含めてNバイトです。したがって，10.5秒間分の画像データの大きさは「F×N×10.5バイト」であり，記録バッファの容量を求める式は**10.5FN**となります。

●設問3（1）

空欄b：空欄bは，イベント待ち状態から衝撃検出前データ保存状態への遷移条件となるイベントです。〔保存タスクの動作〕(1)にある「衝撃イベントを受信すると，衝撃検出前データ保存状態に遷移する」という記述から，空欄bは**衝撃イベント**です。

空欄c，d：空欄c，dは，衝撃検出後データ保存状態で受信するイベントです。まず空欄dから考えます。空欄dは，〔保存タスクの動作〕(3)の3つ目の項目にある「タイマ満了イベントを受信すると，動画ファイルの保存を終了し，イベント待ち状態に遷移する」という記述から**タイマ満了イベント**です。次に，空欄cですが，衝撃検出後データ保存状態で受信するイベントは，「画像格納イベント，衝撃イベント，タイマ満了イベント」の3つで，このうち，タイマ満了イベントは空欄d，また衝撃イベントは図2中に記載があります。したがって，残りの**画像格納イベント**が空欄cに入ります。

※空欄aは，「レコーダが　 a 　しているときに電源断となっても，動画ファイルの破損を防止できる」との記述中にある。

※空欄c，dの補足
画像格納イベントは，録画タスクから送信されるイベント。録画タスクが，カメラからの画像データを1フレームごとに記録バッファに書き込み，画像格納イベントを送信すると，保存タスクは，記録バッファから1フレーム分の画像データを読み出し，動画ファイルに追記する。保存タスクは，この動作を**タイマ満了イベント**を受信するまで繰り返す。

285

5 ソフトウェア

●設問3（2）

空欄e：空欄eは，衝撃イベントを受信し，衝撃検出前データ保存状態に遷移した直後に設定するタイマ値です。保存タスクは，衝撃検出前の最大10秒間分の画像データを動画ファイルに保存すると，衝撃検出後データ保存状態に遷移して，衝撃検出後20秒間の画像データを動画ファイルに追記する必要があります。この20秒を測るために使われるのがタイマです。したがって，衝撃検出前データ保存状態に遷移した直後に設定するタイマ値は**20**（空欄e）秒です。

空欄f：空欄fは，衝撃検出後データ保存状態で衝撃イベントを受信したときに設定するタイマ値です。動画ファイル保存中に再度衝撃イベントを受信した場合，受信時点から新たに20秒間，動画ファイルに追記する必要があるので，タイマ設定値は**20**（空欄f）です。

●設問4

電源投入後に衝撃を検出しても，動画ファイルをSDに保存しない現象は，どのような場合に起こるのか問われています。

〔動画ファイルの保存〕に，「システム時刻が設定されていないときは，動画ファイルを保存しない」とあります。システム時刻の設定については，〔レコーダの基本動作〕（1）電源投入後の動作の③に，「制御装置が最初のGPS情報を受け取ったとき，GPS情報から時刻を取り出して設定する」とあります。これらの記述から，電源投入後，最初のGPS情報を取得するまでは，システム時刻は未設定であり，この状態で衝撃を検出しても動画ファイルの保存は行われないことになります。したがって，解答としては，「電源投入後，最初のGPS情報を取得するまでの間に衝撃を検出した場合」，あるいは「**電源投入後，システム時刻の設定が完了するまでの間に衝撃を検出した場合**」とすればよいでしょう。なお試験センターでは後者を解答例としています。

※空欄eの補足
衝撃検出前の最大10秒間分の画像データ保存に要する時間は，最大100ミリ秒（0.1秒）なので，衝撃イベント受信後，100ミリ秒後には衝撃検出後データ保存状態に遷移する。そのため，タイマに20秒を設定すれば，衝撃検出後20秒間の画像データの追記が可能。

☕ COLUMN

午後試験「組込みシステム開発」の対策

午後試験で，本章に関連する事項が問われるのは「組込みシステム開発」の問題です。ただし，ごりごりの“組込み”問題が出題されることは少なく，出題の多くは，ソフトウェア寄りの（処理内容を考える）問題となっています。また，次に示す午前知識を応用して解答する問題が多いのも特徴です。

- 割込み（割込みハンドラ，割込み処理）
- 同期制御（イベントフラグ，セマフォ）
- タスクの状態遷移
- タスク間通信

第6章
データベース

　応用情報技術者試験におけるデータベース分野からの出題は，基本情報技術者試験より，もう1歩踏み込んだレベルで出題されます。用語問題でもキーワードがわかれば解答できるという問題は少なく，正解を絞り込むためには，幅広い知識と正確な理解が必要となります。

　また，午後の試験においては，10問出題の中でデータベース問題が1問出題されます。これは，現在，ネットワーク技術とともにデータベース技術への要求もさらに高まってきていることを裏づけています。午後問題は午前問題を組み合わせた内容で応用力が求められます。基本情報技術者試験対策で十分に学習してきた方も，「1つひとつの知識をしっかり確認するように」学習を進めてください。

6.1 データベースの基礎

6.1.1 データベースの種類 AM/PM

代表的なデータベースに、**階層型データベース**、**網型データベース**、**関係データベース**の3つがあり、現在、関係データベースが最も多く採用されています。

階層型データベース

階層構造（木構造）によりデータの構造を表現します。レコードどうしが親子関係をもっていて、ある親レコードに対する子レコードは1つ以上存在し、子レコードに対する親レコードはただ1つだけ存在するという特徴があります。また、データの操作において、親レコードと子レコードを結ぶポインタをたどることで、1つのデータを取り出すことができます。

> 参考：レコードをセグメントと表現することもある。

> 参考：このような階層構造によって、子レコードが複数の親レコードをもつデータを表現すると、冗長な表現となる。

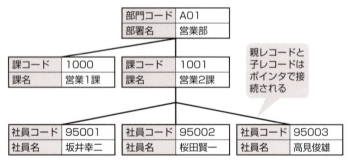

▲ 図6.1.1　階層型データベース

網型データベース

親レコードと子レコードとの間の「多対多」の関係、すなわち、親レコードは複数の子レコードをもつことができ、子レコードも複数の親レコードをもつことができるという関係を網状に表現できます。また、データの操作において、親レコードと子レコードを親子組（セット）とし、親子間や兄弟間のリンクをたどることで、1つのデータを取り出すことができます。**ネットワーク型データベース**とも呼ばれます。

> 参考：1つの親子組（セット）の中では、親レコードと子レコードの関係は「1対多」だけ。

6.1 データベースの基礎

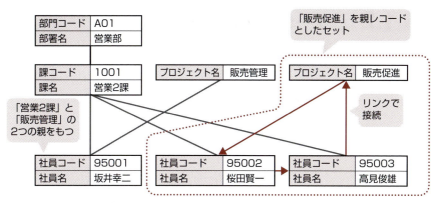

▲ 図6.1.2 網型データベース

関係データベース

データの集合を平坦な2次元の表で表現したデータベースで、**リレーショナルデータベース**とも呼ばれます。階層型データベースや網型データベースがもつ親レコードと子レコードという関係をもたないところに特徴があります。レコード間を結ぶポインタやリンクがないため、関係データベースでは、データ操作の"**結合**"によってレコード間の関連づけを行います。つまり、1つの表の1つの行と別の表との関連づけは、数学の集合概念に基礎をおいた、値の一致(例えば、外部キーと主キー)によって行われています。

参照 結合については p308を参照。

参照 主キー、外部キーについては「6.2.2 関係データベースのキー」(p298)を参照。

社員表　　　　　　　　　　　　外部キー

社員コード	部門コード	課コード	プロジェクトコード	社員名
95001	A01	1001	P101	坂井幸二
95002	A01	1001	P102	桜田賢一
95003	A01	1001	P102	高見俊雄

社員表のプロジェクトコードと同じ値をもつプロジェクト表の行を関連づける

主キー

プロジェクトコード	プロジェクト名
P101	販売管理
P102	販売促進

プロジェクト表

▲ 図6.1.3 関係データベース

6.1.2 データベースの設計

データベースの設計プロセス

データベースの設計は,「概念設計→論理設計→物理設計」の順に行われます。

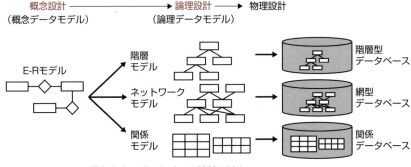

▲ 図6.1.4 データベース設計の流れ

概念設計

概念設計では,企業が所有するデータを調査・分析して,抽象化した**概念データモデル**を作成します。その際,データのもつ意味やデータ間の関係を崩さずあるがままに表現することに重点が置かれます。

データモデル
データを一定のルールに従って表現(モデル化)したもの。

概念データモデルは,単にデータのもつ意味とその関係を表したもので,コンピュータへの実装とは独立した,特定のDBMS(DataBase Management System:データベース管理システム)に依存しないデータモデルです。一般には,**E-Rモデル**(Entity Relationship Model:エンティティリレーションシップモデル)や**UMLのクラス図**を使用して記述します。

E-R モデルについては,「6.1.4 E-R図」(p294)を,UMLのクラス図については,「9.3.4 UML」(p510)を参照。

◯データ分析

概念設計のデータ分析では,どのようなデータがあるのか,必要なデータはなにか,そのすべてを洗い出します。そして,洗い出されたデータを一定の基準に従って標準化する"データ項目の標準化"や,データを整理し各データ項目間の関連をさらに明確にする"正規化"が行われます。これにより,異音同義語(シノ

ニム)や同名異義語(ホモニム)の排除，また複数箇所に存在する
同一内容データ(データ重複)の排除を可能にします。

> **参考** 業務において十分に活用できるデータベースにするためには，データ分析の初期段階から，部門の管理者や業務担当者が検討に参加する。

> **POINT データ項目洗出しの留意点**
> ① データ項目名の標準化
> ② データ項目の意味の定義
>   例えば，"日付"と"年月日"という2つの項目があり，これらが異なる実体である場合，データ項目を定義することにより異なる実体であることが判断できる。
> ③ データ項目の桁数や型(タイプ)の統一
> ④ 各データ項目の発生源や発生量の明確化

◉ トップダウンアプローチとボトムアップアプローチ

　データの分析手法には，最初に理想型の概念データモデルを作成してからデータ分析を行う**トップダウンアプローチ**と，画面や帳票などから項目を洗い出しデータ分析を行った結果として現実型の概念データモデルを作成する**ボトムアップアプローチ**の2つがあります。いずれのアプローチによっても，最終的に作成されるデータモデルは，正規化され，かつ，業務上のデータ項目をすべて備えていなければなりません。

　トップダウンアプローチかボトムアップアプローチのいずれかのみで分析・設計を行うのではなく，例えば，ボトムアップアプローチで作成したものをトップダウンアプローチで見直すなど，業務に応じた適切な方法を用いることが重要です。

論理設計

　E-R図などで表現された概念データモデルは，必ずしもデータベースに実装できる表現になっていません。そこで，概念データモデルを，**論理データモデル**といわれるデータベース構造モデルへと変換します。論理データモデルには，階層モデル，ネットワーク(網)モデル，**関係モデル**の3つがあり，これによりそれぞれのDBMSの制約に合わせた変換を行います。

> **参考** 概念データモデルと論理データモデルを区別せずに，「論理データモデル」として一体化して扱われることもある。

　関係データベースを用いて実装する場合，概念データモデルを基に主キーや外部キーを含めたテーブル構造を作成します。その

際，テーブルの各列（データ項目）に設定される制約についての検討も行います。また，プログラムが処理しやすいよう，ユーザが利用しやすいようにビューの設計（定義）を行うのもこの段階です。

> **［用語］ビュー**
> データベースの実表のうち，利用者が必要とするものだけを利用に適した形で表として定義したもの（p327参照）。

▲ **図6.1.5** テーブル構造

物理設計

実際にデータベース内にデータ実装する際は，その論理データモデルに基づいた特定のデータベース管理システム（DBMS）を用いて，データ量，データの利用頻度，パフォーマンス性，さらに運用面を考慮してデータベースの物理的構造を決めます。論理設計がデータベースの見かけ上の設計であるのに対し，物理設計では実際に磁気ディスク上に記憶される形式など，具体的な設計がなされます。

> **［参考］データ量**
> 初期データ量，増加度合いなど。

> **［参考］利用頻度**
> トランザクション発生頻度，トランザクション種類（検索，更新）など。

6.1.3 データベースの3層スキーマ　AM/PM

スキーマ

"スキーマ（schema）"とは，「データの性質，形式，他のデータとの関連などの，データ定義の集合」のことです。

ANSI/SPARC3層スキーマ

> **［用語］ANSI/SPARC**
> アメリカ規格協会コンピュータ情報処理部門の標準化計画委員会。

データベースの**3層スキーマ**は，データを扱う立場を3つのグループに分け，それぞれに対応したデータ定義をしようと考えられたモデルです。論理的なデータと利用者やアプリケーションプログラムから見たデータとの独立（論理データ独立性），また，記憶装置との独立（物理データ独立性）を確立するのが目的です。次ページに，3層スキーマ（外部スキーマ，概念スキーマ，内部スキーマ）の概要と，その構造イメージを示します。

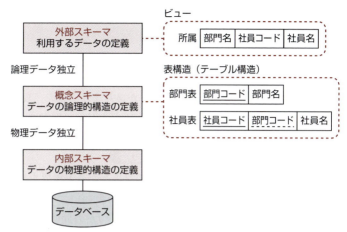

▲ 図6.1.6　3層スキーマ構造のイメージ

▼ 表6.1.1　データベースの3層スキーマ

外部スキーマ	利用者やアプリケーションプログラムから見たデータの定義を行う。実世界が変化すると，それにともなって概念スキーマは変更されるが，その影響をアプリケーションプログラムができる限り受けないようにするために考え出されたのが外部スキーマ。関係データベースの**ビュー**，CODASYLモデル(網型データベース)のサブスキーマがこれに相当
概念スキーマ	実際のデータの物理的な表現方法とは別に，データベースの論理的構造とその内容を定義する。論理設計段階の論理データモデルがこれに相当
内部スキーマ	データを記憶装置上にどのような形式や編成で記録するか，その物理的内容の定義を行う。障害回復処理(リカバリ)，セキュリティなども考慮された，実際にコンピュータに実装させる技法(格納表現)の記述

COLUMN　インメモリデータベース

インメモリデータベースは，データを直接メモリに配置することにより最速のパフォーマンスを得ることを可能とするデータベースです。従来のデータベースは，ディスクに記録されたデータをメモリに読み込んで処理するため，ディスク入出力がボトルネックになりますが，インメモリデータベースではディスク入出力がなく高速な処理ができます。また，最近のインメモリデータベースの多くは，データをカラム(列)型フォーマットでメモリに配置する**列指向(カラム指向)** を採用しているため，集計や分析処理などのクエリが高速化します。ただし，メモリ上のデータは電源を切ると失われてしまうという揮発性の問題があります。この問題を解決するため，インメモリデータベース・システムには，データを定期的にディスクに保存する機能や，別のスタンバイデータベースにデータの複製を取るレプリケーション機能などが搭載されています。

6.1.4 E-R図　AM/PM

実世界にあるデータ構造をできるだけあるがままに表現できる，つまりデータベース管理システムに依存しないデータモデルとして，E-Rモデルがあります。また，E-Rモデルを図で表現したものを **E-R図**（Entity-Relationship Diagram）といいます。

E-R図の構成要素

データベース化の対象となる実世界を構成する要素を**実体**（以降，**エンティティ**という）といい，これらのエンティティは，その性質や特徴を表すいくつかの**属性**（アトリビュート）をもちます。例えば，顧客エンティティは，顧客番号，顧客名などの属性をもちます。なお，属性の中には，顧客番号のように1つのエンティティを一意に識別できるもの（識別子）が必要となります。これは，関係データベースの表の主キーに相当します。

「顧客は，いくつもの商品を注文する」など，業務上の規則やルールなどによって発生するエンティティ間の関係を**関連**（リレーションシップ）といいます。

> **用語　実体（エンティティ）**
> 管理する情報を蓄積する入れ物。

> **参考**　エンティティには，"顧客"，"商品"など，物理的実体をともなうものと，物理的実体をともなわない抽象的なものがある。

> **参考**　エンティティ間の，「1対1」，「1対多」，「多対多」といった対応関係を表したものを**カーディナリティ**という。

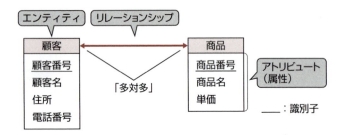

▲ 図6.1.7　E-R図の例

「多対多」の関係

「多対多」の関係は，関係データベースとして実装することができないので，「1対多」と「多対1」の関係に分解します。つまり，リレーションシップを1つのエンティティとして捉え，次ページ図6.1.8のように，その識別子に顧客エンティティの識別子（顧客番号）と商品エンティティの識別子（商品番号）をもたせます。

> **参考**　「多対多」の関係では，顧客情報の単独登録ができない。また，商品情報を削除すると，顧客情報が同時に失われる可能性がある。

6.1 データベースの基礎

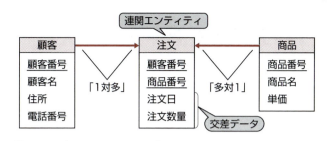

> **参考** "注文"の顧客番号は"顧客"の顧客番号を，商品番号は"商品"の商品番号を参照する外部キーとなる。

> **用語** 交差データ
> エンティティ間にリレーションシップができて発生するデータ。

▲ 図6.1.8　連関エンティティの導入

このようにすることで，"顧客"と"注文"の関係は「1対多」，また，"注文"と"商品"の関係は「多対1」の関係となります。このときの"注文"を**連関エンティティ**といいます。

ここで，リレーションシップも属性をもつ場合があることを知っておきましょう。リレーションシップのもつ属性とは，エンティティ間にリレーションシップができて発生する，すなわち，顧客と商品の両方が特定されてはじめて確定する「注文日」，「注文数量」などをいいます。

独立エンティティと依存エンティティ

> **参考** E-R図の再帰構造
> 再帰的(ループ的)な構造をとることで，階層を表すことができる。例えば，下図は，商品分類の階層(上位分類，下位分類)を表現する。

※"上位分類"対"下位分類"は1対多となる。

一般に，エンティティ間に「1対多」の関係があるとき，「多」側のエンティティは「1」側のエンティティの識別子を外部キーとしてもちます。このとき，この外部キーが識別子の一部となる場合，そのエンティティは「1」側のエンティティに依存することになり，図6.1.8の注文エンティティのように，顧客番号と商品番号がないと存在できない依存エンティティ(**弱実体**)となります。

一方，注文番号を導入し，注文エンティティを図6.1.9のように捉えた場合は，親エンティティに依存しない独立エンティティ(**強実体**)となります。

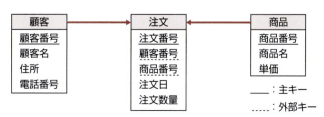

▲ 図6.1.9　独立エンティティの例

295

6.2 関係データベース

6.2.1 関係データベースの特徴 AM/PM

> 参考:「関係」を英語で「relation：リレーション」ということから、関係モデルはリレーショナルモデルとも呼ばれている。

関係データベース（RDB：Relational DataBase）は、1970年にE.F.コッド博士によって提案された**関係モデル**をもとにしたデータベースです。現在、最も多く使用されているデータベースとして知られています。

関係データベースの構造

関係データベースでは、意味的にひとまとまりとなるデータを2次元の平坦な表で表します。表に格納されるデータは、**行**（組、タプル）、**列**（属性、アトリビュート）という単位で管理されます。2次元の平坦な表とは、行と列が交差する1つのマスには1つの値しか入らないという意味です。正確にはこれを第1正規形といいます。

> 参照: 第1正規形については、「6.3.2 正規化の手順」(p302)を参照。

> 参考: 本来、属性（アトリビュート）やタプル（組）は、関係モデルで使われる用語であるが、本書では特に区別せずに用いることとする。なお、表は関係モデルでは**関係**と表現される。

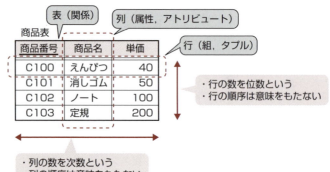

▲ **図6.2.1** 関係データベース表の構成

1組のデータを表す行を構成する列の数を**次数**、1つの表を構成する行の数を**位数**といいます。次数は変わることはありませんが、1行は1組のデータを表すので、表に対してデータの追加や削除が行われれば位数は増減します。

定義域（ドメイン）

理論的な観点からいえば，同一特性をもった値の集合から一定の意味をもたせるために，1つずつ要素を取り出して作成されたデータの組みが行（組，タプル）となります。この同一特性をもつ値の集合が**定義域**（domain：**ドメイン**）です。

関係モデルの規則
関係は，タプル（組）の集合で，1つの関係内には次の規則がある。
①関係内のタプルの順序は意味をもたない。
②関係内の属性の順序は意味をもたない。
③関係内には同一のタプルは存在しない。

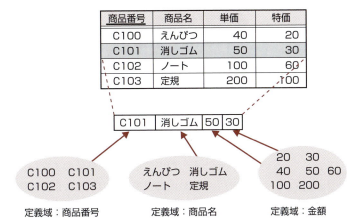

▲ **図6.2.2** 定義域（ドメイン）

ドメインは「属性が取り得る値の集合」のことですが，関係データベースの場合，特定の制約によって規定される値域をもつもの，例えば，日付，金額，数量，量などを対象とします。このドメインを新たなデータ型として定義することで，異なったデータ項目でも同じ入力チェックや同じ出力編集ができるという利点が生まれます。下記に，整数値，かつ非負（0以上）であるという特性をもつドメイン「金額（KINGAKU）」の定義例を示します。

ドメイン定義は，スキーマの中に定義する。

CREATE TABLE文については，「6.6.1 実表の定義」（p324）を参照。

6.2.2 関係データベースのキー　AM/PM

関係データベースでは，表中の行を一意に識別するための**キー**（スーパキー，候補キー，主キー）と，別の表を参照し関連づけるための**外部キー**という概念が設けられています。

スーパキー

表中の行を一意に特定できる属性，あるいは属性の組を**スーパキー**（super key）といいます。極端な例ですが，表内に同一行が存在しなければ，スーパキーにすべての属性を指定してもかまいません。

候補キー

> 参考：一般に，空値は重複値とは扱われないため候補キーの値として空値は許される。

スーパキーの中で余分な属性は含まない，つまり，行を一意に識別するための必要最小限の属性によって構成されるスーパキーを**候補キー**（candidate key）といいます。候補キーには，一意性を保証するため同一表内に同じ値があってはいけないという**一意性制約**が設定されます。

候補キーは1つの表において複数存在する場合があります。例えば，次ページ図6.2.3の社員表では，社員コード，電話番号が候補キーとなります。

主キー

参考：主キーと代理キー

代理キーは，代替キーと呼ばれることがある。

複数存在する候補キーの中から任意に選んだ1つの候補キーを**主キー**（primary key），主キーに選ばれなかった残りの候補キーを**代理キー**（alternate key）といいます。

主キーには，一意性制約の他，実体を保証するため空値（NULL）は許さないという NOT NULL制約が設定されます。この主キーがもつ制約を**主キー制約**といいます。

外部キー

関連する他の表を参照する属性あるいは属性の組を**外部キー**（foreign key）といいます。

2つの表の間に「1対多」の関係がある場合，「多」側の表に

6.2 関係データベース

「1」側の表の主キーあるいは主キー以外の候補キーを参照する属性をもたせて、これを外部キーとします。これにより、外部キーの値が被参照表(外部キーによって参照される表)に存在することを保証する参照制約が確保できます。

なお、複数の表を参照するような場合、表内に複数の外部キーをもつことになります。また外部キーの値は、NOT NULL 制約が定義されていなければ空値(NULL)は許されます。

> **参考** 一般に、外部キーは、被参照表の主キーを参照するが、UNIQUE指定された候補キーを参照する場合もある。参照制約については、p322も参照。

> **参考** 項目名の実線下線___は主キー、破線下線----は外部キーを示す。

社員表

候補キー1		候補キー2		外部キー
社員コード	社員名	電話番号	住所	部門コード
100	大滝美弥子	090-999-1234	東京都	A01
101	岡嶋祐一	070-888-2468	神奈川県	A01
102	遠山猛	090-777-1357	東京都	K01
103	澤田健次	090-666-5678	千葉県	S01

部門表

部門コード	部門名
A01	教育
K01	開発
S01	総務

▲ 図6.2.3 候補キー、外部キーの例

COLUMN

代用のキー設定

主キーが複数の属性から構成される複合キー(連結キー)である場合、その構成属性数が多すぎると、運用面で面倒となります。そこで、このような場合は、連番など意味のない属性を追加して、それを**代用のキー**(surrogate key)とします。そして、複合キーを構成している属性はすべて非キー属性とし、代理キーにします。

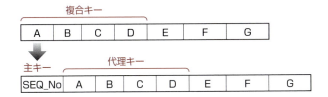

▲ 図6.2.4 代用キーの例

6.3 正規化

6.3.1 関数従属

AM / PM

> **参考** xに対して1つのyではなく，複数の値をもつ1つの集合が決まる従属関係を**多値従属**といい，「x→→y」と表す。

ある属性xの値が決まると他の属性yの値が一意的に決まる関係を**関数従属**といい，これを「x → y」と表します。このとき，属性xを**独立属性**(決定項)，属性yを**従属属性**(従属項)といいます。

1つの表内の属性間にある関数従属性に着目し，整理(正規化)することで，整合性を維持しやすいデータベースを設計することができるため，以降に説明する正規化において関数従属は重要な概念となります。まずは，関数従属の性質をみていきましょう。

部分関数従属

「x → y」の関係において，yがxの真部分集合にも関数従属するとき，yはxに**部分関数従属**するといいます。

例えば，独立属性xがx_1とx_2の2つの属性から構成される場合，{x_1, x_2} → yが成立していて，かつ，x_1→ y又はx_2→ yのいずれかが成立するなら，{x_1, x_2}とyの間に部分関数従属が存在することになります。部分関数従属は，このように独立属性xが複数の属性から構成される場合に起こりうる関数従属です。

> **用語 真部分集合** 集合x_1がxの部分集合であり，x_1=xではないとき，x_1はxの真部分集合という。

なお，上図においては，「x → x_1」が必ず成立する。このような関数従属性を**自明な関数従属性**という。

完全関数従属

「x → y」の関係において，yがxのどの真部分集合にも関数従属しないとき，これを**完全関数従属**といいます。独立属性xが1つの属性で構成される場合には，常に完全関数従属が成立することになります。

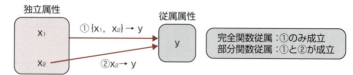

▲ 図6.3.1 完全関数従属と部分関数従属

6.3 正規化

推移的関数従属

直接ではなく間接的に関数従属している関係です。具体的には，属性x，y，zにおいて，「x → y」，「y → z」，「y ↛ x」が成立しているとき，zはxに**推移的関数従属**しているといいます。さらに，「z ↛ y」が成立していれば，zはxに**完全推移的関数従属**しているといいます。

> 参考：「y ↛ x」とは，xはyに関数従属でないという意味。

> 参考：「y → x」が成立する場合，「x ⇆ y → z」となり，zはxとyに直接に関数従属する。

> 参考：完全推移的関数従属
>

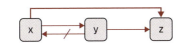

※属性x, y, zは，互いに重複しない

▲ **図6.3.2** 推移的関数従属の例

ではここで，具体例をみておきましょう。

図6.3.3の売上明細表の場合，"商品名"と"単価"は，主キーの{売上番号，商品番号}に関数従属していますが，主キーの一部である"商品番号"が決まれば"商品名"と"単価"は決まります。したがって，"商品名"と"単価"は主キーに**部分関数従属**していることになります。一方，"数量"は，主キーの{売上番号，商品番号}が決まらなければ決まりません。したがって，"数量"は主キーに**完全関数従属**していることになります。

売上表においては，主キーの"売上番号"が決まれば"顧客番号"が決まり，"顧客番号"が決まれば"顧客名"が決まります。しかし"顧客番号"が決まっても"売上番号"は決まりません。したがって，"顧客名"は"顧客番号"を介して主キーである"売上番号"に**推移的関数従属**することになります。

> 参考：複数の関数従属から，1つの関数従属を導くために次のような**推論律**が用いられる。
> **推移律**：A→B, B→CならばA→C
> **合併律**：A→B, A→CならばA→BC
> **増加律**：A→BならばAC→BC
> **反射律**：BがAの部分集合ならばA→B
> **擬推移律**：A→B, BC→DならばAC→D

売上明細表

| 売上番号 | 商品番号 | 商品名 | 単価 | 数量 |

部分関数従属 / 完全関数従属

売上表

| 売上番号 | 日付 | 顧客番号 | 顧客名 |

推移的関数従属

▲ **図6.3.3** 各関数従属の例

6.3.2 正規化の手順

第1正規化

> **参考** 繰返し部分をもつ表を**非正規形**という。

関係データベースに定義できるのは平坦な2次元の表なので、繰返し部分をもつ表は、これを排除し平坦にする必要があります。この繰返し部分を排除する操作を**第1正規化**といい、第1正規化の結果得られた表を**第1正規形**といいます。

例えば、図6.3.4の売上表には繰返し部分が存在しています。

売上表

売上番号	日付	顧客番号	顧客名	商品番号	商品名	単価	数量
G1001	2018/4/1	C01	○○商店	F101	オレンジ	100	50
				F102	りんご	100	60
G1002	2018/4/2	C02	△△商会	F101	オレンジ	100	100
				F103	マンゴー	250	50
G1003	2018/4/3	C03	××商事	F102	りんご	100	20
				F104	メロン	600	40

繰返し部分

▲ **図6.3.4** 非正規形

> **用語 複合キー** 複数の属性から構成されるキー。

そこで、主キーの"売上番号"と、繰返し部分を一意に定めることのできる"商品番号"を複合キーとして、図6.3.5のように繰返し部分を売上明細表として別の表に分解します。その際、主キーの一部である"売上番号"を、元の表の主キーを参照する外部キーとします。

> **参考 第1正規形** 繰返し属性が存在しない。

このように分解・独立させた表に、元の表の主キーをもたせるのは、結合によって元の表を再現できるようにするためです。

売上表

売上番号	日付	顧客番号	顧客名
G1001	2018/4/1	C01	○○商店
G1002	2018/4/2	C02	△△商会
G1003	2018/4/3	C03	××商事

売上明細表

売上番号	商品番号	商品名	単価	数量
G1001	F101	オレンジ	100	50
G1001	F102	りんご	100	60
G1002	F101	オレンジ	100	100
G1002	F103	マンゴー	250	50
G1003	F102	りんご	100	20
G1003	F104	メロン	600	40

参照　　外部キー

主キーの一部である商品番号に関数従属する部分関数従属は残る

▲ **図6.3.5** 第1正規形

第1正規形におけるデータ操作での不具合

第1正規形となった表は，基本的には関係データベースに定義することができますが，データが冗長であるため，このままではデータ操作時に不具合が生じます。この不具合は**更新時異常**と呼ばれ，次のような種類があります。

● 修正時異常

商品名「オレンジ」を「清見オレンジ」に変更する場合，該当する行をすべて同時に変更しなければなりません。1行でも変更し忘れると，データに不整合が発生してしまいます。

● 挿入時異常

> 参考：主キーが複合キーである場合，それを構成するいずれの項目も空値は許されない。

売上明細表の主キーが，"売上番号"と"商品番号"の複合キーとなっているため，売上のない（"売上番号"が空値）商品は登録することができません。

● 削除時異常

売上実績が1つしかない商品の場合，その売上データを削除すると，商品データも削除されてしまいます。逆に，商品データを残そうとすれば，売上データは削除することができません。

▲ 図6.3.6　更新時異常

このように，第1正規形では更新時異常が発生する可能性があるので，これを防止するために，次のステップである第2正規化及び第3正規化を行います。

第2正規化

第2正規化は，第1正規形の表に対して行われる操作であり，候補キーの一部に部分関数従属する非キー属性を別の表に分解します。つまり，すべての非キー属性が，各候補キーに完全関数従属である状態にする操作を第2正規化といい，第2正規化の結果得られた表を**第2正規形**といいます。

図6.3.7の売上明細表において，候補キーは主キーの｛売上番号，商品番号｝の1つとします。非キー属性である"商品名"と"単価"は，主キーの一部である"商品番号"に部分関数従属しているので，これを商品表として独立させます。このとき，商品表の主キーを"商品番号"とし，元の表(図6.3.7の上の表)を再現できるよう売上明細表(図6.3.7の下の表)には，商品表の主キーを参照する外部キーとして"商品番号"を残します。

> 第2正規化を行うのは，候補キーが複数の属性で構成されている場合。1つの属性で構成されているのであれば部分関数従属は存在しないため，既に第2正規形である。

> **非キー属性**
> どの候補キーにも属さない属性のこと。

> **第2正規形**
> どの非キー属性も，候補キーの真部分集合に対して関数従属しない(どの非キー属性も，候補キーに完全関数従属である)。

売上明細表

売上番号	商品番号	商品名	単価	数量
G1001	F101	オレンジ	100	50
G1001	F102	りんご	100	60
G1002	F101	オレンジ	100	100
G1002	F103	マンゴー	250	50
G1003	F102	りんご	100	20
G1003	F104	メロン	600	40

主キーの一部である商品番号に関数従属している（部分関数従属）

売上明細表

売上番号	商品番号	数量
G1001	F101	50
G1001	F102	60
G1002	F101	100
G1002	F103	50
G1003	F102	20
G1003	F104	40

外部キー

商品表

商品番号	商品名	単価
F101	オレンジ	100
F102	りんご	100
F103	マンゴー	250
F104	メロン	600

参照

▲ **図6.3.7** 第2正規形

第3正規化

第3正規化は，第2正規形の表に対して行われる操作であり，候補キーに推移的関数従属している非キー属性を別の表に分解し

> **推移的関数従属**
>

6.3 正規化

ます。つまり，非キー属性間の関数従属をなくし，どの非キー属性も候補キーに直接に関数従属している状態にする操作を第3正規化といい，第3正規化の結果得られた表を**第3正規形**といいます。

図6.3.8の売上表は第2正規形ですが，「顧客番号→顧客名」という非キー属性間の関数従属が存在するので，これを，"顧客番号"を主キーとした顧客表として独立させます。また，売上表には，顧客表の主キーを参照する外部キーとして"顧客番号"を残します。

> **参考 第3正規形**
> どの非キー属性も，候補キーに推移的関数従属しない(どの非キー属性も，候補キーに直接に関数従属している)。

> **参考 ボイス・コッド正規形**
> 第3正規形では，候補キーの真部分集合から他の候補キーの真部分集合への関数従属，あるいは候補キー以外の属性から候補キーの真部分集合への関数従属が存在する可能性がある。この関係を分解したのがボイス・コッド正規形。

売上表

売上番号	日付	顧客番号	顧客名
G1001	2018/4/1	C01	○○商店
G1002	2018/4/2	C02	△△商会
G1003	2018/4/3	C03	××商事

推移的関数従属

売上表

売上番号	日付	顧客番号
G1001	2018/4/1	C01
G1002	2018/4/2	C02
G1003	2018/4/3	C03

顧客表

顧客番号	顧客名
C01	○○商店
C02	△△商会
C03	××商事

外部キー　参照

▲ **図6.3.8** 第3正規形

正規化と非正規化

正規化の目的は，データ操作にともなう更新時異常の発生を防ぐことです。正規化により属性間の関数従属を少なくし，かつ，データの重複を排除することで更新時異常の発生を防ぐことができます。しかし，正規化を進めると表がいくつにも分割されるため，そこから必要なデータを取り出すには，表の結合が必要となり処理時間がかかります。そのため，処理速度が厳密に要求されたり，更新時異常の発生が低い場合(例えば，更新が少ない表に対して)は，あえて正規化を進めないか，あるいは正規化したものを元に戻す，**非正規化**を行います。なお，ここでいう非正規化とは，アクセスパターンを考慮したうえで，どの表を統合させるか，どの属性を表間に重複させるかを考えることをいいます。

> **参考** 正規形には，第1正規形から第5正規形まであるが，一般的なデータベースの場合，第3正規形まで正規化されていれば十分といわれている。

6.4 関係データベースの演算

6.4.1 集合演算　AM/PM

> 同じ型の表とは，属性の数（次数）と属性が等しい表を指す。

関係データベースにおける集合演算には，同じ型の表間で行う和演算，共通（積）演算，差演算と，同じ型の表でなくても演算可能な直積演算があります。

和，共通（積），差

図6.4.1の表AとBに対するそれぞれの演算結果を見てみましょう。

表A

社員コード	社員名	部門コード
11001	遠藤美弥子	E01
12001	江川豊	E02

表B

社員コード	社員名	部門コード
11001	遠藤美弥子	E01
22001	一条光	J01

▲ 図6.4.1　例：表Aと表B

▼ 表6.4.1　関係データベースの和，積，差

A∪B

UNIONは重複行を削除する。UNION ALLは重複行を削除しない。

和：∪
（UNION
あるいは
UNION ALL）

2つの表を合わせて新しい表を作る

社員コード	社員名	部門コード
11001	遠藤美弥子	E01
12001	江川豊	E02
22001	一条光	J01

▲ 図6.4.2　「A UNION B」の結果

A∩B

共通（積）：∩
（INTERSECT）

どちらにも属する行で新しい表を作る

社員コード	社員名	部門コード
11001	遠藤美弥子	E01

▲ 図6.4.3　「A INTERSECT B」の結果

A−B

差：−
（EXCEPT）

差A−B：Aに属してBに属さない行で新しい表を作る

社員コード	社員名	部門コード
12001	江川豊	E02

▲ 図6.4.4　「A EXCEPT B」の結果

直積演算 (Cartesian Product：×)

参考 SELECT文のFROM句で複数の表を指定したときに行われる。

社員表と部門表の直積は，社員表の各行に対して部門表の行を1つずつつなぎ合わせたもので，直積の結果得られる新しい表を**直積表**といい，次数(属性の数)は両方の表の次数を足した数となり，位数(タプルの数)は両方の位数を掛けた数となります。

参考 直積演算の結果は，CROSS JOIN(交差結合)と一致する。

社員表

社員コード	社員名	部門コード
11001	遠藤美弥子	E01
12001	江川豊	E02

部門表

部門コード	部門名
E01	営業1課
E02	営業2課

社員表の行数2×部門表の行数2＝4行

社員コード	社員名	部門コード	部門コード	部門名
11001	遠藤美弥子	E01	E01	営業1課
11001	遠藤美弥子	E01	E02	営業2課
12001	江川豊	E02	E01	営業1課
12001	江川豊	E02	E02	営業2課

▲ **図6.4.5** 直積演算の結果

6.4.2 関係演算 AM/PM

参考 関係演算と集合演算を合わせて**関係代数**といい，これらの演算によって得られた表を**導出表**という。

関係データベース特有の演算である関係演算には，射影，選択，結合，商があります。

選択と射影

選択演算は，表から指定した行を取り出す関係演算，また，**射影演算**は，表から指定した列を取り出す関係演算です。

参考 **射影の個数** n列ある表において，例えば，任意の射影Pを考えたとき，1つの列が射影Pにより取り出されるか否かで2通りあるので，列がn列あれば，$2 \times 2 \times \cdots \times 2 = 2^n$個の異なる射影が存在する。

社員表

社員コード	社員名	部門コード
11001	遠藤美弥子	E01
12001	江川豊	E02

社員名を射影

社員名
遠藤美弥子
江川豊

社員コード＝11001で選択

社員コード	社員名	部門コード
11001	遠藤美弥子	E01

▲ **図6.4.6** 選択と射影

6 データベース

結合

結合演算は，2つの表が共通にもつ項目（結合列）で結合を行い，新しい表をつくり出す関係演算です。一般に，SELECT文のFROM句で複数の表名をカンマで区切って指定し，WHERE句で結合条件を指定することで表の結合を行います。ここで，結合条件とは，結合列の値を＞，≧，＝，≠，≦，＜のいずれかの比較演算子で比較し，結びつける条件のことで，特に，比較演算子が「＝（等号）」である結合を**等結合**といいます。

等結合は，2つの表から作成される直積表から結合列の値が等しいものだけを取り出します。得られた新たな表には結合列が重複して含まれるため，SELECT句でどちらか一方の結合列を指定して，見かけ上の重複を取り除きます。

重複する結合列を取り除く（一方のみ残す）ようにした結合として，**自然結合**（NATURAL JOIN）があります。自然結合は，結合列の列名が2つの表で同じ場合に使用することができます。

> **参考** 結合演算は，直積と選択の組合せで表すことのできる演算である。

> **参考** 結合列の値を＞，≧，＝，≠，≦，＜のいずれかの比較演算子で比較し結びつける演算を*θ*（シータ）**結合**という。なお，SQL文で用いる比較演算子はp.314を参照。

> **参考** 自然結合の例
> SELECT *
> FROM 社員表
> NATURAL JOIN 部門表

例
```
SELECT 社員コード, 社員名, 部門表.部門コード, 部門名
    FROM 社員表, 部門表
    WHERE 社員表.部門コード = 部門表.部門コード
```

社員表

社員コード	社員名	部門コード
11001	遠藤美弥子	E01
12001	江川豊	E02

部門表

部門コード	部門名
E01	営業1課
E02	営業2課

> **参考** 社員表と部門表を部門コードで結合する場合，まず2つの表の直積が作成される。

社員コード	社員名	部門コード	部門コード	部門名
11001	遠藤美弥子	E01	E01	営業1課
11001	遠藤美弥子	E01	E02	営業2課
12001	江川豊	E02	E01	営業1課
12001	江川豊	E02	E02	営業2課

・部門コードの値が等しいものだけを取り出す
・重複する部門コードの1つを取り除く

> **参考** SELECT句によりどちらかの部門コードを指定することで重複を取り除く。

社員コード	社員名	部門コード	部門名
11001	遠藤美弥子	E01	営業1課
12001	江川豊	E02	営業2課

▲ 図6.4.7　典型的な結合の過程

関係データベースの演算　**6.4**

内結合と外結合

　これまでに説明した，結合列の値が等しい行だけを取り出す結合演算は，データベース言語仕様(JIS X 3005)において，**内結合**(INNER JOIN)で実現できます。

　これに対して，結合列の値が一致しない行も取り出すことができる結合演算を**外結合**(OUTER JOIN)といいます。外結合では，結合相手の表に該当データがない場合，それをNULL(空値)として結合します。どちらの表を基準に結合するかによって，**左外結合，右外結合，完全外結合**の3つがあります。

社員表

社員コード	社員名	部門コード
11001	遠藤美弥子	E01
12001	江川豊	E02
22001	一条光	J01

部門表

部門コード	部門名
E01	営業1課
E02	営業2課
E03	営業3課

内結合：部門コードで等結合
結合する両方の表に存在する行だけを取り出す

内結合の結果

社員コード	社員名	部門コード	部門名
11001	遠藤美弥子	E01	営業1課
12001	江川豊	E02	営業2課

外結合：部門コードで等結合
結合する片方の表にしか存在しない行も取り出す
[左外結合，右外結合，完全外結合]

▲ **図6.4.8**　内結合と外結合

参考 従来の等結合では，結合する表をFROM句で指定し，結合条件はWHERE句で指定する。内結合及び外結合では，結合する表をFROM句の中でJOINを使って指定し，結合条件はJOINに続くON句で指定する(p311のコラムを参照)。

参考 内結合や外結合により得られる結合表には，結合列(社員表.部門コードと部門表.部門コード)が含まれる。図6.4.8〜図6.4.11は，このうち部門表の部門コードを取り出したもの(p311のコラムを参照)。

● 左外結合 (LEFT OUTER JOIN)

　結合する左の表(社員表)を基準にして，右の表(部門表)に存在しない行をNULLとして結合します。

左外結合の結果

部門表の部門コード

社員コード	社員名	部門コード	部門名
11001	遠藤美弥子	E01	営業1課
12001	江川豊	E02	営業2課
22001	一条光	NULL	NULL

▲ **図6.4.9**　左外結合の結果

◯ 右外結合 (RIGHT OUTER JOIN)

結合する右の表 (部門表) を基準にして，左の表 (社員表) に存在しない行をNULLとして結合します。

右外結合の結果

社員コード	社員名	部門コード	部門名
11001	遠藤美弥子	E01	営業1課
12001	江川豊	E02	営業2課
NULL	NULL	E03	営業3課

▲ **図6.4.10** 右外結合の結果

◯ 完全外結合 (FULL OUTER JOIN)

片方にのみ存在する場合，もう片方をNULLとして結合します。

完全外結合の結果

社員コード	社員名	部門コード	部門名
11001	遠藤美弥子	E01	営業1課
12001	江川豊	E02	営業2課
22001	一条光	NULL	NULL
NULL	NULL	E03	営業3課

▲ **図6.4.11** 完全外結合の結果

商

ある関係$R(X, Y1, Y2)$と$S(Y3, Y4)$について，$S(Y3, Y4)$のすべての行が$R(Y1, Y2)$に含まれる場合に，対応する$R(X)$を求める演算です。すなわち，商$(R \div S)$は，関係Rの中から関係Sのすべての行を含む行を取り出し，そこから関係Sの項目が取り除かれます。また，このとき重複した行も取り除かれます。

関係R

X	Y1	Y2
K1	z	1
K2	a	1
K2	b	2
K3	a	1
K3	b	2

÷

関係S

Y3	Y4
a	1
b	2

=

R÷Sの結果

X
K2
K3

▲ **図6.4.12** 商演算の仕組み

具体的には，図6.4.13のように，社員表から東京に住み営業2課（E02）に勤務する社員を探すという場合に商演算が使われます。

▲ 図6.4.13　商演算の例

> **COLUMN**
>
> ## 内結合と外結合のSQL文
>
> 午後試験では，内結合（INNER JOIN）や外結合（OUTER JOIN）を使用したSQL文が出題されます。午後試験の対策として，図6.4.8の内結合と図6.4.9〜11の外結合の結果を得るSQL文がどのようになるのか見ておきましょう。
>
> ① 内結合（図6.4.8）
>
> 　　SELECT 社員コード，社員名，部門表.部門コード，部門名
> 　　FROM 社員表 INNER JOIN 部門表
> 　　　　　　　　ON 社員表.部門コード ＝ 部門表.部門コード
> 　　　　　　　　　└─結合条件を指定
>
> ② 左外結合（図6.4.9）
>
> 　　SELECT 社員コード，社員名，部門表.部門コード，部門名
> 　　FROM 社員表 LEFT OUTER JOIN 部門表
> 　　　　　　　　ON 社員表.部門コード ＝ 部門表.部門コード
> 　　　　　　　　　└─左表を基準に右表に存在しない行をNULLとして結合
>
> ③ 右外結合（図6.4.10）
>
> 　　SELECT 社員コード，社員名，部門表.部門コード，部門名
> 　　FROM 社員表 RIGHT OUTER JOIN 部門表
> 　　　　　　　　ON 社員表.部門コード ＝ 部門表.部門コード
> 　　　　　　　　　└─右表を基準に左表に存在しない行をNULLとして結合
>
> ④ 完全外結合（図6.4.11）
>
> 　　SELECT 社員コード，社員名，部門表.部門コード，部門名
> 　　FROM 社員表 FULL OUTER JOIN 部門表
> 　　　　　　　　ON 社員表.部門コード ＝ 部門表.部門コード

6 データベース

6.5 SQL

6.5.1 データベース言語SQLとは AM/PM

SQL（Structured Query Language）は，関係データベースにおける標準的な操作言語で，現在ではほとんどの関係データベース管理システムがSQLを採用しています。

SQLの分類

SQLは，関係データベースのデータを検索（参照），操作するという機能の他，データを定義したり，トランザクションを制御するための機能が提供されているデータベース言語です。表6.5.1に重要なSQL文をまとめておきます。

用語 トランザクション
SQL処理の単位(p333参照)。

▼ **表6.5.1** 重要なSQL

データ定義言語（DDL：Data Definition Language）	
CREATE	スキーマ，表，ビューなどを定義
DROP	表やビューなどの削除
GRANT	表やビューに対するアクセス権（読取権限，挿入権限，削除権限，更新権限）の付与
REVOKE	アクセス権の削除（取消）
データ操作言語（DML：Data Manipulate Language）	
SELECT	データの検索
INSERT	データの挿入
UPDATE	データの更新
DELETE	データの削除
COMMIT	データベースの更新処理の確定
ROLLBACK	データベースの更新処理の取消し
DECLARE CURSOR	カーソルの割当て（カーソルの宣言）
OPEN	カーソルのオープン
FETCH	カーソルが指示する行の取出し
CLOSE	カーソルのクローズ

用語 親言語方式
CやCOBOLなどのプログラム中にSQL文を組み込んでデータベースにアクセスする方式。埋込みSQLという(p330参照)。

＊COMMIT，ROLLBACKはトランザクションを制御するSQL
DECLARE CURSOR以降は親言語方式などで使用されるSQL

6.5.2 SELECT文

データ操作言語(DML)には，問合せ(SELECT)文，挿入(INSERT)文，更新(UPDATE)文，削除(DELETE)文などがあります。ここでは，SELECT文について説明します。

> SELECT文以外のDMLについては，「6.5.3 その他のDML文」(p321)を参照。

SELECT文の構文

SELECT文の基本構文は次のようになっています。

> **POINT** SELECT文の基本構文
> SELECT [ALL | DISTINCT] 列名のリスト
> FROM 表名のリスト
> [WHERE 選択条件や結合条件]
> [GROUP BY 列名のリスト]
> [HAVING グループ選択条件]
> [ORDER BY 列名のリスト]
>
> ＊ [ ] 内は省略可能
> | は "又は" を表す

> **リスト**
> 列名及び表名をカンマ(,)で区切って列挙したもの。

> SELECT句で，ALL，DISTINCTを省略した場合，ALL指定とみなされる。

行，列の取り出し

WHERE句に選択条件を指定することで特定の行を取り出すこと(選択)ができ，SELECT句に列名を指定することで特定の列を取り出すこと(射影)ができます。

なお，SELECT句に '*' を指定することで，全部の列を取り出すことができます。また，選択条件に，論理演算子(AND，OR，NOT)を用いることができ，これにより複数の条件の組合せによって選択条件をつくることができます。

> SELECT句に同一の列を重複指定してもエラーにはならない。

> 何らかの問合せ，つまり，実表やビューに対する選択，射影，結合などによって得られた表を**導出表**という。

社員表から"年齢"が24以上28以下の"社員コード"，"社員名"を表示する。

SELECT 社員コード，社員名
FROM 社員表
WHERE 年齢 >= 24 AND 年齢 <= 28

6 データベース

社員表

社員コード	社員名	年齢	所属
11001	遠藤美弥子	19	営業1課
11002	遠藤徹	22	営業1課
12001	江川豊	24	営業2課
12002	渡辺隆	28	営業2課
13001	平田栄子	30	営業3課

社員コード	社員名
12001	江川豊
12002	渡辺隆

```
SELECT 社員コード, 社員名
  FROM 社員表
  WHERE 年齢 >= 24 AND
        年齢 <= 28
```

▲ **図6.5.1** 特定行，列を取り出すSELECT文

> 参考 「空値でない」という選択条件の場合，「WHERE 列 IS NOT NULL」となる。

選択条件に使用する比較演算子を表6.5.2に示します。なお，列の値が「空値であるか」という検索条件の場合は，「WHERE 列 = NULL」ではなく，「WHERE 列 IS NULL」となります。

> 参考 比較演算子を用いて，NULLと値を比較した場合，結果は常に不定になる。
> 〔例〕
> A＝20，B＝10，CがNULLの場合，次の式の結果は不定。
> (A>C) OR (A>B)
> 不定   真
>   不定

▼ **表6.5.2** 比較演算子一覧

演算子	使 用 例
＝(等しい)	WHERE 列A = 30(列Aが30と等しい)
<>(等しくない)	WHERE 列A <> 30(列Aが30と等しくない)
>(より大きい)	WHERE 列A > 30(列Aが30より大きい)
<(より小さい)	WHERE 列A < 30(列Aが30より小さい)
>＝(以上)	WHERE 列A >= 30(列Aが30以上)
<＝(以下)	WHERE 列A <= 30(列Aが30以下)

○ BETWEEN述語

先の例のSELECT文は，BETWEEN述語やIN述語を使用して，次のように表すこともできます。

BETWEEN述語は，「値1～値2」の範囲(値1，値2を含む)に列の値が含まれるかを選択条件にする場合に使います。

> 参考 年月日の範囲チェックにもBETWEEN述語が用いられる。
> 〔例〕
> 納入日 BETWEEN
> '2021-10-05' AND
> '2021-10-17'

```
SELECT 社員コード, 社員名
  FROM 社員表
  WHERE 年齢 BETWEEN 24 AND 28
```

○ IN述語

IN述語は，列の値が指定された値のいずれかと等しいかを選択条件とする場合に使います。また，INの前にNOTをつけると，指定された値のいずれでもないという選択条件となります。

6.5 SQL

IN述語の使用例については、「副問合せ」(p319)も参照。

```
SELECT 社員コード, 社員名
  FROM 社員表
  WHERE 年齢 IN (24, 25, 26, 27, 28)
```
 否定
```
SELECT 社員コード, 社員名
  FROM 社員表
  WHERE 年齢 NOT IN (24, 25, 26, 27, 28)
```

重複行の排除

取り出された行の中から重複するものを除きたい場合には、SELECT句の列名指定にDISTINCT述語を使います。

列の値が、あるパターンに合致するかどうかを選択条件とする場合、LIKE述語を用いて、照合比較する文字列パターンを指定する。

社員表から"社員名"が「遠藤」で始まる社員の"所属"を表示する。ただし、重複する"所属"は表示しない。
```
SELECT DISTINCT 所属
  FROM 社員表
  WHERE 社員名 LIKE '遠藤%'
```

社員表

社員コード	社員名	年齢	所属
11001	遠藤美弥子	19	営業1課
11002	遠藤徹	22	営業1課
12001	江川豊	24	営業2課
12002	渡辺隆	28	営業2課
13001	平田栄子	30	営業3課

所属
営業1課

▲ **図6.5.2** 重複行を排除するSELECT文

▼ **表6.5.3** パターン文字

パターン文字	意　味
%	0文字以上の任意の文字列を意味する 〔例〕a%b：aで始まりbで終わる任意長の文字列
_	任意の1文字を意味する 〔例〕a＿＿b：aで始まりbで終わる4文字の文字列

315

出力順の指定

ASCは省略することもできる。

特定の列の値で昇順,あるいは降順に並べ替えて表示する場合は,ORDER BY句を使います。ORDER BYのあとに続けて並べ替えのキー(列名)を指定し,続けて降順の場合はDESC,昇順の場合はASCを記述します。

"年齢"の降順,"社員コード"の昇順で並べ替える場合は,「ORDER BY 年齢 DESC,社員コード ASC」と並べ替え指定をカンマで区切って指定する。

> 例 社員表から"社員名","年齢"を選択し,"年齢"の降順に表示する。
> ```
> SELECT 社員名,年齢
> FROM 社員表
> ORDER BY 年齢 DESC
> ```

社員表

社員コード	社員名	年齢	所属
11001	遠藤美弥子	19	営業1課
11002	遠藤徹	22	営業1課
12001	江川豊	24	営業2課
12002	渡辺隆	28	営業2課
13001	平田栄子	30	営業3課

社員名	年齢
平田栄子	30
渡辺隆	28
江川豊	24
遠藤徹	22
遠藤美弥子	19

```
SELECT 社員名,年齢
FROM 社員表
ORDER BY 年齢 DESC
```

年齢の降順に並べ替えた結果

▲ 図6.5.3 ORDER BYを用いたSELECT文

グループ化

WHERE句では,表中の行を選択する条件を指定するが,HAVING句では,グループ化したグループを選択する条件を指定する。

取り出した行をGROUP BY句で指定した列の値でグループ化し,グループごとに合計や最大値などを求めることができます。また,HAVING句を用いることで条件に合ったグループだけを取り出すことができます。

> 例 社員表から2人以上が所属する"所属"ごとに,所属,人数(行数),年齢の平均を求める。
> ```
> SELECT 所属,COUNT(*),AVG(年齢)
> FROM 社員表
> GROUP BY 所属
> HAVING COUNT(*) >= 2
> ```

社員表

社員コード	社員名	年齢	所属
11001	遠藤美弥子	19	営業1課
11002	遠藤徹	22	営業1課
12001	江川豊	24	営業2課
12002	渡辺隆	28	営業2課
13001	平田栄子	30	営業3課

所属	COUNT(*)	AVG(年齢)
営業1課	2	20.5
営業2課	2	26

所属ごとに所属，人数（行数），
年齢の平均を求めた結果

```
SELECT 所属, COUNT(*), AVG(年齢)
  FROM 社員表
  GROUP BY 所属
  HAVING COUNT(*) >= 2
```

▲ **図6.5.4** GROUP BYを用いたSELECT文

> **参考** GROUP BY句とSELECT句の関係に注意。例えば，商品コードでグループ化し，商品コードと商品名を求める場合，GROUP BY句に商品名も指定しなければならない。
> 〔例〕
> SELECT
> 　商品コード，商品名
> FROM 商品表
> GROUP BY
> 　商品コード，**商品名**

このSELECT文では，まず社員表のデータをGROUP BY句により"所属"でグループ化し，次にHAVING句により「グループに所属する人数が2人以上」であるグループだけを取り出します。そして，取り出したグループごとに，その所属，人数，平均年齢を求めています。ここで，GROUP BY句を用いた場合，SELECT句に指定できる要素は，GROUP BY句で指定した列名，**集合関数**（集約関数）及び定数式だけなので，注意が必要です。

▼ **表6.5.4** SQLで使用できる集合関数

関数名	意　味
SUM(列名)	列の値の合計を求める
AVG(列名)	列の値の平均を求める
MAX(列名)	列の値の中の最大値を求める
MIN(列名)	列の値の中の最小値を求める
COUNT(*)	行の総数を求める
COUNT(列名)	列の値がNULLでない行の総数を求める

> **参考** 集合関数では，列の値が空値のものは除かれてから集計される。また，集合関数のカッコ内には，算術式やCASE式なども指定できる。

表の結合

> **参照** 等結合についてはp308，内結合や外結合についてはp309，311を参照。

　表の結合方法には，「SELECT...FROM...WHERE」を用いた従来の等結合や，FROM句の中で「JOIN...ON」を用いる内結合や外結合があります。いずれの結合においても，結合表には，結合条件で指定した結合列が重複して含まれます。そのため，列名を指定するときは，「表名.列名」という形式で表現しなければなりません。

6 データベース

参考 N個の表を結合するには，N−1個の結合条件が必要となる。

参考 社員名は重複しないので，単に「社員名」でもよい。

> **例** エントリ表にある"社員コード"と同じ"社員コード"をもつ社員("社員コード"と"社員名")を社員表から選択する。
>
> SELECT 社員表.社員コード, 社員名
> FROM 社員表, エントリ表
> WHERE 社員表.社員コード = エントリ表.社員コード

社員表

社員コード	社員名	年齢	所属
11001	遠藤美弥子	19	営業1課
11002	遠藤徹	22	営業1課
12001	江川豊	24	営業2課
12002	渡辺隆	28	営業2課
13001	平田栄子	30	営業3課

社員コード	社員名
11001	遠藤美弥子
11002	遠藤徹

エントリ表

社員コード	参加セミナー
11001	SW01-1
11002	FE02-3

```
SELECT 社員表.社員コード, 社員名
  FROM 社員表, エントリ表
 WHERE 社員表.社員コード = エントリ表.社員コード
〔内結合を用いた場合〕
SELECT 社員表.社員コード,社員名
  FROM 社員表 INNER JOIN エントリ表
    ON 社員表.社員コード = エントリ表.社員コード
```

▲ 図6.5.5　2つの表を結合するSELECT文（等結合）

表に別名をつける

FROM句で「表名 AS 別名」あるいは，ASを省略して「表名 別名」と指定することで，表に別名(相関名)を設定することができます。上記のSELECT文を，社員表にA，エントリ表にBという別名をつけて書き換えると，次のようになります。なお，この場合のASは通常，省略されることに注意しましょう。

参考 FROM句に副問合せを記述する場合，「(副問合せ) AS 相関名」と記述することで，副問合せの結果に名前を付けることができる。
〔例〕
SELECT 社員名
FROM
　(SELECT 社員名
　 FROM 社員表
　 WHERE 年齢 >= 20)
　AS 成人社員　←副問合せ

> **例**　SELECT A.社員コード, 社員名
> 　　　FROM 社員表 A, エントリ表 B
> 　　　WHERE A.社員コード = B.社員コード

表に別名を与えることで，同じ表どうしを結合することができます。これを自己結合といいます。次ページ図6.5.6の社員表に"上司表"という別名をつけて，社員表と上司表から各社員の直属の上司の社員番号と氏名を表示してみましょう。

SQL 6.5

社員表				上司表		
社員コード	社員名	上司コード		社員コード	社員名	上司コード
15001	千葉宏彰	11001		15001	千葉宏彰	11001
15002	船田夕子	17001		15002	船田夕子	17001
11001	市川守	11001		11001	市川守	11001
17001	斉藤和子	17001		17001	斉藤和子	17001

▲ 図6.5.6　例：社員表と上司表

```
SELECT 社員表.社員名, 上司表.社員名 AS 上司名
  FROM 社員表, 社員表 上司表
  WHERE 社員表.上司コード = 上司表.社員コード AND
        社員表.社員コード <> 上司表.社員コード
```
自分自身が上司である社員を表示しないための条件

列名にもASを用いて別名をつけることができる。

社員名	上司名
千葉宏彰	市川守
船田夕子	斉藤和子

▲ 図6.5.7　自己結合の結果

副問合せ

副問合せを**サブクエリ**（subquery）ともいう。

SELECT文のFROM句やWHERE句，HAVING句などに指定されている入れ子になったSELECT文を**副問合せ**といいます。

▶ INを用いた副問合せ

INに続く括弧の中に副問合せを記述することができます。下記例の場合，まず副問合せが実行され，調査対象表から指定年齢が取り出されます。次に，主問合せが実行され，副問合せにより取り出された指定年齢のいずれかと等しい年齢をもつ社員の社員コードと社員名が表示されます（次ページの図6.5.8参照）。

　社員表から年齢が調査対象表の指定年齢に該当する社員を表示する。
```
SELECT 社員コード, 社員名         ←主問合せ
  FROM 社員表
  WHERE 年齢 IN (SELECT 指定年齢 FROM 調査対象表)  ←副問合せ
```

319

社員表

社員コード	社員名	年齢	所属
11001	遠藤美弥子	19	営業1課
11002	遠藤徹	22	営業1課
12001	江川豊	24	営業2課
12002	渡辺隆	28	営業2課
13001	平田栄子	30	営業3課

社員コード	社員名
12001	江川豊
13001	平田栄子

調査対象表

調査項目	指定年齢
×□資格取得	24
○○資格取得	30

```
SELECT 社員コード, 社員名
  FROM 社員表
  WHERE 年齢 IN (SELECT 指定年齢 FROM 調査対象表)
              ‖
SELECT 社員コード, 社員名
  FROM 社員表
  WHERE 年齢 IN (24, 30)
```

▲ 図6.5.8　副問合せ

◯EXISTS述語

　図6.5.8の操作はEXISTSを用いても記述できます。EXISTSは，副問合せの結果が1つ以上あれば"真"，それ以外は"偽"と評価する演算子です。このEXISTSを用いて，図6.5.8と同じ操作を行う場合，副問合せの形は**相関副問合せ**になります。相関副問合せとは，主問合せから1行ずつもらって実行する副問合せです。下記の例では，主問合せの社員表1行ずつに対して副問合せが実行され，社員コード12001の行と13001の行が"真"と評価されます。つまり，処理結果は図6.5.8と同じになります。

> **参考** 相関副問合せであるかどうかは，副問合せが，FROM句で指定していない主問合せの表を使用しているか否かで判断できる。

> **参考** EXISTSを用いた場合，副問合せからの結果値は意味をもたず，単に結果の有無だけの評価となる。

```
SELECT 社員コード, 社員名
  FROM 社員表
  WHERE EXISTS (SELECT * FROM 調査対象表    ←—相関副問合せ
                  WHERE 社員表.年齢 = 調査対象表.指定年齢)
```

　さらに，同じ操作をANYを使用して表すこともできます。次の例は，副問合せの結果のいずれか(ANY)と等しいことを意味します。

> **参考** 限定述語
> ANY：副問合せからの結果が空（0行）でない場合，結果の中の少なくとも1つの値に対して，比較条件を満たすとき条件が成立する。
> ALL：副問合せからの結果が空か，あるいは結果の中のすべての値に対して，比較条件を満たすとき条件が成立する。

```
SELECT 社員コード, 社員名
  FROM 社員表
  WHERE 年齢 = ANY (SELECT 指定年齢 FROM 調査対象表)
```

　以上，INを使った副問合せ，EXISTSを使った相関副問合せ，ANYを使った副問合せはいずれも同じ結果となります。

SQL **6.5**

6.5.3 その他のDML文 AM/PM

INSERT文

表に行を挿入するには，INSERT文を用います。このとき，挿入する値をVALUES句で指定する方法①と，問合せの結果をすべて挿入する方法②とがあります。

> **参考** INTO句で指定された表（挿入先の表）は，SELECT文では使用できない。

POINT INSERT文の構文
① 挿入する値をVALUES句で指定
　　INSERT INTO 表名 [(列名リスト)] VALUES(値リスト)
② 問合せの結果をすべて挿入する
　　INSERT INTO 表名 [(列名リスト)] SELECT文
　　　　　　　　　　　　　　　　＊ [ ] 内は省略可能

> **参照** DEFAULT（デフォルト）制約については，p324の表6.6.1を参照。

一部の列に対して値の挿入を行う場合には，どの列に対して挿入するのかを列名リストに指定しなければなりません。このとき，省略された列の値は，DEFAULT制約が指定されていればその既定値が挿入され，そうでなければNULL値が挿入されます。

UPDATE文

表中のデータを変更するには，UPDATE文を用います。列の変更値を直接指定する方法①と，変更値をCASE式によって決める方法②，さらに副問合せの結果を変更値とする方法③があります。

> **参考** 他の列の値によって変更値が異なる場合，CASE式を使用する。
> 〔例〕販売ランクにより，販売価格を設定。
> ```
> UPDATE 商品 SET
>  販売価格 =
> CASE
>  WHEN 販売ランク= 'S'
>   THEN 単価*0.9
>  WHEN 販売ランク= 'T'
>   THEN 単価*0.7
>  ELSE 単価
> END
> ```
> 販売ランクがS'なら単価に対し0.9，'T'なら0.8を乗じた値を，それ以外なら単価を販売価格に設定する。

POINT UPDATE文の構文
① UPDATE 表名 SET 列名 = 変更値 [WHERE 条件]
② UPDATE 表名 SET 列名 = CASE式 [WHERE 条件]
③ UPDATE 表名 SET 列名 = (SELECT文) [WHERE 条件]
　　　　　　　　　　　　　　　　＊ [ ] 内は省略可能

SET句には，変更したい列の値を「列名 = 変更値」の形で指定します。1つのUPDATE文で複数の列の値を変更する場合は，カンマ（,）で区切って指定します。WHERE句を省略すると表中のすべての行が変更されますが，WHERE句を指定することで，その条件に合致した行のみを変更することができます。

321

6 データベース

DELETE文

> 参考
> 表中の全行を削除しても表自体は残る。表を削除するのはDROP文。

表中の行を削除するには，DELETE文を用います。

> **POINT DELETE文の構文**
> DELETE FROM 表名 [WHERE 条件]
>
> ＊ [ ] 内は省略可能

WHERE句を省略すると表中のすべての行が削除されますが，WHERE句を指定することで，その条件に合致した行のみを削除することができます。

▲ **図6.5.9** INSERT文，UPDATE文，DELETE文

参照関係をもつ表の更新

> 参考
> **参照制約**とは，外部キーの値が被参照表の主キーあるいは主キー以外の候補キーに存在することを保証する制約。関連する2つの表間に参照制約を設定する目的は，データ矛盾を起こすような行の追加や削除・変更を制約するため。

関連する2つの表間に**参照制約**が設定されている場合，被参照表の主キー(候補キー)にない値を，参照表の外部キーに追加することはできません。また被参照表の行の削除や変更については制約を受けることになります(次ページ図6.5.10を参照)。

被参照表の行を削除・変更するとき，どのような制約(動作)とするのかは，明示的に指定できます。これを**参照動作指定**といい，次節で学習するCREATE TABLE文において，REFERENCES句(参照指定)の後に次の構文によって指定します。

322

SQL **6.5**

> 🔍 REFERENCES指定
> **参照** については，
> p324〜326を参照。

POINT 参照動作指定

REFERENCES 被参照表(参照する列リスト)

　　　[ON DELETE 参照動作]

　　　[ON UPDATE 参照動作]

＊ [ ] 内は省略可能

また指定できる参照動作には，表 6.5.5 に示す5つの動作があります。なお，参照動作指定を省略した場合の既定値は"NO ACTION"になります。

> 🔍 データの整合性
> **参考** を保つための制約には，一意性制約，参照制約の他，データ項目のデータ型や桁数に関する**形式制約**，データ項目が取り得る値の範囲に関する**ドメイン制約**がある。

▼ **表6.5.5** 参照動作

参照動作	内　　容
NO ACTION	削除(変更)を実行するが，これにより参照制約が満たされなくなった場合(参照行が残っていた場合)は実行失敗となり，削除(変更)処理は取り消される。すなわち，当該行を参照している参照表の行があれば，削除(変更)はできない
RESTRICT	削除(変更)を実行する際，参照制約を検査し，当該行を参照している参照表の行があれば削除(変更)を拒否する。すなわち，削除(変更)はできない
CASCADE	削除(変更)を実行し，さらに当該行を参照している参照表の行があれば，その行も削除(変更)する。つまり，CASCADE指定すると削除(変更)の動作が連鎖する
SET DEFAULT	被参照表の行が削除(変更)されたとき，それを参照している参照表の外部キーへ既定値を設定する
SET NULL	被参照表の行が削除(変更)されたとき，それを参照している参照表の外部キーへNULLを設定する

> ✏️ 試験では，
> **試験** "CASCADE"と"SET DEFAULT"が出題される。

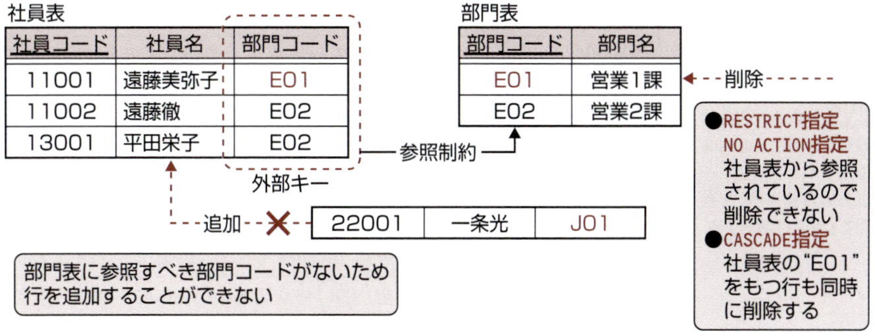

社員表

社員コード	社員名	部門コード
11001	遠藤美弥子	E01
11002	遠藤徹	E02
13001	平田栄子	E02

外部キー

参照制約 →

--- 追加 --✕-- | 22001 | 一条光 | J01 |

部門表に参照すべき部門コードがないため行を追加することができない

部門表

部門コード	部門名
E01	営業1課
E02	営業2課

←---削除-----

●RESTRICT指定
　NO ACTION指定
　社員表から参照されているので削除できない
●CASCADE指定
　社員表の"E01"をもつ行も同時に削除する

▲ **図6.5.10** 追加と削除の制約

323

6.6 データ定義言語

6.6.1 実表の定義

CREATE TABLE文

表の定義は，CREATE TABLE文を用いて行います。基本構文は次のようになっています。

> **POINT CREATE TABLE文**
> CREATE TABLE 表名
> 　（列名1 データ型 ［列制約］，
> 　　列名2 データ型 ［列制約］，
> 　　　　：
> 　　［表制約］）
>
> ＊［ ］内は省略可能

列制約

列制約とは，表を構成する列に対する制約で，主に表6.6.1に示す制約があります。

▼ **表6.6.1 列制約**

制約		内容
一意性制約	PRIMARY KEY	主キーに指定 〔形式〕列名 データ型 PRIMARY KEY
	UNIQUE	すでにある他の行との値の重複を認めない。候補キーに指定
参照制約 REFERENCES 被参照表名［(列名リスト)］		外部キーに指定。参照される側の表(被参照表)の表名とその列名を指定する。ただし，列名を省略すると主キーを参照する 〔形式〕列名 データ型 　　　　　　REFERENCES 被参照表(列名)
検査制約 CHECK（探索条件）		登録できる値の条件を指定 〔例〕"評価"列の値を1以上5以下とする 評価 INTEGER CHECK（評価 BETWEEN 1 AND 5）
非ナル制約	NOT NULL	空(ナル)値を認めない列にNOT NULLを指定
デフォルト制約	DEFAULT	行の挿入時，値が指定されていない列に格納する既定値を指定

参考 PRIMARY KEYの指定は，必然的にNOT NULL制約を兼ねる。

参考 主キーを参照する場合，列名は省略できるが，UNIQUE指定された列(主キー以外の候補キー)を参照する場合は明記する。

一意性制約とは，同一表内に同じ値が複数存在しないことを保証する制約です。したがって，主キーとなる列には，一意性制約とNOT NULL制約を兼ねる`PRIMARY KEY`指定を行います。また，一般に，NULL（ナル）値は重複値とは扱われないため，候補キーとなる列にはNULL値を許す`UNIQUE`指定を行います。

参照制約とは，外部キーの値が被参照表に存在することを保証する制約です。外部キーとなる列には，`REFERENCES`指定（参照指定）を行います。

> 参考：主キーには，一意性制約の他，実体を保証するためのNOT NULL制約が必要。

○ 表制約

一意性制約，参照制約，検査制約は，表制約（表定義の要素として定義される制約）とすることもできます。列制約は1つの列に対する制約なので，主キーや外部キーが複数列から構成される場合，これを列制約として定義できません。このような場合，表制約を用います。

> 参考：表制約を用いて，主キー，外部キーを定義した例は，次ページを参照。

POINT 表制約時の記述方法

・一意性制約定義（主キーの指定）
　　PRIMARY KEY(列名リスト)
・参照制約定義（外部キーと参照指定）
　　FOREIGN KEY(列名リスト) REFERENCES 表名 [(列名リスト)]

＊ [ ] 内は省略可能

> 参考：参照制約定義の場合，FOREIGN KEYで外部キーを指定し，REFERENCES句で被参照表とその列を指定する。

○ SQLの主なデータ型

SQLで使用される主なデータ型を表6.6.2にまとめます。

▼ **表6.6.2** SQLデータ型

データ型		内容
文字型	CHARACTER(n)	nバイトの固定長文字列。短縮型はCHAR
	CHARACTER VARYING(n)	最大nバイトの可変長文字列。短縮形はVARCHAR
数値型	INTEGER	整数値。短縮型はINT
	NUMERIC(m [,n])	固定小数点数。mは全体の桁数，nは小数部の桁数
ビット型	BIT(n)	nビットの固定長ビット列
	BIT VARYING(n)	最大nビットの可変長ビット列。短縮形はVARBIT
	BLOB(x)	大量のバイナリデータ（ビット列）。大きさxは，k(キロ)，M(メガ)，G(ギガ)を用いて指定

6 データベース

実表の定義例

次の社員表と部門表を定義してみましょう。

> **参考** 表の定義では，主キー側である被参照表から定義する。

> **参考** DEFAULT句には，列値が登録されない場合の既定値を指定する。

> **参考** 参照動作指定「ON DELETE CASCADE」を指定すると，部門表の行を削除する際，それを参照している行もすべて削除される。なお，参照動作指定を省略した場合は「NO ACTION」指定となり，参照している行があれば，部門表の行は削除できない。

・**部門表の定義**

```
CREATE TABLE 部門表
    (部門コード CHAR(3),
     部門名     VARCHAR(20)  NOT NULL,
     PRIMARY KEY(部門コード))
```

・**社員表の定義**

```
CREATE TABLE 社員表
    (社員コード  CHAR(3),
     社員名      VARCHAR(20) NOT NULL,
     電話番号    CHAR(20)    UNIQUE,
     住所        VARCHAR(40) DEFAULT '未定',
     部門コード  CHAR(3),
     PRIMARY KEY(社員コード),
     FOREIGN KEY(部門コード)
            REFERENCES 部門表(部門コード)  ON DELETE CASCADE)
```

社員表

社員コード	社員名	電話番号	住所	部門コード
CHAR(3)	VARCHAR(20)	CHAR(20)	VARCHAR(40)	CHAR(3)
PRIMARY KEY	NOT NULL	UNIQUE	DEFAULT '未定'	FOREIGN KEY

部門表

部門コード	部門名
CHAR(3)	VARCHAR(20)
PRIMARY KEY	NOT NULL

▲ **図6.6.1** 社員表と部門表

🍵 COLUMN

データベースのトリガ

　トリガとは，表に対する更新処理をきっかけに，あらかじめ**CREATE TRIGGER**文を用いて定義しておいた，他の表に対する更新処理を自動的に起動・実行するという機能です。実行されるタイミングには，更新前（**BEFORE**）と更新後（**AFTER**）の2つがあります。

　〔例〕CREATE TRIGGER トリガ名 AFTER INSERT ON 表名

INSERTをきっかけに起動実行する更新処理を記述

326

データ定義言語 **6.6**

6.6.2 ビューの定義 AM/PM

ビューとは

参考 ビューは仮想的な表であるため、一般には実体化されずデータ格納領域をとらない。これに対し、実表のように実体化されるビューがある。これを**体現ビュー**(materialized view)という。

ディスク装置上に存在し、実際にデータが格納される表のことを**実表**といいます。それに対し**ビュー**は、実表の一部、あるいは複数の表から必要な行や列を取り出し、あたかも1つの表であるかのように見せかけた仮想表です。しかし、仮想表といっても、利用者から見れば実表と同じで、データを検索するだけであれば制約はあるものの同様に操作することができます。

ビューを定義・使用する目的は、次のとおりです。

> **POINT ビューの目的**
> ・行や列を特定の条件で絞り込んだビューだけをアクセスさせることによって、基となる表(基底表)のデータの一部を隠蔽して保護する手段を提供する。
> ・利用者が必要とするデータをビューにまとめることによって、表操作を容易に行えるようにする。

CREATE VIEW文

ビューの定義は、CREATE VIEW文を用いて行います。

参考 ビューは、必要なデータを導出し作成した仮想表(導出表に名前を付けたもの)なので、基となる表に新たな列が追加されても既存のビューには影響がない(再定義の必要はない)。また、ビューに対する参照や更新処理は、基の表に対する参照あるいは更新処理に変換され実行される(次ページ参照)。

> **POINT CREATE VIEW文**
> CREATE VIEW ビュー名 [(列名1, 列名2, …)]
>   AS SELECT文
>
> ※ [ ] 内は省略可能

ビューは、対象となる実表(あるいは他のビュー)からSELECT文を用いて必要データを導出するという方法で定義されます。定義するビューの列名に命名規則はなく、基となる表の列名と異なる列名でも定義できます。ただし、列数はAS句に続くSELECTで問い合わせた結果の列数と同じである必要があります。

なお、列名は省略可能です。省略した場合はSELECTで問い合わせた結果の列名がそのまま定義されることになります。次ページに、ビューの定義例を示します。

6 データベース

ビューの定義例

社員表と部門表から，社員コードと社員名，その社員が所属する部門名からなる表をビュー「社員表2」と定義します。

社員表

社員コード	社員名	電話番号	住所	部門コード
100	大滝美弥子	090-999-1234	東京都	A01
101	岡嶋祐一	070-888-2468	神奈川県	A01
102	遠山猛	090-777-1357	東京都	K01

部門表

部門コード	部門名
A01	教育
K01	開発

社員表2

社員コード	社員名	所属部門名
100	大滝美弥子	教育
101	岡嶋祐一	教育
102	遠山猛	開発

> **参考** ビューを定義する場合，その基となる表（基底表）に対するSELECT権限が必要。また更新可能なビューの定義においては，SELECT権限の他，INSERT，UPDATE，DELETE権限が必要になる。

▲ **図6.6.2** ビューの定義

```
CREATE VIEW 社員表2(社員コード, 社員名, 所属部門名)
    AS SELECT 社員コード, 社員名, 部門名
        FROM 社員表, 部門表
        WHERE 社員表.部門コード = 部門表.部門コード
```

> **参考** ビューに対する権限
> 更新可能なビューの所有者（作成者）には，元となる表に対してそのビューの所有者がもっているすべての権限が自動的に付与される。

ビューの更新

ビューへの更新処理は，ビュー定義を基に，ビューが参照している表(基底表)への対応する処理に変換されて実行されます。そのため，実際に更新される表(基底表)が更新可能であり，かつ，更新対象となる列や行が唯一に決定できる場合に限り，更新可能となります。つまり，下記のPOINTに示すSELECT文によって定義されたビューは，基本的に更新不可能なビューです。

> **POINT 更新不可能なビュー**
> ・SELECT句に式や集合関数，あるいは"DISTINCT"を使用したSELECT文で定義されている
> ・GROUP BY句やHAVING句を使用したSELECT文で定義されている

328

6.6.3 オブジェクト(表)の処理権限

スキーマ
1つのデータベースの枠組み。スキーマ内に複数の表やビューを定義することができる。

スキーマに定義された実表やビューは，最初そのスキーマ所有者(作成者)にしか処理権限が与えられていません。しかし，複数の利用者がデータベースを利用できるようにするため，スキーマ所有者以外にも処理権限を付与する必要があります。

設定可能な権限には，右記の4つの他に，表参照権限(REFERENCES)やトリガ生成権限(TRIGGER)があるが，これらは試験に出題されていない。

> **POINT オブジェクト(表)の処理権限**
> ・読取り(SELECT)権限　　・削除(DELETE)権限
> ・挿入(INSERT)権限　　　・更新(UPDATE)権限

処理権限の付与

権限の付与は，GRANT文を用いて行います。

> **POINT GRANTの基本構文**
> GRANT 権限リスト ON 表名 TO 利用者リスト

GRANT文において，WITH GRANT OPTION指定ができる。これは，「その利用者に，同一の権限を他の利用者に付与することを許可する」というもの。
〔例〕
利用者Bに対して，A表に関する，SELECT権限及びその付与権限を付与する。
GRANT SELECT ON A表 TO 利用者B
WITH GRANT OPTION

権限リストには，付与する権限を(複数付与する場合はカンマで区切って)指定します。なお，ALL PRIVILEGESを指定することですべての権限を付与できます。

処理権限の取消し

一度付与した権限を取り消すことができます。権限の取消しは，REVOKE文を用いて行います。

> **POINT REVOKEの基本構文**
> REVOKE 権限リスト ON 表名 FROM 利用者リスト

・社員表に対するSELECT，INSERT権限をユーザ1に与える
　　GRANT SELECT, INSERT ON 社員表 TO ユーザ1
・社員表に対するINSERT権限をユーザ1から取り消す
　　REVOKE INSERT ON 社員表 FROM ユーザ1

6.7 埋込み方式

6.7.1 埋込みSQLの基本事項　AM/PM

静的SQLと動的SQL

静的SQLは，あらかじめ決められたSQL文をプログラム中に埋込み実行する方式です。データベースの表から1行を取り出すことを**非カーソル処理**といい，その場合のSELECT文は，次のようになります。

> 参考：埋込みSQLでは，SELECT文の結果を受け取るホスト変数をINTO句に指定する必要がある。このとき，ホスト変数の前に必ず「:」をつける。

```
POINT 非カーソル処理の構文
EXEC SQL SELECT 列名リスト INTO :ホスト変数名リスト
    FROM 表名
    [WHERE 条件]
```

例えば，社員表から社員コードが'100'である社員の，社員名と年齢を取り出すといった場合，「SELECT 社員名, 年齢 FROM 社員表 WHERE 社員コード = '100'」を次のような形でプログラムに埋込み実行します。

> 参考：EXEC SQL文は，そのままでは親言語の文法に違反するため，コンパイラにかける前に，**SQLプリコンパイラ**（事前コンパイラ）により，データベースアクセス関数の呼出し文へと変換する。

```
EXEC SQL SELECT 社員名, 年齢 INTO :name, :age FROM 社員表
    WHERE 社員コード = '100';
```

一方，動的SQLは，実行するSQL文がプログラム実行中でなければ決まらない場合，SQL文を動的に作成し実行する方式です。

ホスト変数

データベースとプログラムのインタフェースとなる変数を**ホスト変数**といいます。埋込みSQLでは，SQL文の実行により取り出されたデータをINTO句で指定したホスト変数に格納しますが，ホスト変数は通常の変数としてもアクセスできるため，出力関数を用いて表示することや，入力関数を用いて値を入力し，それをSELECT文の条件として使用することもできます。

6.7.2 カーソル処理とFETCH　AM/PM

カーソル処理

「SELECT‥‥INTO‥‥」形式では，1行のデータしか取り出せないため，検索の結果が複数行となる場合は，1行ずつ取り出すことができる**カーソル処理**を用います。カーソル処理は，SQL文で問い合わせた結果をあたかも1つのファイルであるかのようにとらえ，FETCH文を用いて，そこから1行ずつ取り出す方式です。

> **参考** データベースによっては，1回のFETCHで一度に複数行取り出せるものもある。

まず，1つのSELECT文に対し，カーソル（CURSOR）を宣言します。次に，カーソルのオープンでSELECT文が実行され，カーソルにより1行ずつ取り出しが可能となります。その後，FETCH文により繰返し行を取り出して処理を行い，終了したらカーソルを閉じます。

> **参考** SQLCODEには，SQL文実行の結果コードが設定される。例えば，
> 0：正常終了
> 負：エラー
> 　又は
> 　　NOT FOUND

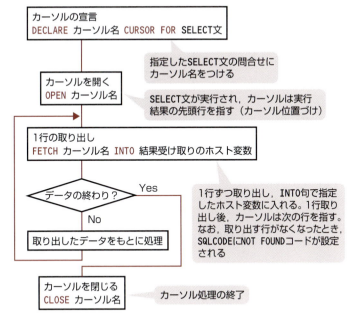

▲ **図6.7.1**　カーソル処理の流れ

次の例は，社員表から，住所が東京で始まる社員の社員名を表示するプログラムです。

*取り出す社員名に空値はないものとする

```
EXEC SQL DECLARE syain_cur CURSOR FOR
    SELECT 社員名 FROM 社員表
    WHERE 住所 LIKE '東京%';
EXEC SQL OPEN syain_cur;
while(1){
    EXEC SQL FETCH syain_cur INTO :name;
    if(SQLCODE != 0)break;
    printf("氏名は%s¥n", name);    }
EXEC SQL CLOSE syain_cur;
```

FETCHで取り出した行の更新

図6.7.2に，FETCHで取り出した行の更新処理を示します。

> 参考 FETCH文で取り出した行を更新あるいは削除する場合，FETCH文のあとに続くUPDATE文やDELETE文のWHERE句に「WHERE CURRENT OF カーソル名」と指定する。

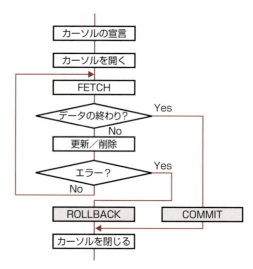

▲ 図6.7.2　カーソル処理によるデータの更新／削除処理の流れ

処理の確定と取消し

一連のデータを更新している途中でエラーが発生した場合，それまで行ってきた更新処理を取り消し，元に戻す必要があります。このとき埋込みSQLでは，「EXEC SQL ROLLBACK」を指定します。また，トランザクションが正常終了した場合には「EXEC SQL COMMIT」を指定し，それまで行ってきた更新処理を確定します。

データベース管理システム **6.8**

6.8 データベース管理システム

6.8.1 トランザクション管理 AM / PM

トランザクションとは

　データベース管理システム(DBMS)は，複数の利用者が同時にデータベースにアクセスしてもデータの矛盾を発生させない仕組みを備えています。この仕組みを**トランザクション管理**といい，トランザクションは，それを行うための**SQL処理の最小単位**です。

ACID特性

　トランザクション処理は，**原子性，一貫性，隔離性，耐久性**の4つの特性を備えている必要があります。

参考 トランザクションは「回復の単位 (unit of recovery)」とも呼ばれる。

参考 アプリケーションプログラムとDBMSの中間に位置づけられるミドルウェアに**TPモニタ**がある。TPモニタは，トランザクションのACID特性を保証する「トランザクション管理機能」をもつ。

参考 ACID特性では厳密な一貫性(完全一貫性)が要求される。これに対して，結果的に一貫性が保たれればよいという考え方に**結果整合性**がある。分散トランザクション分野や，ビッグデータを高速に処理するために利用される**NoSQL**などでは，結果整合性の考え方を取り入れている。

▼ **表6.8.1** ACID特性

原子性 (**A**tomicity)	更新処理トランザクションが正常終了した場合にのみデータベースへの反映を保証し，異常終了した場合は処理が何もなかった状態に戻すこと。トランザクションでは，そのすべての処理が完了するか(All)，あるいはまったく実行されていない状態か(Nothing)のどちらか一方で終了しなければならず，これは，COMMIT(正常終了)，ROLLBACK(異常終了)で実現できる ・COMMIT(コミット)：更新処理を確定し，データベースへの反映を保証する ・ROLLBACK(ロールバック)：更新処理をすべて取消し，トランザクション開始時点の状態へ戻す
一貫性 (**C**onsistency)	トランザクションの処理によってデータベース内のデータに矛盾が生じないこと，すなわち，常に整合性のある状態が保たれていること
隔離性 (**I**solation)	複数のトランザクションを同時(並行)に実行した場合と，順(直列)に実行した場合の処理結果が一致すること。独立性ともいう。複数のトランザクションを同時に実行しても，それが正しい順で実行されるように順序づけすることをトランザクションのスケジューリングというが，その基本的な考え方は，並行実行の結果と直列実行の結果が等しくなるように調整するというもの。この**直列可能性**を保証する方法に**ロック**がある
耐久性 (**D**urability)	いったん正常終了したトランザクションの結果は，その後，障害が発生してもデータベースから消失しないこと，つまり，トランザクションの再実行を必要としないことを意味する

6 データベース

..6.8.2.... 同時実行制御 　　　　AM / PM

　複数のトランザクションを同時に実行しても，矛盾を起こすことなく処理を実行するメカニズムを**同時実行制御**（**並行性制御**）といい，これを実現する方法に，ロックや多版同時実行制御，時刻印アルゴリズムがあります。

> **参考** 多版同時実行制御に対して，ロックによる通常の同時実行制御を**単版同時実行制御**という。

■ ロック

　ACID特性の隔離性により，複数のトランザクションを同時実行しても，その結果はトランザクションを直列実行した結果と同じにならなければなりませんが，同時実行制御が行われない環境では，結果が異なってしまう場合もあります。

　例えば，トランザクションTR1とトランザクションTR2が，同じデータaを①→②の順に読み込み，それぞれのトランザクションでデータaを③→④の順に更新し，COMMITした場合，トランザクションTR1がデータaを「a+5→10」に更新しても，トランザクションTR2が aの値を「a+10→15」に更新してしまうため，トランザクションTR1における更新内容が失われます。これを**変更消失**（ロストアップデート）といいます。

> **参考** トランザクションTR1，TR2を順に実行すれば，データaの値は20となる。

トランザクションTR1		トランザクションTR2
①aの読込み	a 5̶ 1̶0̶ 15	②aの読込み
aの値は5		aの値は5
③「a+5」		④「a+10」
aの値を10として更新（COMMIT）		aの値を15として更新（COMMIT）
⑤aの読込み		
aの値は15？		

> **参考** TR2はコミットされていないデータaを読み込んでいる（ダーティリード）。ダーティリードとは，他のトランザクションが更新中の，コミットされていないデータを読み込んでしまうこと。

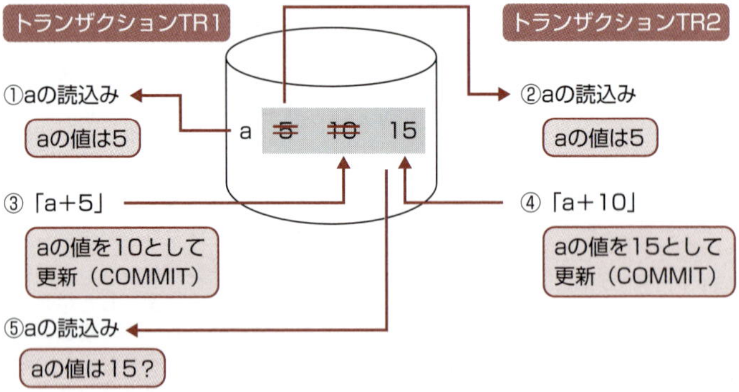

▲ **図6.8.1**　変更消失の例

　このような問題を防ぐため，データベース管理システムではデータaに**ロック**（鍵）をかけ，先にデータaをアクセスしたトランザクションの処理が終了するか，あるいはロックが解除されるま

334

で，他のトランザクションを待たせるという制御を行います。

◯ デッドロック

> デッドロックについては，「5.2.5 デッドロック」(p252)も参照。

ロックを複数のデータに対して行おうとすると，互いにロックの解除を待ち続けるという状態に陥る可能性があります。この状態を**デッドロック**といいます。

例えば，データA，B，Cを専有して処理を行うトランザクションTR1，TR2，TR3があるとします。各トランザクションは処理の進行にともない，表に示される順（①→②→③）にデータを専有し，トランザクション終了時に3つの資源を一括して解放します。このような場合，トランザクションTR1とトランザクションTR2はデッドロックを起こす可能性があります。

トランザクション名	データの専有順序		
	データA	データB	データC
トランザクションTR1	①	②	③
トランザクションTR2	②	③	①
トランザクションTR3	①	②	③

> トランザクション終了時点でロックは解除される。

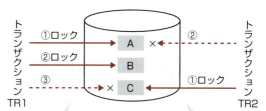

▲ 図6.8.2　デッドロック発生の仕組み

> 試験では，デッドロック防止法が問われる。

図6.8.2からわかるように，データを専有する順序が等しい，トランザクションTR1とTR3の間ではデッドロックは起こりませんが，異なる順や逆順でデータを専有するトランザクション間ではデッドロック発生の可能性があります。なお，デッドロックが発生した場合，ロールバックなどにより1つのトランザクションを強制的に終了させることで，デッドロックを解除することができます。

◯ロック方式

ロックの方式には、2相ロック方式と木規約があります。**2相ロック方式**は、「使用するデータに対し一斉にロックをかけ（第1相目）、処理後一斉にロックを解除する（第2相目）」という方式です。各トランザクションは、必要なロック獲得命令をすべて実行した後にだけ、ロック解除命令を実行できます。直列可能性は保証されますが、デッドロック発生の可能性は残ります。

一方、**木規約**は、データに順番をつけ、その順番どおりにロックをかけていくことで、デッドロックの発生がないこと、また直列可能性を保証する方式です。データへの順番づけには木（有向木）を用います。

> ロックは、専有ロック、共有ロックいずれも使用可。

> **有向木**　方向をもった有向グラフの1つ。

> 木規約は、トランザクションの同時実行性が低くなるため特殊な場合にしか用いられない。

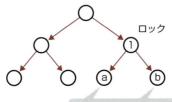

①最初に、任意の節にロックをかける
②次にロックをかけることができるのは、その節の子だけ
③ロックの解除は任意の時点でできる

次にロックがかけられるのはどちらかになる

▲ 図6.8.3　木規約

◯ロックの種類

データベース管理システムでは、トランザクションの同時実行性を高めるため、**専有ロック（占有ロック）** と**共有ロック**の2つのロックモードを提供しています。

専有ロックは、データ更新を行う場合に使用されるロックで、データに対する他のトランザクションからのアクセスは一切禁止されます。一方、共有ロックは、通常、データの読取りの際に使用されるロックで、参照のみを許可します。表6.8.2に、この2つのロックモードの組合せによる同時実行の可否を示します。

> 専有は、占有又は排他ともいう。また、共有は共用ともいう。

> 先行トランザクションが共有ロックをかけたデータを、後続トランザクションが参照できるため待ちが発生せず同時実行性が高められる。

▼ 表6.8.2　同時実行の可否

		先行トランザクション	
		共有	専有
後続トランザクション	共有	◯	×
	専有	×	×

データベース管理システム **6.8**

➲ロックの粒度

> **用語**
> **ブロック**
> 物理的なI/Oの単位。

　ロックは，表，ブロック，行といった単位でかけられます。このロックの単位を**ロックの粒度**といいます。粒度が小さければ小さいほど同時実行性を高めることができますが，ロックの回数が多くなり，ロック制御のためのオーバヘッドが増大します。一方，粒度が大きければ，ロックの解除待ちが長くなり，同時実行性は低下します。

▼ **表6.8.3**　ロックの粒度

粒度小	ロック待ちが減少し，同時実行性が高まる
	ロック制御のためのオーバヘッドが増大する
粒度大	トランザクション管理が容易になる
	ロック解除待ちが長くなり，同時実行性が低下する

多版同時実行制御

> **参考**
> 整合性を欠いたデータの参照とは，**ダーティリード**の他，次のものがある。
> **アンリピータブルリード**：再度読み込んだデータが，他のトランザクションにより更新されている（前回読み込んだ値と一致しない）。
> **ファントムリード**：再度読み込んだデータの中に，他のトランザクションによって追加・削除されたデータがある（前回と検索結果が異なる）。

　多版同時実行制御（MVCC：MultiVersion Concurrency Control）は，同時実行性を高め，かつ一貫性のあるトランザクション処理を実現する仕組みです。通常，専有ロック中（更新中）のデータに対する参照は行えないため，後続トランザクションはロックの解除を待つことになります。

　これに対して，多版同時実行制御では，更新中のデータに対して参照要求を行った場合には，更新前（トランザクション開始前）の内容が返されるため，後続トランザクションは待たずに処理を行うことができます。つまり，専有ロックと共有ロックの同時確保を可能にすることで同時実行性を高め，後続トランザクションに，現在からさかのぼったある時点における一貫性のあるデータを提供することで整合性を欠いたデータの参照を防ぎます。

時刻印アルゴリズム

> **参考**
> 読込み時刻Trはデータが読み込まれた最新の時刻，書込み時刻Twはデータが書き込まれた最新の時刻を示す。

　ロック制御をせずに同時実行制御を行う方法に**時刻印**（タイムスタンプ）**アルゴリズム**があります。これは，トランザクションが発生した時刻Tとデータのもつ読込み時刻Tr，あるいは書込み時刻Twとを比較し，読み書きの判断を行う方法です。

　読込みの場合，Tw≦Tのときだけ読込み処理を行い，読み取っ

337

> **参考 ロック制御をしないもう1つの方法に，楽観的方式がある。同じデータへのアクセスはめったに発生しないと考えて処理を進め，更新直前に他のトランザクションにより，そのデータが更新されたかどうかを確認し，更新された場合はロールバックする。**

たあと，読込み時刻Trにトランザクション発生時刻Tを設定します。また，書込みの場合，$Tw \leq T$かつ$Tr \leq T$のときだけ書込み処理を行い，書込み後，書込み時刻Twにトランザクション発生時刻Tを設定します。

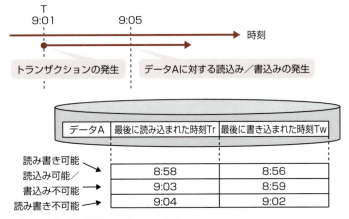

▲ **図6.8.4** 時刻印アルゴリズムの仕組み

6.8.3 障害回復管理　AM/PM

障害の種類

データベースに発生する障害を大きく分類すると，次の3つになります。

> **参考 目標復旧時点（RPO：Recovery Point Objective）**
> システム再稼働時，障害発生前のどの時点の状態に復旧させるかを示すもの。データ損失の最大許容範囲を意味する。なお，類似した用語に**目標復旧時間**（RTO：Recovery Time Objective）がある。これは，災害による業務の停止が深刻な被害とならないために許容される時間のこと。

- 記憶媒体の故障により，データが消失する（**媒体障害**）
- DBMSやOSのバグ，オペレータの誤操作によってシステムがダウンする（**システム障害**）
- プログラムのバグ，又はデッドロック発生によるトランザクションの強制終了など，実行中のトランザクションが異常終了する（**トランザクション障害**）

事前対策

これらの障害からデータベースを復旧し，一貫性が保たれた元の状態に戻すことを障害回復といいます。障害回復には，次のファイルを事前に取得しておく必要があります。

◎ログファイル

トランザクション処理でデータベースに対する更新が行われると，更新前ログと更新後ログなどの更新履歴(変更情報)が採取され，時系列に記録されます。これを，**ログファイル**，あるいはジャーナルファイル，ジャーナルログといいます。

◎バックアップファイル

参考　バックアップの種類
フルバックアップ：すべてのデータをバックアップする。
差分バックアップ：直前のフルバックアップからの変更分だけをバックアップする。
増分バックアップ：直前のフルバックアップ又は増分バックアップからの変更分だけをバックアップする。

媒体障害に備えて，データベースとログファイルを定期的に別の媒体にバックアップ(退避)しておきます。データベースのバックアップは定期的に行われますが，ログファイルのバックアップは，ログファイル切替え時に行います。通常，n個のログファイルに対し，ログデータをログファイル1から順に書き込みます。そしてログファイル1が一杯になるとログファイル2へと切り替え，このタイミングでバックアップを行います。

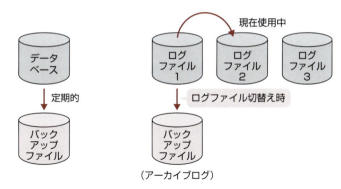

▲ 図6.8.5　バックアップファイルの作成

媒体障害からの回復

参考　ロールフォワード処理を前進復帰ともいう。

媒体障害が発生したときは，バックアップファイルとログファイルの更新後ログを用いて，**ロールフォワード処理**によりデータベースの回復処理を行います。

例えば，次ページの図6.8.6では，T1の時点でバックアップファイルを取得しています。そして，T2の時点で媒体障害が発生すると，まず，バックアップファイルを別の媒体にリストアしてT1の状態に回復します。次に，T1からT2の間に更新されたデータの回復を，ログファイルの更新後ログを用いてデータベースの各レコ

ードを順番に再現するロールフォワード処理により行います。

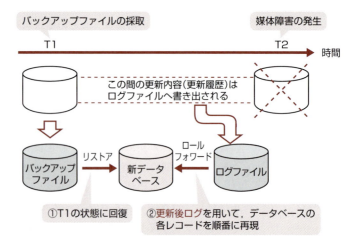

▲ 図6.8.6 媒体障害からの回復処理

> **参考** 差分バックアップ方式を採用している場合は，フルバックアップファイルをリストアした後，直近の差分バックアップファイルのデータを加え，その後，更新後ログを用いたロールフォワード処理を行う。

トランザクション障害からの回復

アプリケーションプログラムのバグやデッドロックを解除するための強制終了などでトランザクションが異常終了した場合，ログファイルの更新前ログを用いた**ロールバック処理**により，データベースの内容をトランザクション開始時点の状態に戻します。

例えば，図6.8.7では，データxとyを更新しなければならないトランザクションが，T1で開始され，データyの更新を行う前にT2で異常終了しています。

> **参考** ロールバック処理を**後退復帰**ともいう。

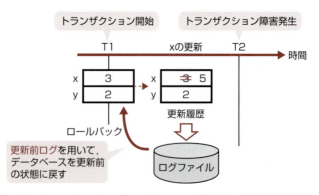

▲ 図6.8.7 トランザクション障害からの回復処理

> **参考** データとログをメモリ上にバッファリングしている場合，まだCOMMITされていないトランザクションは，ログバッファの内容を用いて自動的にロールバック（ROLLBACK）される。

データベース管理システム **6.8**

　このままでは，データxとyのつじつまが合わないので，T1から T2の間に行われたxの更新を取り消すため，ログファイルの更新前ログを用いたロールバック処理で，トランザクション開始時点(T1)の状態に戻します。

システム障害からの回復

　現在のデータベース管理システムは，ディスクの入出力効率向上のため，データとログをメモリ上にバッファリングしておき，データの更新はまずこのデータベースバッファに対して行い，ある時点でデータベースバッファの内容をデータファイル(データベース)へ書き出す方式を採っています。この書き出しを行う時点を**チェックポイント**といい，チェックポイントの発生はトランザクションのCOMMITとは非同期です。つまり，トランザクションがCOMMITされてもデータベースバッファの内容はデータファイルに書き出されません。一方，ログバッファの内容は，トランザクションのCOMMIT又はチェックポイント発生でログファイルに書き出されます。

参考 チェックポイントは，「データベースバッファに空きがなくなったとき」，又は「ログファイルが切り替わるとき」に発生する。

参考 チェックポイント発生時，稼働中のトランザクション情報もログファイルに書き出される。

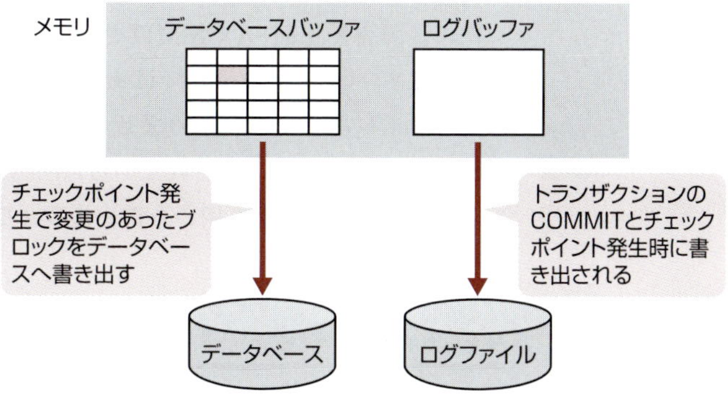

参考 変更データをデータベースに書き出す前に，ログファイルへの書き出しを行うというルールを，**WALプロトコル**という。WALは「Write Ahead Log（先にログを書け）」の略で，これにより，システム障害が発生しても，COMMIT済みであるがデータベースに書き込まれていない更新データの回復を可能にする。

　メモリ　データベースバッファ　ログバッファ

チェックポイント発生で変更のあったブロックをデータベースへ書き出す

トランザクションのCOMMITとチェックポイント発生時に書き出される

データベース　ログファイル

▲ **図6.8.8**　チェックポイント

　チェックポイントを設けることで，それまで行われてきた更新内容がすべてデータベースに書き出されます。このため，システム障害発生後のDBMS再始動の際には，障害回復を開始すべき時点，すなわち障害発生直前のチェックポイントまで戻り，更新ログを用いたロールバック処理やロールフォワード処理を行うだけで障害発生直前の状態にデータベースを回復でき，障害回復に要

341

する時間も短くてすみます。

> **POINT システム障害からの回復処理**
> ① 障害発生時点からチェックポイントまで逆方向にログファイルを見ていき,コミットされていないトランザクションを,更新前ログを用いて**ロールバック**する。
> ② チェックポイントから障害発生時点まで正方向にログファイルを見ていき,コミット完了済みのトランザクションを,更新後ログを用いて**ロールフォワード**する。

　上記POINTで説明した障害回復処理を行ってDBMSを再始動する方式を,**チェックポイントリスタート**あるいは**ウォームスタート**といいます。
　では,図6.8.9を例に,ロールフォワードすべきトランザクションとロールバックすべきトランザクションを見ていきましょう。
　まず,COMMITされていないトランザクションはTR2です。TR2は,更新前ログを用いた**ロールバック処理**でトランザクション開始時点の内容に戻します。
　次に,障害発生前にCOMMITされたトランザクションはTR1とTR3です。COMMIT済みではありますが,更新内容はまだデータベースに書き出されていません(チェックポイントまではデータベースの内容が保証されている)。そのため,チェックポイントから,更新後ログを用いた**ロールフォワード処理**で回復していきます。

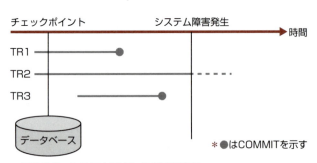

▲ 図6.8.9　システム障害からの回復処理

6.8.4 問合せ処理の効率化

インデックス(索引)

インデックスは，データベースへのアクセス効率を向上させるために使用されます。一般に，WHERE句に指定する問合せ条件や，ORDER BY句，GROUP BY句に頻繁に使用されるデータ列にインデックスを付与することで処理速度の向上が期待できます。ただし，必ずしもその効果が期待できるとは限りません。

> **参考** インデックスには，重複を許さないユニークインデックスの他，重複を許すデュプリケートインデックスがある。なお，主キー項目にはユニークインデックスが付与される。

> **POINT インデックスを付与する際の留意点**
> ① インデックス列に対してNOT条件やNULL条件，LIKE条件，又は計算や関数を使用した問合せ条件の場合，インデックスが使われない可能性があるためその効果は期待できない。
> ② 更新が頻度に行われる表の場合，データの更新とともにインデックスの更新も発生するため，かえって処理時間が長くなる。
> ③ レコード(行)数が少ない場合，インデックス効果は期待できない。
> ④ データ値の種類が少ない列(例えば，性別など)に，通常のインデックスを付与してもインデックスが使われず効果がない。
> ⑤ データ値の重複具合に大きな偏りがある場合は効果が少ない。

> **参考** ④のような列には，ビットマップインデックス(次ページ参照)を使用する。

ここで，上記⑤を少し補足します。図6.8.10に示したのは，列Xのデータ値とその行数です。両方ともデータ値の種類は同じですが，例1が重複の程度が平準であるのに対して，例2は大きく偏っています。この場合，列Xにインデックスを付与することによって平均検索速度の向上が期待できるのは例1です。例2は「X="A"」で絞り込んだ後，さらに最大400件を順に検索する必要があるので平均検索速度は例1よりも遅くなります。

> **参考** 例2の場合
>
> Aである確率 = $\frac{400}{1,000}$
>
> インデックスを用いて絞り込んだとき，その絞込率が10～20%を大きく超える場合，インデックスの効果はあまり期待できない。

[例1]

列Xのデータ値	行数
A	250
B	250
C	250
D	250

[例2]

列Xのデータ値	行数
A	400
B	600
C	0
D	0

▲ 図6.8.10 データ値の重複具合

6 データベース

インデックスの方式

代表的なインデックスの方式には，B$^+$木インデックス，ビットマップインデックス，ハッシュインデックスがあります。

◐B$^+$木インデックス

参照 B木，B$^+$木については p87，88を参照。

現在，RDBMSのインデックスとして最も多く使われているインデックスです。B木を拡張したB$^+$木の構造を利用し，節(索引部)にはキー値と部分木へのポインタを，葉にはデータ(キー値とデータ格納位置)を格納する構造になっています。B$^+$木インデックスの特徴は，次のとおりです。

POINT B$^+$木インデックスの特徴

・値一致検索だけでなく，範囲検索にも優れている。
・最下位索引部どうしをポインタで結ぶことで順次検索も高速化している。
・データの追加・削除に伴い必要な場合は，ブロックの分割や併合を行う。
・1件のデータを検索するときの節へのアクセス回数は，木の深さに比例する。このため，索引部の節に多くのキー値をもたせることで，木の深さが浅くなり検索の効率化が図れる。

◐ビットマップインデックス

参考 性別列のビットマップインデックスの例。

No.	名前	性別
100	野口	男
101	山崎	女
102	緒方	男

ROWID (行番号)	男	女
1	1	0
2	0	1
3	1	0

インデックスを付与する列のデータ値ごとにビットマップを作成する方式です。例えば，"性別"の場合，「男」と「女」の2つのビットマップをデータ数と同じ大きさで用意して，インデックス列の値がその値(男／女)に該当するか否かをビット「1，0」で管理します。ビットマップインデックスは，データ量に比べてデータ値の種類が少ない列の場合に有効です。

◐ハッシュインデックス

ハッシュ関数を用いてキー値とデータを直接関係づける方式です。「X＝"A"」といった一意検索に優れていますが，全件検索や不等号などを使った範囲検索には不向きです。

344

複合インデックス

複数の列を組み合わせて1つのインデックスとしたものを，**複合インデックス**あるいは**連結インデックス**といいます。

例えば，「WHERE A = 'a' and B = 'b'」のように，列AとBが，頻繁に検索条件に用いられるのであれば，この2つの列を複合インデックス(A，B)として定義することで，検索の高速化が図れます。ただし，この場合，列Aを第1キー，列Bを第2キーとして検索木(B^+木)が作成されるため，上記のように，第1キーである列Aが含まれた検索は高速化できますが，列Aが含まれない検索は高速化できません。

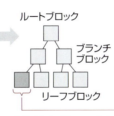

▲ 図6.8.11　複合インデックス

オプティマイザ

RDBMSの**オプティマイザ**は，SQL文を実行する際に，問合わせをどのように処理するのかを決めるクエリ最適化の機能です。コストベースとルールベースの2つがあります。

コストベースのオプティマイザでは，ディスクファイルのI/O回数，入出力バッファやログバッファの使用状況といったRDBMSが収集した統計情報をもとに表へのアクセスや表の結合にかかるI/O，CPUのコストなどを見積もり，最適なアクセス方法ならびに結合順序や結合方法を選択します。これに対して，**ルールベース**のオプティマイザでは，実行するSQL文を分解し，その分解された情報と所定のルールによってアクセス方法を選択します。同じSQL文であれば同じアクセスパスとなり，たとえ全表

> 試験では，「コストベースのオプティマイザがSQLの実行計画を作成する際に必要なものは？」とか，「コストベースのオプティマイザの機能は？」といったように，コストベースのオプティマイザが問われる。解答キーワードは"統計情報"。

6 データベース

を走査する方が高速な場合でもインデックスが定義されていれ
ば，インデックスを用いたアクセスパスが選択されます。

6.8.5 データベースのチューニング　AM/PM

データベースシステムにおいて，アクセス性能(効率)の確保は
重要です。運用に伴って，性能低下が目立ってきた場合は，適切
なチューニングを実施しなければなりません。なお，このような
データベースシステムの運用管理は**データベース管理者(DBA)**
が行います。

> 🔍 **参考** データベース管
> 理者(DBA)の
> 職務は，データベース
> の設計，保守，運用の
> 監視，及び障害からの
> 回復を行うこと。なお，
> DBAの上位に，デー
> タベースの概念・論理
> 設計を行い，データ項
> 目を管理して標準化す
> るデータ管理者(DA)
> をおく場合がある。

複数ディスクへの分割

アクセスの集中によってディスクのI/O待ち時間が増加した場
合，表単位でデータを複数のディスクへ分割します。また，デー
タと索引を別々のディスクに分割することで性能向上を図ります。

表の分割

1つの表に格納するデータが大量である場合，データを複数の
ディスクに格納することで並列処理が可能になり，アクセス性能
が向上します。この際，次のような分割方式が採用されます。

> **POINT 分割方式**
> ・**キーレンジ分割方式**
> 　分割に使用するキーの値の範囲により，その値に割り当てられた
> 　ディスクに分割格納する。
> ・**ハッシュ分割方式**
> 　分割に使用するキーの値にハッシュ関数を適用し，その値に割り
> 　当てられたディスクに分割格納する。

> 🔍 **参考** その他のチュー
> ニング方法
> ・ハードウェアの増強
> ・DBMSシステムパ
> 　ラメータの変更
> ・インデックスの調整
> 　(効果が少ないイン
> 　デックスの削除，
> 　連結インデックス
> 　の活用など)

データベースの再編成

データの追加，変更，削除が多数繰り返されると使用できない
断片的な未使用部分が増加し，データベース全体のアクセス効率
が低下します。これを防止するためには，定期的に**データベース
の再編成**(ガーベジコレクション)を行います。

6.9 分散データベース

6.9.1 分散データベースシステム

分散データベースシステムの機能

分散データベースシステムの機能的な目的は，複数のサイトに分散されたデータやシステムを論理的に統合して，1つのデータベースシステムであるかのように利用者に見せることです。そのためには，データ（表やビューなど）がどのサイトにあり，どのサイトに移動したかといったことを意識しないで扱える**"透過性"**の実現が必要です。

6つの透過性

分散DBの6つの透過性
①位置に対する透過性
②移動に対する透過性
③分割に対する透過性
④複製に対する透過性（同一のデータが複数のサイトに格納されていても，それを意識せず利用できること）
⑤障害に対する透過性（あるサイトで起こった障害を意識せず利用できること）
⑥データモデルに対する透過性（問合わせ言語や，データモデルすなわちデータ構造の違いを意識せず利用できること）

表やビューなどのデータは，アクセス負荷やネットワークのトラフィックなどを考慮して各サイトに分散されます。また，1つの表を，各サイトが必要とする単位で分割する場合もあります。

したがって，分散データベースシステムでは，データの位置を意識しないで利用できる**位置に対する透過性**と，データの移動先を意識しないで利用できる**移動に対する透過性**，そして表が複数のサイトに分割されていてもそれを意識しないで利用できる**分割に対する透過性**の実現が不可欠です。なお，表の分割には，行単位に分割する水平分割と列単位に分割する垂直分割があります。

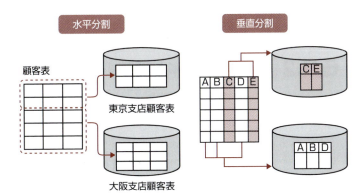
▲ 図6.9.1　水平分割と垂直分割

透過性の実現

透過性を実現するためには，各サイトのデータベース管理システムがもつ**データディクショナリ／ディレクトリ**(以下，DD/Dという)に加えて，分散データベース全体を管理するグローバルなDD/Dが必要です。DD/Dをどこで管理するか，すなわちどのサイトに配置するかの方式には，大きく分けて集中型と分散型があります。表6.9.1に，代表的な配置方式を示します。

> **用語** データディクショナリ／ディレクトリ
> 表の格納場所や表の構造などの情報をもつデータ辞書。

▼ **表6.9.1** グローバルDD/Dの配置方式

集中管理方式	1つのサイトにDD/Dをもたせる方式。他のサイトを調べ回る必要はないが，当該サイトに負荷が集中し，又，障害が発生すると分散データベース全体に影響する
分散管理方式	・**重複保有なし**：各サイトに自サイトのDD/Dのみをもたせる方式。表の移動や表構造の変更は当該サイトのDD/Dを変更するだけでよいが，自サイトにない表は他サイトのDD/Dを調べ回る必要がある ・**重複保有あり**(**完全重複**)：各サイトにすべてのサイトのDD/Dを重複してもたせる方式。自サイトのDD/Dを見れば，すべての表の位置を知ることができるが，表の移動や変更の際にはすべてのDD/Dを変更する必要がある ・**重複保有あり**(**部分重複**)：各サイトに，いくつかのサイトのDD/Dを重複してもたせる方式

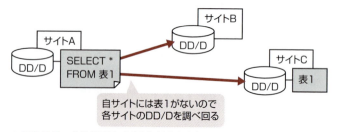

▲ **図6.9.2** 分散管理方式(重複保有なし)

6.9.2 異なるサイト間での表結合　AM/PM

表結合の方式

分散データベースにおいて異なるサイト間で表結合を行う場合，基本的にはどちらか一方の表を他のサイトに送る必要があります。しかし，表全体を送るとなると転送コストがかかります。

そこで，結合に必要な属性(結合列)のみを相手サイトに送り，結合に成功したものだけを元のサイトに戻して，最終的な結合を

分散データベース **6.9**

6
データベース

> **参考** セミジョイン法は，異なるサイト間における結合アルゴリズムなので，通常の結合では使用されない。

行う方式があります。この方式を**セミジョイン法**といいます。

また，セミジョイン法にハッシュ結合を組み合わせた方式に，**ハッシュセミジョイン法**があります。この方式では，結合列の値のハッシュ値を送り，相手サイトでハッシュ結合を用いて結合を行います。セミジョイン法に比べ転送コストが削減できます。

ここで，RDBMSが提供するその他の表結合方式を，表6.9.2にまとめておきます。

▼ **表6.9.2** その他の表結合方式

> **試験** 試験では，入れ子ループ法の計算量が問われる。行数nの表2つを結合する場合の計算量は$O(n^2)$。

入れ子ループ法	単純に二重ループを回して結合する方法。例えば，AとBの2つの表を結合する場合，まず外側のループでAから1行を取り出し，次に内側のループでBのすべての行との比較を行い結合する。分散サイト間の結合に用いる場合，1行ずつ相手サイトに送り，相手サイトで1行ずつ順次結合を行う
マージジョイン法（ソートマージ結合）	結合列の値でソートした2つの表を，先頭から順に突合せて結合する。分散サイト間の結合に用いる場合，ソート後の表を相手サイトに送り，相手サイトで結合を行う
ハッシュ結合	一方の表（行数の少ない表）の結合列の値でハッシュ表を作成し，もう一方の表の結合列をハッシュ関数に掛け，ハッシュ値が等しいものを結合する

> **参考** ハッシュ結合は，ハッシュ値で比較・結合を行うため等価結合以外の結合演算には使用できない。

COLUMN

ネットワーク透過性

分散処理システムにおける"ネットワーク透過性"も押さえておきましょう。

▼ **表6.9.3** ネットワーク透過性の種類

アクセス透過性	遠隔地にある異なる種類の資源に対して，手元にある資源と同一の方法でアクセスできること
障害透過性	システムや資源の一部に障害が起きたとしても，それを認識することなく，システムを利用できること。障害透明性ともいう
複製透過性	資源が複数の位置に複製され配置されていても，それを意識せずに，1つの資源として利用できること。重複透過性ともいう
規模透過性	OSやアプリケーションの構成に影響を与えずに，システムの規模を変更できること
移動透過性	資源が別の場所に移動しても，それを意識せずに利用できること
位置透過性	遠隔地にある資源の位置を意識せずにアクセスできること
性能透過性	性能向上のために再構成できること
並行透過性	複数プロセスを並行処理できること

6.9.3 分散データベースの更新同期 AM / PM

分散データベースでは，データを複数のサイトに重複して存在させたり，データを複数サイトに分割・分散させる場合があります。このような場合，一方のサイトが更新されても，他方のサイトが更新されなければ，データの整合性を維持できないため，サイト間でデータの同期をとる必要があります。この方法には，適切なタイミングでデータの同期をとる非同期型更新とリアルタイムに同期をとる同期型更新があります。

レプリケーション

レプリケーションは，非同期型更新を実現するメカニズムの1つです。マスタデータベースと同じ内容の複製（レプリカ）を他のサイトに作成しておき，決められた時間間隔でマスタデータベースの内容を他のサイトに複写する機能です。複写方法には，マスタデータベースの全内容を複写する（差替え）方法と，更新部分（差分）だけを複写する方法の2つがあります。

2相コミットメント制御

同期型更新の代表例としては，**2相コミットメント制御**があります。分散データベースシステムにおけるトランザクションは，複数のサブトランザクションに分割され，複数のサイトで実行されます。そのため，「更新－コミットあるいはロールバック」といった1相コミットメント制御では，トランザクションの原子性，一貫性の保証はできません。2相コミットメント制御は，このような分散トランザクション処理に利用されるコミット制御方式です。2相コミットメント制御では，更新が可能かどうかを確認する第1フェーズと更新を確定する第2フェーズに処理を分け，各サイトのトランザクションをコミットもロールバックも可能な状態（**セキュア状態**，中間状態）にしたあと，全サイトがコミットできる場合だけトランザクションをコミットするという方法でトランザクションの原子性，一貫性を保証します。このとき，コミット処理を指示する主サイト側を調停者，主サイトからの指示で必要な処理を行うサイト側を参加者といいます。

参考 レプリケーションには，同期型レプリケーションもある。

参考 稼働中のデータベースの表全部，あるいは一部を，ユーザが定義した間隔で自動的に複写する機能を**スナップショット**という。アプリケーションからは読取り専用となる。

参考 2相コミットメントは，2フェーズコミットメントともいう。なお，**コミットメント制御**とは，トランザクションのACID特性の原子性，及び一貫性を保証するための機構。

図6.9.3に，2相コミットメント制御の処理手順を示します。

・第1フェーズ
① 調停者は，参加者に「COMMITの可否」を問い合わせる。
② 参加者は，調停者に「COMMITの可否」を返答する。このとき，各データベースサイトはコミットもロールバックも可能なセキュア状態となる。

・第2フェーズ
③ 調停者は，すべての参加者から「COMMIT可(Yes)」が返された場合のみ，「COMMITの実行要求」を発行する。1つでも「COMMIT否(No)」の参加者があったり，一定時間以上経過しても応答がない場合は，ロールバック指示を発行する。

参考: 図6.9.3は，UMLのシーケンス図の記法を用いたもの。

参考: 第1フェーズで異常が発生した場合，第2フェーズでロールバックを実行する。

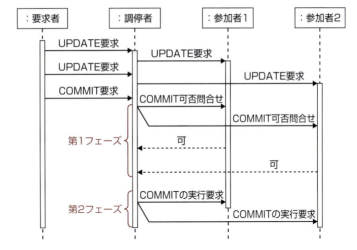

▲ 図6.9.3 2相コミットメント制御

試験では，各従サイトがブロック状態となる，主サイト側の障害発生タイミングが問われる。

　2相コミットメント制御の問題点は，コミット指示の直前に調停者(主サイト)側に障害が発生したり，あるいは送信時に通信障害が発生したりすると，各参加者(従サイト)には調停者からの指示が届かないため，コミットかロールバックか判断不可能な状態(ブロック状態)に陥ってしまうことです。このような問題を解決するため，セキュアのあとにプリコミットを行い，その後コミットを行うといった3相コミットメント制御があります。

6.10 データベース応用

6.10.1 データウェアハウス

データウェアハウスとは

企業の様々な活動を介して得られた大量のデータを整理・統合して蓄積しておき，意思決定支援などに利用するデータベース，あるいはその管理システムを**データウェアハウス**といいます。

データウェアハウスは，「基幹系データベースからのデータ抽出，変換，データウェアハウスへのロード（書出し）」という一連の処理を経て構築されます。この一連の処理を**ETL**（Extract/Transform/Load）といいます。

参考 業務システムごとに異なっているデータ属性やコード体系を統一する処理を**データクレンジング**という。ETLツールは，データクレンジング機能をもつ。

用語 基幹系データベース
基幹系（業務系）システムで使用されるデータベース。

用語 データマート
データウェアハウスに格納されたデータの一部を，特定の用途や部門用に切り出したデータベース。

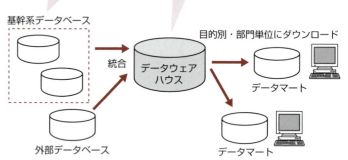

▲ 図6.10.1　データウェアハウス

用語 多次元データベース
（MDB：multi-dimensional database）複数の属性項目（次元）でデータを集約したデータベース。2つの属性項目を選び表形式でデータを見る場合は2次元で，3つの属性項目を選びデータを立体的に見る場合は3次元で，データを集約する。

多次元データベース

ユーザは，データウェアハウスに蓄積された大量のデータをもとに，例えば"時間"，"地域"，"製品"など様々な視点からデータを多次元的に分析します。そのため，データウェアハウスでは，複数の属性項目を軸（次元）にして種々の分析が容易に行える**多次元データベース**が用いられます。多次元データベースは，分析の対象となるデータ（集約データ）と，分析の軸となる属性項目

(次元)から構成されるキューブ型をしたデータベースです。

● OLAP

> OLAPを行うツールをOLAPツールという。

多次元データを，様々な視点から対話的に分析する処理形態，あるいはその技術を**OLAP**(Online Analytical Processing：**オンライン分析処理**)といいます。OLAPは，1つの属性項目の特定の値を指定してデータを水平面で切り出す**スライス**や，任意の切り口で取り出したデータをより深いレベルのデータに詳細化する**ドリルダウン**，その逆の**ロールアップ**，さらに「時間別／地域別／製品別」，「地域別／製品別／時間別」というように立方体の面を回転させる**ダイス**などの機能を提供します。このようなOLAPの機能を利用することにより，ユーザは，現状分析や今後の動向などについて様々な分析が行えます。

> OLAPはデータ分析には適しているが，データの法則性や因果関係までは発見できない。データの法則性や因果関係の発見には，データマイニングを用いる。

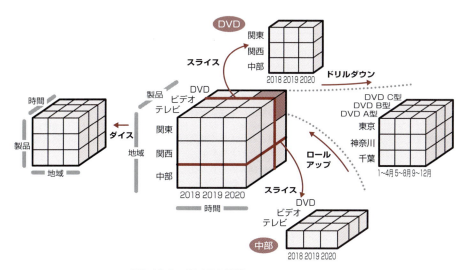

▲ 図6.10.2　OLAPの機能

● MOLAPとROLAP

多次元データベースは，データを多次元そのままの形(独自形式)で管理する専用のデータベースと，関係データベースを利用して**スタースキーマ**構造で管理するデータベースに大別することができます。また，それぞれに対応したOLAPを**MOLAP**(Multi-dimensional OLAP)，**ROLAP**(Relational OLAP)といいます。

6 データベース

> **参考 スタースキーマ**
>
>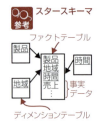

スタースキーマとは，多次元構造に適合したリレーショナルスキーマです。つまり，中央に分析の対象となるデータを格納するファクトテーブル（事実テーブルともいう）を置き，その周りに分析の切り口となるディメンションテーブル（次元テーブルともいう）を配置したスキーマです。ファクトテーブルとディメンションテーブルは，外部キーを介して関連付けられています。

6.10.2 データマイニング　AM/PM

蓄積された膨大なデータの有効活用の1つとして，**データマイニング**があります。これは，大量のデータから，統計的・数学的手法を用いて，データの法則性や因果関係を見つけ出す手法で，代表的なものに，表6.10.1のような手法があります。

▼ **表6.10.1** 代表的なデータマイニングの手法

マーケット バスケット分析	POSデータやeコマースの取引ログなどを分析して，顧客が一緒に購入している商品の組み合わせを発見するデータ分析手法。1人の顧客による1回の購入データを**マーケットバスケットデータ**といい，これを週や月単位で集計したデータベースを元にデータマイニングを行う
決定木分析 (デシジョンツリー, 意思決定ツリー)	ツリー（樹形図）によってデータを分析する手法。予測やデータ分類，又はデータのもつルールの抽出・生成などに利用される。例えば，顧客データについて，顧客を性別・年齢層・年収など複数の属性を組み合わせて段階的にセグメント化し，蓄積された大量の購買履歴データに照らして商品の購入可能性が最も高いセグメントを予測する
ニューラル ネットワーク	人間の脳や神経系の仕組みをモデル化した数学モデルで，データマイニングにおいて数値予測に使われる
クラスタ分析	異質なものが混ざり合った調査対象の中から，互いに似たものを集めた集団（これを**クラスタ**という）を作り，調査対象を分類する方法

> **COLUMN リアルタイム分析を行うCEP**
>
> データマイニングでは，発生したデータをデータベースに蓄積した後，集計・分析するためリアルタイム性に欠けます。そこで，近年注目されているのが**CEP**（Complex Event Processing：**複合イベント処理**）です。CEPは，刻々と発生する膨大なデータをリアルタイムで分析し処理する技術です。データの処理条件や分析シナリオをあらかじめCEPエンジンに設定しておき，メモリ上に取り込んだデータが条件に合致した場合，対応するアクションを即座に実行することでリアルタイム高速処理を実現します。

6.10.3 NoSQL

AM / PM

NoSQL

NoSQL(Not only SQL)は，**ビッグデータ**の中心的な技術基盤であり，データへのアクセス方法をSQLに限定しないデータベースの総称です。従来のSQLを用いた表形式のデータ操作では，大規模データや頻繁に発生するトランザクションデータの処理，また分散データベース環境にあるデータを処理する場合，性能の低下を招く可能性があります。このようなケースでは，スキーマレスな非常に柔軟で，大量のデータを扱うのに適したNoSQL系データベースを利用することが多くなっています。

参考 **ビッグデータ**とは，巨大で複雑なデータの集合で，特徴として次の「3つのV」をもつ。
・Variety：データ種類が多様
・Volume：データ量が膨大
・Velocity：データの発生速度，発生頻度が高い
なお，最近では，上記の3Vに「Value：価値」と「Veracity：正確さ・信頼性」を加えて「5つのV」とするケースもある。

参考 ビッグデータの8割は非構造化データ。現在，非構造化データを構造化データに変えるパターン認識やデータマイニングの技術が注目を浴びている。

●NoSQLのデータモデル

NoSQLに分類されるデータベースのデータモデル(データ保存管理手法)には，表6.10.2に示す4つがあります。

▼ **表6.10.2** NoSQLのデータモデル

キーバリュー型	データを1つのキーに対応付けて管理するデータモデル。**キーバリューストア**(KVS：Key-Value Store)とも呼ばれる
カラム指向型 **(列指向型)**	キーバリュー型にカラム(列)の概念をもたせたデータモデル。キーに対して，動的に追加可能な複数のカラム(データ)を対応付けて管理できる
ドキュメント指向型	キーバリュー型の基本的な考え方を拡張したデータモデル。データを"ドキュメント"単位で管理する。個々のドキュメントのデータ構造(XMLやJSONなど)は自由
グラフ指向型	グラフ理論に基づいてデータ間の関係性を表現するデータモデル。ノードとノード間のエッジ(関係，リレーションシップ)，そしてノードとエッジにおける属性(プロパティ)により全体をグラフ形成する

●BASE特性

NoSQLにおいては，ビッグデータなど膨大なデータを高速に処理する必要があります。そのため，一時的なデータの不整合があってもそれを許容することで整合性保証のための処理負担を軽減し，最終的に一貫性が保たれていればよいという考えを採用し

ています。これを**結果整合性**といい，結果整合性を保証するのが**BASE特性**です。BASEは，"Basically Available（可用性が高く，常に利用可能）"，"Soft state（厳密な状態を要求しない）"，"Eventually consistent（最終的には一貫性が保たれる：結果整合性）"の3つの特性を意味します。

ビッグデータに関連する用語

● データレイク

ビッグデータのデータ貯蔵場所であり，あらゆるデータを発生した元のままの形式や構造で格納できるリポジトリのことです。ビジネスが活用すべきデータには，業務システムデータやIoTデータ，オープンデータ，SNSのログなど様々なデータがあります。そして，これらデータの形式や構造は多様です。データレイクは，このような多種多様なデータを管理し，活用するためのデータマネジメント基盤です。

> **用語 オープンデータ** 国，地方公共団体及び事業者が保有するデータのうち，誰もがインターネットなどを通じて加工，編集，再配布できるよう公開されたデータのこと。

● データサイエンティスト

情報科学についての知識を有し，ビジネス課題を解決するためにビッグデータを意味ある形で使えるように，分析システムを実装・運用し，ビジネス上の課題の解決を支援する職種，あるいはそれを行う専門人材のことを**データサイエンティスト**といいます。データサイエンティストに求められるスキルセットは，表6.10.3に示す3つの領域で定義されています。

▼ **表6.10.3** データサイエンティストに求められるスキルセット

ビジネス力	課題の背景を理解した上で，ビジネス課題を整理・分析し，解決する力 〔例〕事業モデル，バリューチェーンなどの特徴や事業の主たる課題を自力で構造的に理解でき，問題の大枠を整理できる
データサイエンス力	人工知能や統計学などの情報科学に関する知識を用いて，予測，検定，関係性の把握及びデータ加工・可視化する力 〔例〕分析要件に応じ，決定木分析，ニューラルネットワークなどのモデリング手法の選択，モデルへのパラメタの設定，分析結果の評価ができる
データエンジニアリング力	データ分析によって作成したモデルを使えるように，分析システムを実装，運用する力 〔例〕扱うデータの規模や機密性を理解した上で，分析システムをオンプレミスで構築するか，クラウドサービスを利用して構築するかを判断し，設計できる

6.11 ブロックチェーン

6.11.1 ブロックチェーンにおける関連技術 AM/PM

ブロックチェーンとは

ブロックチェーンは，ネットワーク上のコンピュータにデータを分散保持させる**分散型台帳技術**であり，「改ざん不可能，高い可用性，高い透明性」という特徴をもった，全く新しい分散型のデータベースです。ブロックチェーンでは，一定期間内の取引データを格納したブロックを，ハッシュ値をジョイントとして鎖のように繋ぐことで台帳を形成し，P2Pネットワークで管理します。

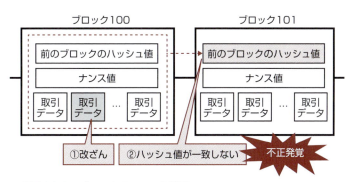

▲ 図6.11.1　ブロックチェーンの概要

用語　ナンス値
一度だけ使用される，使い捨てのランダムな値。

個々のブロックの中に格納されるハッシュ値は，1つ前に生成されたブロックから算出されたハッシュ値です。このため，取引データを改ざんすると，そのブロックのハッシュ値が変わり，当該ブロック以降のすべてのブロックのハッシュ値も変更しなければならなくなります。つまり，改ざんは事実上不可能です。

参考　ハッシュ関数は，ブロックチェーンの必須技術であり，参加者がデータの改ざんを検出するために利用する。

● P2Pネットワーク

分散型の台帳管理を支えるのがP2Pネットワークです。ブロックチェーンでは，P2Pネットワークを使って取引データ（履歴）を参加者全員で持ち合い，管理する仕組みになっているため，一部のノードに障害が発生してもシステムを維持できます。

用語　P2P
ノード（端末）同士が対等な関係で直接に通信する方式。**P to P**（Peer to Peer：ピアツーピア）ともいう。

ブロックチェーンとCAP定理

分散型データベースシステムにおいてデータストアに望まれる3つの特性「一貫性，可用性，分断耐性」のうち，同時に満たせるのは2つまでであるという理論を **CAP定理** といいます。

ブロックチェーン も例外ではありません。ブロックチェーンでは，時系列で発生するデータをいくつかまとめてブロックを生成し，生成したブロックは，多くのノードの承認処理を経てからブロックチェーンに反映されます。そのため，ブロックチェーンでは，可用性と分断耐性は保証しますが，一貫性についての完璧な実現は保証していません。

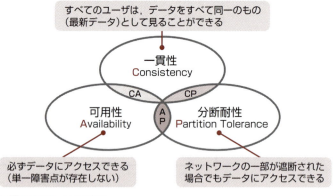

単一障害点 とは，その箇所が故障するとシステム全体が停止となる箇所のこと。SPOF（Single Point of Failure）ともいう。

▲ 図6.11.2　CAP定理

COLUMN　仮想通貨マイニング

ブロックとブロックを繋ぐハッシュ値には，「上位N桁がすべて0」という制約があり，これに外れるハッシュ値はジョイントに利用できません。ブロック内に格納される取引データと1つ前のブロックのハッシュ値は決まっているので，条件を満たすハッシュ値とするためには，適切なナンス値を見つける必要があります。しかし，この作業は，原則，総当たりで行うしかなく計算量が膨大です。そこで，仮想通貨ネットワーク参加者に依頼し，利用できるナンス値すなわちハッシュ値を見つけた人には報酬を支払うという仕組みが採られます。例えば，仮想通貨のブロックチェーンであれば，成功報酬として新規に発行された仮想通貨が付与されます。このように，目的のハッシュ値を得るための計算作業に参加し，報酬として仮想通貨を得ることを **仮想通貨マイニング** といいます。マイニングとは"採掘"という意味です。

得点アップ問題

解答・解説は365ページ

問題1 (H25秋問45)

E-R図の解釈として，適切なものはどれか。ここで，＊ ＊は多対多の関連を表し，自己参照は除くものとする。

- ア　ある組織の親組織の数が，子組織の数より多い可能性がある。
- イ　全ての組織は必ず子組織をもつ。
- ウ　組織は2段階の階層構造である。
- エ　組織はネットワーク構造になっていない。

問題2 (H27秋問28)

関係R(A，B，C，D，E，F)において，次の関数従属が成立するとき，候補キーとなるのはどれか。

〔関数従属〕
　A→B，A→F，B→C，C→D，{B，C} →E，{C，F} →A

ア　B　　　イ　{B，C}　　　ウ　{B，F}　　　エ　{B，D，E}

問題3 (R02秋問28)

関係"注文記録"の属性間に①～⑥の関数従属性があり，それに基づいて第3正規形まで正規化を行って，"商品"，"顧客"，"注文"，"注文明細"の各関係に分解した。関係"注文明細"として，適切なものはどれか。ここで，{X，Y}は，属性XとYの組みを表し，X→Yは，XがYを関数的に決定することを表す。また，実線の下線は主キーを表す。

注文記録(注文番号，注文日，顧客番号，顧客名，商品番号，商品名，数量，販売単価)

〔関係従属性〕
① 注文番号 → 注文日　　　④ {注文番号，商品番号} → 数量
② 注文番号 → 顧客番号　　⑤ {注文番号，商品番号} → 販売単価
③ 顧客番号 → 顧客名　　　⑥ 商品番号 → 商品名

- ア　注文明細(注文番号，顧客番号，商品番号，顧客名，数量，販売単価)
- イ　注文明細(注文番号，顧客番号，数量，販売単価)
- ウ　注文明細(注文番号，商品番号，数量，販売単価)
- エ　注文明細(注文番号，数量，販売単価)

6 データベース

問題4 (R02秋問29)

"東京在庫"表と"大阪在庫"表に対して，SQL文を実行して得られる結果はどれか。ここで，実線の下線は主キーを表す。

東京在庫

商品コード	在庫数
A001	50
B002	25
C003	35

大阪在庫

商品コード	在庫数
B002	15
C003	35
D004	80

〔SQL文〕

```
SELECT 商品コード，在庫数 FROM 東京在庫
     UNION ALL
SELECT 商品コード，在庫数 FROM 大阪在庫
```

ア

商品コード	在庫数
A001	50
B002	25
B002	15
D004	80

イ

商品コード	在庫数
A001	50
B002	40
C003	70
D004	80

ウ

商品コード	在庫数
A001	50
B002	25
B002	15
C003	35
D004	80

エ

商品コード	在庫数
A001	50
B002	25
B002	15
C003	35
C003	35
D004	80

問題5 (H23春問28)

"社員扶養家族"表の列"社員番号"の値が"社員"表の候補キーに存在しなければならないという制約はどれか。

ア 一意性制約　　イ 形式制約　　ウ 参照制約　　エ ドメイン制約

問題6 (H31春問27)

RDBMSにおいて，特定の利用者だけに表を更新する権限を与える方法として，適切なものはどれか。

ア CONNECT文で接続を許可する。

イ CREATE ASSERTION文で表明して制限する。

360

得点アップ問題 **Q&A**

ウ　CREATE TABLE文の参照制約で制限する。

エ　GRANT文で許可する。

問題7　(H28春問17-DB)

トランザクションの原子性(atomicity)の説明として，適切なものはどれか。

ア　データの物理的格納場所やアプリケーションプログラムの実行場所を意識することな
　く　トランザクション処理が行える。

イ　トランザクションが終了したときの状態は，処理済みか未処理のどちらかしかない。

ウ　トランザクション処理においてデータベースの一貫性が保てる。

エ　複数のトランザクションを同時に処理した場合でも，個々の処理結果は正しい。

問題8　(H28春問30)

媒体障害の回復において，最新のデータベースのバックアップをリストアした後に，トラ
ンザクションログを用いて行う操作はどれか。

ア　バックアップ取得後でコミット前に中断した全てのトランザクションをロールバックす
　る。

イ　バックアップ取得後でコミット前に中断した全てのトランザクションをロールフォワー
　ドする。

ウ　バックアップ取得後にコミットした全てのトランザクションをロールバックする。

エ　バックアップ取得後にコミットした全てのトランザクションをロールフォワードする。

問題9　(H29春問28-FE)

分散データベースシステムにおいて，一連のトランザクション処理を行う複数サイトに更
新処理が確定可能かを問い合わせ，全てのサイトの更新処理が確定可能である場合，更新処
理を確定する方式はどれか。

ア　2相コミット　　イ　排他制御　　　ウ　ロールバック　　エ　ロールフォワード

チャレンジ午後問題 (H26春問6)　　　　　　　　　解答・解説：367ページ

旅客船Web予約システムの構築に関する次の記述を読んで，設問1〜4に答えよ。

R社は，これまで東京湾内で旅客船を運航してきた。旅客船の性能向上に伴い，東京湾と
四国地方や九州地方の港を直接結ぶ中長距離航路に参入することになった。これまで乗船券
の販売はR社の窓口と旅行代理店で扱っていたが，これを機に，乗船する顧客自身もインタ
ーネットから空席照会や予約ができるシステム(以下，本システムという)を構築する。シ

361

ステム運用開始後は旅行代理店も本システムを利用する。本システムの機能要件を表1に，E-R図を図1に示す。なお，本システムでは，E-R図のエンティティ名を表名に，属性名を列名にして，適切なデータ型で表定義した関係データベースによって，データを管理する。

表1 本システムの機能要件

機能名	機能概要
顧客管理	乗船券の予約を行う代表者の情報を管理する。
Webユーザ管理	顧客が本システムにログインする際に使用するユーザIDとパスワードを管理する。ユーザIDはシステム内で一意である。
船便管理	船便の出発地や到着地，航行距離に応じた運賃などを管理する。
座席管理	船便ごとの座席とその空席状況を管理する。座席にはファーストクラスやエコノミークラスなどの分類があり，その運賃はクラスに応じて設定された運賃係数を基本運賃に乗じた額になる。
空席照会	出発地や到着地，出発日を指定して，その条件に合った船便とその座席の空席状況を照会する。
予約受付	顧客からの乗船券の予約を受け付ける。顧客は，複数人の乗船券を一度に，座席を指定して予約できる。その際，各座席に座る乗船者の姓名を登録する。
操作ログ記録	顧客の操作を，問合せ照会や行動分析のために記録する。本システムの各機能にあらかじめ番号を割り当てておき，操作が行われた機能の番号を記録する。その際，処理を開始してから成功又は失敗するまでに実行されたSQL文とその結果も記録する。

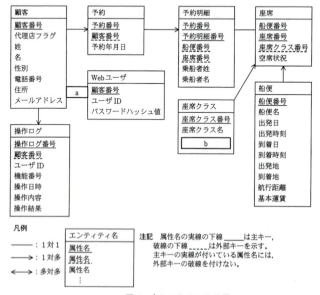

図1 本システムのE-R図

〔Webユーザ管理機能の実装〕

　Webユーザのパスワード漏えいを防ぐために，パスワードそのものは本システムには保存せずに，そのハッシュ値を保存して利用する。システムへのログインの際，ユーザが入力したパスワードのハッシュ値と，保存されているハッシュ値が等しければ正しいパスワードが入力されたと判断する。

　なお，ハッシュ値の計算には関数HASHを利用する。例えば，文字列'いろは'のハッシュ値を求める場合，HASH('いろは')と記述する。

　あるWebユーザがシステムにログイン可能かどうかを判定するために，正しいパスワードが入力された場合は1を，誤りの場合は0を返すSQL文を図2に示す。ここで，":ユーザID"は入力されたユーザIDを，":パスワード"は入力されたパスワードをそれぞれ格納した埋込み変数である。

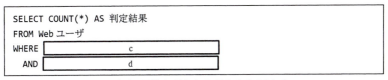

図2　ログイン可能かどうかを判定するSQL文

〔空席照会機能の実装〕

　空席照会機能において，指定した条件に合った船便とその座席のクラスごとの空席数を照会するSQL文を図3に示す。ここで，":出発日"，":出発地"，":到着地"は空席照会の条件を格納した埋込み変数である。また，座席表の列"空席状況"の値が'0'のとき，その座席を空きとする。

```
SELECT A.船便番号, A.船便名, C.座席クラス番号, C.座席クラス名,
    ┌───┐
    │ e │ AS 空席数
    └───┘
FROM 船便 A
  INNER JOIN 座席 B ON A.船便番号 = B.船便番号
  INNER JOIN ┌───┐ C ON ┌─────────────┐
             │ f │       │      g      │
             └───┘       └─────────────┘
WHERE A.出発日 = :出発日
  AND A.出発地 = :出発地
  AND A.到着地 = :到着地
  AND B.空席状況 = '0'
GROUP BY ┌─────────────┐
         │      h      │
         └─────────────┘
```

図3　座席のクラスごとの空席数を照会するSQL文

〔操作ログ記録機能の不具合〕

運用テストフェーズにおいて，予約受付処理が失敗するシナリオで不具合が発見された。予約受付処理が成功した場合は，処理の開始から完了までに実行されたSQL文とその結果が操作ログ表に記録された。予約受付処理が失敗した場合は，処理の開始から失敗までに実行されたSQL文とその結果が記録されるべきだが，操作ログ表には何も記録されなかった。予約受付処理の流れを図4に示す。

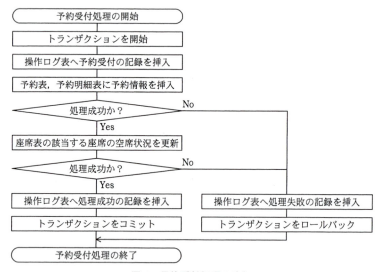

図4 予約受付処理の流れ

設問1 図1中の a ， b に入れる適切な属性名及びエンティティ間の関連を答え，E-R図を完成させよ。
　なお，エンティティ間の関連及び属性名の表記は，図1の凡例に倣うこと。

設問2 図2中の c ， d に入れる適切な字句又は式を答えよ。

設問3 図3中の e ～ h に入れる適切な字句又は式を答えよ。

設問4 〔操作ログ記録機能の不具合〕における不具合を修正するに当たり，予約受付処理が失敗した際にも，操作ログを操作ログ表に記録するために実施すべき，予約受付処理の流れに対する対応策を40字以内で述べよ。

解 説

問題1
解答：ア

← p295を参照。

本問のE-R図は，組織の階層構造を表現するものですが，親組織と子組織の関連が"多対多"であり，1つの親組織が複数（0以上）の子組織をもち，また1つの子組織が複数（0以上）の親組織をもつ構造になっています。そのため，ある組織から見たとき，その親組織の数が子組織の数より多い場合もあります。

※全ての組織が必ず子組織をもつとした場合，組織階層が無限になってしまう。

問題2
解答：ウ

← p300, 301を参照。

全ての選択肢に含まれているBに着目します。まず，B→CとC→Dから推移律によりB→Dを導き出します。これにより，Bが決まればCとDは一意に決まることがわかります。また，{B, C}→Eという関数従属性からEも一意に決まることがわかります。

次に，B→Cと{C, F}→Aという2つの関数従属性に着目すると，擬推移律により{B, F}→Aであることがわかります。

以上，BによってC, D, Eが一意に決まり，{B, F}によってAが一意に決まるので，選択肢の中で候補キーとなるのは{B, F}です。

※Aによって他の全ての属性が一意に決まるので，Aも候補キー。

問題3
解答：ウ

← p300～305を参照。

①〜⑥の関数従属性から，注文番号と商品番号の2つが決まれば，その他の属性は一意に決まることがわかります。つまり，注文番号と商品番号の複合キーが，関係"注文記録"の主キーです。まず，第2正規化（部分関数従属の排除）を行うと，次の3つの関係に分割できます。
関係A：注文番号に関数従属する属性を分割
　　　　　　　　　⇒（注文番号，注文日，顧客番号，顧客名）
関係B：商品番号に関数従属する属性を分割 ⇒（商品番号，商品名）
関係C：残った属性 ⇒（注文番号，商品番号，数量，販売単価）

次に，関係Aにある「顧客番号 → 顧客名」を，第3正規化によって排除すると，関係D：（注文番号，注文日，顧客番号）と，関係E：（顧客番号，顧客名）の2つに分割できます。以上，関係Bが"商品"，関係Cが"注文明細"，関係Dが"注文"，関係Eが"顧客"になります。

※関係"注文記録"には，繰返し属性がないので第1正規形。したがって，第2正規化から行う。

※推移律により，「注文番号→顧客名」という関数従属性が導ける。
推移律：
「注文番号→顧客番号」
「顧客番号→顧客名」
ならば，
「注文番号→顧客名」

6 データベース

問題4
解答：エ

　UNIONは2つの表の和を求める演算子です。例えば，表AとBに対して「A UNION B」を実行すると，AとBの和から重複行が取り除かれた結果が得られます。一方，**UNION ALL**はこの重複行を取り除きません。本問のSQL文では，「SELECT 商品コード,在庫数 FROM 東京在庫」で得られた表と「SELECT 商品コード,在庫数 FROM 大阪在庫」で得られた表を，UNION ALLで演算するので結果は〔エ〕になります。なお，UNIONで演算した結果は〔ウ〕になります。

◀p306を参照。

※どちらのSEECT文にもWHERE句がないので，得られる結果表の行数は，"東京在庫"表の3行と"大阪在庫"表の3行を合わせた6行になる。

問題5
解答：ウ

　本問の"社員"表，及び"社員扶養家族"表の構成（どのような列をもつのか）は不明ですが，通常，"社員"表には列"社員番号"があり，この"社員番号"が主キーです。そして，"社員"表と"社員扶養家族"表とを関連づけるため，"社員扶養家族"表に列"社員番号"を設け，これを"社員"表の主キーを参照する外部キーにします。

　この外部キーである"社員番号"の値は，被参照表である"社員"表の主キーに存在しなければいけません。この制約を**参照制約**といいます。

◀p298,299を参照。

※外部キーの参照先として主キー以外の候補キーも可能。したがって，外部キーの値が被参照表の候補キーに存在することを保証するのが**参照制約**。

問題6
解答：エ

　表の利用者に対し，当該表を更新する権限を与えるSQL文は，**GRANT文**です。〔ア〕のCONNECT文は，SQLサーバへの接続を確立するSQL文，〔イ〕のCREATE ASSERTION文は，任意の表間の任意の列に対する制約を定義するSQL文（表名定義という）です。

◀p329を参照。

問題7
解答：イ

　原子性（**A**tomicity）は，〔イ〕の記述にあるように「トランザクションが終了したときの状態は，処理済みか未処理のどちらかしかない」という特性です。〔ウ〕は一貫性（**C**onsistency），〔エ〕は隔離性（**I**solation）の説明です。なお，〔ア〕は分散データベースの位置透過性の説明です。

◀p333を参照。

問題8
解答：エ

　媒体障害が発生した際は，まず，最新のバックアップファイルを別の媒体にリストアしてデータベースを復元します。次に，バックアップ取得以降にコミットした全てのトランザクションの処理結果を，更新後ログを用いたロールフォワード処理によりデータベースに反映させます。

◀p339を参照。

得点アップ問題 **Q&A**

6

データベース

問題9　　　　　　　　　　　　解答：ア　◀p350を参照。
問題文に示された方式を**2相コミット**（2相コミットメント制御）といいます。

チャレンジ午後問題

設問1	a：－　　　b：運賃係数
設問2	c：ユーザID = :ユーザID d：パスワードハッシュ値 = HASH(:パスワード)　※c，dは順不同
設問3	e：COUNT(*) f：座席クラス g：B.座席クラス番号 = C.座席クラス番号 h：A.船便番号，A.船便名，C.座席クラス番号，C.座席クラス名
設問4	操作ログ表への記録を予約受付処理とは別のトランザクションにする

●設問1

本システムのE-R図を完成させる問題です。

空欄a："顧客"と"Webユーザ"の関連（リレーション）が問われています。"Webユーザ"は，顧客が本システムにログインする際に使用するユーザIDとパスワード（パスワードハッシュ値）を管理するエンティティです。ここで，"Webユーザ"の主キーが顧客番号だけであることに着目すると，一人の顧客がもつユーザIDは1つだけであることがわかります。したがって，"顧客"と"Webユーザ"は1対1の関連になるので，空欄aには「－」を入れます。

空欄b："座席クラス"の属性が問われています。表1"本システムの機能要件"にある座席管理の機能概要を見ると，「座席にはファーストクラスやエコノミークラスなどの分類があり，その運賃はクラスに応じて設定された運賃係数を基本運賃に乗じた額になる」と記述されています。このことをヒントに考えれば，"座席クラス"には，座席クラスに対応した運賃係数が必要だとわかります。つまり，空欄bには**運賃係数**が入ります。

●設問2

図2に示されたSQL文のWHERE句に入れる条件が問われています。このSQL文は，Webユーザ表を使って，ログイン可能かどうかを判定するSQL文なので，次の条件を入れればよいでしょう。

　・入力されたユーザIDがWebユーザ表にあり，
　・そのパスワードハッシュ値と入力されたパスワードのハッシュ値が等しい

※E-R図を完成させる問題は，データベース問題の定番中の定番。エンティティ間の関連を考える場合，主キーや外部キーに着目すること。

367

6 データベース

そこで，入力されたユーザIDは，埋込み変数である":ユーザID"に，パスワードは":パスワード"に，それぞれ格納されています。また，ハッシュ値の計算には関数HASHを用いればよいことから，空欄に入れる条件は次のようになります。

　　ユーザID = :ユーザID
　　パスワードハッシュ値 = HASH(:パスワード)

では，この条件を空欄に入れたSQL文を確認しておきましょう。

> WHERE句で抽出された行の行数をカウントし，それを判定結果として出力する

SELECT COUNT(*) AS 判定結果
FROM Webユーザ
WHERE 　c：ユーザID = :ユーザID
　AND 　d：パスワードハッシュ値 = HASH(:パスワード)

　入力されたユーザIDがWeb表にあり，パスワードが正しければ，WHERE句により1行が抽出されます。そして，抽出された行が1行ならSELECT句のCOUNT(*)が1になるので判定結果「1」と出力されます。
　一方，入力されたユーザID又はパスワードが正しくなければ，行は抽出されません。この場合，SELECT句のCOUNT(*)は0となり判定結果「0」と出力されます。

●設問3

　図3のSQL文を完成させる問題です。このSQL文は，指定した条件に合った船便とその座席のクラスごとの空席数を照会するSQL文です。まずFROM句を確認します。

空欄f，g：FROM句では，INNER JOINを用いて表を結合しています。手順は，次のとおりです。

　①船便表をA，座席表をBとして，AとBを条件「A.船便番号 = B.船便番号」でINNER JOIN（内結合）する。

　②次に，空欄fの表をCとし，AとBの内結合の結果とCを空欄gの条件でINNER JOIN（内結合）する。

　　ここで，SELECT句に「C.座席クラス番号，C.座席クラス名」と記述されていることに着目すると，この2つの列（座席クラス番号と座席クラス名）をもつ座席クラス表をCとしていることがわかります。つまり，空欄fは**座席クラス**です。

　　また座席表は，列"座席クラス番号"で座席クラス表と関連づけられているので，空欄gに入れる結合条件は「**B.座席クラス番号 = C.座席クラス番号**」です。

※**SELECT文**は，「FROM句
→WHERE句
→GROUP BY句
→HAVING句
→SELECT句」
の順に実行されるので，この順に見ていくと理解しやすくなる。

※INNER JOINについてはp309, 311を参照。

※表名の後に記述されたA, B, Cは，それぞれ船便，座席，空欄fの表の別名（相関名）。
FROM 船便 A
INNER JOIN 座席 B
　ON A.船便番号 =
　　B.船便番号
INNER JOIN 　f　 C
　ON 　g

368

図3のSQL文の処理イメージを確認しておきましょう。このSQL文では、FROM句で結合した表をもとに、WHERE句で条件に合致した行の抽出が行われ、それをGROUP BY句でグループ化することになります。

〔図3のSQL文の処理イメージ〕

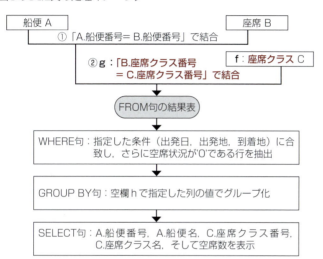

空欄h：GROUP BY句に指定する列が問われていますが、「GROUP BY句を指定した場合、SELECT句にはGROUP BY句で指定した列、又は集合関数、定数式しか記述できない」ことに注意します。

　このSQL文は、指定した条件に合った船便とその座席のクラスごとの空席数を照会するものなので、本来、A.船便番号とC.座席クラス番号でグループ化すればよいのですが、SELECT句にA.船便名とC.座席クラス名も記述されているため、この2つの列もGROUP BY句に指定する必要があります。つまり、空欄hは「**A.船便番号，A.船便名，C.座席クラス番号，C.座席クラス名**」となります。

空欄e：「　e　AS 空席数」と記述されているので、空欄eには空席数を集計する集合関数が入ります。指定した条件に合ったデータが、船便番号、座席クラス番号でグループ化されていることがポイントです（次ページの図を参照）。つまり、COUNT(*)を使ってグループごとの行数をカウントすれば空席数を求められます。したがって、空欄eには**COUNT(*)**が入ります。

※GROUP BY句についてはp316を参照。

※GROUP BY句の空欄を埋める問題はよく出題される。間違えないよう注意しよう。

6 データベース

指定した条件 に合った船便	空席状況が '0'の座席			COUNT(*)	

船便番号	座席番号	座席クラス番号
S01	001	1
S01	002	1
S01	010	2
S03	020	2
S03	021	2

→

船便番号	座席クラス番号	空席数
S01	1	2
S01	2	1
S03	2	2

※左図では，説明のための，必要な列のみ表示している。

●設問4

「予約受付処理が失敗した場合，操作ログ表には何も記録されなかった」というのが不具合の内容です。本設問では，この不具合を修正するための対応策が問われています。Keyワードは，トランザクションとロールバックです。図4を見ると，予約受付処理が失敗した際，トランザクションをロールバックしています。これは，予約表，予約明細表，及び座席表のいずれかの更新が失敗した場合，データ矛盾が起きないようロールバックするというものです。しかし，ロールバックを行うと，操作ログ表への記録も取り消されてしまいます。

そこで，この2つの処理を別々のトランザクションで行うようにすれば不具合は起こりません。したがって，解答としては，「**操作ログ表への記録を予約受付処理とは別のトランザクションにする**」とすればよいでしょう。

※ロールバックについてはp333を参照。

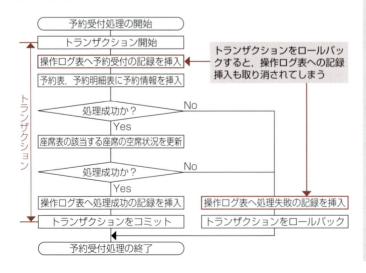

第7章
ネットワーク

　ネットワーク技術の重要性について
は, すでに多くの指摘がなされています。
加えて, 最近のセキュリティ意識の高ま
りから, 応用情報技術者試験でも, セキ
ュリティ技術についての出題が多く見ら
れるようになりました。セキュリティ技
術はネットワーク技術と表裏一体です。
したがって, ネットワーク分野の重要性
はさらに増すことになるでしょう。

　応用情報技術者試験では, 基本情報技
術者よりも広くて精深な知識が要求され
ます。全体ではかなりの知識量になりま
すが, ポイントを押さえて体系的に記憶
していけば, さほど負担を感じることな
く学習できます。1つひとつの知識はジ
グソーパズルのピースのように全体の構
図のなかにぴったりと収まります。常に
この点を意識して学習していきましょ
う。

7 ネットワーク

7.1 通信プロトコルの標準化

7.1.1 OSI基本参照モデル　AM/PM

OSI基本参照モデルの階層

> **参考** 階層化により，一部の階層の技術体系が変化した場合でも，その階層だけ取り替えればよいのでコストを最小化できる。

OSI（Open System Interconnection）基本参照モデルは，異なる設計思想や世代のシステムとの通信を円滑に行うことを目的に標準化されました。プロトコルの単機能化，交換の容易さを目的として，表7.1.1のような階層化がなされています。

▼ **表7.1.1** 各層の役割

上位層	7	アプリケーション層	やり取りされたデータの意味内容を直接取り扱う。SMTP（メール），HTTP（Webアクセス）などそれぞれのアプリケーションに特化したプロトコル
	6	プレゼンテーション層	データの表現形式を管理する。文字コードや圧縮の種類などのデータの特性を規定する
	5	セション層	最終的な通信の目的に合わせてデータの送受信管理を行う。コネクション確立・データ転送のタイミング管理を行い，特性の異なる通信の差異を吸収する
下位層	4	トランスポート層	エラーの検出／再送などデータ転送の制御により通信の品質を保証する。ネットワークアドレスはノードに対して付与されるが，トランスポート層では，**ポート番号**によりノード内のアプリケーションを特定する。**TCP**や**UDP**がこの層に該当する
	3	ネットワーク層	エンドツーエンドのやり取りを規定。MACアドレスをはじめとするデータリンクアドレスはローカルネットワーク内だけで有効であるため，ネットワークを越えた通信を行う場合に付け替える必要があるが，ネットワーク層で提供されるアドレスは，通信の最初から最後まで一貫したアドレスである。**IP**がこの層に該当する
	2	データリンク層	同じネットワークに接続された隣接ノード間での通信について規定。**HDLC**手順や，**MAC**フレームの規格が該当する
	1	物理層	最下位に位置し，システムの物理的，電気的な性質を規定する。ディジタルデータを，どのように電流の波形や電圧的な高低に割り付けるのかといったことや，ケーブルが満たすべき抵抗などの要件，コネクタピンの形状などを定める

プロトコルとサービス

OSI基本参照モデルでは，それぞれの階層のことを**N層**と呼び，N層に存在する通信機器などの実体を**エンティティ**と呼びます。

プロトコルとは，N層に属するエンティティどうしが相互に通

信を行うための取り決めのことです。また，OSI基本参照モデルでは，上位の層が下位の層を利用しながら通信を行うため，異なる階層間のエンティティどうしが通信する窓口が必要になります。これを提供するのが下位層であり，この機能を**サービス**と呼びます。

> **参考** プロトコルに沿った仕様で製品を開発すれば，異なるベンダの機器でも通信することができる。

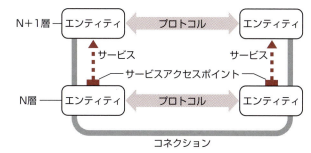

▲ 図7.1.1　プロトコルとサービス

7.1.2　TCP/IPプロトコルスイート　AM/PM

1つの通信システムは，物理層からアプリケーション層まで，いろいろなプロトコルを組み上げて構築していきますが，例えば「ネットワーク層がこのプロトコルだったら，トランスポート層はこのプロトコルにしておくとトラブルがないぞ」といった，プロトコルどうしの相性があります。一般には，同じ団体が作ったプロトコルはセットで使われることが多く，このセットのことを**プロトコルスイート**といいます。最も代表的なのが，IPを中心に組まれた**TCP/IPプロトコルスイート**です。TCP/IPプロトコルスイートでは，独自の階層モデルをもちます。

> **参考** TCPもIPも独立したプロトコルで，IPはOSI基本参照モデルのネットワーク層，TCPはトランスポート層に相当する。

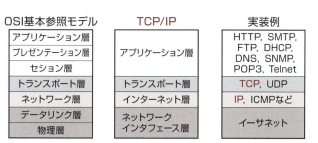

▲ 図7.1.2　TCP/IPプロトコルスイートの階層

373

7 ネットワーク

TCP/IPの通信

TCP/IPでは、データを**パケット**と呼ばれる単位に区切り、各パケットに**ヘッダ**を付けて送信します。このヘッダは、各階層ごとに付加され、次の階層へと渡されます。なお、各ヘッダには、その階層で必要となる送信元や送信先、大きさ、順番などパケット自体に関する情報が含まれています。

> 参考：TCP/IPでは、**パケット交換方式**でデータのやり取りが行われる。

> 参照：IPヘッダの構成はp388, 396を、TCPヘッダはp398を参照。

> 参考：TCPヘッダを付加したパケットを**TCPセグメント**、IPヘッダを付加したパケットを**IPパケット**、MACヘッダを付加したパケットを**MACフレーム**あるいは**イーサネットフレーム**という。

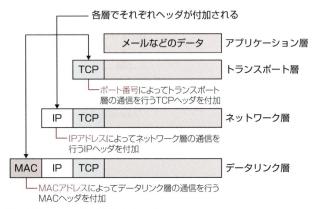

▲ 図7.1.3　ヘッダ付加のイメージ

● MACアドレス

MACアドレスは、イーサネットやFDDIで使用される物理アドレスです。データリンク層で使用され、同じネットワークに接続された隣接ノード間の通信で相手を識別するために使います。

MACアドレスの長さは6バイトで、先頭24ビットのOUI(ベンダID)と後続24ビットの固有製造番号(製品に割り当てた番号)から構成されています。また、MACアドレスは、機器が固有にもつ番号なので、必ず一意に定まるようにIEEEが管理しています。

> 用語：MAC　Media Access Controlの略。

● IPアドレス

IPアドレスは、ネットワーク層のプロトコルIPで利用されるノードを特定するためのアドレスです。

> 参照：IPアドレスについてはp389を参照。

● ポート番号

ポート番号は、トランスポート層においてノード内のアプリケーションを識別するための番号です。指定できる範囲は、TCPや

UDPごとに0～65535と決まっています。このうち0～1023は、よく利用されるアプリケーションのポート番号(**Well-Knownポート**)として標準化されています。

参考 Well-Knownポートの代表例
SSH　　　：TCP22番
Telnet　　：TCP23番
SMTP　　：TCP25番
DNS　　　：UDP53番
HTTP　　 ：TCP80番
POP3　　 ：TCP110番
IMAP4　　：TCP143番
HTTPS　　：TCP443番
NTP　　　：UDP123番
SNMP　　 ：UDP161番
SNMP Trap：UDP162番

ネットワーク間の通信

ここで、図7.1.4におけるノードAからノードBへの通信を例に、ネットワーク間の基本的な通信を見ておきましょう。

> **POINT ネットワーク間の通信**
> ・同じネットワークに接続されたノード間はデータリンク層の通信
> ・ネットワークを超えたノード間はネットワーク層の通信

ノードBは、データリンク層の通信が届く範囲の外にあるので、ノードAからは直接通信ができず、「ノードA→ルータA→ルータB→ノードB」の順にパケットを届ける必要があります。そのため、ノードAからノードBへの通信の際には、宛先であるノードBのIPアドレスとルータAのMACアドレスの情報が必要になります。

まず、ルータAにパケットを届けます。ここでは、同じデータリンク層の通信の範囲であるため、MACアドレスを使用します。そして、ルータAは、宛先IPアドレスに届けるため、ルータBにパケットを転送します。ルータBからノードBへも同様です。

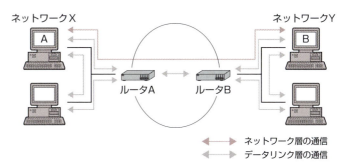

▲ **図7.1.4** ネットワーク間の基本的な通信

7.2 ネットワーク接続装置と関連技術

7.2.1 物理層の接続

リピータ

リピータは，ネットワーク上を流れる電流の増幅装置，あるいは整流装置です。物理層において機能します。データ通信は，ネットワーク上を流れる電流の形で実現され，ケーブルが長いと電流が減衰したり，波形が乱れてデータが読み取れなくなります。これを防ぐため一定の距離ごとにリピータを設置して，電流の増幅と整流を行う必要があります。

リピータは1対1で繋ぐものですが，現在では複数のノードを接続できるマルチポートリピータ（**ハブ**）が使われるのが一般的です。

7.2.2 データリンク層の接続

ブリッジ

ブリッジは，データリンク層に位置し，ネットワーク上を流れているフレームのMACアドレスを認識して，通信を中継する装置です。接続されている各ノードのMACアドレスを記憶し，接続されているノードを**コリジョンドメイン**（セグメント）という単位に分割することで，MACアドレスにより判別したフレームの宛先のあるセグメントにのみフレームを送信します。これにより無駄なトラフィックを発生させず，ネットワーク資源を有効活用できます。

コリジョンドメイン
衝突（コリジョン）の発生する範囲。

参考 ブリッジは，通信のたびに，あるMACアドレスをもつノードがどのポートに接続されているか学習し，次回の通信時には余分なポートには通信を中継しない。

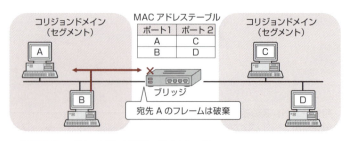

▲ 図7.2.1　ブリッジによるフィルタリング

7.2 ネットワーク接続装置と関連技術

用語	MACアドレステーブル
	学習したMACアドレスとポートの対応を記録しておく表。ノードの電源断や構成変更に対応するため、学習内容には生存期間が設定されている。

POINT ブリッジの動作
① 宛先MACアドレスをもとにMACアドレステーブルを参照する。
② 宛先MACアドレスの接続ポートが、フレームを受信したポートと別ポートであれば、そのポートにフレームを送信し、同一ポートであればフレームを破棄する。
③ 宛先MACアドレスが記憶されていない場合やブロードキャストアドレス(FF-FF-FF-FF-FF-FF)の場合は、受信ポート以外のすべてのポートにフレームを送信する。

試験	試験では、次のように問われる。「**スイッチングハブ**は、フレームの蓄積機能、速度変換機能や交換機能をもっている。このようなスイッチングハブと同等の機能をもち、同じプロトコル階層で動作する装置はどれか」。答えは「**ブリッジ**」。

スイッチングハブ

スイッチングハブは**レイヤ2スイッチ**（L2スイッチ）とも呼ばれる装置で、データリンク層に位置し、ブリッジと同じ働きをします。つまり、MACアドレスを認識してフレームの宛先を決めて通信を行います。

◯ ブロードキャストストーム

データリンク層で動作する**ブリッジ**や**スイッチングハブ**などのLANスイッチは、ブロードキャストフレームを受信ポート以外のすべてのポートに転送します。そのため、これらの機器をループ状に接続し冗長化させた場合、信頼性は向上しますが、ブロードキャストフレームは永遠に回り続けながら増殖し、最終的にはネットワークダウンを招いてしまいます。

この現象を**ブロードキャストストーム**といい、これを防ぐプロトコルに**スパニングツリープロトコル**（Spanning Tree Protocol：**STP**）があります。ループを構成している一部のポートを、通常運用時にはブロック（論理的に切断）することで、ネットワーク全体をループをもたない論理的なツリー構造にします。

参考	スパニングツリー
	IEEE 802.1Dで定義されているループの解消法。複数のブリッジ間で情報を交換し合い、ループ発生の検出や障害発生時の迂回ルート決定を行う。

参考	リンクアグリゲーション
	複数の物理ポート(リンク)をまとめて1つの論理ポートとして扱う技術。IEEE 802.3adで定義されている。

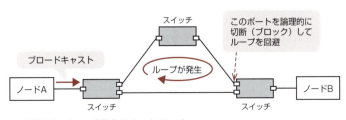

▲ 図7.2.2 ループ構成のネットワーク

7.2.3 ネットワーク層の接続 AM/PM

ルータ

参考 ブロードバンドルータ
家庭向けの廉価なルータの総称。ADSLや光ファイバの普及にともなって名付けられた。

ルータはネットワーク層に位置し，宛先IPアドレスを見て，パケットの送り先を決め，通信を制御する装置です。IPのローカルネットワークの境界線に設置して利用され，ネットワークの基本単位として機能します。世界中に散在しているローカルネットワークどうしをルータが結ぶことにより，全体としてインターネットというインフラが機能しています。ルータで分けられたネットワークの単位を**ブロードキャストドメイン**といいます。

ルータは，パケットを受け取ると，その宛先IPアドレスを見て，それが自分のネットワーク宛であれば，破棄し，他のネットワーク宛であれば転送を行います。このとき，どのルータへ送れば，宛先のネットワークへの通信が速く行えるかを判断することを経路制御（**ルーティング**）といい，ルータはそのための経路表（**ルーティングテーブル**）を備えています。

参考 会社Aのネットワークに属するPCは，会社BのPCと直接通信できない。そこで，会社AのPCは，他ネットワークへの接点であるルータAに転送を依頼する。会社AのPCから見て直近のルータAを**デフォルトゲートウェイ**といい，自分と直接接続していない相手と通信する際は，すべてデフォルトゲートウェイを中継することになる。

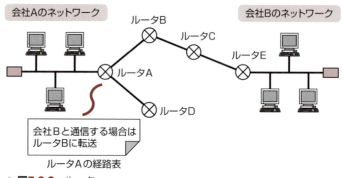

▲ 図7.2.3　ルータ

◯ ルーティング

経路表（ルーティングテーブル）の作成方法には，手作業で作成する**スタティックルーティング**と，ルーティングプロトコルを利用することによってルータどうしが経路に関する情報の交換を行い，自律的に経路表を作成する**ダイナミックルーティング**があります。

また，ダイナミックルーティングを行うための代表的なルーティングプロトコルにはRIPやOSPFがあります。

7.2 ネットワーク接続装置と関連技術

▼ 表7.2.1 代表的なルーティングプロトコル

RIP	**ディスタンスベクタ型**(距離ベクトル型)のルーティングプロトコル。ルーティングテーブルの情報(経路情報)を一定時間間隔で交換しあい、宛先ネットワークにいたるまでに経由するルータの数(**ホップ数**)が最小になる経路を選択する。なお、宛先に到達可能な最大ホップ数は15であり、これを超えた経路は採用されない
OSPF	**リンクステート型**のルーティングプロトコル。OSPFでは、**コスト**を経路選択の要素に取り入れ、最もコストの小さい経路を選択する。コスト値は、回線速度を基に自動的に算出されるが手動設定も可能。コスト算出式「コスト=100Mbps／経路の通信帯域(bps)」

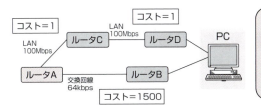

▲ 図7.2.4 経路選択の例

● ルータの冗長構成

> RIPのIPv6版は**RIPng**(RIP next generation)。OSPFは、**OSPFv3**でIPv6用に拡張されている。

ルータを冗長構成する場合に用いるプロトコルに、**VRRP**(Virtual Router Redundancy Protocol)があります。これは、同一のLANに接続された複数のルータを、仮想的に1台のルータとして見えるようにして冗長構成を実現するプロトコルです。

複数のルータでグループ(これをVRRPグループという)を作り、VRRPグループごとに仮想IPアドレスと仮想MACアドレスを割り当てます。そして、PCなどのノードは、この仮想ルータのIPアドレスに対して通信を行います。

通常時は、グループのマスタルータが仮想ルータのIPアドレス(仮想IPアドレス)を保持しますが、マスタルータに障害が発生すると他のバックアップルータがこれを継承します。

レイヤ3スイッチ(L3スイッチ)

> ルータは、フィルタリングなどの多機能性に重点を置いたもの。それに対し、レイヤ3スイッチは通信の高速性に重点を置いている。

ルータと同じネットワーク層に位置する通信機器です。特徴としては、ルータがソフトウェアを利用して転送処理を行うのに対して、レイヤ3スイッチでは専用ハードウェアによって転送処理を行っている点です。高速に処理が行えるため、大容量のファイルを扱うファイルサーバへのアクセスなどに適しています。

7 ネットワーク

7.2.4 トランスポート層以上の層の接続 AM/PM

ゲートウェイ

参考 ゲートウェイは，アプリケーションプロトコルの内容を解釈できるため，アプリケーションヘッダに不正な情報が混入していないかなどを検出できる。ファイアウォール(p458参照)やプロキシサーバ(p459参照)もゲートウェイの仲間。

ゲートウェイは，トランスポート層〜アプリケーション層についてネットワーク接続を行う装置です。すなわち，第3層のネットワーク層まででエンドツーエンドの通信は完成するので，ゲートウェイでは，第4層のトランスポート層以上が異なるLANシステム相互間のプロトコル変換やデータ形式の変換を行います。

L4スイッチ，L7スイッチ

L4スイッチ(レイヤ4スイッチ)はトランスポート層で稼働する装置で，定義としてはゲートウェイに属しますが，機能的にはレイヤ2スイッチ，レイヤ3スイッチの延長上にある装置ともいえます。ルータやレイヤ3スイッチはIPアドレスを参照して経路制御を行いますが，L4スイッチではTCPポート番号やUDPポート番号も経路制御判断の情報として扱うことができます。

L7スイッチは，アプリケーション層までの情報を使って通信制御を行う装置です。

ネットワーク仮想化 (SDN, NFV) ☕ COLUMN

SDN(Software-Defined Networking)は，ソフトウェアにより柔軟なネットワークを作り上げるという考え方で，これを実現する技術の1つがOpenFlowです。OpenFlowは，ネットワーク機器の制御のためのプロトコルです。OpenFlowを用いたSDNでは，ネットワーク機器(レイヤ2スイッチやレイヤ3スイッチなど)がもつ転送機能と経路制御機能を論理的に分離し，コントローラと呼ばれるソフトウェアによって，データ転送機能をもつネットワーク機器(OpenFlowスイッチという)を集中的に制御，管理します。なお，コントローラとスイッチ間の通信は，信頼性や安全性を確保するためTCPやTLSが使用されます。

SDNがネットワーク機器の制御部分をソフトウェア化するのに対し，NFV(Network Functions Virtualization)は，スイッチやルータ，ファイアウォール，ロードバランサといったネットワーク専用機器ごと仮想化するという考え方です。サーバ仮想化技術を応用し，専用機器の機能を汎用サーバ上の仮想マシン(VM：virtual machine)で動くソフトウェアとして実装します。

7.2.5 VLAN

スイッチの機能

ネットワーク上に配置される通信機器は，自分が処理するレイヤ(階層)以下のレイヤプロトコルを解釈できる特徴があります。したがって，レイヤ3スイッチ(以下，L3SWという)は，L2レベルのスイッチングにも対応しています。ここで，図7.2.5において，PC-AがPC-Bに通信を行った場合のL3SWの動作を考えます。

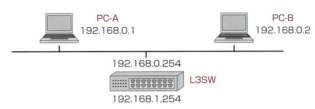

▲ 図7.2.5　L3SWによるL2スイッチング

PC-AがPC-Bへ送信したパケットは，L3SWにも届きます。L3SWはまず，着信パケットの宛先MACアドレスを参照します。ルーティングが必要なパケットであれば，デフォルトゲートウェイとして自分が指定されているため，宛先MACアドレスは必ず自分のMACアドレスになっているはずです。しかし，着信パケットの宛先MACアドレスはPC-BのMACアドレスです。したがって，L3SWはこのパケットをL2レベルで廃棄し，L3レベルの処理機構には渡しません。すなわちL3SWは，PC-AからPC-Bへの通信をL3レベルでは解釈しないわけです。

論理的LANエリアの構築(VLAN)

スイッチの特徴的な機能に**VLAN**(Virtual LAN：仮想LAN)機能があります。VLANとは，物理的な接続形態に依存せず，ノードを任意に論理的なグループに分けるための仕組みのことで，L2機能とL3機能の接続性を拡張したのがVLAN機能です。VLAN機能によって，複雑な形態のネットワークを容易に構築したり，サブネット構成の変更にも柔軟に対応できます。例えば，次ページの図7.2.6では，営業部と開発部が同じブロードキャストドメイン

参考：VLAN機能の特徴は，ブロードキャストドメインの分割。各VLANは，ルータやL3SWで分割されたネットワークと同じように機能するので，「VLAN＝ブロードキャストドメイン＝サブネット(論理ネットワーク)」と定義できる。

に属しているため互いの通信をキャプチャできます。これは，同じ会社内でも部外秘情報などがある場合は好ましくありません。営業部と開発部でネットワークを分離することでも解決できますが，L3SWを配置すれば作業がもっと簡単になります。

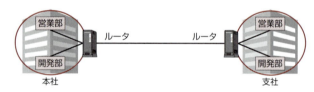

▲ 図7.2.6　本社と支社をつなぐネットワーク

● VLAN ID

VLAN機能をもっているL3SWは，ポート番号の先に存在するノードに**VLAN ID**を設定できます。

> **VLAN ID**
> VLANを識別する番号。

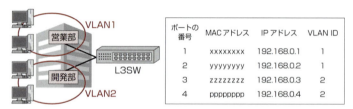

▲ 図7.2.7　VLAN IDによるグルーピング

図7.2.7のL3SWは，VLAN IDにより営業部と開発部を異なるVLANとして扱います。この場合，VLAN1内の通信はポート3，4には転送しません。同様にVLAN2内の通信はポート1，2には転送しません。この機能によってIPアドレス体系を変更せずにネットワークの分割・統合を行うことができ，ネットワーク運用に柔軟性をもたせることができます。

ポートVLAN

スイッチのポートごとにVLANを割り当てる方式です。**スタティックVLAN**とも呼ばれ，この方式では，ポートとVLANの対応が固定されます。

> シンプルで使いやすい利点があるが，VLAN構成が物理的な結線に依存するため柔軟性の点で劣る。

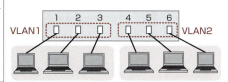

▲ 図7.2.8　ポートVLANの例

タグVLAN

VLAN IDを含むタグ情報をMACフレームに埋め込み，フレーム単位でVLANを区別する方式です。VLANが論理的に構成されるため，1つのポートが複数のVLANに参加したり，結線を変えずに参加するVLANを変更したりすることが可能です。タグVLANの仕様は**IEEE 802.1Q**で標準化されています。

> 参考：IEEE 802.1Qで規定されたVLANのVIDのビット長は12ビット。

> 参考：トランクポートは，複数のVLANに属していて，複数のVLANのフレームを転送できる。

▲ 図7.2.9　タグVLANの例

> 参考：SW1は，PC-Aからのブロードキャストフレームを，異なるVLANに属するPC-Bへは転送しない。

図7.2.9において，例えば，PC-Aがブロードキャストフレームを送信すると，SW1はVLAN1というタグを付加してSW2へ転送します。SW2は受信したフレームのタグを参照し，PC-Cに対してだけフレームを転送します。

遠隔地LANの結合

前ページ図7.2.6の場合，本社営業部と支社営業部，本社開発部と支社開発部でそれぞれ同じネットワークを構成できれば便利です。そこで，本社営業部と支社営業部，本社開発部と支社開発部に同じVLAN IDを与えてVLANを構成します。これらはネットワークアドレスが異なりますが，VLAN IDはIPアドレスに対して透過的なので問題ありません。このようにして遠隔地のネットワークを同じLANグループとして管理することもできます。

7.3 データリンク層の制御とプロトコル

7.3.1 メディアアクセス制御

メディアアクセス制御(Media Access Control：**MAC**)は，媒体アクセス制御とも呼ばれる。

複数のデータを1つのケーブルを通して送受する場合，データの衝突(**コリジョン**)を回避するための制御(これをメディアアクセス制御という)が必要となります。

CSMA/CD

CSMA/CD (Carrier Sense Multiple Access with Collision Detection：搬送波感知多重アクセス／**衝突検出**)の略。

CSMA/CDは，イーサネットで採用されているメディアアクセス制御方式で，衝突検知方式を採用しています。

イーサネット IEEE 802.3として標準化されているLAN規格。

> **POINT CSMA/CD方式**
> ・各ノードは伝送媒体が使用中かどうかを調べて，使用中でなければデータの送信を開始する。
> ・複数のノードが同時に通信を開始するとデータの衝突が起こる。
> ・衝突を検知し，一定時間(ランダム)待った後で，再送する。
> ・一定の距離以上のケーブルでは衝突が検知できない。

次ページの図7.3.2に示すように，30％を超えると急激に遅延時間が増える。

CSMA/CD方式では，トラフィックが増加するにつれて衝突が多くなり，再送が増え，さらにトラフィックが増加するといった悪循環に陥る可能性があります。このため，伝送路の使用率が30％を超えると実用的でなくなります。

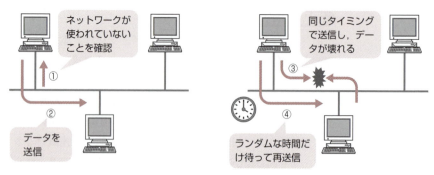

▲ 図7.3.1　CSMA/CD方式における通常手順と衝突時の手順

トークンパッシング方式

トークンパッシング方式は，トークンによる送信制御を行う方式です。バス型のLANで使用する**トークンバス方式**と，リング型のLANで使用する**トークンリング方式**があります。

参考 トークンリング方式

> **POINT トークンパッシング方式**
> ・ネットワーク上をフリートークンと呼ばれる送信権のためのパケットが巡回する。
> ・フリートークンを獲得したノードのみが送信を行うので衝突を回避できる。

トークンパッシング方式では，伝送媒体上での衝突は発生しませんが，トラフィックが増加するにつれトークンを獲得しにくくなり，徐々に遅延時間が増加します。しかし，衝突による再送制御の必要がないため，伝送路の使用率に対する遅延時間の増加の程度はCSMA/CD方式より緩やかです。

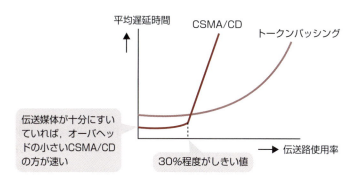

▲ 図7.3.2 CSMA/CD方式とトークンパッシング方式の比較

用語 TDM（時分割多重）
ネットワーク上にデータを送信する時間を割り当て(これを**タイムスロット**という)，タイムスロットごとに異なるデータを伝送することで多重化を図る。TDMを用いたアクセス制御がTDMA。

TDMA方式

TDMA（Time Division Multiple Access：時分割多重アクセス）は，CSMA/CD，トークンパッシング方式と並ぶ主要なデータリンク技術です。TDMAでは，ネットワーク(伝送路)を利用できる時間を細かく区切り，割り当てられた時間は各ノードが独占する方式です。なお，TDMAはコネクション型の通信であり，相手との通信路を確立してから通信します。

7.3.2 データリンク層の主なプロトコル AM/PM

ARP

参考 ARPを利用したものにGratuitousARP（GARP）がある。GARPは，「自身に設定するIPアドレスの重複確認」，「ARPテーブルの更新」を主な目的としたもので，目的IPアドレスに自身が使用するIPアドレスを指定し，MACアドレスを問い合わせる。

ARP（Address Resolution Protocol）は，通信相手のIPアドレスからMACアドレスを取得するためのプロトコルです。

> **POINT ARPの動作**
> ① ブロードキャストを利用し，目的IPアドレスを指定したARP要求パケットをLAN全体に流す。
> ② 各ノードは，自分のIPアドレスと比較し，一致したノードだけがARP応答パケットに自分のMACアドレスを入れてユニキャストで返す。

RARP

参考 RARPを使用するためには，MACアドレスとIPアドレスの対応表が設定されているRARPサーバが必要。IPアドレスを知りたい機器は自身のMACアドレスを入れたRARP要求をブロードキャストし，RARPサーバはそのMACアドレスに対応するIPアドレスを返す。

RARP（Reverse-ARP：逆アドレス解決プロトコル）は，MACアドレスからIPアドレスを取得するためのプロトコルです。電源オフ時にIPアドレスを保持することができない（IPアドレスを保持するハードディスクをもたない）機器が，電源オン時に自分のMACアドレスから自身に割り当てられているIPアドレスを知るために使用します。

PPP

PPP（Point to Point Protocol）は，2点間をポイントツーポイントで接続するためのデータリンクプロトコルです。WANを介して2つのノードをダイヤルアップ接続するときに使用されています。PPPは，ネットワーク層とのネゴシエーションを行うNCP（ネットワーク制御プロトコル）と，リンクネゴシエーションを行うLCP（リンク制御プロトコル）から構成されていて，リンク制御やエラー処理機能をもちます。

用語 NCPは，Network Control Protocol，LCPは，Link Control Protocolの略（p448参照）。

PPPoE

PPPoE（PPP over Ethernet）は，PPPと同等な機能をイーサネット（LAN）上で実現するプロトコルです。PPPフレームをイーサネットフレームでカプセル化することで実現します。

データリンク層の制御とプロトコル **7.3**

7.3.3 IEEE 802.3規格 **AM/PM**

IEEE 802.3は，メディアアクセス制御にCSMA/CD方式を使うLANについての標準です。OSI基本参照モデルにおけるデータリンク層と物理層のプロトコル及びサービスを規定しています。具体的には，OSI基本参照モデルにおけるデータリンク層をLLC副層とMAC副層の2つに分割し，物理層におけるLANで使用する伝送媒体や，MAC副層におけるフレームの構成や衝突検出の仕組みなどを規定しています。

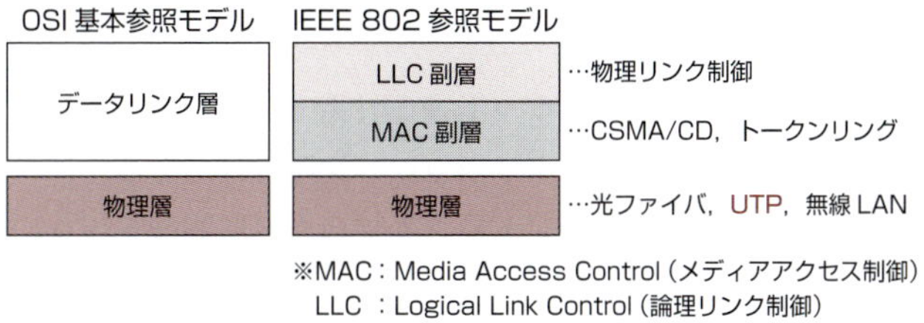

OSI 基本参照モデル　　IEEE 802 参照モデル

データリンク層	LLC 副層	…物理リンク制御
	MAC 副層	…CSMA/CD，トークンリング
物理層	物理層	…光ファイバ，UTP，無線 LAN

※MAC：Media Access Control（メディアアクセス制御）
LLC ：Logical Link Control（論理リンク制御）

▲ **図7.3.3** IEEE 802参照モデル

IEEE 802.3規格は，広範囲にわたりますが，ここではツイストペアケーブルを利用する主な規格を，表7.3.1にまとめました。

▼ **表7.3.1** ツイストペアケーブルの規格

規格	通信速度	各より対線の通信での役割
10BASE-T（カテゴリ3）	10Mbps	4本のより対線のうち2本だけを使う。1本は送信のみ10Mbps，もう1本は受信のみ10Mbps
100BASE-TX（カテゴリ5）	100Mbps	10BASE-Tを高速化したもの。1本は送信のみ100Mbps，もう1本は受信のみ100Mbps
100BASE-T2（カテゴリ3）	100Mbps	1本のより対線が100Mbpsの速度で送受信の両方を行い，これを2本使う
100BASE-T4（カテゴリ3）	100Mbps	33Mbpsの送信1本，33Mbpsの受信1本，33Mbpsの送受信2本という構成で，未使用のより対線はない
100VG-AnyLAN（カテゴリ3）	100Mbps	4本のより対線すべてが25Mbpsの送受信を行う
1000BASE-T（カテゴリ5e）	1000Mbps	4本のより対線すべてが250Mbpsの送受信を行う
1000BASE-TX（カテゴリ6）	1000Mbps	2本のより対線が500Mbpsで送信を，残りの2本が500Mbpsで受信を行う

※カッコ内：ツイストペアケーブルのカテゴリ

7

ネットワーク

参考 ツイストペアケーブル
4本のより対線が基本。また，ツイストペアケーブルには，シールド処理されたSTPとシールド未処理のUTPがあるが，現在ほとんどがUTPケーブル。

参考 1000Mbpsクラスの伝送速度をもつLAN（イーサネット）規格を総称して，ギガビットイーサネットという。

参考 PoE（Power over Ethernet）LANケーブルを通じて機器への給電を行う技術。IEEE 802.3af規格として標準化されている。給電能力は15.4Wで，主に無線LANアクセスポイントやIP電話機などで利用される。

387

7 ネットワーク

7.4 ネットワーク層のプロトコルと技術

7.4.1 IP   AM / PM

ネットワーク層のプロトコル（IP）

参考 ノード間のコネクション（接続関係）確立の方式
・**コネクション型**
相手の確認と通信経路の設定を行ってから通信を開始する方式。
・**コネクションレス型**
相手の確認と通信経路の設定を行わずに直ちに通信を始める方式。

IP（Internet Protocol）は，インターネットの仕組みの中でも重要な役割を担う，**ネットワーク層**のプロトコルです。次の特徴をもちます。IP自身の機能はシンプルであるため，通信品質のためには他のプロトコルと組み合わせて使います。

・パケット通信技術である
・コネクションレス型通信である
・IPアドレスを使った経路制御を行う

参考 トランスポート層では，TCPがコネクション型，UDPがコネクションレス型となる。

ネットワーク層のプロトコルは，ネットワークを越えた通信を提供する機能をもちます。IPの場合，ネットワークとネットワークを接続する通信機器であるルータが，IPアドレスを手掛かりに通信の振り分けを行います。ルータは宛先IPアドレスがネットワーク外である場合，宛先により近いルータへ転送を繰り返すことで，パケットを目的地に到達させます。これを**ルーティング**と呼びます。

IPヘッダ（IPv4）

参考 インターネットプロトコル（IP）には，アドレス資源を32ビットで管理するIPv4と128ビットで管理するIPv6がある。IPv6についてはp394を参照。

IPヘッダの構成は，図7.4.1のようになります。

ビット0   ビット31

バージョン	ヘッダ長	優先順位	パケット長	
識別番号			フラグ	フラグメントオフセット
TTL（生存時間）		プロトコル番号	ヘッダチェックサム	
送信元IPアドレス（32ビット）				
送信先IPアドレス（32ビット）				
オプション（可変長）				パティング

▲ **図7.4.1** IPヘッダ（IPv4）

▼ 表7.4.1 IPv4ヘッダの主な項目

TTL (生存時間)	Time To Liveの略で、パケットの生存時間(通過可能なルータの最大数)を表す。パケットが永久にループする事態を避けるため、ルータを通過するごとに1つずつ減らし、0になったらパケットを破棄すると同時に、送信元にICMPタイプ11(時間超過：TTL equals 0)のメッセージを送り、時間切れによりパケットを破棄したことを伝える
プロトコル番号	TCPなどの上位プロトコルを識別する番号。プロトコル番号の枠は0～255で、主要なプロトコルの番号は次のとおり ・ICMP：プロトコル番号1 ・TCP ：プロトコル番号6 ・UDP ：プロトコル番号17 ・IPv6 ：プロトコル番号41
ヘッダチェックサム	IPヘッダ部分を対象に算出された誤り検出のための値。これによりIPヘッダに誤りがないことを確認する

参照 ICMPについてはp397参照。

7.4.2 IPアドレス　AM/PM

IPアドレス

IPアドレスは、ネットワーク層のプロトコルIPで利用されるノードを特定するためのアドレスです。インターネットに接続するノードは、インターネット上で一意のIPアドレスをもつ必要があります。そのため、IPアドレスは各国のNIC(ネットワークインフォメーションセンター)が割り当てなどの管理を行っています。インターネットに直接接続する場合には、ISP(インターネットサービスプロバイダ)に申請し、IPアドレスを取得します。

参考 現在、IPv4のIPアドレスのほとんどが企業や組織に割当て済みであるが、その中には使われていないアドレスも相当数ある。このように、使えるが使われていないIPアドレス空間を**ダークネット**という。

●IPアドレスの表記

IPv4では、IPアドレスとして32桁の2進数を利用します。通常、8ビットずつ区切って10進数表記にします。

```
2進数表記　：11011011 01100101 11000110 00000100
10進数表記：219.　　　101.　　　198.　　　4
```

●IPアドレスの構成

IPアドレスは、ネットワークアドレス部とホストアドレス部から構成されています(次ページの図7.4.2を参照)。

参照 IPv6アドレスの構成はp395を参照。

▲ 図7.4.2　IPアドレスの構成(IPv4)

　ネットワークアドレス部は，例えば企業において組織単位にネットワークがある場合，それぞれのネットワークを一意に識別するためのネットワークアドレスを表す部分です。同じネットワークに属しているノードのネットワークアドレスは同一です。また，**ホストアドレス部**は，同じネットワークに属するノードを一意に識別するためのホストアドレスを表す部分です。したがって，IPアドレスによって，そのノードが「どのネットワークに属するのか」と「どのホストなのか」を識別することができます。

IPアドレスクラス

　従来IPネットワークでは，IPアドレスをその先頭4ビットまでの値によって4つの種類に分けるアドレスクラスという概念が採用されていました。ホストアドレス部のビット数が多いほど，各ネットワークで使用できるIPアドレスは多くなりますが，利用せずに無駄になるIPアドレスが発生しやすいという欠点があります。

> **参考** クラスDは，IPマルチキャスト用に予約された特別のアドレスであり，ネットワークアドレス部とホストアドレス部に分割されない。IPマルチキャストの識別には「1110」の後続の28ビットが利用され，範囲（アドレス空間）は224.0.0.0〜239.255.255.255になる。

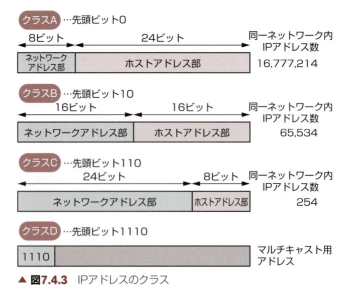

▲ 図7.4.3　IPアドレスのクラス

特殊なIPアドレス

IPアドレスの中には、特に予約されたアドレスや特別な意味をもつアドレスがあります。

◉ネットワークアドレスとブロードキャストアドレス

ホストアドレス部がすべて「0」のアドレスは、ネットワーク自体を指す**ネットワークアドレス**です。また、ホストアドレス部がすべて「1」のアドレスはネットワーク内のすべてのノード宛を示す**ブロードキャストアドレス**です。

参考 ホストアドレス部が8ビットのクラスCで使用できるIPアドレスは、ネットワークアドレスとブロードキャストアドレスを除いた、$2^8 - 2 = 254$個。

◉ループバックアドレス

「127.0.0.1」は、自分自身を表すIPアドレスです。

◉グローバルIPとプライベートIP

インターネットに接続されたノードに一意に割り当てられたIPアドレスを**グローバルIPアドレス**といい、組織内のみで通用するIPアドレスを**プライベートIPアドレス**といいます。RFC1918では、プライベートIPアドレスとして次のアドレスを使用するよう推奨しています。

試験 試験では、クラスCのプライベートIPアドレスとして利用できる範囲が問われることがある。

- クラスA：10.0.0.0 ～ 10.255.255.255
- クラスB：172.16.0.0 ～ 172.31.255.255
- クラスC：192.168.0.0 ～ 192.168.255.255

通信の種類

- **ユニキャスト**：単一の送信先を指定して行う通信。
- **ブロードキャスト**：ネットワークに属しているノード全体に対して行う通信。
- **マルチキャスト**：指定した複数の送信先に対して同一データを送る通信。ルータによってデータが複製されるため、ユニキャストを多数行うより負荷を小さくできる。なお、マルチキャストグループ管理用のプロトコルが**IGMP**(Internet Group Management Protocol)。グループへの参加や離脱をホストが通知したり、グループに参加しているホストの有無をルータがチェックするときに使用される。

7 ネットワーク

7.4.3 サブネットマスク　AM / PM

サブネットマスク

　アドレスクラスの欠点を補うため，クラスに縛られずにネットワークアドレス部とホストアドレス部を分けるために考えられたのが**サブネットマスク**です。これはIPアドレスと同様に32ビットで表される情報で，左端から始まる「1」の部分がネットワークアドレス部を，「0」の部分がホストアドレス部を表します。

　サブネットマスクを用いることで，IPアドレスのホストアドレス部のうち，左端から数ビットをネットワークアドレス部に割り当てることができ，同一ネットワーク内にいくつかの小さなネットワークを作ることができます。このとき，割り当てたホストアドレス部の一部を**サブネットアドレス**，分割したネットワークを**サブネット**といいます。

> **参考** IPアドレスとサブネットマスクを用いた，ネットワークアドレス及びホストアドレスの求め方は次のとおり。ここで，IPアドレスをa，サブネットマスクをmとする。また "&" はビットごとの論理積，"〜" はビット反転の演算子を表す。
> **ネットワークアドレス**
> =a&m
> **ホストアドレス**
> =a&〜m

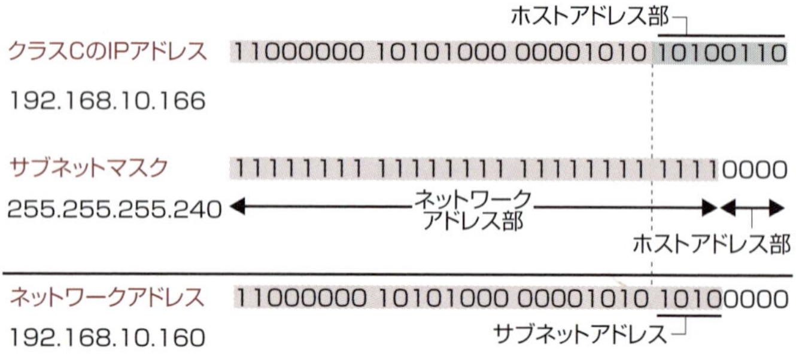

▲ **図7.4.4** サブネットマスク

　図7.4.4の場合，ホストアドレス部の上位4ビットをサブネットアドレスとしているので，$16(2^4)$個のサブネットに分割できます。そして，各サブネットでは，ホストアドレス部の下位4ビットがすべて「0」のサブネット自体を指すアドレスと，すべて「1」のブロードキャストアドレスを除いた$14(2^4-2)$個のIPアドレスをもてることになります。

> **用語** プレフィックス
> 「接頭辞」という意味。IPアドレスの場合，ネットワークアドレス部分の桁数（長さ）を意味する。

⊃ プレフィックス表記

　ネットワークアドレス部とホストアドレス部の区切りをネットワークアドレス部の桁数で示す方法です。

例えば，ネットワークアドレス部が29桁のIPアドレスについては，「233.xxx.255.0/29」というように，IPアドレスの後ろにネットワークアドレス部の長さ（ビット数）を"/"で区切って表記します。

 IPv4アドレス172.22.29.44/20のホストが存在するネットワークのブロードキャストアドレス

172.22.29.44/20の「/20」は，先頭から20ビット目までがネットワークアドレス部であることを表す。また，ブロードキャストアドレスは，ホストアドレス部をすべて1にしたアドレス。したがって，このときのブロードキャストアドレスは172.22.31.255となる。

172	22	29	44
10101100	00010110	00011101	00101100

←―――――ネットワークアドレスを表す部分―――――→

10101100	00010110	00011111	11111111
172	22	31	255

▲ 図7.4.5 ブロードキャストアドレス

CIDR

用語 CIDR：Classless Inter-Domain Routingの略。

先に述べたように，クラスによってネットワークアドレス部とホストアドレス部を分割する従来の方法は，結果的に，割り当てられたものの利用されないIPアドレスを多く発生させてしまいました。そこで，IPアドレスの効率的な運用を促進するために考えられたのがサブネットマスクを使った**CIDR**です。サブネットマスクによりネットワークアドレス部をネットワークサイズに応じた任意の長さに変更可能になりました。

スーパーネット化

参考 連続するネットワークを，1つのより大きなネットワーク単位に集約することで，ルータが保持する経路情報の削減，及びルーティング負荷の軽減が可能となる。

CIDRにより，連続するネットワークを束ねて1つの集約したネットワーク（**スーパーネットワーク**）を作成することができます。例えば，2つのネットワーク192.168.0.0/23と192.168.2.0/23は，左から22ビット目までが同じなので，サブネットマスクを「11111111 11111111 11111100 00000000」とすることで，1つのネットワーク192.168.0.0/22に集約することができます。

7.4.4 IPv6とアドレス変換技術 AM/PM

現行のIPv4は様々な問題点が指摘されていますが，最も大きなものは32ビットのIPアドレス空間に由来するアドレスの枯渇です。そこで，IPアドレスを無駄にしない技術やIPアドレスの数を増やす技術が重要視されています。

IPv6

IPv6は，IPアドレスの枯渇問題に対応するための本命技術であり，現在使われているIPv4にかわる次世代のIPです。

◯ IPv6の特徴

IPv6ではIPアドレスを128ビットへと拡張し，家電などへもIPアドレスを採番する道をひらきました。また，IPヘッダにおいてはルーティングに不要なフィールドを拡張ヘッダに分離することで基本ヘッダを簡素かつ固定長にし，ルータなどの負荷を軽減しました。さらに，IPv6では，セキュリティ機能としてIPsecに標準対応となっています。IPv4ではIPsecへの対応はオプションであったため，セキュリティへの対応が進んだといえます。IPv4から仕様変更された主な内容は，次のとおりです。

> **参照** IPv6のIPヘッダについては，p396を参照。

> **用語** IPsec
> ネットワーク層で暗号化や認証，改ざん検出を行うセキュリティプロトコル（p462を参照）。

> **参考** IPv6では，DHCPv6（IPv6用のDHCP）を利用しなくても，ICMPv6に規定されている近隣探索メッセージを利用し，ルータからの情報（Router Advertisement：RA）を受け取ることによってIPアドレスの自動設定が可能。

> **POINT IPv4から仕様変更された主な内容**
> ・アドレス空間が32ビットから128ビットに拡張
> ・ルーティングに不要なフィールドを拡張ヘッダに分離することで基本ヘッダを簡素かつ固定長にし，ルータなどの負荷を軽減
> ・IPレベルのセキュリティ機能IPsecに標準対応
> ・IPアドレスの自動設定機能の組み込み
> ・特定グループのうち経路上最も近いノード，あるいは最適なノードにデータを送信するエニーキャストの追加

◯ IPv6のIPアドレス

IPv4では，IPアドレスを8ビットごとに「.」で区切って10進数で表記しますが，IPv6ではアドレス空間がIPv4の4倍である128ビットに拡張されたため，16ビットごとに「：」で区切り16進数で表記します。

7.4 ネットワーク層のプロトコルと技術

> **POINT IPv6のアドレス表記**
> ① FFFF:FFFF:0000:0000:0000:0000:0000:FFFF
> ② 各ブロックの先頭から連続する0は,1つを残し以降は省略可能
>   FFFF:FFFF:0:0:0:0:0:FFFF
> ③ 0のブロックが連続する場合,1か所に限り「::」で省略可能
>   FFFF:FFFF::FFFF

▶プレフィックス

IPv6でもIPv4同様,どこまでがネットワークアドレス(ネットワークプレフィックス)で,どこからがホストアドレス(インタフェース識別子)であるのかを識別することは重要です。

IPv4ではサブネットマスクやプレフィックスが使われましたが,IPv6ではIPv4型のサブネットマスクはありません。プレフィックスを使って,ネットワークアドレス部の長さを表します。

参考 IPv6アドレスの構成

参考 プレフィックス 例えば,2001:db8:100:1000::/56 と表記されている場合,ネットワークアドレス部は先頭から56ビット。

▶IPv6のアドレス

IPv6アドレスは,表7.4.2に示す3種類に分類されます。

▼ 表7.4.2 IPv6のアドレス

ユニキャストアドレス	1つのノードに対して送信を行うためのアドレス。インタフェース識別子(64ビット)には,48ビットのMACアドレスを組み込んで使うことが多く,このMACアドレスに対してデータが送信される
エニーキャストアドレス	ユニキャストアドレスを2つ以上のノードに割り当てたアドレスで,**IPv6**ルータしか扱うことができない。**エニーキャスト**アドレスが指定された場合,発信元に最も近い1つのノードだけがパケットを受信する
マルチキャストアドレス	複数の送信先に対して同一データを送るマルチキャスト用のアドレスで,上位8ビットが11111111(プレフィックス表記で**FF00::/8**)のアドレス。ノードをグループ化するために使用する

参考 ブロードキャストは,ネットワーク資源を浪費するため,IPv6では基本的に**マルチキャスト**を使用する。

▶IPヘッダ(IPv6)

IPv6ヘッダは,IPv4では結局使われなかった機能をカットし,シンプルに作られています(次ページの図7.4.6を参照)。注意すべき点としては,上位プロトコルの種類を表すプロトコル番号が**次ヘッダ**に,パケットの生存時間を表すTTLが**ホップ・リミ**

395

ットに変更されていることが挙げられます。また，ヘッダの誤り
を検出するためのチェックサム（ヘッダチェックサム）もなくなっ
ています。

> **参考** IPv6ヘッダは，**基本ヘッダ**（40バイト固定長）と**拡張ヘッダ**から構成される。拡張ヘッダは，暗号化や認証など，その種別ごとに用意されていて，次に続くヘッダ種別を次ヘッダフィールドに示すことで，各種拡張ヘッダを数珠つなぎに続けられる。

ビット0　　　　　　　　　　　　　　　　　　　　　　　　　　　ビット31

バージョン	優先度	フロー・ラベル	
ペイロード長		次ヘッダ	ホップ・リミット
送信元アドレス（128ビット）			
宛先アドレス（128ビット）			
拡張ヘッダ			

▲ **図7.4.6** IPヘッダ（IPv6）

▼ **表7.4.3** IPv6ヘッダの主な項目

次ヘッダ	IPv4ヘッダのプロトコル番号に相当。文字通り"次のヘッダ"という意味で，拡張ヘッダがある場合は，その拡張ヘッダの種別を表し，拡張ヘッダがない場合は上位プロトコルの種類（プロトコル番号）を表す
ホップ・リミット	パケットの生存時間（通過可能なルータの最大数）

> **参考** IPv4を一度にIPv6へ切り替えるのは現実的ではないため，利用者が徐々にIPv6へ移行できるよう，IPv4でIPv6パケットをカプセル化して送ることができるようになっている。

アドレス変換技術

インターネットに接続するノードには，IPアドレスが割り当てられている必要があります。しかし，各組織に1つのIPアドレスがあれば，IPアドレスを割り当てられていないノードからもインターネットに接続できるといった技術があります。表7.4.4に示す**NAT**（Network Address Translation）や**NAPT**（Network Address Port Translation）はその代表的なものです。

▼ **表7.4.4** アドレス変換技術

NAT	グローバルIPアドレスとプライベートIPアドレスを1対1で相互に変換する。複数のノードが同時にインターネットに接続する場合，同じ数のグローバルIPアドレスが必要
NAPT（IPマスカレード）	NATの考え方にTCP/UDPのポート番号を組み合わせたもの。プライベートIPアドレスをグローバルIPアドレスに変換すると同時に，TCP/UDPポート番号を別の番号に書き換えることにより，1つのグローバルIPアドレスで，プライベートIPアドレスをもつ複数のノードが同時にインターネットに接続できる

> **参考** NAPTは，IPマスカレード（IP masquerade）とも呼ばれる。なお，試験では，「NAPT（IPマスカレード）」と表現される場合が多い。

7.4.5 ネットワーク層のプロトコル（ICMP） AM / PM

ICMP

用語 ICMP Internet Control Message Protocolの略。

ICMPは，IPパケットの送信処理におけるエラーの通知や制御メッセージを転送するためのプロトコルです。ICMPメッセージの種類（ICMPヘッダの種類）には，次のものがあります。

▼ 表7.4.5 ICMPメッセージの種類

タイプ0	エコー応答（Echo Reply）
タイプ3	到達不能（Destination Unreachable）
タイプ5	経路変更要求（Redirect）
タイプ8	エコー要求（Echo Request）
タイプ11	時間超過（TTL equals 0）

参考 タイプ5の経路変更要求（リダイレクト）は，例えば，転送されてきたデータを受信したルータが，そのネットワークの最適なルータを送信元に通知して経路の変更を要請するときに使用される。

参考 IPv6で使用されるICMPv6には，IPv4のARPに相当するMACアドレス解決機能やマルチキャスト機能などが含まれている。

● ICMPを利用したping

ICMPを利用しているコマンドにpingがあります。pingは，あるノードがIPによって他のノードときちんと結ばれているかを，確かめるためのコマンドです。IPはコネクションレス型の通信を提供するプロトコルなので，それ自身で疎通を調べる機能をもちません。それを補完するプロトコルがICMPで，pingもICMPを利用しています。pingでは，ICMPのエコー要求，エコー応答，及び到達不能メッセージなどによって，通信相手との接続性を確認します。使い方は簡単で，「ping 192.168.0.1」のように，疎通を確認したい相手のアドレスを指定します。DNS等の名前解決が使える環境であれば，アドレス部分はドメイン名でも構いません。

COLUMN ネットワーク管理のコマンド

ネットワーク管理のコマンドには，次のコマンドもあります。
- **arp**：ARPテーブルに保存されたキャッシュを表示したり，削除する。
- **ifconfig**：IPネットワークの設定情報（自身のIPアドレスやサブネットマスク，デフォルトゲートウェイなど）を表示／変更する。なお，Windows環境でのコマンド名は**ipconfig**。
- **netstat**：ネットワークの通信状況を調べる。
- **nslookup**：DNSサーバの動作状態（名前解決ができるかなど）を確認する。
- **route**：ルーティングテーブルの内容を表示したり，設定（変更）する。

7.5 トランスポート層のプロトコル

7.5.1 TCPとUDP　AM / PM

トランスポート層はIPを補完し，データ送信の品質や信頼性を向上させるための層で，プロトコルにはTCPとUDPがあります。

TCP

参考 TCPは，HTTP，FTPなどデータがすべて確実に伝わることが要求されるプロトコルに利用されている。

下位層に位置するIPがデータ通信の安全性を保障しないコネクションレス型通信であることから，その補完のために送達管理，伝送管理の機能をもった**コネクション型**プロトコルです。TCPヘッダの構成は，図7.5.1のようになります。

参考 IPヘッダのチェックサム（ヘッダチェックサム）の対象はヘッダ部分だけであるが，TCPヘッダ及びUDPヘッダの**チェックサム**の対象はデータ部分も含む。

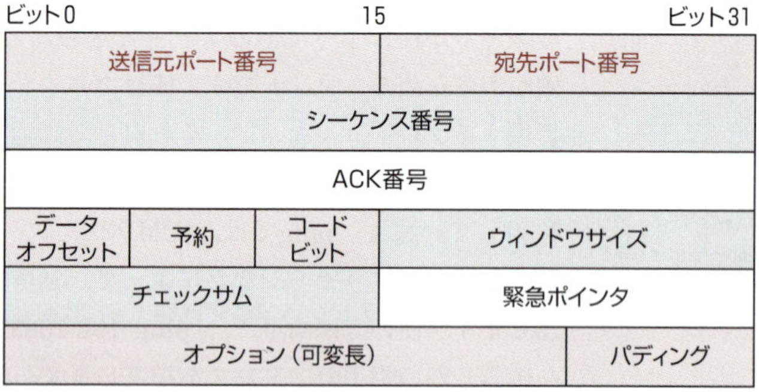

ビット0			15	ビット31
送信元ポート番号			宛先ポート番号	
シーケンス番号				
ACK番号				
データオフセット	予約	コードビット	ウィンドウサイズ	
チェックサム			緊急ポインタ	
オプション（可変長）				パディング

▲ **図7.5.1**　TCPヘッダ

▼ **表7.5.1**　TCPヘッダの主な項目

シーケンス番号	TCPスタックが上位層からデータを受け取ったとき，そのサイズがMSS（受信可能な最大セグメントサイズ）より大きい場合はTCPセグメントの最大長に収まるよう分割が行われる。シーケンス番号は，分割前はどの部分だったのかを表す数値
ACK番号	ACK応答時に利用される，次に受信すべきシーケンス番号
ウィンドウサイズ	受信ノードからの確認応答（ACK）なしで，連続して送信できるデータ量。大きくすることで，伝送効率を上げることができるが，受信ノードの能力によってはオーバフローなどの弊害も生じる

◯TCPでのコネクション確立

> **参考** TCPコネクションは、宛先IPアドレス、宛先TCPポート番号、送信元IPアドレス、送信元TCPポート番号の4つによって識別される。

TCPではコネクションの確立のため、コネクションの確立要求パケット（SYN）と確認応答パケット（ACK）のやり取りを行う**3ウェイハンドシェイク**を行います。

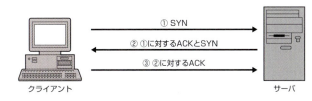

▲ **図7.5.2** 3ウェイハンドシェイク

UDP

> **参考** UDPヘッダ
>

UDPは送達管理を行わない**コネクションレス型**通信であるため、TCPでやり取りしていたシーケンス番号やACK番号などの情報は扱いません。データ落ちが発生した場合の再送なども行わないので、高速な分、信頼性は低くなります。

> **参考** UDPは、DHCP、NTP、SNMPなどに利用されている。

アプリケーション間の通信

> **参考** トランスポート層のヘッダとは、TCPヘッダ、UDPヘッダのこと。

トランスポート層には、もう1つ、アプリケーション間の通信を実現するという役割があります。各アプリケーションは、トランスポート層のヘッダにある「宛先ポート番号」を見ることで自分宛のデータか否かを判断します。例えば、あるアプリケーションにデータを送信した場合、次のようになります。

> **POINT アプリケーション間の通信**
> 〔送信側〕
> 　トランスポート層のTCPで、パケットに、宛先のポート番号を指定したTCPヘッダを付加する。ネットワーク層へ渡されたパケットには、宛先のIPアドレスを指定したIPヘッダが付加される。
> 〔受信側〕
> 　IPヘッダのIPアドレスにより、受信側のノードにパケットが届く。TCPヘッダの宛先ポート番号により、そのパケットを使用するアプリケーションにパケットが届く。

7.6 アプリケーション層のプロトコル

7.6.1 メール関連 AM/PM

メールプロトコル

> **参考** SMTP, POP3が使用するポート
> **SMTP**：TCP25番
> **POP3**：TCP110番

メールを配信する仕組みは，メールを送信・転送するプロトコル**SMTP**と，メールサーバからメールを受け取るプロトコル**POP3**が中心となってできています。

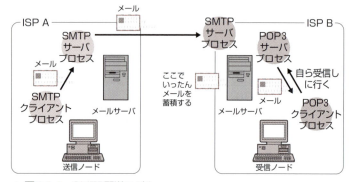

▲ 図7.6.1 SMTP配送モデル

メール受信プロトコル

> **参考** APOPでは，メール本文は暗号化されない。

メール受信プロトコルである**POP3**は，ユーザIDとパスワードで本人認証を行いますが，パスワードを平文で送信するため，暗号化したパスワードを使用する**APOP**があります。また，メール受信プロトコルには，モバイル環境を意識し，サーバ側でメールを管理する**IMAP4**もあります。IMAP4では，サーバ上にフォルダ（メールボックス）を作ることが可能で，メールを検索したり，メールのヘッダだけを取り出す機能などがあります。ただし，メール本文やパスワードを暗号化する機能がないため，SSL/TLSと組み合わせた**IMAPS**が用いられることがあります。

> **参考** IMAPSは，"IMAP over SSL/TLS"の略。IMAP4sともいう。

メール関連のプロトコル・規格

ここでは，試験に出題されているメール関連のプロトコルや規格を，次ページの表7.6.1にまとめました。押さえておきましょう。

7.6 アプリケーション層のプロトコル

▼ 表7.6.1 メール関連のプロトコル・規格

SMTP-AUTH	SMTPに利用者認証機能を追加したもの。通常のSMTP（TCP25番ポート）とは独立した**サブミッションポート**（通常TCP587番ポート）を使用して認証を行い、認証が成功したときメールを受け付ける
POP before SMTP	POP3の認証機能を利用したもの。メール送信時にPOP3によるメール受信を行い、認証が成功した利用者（IPアドレス）に対して、一定時間だけSMTP接続を許可する
SMTP over TLS (SMTP over SSL)	SMTPに、通信を暗号化するTLS(SSL)を組み合わせたもの
S/MIME	MIMEは、様々なデータ（日本語などの2バイトデータや画像データなど）をSMTPメールで扱えるよう機能拡張を定義したもので、送信データは、Base64方式などを用いてASCII文字列に変換される。S/MIMEは、MIMEをさらに拡張し、メールの暗号化とディジタル署名の機能を提供する。S/MIMEでは、メール本文の暗号化に共通鍵を用い、共通鍵の受渡しには認証局(CA)が保証する公開鍵を用いる
PGP	S/MIMEと同様、電子メールの暗号化やディジタル署名の機能を提供する。S/MIMEと違い、公的な認証局を介さず、利用者が利用者を紹介しあう相互認証方式を採用（公開鍵は第三者が保証する）

🔍参照 SSL/TLSについては、p454を参照。

💡参考 Base64方式は、バイナリデータを先頭から6ビットごとに区切り、各6ビットを「A-Z, a-z, 0-9, +, /」の64文字に対応させ、その文字コードに変換する符号方式。

7.6.2 Web関連　AM/PM

HTTP

💡参考 HTTPが使用するポートはTCP80番。

HTTP (Hyper Text Transfer Protocol)は、WebサーバとWebクライアント（ブラウザ）間でHTMLなどのWeb情報をやり取りするためのプロトコルです。WebクライアントがWebサーバにHTTPリクエストを発行することで通信が始まります。

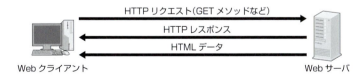

▲ 図7.6.2　HTTP通信

📖用語 HTTPメソッド Webサーバに実行してもらいたい操作。

HTTPリクエストには、次ページの表7.6.2に示すメソッドがよく使われます。

7 ネットワーク

▼ **表7.6.2** HTTPでよく使われるメソッド

GET	指定URLのデータを取得する
POST	指定URLにデータを送信する
PUT	指定URLへデータを保存する
DELETE	指定URLのデータを削除する
CONNECT	プロキシにトンネリングを要求する

参考 HTTPメッセージのフォーマット

先頭行
HTTPヘッダ
（空行）
HTTPボディ

リクエストの場合はメソッド，レスポンスの場合はステータスコードが入る。例えば，ページが見つからなかったときのステータスコードは404。

参考 クエリストリングはURLの一部(URLの「?」以降の部分)なので，ログとしてサーバやキャッシュに残る可能性があり，ここから情報が漏れるリスクが生じる。

◎ GETメソッドとPOSTメソッド

GETメソッドは本来情報を取得するときに利用しますが，情報の送信にも利用できます。これは，情報を取得するための必要な引数を送れるようにしているためです。

POINT GETとPOST

・GETメソッドで情報を送る場合，情報は**クエリストリング**に埋め込まれる。

クエリストリング

〔例〕GET /mypage/progA?PID=xx HTTP/1.1

・POSTメソッドで情報を送る場合，情報はメッセージのボディに埋め込まれる。

◎ CONNECTメソッド

CONNECTメソッドは，プロキシサーバを使うHTTPS通信などでよく使われるメソッドです。プロキシサーバは，通信の中身を解釈し，それを再構成することで通信の中継を行います。しかしHTTPSなどの暗号化通信の場合，受け取ったパケットの復号ができません。そのため**CONNECTメソッド**を使ってトンネリングを行い(パケットをいじらずに)，単に中継することを依頼します。

WebDAV

参考 WebDAVは，HTTP/HTTPSで利用するポート(80/443)を使用する。

WebDAVは，Webサーバ上のファイルの管理ができるようにHTTPを拡張したプロトコルです。ファイルの作成，変更，削除などは従来FTPなどが使われてきましたが，WebDAVを使うことによってHTTP/HTTPSだけでファイル管理が可能になり，ファイアウォールを通過させるプロトコルの削減なども実現できます。

HTTPS(HTTP over TLS)

> 参考 HTTPSが使用するポートはTCP443番。

HTTPSは，HTTPに伝送データの暗号化，ディジタル署名，及び認証機能を付加した拡張プロトコルです。トランスポート層のプロトコルであるTLSを使うことによって，IPやアプリケーションの仕組みを変更することなくセキュアな通信を行えます。

HTTPSと組み合わせて使われる技術にHSTS(HTTP Strict Transport Security)があります。HSTSが設定されているWebサイトにWebクライアント(ブラウザ)がHTTPでアクセスした場合，クライアントに対して，当該Webサイトへのアクセスを HTTPSで行うよう指示します。これにより，暗号化されていないHTTP通信の経路上に介入する中間者攻撃などを防ぐことができます。

WebSocket

> 参考 HTTPでは，リクエスト/レスポンスの1組の通信に対して個別にTCPコネクションを確立する。また，HTTPは，クライアントからの要求に対してサーバが応答するプル配信が基本であり，サーバが自発的にクライアントにデータを送るプッシュ配信を行う仕様にはなっていない。

WebSocketは，クライアントとWebサーバ間で双方向通信を行うための技術です。WebSocketを利用するためには，クライアントからサーバへ，HTTPのGETメソッドで「Upgrade WebSocketリクエスト」を送信します。サーバ側がそれに応えて，サーバとクライアント間でハンドシェイクを行うことで，HTTPとは異なる恒常的なコネクション(WebSocket用の通信路)が確立されます。その後は，HTTPの手順に縛られず1つのTCPコネクション上でデータのやり取りが行えるようになります。WebSocketは，チャットアプリケーションのようなWebブラウザとWebサーバ間でのリアルタイム性の高い双方向通信に利用されています。

COLUMN

Cookie（クッキー）

Cookieは，Webサーバがクライアントの中に情報を保存しておく(すなわち，Webサーバとクライアント間の状態を管理する)ための仕組みです。HTTPは1回限りの通信を行う仕様になっているので，前後の通信から情報を引き継ぐことはできません。そこで開発された技術がCookieです。Cookieでは，Webサーバが保存しておきたい情報を生成し，HTTPヘッダを使ってクライアントに送信します。クライアントはこれをテキストファイルの形で保存して必要に応じてサーバに送信します。

7 ネットワーク

7.6.3 アドレス管理及び名前解決技術 〔AM/PM〕

DHCP

> **参考** DHCP
> Dynamic
> Host Configuration
> Protocolの略。
> 使用するポートは,
> DHCP client:
> UDP67
> DHCP server:
> UDP68

TCP/IPを利用する環境では, それぞれのノードがIPアドレスを保持することが通信の絶対条件です。しかし, ネットワークに接続されるノードが増加してくると, これを適切に設定するのは困難です。そこで, ノードへのIPアドレスの割り当てを自動的に行うプロトコルがDHCPです。

DHCPでは, DHCPサーバに利用できるIPアドレスを登録しておきます。DHCPクライアントは起動時にDHCPサーバに対して, ブロードキャストを利用したDHCPディスカバパケットを送信してアドレスの取得要求を行い, DHCPサーバはプールしているアドレス群から空いているものを自動的に割り当てます。終了時にはIPアドレスの回収も行えるので, IPアドレス資源の有効活用にもつながります。これにより, ネットワークの管理負担が相当軽減されました。ただし, DHCPクライアントはIPアドレスがない状態で起動するので, ブロードキャストが到達する範囲内にDHCPサーバがいないと, IPアドレスを取得できません。

> **参考** ルータが用いられたネットワーク構成で, DHCPサーバとクライアントが同一LAN上にない(ブロードキャストが届かない)場合, ディスカバパケットをDHCPサーバまで中継する機能(リレーエージェント)が必要。

◆DHCPでやり取りされるメッセージ

DHCPクライアントとDHCPサーバ間でやり取りされるメッセージは, 次のようになります。

> **試験** ①DHCPディスカバと③DHCPリクエストの送信方法が問われる。答えは「ブロードキャスト」。③のDHCPリクエストをブロードキャストするのは, 複数のDHCPサーバから提案を受けたときに, どのDHCPサーバからの提案を受け入れたのかを他のDHCPサーバにも知らせるため。

> **POINT やり取りされるメッセージの順序**
> ① DHCPクライアントは, ネットワーク上のDHCPサーバを探すためDHCPディスカバ(DHCPDISCOVER)を送信する。
> ② DHCPサーバは, 提供できるIPアドレスなどのネットワーク設定情報をDHCPクライアントに通知するためDHCPオファー(DHCPOFFER)を送信する。
> ③ DHCPクライアントは, ネットワーク設定情報の使用要求をネットワーク上のDHCPサーバに伝えるためDHCPリクエスト(DHCPREQUEST)を送信する。
> ④ DHCPサーバは, ネットワーク設定情報の使用要求が認められたことをDHCPクライアントに通知するためDHCPアック(DHCPACK)を送信する。

DNS

TCP/IPでは，各ノードに対して一意なIPアドレスが割り当てられています。しかし，IPアドレスは覚えにくいことから，IPアドレスと対応する別名である**ドメイン名**がつけられました。

ドメイン名は階層別に表現され，例えば，"www.gihyo.co.jp"などと表記します。右側から，jp（日本の）→ co（営利組織の）→ gihyo（技術評論社にある）→ www（というホスト）と読みます。

ドメイン名とIPアドレスとの対応を管理しているのが**DNS**（Domain Name System）サーバです。DNSサーバはドメイン名とIPアドレスの対応表をもつ必要があるため，原理的に世界中のすべてのノードのドメイン名とIPアドレスの対応関係を知っていなくてはなりませんが，これは事実上不可能です。そこで，DNSの規約では対応表作成の負担を細分化して，DNSを分散データベースとすることで対応しています。

> **参考** DNSは基本的にUDPを使う。ただし，DNSのレコード長がUDPの512バイト制限を超える場合はTCPが使われる。ポート番号は53番。

> **参考** "www.gihyo.co.jp"のように，特定のホストまで指定したドメイン名を**FQDN（完全修飾ドメイン名）**という。

> **参考** 1つのドメインを管理するDNSサーバは，通常，可用性を考慮して**プライマリサーバとセカンダリサーバ**の2台のサーバで構成される。

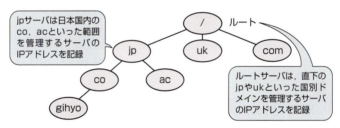

▲ 図7.6.3　DNSサーバの構成

DNSレコード

DNSサーバに保存されている名前解決情報を**DNSレコード**（リソースレコード）といいます。いくつかの種類がありますが，試験対策として押さえておきたいのは，表7.6.3に示す5つです。

▼ 表7.6.3　主なDNSレコード

Aレコード	IPv4ホストのIPアドレス情報　〔例〕dns.example.com. IN A 100.1.1.1
AAAAレコード	IPv6ホストのIPアドレス情報　〔例〕dns.example.com. IN A AAAA::1
NSレコード	DNSサーバを指定　〔例〕example.com. IN NS dns.example.com.
CNAMEレコード	ホストの別名を指定　〔例〕dns.example.com. IN CNAME backup.example.com. ＊1つのIPアドレスにいくつかのホスト名を割り当てる場合などに使用
MXレコード	メールサーバを指定　　プリファレンス値（優先度）：小さい方を優先 〔例〕example.com. IN MX 10 mail1.example.com. 　　　example.com. IN MX 20 mail2.example.com.

◯ DNSラウンドロビン

負荷が集中するWebサーバやAPサーバなどは，複数のサーバで負荷分散を行います。このとき使用される機能の1つが**DNSラウンドロビン**です。1つのドメイン名に対して複数のIPアドレスを登録し，名前解決(問合せ)のたびに，応答するIPアドレスを順番に変えることで負荷分散を図ります。

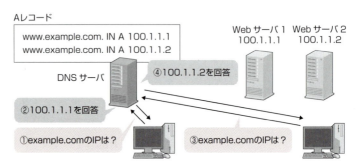

▲ **図7.6.4** DNSラウンドロビン

◯ コンテンツサーバとキャッシュサーバ

自らのゾーンのDNSレコードを保持したDNSサーバを，**コンテンツサーバ(権威サーバ)** といいます。DNSクライアント(リゾルバという)が名前解決を要求するとき，コンテンツサーバへの問い合わせを繰り返すのは非効率なので，通常，自組織内に**キャッシュサーバ**を置きます。この場合，リゾルバはキャッシュサーバに問い合わせを行います。

> **ゾーン**
> DNSサーバがドメインを管理する範囲。

◯ 再帰的な問合せ

キャッシュサーバは，リゾルバからの問合せに対して，自身が保持している情報であれば直接回答しますが，保持していない場合は，ルートDNSサーバから順に問合せを行って最終的に目的のドメイン名情報をもつコンテンツサーバから結果を取得します。キャッシュサーバは，この結果をリゾルバへ回答するとともに，一定期間キャッシュとして保持します。これは，同じ問合せを受けた際に，他のDNSサーバへの問合せを行わずすばやく回答するためです。

> リゾルバからキャッシュサーバに送られる問い合わせを**再帰的な問合せ**という。"再帰的"とは，「再び帰ってくる」という意味で，再帰的な問合せに対しては，最終的な結果を回答する必要がある。

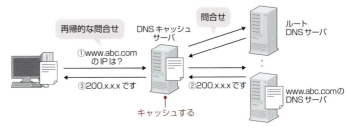

> 参考 問合せに対する回答を，本物のコンテンツサーバより先に送り込み，キャッシュサーバに偽の情報を覚え込ませる攻撃を**DNSキャッシュポイズニング**という(p464参照)。

▲ 図7.6.5　キャッシュサーバによる名前解決

7.6.4　その他のアプリケーション層プロトコル　AM/PM

SOAP

> 参考 当初，SOAPは"Simple Object Access Protocol"の略語とされていたが，現在は"SOAP"自体が正式名称となっている。

SOAPは，ソフトウェアどうしがメッセージを交換するためのプロトコルで，データ構造の記述に**XML**を利用します。伝送には**HTTP**など既存のプロトコルを用いるため，汎用性が高いのが特徴です。

SNMP

SNMP(Simple Network Management Protocol)は，ネットワーク上にある機器を監視し管理するためのプロトコルです。SNMPに準拠することで，マルチベンダ環境でのネットワークの障害情報などの一元管理を行うことができます。

> 参考 エージェントには**MIB**と呼ばれるデータベースがあり，そこに故障情報やトラフィックの情報などが蓄積される。
> MIBは"Management Information Base"の略。

SNMPでは，SNMPマネージャ(監視する側)とSNMPエージェント(監視される側)の間で**PDU**(Protocol Data Unit)と呼ばれる管理情報のやり取りを行います。

▼ 表7.6.4　PDUの種類

PDUの種類	意　味
Get-Request Get-Next-Request	マネージャがエージェントから情報を引き出す
Set-Request	管理オブジェクトの設定値を変更する
Get-Response	マネージャからの要求に返答する
Trap	エージェントから情報をマネージャに通知する

> 参考 SNMPは，通常UDPを使用する。
> SNMP：UDP161
> SNMP TRAP：UDP162

その他，試験に出題されるアプリケーション層プロトコルを，次ページの表7.6.5にまとめます。

7 ネットワーク

▼表7.6.5 その他のアプリケーション層プロトコル

FTP	File Transfer Protocol。ファイルの送受信に用いるファイル転送プロトコル。ファイルをダウンロードする機能(データコネクション)と，コマンドを送受信する機能(制御コネクション)で異なるポート(TCP20番，TCP21番)を使用する
Telnet	遠隔地からログインを行い，マシンを操作するためのプロトコル
SSH	Secure SHell。テキストベースの通信であるTelnetに対し，暗号化や認証技術を利用して安全に遠隔操作するためのプロトコル
NTP	Network Time Protocol。ネットワーク上の各ノードがもつ時刻の同期を図るためのプロトコル。使用するポートはUDP123番。現在，NTP3とNTP4が使われている。NTP4では，はじめて公開鍵暗号を用いた認証機能が導入され，時刻改ざんなどのリスクに対応できるようになった。なお，NTPの簡易版(簡単に時刻同期を行えるようにしたもの)にSNTP(Simple NTP)がある
LDAP	Lightweight Directory Access Protocol。ディレクトリサービスにアクセスするためのプロトコル

参考 **ディレクトリサービス**は，各種の情報資源(PCやユーザなど)を素早く見つけて利用するための仕組み。

7.6.5 インターネット上の電話サービス AM/PM

インターネット上で電話サービスを行うためには，音声を伝送するための技術と呼制御(通信路を確保したり，転送，切断したりすること)の2つが必要です。ここでは，これらを行うために使われる技術を説明します。

VoIP

VoIP(Voice over Internet Protocol)は，IPネットワークで音声をやり取りするための技術です。データの伝送には，リアルタイム性に優れたUDPをベースとしたプロトコル**RTP**(Real-time Transport Protocol)が使われています。

一般の電話機にIP電話アダプタを付加することで，VoIP対応機器にすることができます。構築したIP電話網を従来の音声回線網と接続するには**VoIPゲートウェイ**を使います。

用語 **VoIPゲートウェイ**
アナログの音声信号をディジタル信号に符号化したり，復号する装置。音声データとIPパケットの相互変換に使われる。

SIP

インターネット上での電話サービスを実行するには，電話回線網と同等のサービスを提供できなければなりません。このうち，電話番号とIPアドレスの対応管理や帯域管理，セッションの開始と終了を担当するのが**SIPサーバ**です。

408

7.6 アプリケーション層のプロトコル

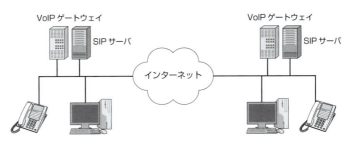

▲ 図7.6.6　VoIPゲートウェイとSIPサーバ

　SIPサーバがセッションの開始と終了を制御するために使うプロトコルが**SIP**(Session Initiation Protocol)、帯域管理のために使うプロトコルが**RSVP**(Resource reSerVation Protocol)です。RSVPは、通信をやり取りするノード間で帯域を予約するプロトコルです。ベストエフォートな環境であるIPネットワークにおいて、QoSを確保するために用いられます。主な用途としては、リアルタイム性が求められる動画配信、音楽配信などがあります。

QoS(Quality of Service)
サービス品質。

　VoIP端末は、SIPプロトコルでVoIPゲートウェイに発呼をリクエストし、VoIPゲートウェイはアドレス解決、RSVPによる帯域確保などを行って、VoIP端末どうしにセッションを確立させます。セッション確立後は、RTPを使用した通話(音声パケットの伝送)が行われます。

RSVPやRTPは、UDP上で動作するプロトコル。

COLUMN

VoIPゲートウェイ

　試験では、下図におけるVoIPゲートウェイの設置位置が問われます。押さえておきましょう。

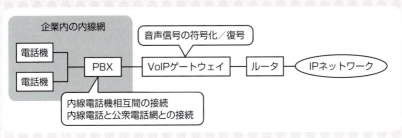

▲ 図7.6.7　VoIPゲートウェイ

7.7 伝送技術

7.7.1 誤り制御 AM/PM

ネットワークを通じて伝送したデータの誤りを検出したり，誤ったデータについてその場で回復処理を行うのが誤り制御です。誤り制御の方法には，大きく分けて次の2つがあります。

① 誤り検出により再送を行う方法　⇒ パリティチェック，CRC
② 誤り訂正により自己修復を行う方法 ⇒ ハミング符号

パリティチェック

パリティチェックは，最もシンプルな検査方法です。例えば，7ビットのデータを送信する場合，8ビット目に誤り検出用のパリティビットを付加してデータの整合性を検査します。

8ビットの各ビットについて"1"の数が偶数になるようにパリティビットを挿入する場合，これを偶数パリティといいます。逆に全体を奇数に調節する場合は奇数パリティといいます。

> 参考：パリティチェックは構造がシンプルで機器を対応させやすく，オーバヘッドも少ないという利点があるが，1ビットの誤りしか検出できない欠点もある。そのため，**バースト誤り**(データが連続して誤りを起こすこと)には対応できない。

CRC

CRCは，**巡回冗長検査**(Cyclic Redundancy Check)の意味で，送信するデータに生成多項式を適用して誤り検出用の冗長データを作成し，それを付けて送信します。受信側は，送信側と同じ生成多項式で受信データを除算し，同じ結果であればデータ誤りがないと判断できます。パリティビットも冗長データですが，CRCではさらに複雑な演算を行うことによって，**バースト誤り**も検出できる点が特徴です。HDLC手順が採用しています。

> 参照：HDLCについてはp413を参照。

ハミング符号

ハミング符号は，情報ビットに対して検査ビットを付加することで，2ビットまでの誤り検出と，1ビットの誤り自動訂正機能をもつ誤り制御方式です。

ハミング符号の例

ハミング符号の一例として、$X_1X_2X_3X_4$からなる4ビットの情報に3ビットの検査ビット（冗長ビット）P_1, P_2, P_3を付加した、次のようなハミング符号を考えます。

> 参考　誤りビットの訂正を行えるように、4ビットの情報に対し3ビットの検査ビットをもたせるが、8ビットの情報に対しては4ビットの検査ビット、16ビットの情報に対しては5ビットの検査ビットが必要となる。

> 参考　⊕は排他的論理和演算を表す。なお、関数mod( )を用いて検査ビットの値を決める方法もある。

例　検査ビットの決め方

$$P_1 = \underset{X_1}{0} \oplus \underset{X_3}{1} \oplus \underset{X_4}{0} = 1$$

$$P_2 = \underset{X_1}{0} \oplus \underset{X_2}{1} \oplus \underset{X_4}{0} = 1$$

$$P_3 = \underset{X_1}{0} \oplus \underset{X_2}{1} \oplus \underset{X_3}{1} = 0$$

データを分割し、分割したデータごとに検査ビットをつける。各データと検査ビットの排他的論理和が0となるように検査ビットを設定する

このような方法で作成したハミング符号は、検査ビットの決め方通りに検査ビットがつけられているかどうかを確認することで、誤りの検出と訂正が可能です。

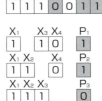

すべての検査セットで排他的論理和の値が1。したがって、すべての検査セットに共通するX_1が誤りであり、「0」にすれば訂正できる

水平垂直パリティチェック

ハミング符号と似ていますが、パリティチェックを水平方向と垂直方向で同時に行うことで、1ビットの誤りを訂正できます。

例えば、2行のデータを送信する場合、次ページ図7.7.1のように、水平方向パリティと垂直方向パリティを作成します。受信側

> 参考　ハミング符号も水平垂直パリティチェックも、誤り検出や訂正の精度を上げようとすると、それだけチェック情報が冗長化していくことに注意。

でも同じ演算をすると，A列のパリティと2行目のパリティが不正なので，A列2行目のデータが実は0であることが導けます。

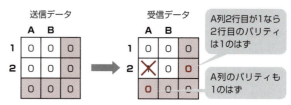

▲ 図7.7.1　水平垂直パリティチェックのイメージ

7.7.2　同期制御

通信をする場合，送信側と受信側でタイミングを合わせる必要があります。このとき行われるのが**同期制御**です。

互いのタイミングを合わせる作業を**同期**といい，同期の取り方には，表7.7.1に示す3種類の方法があります。

▼ 表7.7.1　同期方式

キャラクタ同期方式	送信側が送信データの最初にSYNコードという同期をとるための特別なコードを2個以上続けて送信する方式。8ビットで構成されるテキストデータの送信に便利でよく利用されているが，次の欠点がある ・SYNコードと同じパターンのデータは送信できない ・8ビット長のデータ送信にしか対応していない
フラグ同期方式	送信したいデータの前後にフラグという特別なビット列を挿入して同期をとる方式。フラグと同じパターンがでてこなければよいので，送信するデータは何ビット単位のかたまりであってもかまわない。フラグは通常「01111110」というパターンが使われるので，データ中に1が5つ連続した場合，強制的に0を挿入する**ゼロインサーション**という処理を行う。受信側では，データ中で1が5つ連続すると，次に続く0を強制的に取り除く。こうした手法により，フラグの固有性を確保している。フラグ同期方式は，柔軟な運用が可能で利用しやすい方式であり，HDLC手順で採用されている。**フレーム同期方式**とも呼ばれる
調歩同期方式	7ビットあるいは8ビットの固定長ブロックの前後にスタートビット"0"とストップビット"1"を付加して送信する方式。1文字ごとに2ビットの情報を付加しなければならないので，大きなデータを送る際はオーバヘッドが大きくなるため，近年あまり利用されていない。**非同期方式**とも呼ばれている

> キャラクタ同期方式では，16ビットで構成される日本語や可変長のマルチメディアデータの送信ができない。

> 調歩同期方式では，データの送信がないときは，常にストップビット"1"を送信している。

7.7.3 伝送制御

データを伝送する際に，伝送する相手の状態を確認しながら行うことを **伝送制御** といいます。伝送制御の代表的な方式にHDLCがあります。

HDLC

HDLC（High-level Data Link Control）は，高い効率と信頼性を追求したフラグ同期方式を採用した伝送制御手順です。

> **POINT　HDLCのメリット**
> ・任意のビットパターンを伝送できる
> ・データを連続して転送することができる

HDLCでは伝送するデータがキャラクタに拘束されないため，任意のビット列をデータとして伝送することができます。また，HDLCではデータをフレーム単位で送信しますが，受信確認を待たずにフレームを送信することができるため，伝送能力が大幅に向上します。HDLCのフレーム構成は，次のとおりです。

| F (01111110) | A | C | DATA | FCS | F (01111110) |

←――――― FCS検査対象の範囲 ―――――→

F：フラグシーケンス（01111110）…フレームの開始と終了の区切りの記号
A：アドレス部…送信又は受信先のアドレス
C：制御部…コマンド又はレスポンスの種類
DATA：情報部…転送するデータ
FCS：フレームチェックシーケンス…誤り検出用のCRC符号

▲ 図7.7.2　HDLCフレーム構成

● フレームチェックシーケンス（FCS）

アドレス部（A），制御部（C），情報部（DATA）に対して，**CRC方式** で誤りチェック情報を計算し，**FCS** としてフレームに付加します。例えば，ビット列が，"0100011"なら，これを多項式「$X^5+X^1+X^0$」と見なし，あらかじめ定められた生成多項式（$X^{16}+X^{12}+X^5+1$）で除算し，その余りをFCSに格納します。

参考　ベーシック手順
伝送制御手順の1つで，キャラクタとしてデータが伝送されるのが特徴。そのため，テキスト以外のデータを大量に送信するような用途には不向きである。SYNキャラクタを用いて同期をとる。

参考　情報部（DATA） などにフラグシーケンス「01111110」と同じビット列が発生した場合，ゼロインサーションが行われる。

参考　CRCは強力な誤り検出方式で， パリティチェックでは不可能な複数ビットの誤りを検出できる（生成多項式が n 次の場合，長さ n 以下のバースト誤りをすべて検出できる）ため，HDLC手順の信頼性は非常に高くなっている。

7 ネットワーク

7.8 交換方式

7.8.1 パケット交換方式とATM交換方式 (AM/PM)

パケット交換方式

用語 回線交換方式
電話などをはじめとする，二者間で回線を確保したまま行う通信方式。

パケット交換方式は，回線交換方式と対になる概念です。回線交換方式では，通信を行うノード間で物理的な通信路を確保してから通信を開始しますが，パケット交換方式ではこれを行いません。データの送信を行うノードは，データを**パケット**と呼ばれる単位に区切り，1つひとつのパケットに宛先情報（ヘッダ）を付けて送信します。ネットワーク内では，パケット交換機にこのパケットが蓄積され，ネットワークの状況に応じて順次送出されます。

参考 パケット通信のデメリット
・網内の蓄積交換処理による遅延発生
・パケット到着順序の不整合

▼ **表7.8.1** パケット通信のメリット

耐障害性	通信路を固定しないため，迂回経路が取れる。パケット交換機にデータが蓄積されているため，復旧まで待つこともできる
パケット多重	1対1の通信で回線を占有する必要がないため，1つの回線を多くのノードで共有でき，回線をより効率的に利用できる
異機種間接続性	パケット交換機で中継する際にプロトコル変換，速度変換などを行えば，エンドノードどうしが同じプロトコルをサポートしていなくても通信できる

ATM交換方式

遅延のない回線交換方式とパケット交換方式の利点のみを享受する目的で考えられたのが**ATM**（Asynchronous Transfer Mode：非同期転送モード）技術です。形態としては従来のパケット交換方式を発展させたものといえます。

参考 蓄積交換処理による遅延を解消するために，パケット交換方式では主に回線の帯域を広げることで対応してきたが，その構造上，完全に遅延をなくすことは不可能である。

パケット交換機において生じる遅延の原因の1つとして，パケットの多様性が挙げられます。多種多様なパケットに対応するために，パケット交換機は複雑なソフトウェアを使って処理を行っています。ATMではこの部分に着目し，パケット転送にかかる処理時間をできるだけ短縮するための工夫がされています。最も

414

7.8 交換方式

特徴的なのは，パケット（ATMでは**セル**という）の長さを「ヘッダ部5バイト，**ペイロード**48バイト」の53バイトに統一したことです。そのため，パケットの解析に複雑なソフトウェアは不要になり，ハードウェアによる高速な処理を実現しています。

> **用語 ペイロード（payload）**
> データ通信において，本来転送したいデータ本体の部分を指す。ATMではペイロードのサイズを固定化し，処理を簡素化したが，パケット全体に占めるペイロードのサイズが相対的に小さく，オーバヘッドが大きいという難点がある。

▲ 図7.8.1 ATMセル

ATMの階層構造

すでに多くの通信プロトコルで見てきたように，ATMでもその機能が階層化されています。

> **参考 ATM層及びAAL**
> AALは，OSI基本参照モデルとしては，ともにデータリンク層に位置する。したがって，ネットワーク層に位置するIPは，イーサネットなどとの違いを意識することなくATMを利用できる。

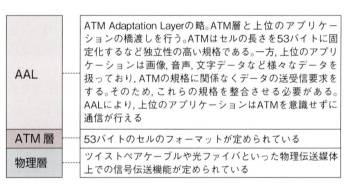

▲ 図7.8.2 ATMの階層

ATM交換方式とパケット交換方式

それぞれを比較すると次の特徴があります。

> **用語 交換制御パラメタ**
> 接続相手（回線）を識別するための情報。複数の論理的な回線を設定することで，物理的には1本の回線しかもたなくても，多重通信を行うことができる。

▼ 表7.8.2 交換方式の特徴

交換方式	パケットサイズ	交換制御パラメタ
ATM交換方式	53バイトの固定長データ	仮想チャネル識別子（VCI）
パケット交換方式	可変長	論理チャネル番号（LCN） 論理チャネルグループ番号（LCGN）

※ VCI：Virtual Channel Identifier の略
LCN：Logical Channel Number の略

7.8.2 フレームリレー

AM / PM

フロー制御
送信するデータ量や間隔を相手の処理速度や回線の品質によって調節すること。これにより，受信側のバッファがあふれる（オーバフローする）ことなく，データをやり取りできる。

参考
従来の回線品質では，誤り制御などの回復処理はネットワーク内で行ったほうが効率がよかったが，現在ではほとんど誤りが発生しないので，ネットワークのレベルではこうした処理を意識せず，端末側に任せた方が高速な通信が期待できる。

フレームリレーはパケット交換方式の一種で，フロー制御や再送制御などの処理を簡略化した方式です。これにより通信のオーバヘッドが低下し，伝送効率が向上しました。もちろん，なんらかの伝送誤りが発生した場合は回復処理をしなければなりませんが，フレームリレーでこの回復処理を行うのは，エンドツーエンドに位置する端末です。

フレームリレーは，1本の回線に複数の仮想回線を確立してフレームの多重化を可能にします。仮想回線では，**DLCI**（Data Link Connection Identifier）と呼ぶ識別子を用いて通信相手先を識別し，フレームを転送します。

フレームリレーはパケット交換方式の一種ですから，1つの回線を多数のユーザで共有して利用します。これは，回線がもつ潜在的な伝送能力（**ワイヤスピード**）を十分に引き出すうえで効果がありますが，逆にユーザの利用が一時期に集中すると，ワイヤスピードを超えるパケットがネットワーク上に流れることもあります。この状態を**輻輳**と呼び，ネットワークが輻輳状態になると，スループットが落ちるといった状態になります。フレームリレーサービスを提供する事業者は，ネットワークが輻輳状態に陥ってスループットが低下しても，最低限保証する通信速度を定めています。これが**CIR**（Committed Information Rate：認定情報速度）です。

MTU ☕ COLUMN

パケットはどんな大きさで送ってもよいわけではありません。ATMのように，パケットのサイズが完全に固定されているプロトコルもありますが，一般的には**MTU**（Maximum Transmission Unit）という値で最大パケット長を定めています。MTUは各プロトコルごとにばらばらで，例えば，イーサネットは1,500バイト，FDDIは4,352バイト，ATMは9,180バイトです。しかし，ユーザがこれを意識せずにすむように，**IP**はこれらデータリンクの特性に合わせてパケットを分割する処理（フラグメント）を行っています。これをIPによるデータリンク層の抽象化といい，IPの重要な役割の1つとなっています。

7.9 無線LAN

7.9.1 無線LANの規格　AM / PM

無線LANとは，一般には，IEEE 802.11シリーズの規格に準拠した機器で構成されるネットワークのことをいいます。

試験では，各規格における最大伝送速度と使用する周波数帯が問われる。

IEEE 802.11

現在普及している主要な規格は次の6種類です。

▼ 表7.9.1　無線LANの規格

規格	最大伝送速度	周波数帯	特徴
IEEE 802.11b	11Mbps	2.4GHz	障害物に強い。無線の場合は実効スループットは大幅に落ちるので，マルチメディア通信などには向いていない
IEEE 802.11a	54Mbps	5GHz	早くから普及した規格。11bとの互換性がない
IEEE 802.11g	54Mbps	2.4GHz	11bと上位互換。11bと混在させられるが，11bのノードに対する待ち時間が大きくなり，11g対応ノードの通信速度は落ちる
IEEE 802.11n (Wi-Fi 4)	600Mbps	2.4GHz 5GHz	11a，11b，11gと上位互換。2つの周波数帯を併用するのが特徴。従来規格と互換性があり，11a，11b，11g対応のノードも11nのネットワークに接続可能。チャネルボンディング，MIMO対応
IEEE 802.11ac (Wi-Fi 5)	7Gbps	5GHz	11a，11nと上位互換。チャネルボンディング，MU-MIMO（一対多の同時通信型MIMO）対応
IEEE 802.11ax (Wi-Fi 6)	9.6Gbps	2.4GHz 5GHz	多数の利用者が同時にアクセスしてもスループットが落ちにくいことが特徴。チャネルボンディング，MU-MIMO対応

参考：チャネルボンディングは，隣接するチャネルをまとめて1つのチャネルとして扱う技術。
MIMO（Multi Input Multi Output）は，データの送受信に複数のアンテナを使うことでデータを並行して伝送する技術。

● IEEE 802.11a/g/n/acで用いられる多重化方式

ディジタルデータをアナログデータに変換する際には，搬送波と呼ばれる信号に変調を加えてディジタルデータの0と1に対応させます。IEEE 802.11a/g/n/acでは，この変調方式にOFDMが用いられています。

OFDM（Orthogonal Frequency Division Multiplexing：直交周波数分割多元通信）とは，周波数の異なる複数の搬送波を使って，パケットを並列に送受信することで伝送効率を上げる技術です。変調速度を上げずにデータ通信を高速化できます。

7.9.2 無線LANのアクセス手順 　AM/PM

無線LANの**アクセスポイント**にクライアントが接続するまでは次の手順をたどります。

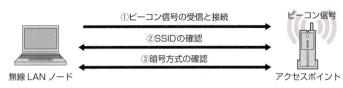

▲ **図7.9.1** 無線LANアクセス手順

ビーコン信号の受信と接続

アクセスポイントは常に，自身の**SSID**を含む**ビーコン信号**をブロードキャスト送信しているので，無線LANを使うノードは，このビーコンによりアクセスポイントを認識して通信を始めます。ただし，自身のSSIDを公にすると，誰でもSSIDが取得できてしまうため不正侵入の危険性が高くなります。そこで，SSIDの発信を停止する機能に**ステルス機能**があります。ステルス機能を用いると，事前にSSIDを知っているノードだけがアクセスできるようになります。

> **用語 SSID**
> アクセスポイントに設定される，最大32文字の英数字で表されるネットワーク識別子。**ESSID**（Extended SSID）ともいう。

SSIDの確認

基本的には，同一のSSIDを設定したノードだけに接続を許可しますが，どのノードからの接続も受け入れるという場合もあります。この場合は**ANY接続**を許可します。ノードがSSIDをANYとして接続すると無条件に接続が許可されます。

なお，多くのアクセスポイントは，**MACアドレスフィルタリング**に対応しています。利用するノードのMACアドレスをあらかじめ登録しておくと，それ以外のノードからのアクセスを拒否してセキュリティを向上できます。

> **参考**
> SSIDが一致した場合だけ通信を許可する機能を**ANY接続拒否機能**という。

暗号方式の確認

送信するパケットを暗号化する手続きを行います。

> **参照**
> 無線LANの暗号方式については，「8.2 無線LANの暗号」(p442)を参照。

無線LAN **7.9**

7.9.3 無線LANのアクセス制御方式 AM/PM

CSMA/CA方式

参考 CSMA/CAは "Carrier Sense Multiple Access with Collision Avoidance" (搬送波感知多重アクセス／**衝突回避**)の略。CSMA/CDは "Carrier Sense Multiple Access with Collision Detection" (搬送波感知多重アクセス／**衝突検出**)の略。

　無線LANは，**CSMA/CA**方式によって通信を制御しています。CSMA/CD方式に似ていますが，「衝突検出」の部分が「衝突回避」になっているところが異なります。

　無線LANは，物理層媒体として電波を使うため，衝突の検出ができません。そこで，衝突を検出するのではなく，回避しようというのがCSMA/CA方式です。次のような特徴があります。

POINT CSMA/CA方式
- 送信を行うノードは，利用したい周波数帯が使われていないかを確認後，必ずランダムな時間だけ待ってから送信を開始する。この待ち時間をバックオフ制御時間という。
- 衝突が発生し，フレームが壊れてしまってもそれを検出できないため，データを受け取ったノードはACKを応答することでデータを正常に受け取ったことを通知する。
- 送信側ノードは，設定時間内にACKを受信できなければ，干渉が発生したと判断して一定時間後に再度送信する。

◯RTS/CTS

　無線LANでは，通信するノード間の距離が離れすぎていたり，ノード間に障害物がある場合は，互いに他のノードがデータ送信していることを感知できないため衝突が生じます。これを**隠れ端末問題**といい，これを回避するための方式に**RTS/CTS**方式があります。

　無線LANノードは，データを送信する前に**RTS**(Request To Send：送信リクエスト)をアクセスポイントに送信し，これを受理したアクセスポイントが**CTS**(Clear to Send：送信OK)を返信します。無線LANノードは，アクセスポイントからCTSを受信したらデータ送信を開始します。CTSには，他のノードに対する送信抑制時間が記載されていて，衝突を抑制します。

参考 他のノードは，CTSを傍受することで，自分以外の別のノードに送信権があると解釈しデータ送信を延期する。

　なお，データ送信を開始する前に，データ送信のネゴシエーションとしてRTS/CTS方式を用いたCSMA/CAを**CSMA/CA with RTS/CTS**といいます。

7.9.4 無線LANのチャネル割り当て AM/PM

参考 無線LANでは，複数のノードが同時に通信できるように，利用する周波数帯域を分割している。これを**チャネル**という。

チャネル割り当てに関して，その詳細が試験で問われることはありません。問われるのは，「2.4GHz帯の無線LANのアクセスポイントにチャネル番号を設定する際の注意点」です。

無線LANのチャネル

2.4GHz帯を使用するIEEE 802.11gでは，中心周波数を5MHz刻みにして，13個のチャネルを割り当てています。図7.9.2に，各チャネルが使用する周波数帯域の割当てを示しましたが，1個のチャネルの周波数幅は規格上22MHzなので，互いに干渉しない独立した周波数帯域で利用できるチャネルは最大3個(例えば，「1，6，11」，「2，7，12」，「3，8，13」)です。したがって，複数のアクセスポイントを運用する場合は，この点に留意し電波干渉が発生しないようチャネルを設定します。

参考 IEEE 802.11nでは，**チャネルボンディング**を採用し，隣接する2つのチャネルを束ねることにより2倍以上の伝送速度を実現している。

参考 無線LANの動作モード
・**インフラストラクチャモード**：無線LANノードがアクセスポイントを介して相互に通信を行う方式。
・**アドホックモード**：アクセスポイントを介さずに，無線LANノードどうしが直接通信を行う方式。

参考 同一チャネルでは，無線LANノードは基本的にCSMA/CA方式に従って動作しているため，機器どうしの干渉は大きな問題にはならない。

▲ **図7.9.2** 各チャネルの使用周波数帯域

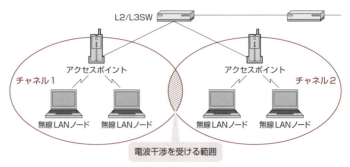

▲ **図7.9.3** 隣接チャネルのケース

420

得点アップ問題

解答・解説は430ページ

問題1　(H31春問33)

図のようなIPネットワークのLAN環境で，ホストAからホストBにパケットを送信する。LAN1において，パケット内のイーサネットフレームの宛先とIPデータグラムの宛先の組合せとして，適切なものはどれか。ここで，図中のMACn／IPm はホスト又はルータがもつインタフェースのMACアドレスとIPアドレスを示す。

	イーサネットフレームの宛先	IPデータグラムの宛先
ア	MAC2	IP2
イ	MAC2	IP3
ウ	MAC3	IP2
エ	MAC3	IP3

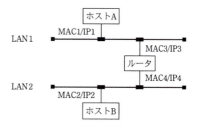

問題2　(R02秋問33)

スイッチングハブ(レイヤ2スイッチ)の機能として，適切なものはどれか。

　ア　IPアドレスを解析することによって，データを中継するか破棄するかを判断する。
　イ　MACアドレスを解析することによって，必要なLANポートにデータを流す。
　ウ　OSI基本参照モデルの物理層において，ネットワークを延長する。
　エ　互いに直接，通信ができないトランスポート層以上の二つの異なるプロトコルの翻訳作業を行い，通信ができるようにする。

問題3　(R02秋問20-SC)

複数台のレイヤ2スイッチで構成されるネットワークが複数の経路をもつ場合に，イーサネットフレームのループの発生を防ぐためのTCP/IPネットワークインタフェース層のプロトコルはどれか。

　ア　IGMP　　　　　イ　RIP
　ウ　SIP　　　　　　エ　スパニングツリープロトコル

問題4　(R01秋問34)

IPv6アドレスの表記として，適切なものはどれか。

　ア　2001:db8::3ab::ff01　　　イ　2001:db8::3ab:ff01
　ウ　2001:db8.3ab:ff01　　　　エ　2001.db8.3ab.ff01

7 ネットワーク

問題5 （R03春問34）

IPv4ネットワークで使用されるIPアドレスaとサブネットマスクmからホストアドレスを求める式はどれか。ここで，"〜"はビット反転の演算子，"｜"はビットごとの論理和の演算子，"＆"はビットごとの論理積の演算子を表し，ビット反転の演算子の優先順位は論理和，論理積の演算子よりも高いものとする。

ア　〜a＆m　　　　　　イ　〜a｜m
ウ　a＆〜m　　　　　　エ　a｜〜m

問題6 （R03秋問36）

IPv6において，拡張ヘッダを利用することによって実現できるセキュリティ機能はどれか。

ア　URLフィルタリング機能　　　　イ　暗号化機能
ウ　ウイルス検疫機能　　　　　　　エ　情報漏えい検知機能

問題7 （R03秋問33）

PCが，NAPT（IPマスカレード）機能を有効にしているルータを経由してインターネットに接続されているとき，PCからインターネットに送出されるパケットのTCPとIPのヘッダのうち，ルータを経由する際に書き換えられるものはどれか。

ア　宛先のIPアドレスと宛先のポート番号
イ　宛先のIPアドレスと送信元のIPアドレス
ウ　送信元のポート番号と宛先のポート番号
エ　送信元のポート番号と送信元のIPアドレス

問題8 （R02秋問35）

IPv4ネットワークにおいて，IPアドレスを付与されていないPCがDHCPサーバを利用してネットワーク設定を行う際，最初にDHCPDISCOVERメッセージをブロードキャストする。このメッセージの送信元IPアドレスと宛先IPアドレスの適切な組合せはどれか。ここで，このPCにはDHCPサーバからIPアドレス192.168.10.24が付与されるものとする。

	送信元IPアドレス	宛先IPアドレス
ア	0.0.0.0	0.0.0.0
イ	0.0.0.0	255.255.255.255
ウ	192.168.10.24	255.255.255.255
エ	255.255.255.255	0.0.0.0

問題9　(R03春問36)

2.4GHz帯の無線LANのアクセスポイントを，広いオフィスや店舗などをカバーできるように分散して複数設置したい。2.4GHz帯の無線LANの特性を考慮した運用をするために，各アクセスポイントが使用する周波数チャネル番号の割当て方として，適切なものはどれか。

- ア　PCを移動しても，PCの設定を変えずに近くのアクセスポイントに接続できるように，全てのアクセスポイントが使用する周波数チャネル番号は同じ番号に揃えておくのがよい。
- イ　アクセスポイント相互の電波の干渉を避けるために，隣り合うアクセスポイントには，例えば周波数チャネル番号1と6，6と11のように離れた番号を割り当てるのがよい。
- ウ　異なるSSIDの通信が相互に影響することはないので，アクセスポイントごとにSSIDを変えて，かつ，周波数チャネル番号の割当ては機器の出荷時設定のままがよい。
- エ　障害時に周波数チャネル番号から対象のアクセスポイントを特定するために，設置エリアの端から1，2，3と順番に使用する周波数チャネル番号を割り当てるのがよい。

チャレンジ午後問題1　(H31春問5)　　解答・解説：432ページ

　E社は，社員数が150名のコンピュータ関連製品の販売会社であり，オフィスビルの2フロアを使用している。社員は，オフィス内でノートPC（以下，NPCという）を有線LANに接続して，業務システムの利用，Web閲覧などを行っている。社員によるインターネットの利用は，DMZのプロキシサーバ経由で行われている。現在のE社LANの構成を図1に示す。

　E社の各部署にはVLANが設定されており，NPCからは，所属部署のサーバ（以下，部署サーバという）及び共用サーバが利用できる。DHCPサーバからIPアドレスなどのネットワーク情報をNPCに設定するために，レイヤ3スイッチ（以下，L3SWという）でDHCP　a　を稼働させている。

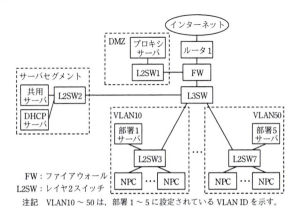

図1　現在のE社LANの構成（抜粋）

総務,経理,情報システムなどの部署が属する管理部門のフロアには,オフィスエリアのほかに,社外の人が出入りできる応接室,会議室などの来訪エリアがある。E社を訪問する取引先の営業員(以下,来訪者という)の多くは,NPCを携帯している。一部の来訪者は,モバイルWi-Fiルータを持参し,携帯電話網経由でインターネットを利用することもあるが,多くの来訪者から,来訪エリアでインターネットを利用できる環境を提供してほしいとの要望が挙がっていた。また,社員からは,来訪エリアでもE社LANを利用できるようにしてほしいとの要望があった。そこで,E社では,来訪エリアへの無線LANの導入を決めた。

情報システム課のF課長は,部下のGさんに,無線LANの構成と運用方法について検討するよう指示した。F課長の指示を受けたGさんは,最初に,無線LANの構成を検討した。

〔無線LANの構成の検討〕

Gさんは,来訪者が無線LAN経由でインターネットを利用でき,社員が無線LAN経由でE社LANに接続して有線LANと同様の業務を行うことができる,来訪エリアの無線LANの構成を検討した。

無線LANで使用する周波数帯は,高速通信が可能なIEEE 802.11acとIEEE 802.11nの両方で使用できる b GHz帯を採用する。データ暗号化方式には, c 鍵暗号方式のAES(Advanced Encryption Standard)が利用可能なWPA2を採用する。来訪者による社員へのなりすまし対策には,IEEE d を採用し,クライアント証明書を使った認証を行う。この認証を行うために,RADIUSサーバを導入する。来訪者の認証は,RADIUSサーバを必要としない,簡便なPSK(Pre-Shared Key)方式で行う。

無線LANアクセスポイント(以下,APという)は,来訪エリアの天井に設置する。APは e 対応の製品を選定して,APのための電源工事を不要にする。

これらの検討を基に,Gさんは無線LANの構成を設計した。来訪エリアへのAPの設置構成案を図2に,E社LANへの無線LANの接続構成案を図3に示す。

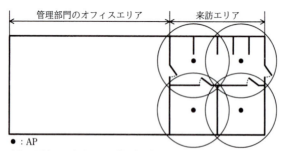

● : AP

注記 図中の円内は,APがカバーするエリア(以下,セルという)を示す。

図2 来訪エリアへのAPの設置構成案

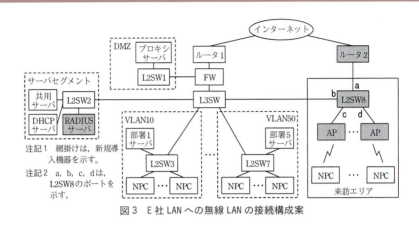

図3　E社LANへの無線LANの接続構成案

　図2中の4台のAPには，図3中の新規導入機器のL2SW8から　e　で電力供給する。APには，社員向けと来訪者向けの2種類のESSIDを設定する。図3中の来訪エリアにおいて，APに接続した来訪者のNPCと社員のNPCは，それぞれ異なるVLANに所属させ，利用できるネットワークを分離する。

　社員のNPCは，APに接続するとRADIUSサーバでクライアント認証が行われ，認証後にVLAN情報がRADIUSサーバからAPに送信される。APに実装されたダイナミックVLAN機能によって，当該NPCの通信パケットに対して，APでVLAN10～50の部署向けのVLANが付与される。一方，来訪者のNPCは，APに接続するとPSK認証が行われる。①認証後に，NPCの通信パケットに対して，APで来訪者向けのVLAN100が付与される。

　社員と来訪者が利用できるネットワークを分離するために，図3中の②L2SW8のポートに，VLAN10～50又はVLAN100を設定する。ルータ2では，DHCPサーバ機能を稼働させる。

　次に，Gさんは，無線LANの運用について検討した。

〔無線LANの運用〕

　RADIUSサーバは，認証局機能をもつ製品を導入して，社員のNPC向けのクライアント証明書とサーバ証明書を発行する。クライアント証明書は，無線LANの利用を希望する社員に配布する。来訪者のNPC向けのPSK認証に必要な事前共有鍵（パスフレーズ）は，毎日変更し，無線LANの利用を希望する来訪者に対して，来訪者向けESSIDと一緒に伝える。

　来訪者のNPCの通信パケットは，APでVLAN IDが付与されるとルータ2と通信できるようになり，ルータ2のDHCPサーバ機能によってNPCにネットワーク情報が設定され，インターネットを利用できるようになる。社員のNPCの通信パケットは，APでVLAN IDが付与されるとサーバセグメントに設置されているDHCPサーバと通信できるようになり，DHCPサーバによってネットワーク情報が設定され，E社LANを利用できるようになる。

7 ネットワーク

　Gさんは，検討結果を基に，無線LANの導入構成と運用方法を設計書にまとめ，F課長に提出した。設計内容はF課長に承認され，実施されることになった。

設問1　本文中の　　a　　～　　e　　に入れる最も適切な字句を解答群の中から選び，記号で答えよ。

　　　解答群
　　　　ア　2.4　　　　イ　5　　　　　ウ　802.11a　　　　　エ　802.1X
　　　　オ　PoE　　　　カ　PPPoE　　キ　共通　　　　　　　ク　クライアント
　　　　ケ　公開　　　　コ　パススルー　サ　リレーエージェント

設問2　〔無線LANの構成の検討〕について，（1）～（3）に答えよ。

（1）図2中のセルの状態で，来訪エリア内で電波干渉を発生させないために，APの周波数チャネルをどのように設定すべきか。30字以内で述べよ。

（2）本文中の下線①を実現するためのVLANの設定方法を解答群の中から選び，記号で答えよ。

　　　解答群
　　　　ア　ESSIDに対応してVLANを設定する。
　　　　イ　IPアドレスに対応してVLANを設定する。
　　　　ウ　MACアドレスに対応してVLANを設定する。

（3）本文中の下線②について，一つのVLANを設定する箇所と複数のVLANを設定する箇所を，それぞれ図3中のa～dの記号で全て答えよ。

設問3　〔無線LANの運用〕について，社員及び来訪者のNPCに設定されるデフォルトゲートウェイの機器を，それぞれ図3中の名称で答えよ。

得点アップ問題 **Q&A**

7
ネットワーク

チャレンジ午後問題2 (R01秋問5抜粋)
解答・解説：435ページ

HTTP/2に関する次の記述を読んで，設問1〜4に答えよ。

　E社は，地域密着型の写真店であり，小学校の運動会や遠足などの行事にカメラマンを派遣し，子供の写真を撮影して販売している。今までは，写真を販売するために，小学校の廊下などに写真のサンプルを掲示し，保護者に購入する写真を選んでもらっていた。しかし，保護者から"インターネットで写真を選びたい"，"写真の電子データを購入したい"との要望が多く寄せられるようになり，インターネット販売用のシステム(以下，新システムという)を開発することにした。新システムの開発は，SIベンダのF社が担当することになった。
　新システムの開発は，要件定義，設計，実装と順調に進み，テスト工程における性能テストをF社のG君が担当することになった。

〔新システムの性能要件〕

　G君は新システムの性能テストを行うに当たり，要件定義書に記載の性能要件を確認した。図1に新システムの性能要件(抜粋)を示す。

```
<平常時の業務処理量>
・同時アクセス数：40 ユーザ
<ピーク時の業務処理量>
・同時アクセス数：平常時の 3.0 倍
<性能目標値>
・レスポンスタイム：2.0 秒以内
```

図1　新システムの性能要件（抜粋）

〔性能テストの結果〕

　G君は，多数のWebブラウザ(以下，ブラウザという)からのアクセスをシミュレートする負荷テストツールを用いて，開発した新システムの性能テストを行った。性能テストの結果，同時アクセス数が，32ユーザを超えるとアクセスエラーが発生した。ただし，エラー発生時のサーバのCPU，メモリ，ネットワーク回線の使用率は全て10%以下，ディスクのI/O負荷率は20%以下であった。また，レスポンスタイムは，写真を一覧表示するページ(以下，一覧ページという)の表示が最も長く3.0秒だったが，一枚の写真を拡大表示するページなどの他のページの表示は1.0秒であった。

〔同時アクセス数改善に向けた調査〕

　G君は，同時アクセス数の要件を満たせない原因を確認するために，ブラウザの開発者用ツールを用いて，ブラウザが一覧ページの表示に必要なファイルをどのように受信しているか調査した。G君が調査したファイルの受信状況(抜粋)を図2に示す。なお，ブラウザとサーバはHTTP/1.1 over TLS(HTTPS)で通信していた。

427

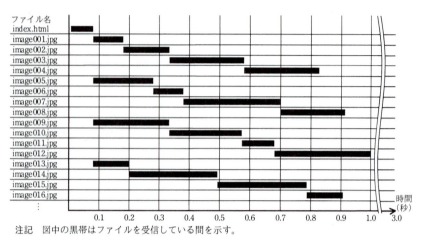

図2 ファイルの受信状況（抜粋）

次に，G君がサーバのログを調査したところ，TCPコネクションを確立できないという内容のログが多く残っていた。この結果からG君は，TCP/IPでサーバとブラウザが通信を行うために必要なサーバの　a　が枯渇し，新たなTCPコネクションを確立できなくなったと考えた。また，サーバの　a　の最大数は128に設定されていた。

この二つの調査結果から，①ブラウザが採用する複数のファイルを並行して受信するための手法によって，同時アクセス数が制限されてしまっていることが分かった。

〔レスポンスタイム改善に向けた調査〕

G君は，一つのTCPコネクション内における，ブラウザとサーバの間の通信を調査した。HTTP/1.1 over TLSを用いてブラウザとサーバが通信するとき，ブラウザからサーバの　b　番ポートに対して　c　を送信し，サーバから　d　を返信する。最後にブラウザから　e　を送信することでTCPコネクションが確立する。その後TLSハンドシェイクを行い，ブラウザはHTMLファイルや画像ファイルなどをサーバへ要求し，サーバは要求に応じてブラウザへファイルを送信している（図3）。

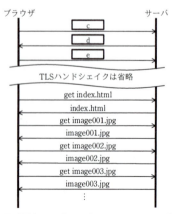

図3 G君が調査したブラウザとサーバ間の通信（抜粋）

得点アップ問題 **Q&A**

また，G君が利用したブラウザでは，HTTPパイプライン機能はオフになっていた。

G君は，この結果から，②TCPコネクション内での画像ファイルの取得に掛かる時間が長くなり，多くの画像データを含む一覧ページではレスポンスタイムが長くなると考えた。

〔HTTP/2を用いた新システムの開発〕

G君が調査結果を上司のH課長に報告したところ "HTTP/2の利用を検討すること" とのアドバイスを得た。HTTP/2では，一つのTCPコネクションを用いて，複数のファイルを並行して受信するストリームという仕組みなど，多くの新しい仕組みが追加されていることが分かった。

そこで，G君は新システムのWebサーバにHTTP/2の設定を行い，再度性能テストを実施した。その結果，新システムが図1の性能要件を満たしていることが確認できた。

その後，新システムの開発は完了し，E社は写真のインターネット販売を開始した。

設問1 〔同時アクセス数改善に向けた調査〕について，(1)，(2)に答えよ。
(1) 本文中の ┌─ a ─┐ に入れる適切な字句を解答群の中から選び，記号で答えよ。
    解答群
        ア IPアドレス   イ ソケット   ウ プロセス   エ ポート
(2) 本文中の下線①について，図2の調査で分かった，複数のファイルを並行して受信するための手法とは，どのような手法か。25字以内で述べよ。

設問2 本文及び図3中の ┌─ b ─┐ 〜 ┌─ e ─┐ に入れる適切な字句を解答群の中から選び，記号で答えよ。
    解答群
        ア 25   イ 110   ウ 443   エ ACK   オ ACK/FIN
        カ FIN   キ SYN   ク SYN/ACK   ケ TCP

設問3 本文中の下線②について，TCPコネクション内での画像ファイルの取得に時間が掛かる要因は何か。解答群の中から選び，記号で答えよ。
    解答群
        ア 画像ファイルの取得ごとにTCPコネクションを確立している。
        イ 画像ファイルを圧縮せずに取得している。
        ウ 画像ファイルを一つずつ順番にサーバに要求し取得している。
        エ 複数の画像ファイルをまとめて取得している。

設問4 HTTP/2の採用によって，新システムが許容できる最大の同時アクセス数は幾つになるか答えよ。ここで，新システムにアクセスする全てのブラウザがHTTP/2を利用し，一つのTCPコネクションを用いてアクセスするものとする。

429

7 ネットワーク

解説

問題1
解答：ウ

異なるLAN間では，ルータが通信を中継します。本問の図のIPネットワーク環境において，ホストAからホストBにデータを送信する場合，IPデータグラムの宛先(宛先IPアドレス)には送信先であるホストB(IP2)を指定しますが，イーサネットフレームの宛先(宛先MACアドレス)には，中継を行うルータ(MAC3)を指定します。

←p375を参照。

問題2
解答：イ

スイッチングハブ(レイヤ2スイッチ)は，OSI基本参照モデルのデータリンク層(レイヤ2)においてブリッジと同じ働きをする中継装置です。つまり，スイッチングハブの基本機能は，受信したデータの宛先MACアドレスを解析し，送信先のノードがつながっているLANポートにデータを転送することです。

ア：ルータなどネットワーク層(レイヤ3)の中継装置の機能です。

ウ：リピータやハブなどレイヤ1の中継装置の機能です。

エ：ゲートウェイなどレイヤ4以上の中継装置の機能です。

←p377を参照。

※宛先MACアドレスに対応するLANポートが見つからない場合は，受信ポート以外のすべてのポートにデータを転送する。

問題3
解答：エ

イーサネットフレームのループの発生を防ぐためのプロトコルは，〔エ〕のスパニングツリープロトコル(STP：Spanning Tree Protocol)です。STPでは，複数のブリッジ間で情報交換を行い，ループを構成している不要な経路のポートをブロック(論理的に切断)することによってネットワーク全体をループをもたない論理的なツリー構造(スパニング木という)にします。ブリッジ間の情報交換には，BPDU(Bridge Protocol Data Unit)というフレームが使用されます。

ア：IGMP(Internet Group Management Protocol)は，IPマルチキャストグループ管理用のプロトコルです。

イ：RIP(Routing Information Protocol)は，ディスタンスベクタ型(距離ベクトル型)のルーティングプロトコルです。

ウ：SIP(Session Initiation Protocol)は，IP電話の通信制御プロトコルです。

←p377を参照。

※IGMPについては，p391を参照。

※RIPについては，p379を参照。

※SIPについては，p408を参照。

問題4
解答：イ

IPv6アドレスの正しい表記は〔イ〕の2001:db8::3ab:ff01です。〔ア〕は「::」が2か所に使用されているので誤りです。また，ブロック区切りに「.」を使用している〔ウ〕，〔エ〕も誤りです。

←p394を参照。

問題5
解答：ウ　　←p392を参照。

サブネットマスクは，ネットワークアドレスを識別する部分のビットを"1"に，ホストアドレスを識別する部分のビットを"0"にした32ビットのビット列です。サブネットマスクのビットを反転させると，ネットワークアドレスを識別する部分が"0"，ホストアドレスを識別する部分が"1"になるので，このビット列とIPアドレスとの論理積をとることでホストアドレスを求めることができます。したがって，〔ウ〕の「a&～m」が正しい式です。

問題6
解答：イ　　←p394, 396を参照。

IPv6において，拡張ヘッダを利用することによって実現できるセキュリティ機能は〔イ〕の暗号化機能です。IPv4では，IPヘッダの「オプション」に暗号化をはじめとした様々な付加情報が書き込まれるため，ヘッダ長が可変となり，ルータでの処理がしにくいという欠点があります。IPv6では，これらの付加的な情報には拡張ヘッダが使用されます。

問題7
解答：エ　　←p396を参照。

NAPTは，送信元のIPアドレスとポート番号をセットにして変換することで1つのプライベートIPアドレスを複数のPCで共有できるようにする仕組みです。NAPT機能をもつルータは，プライベートIPアドレスをもつ端末から外部ネットワークへの通信を中継する際，パケットのヘッダにある送信元IPアドレスをルータ自身のグローバルIPアドレスに書き換えるとともに，送信元ポート番号に任意の空いているポート番号を割り当てます。

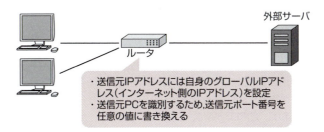

※NAPT機能をもつルータは，書換前と書換後のIPアドレス及びポート番号をアドレス変換テーブルに記録・保持し，外部ネットワークからの応答パケットを受け取った際に，宛先IPアドレス及びポート番号を保持しておいたプライベートIPアドレス及びポート番号に書き換えて内部の端末に中継する。

問題8
解答：イ　　←p404を参照。

DHCPDISCOVERメッセージは，IPアドレスが付与されていないPCからブロードキャストされます。したがって，このメッセージの送信元IPアドレスは「0.0.0.0」，宛先IPアドレスは「255.255.255.255」です。

7 ネットワーク

問題9

解答：イ　←p420を参照。

2.4GHz帯を使用するIEEE 802.11gでは，下図に示す1～13のチャネルが使用できます（11bの場合は，少し離れた14チャネルも使用可能）。各チャネルは5MHzずつ離れていますが，通信に使用する周波数幅が中心周波数から両側に11MHz，合計22MHz幅であるため，5チャネル以上離れていないと電波干渉が発生します。そのため一般的には，「1，6，11」「2，7，12」「3，8，13」のように割り当てます。

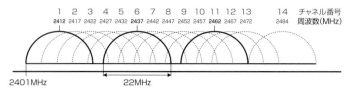

※5GHz帯を使用する無線LAN規格では各チャネルの周波数帯は完全に独立している。

チャレンジ午後問題1

設問1	a：サ　b：イ　c：キ　d：エ　e：オ
設問2	(1)	4台のAPに，それぞれ異なる周波数チャネルを設定する
	(2)	ア
	(3)	一つのVLANを設定する箇所：a 複数のVLANを設定する箇所：b，c，d
設問3	社員のNPC：L3SW 来訪者のNPC：ルータ2

●設問1

空欄a：「DHCPサーバからIPアドレスなどのネットワーク情報をNPCに設定するために，レイヤ3スイッチでDHCP　a　を稼働させている」とあります。現在のLAN構成（図1）を見ると，DHCPサーバと各部署のNPCは，L3SW（レイヤ3スイッチ）を介して別のネットワークにあります。NPCは，DHCPサーバからIPアドレスなどのネットワーク情報を取得するためにDHCPDISCOVERパケットをブロードキャストしますが，通常L3SWは，ブロードキャストパケットを他のネットワークに中継しません。したがって，NPCからのDHCPDISCOVERパケットをDHCPサーバに届ける（中継する）ためには，L3SWでDHCPリレーエージェントを稼働させる必要があるので，空欄aには，〔サ〕の**リレーエージェント**が入ります。

空欄b：IEEE 802.11acとIEEE 802.11nの両方で使用できる周波数帯が問われています。IEEE 802.11acで使用される周波数帯は

5GHz帯，IEEE 802.11nで使用される周波数帯は2.4GHz帯と5GHz帯なので，両方で使用できる周波数帯は5GHz帯です。つまり，空欄bには〔イ〕の**5**が入ります。

空欄c：「データ暗号化方式には，　c　鍵暗号方式のAESが利用可能なWPA2を採用する」とあります。AESは，共通鍵暗号方式の暗号化アルゴリズムなので，空欄cには〔キ〕の**共通**が入ります。

空欄d：「IEEE　d　を採用し，クライアント証明書を使った認証を行う。この認証を行うために，RADIUSサーバを導入する」とあります。RADIUSサーバを導入して認証を行う規格はIEEE 802.1Xです。したがって，空欄dには〔エ〕の**802.1X**が入ります。

空欄e：「APは　e　対応の製品を選定して，APのための電源工事を不要にする」とあり，また，図3直後に「図2中の4台のAPには，図3中の新規導入機器のL2SW8から　e　で電力供給する」とあります。図3を見ると，L2SW8とAPはLANケーブルで接続されています。当初，LANケーブルでは，データの送受信だけしかできませんでしたが，PoE（Power over Ethernet）と呼ばれる，IEEE 802.3af規格が制定されたことによって，データと同時に電力の供給ができるようになりました。したがって，PoEに対応したAPを選定すれば，LANケーブルから電力の供給ができ，電源工事も不要になります。

以上，空欄eには〔オ〕の**PoE**が入ります。

●設問2（1）

図2の来訪エリア内で電波干渉を発生させないために，APの周波数チャネルをどのように設定すべきか問われています。

NPCとAP間では同じ周波数チャネルを使用してデータの送受信を行いますが，その際，別のAPが近くに存在し，各APがカバーするエリアに重複部分がある場合，APに同じ周波数チャネルが設定されていると電波干渉が発生します。図2を見ると，4台のAPがカバーするエリアに重複部分があるので，電波干渉を防止するためには，「**4台のAPに，それぞれ異なる周波数チャネルを設定する**」必要があります。

●設問2（2）

下線①を実現するためのVLANの設定方法，すなわち，来訪者NPCの通信パケットに対してVLAN100を付与する方法が問われています。

着目すべきは，図3の直後にある「APには，社員向けと来訪者向けの2種類のESSIDを設定する」という記述と，〔無線LANの運用〕にある「無線LANの利用を希望する来訪者に対して，来訪者向けESSIDを伝える」との記述です。この記述から，来訪者のNPCがAPに接続する際には，来訪者向けESSIDが用いられることがわかります。そこ

※暗号化方式については，p440参照。

※RADIUSとIEEE 802.1Xについては，p443参照。

※PoE（IEEE 802.3af）における給電能力は1ポート当たり15.4W。PoE規格には，消費電力が大きい機器を想定し電力供給を拡張したIEEE 802.3atやIEEE 802.3btがある。最大給電能力はそれぞれ30W，90W。

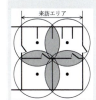

※下線①には，「認証後に，NPCの通信パケットに対して，APで来訪者向けのVLAN100が付与される」とある。

で,APにおいて来訪者向けESSIDとVLAN100の対応付けを行っておきます。そうすることで,来訪者のNPCからの通信であると判断された通信パケットに対してVLAN100が付与できます。

以上,下線①を実現するためのVLANの設定方法として,適切なのは,〔ア〕の「**ESSIDに対応してVLANを設定する**」です。

● 設問2 (3)

下線②について,一つのVLANを設定する箇所と複数のVLANを設定する箇所が問われています。

※下線②には,「L2SW8のポートに,VLAN10〜50又はVLAN100を設定する」とあります。

来訪エリアにあるNPCがAPを経由してL2SW8に送信する通信パケットには,VLAN10〜50又はVLAN100というVLAN IDが付与されています。そのため,L2SW8のcとdでは,VLAN10〜50及びVLAN100のいずれのVLAN IDも処理できるようにVLANの設定を行う必要があります。L2SW8のaは,来訪者のNPCがルータ2を経由してインターネットへ接続するためだけに使用されるポートなので,aにはVLAN100だけを設定します。L2SW8のbは,社員のNPCがE社LAN(それぞれの部署)と通信できるようにVLANを設定する必要があるのでVLAN10〜50を設定します。

以上から,**一つのVLANを設定する箇所**は「a」,**複数のVLANを設定する箇所**は「b,c,d」になります。

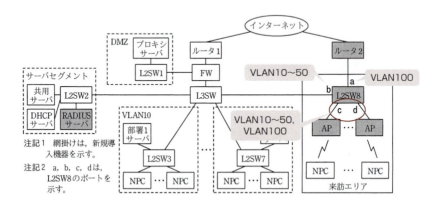

● 設問3

〔無線LANの運用〕について,社員のNPC及び来訪者のNPCに設定されるデフォルトゲートウェイの機器(図3中の名称)が問われています。

デフォルトゲートウェイとは,異なるネットワークと通信する際に

得点アップ問題 **Q&A**

必ず利用される，通信の"出入り口"となるネットワーク機器のことです。通信パケットをレイヤ3(ネットワーク層)で処理するルータやL3SWがデフォルトゲートウェイになります。

　社員のNPCがE社LAN(それぞれの部署)と通信する場合，その経路は，「NPC→AP→L2SW8→L3SW→各部署のLAN(VLAN10～50)」となります。この経路におけるデフォルトゲートウェイはL3SWとなるので，社員のNPCには**L3SW**を設定します。一方，来訪者のNPCがインターネットへ接続する場合の経路は，「NPC→AP→L2SW8→ルータ2→インターネット」であり，デフォルトゲートウェイはルータ2なので，来訪者のNPCには**ルータ2**を設定します。

7

ネットワーク

チャレンジ午後問題2

設問1	(1)	a：イ
	(2)	同時に複数のTCPコネクションを確立する手法
設問2	b：ウ　　c：キ　　d：ク　　e：エ	
設問3	ウ	
設問4	128	

●設問1 (1)

　「TCP/IPでサーバとブラウザが通信を行うために必要なサーバの　　a　　が枯渇し，新たなTCPコネクションを確立できなくなった」とあります。TCP/IPでサーバとブラウザが通信を行う場合，ブラウザは，サーバに対してHTTPなら80，HTTP over TLS(HTTPS)なら443といった受付ポート番号でTCP接続を開始します。このTCP接続で使用されるのが，ソケットと呼ばれるプログラムインタフェースです。ソケットは，プログラムがTCP/IPネットワークを介して通信するための出入り口で，1つのTCPコネクションに対して1つのソケットが使用されます。通常，同時に使用できるソケット数は決まっていて，それを超えたTCPコネクションの確立はできません。つまり，〔**イ**〕の**ソケット**が枯渇し，新たなTCPコネクションの確立ができなかったと考えられます。

※ソケットについてはp274を参照

●設問1 (2)

　下線①について，ブラウザが複数のファイルを並行して受信するための手法が問われています。

　HTTPでは，「1つのリクエストに対して1つのレスポンスを返す」というのが基本です。そのため，ブラウザはサーバに対して複数のTCPコネクションを確立し，コンテンツ(画像ファイル)を並行して受信で

435

きる仕組みになっています。図2を見ると，index.htmlを受信した後，ブラウザは4つの画像ファイル(image001.jpg，image005.jpg，image009.jpg，image013.jpg)の受信を同時に開始しています。このことから考えると，本問のブラウザは，TCPコネクションを同時に4つ確立し，それぞれのコネクション上で画像ファイルを順次受信していることがわかります。

　以上，ブラウザが複数のファイルを並行して受信するための手法とは，複数のTCPコネクションの同時確立です。解答としては「**同時に複数のTCPコネクションを確立する手法**」とすればよいでしょう。

●設問2

　「HTTP/1.1 over TLSを用いてブラウザとサーバが通信するとき，ブラウザからサーバの　b　番ポートに対して　c　を送信し，サーバから　d　を返信する，最後にブラウザから　e　を送信することでTCPコネクションが確立する」とあります。

空欄b："HTTP/1.1 over TLS"，すなわちHTTPSで使用されるポートは，TCPの443番ポートです。したがって，空欄bには〔**ウ**〕の**443**が入ります。

空欄c，d，e：TCPコネクションの確立は，3ウェイハンドシェイク手順により行われるので，空欄cには〔**キ**〕の**SYN**，空欄dには〔**ク**〕の**SYN/ACK**，空欄eには〔**エ**〕の**ACK**が入ります。

●設問3

　下線②について，TCPコネクション内での画像ファイルの取得に時間が掛かる要因が問われています。

　先述したようにHTTPでは，「1つのリクエストに対して1つのレスポンスを返す」というのが基本なので，本問のブラウザのようにHTTPパイプライン機能がオフになっている場合，先行のリクエストの結果を取得し終えるまで，次のリクエストの発行ができません。つまり，画像ファイルの取得に時間が掛かるのは，〔**ウ**〕の**画像ファイルを一つずつ順番にサーバに要求し取得している**からです。

●設問4

　HTTP/2の採用によって，新システムが許容できる最大の同時アクセス数が問われています。

　HTTP/2には，1つのTCPコネクション内で複数のリクエスト/レスポンスを並行に処理できる「ストリーム」という仕組みがあるので，TCPコネクションを1つ確立すれば，その中で複数のファイルを並行して受信できます。したがって，全てのブラウザがHTTP/2を利用した場合の最大同時アクセス数は，ソケットの最大数である**128**となります。

※サーバのソケットの最大数は128なので，1つのブラウザがTCPコネクションを4つ同時に確立した場合，最大同時アクセス数は128÷4＝32であり，これを超えるアクセスはできない。このことは，〔性能テストの結果〕にある「同時アクセス数が，32ユーザを超えるとアクセスエラーが発生した」との記述と合致する。

※3ウェイハンドシェイクについてはp399を参照。

※**HTTPパイプライン機能**とは，先行リクエストの完了を待たずに次のリクエストを送信できる仕組み。

第8章
セキュリティ

　近年，ITを語る切り口にセキュリティが多用されるようになりました。社会全体のIT化が進み，あらゆるデータが電子化され一元管理されるのは，本来大きな利便性を生むものです。しかし，それは同時に個人の属性情報や企業の秘匿情報が1か所に集中することでもあります。なんらかの形でこれが流出すれば，個人のプライバシや企業の業務が危険にさらされます。またITは，社会に様々な恩恵をもたらしていますが，一方で，ますます巧妙化かつ複雑化しているサイバー攻撃は非常に大きな脅威となっています。

　このような状況を受けて，応用情報技術者試験の午前試験におけるセキュリティ分野の出題数も多くなり，午後試験においては必須解答問題になっています。「本章＋得点アップ問題＋サンプル問題」を活用し，合格に必要な知識を習得してください。

8 セキュリティ

8.1 暗号化

情報システムの運用には,「盗聴」「改ざん」「なりすまし」「否認」などのリスクがあります。リスクを完全に消し去ることはできませんが,セキュリティ措置を講じることによって適切な水準にコントロールすることができます。「盗聴」リスクに対する代表的な措置が暗号化です。

暗号とは,重要な意味をもつ文書本来の姿(平文)をある規則で変換し,一見意味のない文字列や図案として表現したものです。変換のルールはその文書を読む正当な権利をもつ人だけが知っているので,情報の漏えいを防ぐことができます。

8.1.1 暗号化に必要な要素 AM / PM

暗号化の基本として,次の2点が挙げられます。

> ・平文を暗号化できるルールがあること
> ・暗号を平文に戻せる(復号という)ルールがあること

これらのルールは同じでも異なっていても構いません。このルールに代入する情報をキーと呼びます。

しかし,平文が重要な文書であればあるほど,それを読みたいと考える人は増加します。それらの人々は次のような方法で暗号の解読を試みます。

> ・キーを不正な手段で入手しようとする
> ・暗号の特性から変換ルールを推定し,キーがなくても暗号から平文を得ようとする

したがって,暗号化はただ暗号を作成すればよいというものではありません。暗号化された文書が本当にキーをもつ人以外に読めないようになっているか否かを常に意識する必要があります。

その意味で,暗号を適正に利用するためには,次の要素が必要となります。

参考 換字式という手法では,例えば,文字列を50音上で後ろに数文字ずつずらして意味のない文字列に変換する。この場合,「文字を後ろにずらす」ことが暗号化ルールで,ずらす文字数がキーとなる。

438

8.1 暗号化

> **参考** コンピュータの性能向上により，暗号の解読方法が確立されてしまう場合もある。新しい暗号方式を取り入れたり，解読にかかるコストが対象の情報に見合わないくらい膨大になるように誘導することも考えられている。

POINT　暗号化に必要な要素
① キーを他人が入手できないように厳重に管理すること
② 変換ルールを複雑にして，容易に推測できないようにすること

特に②の要件を満たすために，多くの変換ルール(暗号化方式)が考案され，実装されています。

8.1.2　暗号化方式の種類　AM / PM

暗号化方式は次々と新しいものが考案され，また，用途によっても異なる暗号化方式が採用されています。これらの暗号化方式にはいろいろな区分の仕方がありますが，最も代表的な分類は，共通鍵暗号方式と公開鍵暗号方式です。

共通鍵暗号方式

共通鍵暗号方式は，コンピュータシステムの初期段階から用いられてきた暗号化方式です。次のような特徴があります。

POINT　共通鍵暗号方式の特徴
・平文を暗号に変換するとき(暗号化)と暗号を平文に変換するとき(復号)のルールとキーが同一
・送信者と受信者は同じキー(共通鍵)をもつ
・通信相手が増えるごとに管理する鍵の数が増え，鍵管理の負担が大きくなる
・共通鍵の配布方法が手間になる

> **参考** 共通鍵暗号方式では，n人の通信相手が相互に通信する場合，n(n−1)／2個の鍵が必要。

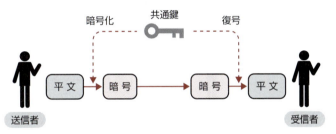

▲ 図**8.1.1**　共通鍵暗号方式の仕組み

共通鍵暗号方式で注意すべき点は，共通鍵が絶対に外部に漏れないようにすることと，最初に共通鍵をつくったときに互いに送付する方法を工夫することです。せっかくの共通鍵をメールで送付したりすると，第三者の手に渡ってしまう危険があります。

共通鍵暗号の実装方式

最も代表的な実装方式は**DES**で，2^{56}の鍵パターンがあります。DESの暗号化ルールでは，平文を8バイトのブロックに分割し，キーによる変換処理を16回繰り返します。なお，2^{56}個すべての鍵を試して正解を当てる総当たり法によりDESの解読が徐々に現実的な時間で行えるようになって解読の危険が高まったため，後継として登場したのが**AES**です。その他には，Triple DES（トリプルDES），FEAL，IDEAなどの実装方式があります。

> **共通鍵暗号**
> 平文を一定の長さのブロックに分割しそれぞれを暗号化するブロック暗号と，分割せずに1ビットごと暗号化するストリーム暗号がある。
> **ブロック暗号**：
> DES，AES，FEAL，IDEA，Camelliaなど
> **ストリーム暗号**：
> RC4，KCipher-2など

公開鍵暗号方式

暗号化を行う鍵と復号を行う鍵を別々のものにしたのが**公開鍵暗号方式**です。次のような特徴があります。

> **POINT 公開鍵暗号方式の特徴**
> ・暗号化鍵（公開鍵）は，広く一般に公開し，誰でも暗号化できる
> ・復号鍵（秘密鍵）は，受信者のみが管理するので，受信者だけが暗号化された文書を復号して読むことができる
> ・受信者は，送信者が増えても，秘密鍵を1つもっていればよいので，鍵管理の負担が少ない
> ・共通鍵暗号方式に比べて，暗号化，復号の処理に時間がかかる

> **公開鍵暗号方式**では，n人の通信相手が相互に通信する場合，2n個の鍵が必要。

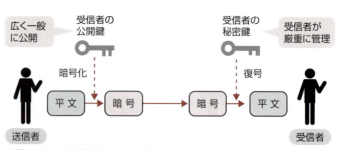

▲ 図8.1.2　公開鍵暗号方式の仕組み

このように公開鍵暗号方式では、「鍵配布の方法」と「鍵管理負担の増大」という共通鍵暗号方式の2つの問題点が同時にクリアされています。

公開鍵暗号の実装方式

代表的な方式は**RSA**です。RSAは、大きな数値の素因数分解に膨大な時間がかかることを安全の根拠とする暗号化方式です。鍵長が短いと解読されてしまうため、安全性上2,048ビット以上の鍵の使用が推奨されています。

その他には、離散対数問題の困難性を安全の根拠とする**楕円曲線暗号**や**ElGamal**(エルガマル)暗号があります。

> 参考: 楕円曲線暗号は、RSA暗号と比べて短い鍵長で同じレベルの安全性が実現できる。TLSにも利用されている暗号方式。

ハイブリッド方式

ハイブリッド方式は、公開鍵暗号方式と共通鍵暗号方式を組み合わせた方式です。

RSAをはじめとする公開鍵暗号は、「鍵配布時のセキュリティ確保」、「鍵数の増加による管理工数の増大」といった問題を解決しますが、演算が非常に複雑で、CPUは大きな負担を強いられます。特に、大きなデータをやり取りする際には、暗号化、復号処理に膨大な時間がかかるため、データ本文のやり取りには処理時間の短い共通鍵暗号方式を利用し、共通鍵の受渡しには公開鍵暗号方式を利用することで、速度と強度の両方を確保します。これがハイブリッド方式です。ハイブリッド方式は、S/MIME、PGP、SSL/TLSといった暗号化技術で用いられています。

> 参考: 計算量に依存しない(コンピュータの高速化が進んでも解読されない)暗号方式として、不確定性原理を用いた**量子暗号**が提案されている。原理的に盗聴不可能とされ、すでに実験室レベルでは通信に成功している。

> 用語 **PGP**: メールの暗号化・認証方式(p401参照)。なお、PGPをベースにRFC4880という形で文書化されたのが**OpenPGP**。

> 参照: S/MIMEについてはp401を参照。SSL/TLSについてはp454を参照。

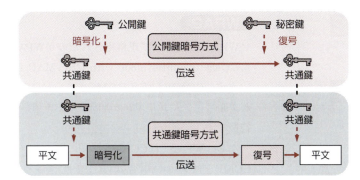

▲ 図8.1.3　ハイブリッド方式の仕組み

8 セキュリティ

8.2 無線LANの暗号

8.2.1 無線LANにおける通信の暗号化 AM/PM

WEP

WEP（Wired Equivalent Privacy）は，IEEE 802.11が規格化された当初に策定された，初期の無線LANセキュリティ規格です。WEPでは，暗号化鍵として，パケットごとに異なるIVに，アクセスポイントごとに設定された40ビット又は104ビットのWEPキーを連結したものを用います。また，使用する暗号化アルゴリズムはRC4です。ユーザごとに暗号化鍵を変更できないことや，IVが短いこと，また暗号化の実装方法に弱点があることから脆弱性が問題視され，現在WEPの使用は推奨されていません。

> **用語 IV**
> (Initialization Vector)
> 24ビットの初期化ベクトル。

WPA

WPA（Wi-Fi Protected Access）はWEPの脆弱性を解決するため，Wi-Fi Allianceが策定した無線LANのセキュリティ規格です。WEP対応機器のアップデートを念頭に置いた規格であるため，暗号化方式には，WEPと同じ暗号化アルゴリズムRC4を用いたTKIP（Temporal Key Integrity Protocol）を採用しています。ただし，IVを48ビットに拡張して，IVとWEPキーを混在させたり，また定期的に暗号化鍵を更新するなどの工夫（動的な鍵の更新）で安全性を高めています。

> **参考 TKIP**を構成している技術は，基本的にWEPで利用されている技術を改善したものなので，WEP対応機器はファームウェアのアップデートによってTKIPへの対応が可能。

> **参考** AESの鍵長は，128／192／256ビットから選択可能。

WPA2

WPAの後続として規格化されたのがWPA2です。暗号化方式にCCMP（Counter-mode with CBC-MAC Protocol）を採用しています。CCMPはAES-CCMPあるいはCCMP（AES）とも呼ばれ，暗号化アルゴリズムに強固なAESを用いていることが大きな特徴です。

なお，WPA2ではCCMPが必須になっていますが，通信相手がCCMPを使えない場合はTKIPを使うことができます。また，WPAはオプションとしてCCMPを使うこともできます。

> **参考 WPA3**
> WPA2の脆弱性が指摘されたためリリースされた暗号化方式。基本的には，WPA→WPA2→WPA3と正常進化してきていて，同じ構造をもつ発展版になっている。

パーソナルモードとエンタープライズモード

WPAとWPA2では、パーソナルモードとエンタープライズモードを使い分けることができます。

◯ パーソナルモード

パーソナルモードでは、**PSK認証**と呼ばれる認証方式が使われます。これは事前鍵共有方式で、アクセスポイントとクライアントに設定した8～63文字のパスフレーズ（**PSK**：Pre-Shared Key）とSSIDによって認証を行います。主に家庭での使用を想定したモードです。

> 参考：WPAのパーソナルモードを**WPA-PSK**、WPA2の場合は**WPA2-PSK**という。

◯ エンタープライズモード

エンタープライズモードは、主に企業のような大規模環境での使用を想定したモードです。認証には**IEEE 802.1X**規格を利用します。IEEE 802.1Xは、LANに接続するノードを認証するための規格で、有線でも無線でも利用できますが、未認証のノードに接続される可能性が高い無線LANでよく普及しています。IEEE 802.1Xを利用する場合は、ネットワーク内に**RADIUSサーバ**を立てる必要があります。

> 参考：IEEE 802.1Xについては、p449も参照。

> **POINT** IEEE 802.1Xの構成3要素
> ・サプリカント：認証を要求するクライアント
> ・オーセンティケータ：認証要求を受け付ける機器（IEEE 802.1X対応のスイッチやアクセスポイントが該当）
> ・認証サーバ（RADIUSサーバ）

> 試験では、IEEE 802.1Xを構成する3つの要素が問われる。

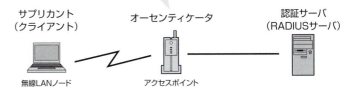

▲ 図8.2.1　IEEE 802.1Xの構成要素

8 セキュリティ

8.3 認証

8.3.1 利用者認証　AM / PM

認証は，コンピュータシステムを利用する個人が，本当に利用する権限を保持しているか否かを確認するために行われます。システムでは多くの場合，ネットワーク越しに認証を行うため，方法を工夫しなければなりません。そこで多く利用されるようになったのが，知識による認証で一般的にはパスワードとして実装されます。

固定式パスワード方式

古典的なパスワード認証方式です。ユーザIDとそれに対応するパスワードを入力させ，本人であるか否かを認証します。しかし，暗号化していない平文をネットワーク上で利用する場合は，送信したパスワードを読み取られる危険があります。

固定式パスワードは簡便なため，多くのコンピュータシステムで利用されています。実際，適切に運用すれば，かなりのセキュリティ強度が期待できます。しかし，一度パスワードが漏れてしまうと，それがいくらでも流布してしまい，利用に耐えなくなります。表8.3.1は試験によく出題される，パスワードを不正に取得しようとする攻撃とその対策です。覚えておきましょう。

> 参考　ネットワーク上を流れているパケット（データ）を不正に取得する行為をスニッフィングという。パスワードを平文で送信しない（暗号化する）ことが対策となる。

▼ **表8.3.1**　パスワードを不正に取得しようとする攻撃とその対策

辞書攻撃	辞書にある単語を片っ端から入力して，パスワードを割り出す手法。辞書にある単語は使わず，ランダムな文字列でパスワードを設定する
ブルートフォース攻撃	総当たり攻撃とも呼ばれ，文字を組み合わせてあらゆるパスワードでログインを何度も試みる手法。ログインの試行回数に制限を設ける

> 参考　辞書攻撃やブルートフォース攻撃（総当たり攻撃）などの手法を使って，パスワードを見破ることをパスワードクラックという。

チャレンジレスポンス認証

ネットワーク上でパスワード認証を利用する際の脆弱性を解消するための方式がチャレンジレスポンス認証です。次の手順で認証が行われます。

8.3 認証

> **参考** チャレンジレスポンス認証の実装例としては，PPPにおけるCHAPがある。p448を参照。

〔チャレンジレスポンス認証の手順〕
① クライアントがユーザIDを送信する。
② サーバはチャレンジコード（使い捨ての乱数）をクライアントに返信する。
③ クライアントはチャレンジコードとパスワードを元に生成したハッシュ値をサーバに返信する。
④ サーバは，自分が計算したハッシュ値と，クライアントから送られたハッシュ値を比較し，ユーザ認証を行う。

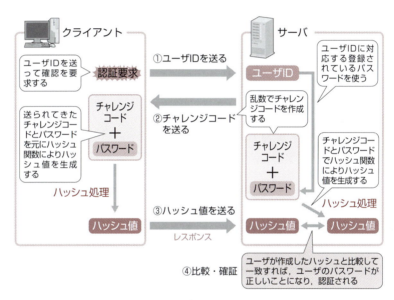

▲ 図8.3.1　チャレンジレスポンス認証の仕組み

> **用語** ハッシュ関数
> あるデータを元に一定長の擬似乱数を生成する計算手順。生成した値をハッシュ値，もしくはメッセージダイジェストという。生成したハッシュ値から元のデータを復元できないという性質（**原像計算困難性**）があることから**不可逆関数**，一方向性関数とも呼ばれる。p451参照。

チャレンジレスポンス認証では，「サーバで生成される**チャレンジコード**（使い捨ての乱数）」と「互いに保管されているパスワードとチャレンジコードから作られた**ハッシュ値**」だけがネットワーク上を流れます。このため，パスワードがネットワーク上を流れることはなく，盗聴に対して安全な認証方法であるといえます。ハッシュ値は**ハッシュ関数**（セキュアハッシュ関数ともいう）によって得られるので，ハッシュ値だけを盗聴してもパスワードを復元することはできません。

8 セキュリティ

ワンタイムパスワード

パスワードは，同じものを使い続けるほど漏えいリスクが大きくなりますが，頻繁な変更は管理の負担が大きくなります。そこで，登場したのが，そのときのみ有効なパスワードを自動的に生成してログインのたびに毎回異なる使い捨てのパスワードを使う**ワンタイムパスワード**（OTP：One Time Password）方式です。現在，時刻を利用する**時刻同期方式**やチャレンジレスポンス方式を利用した**S/KEY方式**などが実用化されています。

> **参考** **S/KEY方式**では，チャレンジコードとして，シード(種)と呼ばれるキーと，シーケンス番号の2つのデータを用いる。
> 〔認証手順〕
> ①サーバは認証要求のたびに，シードとシーケンス番号（最初はn）をクライアントに送る（シーケンス番号は認証要求ごとに1減らす）。
> ②クライアントは，シードと自身がもつパスワードを連結し，これに「シーケンス番号－1回」のハッシュ演算を行ったものをOTPとしてサーバに送る。
> ③サーバは，受け取ったOTPに対して，1回ハッシュ演算を行い，前回使用されたOTPと比較して認証を行う。

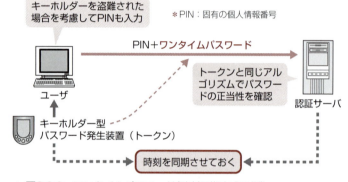

▲ 図8.3.2　ワンタイムパスワード（時刻同期方式の例）

シングルサインオン

シングルサインオンは，ユーザ認証を一度だけ行うことで，許可された複数のサーバへのアクセスについても認証する技術です。実現方法には，次のように様々な方式があります。

◯ Cookie（クッキー）型

サーバが認証のための情報を生成してクライアントに送信します。クライアントはこれを保存し，他のサーバへはこの認証情報を自動的に送ることで，認証を受けることができる仕組みです。

◯ リバースプロキシ型

ユーザは**リバースプロキシサーバ**にアクセスし，認証を受けます。ユーザは，このリバースプロキシサーバを通じて他のサーバに接続するため，各サーバの認証はリバースプロキシサーバが自

> **用語** **リバースプロキシサーバ**
> 内部サーバの代理として，クライアントからの要求に応えるサーバ（p459参照）。

認証 **8.3**

動的に代行します。なお，リバースプロキシを使ったシングルサインオンでは，ユーザ認証においてパスワードの代わりにディジタル証明書を用いることができます。

❯ SAML型

アプリケーション連携を行うための**XML**の仕様です。利用するサービスが**SAML**に対応していれば，**HTTP**などを用いて複数のサービス間で認証情報が自動的にやり取りされます。

参考 SAMLは，認証情報に加え，属性情報とアクセス制御情報を異なるドメインに伝達するためのWebサービスプロトコル。

バイオメトリクス認証

バイオメトリクス認証は，個々人ごとに異なる身体的・行動的特徴を利用して本人認証を行う技術です。利用者の情報を登録しておき，その情報と比較・照合することで認証を行います。

▼ **表8.3.2** バイオメトリクス認証の種類

指紋認証	小型光学式センサや薄型静電式センサから指紋の形を位相として入力した画像を，特徴点抽出方式やパターンマッチングによって照合する
声紋認証	人の声から得られる波形を個人識別に利用する。風邪や加齢により認証エラーを起こすこともある
虹彩認証	眼球の角膜と水晶体の間にある輪状の薄い膜(虹彩)の紋様を個人識別に利用する。虹彩は経年による変化がないため，認証に必要な情報の更新はほとんど不要であり，また，一卵性双生児のような顔認証が不得意な場合も高精度な判別ができる

参考 認証装置は，本人を誤って拒否する確率**FRR**と他人を誤って許可する確率**FAR**の双方を勘案して調整する必要がある。

その他の利用者認証方法

その他，試験に出題される認証方法を表8.3.3にまとめます。

▼ **表8.3.3** その他の認証方法

リスクベース認証	普段とは異なる環境(IPアドレス，Webブラウザなど)からの認証要求に対して追加の認証を行う
Kerberos方式	最初にIDとパスワードで認証を行い，以降は，チケット(ユーザを識別し，アクセスを許可する暗号化されたデータ)を使って認証する。シングルサインオンに標準対応している
2要素認証	パスワードなどの"知識"による認証，ICカードなどの"所有"による認証，指紋などの"特徴"による認証の3つの中から2つを組み合わせて認証を行う
CAPTCHA認証	ゆがめたり一部を隠したりした画像から文字を判読させ入力させることで，人間以外による自動入力を排除する

参考 追加の認証には，秘密の質問と対応する答えを確認する「**秘密の質問**」などがある。

参考 認証要素は特に2つである必要はなく，3要素認証，4要素認証(**多要素認証**)の例もある。

8

セキュリティ

447

8.3.2 リモートアクセス　AM/PM

電話回線などの公衆回線網を通じて，遠隔地から会社などのLANやコンピュータに接続し，ファイルへのアクセスやコンピュータの操作を行う技術を**リモートアクセス**といいます。

リモートアクセスでは，ユーザはLANに設置されたリモートアクセスサーバに接続して，認証を受けたうえでそのコンピュータシステムを利用します。このように，リモートアクセスでは，外部からの接続を可能としているため，セキュリティ上の弱点になりやすくなります。

PPPの認証技術

> PPPについては，p386も参照。

リモートアクセスとして使われる**PPP**（Point to Point Protocol）は，電話回線で二点間の通信を行うためのデータリンク層のプロトコルで，HDLC手順がベースになっています。PPPはNCPとLCPに分類でき，**NCP**では上位プロトコル（IP，IPXなど）に対応した接続モジュールを使ってネットワーク層プロトコルの設定をネゴシエーションします。また，**LCP**では認証や暗号化の有無などを相手ノードとネゴシエーションします。

> PPPは，ネットワーク層のプロトコルにIP以外のプロトコルも使用可能。

PPPは，インターネットに接続する際の一般的なプロトコルとして使われていますが，IP以外のパケットも伝送可能です。また，利用される認証プロトコルには，**PAP**と**CHAP**がありますが，現在，ほとんどのPPP対応通信機器はCHAPをサポートしているため，PPPでは認証プロトコルにCHAPを使うことが一般的です。

▼ 表8.3.4　PAPとCHAP

PAP	Password Authentication Protocolの略。PPPで利用される最も基本的な認証プロトコルで，平文のまま認証データを送信する。ほとんどの機器がPAPをサポートしているが，盗聴に弱いという短所をもつ
CHAP	Challenge Handshake Authentication Protocol（**チャレンジハンドシェイク認証プロトコル**）の略。PAPの盗聴に対する脆弱性を補うために登場した認証プロトコル。チャレンジレスポンス認証を利用して暗号化された認証データを送信する。すなわち，PPPのリンク確立後，一定の周期でチャレンジメッセージを送り，それに対して相手（クライアント）がハッシュ関数計算により得た値を返信する。CHAPでは，このようにして相手を認証する

> チャレンジレスポンスについては，p444を参照。

8.3.3 RADIUS認証

RADIUS認証システム

リモートアクセスにおける脆弱性にアクセスサーバのセキュリティがあります。アクセスサーバは外界に対してアクセス経路を開いており，認証のためのユーザIDやパスワード情報が蓄積されているため，クラッキング時の被害が大きくなります。

RADIUS（Remote Authentication Dial-In User Service）は，アクセスサーバ（RADIUSクライアント）と認証サーバ（RADIUSサーバ）を分離することでこの脆弱性を緩和するものです。

ユーザはアクセスサーバにアクセスし，アクセスサーバが認証サーバに認証を要求することで，ユーザ認証を行います。認証要求の暗号文は認証サーバ上で復号されます。これによって，アクセスサーバに不正に侵入されても，直接ユーザ情報を取得することはできません。このようにアクセス窓口であるアクセスサーバと認証情報をもつ認証サーバを分けることでセキュリティの向上，さらにユーザ情報の一元管理が実現できます。

> RADIUSサーバで管理できるアクセスサーバには台数制限はないので，例えば，無線LANの複数のアクセスポイントが，1台のRADIUSサーバと連携してユーザ認証を行うことができる。

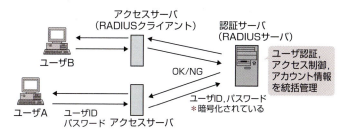

▲ 図8.3.3　RADIUSの仕組み

IEEE 802.1X

IEEE 802.1Xは，イーサネットや無線LANにおけるユーザ認証のための規格です。認証の仕組みとしてRADIUSを採用し，認証プロトコルにはPPPを拡張したEAP（Extended authentication protocol）が使われます。なお，EAPには，クライアント証明書で認証するEAP-TLSやハッシュ関数MD5を用いたチャレンジレスポンス方式で認証するEAP-MD5など，いくつかのバリエーションがあります。

> IEEE 802.1Xの構成
> サプリカント（認証要求するクライアント），オーセンティケータ（認証要求を受け付ける機器，IEEE 802.1X対応のスイッチやアクセスポイントが該当），認証サーバの3つ要素で構成される。

8.4 ディジタル署名とPKI

8.4.1 ディジタル署名 AM / PM

参考 ディジタル署名は，"改ざん"と"なりすまし"を防ぐと同時に，"否認防止"にもなる。例えば，本人が電子文書を送信したのにもかかわらず「送った覚えがない」「他人に改ざんされた」「他人になりすまされた」と主張する事後否認も防止する。

電子商取引の世界では，メールをはじめとするたくさんの電子文書がやり取りされます。しかし，メールなどは改ざんやなりすましが容易なので，重要な文書では，それが確かに本人が発信したものであることを確認する必要があります。そのために利用されるのが**ディジタル署名**です。

ディジタル署名の基本的な仕組み

公開鍵暗号方式では，送信者が受信者の公開鍵を用いて平文を暗号化し，受信者に送信していましたが，**ディジタル署名**では，平文に対して秘密鍵を適用してディジタル署名をつくり，平文とともに受信者に送付します。ディジタル署名を受け取った受信者は，公開されている送信者の公開鍵を用いてディジタル署名を復号します。

参考 否認防止
ISMSファミリ規格(p469参照)で共通して用いている用語及び定義を規定したものにJIS Q 27000がある。これには，「主張された事象又は処置の発生，及びそれを引き起こしたエンティティを証明する能力」と定義されている。

公開鍵に対応する秘密鍵をもっているのは，公開鍵を公開した本人(送信者)だけなので，公開鍵でディジタル署名をきちんと復号できれば，送信者が本人であると確認できます。また，送られてきた平文と復号された平文を突き合わせることによって，改ざんの有無を検査することもできます。

これは最も単純化した考え方で，実際には平文からハッシュ関数を使って得た**メッセージダイジェスト**によってディジタル署名をつくります。また，平文も送信時には暗号化されます。

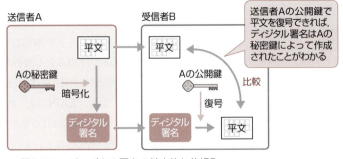

▲ 図8.4.1 ディジタル署名の基本的な仕組み

メッセージダイジェスト

前ページの図8.4.1では，平文から直接ディジタル署名を生成していますが，この場合，メッセージが長いとディジタル署名も大きくなるという欠点があります。また，ディジタル署名を作成するための演算にも時間がかかります。

そこで，可変長の平文に対してハッシュ演算を行い，得られた固定長の**メッセージダイジェスト**（メッセージの要約，メッセージ認証符号ともいう）からディジタル署名を作成することにより，ディジタル署名の長さを一定にします。

また，これにより図8.4.1では，ディジタル署名から平文を容易に復号できますが，メッセージダイジェストからつくられたディジタル署名であれば，復号しても得られるのは平文の要約だけなので，セキュリティが向上します。改ざんの防止という点からもメッセージダイジェストを利用した方が利点があります。

> **参考** ディジタル署名に用いるアルゴリズムは，公開鍵暗号方式とハッシュ関数を組み合わせたもの。代表的なものに，公開鍵暗号方式にRSA，ハッシュ関数にSHA-256を使用するSha-256WithRSAEncryptionがある。

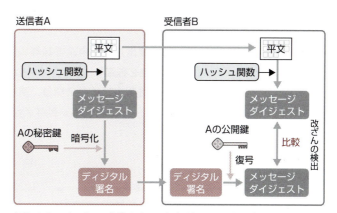

▲ **図8.4.2** メッセージダイジェストを利用したディジタル署名

▼ **表8.4.1** ハッシュ関数

MD5	任意の長さの平文から128ビットのハッシュ値を生成
SHA-1	任意の長さの平文から160ビットのハッシュ値を生成。MD5よりも復元が難しい。なお，"SHA"は，Secure Hash Algorithmの略
SHA-2	SHA-1の後継規格。ハッシュ値の長さによりSHA-224，SHA-256，SHA-384，SHA-512がある。これらをまとめてSHA-2と表現する。なお，試験でよく出題されるのがSHA-256
SHA-3	SHA-2は基本的にはSHA-1を踏襲し，ハッシュ値を長くしたものであるため，ハードウェア性能の向上やクラッキング技術の進歩により，いずれは安全な強度が保てなくなることが予想され，これを解決するために，アルゴリズムを抜本的に変更することを目論んだのがSHA-3。共通鍵暗号方式であるAESと同様に，アルゴリズムの公募が行われ選定された

8.4.2 PKI(公開鍵基盤) AM/PM

ネットワーク上で利用される公開鍵が，本人と結びつけられた正当なものであることを第三者機関の介入により効率的に証明する必要があります。そのために利用されるモデルが**PKI**(公開鍵基盤)です。PKIは，公開鍵暗号を利用した証明書の作成，管理，格納，配布，破棄に必要な方式，システム，プロトコル及びポリシの集合によって実現されています。

認証局(CA)

PKIでは，第三者機関である**認証局(CA)**が，認証局自身のディジタル署名を施した**ディジタル証明書**(公開鍵証明書ともいう)を発行し，公開鍵の真正性を証明します。

参考 認証局は厳密には，次の3つの機能をもつ。
- 登録局(RA)：ディジタル証明書の登録申請や失効申請を受け付ける。
- 発行局(IA)：ディジタル証明書の発行そのものや失効作業を行う。
- 検証局(VA)：ディジタル証明書の正当性を検証する。

① 申請者は，認証局に対し公開鍵を提出して，証明書の発行を依頼する。
② 認証局は，提出された申請書類等に基づき，公開鍵の所有者の本人性を審査し，ディジタル証明書を発行する。ディジタル証明書には，公開鍵，所有者情報などとともに認証局のディジタル署名が付与される。

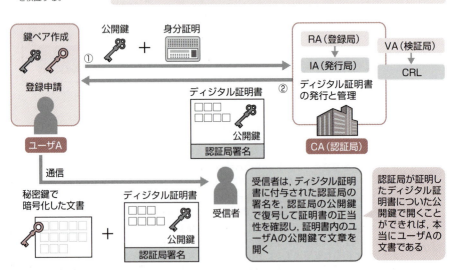

▲ 図8.4.3　ディジタル証明書の発行

ディジタル署名とPKI **8.4**

CPとCPS

参考 認証局は，政府機関などがその業務を行う場合や，民間機関が行う場合がある。また，公的な証明書が不必要な社内文書のようなケースでは，社内のサーバにプライベートCAを構築することもできる。

認証局（以下，CAという）は，証明書の目的や利用用途を定めた**CP**（Certificate Policy：証明書ポリシ）と，CAの認証業務の運用などに関する詳細を定めた**CPS**（Certification Practice Statement：認証実施規定，認証局運用規程）を規定し，対外的に公開することで，認証の利用者に対して，信頼性や安全性などを評価できるようにしています。

ディジタル証明書の失効情報

参考 失効理由としては，秘密鍵を紛失し第三者に悪用されることが予測される場合や，証明書に記載した事項が変更された場合，規定違反行為が判明した場合などがある。

有効期限内に何らかの理由で失効させられたディジタル証明書のリストを**CRL**（Certicate Revocation List：証明書失効リスト）といいます。証明書が失効した場合は，発行者であるCAが当該証明書を無効とし，失効情報をCRLに登録します。

▼ **表8.4.2** 証明書の失効情報を確認する方法

CRLモデル	CAが，CRLを定期的に公開する方式。証明書利用者は定期的にCRLを取得することで証明書の有効性を検証する
OCSPモデル	OCSPは"Online Certificate Status Protocol"の略で，ディジタル証明書が失効しているかどうかをオンラインでリアルタイムに確認するためのプロトコル。OCSPモデルでは，証明書利用者（OCSPリクエスタ，OCSPクライアント）が，証明書の失効情報を保持したサーバ（OCSPレスポンダ）に，対象となる証明書のシリアル番号などを送信し，その応答でディジタル証明書の有効性を確認する

参考 ディジタル証明書とCRLの記述形式は，ITU-T勧告X.509で定義されている。

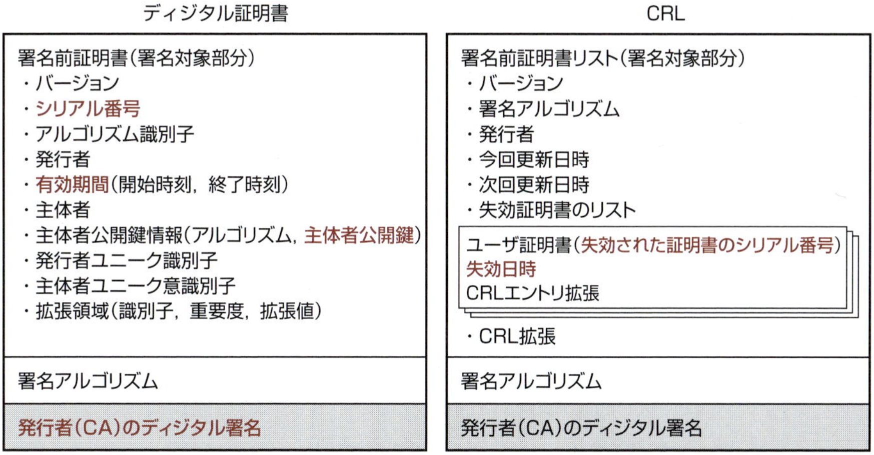

ディジタル証明書

```
署名前証明書（署名対象部分）
 ・バージョン
 ・シリアル番号
 ・アルゴリズム識別子
 ・発行者
 ・有効期間（開始時刻，終了時刻）
 ・主体者
 ・主体者公開鍵情報（アルゴリズム，主体者公開鍵）
 ・発行者ユニーク識別子
 ・主体者ユニーク意識別子
 ・拡張領域（識別子，重要度，拡張値）

署名アルゴリズム

発行者（CA）のディジタル署名
```

CRL

```
署名前証明書リスト（署名対象部分）
 ・バージョン
 ・署名アルゴリズム
 ・発行者
 ・今回更新日時
 ・次回更新日時
 ・失効証明書のリスト

  ユーザ証明書（失効された証明書のシリアル番号）
  失効日時
  CRLエントリ拡張

 ・CRL拡張

署名アルゴリズム

発行者（CA）のディジタル署名
```

▲ **図8.4.4** ディジタル証明書とCRLのフォーマット

8.4.3 SSL/TLS

AM / PM

SSL/TLSとは

SSL(Secure Sockets Layer)/TLS(Transport Layer Security)は，通信の暗号化，改ざん検出，サーバの認証(場合によってはクライアント認証も可)を行うことができるセキュアプロトコルです。アプリケーション層のHTTP，SMTP，POPなど様々なプロトコルの下位に位置して，上記の機能を提供します。

> 参考 SSLとTLSは独立したプロトコルだが，同列に扱われることも多く，その場合，SSL/TLSと表記される。なお，近年の試験では「TLS」と表記されるため，それに倣って本書でも「TLS」と表記する。「SSL⇔TLS」と読み替えて欲しい。

TLSでの通信

TLSでの通信は，ハンドシェイクとデータの伝送(暗号化通信)の2つの部分に分けることができます。

● ハンドシェイク

サーバを認証して，暗号化鍵を作るためのステップです。ここでTLSの通信路を構築し，その通信路を使って暗号化通信を行います。

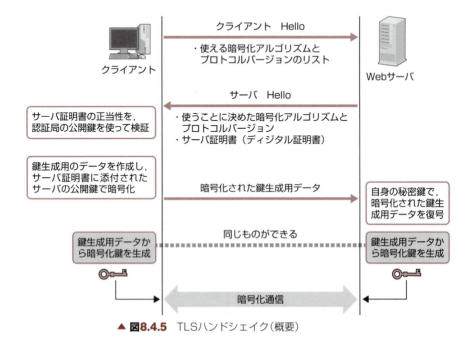

▲ 図8.4.5　TLSハンドシェイク(概要)

ディジタル署名とPKI **8.4**

参考 TLSの暗号化通信における安全性の強度は、どの暗号アルゴリズムとプロトコルバージョンを選択したかに大きく依存する。

参考 攻撃者が中間者攻撃などで一連の通信に割り込み、鍵などを搾取している場合、データの改ざんリスクがある。そこで、MACを付加すれば、改ざんの検出、すなわち攻撃者による攻撃の有無を確認できる。

参考 クライアント証明書（個人認証用のディジタル証明書）は、ICカードやUSBトークンなどに格納できるので、格納場所を特定のPCに限定する必要はない。

> ＰＯＩＮＴ **TLSハンドシェイクの目的**
> ・サーバを認証する
> ・利用する暗号アルゴリズムとプロトコルバージョンを決める
> ・暗号化鍵を作り、共有する

◆ データの伝送（暗号化通信）

TLSのデータ伝送のポイントは、送信データにMACと呼ばれる認証符号を付加し、送信データとMACを暗号化して送信することです。MAC（Message Authentication Code：**メッセージ認証符号**）は、送信データから計算します。計算元のデータが異なれば、MACも異なるという性質をもつため、MACを付加することで、データ改ざんの有無が確認できます。さらに、送信データとMACを暗号化することで盗聴＋改ざん対策ができます。

サーバ認証とクライアント認証

認証局（CA）に発行してもらうサーバ証明書には、その認証の厳しさに応じて「DV証明書、OV証明書、EV証明書」の3種類があります（表8.4.3を参照）。

なおTLSでは、サーバ認証は必須ですが、クライアント認証はオプションです。必要があればサーバがクライアントを認証することもできます。その場合、サーバはサーバ証明書を送付するときに、クライアント証明書の提示要請を行います。

▼ **表8.4.3** サーバ証明書の種類

DV証明書	ドメイン認証型証明書。ドメインの真正性、使用権が確認できれば、発行される証明書。オンライン申請による短時間発行や低コストといったメリットがあり、取得が最も簡単であるが、本当にそのドメインと企業が一致しているかはわからない
OV証明書	企業認証型証明書。ドメインの真正性、使用権に加えて、その組織の法的実在性を確認しないと発行されない証明書。信用調査機関やその会社への電話確認を経て発行するため手続は面倒
EV証明書	EV SSL証明書。最も厳格な確認プロセスを経て発行される証明書であり、CAブラウザフォーラムのEVガイドラインが確認基準として使われる。この証明書を導入しているサイトにHTTPSでアクセスすると、ブラウザのアドレスバーの左側（鍵マークの横）にそのサイトの運営団体名（組織名）が緑色で表示されるので、サイト運営元の組織名が容易に確認できる

8

セキュリティ

455

8.5 情報セキュリティ対策

8.5.1 コンピュータウイルス AM / PM

コンピュータウイルスの定義

コンピュータウイルスの実態は，ユーザに隠蔽される形でメモリや補助記憶媒体に保存されるプログラムです。自動的に増殖したり，システム内のデータを破壊するなどの挙動を行うコンピュータウイルスは，次の3つの機能のうちいずれかをもつものと定義されています。

参考 コンピュータウイルスの分類
ウイルス(広義)：下記の3種類を抱合する。
ウイルス(狭義)：他のプログラムに寄生する。
ワーム：独立して破壊活動を行い，自己増殖する。
トロイの木馬：通常は有用なプログラムとして動作するが，きっかけを与えられると破壊活動や増殖を行う。

▼ **表8.5.1** コンピュータウイルスの機能

自己伝染機能	自身やシステムの機能を使って，他のシステムに自分のコピーを作成する
潜伏機能	ウイルスとしての機能を起動するまでに一定の期間や条件を定めて，それまでは沈黙している
発病機能	メッセージの表示や，ファイルの破壊，個人情報の流出などの動作を行う

感染経路

ウイルスの感染経路としては，かつてはフロッピーディスクなどの記憶媒体を介するものがほとんどでしたが，最近では，メールの利用などインターネットの普及とともにネットワークを介したものが多くなりました。また，ウイルスの感染を容易にする要素として次のようなものがあります。

▼ **表8.5.2** ウイルス感染を容易にする要素

セキュリティホール	セキュリティ上の弱点。主にOSなどのソフトウェアに存在する設計・開発時における瑕疵を指す
バックドア	ウイルスなどが作成するシステム上の抜け道。ポートの設定変更などにより作成され，システムへの不正侵入も容易にしてしまう
マクロ	ワープロや表計算でのプログラミング機能。マクロで作成されたウイルスを**マクロウイルス**といい，正当なマクロと区別するのが難しい

情報セキュリティ対策 **8.5**

コンピュータウイルス対策

コンピュータウイルス対策としては，ウイルスチェックソフトの導入，パターンファイル(ウイルス定義ファイル)の更新，ウイルス検出手法(ビヘイビア法など)の活用が有効です。

● ウイルスチェックソフト

ウイルスチェックソフトは，クライアントパソコンにインストールして利用するものです。**パターンファイル**(**シグネチャ**)と呼ばれるウイルスの特徴を記載したデータベースを保持して，メールやホームページの閲覧データを常時チェックします。これをパターンファイルのデータと突き合わせ，ウイルスの特徴と合致すれば隔離してウイルス感染を防ぐ仕組みです。

現在，ウイルスチェックソフトは最も一般的なウイルス対策として認識されています。しかし，パターンファイルはあくまでも過去のウイルス情報の蓄積なので，最新のウイルスには対応できないことや，常に新しいパターンファイル情報の取得が必要不可欠であることを認識しておかなくてはなりません。

● セキュリティパッチ

OSなどにセキュリティホールがあった場合，開発元からそれを修正するためのプログラムが配布されます。この配布される修正プログラムを**セキュリティパッチ**といい，これを利用してセキュリティホールからのウイルスの侵入を防ぎます。常に最新のセキュリティパッチを利用するようにする必要があります。

● ビヘイビア法(動的ヒューリスティック法)

ビヘイビア法は，検査対象プログラムを仮想環境内(サンドボックス)で実行して，その挙動を監視し，もしウイルスによく見られる行動を起こせばウイルスとして検知する方法です。パターンマッチングでは検知できない未知のウイルスやポリモーフィック型ウイルスなどにも対応できます。**ポリモーフィック型ウイルス**とは，感染するごとに鍵を変えてウイルスのコードを暗号化することによってウイルス自身を変化させ，同一のパターンで検知されないようにするウイルスです。

参考 コンピュータウイルス対策基準

で求められている対策。

・ウイルス感染を防止するため，出所不明のソフトウェアは利用しないこと。

・ウイルスの被害に備えるため，ファイルのバックアップを定期的に行い，一定期間保管すること。

・ウイルスに感染した場合は，感染したシステムの使用を中止し，システム管理者に連絡して，指示に従うこと。

・ウイルス被害の拡大を防止するため，システムの復旧は，システム管理者の指示に従うこと。

参考 ゼロデイ攻撃

セキュリティパッチが提供される前に攻撃すること。

用語 サンドボックス

"砂場"という意味。ここでは，システムに悪影響が及ばないよう保護された特別な領域を指す。

8

セキュリティ

457

8.5.2 ネットワークセキュリティ　AM/PM

ファイアウォール

ファイアウォールは，インターネットなどのリモートネットワークと社内LANなどのローカルネットワークの境界線に設置し，不正なデータの通過を阻止するものです。

用語　DMZ
ファイアウォールの内側と外側という2つのエリアに対して追加される第3のエリア。公開サーバなど外部からアクセスされる可能性のある情報資源を設置する。

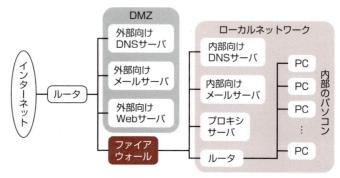

▲ **図8.5.1**　ファイアウォールの例

ファイアウォールは，一定の規則に従ってパケットの通過／不通過を決定（フィルタリング）しますが，この規則の要素によって方式が分かれます。

参考　パケットフィルタリング型はネットワーク層，サーキットレベルゲートウェイ型はトランスポート層，アプリケーションゲートウェイ型はアプリケーション層レベルでのアクセス制御となる。

▼ **表8.5.3**　ファイアウォールの種類

方　式	フィルタリングの要素
パケットフィルタリング型	パケットのIPアドレス，ポート番号をチェックして，フィルタリングを行う
サーキットレベルゲートウェイ型（トランスポートゲートウェイ）	セグメントレベルのフィルタリングを行い，データを中継する
アプリケーションゲートウェイ型	アプリケーションプロトコルレベルのフィルタリングを行い，データを中継する

参考　アプリケーションプロトコル（HTTP, HTTPS, FTP, SMTP, POP, DNSなど）ごとにゲートウェイ機能の設定が必要となる。

◆フィルタリングの例

フィルタリングをするためには，ファイアウォールにフィルタリングルールを設定し，それに沿って，各パケットの通過の可否を判断します。このフィルタリング・ルールの集合を**ルールベース**といいます。

情報セキュリティ対策　**8.5**

▼ 表8.5.4　ルールベースの例

番号	送信元アドレス	送信先アドレス	プロトコル	送信元ポート	送信先ポート	アクション
1	10.1.2.3	*	*	*	*	通過禁止
2	*	10.2.3.*	TCP	*	25	通過許可
3	*	10.1.*	TCP	*	25	通過許可
4	*	*	*	*	*	通過禁止

参考 処理は番号順に行い，1つのルールが適合した場合には残りのルールを無効とする。また，「*」は任意のパターンを示す。

参考 ルール4は「原則拒否の方針」。通過させるもの以外は，すべて禁止にすることで，ルール設定の漏れを防ぐ。

ここで，表8.5.5のパケットを表8.5.4のルールに照らして，通過できるかどうかを考えてみましょう。

▼ 表8.5.5　パケットの例

送信元アドレス	送信先アドレス	プロトコル	送信元ポート	送信先ポート
10.1.2.3	10.2.3.4	TCP	2100	25

パケットの内容を見ると，このパケットはルール1，ルール2，ルール4の3つのルールに該当しますが，「ルールの処理は番号順であること」，「1つのルールが適合した場合には残りのルールを無効とすること」から，このパケットはルール1で通過禁止となります。

プロキシサーバ

アプリケーションゲートウェイ型ファイアウォールのうち，特に，httpを扱うものを**プロキシサーバ**と呼ぶことがあります。**プロキシ**（proxy）とは「代理」という意味で，クライアントからインターネット上のWebサーバへのアクセス要求を中継するのがプロキシサーバです。**フォワードプロキシ**ともいいます。

プロキシサーバは，Webページへのアクセス時に内容をキャッシュしておき，次にそのWebページへのアクセス要求があった場合，インターネットに問い合わせることなく，キャッシュの内容を返信します。ただし，キャッシュできるのは内容に変化のない静的なコンテンツに限られます。プロキシサーバを用いることでリクエストを中継し，セキュリティの向上も図れます。

なお，インターネットからのアクセスをWebサーバに中継するものを**リバースプロキシサーバ**といいます。

参考 DMZに配置されているWebサーバを，インターネットから直接アクセスできない内部のLANに移設し，**リバースプロキシサーバ**をそのWebサーバの代理としてDMZに配置する。これにより，外部からWebサーバへの直接アクセスを防止できる。

WAF

WAF（Web Application Firewall）は，Webアプリケーションのやり取りを監視し，アプリケーションレベルの不正なアクセスを阻止するファイアウォールです。Webブラウザからの通信内容を検査し，不正と見なされたアクセス（SQLインジェクションなどの攻撃）を遮断します。

> 参照：SQLインジェクションについては，p464を参照。

WAFは，ホワイトリスト方式とブラックリスト方式の2つの方式に分類できます。

▼ 表8.5.6　ホワイトリスト方式とブラックリスト方式

ホワイトリスト方式	**ホワイトリスト**とは，"怪しくない（正常な）通信パターン"の一覧。原則として通信を遮断し，ホワイトリストと一致した通信のみ通過させる
ブラックリスト方式	**ブラックリスト**とは，"怪しい（不正な）通信パターン"の一覧。原則として通信を許可し，ブラックリストと一致した通信は遮断するか，あるいは無害化する

COLUMN

TLSアクセラレータとWAF

PCとWebサーバ間でHTTPS（HTTP over TLS）など**TLS**を利用した暗号化通信をする場合，TLSの処理すなわち暗号化と復号処理がWebサーバにとって大きな負担になります。そこで，導入されるのが**TLSアクセラレータ**です。暗号化と復号の処理をTLSアクセラレータに肩代わりさせることでWebサーバの負担を軽減でき，Webサーバは本来の処理に専念できます。

試験では，TLS通信の暗号化と復号機能（TLSアクセラレーション機能）をもたない**WAF**の設置位置が問われることがあります。この場合，WAFはTLSアクセラレータとWebサーバの間に設置します。

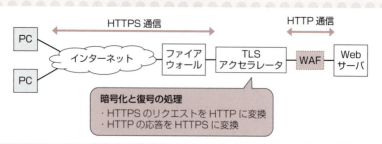

▲ 図8.5.2　TLSアクセラレータとWAF

情報セキュリティ対策 **8.5**

セキュリティ対策機器

システムに対する侵入／侵害を検出・通知する**IDS**（Intrusion Detection System：**侵入検知システム**）など，物理的侵入に対する対策機器には，次のものがあります。

参考 SIEM
（Security Information and Event Management）ファイアウォールやIDS，IPSといったネットワーク機器や，Webサーバ，メールサーバなどの様々なサーバのログデータを一元的に管理し，分析して，セキュリティ上の脅威となる事象を発見し，通知するセキュリティシステム。

▼ **表8.5.7** 対策機器

NIDS	**ネットワーク型IDS**。管理下のネットワークを監視し，不正なパケットが通過した場合，又は通信量（トラフィック）が通常とは異なる異常値を示した場合にそれを検知して通知する
HIDS	**ホスト型IDS**。ホストにインストールして，そのホストのみを監視する。パケットの分析だけでなく，シグネチャとのパターンマッチングを失敗させるためのパケットが挿入された攻撃でも検知できる
IPS	**侵入防止システム**（Intrusion Prevention System）。不正パケットの検出だけでなく，それを検出した際には通信を遮断するなどの対処も行う
ハニーポット	ダミーとして使われるサーバやネットワーク機器の総称。攻撃のログをとることで，攻撃元の特定や対策に利用する

不正検知方法

不正検知方法には，シグネチャ方式とアノマリー方式があります。**シグネチャ方式**は，シグネチャと呼ばれるデータベース化された既知の攻撃パターンと通信パケットとのパターンマッチングによって，不正なパケットを検出します。一方，**アノマリー方式**は，正常なパターンを定義し，それに反するものをすべて異常だと見なす方式です。未知の攻撃にも有効に機能し，新種の攻撃も検出できます。

しかし，いずれの方式においてもすべて完璧とはいきません。正常なものを不正だと誤認識してしまう**フォールスポジティブ**（False Positive：誤検知），また，これとは反対に不正なものを正常だと判断してしまう**フォールスネガティブ**（False Negative：検知漏れ）といった問題が起こり得ます。

VPN

参考 インターネットVPNに対して，通信事業者の広域IP網などを使うVPNを**IP-VPN**という。

VPN（Virtual Private Network）は仮想専用線とも訳される，インターネットを専用線のように使う技術です（インターネットVPN）。VPNでは認証技術や暗号化技術を利用して，アクセスが

461

8 セキュリティ

MPLS
参考 ラベルと呼ばれる識別子を挿入することでIPアドレスに依存しないルーティングを実現するパケット転送技術。VPNの構築に使われる。

L2TP(Layer 2 Tunneling Protocol)
参考 VPNを構築するために用いられるデータリンク層のトンネリングプロトコル。

許可されたユーザ以外は通信内容にアクセスできないようにしています。通信の内容が暗号化されているため、通信経路としてインターネットを利用しても、途中で傍受されたパケットを解読することができません。VPNを実装するために2つのモードが用意されています。

▼ **表8.5.8** VPNを実装するための2つのモード

トランスポートモード	通信を行う端末が直接データの暗号化を行う。通信経路のすべてにおいて暗号化された通信がやり取りされるが、ペイロード(パケットのヘッダ部分を除いたデータ)のみの暗号化であり、IPアドレスは暗号化されないため、宛先の盗聴が可能となる
トンネルモード	VPNゲートウェイを拠点において、その間の通信を暗号化する。送信側ゲートウェイでは、IPsecを利用しIPパケットを暗号化(カプセル化)してから、受信側のゲートウェイ宛のIPヘッダを新たにつけ、拠点間の通信を行うトンネリング手法をとる。受信側では、ゲートウェイで受け取ってIPパケットを復号し、真の宛先に送信する

◯ VPNを実現するプロトコル

その他のVPN実現プロトコルとしては、PPTPやSSL/TLSなどがある。PPTP(Point to Point Tunneling Protocol)は、データリンク層で暗号化や認証を行うプロトコル。そのため他のネットワーク層のプロトコルを利用していてIPsecが使えない環境下でもVPNを構成できる。

VPNを構築する際に利用されるネットワーク層のセキュリティプロトコルがIPsec(IP Security)です。IPsecでは、IPレベル(ネットワーク層)で暗号化や認証、改ざんの検出を行います。

IPsecで通信を行う場合、通常のIPでは利用しないパラメータをいろいろ交換します。この情報は、IPヘッダには入りきらないため、IPsec用の情報が入るフィールドが別に用意されます。このとき、認証だけを行う場合は"認証ヘッダ(AH：Authentication Header)"、認証と暗号化を行う場合は"暗号ペイロード(ESP：Encapsulating Security Payload)"を用います。

◯ 暗号化方式の決定と鍵交換

IKEフェーズでは、UDPの500番ポートが使用される。

IPsecでは通信を開始する前に、暗号化方式の決定と鍵交換を行います。これを行うフェーズをIKE(Internet Key Exchange)フェーズといいます。つまりIPsecでは、IKEフェーズが終了するとIPsecフェーズがスタートし、伝送データを暗号化して送信します。

情報セキュリティの脅威と攻撃手法 **8.6**

8.6 情報セキュリティの脅威と攻撃手法

8.6.1 セキュリティのとらえ方 **AM/PM**

情報セキュリティの概念として次の3つの要素を維持することが重要とされています。

> **参考** 機密性のために、ユーザの識別、認証、権限管理を行うことを**アクセスコントロール**という。

> **POINT 情報セキュリティの概念**
> ・機密性(confidentiality：コンフィデンシャリティ)
> 　許可された正当なユーザのみが情報にアクセスできること
> ・完全性(integrity：インテグリティ)
> 　情報が完全で、改ざん・破壊されていないことを保証すること
> ・可用性(availability：アベイラビリティ)
> 　ユーザが情報を必要なときに、利用可能な状態であることを保証すること

8

セキュリティ

8.6.2 脅威 **AM/PM**

> **参考** "不正のトライアングル"理論では、機会、動機、正当化(不正行為を自ら納得させるための自分勝手な理由付け)の3つがすべてそろったときに不正が発生すると考えられている。

セキュリティを脅かすものを**脅威**と呼びます。悪意のある外部の者が意図的に行う攻撃はもちろん脅威となりますが、内部の者による行為や自然災害も同様に脅威となります。

不正アクセス

システムを利用する者が、許可を得ている以上の行為をネットワークを通して行うことを不正アクセスといいます。

> **参考** ペネトレーションテスト
> 実際の攻撃方法と同じ手段で攻撃を実施し、ファイアウォールや公開サーバに対するセキュリティホールや設定ミスの有無といった脆弱性をチェックする擬似攻撃テスト。

▼ **表8.6.1** 不正アクセスの手法

ポートスキャン	攻撃を行うコンピュータのすべてのポートにパケットを送信し、応答の有無を確認することで、そのコンピュータがどのようなサービスを動かしているか推測する。脆弱性のあるサービスの有無、管理者のスキルなどが推定できるため、攻撃の事前調査として使われる
セキュリティホール攻撃	セキュリティホールとは、プログラム設計時のミスなどにより、システムが脆弱になっている部分のこと。ベンダは常にこれを塞ぐ修正プログラムを配布しているが、適用漏れがあると逆に攻撃対象となる。**バッファオーバフロー攻撃**が多い

463

8 セキュリティ

..8.6.3.... 攻撃手法 　　AM / PM

　　ここでは，試験に出題される不正行為や攻撃手法，及び，それ
に関連する技術を表8.6.2にまとめます。

▼ **表8.6.2** 試験に出る攻撃手法と関連技術

IPスプーフィング	IPアドレスを偽造して正規のユーザのふりをする攻撃
ARP スプーフィング	ARPのMAC問合せに対して，正規のノードよりも先に偽のMACアドレスを返す。これにより，IPアドレスに対するMACアドレスの不正な対応関係を作り出す
バッファ オーバフロー攻撃	バッファの許容範囲を超えるデータを送り付けて，意図的にバッファをオーバフローさせ悪意の行動をとる。許容範囲を超えた大きなデータの書き込みを禁止するなどの対策が必要
ディレクトリ トラバーサル攻撃	相対パスなどを使って，ディレクトリを「横断する」ことで公開していないディレクトリにアクセスする。ユーザに入力させるパラメタのチェックなどにより対策する
SQL インジェクション	データベースと連動したWebアプリケーション上の入力フィールドにSQL文の一部を入力して，データベースの内容を不正に削除したり，入手したりする攻撃。以下の対策がある ・サニタイジング：データベースへの問合せや操作において特別な意味をもつ文字「'」や「;」を無効にする ・バインド機構：プレースホルダ（変数）を使用したSQL文（プリペアドステートメントという）を準備しておき，SQL文実行の際に，入力値をプレースホルダに埋め込み，SQL文を組み立てる
OSコマンド インジェクション	Webページ上で入力した文字列がPerlのsystem関数やPHPのexec関数などに渡されることを利用し，不正にシェルスクリプトを実行させる
フィッシング	実在企業を装ったメールで偽サイトへ誘導したり，オープンリダイレクトを悪用して偽サイトにリダイレクトさせたりすることによって，個人情報を盗み取る。なお，オープンリダイレクトとは，Webサイトにアクセスすると自動的に他のサイトに遷移する機能のこと 例：http://xyz.com/login?redirect=http://example.com
スミッシング	携帯電話などのSMSを利用してフィッシングサイトへ誘導する手口。SMSフィッシングともいう
DNSキャッシュ ポイズニング	DNSのキャッシュ機能を悪用し，偽のドメイン情報を一時的に覚え込ませる攻撃。攻撃が成功すると，DNSサーバは覚えた偽の情報を提供してしまうため，利用者は偽サイトに誘導されてしまう。対策としては，DNS問合せに対するDNS応答にディジタル署名を付加し正当性を確認するDNSSEC（DNS Security Extensions）の導入や，DNS問合せに使用するDNSヘッダ内のIDやソースポート（送信元ポート）のランダム化などがある

参照 ARPについては，p386を参照。

参考 CWE（共通脆弱性タイプ一覧）ソフトウェアの脆弱性の種類を識別するための一覧。CWEでは，脆弱性の種類を一意に判別するために，CWE-IDを付与し体系化している。例えば，ディレクトリトラバーサル脆弱性はCWE-22，SQLインジェクション脆弱性はCWE-89。

参考 DNSキャッシュポイズニング対策としては，再帰的な問合せ（p406参照）に対しては，内部ネットワークからのものだけに応答するよう設定するのも有効。

464

情報セキュリティの脅威と攻撃手法 **8.6**

クロスサイト スクリプティング	攻撃者が用意したスクリプトを，閲覧者のWebブラウザを介して脆弱なWebサイトに送り込み，閲覧者のWebブラウザ上でスクリプトを実行させる
SEO ポイズニング	キーワードで検索した結果の上位に，悪意のあるサイトを意図的に表示させ，誘導する手法。なお，**SEO**（Search Engine Optimization：検索エンジン最適化）とは，検索エンジンの結果一覧において自サイトがより上位にランクされるようにWebページの記述内容を見直すなど様々な試みを行うこと
DoS攻撃	サービス妨害攻撃。1つひとつは正規のサービス要求であるが，それを大量に繰り返すことによってサーバを過負荷状態にし，正常なサービス提供を不可能にさせる
DNS amp攻撃	分散型サービス妨害（Distributed DoS：**DDoS**）攻撃の一種。送信元IPアドレスを攻撃対象に偽装したDNS問合せパケットを，DNSキャッシュポイズニング脆弱性のあるDNSキャッシュサーバに送り，DNS問合せの何十倍も大きなサイズのDNS応答パケットを攻撃対象に送らせる
NTP増幅攻撃	インターネット上からの問い合わせが可能なNTPサーバを踏み台とした攻撃。送信元を攻撃対象に偽装した**monlist**（状態確認）要求をNTPサーバに送り，NTPサーバから非常に大きなサイズの応答を攻撃対象に送らせる
Smurf攻撃 （スマーフ攻撃）	攻撃対象に対して大量のICMPエコー応答パケットを送り付ける攻撃。送信元IPアドレスを攻撃対象に偽装したICMPエコー要求パケット（ping）を相手ネットワークにブロードキャストし，ネットワーク上のコンピュータからICMPエコー応答パケットを攻撃対象に送らせる
ICMP Flood攻撃	**ボット**などを利用して，ICMPエコー要求パケットを大量に送り付ける攻撃。**Ping Flood攻撃**ともいう
SYN Flood攻撃	TCPコネクションを確立するためのSYNパケットを，送信元を偽装して大量に送り付ける攻撃。SYNを受信したサーバは，SYN/ACKを送信するが，ACKが返されず待機状態になる。このためサーバは，TCP接続のリソースを使い果たし，新たなTCP接続ができない状態に陥る
標的型攻撃	特定の組織や個人に対して行われる攻撃。なかでも，標的に対してカスタマイズされた手段で，密かにかつ執拗に行われる継続的な攻撃を**APT**（Advanced Presistent Threats）という
水飲み場型攻撃	標的が頻繁に利用するWebサイトに罠を仕掛けて，アクセスしたときだけ攻撃コードを実行させるといった攻撃
SSL/TLSの ダウングレード 攻撃	クライアントとサーバ間でSSL/TLSを使った暗号化通信を確立するとき，その通信経路に介在し，脆弱性が見つかっている弱い**暗号スイート**（鍵交換，署名，暗号化，ハッシュ関数）の使用を強制することによって，解読しやすい暗号化通信を行わせる
中間者攻撃 (Man-in-the-middle 攻撃)	通信者どうしの間に勝手に，気付かれないように割り込み，通信内容を盗み見たり，改ざんしたりした後，改めて正しい通信相手に転送するバケツリレー型攻撃

8

セキュリティ

参考 amp（amplification）は"増幅"，"拡張"の意味。

参考 DNS amp攻撃やNTP増幅攻撃は，送信元からの問合せに対し反射的な応答を返すサーバを踏み台に利用することから**リフレクション攻撃**（リフレクタ攻撃）とも呼ばれる。リフレクションとは，"反射"という意味。

参考 **ボット**とは，ネットワークを通じて外部から遠隔操作することを目的として作成された悪意のあるプログラム（マルウェア）。攻撃者から指令を受けると**DDoS攻撃**などを一斉に行う。ボットに感染したボット集団を**ボットネット**と呼び，ボットネットへ指令を出すサーバを**C&Cサーバ**（Command and Control server）と呼ぶ。

465

8 セキュリティ

マルウェア
用語 悪意のあるソフトウェアの総称。

リプレイ攻撃		通信データを盗聴することで得た認証情報を，そのまま再利用して不正にログインする。対策としては，チャレンジレスポンス認証などが有効
MITB攻撃 (Man-in-the-browser 攻撃)		攻撃対象の利用するコンピュータに侵入させたマルウェアを利用して，Webブラウザからの通信を監視し，通信内容を改ざんしたり，セッションを乗っ取る
ドライブバイ ダウンロード攻撃		Webサイトを閲覧したとき，利用者が気付かないうちに利用者のPCに不正プログラムを転送させる
スパムメール		無断で送りつけられてくる広告メールや意味のない大量のメール。対策の1つにOP25Bがある。OP25B（Outbound Port 25 Blocking）は，ISP管理下の動的IPアドレスを割り当てられたPCから，ISPのメールサーバを経由せずに直接送信される，外部のメールサーバへのSMTP通信（TCP25番ポート）を遮断するというもの。その他，IPアドレスを基に送信元メールアドレスのなりすましを検知するSPFや，ディジタル署名を利用するDKIMといった送信ドメイン認証も有効な技術
ソーシャル エンジニアリング		盗み聞き，盗み見，話術といった非電子的な方法によって，機密情報を不正に入手する方法の総称。有益な情報を探すためにごみ箱の中を漁る，ダンプスターダイビング（スキャベンジング）もその1つ
パスワードリスト 攻撃		インターネットサービス利用者の多くが複数のサイトで同一のIDとパスワードを使い回している状況に目をつけた攻撃。どこかのWebサイトから流出した利用者IDとパスワードのリストを用いて，他のWebサイトに対してログインを試行する
レインボー攻撃		よく使われる単語や記憶しやすい文字列，辞書に載っている単語など，パスワードとなりうる文字列のハッシュ値を事前に計算し，それを効率的に管理する特殊なテーブルをレインボーテーブルという。攻撃者は，これを用いてターゲットとなるパスワードのハッシュ値から本来のパスワードを効率よく見つけ出す
サイドチャネル攻撃		暗号装置から得られる物理量（処理時間，消費電流，電磁波など）やエラーメッセージから，機密情報を取得する手法。その1つに，暗号化や復号の処理時間から，用いられた鍵を推測するタイミング攻撃がある。対策としては，暗号アルゴリズムに対策を施し，暗号内容による処理時間の差異が出ないようにする
RLTrap		文字の並び順を変えるUnicodeの制御文字RLO（Right-to-Left Override）を悪用してファイル名を偽装する不正プログラム。例えば，ファイル名「cod.exe」の先頭文字「c」の前にRLOを挿入すると（RLO自体は見えない），「exe.doc」に変わる
エクスプロイト コード		新しく発見されたセキュリティ上の脆弱性を検証するための実証用コード。あるいは，その脆弱性を悪用し作成された攻撃コードのこと。複数のエクスプロイトコードをまとめたものをエクスプロイトキット（Exploit Kit）という

参照 SPF，DKIMについてはp485も参照。

参考 ソーシャルエンジニアリングによって機密情報の入手を試みることは，積極的なフットプリンティングの代表例。フットプリンティングとは，攻撃前に，ターゲットの情報を収集する事前調査のこと。

参考 テンペスト技術 ディスプレイやケーブルから漏えいする微弱な電磁波を傍受し，情報を取得する技術。電磁波が漏えいしないシールドなどで対策する。

参考 耐タンパ性 機器やシステムの内部機密情報や動作などを，外部から解析されたり改変されたりすることを防止する能力のこと。例えば，「チップ内部を物理的に解析しようとすると，内部回路が破壊されるようにする」ことで耐タンパ性が向上できる。

8.7 情報セキュリティ管理

8.7.1 リスクマネジメント AM/PM

> **参考** 不正アクセスなどコンピュータに関する犯罪が起きた際，その法的な証拠性を明らかにするため，証拠となり得るデータを保全，収集，分析する技法を**ディジタルフォレンジックス**という。インシデントの原因究明やシステム監査にも利用できる。

脅威に対する対策がとられていないと，情報セキュリティのリスクが顕在化します。リスクの危険度は，個別のリスクによって変化します。危険度の高いリスクには，重点的に経営資源を投入し，危険度の低いリスクにはあまり経営資源を投入しないなど，メリハリのある投資を行うことで，効率的なセキュリティ管理を行うことができます。つまり，脅威の大きさや被害の規模を考慮したうえでの**リスクマネジメント**が重要となります。リスクマネジメントは主に「リスク分析」，「リスク対応(処理)」といったプロセスで構成されます。

リスク分析

> **参考** リスク分析では，識別されたあらゆるリスクを分析対象とする。したがって，**純粋リスク**(単にデメリットしか生まないリスク)だけでなく，**投機リスク**(そのリスクが利益を生む可能性に隣接するリスク)も分析する必要がある。

リスク分析の目的は，組織のもつ情報資産の価値，脅威，ぜい弱性を明確にし，情報資産のリスクを明らかにした上で，それが起こったときの損失程度，損失額，業務への影響はどのくらいなのかを見極め，リスクによる損失を最小に抑えることです。

> **P O I N T** 情報システムのリスク分析における作業の順序
> ① 分析対象の理解と分析計画
> ② 脆(ぜい)弱性の発見と識別
> ③ 事故態様の関連分析と損失額予想
> ④ 損失の分類と影響度の評価
> ⑤ 対策の検討・評価と優先順位の決定

> **参考** リスク値の算定方法
> **定量的評価**：
> 「予想損失額×発生確率」をリスク評価額として，リスク値を算定。
> **定性的評価**：
> 数量的に評価するのではなく，情報資産の価値，脅威，脆弱性の相対的評価値を用いて，リスク値を算定。

リスクとは，その組織がもつ目的に対する不確かさの影響と読み替えることができます。したがって，リスク分析によってその起こりやすさ，それが導く結果などについて検討します。そのうえで実行するのが，**リスク評価**です。リスク評価では，どのリスクが目的の達成を最も危うくするのか，また，複数のリスクについて，どう優先順位をつけて対応していけば，目的達成の可能性を最も高められるのかを明らかにしていきます。例えば，あるリスクについて，対応を実施するのか否か，実施する場合，定めた管理策のうち，どれを適用するのかといった検討を行います。

8 セキュリティ

リスク対応

　リスク対応では，リスク評価の結果，明らかになったリスクに対して，どのような対応を行うかを明確にします。リスク対応の考え方には，リスクコントロールとリスクファイナンスという2つの考え方があり，具体的には表8.7.1に示す対応がとられます。

　リスクコントロールとは，「リスクが実現化しないよう事前に対策を行う」，「仮に実現化しても，その損失を最小限に抑えられるような対策を行う」といった，何かすることで対応するという考え方です。これに対して，資金面で対応するという考え方が**リスクファイナンス**です。

▼ **表8.7.1** リスク対応

リスクコントロール	リスク回避	リスクの要因を排除してしまう。例えば，インターネットバンキングのリスクを考慮して，それを利用しないことなどがあげられる
	リスク最適化	リスクによる被害の発生の防止や被害を最小化する措置をとる。いわゆる一般にいうセキュリティ対策が該当
	リスク移転	リスクを他者に移転する。例えば，リスクのある業務のアウトソーシングなど
	リスク保有	軽微なリスクであり，対応コストが発生時の損失コストより大きくなる場合などで，リスクをそのままにする
リスクファイナンス	リスク移転	保険に加入するなど，他者に資金的リスクを移転する
	リスク保有	リスク発生時の損失を自社の財務能力内で対処する

8.7.2　セキュリティ評価の標準化 　AM／PM

ISO/IEC 15408

　ISO/IEC 15408は，情報システムを構成する機器がどれだけのセキュリティを実装しているかを示すための国際基準です。

　この認証を受けるベンダは，同一カテゴリ製品の共通仕様であるPP（セキュリティ要求仕様書）と個別製品のST（セキュリティ基本設計書）を作成します。これにEAL1～EAL7という評価が与えられ，ユーザはこの評価を購入時の指標にできます。なお，EAL7が最も強固なセキュリティを保証しますが，コストも高額になるため，普及製品ではここまでのセキュリティを実装しないことがほとんどです（民間向けの現実的な最高レベルはEAL4）。

参考 欧米諸国が主体になって制定したCC（情報セキュリティ国際評価基準：Common Criteria）が，ほぼそのままの形で国際標準化されISO/IEC15408となり，国内では**JIS X 5070**として翻訳された。このため，ISO/IEC 15408をCC（**コモンクライテリア**）と呼ぶこともある。

468

情報セキュリティ管理 **8.7**

ISMSの規格

参考 もともとは英国の規格としてつくられ，国際規格，日本の国内規格となった。

ISO/IEC 15408が製品のセキュリティを規定するのに対し，組織のセキュリティ運用体制を規定するのが，表8.7.2に示す**ISO/IEC 27001**などの情報セキュリティマネジメントシステム(**ISMS**)規格です。

ここでいう"ガイドライン"は，組織の情報セキュリティ管理の仕組みはこうあるべきであるという**ベストプラクティス**が記された文書です。これをひな形に各組織はそれぞれの事情に合わせたマネジメントシステムをつくることができます。また"認証基準"は，組織がつくり上げた情報セキュリティマネジメントシステムの実効性や，他の各規程などとの整合性を審査するものです。国内の認証制度である**ISMS適合性評価制度**では，**JIS Q 27001**が認証基準として使われています。

用語 **ベストプラクティス**
(best practice)
最も優れた事例。

用語 **ISMS適合性評価制度**
組織の情報セキュリティマネジメントシステム(ISMS)が，適切に組織内に整備され運用されていることを，ISMS認証基準(JIS Q 27001)への適合性という観点から評価し，その結果に基づき認証を与える制度。

▼ **表8.7.2** ISMSの規格

	英国規格	国際規格	JIS
認証基準	BS7799-2	ISO/IEC 27001	JIS Q 27001
ガイドライン	BS7799-1	ISO/IEC 27002	JIS Q 27002

◐ PDCAモデル

作業の工程を**Plan**(計画)，**Do**(実行)，**Check**(評価)，**Action**(改善)に分け，このプロセスの繰り返しによってセキュリティレベルを継続的に維持・向上させていくという考え方です。ISMSプロセスは，このPDCAモデルに基づいて運用されます。

▼ **表8.7.3** ISMSのPDCA

Plan	セキュリティポリシの策定，具体的な策の計画　など
Do	セキュリティ対策実施，セキュリティ教育　など
Check	内部監査(その組織自身がチェックする監査)など
Action	重要な不適合部分の是正

◐ 情報セキュリティポリシ

セキュリティ対策は，全社レベルでの実施が重要となります。そこで，全社的な意思の統一，セキュリティ手順の明確化のために**情報セキュリティポリシ**を文書で策定します。ポリシには主に次のものが含まれます。

8
セキュリティ

469

8 セキュリティ

> **参考** セキュリティポリシは，企業や組織が抱える要因をよく考慮したうえで策定し，環境の遷移に対応するため適切な時期に見直すことが重要。

▼ **表8.7.4** セキュリティポリシの文書

基本方針	組織としてのセキュリティへの取り組み指針。事業の特徴，組織，その所在地，資産及び技術を考慮して策定する
対策基準	部署ごとの事情を加味して，基本方針を具体化したもの

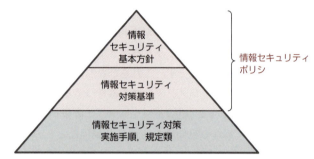

▲ **図8.7.1** 情報セキュリティポリシの位置づけ

情報セキュリティ機関・評価基準 ☕ COLUMN

ここでは，情報セキュリティ機関や，評価基準の主なものをまとめておきます。

▼ **表8.7.5** 情報セキュリティ組織・機関

CSIRT	コンピュータセキュリティにまつわる何らかの事故（インシデント）が発生したとき，その報告を受け，調査し，対応活動を行う組織・体制の総称
JPCERT/CC	日本の代表的なCSIRT。組織的なインシデント対応体制の構築や運用を支援する目的で作成されたガイドラインに**CSIRTマテリアル**がある
J-CRAT	標的型サイバー攻撃の被害低減と攻撃連鎖の遮断（拡大防止）を活動目的として，IPAが設置した組織（**サイバーレスキュー隊**）
CRYPTREC	電子政府推奨暗号の安全性を評価・監視し，暗号技術の適切な実装法及び運用法を調査・検討するプロジェクト。総務省及び経済産業省が共同で運営する暗号技術検討会などで構成されている。なお，CRYPTRECの活動を通して策定された暗号技術のリストが**CRYPTREC暗号リスト**。電子政府推奨暗号リスト（利用を推奨するもの），推奨候補暗号リスト（今後，電子政府推奨暗号リストに掲載される可能性のあるもの），運用監視暗号リスト（互換性維持以外の目的での利用は推奨しないもの）の3つで構成される
CVSS	**共通脆弱性評価システム**。情報システムの脆弱性に対するオープンで汎用的な評価手法。特定のベンダーに依存しない共通の評価方法を提供しているため，脆弱性の深刻度を同一基準の下で定量的に比較できる。CVSSでは次の3つの基準で脆弱性を評価する。 ・基本評価基準：脆弱性そのものの特性を評価する基準 ・現状評価基準：脆弱性の現在の深刻度を評価する基準 ・環境評価基準：製品利用者の利用環境も含め，最終的な脆弱性の深刻度を評価する基準

得点アップ問題 **Q&A**

得点アップ問題

解答・解説は482ページ

問題1 （R02秋問42）

暗号方式に関する記述のうち，適切なものはどれか。

ア　AESは公開鍵暗号方式，RSAは共通鍵暗号方式の一種である。
イ　共通鍵暗号方式では，暗号化及び復号に同一の鍵を使用する。
ウ　公開鍵暗号方式を通信内容の秘匿に使用する場合は，暗号化に使用する鍵を秘密にして，復号に使用する鍵を公開する。
エ　ディジタル署名に公開鍵暗号方式が使用されることはなく，共通鍵暗号方式が使用される。

問題2 （H26秋問41）

無線LANを利用するとき，セキュリティ方式としてWPA2を選択することで利用される暗号化アルゴリズムはどれか。

ア　AES　　　イ　ECC　　　ウ　RC4　　　エ　RSA

問題3 （R01秋問38）

チャレンジレスポンス認証方式の特徴はどれか。

ア　固定パスワードをTLSによって暗号化し，クライアントからサーバに送信する。
イ　端末のシリアル番号を，クライアントで秘密鍵を使って暗号化してサーバに送信する。
ウ　トークンという装置が自動的に表示する，認証のたびに異なるデータをパスワードとして送信する。
エ　利用者が入力したパスワードと，サーバから受け取ったランダムなデータとをクライアントで演算し，その結果をサーバに送信する。

問題4 （R03春問40）

暗号学的ハッシュ関数における原像計算困難性，つまり一方向性の性質はどれか。

ア　あるハッシュ値が与えられたとき，そのハッシュ値を出力するメッセージを見つけることが計算量的に困難であるという性質
イ　入力された可変長のメッセージに対して，固定長のハッシュ値を生成できるという性質
ウ　ハッシュ値が一致する二つの相異なるメッセージを見つけることが計算量的に困難であるという性質
エ　ハッシュの処理メカニズムに対して，外部からの不正な観測や改変を防御できるという性質

471

8 セキュリティ

問題5 （R02秋問38）

OCSPクライアントとOCSPレスポンダとの通信に関する記述のうち，適切なものはどれか。

ア ディジタル証明書全体をOCSPレスポンダに送信し，その応答でディジタル証明書の有効性を確認する。

イ ディジタル証明書全体をOCSPレスポンダに送信し，その応答としてタイムスタンプトークンの発行を受ける。

ウ ディジタル証明書のシリアル番号，証明書発行者の識別名(DN)のハッシュ値などをOCSPレスポンダに送信し，その応答でディジタル証明書の有効性を確認する。

エ ディジタル証明書のシリアル番号，証明書発行者の識別名(DN)のハッシュ値などをOCSPレスポンダに送信し，その応答としてタイムスタンプトークンの発行を受ける。

問題6 （R03春問45）

TLSのクライアント認証における次の処理a～cについて，適切な順序はどれか。

処理	処理の内容
a	クライアントが，サーバにクライアント証明書を送付する。
b	サーバが，クライアントにサーバ証明書を送付する。
c	サーバが，クライアントを認証する。

ア a→b→c　　イ a→c→b　　ウ b→a→c　　エ c→a→b

問題7 （H31春問44）

パケットフィルタリング型ファイアウォールが，通信パケットの通過を許可するかどうかを判断するときに用いるものはどれか。

ア Webアプリケーションに渡されるPOSTデータ

イ 送信元と宛先のIPアドレスとポート番号

ウ 送信元のMACアドレス

エ 利用者のPCから送信されたURL

問題8 （R03秋問43）

OSI基本参照モデルのネットワーク層で動作し，"認証ヘッダ(AH)" と "暗号ペイロード(ESP)" の二つのプロトコルを含むものはどれか。

ア IPsec　　イ S/MIME　　ウ SSH　　エ XML暗号

得点アップ問題 **Q&A**

問題9 （H31春問40）

DNSSECについての記述のうち，適切なものはどれか。

ア　DNSサーバへの問合せ時の送信元ポート番号をランダムに選択することによって，DNS問合せへの不正な応答を防止する。

イ　DNSの再帰的な問合せの送信元として許可するクライアントを制限することによって，DNSを悪用したDoS攻撃を防止する。

ウ　共通鍵暗号方式によるメッセージ認証を用いることによって，正当なDNSサーバからの応答であることをクライアントが検証できる。

エ　公開鍵暗号方式によるディジタル署名を用いることによって，正当なDNSサーバからの応答であることをクライアントが検証できる。

問題10 （H29秋問21-NW）

DNSの再帰的な問合せを使ったサービス不能攻撃(DNS amp攻撃)の踏み台にされることを防止する対策はどれか。

ア　DNSキャッシュサーバとコンテンツサーバに分離し，インターネット側からDNSキャッシュサーバに問合せできないようにする。

イ　問合せがあったドメインに関する情報をWhoisデータベースで確認する。

ウ　一つのDNSレコードに複数のサーバのIPアドレスを割り当て，サーバへのアクセスを振り分けて分散させるように設定する。

エ　他のDNSサーバから送られてくるIPアドレスとホスト名の対応情報の信頼性をディジタル署名で確認するように設定する。

問題11 （R02秋問43）

ボットネットにおけるC&Cサーバの役割として，適切なものはどれか。

ア　Webサイトのコンテンツをキャッシュし，本来のサーバに代わってコンテンツを利用者に配信することによって，ネットワークやサーバの負荷を軽減する。

イ　外部からインターネットを経由して社内ネットワークにアクセスする際に，CHAPなどのプロトコルを中継することによって，利用者認証時のパスワードの盗聴を防止する。

ウ　外部からインターネットを経由して社内ネットワークにアクセスする際に，時刻同期方式を採用したワンタイムパスワードを発行することによって，利用者認証時のパスワードの盗聴を防止する。

エ　侵入して乗っ取ったコンピュータに対して，他のコンピュータへの攻撃などの不正な操作をするよう，外部から命令を出したり応答を受け取ったりする。

問題12 (R02秋問3-SC)

エクスプロイトコードの説明はどれか。

ア 攻撃コードとも呼ばれ，脆弱性を悪用するソフトウェアのコードのことであり，使い方によっては脆弱性の検証に役立つこともある。
イ マルウェア定義ファイルとも呼ばれ，マルウェアを特定するための特徴的なコードのことであり，マルウェア対策ソフトによるマルウェアの検知に用いられる。
ウ メッセージとシークレットデータから計算されるハッシュコードのことであり，メッセージの改ざんの検知に用いられる。
エ ログインのたびに変化する認証コードのことであり，搾取されても再利用できないので不正アクセスを防ぐ。

チャレンジ午後問題1 (R01秋問1)

解答・解説：484ページ

標的型サイバー攻撃に関する次の記述を読んで，設問1，2に答えよ。

P社は，工場などで使用する制御機器の設計・開発・製造・販売を手掛ける，従業員数約50人の製造業である。P社では，顧客との連絡やファイルのやり取りに電子メール(以下，メールという)を利用している。従業員は一人1台のPCを貸与されており，メールの送受信にはPC上のメールクライアントソフトを使っている。メールの受信にはPOP3，メールの送信にはSMTPを使い，メールの受信だけに利用者IDとパスワードによる認証を行っている。PCはケーブル配線で社内LANに接続され，インターネットへのアクセスはファイアウォール(以下，FWという)でHTTP及びHTTPSによるアクセスだけを許可している。また，社内情報共有のためのポータルサイト用に，社内LAN上のWebサーバを利用している。P社のネットワーク構成の一部を図1に示す。社内LAN及びDMZ上の各機器には，固定のIPアドレスを割り当てている。

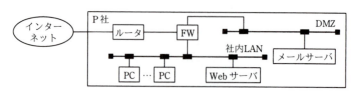

図1 P社のネットワーク構成（一部）

〔P社に届いた不審なメール〕

ある日，"添付ファイルがある不審な内容のメールを受信したがどうしたらよいか"との問合せが，複数の従業員から総務部の情報システム担当に寄せられた。P社に届いた不審なメール(以下，P社に届いた当該メールを，不審メールという)の文面を図2に示す。

得点アップ問題 **Q&A**

> P社従業員の皆様
> 総務部長のXです。
>
> 　通達でお知らせしたとおり，PCで利用しているアプリケーションソフトウェアの調査を依頼します。このメールに情報収集ツールを添付しましたので，圧縮された添付ファイルを次に示すパスワードを使ってPC上で展開の上，情報収集ツールを実行して，画面の指示に従ってください。

図2　不審メールの文面（抜粋）

　情報システム担当のYさんが不審メールのヘッダを確認したところ，送信元メールアドレスのドメインはP社以外となっていた。また，総務部のX部長に確認したところ，そのようなメールは送信していないとのことであった。X部長は，不審メールの添付ファイルを実行しないように，全従業員に社内のポータルサイト，館内放送及び緊急連絡網で周知するとともに，Yさんに不審メールの調査を指示した。

　Yさんが社内の各部署で聞き取り調査を行ったところ，設計部のZさんも不審メールを受信しており，添付ファイルを展開して実行してしまっていたことが分かった。Yさんは，Zさんが使用していたPC（以下，被疑PCという）のケーブルを①ネットワークから切り離し，P社のネットワーク運用を委託しているQ社に調査を依頼した。

　Q社で被疑PCを調査した結果，不審なプロセスが稼働しており，インターネット上の特定のサーバと不審な通信を試みていたことが判明した。不審な通信はSSHを使っていたので，②特定のサーバとの通信には失敗していた。また，Q社は　　a　　のログを分析して，不審な通信が被疑PC以外には観測されていないので，被害はないと判断した。

　Q社は，今回のインシデントはP社に対する標的型サイバー攻撃であったと判断し，調査の内容を取りまとめた調査レポートをYさんに提出した。

〔標的型サイバー攻撃対策の検討〕

　Yさんからの報告とQ社の調査レポートを確認したX部長は，今回のインシデントの教訓を生かして，情報セキュリティ対策として，図1のP社の社内LANのネットワーク構成を変更せずに実施できる技術的対策の検討をQ社に依頼するよう，Yさんに指示した。Q社のW氏はYさんとともに，P社で実施済みの情報セキュリティ対策のうち，標的型サイバー攻撃に有効な技術的対策を確認し，表1にまとめた。

表1　標的型サイバー攻撃に有効なP社で実施済みの情報セキュリティ対策（一部）

対策の名称	対策の内容
FWによる遮断	・PCからインターネットへのアクセスには，FWでHTTP及びHTTPSだけを許可し，それ以外は遮断する。
PCへのマルウェア対策ソフトの導入	・PCにマルウェア対策ソフトを導入し，定期的にパターンファイルの更新とPC上の全ファイルのチェックを行う。 ・リアルタイムスキャンを有効化する。

475

8 セキュリティ

W氏は，表1の実施済みの情報セキュリティ対策を踏まえて，図1のP社の社内LANのネットワーク構成を変更せずに実施できる技術的対策の検討を進め，表2に示す標的型サイバー攻撃に有効な新たな情報セキュリティ対策案をYさんに示した。

表2　標的型サイバー攻撃に有効な新たな情報セキュリティ対策案

対策の名称	対策の内容
メールサーバにおけるメール受信対策	・メールサーバ向けマルウェア対策ソフトを導入して，届いたメールの本文や添付ファイルのチェックを行い，不審なメールは隔離する。 ・　　b　　などの送信ドメイン認証を導入する。
メールサーバにおけるメール送信対策	・PC からメールを送信する際にも，利用者認証を行う。
インターネットアクセス対策	・PC から直接インターネットにアクセスすることを禁止（FW で遮断）し，DMZ に新たに設置するプロキシサーバ経由でアクセスさせる。 ・プロキシサーバでは，利用者 ID とパスワードによる利用者認証を導入する。 ・プロキシサーバでは，不正サイトや改ざんなどで侵害されたサイトを遮断する機能を含む URL フィルタリング機能を導入する。
ログ監視対策	・Q 社のログ監視サービスを利用して，FW 及びプロキシサーバのログ監視を行い，不審な通信を検知する。

W氏は，新たな情報セキュリティ対策案について，Yさんに次のように説明した。

Yさん：メールサーバに導入する送信ドメイン認証は，標的型サイバー攻撃にどのような効果がありますか。

W氏　：送信ドメイン認証は，メールの　　c　　を検知することができます。導入すれば，今回の不審メールは検知できたと思います。

Yさん：メールサーバで送信する際に利用者認証を行う理由を教えてください。

W氏　：標的型サイバー攻撃の目的が情報窃取だった場合，メール経由で情報が外部に漏えいするおそれがあります。利用者認証を行うことでそのようなリスクを低減できます。

Yさん：インターネットアクセス対策は，今回の不審な通信に対してどのような効果がありますか。

W氏　：今回の不審な通信は特定のサーバとの通信に失敗していましたが，マルウェアが使用する通信プロトコルが　　d　　だった場合，サイバー攻撃の被害が拡大していたおそれがありました。その場合でも，表2に示したインターネットアクセス対策を導入することで防げる可能性が高まります。

Yさん：URLフィルタリング機能は，どのようなリスクへの対策ですか。

W氏　：標的型サイバー攻撃はメール経由とは限りません。例えば，③水飲み場攻撃によっ

476

得点アップ問題 **Q&A**

8

セキュリティ

てマルウェアをダウンロードさせられることがあります。URLフィルタリング機能を用いると，そのような被害を軽減できます。

Yさん ：ログ監視対策の目的も教えてください。

W氏 ：表2に示したインターネットアクセス対策を導入した場合でも，高度な標的型サイバー攻撃が行われると，④こちらが講じた対策を回避してC&C(Command and Control)サーバと通信されてしまうおそれがあります。その場合に行われる不審な通信を検知するためにログ監視を行います。

W氏から説明を受けたYさんは，Q社から提案された新たな情報セキュリティ対策案をX部長に報告した。報告を受けたX部長は，各対策を導入する計画を立てるとともに，⑤不審なメールの適切な取扱いについて従業員に周知するように，Yさんに指示した。

設問1　〔P社に届いた不審なメール〕について，(1)〜(3)に答えよ。

(1) 本文中の下線①で，Yさんが被疑PCをネットワークから切り離した目的を20字以内で述べよ。

(2) 本文中の下線②で，不審なプロセスが特定のサーバとの通信に失敗した理由を20字以内で述べよ。

(3) 本文中の　　a　　に入れる適切な字句を，図1中の構成機器の名称で答えよ。

設問2　〔標的型サイバー攻撃対策の検討〕について，(1)〜(5)に答えよ。

(1) 表2中の　　b　　に入れる適切な字句を解答群の中から選び，記号で答えよ。
解答群
　ア　OP25B　　　　　　　イ　PGP
　ウ　S/MIME　　　　　　 エ　SPF

(2) 本文中の　　c　　，　　d　　に入れる適切な字句を，それぞれ20字以内で答えよ。

(3) 本文中の下線③の水飲み場攻撃では，どこかにあらかじめ仕込んでおいたマルウェアをダウンロードするように仕向ける。マルウェアはどこに仕込まれる可能性が高いか，適切な内容を解答群の中から選び，記号で答えよ。
解答群
　ア　P社従業員がよく利用するサイト
　イ　P社従業員の利用が少ないサイト
　ウ　P社のプロキシサーバ
　エ　P社のメールサーバ

477

(4) 本文中の下線④で，C&CサーバがURLフィルタリング機能でアクセスが遮断されないサイトに設置された場合，マルウェアがどのような機能を備えていると対策を回避されてしまうか，適切な内容を解答群の中から選び，記号で答えよ。

解答群
ア　PC上のファイルを暗号化する機能
イ　感染後にしばらく潜伏してから攻撃を開始する機能
ウ　自身の亜種を作成する機能
エ　プロキシサーバの利用者認証情報を窃取する機能

(5) 本文中の下線⑤で，P社従業員が不審なメールに気付いた場合，不審なメールに添付されているファイルを展開したり実行したりすることなくとるべき行動として，適切な内容を解答群の中から選び，記号で答えよ。

解答群
ア　PCのメールクライアントソフトを再インストールする。
イ　不審なメールが届いたことをP社の情報システム担当に連絡する。
ウ　不審なメールの本文と添付ファイルをPCに保存する。
エ　不審なメールの本文に書かれているURLにアクセスして真偽を確認する。

チャレンジ午後問題2 (H31春問1)

解答・解説：487ページ

ECサイトの利用者認証に関する次の記述を読んで，設問1～4に答えよ。

　M社は，社員数が200名の輸入化粧品の販売会社である。このたび，M社では販路拡大の一環として，インターネット経由の通信販売(以下，インターネット通販という)を行うことを決めた。インターネット通販の開始に当たり，情報システム課のN課長を責任者として，インターネット通販用のWebサイト(以下，M社ECサイトという)を構築することになった。
　M社ECサイトへの外部からの不正アクセスが行われると，インターネット通販事業で甚大な損害を被るおそれがある。そこで，N課長は，部下のC主任に，不正アクセスを防止するための対策について検討を指示した。

〔利用者認証の方式の調査〕
　N課長の指示を受けたC主任は，最初に，利用者認証の方式について調査した。
　利用者認証の方式には，次の3種類がある。
（ⅰ）利用者の記憶，知識を基にしたもの
（ⅱ）利用者の所有物を基にしたもの
（ⅲ）利用者の生体の特徴を基にしたもの

得点アップ問題 **Q&A**

（ⅱ）には，| a |による認証があり，（ⅲ）には，| b |による認証がある。（ⅱ），（ⅲ）の方式は，セキュリティ面の安全性が高いが，①多数の会員獲得を目指すM社ECサイトの利用者認証には適さないとC主任は考えた。他社のECサイトを調査したところ，ほとんど（ⅰ）の方式が採用されていることが分かった。そこで，M社ECサイトでは，（ⅰ）の方式の一つであるID，パスワードによる認証を行うことにし，ID，パスワード認証のリスクに関する調査結果を基に，対応策を検討することにした。

〔ID，パスワード認証のリスクの調査〕

ID，パスワード認証のリスクについて調査したところ，幾つかの攻撃手法が報告されていた。パスワードに対する主な攻撃を表1に示す。

表1　パスワードに対する主な攻撃

項番	攻撃名	説明
1		c	攻撃	ID を固定して，パスワードに可能性のある全ての文字を組み合わせてログインを試行する攻撃
2	逆	c	攻撃	パスワードを固定して，ID に可能性のある全ての文字を組み合わせてログインを試行する攻撃
3	類推攻撃	利用者の個人情報などからパスワードを類推してログインを試行する攻撃
4	辞書攻撃	辞書や人名録などに載っている単語や，それらを組み合わせた文字列などでログインを試行する攻撃
5		d	攻撃	セキュリティ強度の低い Web サイト又は EC サイトから，ID とパスワードが記録されたファイルを窃取して，解読した ID，パスワードのリストを作成し，リストを用いて，ほかのサイトへのログインを試行する攻撃

表1中の項番1〜4の攻撃に対しては，パスワードとして設定する文字列を工夫することが重要である。項番5の攻撃に対しては，M社ECサイトでの認証情報の管理方法の工夫が必要である。しかし，他組織のWebサイトやECサイト（以下，他サイトという）から流出した認証情報が悪用された場合は，M社ECサイトでは対処できない。そこで，C主任は，M社ECサイトでのパスワード設定規則，パスワード管理策及び会員に求めるパスワードの設定方法の3点について，検討を進めることにした。

〔パスワード設定規則とパスワード管理策〕

最初に，C主任は，表1中の項番1，2の攻撃への対策について検討した。検討の結果，パスワードの安全性を高めるために，M社ECサイトに，次のパスワード設定規則を導入することにした。

・パスワード長の範囲を10〜20桁とする。
・パスワードについては，英大文字，英小文字，数字及び記号の70種類を使用可能とし，英大文字，英小文字，数字及び記号を必ず含める。

8 セキュリティ

　次に，C主任は，M社ECサイトのID，パスワードが窃取・解析され，表1中の項番5の攻撃で他サイトが攻撃されるのを防ぐために，M社ECサイトで実施するパスワードの管理方法について検討した。

　一般に，Webサイトでは，②パスワードをハッシュ関数によってハッシュ値に変換(以下，ハッシュ化という)し，平文のパスワードの代わりにハッシュ値を秘密認証情報のデータベースに登録している。しかし，データベースに登録された認証情報が流出すると，レインボー攻撃と呼ばれる次の方法によって，ハッシュ値からパスワードが割り出されるおそれがある。

- 攻撃者が，膨大な数のパスワード候補とそのハッシュ値の対応テーブル(以下，Rテーブルという)をあらかじめ作成するか，又は作成されたRテーブルを入手する。
- 窃取したアカウント情報中のパスワードのハッシュ値をキーとして，Rテーブルを検索する。一致したハッシュ値があればパスワードが割り出される。

　レインボー攻撃はオフラインで行われ，時間や検索回数の制約がないので，パスワードが割り出される可能性が高い。そこで，C主任は，レインボー攻撃によるパスワードの割出しをしにくくするために，③次の処理を実装することにした。

- 会員が設定したパスワードのバイト列に，ソルトと呼ばれる，会員ごとに異なる十分な長さのバイト列を結合する。
- ソルトを結合した全体のバイト列をハッシュ化する。
- ID，ハッシュ値及びソルトを，秘密認証情報のデータベースに登録する。

〔会員に求めるパスワードの設定方法〕

　次に，C主任は，表1中の項番3，4及び5の攻撃への対策を検討し，次のルールに従うことをM社ECサイトの会員に求めることにした。

- 会員自身の個人情報を基にしたパスワードを設定しないこと
- 辞書や人名録に載っている単語を基にしたパスワードを設定しないこと
- ④会員が利用する他サイトとM社ECサイトでは，同一のパスワードを使い回さないこと

　C主任は，これらの検討結果をN課長に報告した。報告内容と対応策はN課長に承認され，実施されることになった。

得点アップ問題 **Q&A**

設問1 〔利用者認証の方式の調査〕について, (1), (2)に答えよ.

(1) 本文中の ___ a ___ , ___ b ___ に入れる適切な字句を解答群の中から選び, 記号で答えよ.

解答群

　　ア　虹彩　　　　　イ　体温　　　　　　　ウ　ディジタル証明書

　　エ　動脈　　　　　オ　パスフレーズ　　　カ　パソコンの製造番号

(2) 本文中の下線①について, (ⅱ) 又は (ⅲ) の方式の適用が難しいと考えられる適切な理由を解答群の中から選び, 記号で答えよ.

解答群

　　ア　インターネット経由では, 利用者認証が行えないから

　　イ　スマートデバイスを利用した利用者認証が行えないから

　　ウ　利用者に認証デバイス又は認証情報を配付する必要があるから

　　エ　利用者のIPアドレスが変わると, 利用者認証が行えなくなるから

設問2 〔ID, パスワード認証のリスクの調査〕について, (1), (2)に答えよ.

(1) 表1中の ___ c ___ , ___ d ___ に入れる適切な字句を答えよ.

(2) 表1中の項番1の攻撃には有効であるが, 項番2の攻撃には効果が期待できない対策を, "パスワード"という字句を用いて, 20字以内で答えよ.

設問3 〔パスワード設定規則とパスワード管理策〕について, (1), (2)に答えよ.

(1) 本文中の下線②について, ハッシュ化する理由を, ハッシュ化の特性を踏まえ25字以内で述べよ.

(2) 本文中の下線③の処理によって, パスワードの割出しがしにくくなる最も適切な理由を解答群の中から選び, 記号で答えよ.

解答群

　　ア　Rテーブルの作成が難しくなるから

　　イ　アカウント情報が窃取されてもソルトの値が不明だから

　　ウ　高機能なハッシュ関数が利用できるようになるから

　　エ　ソルトの桁数に合わせてハッシュ値の桁数が大きくなるから

設問4 本文中の下線④について, パスワードの使い回しによってM社ECサイトで発生するリスクを, 35字以内で述べよ.

8

セキュリティ

481

8 セキュリティ

‖‖‖ 解 説 ‖‖‖

問題1　　　　　　　　　　　　　　　解答：イ　　←p439〜441を参照。

ア：AESは共通鍵暗号方式，RSAは公開鍵暗号方式です。
イ：正しい記述です。
ウ：暗号化鍵を公開し，復号鍵は秘密裏に管理します。
エ：ディジタル署名で用いられるのは公開鍵暗号方式です。

問題2　　　　　　　　　　　　　　　解答：ア　　←p442を参照。

　WPA2を選択することで利用される暗号化アルゴリズムはAESです。

問題3　　　　　　　　　　　　　　　解答：エ　　←p444を参照。

　チャレンジレスポンス認証では，利用者が入力したパスワードと，サーバから送られてきたランダムなデータ（チャレンジ）とを演算し，その結果を認証用データ（レスポンス）としてサーバに送信します。

問題4　　　　　　　　　　　　　　　解答：ア　　←p445を参照。

　原像計算困難性（一方向性）とは，「ハッシュ値から元のメッセージの復元は困難である」という性質です。したがって〔ア〕が正しい記述です。ちなみに，〔ウ〕は衝突発見困難性（強衝突耐性ともいう）の説明，〔エ〕は耐タンパ性の説明です。

問題5　　　　　　　　　　　　　　　解答：ウ　　←p453を参照。

　OCSPは，ディジタル証明書が失効しているかどうかをオンラインでリアルタイムに確認するためのプロトコルです。OCSPクライアント（証明書利用者）は，対象となる証明書のシリアル番号などを，証明書の失効情報を保持したサーバ（OCSPレスポンダ）に送信し，その応答でディジタル証明書の有効性を確認します。

問題6　　　　　　　　　　　　　　　解答：ウ　　←p455を参照。

　TLSにおいて，サーバがクライアントを認証する場合，サーバは，サーバ証明書を送付するときに，クライアント証明書の提示を要請します。したがって，「(b) クライアントにサーバ証明書を送付する（同時にクライアント証明書の提示要請をする）」→「(a) サーバにクライアント証明書を送付する」→「(c) クライアントを認証する」となります。

問題7　　　　　　　　　　　　　　　解答：イ　　←p458を参照。

　パケットフィルタリング型ファイアウォールでは，通信パケットの送信元と宛先のIPアドレスとポート番号をチェックして，パケットの通過可否を判断します。

482

得点アップ問題 **Q&A**

問題8
解答：ア

←p462を参照。

OSI基本参照モデルのネットワーク層で動作し，"認証ヘッダ(AH)" と "暗号ペイロード(ESP)" の2つを含むのは，〔ア〕の**IPsec**です。

問題9
解答：エ

←p464を参照。

DNSSEC(DNS Security Extensions)は，DNS応答にディジタル署名を付加することによりDNS応答の正当性を確認できるようにした規格です。ドメイン応答に付加されたディジタル署名を検証することで，正当なコンテンツサーバによって生成された応答レコードであること，さらに応答レコードが改ざんされていないことを確認できます。

問題10
解答：ア

←p464, 465を参照。

DNS amp攻撃は，DNSキャッシュポイズニング脆弱性のあるDNSキャッシュサーバを踏み台にして，DNS問合せの何十倍も大きなサイズのDNS応答パケットを標的サーバに送り付ける攻撃です。この攻撃は，DNSキャッシュサーバがインターネット側(組織外部)からの再帰的な問合せに回答してしまうことを利用した攻撃なので，対策としては〔ア〕が適切です。なお，〔イ〕はDNS amp攻撃の対策にはなりません。〔ウ〕はDNSラウンドロビン，〔エ〕はDNSSECの説明です。

※DNS amp攻撃は，**DNSリフレクション攻撃**ともいう。

問題11
解答：エ

←p465を参照。

C&Cサーバ(Command and Control server)は，ボットネットへ指令を出すサーバです。したがって，〔エ〕が正しい記述です。

ア：**CDN**(Content Delivery Network)の役割です。CDNでは，インターネット回線の負荷を軽減するように分散配置された代理サーバ(キャッシュサーバ)が，オリジンサーバ(オリジナルのWebコンテンツが存在するサーバ)に代わってコンテンツを利用者に配信します。このため，動画や音声などの大容量のデータを効率的かつスピーディに配信することが可能です。

イ，ウ：認証サーバの役割です。

問題12
解答：ア

←p466を参照。

ア：エクスプロイトコードの説明です。

イ：シグネチャの説明です。

ウ：**MAC**(Message Authentication Code：メッセージ認証符号)の1つである，**HMAC**(Hash-based MAC)の説明です。

エ：ワンタイムパスワードの説明です。

※MACは，メッセージの改ざんや破損などを検証し，メッセージの真正性と完全性を確認するための固定長のコード。

8

セキュリティ

8 セキュリティ

チャレンジ午後問題1

設問1	(1)	社内の他の機器と通信させないため
	(2)	FWでアクセスが許可されていないから
	(3)	a：FW
設問2	(1)	b：エ
	(2)	c：送信元メールアドレスのなりすまし d：HTTP又はHTTPS
	(3)	ア
	(4)	エ
	(5)	イ

●設問1 (1)

　Yさんが被疑PC（設計部のZさんのPC）をネットワークから切り離した目的が問われています。

　設計部のZさんは不審メールの添付ファイルを展開して実行してしまっているため，PCがマルウェアに感染している可能性があります。通常，PCに感染したマルウェアは，ネットワークを通じて他の機器への感染を拡大させます。したがって，このような場合は，被疑PCが他の機器と通信をしないよう，社内のネットワークから切り離す必要があります。つまり，被疑PCをネットワークから切り離した目的は，**社内の他の機器と通信させないため**です。

●設問1 (2)

　不審なプロセスが特定のサーバとの通信に失敗した理由が問われています。ヒントとなるのは，下線②の前にある「不審な通信はSSHを使っていた」という記述と，問題文の最初の段落にある「インターネットへのアクセスはFWでHTTP及びHTTPSによるアクセスだけを許可している」との記述です。これらの記述から，マルウェアはSSHを使ってインターネット上の特定のサーバとの通信を試みたものの，SSHを使った通信は，FWでアクセスが許可されていないため遮断され，失敗したことがわかります。つまり，不審なプロセスが特定のサーバとの通信に失敗した理由は，**FWでアクセスが許可されていないから**です。

●設問1 (3)

空欄a：「Q社は　　a　　のログを分析して，不審な通信が被疑PC以外には観測されていないので，被害はないと判断した」とあります。

　図1を見ると，P社内のPCやWebサーバ及びメールサーバが，インターネットへアクセスする際は，FWとルータを経由します。ここ

484

得点アップ問題 **Q&A**

で，インターネットへのアクセス許可や遮断を行うのはFWであることに着目します。つまり，不審な通信はFWで遮断されるため，その痕跡が残るのはFWのログだけです。したがって，Q社が分析したログは，**FW**（空欄a）のログです。

●設問2（1）

空欄b：「 b などの送信ドメイン認証」とあります。送信ドメイン認証とは，メールの"送信元メールアドレスのなりすまし"を検知する方法です。SPF(Sender Policy Framework)はその代表的な方法の1つで，SMTP通信中にやり取りされるMAIL FROMコマンドで与えられた送信ドメインと，送信サーバのIPアドレスの適合性を検証することで送信元ドメインを詐称した，なりすましメールを検知します。したがって，空欄bには〔**エ**〕の**SPF**が入ります。SPFでの検証手順は，次のとおりです。

- **送信側**：自ドメインのDNSサーバのSPFレコードに，正当なSMTPメールサーバのIPアドレスを登録（公開）する。
- **受信側**：メール受信時，MAIL FROMコマンドで与えられたアドレスのドメイン部をもとに，送信元ドメインのDNSサーバへSPFレコードを問合せ，送信側のメールサーバのIPアドレスがSPFレコードに存在するかを確認する。

> ※**送信ドメイン認証**には，ディジタル署名を利用した**DKIM**(Domain Keys Identified Mail)もある。DKIMでは，あらかじめ公開鍵をDNSサーバに公開しておき，メールのヘッダにディジタル署名を付与して送信する。受信側メールサーバは，送信ドメインのDNSサーバから公開鍵を入手し，署名の検証を行う。

●設問2（2）

空欄c：「送信ドメイン認証は，メールの c を検知することができる」とあります。設問2（1）で解説したとおり，送信ドメイン認証は，メールの**送信元メールアドレスのなりすまし**（空欄c）を検知する方法です。

空欄d：「マルウェアが使用する通信プロトコルが d だった場合，サイバー攻撃の被害が拡大していたおそれがあった」とあります。FWでアクセスが許可されているのはHTTPとHTTPSだけです。そ

8
セキュリティ

485

のため，SSHを使った不審な通信はFWで遮断できましたが，マルウェアがHTTP又はHTTPSを使った通信を行った場合，FWではそれを遮断できません。そして，マルウェアがインターネット上の特定のサーバ(C&Cサーバ)との通信に成功すると，P社の情報が搾取されたり，新たなマルウェアが送り込まれ，C&Cサーバから遠隔操作されたりするなど，被害が拡大していた可能性があります。以上，空欄dにはHTTP又はHTTPSが入ります。

●設問2（3）

水飲み場攻撃に関する設問です。どこにマルウェアが仕込まれる可能性が高いか問われています。水飲み場攻撃とは，標的となる組織の従業員が頻繁にアクセスするWebサイトを改ざんし，当該従業員がアクセスしたときだけマルウェアを送り込んでPCに感染させる(それ以外は何もしない)という攻撃です。したがって，マルウェアが仕込まれる可能性が高いのは〔ア〕のP社従業員がよく利用するサイトです。

●設問2（4）

マルウェアがどのような機能を備えていると，こちらが講じた対策を回避されてしまうか問われています。講じた対策とは，表2に示されているインターネットアクセス対策の次の3つです。

- インターネットへのアクセスはプロキシサーバ経由にする。
- プロキシサーバにおいて利用者認証を行う。
- プロキシサーバにURLフィルタリング機能を導入する。

設問文に，「C&CサーバがURLフィルタリング機能でアクセスが遮断されないサイトに設置された場合」とあるので，回避されてしまう可能性があるのは，「プロキシサーバでの利用者認証」です。この利用者認証を回避(突破)するためには，利用者認証情報すなわち利用者IDとパスワードを何らかの方法で搾取する必要があり，マルウェアがこの機能を備えていた場合には，プロキシサーバでの利用者認証は回避されてしまいます。以上，マルウェアが備えていると対策を回避されてしまう機能とは，〔エ〕の「プロキシサーバの利用者認証情報を窃取する機能」です。

●設問2（5）

P社従業員が不審なメールに気付いたときに，とるべき適切な行動が問われています。不審なメールを受信した場合，添付されているファイルを展開したり実行したりしないで，まずは管理者へ報告することが重要なので，〔イ〕の「不審なメールが届いたことをP社の情報システム担当に連絡する」が適切です。〔ア〕，〔ウ〕は不審メール受信時の対策としては意味がありません。また，〔エ〕は避けるべき行動です。

※ "水飲み場"という名称は，肉食動物がサバンナの水飲み場(池など)で獲物を待ち伏せし，獲物が水を飲みに現れたところを狙い撃ちにする行動から名付けられた。

得点アップ問題　**Q&A**

チャレンジ午後問題2

設問1	(1)	a：ウ　　b：ア
	(2)	ウ
設問2	(1)	c：ブルートフォース　（別解：総当たり） d：パスワードリスト
	(2)	パスワード入力試行回数の上限値の設定
設問3	(1)	ハッシュ値からパスワードの割出しは難しいから
	(2)	ア
設問4		他サイトから流出したパスワードによって，不正ログインされる

8

セキュリティ

●設問1（1）

　利用者認証の方式についての設問です。「（ⅱ）には，　a　による認証があり，（ⅲ）には，　b　による認証がある」とあります。解答群の中で利用者認証に用いられるものは，〔ア〕の虹彩と〔ウ〕のディジタル証明書，そして〔オ〕のパスフレーズだけです。このうち，〔オ〕のパスフレーズは文字数が長いパスワードのことで，（ⅰ）の「利用者の記憶，知識を基にしたもの」による認証に用いられます。したがって，問われている空欄a及びbには，〔ア〕，〔ウ〕のいずれかが入ります。

空欄a：（ⅱ）の「利用者の所有物を基にしたもの」による利用者認証で用いられるのは**ディジタル証明書**です。ディジタル証明書は，他人による"なりすまし"を防ぐために用いられる本人確認の手段です。証明書には，「作成・送信した文書が，利用者が作成した真性なものであり，利用者が送信したものであること」を証明できる"署名用"と，インターネットサイトなどにログインする際に利用される"利用者証明用"があります。利用者証明用のディジタル証明書により，「ログインした者が利用者本人であること」の証明ができます。

空欄b：（ⅲ）の「利用者の生体の特徴を基にしたもの」による利用者認証に用いられるのは**虹彩**です。虹彩とは，目の瞳孔の周りにあるドーナッツ型の薄い膜のことです。虹彩は，1歳頃には安定し，経年による変化がありません。そのため，個人認証に必要な情報の更新がほとんど不要であるといった特徴もあり，個人認証を行う優れた生体認証の1つになっています。

　以上，空欄aには〔**ウ**〕の**ディジタル証明書**，空欄bには〔**ア**〕の**虹彩**が入ります。なお，その他の選択肢は，次のような理由で利用者認証には用いられません。

イ：体温は体調などにより変化するため個人の認証には適しません。

※利用者認証の方式
（ⅰ）利用者の記憶，知識を基にしたもの
（ⅱ）利用者の所有物を基にしたもの
（ⅲ）利用者の生体の特徴を基にしたもの

487

エ：生体認証の中で，血管のパターンを用いる認証として実用化されているのは，動脈ではなく，静脈による認証（静脈認証）です。静脈認証とは，手のひらや指などの静脈パターンを読み取り，個人を認証する方法です。動脈は，静脈よりも皮膚から遠くにあるため読み取りづらいなどの理由で認証には適しません。

カ：パソコンの製造番号は「利用者の所有物」ではありますが，利用者でなくても知り得る情報です。利用者個人を識別することはできますが，真正性を検証できないため利用者の個人認証には適しません。

●設問1（2）

下線①について，（ⅱ）又は（ⅲ）の方式，すなわちディジタル証明書による認証又は虹彩による認証は，多数の会員獲得を目指すM社ECサイトの利用者認証には適さないとC主任が考えた理由が問われています。

ディジタル証明書を用いて利用者認証を行う場合，利用者本人であることを証明できる認証情報，つまり利用者証明用のディジタル証明書を利用者に配布するか，あるいは利用者に申請してもらう必要があります。また，虹彩による認証を行うためには，虹彩認証に対応した認証デバイスが必要です。最近はスマートフォンの画面に顔をかざすだけで虹彩認証ができる技術もありますが，このようなデバイスをもっていない利用者には，認証デバイスを配布しなければなりません。したがって，これらの方式は，多数の会員獲得を目指すECサイトの利用には適しません。〔**ウ**〕の「**利用者に認証デバイス又は認証情報を配付する必要があるから**」が適切な理由です。

●設問2（1）

表1中の空欄c及び空欄dが問われています。

空欄c：項番1の説明に，「IDを固定して，パスワードに可能性のある全ての文字を組み合わせてログインを試行する攻撃」とあります。このような攻撃を**ブルートフォース攻撃**又は**総当たり攻撃**といいます。

空欄d：項番5の説明に，「セキュリティ強度の低いWebサイト又はECサイトから，IDとパスワードが記録されたファイルを搾取して，解読したID，パスワードのリストを作成し，リストを用いて，ほかのサイトへのログインを試行する攻撃」とあります。このような攻撃を**パスワードリスト攻撃**といいます。

●設問2（2）

項番1のブルートフォース（空欄c）攻撃には有効であるが，項番2の逆ブルートフォース攻撃には効果が期待できない対策を，"パスワード"という字句を用いて解答する問題です。

※パスワードリスト攻撃は，インターネットサービス利用者の多くが複数のサイトで同一の利用者IDとパスワードを使い回している状況に目をつけた攻撃。

ブルートフォース攻撃では，IDを固定して，あらゆるパスワードでログインを何度も試みてくるので，パスワード誤りによるログイン失敗が連続します。そのため，対策としては，パスワードの入力試行回数に上限値を設定し，これを超えたログインが行われた場合，不正ログインの可能性を疑いログインができないようにするアカウントロックが有効です。一方，項番2の逆ブルートフォース攻撃は，パスワードを固定して，IDを変えながらログインを何度も試みてくる攻撃なので，同一IDでのパスワード連続誤りは発生しません。したがって，ブルートフォース攻撃に有効とされる，**パスワード入力試行回数の上限値の設定**という対策は効果がありません。

●設問3（1）

下線②について，パスワードをハッシュ関数によってハッシュ値に変換する(ハッシュ化する)理由が問われています。ここで，ハッシュ関数は次の特性をもっていることを確認しておきましょう。

①ハッシュ値の長さは固定
②ハッシュ値から元のメッセージの復元は困難
③同じハッシュ値を生成する異なる2つのメッセージの探索は困難

上記②の特性に着目すると，パスワードをハッシュ化しておけば，仮に秘密認証情報のデータベースが不正アクセスされたとしても，ハッシュ化されたパスワード（ハッシュ値）から元のパスワードの割出しは困難であることがわかります。これがパスワードをハッシュ化する理由です。解答としては，**ハッシュ値からパスワードの割出しは難しいから**などとすればよいでしょう。

●設問3（2）

下線③の処理によって，レインボー攻撃によるパスワードの割出しをしにくくする最も適切な理由が問われています。下線③の処理とは，「会員が設定したパスワードと，ソルト(会員ごとに異なる十分な長さのバイト列)を結合した文字列をハッシュ化し，秘密認証情報のデータベースには，ID，ハッシュ値，及びソルトを登録する」というものです。

レインボー攻撃では，Rテーブルと呼ばれる，膨大な数のパスワード候補とそのハッシュ値の対応テーブルを使って，搾取した認証情報（パスワードのハッシュ値）から，そのハッシュ値に対応する元のパスワードを割り出します。そのため，単にパスワードをハッシュ化しただけでは，レインボー攻撃によって，パスワードが割り出されてしまう可能性があります。そこで，考えられたのがソルトを用いる方式です。パスワードにソルトを加えてハッシュ化したハッシュ値であれば，それを搾取したところで，Rテーブルにそのハッシュ値が存在する可能性は低く，

※②の特性を，**一方向性又は原像計算困難性**という。また，③の特性を，**衝突発見困難性**という。

8 セキュリティ

パスワードの割出しは困難です。仮に攻撃者が，ソルト方式に対応できるRテーブルを作成しようとしても，ソルトは会員ごとに異なり，またどのような値になるか事前にはまったくわからないため，1つのパスワード候補に対して，あらゆるソルトを結合してハッシュ値を計算しなければならず，Rテーブルの作成は現実的にはかなり困難となります。

以上，下線③の処理によって，レインボー攻撃によるパスワードの割出しをしにくくする最も適切な理由は，〔ア〕の**Rテーブルの作成が難しくなるから**です。

●設問4

下線④について，パスワードの使い回しによってM社ECサイトで発生するリスクが問われています。ここで，〔会員に求めるパスワードの設定方法〕に記載されている3つのルールを確認すると，1つ目のルールは項番3の類推攻撃への対策，2つ目のルールは項番4の辞書攻撃への対策です。そして，下線④の3つ目のルールが項番5のパスワードリスト攻撃への対策です。

パスワードリスト攻撃は，インターネットサービス利用者の多くが複数のサイトで同一の利用者IDとパスワードを使い回している状況に目をつけた攻撃です。M社の，ある会員が利用する他サイトから認証情報ファイルが流出し，その会員がM社ECサイトでも同一の利用者IDとパスワードを使い回していた場合，攻撃者によりM社ECサイトに不正ログインされる可能性があります。つまり，パスワードの使い回しによって発生するリスクとは，「**他サイトから流出したパスワードによって，不正ログインされる**」というリスクです。

〔補足〕

流出した認証情報ファイルに対する攻撃には，**オフライン総当たり攻撃**もあります。この攻撃では，攻撃者は，認証情報ファイルを入手した後，パスワードの候補を逐次生成してはハッシュ化し，得られたハッシュ値が，入手した認証情報ファイルのハッシュ値と一致するかどうか，しらみつぶしに確認することによって，ハッシュ値の元のパスワードを割り出します。

オフライン総当たり攻撃を難しくする方式の1つに，**ストレッチング**があります。この方式では，パスワード（あるいは，パスワード＋ソルト）をハッシュ化し，さらにそのハッシュ値をハッシュ化するという操作を，繰り返し行い（例えば，数千回～数万回），最終的に得られたハッシュ値を認証情報とします。攻撃者が，総当たりでパスワードを割り出そうとしても，1つのパスワード候補からハッシュ値を求める時間が増加するため，パスワード割り出しには膨大な時間がかかります。

※1つ目のルール：会員自身の個人情報を基にしたパスワードを設定しないこと。
2つ目のルール：辞書や人名録に載っている単語を基にしたパスワードを設定しないこと。

※ストレッチングを行うことで，万が一，認証情報ファイルが流出したとしても，時間稼ぎができ，その間に対処が行える。

第9章
システム開発技術

　ソフトウェアの基本的な開発プロセスは，「要求分析・定義」→「設計」→「制作」→「検証」という工程に分けることができます。本章では，旧来から採用されているウォータフォールモデルはもちろんのこと，近年採用が多くなっているアジャイル型開発，さらに組込みソフトウェア開発などを中心に，それぞれの工程で使用される要求分析手法や各種設計手法，及び検証（テスト）手法を学習していきます。出題範囲は，基本情報技術者試験と同じですが，応用情報技術者という立場から，問われる方向や難易度が基本情報技術者試験とは異なりますので，用語の暗記だけではなく，周辺知識も含めて理解していくよう心がけてください。

　本章で学習する内容は，午後試験で，"システムアーキテクチャ"や"情報システム開発"に関する応用力を問う問題として出題されます。長文問題を読んですぐ問題の設定テーマが理解できるような基礎力を本章でつけておきましょう。

9 システム開発技術

9.1 開発プロセス・手法

9.1.1 ソフトウェア開発モデル　AM/PM

ソフトウェアライフサイクル

情報システムは，ある日突然に開発が始められるのではなく，ある計画のもとに開発されます。そして，開発された情報システムは，ユーザにサービスを提供しつつ，利用状況の変化や外界の変化に対応するために保守を受けます。しかし，保守を行っても適応できなくなると，その情報システムは廃棄され，新たな情報システムの計画へとつながっていくことになります。こうした「計画(Plan)」・「開発(Do)」・「運用・保守(See)」という3つのフェーズを**ソフトウェアライフサイクル**(SLC)といいます。

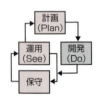

参考 ソフトウェアライフサイクル

参考 共通フレーム
システムやソフトウェアの構想から開発，運用，保守，廃棄に至るまでの**ライフサイクル**全般にわたって，必要な作業内容を包括的に規定したガイドライン。p637を参照。

ソフトウェア開発モデル

情報システムの開発は，「要求の定義(要件定義)」→「設計」→「プログラミング」→「テスト」といった工程単位に分けることができます。この開発工程を標準化して，1つのモデルとしたものが**ソフトウェア開発モデル**(プロセスモデル)です。

ソフトウェア開発モデルは，システムをどのように開発していくかというスタイルそのものなので，開発するシステムの規模や開発の期間などにより，その内容は様々です。代表的な開発モデルをみていきましょう。

● ウォータフォールモデル

ソフトウェアに対する要求の定義，設計(外部設計，内部設計，プログラム設計)，プログラミング，テストという工程順に，ちょうど滝(ウォータフォール)が上流から下流へ向かって流れるように開発を進める開発手法です。

各工程では，直前の工程から引き渡された成果物をもとに作業が行われるので，開発作業の一貫性が保証されるという利点がある一方で，上流工程における不具合が下流工程に拡大して影響する，工程間の並行作業ができない，工程の後戻りを許さない(実

参考 ウォータフォールモデルの流れ

開発プロセス・手法　**9.1**

際には制限を設けている）ため下流工程で発生する仕様変更など
に対して柔軟に対応できない，といった欠点があります。

●プロトタイプモデル

　開発の早い段階で，作成した**プロトタイプ**（試作品）をユーザに
試用・評価してもらい，ユーザの要求に合うように修正を繰り返
しながら開発していく手法です。

　開発の早期段階で，要求仕様の曖昧さが取り除かれるため，後
続段階での仕様変更による作業が削減できるといった利点がある
一方で，ユーザ部門と開発部門との間で，意見の食い違いが発生
して調整に手間取ると，かえって時間とコストがかかってしまう
という欠点があります。

●スパイラルモデル

　対象システムを独立性の高いいくつかの部分に分割し，部分ご
とに一連の開発工程を繰り返しながら，徐々にシステムの完成度
を高めていく開発手法です。開発を繰返しながら開発コストなど
の評価まで行うのが特徴です。パイロット的な小規模の開発を先
行させ，その評価を後続の開発に生かすことで開発コスト増加な
どのリスクを最小にしつつ開発を行うことができます。

●インクリメンタルモデル

　定義された要求を全部一度に実現するのではなく，いくつかの
部分に分けて，順次，段階的に開発し提供していく**段階的モデル**
です。開発の順番は決められていて，それぞれ時期をずらして順
番に開発していきますが，並行して実施することもあります。イ
ンクリメンタルモデルは，例えば，最初にコア部分を開発し，順
次機能を追加していくといった場合に適しています。

●進化的モデル

　要求を複数に分けて順次実現していくところは段階的モデルに
似ていますが，進化的モデルは，システムへの要求に不明確な部
分があったり，要求変更の可能性が高いことを前提としたモデル
です。開発を繰り返しながら徐々に要求内容を洗練していきます。

用語　プロトタイプ
外部設計の有効
性，仕様の漏れ，実現
可能性などの評価を行
い，手戻りを防ぐため
に作成される試作品。
なお，見た目だけを確
認するための試作品を
モックアップという。

参考　最初にシステム
全体の要求定義
を行い，要求された機
能をいくつかに分割し
て段階的にリリースす
るので，全ての機能が
そろっていなくても，
最初のリリースからシ
ステムの動作を確認す
ることができる。

参考　要求変更が生じ
ると，ウォータ
フォールモデルでは保
守工程で対応するが，
進化的モデルでは新し
いサイクルで対応する。

9
システム開発技術

493

9 システム開発技術

..9.1.2.... アジャイル型開発　　AM / PM

参考 アジャイルによる超短期リリースを成功させるためには，各イテレーションの最後に，イテレーション内での実施事項をチーム全員で振り返り，次のイテレーションに向けて改善を図る〝**ふりかえり(レトロスペクティブ)**〟が欠かせない。

アジャイル型開発は，ソフトウェアに対する要求の変化やビジネス目標の変化に迅速かつ柔軟に対応できるよう，短い期間(一般に，1週間から1か月)単位で，「計画，実行，評価」を繰り返す反復型の開発手法です。アジャイルでは，この反復(**イテレーション**)を繰り返すことによって，ユーザが利用可能な機能を段階的・継続的にリリースします。また，イテレーションを採用することで，ソフトウェアに内在する問題(例えば，顧客の要求との不一致など)やリスクを短いサイクルで発見し解消します。

スクラム

参考 スプリントは，1〜4週間の時間枠(**タイムボックス**)であり，各スプリントの長さは同一。

アジャイル開発のアプローチ方法の1つであり，開発チームに適用されるプロダクト管理のフレームワークです。スクラムでは反復の単位を**スプリント**と呼び，スプリントは，表9.1.1に示す4つのイベントと開発作業から構成されます。なお，スプリント内の開発の進め方は，「テスト駆動」に基づくことが基本となります。

参考 プロダクトバックログから抜き出された，今回のスプリント内で行うタスクのリストを**スプリントバックログ**という。

▼ **表9.1.1**　スプリントのイベント

スプリント プランニング (イテレーション計画)	スプリントの開始に先立って行われるミーティング。プロダクトバックログの中から，優先順位の順に今回扱うバックログ項目を選び出し，その項目の見積りを行う。そして，前回のスプリントでの開発実績を参考に，どこまでを今回のスプリントに入れるかを決める
デイリースクラム	スタンドアップミーティング，又は朝会ともいわれ，立ったまま，毎日，決まった場所・時刻で行う15分の短いミーティング。進行状況や問題点などを共有し，今日の計画を作る
スプリントレビュー (デモ)	スプリントの最後に，成果物をプロダクトオーナにデモンストレーションし，フィードバックを受ける
スプリント レトロスペクティブ	スプリントレビュー終了後，スプリントのふりかえり(レトロスペクティブ)を実施し，次のスプリントに向けての改善を図る

用語 ユーザストーリ　顧客に提供する機能・価値を簡潔に記述したもの。実装作業を相応に見積もれる情報だけを含む。

◯ プロダクトバックログ

プロダクトバックログは，今後のリリースで実装するプロダクトの機能を，ユーザストーリ形式で記述したリストです。このリストはプロダクトオーナが管理し，プロダクトオーナは，その内

494

容・実施有無・並び順(優先順位)に責任をもちます。なお，次回以降のスプリントに向けて，バックログ項目の見直しを行ったり，詳細・見積り・並び順を追加することを**プロダクトバックログリファインメント**と呼びます。

XP(エクストリームプログラミング)

> **参考** XPも，アジャイル開発のアプローチ方法の1つ。「プラクティスを実行すること＝XPを実行すること」といえる。

XP(eXtreme Programming)は，アジャイル開発における開発手法やマネジメントの経験則をまとめたものです。対象者である「共同，開発，管理者，顧客」の4つの立場ごとに全部で19の具体的なプラクティス(実践手法)が定義されています。表9.1.2に，試験で出題されている"開発のプラクティス"をまとめます。

▼ **表9.1.2** 開発の主なプラクティス

ペアプログラミング	品質向上や知識共有を図るため，2人のプログラマがペアとなり，その場で相談したりレビューしながら1つのプログラム開発を行う
テスト駆動開発	最初にテストケースを設計し，テストをパスする必要最低限の実装を行った後，コード(プログラム)を洗練させる
リファクタリング	完成済みのプログラムでも随時改良し，保守性の高いプログラムに書き直す。その際，外部から見た振る舞い(動作)は変更しない。改良後には，改良により想定外の箇所に悪影響を及ぼしていないかを検証する**回帰テスト**を行う
継続的インテグレーション	コードの結合とテストを継続的に繰り返す。すなわち，単体テストをパスしたらすぐに結合テストを行い問題点や改善点を早期に発見する
コードの共同所有	誰が作成したコードであっても，開発チーム全員が改善，再利用を行える
YAGNI	"You Aren't Going to Need It(今，必要なことだけする)"の略。今必要な機能だけの実装にとどめ，将来を見据えての機能追加は避ける。これにより後の変更に対応しやすくする

リーンソフトウェア開発

> **参考** "七つの原則"
> ①ムダをなくす
> ②品質を作り込む
> ③知識を作り出す
> ④決定を遅らせる
> ⑤早く提供する
> ⑥人を尊重する
> ⑦全体を最適化する

製造業の現場から生まれた**リーン生産方式**(ムダのない生産方式)の考え方をソフトウェア製品に適用した開発手法で，アジャイル型開発の1つに数えられます。リーンソフトウェア開発では，ソフトウェア開発を実践する際の行動指針となる，"七つの原則"とそれを実現するための22のツールが定義されています。

9.1.3 組込みソフトウェア開発 AM / PM

プラットフォーム開発

参考 MDA
（モデル駆動型
アーキテクチャ）
システムをプラットフ
ォームに依存する部分
と依存しない部分とに
分けてモデル化するこ
とを特徴とする技法。
組込みソフトウェアな
どの設計にも有効。

プラットフォーム開発とは，組込み機器の設計・開発において，複数の異なる機器に共通して利用できる部分（プラットフォーム：プログラムを動かすための土台となる環境）を最初に設計・開発し，それを土台として機器ごとに異なる機能を開発していく手法です。ソフトウェアを複数の異なる機器に共通して利用することが可能になるので，ソフトウェア開発の効率向上が期待できます。

コンカレントエンジニアリング

**用語 コンカレントエ
ンジニアリング**
元々は，システム設計
プロセスにおける並行
性の向上に関する研究
から使われだした言葉。

複数の工程を順番に進めるのではなく，同時実行が可能な工程を並行して進めることで開発期間の短縮を図る手法を**コンカレントエンジニアリング**あるいは**コンカレント開発**といいます。組込みシステムの開発において，コンカレントエンジニアリングを実現する技術・手法が，コデザイン（協調設計）です。

参考 シミュレーショ
ン技術を駆使し
て，ハードウェアとソ
フトウェアの検証を同
時に行うことを**コベリ
フィケーション**という。

コデザインとは，開発の早期にハードウェアとソフトウェアを同時に設計することをいいます。具体的には，ハードウェアとソフトウェアの機能分担及びインタフェースを，シミュレーションによって十分に検証し，その後もシミュレーションを活用しながらハードウェアとソフトウェアを並行して開発していきます。コデザインにより，開発期間の短縮と品質の向上が期待できます。

9.1.4 ソフトウェアの再利用 AM / PM

新規システムの開発を行うとき，その開発生産性を高めることを目的に，部品化や既存ソフトウェアの再利用をするという考え方があります。

リエンジニアリングによる再利用

参考 リエンジニアリ
ングにより，元
のソフトウェアの権利
者の許可なくソフトウ
ェアを開発・販売する
と，元の製品の知的財
産権を侵害する可能性
がある。

既存のソフトウェアを利用して新しいソフトウェアを作成するための技術を**リエンジニアリング**といいます。リエンジニアリングは，次ページの図9.1.1に示すように，**リバースエンジニアリング**と**フォワードエンジニアリング**によって実施されます。

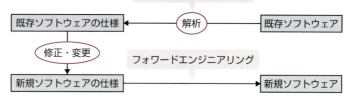

▲ 図9.1.1 リエンジニアリング

リバースエンジニアリングとは，既存のソフトウェアからそのソフトウェアの仕様を導き出す技術です。リエンジニアリングでは，リバースエンジニアリングにより導き出された仕様を，新規ソフトウェアに合うように修正・変更し，それを基に新規ソフトウェアを構築します（**フォワードエンジニアリング**）。

なお，リバースエンジニアリングによる既存ソフトウェアの仕様を抽出する目的は，新規ソフトウェアの再利用開発を支援するだけでなく，既存ソフトウェアの機能の修正や追加といった保守作業にも役立てることでもあります。

> モデリングツールを使用して，データベースシステムの定義情報からE-R図などで表現した設計書を生成するのも**リバースエンジニアリング**。

部品による再利用

既存のソフトウェアを部品化し，それを新規ソフトウェアに利用することで，開発の生産性や品質を向上させることができます。

部品はそれ自身で完結したものなので，標準化・汎用化によってその成果が発揮されなければなりません。したがって，再利用可能な部品の開発では，標準性・汎用性が厳しく要求されることになり，通常のソフトウェア開発より開発工数及びコストがかかることがあります。しかし，一度部品化しておけば，そのあとは利用するだけなので，コストがかからず，開発期間も短縮でき，さらには品質を向上させることもできます。

> 銀行の勘定系システムなど特定分野（ドメイン）のシステムに対して，業務知識，再利用部品，ツールなどを体系的に整備し，再利用を促進することでソフトウェア開発の効率向上を図る活動や手法を**ドメインエンジニアリング**という。

9.1.5 共通フレームの開発プロセス　AM / PM

共通フレームでは，ウォータフォール型の開発の流れと**V字モデル**を意図して，開発プロセス関連のアクティビティが構成されています。次ページの表9.1.3に，ソフトウェア構築までの各アクティビティにおける主な作業内容をまとめました。システムへ

> **V字モデル**
> 設計（品質の埋め込みプロセス）とテスト（品質の検証プロセス）とを対応させたもの。

9 システム開発技術

の要求を詳細化していく大まかな流れと，各アクティビティに対応するテスト・検証を確認しておきましょう。

▼ **表9.1.3** 各アクティビティにおける主な作業内容

システム要件定義	・システム化の目標と対象範囲を定め，システムによって実現すべき機能要件や性能要件を定義する ・システムの適格性確認要件を定める
システム方式設計	・すべてのシステム要件を，ハードウェア，ソフトウェア，手作業に振り分け，それらを実現するために必要な**システム要素**を決定する ・システム結合のためのテスト要件を定める
ソフトウェア要件定義	・システム方式設計でソフトウェアに割り振られたシステム要素（**ソフトウェア品目**という）に求められる機能や能力などを定義する ・ソフトウェアの適格性確認要件を定める
ソフトウェア方式設計	・ソフトウェア品目に対する要件をどのように実現させるかを決める。具体的には，ソフトウェア品目の外部インタフェースについて，その方式を決定する。また，ソフトウェア品目を**ソフトウェアコンポーネント**（プログラム）まで分割し，各ソフトウェアコンポーネントの機能，ソフトウェアコンポーネント間の処理の手順や関係を明確にする ・ソフトウェア結合のための暫定的なテスト要件及びスケジュールを定める
ソフトウェア詳細設計	・各ソフトウェアコンポーネントを**ソフトウェアユニット**（モジュール）のレベルにまで詳細化し，詳細設計を文書化する ・ソフトウェアユニットをテストするためのテスト要件及びスケジュールを定める ・ソフトウェア結合のためのテスト要件及びスケジュールを更新する
ソフトウェア構築	・ソフトウェアユニットのコードを作成（コーディング）し，動作確認（単体テスト）を行う

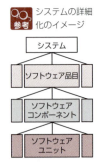

参考 システムの詳細化のイメージ

用語 ソフトウェアユニット
「コーディング→コンパイル→テスト」を実施する単位。

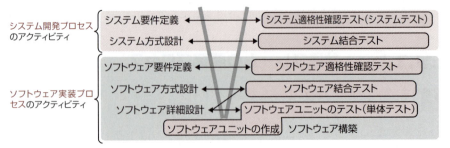

▲ **図9.1.2** 開発プロセスのアクティビティとV字モデル

開発プロセス・手法 **9.1**

9.1.6 ソフトウェアプロセスの評価 AM/PM

ソフトウェア依存社会と呼ばれる現在，ソフトウェアへの期待や需要が増大し，開発規模や難易度が高まっている一方で，開発期間はますます短くなっています。このような状況下で，顧客（ユーザ）が満足するソフトウェアを提供するためには，ソフトウェア品質の向上はもちろんのこと，生産性の向上さらには短期間での開発を同時に達成することが急務となっています。

ソフトウェア開発の生産性及びその品質を向上させるためには，開発作業をすべてのプロセスについて評価し，プロセス改善を行う必要があり，これに用いられるツールにCMMIがあります。

CMMI（Capability Maturity Model Integration：能力成熟度モデル統合）は，ソフトウェアを開発・保守する組織の作業（プロセス）のありかたを示したモデルであり，プロセス評価の"物差し"です。組織の作業水準を"プロセスの成熟度"という概念で捉え，その成長過程を表9.1.4に示す5段階のレベルでモデル化しています。また，ソフトウェア開発において実践されているベストプラクティスで構成されていて，プロセス改善のゴールや自組織のプロセスを評価するための参照ポイントなどが提供されています。なお，ソフトウェアプロセスの改善を図るため，CMMIなどの成熟度モデル（アセスメントモデル）を用いて自組織が現在どの状態であるかを評価すること，あるいはそれを行うための手法をSPA（Software Process Assessment）といいます。

参考 CMMIは，W・ハンフリーによって提唱された**プロセス成熟度モデル**(CMM: Capability Maturity Model)から派生したいくつかのCMMを統合したもの。

参考 **ISO/IEC 15504**
成熟度モデルとそれを用いたアセスメント手法をベースにSPAを標準化し，国際規格としてまとめたもの。プロセスアセスメントのモデルやアセスメント実施方法についての枠組みが規定されている。

▼ **表9.1.4** CMMIにおけるプロセス成熟度レベル

初期	・プロセスが確立されていないレベル ・プロセスは場当たり的で，一部のメンバの力量に依存している状態
管理された	・基本(初歩)的なプロジェクト管理ができるレベル ・同じようなプロジェクトなら反復できる状態
定義された	・プロセスが標準化され定義されているレベル ・各プロジェクトで標準プロセスを利用している状態
定量的に管理された	・プロセスの定量的管理が実施できているレベル ・プロセスの実績が定量的に把握されていて，プロセス実施結果を予測でき(危機予測)，これをもとにプロセスを制御できる状態
最適化している	・継続的にプロセスを最適化し，改善しているレベル ・プロセスの問題の原因分析ができ，継続的なプロセスの改善が実施できている状態

9 システム開発技術

9.2 分析・設計手法

9.2.1 構造化分析法　　AM / PM

> **参考** リアルタイム構造化分析では，DFDに"コントロール変換とコントロールフロー"を付加した**変換図**（制御フロー図）を用いて制御とタイミングを表現する。

　デマルコ（De Marco）により提唱された**構造化分析法**（SA：Structured Analysis）は，システム機能間のデータの流れに着目して，開発の対象となるシステムの要求を仕様化する技法です。構造化分析では，**DFD**（Data Flow Diagram：データフローダイアグラム）を用いて単にデータとプロセスを図式表現するだけではなく，データディクショナリやミニスペックといったツールを使用してシステムの構造化仕様書を作成していきます。なお，構

> **参考** データディクショナリやミニスペックについては表9.2.3を参照。

造化分析で得られたDFDの各プロセスをトップダウンアプローチによりモジュール分割していく手法を**構造化設計**（SD：Structured Design）といいます。

DFD

> **参考** DFDは，正常処理を中心に記述する。異常処理や例外処理は記述せず，制御手順も記述しない。なお，異常処理や例外処理は，ミニスペックに記述する。

　DFDは，業務を構成する処理と，その間で受け渡されるデータの流れを，3つの要素（プロセス，源泉と吸収，データストア），及びデータフローを用いてわかりやすく図式表現したものです。

▼ **表9.2.1**　DFDで用いる記号

記号	名　称	意　味
○	プロセス（処理）	データの加工や変換を表す
□	源泉（データの発生源），吸収（データの行き先）	データの発生源又は最終的な行き先となる対象を表す
＝	データストア	ファイルやデータベースなど，データの蓄積を表す
→	データフロー	データの流れを表す

> **参考** データストアどうしや，データストアと外部（源泉，吸収）は直接データフローで結ばれることはない。必ずプロセスが介在する。

システムのモデル化

　構造化分析では，構造化仕様書を作成するため「現物理モデル→現論理モデル→新論理モデル→新物理モデル」の順でDFDを作成し，システムのモデル化を図ります。表9.2.2に，各モデルの概要をまとめます。

分析・設計手法 9.2

▼ **表9.2.2** 各モデルの概要

作成順		
	現物理モデル	現行業務の流れを，組織名や媒体，処理サイクルといった物理的な仕組みも含め，ありのままに記述する
	現論理モデル	現物理モデルから物理的な仕組みを取り除き，データと処理を中心に記述し，必要な業務機能と情報を明らかにする
	新論理モデル	現論理モデルに，新システムへの論理的要件を加え，新システムの機能と情報を記述する。なお，この段階でDFDの他，データディクショナリやミニスペックの作成も行う
	新物理モデル	新論理モデルに，新システムへの物理的要件を加え，新システムの業務遂行の仕組みを記述する

試験：試験では，システムのモデル化の際のDFD作成順が問われることがある。

◯ DFDの作成

DFDの作成は，順次階層化していくトップダウンアプローチで行われます。ただ1つだけのプロセスが記述された最上位のDFDを**コンテキストダイアグラム**といいます。コンテキストダイアグラムから，レベル0ダイアグラムを作成し，さらに下位のレベルのダイアグラムへと順次作成していきます。

用語 コンテキストダイアグラム
対象システムの最終的な源泉と吸収を表したもの。

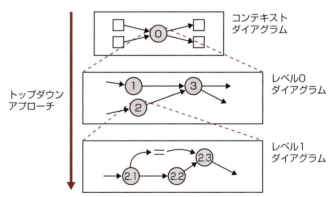

参考：レベル1は，レベル0ダイアグラム中のプロセス2を詳細化したもの。したがって，プロセス2に出入りするデータフローは，レベル1の中のいずれかのプロセスに引き継がれる。

▲ **図9.2.1** DFDのトップダウンアプローチ

▼ **表9.2.3** データディクショナリとミニスペック

データディクショナリ（データ辞書）	階層化されたすべてのDFD中にある，データフローで示されたデータと，データストアを構成するデータの内容を定義したもの
ミニスペック（ミニ仕様書）	最終的に詳細化された基本的なプロセス，つまり最下位のDFDの機能仕様書

参考：機能仕様書といっても文章記述ではなく，構造化された自然言語やデシジョンテーブルなどが用いられる。

501

9.2.2 データ中心設計

データ中心アプローチ

データ中心アプローチ（DOA：Data Oriented Approach）とは、対象業務のモデル化を行う際、データが最も安定した情報資源であること、また、共有資源であることに着目して、資源側からシステム、ソフトウェアの分析や設計を行うという考え方です。

データ中心アプローチに対して、**プロセス中心アプローチ**があります。プロセスとは、業務を遂行するための処理／手順のことで、業務プロセスはそれを取り巻く環境や業務改革など、様々な要因により変更されます。しかし、データは対象業務の特性に応じてその内容や構造が決定されるものなので、業務プロセスに変更が生じても、データに及ぼす影響は少ないといえます。したがって、データは、データそのものに影響を及ぼすプロセス、つまり、データの発生、変更、消滅といったデータのライフサイクルに関わるプロセスからだけ影響を受けることになります。

データ中心アプローチでは、データを業務プロセスとは切り離して先に分析設計し、データと、それを唯一操作する、つまり、データのライフサイクルを扱う標準プロセスとを一体化して、それを共有資源（標準部品）として利用します。

> 参考：構造化分析法は、プロセス中心設計である。

> 参考：データとデータを操作するプロセス（機能）の整合性チェックには、CRUDマトリクスが利用される。**CRUDマトリクス**とは、データがどのプロセスで操作されるかを表形式で表わしたもので、操作の種類には生成(C)、参照(R)、更新(U)及び削除(D)がある。

プロセス	データ A	B	C
p001	C		R
p002	U	C	
p003	D	R	
p004	R	UD	C

データ中心設計

データ中心設計とは、データ中心アプローチの考え方に基づき、システムを分析・設計することをいいます。図9.2.2にその設計手順を示します。

> 参照：E-R図については、「6.1.4 E-R図」(p294)を参照。

▲ **図9.2.2** データ中心設計の手順

9.2.3 事象応答分析　AM/PM

事象応答分析とは，外部からの事象(例えば，マウスによるクリックなど)と，その事象に対する応答(システムやソフトウェアの動作)のタイミング的，時間的な関係をすべて抽出し，制御の流れを分析することをいいます。ここでは，事象応答分析に用いられる図式化技法である状態遷移図や状態遷移表，またペトリネット図について説明します。

状態遷移図と状態遷移表

状態遷移図は，時間の経過や状況の変化に応じて状態が変わるようなシステムの動作を記述するときに用いられる図式化技法です。また，状態遷移図を表形式で表現したのが**状態遷移表**です。どちらも，「システムの取り得る状態が有限個であり，次の状態は，現在の状態と発生する事象だけで決定される」場合の動作を表すのに適しています。図9.2.3に，150円のジュースを販売する自動販売機を例とした，状態遷移図及び状態遷移表を示します。ここで，使用可能な硬貨は50円と100円のみで，一度に1枚だけ投入できることとします。

> 参考：状態遷移図は，プロセス制御などのイベントドリブン(事象駆動)による処理の仕様を表現するのに適している。

> 参考：状態遷移表は，次のように解釈する。例えば，「状態S₂のとき50円が投入されると，状態S₃に遷移する(このときの出力はなし)」，「状態S₃のとき100円が投入されると，ジュースとお釣り50円を出して，状態S₁に遷移する」。

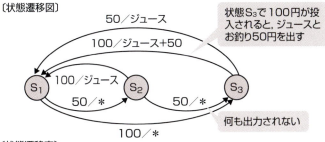

▲ 図9.2.3　状態遷移図と状態遷移表の例

ペトリネット図

ペトリネット図は，並行動作する機能どうしの同期を表現することができる図式化技法です。非同期に発生する情報の流れ，及びその制御と同期のタイミングを表現するのに用いられます。具体的には，システムを**トランジション**（事象）と**プレース**（状態）によって表現し，**トークン**（印）の推移とトランジションの発火によって並行動作が記述できます。ペトリネット図で用いられる図形要素は，図9.2.4に示す3つです。

> ペトリネット図の構造は，2種類の節点（○と−）をもつ有向2部グラフで表される。

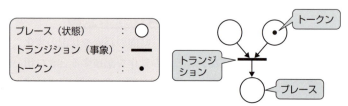

▲ **図9.2.4** ペトリネット図の図形要素

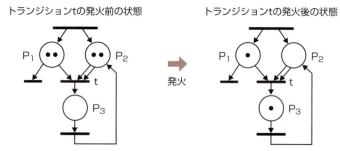

▲ **図9.2.5** トランジションtの発火前と発火後

図9.2.5の左図は，トランジションtの発火前の状態です。トランジションtの入力プレースであるP_1及びP_2が，それぞれトランジションtへ向かう矢印の本数以上のトークンをもったとき，トランジションtは発火します。この図の場合，プレースP_1及びプレースP_2はそれぞれ2個のトークンをもっています。また，プレースP_1からトランジションtへ向かう矢印の本数は1本，プレースP_2からは2本です。したがって，トランジションtは発火します。

図9.2.5の右図は，トランジションtの発火後の状態です。トランジションtの発火により，入力プレースP_1からは矢印の本数分の1個のトークンが，また，入力プレースP_2からは2個のトーク

> トークンの必要数分の矢印を描くのではなく，1本の矢印に必要数を付記する記述方法もある。

ンが失われます。そして，出力プレースP_3には，そこに入る矢印の本数分のトークンが加えられます。つまり，トランジションtの発火後，プレースP_3には1個のトークンが置かれることになります。

ペトリネット図では，システムの状態はプレースに置かれたトークンによって表現されます。図9.2.6に，ペトリネット図のシステム的な解釈の仕方をまとめます。

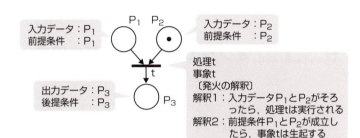

▲ **図9.2.6** ペトリネット図をシステム的に解釈する

システム開発プロジェクトのライフサイクル　COLUMN

　図9.2.7は，**デマルコ**が提唱している構造化技法を基本としたシステム開発プロジェクトのライフサイクルです。

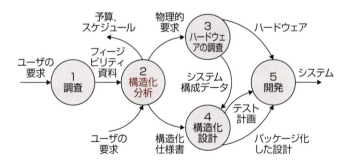

▲ **図9.2.7** システム開発プロジェクトのライフサイクル

　構造化分析は，現状調査の結果（実現可能性の検討結果）とユーザ要求を情報源として，物理的要求と構造化仕様，及び予算とスケジュールを主な出力とするプロセスといえます。

9.3 オブジェクト指向設計

> 参照 データ中心アプローチについては，p502を参照。

データ中心アプローチの概念をさらに進めたのが，**オブジェクト指向**です。オブジェクト指向では，データだけでなく，実世界に存在する「物」の構造やその振舞いに着目し，「物」や「物どうしの関係」をソフトウェアで表現することによって，実世界の仕組みをそのままコンピュータ上に再現しようと考えます。

9.3.1 オブジェクト指向の基本概念 AM / PM

オブジェクト指向には，オブジェクト，カプセル化，クラス，インスタンスなど特有な用語が多くみられます。これらの用語を中心に，オブジェクト指向の基本概念を整理しておきましょう。

オブジェクトとカプセル化

> 参考 一般に，オブジェクトは操作対象であるデータを指すが，オブジェクト指向における**オブジェクト**は，単なるデータそのものではなく，データ（属性）とそのデータに対する手続（メソッド）を1つにまとめたものを指す。

データ（属性）とそれを操作する手続（メソッド）を一体化して，オブジェクトの実装の詳細をオブジェクトの内部に隠ぺい（**情報隠ぺい**）することを**カプセル化**といいます。カプセル化により，オブジェクトの内部データ構造やメソッドの実装を変更しても，他のオブジェクトがその影響を受けにくくなるので，独立性が高まり，再利用がしやすくなります。

オブジェクト指向では，個々のオブジェクトに，そのオブジェクト固有の操作（作業）を割り振り，オブジェクトどうしが互いに作業を依頼しながら機能します。このとき作業依頼に使われるのがメッセージです。**メッセージ**は，オブジェクトのメソッドを駆動したりオブジェクトの相互作用のために使われます。

> 参考 **メソッド**は，オブジェクトのインタフェース部分といえる。メッセージに対応する処理を記述する。

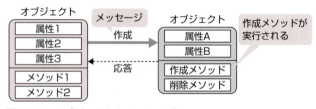

▲ 図9.3.1　オブジェクトとメッセージ

クラスとインスタンス

クラスとは，いくつかの類似オブジェクトに共通する性質を抜き出し，属性やメソッドを一般化（抽象化）して新たに定義したもので，オブジェクトの定義情報といえます。また，クラスを集めたものを**クラスライブラリ**といいます。

オブジェクト指向言語では，クラスを使用して実際にオブジェクトを定義することになりますが，クラス定義だけでは実体がなく，クラスの使用宣言をしてはじめて実体が生成されます。こうして生成された実体，つまり，具体的な値をもったオブジェクトを**インスタンス**といいます。

> 参考 クラスはテンプレート（雛形）。インスタンスは実体。

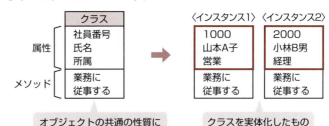

▲ 図9.3.2　クラスとインスタンス

インヘリタンス（継承）

> 参考 クラス階層の最上位にあるクラス，あるいは，**派生クラス**（あるクラスを継承して作成したクラス）の元となるクラスを**基底クラス**という。

クラスをさらに抽象化して上位のクラスをつくることができます。このような上位クラスと下位クラスという階層関係の特徴は，上位クラスの属性やメソッドを下位クラスが継承することです。この性質を**インヘリタンス**あるいは**継承**といいます。

インヘリタンスにより，新たな下位クラスを定義するとき，上位クラスと同じ属性やメソッドは定義する必要がないため，そのクラスで定義しなければならない部分（差分）のみを定義します。

> 参考 差分のみを定義する手法を**差分プログラミング**という。

> 参考 **多重継承**
> 複数のクラスから属性やメソッドを継承すること。なお，C++では多重継承が可能であるが，Javaでは許可されていない。

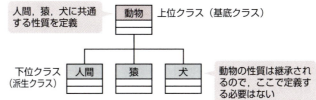

▲ 図9.3.3　インヘリタンス

9.3.2 クラス間の関係

階層構造をもった上位クラスと下位クラスの関係(つながり)には,「is-a関係」と「part-of関係」があります。

is-a関係

is-a関係は，**汎化－特化関係**とも呼ばれ,「～は…である」という関係を意味します。前ページの図9.3.3の例をもう一度見てみると，"人間","猿","犬"の共通となる性質をまとめて定義したものが"動物"です。いい換えれば,"動物"を具体化したものが"人間","猿","犬"です。このように，下位のクラスに共通する性質をまとめて上位クラスを定義することを**汎化**，逆に，上位クラスの性質を具体化し個別部分を加えて下位クラスを定義することを**特化**といいます。これによりつくられる関係がis-a関係です。

例えば,「人間 is-a 動物」は，人間は動物であることを意味します。is-a関係では,「B is-a A」のBのオブジェクトがいくつ欠けた場合でもAのオブジェクトは成立します。

part-of関係

part-of関係は，**集約－分解関係**とも呼ばれ,「～は…の一部である」という関係を意味します。例えば,"車"は"タイヤ","エンジン","ボディ"などに分解することができます。逆に，車を構成するこれらの要素を組み合わせると"車"になります。このように，上位クラスを構成する下位クラスをまとめ上げることを**集約**，上位クラスを下位クラスに細分化していくことを**分解**といいます。これによりつくられる関係がpart-of関係です。

> **参考** is-a関係における上位クラスを**スーパクラス**，下位クラスを**サブクラス**という。

> **参考** part-of関係における上位クラスを**集約クラス**，下位クラスを**部分クラス**という。

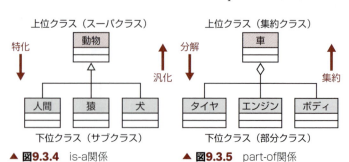

▲ 図9.3.4　is-a関係　　　▲ 図9.3.5　part-of関係

9.3.3 オブジェクト指向で使われる概念 AM/PM

ポリモーフィズムとオーバーライド

同じメッセージを送ってもオブジェクトごとに異なる動作が行われる特性を**ポリモーフィズム**(多相性・多様性)といいます。そして,ポリモーフィズムを実現するため,スーパクラスで定義されたメソッドをサブクラスで書き直す(再定義する)ことを,**オーバーライド**といいます。オーバーライドすることでサブクラスごとに異なった性質をもつことができます。

参考 ポリモーフィズムのイメージ

実行時の条件によって「飛行機」か「車」のどちらに乗るのかを決め,「乗り物」に対して"動け"とメッセージを送る。すると,乗っているものによって別の動作をする。

抽象メソッドと抽象クラス

通常,基本的なメソッド(操作)はスーパクラスで定義しますが,場合によっては,継承の性質を逆に利用して,メソッドの名前だけスーパクラスに定義しておき,実際の動作は定義しないことがあります。このようにスーパクラス内では実装が行われないメソッドを**抽象メソッド**といい,抽象メソッドをもつクラスを**抽象クラス**といいます。

抽象クラスは,単に共通的な概念を定義するためのクラスです。メソッドの実装は定義されないため,インスタンスの生成ができません。そこで,このスーパクラスで定義されたメソッドをサブクラス(**具象クラス**という)で**オーバーライド**(再定義)し,具象クラスでインスタンス化することになります。

その他のオブジェクト指向概念

その他,オブジェクト指向で使われる概念をまとめておきます。

▼ 表9.3.1 オブジェクト指向で使われる概念

オーバーロード	同一クラス内に,メソッド名が同一であって,引数の型,個数又は並び順が異なる複数のメソッドを定義すること。同じような機能をもつメソッドに,同じ名前を付けることによってクラス構造を簡潔化できる
委譲	あるオブジェクトに対する操作を,その内部で他のオブジェクトに依頼すること。すなわち,メッセージを受け取ったオブジェクトが,他のオブジェクトに実際の操作を代替させることであり,これは,他のオブジェクトの操作を再利用することを意味する
伝搬	あるオブジェクトに対して操作を適用したとき,そのオブジェクトに関連する他のオブジェクトに対してもその操作が自動的に適用されること

9.3.4 UML

UML（Unified Modeling Language）は，オブジェクト指向分析・設計で用いられるモデリング言語です。ここでは，UML2.0で使用される主な図法を見ていきましょう。

参考 UML仕様の一部を再利用したり，機能拡張したモデリング言語にSysMLがある。SysMLはシステムの仕様化，分析，設計の他，妥当性確認や検証にも利用できる。

クラス図

システム対象領域に存在するクラスと，クラス間の関連を表す図です。クラス間の関連は，関係するクラスを線で結びます。また，線の先に記号（表9.3.2参照）を付けることで汎化や集約といったクラス間の関係を明示します。なお，クラスは属性と操作（メソッド）をもつので，クラス図においても，図9.3.6の下の図のようにクラス名の他に属性と操作を記入します。

参考 クラス間の関係を重視する場合は，属性と操作を省略する場合がある。

参考 多重度の表し方は，次のとおり。
n：nのみ
n..m：nからmまで
n..*：n以上
n, m：nかm

参考 オブジェクト図
クラス図がクラス間の関連を表すのに対し，クラスが実際に実体化されたインスタンス（オブジェクト）どうしの関連を表す図。構造はクラス図に対応。

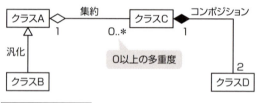

▲ 図9.3.6　UMLクラス図

▼ 表9.3.2　クラス間の主な関係

関連	A―B	クラスA，B間に何らかの関係がある
汎化	A△―B	クラスBはクラスAの一種であり，クラスAを継承している
集約	A◇―B	クラスBはクラスAの部品である。ただし，クラスBは他のクラスの部品であってもよい（複数のクラスでクラスBを共有できる）
コンポジション	A◆―B	集約より強い関係を表す。クラスAからクラスBを切り離せない。クラスAが削除されるとクラスBも削除される
依存	A◁┄B	クラスBはクラスAに依存している。クラスBはクラスAの変更の影響を受ける

参考 全体と部品が独立して存在できる場合"集約"，全体と部品が一体化していて生存期間が同じ場合は"コンポジション"。

シーケンス図

オブジェクト間の相互作用を時間軸に沿って表す図です。横方向にオブジェクトを並べ、縦方向で時間の経過を表します。また、オブジェクト間で送受信するメッセージは矢印で表します。

他のオブジェクトの操作(メソッド)を呼び出すメッセージは実線矢印、応答メッセージは破線矢印です。

> **試験** 午後問題では、クラス図やシーケンス図の空欄を埋める問題がよく出題される。問題文に示されたシナリオに合わせて両図を照らし合わせることがポイント。これにより空欄に入れるものが絞り込める。

> **参考** ライフラインは、オブジェクトが作成されてから消滅するまでの期間。アクティベーションは、オブジェクトが実際に動作を行っている期間。

> **参考** コミュニケーション図
> シーケンス図が時間軸を重視した表現であるのに対し、オブジェクト間の関連(データリンク)を重視した図(UML1.xでの名称は、コラボレーション図)。

> **参考** ステートマシン図は、状態マシン図、状態機械図ともいう(UML1.xでの名称はステートチャート図)。

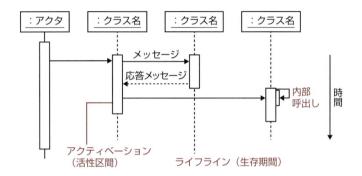

▲ 図9.3.7　UMLクラス図

その他、試験に出題されている主な図法を表9.3.3にまとめておきます。

▼ 表9.3.3　UML2.0の主な図法

図	説明	例
ユースケース図	システムの範囲を長方形で囲み、システムが提供する機能(**ユースケース**)と利用者(**アクタ**)との相互作用を表す	
ステートマシン図	オブジェクトの状態遷移図。オブジェクトが受け取ったイベントとそれに伴う状態の遷移、アクションを表す	
アクティビティ図	システムやユースケースの動作(処理)の流れを表す。フローチャートのUML版。順次処理、分岐処理の他に、並行処理や処理の同期などを表現できるのが特徴	

9.4 モジュール設計

9.4.1 モジュール分割技法　AM/PM

代表的なモジュール分割技法

モジュール分割技法は，データの流れに着目した分割技法，データの構造に着目した分割技法と大きく2つに分類されますが，重要なのは，そのプログラムに最適な分割技法を選び，モジュールの独立性を高めるということです。

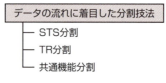

▲ 図9.4.1　代表的なモジュール分割技法

STS分割

STS分割は，データの流れに着目した分割技法です。「基本的なプログラムは，入力・処理(変換)・出力という構造である」ことに着目して，プログラムを入力処理機能(源泉：Source)，変換処理機能(変換：Transform)，出力処理機能(吸収：Sink)の3つのモジュールに分割します。

次ページの図9.4.2は，入力された商品コードによりデータベースを検索し，商品名と単価を表示するプログラムをモジュール分割した例です。STSの3つのモジュールに分割したあと，モジュールの階層構造図を作成しますが，このとき，3つのモジュールを制御する制御モジュールの定義が必要となります。

モジュール分割では，どの点で分割するかという基準が重要となります。STS分割では，「入力とはいえない点まで抽象化された地点」である**最大抽象入力点**と，「はじめての出力データといえる形を表す点」である**最大抽象出力点**で分割します。

> 試験　最大抽象入力点と最大抽象出力点を求める問題も出題されている。

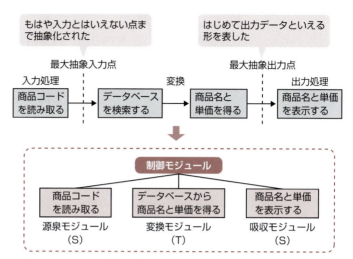

▲ 図9.4.2　STS分割とモジュールの階層構造図の例

TR分割

　TR分割（トランザクション分割）は，入力トランザクションの種類により実行する処理が異なる場合に有効な分割技法です。TR分割では，プログラムを次の3つに分割します。

> **POINT　TR分割におけるプログラム分割**
> ・トランザクションを入力するモジュール
> ・トランザクションを属性ごとに各モジュールに振り分けるモジュール
> ・トランザクションごとの処理モジュール

　例えば，基本給の更新，手当の更新，控除の更新に関する伝票を個別に入力し，給与計算用のファイルを更新するプログラムは，TR分割で次のようなモジュールに分割されます。

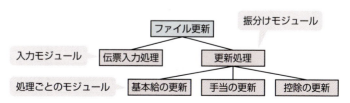

▲ 図9.4.3　TR分割の例

共通機能分割

共通機能分割とは、STS分割、TR分割などで分割されたモジュールの中に、共通する機能をもったモジュールがある場合、それを共通モジュールとして独立させる方法です。

ジャクソン法

ジャクソン法(JSP：Jackson Structured Programming)は、データ構造に基づいて分割を進める構造化設計技法です。プログラムの構造は、入力と出力のデータ構造から必然的に決まるという考え方から、それぞれの構造を、図9.4.4に示す「基本」、「連続」、「繰返し」、「選択」の4つの要素を組み合わせた階層的木構造(**JSP木**)で表現し、対応させたうえで、出力データ構造を基本形としてプログラム構造を作成します。

参考：入力データ構造を表したJSP木を「入力の木」、出力データ構造を表したJSP木を「出力の木」、プログラム構造を表したJSP木を「プログラムの木」という。〔イメージ〕

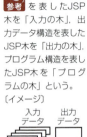
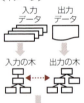

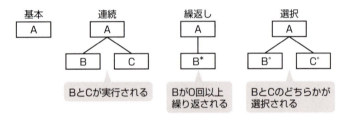

▲ **図9.4.4** JSP木の構成要素

ワーニエ法

ワーニエ法は、集合論に基づく構造化設計技法です。ジャクソン法が主に出力データ構造をもとにプログラムの構造化を図ったのに対し、ワーニエ法では入力データ構造をもとに「いつ、どこで、何回」という考え方でプログラム全体をブレイクダウンし、展開していきます。なお、プログラムの基本論理構造は、「スタート部」、「処理部」、「エンド部」の部分集合から構成されます。

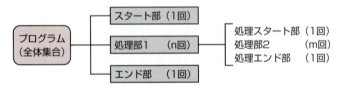

▲ **図9.4.5** プログラムの論理構造

モジュール設計 **9.4**

.9.4.2.... モジュール分割の評価　AM/PM

構造上の評価

　複雑なプログラムは複数のモジュールに分割することによって，わかりやすく，保守しやすいプログラムになります。しかし，1つのモジュールに多くの機能が含まれていたり，モジュール間インタフェースが複雑だったりすると，その効果は薄れます。「構造上の評価」では，このような観点から，モジュールが適切に分割されているかどうかの評価を行います。

⮕ モジュールの大きさ

　モジュールは原則として論理的な単位で分割を行い，できるだけ1つの機能をもった独立性の高いものにします。ただし，モジュールが小さ過ぎると，管理が煩雑になるため，その場合は下位モジュールを上位モジュールなどに組み込むことを考えます。

⮕ モジュール間インタフェース

　モジュールを階層構造化する場合，上位モジュールと下位モジュールのモジュール間インタフェースは必要最小限に抑えるなどしてモジュール結合度を弱くし，下位(上位)モジュールの変更が上位(下位)モジュールに影響しないようにする必要があります。

独立性の評価

　分割された複数のモジュールは，それぞれに独立性が高いモジュールでなければなりません。**独立性**とは，互いに関連し合うモジュールどうしが相手のモジュールの影響をできるだけ受けないという特性です。独立性の高いモジュールであれば，関連モジュールが修正されても，それによる影響は少なくて済みます。したがって，モジュールの独立性を高めておくことは，保守の効率化と保守コストの削減につながります。また，プログラム開発(製造)においても，並行作業が容易になるなど，その効果は期待できます。

　モジュールの独立性を評価する尺度としては，モジュール間の関連性の強さを示す**モジュール結合度**と，モジュール内の構成要

9

システム開発技術

515

素間の関連性の強さを示す**モジュール強度**(結束性)があります。

○ モジュール結合度

モジュール結合度は，モジュール間の関連性の強さを示すもので，次の6つの種類があります。モジュール結合度が弱ければ弱いほど，モジュールの独立性は高くなります。

▼ 表9.4.1 モジュール結合度の種類

独立性 低 → 高	結合度 強 → 弱		
		内容結合	絶対番地を用いて直接相手モジュールを参照したり，相手モジュールに直接分岐する
		共通結合	共通領域(グローバル領域)に定義されたデータを参照する
		外部結合	必要なデータだけを外部宣言し，他のモジュールからの参照を許可し共有する
		制御結合	機能コードなど，モジュールを制御する要素を引数として相手モジュールに渡し，モジュール内の機能や実行を制御する。モジュール強度の論理的強度がこれに相当する
		スタンプ結合	相手モジュールで，構造体データ(レコード)の一部を使用する場合でも，構造体データすべてを引数として相手モジュールに渡す
		データ結合	相手モジュールをブラックボックスとして扱い，必要なデータだけを引数として渡す

グローバル領域は，どのモジュールからでも共通に参照することができる領域で，どのモジュールにも含まれない。

モジュール結合度が最も弱い(モジュールの独立性が最も高い)，データ結合が問われる。

各モジュール強度に関して，その具体的なモジュールのイメージができるようにしておこう。

○ モジュール強度(結束性)

モジュール強度(結束性)は，モジュール内の構成要素間の関連性の強さを示すもので，次の7つの種類があります。モジュール強度が強いほど，モジュールの独立性は高くなります。

例えば，2つの機能A，Bを1つにまとめ，引数でどちらの機能を使うのかを指定するようにしたモジュールABは，論理的強度をもつモジュール(モジュール結合度においては，制御結合)となります。これに対し，必ずX，Yの順番に実行され，しかもXで計算した結果をYで使う，2つの機能X，Yを1つにまとめたモジュールXYは，連絡的強度をもつモジュールになるので，モジュールABよりモジュールXYの方がモジュール強度が強く，独立性が高いモジュールです。

9.4 モジュール設計

▼ 表9.4.2 モジュール強度の種類

独立性 低 → 高
強度 弱 → 強

暗合的強度	プログラムを単純に分割しただけで，モジュールの機能を定義できない，又は，複数の機能をあわせもつが，機能間にまったく関連はない
論理的強度	関連した複数の機能をもち，モジュールが呼び出されるときの引数（機能コード）で，モジュール内の1つの機能が選択，実行される。モジュール結合度の制御結合がこれに相当する
時間的強度	初期設定や終了設定モジュールのように，特定の時期に実行する機能をまとめたモジュール。モジュール内の機能間にあまり関連はない
手順的強度	複数の逐次的に実行する機能をまとめたモジュール
連絡的強度	手順的強度のうち，モジュール内の機能間にデータの関連性があるモジュール
情報的強度	同一のデータ構造や資源を扱う機能を1つにまとめ，機能ごとに入口点と出口点をもつモジュール
機能的強度	1つの機能だけからなるモジュール

参考:「データの関連性がある」とは，同じデータを参照することを意味する。

領域評価

領域評価は，モジュールの制御領域と影響領域を評価することです。モジュールの制御領域とは，そのモジュールが制御する範囲のことで，例えば，図9.4.6のモジュールDの制御領域は，モジュールD自身とそれに従属するモジュールEとなります。

参考:「モジュール構造図はピラミッド型を経てモスク型になる」という，モジュール形状による評価基準もある。

モスク（回教寺院）型
共通モジュール

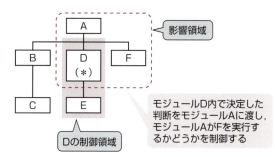

▲ 図9.4.6 制御領域と影響領域（制御領域＜影響領域）

また，影響領域とは，あるモジュール内での決定が影響を及ぼす範囲のことで，図9.4.6において，モジュールD内で決定した判断をモジュールAに渡し，モジュールAがFを実行するかしないか

9 システム開発技術

を制御する場合，モジュールD内での決定による影響範囲は，モジュールA，Fに及びます。

　モジュール分割を行ったあと，制御領域と影響領域の評価を行い，「制御領域≧影響領域」となっている場合はよいのですが，図9.4.6のように「制御領域＜影響領域」となっている場合には，モジュールの独立性が低くなっているため改善が必要となります。

☕ COLUMN

コード設計

　処理効率の向上とデータの体系化のため，使用目的に適したコード体系を設計することを**コード設計**といい，コード設計は外部設計における重要な作業の1つです。下記に，コード設計の大まかな流れとコードの種類・特徴をまとめておきます。時々，試験に出題されるテーマなので，学習しておきましょう。

〔コード設計の大まかな流れ〕
①コード化対象の選定とコード化目的の明確化
②使用期間とデータ件数の予測
③コード体系の決定
④コード化作業とコード表作成
⑤コードファイル作成

▼ **表9.4.3** 主なコードの種類と特徴

コード種類	特　徴
順番コード	・連番コード，**シーケンスコード**ともいい，データの発生順，あるいはデータを一定の順に並べて順番に番号を付けたコード ・少ない桁数でコード化できる ・発生順にコードを付ける場合，追加が容易 ・データ件数が予想以上に増加すると，桁数が不足する可能性がある ・分類がわからない
区分コード	・分類コードともいい，データをいくつかのグループに分割し，それぞれのグループに番号の範囲を与え，その中で連番を付けたコード ・少ない桁数で多くのグループ分けが可能 ・データを追加する場合や件数が多い場合に不便
桁別コード	・データを大分類，中分類，小分類と階層化し，それぞれの層内で連番を付けたコード ・データ項目の構成の分類基準が明確 ・各桁が分類上の特定の意味をもっているのでわかりやすい ・桁数が大きくなりやすい
表意コード	・**ニモニックコード**ともいい，商品の略称や記号などをコードとする ・コードの値からデータの対象物を連想でき，覚えやすいが分類には不便

テスト **9.5**

9.5 テスト

プログラムやモジュールが要求された仕様どおりに正しく動作するかを検証するために行われる代表的なテスト手法に，図9.5.1のような手法があります。

テスト手法
- ブラックボックステスト（機能テスト）
  同値分析・限界値分析・原因結果グラフ・実験計画法
- ホワイトボックステスト（構造テスト）
  命令網羅・判定条件網羅・条件網羅・判定条件／条件網羅・複数条件網羅

▲ **図9.5.1** テスト手法

9.5.1 ブラックボックステスト AM / PM

ブラックボックステストでは，プログラムの内部構造や論理構造には一切着目せず，プログラムをブラックボックスとして考えます。そして，プログラムの外部仕様に基づくテストケースを作成し，プログラムのもつ機能，つまり，入力に対して正しい出力が得られるかどうかに着目したテストを行います。したがって，プログラムに冗長なコードがあっても，それを検出できないという欠点があります。

> ブラックボックステストは，単体テストからシステムテストまで，すべてのテスト工程で使用でき，また，ユーザの立場から見た機能のテストに適する。

同値分析

同値分析は，テスト対象となるプログラムへの入力データを，同じ特性をもついくつかのクラスに分割して，各クラスを代表する値をテストデータとする方法です。**同値分割**ともいいます。

同じ特性をもつクラスを**同値クラス**といい，同値分析では，正しい値をもつ**有効同値クラス**と正しくない値をもつ**無効同値クラス**に分割し，それぞれのクラスから1つテストデータを設定します。

例えば，数字項目において，0～100までが正しいデータで，それ以外はエラーを表示するプログラムの場合，有効同値クラスは「0～100」，無効同値クラスは「－∞～－1」，「101～∞」で

9

システム開発技術

519

す。同値分析では，各クラスの代表値をテストデータとするので，例えば「-10, 50, 120」を採用すればよいことになります。

限界値分析

> 限界値分析及び同値分析は，午後試験でも用語問題として出題される。

限界値分析では，それぞれのクラスの境界値（端の値）をテストデータとして設定します。したがって，先の例では，「-1, 0, 100, 101」をテストデータとして採用することになります。

> 判定条件として，A≧aとすべきところをA＞aとしてしまったミスを発見するには，限界値分析が有効。

▲ **図9.5.2** 同値分析と限界値分析

原因結果グラフ

> 原因結果グラフは，仕様の不備や曖昧さを指摘できる副次的効果がある。なお，大きな仕様では扱いにくいため，扱いやすいように仕様を分割するのが一般的。

原因結果グラフ（因果グラフともいう）は，入力（原因）と出力（結果）の論理関係をグラフ化したものです。表9.5.1に示す記号を用いてグラフ化し，それをもとにデシジョンテーブルを作成してテストケースを設定していきます。

▼ **表9.5.1** 原因結果グラフの記号（一部）

論理関係	記　号	説　　　明
同値	①——②	①であれば，②が起こる
否定	①〜②	①でなければ，②が起こる
和(OR)	①②∨→③	①又は②であれば，③が起こる
積(AND)	①②∧→③	①かつ②であれば，③が起こる

　数学Ⅰと数学Ⅱの2つの試験結果から合格判定をするプログラムのテストケースを考えてみます。「数学Ⅰが80点以上」，「数学Ⅱが65点以上」の2つの条件のうち，少なくとも1つを満たしているときは合格となり，そうでなければ不合格です。

　まず，合格条件をもとに，原因結果グラフを作成します。

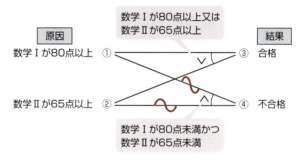

 原因結果グラフから次のことがわかる。
③=①∨②
④=①∧②

▲ 図9.5.3 原因結果グラフ

参考 デシジョンテーブルについては、p527を参照。

次に、この原因結果グラフをもとにデシジョンテーブル（決定表）を作成し、テストケースを設定します。

原因	① 数学Ⅰが80点以上	Y	Y	N	N
	② 数学Ⅱが65点以上	Y	N	Y	N
結果	③ 合格	X	X	X	−
	④ 不合格	−	−	−	X

▲ 図9.5.4 デシジョンテーブル

実験計画法

実験計画法は、検証項目の組合せによるテストケースの数が膨大になる場合に有効なテストケース設計法です。実験計画法では、<u>直交表</u>を用いることによって、検証項目の組合せに偏りのない、かつ少ないテストケースの作成ができます。

例えば、入力項目がA，B，Cの3つあり、それぞれの項目について入力値が正しいか正しくないかを検証する場合、このすべての組合せをテストするには$2^3=8$パターンのテストケースが必要ですが、直交表を用いると次の4つのケースですむことが知られています。

参考 No.1〜4の4つのケースに、2つの項目がとるすべての組合せが含まれていて、3つの項目についても、その50％が含まれている。
2つの項目がとるすべての組合せとは、次の4つ。
[1, 1] [1, 0]
[0, 1] [0, 0]

▼ 表9.5.2 実験計画法

テストケースNo.	項目A	項目B	項目C	
1	1	1	1	
2	1	0	0	1：正しい
3	0	1	0	0：正しくない
4	0	0	1	

9.5.2 ホワイトボックステスト　AM/PM

> 参考　網羅性を検査するツールとして，**テストカバレージツール**がある(p269参照)。

ホワイトボックステストは，プログラムの内部論理の正当性の検証を行うテストです。プログラムの論理構造，すなわち制御の流れに着目して行われるテストなので，本来は考えられるすべての入力データを設定し，プログラムのすべての命令や経路(パス)を通るようなテストケースの作成が望ましいのですが，作業量や時間面から，それを行うことは困難です。そこで，網羅性を考慮したうえで判断(分岐)や繰返しなど，論理の重要な部分に着目したテストケースを作成しテストを行います。

網羅性

網羅性のレベル(基準)には，命令網羅，判定条件網羅(分岐網羅)，条件網羅，判定条件／条件網羅，複数条件網羅があり，一般に後者ほど網羅率の高い基準となります。

▼ **表9.5.3**　網羅性のレベル

命令網羅	すべての命令を少なくとも1回は実行するようにテストケースを設計する
判定条件網羅 (分岐網羅)	判定条件において，結果が真になる場合と偽になる場合の両方がテストされるようにテストケースを設計する
条件網羅	判定条件が複数条件である場合に採用する方法。判定条件を構成する各条件が，真になる場合と偽になる場合の両方がテストされるようにテストケースを設計する。ただし，判定条件の真偽両方をテストしなくてもよい
判定条件／条件網羅	判定条件網羅と条件網羅を組み合わせてテストケースを設計する
複数条件網羅	判定条件を構成する各条件の起こり得る真と偽の組合せと，それに伴う判定条件を網羅するようにテストケースを設計する

> 参考　複数条件とは，「条件a OR 条件b」というように，1つの判定条件に複数の条件が含まれるものを指す。

> 参考　判定条件がOR条件の場合，テストケースの設計方法によっては，判定条件自体の誤りを発見できないことがある。

図9.5.5の判定条件「条件1 OR 条件2」を例に，それぞれの基準で設計されるテストケースとテスト経路をみていきましょう。

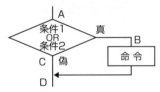

▲ **図9.5.5**　判定条件「条件1 OR 条件2」のケース

テスト **9.5**

◯ 命令網羅

命令網羅では，すべての命令を少なくとも1回は実行すればよいので，この場合，表9.5.4のテストケース②でも命令網羅の基準を満たします。しかし，このテストケースだけでは，判定条件が偽のときの経路「A-C-D」の確認ができません。

参考 命令網羅率は100%だが，経路の網羅率は50%。

▼ **表9.5.4** 命令網羅のテストケース例

テストケース番号	条件1	条件2	判定条件	テスト経路
②	真	偽	真	A－B－D

参考 テストケース

	条件1	条件2
①	真	真
②	真	偽
③	偽	真
④	偽	偽

◯ 判定条件網羅（分岐網羅）

判定条件網羅では，判定条件について，真偽を網羅すればよいので，先のテストケース②に加えて④を用意すれば判定条件網羅の基準を満たし，また経路「A-B-D」と「A-C-D」の確認ができるので，命令網羅よりテストの網羅性は高くなります。

参考 このテストケースでは，判定条件網羅の基準を満たしても，条件2が真になる場合のテストが行われないので，条件網羅の基準を満たさない。

▼ **表9.5.5** 判定条件網羅のテストケース例

テストケース番号	条件1	条件2	判定条件	テスト経路
②	真	偽	真	A－B－D
④	偽	偽	偽	A－C－D

◯ 条件網羅

条件網羅では，判定条件を構成するそれぞれの条件について，真偽を網羅すればよいので，表9.5.6のテストケース②と③でも条件網羅の基準を満たします。しかし，このテストケースでは，判定条件が偽のときの経路「A-C-D」の確認ができないので，テストの網羅性は低くなります。

参考 このテストケースでは，条件網羅の基準を満たしても，判定条件網羅の基準を満たさない。

▼ **表9.5.6** 判定条件網羅のテストケース例

テストケース番号	条件1	条件2	判定条件	テスト経路
②	真	偽	真	A－B－D
③	偽	真	真	A－B－D

そこで，**判定条件／条件網羅**では，判定条件網羅と条件網羅を組み合わせてテストケースを設計し，判定条件における真偽，お

9

システム開発技術

よび各条件における真偽を網羅します。

● 複数条件網羅

複数条件網羅では，判定条件を構成する各条件の起こり得る真と偽の組合せと，それに伴う判定条件を網羅するように，表9.5.7のテストケース①，②，③，④を用意します。

▼ **表9.5.7** 複数条件網羅のテストケース例

テストケース番号	条件1	条件2	判定条件	テスト経路
①	真	真	真	A−B−D
②	真	偽	真	A−B−D
③	偽	真	真	A−B−D
④	偽	偽	偽	A−C−D

> **参考　制御パステスト**
> （制御フローテストともいう）に対して，**データフローテスト**がある。これは，プログラムの中で使用されているデータや変数が「定義→使用→消滅」の順に正しく処理されているかを確認するテスト。

制御パステスト

命令網羅，判定条件網羅，条件網羅といった網羅性に着目して，プログラムの処理経路（パス）を網羅的に実行し，正しく動作しているかを検証するテストを**制御パステスト**といいます。テストすべきプログラムの処理経路は，プログラムをフローグラフ（制御フローグラフともいう）に置き換えることで求められます。

フローグラフとは，プログラムを連続した逐次命令群と，分岐命令（繰返しを含む）に分け，それぞれをノードとし，処理の順にノードとノードを有向線分（エッジ）で結んだものです。例えば，先の図9.5.5を条件網羅でテストする場合のフローグラフは，次のようになります。フローグラフの開始から，同一エッジを複数回通過しないで出口に達するノードの列が1つの経路です。

> **参考**　分岐命令の判定条件が，AND, ORなどを用いて構成されている複数条件の場合は，それを分解してからフローグラフに置き換える。

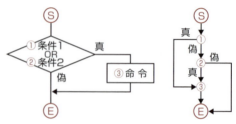

▲ **図9.5.6**　フローグラフ

フローグラフから得られるすべての経路の数を，サイクロマチック数といいます。**サイクロマチック数Nは**，フローグラフのエッジ数Eとノード数Vから，「$N=E-V+2$」で求めることができ，図9.5.6のフローグラフのサイクロマチック数は3です。したがって，この3つの経路を通るテストケースを作成し，テストを行うことで処理経路(パス)を網羅できます。

> **参考** 図9.5.6のフローグラムの経路
> ・S→①→③→E
> ・S→①→②→③→E
> ・S→①→②→E

9.5.3 モジュール集積テスト技法 AM/PM

結合テスト(ソフトウェア統合テスト)では，一般に，単体テストが終了したモジュールを2つ，3つと徐々に結合させてテストを進めていきますが，それを上位モジュールから行うのか下位モジュールから行うのかなど，テストの進め方にはいくつかの方法があります。この結合テストを進めるための技法を**モジュール集積テスト技法**といい，モジュール集積テストは大きく分けて，増加テストと非増加テストに分類されます。

> **参考** **非増加テスト**には，プログラムを構成するすべてのモジュールの単体テストが終了してから全モジュールを結合し，一気にテストを行う**ビッグバンテスト**と，単体テストを省略し，必要なモジュールをすべて結合して行う**一斉テスト**がある。

増加テスト

増加テストには，ボトムアップテスト，トップダウンテスト，折衷テストがあります。

● ボトムアップテスト

ボトムアップテストは，下位のモジュールから上位のモジュールへと順にモジュールを結合しながらテストをする方法です。未完成の上位モジュールの代わりに**ドライバ**(テスト用モジュール)が必要となります。

> **参考** **ドライバ**は，テスト対象モジュールの上位モジュール機能をシミュレートするモジュール。次の機能をもつ。
> ・引数を渡してテスト対象モジュールを呼び出す。
> ・テスト対象モジュールからの戻り値を表示・印刷する。

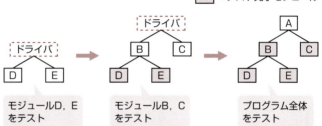

▲ 図9.5.7 ボトムアップテストの流れ

○ トップダウンテスト

トップダウンテストは，ボトムアップテストとは逆に，上位のモジュールから下位のモジュールへと順にモジュール結合しながらテストする方法です。未完成の下位モジュールの代わりに**スタブ**(テスト用モジュール)が必要となります。

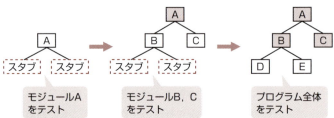

> **スタブ**は，次の機能をもつ。
> ・テスト対象モジュールから呼び出される。
> ・テスト対象モジュールへ擬似な戻り値を返す。

▲ 図9.5.8　トップダウンテストの流れ

POINT　ボトムアップテストとトップダウンテストの特徴

〔ボトムアップテストの特徴〕
・上位モジュールの機能をシミュレートする**ドライバ**が必要。
・モジュール数の多い下位の部分から開発することになるので，開発の初期段階から並行作業が可能。
・各モジュールのインタフェースの検証をドライバの下で行っているため，テストの最終段階でインタフェース上の問題が発生する可能性がある。

〔トップダウンテストの特徴〕
・下位モジュールの代わりに**スタブ**が必要。
・モジュール数の少ない上位の部分から開発することになるので，開発の初期段階では並行作業が困難。
・重要度の高い上位モジュールのインタフェース・テストが早期に実施でき，また上位モジュールを繰り返し実行することになるので信頼性が高い。

○ 折衷テスト

折衷テストは，ボトムアップテストとトップダウンテストを組み合わせた方法です。折衷ラインを決め，その上位をトップダウンテスト，下位をボトムアップテストで並行して行います。

> **折衷テスト**は，サンドイッチテストともいう。

> テスト **9.5**

> ☕ **COLUMN**

デシジョンテーブル（決定表）

　複数の条件とそれによって決定される処理（動作）を整理した表です。プログラム制御の条件漏れなどのチェックに効果があり，また，複雑な条件判定をともなう要求仕様の記述手段としても有効な方法です。

条件1	Y	Y	N	N
条件2	Y	N	Y	N
処理1	X	X	—	—
処理1	—	—	X	—

条件1を満たしていれば，処理1を実行

▲ **図9.5.9**　デシジョンテーブルの構成

その他のテスト

①**システム統合テスト**[*1]：システム設計で定義したテスト仕様に従って行われるテストです。ソフトウェア構成品目，ハードウェア構成品目，手作業及び必要に応じてほかのシステムをすべて統合したシステムが要件を満たしているかどうかを確認します。

②**システム検証テスト**[*2]：システム要件定義で定義したシステム要件に従って行われるテストです。システムが要件どおりに実現されているかどうかを確認します。

▼ **表9.5.8**　システム検証テストの種類

機能テスト	システム要件を満たしているかどうかをチェックする
性能テスト	スループット，レスポンスタイムなどの性能をチェックする
操作性テスト	ユーザが操作しやすいかどうか，ユーザインタフェースをチェックする
障害回復テスト	障害発生への対策が十分かどうか，回復機能をチェックする
負荷テスト	実際の稼働時と同じ，あるいは，より大きな負荷がかかったときのシステムの性能や機能をチェックする
耐久テスト	長時間の連続稼働に耐えられるかどうかをチェックする
例外テスト	例外や異常データの入力に対する対処（耐性）をチェックする。なお，入力データの妥当性（属性，桁数，データ範囲など）をチェックすることを，**エディットバリデーションチェック**という

③**リグレッションテスト**：現在稼働している，あるいは開発途中のシステムの一部を修正したとき，その修正が他の部分に影響して新しい誤りが発生していないかどうかを検証するテストです。**回帰テスト**（退行テスト）とも呼ばれます。

④**探索的テスト**：経験や推測に基づいて，重要と思われる領域に焦点を当ててテストし，その結果を基にした新たなテストケースを作成して，テストを繰り返す技法です。

⑤**ファジング**：問題を引き起こしそうなデータを検査対象に大量に送り込み，その応答や挙動を監視することで脆弱性を検出する検査手法です。

*1：旧規格JIS X 0160:2012における名称は〝システム結合テスト〟。
*2：旧規格JIS X 0160:2012における名称は〝システム適格性確認テスト〟。

9

システム開発技術

527

9.6 テスト管理手法

> **参考** プログラム中のバグ発見のため，プログラミング工程では，プログラムのソースコードを対象としてレビューが行われる。テスト工程では，適切なテストケースを設計してテストが行われる。

プログラムは，そこに潜むバグ(不良)が少なければ少ないほど，品質がよいといえます。したがって，プログラムの品質は，バグの発見率により評価されます。ここでは，テスト工程における品質管理に用いられるバグ管理図やバグ数の推測方法の概要を説明します。

9.6.1 バグ管理図 AM / PM

信頼度成長曲線

> **参考** 一般に，テスト初期段階ではゴンペルツ曲線，テスト中盤ではロジスティック曲線が用いられる。

プログラムのバグ発生数は，経験的にロジスティック曲線やゴンペルツ曲線などの成長曲線で近似できることが知られています。成長曲線は，横軸にテスト時間，あるいはテスト消化件数をとり，縦軸にバグの累積個数をとったグラフです。**信頼度成長曲線**，あるいは**バグ曲線**とも呼ばれています。

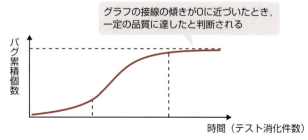

▲ 図9.6.1　信頼度成長曲線

> **POINT　信頼度成長曲線の形状**
> ・テスト開始直後はバグの発生数は少ない
> ・時間経過とともに徐々に増加していく
> ・最終的にある一定のバグ数に収束する
> 　(グラフの接線の傾きが0に近づく)

バグ管理

バグ管理では，実際に行われているテストの実績（**バグ累積数**）をグラフ上にプロットして**バグ管理図**を作成し，一般的な信頼度成長曲線の形状と比較することで，プログラムの品質状況やテストの進捗状況を判断します。テストに要した時間と発見されたバグの累積数をグラフ上にプロットしていくと，一般的には，図9.6.1のような信頼度成長曲線の形状を描くはずです。この形状にならない場合は，バグが多い，テストの質が悪いなど，何らかの原因があると判断できます。

例えば，プロットした点がα，あるいはβのような形状を描いた場合には，それぞれ次のような判断ができます。

> 試験 グラフの形状から，テスト状況を判断できるようにしておこう。

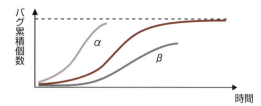

▲ **図9.6.2** バグ管理図

> 参考 プロットした点が一般的な形状を描いた場合でも，適切なテストケースでテストが行われているかどうかの確認は必要。

・αの形状となった場合

テストの初期段階でバグが多発しています。これは，テスト消化項目数があまり多くない段階で，不良件数が多いことを意味するので，「プログラムの質が悪い」と判断できます。しかし，このような現象が起こるのは，プログラム作成だけに原因があるのではなく，設計段階でのミスが原因となっている可能性も否定できません。したがって，設計段階にさかのぼり，再度見直しを行う必要があります。

> 試験 下記のバグ管理図も出題される。
>
> このような推移になった場合は，解決困難なバグに直面し，その後のテストが進んでいない可能性がある。

・βの形状となった場合

テストの中盤となってもバグの検出がなかなか進んでいません。このような場合，「テストの質が悪い」，「テストケースの欠落」，あるいは「解決困難なバグに直面した」などが考えられます。また逆に，「プログラムの品質がきわめてよい」とも考えられます。したがって，この場合，様々な観点から，現在行っているテスト状況を分析する必要があります。

9 システム開発技術

.....9.6.2.....バグ数の推測方法　　AM/PM

バグ埋込み法

　プログラム(ソフトウェア)の潜在バグ数を推定する方法の1つに,**バグ埋込み法**(エラー埋込み法)があります。これは,あらかじめ既知のバグをプログラムに埋め込んでおいて,その存在を知らない検査グループがテストを行った結果をもとに,潜在バグ数を推定する方法です。この方法では,埋込みバグ数と潜在バグ数の発見率が同じであるという仮定のもとに,次の式を用いて潜在バグ数を推定します。

> **POINT バグ埋込み法における潜在バグ数の推定方法**
>
> $$\frac{発見された埋込みバグ数}{埋込みバグ数} = \frac{発見された潜在バグ数}{潜在バグ数}$$

　例えば,当初の埋込みバグ数が48個,テスト期間中に発見されたバグのうち,埋込みバグ数が36個,真のバグ(潜在バグ)数が42個であるとしましょう。

- ・埋込みバグ数　　　　　　　　= 48個
- ・発見された埋込みバグ数　= 36個
- ・発見された潜在バグ数　　= 42個

上記の式にそれぞれの値を代入し,潜在バグ数aを求めると,

$$\frac{36}{48} = \frac{42}{a} \ \blacktriangleright \ 36 \times a = 48 \times 42 \quad \therefore a = 56個$$

> **試験** 潜在バグ数や残存バグ数だけでなく,公式そのものが問われることがある。

　以上から,潜在バグ数は56と予測できます。さらにここから,残存バグ数を14(=56−42)個と求めることもできます。

2段階エディット法

> **参考** 2段階エディット法は,Basinにより提案された方法。A,Bのバグを検出する能力と効率は等しいものと仮定して考える。

　2段階エディット法では,完全に独立した2つのテストグループA,Bが,テストケースやテストデータをそれぞれのグループで用意し,一定期間並行してテストを行います。その結果,グループAが検出したエラー数がN_A個,グループBが検出したエラー数がN_B個であり,そのうちN_{AB}個が共通するエラーであった場合,システムの総エラー数Nを次の式によって推定します。

9.6 テスト管理手法

> **POINT 2段階エディット法における総エラー数の推定方法**
> $N = (N_A \times N_B) / N_{AB}$

上記の推測式について、総エラー数Nは、それぞれのエラー検出数を総エラー数の確率として捉えることで、独立事象の乗法定理を適用して次のように求めることができます。

確率については「1.6.1 確率」(p46)を参照。

> **POINT 独立事象の乗法定理**
> 事象Bが起こる確率が事象Aの起こり方に影響されない場合、事象AかつBの起こる確率$P(A \cap B)$は、次の式で求められる。
> $P(A \cap B) = P(A) \times P(B)$

①グループAが検出したエラー数は、総エラー数のN_A / Nで、これを$P(A)$とする。
②グループBが検出したエラー数は、総エラー数のN_B / Nで、これを$P(B)$とする。
③グループA、Bが検出したエラー数は、総エラー数のN_{AB} / Nで、これを$P(A \cap B)$とする。

以上、①、②、③を独立事象の乗法定理に代入すると、下式が成り立ちます。

上記の公式だけではなく、右のN_{AB}とN_A、N_Bの関係式も問われることがある。

$$\frac{N_{AB}}{N} = \frac{N_A}{N} \times \frac{N_B}{N}$$

これをNについて整理すると、

$N = (N_A \times N_B) / N_{AB}$

となります。

したがって、例えば、あるプログラムについて、グループA、Bがそれぞれ30個、40個のエラーを検出し、そのうち20個が共通のエラーであった場合、プログラム総エラー数Nは、次のように推定されます。

$N = (30 \times 40) \div 20$　　　∴ $N = 60$個

9　システム開発技術

9.7 レビュー

9.7.1 レビューの種類と代表的なレビュー手法 AM / PM

レビューとは

　各種設計書やプログラムソースなどの成果物の問題点や曖昧な点，あるいは成果物としての妥当性を検証することを**レビュー**といいます。ソフトウェアに関するレビューは，承認レビューと成果物レビューに大きく分けられます。

　承認レビューは，成果物の内容を審査して，次の工程に進むための関門(承認)として実施されるレビューです。これに対して，**成果物レビュー**は，成果物の問題点を早期に発見し，品質向上を図ることを目的に行われるレビューです。

> **参考** システムへの要求仕様は，ソフトウェア開発の各工程において，次第に詳細化されていくため，設計上のミスはできる限り早期に発見されなければならない。もし，上流工程での設計ミスが発見されず，下流工程であるプログラミングやテストにまで引き継がれることがあれば，それを修正するためのコストはプログラムミスを修正するコストに比べ莫大となる。そこで，エラーの早期発見のために有効な手段の1つとなるのがレビューである。

◆レビューの種類

　レビューには，レビューア(レビューする人)の違いにより，作成者自身が1人で行う机上チェック，同じプロジェクトの同僚や専門家仲間と行う**ピアレビュー**，ソフトウェア開発組織から独立した組織の指導と管理に基づいて行う**IV&V**(Independent Verification and Validation：独立検証及び妥当性確認)などがありますが，一般にソフトウェアのレビューというと，ピアレビューを指します。

代表的なレビュー手法

　ピアレビューの代表的な手法には，ウォークスルー，インスペクション，ラウンドロビンのレビューなどがあります。

◆ウォークスルー

　レビュー対象物(成果物)の作成者が説明者になり行われるレビューです。成果物作成者とその関係者により実施されます。従来のミーティング形式のレビューでは，成果物の品質評価が作成者の評価になりやすい，だらだらと長時間にわたりやすいといった欠点がありましたが，これを排除したのがウォークスルーです。

レビュー **9.7**

〔ウォークスルーの特徴〕
- レビュー対象物の作成者が内容を順に説明し，レビュー参加者は説明に沿って対象物を追跡・検証し，不明点や問題点を指摘する。
- 参加者はお互いに対等な関係である。
- 発見されたエラーの修正は作成者に任される。
- 修正作業は検討テーマにならない。

プログラムのレビューにウォークスルーを用いる場合，プログラマの主催によって複数の関係者が集まり，プログラムリストを追跡してエラーを探します。具体的には，入力を仮定してソースコードを追跡するように，ステップごとに手順をシミュレーションすることによってレビューが行われます。

◯インスペクション

参考 モデレータの役割は，レビューを主導し，参加者にそれぞれの役割を果たさせるようにすること。

作業成果物の作成者以外の参加者が**モデレータ**として会議の進行を取り仕切り行われるレビューです。あらかじめ参加者の役割を決めておき，レビューの焦点を絞って迅速にレビュー対象物を評価します。

参考 ソースコードに対するインスペクションを**コードインスペクション**という。

〔インスペクションの特徴〕
- モデレータが会議の進行を取り仕切り，事前に作成されたチェックシートと照らし合わせて，対象物を検証する。
- 絞られた問題事項に関して様々な角度から分析を行う。
- 問題点は問題記録表に記録するとともに，作成者に対して指摘し，問題点が処置されるまでを追跡する。

参考 作成者を非難することは避け，成果物の内容に焦点を当てて課題や欠陥を指摘する。

◯ラウンドロビンのレビュー

レビュー参加者が持ち回りでレビュー責任者を務めながら，全体としてレビューを遂行していくレビュー技法を**ラウンドロビン**のレビューといいます。参加者全員がそれぞれの分担について，レビュー責任者を務めながらレビューを行うので，参加者全員の参画意欲が高まるという利点があります。

533

9 システム開発技術

◗ パスアラウンド

レビュー対象となる成果物を複数のレビューアに個別にレビューしてもらう方法です。電子メールなどを使ってレビュー対象物をレビューアに配布する方式や，複数のレビューアに回覧形式で順番に見てもらう方式，レビュー対象物を一カ所（掲示板など）で閲覧してもらう方式などがあります。

デザインレビュー

> **参考** デザインレビューとは，設計段階において，各種設計書や仕様書を対象に行うレビューのこと。これに対し，ソフトウェア構築段階において，プログラム（ソースコード）を対象に行うレビューを**コードレビュー**という。

検証対象である成果物が設計仕様書であるレビューを**デザインレビュー**といいます。外部設計，内部設計など各設計工程で，その成果物である設計書を対象に曖昧な点や問題点を検出するために行われます。外部設計書及び内部設計書におけるデザインレビュー上の主なポイントは次のようになります。

〔外部設計書のデザインレビュー〕
- ユーザが要求したシステム要件が定義されているかどうか
- 外部設計書で定義した内容の実現可能性や妥当性

〔内部設計書のデザインレビュー〕
- 外部設計書との整合性，機能がもれなく設計されているか
- プログラム間インタフェースの誤り，論理的矛盾はないか
- 設計書（ドキュメント）が標準に準拠しているか
- プログラム設計へ配慮された内部設計書となっているか

形式手法 ☕ COLUMN

ソフトウェア品質の確保のためレビューとテストを行いますが，レビューでは，仕様に対する明確な検証基準がなく，品質確保の程度はレビュー担当者の能力に左右されることがあります。そこで，論理学や離散数学を基礎とした形式的な仕様記述とモデル検証（形式検証）によって品質を確保しようというのが**形式手法**です。

形式手法では，明確で矛盾がない（数学的に正しいと証明される）仕様記述ができる形式仕様記述言語を用いて，システムの仕様（状態，振舞い）を曖昧さのないモデルで表現し，明確な検証基準のもと検証します。なお，代表的なモデル規範型形式仕様記述言語には，**VDM-SL**やオブジェクト指向拡張した**VDM++**などがあります。

得点アップ問題 **Q&A**

得点アップ問題

解答・解説は540ページ

問題1　(H29春問49)

アジャイル開発で"イテレーション"を行う目的のうち，適切なものはどれか。

ア　ソフトウェアに存在する顧客の要求との不一致を短いサイクルで解消したり，要求の
　　変化に柔軟に対応したりする。

イ　タスクの実施状況を可視化して，いつでも確認できるようにする。

ウ　ペアプログラミングのドライバとナビゲータを固定化させない。

エ　毎日決めた時刻にチームメンバが集まって開発の状況を共有し，問題が拡大したり，
　　状況が悪化したりするのを避ける。

問題2　(R03春問49)

スクラムチームにおけるプロダクトオーナの役割はどれか。

ア　ゴールとミッションが達成できるように，プロダクトバックログのアイテムの優先順
　　位を決定する。

イ　チームのコーチやファシリテータとして，スクラムが円滑に進むように支援する。

ウ　プロダクトを完成させるための具体的な作り方を決定する。

エ　リリース判断可能な，プロダクトのインクリメントを完成する。

問題3　(H25秋問7-SA)

組込みシステムの"クロス開発"の説明として，適切なものはどれか。

ア　実装担当及びチェック担当の二人一組で役割を交代しながら開発を行うこと

イ　設計とプロトタイピングとを繰り返しながら開発を行うこと

ウ　ソフトウェアを実行する機器とはCPUのアーキテクチャが異なる機器で開発を行うこと

エ　派生開発を，変更プロセスと追加プロセスとに分けて開発を行うこと

問題4　(H31春問46)

ソフトウェアの分析・設計技法の特徴のうち，データ中心分析・設計技法の特徴として，
最も適切なものはどれか。

ア　機能を詳細化する過程で，モジュールの独立性が高くなるようにプログラムを分割し
　　ていく。

イ　システムの開発後の仕様変更は，データ構造や手続の局所的な変更で対応可能なの
　　で，比較的容易に実現できる。

ウ　対象業務領域のモデル化に当たって，情報資源であるデータの構造に着目する。

エ　プログラムが最も効率よくアクセスできるようにデータ構造を設計する。

9

システム開発技術

535

問題5 (H29春問48)

流れ図において，分岐網羅を満たし，かつ，条件網羅を満たすテストデータの組はどれか。

	入力（テストデータ）	
	x	y
ア	2	2
	1	2
イ	1	2
	0	0
ウ	1	2
	1	1
	0	1
エ	1	2
	0	1
	0	2

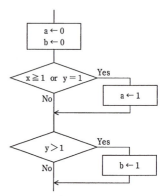

問題6 (R02秋問46)

UMLのアクティビティ図の特徴はどれか。

ア　多くの並行処理を含むシステムの，オブジェクトの振る舞いが記述できる。
イ　オブジェクト群がどのようにコラボレーションを行うか記述できる。
ウ　クラスの仕様と，クラスの間の静的な関係が記述できる。
エ　システムのコンポーネント間の物理的な関係が記述できる。

問題7 (H28秋問10-SA)

ブラックボックステストのテストデータの作成方法のうち，最も適切なものはどれか。

ア　稼動中のシステムから実データを無作為に抽出し，テストデータを作成する。
イ　機能仕様から同値クラスや限界値を識別し，テストデータを作成する。
ウ　業務で発生するデータの発生頻度を分析し，テストデータを作成する。
エ　プログラムの流れ図から，分岐条件に基づいたテストデータを作成する。

問題8 (H25秋問46)

設計上の誤りを早期に発見することを目的として，作成者と複数の関係者が設計書をレビューする方法はどれか。

ア　ウォークスルー　　　　　イ　机上デバッグ
ウ　トップダウンテスト　　　エ　並行シミュレーション

チャレンジ午後問題 (H30春問8)

解答・解説:542ページ

Z社では，全国に店舗展開する家電量販店向けに，顧客管理システムを開発している。開発中の顧客管理システムは，運用開始後，家電量販店の業務内容の変化に合わせて，3か月おきを目安に継続的に改修していくことが想定されている。

Z社では，プログラムの品質を定量的に評価するために，メトリクスを計測し，活用している。プログラムを関数の単位で評価する際には，関数の長さとサイクロマティック複雑度をメトリクスとして計測し，評価する。開発プロセスにおいては，プログラムのテストを開始する前にメトリクスを計測し，評価された値が，あらかじめ設定されたしきい値を上回らないことを確認することにしている。

開発中の顧客管理システムについても，開発プロセスのルールに従い，この評価方法によって評価した。

〔サイクロマティック複雑度〕

サイクロマティック複雑度とは，プログラムの複雑度を示す指標である。プログラムの制御構造を有向グラフで表したときの，グラフ中のノードの数Nとリンク(辺)の数Lを用いて次の式で算出する。

　　　サイクロマティック複雑度 $C = L - N + 2$

プログラムの制御構造を有向グラフで表した例を図1に示す。プログラムの開始位置と終了位置，反復や条件分岐が開始する位置と終了する位置をノードとし，ノード間をつなぐ順次処理の部分をリンクとしてグラフにする。ノードの間に含まれる順次処理のプログラムの行数は考慮せず，一つのリンクとして記述する。また，図1のリンク1やリンク4のように，処理がない場合も一つのリンクとして記述する。

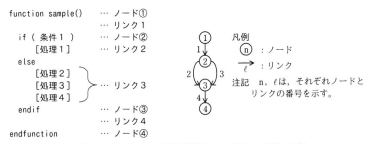

図1　プログラムの制御構造を有向グラフで表した例

図1の場合，ノードの数Nは4，リンクの数Lは4となり，Cは　a　と評価される。

ソフトウェアの内部構造及び内部仕様に基づいたテストを　b　という。Z社では，　b　を実施するに当たって，全ての条件分岐の箇所で，個々の判定条件の真及び偽の組合せを満たすことを基準としたテストを実施する方針としている。このような方針を　c　という。一般に，サイクロマティック複雑度は小さい方が，実行網羅率100%

を目指すために必要なテストケース数が少なくなり，テスト工程の作業が容易になる。Z社では，サイクロマティック複雑度のしきい値を10に設定している。

〔評価対象のプログラム〕

　開発中の顧客管理システムにおいて，顧客から問合せを受け付けた際に記録する情報には，タイトル，概要，発生店舗，詳細情報及び顧客の個人情報が含まれており，これらの情報をまとめたものを案件と呼ぶ。案件には，未完了と完了のステータスがある。画面に案件の情報を表示する際には，案件のステータスとシステムの利用者の立場によって，情報の公開範囲と編集可否の権限を制御する必要がある。

　図2は，画面上に案件の一覧を表示する際の権限判定を行うプログラムの一部である。システムの利用者の役職や所属する店舗と，それぞれの案件のステータスから，画面上に表示する情報の公開範囲と編集可否についての権限を判定する。

　図2のプログラムについて，メトリクスの計測を行った。計測結果を表1に示す。

　なお，サイクロマティック複雑度の計測のために作成した有向グラフの記載は省略する

```
 1:function get_permission()
 2:  for( 案件の数だけ繰り返し )
 3:    権限 ← 詳細情報，個人情報を参照不可
 4:    if( 案件のステータスが完了でない )
 5:      if ( 案件の店舗に所属している )
 6:        権限 ← 詳細情報だけを参照可能
 7:        if ( 管理職である )
 8:          if( 案件の登録者である )
 9:            権限 ← 詳細情報，個人情報を参照・編集可能
10:          else
11:            権限 ← 詳細情報だけを参照・編集可能
12:            if ( 店長である )
13:              権限 ← 詳細情報，個人情報を参照・編集可能    (A)
14:            endif
15:          endif
16:        else
17:          if( 案件の登録者である )
18:            権限 ← 詳細情報，個人情報を参照・編集可能
19:          endif
20:        endif
21:      endif
22:    else
23:      if ( 公開フラグが立っている )
24:        権限 ← 詳細情報だけを参照可能
25:      endif
26:    endif
27:    if ( システム管理者である )
28:      権限 ← 詳細情報，個人情報の参照・編集が可能
29:      if ( 案件のステータスが完了である )               (B)
30:        権限 ← 詳細情報，個人情報を参照可能
31:      endif
32:    endif
33:    案件の表示・操作権限 ← 権限
34:  endfor
35:endfunction
```

図2　権限判定を行うプログラム（一部）

表1　計測結果

メトリクス	結果
関数の長さ	33
サイクロマティック複雑度	11

注記　関数の長さには，関数の開始と終了の行は含まない。

　表1の計測結果から，図2のプログラムはサイクロマティック複雑度がしきい値を上回っており，テスト実施のコストが大きくなることが予想される。そこで，プログラムの外部的振る舞いを保ったままプログラムの理解や修正が簡単になるように内部構造を改善する　d　を行うことにした。改善する一つの方法として，図2のプログラム中（A）の範囲を"未完了案件権限判定"，（B）の範囲を"管理者権限判定"という名称で関数化することを検討した。改善後のプログラムを図3に，改善後のプログラムの有向グラフを図4に示す。

```
function get_permission()
  for( 案件の数だけ繰り返し )
    権限 ← 詳細情報，個人情報を参照不可
    if( 案件のステータスが完了でない )
      権限 ← 未完了案件権限判定( )
    else
      if ( 公開フラグが立っている )
        権限 ← 詳細情報だけを参照可能
      endif
    endif
    if ( システム管理者である )
      権限 ← 管理者権限判定( )
    endif
    案件の表示・操作権限 ← 権限
  endfor
endfunction
```

図3　改善後のプログラム

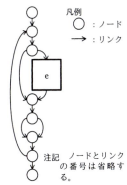

凡例
〇　：ノード
→　：リンク

注記　ノードとリンクの番号は省略する。

図4　改善後のプログラムの有向グラフ

　図3のプログラムのサイクロマティック複雑度は　f　であった。また，関数"未完了案件権限判定"については6，"管理者権限判定"については2となった。その結果，全てのプログラムのサイクロマティック複雑度がしきい値を上回らないことが確認された。

〔改善の効果〕
　簡潔なプログラムにすることによって，プログラムの可読性が高まり，初期開発時の機能実装のミスを減少させることができる。また，プログラムのリリース後に発生する改修や修正の難易度を下げることができる。そうすることによって，ソフトウェアの品質モデルのう

ち，機能適合性及び　g　を高めることができる。

　Z社で開発している顧客管理システムのような場合，①リリース後の改修や修正の難易度を下げることが，初期開発が容易になることよりも重要であることが多い。

設問1　本文中の　a　～　c　に入れる適切な字句を答えよ。

設問2　〔評価対象のプログラム〕について，(1)，(2)に答えよ。
　(1)　本文中の　d　に入れる適切な字句を答えよ。
　(2)　図4中の　e　を埋めて有向グラフを完成させよ。また，本文中の　f　に入れるサイクロマティック複雑度を求めよ。

設問3　〔改善の効果〕について，(1)，(2)に答えよ。
　(1)　本文中の　g　に入れる適切な字句を解答群の中から選び，記号で答えよ。
　　　解答群
　　　　ア　移植性　　　イ　互換性　　　　ウ　使用性
　　　　エ　信頼性　　　オ　性能効率性　　カ　保守性
　(2)　本文中の下線①について，その理由を35字以内で述べよ。

||| 解 説 |||

問題1　　　　　　　　　　　　　　　　　　　　　　　解答：ア　　←p494を参照。

　イテレーションを行う目的として適切なのは，〔ア〕です。〔イ〕はタスクボード，〔ウ〕はペアプログラミング，〔エ〕はデイリースクラムに関する記述です。

問題2　　　　　　　　　　　　　　　　　　　　　　　解答：ア　　←p494を参照。

　スクラムチームは，「プロダクトオーナ，開発チーム，スクラムマスタ」で構成されます。それぞれの役割は次のとおりです。

プロダクトオーナ	何を開発するか決める人。プロダクトに責任をもち，プロダクトバックログ項目の優先順位を決定するといった役割がある。〔ア〕が該当
開発チーム	実際に開発作業に携わる人々(6±3人)。プロダクトの開発プロセス全体に責任を負う。〔ウ〕と〔エ〕が該当
スクラムマスタ	スクラムが円滑に進むように支援する。例えば，メンバ全員が自律的に協働できるように場作りをするファシリテータ的な役割を担ったり，コーチとなってメンバの相談に乗ったり，開発チームが抱えている問題を取り除いたりする。〔イ〕が該当

※開発チームは，開発プロセスを通して完全に自律的である必要がある。スクラムではこの自律したチームのことを「自己組織化されたチーム」と呼ぶ。

得点アップ問題 Q&A

問題3
解答：ウ ←p264を参照。

クロス開発とは，実行する環境(機器)とは異なる，開発専用の環境(ホスト環境という)で開発を行うことをいいます。〔ア〕はペアプログラミング，〔イ〕はトライアンドエラーでシステムを完成させていく**ラウンドトリップ開発**"，〔エ〕は既存コードに機能追加や変更を行うことで適応ソフトウェアを開発する**派生開発**"に関する説明です。

問題4
解答：ウ ←p502を参照。

データは，業務の特性に応じてその内容や構造が決定されるものであって，業務が大きく変わらない限りデータ構造が変わることはありません(比較的安定している)。このことに着目し，データを中心としてシステムの分析や設計を行うのが**データ中心分析・設計**です。プロセスの設計に先だって，情報資源のデータ構造の設計を行います。

問題5
解答：エ ←p522, 523を参照。

分岐網羅(判定条件網羅ともいう)では，判定条件の結果が真になる場合と偽になる場合の両方をテストします。下表を見ると1つ目の判定条件①「x≧1 or y=1」及び2つ目の判定条件②「y>1」において，真と偽の両方のテストを行えるのは〔イ〕と〔エ〕です。

※分岐網羅と条件網羅を合わせたものを，**判定条件／条件網羅**という。

条件網羅では，判定条件を構成する各条件が真になる場合と偽になる場合の両方をテストします。判定条件②は条件が1つなので，分岐網羅を満たせば条件網羅も満たします。そこで，判定条件①について，〔イ〕，〔エ〕が条件網羅を満たすかどうかを見ると，〔イ〕は「y=1」が真になるテストが行われないので，条件網羅を満たしません。したがって，分岐網羅かつ条件網羅を満たすのは〔エ〕だけです。

	x	y	① x≧1 or y=1	② y>1	分岐網羅	①の条件式 x≧1	①の条件式 y=1	条件網羅
ア	2	2	真	真	①：×			
	1	2	真	真	②：×			
イ	1	2	真	真	①：○	真	偽	×
	0	0	偽	偽	②：○	偽	偽	
ウ	1	2	真	真	①：×			
	1	1	真	偽	②：○			
	0	1	真	偽				
エ	1	2	真	真	①：○	真	偽	○
	0	1	真	偽	②：○	偽	真	
	0	2	偽	真		偽	偽	

※左図中の，○は「満たす」，×は「満たさない」を意味する。

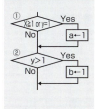

9 システム開発技術

問題6
解答：ア

←p511を参照。

アクティビティ図は，処理の分岐や並行処理，処理の同期などを表現できるのが特徴です。したがって，〔ア〕が適切な記述です。

イ：コミュニケーション図の特徴です。
ウ：クラス図の特徴です。
エ：コンポーネント図の特徴です。

問題7
解答：イ

←p519, 520を参照。

ブラックボックステストにおけるテストデータ作成法に，同値分析と限界値分析があります。**同値分析**では，入力条件の仕様（機能仕様）を基に，有効同値クラスと無効同値クラスを挙げ，それぞれを代表する値をテストデータとして選びます。**限界値分析**では，それぞれのクラスの境界値をテストデータとします。

※〔ア〕と〔ウ〕は，運用テストなどで用いられることがある方法。〔エ〕はホワイトボックステストにおけるテストデータ作成法。

問題8
解答：ア

←p532を参照。

関係者が一同に集まって，各種設計書やプログラムの欠陥発見及び妥当性を検証するために行われる会議を，**レビュー**といいます。代表的なレビュー技法には，ウォークスルー，インスペクションなどがあり，このうちレビュー対象物の作成者とその関係者により行われるレビューを**ウォークスルー**といいます。

※〔エ〕の**並行シミュレーション**は，システム監査技法の1つ。監査人が用意した検証用プログラムと監査対象プログラムに同一のデータを入力して，両者の実行結果を比較する方法。

チャレンジ午後問題

設問1	a：2 　　b：ホワイトボックステスト 　　c：条件網羅		
設問2	(1)	d：リファクタリング	
	(2)	e： 　　f：5	
設問3	(1)	g：カ	
	(2)	プログラムの改修や修正が継続的に発生することが想定されるから	

●設問1

空欄a：図1のサイクロマティック複雑度Cが問われています。図1の場合，ノードの数Nは4，リンクの数Lは4ですから，問題文に提示された算式に代入すれば求められます。

サイクロマティック複雑度C＝4－4＋2＝**2**（空欄a）

空欄b：空欄bに入れるテスト手法が問われています。ソフトウェア（プログラム）のテスト手法は，テストケースを設計する際に，ソフ

トウェアの内部構造を意識するかどうかで,ホワイトボックステストとブラックボックステストの2つに分けられます。このうち,「ソフトウェアの内部構造及び内部仕織に基づいたテスト」は,**ホワイトボックステスト**(空欄b)です。

空欄c:空欄cには,ホワイトボックステストにおけるテストケースを作成する際の網羅性レベルが入ります。網羅性レベルには,「命令網羅,判定条件網羅(分岐網羅),条件網羅,判定条件/条件網羅,複数条件網羅」の5つがあります。このうち,「全ての条件分岐の箇所で,個々の判定条件の真及び偽の組合せを満たすことを基準とする」のは,**条件網羅**(空欄c)です。

※網羅性レベルについてはp522を参照。

●設問2(1)

空欄d:「プログラムの外部的振る舞いを保ったままプログラムの理解や修正が簡単になるように内部構造を改善する d を行う」とあります。プログラムの外部から見た振る舞いを変更せずに保守性の高いプログラムに書き直すことをリファクタリングというので,空欄dには**リファクタリング**が入ります。

※**リファクタリングと回帰テスト**
リファクタリングでは,保守性を上げることを目的に,プログラムの外部から見た動作を変えずに内部構造を変更する。このため,リファクタリングを行ったときには,必ず回帰テストを行う必要がある。

●設問2(2)

空欄e:図1の例に倣って,プログラムと有向グラフを対応させてみます。すると,問われているのは,網掛け部分に対応する有向グラフだとわかります。

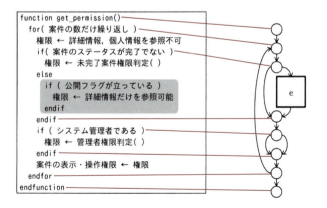

そこで,この網掛け部分と同じプログラム構造をしている,すぐ下の「if(システム管理者である) … endif」の有向グラフを見ると ◯◯ と表されています。したがって,空欄eも ◯◯ となります。

空欄f：図3のサイクロマティック複雑度が問われています。先に完成させた有向グラフから，ノードの数Nは10，リンクの数Lは13です。

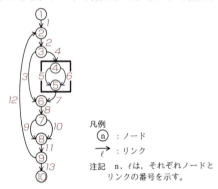

したがって，サイクロマティック複雑度は，次のようになります。
　　L−N+2＝13−10+2＝**5**（空欄f）

●設問3（1）

空欄g：空欄gに入れるソフトウェア品質モデルの品質特性が問われています。〔改善の効果〕に説明されている2つの効果のうち，「簡潔なプログラムにすることによって，プログラムの可読性が高まり，初期開発時の機能実装のミスを減少させることができる」は，機能適合性の向上に該当し，「プログラムのリリース後に発生する改修や修正の難易度を下げることができる」は，保守性の向上に該当するので，空欄gは〔**カ**〕の**保守性**です。

●設問3（2）

「リリース後の改修や修正の難易度を下げることが，初期開発が容易になることよりも重要である」理由が問われています。下線①の直前に，「Z社で開発している顧客管理システムのような場合」とあるので，"顧客管理システム"をキーワードに，ヒントとなる記述を探します。すると，問題文の冒頭に，「Z社では，…開発中の顧客管理システムは，運用開始後，家電量販店の業務内容の変化に合わせて，3か月おきを目安に継続的に改修していくことが想定されている」とあります。システムの運用開始後，定期的に改修していくことが想定されている場合，保守性の高いシステムであることが重要になります。したがって理由としては，**プログラムの改修や修正が継続的に発生することが想定されるから**などとすればよいでしょう。

※**保守性**とは，「意図した保守者によって，製品又はシステムが修正することができる有効性及び効率性の度合い」。なお，ソフトウェア品質モデルの品質特性についてはp642を参照。

第10章
マネジメント

　情報システムの開発にとって重要なのは，技術的な要素だけではありません。開発作業を順調に進めるためのスケジュール(タイム)管理や費用(コスト)管理といったマネジメントも重要です。また，情報システムは，顧客のシステムへの要求分析から始まり，設計・製造，検証・導入を経て，最後にシステムの運用という段階に入りますが，この運用段階に入って初めて，これまで開発してきた情報システムの成果が問われます。すなわち，情報システムは運用段階に入ってからが本番であり，情報システムを安定稼働させるためのシステム運用業務がとても重要になります。

　本章では，以上のことを背景に，開発作業を順調に進めるための管理手法，及びシステム運用に関する基本事項を中心に学習します。午前，午後試験ともに，応用力が求められる分野ですが，まずは本章により基本事項をしっかり把握しておきましょう。

10 マネジメント

10.1 プロジェクトマネジメント

10.1.1 プロジェクトマネジメントとは AM/PM

定常業務とプロジェクト

組織が遂行する業務は，定常業務とプロジェクトに大別できます。**定常業務**とは，例えば「顧客からの注文を受けたら，在庫を確認し，出荷処理，請求処理を行う」というように，規定の手順に従って反復的に行われる業務です。これに対して，**プロジェクト**は，ある業務のために編成された期間限定のチームで，独自のプロダクトやサービスを創造するために実施する業務です。PMBOKでは，「独自のプロダクト，サービス所産を創造するために実施する有期性のある業務」と定義しています。

> 参考 定常業務では，成果物を反復的に生産して提供する活動を継続的に遂行する。

> 参照 PMBOKについては，p548を参照。

> **POINT プロジェクトの特性**
> ・ある業務のために編成された期間限定のチームで遂行する
> ・独自のプロダクトやサービスを創造する
> ・目的を達成するために開始し，目的を達成したときに終了する

プロジェクトマネジメント

プロジェクトは，目的達成をもって終了しますが，必ずしも「プロジェクト終了＝プロジェクト成功」ではありません。プロジェクトの成功は，合意された様々な制約条件(スコープ，スケジュール，予算，品質など)を満たしたうえで，決められた目的が達成できたか否かで決まります。

プロジェクトが満たさなければならない，これらの制約条件は互いに相反する関係にあるものが多くあります。例えば，品質を高めるために，スケジュール(納期)が遅れたり，予算が超過したりする可能性があります。そのため，プロジェクトでは，合意された制約条件をバランスよく調整しなければなりません。そこで，各種知識やツール，実績のある管理手法を適用し，複数の制約条件を調整しながらプロジェクトを成功に導くための管理活動を行います。この管理活動を**プロジェクトマネジメント**といいます。

プロジェクトマネジメント **10.1**

..10.1.2.. JIS Q 21500:2018 .... AM/PM ...

5つのプロセス群

JIS Q 21500:2018は，プロジェクトの実施に重要で，かつ影響を及ぼすプロジェクトマネジメントの概念及びプロセスに関するガイドラインであり，プロジェクトマネジメントの手引です。

プロジェクトの目標を満たすために実行するマネジメントプロセスには様々なプロセスがありますが，JIS Q 21500:2018では，これらのプロセスを，マネジメントの対象という観点から10の対象群に(側注参照)，また，作業の位置付けにより，「立ち上げ，計画，実行，管理，終結」の5つの**プロセス群**に分類しています。

参考 10の**対象群**
①統合の対象群
②ステークホルダの対象群
③スコープの対象群
④資源の対象群
⑤時間の対象群
⑥コストの対象群
⑦リスクの対象群
⑧品質の対象群
⑨調達の対象群
⑩コミュニケーションの対象群

試験 試験では，各プロセス群の説明や，プロセス群に属するプロセス名が問われる。

10 マネジメント

▼ **表10.1.1** JIS Q 21500:2018のプロセス群とプロセス

立ち上げ	プロジェクトフェーズ又はプロジェクトを開始するために使用し，プロジェクトフェーズ又はプロジェクトの目標を定義し，プロジェクトマネージャがプロジェクト作業を進める許可を得るために使用する
プロセス	プロジェクト憲章の作成，ステークホルダの特定，プロジェクトチームの編成
計画	計画の詳細を作成するために使用する
プロセス	プロジェクト全体計画の作成，スコープの定義，WBSの作成，活動の定義，資源の見積り，プロジェクト組織の定義，活動の順序付け，活動期間の見積り，スケジュールの作成，コストの見積り，予算の作成，リスクの特定，リスクの評価，品質の計画，調達の計画，コミュニケーションの計画
実行	プロジェクトマネジメントの活動を遂行し，プロジェクトの全体計画に従ってプロジェクトの成果物の提示を支援するために使用する
プロセス	プロジェクト作業の指揮，ステークホルダのマネジメント，プロジェクトチームの開発，リスクへの対応，品質保証の遂行，供給者の選定，情報の配布
管理	プロジェクトの計画に照らしてプロジェクトパフォーマンスを監視し，測定し，管理するために使用する
プロセス	プロジェクト作業の管理，変更の管理，スコープの管理，資源の管理，プロジェクトチームのマネジメント，スケジュールの管理，コストの管理，リスクの管理，品質管理の遂行，調達の運営管理，コミュニケーションのマネジメント
終結	プロジェクトフェーズ又はプロジェクトが完了したことを正式に確定するために使用し，必要に応じて考慮し，実行するように得た教訓を提供するために使用する
プロセス	プロジェクトフェーズ又はプロジェクトの終結，得た教訓の収集

547

10 マネジメント

ステークホルダ

> **参考** JIS Q 21500 :2018では，**ステークホルダ**を，「プロジェクトのあらゆる側面に対して，利害関係をもつか，影響を及ぼすことができるか，影響を受け得るか又は影響を受けると認知している人，群又は組織」と定義している。

プロジェクトには，プロジェクト作業を行う人の他，プロジェクトを支援する人，成果物を利用する人，資金を提供する人など，様々な人が関与します。このようにプロジェクトに関与している人や組織，又はプロジェクトの実行や完了によって自らの利益に影響が出る人や組織を合わせて**ステークホルダ**といいます。

▼ **表10.1.2** プロジェクトの主なステークホルダ

プロジェクトガバナンス	プロジェクト運営委員会又は役員会	プロジェクトに上級レベルでの指導を行うことによってプロジェクトに対して寄与する
	プロジェクトスポンサ	プロジェクトを許可し，経営的決定を下し，プロジェクトマネージャの権限を超える問題及び対立を解決する
プロジェクト組織	プロジェクトマネージャ	プロジェクトの活動を指揮し，マネジメントして，プロジェクトの完了に説明義務を負う
	プロジェクトマネジメントチーム	プロジェクトの活動を指揮し，マネジメントするプロジェクトマネージャを支援する
	プロジェクトチーム	プロジェクトの活動を遂行する
プロジェクトマネジメントオフィス(PMO)		組織としての標準化，プロジェクトマネジメントの教育訓練，プロジェクトの計画及びプロジェクトの監視などの役割を主として担う

> **参考** その他のステークホルダ
> ・ビジネスパートナ
> ・供給者
> ・資金提供者
> ・顧客　など

10.1.3 PMBOK　　AM / PM

PMBOKのプロセス群と知識エリア

> **参考** PMBOKを国際規格化したISO 21500を，JIS化したものがJIS Q 21500。JIS Q 21500とPMBOKでは名称が若干異なる。

PMBOK（Project Management Body of Knowledge）は，プロジェクトマネジメントを進めるために必要な知識を体系化したものです。PMBOKガイド第6版では，**プロセス群**を，「立ち上げ，計画，実行，監視・コントロール，終結」の5つとし，マネジメントの対象による分類を"**知識エリア**"として，次の10の知識エリアを定めています。

▼ **表10.1.3** PMBOKの10の知識エリア

① 統合マネジメント	④ コストマネジメント	⑦ コミュニケーションマネジメント
② スコープマネジメント	⑤ 品質マネジメント	⑧ リスクマネジメント
③ スケジュールマネジメント	⑥ 資源マネジメント	⑨ 調達マネジメント
※知識エリア名冒頭の"プロジェクト"，及び"・"を省略		⑩ ステークホルダマネジメント

プロジェクトマネジメント **10.1**

10.1.4 プロジェクトマネジメントの活動 AM/PM

ここでは，PMBOKの知識エリアのうち，試験での出題が多い
ものに焦点をあて，そのマネジメント活動の概要を説明します。

統合マネジメント

プロジェクトマネジメントの各作業を統合するための活動が
統合マネジメントです。他の9つの知識エリアの各プロセスを統合
するために必要なプロセス(プロジェクト憲章の作成，プロジェク
トマネジメント計画書の作成，プロジェクト作業の指揮・マネジ
メント，プロジェクト作業の監視・コントロール，統合変更管理
など)から構成されます。

プロジェクト作業の監視・コントロールでは，成果物の作成状
況やスケジュールの進捗状況などの情報を収集あるいは測定し，
評価を行い，必要に応じて是正処置や予防処置などを要求します。
また，**統合変更管理**では，プロジェクトの立上げ，計画，実行，
終結のライフサイクルの中で発生した変更要求を速やかにレビュ
ー，分析し，認否判定を行います。そして，承認済み変更に基づ
き，費用(コスト)やスケジュールなどの調整を行います。

> **用語 プロジェクト憲章**
> プロジェクトを正式に
> 許可する文書で，次の
> 内容を含む。
> ・プロジェクトの概要，
> 目的，妥当性
> ・ステークホルダの大
> 枠での要求事項
> ・プロジェクトマネー
> ジャの特定と任命及
> び責任と権限
> ・要約したスケジュー
> ル及び予算

スコープマネジメント

プロジェクトの作業を明確にするための活動が**スコープマネジ
メント**です。「スコープ・マネジメントの計画，要求事項の収集，
スコープの定義，WBSの作成，スコープの妥当性確認，スコープ
のコントロール」の6つのプロセスから構成されます。

▶ スコープの定義

スコープとはプロジェクトの範囲であり，プロジェクトのアウ
トプットとなる"成果物"及びそれを創出するために必要な"作
業"のことです。**スコープの定義**では，要求事項の収集プロセス
で文章化された，プロジェクトの要求事項をもとに，プロジェク
トで作成すべき成果物やそれに必要な作業，また前提条件や制約
条件，除外事項などをまとめ，**プロジェクト・スコープ記述書**に
記述します。

> **参考 プロジェクトに
> おいて，様々な
> 理由によりスコープの
> 拡張あるいは縮小の必
> 要性が発生する。スコ
> ープの変更は，スコー
> プコントロールプロセ
> スで認識され，変更の
> 必要性を検討した後，
> 変更要求を文書化して
> 統合変更管理プロセス
> へ渡す。**

10
マネジメント

549

10 マネジメント

○ WBSの作成

WBSの作成では，WBSとWBS辞書を作成します。**WBS**（Work Breakdown Structure）は，プロジェクトで作成すべき成果物や必要な作業を管理しやすい細かな単位に要素分解し，スコープ全体を表現したものです。**WBS辞書**は，WBSの各要素の詳細を規定したドキュメントです。WBS要素の階層レベル，作業の内容や完了基準，担当者などが記載されます。

WBSを作成することで，作業の内容や範囲が体系的に整理でき，作業の全体が把握しやすくなりますが，そのためには，100%ルールを守る必要があります。**100%ルール**とは，WBSの作成において，「プロジェクトの，すべての成果物とプロジェクト作業を過不足なく，かつ重複なく洗い出すこと。すなわち，ある要素を分解した子要素をすべて集めると親要素になる」といったルールです。

> **参考** プロジェクトの初期段階では，要件の細部まで明確になっていないことが多いため，まず上位レベルのWBSを作成し，詳細が明確になってから詳細なWBSを作成する。このように計画を徐々に細かくしていく計画技法を**ローリングウェーブ計画法**という。

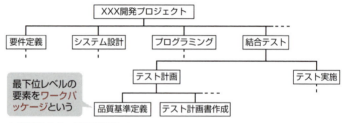

最下位レベルの要素を**ワークパッケージ**という

▲ **図10.1.1** WBSの例

スケジュールマネジメント（タイムマネジメント）

スケジュールを作成し，プロジェクトを所定の時期内に完了させるための活動が**スケジュールマネジメント**です。主なプロセスは，次のとおりです。

▼ **表10.1.4** スケジュールマネジメントの主なプロセス

アクティビティの定義	WBSのワークパッケージをさらに具体的な作業である**アクティビティ**に分解し，アクティビティリストに整理する
アクティビティの順序設定	アクティビティ間の順序関係を，プロセス・スケジュール・ネットワーク図にまとめる
アクティビティ所要期間の見積り	**三点見積法**や**類推見積法**などを用いて，各アクティビティの所要日数を見積もる
スケジュールの作成	**クリティカルパス法**などを利用して，プロジェクト・スコープ記述書に記載されている前提条件及び制約条件を満たすプロジェクトスケジュールを作成する

プロジェクトマネジメント **10.1**

コストマネジメント

予算を作成し，プロジェクトを所定の予算内で完了させるための活動が**コストマネジメント**です。主なプロセスには，コストの見積り，予算の設定，コストのコントロールがあります。

コストの見積りでは，各アクティビティを完了するために必要な費用を算出します。また，プロジェクトが進み詳細が決まった段階などで適宜見直しも行います。**コストのコントロール**では，コストとスケジュールの予定と実績との差異や，プロジェクト完了時の総予算を測定し，コストが予算内に収まるよう，かつ進捗がスケジュールに沿うよう管理を行います。

リスクマネジメント

プロジェクトにおける"好機"を高め，"脅威"を軽減するための活動が**リスクマネジメント**です。リスクマネジメントでは，プロジェクトにマイナス（脅威）又はプラス（好機）となる事象を特定し，分析・評価し，対応策を決定した上でそれをコントロールします。表10.1.5に，マイナスの影響を及ぼすリスクへの対応戦略と，プラスの影響を及ぼすリスクへの対応戦略をまとめます。

▼ **表10.1.5** マイナス及びプラスのリスクへの対応戦略

マイナスのリスクへの対応戦略	回避	リスクの発生要因を取り除いたり，リスクの影響を避けるためにプロジェクト計画を変更する
	転嫁	リスクの影響や責任の一部又は全部を第三者へ移す。例えば，保険をかけたり，保証契約を締結するといった，主に財務的な対応戦略をとる
	軽減	リスクの発生確率と発生した場合の影響度を受容できる程度まで低下させる
	受容	対応を特に行わない（リスクを受容すると決める）。なお，マイナスリスクの"受容"には，積極的な受容と消極的な受容がある。積極的な受容では，リスクの受容に伴い，リスクが発生した場合に備えて**コンティンジェンシ計画**を作成するが，消極的な受容では，特に何もしないでリスクが発生したときにその対応を考える
プラスのリスクへの対応戦略	活用	リスク（好機）を確実に実現できるよう対応をとる
	共有	好機を得やすい能力の最も高い第三者と組む
	強化	好機の発生確率やプラスの影響を増大・最大化させる対応をとる
	受容	対応を特に行わない

用語 **コンティンジェンシ計画**

予測はできるが発生することが確実ではないリスクに対して，そのリスクが万一顕在化してもプロジェクトを成功させることができるように，あらかじめ策定しておく対策や手続きのこと。また，そのリスクに対処するための予備の費用や時間，資源のことを**コンティンジェンシ予備**という。なお，特定できない未知のリスクへの予備を**マネジメント予備**といい，コンティンジェンシ予備やマネジメント予備を検討することを**予備設定分析**という。

10.2 スケジュールマネジメントで用いる手法

10.2.1 スケジュール作成手法 AM/PM

PERT

各作業の先行後続関係を**アローダイアグラム**を用いて表現する技法が**PERT**です。プロジェクト全体を構成する作業の順序・依存関係をアローダイアグラム(PERT図)に表すことにより，プロジェクト完了までの所要日数とクリティカルパスを明らかにします。

用語　クリティカルパス
余裕のない作業を結んだ経路であり，事実上プロジェクトの所要期間を決めている作業を連ねた経路のこと。

プロジェクトの作業リスト

作業名	先行作業	所要日数
A	−	2
B	−	4
C	A	1
D	A	2
E	B, C	6
F	E	0
G	F, D	6
H	E	4

＊ダミー作業とは，実際には存在しない，所要日数ゼロの作業のこと

← 作業EはBとCが完了しないと開始できない
← 作業Fはダミー作業
← 作業GはDとダミー作業F(この場合作業E)が完了していないと開始できない

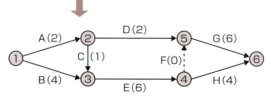

▲図10.2.1　作業リストとPERT図

図10.2.1のPERT図をもとに，プロジェクト完了までの所要日数とクリティカルパスを求めてみましょう。

● プロジェクト完了までの所要日数

まず，作業A，Bを始めた日を0日とし，結合点③から出る作業Eが最も早く開始できる日を考えてみます。作業A→Cが2+1=3日で終了しても，作業Bに4日かかるため，作業Eが開始できる日は4日となります。これを結合点③における**最早結合点時刻**といいます。この方法ですべての結合点における最早結合点時刻を順

参考　作業が開始できる最も早い日を**最早開始日**という。各作業の最早開始日は，その作業が出る結合点の最早結合点時刻に等しい。

番に計算していくと，最終結合点⑥における最早結合点時刻は16日となり，これがプロジェクトの所要日数となります。

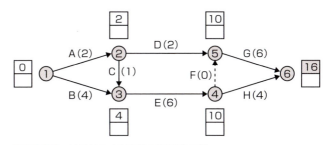

▲ 図10.2.2 最早結合点時刻と最短所要日数

クリティカルパス

> 同じ結合点から出る作業は，同時に開始されると考える。

次に，プロジェクトを16日までに完成させるために，結合点④から出る作業FとHは遅くてもいつ開始すればよいかを考えます。まず，作業Hは遅くても16－4＝12日に開始すればよいのですが，作業Gが結合点⑤を10日には開始しないと16日に間に合わないため，作業Fは10－0＝10日には開始しなければいけません。これを結合点④における**最遅結合点時刻**といいます。図10.2.3に，各結合点における最遅結合点時刻を示します。

> 作業が遅くても開始しなければいけない日を**最遅開始日**という。各作業の最遅開始日は，「その作業が入る結合点の最遅結合点時刻－作業時間」に等しい。

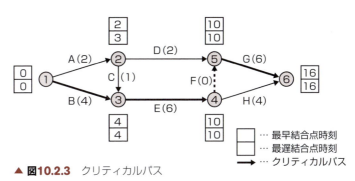

▲ 図10.2.3 クリティカルパス

> **余裕のない作業**とは，「最遅開始時刻－最早開始時刻」が0となる作業のこと。つまり，開始可能になったら直ちに開始しなければいけない作業。

以上のように，最早結合点時刻と最遅結合点時刻を求めたあと，その差が0となる結合点を結んでできたパス(経路)は，基本的には「余裕のない作業を結んだ経路」となります。この経路を**クリティカルパス**といいます。クリティカルパス上の作業が1日遅れると，プロジェクト全体の作業が1日遅れることになるため，

10 マネジメント

> 📝 **参考**
> 作業Hの最早開始時刻は10日であり，最遅開始時刻は16−4＝12日なので，12−10＝2日の余裕がある。

クリティカルパス上の作業は，重点的に管理する必要があります。

ところで，図10.2.3を見ると，余裕のない結合点は①，③，④，⑤，⑥なので，経路「B−E−F−G」と「B−E−H」がクリティカルパスとなりそうですが，作業Hには余裕時間があるため，クリティカルパスは，経路「B−E−F−G」だけです。

このように結合点における余裕時間だけではクリティカルパスがはっきりしないこともあります。本来，クリティカルパス上の作業は，単に余裕のない結合点にはさまれた作業ではなく，作業時間に余裕のない作業であることに注意してください。

● プロジェクト所要期間の短縮

プロジェクトスコープを変更することなく，プロジェクト全体の所要期間を短縮する手法として，ファストトラッキングとクラッシングがあります。

ファストトラッキングは，本来，順番に行うべき作業を並行して行うことにより所要期間を短縮する方法です。

クラッシングは，クリティカルパス上の作業に追加資源を投入することにより所要期間を短縮する方法です。クリティカルパス上の作業を1日短縮することで，プロジェクト全体の所要期間を1日短縮できます。ただし，作業を，例えば3日短縮しても，プロジェクト全体の所要期間が3日短縮できるとは限りません。これは，作業期間を短縮することによりクリティカルパスが変わることがあるためです。したがって，次の手順で短縮していきます。

> 📝 **参考**
> プロジェクトの所要期間を決定するクリティカルパス(CP)によってスケジュール管理する手法を**クリティカルパス法**という。クリティカルパス法で作成したスケジュールにおいて，資源が特定の期間又は限られた量でしか使用できない場合，その使用を調整・均等化する。これを**資源平準化**という。資源平準化を行うと，CP上の作業であっても開始日を調整するのでCPが変わる可能性がある。このため，資源平準化後にはスケジュールの見直しが必要になる。

> **POINT** プロジェクト所要期間を短縮する手順
> ① クリティカルパス上で短縮費用が一番安い作業を1日短縮する
> ② クリティカルパスを再検討する
> ③ ①と②を目標の短縮日数まで繰り返す

プレシデンスダイアグラム法

プレシデンスダイアグラム法(PDM：Precedence Diagramming Method)は，作業を箱型のノードで表し，順序・依存関係を矢線で表す表記法です。順序関係をFS，FF，SS，SFの4つの関係で定義でき，また**リード**(後続作業を前倒しに早める期間)と**ラグ**

（後続作業の開始を遅らせる期間）を適用することで論理的順序関係をより正確に定義できるのが特徴です。

▼ 表10.2.1 順序関係

FS（終了－開始）関係	先行作業が完了すると後続作業が開始できる
FF（終了－終了）関係	先行作業が完了すると後続作業も完了する
SS（開始－開始）関係	先行作業が開始されると後続作業も開始できる
SF（開始－終了）関係	先行作業が開始されると後続作業が完了する

参考 クリティカルチェーン法

作業の依存関係だけでなく資源の依存関係も考慮して，資源の競合が起きないようにスケジュールを管理する手法。クリティカルチェーン法において，プロジェクトの所要期間を決めている作業を連ねた経路を**クリティカルチェーン**といい，資源の競合がない場合は，「クリティカルチェーン＝クリティカルパス」となる。

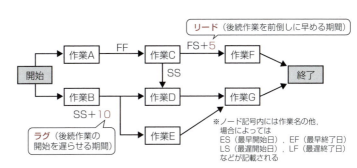

▲ 図10.2.4 プレシデンスダイアグラムの例

10.2.2 進捗管理手法　AM／PM

ガントチャート

参考 ガントチャート

ガントチャートは，縦軸に作業項目，横軸に時間（期間）をとり，作業項目ごとに実施予定期間と実績を横型棒グラフで表していく図表です。各作業の開始時点と終了時点，また実施予定に対する実績が把握しやすく，作業の遅れを容易につかむことができます。しかし，作業間の関連性や順序関係は表現できないため，作業遅れによる他の作業への影響の具合は把握できません。

バーンダウンチャート

参考 バーンダウンチャート

バーンダウンチャートは，縦軸に残作業量，横軸に時間をとり，プロジェクトの時間と残作業量をグラフ化した図です。期限までに作業を終えられるかが視覚的に把握できます。

現在，バーンダウンチャートはアジャイル型開発におけるプラクティスの1つとなっていて，**タスクボード**と連動させ，イテレー

10 マネジメント

ション単位での進捗の見える化に使用されています。なお，タスクボードとは，開発チーム全体の作業状況を全員が共有し，作業状態の可視化に使用されるボードです。タスクの状態を「ToDo：やること」，「Doing：作業中」，「Done：完了」で管理します。

進捗率

進捗率は，次の式で求めることができます。

> **参考** Σは，総和を意味する。右式の場合，作業ごとに計算した「作業完了率×工数比率」の総和が進捗率となる。

> **POINT 進捗率を求める公式**
> 進捗率＝Σ（作業完了率×工数比率）

> **用語 工数比率** 全作業工程の中で，各作業工程が占める割合。

> **例** 100本のプログラムの単体テストにおける作業の内容，工数比率及び現在までに作業が完了したプログラム本数が，表10.2.2のように与えられたときの，現在の単体テストの進捗率
>
> ▼ **表10.2.2** 作業の工数比率と完了したプログラム本数
>
> | 作業の内容 | 工数比率(%) | 完了したプログラム本数 |
> |---|---|---|
> | テストデータ設計 | 20 | 100 |
> | テストデータ作成 | 20 | 100 |
> | テスト実施 | 20 | 70 |
> | テスト結果検証 | 40 | 50 |
>
> 進捗率＝1.0×0.2＋1.0×0.2＋0.7×0.2＋0.5×0.4＝0.74（74%）

トレンドチャート

> **参考 トレンドチャート**

> **用語 マイルストーン** 作業進行上の区切りや意思決定が必要となるタイミング。

トレンドチャートは，開発費用と作業の進捗とを同時に管理するための手法の1つです。グラフの横軸に開発期間，縦軸に費用又は予算消費率をとり，予定される費用と進捗を点線で表し，マイルストーンを記入します。そして，実績をプロットしていき，マイルストーン時点で予定と実績の比較を行います。

なお，進捗（作業実績）と費用（コスト実績）を可視化し，プロジェクトの現状や将来の見込みについて評価できる手法にEVMがあります。EVMについては，次節で説明します。

10.3 コストマネジメントで用いる手法

10.3.1 開発規模・工数の見積手法 AM/PM

標準タスク法

> 標準タスク法はボトムアップ見積りの1つ。

> WBSについては，p550を参照。

標準タスク法(標準値法ともいう)は，作業項目を見積りが可能な単位作業まで分解し，それぞれの単位作業の標準工数をボトムアップ的に積み上げていくことによって，全体の工数を見積もる方法です。一般には，WBSに基づいて成果物単位や作業単位に工数を積み上げていきます。標準タスク法は，小規模のシステムにおいては精度の高い見積りができますが，単位作業までの分解がプロジェクトの初期では困難であるといった短所があります。

三点見積法

単位作業の標準工数の求め方に，三点見積法があります。この方法では，悲観値(悲観的に最も長い工数)，最頻値，楽観値(楽観的に最も短い工数)の3つの値を用いて，次の式で求めます。

> **POINT 三点見積法による標準工数の算出**
> 標準工数＝(悲観値＋4×最頻値＋楽観値)／6

COCOMO

> COCOMOは，パラメトリック見積りの1つ。パラメトリック見積りとは，関連する過去のデータとその他の変数との統計的関係を用いて作業コストを見積もる方法。係数見積りともいう。COCOMOの他，以降で説明するファンクションポイント法，LOC法，Dotyモデルもパラメトリック見積りの一種。

COCOMO(Constructive Cost Model)は，ソフトウェアの規模から，開発工数及び開発期間を見積もる方法です。具体的には，プログラムの行数(KLOC：Kilo Lines of Code)を入力変数として，それに開発工数を増加させる様々なコスト誘因(ソフトウェアに要求される信頼性，プロダクトの複雑性，開発要員の能力など)から算出される努力係数を掛け合わせて開発工数を算出し，求められた開発工数を基に開発期間を算出します。

COCOMOには，プログラムの行数だけで見積もる最もシンプルで，かつ平均的な見積り値を算出する"基本COCOMO(初級COCOMOともいう)"と，基本COCOMOの見積り値を努力係数で調整する"中間COCOMO"，さらに，中間COCOMOよりも細分

化した見積りが可能な"詳細COCOMO"の3つがあります。

下記に，COCOMOの全レベルに対して適用される開発工数及び開発期間の算式を示します。ここで，式中のa，b，cは補正係数です。見積り対象プロジェクト，すなわち開発チームの規模や成熟度，開発内容の難易度などにより異なる値となります。

> COCOMO適用の際には，自社における生産性に関する，蓄積されたデータが必要不可欠。

POINT　開発工数と開発期間の算出

開発工数E(人月)＝$a \times L^b \times$努力係数
開発期間D(月)　＝$2.5 \times E^c$

＊L：千行単位のステップ数
＊基本COCOMOには努力係数がない

例えば，基本COCOMOの1つに，次の算式があります。

開発工数E＝$3.0 \times L^{1.12}$

この算式を用いて，1,000行，10,000行，100,000行のプログラム作成に掛かる開発工数(人月)を求めると，次のようになります。

> 開発規模と開発工数の関係を表すグラフが出題される。

開発規模が大きくなると開発工数は指数的に増加する。これは，開発規模が大きくなると生産性が急激に低下することを意味する。

▲図10.3.1　開発工数の算出例

ファンクションポイント法

ファンクションポイント法(FP法)は，システムの外部仕様の情報からそのシステムの機能の量を算定し，それを基にシステムの開発規模を見積もる手法です。

具体的には，まず画面や帳票，ファイルなど，システムがユーザに提供する機能を5つのファンクションタイプ(次ページの例の①～⑤)に分類し，ファンクションタイプごとに計算される「個数×複雑さによる重み係数」の合計値(**未調整ファンクションポイント**)を求めます。

次に，この合計値にソフトウェアの複雑さや特性に応じて算出される補正係数を乗じて**ファンクションポイント**(FP)を算出します。

> 例えば，"会員登録画面"は，「外部入力」に分類され，その難易度は"高い"といった評価を，全機能に対して行う。そして，ファンクションタイプごとに，複雑さ「低，中，高」に分類された機能の個数をカウントし，それに重み係数を乗じて各ファンクション対応のポイント数を求める。

10.3 コストマネジメントで用いる手法

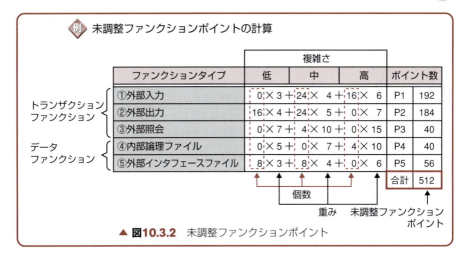

▲ 図10.3.2　未調整ファンクションポイント

参考 上記の例は、ファンクションポイント法の1つである**IFPUG法**（JIS X 0142:2010）の例。IFPUG法における補正係数は、対象とするシステムの特性を、データ通信、分散データ処理、性能など14の観点からそれぞれ0～5で評価した値の合計値を使って、「合計値×0.01＋0.65」で算出する。

この例では、ファンクションタイプごとのポイント数P1～P5を合計した、未調整ファンクションポイントは512です。ここで、補正係数が0.75であれば、

ファンクションポイント（FP）＝512×0.75＝384

となります。また、開発工数は、「ファンクションポイント（FP）÷生産性」で求められるので、生産性が6FP/人月であれば、

開発工数＝384÷6＝64人月

と見積もることができます。

▼ 表10.3.1　ファンクションポイント法の長所・短所

長所	・見積りの根拠に客観性をもたせているため、従来から使用されてきたLOC法などに比べて、担当者による見積りの差が小さい ・プロジェクトの比較的初期から適用できる ・開発に用いるプログラム言語に依存しない ・ユーザから見える画面や帳票などを単位として見積もるので、ユーザにとって理解しやすく、ユーザとのコンセンサス（合意）をとりやすい
短所	・妥当な基準値設定のために実績データの収集・評価が必要である ・見積りを適用する際の解釈の標準化が必要である

類推見積法

類推見積法は、実績ベース（すなわち経験値）によって見積もる方法です。過去に開発した類似システムの実績データから類推して開発規模や工数を見積もります。類推の方法には、経験者の感

10 マネジメント

T 用語 デルファイ法
多数の専門家が他の専門家の意見を相互に参照しつつ，繰り返し意見を出し合い，最終的に意見の収束を図るといった方法。

覚で見積もるといった大まかな方法から，標準的なテンプレートに合わせて見積もる方法，**デルファイ法**によって見積もる方法などがあります。

▼ **表10.3.2** その他の見積り手法

LOC法	ソフトウェアを構成するプログラムの全ステップ数を基に，開発規模を見積もる。開発言語の種類やプログラムに含まれる冗長なコードの割合によって記述ステップ数が異なったり，見積もる担当者によって見積り値に大きな差が出るといった問題点が挙げられている。**プログラムステップ法**ともいう
Dotyモデル	LOC法の1つ。プログラムステップ数の指数乗を用いて開発規模を見積もる
COSMIC法	ソフトウェアの機能規模を測定する手法。機能プロセスごとに，データの移動（システム境界を通じる入力及び出力，ストレージに対する読込み及び書込み）の個数をカウントし，その個数に単位規模を乗じることで機能プロセスの機能規模を見積もる。IFPUG法よりも測定が容易といわれている

10.3.2 EVM（アーンドバリューマネジメント） AM / PM

EVM（Earned Value Management：**アーンドバリューマネジメント**）は，プロジェクトの進捗や作業のパフォーマンスを，出来高の価値によって定量化（金銭価値に換算）し，プロジェクトの現在及び今後の状況を評価する管理手法です。

参考 PV，EV，ACの3つの指標を使って，プロジェクトの成果を測定する手法を**アーンドバリュー分析**という。

EVMでは，表10.3.3に示す**PV**（計画価値），**EV**（出来高），**AC**（実コスト）の3つの指標をもとに，現在における，コスト差異やスケジュール差異，またコスト効率やスケジュール効率を評価します。さらに，現在のコスト効率が今後も続く場合の，残作業コストやプロジェクト完成時の総コストを予測します。

参考 PVは，プロジェクトの経過期間に比例する。

▼ **表10.3.3** EVMの指標

PV(Planned Value) プランドバリュー	計画時の出来高（計画価値，出来高計画値） 〔例〕完成時総予算（BAC）が1億円で，プロジェクト期間の80%を経過した時点のPVは8,000万円
EV(Earned Value) アーンドバリュー	完了した作業の出来高（出来高，出来高実績値） 〔例〕プロジェクト期間の80%を経過した時点での進捗率が70%の場合のEVは7,000万円
AC(Actual Cost) 実コスト	実際に費やしたコスト（コスト実績値） 〔例〕プロジェクト期間の80%を経過した時点で，これまでに発生したコストが8,500万円ならACは8,500万円

参考 完成時総予算（BAC：Budget At Completion）は，プロジェクト完成時におけるPV。

> **POINT EVMの評価値**
>
> 〔現時点の状況評価〕
> ① CV(コスト差異：Cost Variance)
>   ＝EV−AC ⇒ CV＜0ならコスト超過
> ② SV(スケジュール差異：Schedule Variance)
>   ＝EV−PV ⇒ SV＜0なら進捗が計画より遅れている
> ③ CPI(コスト効率指数：Cost Performance Index)
>   ＝EV／AC ⇒ CPI＜1ならコストが多くかかっている
> ④ SPI(スケジュール効率指数：Schedule Performance Index)
>   ＝EV／PV ⇒ SPI＜1なら進捗が計画より遅れている
>
> 〔将来の予測〕
> ① ETC(残作業コスト予測)　　＝(BAC−EV)／CPI
> ② EAC(完成時総コスト予測)　＝AC＋ETC
> ③ VAC(完成時コスト差異)　　＝BAC−EAC

参考 CPIは、「どれだけのコストを費やして、どれだけの実績値を生み出せたのか」という生産性の評価値。CPI＝1なら予定どおり、CPI＞1なら生産性は当初の想定よりも高く、CPI＜1なら当初の想定よりも低い。

参考 ETC は、プロジェクトにおいて、現在のコスト効率が今後も続く場合の、現時点からプロジェクトが完成するまでの残作業に必要なコスト。

例えば、図10.3.3の場合、ACとPVがEVより上にあるので、CV(EV−AC)及びSV(EV−PV)は負です。したがって、プロジェクトの状況は、「コスト超過」であり「進捗にも遅れが出ている」と評価します。なお、進捗の遅れ日数は、現在の時間から、PVの曲線上で現在のEV値と同じ高さにある時間を引くことで求められます(図中のA)。

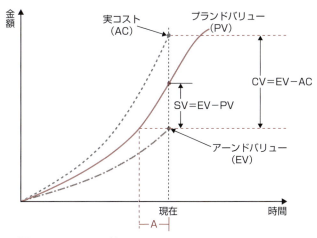

▲ 図10.3.3　EVMの例

10.4 サービスマネジメント

ITサービスを構成する「People（人材），Process（プロセス），Product（技術，ツール），Partner（サプライヤ，ベンダ，メーカ）」を効果的かつ効率的に組み合わせて，ITサービスを実施し，管理，維持していくことを**サービスマネジメント**といいます。本節では，サービスマネジメントの国際規格であるISO/IEC 20000とサービスマネジメントのフレームワークITILの概要を説明します。

10.4.1 ISO/IEC 20000（JIS Q 20000） AM/PM

> **参考** 本節で使用する用語"サービス"は，SMSの適用範囲のサービスを意味する。

自社のサービスや管理の特性に応じたサービスマネジメントプロセスを確立し，管理し，維持するための体系的な仕組みを**サービスマネジメントシステム**（SMS）といいます。ISO/IEC 20000（最新版ISO/IEC 20000:2018）は，サービスマネジメントシステムを確立し，実施し，維持し，継続的に改善するための組織に対する要求事項を示したものです。図10.4.1に示す①～⑦の7箇条構成になっています。

> **参考** JIS Q 20000:2000
> ISO/IEC 20000:2018を基に，技術的内容及び構成を変更することなく作成された日本産業規格。なお，「:」に続く数値は発行年度を表す。

> **用語** 是正処置
> 検出された不適合又は他の望ましくない状況の原因を除去したり，再発の起こりやすさを低減するための処置のこと。

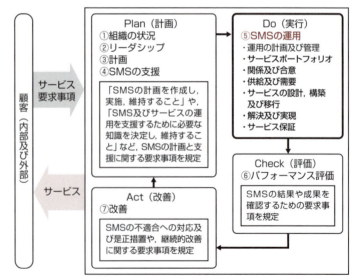

▲ 図10.4.1　サービスマネジメントシステム（SMS）

サービスマネジメント **10.4**

10.4.2 サービスマネジメントシステム(SMS)の運用 AM/PM

サービスマネジメントシステムの運用(図10.4.1の⑤)は，7つの細分箇条から構成されています。ここでは，試験対策という観点から重要となる細分箇条の概要を説明します。

サービスポートフォリオ

"サービスポートフォリオ"は，サービスの要求事項や，サービスのライフサイクルに関与する関係者及びサービス提供に関する資産などの管理に関する要求事項です。表10.4.1に，"サービスポートフォリオ"を構成する主なプロセスの概要をまとめます。

▼ **表10.4.1** "サービスポートフォリオ"を構成する主なプロセス

サービスの計画	既存のサービス，新規サービス及びサービス変更に対するサービスの要求事項を決定し，文書化する。また，利用可能な資源を考慮して，変更要求及び新規サービス又はサービス変更の提案の優先度付けを行う
サービスカタログ管理	組織，顧客，利用者及び他の利害関係者に対して，提供するサービスやサービスの意図する成果及びサービス間の依存関係を説明するための情報を含めた**サービスカタログ**を作成し，維持する。また組織は，自らの顧客，利用者及びその他の利害関係者に対して，サービスカタログの適切な部分へのアクセスを提供する
資産管理	サービスマネジメントシステムの計画におけるサービスの要求事項及び義務を満たすため，サービスを提供するために使用されている資産を確実に管理する
構成管理	サービスに関連する**構成情報**を管理する。構成情報は，CI(Configuration Item：構成品目)の種類を定義し，記録したもので，定められた間隔でその正確性を検証し，欠陥が発見された場合には必要な処置をとる。また，必要に応じて構成情報を他のサービスマネジメント活動で利用可能とする。なお，CIの変更は，構成情報の完全性を維持するため，追跡及び検証可能でなければならず，構成情報は，CIの変更の展開に伴って更新しなければならない

用語 CI(構成品目) サービスの提供のために管理する必要がある要素。

参考 構成情報は，一般に，**構成管理データベース**(CMDB：Configuration Management Database)で管理する。

関係及び合意

"関係及び合意"は，顧客などとの関係管理，**サービスレベル管理**(SLM：Service Level Management)，外部及び内部の供給者との関係管理に関する要求事項です。このうち，サービスレベル管理では，次の事項を規定しています。

563

10 マネジメント

参考 SLAを実現する目的でサービス提供者内部で結ばれる合意をOLA(Operational Level Agreement)という。

参考 SLAにおける良い目標値を設定するための条件(指標)にSMARTがある。SMARTは、目標値が、
・具体的(Specific)
・測定可能
　(Measurable)
・達成可能
　(Achievable)
・適切(Relevant)
・適時(Time-bound)
であるべきという意味。

> **POINT** サービスレベル管理(SLM)での主な規定事項
> ・提供する各サービスについて、文書化したサービスの要求事項に基づき、1つ以上のSLA(Service Level Agreement：サービスレベル合意書)を顧客と合意する。
> ・SLAには、サービスレベル目標、作業負荷の限度及び例外を含めなければならない。
> ・あらかじめ定めた間隔で、サービスレベル目標に照らしたパフォーマンスやSLAの作業負荷限度と比較した実績及び周期的な変化を監視し、レビューし、報告する。
> ・サービスレベル目標が達成されていない場合は、改善のための機会を特定する。

供給及び需要

"供給及び需要"は、サービスの予算と会計、サービスの需要及び容量・能力の管理に関する要求事項です。表10.4.2に示す3つのプロセスで構成されています。

試験 試験では下記の用語も問われる。
・TCO(Total Cost of Ownership：総所有費用)
システム導入から運用管理までを含んだコスト。

・逓減課金方式
システムの使用単位当たりの課金額を、使用量が増えるにしたがって段階的に減らしていく方式。

参考 "容量・能力管理"は、需要を満たすのに十分な能力を計画及び提供するために"需要管理"と連携する。

▼ 表10.4.2　"供給及び需要"を構成するプロセス

プロセス	内容
サービスの予算業務及び会計業務	財務管理の方針及びプロセスに従って、サービスの予算業務及び会計業務を行う。費用は、サービスに対して効果的な財務管理及び意思決定ができるように予算化し、あらかじめ定めた間隔で、予算に照らして実際の費用を監視・報告し、財務予測をレビューし、費用を管理する
需要管理	あらかじめ定めた間隔で、サービスに対する現在の需要を決定し、将来の需要を予測する。またサービスの需要及び消費を監視し報告する
容量・能力管理	資源の容量・能力(キャパシティ)の要求事項を、サービス及びパフォーマンスの要求事項を考慮して決定し、下記に挙げる事項を含めた容量・能力を計画し、提供する。 ・サービスに対する需要に基づいた現在及び予測される容量・能力 ・容量・能力に対する、サービス可用性及びサービス継続に関して合意したサービスレベル目標及び要求事項に対して予測される影響 また、容量・能力の利用を監視し、容量・能力及びパフォーマンスデータを分析し、パフォーマンスを改善するための機会を特定する 〔管理指標〕 CPU使用率、メモリ使用率、ディスク使用率、ネットワーク使用率、応答時間など

サービスマネジメント **10.4**

サービスの設計，構築及び移行

　"サービスの設計，構築及び移行"は，変更，設計，リリースの管理に関する要求事項です。表10.4.3に示す3つのプロセスで構成されています。

▼ **表10.4.3** "サービスの設計，構築及び移行"を構成するプロセス

変更管理	①**変更管理方針**：「変更管理が制御する，サービスコンポーネント及び他の品目」，「標準変更，通常変更，緊急変更といった変更のカテゴリ及びそれらの管理方法」，「顧客又はサービスに重大な影響を及ぼす可能性のある変更を判断する基準」を定義し，変更管理の方針を確立する ②**変更管理の開始**：変更要求を記録・分類し，"サービスの設計及び移行"又は"変更管理の活動"のどちらで変更の管理を行うかを決定する。ただし，顧客に重大な影響を及ぼす可能性のある新規サービス又はサービス変更，又はサービスの廃止については，"サービスの設計及び移行"で行う ③**変更管理の活動**：主に次を行う ・リスク，事業利益，実現可能性及び財務影響などを考慮し，変更要求(RFC：Request For Change)の承認及び優先度を決定する ・承認された変更を計画，開発(構築)及び試験する ・成功しなかった変更を元に戻す又は修正する活動を計画し，試験する ・試験された変更を，"リリース及び展開管理"に送り，稼働環境に展開する 〔補足〕 重大な変更の場合，通常，変更要求(RFC)は**CAB**(Change Advisory Board：変更諮問委員会)にかけられ，変更要求の分析・評価，ならびに優先度づけや変更実施の許可が決定される。なお，CABのメンバは，変更内容に応じて柔軟に構成される
サービスの設計及び移行	①**新規サービス又はサービス変更の計画**："サービスの計画"で決定した新規サービス又はサービス変更についてのサービスの要求事項を用いて，新規サービス又はサービス変更の計画を立てる ②**設計**：新規サービス又はサービス変更を，"サービスの計画"で決定したサービスの要求事項を満たすように設計し，文書化する。また，SLA，サービスカタログなどの新設，更新を行う ③**構築及び移行**：文書化した設計に適合する構築を行い，サービス受入れ基準を満たしていることを検証するために試験し，承認された変更を，"リリース及び展開管理"に送り，稼働環境に展開する
リリース及び展開管理	新規サービス又はサービス変更，及サービスコンポーネントの稼働環境への展開について計画し，実施する

〔用語〕 **変更要求（RFC）**
サービス，サービスコンポーネント，又はSMSに対して行う変更についての提案。

〔参考〕 **サービス受入れ基準**
「サービスが，定義された要求事項を満たしていること」，又「サービスが展開された際に，それが運用可能な状態であること」を確認するための基準。

10

マネジメント

565

10 マネジメント

◉ 新システムへの移行

　新システムを計画し，設計・構築した場合，旧システムから新システムへの移行を行う必要があります。新たに構築したシステムを安全に移行し本稼働させるためには，稼働環境や体制を整え，ハードウェア，ソフトウェア及びデータを円滑に移行しなければなりません。そのためには，切替えのための綿密な移行計画（移行方法，移行手順，移行体制など）を立て，**移行テスト**（**移行リハーサル**ともいう）を行います。移行テストとは，システムの移行を円滑かつ正常に行うための移行プロセスを，確実性や効率性の観点から事前に確認するためのテストです。

　また，導入時には**運用テスト**が行われます。運用テストは，システムが要件を満たしていることを確認するテストです。本番環境又は準本番環境において利用者視点で実施されます。

> **参考** 運用テストは，利用者（運用者）主体で行われるテストで**導入テスト**とも呼ばれる。

> **用語 準本番環境** 本番環境にリリースする前の，最終確認のための環境。

◉ システムの移行方式

　主な移行方式を表10.4.4に示します。それぞれ，運用のコストや手間，移行期間，及び問題発生時の回復の容易さやリスクなど一長一短があるため，システムの規模や複雑性，重要度などを勘案しながら移行方式を決定します。

▼ **表10.4.4**　システムの移行方式

一斉移行方式	システムと移行対象データのすべてを一挙に移行する方式。他の移行方式に比べると移行期間は短くできるが，新システムに不具合があると，大きな影響を及ぼすことになるため，新システムに高い信頼性が要求される
順次移行方式	機能的に閉じたサブシステム又は拠点単位に，順次移行する方式。移行が完了するまで新・旧両システムを並行稼働しなければならないが，問題が発生しても当該サブシステム内に抑えることができる。**部分移行方式**，あるいは**段階的移行方式**ともいう
並行運用移行方式	新・旧両システム分のリソースを用意し，同時並行で稼動させ，順次新システムへ移行する方式。新システムで問題が発生しても業務への影響を最小にできるが，リソースなど新・旧両システムに重複して必要になる
パイロット移行方式	限定した部門において移行を試験的に実施し，状況を観測・評価した後，他の全部門を移行する方式。移行に関する問題が発生しても影響範囲を局所化できる

サービスマネジメント **10.4**

解決及び実現

"解決及び実現"は，インシデント，サービス要求，及び問題の管理に関する要求事項です。表10.4.5に示す3つのプロセスで構成されています。

T 用語 インシデント
サービスに対する計画外の中断やサービスの品質の低下．又は顧客もしくは利用者へのサービスにまだ影響していない事象。

T 用語 エスカレーション
段階的取扱いともいう。エスカレーションには，より専門的な知識を有するスタッフに解決を委ねる**機能的エスカレーション**と，定められた手順では目標とする時間内にインシデントを解決できない場合．より権限を有するスタッフに解決を委ねる**階層的エスカレーション**がある。

T 用語 サービス要求
ユーザがIT部門に提出する様々な要求一般。例えば，「パスワードの変更」，「仮想サーバノードの貸出」など。

T 用語 問題
1つ以上の実際に起きた又は潜在的なインシデントの原因。

▼ **表10.4.5** "解決及び実現"を構成するプロセス

インシデント管理	〔**インシデント管理の主な活動**〕 ・インシデントについて，それを記録し，分類し，影響及び緊急度を考慮して，優先度付けを行い，必要に応じて**エスカレーション**し解決する。そして，とった処置とともにインシデントの記録を更新する ・重大なインシデントを特定する基準を決定し，重大なインシデントが発生した際には，文書化された手順に従って分類し，管理し，トップマネジメントに通知する 〔補足〕 インシデント管理では，インシデントの原因究明ではなくサービスの回復に主眼をおく。例えば，「特定の入力操作が拒否される」といったインシデントの解決策が不明確な場合，インシデント管理では，別の入力操作を伝えるなどの回避策（**ワークアラウンド**という）を提示し，原因の究明は問題管理が行う
サービス要求管理	サービス要求について，それを記録し，分類し，優先度付けを行い，実現する。そして，とった処置とともにサービス要求の記録を更新する
問題管理	〔**問題管理の主な活動**〕 ・問題を特定するために，インシデントのデータ及び傾向を分析し，根本原因の究明を行い，インシデントの発生又は再発を防止するための考え得る処置を決定する ・問題を記録し，分類し，優先度付けを行い，必要であればエスカレーションし，可能であれば解決する。そして，とった処置とともに問題の記録を更新する ・問題管理に必要な変更は，変更管理の方針に従って管理する ・根本原因が特定されたが問題が恒久的に解決されていない場合，問題がサービスに及ぼす影響を低減又は除去するための処置を決定する ・既知の誤りを記録する。また，既知の誤り及び問題解決に関する最新の情報を，必要に応じて他のサービスマネジメント活動で利用できるようにする 〔補足〕 **既知の誤り**とは，根本原因が特定されているか，又はサービスへの影響を低減若しくは除去する方法がある問題のこと。また，既知の誤りを記録するデータベースを**既知のエラーDB**という

10
マネジメント

567

10 マネジメント

サービス保証

"サービス保証"は，サービスの可用性及び継続，情報セキュリティの管理に関する要求事項です。**サービス可用性**とは，あらかじめ合意された時点又は期間にわたって，要求された機能を実行するサービス又はサービスコンポーネントの能力のことです。また，**サービス継続**とは，サービスを中断なしに，又は合意した可用性を一貫して提供する能力のことです。表10.4.6に，サービス可用性管理とサービス継続管理の概要をまとめます。

参考 "サービス保証"における"情報セキュリティ管理"では，情報セキュリティ方針，情報セキュリティ管理策，及び情報セキュリティのインシデントに関する要求事項が規定されている。

参考 サービス可用性は，合意された時間に対する，実際にサービス又はサービスコンポーネントを利用できる時間の割合又はパーセンテージで表される。

▼ **表10.4.6** "サービス保証"を構成する主なプロセス

サービス可用性管理	・あらかじめ決められた間隔で，サービス可用性のリスクのアセスメントを行う ・サービス可用性の要求事項及び目標を決定し，文章化し，維持する ・サービス可用性を監視し，結果を記録し，目標と比較する ・計画外のサービス可用性の喪失については，それを調査し，必要な処置をとる
サービス継続管理	・あらかじめ決められた間隔で，サービス継続のリスクのアセスメントを行う ・サービス継続の要求事項を決定し，**サービス継続計画**を作成し，実施し，維持する ・あらかじめ定めた間隔又はサービス環境に重大な変更があった場合，サービス継続計画を再度，試験する 〔サービス継続計画に含める事項〕 ・サービス継続の発動の基準及び責任 ・重大なサービスの停止の場合に実施する手順 ・サービス継続計画が発動された場合のサービス可用性の目標 ・サービス復旧の要求事項 ・平常業務の状態に復帰するための手順

◯ サービス継続管理と事業継続管理

サービス継続管理は，**事業継続計画**（BCP：Business Continuity Plan）の策定から，その継続的改善を含む事業継続のための**事業継続管理**（BCM：Business Continuity Management）の一部です。

事業継続計画は，**ビジネスインパクト分析**（BIA：Business Impact Analysis）の結果に基づいて策定され，経営環境及び業務の変化などに対応して，実現可能性を保持するため適時に見直しが行われます。組織全体での事業継続計画の策定の際には，地震などの大規模災害を想定することが多いですが，サービス継続計

用語 事業継続計画（BCP）
事業の中断・阻害に対応し，事業を復旧，再開し，あらかじめ定められた事業の許容水準／レベルに復旧するように導く計画（手順）のこと。

画の策定の際は，より局所的・小規模なリスクに対しても考慮します。

なお，ビジネスインパクト分析は**事業影響度分析**とも呼ばれ，災害・事故などの発生により主要な業務が停止した場合の影響度を分析・評価する手法です。

> **POINT ビジネスインパクト分析の手順**
> ① 起こり得るリスク・脅威を洗い出す。
> ② 洗い出されたリスク・脅威に対して，業務プロセスや経営資源の脆弱性を分析し，事業継続に大きな影響を及ぼす重要な要素を特定する。
> ③ 重要な要素についての最大許容停止時間や被害損失額を算定する。

10.4.3 ITIL

ITIL（Information Technology Infrastructure Library）は，現在，デファクトスタンダードとして世界で活用されているサービスマネジメントのフレームワークです。

参考：ITILは，ITIL v2 → ITIL v3 → ITIL 2011 editionの順に発行され，現在の最新版はITIL4。

ITIL v3及びITIL 2011 edition（ITIL v3のupdate版）は，ITサービスのライフサイクル「ITサービスの戦略，設計，移行，運用，継続的サービス改善」という観点で，ITサービスマネジメントのベストプラクティスをまとめています。

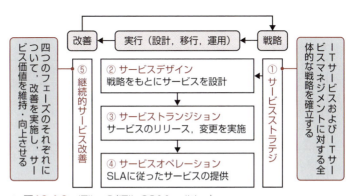

▲ 図10.4.2　ITIL v3（ITIL 2011 edition）

これに対し**ITIL4**は，組織が，今日のデジタル時代に必要と

10 マネジメント

される新しい業務の進め方を採用するための支援基盤を提供するフレームワークです。「業務の遂行や特定の目的の達成のためにデザインされた一連の組織リソース」として，図10.4.3に示すプラクティスが定義されています。

一般マネジメントプラクティス		
・戦略管理	・ナレッジ管理	・組織変更管理
・ポートフォリオ管理	・情報セキュリティ管理	・プロジェクト管理
・サービス財務管理	・継続的改善	・労働力と人材の管理
・関係管理	・アーキテクチャ管理	・測定と報告
・サプライヤ管理	・リスク管理	
サービスマネジメントプラクティス		
・サービスレベル管理	・サービスの妥当性確認とテスト	・インシデント管理
・可用性管理	・変更コントロール	・問題管理
・サービスカタログ管理	・リリース管理	・サービスデスク
・サービス構成管理	・キャパシティと	・事業分析
・サービス継続性管理	パフォーマンス管理	・サービスデザイン
・サービス要求管理	・モニタリングとイベント管理	・IT資産管理
テクニカルマネジメントプラクティス		
・インフラストラクチャと	・展開管理	
プラットフォーム管理	・ソフトウェアの開発と管理	

▲ **図10.4.3** ITIL4のプラクティス

☕ COLUMN

サービスデスク

　ITサービスの利用者からの問合せやクレーム，障害報告などを受ける単一の窓口機能を担うのが**サービスデスク**です。サービスデスクでは，受け付けた事象を適切な部署へ引き継いだり，対応結果の記録及び記録の管理などを行います。

▼ **表10.4.7**　サービスデスクの形態

中央サービスデスク	サービスデスクを1拠点又は少数の場所に集中した形態。サービス要員を効率的に配置したり，大量のコールに対応したりすることができる
ローカルサービスデスク	サービスデスクを利用者の近くに配置する形態。言語や文化の異なる利用者への対応，専門要員によるVIP対応などができる
バーチャルサービスデスク	通信技術を利用することによって，サービス要員が複数の地域や部門に分散していても，単一のサービスデスクがあるようにサービスを提供する形態
フォロー・ザ・サン	時差がある分散拠点にサービスデスクを配置する形態。各サービスデスクが連携してサービスを提供することにより24時間対応のサービスが提供できる

10.5 システム監査

10.5.1 システム監査の枠組み AM/PM

システム監査とは

システム監査とは，一定の基準に基づいて情報システムを総合的に点検・評価・検証をして，情報システムのガバナンス，マネジメント，コントロールが適切に機能していればそれを保証し，問題があれば助言及び勧告するとともにフォローアップする一連の活動です。システム監査は，専門性と客観性を備えたシステム監査人が行います。

システム監査の流れ

監査依頼を受けたシステム監査人は，まず監査の目的，監査対象（対象システム，対象部門），そして実施すべき監査手続の概要を明示した監査計画を策定したうえで，"システム監査基準"に則して監査を実施します。なお，システム監査は，"システム管理基準"を監査上の判断の尺度として用い，監査対象がシステム管理基準に準拠しているかどうかという視点で行われます。

監査実施後，システム監査人は，監査依頼者が監査報告書に基づく改善指示を行えるようシステム監査の結果を監査報告書に記載し，監査依頼者に提出します。また報告書提出後には，監査報告書に記載した改善勧告への取り組みが監査対象部門において確実に実行されているかを確認・評価し，監査目的達成に向けた支援を行います（フォローアップ）。

> **参考** 監査計画の策定の際には，監査の対象が情報システムの，"ガバナンス"に関するものか，"マネジメント"に関するものか，あるいは"コントロール"に関するものかを考慮する。例えば，情報システムのコントロールを監査の対象とする場合，業務プロセス等において，リスクに応じたコントロールが適切に組み込まれ，機能しているかどうかを確かめることに重点を置いた監査計画を策定する。

> **参考** 情報セキュリティの監査に際しては，システム管理基準とともに，情報セキュリティ管理基準を参照することが望ましい。

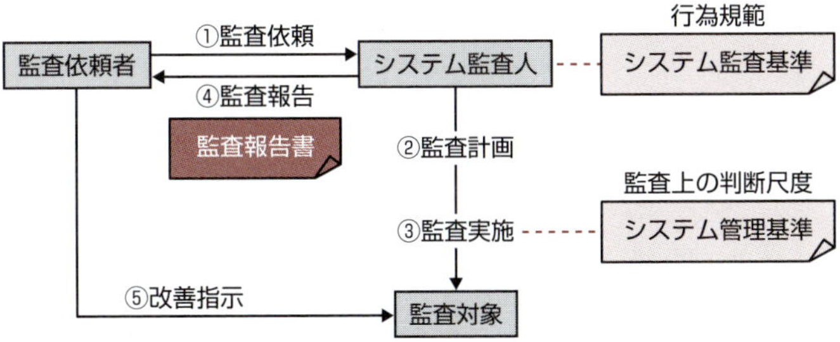

▲ 図10.5.1 システム監査の流れ

システム監査基準

"**システム監査基準**"は，情報システムのガバナンス，マネジメント又はコントロールを点検・評価・検証するシステム監査業務の品質を確保し，有効かつ効率的な監査を実現するための，システム監査人の**行為規範**です。

システム監査基準には，システム監査の実施に際して遵守が求められる「基準」及び各基準の補足的な説明の他，実務上の望ましい対応や留意事項が「解釈指針」として記載されています。

▼ **表10.5.1** システム監査基準の12の基準

Ⅰ．システム監査の体制整備に係る基準
基準1：システム監査人の権限と責任等の明確化 基準2：監査能力の保持と向上 基準3：システム監査に対するニーズの把握と品質の確保
Ⅱ．システム監査人の独立性・客観性及び慎重な姿勢に係る基準
基準4：システム監査人としての独立性と客観性の保持 基準5：慎重な姿勢と倫理の保持
Ⅲ．システム監査計画策定に係る基準
基準6：監査計画策定の全般的留意事項 基準7：リスクの評価に基づく監査計画の策定
Ⅳ．システム監査実施に係る基準
基準8：監査証拠の入手と評価 基準9：監査調書の作成と保管 基準10：監査の結論の形成
Ⅴ．システム監査報告とフォローアップに係る基準
基準11：監査報告書の作成と提出 基準12：改善提案のフォローアップ

参考：以前の"システム監査基準"は，「一般基準，実施基準，報告基準」から構成されていたが，平成30年4月の改訂において，表10.5.1に示すように，システム監査実施の流れに沿った表題を付す方式に変更された。

試験：試験では，システム監査人のフォローアップについて問われる。システム監査人は，改善の実施状況を確認する必要があるが，改善の実施そのものに責任をもつことはない点に留意する。

● システム監査人の独立性・客観性

システム監査において，システム監査人は，監査対象から独立した立場で実施されているという外観が確保される必要があります。これについては，基準4で次のように規定されています。

> **POINT** システム監査人の独立性・客観性の保持
>
> システム監査人は，監査対象の領域又は活動から，独立かつ客観的な立場で監査が実施されているという外観に十分に配慮しなければならない。また，システム監査人は，監査の実施に当たり，客観的な視点から公正な判断を行わなければならない。

10.5.2 システム監査の実施 AM/PM

システム監査では，監査計画に基づく**監査手続**を実施し，その結果として入手した**監査証拠**に基づいて，監査の結果を監査報告書に記載し，監査依頼者に提出します。なお，監査の実施は，「予備調査→本調査→評価・結論」の順で行われます。

> **参考** **監査手続**とは，監査項目について，十分かつ適切な証拠を入手するための手順。監査手続は，予備調査及び本調査に分けて実施される。
> **監査証拠**とは，監査の結論を裏付ける事実。

予備調査

予備調査は，本調査に先立って行われる，監査対象の実態を把握するための事前調査です。各種文章や資料の閲覧，ヒアリングやアンケート調査などを行い，監査対象の実態を確認します。

> **参考** **ヒアリング調査**では，聞いた話を裏付けるための文書や記録を入手するように努める。

本調査

予備調査で把握した監査対象の実態について，それを裏付ける事実やコントロールの存在を様々な監査技法を用いて，調査・点検するのが本調査です。本調査では，「現状の確認→監査証拠の入手と証拠能力の評価→監査調書の作成」の順で作業を行います。

監査調書とは，システム監査人が行った監査業務の実施記録であり，監査意見表明の根拠となるべき監査証拠やその他関連資料をまとめたものです。監査調書は，監査の結論の基礎，すなわち監査結果の裏付けとなるものなので，秩序ある形式で適切に保管しなければなりません。

参照 監査技法については，次ページのコラムを参照。

> **参考** ホワイトボードに記載されたスケッチの画像データや開発現場で作成された付箋紙など，必ずしも管理用ドキュメントとしての体裁が整っていなくとも**監査証拠**として利用できる。

▼ 表10.5.2　監査調書の主な記載事項

①監査実施者及び実施日時	②監査の目的
③実施した**監査手続**	④入手した**監査証拠**
⑤システム監査人が発見した事実(事象，原因，影響範囲等)及び発見事実に関するシステム監査人の所見	

> **参考** **監査調書**には，予備調査で入手した資料，また必要に応じて被監査部門から入手した証拠資料(写しでも可)を添付する。

評価・結論

本調査終了後，システム監査人は，監査調書の内容を詳細に検討し，合理的な根拠に基づく監査の結論を導き出した上で，監査報告書を作成します。

監査報告書に記載する「監査の結論」には，システム監査人が監査の目的に応じて必要と判断した事項を記載します。例えば，

> **参考** **監査報告書**には，通常，「1.監査の概要，2.監査の結論，3.その他特記すべき事項」の順に記載される。

監査対象に保証を付与する場合であれば、「AAAシステムは、システム管理基準に照らして適切であると認められる」といった**保証意見**を記述します。一方、監査対象について助言を行う場合は、監査の結果判明した問題点を**指摘事項**として記載し、指摘事項を改善するために必要な事項を**改善勧告**として記載します。

10.5.3 情報システムの可監査性 AM/PM

> **参考** 情報システムは、コントロールの有効性を監査できるように設計・運用されていなければならない。

　情報システムに、信頼性・安全性・効率性を確保するコントロールが存在し、それが有効に機能していることを証拠で示すことができる度合いを**可監査性**といいます。

　可監査性を担保するためには、信頼性・安全性・効率性が確保されていることを事後的かつ継続的に点検・評価できる手段が必要です。この手段の1つに**監査証跡**があります。監査証跡は、情報システムの処理内容(入力から出力)を時系列で追跡できる一連の仕組みと記録です。代表的なものに、オペレーションログやアクセスログといった各種ログがあります。これらのログは、監査意見を裏付ける監査証拠としても用いることができます。

COLUMN

システム監査技法

▼ **表10.5.3** 主な監査技法

インタビュー法	システム監査人が直接、関係者に口頭で問い合わせ、回答を入手する
現地調査法	システム監査人が監査対象部門に赴いて、自ら観察・調査する
ウォークスルー法	データの生成から入力、処理、出力、活用までのプロセス、及び組み込まれているコントロールを書面上あるいは実際に追跡して調査する
突合・照合法	関連する複数の資料間を突き合わせ、データ入力や処理の正確性を確認する。例えば、販売管理システムから出力したプルーフリストと受注伝票との照合を行い、データ入力における正確性を確認する
テストデータ法	システム監査人が準備したテストデータを監査対象プログラムで処理し、期待した結果が出力されるか否かを確認する
監査モジュール法	監査機能をもったモジュールを監査対象プログラムに組み込んで実環境下で実行することで、監査に必要なデータを収集し、プログラムの処理の正確性を検証する
ペネトレーションテスト法	システム監査人が一般ユーザのアクセス権限又は無権限で、テスト対象システムへの侵入を試み、システム資源がそのようなアクセスから守られているか否かを確認する。サイバー攻撃を想定した情報セキュリティ監査などに用いられる

得点アップ問題

解答・解説は585ページ

問題1 (R03春問51)

JIS Q 21500:2018(プロジェクトマネジメントの手引)によれば，プロジェクトマネジメントのプロセスのうち，計画のプロセス群に属するプロセスはどれか。

ア　スコープの定義
イ　品質保証の遂行
ウ　プロジェクト憲章の作成
エ　プロジェクトチームの編成

問題2 (R02秋問51)

PMBOKガイド第6版によれば，プロジェクト・スコープ記述書に記述する項目はどれか。

ア　WBS
イ　コスト見積額
ウ　ステークホルダ分類
エ　プロジェクトからの除外事項

問題3 (H26秋問51)

WBS(Work Breakdown Structure)を利用する効果として，適切なものはどれか。

ア　作業の内容や範囲が体系的に整理でき，作業の全体が把握しやすくなる。
イ　ソフトウェア，ハードウェアなど，システムの構成要素を効率よく管理できる。
ウ　プロジェクト体制を階層的に表すことによって，指揮命令系統が明確になる。
エ　要員ごとに作業が適正に配分されているかどうかが把握できる。

問題4 (R02秋問53)

図は，実施する三つのアクティビティについて，プレシデンスダイアグラム法を用いて，依存関係及び必要な作業日数を示したものである。全ての作業を完了するのに必要な日数は最少で何日か。

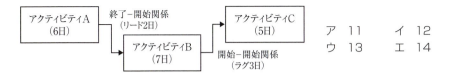

ア　11　　イ　12
ウ　13　　エ　14

問題5 (R03春問19-SM)

ソフトウェアの機能量に着目して開発規模を見積もるファンクションポイント法で，調整前FPを求めるために必要となる情報はどれか。

ア　開発で使用する言語数
イ　画面数
ウ　プログラムステップ数
エ　利用者数

10 マネジメント

問題6　(R02秋問52)

プロジェクトマネジメントにおいてパフォーマンス測定に使用するEVMの管理対象の組みはどれか。

ア　コスト，スケジュール
ウ　スケジュール，品質

イ　コスト，リスク
エ　品質，リスク

問題7　(R02秋問57)

サービスマネジメントの容量・能力管理における，オンラインシステムの容量・能力の利用の監視についての注意事項のうち，適切なものはどれか。

ア　SLAの目標値を監視しきい値に設定し，しきい値を超過した場合には対策を講ずる。
イ　応答時間やCPU使用率などの複数の測定項目を定常的に監視する。
ウ　オンライン時間帯に性能を測定することはサービスレベルの低下につながるので，測定はオフライン時間帯に行う。
エ　容量・能力及びパフォーマンスに関するインシデントを記録する。

問題8　(R02秋問59)

システム監査のフォローアップにおいて，監査対象部門による改善が計画よりも遅れていることが判明した際に，システム監査人が採るべき行動はどれか。

ア　遅れの原因に応じた具体的な対策の実施を，監査対象部門の責任者に指示する。
イ　遅れの原因を確かめるために，監査対象部門に対策の内容や実施状況を確認する。
ウ　遅れを取り戻すために，監査対象部門の改善活動に参加する。
エ　遅れを取り戻すための監査対象部門への要員の追加を，人事部長に要求する。

チャレンジ午後－プロジェクトマネジメント　(H30春問9抜粋)　　　解答・解説：586ページ

ERPソフトウェアパッケージ導入プロジェクトに関する次の記述を読んで，設問1，2に答えよ。

O社は，ホームセンタをチェーン展開する中堅企業である。O社では，"良質の商品を低価格で販売する"という経営方針の下で売上を伸ばし，事業規模を拡大してきた。O社の店舗業務管理システムはこれまで，店舗ごとの販売管理手法と売れ筋商品に合わせて改修してきたので，店舗の業務の標準化が進まず，業務の効率向上が重要な課題となっている。O社では，この課題に対応するためのプロジェクト（以下，本プロジェクトという）を立ち上げることにした。

〔本プロジェクトの概要〕

(1) ERPソフトウェアパッケージの導入

- 小売業界で広く採用されているP社のERPソフトウェアパッケージ(以下,パッケージという)を導入する。その理由は,スクラッチ開発よりも低コストでの導入が可能であり,かつ,パッケージに合わせて全店舗の業務を標準化することによって,業務効率を上げることができると0社の経営層が判断したからである。
- パッケージの導入対象業務は,店舗に関わる販売管理(需要予測を含む),在庫管理,購買管理,会計管理及び要員管理である。
- 特に,販売管理業務は,各店舗での独自の販売管理手法によって,売上拡大に大きく寄与している重要な業務である。

(2) 本プロジェクトの立上げ

- 本プロジェクト全体の予算は8,000万円で,期間は6か月間である。経営層から,6か月後の稼働が必須との指示が出ており,予算もスケジュールも余裕がないプロジェクトとなっている。
- プロジェクトマネージャ(PM)には,0社IT部門のW氏が任命された。
- 特に,リスクマネジメントを重視し,計画・管理・対応策について検討する。

〔リスクマネジメント計画〕

(1) リスクマネジメントの現状

　0社にとっては,今回のような全社にわたるパッケージ導入プロジェクトは初めての経験であるが,従来どおりIT部門が主導的な立場で推進することになった。以前のプロジェクトでは,リスクマネジメントが十分に機能しておらず,様々なリスクが顕在化していた。例えば,業務部門から重要案件として提示された案件の中に,実際には重要度がそれほど高くない案件が含まれている場合もあった。そのような場合でも,案件の採否決定のベースとなる重要度を評価するための社内基準がないので,IT部門での重要度の判断も属人的となり,多くは見直されなかった。また,業務部門と重要度を調整する場を設けなかったので,結果として重要度にかかわらず全ての案件を受け入れざるを得なくなるというリスクが顕在化し,プロジェクトの全体予算を超過したことがあった。

(2) リスクの特定方法

　W氏は,本プロジェクトにおいてリスクマネジメントをしっかり行うために,まずプロジェクト予算超過のリスクを次の方法で特定し,リスクマネジメント計画書に記載した。

- 本プロジェクトのプロジェクト企画書,現行システムの仕様書から,予測されるリスクを抽出する。
- IT部門でリスクに関するブレーンストーミングを行い,リスクを洗い出す。
- ①IT部門のPM経験者に対して,過去に担当したプロジェクトの経験から,今後発生が予測されるリスクに関してアンケートを行い,その結果を回答者にフィードバックする。これを数回繰り返してリスクを集約し,リスク源を特定する。

10 マネジメント

次に，W氏は，この方法では特定できない未知のリスクが発生した場合の対策として，本プロジェクト全体の予算の5%を，[　a　]として上乗せすることを，経営層に報告し，承認を得た。

〔リスクの管理〕

W氏は，特定したリスク源を，リスク管理表にまとめた。表1は，その抜粋である。表1中の"カスタマイズ"とは，O社の要求で機能を変更・追加したモジュールをパッケージに組み込むことをいう。

表1　W氏が作成したリスク管理表（抜粋）

No.	リスク源	事象	発生確率（％）
1	IT部門に，業務に精通した要員が不足している。	案件の取りまとめが不十分で，案件が確定しない。	80
		重要度がそれほど高くない案件でも，全て受け入れてしまい，プロジェクトの予算を超過する。	80
2	フィット＆ギャップ分析の結果，ギャップの数が想定以上に多くなる。	多くのギャップに対応するので，カスタマイズの費用が増える。	80
3	業務仕様・システム仕様の変更プロセスが決められていない。	必要以上に業務部門から業務仕様・システム仕様の変更を受け入れてしまい，プロジェクトの予算を超過する。	50
4	パッケージ導入の意図・目的が，IT部門から業務部門に周知徹底されていない。	過剰なカスタマイズ要求で，カスタマイズの費用が増える。	50
5	パッケージ導入に精通した要員が不足している。	工数が見積りよりも増加し，プロジェクトの予算を超過する。	80

〔リスク対応策〕

W氏は，特定したリスク源への対応策を検討して一覧にまとめ，経営層の承認を得た。表2は，その抜粋である。ここで，"No."は表1の"No."に対応する。

表2　リスク対応策一覧（抜粋）

No.	対応策
1	・案件の取りまとめに当たっては，O社のIT部門よりも業務に精通しているP社に支援してもらう。 ・IT部門が，案件採否のベースとして，案件の[　b　]を定める。 ・業務部門から提示された案件について，重要度，コスト及びスケジュールを勘案した上で，案件の採否を決定する。その最終決定権はIT部門がもつこととし，決定事項について経営層の承認を得る。
2, 4	・重要な業務でカスタマイズが必要になった場合で，プロジェクト予算を超過する際は，稼働後1年以内にカスタマイズ費用を回収できることを条件に検討する。 ・②カスタマイズの対象業務を販売管理業務に限定し，その他の業務については，パッケージに合わせて業務を標準化することをプロジェクト基本計画書に記載し，経営層の承認を得る。
3	・仕様変更のプロセスを定め，業務部門から提示された仕様変更の要求・依頼を管理する。
5	[　c　]

得点アップ問題 **Q&A**

設問1 〔リスクマネジメント計画〕について，（1），（2）に答えよ。
（1）本文中の下線①の技法を何と呼ぶか。10字以内で答えよ。

（2）本文中の　　a　　に入れる適切な字句を解答群の中から選び，記号で答えよ。
解答群
ア　コストパフォーマンスベースライン　　イ　コンティンジェンシ予備
ウ　実コスト　　　　　　　　　　　　　　エ　マネジメント予備

設問2 〔リスク対応策〕について，（1）〜（3）に答えよ。
（1）表2中の　　b　　に入れる適切な字句を，20字以内で答えよ。

（2）表2中の下線②の理由を，販売管理業務の位置付けを考慮して，35字以内で述べよ。

（3）表2中の　　c　　に入れる最も適切な対応策を解答群の中から選び，記号で答えよ。
解答群
ア　O社の人事制度に，小売業務に関する社外資格取得奨励制度を設ける。
イ　パッケージ導入の経験が豊富な要員を，社外から調達するためのコストを確保する。
ウ　プロジェクト期間内に，パッケージ導入に関する教育をするための期間を新たに設ける。
エ　若手メンバを積極的にプロジェクトメンバに任命し，パッケージ導入の経験を積ませる。

チャレンジ午後－サービスマネジメント （H31春問10抜粋）　　解答・解説：588ページ
サービス運用のアウトソーシングに関する次の記述を読んで，設問1〜4に答えよ。

　A社は，生活雑貨を製造・販売する中堅企業で，首都圏に本社があり，全国に支社と工場がある。A社では，10年前に販売管理業務及び在庫管理業務を支援する基幹システムを構築した。現在，基幹システムは毎日8:00〜22:00にA社販売部門向けの基幹サービスとしてオンライン処理を行っている。基幹システムで使用するアプリケーションソフトウェア(以下，業務アプリという)はA社IT部門が開発・運用・保守し，IT部門が管理するサーバで稼働している。

〔基幹サービスの概要〕
　A社IT部門とA社販売部門との間で合意している基幹サービスのSLA(以下，社内SLAという)の抜粋を，表1に示す。

579

10 マネジメント

表1　社内SLA（抜粋）

種別	サービスレベル項目	目標値	備考
a	サービス提供時間帯	毎日 8:00〜22:00	保守のための計画停止時間[1]を除く。
	サービス稼働率	99.9%以上	—
信頼性	重大インシデント[2]件数	年4件以下	—
	重大インシデントの　b	2時間以内	インシデントを受け付けてから最終的なインシデントの解決をA社販売部門に連絡するまでの経過時間（サービス提供時間帯以外は，経過時間に含まれない）
性能	オンライン応答時間	3秒以内	—

注記1　業務アプリ及びサーバ機器の保守に伴う変更で，リリースパッケージを作成して稼働環境に展開する
　　　　作業は，サービス提供時間帯以外の時間帯又は計画停止時間を使って行われる。
注記2　天災，法改正への対応などの不可抗力に起因するインシデントは，SLA目標値達成状況を確認する対
　　　　象から除外する。
注 [1]　計画停止時間とは，サービス提供時間帯中にサービスを停止して保守を行う時間のことであり，A社IT
　　　　部門とA社販売部門とで事前に合意して設定する。
　　[2]　インシデントに優先度として"重大"，"高"，"低"のいずれかを割り当てる。優先度として"重大"を
　　　　割り当てたインシデントを，重大インシデントという。

〔インシデント処理手順の概要〕
　A社IT部門では，インシデントが発生した場合は，インシデント担当者を選任してインシデントを管理し，インシデント処理手順に基づいてサービスレベルを回復させる。インシデント処理手順を表2に示す。

表2　インシデント処理手順

手順	内容
記録	・インシデントを受け付け，インシデントの内容をインシデント管理簿[1]に記録する。
優先度の割当て	・インシデントに優先度（"重大"，"高"，"低"のいずれか）を割り当てる。
分類	・インシデントを，あらかじめ決められたカテゴリ（ストレージの障害など）に分類する。
記録の更新	・インシデントの内容，割り当てた優先度，分類したカテゴリなどで，インシデント管理簿を更新する。
c	・インシデントの内容に応じて，専門知識をもったA社IT部門の技術者などに，　c　を行う。
解決	・インシデントの解決を図る。 ・A社IT部門が解決と判断した場合は，サービス利用者にインシデントの解決を連絡する。
終了	・A社IT部門は，"サービス利用者がサービスレベルを回復したこと"を確認する。 ・インシデント管理簿に必要な内容の更新を行う。

注記　インシデントに割り当てた優先度に応じて，インシデントを受け付けてからサービス利用者に最終的なイ
　　　ンシデントの解決を連絡するまでの経過時間（サービス提供時間帯以外は経過時間に含まれない）の目標値
　　　が定められている。経過時間の目標値は，優先度"重大"が2時間，優先度"高"が4時間，優先度"低"
　　　が8時間である。
注 [1]　インシデント管理簿とは，インシデントの内容などを記録する管理簿のことである。A社IT部門の運用者
　　　からのインシデント発見連絡，サービス利用者からのインシデント発生連絡などに基づいて記録する。

得点アップ問題 **Q&A**

〔アウトソーシングの検討〕

　現在，社内に設置されている基幹システムのサーバは，運用・保守の費用が増加し，管理業務も煩雑になってきた。また，A社の事業拡大に伴い，新規のシステム開発案件が増加する傾向にある。そこで，A社IT部門がシステムの企画と開発に集中できるように，基幹システムをB社提供のPaaSに移行する検討を行った。検討結果は次のとおりである。

- 当該PaaSはB社の運用センタで稼働するサービスである。B社にサービス運用をアウトソースする場合は，A社IT部門が行っているサーバの運用・保守と管理業務はB社に移管され，B社からA社IT部門に対して運用代行サービスとして提供される。
- 業務アプリ保守及びインシデント管理などのサービスマネジメント業務は，引き続きA社IT部門が担当する。

　A社IT部門とB社は，インシデント発生時の対応について打合せを行い，それぞれの役割を次のように設定した。

- 表2の手順"記録"における，B社の役割として，　d　を行うこととする。
- 表2の手順"優先度の割当て"における優先度の割当ては，A社IT部門が行い，割当て結果を　e　に伝える。

〔A社とB社のSLA〕

　A社IT部門は，B社へのアウトソース開始後も，A社販売部門に対して，社内SLAに基づいて基幹サービスを提供する。そこで，A社IT部門は，社内SLAを支え，整合を図るため，A社とB社間のサービスレベル項目と目標値については，表1に基づいてB社と協議を行い，合意することにした。また，B社へのアウトソーシング開始後，A社とB社との間で月次で会議を開催し，サービスレベル項目の目標値達成状況を確認することにした。

　A社とB社のSLAは，B社からの要請で次の二つを追加して，合意することにした。

- サービスレベル項目として，B社が保守を行うための計画停止予定通知日を追加する。B社はPaaSの安定運用の必要性から，PaaSのサービス停止を伴う変更作業を行う。その場合，事前に計画停止の予定通知を行うこととする。計画停止予定通知日の目標値は，A社IT部門と販売部門の合意に要する時間を考慮して，B社からA社への通知日を計画停止実施予定日の7日前までとし，必要に応じてA社とB社で協議の上，計画停止時間を確定させる。
- サービスレベル項目のうち，B社の責任ではA社と合意するB社の目標値を遵守できない項目があるので，①A社とB社のSLAの対象から除外するインシデントを決める。

　なお，PaaSのリソースの増強は，A社からB社にリソース増強要求を提示して行われるものとする。その際，A社からB社への要求は，増強予定日の2週間前までに提示することも合意した。アウトソース開始時のPaaSのリソースは，A社基幹システムのキャパシティと同等のリソースを確保する。

　その後，A社とB社はSLA契約を締結し，A社IT部門の業務の一部がB社にアウトソースされた。

10 マネジメント

設問1 表1中の a , b に入れる適切な字句を解答群の中から選び，記号で答えよ。

解答群
ア 安全性 イ 解決時間 ウ 可用性
エ 機密性 オ 平均故障間動作時間 カ 平均修復時間
キ 保守性

設問2 表2中の c に入れる適切な字句を10字以内で答えよ。

設問3 本文中の d , e に入れる適切な字句を解答群の中から選び，記号で答えよ。

解答群
ア A社IT部門 イ A社IT部門への連絡
ウ A社販売部門 エ A社販売部門への連絡
オ B社 カ B社への連絡
キ 運用手順の確認 ク 定期保守報告の確認

設問4 本文中の下線①について，除外するインシデントとは，どのような問題で発生するインシデントかを20字以内で述べよ。

チャレンジ午後ーシステム監査 (H29春問11抜粋)　　　　　解答・解説：589ページ

新会計システム導入に関する監査について，次の記述を読んで，設問1〜4に答えよ。

　L社は，中堅の総合商社であり，子会社が6社ある。L社及び子会社6社は，長い間，同じ会計システム(以下，旧会計システムという)を利用してきたが，ソフトウェアパッケージをベースにした新会計システムに，2年掛かりで移行させる予定である。ただし，子会社のM社だけは，既に新会計システムを導入して3か月が経過している。

　L社の監査室は，L社，及びM社を除く子会社5社が新会計システムの導入に着手する前に，M社の新会計システムに関する運用状況のシステム監査を実施し，検討すべき課題を洗い出すことにした。

〔予備調査の概要〕

　新会計システムについて，M社に対する予備調査で入手した情報は，次のとおりである。

1. 伝票入力業務の特徴及び現状

　旧会計システムでは，経理部員が手作業で起票し，経理課長の承認印を受けた後，起票者が伝票入力して，仕訳データを生成していた。このため，手作業が多く，紙の帳票も大量に作成されていた。

582

新会計システムでの伝票入力業務の特徴及び現状は，次のとおりである。

(1) 新会計システムでは，経費の請求などは各部署で直接伝票を入力することにした。そのために，経理部は各部署に操作手順書を配布し，伝票入力業務説明会を実施した。また，各部署で入力された伝票データ(以下，仮伝票データという)に対して各部署の上司が承認入力を行うことで仕訳データを生成し，請求書などの証ひょう以外に紙は一切使用しないようにした。新会計システムに承認入力を追加することによって，旧会計システムにおいて不正防止のために経理部が伝票入力後に実施していたコントロールは，不要となった。

(2) 新会計システムでは，各利用者に対し，権限マスタで，伝票の種類(経費請求伝票，支払依頼伝票，振替伝票など)ごとに入力権限と承認権限が付与される。

(3) 経理部によると，"各部署で入力された仕訳データの消費税区分，交際費勘定科目などに誤りが散見される"ということであった。

2. 伝票入力業務の手続

新会計システムにおける伝票入力業務の手続は，次のとおりである。

(1) 担当者が入力すると伝票番号が自動採番され，仮伝票データとして登録される。このとき，担当者は証ひょうに伝票番号を記入する。

(2) 承認者が仮伝票データの内容を画面で確認し，適切であれば承認入力を行う。

(3) 承認入力が済むと，仮伝票データから仕訳データが生成され，仮伝票データは削除される。仕訳データには，仮伝票データの入力日と承認日が記録される。

(4) 承認された伝票の証ひょうは，経理部に送られる。

(5) 経理部は，各部署から送られてきた証ひょうを保管する。

3. 仕入販売システムとのインタフェース

M社は，大量の仕入・販売取引を仕入販売システムで処理している。旧会計システムでは，仕入販売システムから出力した月次集計リストに基づいて，経理部が手作業で伝票入力をしていた。これに対し，新会計システム導入後は，夜間バッチ処理で仕入販売システムから会計連携データを生成した後に，経理部員が新会計システムへの"取込処理"を実行するように改良した。

(1) 会計連携データは，システム部が日次の夜間バッチ処理で生成している。会計連携データには，必須項目の他に，各子会社が必要に応じて設定した任意項目が含まれている。これらの項目は仕訳データに引き継がれ，新会計システムの情報として利用される。

(2) 夜間バッチ処理の翌朝，経理部員が取込処理を実行することで，会計連携データが新会計システムに取り込まれる。

(3) 経理部によると，"新会計システム導入当初には，取込処理の漏れ，及びエラー発生などによる未完了が発生していた。また，夜間バッチ処理のトラブルで会計連携データが生成されず，前日と同じ会計連携データを取り込んでしまったこともある"というこ

10 マネジメント

とであった。この対策として，経理部では，当月から取込処理の実施前と実施後に追加の手続を実施することにした。

4. 管理資料

　新会計システムでは，各部署の利用者が自ら分析ツールを利用して仕訳データの抽出・集計が可能であることから，効果的な管理資料が作成でき，各部署での会計情報の利用増加が期待されていた。しかし，一部の利用者からは，"新会計システムでは仕入・販売取引に関する情報が不足しており，必要な分析ができない"という意見があった。

〔本調査の計画〕

　L社の監査室では，予備調査の情報に基づいて監査項目を検討し，本調査の監査手続を表1にまとめた。

表1　本調査の監査手続（抜粋）

項番	監査項目	監査手続
1	伝票入力業務が正確・適時に行われているか。	①各部署の承認者が伝票の正確性をどのように確認しているか，複数の承認者に質問する。 ②各部署で直接伝票を入力することから，各部署の承認者が伝票の正確性についてチェックできるように，適切な内容の　 a 　が実施されたかどうかを確かめる。 ③仕訳データの仮伝票データの入力日と承認日の比較，及び　 b 　の　 c 　と監査実施日の比較を行って，承認入力の適時性について分析する。
2	伝票入力業務の不正が防止されているか。	①職務分離の観点から，承認者に　 d 　が設定されていないことを確かめる。
3	取込処理が適切に実行されているか。	①処理前に　 e 　の結果をチェックしているかどうかを確かめる。 ②処理後に　 f 　をチェックしているかどうかを確かめる。
4	効果的な管理資料が作成されているか。	①設計時に　 g 　について適切に検討していたかどうかを確かめる。

設問1　表1中の　 a 　〜　 c 　に入れる適切な字句を，それぞれ10字以内で答えよ。

設問2　表1中の　 d 　に入れる適切な字句を，5字以内で答えよ。

設問3　表1中の　 e 　，　 f 　に入れる適切な字句を，それぞれ10字以内で答えよ。

設問4　表1中の　 g 　に入れる適切な字句を，15字以内で答えよ。

解説

問題1 解答：ア

計画のプロセス群に属するのは"**スコープの定義**"です。〔イ〕の"品質保証の遂行"は実行のプロセス群，〔ウ〕の"プロジェクト憲章の作成"と〔エ〕の"プロジェクトチームの編成"は，立ち上げのプロセス群に属するプロセスです。

←p547を参照。

問題2 解答：エ

プロジェクト・スコープ記述書に記述する項目は，プロジェクトからの除外事項です。

←p549を参照。

問題3 解答：ア

WBS(Work Breakdown Structure)は，プロジェクトで作成する成果物や必要な作業を階層的に要素分解した図です。WBSを作成することによって，プロジェクトの作業内容及び範囲が体系的に整理でき，作業の全体が把握しやすくなります。

なお〔ウ〕は**OBS**(Organization Breakdown Structure：組織構成図)の説明です。OBSは，WBS上のワークパッケージに対して，要員及び責任者を割当て，それに指揮命令系統を配置した図です。〔エ〕は**責任分担表**(RAM：Responsibility Assignment Matrix)の説明です。代表的なものに，プロジェクトの作業ごとの役割，責任，権限レベルを明示した**RACI**チャートがあります。

←p550を参照。

※RACIは，下記4つの頭文字を取った造語。
実行責任(Responsible)：作業を担当する
説明責任(Accountable)：作業全般の責任を負う
相談対応(Consult)：助言や支援，補助的な作業を行う
情報提供(Inform)：作業の結果や進捗などの情報の提供を受ける

問題4 解答：イ

アクティビティAとBは「開始-終了」関係でリードが2日なので，アクティビティBは，A終了の2日前から開始できます。また，アクティビティBとCは「開始-開始」関係でラグが3日なので，アクティビティCは，Bの開始3日後に開始できます。したがって，全てのアクティビティを完了するのに必要な日数は12日です。

←p554を参照。

※リードは，「後続作業を前倒しに早める期間」，ラグは「後続作業の開始を遅らせる期間」のこと

問題5 解答：イ

ファンクションポイント法で使用するデータは，表示画面数や印刷する帳票数，入出力に使用するファイル数です。

←p558を参照。

10 マネジメント

問題6
解答：ア　　　◀p560を参照。

EVMでは，PV(計画価値)，EV(出来高)，AC(実コスト)の3つの指標を基に，コスト及びスケジュールのパフォーマンスを管理します。

問題7
解答：イ　　　◀p564を参照。

容量・能力管理では，容量・能力の利用(すなわち，CPU使用率，メモリ使用率，ディスク使用率，ネットワーク使用率，応答時間など)を常時監視し，容量・能力及びパフォーマンスデータを分析し，改善の機会を特定します。

ア：しきい値を超過する前に対策を講ずるべきです。
ウ：オフライン時間帯に測定すると，実際の利用状況を把握できません。
エ：インシデントを記録するのは，インシデント管理です。

問題8
解答：イ　　　◀p571, 572を参照。

システム監査人が行うフォローアップとは，監査対象部門の責任において実施される改善を事後的に確認するという性質のものです。対象部門へ指示を出したり，改善の実施に参加することはありません。システム監査人は，独立かつ客観的な立場で改善の実施状況を確認します。したがって，システム監査人が採るべき行動として適切なのは，〔イ〕だけです。

チャレンジ午後－プロジェクトマネジメント

設問1	(1)	デルファイ法
	(2)	a：エ
設問2	(1)	b：重要度を評価するための社内基準
	(2)	各店舗独自の販売管理手法が売上拡大に寄与しているから
	(3)	c：イ

●設問1 (1)
下線①に該当する技法が問われています。下線①には，「IT部門のPM経験者に対して，…，今後発生が予測されるリスクに関してアンケートを行い，その結果を回答者にフィードバックする。これを数回繰り返してリスクを集約し，リスク源を特定する」とあります。このように，専門家にアンケートを何度か繰り返し，その結果をフィードバックして意見を収束させる技法を**デルファイ法**といいます。

●設問1 (2)
「この方法では特定できない未知のリスクが発生した場合の対策とし

て，本プロジェクト全体の予算の5%を， a として上乗せする」
とあるので，空欄aには，リスクへの予備予算が入ります。

リスクへの予備予算としては，コンティンジェンシ予備とマネジメント予備がありますが，コンティンジェンシ予備は事前に認識されたリスクへの予備予算です。特定できない未知のリスクへの予備予算はマネジメント予備なので，空欄aは〔**エ**〕の**マネジメント予備**です。

●設問2（1）

「IT部門が，案件採否のベースとして，案件の b を定める」とあります。この空欄bを含むリスク対応策は，No.1のリスク源の「重要度がそれほど高くない案件でも，全て受け入れてしまい，プロジェクトの予算を超過する」という事象に対する対応策です。そこで，案件を全て受け入れてしまう原因を問題文で確認すると，〔リスクマネジメント計画〕(1)に，「案件の採否決定のベースとなる重要度を評価するための社内基準がなく，重要度の判断が属人的となっていた」旨の記述があります。このことから，案件を全て受け入れてしまうという問題に対処するためには，案件採否のベースとして，案件の**重要度を評価するための社内基準**（空欄b）を定めればよいと判断できます。

●設問2（2）

下線②について，カスタマイズの対象業務を販売管理業務に限定する理由が問われています。本プロジェクトの目的は，パッケージを導入することによる全店舗の業務の標準化と業務効率の向上ですが，〔本プロジェクトの概要〕(1)の3項目を見ると，「特に，販売管理業務は，各店舗での独自の販売管理手法によって，売上拡大に大きく寄与している重要な業務である」とあります。この記述から，販売管理業務については，各店舗がもつノウハウを無視することはできず，店舗ごとに独自のカスタマイズを行わなければいけないことがわかります。

以上，カスタマイズの対象業務を販売管理業務に限定する理由としては，「**各店舗独自の販売管理手法が売上拡大に寄与しているから**」などとすればよいでしょう。

●設問2（3）

No.5の「パッケージ導入に精通した要員が不足している」ことに対する対応策が問われています。〔本プロジェクトの概要〕(2)にあるように，本プロジェクトの期間は6か月間であり，6か月後の稼働が必須となっています。このことから考察すると，〔**イ**〕の「パッケージ導入の経験が豊富な要員を，社外から調達するためのコストを確保する」のが最も適切な対応策です。

※解答群〔ア〕の**コストパフォーマンスベースライン**は，必要となるコストを時系列に展開した計画予算。〔ウ〕の**実コスト**は，実際に掛かったコスト。

※〔ア〕はパッケージ導入のノウハウと直接関係がない。〔ウ〕と〔エ〕はスケジュールに余裕がないプロジェクトであるため適切ではない。

10 マネジメント

チャレンジ午後−サービスマネジメント

設問1	a：ウ　　b：イ
設問2	段階的取扱い（別解：エスカレーション）
設問3	d：イ　　e：オ
設問4	業務アプリに起因するインシデント

●設問1

空欄a：サービスレベル項目を見ると，「サービス提供時間帯」と「サービス稼働率」であり，どちらも"可用性"の指標です。したがって，空欄aは〔**ウ**〕の**可用性**です。

空欄b：備考欄に，「インシデントを受け付けてから最終的なインシデントの解決をA社販売部門に連絡するまでの経過時間」とあるので，空欄bは〔**イ**〕の**解決時間**です。

●設問2

空欄c：インシデントの処理を，「記録の更新→　c　→解決」の順に行うことから，空欄cは，インシデントを解決するために行う行動です。ここで，内容欄を見ると，「インシデントの内容に応じて，専門知識をもったA社IT部門の技術者などに，　c　を行う」とあります。発生したインシデントが過去にも発生したことのある既知の事象であれば担当者で対応できますが，対応できない未知の事象であった場合，より専門知識をもった技術者などに解決を依頼します。これを**段階的取扱い**又は**エスカレーション**といいます。したがって，空欄cには，このいずれかを入れればよいでしょう。

※インシデント管理については，p567も参照。

●設問3

空欄d：表2の手順"記録"におけるB社の役割が問われています。今回，A社IT部門が行っているサーバの運用・保守と管理業務をB社に移管することになりますが，インシデント管理は引き続きA社IT部門が担当します。したがって，PaaS環境で発生したインシデントを，A社IT部門がインシデント管理簿に記録するためには，B社からの連絡が必須条件となります。つまり，B社の役割は，〔**イ**〕の**A社IT部門への連絡**です。

空欄e：A社IT部門が割り当てた優先度をどこへ伝える必要があるか問われています。サーバの運用・保守と管理業務をB社に移管した場合，PaaS環境で発生したインシデントへの対応はB社が行うことになります。また，インシデントの優先度によって，インシデント解決時間の目標値が異なるため，決定された割当て結果は直ちにB社に伝える必要があります。つまり，空欄eは〔**オ**〕の**B社**です。

588

得点アップ問題 **Q&A**

●設問4

SLAの対象から除外するインシデントが問われています。下線①の直前にある，「サービスレベル項目のうち，B社の責任ではA社と合意するB社の目標値を遵守できない項目がある」との記述に着目すると，SLAの対象から除外すべきインシデントは，B社の責任範疇にないインシデント，すなわちB社が担当しない業務で発生するインシデントです。そして，B社が担当しない業務は，業務アプリの保守なので，除外すべきインシデントは，**業務アプリに起因するインシデント**です。

チャレンジ午後－システム監査

設問1	a：伝票入力業務説明会　　b：仮伝票データ　　　c：入力日
設問2	d：入力権限
設問3	e：夜間バッチ処理　　　f：処理の正常完了
設問4	g：会計連携データの任意項目

●設問1

空欄a：〔予備調査の概要〕1.伝票入力業務の特徴及び現状の(1)に，「新会計システムでは，経費の請求などは各部署で直接伝票を入力することにした。そのために，経理部は各部署に操作手順書を配布し，伝票入力業務説明会を実施した」とあります。しかし，(3)を見ると，「各部署で入力された仕訳データの消費税区分，交際費勘定科目などに誤りが散見された」との記述があります。このことから，伝票入力業務説明会において，新会計システムに関する教育・指導が適切に行われていなかった可能性が考えられます。したがって，監査手続としては，適切な内容の**伝票入力業務説明会**（空欄a）が実施されたかどうかを確認すべきです。

空欄b，c：「仕訳データの仮伝票データの入力日と承認日の比較，及び　 b 　の　 c 　と監査実施日の比較を行って，承認入力の適時性について分析する」とあります。"承認入力の適時性"とは，仮伝票データの入力後，適時に（速やかに）承認入力が行われているかということです。そこで，承認入力が行われたデータについては，仕訳データの仮伝票データの入力日と承認日を比較することで，承認入力が適時に行われたかを確認できます。また，承認入力が行われていないデータについては，仮伝票データの入力日と監査実施日を比較することで，そのデータが，承認入力が行われないまま放置されているデータであるか否かの確認ができます。以上から，空欄bには**仮伝票データ**，空欄cには**入力日**が入ります。

※設問1は，監査項目「伝票入力業務が正確・適時に行われているか」に係わる監査手続に関する設問。
「各部署で直接伝票を入力することから，各部署の承認者が伝票の正確性についてチェックできるように，適切な内容の　 a 　が実施されたかどうかを確かめる」の空欄aが問われている。

10

マネジメント

589

●設問2

〔予備調査の概要〕1.伝票入力業務の特徴及び現状の(2)に,「新会計システムでは,各利用者に対し,権限マスタで,伝票の種類ごとに入力権限と承認権限が付与される」旨が記述されていますが,もし,同一人に入力権限と承認権限の両方が付与された場合,相互牽制が働かず不正が生じるおそれがあります。そのため,伝票入力業務の不正防止のためには,承認者に付与するのは承認権限のみとする必要があります。したがって,空欄dには**入力権限**が入ります。

●設問3

空欄e:新会計システムでは,夜間バッチ処理で仕入販売システムから会計連携データを生成した後に,新会計システムへの取込処理を行います。ここで,〔予備調査の概要〕3.仕入販売システムとのインタフェースの(3)の記述を見ると,「夜間バッチ処理のトラブルで会計連携データが生成されず…」とあります。これをヒントに考えると,取込処理を行う前に,夜間バッチ処理によって会計連携データが生成されたかどうかを確認する必要があることがわかります。したがって,空欄eには**夜間バッチ処理**を入れればよいでしょう。

空欄f:〔予備調査の概要〕3.仕入販売システムとのインタフェースの(3)の記述「取込処理の漏れ,及びエラー発生などによる未完了が発生していた」ことをヒントに考えると,取込処理後にチェックすべきは,取込処理に漏れがなかったか,エラー発生などによって未完了が発生していないかの確認です。つまり,取込処理が正常に完了したかの確認が必要なので,空欄fには**処理の正常完了**と入れればよいでしょう。

●設問4

〔予備調査の概要〕4.管理資料に,「新会計システムでは仕入・販売取引に関する情報が不足しており,必要な分析ができない」とあります。また,"仕入・販売取引に関する情報"に関しては,〔予備調査の概要〕3.仕入販売システムとのインタフェースの(1)に,「会計連携データには,必須項目の他に,各子会社が必要に応じて設定した任意項目が含まれている。これらの項目は仕訳データに引き継がれ,新会計システムの情報として利用される」とあります。これらの記述から考察すると,仕入・販売取引に関する情報が不足しているということは,各子会社が必要に応じて設定する任意項目が不足していると考えられます。効果的な管理資料を作成するためには,**会計連携データの任意項目**(空欄g)について,設計時に適切に検討する必要があり,監査においては,この点を確認すべきです。

※設問2は,監査項目「伝票入力業務の不正が防止されているか」に係わる監査手続に関する設問。
「職務分離の観点から,承認者に　d　が設定されていないことを確かめる」の空欄dが問われている。

※設問4は,「効果的な管理資料が作成されているか」に係わる監査手続に関する設問。
「設計時に　g　について適切に検討していたかどうかを確かめる」の空欄gが問われている。

第11章
ストラテジ

　ストラテジとは“目的を達成するための方策，あるいは戦略”を意味します。企業が直面する課題に対して，情報技術(IT)を活用した戦略を立案することは応用情報技術者の業務・役割の1つです。したがって，この業務を遂行するためにも，ITを活用した戦略立案，経営戦略の手法や経営工学，さらに会計・財務，標準化や関連法規といった知識と，その応用力が必要になります。

　本章では，以上のことを背景に「システム戦略」，「経営戦略」，「経営工学」，「企業会計」，そして最後に「標準化と関連法規」について，その基本かつ重要事項を学習します。学習する内容がとても広範囲となりますが，情報技術を戦略的に活用できる人材が求められている現在，とても重要な分野といえます。まずは本章により，ストラテジ系分野で出題される基本事項や用語をしっかり学習しておきましょう。

11.1 システム戦略

11.1.1 情報システム戦略

情報システムは，成り行きまかせに開発されるのではなく，経営戦略と整合した情報戦略に基づいた**情報システム化計画**のもとに開発されます。ここでは，情報システム化計画立案のベースとなる情報戦略，業務モデルの概要を説明します。

> 参考：中長期情報システム化計画は，情報システム化基本計画とも呼ばれる。

情報戦略

情報戦略とは，企業競争に立ち向かい，そこでの競争優位を確立しようとする経営戦略を実現するための，「情報資源を戦略的，効果的に活用していく方針や計画」のことです。企業のもつ情報技術や情報システムの優劣が，競争優位の獲得の大きなファクタとなっている現在，情報戦略の重要性は益々増大しています。したがって，情報戦略は，経営戦略に付随して策定されるのではなく，経営戦略の一環として統合的に策定される必要があります。

> 参考：情報資源3要素
> ①データ資源
> ②情報基盤（ハードウェアやソフトウェア，ネットワークやデータベースなど）
> ③情報化リテラシ（情報活用能力，ノウハウやスキル）

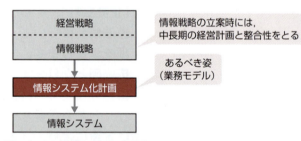

▲ 図11.1.1　情報システム化計画

情報システム化計画においては，「情報戦略を具体化するもの＝情報システム」として，企業のあるべき姿を前提に情報システムのあるべき姿を描き出した上で，何をいつまでに実現すべきかなど具体的に計画します。ここで重要なのは，情報システムへの投資には莫大な費用がかかるため，経営課題や経営目標の解決の効果とそれにかかる費用とのバランスを考慮して情報システムへの投資計画を行う必要があるということです。

> 参考：情報システム化計画を立案するにあたっては，情報システムの有効性と投資効果を明確にしなければならない。

システム戦略 **11.1**

業務モデル

> **参考** 業務の目的を明確にし，情報システムの構築に求められる本質的ニーズを顕在化させるためにも，業務モデルの作成は重要である。

業務モデルは，組織の活動と，その活動に必要なデータの関連を表した論理的モデルです。つまり，経営目標の達成に必要な業務機能とデータを，情報システム構築のために論理モデルとして明確化した"情報システムのあるべき姿"といえます。

業務モデルは情報システムの計画立案時に作成され，その手順は「ビジネスプロセスの定義→データモデルの定義→両者の関連づけ」となります。なお，全社レベルの業務モデルは企業活動のモデルでもあるので，ビジネスプロセスには，業務レベルの活動だけでなく意思決定活動や計画活動も含む必要があります。

● ビジネスプロセス（業務プロセス）の定義

ビジネスプロセスは，実在する組織や現実の業務にとらわれることなく，業務本来のあるべき姿として，必要な機能を業務の流れに沿って定義します。この図式表現には**DFD**が用いられます。

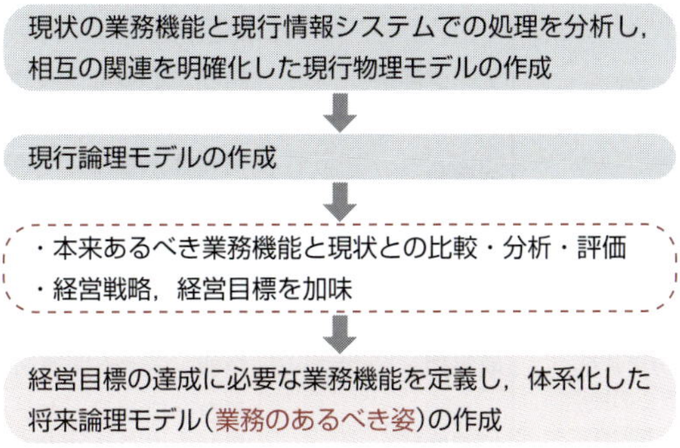

> **参考** 本来あるべき業務機能と現状との比較・分析・評価することを**ギャップ分析**という。なお，**ERPパッケージ**などを導入する際，自社の業務プロセスや「あるべき姿」とパッケージが，どれだけ適合（フィット）し，どれだけ乖離（ギャップ）があるかを調査・分析・評価することを**フィットギャップ分析**という。

現状の業務機能と現行情報システムでの処理を分析し，相互の関連を明確化した現行物理モデルの作成

現行論理モデルの作成

・本来あるべき業務機能と現状との比較・分析・評価
・経営戦略，経営目標を加味

経営目標の達成に必要な業務機能を定義し，体系化した将来論理モデル（業務のあるべき姿）の作成

▲ **図11.1.2** 将来論理モデル（業務プロセス）の作成手順

● データモデル（情報モデル）の定義

企業の全体像を把握するため，ビジネスプロセスに必要なデータを明らかにし，全社のデータモデルを作成します。まず，基本的なエンティティだけを抽出し，それらの相互間のリレーションを含めて概略図（鳥瞰図）を作成します。次に，エンティティを詳細化し，すべてのリレーションを明確にします。この図式表現には，E-R図が用いられます。

593

11 ストラテジ

.11.1.2...全体最適化　　　　　AM / PM

　全体最適化とは，組織全体の業務と情報システムを，経営戦略
に沿った"業務と情報システムのあるべき姿"に向け改善してい
く取組みのことです。全体最適化の観点から，業務と情報システ
ムを同時に改善することを目的とした，組織の設計・管理手法に
EA(Enterprise Architecture)があります。

▶ EA（エンタープライズアーキテクチャ）

　EAは，各業務と情報システムを，表11.1.1に示す4つの体系(領
域)で整理・分析し，全体最適化の観点から見直すための技法です。

▼ **表11.1.1**　EAの4つの体系と主な成果物

業務体系	**ビジネスアーキテクチャ**(BA) ビジネス戦略に必要な業務プロセスや情報の流れを体系的に示したもの
成果物	業務説明書，機能構成図(DMM)，機能情報関連図(DFD)，業務流れ図(WFA)
データ体系	**データアーキテクチャ**(DA) 業務に必要なデータの内容，データ間の関連や構造などを体系的に示したもの
成果物	情報体系整理図(UMLクラス図)，実体関連ダイアグラム(E-R図)，データ定義表
適用処理体系	**アプリケーションアーキテクチャ**(AA) 業務プロセスを支援するシステムの機能や構成などを体系的に示したもの
成果物	情報システム関連図，情報システム機能構成図
技術体系	**テクノロジアーキテクチャ**(TA) 情報システムの構築・運用に必要な技術的構成要素を体系的に示したもの
成果物	ネットワーク構成図，ソフトウェア構成図，ハードウェア構成図

機能構成図
参考(DMM：
Diamond Mandala
Matrix)は，3行3列
のマトリックスを用い
て，業務機能をトップ
ダウンで階層的に分解
したもの。DMMによ
り，情報システムの対
象範囲を明確にする。

機能情報関連図
参考(DFD)により，
業務・システムの機能
と情報の流れを明確に
する。

業務流れ図
参照(WFA)につい
ては，p599を参照。

　EAでは，既存の業務と情報システムの現状を**As-Isモデル**(現
状のアーキテクチャモデル)に整理し，目標とする"あるべき姿"
を**To-Beモデル**として作成します。そして，両者を比較すること
で全体最適化の目標を明確にし，現実的な次期モデルを定めま
す。またこれにより，ITガバナンスの強化を目指し，経営の視点
からIT投資効果を高めます。

システム戦略 **11.1**

.11.1.3... ITガバナンスと情報システム戦略委員会 AM/PM

ITガバナンス

ITガバナンスとは，企業が競争優位性を構築するために，IT戦略の策定・実行をガイドし，あるべき方向へ導く組織力あるいはその取組のことです。"**システム管理基準（平成30年）**"では，ITガバナンスを次のように定義しています。

> 参考 システム管理基準(平成30年)は，平成30年4月に改訂されたもの。

> **POINT ITガバナンスの定義**
>
> 経営陣がステークホルダのニーズに基づき，組織の価値を高めるために実践する行動であり，情報システムのあるべき姿を示す情報システム戦略の策定及び実現に必要となる組織能力

また，ITガバナンスの定義における経営陣の行動を，「情報システムのライフサイクル（企画，開発，保守，運用）に関わるITマネジメントとそのプロセスに対して，経営陣が評価（Evaluate）し，指示（Direct）し，モニタ（Monitor）すること」と規定しています。これを**EDMモデル**といいます。

情報システム戦略委員会

情報システム戦略を遂行するためには，それなりの組織体制を整備する必要があります。そのため，"システム管理基準（平成30年）"では，**情報システム戦略委員会**の設置を定めています。情報システム戦略委員会は，CIO，CFO，情報システムの責任者，利用部門の責任者などから構成され，次に示す役割を担います。

> 参考 情報システム戦略委員会の構成
>
> | ITガバナンス |
> |---|
> | 経営陣 |
> | CIO（最高情報責任者／情報統括役員）CFO（最高財務責任者） |
> | ITマネジメント |
> | 情報システム部長各利用部門長 |
>
> CIOには，経営的な観点から戦略的意思決定を行う経営陣の一員としての役割，及び情報システム部門の統括責任者としての役割が期待される。

> **POINT 情報システム戦略委員会の役割**
>
> ・情報システムに関する活動全般をモニタリングし，必要に応じて是正措置を講じる
> ・変化する情報技術動向に適切かつ迅速に対応するため，技術採用指針を明確にする
> ・活動内容を適時に経営陣に報告する
> ・経営戦略の計画・実行・評価に関わる意思決定を支援するための情報を経営陣に提供する

11

ストラテジ

595

11 ストラテジ

.11.1.4... IT投資戦略とITマネジメント `AM`/`PM`

　企業・組織の全体最適化を実現するためには，情報戦略が重要になります。とりわけ情報戦略の一環として，どこにどのようにIT投資をするかというIT投資戦略と，IT投資の評価と制御は，IT経営を確立するという面でとても重要な課題です。

IT投資マネジメント

　IT投資における費用対効果を算出し，その評価と制御を行うIT投資マネジメントは，**戦略マネジメント**と**個別プロジェクトマネジメント**の2階層で構成されます。

T 用語 IT投資ポートフォリオ

IT投資のバランスを管理し全体最適を図るための手法。IT投資を，投資リスクや投資価値が類似するものごとに分類し，分類単位ごとの投資割合を管理することによって，例えば，リスクの高い戦略的投資を優先するのか，あるいは比較的リスクの低い業務効率化投資を優先するのか，といった形で経営戦略とIT投資の整合性を図る。

▼ **表11.1.2** 戦略マネジメントと個別プロジェクトマネジメント

戦略マネジメント	計画	・全社規模でのIT投資評価の方法，及び複数のプロジェクトから成る**IT投資ポートフォリオ**の選択基準を決定する ・必要とされる情報資本と現在の情報資本とのギャップを分析し，不足する情報資本の構築をIT投資テーマとして起案する ・どのIT投資テーマを選択するか決定する（投資対象プロジェクトの選択） ・経常的案件を加えた，全社IT投資計画を作成する
	実施	・個別プロジェクトのマネジメント（実行状況のフローなど）を行う
	評価・改善	・経営者視点での目標実現度の評価と課題抽出を行う ・マネジメントプロセスの見直し，及びポートフォリオや投資内容の見直しを行う
個別プロジェクトマネジメント	計画	・全社IT投資計画を基にプロジェクトの実施計画を策定する ・投資目的に基づいた効果目標の設定と，投資額の見積りを行い，実施可否判断に必要な情報を上位マネジメントに提供する（事前評価） ・上位マネジメント組織は，事前評価データを基に，他のプロジェクトとの整合などの全体最適の観点から当該プロジェクトを実施するかどうかを決定する
	実施	・実施中のプロジェクトの評価を行い，実施計画と実績との差異及びその原因を詳細に分析し，今後の見込みを上位マネジメントに報告するとともに，投資額や効果目標の変更といった対応が必要となる場合には，その内容もあわせて報告する（中間評価） ・必要に応じて実施計画の修正を行う
	評価・改善	・事前に計画された「投資効果の実現時期と評価に必要なデータ収集方法」に合わせて，実施計画段階で設定した効果目標が達成されているか否かの評価を行う（事後評価） ・マネジメントプロセスの見直しを行い，他の投資計画への反映を行う

試験 試験では，個別プロジェクトにおける事前評価，中間評価，事後評価として実施する内容が問われる。

システム戦略 **11.1**

投資の意思決定に使用される手法

　ここでは，試験に出題されている，投資案件の評価方法を説明します。

回収期間で評価する方法

　投資額を回収するのに要する期間（PBP：Pay Back Period）の長短によって投資案件を評価する方法です。回収期間が基準年数よりも短ければ投資を行い，そうでなければ見送ります。また，投資案件が複数ある場合は，より回収期間が短いものを選択します。なお，回収期間の算出方法には，次の2つがあります。

▼ **表11.1.3**　回収期間の算出方法

回収期間法	回収額の累計額が投資額と等しくなるまでの期間を回収期間とする
割引回収期間法	将来得られる回収額を現在価値に割り引いた上で回収期間を算出する。現在価値とは，「将来のお金の，現時点での価値」を表したもの。例えば，100万円を利率5%で運用すれば，1年後には105万円になるため，1年後の105万円は現在の100万円と同じ価値と考えることができる。このとき105万円を将来価値といい，その現在価値は100万円であるという

正味現在価値法

　投資効果をNPV（Net Present Value：正味現在価値）で評価する方法です。NPVとは，回収額の現在価値から投資額を差し引いた金額のことです。NPVがプラスなら投資を行い，また，複数案件ある場合は大きい方を選択します。図11.1.3に，投資案件A，Bについて，期間を3年間，割引率を5%としたときのNPV算出例を示します。

> **割引率**
> 将来の価値を現在の価値に換算するために用いる率のこと。

案件	投資額	回収額			現在価値換算の回収額		（単位：万円）
		1年目	2年目	3年目	1年目	2年目	3年目
A	220	40	80	120	$40/1.05 = 38.1$	$80/1.05^2 = 72.6$	$120/1.05^3 = 103.7$
B	220	120	80	40	$120/1.05 = 114.3$	$80/1.05^2 = 72.6$	$40/1.05^3 = 34.6$

投資案件 A の NPV ＝（38.1 ＋ 72.6 ＋ 103.7）－ 220 ＝－ 5.6
投資案件 B の NPV ＝（114.3 ＋ 72.6 ＋ 34.6）－ 220 ＝ 1.5

　➡ 投資案件 B を選択

▲ **図11.1.3**　NPVの算出方法（期間3年間，割引率5%）

11.1.5 業務プロセスの改善

BPR

BPR（Business Process Reengineering）は，既存の組織やビジネスルールを抜本的に見直して，業務内容や業務プロセス，また組織構造や情報システムを再設計・再構築することです。BPRによって，業務の品質向上や効率化・スピード化を図り，収益率や顧客満足度を向上するといった経営目標の達成を目指します。なお，BPRのことを単に**リエンジニアリング**という場合もあります。

> 参考 マイケルハマーは**リエンジニアリング**を，「顧客の満足度を高めることを主眼とし，最新の情報技術を用いて業務プロセスと組織を抜本的に改革すること」と提唱している。

BPM

BPM（Business Process Management）は，業務プロセスにPDCAマネジメントサイクルを適応し，継続的なBPRを遂行しようという考え方です。具体的には，「業務プロセス分析・設計→業務プロセス構築→モニタリング・評価→改善・再構築」といった一連の業務改善サイクルを継続的に行います。

IDEALによるプロセス改善

IDEALは，プロセス改善活動のライフサイクルを示したリファレンスモデルです。「開始（Initiating），診断（Diagnosing），確立（Establishing），行動（Acting），学習（Learning）」の5つのフェーズから構成されます。

> 参考 IDEALは，組織におけるプロセス改善を行う際，具体的な活動内容を計画・定義できるよう示されたリファレンスモデル。

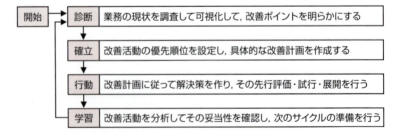

▲ 図11.1.4 IDEALのフェーズ

業務プロセスの可視化手法

業務プロセスの可視化手法には，次ページ表11.1.4に示すWFAやBPMNなどがあります。

▼ **表11.1.4** 業務プロセスの可視化手法

WFA	Work Flow Architectureの略。業務の流れと個々のデータが処理される組織（場所）や順序を明確にした図
BPMN	Business Process Model and Notationの略。業務プロセスを，イベント・アクティビティ・分岐・合流を示すオブジェクトと，フローを示す矢印などで表した図

BPO

BPO（Business Process Outsourcing）は，社内業務のうちコアビジネス以外の業務の一部又は全部を，情報システムと併せて外部の専門業者に委託（アウトソーシング）することで，経営資源をコアビジネスに集中させることをいいます。

> 参考：コスト削減を図るため，業務の一部又は全部を物価の安いオフショア（海外）にある外部企業に委託する形態を**オフショアアウトソーシング**という。

RPA

RPA（Robotic Process Automation）は，デスクワークなどルール化された定型的な事務作業を，ルールエンジンやAIなどの技術を備えたソフトウェア・ロボットに代替させることによって，業務の自動化や効率化を図る仕組みです。

> 用語：**ルールエンジン**　「こういう場合には，こうする」といった判断・分岐処理を行う専用のソフトウェア。

ワークフローシステム

ワークフローシステムは，書類の申請から決裁に至る事務手続を電子化することによって，業務負担の軽減化とスピードアップを実現するシステムです。稟議システム，あるいは電子決裁システムとも呼ばれます。

BRMS（ビジネスルール管理システム）

ビジネスルールとは，例えば，経費を請求するときに「1万円未満なら課長が，それ以上なら部長が決裁する」といった，業務を進めるためのルールのことです。従来，ビジネスルールは，業務アプリケーションに盛り込んでいましたが，この方法では，ビジネスルールが変われば，その都度プログラムを修正しなければならず，手間やコストが掛かりますし，ビジネス環境が激しく変化する昨今においては対応できません。そこで登場したのが**BRMS**（Business Rule Management System）です。BRMSは，ビジネスルールを，業務アプリケーションから切り離してルールベースとして蓄積することで，随時，登録・変更を行えるシステムです。業務アプリケーション内のビジネスプロセスが必要に応じて，ビジネスルールを呼び出し実行します。

11 ストラテジ

.11.1.6... ソリューションサービス AM/PM

ソリューションとは，企業が抱える経営課題の解決を図るための情報システム，及びサービスの総称です。ここでは，クラウドサービスを中心に代表的なソリューションサービスをまとめました。

クラウドサービス

コンピューティングリソース
ハードウェアやソフトウェア，データなどのコンピュータ資源。

クラウドサービスとは，共用の構成可能なコンピューティングリソースの集積を，インターネット経由で，自由に柔軟に利用することを可能とするサービスのことです。

JIS X 9401:2016(情報技術ークラウドコンピューティングー概要及び用語)では，アプリケーションを提供するSaaS，アプリケーションの構築・実行環境を提供するPaaS，ハードウェアやネットワークなどの情報システム基盤を提供するIaaSなど，7つのクラウドサービス区分を定義しています。

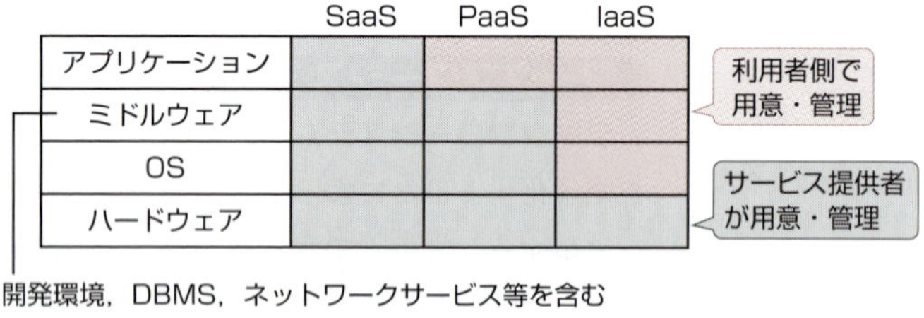

	SaaS	PaaS	IaaS
アプリケーション				← 利用者側で用意・管理
ミドルウェア			
OS				← サービス提供者が用意・管理
ハードウェア			

開発環境，DBMS，ネットワークサービス等を含む

▲ **図11.1.5** クラウドサービス区分(SaaS，PaaS，IaaS)

▼ **表11.1.5** クラウドサービス区分(SaaS，PaaS，IaaS)

SaaS	Software as a Service。クラウドサービスカスタマ(利用者)が，クラウドサービスプロバイダ(サービス提供者)のアプリケーションを使うことができる形態
PaaS	Platform as a Service。クラウドサービスカスタマが作成又は入手したアプリケーションを配置し，管理し，実行することができる形態。なお，そのアプリケーションは，クラウドサービスプロバイダによってサポートされるプログラム言語を用いて作成されたもの
IaaS	Infrastructure as a Service。クラウドサービスカスタマが，演算リソース，ストレージリソース，ネットワークリソースなどの基礎的コンピューティングリソースを利用できる形態。クラウドサービスカスタマは，システムの基盤となる物理的リソース・仮想化リソースの管理や制御を行うことはできないが，オペレーティングシステム，ストレージ及び配置されたアプリケーションの制御を行うことができる

600

システム戦略 **11.1**

●クラウドコンピューティングの利用モデル

クラウドコンピューティングの利用モデルには，単一利用者向けの「プライベートクラウド」や一般向けの「パブリッククラウド」など，表11.1.6に示す4つの利用モデルがあります。

▼ 表11.1.6 クラウドコンピューティングの利用モデル

プライベートクラウド	企業や団体などの単一のクラウドサービスカスタマによって専用使用されるモデル
パブリッククラウド	一般の不特定多数のクラウドサービスカスタマを対象としたモデル
コミュニティクラウド	企業や団体など複数のクラウドサービスカスタマによって共有使用されるモデル。利用例としては，複数の地方公共団による自治体クラウドや，複数の医療機関による医療クラウドなどがある
ハイブリッドクラウド	2つ以上の異なるモデルを組み合わせたもの。例えば，重要な機密情報を扱う業務はプライベートクラウド，その他の業務はパブリッククラウドを利用し両者を使い分ける

> **参考** プライベートクラウドとコミュニティクラウドには，オンプレミスとオフプレミスの2つの形態がある。
> **オンプレミス**とは，情報システムやソフトウェアを使用者自身が管理する設備内に導入して運用する形態（自社運用型）。これに対し**オフプレミス**は，事業者が管理する設備や資産を借りて運用する形態（他社運用型）。

SOA

SOA（Service Oriented Architecture：**サービス指向アーキテクチャ**）は，業務上の一処理に相当するソフトウェアの機能を"サービス"という単位で実装し，"サービス"を組み合わせることによってシステムを構築するという考え方です。SOAを採用することで，柔軟性のあるシステム開発が可能となり，ビジネス変化に対応しやすくなります。

なお，SOAにおいて，異なるサービス間でのデータのやり取りを行うために，データ形式の変換や非同期連携などの機能を実現するものを**ESB**（Enterprise Service Bus）といいます。

> **参考** ESBは，複数の異なる"サービス"へのアクセスを，バスを介して行おうというアーキテクチャ。

その他のソリューションサービス

その他，代表的なソリューションサービスには，表11.1.7に示すサービスがあります。

▼ 表11.1.7 その他のソリューションサービス

ホスティングサービス	事業者が所有するサーバの一部を顧客に貸し出し，顧客が自社のサーバとして利用する形態
ハウジングサービス	顧客のサーバや通信機器を設置するために，事業者が所有する高速回線や耐震設備が整った施設を提供する形態

11

ストラテジ

601

11 ストラテジ

11.2 経営戦略マネジメント

11.2.1 経営戦略　　　　　　AM PM

経営戦略の3つの要素

経営戦略により，どこで戦うのか，すなわち"戦う土俵"を決め，そこで他社より優れた能力を発揮し，その優位性を維持・発展できるように経営資源を分配することによって，企業の競争優位を確固たるものにします。したがって，経営戦略で特に重要となるのは，「ドメイン，コアコンピタンス，資源配分」の3つです。

なお，不足している経営資源や能力は，他企業を買収して取り込んだり(M&A)，アライアンスやアウトソーシングといった方法で補完します。

> **用語 コアコンピタンス**
> 他社にはまねのできない企業独自のノウハウや技術など，その企業ならではの力。他社との差異化の源泉となる経営資源のこと。

> **用語 M&A**
> Mergers(合併)and Acquisitions(買収)の略で，企業の合併や買収の総称。

> **用語 アライアンス**
> "提携，同盟"と訳され，企業同士の提携を意味する。

> **P O I N T　経営戦略の3つの要素**
> ・事業を展開する領域(ドメイン)
> ・企業の中核的な力(コアコンピタンス)
> ・経営資源の最適配分

競争の基本戦略

企業の基本的な営業戦略には，次の3つがあります。

> **P O I N T　競争の基本戦略**
> ① コストリーダシップ戦略
> 　他社を圧倒するコストダウンにより競争優位を図る。
> ② 差別化戦略
> 　他社製品とのコスト以外での差別化により競争優位を図る。
> ③ 集中戦略
> 　特定のセグメントに的を絞って経営資源を集中する。

また，米国の経営学者フィリップ・コトラーは，市場における企業の競争上の地位は，次ページ表11.2.1に示す4つに分類でき，それぞれの地位に応じた適切な戦略があるとしています。

▼ 表11.2.1　企業の競争上の地位と戦略

リーダ	業界において最大のシェアを確立している企業。利潤，名声の維持・向上と最適市場シェアの確保を目標として，市場内のすべての顧客をターゲットにした**全方位戦略**をとる（**リーダ戦略**）。
チャレンジャ	業界2位，3位の企業。上位企業の市場シェアを奪うことを目標に，製品，サービス，販売促進，流通チャネルなどのあらゆる面での**差別化戦略**をとる（**チャレンジャ戦略**）。
フォロワ	チャレンジャと比較して，経営資源の質・量ともに乏しい企業。目標とする企業の戦略を観察し，迅速に模倣することで製品開発や広告のコストを抑制し，市場での存続を図る**模倣戦略**をとる（**フォロワ戦略**）。なお，フォロワ（follower）とは追随者の意味
ニッチャ	企業規模は小さいながらも，ニッチ市場（隙間市場）を対象に専門化している企業。他社が参入しにくい隙間（ニッチ）となる特定顧客，特定製品のセグメントに限定して，徹底したコストダウンを図ったり，ユニークな商品を投入するなどして競争優位を図る**集中戦略**をとる（**ニッチ戦略**）。

11.2.2　経営戦略手法　AM/PM

ここでは，経営戦略で用いられる様々な分析手法を説明します。

ファイブフォース分析

ファイブフォース分析は，図11.2.1に示す5つの要因から企業を取り巻く競争環境（すなわち，業界構造）を分析する手法です。業界の競争状態を分析し，その業界の収益性や成長性，魅力の度合いを検討します。

> **参考** ファイブフォース分析により，業界が，競争の激しい**レッドオーシャン**なのか，競争のない**ブルーオーシャン**なのかも判断できる。ブルーオーシャンで戦うためには，自社製品の価値改革を行い他社との差別化を図ると同時に低コストを実現する戦略（**ブルーオーシャン戦略**）を採る。

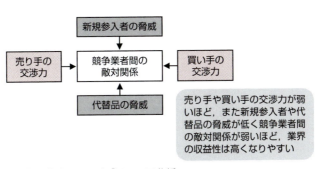

▲ 図11.2.1　ファイブフォース分析

PPM

PPM(Product Portfolio Management：**プロダクトポートフォリオマネジメント**)は，自社の事業を評価し，資金を生み出す事業と投資が必要な事業を区別することによって，経営資源の最適配分を図る手法です。

PPMでは，市場成長率と市場占有率という2つの軸でマトリクスを作り，事業を4つの事象に分類します。これは，「市場の成長は時とともに低下し，"市場成長率"の高い事業は多くの資金を必要とする」という考え方と，「製品の生産量が多くなれば単位当たりのコストが下がり生産性が向上するため，"市場占有率"の高い企業は相対的に低コストで生産でき高い収益が得られる」という**経験曲線**の考え方をベースにした分類です。

> **経験曲線**
> 累積生産量の増加に伴い，経験値が積み上げられ生産性が向上する傾向を示した曲線のこと。同じものをたくさん作ることによる効率化を表す。

> **市場占有率**
> 市場全体の売上に対する自社売上の占める割合（マーケットシェア）。

> 一般に，事業は問題児からスタートし，成功すれば花形となり，市場成長率が鈍化してくると（競争がなくなると），金のなる木になる。そして最終的には負け犬になる。

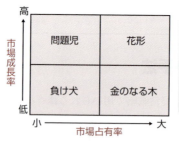

横軸を**相対的市場占有率**とする場合もある。相対的市場占有率とは，業界トップ企業（競争企業）の市場占有率に対する比率。例えば，業界トップ企業のシェアが40％で，自社が30％なら相対市場占有率は75％となる

▲ 図11.2.2　PPMマトリックス

▼ 表11.2.2　PPMの4つの分類

問題児	市場成長率が高く，市場占有率が低い事業。ここに分類される事業は，「事業としての魅力はあり，資金投下を行えば，将来の資金供給源になる可能性がある」もしくは「市場の成長に対して投資が不足していると考えられ，これからの資金投下を必要とする」事業である。しかし，資金投下を行っても市場占有率を高められなければ，やがては"負け犬"になる
花形	市場成長率も市場占有率も高い事業。ここに分類される事業は，「現在は大きな資金の流入をもたらしているが，同時に，市場の成長に合わせた継続的な資金投下も必要とする」事業である
金のなる木	市場成長率が低く，市場占有率が高い事業。ここに分類される事業は，「現在，資金の主たる供給源の役割を果たしており，大きな追加投資の必要がない」事業であり，投資用の資金源と位置づけられる。"金のなる木"から得た収益を，"問題児"に投入し，"花形"に育てるといった投資戦略が原則となる
負け犬	市場成長率も市場占有率も低い事業。ここに分類される事業は，「事業を継続させていくための資金投下の必要性は低く，将来的には撤退を考えざるを得ない」事業である

経営戦略マネジメント **11.2**

PEST分析

自社ではコントロールができない，企業活動に影響を与える外部環境要因を分析することを**マクロ環境分析**といいます。**PEST分析**は，外部環境要因のうち代表的な項目である，「政治(**P**olitics)，経済(**E**conomics)，社会(**S**ociety)，技術(**T**echnology)」を分析対象とする手法です。経営戦略の策定や事業計画の立案に際し，PEST分析を行い，ビジネスを規制する法律や，景気動向，流行の推移，新技術の状況などを把握します。

3C分析

マクロ環境よりもさらに個別具体的な分析を行う場合に用いられるのが3C分析です。**3C分析**では，「市場・顧客(**C**ustomer)，競合(**C**ompetitor)，自社(**C**ompany)」の観点から自社を取り巻く業界環境を分析します。

▼ **表11.2.3** 3C分析

外部環境	市場・顧客分析	自社の商品やサービスを，購買する意思や能力のある顧客を把握する(例：市場規模や成長性，ニーズ，購買プロセス，購買決定者など)
	競合分析	競争状況や競争相手について把握する
内部環境	自社分析	自社を客観的に把握する(例：売上高，市場シェア，収益性など)

SWOT分析

SWOT分析は，自社の経営資源(商品力，技術力，販売力，財務，人材など)に起因する事項を「強み」と「弱み」に，また経営環境(市場や経済状況，新商品や新規参入，国の政策など)から自社が受ける影響を「機会(チャンス)」と「脅威(ピンチ)」に分類することで，自社の置かれている状況を分析・評価する手法です。

▼ **表11.2.4** SWOT分析

外部環境	強み(**S**trength)	自社の武器となる内部要因
	弱み(**W**eakness)	自社の弱み・苦手となる内部要因
内部環境	機会(**O**pportunity)	自社のチャンスとなる外部要因
	脅威(**T**hreat)	自社の脅威となる外部要因

参考 VRIO分析
自社の経営資源について，次の4つの視点で評価し，市場における現在の競争優位性を分析する手法。
・経済的価値(Value)
・希少性(Rarity)
・模倣困難性(Imitability)
・組織(Organization)
その経営資源が「強み」なのか「弱み」なのかを判別するときに用いられる。

11
ストラテジ

605

クロスSWOT分析

クロスSWOT分析は，SWOT分析で把握した「強み」と「弱み」，「機会」と「脅威」の4つの要素をクロスさせることによって，目標達成に向けた戦略の方向性を導き出す手法です。

	機会(O)	脅威(T)
強み(S)	積極的な推進戦略(例：機会に強みを投入する)	差別化戦略(例：強みで差別化し脅威を回避する)
弱み(W)	弱点強化戦略(例：弱みを克服し機会を逃さない)	専守防衛又は撤退戦略(例：脅威の最悪の事態を回避する。又は縮小・撤退する)

▲ 図11.2.3　クロスSWOT分析

アンゾフの成長マトリクス

企業が収益を生み出し存続・成長していくためには，事業ドメインを明確にして，必要な領域に最適な製品を投入する必要があります。**アンゾフの成長マトリクス**は，製品と市場の視点から，事業の成長戦略を図11.2.4に示した4つのタイプに分類し，「どのような製品を」，「どの市場に」投入していけば事業が成長・発展できるのか，事業の方向性を分析・検討する際に用いられる手法です。

試験では，単に"**成長マトリクス**"とも出題される。

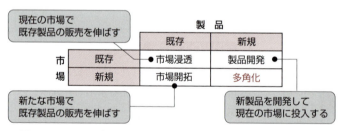

▲ 図11.2.4　アンゾフの成長マトリクス

▼ 表11.2.5　多角化戦略

水平型多角化	既存市場と類似の市場を対象に新しい製品を投入する(例：自動車メーカがオートバイ事業も手掛ける)
垂直型多角化	メーカ，サプライヤ，流通事業者などからなるバリューネットワークの上流あるいは下流の分野に向けて事業を展開する(例：製鉄メーカが鉄鉱石採掘会社の買収・合併を行い事業を広げる)

多角化のメリットは，流通チャネルや技術，製造，人材，ブランドなどに関して，コストや付加価値の面でシナジー効果が得られること。

シナジー効果とは，相互作用・相乗効果という意味。複数の要素が合わさることによって，それぞれが単独で得られる以上の成果を上げること。

経営戦略マネジメント **11.2**

バリューチェーン分析

参考 **主活動**とは，購買物流，製造，出荷物流，販売・マーケティング，サービス。**支援活動**とは，調達活動，技術開発，人事・労務管理，全体管理（インフラ）。

　バリューチェーン分析は，企業の事業活動を，モノの流れに沿って進む主活動と，モノの流れとは独立して行われる支援活動に分け，企業が提供する製品やサービスの付加価値（利益）が事業活動のどの部分で生み出されているかを分析する手法です。付加価値を生み出している活動や，強み・弱みの部分を整理することで戦略の有効性や改善の方向を探ります。

CSF分析

　CSF（Critical Success Factors：主要成功要因，重要成功要因）分析は，事業成功要因分析ともいい，ビジネスにおける競争優位を確立するための重要成功要因を明らかにする手法です。CSFの抽出・創出においては，SWOT分析により，内部要因としての「強みと弱み」，外部要因としての「機会と脅威」を明らかにしておく必要があります。

11
ストラテジ

その他の経営戦略用語

　経営戦略に関連する，その他の試験出題用語を表11.2.6にまとめます。

▼ **表11.2.6**　その他の経営戦略関連の用語

規模の経済	生産規模の増大に伴い単位当たりのコストが減少すること。つまり，一度により多く作るほど，製品1つ当たりのコストが下がり，結果として収益が向上するという意味。**スケールメリット**ともいう
範囲の経済	既存事業で有する経営資源（販売チャネル，ブランド，固有技術，生産設備など）やノウハウを複数事業に共用すれば，それだけ経済面でのメリットが得られること
寡占市場	ある商品やサービスに対してごく少数の売り手（企業）しか存在しない市場のこと。例えば，自動車産業では，トヨタ，日産，ホンダなど少数の大手自動車メーカが大きく占めている市場を指す
TOB	Take Over Bidの略で "株式公開買付" のこと。株式公開買付とは，買付け期間，買取り株数，価格などを公表して，不特定多数の株主から特定企業の株式を買い付けること。主として，企業の経営権取得を目的として行われる
インキュベータ	起業（新しく事業を起こすこと）に関する支援を行う事業者のこと
ベンチマーキング	自社の製品，サービス及び業務プロセスを定性的・定量的に測定し，それを最強の競合相手又はベスト企業と比較すること
チェンジマネジメント	全社員が変革に適応できるよう促し，変革を効率良く成功に導くためのマネジメント手法

607

11.2.3 マーケティング AM/PM

マーケティングの4Pと4C

> **参考 マーケティング戦略立案の流れ**
> ①マーケティング環境の分析と市場発見
> ②STP分析
> ・セグメンテーション（市場を細分化する）
> ・ターゲティング（ターゲット市場を決定する）
> ・ポジショニング（自社製品をどのように差別化するかを決定する）
> ③マーケティングの具体的施策(4P)の検討
> ④マーケティング施策の実行・評価

ターゲットとするセグメント（市場）に対して働きかけるためのマーケティング要素の組み合わせを**マーケティングミックス**といい、最も代表的なのが売り手側の視点から見た**4P**(Product：製品、Price：価格、Place：流通、Promotion：プロモーション）です。ターゲット市場に対し、「なに（製品）を、いくら（価格）で、どこ（流通）で、どのように（プロモーション）売るか」という4つの要素の最良の組合せを考えていきます。

4Cは、買い手側の視点から見たマーケティング要素です。図11.2.5に示すように、4Pに対応した4つの要素があります。

売り手側の視点：4P		買い手側の視点：4C
製品(Product)	⇔	顧客価値(Customer value)
価格(Price)	⇔	顧客コスト(Customer cost)
流通(Place)	⇔	利便性(Convenience)
プロモーション(Promotion)	⇔	コミュニケーション(Communication)

▲ 図11.2.5　4Pと4Cの対応

プロダクトライフサイクル戦略

> **参考 PLC**

製品戦略の1つに、**プロダクトライフサイクル**(**PLC**：Product Life Cycle)**戦略**があります。製品が市場に出てから姿を消すまでの各段階に応じたマーケティング戦略を採ります。

▼ 表11.2.7　PLCの4つの段階

導入期	需要は部分的で新規需要開拓が勝負。この時期は、高所得者や先進的な消費者をターゲットとして高価格を設定し、開発投資を早期に回収しようとする**スキミング価格戦略**（スキミングプライシング）を採るか、あるいは市場が受け入れやすい価格を設定し、まずは利益獲得よりも市場シェアの獲得を優先する**ペネトレーション価格戦略**（ペネトレーションプライシング、**浸透価格戦略**ともいう）を採る
成長期	売上が急激に上昇する時期。新規参入企業によって競争が激化してくる。投資も必要
成熟期	需要の伸びが鈍化してくる時期。製品の品質改良、スタイル変更などによって、シェアの維持、利益の確保が行われる
衰退期	売上と利益が急激に減少する時期。市場からの撤退を図る場合、売上高をできるだけ維持しながら、製品にかけるコストを徐々に引き下げていくことによって、短期的なキャッシュフローの増大を図る**収穫戦略**を採ることが多い

経営戦略マネジメント **11.2**

▼ **表11.2.8** その他の製品に関連する戦略

ブランド戦略	・**ブランドエクステンション**：消費者の間に浸透し，既に市場での地位を確立しているブランド名で，現行商品とは異なるカテゴリに参入する戦略
	・**ラインエクステンション**：実績のある商品と同じカテゴリにシリーズ商品を導入し，同一ブランド名での品ぞろえを豊富にする戦略
プライスライニング戦略	消費者が選択しやすいように，例えば，「松」「竹」「梅」の3種類の価格帯に分けて商品を用意するという戦略。昔から寿司屋やカツ丼店などでよく採られている
マスカスタマイゼーション	大量生産・大量販売のメリットを生かしつつ，きめ細かな仕様・機能の取込みなどによって，個々の顧客の好みに応じられる商品やサービスを提供しようという考え方
ティアダウン	他社の製品を分解し，自社製品と比較することによって，コストや性能面でより競争力をもった製品開発を図ること

参考 **マスカスタマイゼーション**は，大量生産の経済性と顧客個別対応の2つを両立させたもの。

価格設定法

代表的な価格設定法には，表11.2.9に示すものがあります。

▼ **表11.2.9** 価格設定方法

ターゲットリターン価格設定	目標とする投資収益率（ROI）を実現するように価格を設定する
実勢価格設定	競合の価格を十分に考慮した上で価格を設定する
需要価格設定	・**知覚価値法**：リサーチなどによる消費者の値頃感にもとづいて価格を設定する
	・**差別価格法**：客層，時間帯，場所など市場セグメントごとの需要を把握し，セグメントごとに最適な価格を設定する
コストプラス価格設定	製造原価又は仕入原価に一定の（希望）マージンを織り込んだ価格を設定する

参考 **流通戦略**に関連する用語
・**オムニチャネル**：実店舗，オンラインストア，カタログ通販などの様々な販売・流通チャネルを統合し，どのチャネルからも同質の利便性で商品を注文・購入できる環境を実現すること。
・**ボランタリーチェーン**：複数の小売業者が独立を維持しながら，1つのグループとして，仕入，宣伝，販売促進などを共同で行う形態。

プロモーション戦略

一般に，消費者が購入に至るまでには「認知，理解，愛好，選好，確認，購入」の6段階のプロセスが存在するといわれています。消費者に商品を購入してもらうためには，想定消費者が現在どの段階にいるのかを知り，それに見合ったプロモーション戦略をとる必要があります。このプロモーション戦略に用いられるモデルを**消費者行動モデル**といい，代表的なモデルには，次ページ表11.2.10に示す2つがあります。

11
ストラテジ

609

11 ストラテジ

▼ **表11.2.10** 代表的な消費者行動モデル

AIDMAモデル	消費者の心理状態が「認知・注意（Attention）→関心（Interest）→欲求（Desire）→記憶（Memory）→行動（Action）」の順で推移するというモデル
AISASモデル	インターネット社会におけるモデル。AISASのプロセスは、「認知・注意（Attention）→関心（Interest）→検索（Search）→行動（Action）→共有（Share）」の5段階

参考 消費者購買行動に関連する用語

・**コンバージョン率**：商品を認知した消費者のうち初回購入に至る消費者の割合。

・**リテンション率**：商品を購入した消費者のうち固定客となる消費者の割合。

RFM分析

RFM分析は、「Recency（最新購買日），Frequency（累計購買回数），Monetary（累計購買金額）」の3つの指標から顧客のセグメンテーションを行い，セグメント別に最も適したマーケティング施策を講じることで優良固定顧客の維持・拡大や，マーケティングコストの削減を図るマーケティング手法です。

RFM分析に使用されるデータの1つにFSPデータがあります。**FSP**（Frequent Shoppers Program）とは，会員カードなどを発行して顧客の購買情報を収集し，優良顧客の維持拡大を図る仕組みです。マイレージプログラムやポイントシステムなどが代表例です。

▼ **表11.2.11** その他のマーケティング関連の用語

バイラルマーケティング	人から人へと"口コミ"で評判が伝わることを積極的に利用して，商品の告知や顧客の獲得を低コストで効率的に行う
グロースハック	ユーザから得た，自社商品やサービスについてのデータを分析し，それにより商品・サービスを改善し成長させる
プッシュ戦略	メーカから流通業者（マーケティングの世界では小売業を指す）を経て商品が顧客に到達する過程において，流れの上から下へ働きかける戦略。例えば，流通業者（小売業者）に何らかのインセンティブを提供するなどして，自社商品を強力に販売し，消費者に購入してもらうようにする
プル戦略	メーカが広告・宣伝などを利用して，直接消費者に働きかけ，消費者の購買意欲を喚起し，消費者から流通業者（小売業者）に自社商品を取り扱うよう働きかけてもらおうという戦略
インバウンドマーケティング	自社の商品やサービスに興味を持ってもらえるような有益な情報を発信し，それを見込み顧客自ら見つけてもらい，最終的には購入につなげるというプル型のマーケティング手法
ワントゥワンマーケティング	顧客を"個"として捉え，顧客起点の個別アプローチを行うことで長期にわたって自社商品を購入する顧客の割合を高めるという考え方。市場シェアの拡大（新規顧客の獲得）よりも既存顧客との好ましい関係を維持することを重視する。これに対し，顧客を"マス（集合体）"と捉え，大量生産・大量販売することであらゆる顧客を対象にするという考え方を**マスマーケティング**という
コーズリレーテッドマーケティング	商品の売上の一部をNPO法人に寄付するなど，社会貢献活動をアピールすることによって売上拡大を図る
カニバリゼーション	自社商品間の競合により売上を奪い合う（互いをつぶしあう）こと

610

経営戦略マネジメント **11.2**

.11.2.4... ビジネス戦略と目標・評価 (AM/PM)

ここでは，ビジネス戦略の手順と，目標の設定・評価のための代表的な手法(バランススコアカード)を説明します。

ビジネス戦略の手順

ビジネス戦略の手順は，次のとおりです。

> **POINT ビジネス戦略の手順**
> ① 企業理念，企業ビジョン，全社戦略を踏まえ，ビジネス環境分析，ビジネス戦略立案を行い，戦略目標となるKGI(Key Goal Indicator：重要目標達成指標)を定める。
> ② 目標達成のために重点的に取り組むべきCSF(Critical Success Factors：重要成功要因)を明確にする。
> ③ 目標達成の度合いを計るKPI(Key Performance Indicator：重要業績評価指標)を設定し評価する。

バランススコアカード(BSC)

バランススコアカード(BSC：Balanced Score Card)は，ビジネス戦略の目標設定及び評価のための代表的な情報分析手法であり，経営管理手法の1つです。

企業活動を，「財務，顧客，内部ビジネスプロセス，学習と成長」の4つの視点で捉え，相互の適切な関係を考慮しながら各視点それぞれについて，達成すべき具体的な目標及びその目標を実現する施策(行動)を策定します。そして，達成度を定期的に評価していくことでビジネス戦略の実現を目指します。

参考 ビジネスモデルキャンバス
ビジネスの構造を考えるためのツール。ビジネスモデルの要素を次の9つに分類し，それぞれが相互にどのように関わっているのかを視覚的に図示することで全体像を把握する。
①顧客
②提供価格
③チャネル
④顧客との関係
⑤収益の流れ
⑥キーリソース
⑦主要活動
⑧キーパートナー
⑨コスト構造

参考 例えば，"財務の視点"におけるKGIが「利益率向上」であれば，KPIには，それがどの程度達成されたかを定量的に評価できる「当期純利益率」といった指標が設定される。CSFは，戦略目標を達成するための主要な成功要因なので，「既存顧客の契約高の向上」といったものが設定される。

視点	戦略目標(KGI)	重要成功要因(CSF)	業績評価指標(KPI)	アクションプラン
財務	利益率向上	既存顧客の契約高の維持及び向上	・当期純利益率 ・保有契約高	効率の良い営業活動
顧客	戦略目標を達成するために必要な具体的要因	設定したKGI・CSFをどうやって評価するか	戦略目標達成のためにどんな行動をおこすか	
内部ビジネスプロセス				
学習と成長				

▲ **図11.2.6** バランススコアカード

611

11.2.5 経営管理システム AM/PM

企業の戦略性の向上を図るシステムには，企業全体あるいは事業活動の統合管理を実現するシステムや，企業間の一体運営に資するシステムなど様々なシステムがあります。ここでは，これら代表的なシステムの考え方(概念)及びその手法を説明します。

CRM

> 参考：CRMは，ワントゥワンマーケティングを支援するための経営システム。

CRM(Customer Relationship Management)は，顧客や市場から集められた様々な情報を一元化し，それを多様な目的で迅速に活用することで顧客との密接な関係を構築，維持し，企業収益の拡大を図る経営手法で，顧客関係管理とも呼ばれます。CRMの目的は，顧客ロイヤルティの獲得とLTV(Life Time Value)の最大化です。LTVとは，1人の顧客が生涯にわたって企業にもたらす利益のことで**顧客生涯価値**ともいいます。

> 用語：**顧客ロイヤルティ** 企業や製品・サービスに対する顧客の信頼度，愛着度。

なお，すべてが顧客から始まるという考え方のもと，常に顧客満足を念頭に置いた経営を行うことをCS(Customer Satisfaction：顧客満足)経営といいます。

● サービスプロフィットチェーン

> 参考：**サービスプロフィットチェーン**

「従業員満足度，サービス，顧客満足度，利益」の因果関係を表したモデルです。従業員満足度が向上すれば，顧客へのサービスレベルも向上し，それが顧客満足度，顧客ロイヤルティの向上につながり，結果として企業の利益を高めることを示しています。

SFA

営業活動にITを活用して営業の効率と品質を高め，売上・利益の大幅な増加や，顧客満足度の向上を目指す手法，あるいは，そのための情報システムを**SFA**(Sales Force Automation)といいます。

SFAの機能の1つに，**コンタクト管理**があります。コンタクト管理では，営業担当者個人が保有する営業情報(顧客情報やコンタクト履歴など)を一元管理し，共有することにより，見込客や既存客に対して効果的な営業活動を行い，顧客との良好な関係を築き，継続的に利益をもたらす優良顧客の確保を図ります。

> 用語：**コンタクト履歴** 顧客訪問日や商談内容，営業結果などの履歴。

経営戦略マネジメント **11.2**

ERP

> **参考** **EAI**(Enterprise Application Integration)
> 企業内の異なるシステムを互いに連結し、データやプロセスの効率的な統合を図ることによって、企業経営に活用しようとする手法。

ERP(Enterprise Resource Planning：**企業資源計画**)とは、企業全体の経営資源を有効かつ総合的に計画して管理し、経営の効率化を図るという考え方です。ERPを実現するためには、財務会計、人事管理、顧客管理といった業務ごと別々に構築されているシステムを統合した統合基幹業務システムを構築する必要があります。この構築方法には、統合業務パッケージ(**ERPパッケージ**)を利用する方法と、新規に開発する方法の2つがあります。

SCM

SCM(Supply Chain Management：**サプライチェーンマネジメント**)は、部品や資材の調達から製品の生産、流通、販売までの、企業間を含めた一連の業務を最適化の視点から見直し、納期の短縮、在庫コストや流通コストの削減を目指す経営管理手法です。

KMS

> **参考** **BI**(Business Intelligence)
> 企業内の膨大なデータを蓄積し、分類・分析・加工することによって、企業の迅速な意思決定に活用しようとする手法。

KMS(Knowledge Management System：**ナレッジマネジメントシステム**)は、知識経営・知識管理を支援し強化するために適用される情報システムです。

ナレッジマネジメント(**KM**)とは、企業内に散在している、あるいは個人が保有している知識や情報、ノウハウを共有化し、有効活用することで全体の問題解決力を高めたり、企業がもつ競争力を向上させようというマネジメント手法です。

> **参考** **ナレッジマネジメント**の事例
> 例えば、「工場で長期間排水処理を担当してきた社員の経験やノウハウを文書化して蓄積することで、日常の排水処理業務に対応するとともに、新たな処理設備の設計に活かす」。

● SECIモデル

ナレッジマネジメントでは、知識やノウハウを共有したり、新たな知識を創造するためのマネジメントが必要不可欠です。そこで、知識の"創造"活動に注目したのがSECIモデルです。

SECIモデルは、「知識には暗黙知と形式知があり、これを個人や組織の間で相互に変換・移転することによって、新たな知識が創造されていく」ことを示した知識創造のプロセスモデルです。個人がもつ暗黙的な知識は、「共同化→表出化→連結化→内面化」という4つの変換プロセスを経ることで集団や組織の共有の知識となることを示しています(次ページの図11.2.7を参照)。

11 ストラテジ

613

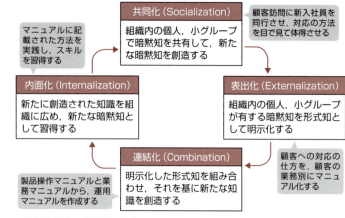

▲ 図11.2.7 SECIモデル

ヒューマンリソースマネジメント及び行動科学　COLUMN

ここでは，ヒューマンリソースマネジメント(人的資源管理)，及び企業組織における人間行動のあり方(行動科学)に関連する試験出題用語をまとめました。

▼ 表11.2.12　ヒューマンリソースマネジメント及び行動科学関連用語

コンピテンシモデル	コンピテンシとは，恒常的に成果に結び付けることができる高業績者の行動や思考特性のこと。職種や職位ごとにコンピテンシを抽出し，それをモデル化したものがコンピテンシモデル。人材の評価や育成の基準として使われる
XY理論	X理論は，「人間は本来仕事が嫌いで，責任を回避し，安全を好む」ため，仕事に従事させるためには，強制・命令・報酬が必要という考え方。一方，Y理論は，「人間は仕事好きで，目標のために進んで働き，条件次第で自ら進んで責任を取ろうとする」ため，経営者は企業の目標と社員の目標が共有・共通する条件や環境を作り出すことが責務であるとした考え方
SL理論	リーダシップを"タスク志向"と"人間関係志向"の強弱で4つに分類し，部下の成熟度に合わせて，リーダシップのスタイルが，「教示的→説得的→参加的→委任的」と変化するとした理論
PM理論	リーダシップは，P機能(Performance function：目標達成機能)とM機能(Maintenance function：集団維持機能)の2軸で分類できるという理論。例えば，「目標達成を急ぐ余り，一部のメンバの意見を中心にまとめてしまう傾向があり，他のメンバから抵抗を受けることが多い」リーダは，P機能が大きく，M機能が小さいPm型。「メンバの参加を促し，目標達成に導くので，決定事項に対するメンバの納得度が高い」リーダは，P機能，M機能がともに大きいのでPM型
コンティンジェンシ理論	唯一最適な部下の指導・育成のスタイルは存在せず，環境・条件の変化に応じてリーダシップのスタイルも変化すべきとする理論。リーダシップ条件適応理論とも呼ばれる

ビジネスインダストリ **11.3**

11.3 ビジネスインダストリ

11.3.1 e-ビジネス

AM/PM

EDI

EDI(Electronic Data Interchange)は，取引のためのメッセージを標準的な形式に統一して，企業間で電子的に交換する仕組みです。受発注や見積り，商品の出入荷などにかかわるデータを**情報表現規約**で定められた形式に従って電子化し，インターネットや専用の通信回線を介して送受信します。

▼ **表11.3.1** EDI規約

情報伝達規約	通信に用いるプロトコルに関する規約
情報表現規約	データ(メッセージ)形式に関する規約
業務運用規約	業務やシステムの運用に関する規約
基本取引規約	EDIによるデータ交換を行うことへの合意

試験では，情報表現規約で規定されるものが問われる。

オープンAPI

API(Application Programming Interface)を他の企業などに公開することを**オープンAPI**といいます。オープンAPIは，外部の事業者との間の安全なデータ連携を可能にする取組みであり，オープンイノベーションのための1つの手段です。

銀行によるオープンAPIでは，金融機関がシステムへの接続仕様を外部の事業者(電子決済等代行業者など)に公開し，顧客の同意に基づいて，システムへのアクセスを認めることで，QRコード決済サービスや家計簿サービスといった，利便性の高い，より高度なサービスを展開します。

オープンイノベーション
企業や大学・研究機関など外部から新たな技術やアイデアを募集し，革新的な新サービスや製品，又はビジネスモデルを開発しようとする取組み。

仮想通貨

仮想通貨は，インターネット上でやりとりされる物理的な実体のない**ディジタル通貨**で，特定の国家による価値の保証をもちません。ただし，決済や送金，交換といった，従来，法定通貨で行っているほぼすべてのことができ，法定通貨とも交換できるため「お金(通貨)ではない財産的価値」と位置づけられています。また，

法定通貨
日本円やドルなどのように国がその価値を保証している通貨。

11
ストラテジ

615

11 ストラテジ

仮想通貨の技術背景に，公開鍵暗号やハッシュ関数などの暗号化技術があることから**暗号資産**とも呼ばれています。

仮想通貨は，暗号化技術によって偽造や二重払いといった問題を回避し，暗号化技術を**ブロックチェーン**に適用することでデータの真正性を担保しています。

> 🔍 **参照** ブロックチェーンについては，p357を参照。

OtoO

OtoOは"Online to Offline"の略で，インターネット上から実世界への行動「Online→Offline」，あるいはその逆の行動「Offline→Online」を促して購入につなげる一種のマーケティング施策です。例えば，実店舗をもつ販売店などが，モバイル端末などを利用している顧客に対し，オンラインで割引クーポンなどを提供して実店舗への来店を促し購入につなげたりするのがOtoOです。

クラウドソーシング

> 👓 **参考** 似た用語に，**クラウドファンディング**がある。クラウドファンディングでは，企業や起業家がインターネット上で事業資金を必要とする目的や内容を告知し，資金提供者を募集する。

発注者がインターネット上で発注対象の仕事(Web制作，デザイン，プログラミングなど)や発注条件を告知し，受注者を募集することで不特定多数の人に仕事を外注(アウトソーシング)することを**クラウドソーシング**といいます。

ソーシャルメディア関連

その他，ソーシャルメディア関連の用語も出題されます。主なものを表11.3.2にまとめます。

▼ **表11.3.2** ソーシャルメディア関連の出題用語

シェアリングエコノミー	ソーシャルメディアのコミュニティ機能などを活用して，個人が所有している遊休資産を個人間で貸し借りしたりする仕組み
CMS	Content Management System(コンテンツ管理システム)の略。Webサイトの制作に必要な専門知識が無くても，テキストや画像などの情報を入力するだけでサイト構築ができるシステム。コンテンツ配信やバージョン管理などの機能が備わっているため運用・管理にかかる労力の削減にも有効
CGM	Consumer Generated Media(消費者生成メディア)の略。使用した商品などの評価を投稿できる口コミサイトや，掲示板，SNSなど，Webサイトのユーザが参加してコンテンツができていくメディアのこと

11.3.2 エンジニアリングシステム AM/PM

JIT

JIT(Just In Time)とは，中間在庫を極力減らすため，「必要なものを，必要なときに，必要な量だけ生産する」という考え方です。JITを実現するため，後工程が自工程の生産に合わせて"かんばん"と呼ばれる生産指示票を前工程に渡し，必要な部品を前工程から調達する方式を**かんばん方式**といいます。

> 試験では，「ジャストインタイム」と出題されることがある。

FMS

FMS(Flexible Manufacturing System)は，柔軟性をもたせた生産の自動化を行うことで製造工程の省力化と効率化を実現したシステムです。自動製造機械や自動搬送装置などをネットワークで接続し集中管理することによって，1つの生産ラインで製造する製品を固定化せず，製品の変更や多品種少量生産に対応できます。

PDM

PDM(Product Data Management)は，製品の図面や部品構成データ，仕様書データなどの設計及び開発の段階で発生する情報を一元管理することによって，設計業務及び開発業務の効率向上を図るシステムのことです。PDMをベースに，製品のライフサイクル全体(企画・設計から製造，販売，保守，リサイクルに至るプロセス)を通して，製品に関連する情報を一元管理し，開発期間の短縮，コスト低減，商品力向上を図る**PLM**(Product Life cycle Management)の実現を支援します。

COLUMN

RFID

RFID(Radio Frequency IDentification)とは，一般的には，極小の集積回路(IC)に金属製のアンテナを組み合わせた，**パッシブ方式**(アンテナから電力が供給される方式)の**ICタグ**のことを指します。非接触でメモリの読み出しや書換えが可能，汚れに強い，複数のICタグへの一斉アクセスが可能など，すぐれた特徴を持っています。ICタグを読み取り，無人搬送車に行き先を指示し，次の工程ラインへの柔軟な自動搬送を実現したり，IoT端末のセンサーとして用いることで"モノ"の見える化を実現します。

11 ストラテジ

11.3.3 IoT関連　AM / PM

IoT

IoT（Internet of Things）は，情報端末以外のあらゆるモノに，インターネット接続機能をもつ超小型機器を埋め込み，いつでも，どこでもインターネットとつながるようにするというもので，"モノのインターネット"と呼ばれています。

モノがインターネットにつながることで，離れた場所にあるモノの状態を把握できたり，制御することができます。さらに，機器どうしが相互に情報をやり取りして自律的な制御を行うことも可能です。IoTがもたらすこのような効果は，表11.3.3に示す4つの段階に分類できます。

参考 IoTが広がることにより，ネットワークに接続する組込み機器（制御機器）への脅威が増えつつある。この状況に対応するための，制御機器のセキュリティ保証に関する認証制度に**EDSA認証**がある。

▼ **表11.3.3**　IoTがもたらす4段階効果

監視	離れた場所にあるモノでも，インターネットを介して，そのモノの状態を知る（監視する）ことができる
制御	あらかじめ指定した一定の状態を観測したときに，それに対応するようモノに指示を出せる
最適化	"制御"がさらに一歩進んだ段階。単一の指標に対してだけでなく，複数・複雑な指標に対してもリアルタイムで監視した複数の値を基に，最適な状態に導くことができる
自律化	目標値などの最低限の指示のみ与えれば，あたかも人間のように（自律的に）最適な状態を判断し動作できる

参考 IoT機器に関連するマルウェアに**マルウェアMirai**がある。これは，ランダムなIPアドレスを生成してtelnetポートにログインを試行し，工場出荷時の脆弱なパスワードを使っているIoT機器に感染を広げるとともに，C&Cサーバからの指令に従って標的に対してDDoS攻撃を行うマルウェア。

ディジタルツイン

ディジタルツインとは，IoTなどを活用して現実世界の情報をセンサーデータとして収集し，それを用いてディジタル空間上に現実世界と同等な世界を構築することをいいます。ディジタルツインにより，現実世界では実施できないようなシミュレーションを行うことができます。

エッジコンピューティング

IoT機器の増加に伴いモノから発生するデータが膨大になると，インターネットにおける通信トラフィックやサーバでのデータ処理遅延が問題になります。この問題を解決するのが，エッジ処理と呼ばれる**エッジコンピューティング**です。データ処理のリソー

参考 **エッジコンピューティング**とは，例えば，「IoTデバイス群の近くにコンピュータを配置して，IoTサーバで処理すべきもの以外はそのコンピュータで行う。これにより，IoTサーバの負荷低減とIoTシステムのリアルタイム性を向上させる」といったシステム形態。

スを端末の近くに配置し、処理を分散することでネットワークやサーバの負荷が低減でき、高いリアルタイム性が期待できます。

技術開発戦略に関連する基本用語

ここでは、試験に出題される「技術開発戦略に関する用語」をまとめておきます。

▼ 表11.3.4　技術開発戦略に関連する基本用語

イノベーション関連	・ラディカルイノベーション：これまでとは全く異なる価値基準をもたらすほどの急進的で根源的な技術革新のこと ・プロダクトイノベーション：他社との差別化ができる製品や革新的な新製品を開発するといった、製品そのものに関する技術革新のこと ・プロセスイノベーション：研究開発過程、製造過程、及び物流過程のプロセスにおける革新的な技術改革のこと ・イノベーションのジレンマ：業界トップ企業が顧客ニーズを重視し、革新的な技術の追求よりも既存技術の向上に注力した結果、市場でのシェアを確保できず失敗すること
技術のSカーブ	技術は、理想とする技術を目指す過程において、導入期、成長期、成熟期、衰退期、そして次の技術フェーズに移行するという技術進化過程を表すもの
コモディティ化	他社製品との差別化が価格以外で困難になること。技術の成熟などにより製品は必ずコモディティ化する。この様相が見え始めたら、技術の次なるSカーブを意識した研究を始める
ハイプ曲線（ハイプサイクル）	技術の期待感の推移を表すもの。話題や評判が先行する黎明期、期待が高まる流行期、過度な期待の反動が起こる反動期（幻滅期）、技術の有用性が徐々に明らかなる回復期、そして安定期の5段階がある
イノベーション経営における障壁	研究開発型事業は、「研究→開発→製品化（事業化）→市場形成」という段階を経るが、各段階において次の段階に進むためには、それぞれ乗り越えなければならない障壁がある。 ・魔の川：基礎研究と開発段階の間にある障壁。例えば、製品を開発しても、製品のコモディティ化が進んでしまったため、他社との差別化ができず、収益化が望めないといった状況 ・死の谷：製品開発に成功しても資金がつきるなどの理由で次の段階である製品化に発展できない状況、あるいはその障壁 ・ダーウィンの海：市場に出された製品が他企業との競争や顧客の受容という荒波にもまれ、より大きな市場を形成できないといった、製品化されてから製品の市場形成の間にある障壁
TLO	"Technology Licensing Organization：技術移転機関"の略。大学などの研究機関が保持する研究成果を特許化し、それを企業へ技術移転する業者・機関のこと。研究機関発の新規産業から得られた収益の一部を研究者に戻すことにより、研究資金を生み出し、研究の更なる活性化を図る

11.4 経営工学

11.4.1 意思決定に用いる手法　AM / PM

意思決定とは，ある判断基準に基づいて複数の代替案の中からひとつの代替案を選ぶことをいいます。意思決定を行うとき，将来の起こりうる状態は考えられても，その発生確率が予測できる場合とできない場合があります。ここでは，様々な状況下で，有効な意思決定をするための代表的な判断基準を学習します。

> **参考：意思決定プロセス**
> ①問題を識別するための情報収集・分析
> ②問題の定式化
> ③問題解決の代替案の探求
> ④代替案に対しての結果予想と評価
> ⑤選択基準に基づく代替案の選択

ゲーム理論

将来の起こりうる状態は考えられても，その発生確率が不明である場合の意思決定の判断基準として多く用いられるのが**マクシミン（ミニマックス）原理**と**マクシマックス**原理です。

ここで，将来の起こりうる状態とそれぞれの戦略を選んだときの利得が，表11.4.1に示されるように予想されるとき，それぞれどのような意思決定がされるのかみていきましょう。

> **参考：** 競争環境下では，市場に自社製品が受け入れられるか否かは，同業他社の影響を受ける。ゲーム理論は，このような競争問題を解決する1つの解法である。

▼ 表11.4.1　将来の状態と利得

		将来の状態		
		S1	S2	S3
戦略	P1	50	24	−25
	P2	30	0	15
	P3	15	30	−15

▶マクシミン（ミニマックス）原理

最悪でも最低限の利得を確保しようという，最も保守的な選択をするのがマクシミン原理です。つまり，マクシミン原理に基づく意思決定は，各戦略の最小利得（最悪利得）のうち，最大となるP2となります。

・戦略P1を採ったときの最小利得は，S3が起こった場合の−25
・戦略P2を採ったときの最小利得は，S2が起こった場合の0
・戦略P3を採ったときの最小利得は，S3が起こった場合の−15

> **参考：** マクシミン（マキシミン）原理：maximin principle
> ミニマックス原理：mini-max principle

● マクシマックス原理

最も楽観的な選択をするのがマクシマックス原理です。つまり，マクシマックス原理に基づく意思決定は，各戦略の最大利得（最良利得）のうち，最大となるP1となります。

- 戦略P1を採ったときの最大利得は，S1が起こった場合の50
- 戦略P2を採ったときの最大利得は，S1が起こった場合の30
- 戦略P3を採ったときの最大利得は，S2が起こった場合の30

参考 マクシマックス原理：maximax principle

期待値原理

将来の起こりうる状態とその発生確率が予測できる場合の意思決定の判断基準として多く用いられるのが**期待値原理**です。期待値原理では，各戦略ごとに期待できる利得を計算し，その中で最大期待利得となる戦略を選びます。

例えば，先の例において将来の状態S1，S2，S3の発生確率を0.2，0.3，0.5としたときの，戦略ごとの期待利得は次のようになるので，期待値原理に基づく意思決定はP2となります。

- 戦略P1を採ったときの期待利得
   $50 \times 0.2 + 24 \times 0.3 + (-25 \times 0.5) = 4.7$
- 戦略P2を採ったときの期待利得
   $30 \times 0.2 + 0 \times 0.3 + 15 \times 0.5 = 13.5$
- 戦略P3を採ったときの期待利得
   $15 \times 0.2 + 30 \times 0.3 + (-15 \times 0.5) = 4.5$

参考 期待値とは，理論的な平均値のこと。起こりうる事象$X_i (1 \leq i \leq n)$に対し，その発生確率P_iが定まっているとき，次の式で求められる。
期待値$= \Sigma X_i \cdot P_i$
$= X_1 \times P_1 + X_2 \times P_2 + \cdots + X_n \times P_n$

	将来の状態		
	S1	S2	S3
発生確率	0.2	0.3	0.5
戦略 P1	50	24	−25
戦略 P2	30	0	15
戦略 P3	15	30	−15

☕ COLUMN

市場シェアの予測

市場に2つの競合銘柄A，Bがあり，この2つの銘柄間の推移確率は，図11.4.1に示すとおりです。現在のAとBの市場シェアがそれぞれ50%だとすると，今後，購買が2回行われると，銘柄Aの市場シェアはどう変化するのかの予測は次のように行います。

まず，図11.4.1を推移行列Pと捉えて，P^2を計算します。

$$\begin{pmatrix} 0.8 & 0.2 \\ 0.4 & 0.6 \end{pmatrix} \times \begin{pmatrix} 0.8 & 0.2 \\ 0.4 & 0.6 \end{pmatrix} = \begin{pmatrix} 0.72 & 0.28 \\ 0.56 & 0.44 \end{pmatrix}$$

するとP^2の結果から，Aの購買者がその後，A→AあるいはB→Aと購入する確率が0.72，Bの購買者がA→AあるいはB→Aと購入する確率が0.56とわかるので，Aの市場シェアは次のように予測できます。

$50\% \times 0.72 + 50\% \times 0.56 = 64\%$

	次回	
	A	B
今回 A	0.8	0.2
今回 B	0.4	0.6

▲ 図11.4.1　推移確率

11 ストラテジ

11.4.2 線形計画問題 AM/PM

"1次式で表現される制約条件のもとにある資源を，どのように配分したら最大の利益が得られるか"といった問題を解くには，**線形計画法**（LP：linear programming）を用います。ここでは，線形計画法における最適解の求め方の1つであるシンプレックス法の概要を，次の例題をもとに説明します。

> 製品M，Nを1台製造するのに必要な部品数は，表のとおりである。製品1台当たりの利益がM，Nともに1万円のとき，利益は最大何万円になるか。ここで，部品Aは120個，部品Bは60個まで使えるものとする。

単位：個

部品＼製品	M	N
A	3	2
B	1	2

線形計画法では，まず問題を定式化することから始めます。

問題の定式化

製品Mをx台，製品Nをy台製造するとしたとき，部品A，Bに関する**制約条件**は，次のようになります。

部品Aについての制約条件：$3x+2y \leqq 120$ …①

部品Bについての制約条件：$x+2y \leqq 60$ …②

> 参考 制約条件には，「$x \geqq 0$，$y \geqq 0$」という条件も入ります。これを**非負条件**といいます。

また，製品Mをx台，製品Nをy台製造して，すべて販売したときの販売利益（**目的関数**という）は，次のようになります。

目的関数：$z=x+y$

シンプレックス法

シンプレックス法では，制約条件式に**スラック変数**を導入し，連立一次方程式に直してから最適解を求めます。スラック変数とは，資源の余りを表す変数で余裕変数ともいいます。

まず，製品Mをx台，製品Nをy台製造したときの，部品Aの余

グラフによる解法
制約条件式①と②が満たす領域は、下図の網掛け部分。最適解(x, y)は、この領域の頂点A、B、Cのいずれかなので、各頂点におけるzの値を求めれば求められる。

A (0, 30):
　z=0+30=30
B (30, 15):
　z=30+15=45
C (40, 0):
　z=40+0=40
となり、頂点Bでzの値が最大45となる。したがって、製品Xを30台、製品Yを15台製造すれば最大利益45万円が得られる。

りを α、部品Bの余りを β として、先の制約条件式①、②を下記の方程式①'、②'で表します。これに目的関数z＝x＋yを含めた次の連立一次方程式から最適解を求めます。

$$3x + 2y + \alpha = 120 \cdots ①'$$
$$x + 2y + \beta = 60 \cdots ②'$$
$$-x - y + z = 0$$

この連立一次方程式は、変数がx, y, z, α, β の5つであるのに対して式が3つしかないので解は不定です。ただし、xとyを0とおけば、(x, y, α, β, z)＝(0, 0, 120, 60, 0)という解を、またxとβを0とおけば、(x, y, α, β, z)＝(0, 30, 60, 0, 30)という解を求めることができます。ここで、この求められた2つの解は、側注の図の網掛け部分(制約条件式①と②が満たす領域)の頂点Oと頂点Aにそれぞれ対応することに注意してください。

シンプレックス法では、頂点Oから出発し、隣接する頂点をたどると解が改善されるかを調べて、改善されるなら移動し、改善されないならその頂点での解が最適解であると判断します。実際には、連立一次方程式の係数を表にしたシンプレックス・タブロー表を用いて、連立一次方程式の解法アルゴリズムである**ガウス・ジョルダン法**(ガウスの消去法)に似た操作を行うことで最適解を求めていきます。

11.4.3 在庫問題　AM/PM

ここでは、在庫管理手法を説明します。

2ビン法(ダブルビン法)

ABC分析の結果、**C**ランクの在庫品は、主に2ビン法で管理する。

二棚法とも呼ばれる発注方式です。AとBの2つの棚を用意し、Aから先に使い、AがなくなったらBを使って、その間にAを発注します。

定期発注方式

発注間隔をあらかじめ決めておき、発注日ごとに、その時点での在庫量を調べ、今後の需要量を予測して発注量を決める発注方式です。需要の変動が大きいときも在庫切れの危険が少なく、き

め細かな在庫管理ができます。

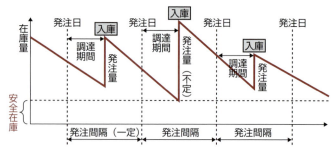

▲ 図11.4.2　定期発注方式のモデル図

参考：ABC分析の結果，**A**ランクの在庫品は，定期発注方式で管理する。

用語　安全在庫　安全余裕ともいい，在庫切れをできるだけ発生させないためにもつ余分在庫のこと。

参考：需要予測には，**指数平滑法**を用いる場合が多い。
指数平滑法では，当期（t期）の需要予測値F_tと需要実績値D_t，そして平滑化定数α（$0<\alpha<1$）を用いて，次の式で翌期（t+1期）の需要予測値F_{t+1}を算出する。
$F_{t+1}=F_t+\alpha(D_t-F_t)$

定期発注方式における毎回の発注量は，次の式で求めます。

> **P O I N T　定期発注方式における発注量**
> 発注量＝在庫調整期間中の需要予測量－発注時の在庫量
> 　　　　－発注時の発注残＋安全在庫
> ＊在庫調整期間：調達期間に発注間隔を加えた期間

定量発注方式

発注点方式とも呼ばれる発注方式です。この方式では，在庫量が**発注点**を下回ったとき，あらかじめ決められた**最適発注量**（一定量）を発注します。定期発注方式に比べると管理は容易ですが，需要の変動が大きいときには在庫切れを起こす危険があります。

参考：ABC分析の結果，**B**ランクの在庫品は，主に定量発注方式で管理する。

> **P O I N T　定量発注方式における発注点**
> 発注点＝調達期間中の需要の平均値＋安全在庫

● 最適発注量

在庫総費用（発注費用＋保管費用）が最小になる発注量を**経済的発注量**（**EOQ**：Economic Order Quantity）といい，定量発注方式では，経済的発注量を最適発注量とし発注します。次ページの図11.4.3に，在庫管理における発注量と発注費用，及び発注量と保管費用の関係を示しましたが，在庫総費用が最小となるのは，発注費用と保管費用が等しいときです。つまり，このときの発注量が経済的発注量です。

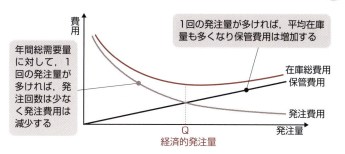

▲ 図11.4.3　在庫管理における発注量と費用の関係

参考　在庫モデル

　経済的発注量は，調達期間がゼロで需要が一定という在庫モデル（側注の図）で考えます。ここで，年間総需要量をD，発注量をQ，1回当たりの発注費をS，1個当たりの年間保管費をPとすると，

　　発注回数＝年間総需要量／発注量＝D／Q
　　発注費用＝発注回数×発注費＝（D／Q）×S
　　保管費用＝1個当たりの年間保管費×平均在庫量＝P×（Q／2）

となり，上記の式から，「発注費用＝保管費用」となる経済的発注量Qは，次のように求めることができます。

$$（D／Q）×S=P×（Q／2） \Rightarrow Q=\sqrt{\frac{2DS}{P}}$$

11.4.4　資材所要量計画（MRP） AM/PM

　資材所要量計画（MRP：Material Requirements Planning）は，生産計画を達成するため，「何が，いつ，いくつ必要なのか」を割り出し，それに基づいて構成部品の発注，製造をコントロールすることによって，在庫不足の解消と在庫圧縮を実現する生産管理手法です。具体的には，生産計画（基準生産計画）及び部品構成表をもとに，必要となる構成部品の総所要量を算出し，在庫情報から各構成部品の正味所要量を求め，発注時期や製造時期を調達期間や製造時間から逆算して決定し手配します。

▲ 図11.4.4　MRP（資材所要量計画）の処理手順

11.4.5 品質管理手法

品質管理（QC：Quality Control）のための手法として，QC七つ道具，新QC七つ道具があります。

QC七つ道具

数値データを統計的手法によって解析することで品質を管理しようというのが **QC七つ道具** です。もともと製造業において製品の品質向上や生産性の向上のために使われていた手法ですが，現在では仕事上の問題点の分析をはじめ，様々なデータの整理・分析にも利用されています。

▶ パレート図

パレート図 は，管理項目を出現頻度の大きさの順に棒グラフとして並べ，その累積和，あるいは累積比率を折れ線グラフで描いたものです。頻度が高く重点的に管理・対応すべき項目は何かなど，主要な問題点を絞り込むために使用されます。

例えば，発生した不良品について，発生要因ごとの件数を記録し，この記録を基に，不良品発生の上位を占める要因を絞り込む場合にはパレート図が用いられます。

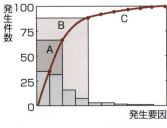

〔ABC分析〕
累積比率が70あるいは80％までの範囲にあるものをAランク，80〜90％までをBランク，90〜100％までをCランクとして，Aランクの要因を主要要因と判断する

▲ 図11.4.5　パレート図の例

一般に，「品質不良による損失額の80％は全不良原因の上位20％の原因に由来する」，又は「売上の80％は全商品の上位20％の売れ筋商品で構成される」という経験則があり，これを **パレートの法則** といいます。パレートの法則は，上位20％（ABC分析のAランク・グループ）に資源を集中させる方が費用対効果が高いこ

TQC（Total Quality Control）
製品の企画設計から，製造販売，アフターサービスまでの全プロセスで総合的に品質管理を行うこと。なお，TQCの考え方を業務や経営全体へと発展させた管理手法にTQMがある。

QC七つ道具
①パレート図
②散布図
③管理図
④特性要因図
⑤ヒストグラム
⑥層別管理
⑦チェックシート

パレート図 は，「商品ごとの販売金を高い順に並べ，その累計比率から商品を3つのランクに分けて，売れ筋商品を把握する」場合にも用いられる。

とを意味しています。これに対してe-ビジネス分野で提唱されている考え方にロングテールがあります。**ロングテール**とは、インターネット販売の普及により、従来ならば"死に筋"と呼ばれた下位商品の売上合計が無視できない割合になっている現象のことで、売れ筋商品に絞り込んで販売するのではなく、多品種少量販売によって大きな売上や利益が得られるという考え方です。

散布図については p55も参照。

○ 散布図

調査した2つの要素の標本点(x, y)をx-y平面上にプロットすることにより、2つの要素の分布状態や要素間の関係を把握するための図です。分布図又は**相関図**とも呼ばれます。

○ 管理図

製造工程に異常がないか、また異常が認められた場合、それが偶発的なものか、あるいは何らかの見逃せない原因によるものかを判断し、異常原因の除去や再発防止に役立てるための一種の折れ線グラフです。

管理図は、管理するデータの平均値を表す中心線(CL)と、データのばらつき(分散σあるいはレンジR)から求めた管理範囲となる上下一対の管理限界線(UCL, LCL)から構成されます。このCLとUCL, LCLが引かれた図に、データをプロットしていき、点の並びに何らかの傾向(側注参照)が現れたとき、工程に異常が発生していると判断します。

管理図における **異常の判断基準**
①点が管理限界線の外側、又は線上にある
②連続3点中2点が管理限界線近くにある
③7点以上が連続して中心線の上側、又は下側にある場合の7点目以降
④7点以上が連続して上昇、又は下降する場合の7点目以降
⑤点が一定の周期で変動している

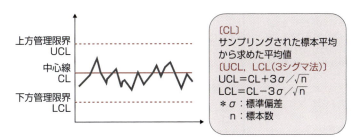

〔CL〕
サンプリングされた標本平均から求めた平均値
〔UCL, LCL(3シグマ法)〕
$UCL = CL + 3\sigma/\sqrt{n}$
$LCL = CL - 3\sigma/\sqrt{n}$
*σ：標準偏差
　n：標本数

▲ 図11.4.6 管理図の例

なお、管理図には多くの種類があり、管理するデータの種類によって、x管理図、$\bar{x}$管理図、R(レンジ)管理図、p(不良率)管理図、pn(不良個数)管理図、c(欠点数)管理図などがあります。

11 ストラテジ

▼ 表11.4.2　その他のQC七つ道具

特性要因図	特性（結果）とこれに影響を及ぼすと考えられる要因（原因）との関係を体系的にまとめた魚の骨のような図。漠然とした問題意識をはっきりさせ，原因と考えられる要素を整理し，本質的な原因を追求するのに有効	原因2　原因（要因）1／結果（特性）　原因4　原因3　＊原因3は原因4に起因する
ヒストグラム	収集したデータをいくつかの区間に分類し，各区間に属するデータの個数を棒グラフとして描いたもの。データのばらつきを捉えるのに有効	度数／データの階級
層別管理	データを日時，地域，環境などに分類し，層グラフで表したもの。項目間の違いや問題のある項目が把握できる	250 200 150 100 50／2005 2006 2007 2008 2009／製品C 製品B 製品A
チェックシート	項目別にデータ件数を調べたり，確認のためのチェックを行うための表	チェック項目　結果

新QC七つ道具

　新QC七つ道具は，複雑な事象や漠然とした問題を解決するため，言語データを図などに整理する手法です。

▼ 表11.4.3　新QC七つ道具

連関図法	問題に対する原因を矢印で結び，複雑に絡み合った問題の因果関係を明確にする技法
系統図法	目的を達成するための手段，さらにその手段を実施するための手段を，「目的－手段」の関係に段階的に展開し，最適な手段を見つけだす技法
PDPC法	PDPCは "Process Decision Program Chart" の略。事態の進展とともに様々な事象が想定される問題について，事前に考えられる状況や結果を予測し，対応策を検討して望ましい結果に至るプロセスを定める技法
親和図法	ブレーンストーミングなどを使用して，収集した情報を相互の関連によってグループ化し，解決すべき問題点を明確にする技法
アローダイアグラム法	多くの手段や方策をどの順番で実施するのかといった，問題解決のための日程計画を立てるときに使用する技法
マトリックス図法	行と列の交点に要素間の関連の有無や度合いを示し，要素間の関係を明確にする技法
マトリックスデータ解析法	マトリックス図の要素間の関連を数値データで表現できる場合，これを多変量解析により分析し，関連性や傾向を見る技法

用語 ブレーンストーミング
斬新なアイデアを幅広く創出することを目的に行われる討議方法。参加者が自由な意見を出しやすくするため，批判の禁止，自由奔放，質より量，結合・便乗というルールを定めて討議を行う。

用語 多変量解析
複数の数値データに対して，主成分分析や因子分析などの統計的解析を行うこと。

628

11.4.6 検査手法

抜取検査

製品品質を確実に保証するためには全数検査が最良ですが，製品によっては莫大な時間と費用がかかりますし，破壊や劣化を伴う場合の全数検査は不可能です。このような場合，抜取検査が行われます。**抜取検査**では，ロットの中から大きさnのサンプルを抜き取り，サンプル中の不良個数が合格判定個数c以下のときロットを合格とし，cを超えたときロットを不合格とします。

OC曲線

OC曲線(検査特性曲線：Operating Characteristic curve)は，ロットの不良率に対する，そのロットが合格する確率を表したものです。図11.4.7は，サンプルの大きさn=50，合格判定個数c=3としたときのOC曲線で，例えば，不良率が5％，10％であるロットの合格率は，それぞれ76％，25％であることを表しています。

ここで，不良率が5％以下のロットを合格とする場合，実際の不良率が5％であっても，そのロットの合格率は76％しかなく，24％の確率で不合格になります。このように，本来，合格となるべきロットが抜取検査で不合格となる確率を**生産者危険**といいます。一方，不合格とすべき不良率10％のロットの合格率は25％です。このように，本来なら不合格とすべきロットが合格になってしまう確率を**消費者危険**といいます。

> **用語 ロット**
> 最小製造数単位。又は，検査対象となる製品の集まり(単位)。

> **参考 nとcの決め方**
> 抜取検査表をもとに，ロット数からサンプル数nを，またサンプル数nと**合格品質水準(AQL)** から合格判定個数cを求める。

> **参考** 50個中，不良個数が0～3個であれば合格となるので，不良率がpであるときのロット合格の確率は，q=1-pとおくと，
> $_{50}C_0 \times p^0 \times q^{50-0}$
> $+ _{50}C_1 \times p^1 \times q^{50-1}$
> $+ _{50}C_2 \times p^2 \times q^{50-2}$
> $+ _{50}C_3 \times p^3 \times q^{50-3}$
> $= \sum_{i=0}^{3} {}_{50}C_i \times p^i \times q^{50-i}$

> **参考** 下図のA部分が**生産者危険**を表す領域，B部分が**消費者危険**を表す領域。
>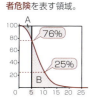

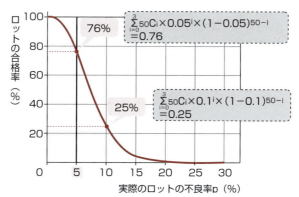

▲ **図11.4.7** OC曲線(n=50，c=3)

11.5 企業会計

11.5.1 財務諸表分析

財務諸表である貸借対照表と損益計算書をもとに，その企業の経営内容の善し悪しを，関連する項目間の比率（割合）によって分析する方法を**関係比率法**といいます。ここでは，関係比率法における重要な指標を学習します。

> **損益計算書**
> 1会計期間に属するすべての収益と費用を記載し，算出した利益を示したもの。

> **XBRL**
> (eXtensible Business Reporting Language)
> 財務諸表などをコンピュータ環境に依存することなく作成・利用できるように標準化した，XMLベースの言語（規約）。

資本利益率

資本利益率は，企業の収益性を把握するために用いられる指標で，資本に対する利益の割合，すなわち"その資本がどれだけの利益を生んだか"の割合を表します。

> **POINT 資本利益率の一般式**
> 資本利益率＝利益／資本
> 　　　　　＝（利益／売上高）×（売上高／資本）
> 　　　　　＝売上高利益率×資本回転率

◆ 自己資本利益率（ROE）

自己資本利益率（ROE：Return On Equity）は，自己資本に対する当期純利益の割合を表したもので，投下資本（自己資本）の投資効果を把握するために用いられる指標です。値が大きいほど，株主にとっては投資効果が高く魅力的ということになります。

> 自己資本が非常に少なくなってしまっている場合，少しの利益でもROEの値は大きくなってしまうので，ROEは自己資本比率など安全性指標と合わせて見ることが必要。

> **POINT 自己資本利益率（ROE）**
> ROE(%)＝（当期純利益／自己資本）×100

◆ 投資利益率（ROI）

投資利益率（ROI：Return On Investment）は，個々の投資額に対する利益の割合を表したもので，ROEに類似する指標です。ROIは，プロジェクト単位の収益性（投資対効果）の評価にも利用されます。

> 情報戦略の投資対効果を評価するとき，ROIが用いられる。

> **POINT** 投資利益率(ROI)の一般式
> ROI(%)＝(利益／投資額)×100

安全性指標

一般に30%以上が健全とされている。

自己資本比率は，経営の安全性，つまり財務体質の健全性を把握するために用いられる指標です。総資本に対する自己資本の割合を表し，一般にその値が大きいほど安全度が高いといえます。

総資本＝負債＋純資産

> **POINT** 自己資本比率
> 自己資本比率(%)＝(自己資本／総資本)×100

一般に，固定比率は100%未満，流動比率は200%以上が望ましい。

その他，自己資本に対する固定資産の割合を表した**固定比率**，流動負債に対する流動資産の割合を表した**流動比率**があります。

☕ COLUMN

貸借対照表

一定時点における企業の資産，負債及び純資産を表示し，企業の財政状態を明らかにする財務諸表です。「資産＝負債＋純資産」となることから，**バランスシート**（B/S：Balance Sheet）とも呼ばれています。

借　方	貸　方	
＜資産の部＞ ・流動資産 　（現金・預金，売掛金，有価証券など） ・固定資産 　（建物，土地，機械など） ・繰延資産	＜負債の部＞ ・流動負債（買掛金，短期借入金など） ・固定負債（社債，長期借入金など） ＜純資産の部＞ ・株主資本 　（資本金，資本剰余金，利益剰余金，自己株式） ・評価・換算差額等 ・新株予約権	他人資本 自己資本

▲ 図11.5.1　貸借対照表の構成

キャッシュフロー計算書

会計期間における現金及び現金同等物の流れを，営業活動，投資活動，財務活動の3区分に分けて表した財務諸表です。例えば，

- 商品の仕入れによる支出は，**営業活動**によるキャッシュフローに該当
- 有形固定資産の売却による収入は，**投資活動**によるキャッシュフローに該当
- 株式の発行による収入は，**財務活動**によるキャッシュフローに該当

11.5.2 損益分析

損益分岐点

損益分岐点とは，営業利益がゼロの(利益も損失も生じない)点のことで，このときの売上高のことを**損益分岐点売上高**といいます。売上高線と総費用線の交点が損益分岐点なので，損益分岐点売上高は，固定費と変動費の和に等しくなります。

> **参考** 総費用線は，変動費線ともいい，固定費と変動費の和である。

> **用語** **固定費**
> 売上高や販売数に関わりなく一定の支出を要する費用。賃借料，保険料，マスコミ媒体広告費などが該当。
> **変動費**
> 売上高や販売数にともなって増減する費用。直接材料費，商品の配送費用，販売数に応じた販売店へのリベートなどが該当。

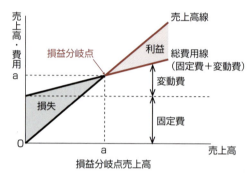

▲ 図11.5.2 損益分岐図表

損益分岐点の求め方

損益分岐点は，次の式で求めることができます。

> **参考** **変動費率**は，「変動費÷売上高」で求められる。これは，総費用線の傾きを意味する。

POINT 損益分岐点

$$損益分岐点 = \frac{固定費}{1-変動費率} = \frac{固定費}{1-\frac{変動費}{売上高}}$$

例えば，次の損益計算資料から損益分岐点は，次のように求めることができます。

> **参考** 売上高が損益分岐点売上高をどのくらい上回っているのかを示す比率を**安全余裕率**といい，売上高が何%落ちれば損益分岐点売上高になるかを表す。
> **安全余裕率**=(売上高－損益分岐点売上高)÷売上高×100

項目	金額(千円)
売上高	1,000
変動費	800
固定費	100
利益	100

・変動費率
　=800÷1,000=0.8
・損益分岐点
　=100÷(1−0.8)
　=500〔千円〕

▲ 図11.5.3 損益分岐点の求め方

企業会計 **11.5**

○ 利益

　売上高から変動費と固定費を引いた値，つまり図11.5.2の上部網掛け部分が利益です。また，売上高から変動費のみを引いた値を**限界利益**（貢献利益）といい，売上高に対する限界利益の割合を**限界利益率**といいます。

> **P O I N T　利益**
>
> 利益＝売上高−変動費−固定費
> 限界利益＝売上高−変動費
> 限界利益率＝限界利益／売上高＝1−変動費率

　ここで，出題頻度の高い問題に挑戦してみましょう。

> 　ある商品の当期の売上高，費用，利益は表のとおりである。この商品の販売単価が5千円の場合，来期の利益を2倍以上にするには少なくとも何個販売すればよいか。
>
> 単位　千円
>
> | 売上高 | 10,000 |
> |---|---|
> | 費用 | |
> | 　固定費 | 2,000 |
> | 　変動費 | 6,000 |
> | 利益 | 2,000 |

別解
参考

・変動費率
　＝変動費÷売上高
　＝0.6
・当期の売上個数
　＝10,000÷5
　＝2,000個
・1個当たりの変動費
　＝6,000÷2,000
　＝3千円
以上から，来期の利益を4,000千円以上とする販売個数をNとおき，次の式からNを求める。
　4,000＝5×N−
　（3×N＋2,000）
　N＝3,000個

　まず，変動費率を求めます。

　　変動費率＝変動費÷売上高＝6,000÷10,000＝0.6

　次に，来期の利益が2倍の4,000（＝2,000×2）となる売上高をAとし，利益と売上高Aの関係を式で表します。

　　利益＝売上高−変動費−固定費

　　4,000＝A−変動費−2,000

　ここで，変動費は「変動費率×売上高」なので，上の式は，

　　4,000＝A−0.6×A−2,000

となり，この式をAについて整理すると，

　　A＝15,000[千円]

となります。これを販売単価5千円で割ると，

　　15,000÷5＝3,000個

となり，必要販売個数は3,000個となります。

11 ストラテジ

11.5.3 棚卸資産評価　AM/PM

棚卸資産の評価方法

> **用語 棚卸資産** 販売する目的で一時的に保有している商品，製品などの総称で，一般には"在庫"ともいう。

棚卸資産の評価方法を，表11.5.1にまとめます。

▼ **表11.5.1** 棚卸資産の評価方法

先入先出法	先に仕入れたものから順に払出しを行ったものとして，棚卸資産の評価を行う
後入先出法	最後に仕入れたものから順に払出しを行ったものとして，棚卸資産の評価を行う
総平均法	期初在庫（繰越在庫）の評価額と取得した棚卸資産の総額との合計額をその総数量で割り，平均単価を算出し，それをもとに評価を行う

> **参考** 取得した棚卸資産の平均値を求め，その平均値によって棚卸資産の評価を行う方法を**平均原価法**といい，総平均法と移動平均法があるが，一般には総平均法が用いられることが多い。なお，**移動平均法**とは，棚卸資産の取得の都度，それまでの平均値を修正していく方法。

ここで，商品Aの4月末の在庫の評価額を先入先出法と総平均法でそれぞれ求めてみましょう。

▼ **表11.5.2** 商品Aの前月繰越と受払い

		個数（個）	単価（円）
	繰越在庫	10	100
4月 4日	購入	40	120
4月 5日	払出し	30	
4月 7日	購入	30	140
4月10日	購入	10	110
4月30日	払出し	30	
	次月繰越	30	

● 先入先出法

払出合計数量は60（＝30＋30）個なので，これに，繰越在庫の10個，4月4日購入の40個，4月7日購入のうちの10個を順に引き当てると，残りは，4月7日購入の20個（@140）と4月10日購入の10個（@110）となります。したがって，4月末の在庫の評価額は，

　　20個×@140＋10個×@110＝3,900円

● 総平均法

・繰越在庫の評価額＝10個×@100＝1,000円
・購入した商品Aの総額＝40個×@120＋30個×@140＋10個×@110
　　　　　　　　　　　　＝10,100円

・繰越在庫＋購入数量＝10＋40＋30＋10＝90個

以上から，平均単価は(1,000円＋10,100円)÷90個≒124円となるので，4月末の在庫の評価額は，次のように計算します。

30個×@124＝3,720円

売上原価

売上分の仕入(購入)金額合計のことで，次の式で求めます。

> **POINT 当期の売上原価**
> 売上原価＝期首棚卸高＋当期商品仕入額－期末棚卸高

先の例において，先入先出法によって売上原価を算出すると，次のようになります。

・期首棚卸高＝1,000円
・当期商品仕入額＝10,100円
・期末棚卸高＝3,900円
・売上原価＝1,000＋10,100－3,900＝7,200円

参考
・期首棚卸高
　＝繰越在庫
・当期商品仕入額
　＝購入した商品Aの総額
・期末棚卸高
　＝4月末の在庫の評価額

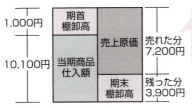
▲ 図11.5.4　売上原価

COLUMN

利益の計算

・売上総利益(粗利益)＝売上高－売上原価
・営業利益＝売上総利益－販売費及び一般管理費
・経常利益＝営業利益－営業外損益
・税引前当期純利益＝経常利益－特別損益
・当期純利益＝税引前当期純利益－法人税など

売上高						
売上原価	販売費及び一般管理費	営業外損益	特別損益	法人税など	当期純利益

＊営業外損益＝営業外収益－営業外費用
　特別損益＝特別利益－特別損失

11 ストラテジ

11.5.4 減価償却 AM/PM

減価償却は，固定資産について減価償却費を当期の費用として計上するとともに，固定資産の帳簿価格をそれぞれ減額させる会計方法です。

定額法

定額法は，次の式で計算される金額を償却限度額とし，耐用年数経過時に残存簿価1円まで償却を行えるというものです。

> **POINT 定額法における償却限度額**
> 償却限度額＝取得価額×定額法の償却率
> ＊定額法の償却率：耐用年数省令別表第八（側注）に規定される値

参考 8年目においては，残存簿価が1円になるため，実際の償却限度額は74,999円。残存簿価とは，期首の固定資産額から減価償却額を引いた期末の固定資産額。

例えば，取得価額60万円，耐用年数8年，償却率0.125の場合，毎年の償却額は，600,000×0.125＝75,000円となります。

定率法

定率法の償却限度額は，次の式で計算します。表11.5.3に先の例の場合の，定率法における償却限度額を示します。

> **POINT 定率法における償却限度額**
> 調整前償却額＝期首帳簿価額×定率法の償却率
> 償却保証額　＝取得価額×保証率
> ① 調整前償却額≧償却保証額の場合
> 　　償却限度額＝調整前償却額
> ② 調整前償却額＜償却保証額の場合
> 　　償却限度額＝改定取得価額×改定償却率

参考 耐用年数省令別表第八

耐用年数	定額法	定率法	改定償却率	保証率
2年	0.500	1.000		
3年	0.334	0.833	1.000	0.02789
4年	0.250	0.625	1.000	0.05274
5年	0.200	0.500	1.000	0.06249
6年	0.167	0.417	0.500	0.05776
7年	0.143	0.357	0.500	0.05496
8年	0.125	0.313	0.334	0.05111
9年	0.112	0.278	0.334	0.04731
10年	0.100	0.250	0.334	0.04448

＊法令では100年まで規定されている

用語 改定取得価額
「調整前償却額＜償却保証額」となる最初の年度の期首帳簿価額。

▼ **表11.5.3** 定率法における償却限度額（網掛け部分）

年数	1	2	3	4	5	6	7	8
期首帳簿価額	600,000	412,200	283,182	194,547	133,654	91,821	61,154	30,487
調整前償却額	187,800	129,018	88,635	60,893	41,833	28,739	19,141	9,542
償却保証額	30,666	30,666	30,666	30,666	30,666	30,666	30,666	30,666
改定取得価額×改定償却率						30,667	30,667	30,486

＊8年目においては残存簿価が1円となるため，30,486円が償却限度額となる

11.6 標準化と関連法規

11.6.1 共通フレーム　AM/PM

共通フレーム(SLCP-JCF)

用語 SLCP-JCF
Software Life Cycle Process-Japan Common Frameの略。

ソフトウェアの開発及び取引において，作業標準や言葉の違いによる認識のずれがトラブルに発展するケースが少なくありません。**共通フレーム**は，言葉の違いによるトラブルを防止するため，ソフトウェア，システム，サービスに係わる人々が"同じ言葉"を話すことができるよう提供された"共通の物差し(共通の枠組み)"であり，システムやソフトウェアの構想から開発，運用，保守，廃棄に至るまでのライフサイクルを通じて必要な作業項目の1つひとつを包括的に規定し明確化(可視化)したガイドラインです。最新版は，2013年発行の**共通フレーム2013**です。

●共通フレーム2013の構造

参考 共通フレーム2013は，ISO/IEC 12207:2008 (JIS X 0160:2012) に基づいて作成されている。
現在，上記規格は改訂され新規格となっているが，これに伴った共通フレーム2013の改訂は様々な理由により見送られることになった。

共通フレーム2013では，システム開発作業を図11.6.1に示す4階層で定義しています。"プロセス"は，システム開発作業を役割の観点でまとめたもので，必要に応じて組み合わせて実施できるようにモジュール化されています。このため，共通フレームをプロジェクトに採用する際は，当該プロジェクトの特性や開発モデルに合わせて必要なプロセスを選択できます。

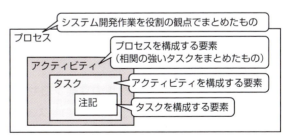

▲ 図11.6.1　共通フレーム2013の構造

●共通フレーム2013のプロセス

共通フレーム2013は，合意プロセス，テクニカルプロセス，運用・サービスプロセス，支援プロセスなど8つの大きなプロセスか

ら構成されています。このうち試験で出題されるのは，テクニカルプロセスです。

テクニカルプロセスは，組織やプロジェクトの担当部門が技術的な決定及び行動の結果生じる利益を最適化し，リスクを軽減できるようにするアクティビティを定義したプロセスです。一連のシステム開発作業として，「企画・要件定義の視点」での2つのプロセス（企画，要件定義）と，「開発・保守の視点」での4つのプロセス（システム開発，ソフトウェア実装，ハードウェア実装，保守）から構成されています。

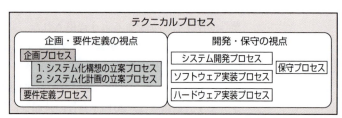

▲ **図11.6.2** テクニカルプロセスの構成

以下に，企画プロセス及び要件定義プロセスの概要を説明します。

企画プロセス

企画プロセスは，経営・事業の目的，目標を達成するために必要なシステムに関係する要求の集合とシステム化の方針，及びシステムを実現するための実施計画を得ることを目的とするプロセスです。企業（組織）がシステム化に関わるプロジェクトを発足させ，「システム化構想」，「システム化計画」の一連の作業を実施していくための作業項目が網羅的に規定されています。

システム化構想の立案プロセス

システム化構想の立案プロセスは，経営上のニーズ，課題を実現，解決するために，置かれた経営環境を踏まえて，新たな業務の全体像とそれを実現するためのシステム化構想及び推進体制を立案することを目的とするプロセスです。

"**システム化構想の立案**" アクティビティでは，次ページに示す7つのタスクが規定されています。

システム化構想の立案プロセスは，次のアクティビティから構成される。
・プロセス開始準備
・システム化構想の立案
・システム化構想の承認

標準化と関連法規 **11.6**

> **POINT 「システム化構想の立案」のタスク**
> ① 経営上のニーズ，課題の確認
> ② 事業環境，業務環境の調査分析（市場，競争相手などの事業・業務環境を分析し，事業・業務目標との関係を明確にする）
> ③ 現行業務，システムの調査分析（現行業務の内容，流れを調査し，業務上の課題を分析，抽出する）
> ④ 情報技術動向の調査分析
> ⑤ 対象となる業務の明確化（検討対象となる新規業務，改善，改革の対象となる業務を識別する）
> ⑥ 業務の新全体像の作成（企業で将来的に必要となる最上位の業務機能と業務組織のモデルを検討し，その結果，目標とする業務の新しい全体像及び新システムの全体イメージを作成する）
> ⑦ 対象の選定と投資目標の策定

● システム化計画の立案プロセス

参考 システム化計画の立案プロセス
は，次のアクティビティから構成される。
・プロセス開始準備
・システム化計画の立案
・システム化計画の承認

システム化計画の立案プロセスは，システム化構想を具現化するために，運用や効果などの実現性を考慮したシステム化計画，及びプロジェクト計画を具体化し，利害関係者の合意を得ることを目的とするプロセスです。"**システム化計画の立案**"アクティビティでは16のタスクが規定されていますが，その主な内容と手順は，図11.6.3に示すとおりです。

参考 業務の全体像を
具体化した**業務モデル**の作成には，次の作業が含まれる。
・業務プロセスの定義
・データクラスの定義
・業務モデルの定義
・業務モデルの分析
・レビュー，意思決定

用語 QCD
Quality（品質），Cost（コスト），Delivery（納期）の略。

> 業務処理と情報を情報システムの視点から整理し，対象業務の具体的な業務上の問題点を分析し，解決の方向性を明確化するとともにシステムを用いて解決すべき課題を定義する
>
> ↓
>
> 対象業務及び関連する全業務をシステム課題の定義に基づいて整理し，業務機能の再構築を行い，業務機能と組織のモデル化を行う（**業務モデル**の作成）
>
> ↓
>
> 作成された業務モデルを基に，対象とした業務機能を支援するシステム化機能を整理し，この機能を実現するためのシステム方式や，データベース，サーバ，ネットワークなどの構成概要を明確にする
>
> ↓
>
> プロジェクト遂行の判断基準となる**QCD**の目標値と優先順位の設定を行い，技術的・経済的な面から実現可能か否かの検討を行い，対象となったシステム全体の開発スケジュールの大枠を作成する
>
> ↓
>
> システム実現のための費用とシステム実現時の定量的・定性的効果を対比させ，システムへの投資効果を明確にする

▲ **図11.6.3** システム化計画の立案で実施する内容

11 ストラテジ

要件定義プロセス

要件定義プロセスは，定義された環境において，利用者及び他の利害関係者が必要とするサービスを提供できるシステムに対する要件を定義することを目的とするプロセスです。

このプロセスでは，システムのライフサイクルの全期間を通して，システムに関わり合いをもつ利害関係者を識別し，利害関係者のニーズ及び要望，並びに取得する組織によって課せられる制約条件を識別・抽出します。そして，これら識別・抽出したものを分析し，業務要件や制約条件，運用シナリオなどの具体的な内容を定義していきます。

> **参考** 要件定義プロセスは，次のアクティビティから構成される。
> ・プロセス開始準備
> ・利害関係者の識別
> ・要件の識別
> ・要件の評価
> ・要件の合意
> ・要件の記録

POINT 要件定義作業

① **業務要件**の定義

　　新しい業務のあり方や運用をまとめた上で，業務上実現すべき要件を明らかにする。業務要件には，業務内容(手順，入出力情報など)，業務特性(ルール，制約など)，業務用語，外部環境と業務の関係及び授受する情報などがある。

② **組織及び環境要件**の具体化

　　組織の構成，要員，規模などの組織に対する要件を具体化し，新業務を遂行するために必要な事務所や事務用の諸設備などに関する導入方針，計画及びスケジュールを明確にする。

③ **機能要件**の定義

　　①で明確にした業務要件を実現するために必要なシステム機能を明らかにする。

④ **非機能要件**の定義

　　③で明確にした機能要件以外の要件 (非機能要件) を明確にする。非機能要件には，可用性，性能，保守性，セキュリティなどの**品質要件**，システム開発方式や開発基準・標準などの技術要件，運用・移行要件がある。

> **参考** **品質要件**には，JIS X 25010 (p642参照) の品質特性が援用できる。

なお，要件定義に際しては，利用者や開発者をはじめ利害関係者間の対立が発生します。そのため，企画プロセスにおける経営上のニーズ・課題・投資目標を常に共有し，対立を回避することが重要です。また，要件定義後は，利害関係者のニーズ及び要望が正確に表現されていることを確実にするために，利害関係者へフィードバックし，合意・承諾を得る必要があります。

> **参考** 要件定義作業による成果物は，システム化のベースラインとして利害関係者が合意することにより，契約の基本となる。

11.6.2 情報システム・モデル取引・契約書 AM/PM

"情報システム・モデル取引・契約書"は，情報システムの信頼性向上・取引の可視化に向けた取引・契約のあり方などを，経済産業省がまとめたものです。この中で試験対策として押さえておきたい事項は，図11.6.4に示した各工程における推奨される契約形態と，工程ごとに個別契約を締結する**多段階契約**の採用です。多段階契約の採用により，例えば，前工程の結果，後工程の見積前提条件に変更が生じた場合でも工程の開始のタイミングで再見積りが可能となり，ユーザ・ベンダ双方のリスク回避ができます。

> 契約形態(準委任型／請負型)については，p648を参照。

要件定義	システム外部設計	システム内部設計	ソフトウェア設計 プログラミング ソフトウェアテスト	システム結合	システムテスト	運用テスト
準委任型	準委任型・請負型	請負型	請負型	請負型	準委任型・請負型	準委任型

▲ 図11.6.4　開発フェーズにおける推奨される契約形態

COLUMN 情報システム調達における契約までの流れ

情報システムの調達における，選定調達先(発注先ベンダ)との契約までの流れを，図11.6.5に示します。RFP(Request For Proposal：**提案依頼書**)は，調達対象システム，提案依頼事項，調達条件などが示されたもので，発注先の候補となっているベンダ各社に対し，提案書や見積書の提出を依頼するための文書です。RFI(Request For Information：**情報提供依頼書**)は，ユーザがRFP(提案依頼書)を作成するのに必要な情報の提供，例えば，現在の状況において利用可能な技術・製品，ベンダにおける導入実績，価格情報などの提供をベンダに要請する文書です。

▲ 図11.6.5　選定調達先との契約までの流れ

11 ストラテジ

.11.6.3... システム開発に関連する規格，ガイドライン AM/PM

JIS X 25010

参考 JIS X 25010は，JIS X 0129-1の後継規格。

　JIS X 25010は，システム及びソフトウェア製品の品質に関する規格です。品質モデルの枠組みを"利用時の品質モデル"と"製品品質モデル"に分け，**利用時の品質モデル**では，有効性，効率性，満足性，リスク回避性，利用状況網羅性の5個の品質特性を，**製品品質モデル**では次の表に示す8個の品質特性を規定しています。

試験 試験では，各特性が問われるが，選択肢には表11.6.1に示した規定文がそのまま掲載される。

参考 機能適合性と性能効率性は，JIS X 0129-1における機能性，効率性がそれぞれ名称変更されたもの。また，互換性とセキュリティは，新たに追加された品質特性。

▼ **表11.6.1** JIS X 25010（製品品質モデルの品質特性と副特性）

機能適合性	明示された状況下で使用するとき，明示的ニーズ及び暗黙のニーズを満足させる機能を，製品又はシステムが提供する度合い
品質副特性	機能完全性，機能正確性，機能適切性
性能効率性	明記された状態（条件）で使用する資源の量に関係する性能の度合い
品質副特性	時間効率性，資源効率性，容量満足性
互換性	同じハードウェア環境又はソフトウェア環境を共有する間，製品，システム又は構成要素が他の製品，システム又は構成要素の情報を交換することができる度合い，及び／又はその要求された機能を実行することができる度合い
品質副特性	共存性，相互運用性
使用性	明示された利用状況において，有効性，効率性及び満足性をもって明示された目標を達成するために，明示された利用者が製品又はシステムを利用することができる度合い
品質副特性	適切度認識性，習得性，運用操作性，ユーザエラー防止性，ユーザインタフェース快美性，アクセシビリティ
信頼性	明示された時間帯で，明示された条件下に，システム，製品又は構成要素が明示された機能を実行する度合い
品質副特性	成熟性，可用性，障害許容性，回復性
セキュリティ	人間又は他の製品若しくはシステムが，認められた権限の種類及び水準に応じたデータアクセスの度合いをもてるように，製品又はシステムが情報及びデータを保護する度合い
品質副特性	機密性，インテグリティ，否認防止性，真正性，責任追跡性
保守性	意図した保守者によって，製品又はシステムが修正することができる有効性及び効率性の度合い
品質副特性	モジュール性，再利用性，解析性，修正性，試験性
移植性	1つのハードウェア，ソフトウェア又は他の運用環境若しくは利用環境からその他の環境に，システム，製品又は構成要素を移すことができる有効性及び効率性の度合い
品質副特性	適応性，設置性，置換性

標準化と関連法規 **11.6**

JIS X 0161

JIS X 0161は，ソフトウェアの保守を対象にした規格です。この規格では，ソフトウェア製品への修正依頼は「訂正」と「改良」に分類できるとし，ソフトウェア製品に対する保守を次の4つのタイプに分類しています。

▼ **表11.6.2** JIS X 0161による4つの保守タイプ

訂正	是正保守	ソフトウェア製品の引渡し後に発見された問題を訂正するために行う受身の修正
	予防保守	引渡し後のソフトウェア製品の潜在的な障害が運用障害になる前に発見し，是正を行うための修正
改良	適応保守	引渡し後，変化した，又は変化している環境において，ソフトウェア製品を使用できるように保ち続けるために実施する修正
	完全化保守	引渡し後のソフトウェア製品の潜在的な障害が故障として表れる前に検出し，訂正するための修正

参考 是正保守実施まででシステム運用を確保するために行う，計画外で一時的な**緊急保守**も是正保守の一部。

参考 **予防保守**はソフトウェア製品に潜在的な誤りが検出されたことによって余儀なくされた修正。一方，**完全化保守**はソフトウェア製品の改良のための修正であり，"問題への対応"ではない。

用語 **アクセシビリティ**
ソフトウェアや情報サービス，Webサイトなどを，高齢者や障害者を含む誰もが利用可能であること。またその度合い。

参考 "操作可能"のガイドラインの1つに，「利用者がナビゲートしたり，コンテンツを探し出したり，現在位置を確認したりすることを手助けする手段を提供すること」とある。この実現例の1つに**パンくずリスト**（Webサイトのトップページからそのページまでの経路情報を表示したもの）がある。

WCAG

WCAG（Web Content Accessibility Guidelines）は，Webコンテンツを，よりアクセシブルにするための広範囲に及ぶ推奨事項をまとめたガイドラインです。WCAG 2.1では，Webアクセシビリティの土台となる4原則（知覚可能，操作可能，理解可能，堅牢）の下に，13のガイドラインを規定しています。これらのガイドラインに従うことで，障害者や高齢者などハンディをもつ人に対して，コンテンツをよりアクセシブルにすることができ，Webコンテンツが利用者にとってより使いやすいものにもなります。

POINT 試験に出るアクセシビリティに配慮した設計
・Webコンテンツを表現するに当たっては，色や形だけに依存せずテキストを併用する（**知覚可能**）
・仮名入力欄の前には"フリガナ（カタカナで入力）"のように，仮名の種類も明記する（**理解可能**）
・入力が必須な項目は，色で強調するだけでなく，項目名の隣に"（必須）"などと明記する（**理解可能**）
・キーボードだけでも操作ができるようにする（**操作可能**）

11 ストラテジ

11 ストラテジ

JIS X 8341-1:2010

JIS X 8341-1:2010は，情報通信機器及びサービスに対するアクセシビリティを確保し改善し，最も幅広い層の人々が，その能力，障害，制限及び文化にかかわらず，利用できるようにするための標準規格(指針)です。ハードウェア，ソフトウェア，サービスに関する企画から開発・運用までのアクセシビリティに配慮すべき基本事項を定めています。

アクセシビリティとユーザビリティ

アクセシビリティは "支障なく利用できる度合い" を意味し，JIS X 25010では，品質特性「使用性」の副特性として，アクセシビリティを，「製品又はシステムが，明示された利用状況において，明示された目標を達成するために，幅広い範囲の心身特性及び能力の人々によって使用できる度合い」と定義しています。

ユーザビリティは，操作に戸惑うことなくストレスを感じないといった，広く一般的な "使いやすさ" の度合いです。JIS Z 8521では，ユーザビリティを，「ある製品が，指定された利用者によって，指定された利用の状況下で，指定された目的を達成するために用いられる際の，有効さ，効率及び利用者の満足度の度合い」と定義しています。なお，ユーザビリティの評価に用いられる主な手法には，次のものがあります。

▼ **表11.6.3** ユーザビリティの評価に用いられる手法

ユーザビリティテスト	ターゲットユーザ(以下，被験者という)に使用してもらい，その言動を観察することで利用者視点でのユーザビリティ評価を行う。大きく次の2つに分けられる。 ・**思考発話法**：被験者に，考えていることを声に出しながら操作してもらい，行動と発話を観察する。被験者の思考発話をより多く引き出すため，モデレータは，被験者の行動に影響を及ぼさない(調査結果をゆがめない)範囲で簡単な質問を行う ・**回顧法**：被験者に操作してもらい，その行動を観察する。その後，質問に答えてもらうことでユーザビリティを評価する
ログデータ分析法	被験者の操作ログを分析し，利用時間や利用パターンなどからユーザビリティを評価する
認知的ウォークスルー法	評価者(専門家)がターゲットユーザになったつもりで操作を行いユーザビリティを評価する
ヒューリスティックス評価	様々なユーザインタフェース設計によく当てはまる経験則を基に，評価者(専門家)が決められた観点でユーザビリティ評価を行う

試験 試験では，JIS X 8341-1:2010を適用する目的が問われる。答えは，「多様な人々に対して，利用の状況を理解しながら，多くの個人のアクセシビリティ水準を改善できるようにする」こと。

参考 JIS X 8341-1:2010では，アクセシビリテを，「様々な能力をもつ最も幅広い層の人々に対する製品，サービス，環境又は施設(のインタラクティブシステム)のユーザビリティ」と定義している。

644

標準化と関連法規 **11.6**

知識体系ガイド

知識体系ガイドとは，成功に必要な知識やスキルを集約したものであり，"成功への道しるべ"となるものです。

▼ **表11.6.4** 知識体系ガイド

BABOK	Business Analysis Body of Knowledge。ビジネスアナリシスの計画とモニタリング，引き出し，要求アナリシス，基礎コンピテンシなど7つの知識エリアから成る知識体系
PMBOK	Project Management Body of Knowledge。プロジェクトマネジメントに関するスコープ，スケジュール，コスト，品質，資源，コミュニケーション，リスクなど10の知識エリアから成る知識体系
SQuBOK	Software Quality Body of Knowledge。ソフトウェア品質の基本概念，ソフトウェア品質マネジメント，ソフトウェア品質技術の3つのカテゴリから成る知識体系
SWEBOK	SoftWare Engineering Body of Knowledge。ソフトウェア要求，ソフトウェア設計，ソフトウェア構築，ソフトウェアテスティング，ソフトウェア保守など10の知識エリアから成る知識体系

参考 PMBOKの最新は第6版。2021年11月に第7版がリリース予定。

データの標準化

文字コードや画像ファイル（圧縮方式）など，試験での出題頻度が高いものを表11.6.5にまとめておきます。

▼ **表11.6.5** 出題頻度の高い標準化

Unicode	多くの言語を一元的に表現できるように設計された文字コード。UCS-2（2バイト），UCS-4（4バイト）がある。なお，Unicodeの文字符号化方式に，ASCIIと互換性をもたせたUTF-8があり，1～6バイトの可変長で符号化する
バーコード	128種類のASCII文字コードを表現することができるCode128，数字のみを表すことができるITF（Interleaved Two of Five），そしてJANシンボルがある。JANシンボルは，JANコード（標準タイプ13桁，短縮タイプ8桁）をコンピュータなどに入力するために標準化されたもの。いずれも，その最終桁にチェックディジットが付加されている
QRコード	縦・横方向に情報をもたせることによって，バーコードよりも多くのデータ（バイナリ形式も含む）を記録することができる2次元コード。最大で英数字なら4,296文字，漢字なら1,817文字を表すことができる
JPEG	静止画像圧縮方式。写真等の自然色画像に適している
MPEG	動画像圧縮方式。MPEG-1（CD-ROMなどで利用），MPEG-2（高画質。DVD，放送などで利用），MPEG-4（携帯電話などで利用），H.264/MPEG-4 AVC（MPEG-2の2倍以上の圧縮効率を実現。携帯電話から高画質ハイビジョン放送に至るまで広い範囲に利用可能。H.264/AVCともいう）がある

参考 画像データの圧縮方式は，次の2つに分けられる。
可逆符号化方式（可逆圧縮方式）：圧縮後のデータを伸張すると元のデータを完全に復元できる方式。
非可逆符号化方式（非可逆圧縮方式，不可逆圧縮方式）：圧縮率を高めるため，圧縮する際にある程度の情報欠落を許容した圧縮方式（JPEG，MPEGなど）。

645

11 ストラテジ

.11.6.4. 関連法規 　AM / PM

不正競争防止法

事業者間における公正な競争を確保するため，不適切な競争行為の防止を目的に設けられた法律です。不正競争防止法では，例えば，他社の商品を模倣した商品を販売する行為や，市場において広く知られている他社の商品表示と類似の商品表示を用いた新商品を販売する行為は，違法行為としています。

製造物責任法(PL法)

製造物の欠陥によって身体・財産への被害が生じた場合における製造業者の損害賠償責任を定めた法律です。製造物責任法では，製造物を"製造又は加工された動産"とし，ソフトウェアやデータは無形のため製造物に当たらないとしています。

ただし，ソフトウェアを内蔵した製品は，製造物責任法の対象となります。例えば，機器に組み込まれているROMに記録されたプログラムに瑕疵があり，その機器の使用者に大けがをさせた場合，製造業者は製造物責任を問われることになります。

> **参考** 製造物責任法
> 〔免責と時効〕
> ・製造物を引き渡した時点の科学・技術の水準では欠陥の認識が不可能であったことを証明できれば，損害賠償責任は問われない。
> ・製造物の欠陥原因が，完成品メーカの設計に従って，部品メーカが製造して納品した部品の場合は，部品メーカには損害賠償責任が生じない。
> ・損害賠償の請求権は，製造物の引き渡し後10年，又，損害及び賠償義務者を知った時から3年間行使しないとき消滅する。

下請代金支払遅延等防止法

親事業者が下請事業者にソフトウェア開発などの業務委託をする場合，優越的地位にあるのは親事業者です。下請代金支払遅延等防止法は，優越的地位にある親事業者が一方的な都合で下請代金を発注後に減額したり，支払遅延するといった優越的地位の濫用行為を規制し，下請事業者の利益を保護するために制定された法律です。

例えば，下請事業者の責に帰すべき理由がないのに受領を拒否したり，親事業者と顧客との間の委託内容が変更になり，既に受領していたプログラムが不要になったので返品するといった行為も禁止されています(親事業者の違法となる)。

なお，下請代金支払遅延等防止法では，下請代金の支払期日を，ソフトウェアの受領日から起算して60日以内に定めなければいけないとしています。支払期日が定められなかったときは，受領日が支払期日と定められたものとみなされます。

標準化と関連法規 11.6

電子署名法

電子文書，電子署名，特定認証業務を明確に定めることにより，電子署名付きの電子文書が民事訴訟法による印影の場合と同様の扱いを受けることを可能にした法律です。**電子署名法**における，電子文書，電子署名，特定認証業務の定義は次のとおりです。

 電子署名法の正式名称
電子署名及び認証業務に関する法律

 電子署名で利用する暗号方式は，2,048ビット以上のRSA暗号など，安全性を確保できる公開鍵暗号方式でなければならない。

POINT 電子文書，電子署名，特定認証業務の定義
- **電子文書**：電子的方式や磁気的方式又は人の知覚によっては認識することができない方式で作られる記録であり，コンピュータによる情報処理のために用いられるもの。
- **電子署名**：電子文書に記録することが出来る情報について行われる措置であり，署名者本人の確認及び改ざんされていないことが確認できるもの。
- **特定認証業務**：電子署名が署名した本人であることを証明する業務。

著作権法

小説，論文，プログラム，音楽，絵画など著作者が創作した著作物を保護する権利です。著作権は登録の必要はなく，著作者が著作物を創作した時点で（著作権の表示がなくても）自動的に権利が発生します。著作権の保護期間は，著作者が個人の場合は死後70年間，著作権が法人に帰属している場合は公表後70年間です。

 プログラム作成に用いるプログラム言語やアルゴリズムは，著作権法によって保護されないが，プログラム設計書や原始プログラムをコンパイルした目的プログラム，プログラムの操作説明書は，保護対象となる。

POINT 著作権法問題のポイント事項
- 法人の発意に基づき，その法人の従業員が職務上作成したプログラムの著作権は，契約，勤務規則等に特段の定めがなければ，その法人に帰属する。
- 開発を委託したソフトウェアの著作権は，特段の契約条件がなければ，それを受託した企業に帰属する。
- バックアップ用の複製など，自己利用範囲の複製は認められている（著作権法上，適法）。
- 購入したプログラムを自社のコンピュータで効果的に活用する目的で，一部を改変することは認められている。
- 海賊版であることを知らずに購入したのであれば，使用時点でそれを知っていても著作権法違反とはならない。

11 ストラテジ

労働者派遣法

派遣（労働者派遣）とは，派遣元企業と雇用関係をもつ労働者（派遣労働者）が，派遣先企業の指揮命令によって労働することをいいます。労働者派遣法は，この派遣元となる企業の適切な運営と，派遣労働者の保護を目的に設けられた法律です。

労働者派遣法に基づいた労働者の派遣において，労働者派遣契約関係が存在するのは，派遣元企業と派遣先企業です。派遣労働者は，雇用条件などは派遣元企業と結びますが，その他の業務上の指揮命令は派遣先企業から出されることになります。なお，二重派遣は禁止されています。

請負契約

派遣契約に似ているものに請負契約があります。請負契約は，請負元が発注主に対し仕事を完成することを約束し，発注主がその仕事の完成に対し報酬を支払うことを約束する契約です。派遣契約では，派遣先の企業に派遣労働者への指揮命令を認めていますが，請負契約ではこれを認めていません。したがって，請負契約をしていても，実際には雇用する労働者を，発注主の会社に常駐させるなどして，発注主の指揮命令下で業務に従事させているような場合は，「労働者派遣」と判断され職業安定法違反となります。このような行為を偽装請負といいます。

> **参考** 発注主の会社に常駐すること自体は違法ではなく，発注主の指揮命令下で労働者を業務に従事させていることが問題。

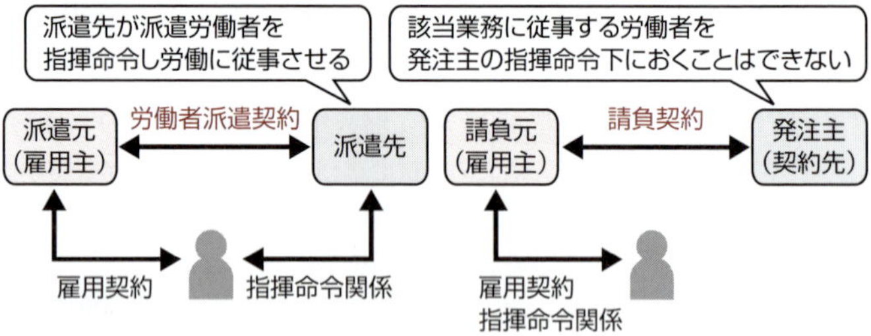

派遣先が派遣労働者を指揮命令し労働に従事させる

該当業務に従事する労働者を発注主の指揮命令下におくことはできない

派遣元（雇用主）←労働者派遣契約→派遣先
雇用契約 ←→ 指揮命令関係

請負元（雇用主）←請負契約→発注主（契約先）
雇用契約 指揮命令関係

▲ **図11.6.4** 派遣契約と請負契約

> **参考** （準）委任契約
> 自社以外の事業者に業務（システム開発など）を委託する場合に締結する契約。請負契約は仕事の完成義務があり瑕疵担保責任を負うが，準委任契約は「仕事の完成」を約束するものではなく，瑕疵担保責任は発生しない。

請負契約では，仕事を完成するまですべて請負元の責任とリスクで作業を行います。もし，引き渡された成果物に瑕疵があった場合には，請負元に瑕疵担保責任があり，発注主は瑕疵の修復や損害賠償の請求ができます。また，瑕疵により契約の目的を達成することができないときは契約を解除することができます。

648

得点アップ問題 **Q&A**

得点アップ問題

解答・解説は657ページ

問題1 （H31春問1-AU）

システム管理基準（平成30年）において，ITガバナンスにおける説明として採用されているものはどれか。

ア EDMモデル イ OODAループ ウ PDCAサイクル エ SDCAサイクル

問題2 （H28春問61）

IT投資評価を，個別プロジェクトの計画，実施，完了に応じて，事前評価，中間評価，事後評価として実施する。事前評価について説明したものはどれか。

ア 事前に設定した効果目標の達成状況を評価し，必要に応じて目標を達成するための改善策を検討する。

イ 実施計画と実績との差異及び原因を詳細に分析し，投資額や効果目標の変更が必要かどうかを判断する。

ウ 投資効果の実現時期と評価に必要なデータ収集方法を事前に計画し，その時期に合わせて評価を行う。

エ 投資目的に基づいた効果目標を設定し，実施可否判断に必要な情報を上位マネジメントに提供する。

問題3 （R03春問68）

企業の競争戦略におけるフォロワ戦略はどれか。

ア 上位企業の市場シェアを奪うことを目標に，製品，サービス，販売促進，流通チャネルなどのあらゆる面での差別化戦略をとる。

イ 潜在的な需要がありながら，大手企業が参入してこないような専門特化した市場に，限られた経営資源を集中する。

ウ 目標とする企業の戦略を観察し，迅速に模倣することで，開発や広告のコストを抑制し，市場での存続を図る。

エ 利潤，名声の維持・向上と最適市場シェアの確保を目標として，市場内の全ての顧客をターゲットにした全方位戦略をとる。

問題4 （R01秋問67）

プロダクトポートフォリオマネジメント（PPM）における"花形"を説明したものはどれか。

ア 市場成長率，市場占有率ともに高い製品である。成長に伴う投資も必要とするので，資金創出効果は大きいとは限らない。

イ 市場成長率，市場占有率ともに低い製品である。資金創出効果は小さく，資金流出量も少ない。

11
ストラテジ

649

11 ストラテジ

ウ 市場成長率は高いが，市場占有率が低い製品である。長期的な将来性を見込むことは
できるが，資金創出効果の大きさは分からない。

エ 市場成長率は低いが，市場占有率は高い製品である。資金創出効果が大きく，企業の
支柱となる資金源である。

問題5 (R02秋問67)

企業の事業活動を機能ごとに主活動と支援活動に分け，企業が顧客に提供する製品やサー
ビスの利益は，どの活動で生み出されているかを分析する手法はどれか。

ア 3C分析　　　　　　　　　　　　　イ SWOT分析
ウ バリューチェーン分析　　　　　　　エ ファイブフォース分析

問題6 (R01秋問68)

売り手側でのマーケティング要素4Pは，買い手側での要素4Cに対応するという考え方が
ある。4Pの一つであるプロモーションに対応する4Cの構成要素はどれか。

ア 顧客価値(Customer Value)　　　　　イ 顧客コスト(Customer Cost)
ウ コミュニケーション(Communication)　エ 利便性(Convenience)

問題7 (R03春問70)

バランススコアカードの四つの視点とは，財務，学習と成長，内部ビジネスプロセスと，
もう一つはどれか。

ア ガバナンス　　　イ 顧客　　　ウ 自社の強み　　　エ 遵法

問題8 (R03秋問70)

SFAを説明したものはどれか。

ア 営業活動にITを活用して営業の効率と品質を高め，売上・利益の大幅な増加や，顧客
満足度の向上を目指す手法・概念である。

イ 卸売業・メーカが小売店の経営活動を支援することによって，自社との取引量の拡大
につなげる手法・概念である。

ウ 企業全体の経営資源を有効かつ総合的に計画して管理し，経営の効率向上を図るため
の手法・概念である。

エ 消費者向けや企業間の商取引を，インターネットなどの電子的なネットワークを活用
して行う手法・概念である。

得点アップ問題 **Q&A**

問題9 （R02秋問73）

EDIを実施するための情報表現規約で規定されるべきものはどれか。

ア　企業間の取引の契約内容 　　　イ　システムの運用時間
ウ　伝送制御手順 　　　　　　　　エ　メッセージの形式

問題10 （R03秋問73）

IoTの技術として注目されている，エッジコンピューティングの説明として，適切なものはどれか。

ア　演算処理のリソースをセンサ端末の近傍に置くことによって，アプリケーション処理の低遅延化や通信トラフィックの最適化を行う。
イ　人体に装着して脈拍センサなどで人体の状態を計測して解析を行う。
ウ　ネットワークを介して複数のコンピュータを結ぶことによって，全体として処理能力が高いコンピュータシステムを作る。
エ　周りの環境から微小なエネルギーを収穫して，電力に変換する。

問題11 （R03秋問75）

いずれも時価100円の株式A〜Dのうち，一つの株式に投資したい。経済の成長を高，中，低の三つに区分したときのそれぞれの株式の予想値上がり幅は，表のとおりである。マクシミン原理に従うとき，どの株式に投資することになるか。

単位 円

株式 ＼ 経済の成長	高	中	低
A	20	10	15
B	25	5	20
C	30	20	5
D	40	10	−10

ア　A 　　　イ　B 　　　ウ　C 　　　エ　D

問題12 （H30秋問75）

横軸にロットの不良率，縦軸にロットの合格率をとり，抜取検査でのロットの品質とその合格率の関係を表したものはどれか。

ア　OC曲線 　　　　　　　　イ　バスタブ曲線
ウ　ポアソン分布 　　　　　　エ　ワイブル分布

651

11 ストラテジ

問題13 （H24春問77）

表はある会社の前年度と当年度の財務諸表上の数値を表したものである。両年度とも売上高は4,000万円であった。前年度に比べ当年度に向上した財務指標はどれか。

単位　万円

	前年度	当年度
流動資産	1,100	900
固定資産	500	800
流動負債	700	800
固定負債	500	300
純資産	400	600

ア　固定比率
イ　自己資本比率
ウ　総資本回転率
エ　流動比率

問題14 （H29秋問4-ST）

IT投資効果の評価に用いられる手法のうち，ROIによるものはどれか。

ア　一定期間のキャッシュフローを，時間的変化に割引率を設定して現在価値に換算した上で，キャッシュフローの合計値を求め，その大小で評価する。

イ　キャッシュフロー上で初年度の投資によるキャッシュアウトフローが何年後に回収できるかによって評価する。

ウ　金銭価値の時間的変化を考慮して，現在価値に換算されたキャッシュフローの一定期間の合計値がゼロとなるような割引率を求め，その大小で評価する。

エ　投資額を分母に，投資による収益を分子とした比率を算出し，投資に値するかどうかを評価する。

問題15 （R01秋問77）

損益分岐点分析でA社とB社を比較した記述のうち，適切なものはどれか。

単位　万円

	A社	B社
売上高	2,000	2,000
変動費	800	1,400
固定費	900	300
営業利益	300	300

ア　安全余裕率はB社の方が高い。
イ　売上高が両社とも3,000万円である場合，営業利益はB社の方が高い。
ウ　限界利益率はB社の方が高い。
エ　損益分岐点売上高はB社の方が高い。

得点アップ問題 **Q&A**

問題16 （R03春問80）

電子署名法に関する記述のうち，適切なものはどれか。

ア　電子署名には，電磁的記録ではなく，かつ，コンピュータ処理できないものも含まれる。
イ　電子署名には，民事訴訟法における押印と同様の効力が認められる。
ウ　電子署名の認証業務を行うことができるのは，政府が運営する認証局に限られる。
エ　電子署名は共通鍵暗号技術によるものに限られる。

問題17 （H29春問80）

発注者と受注者の間でソフトウェア開発における請負契約を締結した。ただし，発注者の事業所で作業を実施することになっている。この場合，指揮命令権と雇用契約に関して，適切なものはどれか。

ア　指揮命令権は発注者にあり，さらに，発注者の事業所での作業を実施可能にするために，受注者に所属する作業者は，新たな雇用契約を発注者と結ぶ。
イ　指揮命令権は発注者にあり，受注者に所属する作業者は，新たな雇用契約を発注者と結ぶことなく，発注者の事業所で作業を実施する。
ウ　指揮命令権は発注者にないが，発注者の事業所で作業を実施可能にするために，受注者に所属する作業者は，新たな雇用契約を発注者と結ぶ。
エ　指揮命令権は発注者になく，受注者に所属する作業者は，新たな雇用契約を発注者と結ぶことなく，発注者の事業所で作業を実施する。

チャレンジ午後問題 （R01秋問2抜粋）　　　　　　　　　解答・解説：661ページ

スマートフォン製造・販売会社の成長戦略に関する次の記述を読んで，設問1〜4に答えよ。

B社は，スマートフォンの企画，開発，製造，販売を手掛ける会社である。"技術で人々の生活をより豊かに"の企業理念の下，ユビキタス社会の実現に向けて，社会になくてはならない会社となる"というビジョンを掲げている。これまでは，スマートフォン市場の拡大に支えられ，順調に売上・利益を成長させてきたが，今後は市場の拡大の鈍化に伴い，これまでのような成長が難しくなると予測している。そこで，B社の経営陣は今後の成長戦略を検討するよう経営企画部に指示し，同部のC課長が成長戦略検討の責任者に任命された。

〔環境分析〕

C課長は，最初にB社の外部環境及び内部環境を分析し，その結果を次のとおりにまとめた。

11
ストラテジ

653

11 ストラテジ

（1）外部環境
- 国内のスマートフォン市場は成熟してきた。一方，海外のスマートフォン市場は，国内ほど成熟しておらず，伸びは鈍化傾向にあるものの，今後も拡大は続く見込みである。日本から海外への販売機会がある。
- 国内では，国内の競合企業に加えて海外企業の参入が増えており，競争はますます激しさを増している。これによって，多くの企業が市場を奪い合う形となり，価格も下がり　　a　　となりつつある。
- 5Gによる通信，IoT，AIのような技術革新が進んでおり，これらの技術を活用したスマートフォンに代わる腕時計のようなウェアラブル端末や，家電とつながるスマートスピーカの普及が期待される。また，医療や自動運転の分野で，新しい機器の開発が期待される。一方で，技術革新は急速であり，製品の陳腐化が早く，市場への迅速な製品の提供が必要である。
- スマートフォンは，機能の豊富さから若齢者層には受け入れられやすい。一方で，操作の複雑さから高齢者層は使用することに抵抗があり，普及率は低い。
- スマートフォンへの顧客ニーズは多様化しており，サービス提供のあり方も重要になっている。

（2）内部環境
- B社は自社の強みを製品の企画，開発，製造の一貫体制であると認識している。これによって，顧客ニーズを満たす高い品質の製品を迅速に市場に提供できている。また，単一の企業で製品の企画，開発，製造をまとめて行うことで，異なる製品間における開発資源などの共有を実現し，複数の企業に分かれて企画，開発，製造するよりもコストを抑えている。
- B社は国内の販売に加えて海外でも販売しているが，マニュアルやサポートの多言語の対応などでノウハウが十分でなく，いまだに未開拓の国もある。
- B社はスマートフォンの新機能に敏感な若齢者層をターゲットセグメントとして，テレビコマーシャルなどの広告を行っている。広告は効果が大きく，売上拡大に寄与している。一方で，高齢者層は売上への寄与が少ない。
- B社は医療や自動運転の分野の市場には販売ルートをもっておらず，これらの市場への参入は容易ではない。
- 競合企業の中には製造の体制をもたない，いわゆるファブレスを方針とする企業もあるが，B社はその方針は採っていない。①今後の新製品についても，現在の方針を維持する予定である。

〔成長戦略の検討〕
　C課長は，環境分析の結果を基に，ビジネス　　b　　の一つである成長マトリクスを図1のとおり作成した。図1では，製品・サービスと市場・顧客を四つの象限に区分した。区分に際しては，スマートフォンを既存の製品・サービスとし，スマートフォン以外の機器を新

規の製品・サービスとした。また，現在販売ルートのある市場の若齢者層を既存の市場・顧客とし，それ以外を新規の市場・顧客とした。

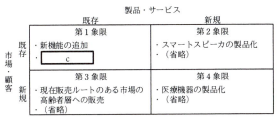

図1　成長マトリクス

　当初，C課長は，成長マトリクスを基に外部環境に加えて内部環境も考慮して検討した結果，第2象限と第4象限の二つの象限の戦略に力を入れるべきだと考えた。しかし，その後第4象限の戦略に関するB社の弱みを考慮し，第2象限の戦略を優先すべきだと考えた。

〔投資計画の評価〕
　第2象限の一部の戦略については，すぐにB社で製品化できる見込みのものがある。内部環境を考慮すると，これについてもB社で企画，開発，製造を行うことで，　d　によるメリットが期待できる。
　C課長は，この製品化について，複数の投資計画をキャッシュフローを基に評価した。投資額の回収期間を算出する手法としては，金利やリスクを考慮して将来のキャッシュフローを　e　に割り引いて算出する割引回収期間法が一般的な方法であるが，製品の陳腐化が早いので簡易的な回収期間法を使用することにした。また，回収期間の算出には，損益計算書上の利益に②減価償却費を加えた金額を使用した。製品化の投資計画は，表1のとおりである。

表1　製品化の投資計画

単位　百万円

年数[1]	投資年度	1年	2年	3年	4年	5年
投資額	1,000	0	0	0	0	0
利益[2]		200	300	300	200	100
減価償却費		200	200	200	200	200

注 [1]　投資年度からの経過年数を示す。
　 [2]　発生主義に基づく損益計算書上の利益を示す。

　投資額は投資年度の終わりに発生し，利益と減価償却費は各年内で期間均等に発生するものとして，C課長は表1を基に，回収期間を　f　年と算出した。

11 ストラテジ

設問1 本文及び図1中の a ～ d に入れる適切な字句を解答群の中から選び，
記号で答えよ。

    aに関する解答群
      ア　寡占市場　　　　　　　　　　　イ　ニッチ市場
      ウ　ブルーオーシャン　　　　　　　エ　レッドオーシャン

    bに関する解答群
      ア　アーキテクチャ　　　　　　　　イ　フレームワーク
      ウ　モデル化手法　　　　　　　　　エ　要求分析手法

    cに関する解答群
      ア　ウェアラブル端末の製品化　　　イ　自動運転機器の製品化
      ウ　提供サービスの細分化　　　　　エ　未開拓の国への販売

    dに関する解答群
      ア　アライアンス　　　　　　　　　イ　イノベーション
      ウ　規模の経済　　　　　　　　　　エ　範囲の経済

設問2 〔環境分析〕について，本文中の下線①の目的を解答群の中から選び，記号で答え
よ。

    解答群
      ア　資金を開発投資に集中したい。
      イ　製造設備の初期投資を抑えたい。
      ウ　製品のブランド力を高めたい。
      エ　高い品質の製品をコストを抑えて製造したい。

設問3 〔投資計画の評価〕について，（1）～（3）に答えよ。
 （1）本文中の e に入れる適切な字句を6字以内で答えよ。
 （2）本文中の下線②の理由を，"キャッシュ"という字句を含めて，30字以内で述べよ。
 （3）本文中の f に入れる適切な数値を求めよ。答えは小数第2位を四捨五入して，
    小数第1位まで求めよ。

得点アップ問題 **Q&A**

||| **解 説** |||

問題1
解答：ア　　←p595を参照。

　システム管理基準(平成30年)では，ITガバナンスにおける経営陣の行動について，「情報システムの企画，開発，保守，運用に関わるITマネジメントとそのプロセスに対して，経営陣が，評価(Evaluate)し，指示(Direct)し，モニタ(Monitor)する」と規定しています。この経営陣が果たすべき3つの行動を，その頭文字をとって**EDMモデル**といいます。

問題2
解答：エ　　←p596を参照。

　個別プロジェクトマネジメントにおける**事前評価**は，計画フェーズでの評価です。計画フェーズでは，全社IT投資計画を基にプロジェクトの実施計画を策定し，投資目的に基づいた効果目標の設定及び投資額の見積りを行い，実施可否判断に必要な情報を上位マネジメントに提供します。したがって，〔エ〕が事前評価の説明です。
ア，イ：実施フェーズでの中間評価の説明です。
ウ：完了フェーズでの事後評価の説明です。

問題3
解答：ウ　　←p603を参照。

　フォロワの基本戦略は，市場チャンスに素早く対応する**模倣戦略**です。したがって，〔ウ〕の「目標とする企業の戦略を観察し，迅速に模倣することで，開発や広告のコストを抑制し，市場での存続を図る」がフォロワ戦略の説明です。〔ア〕はチャレンジャ企業のとる戦略，〔イ〕はニッチャ企業のとる戦略，〔エ〕はリーダ企業のとる戦略です。

※企業の競争戦略
リーダ⇒全方位戦略
チャレンジャ
　⇒差別化戦略
フォロワ⇒模倣戦略
ニッチャ
　⇒集中(特定化)戦略

問題4
解答：ア　　←p604を参照。

　PPMでは，市場成長率と市場占有率の位置づけにより，事業・製品を4つに分類します。このうち"花形"に分類されるのは，「市場成長率が高く，市場占有率が高い製品」なので，〔ア〕が**花形**の説明です。
イ：「市場成長率，市場占有率ともに低い製品」とあるので，"負け犬"の説明です。
ウ：「市場成長率は高いが，市場占有率が低い製品」とあるので，"問題児"の説明です。
エ：「市場成長率は低いが，市場占有率は高い製品」とあるので，"金のなる木"の説明です。

問題5
解答：ウ　　←p607を参照。

　企業の事業活動を主活動と支援活動に分け，企業が顧客に提供する

11
ストラテジ

製品やサービスの利益は，どの活動で生み出されているかを分析する手法は，**バリューチェーン分析です。**

問題6
解答：ウ

←p608を参照。

売り手側でのマーケティング要素4Pを，買い手側の視点（顧客志向）で捉え直したものが買い手側での要素4Cです。これをマーケティングの4Cといい，4Pのプロモーションに対応するのは**コミュニケーション**です。

問題7
解答：イ

←p611を参照。

バランススコアカードの4つの視点は，「財務，**顧客**，内部ビジネスプロセス，学習と成長」です。

問題8
解答：ア

←p612を参照。

SFA(Sales Force Automation)とは，営業活動にITを活用して営業の効率と品質を高め，売上・利益の大幅な増加や，顧客満足度の向上を目指す手法，あるいは，そのための情報システムのことです。

イ：RSS(Retail Support System：リテールサポートシステム)の説明です。

ウ：ERP(Enterprise Resource Planning：企業資源計画)の説明です。

エ：EC(Electronic Commerce：電子商取引)の説明です。

※**RSS**は，選択肢によく出てくる。

問題9
解答：エ

←p615を参照。

EDI(Electronic Data Interchange)は，電子商取引に使用される，企業間でデータ交換を行う仕組みです。選択肢のうち情報表現規約で規定されるのは〔エ〕の「メッセージの形式」です。

ア：「企業間の取引の契約内容」は，基本取引規約で規定される内容です。

イ：「システムの運用時間」は，業務運用規約で規定される内容です。

ウ：「伝送制御手順」は，情報伝達規約で規定される内容です。

問題10
解答：ア

←p618を参照。

エッジコンピューティングとは，データ処理のリソースを端末の近くに配置することによって，通信トラフィックやサーバの負荷を軽減する技術(コンピューティングモデル)です。

イ：ウェアラブルコンピュータの説明です。

ウ：クラスタリング又はグリッドコンピューティングの説明です。

エ：エネルギーハーベスティングの説明です。

得点アップ問題 **Q&A**

問題11
解答：ア

←p620を参照。

マクシミン原理とは，最悪でも最低限の利得を確保しようという考え方です。マクシミン原理に従った場合，各戦略の最小利得のうち，最大となるものを選択します。株式A，B，C，Dの最小予想値上がり幅は，
- 株式Aの最小予想値上がり幅＝10
- 株式Bの最小予想値上がり幅＝5
- 株式Cの最小予想値上がり幅＝5
- 株式Dの最小予想値上がり幅＝－10

なので，株式Aに投資することになります。

問題12
解答：ア

←p629を参照。

抜取検査でのロットの品質とその合格率の関係を表すものは**OC曲線**です。なお，〔エ〕の**ワイブル分布**は，時間経過に対する故障率の推移を表す確率分布です。故障率関数のパラメータが，1より小さければ減少故障率で初期故障型，1なら一定故障率で偶発故障型，1より大きければ増加故障率で摩耗故障型となります。

※〔イ〕のバスタブ曲線についてはp215，〔ウ〕のポアソン分布についてはp53を参照。

問題13
解答：イ

←p631を参照。

ア：**固定比率**は「固定資産÷自己資本」で求められ，**低いほどよい**とされる指標です。
- 前年度の固定比率＝（500÷400）×100＝125%
- 当年度の固定比率＝（800÷600）×100＝133.3%

イ：**自己資本比率**は「自己資本÷総資本」で求められ，**高いほどよい**とされる指標です。
- 前年度の自己資本比率
  ＝（400÷（700＋500＋400））×100＝25%
- 当年度の自己資本比率
  ＝（600÷（800＋300＋600））×100＝35.3%

ウ：**総資本回転率**は「売上高÷総資本」で求められ，**高いほど資本を有効利用**していることになります。
- 前年度の総資本回転率＝4,000÷（700＋500＋400）＝2.5
- 当年度の総資本回転率＝4,000÷（800＋300＋600）＝2.35

エ：**流動比率**は「流動資産÷流動負債」で求められ，**高いほどよい状況**を示します。
- 前年度の流動比率＝（1,100÷700）×100＝157%
- 当年度の流動比率＝（900÷800）×100＝112.5%

以上，前年度に比べ向上した財務指標は〔イ〕の自己資本比率です。

※**自己資本**は，問題文の表にある純資産と同じ。

※**総資本**は「負債（流動負債，固定負債）＋純資産」で求められる。

11
ストラテジ

11 ストラテジ

問題14　　　　　　　　　　　　　解答：エ
←p630を参照。

　ROI(Return On Investment：投資利益率)は，投資効果を評価する指標の1つで，投資額に対する利益の割合を表したものです。「利益÷投資額×100」で算出します。したがって，ROIの説明は〔エ〕です。

ア：正味現在価値(NPV：Net Present Value)法の説明です。

イ：回収期間法の説明です。

ウ：IRR法の説明です。IRR(Internal Rate of Return：内部収益率)とは，NPV(正味現在価値)がゼロとなる割引率のことです。つまり，初期投資額をC_0，キャッシュフローをC_nとしたとき，次の式を満たすrがIRRです。

※正味現在価値法，及び回収期間法についてはp597を参照。

$$\{C_1／(1+r)\} + \{C_2／(1+r)^2\} + \cdots + \{C_n／(1+r)^n\} － C_0 = 0$$

IRRは投資の利回りであり，投資の収益性や効率性を図ることのできる指標です。

問題15　　　　　　　　　　　　　解答：ア
←p632, 633を参照。

　A社，B社それぞれにおける，損益分岐点売上高，安全余裕率，限界利益率，そして，売上高が3,000万円である場合の営業利益を求めてみます。

- **損益分岐点売上高**：固定費÷{1−変動費率}

　〔A社〕損益分岐点売上高=900÷{1−(800÷2,000)}=1,500[万円]

　〔B社〕損益分岐点売上高=300÷{1−(1,400÷2,000)}=1,000[万円]

※変動費率
　＝変動費÷売上高

- **安全余裕率**：(売上高−損益分岐点売上高)÷売上高×100

　〔A社〕安全余裕率=(2,000−1,500)÷2,000×100=25[%]

　〔B社〕安全余裕率=(2,000−1,000)÷2,000×100=50[%]

- **限界利益率**：(売上高−変動費)÷売上高×100

　〔A社〕限界利益率=(2,000−800)÷2,000×100=60[%]

　〔B社〕限界利益率=(2,000−1,400)÷2,000×100=30[%]

- **売上高が3,000万円である場合の営業利益**

　営業利益の算式は「営業利益=売上高−(変動費+固定費)」。

　〔A社〕営業利益=3,000−{3,000×(800÷2,000)+900}=900[万円]

　〔B社〕営業利益=3,000−{3,000×(1,400÷2,000)+300}=600[万円]

※変動費は，「売上高(＝3,000)×変動費率」で計算される値。

以上から，「安全余裕率はB社の方が高い」とした〔ア〕が正しい記述です。

問題16　　　　　　　　　　　　　解答：イ
←p647を参照。

　電子署名法は，電子文書，電子署名，特定認証業務を明確に定めることにより，電子署名付きの電子文書が民事訴訟法による印影の場合

660

得点アップ問題　**Q&A**

と同様の扱いを受けることを可能にした法律です。

問題17

解答：エ　　←p648を参照。

　請負契約の場合，該当業務に従事する（受注者に所属する）作業者を発注者の指揮命令下におくことはありません。また，その作業者が発注者の事業所で作業を実施する場合であっても，新たな雇用契約を発注者と結ぶ必要はありません。

チャレンジ午後問題

設問1	a：エ　　b：イ　　c：ウ　　d：エ
設問2	エ
設問3	(1)　e：現在価値
	(2)　減価償却費はキャッシュの移動がない費用だから
	(3)　f：2.2

11
ストラテジ

●設問1

空欄a：「多くの企業が市場を奪い合う形となり，価格も下がり
　　　　　a　　となりつつある」とあるので，空欄aには，「市場競争が激しく，価格競争が行われている市場」を指す用語が入ります。そして，これに該当するのは〔**エ**〕の**レッドオーシャン**です。

空欄b：「環境分析の結果を基に，ビジネス　　b　　の一つである成長マトリクスを図1のとおり作成した」とあります。成長マトリクスは，成長戦略を検討する際に用いられる手法であり，ビジネスフレームワークの1つなので，〔**イ**〕の**フレームワーク**が入ります。

空欄c：空欄cは，図1の成長マトリクスの第1象限にあります。第1象限の戦略は，「既存の市場・顧客で，既存の製品・サービスを伸ばす」という市場浸透戦略なので，これに該当するのは〔**ウ**〕の**提供サービスの細分化**です。〔ア〕のウェアラブル端末の製品化は第2象限の戦略，〔イ〕の自動運転機器の製品化は第4象限の戦略，〔エ〕の未開拓の国への販売は第3象限の戦略です。

空欄d：「第2象限の一部の戦略については，すぐにB社で製品化できる見込みのものがある。内部環境を考慮すると，これについてもB社で企画，開発，製造を行うことで，　　d　　によるメリットが期待できる」とあります。〔環境分析〕の（2）内部環境を見ると，「B社の強みは，製品の企画，開発，製造の一貫体制であり，これによって，異なる製品間における開発資源などの共有を実現し，コストを抑えている」旨の記述があります。この記述から考えると，期待できる

※**レッドオーシャン**とは，血を血で洗う競争の激しい市場のこと。

※「提供サービスの細分化」とは，現在提供しているサービスをより細かく細分化し，顧客（若齢者層）のニーズに対応することで他社と差別化を図り，自社の売上・収益を伸ばす」という戦略。

661

のは，〔エ〕の**範囲の経済**によるメリットです。"範囲の経済"とは，
自社が既存事業において有する経営資源（販売チャネル，ブランド，
固有技術，生産設備など）やノウハウを複数の事業に共用すれば，そ
れだけ経済面でのメリットが得られることをいいます。

●設問2

下線①について，「今後の新製品についても，現在の方針を維持する
目的」が問われています。"現在の方針"とは，製品の企画，開発，製
造の一貫体制です。〔環境分析〕の（2）内部環境に記述されているよ
うに，B社では，製品の企画，開発，製造の一貫体制によって，顧客
ニーズを満たす高い品質の製品を迅速に市場に提供でき，またコスト
も押さえられています。このことから考えると，今後の新製品につい
ても現在の方針を維持する目的は，〔エ〕の「**高い品質の製品をコスト
を抑えて製造したい**」からだと判断できます。

●設問3（1）

「金利やリスクを考慮して将来のキャッシュフローを　e　に割り
引いて算出する割引回収期間法」とあります。割引回収期間法は，将
来のキャッシュインを現在価値に割り引いた上で回収期間を算出する
方法です。したがって，空欄eには**現在価値**が入ります。

●設問3（2）

下線②について，「回収期間の算出に，損益計算書上の利益に減価償
却費を加えた金額を使用した」理由が問われています。

減価償却とは，初期投資額を，使用期間にわたり毎年均等に費用化
する処理のことです。減価償却費は，損益計算書に"費用"として計
上されますが，キャッシュの移動がなく，キャッシュ自体は減少しま
せん。このため，回収期間の算出の際には，利益に減価償却費を加え
た金額を回収額（キャッシュイン）として捉えます。したがって，解答
としては「**減価償却費はキャッシュの移動がない費用だから**」とすれ
ばよいでしょう。

●設問3（3）

空欄fに入れる回収期間が問われています。表1の直前に，「簡易的な
回収期間法を使用することにした」とあるので，単純に，投資額の
1,000百万円から各年の回収額（利益＋減価償却費）を減算していき，
±0になる経過年月を求めればよいことになります。

・1年目：400（＝200＋200）百万円が回収でき，残りは600百万円
・2年目：500（＝300＋200）百万円が回収でき，残りは100百万円
となり，残りの100百万円は，日割り計算すると，0.2（＝100÷500）
年で回収できます。したがって，回収期間は**2.2**（空欄f）年です。

サンプル問題

応用情報技術者試験
サンプル問題

　本サンプル問題は，これまでの学習の総仕上げのための問題です。試験本番を想定し，「問題を解く→解答を確認する→解説を読む」という流れで学習してください。本サンプル問題を活用することで，合格するために必要な知識を定着させ，さらに＋αの知識及び実力をつけましょう！

　なお，午前問題，午後問題の解答問題数及び試験時間は，次のようになっています。

◇午前問題

問題番号：問1〜問80（多肢選択式）
解答数　：80問（すべて必須解答）
試験時間：2時間30分

◇午後問題

問題番号：問1〜問11（記述式）
解答数　：5問（問1必須解答，問2〜11より4問を選択し解答）
試験時間：2時間30分

〔午後問題一覧〕

問 1	情報セキュリティ	マルウェア対策
問 2	経営戦略	ブランド戦略
問 3	プログラミング	データ圧縮の前処理として用いられるBlock-sorting
問 4	システムアーキテクチャ	キャンペーンサイトの構築
問 5	ネットワーク	SDNを利用したネットワーク設計
問 6	データベース	アクセスログ監査システムの構築
問 7	組込みシステム開発	自動車用衝突被害軽減ブレーキシステム
問 8	情報システム開発	アジャイル型開発
問 9	プロジェクトマネジメント	プロジェクトの人的資源計画とコミュニケーション計画の策定及び実施
問10	サービスマネジメント	情報資産の管理
問11	システム監査	財務会計システムの運用の監査

午前問題

問1 ATM（現金自動預払機）が1台ずつ設置してある二つの支店を統合し，統合後の支店にはATMを1台設置する。統合後のATMの平均待ち時間を求める式はどれか。ここで，待ち時間はM/M/1の待ち行列モデルに従い，平均待ち時間にはサービス時間を含まず，ATMを1台に統合しても十分に処理できるものとする。

〔条件〕
(1) 統合後の平均サービス時間：T_S
(2) 統合前のATMの利用率：両支店とも ρ
(3) 統合後の利用者数：統合前の両支店の利用者数の合計

ア $\dfrac{\rho}{1-\rho} \times T_S$

イ $\dfrac{\rho}{1-2\rho} \times T_S$

ウ $\dfrac{2\rho}{1-\rho} \times T_S$

エ $\dfrac{2\rho}{1-2\rho} \times T_S$

問2 次のBNFにおいて非終端記号<A>から生成される文字列はどれか。

<R_0> ::= 0 | 3 | 6 | 9
<R_1> ::= 1 | 4 | 7
<R_2> ::= 2 | 5 | 8
<A> ::= <R_0> | <A> <R_0> | <B> <R_2> | <C><R_1>
<B> ::= <R_1> | <A> <R_1> | <B> <R_0> | <C><R_2>
<C> ::= <R_2> | <A> <R_2> | <B> <R_1> | <C><R_0>

ア 123 イ 124 ウ 127 エ 128

問3 製品100個を1ロットとして生産する。一つのロットからサンプルを3個抽出して検査し，3個とも良品であればロット全体を合格とする。100個中に10個の不良品を含むロットが合格と判定される確率は幾らか。

ア $\dfrac{7}{10}$

イ $\dfrac{178}{245}$

ウ $\dfrac{729}{1000}$

エ $\dfrac{89}{110}$

問4 AIにおけるディープラーニングに関する記述として，最も適切なものはどれか。

ア あるデータから結果を求める処理を，人間の脳神経回路のように多層の処理を重ねることによって，複雑な判断をできるようにする。

イ 大量のデータからまだ知られていない新たな規則や仮説を発見するために，想定値から大きく外れている例外事項を取り除きながら分析を繰り返す手法である。

ウ 多様なデータや大量のデータに対して，三段論法，統計的手法やパターン認識手法を組み合わせることによって，高度なデータ分析を行う手法である。

エ 知識がルールに従って表現されており，演繹手法を利用した推論によって有意な結論を導く手法である。

問5 ドローン，マルチコプタなどの無人航空機に搭載されるセンサのうち，機体を常に水平に保つ姿勢制御のために使われるセンサはどれか。

ア　気圧センサ　　　　　　　　　イ　ジャイロセンサ
ウ　地磁気センサ　　　　　　　　エ　超音波センサ

問6　自然数をキーとするデータを，ハッシュ表を用いて管理する。キーxのハッシュ関数$h(x)$を
$$h(x) = x \bmod n$$
とすると，キーaとbが衝突する条件はどれか。ここで，nはハッシュ表の大きさであり，$x \bmod n$はxをnで割った余りを表す。

ア　$a+b$がnの倍数　　　　　　イ　$a-b$がnの倍数
ウ　nが$a+b$の倍数　　　　　　エ　nが$a-b$の倍数

問7　プログラムの実行に関する次の記述の下線部a〜dのうち，いずれかに誤りがある。誤りの箇所と正しい字句の適切な組合せはどれか。

　　自分自身を呼び出すことができるプログラムは，a再帰的であるという。このようなプログラムを実行するときは，bスタックに局所変数，c仮引数及び戻り番地を格納して呼び出し，復帰するときはdFIFO（First In First Out）方式で格納したデータを取り出して復元する必要がある。

	誤りの箇所	正しい字句
ア	a	再入可能
イ	b	待ち行列
ウ	c	実引数
エ	d	LIFO（Last In First Out）

問8　スーパスカラの説明として，適切なものはどれか。

ア　処理すべきベクトルの長さがベクトルレジスタよりも長い場合，ベクトルレジスタ長の組に分割して処理を繰り返す方式である。
イ　パイプラインを更に細分化することによって，高速化を図る方式である。
ウ　複数のパイプラインを用い，同時に複数の命令を実行可能にすることによって，高速化を図る方式である。
エ　命令語を長く取り，一つの命令で複数の機能ユニットを同時に制御することによって，高速化を図る方式である。

サンプル問題

問9 Hadoopの説明はどれか。

　　ア　Java EE仕様に準拠したアプリケーションサーバ
　　イ　LinuxやWindowsなどの様々なプラットフォーム上で動作するWebサーバ
　　ウ　機能の豊富さが特徴のRDBMS
　　エ　大規模なデータを分散処理するためのソフトウェアライブラリ

問10 CPUにおける投機実行の説明はどれか。

　　ア　依存関係にない複数の命令を，プログラム中での出現順序に関係なく実行する。
　　イ　パイプラインの空き時間を利用して二つのスレッドを実行し，あたかも二つのプロセッサであるかのように見せる。
　　ウ　二つ以上のCPUコアによって複数のスレッドを同時実行する。
　　エ　分岐命令の分岐先が決まる前に，あらかじめ予測した分岐先の命令の実行を開始する。

問11 RAID1〜5の各構成は，何に基づいて区別されるか。

　　ア　構成する磁気ディスク装置のアクセス性能
　　イ　コンピュータ本体とのインタフェースの違い
　　ウ　データ及び冗長ビットの記録方法と記録位置との組合せ
　　エ　保証する信頼性のMTBF値

問12 システムが使用する物理サーバの処理能力を，負荷状況に応じて調整する方法としてのスケールインの説明はどれか。

　　ア　システムを構成する物理サーバの台数を増やすことによって，システムとしての処理能力を向上する。
　　イ　システムを構成する物理サーバの台数を減らすことによって，システムとしてのリソースを最適化し，無駄なコストを削減する。
　　ウ　高い処理能力のCPUへの交換やメモリの追加などによって，システムとしての処理能力を向上する。
　　エ　低い処理能力のCPUへの交換やメモリの削減などによって，システムとしてのリソースを最適化し，無駄なコストを削減する。

問13 1件のデータを処理する際に，読取りには40ミリ秒，CPU処理には30ミリ秒，書込みには50ミリ秒掛かるプログラムがある。このプログラムで，n件目の書込みと並行して$n+1$件目のCPU処理と$n+2$件目の読取りを実行すると，1分当たりの最大データ処理件数は幾つか。ここで，OSのオーバヘッドは考慮しないものとする。

　　ア　500　　　　　イ　666　　　　　ウ　750　　　　　エ　1,200

問14 システムの信頼性向上技術に関する記述のうち，適切なものはどれか。

ア 故障が発生したときに，あらかじめ指定されている安全な状態にシステムを保つことを，フェールソフトという。
イ 故障が発生したときに，あらかじめ指定されている縮小した範囲のサービスを提供することを，フォールトマスキングという。
ウ 故障が発生したときに，その影響が誤りとなって外部に出ないように訂正することを，フェールセーフという。
エ 故障が発生したときに対処するのではなく，品質管理などを通じてシステム構成要素の信頼性を高めることを，フォールトアボイダンスという。

問15 ノードN_1とノードN_2で通信を行うデータ伝送網がある。図のようにN_1とN_2間にノードNを入れてA案，B案で伝送網を構成したとき，システム全体の稼働率の比較として適切なものはどれか。ここで，各ノード間の経路（パス）の稼働率は，全て等しくρ（$0 < \rho < 1$）であるものとする。また，各ノードは故障しないものとする。

ア A案，B案の稼働率の大小関係は，ρの値によって変化する。
イ A案，B案の稼働率は等しい。
ウ A案の方が，B案よりも稼働率が高い。
エ B案の方が，A案よりも稼働率が高い。

問16 仮想記憶方式では，割り当てられる実記憶の容量が小さいとページアウト，ページインが頻発し，スループットが急速に低下することがある。このような現象を何というか。

ア スラッシング　　　　　イ スワッピング
ウ フラグメンテーション　エ メモリリーク

問17 プロセスのスケジューリングに関する記述のうち，ラウンドロビン方式の説明として，適切なものはどれか。

ア 各プロセスに優先度が付けられていて，後に到着してもプロセスの優先度が実行中のプロセスよりも高ければ，実行中のものを中断し，到着プロセスを実行する。
イ 各プロセスに優先度が付けられていて，イベントの発生を契機に，その時点で最高優先度のプロセスを実行する。
ウ 各プロセスの処理時間に比例して，プロセスのタイムクウォンタムを変更する。
エ 各プロセスを待ち行列の順にタイムクウォンタムずつ実行し，終了しないときは待ち行列の最後につなぐ。

●　サンプル問題

問18　500kバイトの連続した空き領域に，複数のプログラムモジュールをオーバレイ方式で読み込んで実行する。読込み順序Aと読込み順序Bにおいて，最後の120kバイトのモジュールを読み込む際，読込み可否の組合せとして適切なものはどれか。ここで，数値は各モジュールの大きさをkバイトで表したものであり，モジュールを読み込む領域は，ファーストフイット方式で求めることとする。

〔読込み順序A〕
100 → 200 → 200解放 → 150 → 100解放 → 80 → 100 → 120
〔読込み順序B〕
200 → 100 → 150 → 100解放 → 80 → 200解放 → 100 → 120

	読込み順序 A	読込み順序 B
ア	読込み可能	読込み可能
イ	読込み可能	読込み不可能
ウ	読込み不可能	読込み可能
エ	読込み不可能	読込み不可能

問19　あるコンピュータ上で，異なる命令形式のコンピュータで実行できる目的プログラムを生成する言語処理プログラムはどれか。

ア　エミュレータ　　　　　　　　イ　クロスコンパイラ
ウ　最適化コンパイラ　　　　　　エ　プログラムジェネレータ

問20　IoTでの活用が検討されているLPWA(Low Power, Wide Area)の特徴として，適切なものはどれか。

ア　2線だけで接続されるシリアル有線通信であり，同じ基板上の回路及びLSIの間の通信に適している。
イ　60GHz帯を使う近距離無線通信であり，4K，8Kの映像などの大容量のデータを高速伝送することに適している。
ウ　電力線を通信に使う通信技術であり，スマートメータの自動検針などに適している。
エ　バッテリ消費量が少なく，一つの基地局で広範囲をカバーできる無線通信技術であり，複数のセンサが同時につながるネットワークに適している。

問21　半導体製造プロセスが微細化することによって問題となってきたリーク電流の低減手段として，適切なものはどれか。

ア　クロックの周波数制御
イ　使用しないブロックへのクロック供給停止
ウ　使用しないブロックへの電源供給停止
エ　電源電圧の調整

問22　16進数ABCD1234をリトルエンディアンで4バイトのメモリに配置したものはどれか。ここで，0〜+3はバイトアドレスのオフセット値である。

	0	+1	+2	+3			0	+1	+2	+3
ア	12	34	AB	CD		イ	34	12	CD	AB

	0	+1	+2	+3			0	+1	+2	+3
ウ	43	21	DC	BA		エ	AB	CD	12	34

問23　真理値表に示す3入力多数決回路はどれか。

入力			出力
A	B	C	Y
0	0	0	0
0	0	1	0
0	1	0	0
0	1	1	1
1	0	0	0
1	0	1	1
1	1	0	1
1	1	1	1

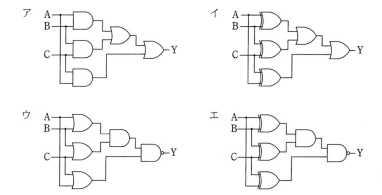

問24　W3Cで仕様が定義され，矩形や円，直線，文字列などの図形オブジェクトをXML形式で記述し，Webページでの図形描画にも使うことができる画像フォーマットはどれか。

　　ア　OpenGL　　イ　PNG　　ウ　SVG　　エ　TIFF

サンプル問題

問25 Webページの設計の例のうち,アクセシビリティを高める観点から最も適切なものはどれか。

ア 音声を利用者に確実に聞かせるために,Webページの表示時に音声を自動的に再生する。

イ 体裁の良いレイアウトにするために,表組みを用いる。

ウ 入力が必須な項目は,色で強調するだけでなく,項目名の隣に"(必須)"などと明記する。

エ ハイパリンク先の内容が推測できるように,ハイパリンク画像のalt属性にリンク先のURLを付記する。

問26 "電話番号"列にNULLを含む"取引先"表に対して,SQL文を実行した結果の行数は幾つか。

取引先

取引先コード	取引先名	電話番号
1001	A社	010-1234-xxxx
2001	B社	020-2345-xxxx
3001	C社	NULL
4001	D社	030-3011-xxxx
5001	E社	(010-4567-xxxx)

SELECT * FROM 取引先 WHERE 電話番号 NOT LIKE '010%'

ア 1   イ 2   ウ 3   エ 4

問27 "学生"表が次のSQL文で定義されているとき,検査制約の違反となるSQL文はどれか。

CREATE TABLE 学生(学生番号 CHAR(5) PRIMARY KEY,
          学生名 CHAR(16),
          学部コード CHAR(4),
          住所 CHAR(16),
          CHECK (学生番号 LIKE 'K%'))

学生

学生番号	学生名	学部コード	住所
K1001	田中太郎	E001	東京都
K1002	佐藤一美	E001	茨城県
K1003	髙橋肇	L005	神奈川県
K2001	伊藤香織	K007	埼玉県

ア DELETE FROM 学生 WHERE 学生番号 = 'K1002'

イ INSERT INTO 学生 VALUES ('J2002','渡辺次郎','M006','東京都')

ウ SELECT * FROM 学生 WHERE 学生番号 = 'K1001'

エ UPDATE 学生 SET 学部コード = 'N001' WHERE 学生番号 LIKE 'K%'

670

問28 埋込みSQLにおいて，問合せによって得られた導出表を1行ずつ親プログラムに引き渡す操作がある。この操作と関係の深い字句はどれか。

ア CURSOR　イ ORDER BY　ウ UNION　エ UNIQUE

問29 "部品"表のメーカコード列に対し，B⁺木インデックスを作成した。これによって，"部品"表の検索の性能改善が最も期待できる操作はどれか。ここで，部品及びメーカのデータ件数は十分に多く，メーカコードの値は均一に分散されているものとする。また，"部品"表のごく少数の行には，メーカコード列にNULLが設定されている。ここで，実線の下線は主キーを，破線の下線は外部キーを表す。

　部品(部品コード，部品名，メーカコード)
　メーカ(メーカコード，メーカ名，住所)

ア メーカコードの値が1001以外の部品を検索する。
イ メーカコードの値が1001でも4001でもない部品を検索する。
ウ メーカコードの値が4001以上，4003以下の部品を検索する。
エ メーカコードの値がNULL以外の部品を検索する。

問30 ビッグデータの基盤技術として利用されるNoSQLに分類されるデータベースはどれか。

ア 関係データモデルをオブジェクト指向データモデルに拡張し，操作の定義や型の継承関係の定義を可能としたデータベース
イ 経営者の意思決定を支援するために，ある主題に基づくデータを現在の情報とともに過去の情報も蓄積したデータベース
ウ 様々な形式のデータを一つのキーに対応付けて管理するキーバリュー型データベース
エ データ項目の名称や形式など，データそのものの特性を表すメタ情報を管理するデータベース

問31 ブラウザでインターネット上のWebページのURLをhttp://www.jitec.ipa.go.jp/のように指定すると，ページが表示されずにエラーが表示された。ところが，同じページのURLをhttp://118.151.146.137/のようにIPアドレスを使って指定すると，ページは正しく表示された。このような現象が発生する原因の一つとして考えられるものはどれか。ここで，インターネットへの接続はプロキシサーバを経由しているものとする。

ア DHCPサーバが動作していない。
イ DNSサーバが動作していない。
ウ デフォルトゲートウェイが動作していない。
エ プロキシサーバが動作していない。

問32 図のように，2台の端末がルータと中継回線で接続されているとき，端末Aがフレームを送信し始めてから，端末Bがフレームを受信し終わるまでの時間は，おおよそ何ミリ秒か。

〔条件〕
フレーム長：LAN，中継回線ともに1,500バイト
LANの伝送速度：10Mビット／秒
中継回線の伝送速度：1.5Mビット／秒
1フレームのルータ処理時間：両ルータともに0.8ミリ秒

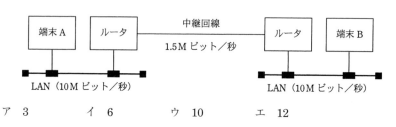

ア 3　　　イ 6　　　ウ 10　　　エ 12

問33 CSMA/CD方式に関する記述のうち，適切なものはどれか。

ア 衝突発生時の再送動作によって，衝突の頻度が増すとスループットが下がる。
イ 送信要求が発生したステーションは，共通伝送路の搬送波を検出してからデータを送信するので，データ送出後の衝突は発生しない。
ウ ハブによって複数のステーションが分岐接続されている構成では，衝突の検出ができないので，この方式は使用できない。
エ フレームとしては任意長のビットが直列に送出されるので，フレーム長がオクテットの整数倍である必要はない。

問34 伝送速度30Mビット／秒の回線を使ってデータを連続送信したとき，平均して100秒に1回の1ビット誤りが発生した。この回線のビット誤り率は幾らか。

ア 4.17×10^{-11}　　　イ 3.33×10^{-10}
ウ 4.17×10^{-5}　　　エ 3.33×10^{-4}

問35 IPネットワークのプロトコルのうち，OSI基本参照モデルのネットワーク層に属するものはどれか。

ア HTTP　　　イ ICMP　　　ウ SMTP　　　エ UDP

問36 IPアドレスが172.16.255.164，サブネットマスクが255.255.255.192であるホストと同じサブネットワークに属するホストのIPアドレスはどれか。

ア 172.16.255.128　　　イ 172.16.255.129
ウ 172.16.255.191　　　エ 172.16.255.192

午前問題

問37 DNSキャッシュポイズニングに分類される攻撃内容はどれか。

ア　DNSサーバのソフトウェアのバージョン情報を入手して，DNSサーバのセキュリティホールを特定する。

イ　PCが参照するDNSサーバに偽のドメイン情報を注入して，偽装されたサーバにPCの利用者を誘導する。

ウ　攻撃対象のサービスを妨害するために，攻撃者がDNSサーバを踏み台に利用して再帰的な問合せを大量に行う。

エ　内部情報を入手するために，DNSサーバが保存するゾーン情報をまとめて転送させる。

問38 パスワードに使用できる文字の種類の数をM，パスワードの文字数をnとするとき，設定できるパスワードの理論的な総数を求める数式はどれか。

ア　M^n

イ　$\dfrac{M!}{(M-n)!}$

ウ　$\dfrac{M!}{n!(M-n)!}$

エ　$\dfrac{(M+n-1)!}{n!(M-1)!}$

問39 未使用のIPアドレス空間であるダークネットに到達する通信の観測において，送信元IPアドレスがA，送信元ポート番号が80/tcpのSYN/ACKパケットを受信した場合に想定できる攻撃はどれか。

ア　IPアドレスAを攻撃先とするサービス妨害攻撃

イ　IPアドレスAを攻撃先とするパスワードリスト攻撃

ウ　IPアドレスAを攻撃元とするサービス妨害攻撃

エ　IPアドレスAを攻撃元とするパスワードリスト攻撃

問40 JPCERT/CCの説明はどれか。

ア　工業標準化法に基づいて経済産業省に設置されている審議会であり，工業標準化全般に関する調査・審議を行っている。

イ　電子政府推奨暗号の安全性を評価・監視し，暗号技術の適切な実装法・運用法を調査・検討するプロジェクトであり，総務省及び経済産業省が共同で運営する暗号技術検討会などで構成される。

ウ　特定の政府機関や企業から独立した組織であり，国内のコンピュータセキュリティインシデントに関する報告の受付，対応の支援，発生状況の把握，手口の分析，再発防止策の検討や助言を行っている。

エ　内閣官房に設置され，我が国をサイバー攻撃から防衛するための司令塔機能を担う組織である。

サンプル問題

問41 JIS Q 31000:2010(リスクマネジメント−原則及び指針)における，残留リスクの定義はどれか。

　ア　監査手続を実施しても監査人が重要な不備を発見できないリスク
　イ　業務の性質や本来有する特性から生じるリスク
　ウ　利益を生む可能性に内在する損失発生の可能性として存在するリスク
　エ　リスク対応後に残るリスク

問42 JIS X 9401:2016(情報技術−クラウドコンピューティング−概要及び用語)の定義によるクラウドサービス区分の一つであり，クラウドサービスカスタマの責任者が表中の項番1と2の責務を負い，クラウドサービスプロバイダが項番3〜5の責務を負うものはどれか。

項番	責務
1	アプリケーションに対して，データのアクセス制御と暗号化の設定を行う。
2	アプリケーションに対して，セキュアプログラミングと脆弱性診断を行う。
3	DBMS に対して，修正プログラム適用と権限設定を行う。
4	OS に対して，修正プログラム適用と権限設定を行う。
5	ハードウェアに対して，アクセス制御と物理セキュリティ確保を行う。

　ア　HaaS　　　イ　IaaS　　　ウ　PaaS　　　エ　SaaS

問43 ポリモーフィック型マルウェアの説明として，適切なものはどれか。

　ア　インターネットを介して，攻撃者がPCを遠隔操作する。
　イ　感染ごとにマルウェアのコードを異なる鍵で暗号化することによって，同一のパターンでは検知されないようにする。
　ウ　複数のOS上で利用できるプログラム言語でマルウェアを作成することによって，複数のOS上でマルウェアが動作する。
　エ　ルートキットを利用して，マルウェアに感染していないように見せかけることによって，マルウェアを隠蔽する。

問44 SPF(Sender Policy Framework)を利用する目的はどれか。

　ア　HTTP通信の経路上での中間者攻撃を検知する。
　イ　LANへのPCの不正接続を検知する。
　ウ　内部ネットワークへの不正侵入を検知する。
　エ　メール送信のなりすましを検知する。

午前問題

問45 SIEM (Security Information and Event Management) の特徴はどれか。

ア　DMZを通過する全ての通信データを監視し，不正な通信を遮断する。

イ　サーバやネットワーク機器のMIB (Management Information Base) 情報を分析し，中間者攻撃を遮断する。

ウ　ネットワーク機器のIPFIX (IP Flow Information Export) 情報を監視し，攻撃者が他者のPCを不正に利用したときの通信を検知する。

エ　複数のサーバやネットワーク機器のログを収集分析し，不審なアクセスを検知する。

問46 ディレクトリトラバーサル攻撃はどれか。

ア　OSの操作コマンドを利用するアプリケーションに対して，攻撃者が，OSのディレクトリ作成コマンドを渡して実行する。

イ　SQL文のリテラル部分の生成処理に問題があるアプリケーションに対して，攻撃者が，任意のSQL文を渡して実行する。

ウ　シングルサインオンを提供するディレクトリサービスに対して，攻撃者が，不正に入手した認証情報を用いてログインし，複数のアプリケーションを不正使用する。

エ　入力文字列からアクセスするファイル名を組み立てるアプリケーションに対して，攻撃者が，上位のディレクトリを意味する文字列を入力して，非公開のファイルにアクセスする。

問47 ソフトウェアライフサイクルプロセスにおいてソフトウェア実装プロセスを構成するプロセスのうち，次のタスクを実施するものはどれか。

〔タスク〕
・ソフトウェア品目の外部インタフェース，及びソフトウェアコンポーネント間のインタフェースについて最上位レベルの設計を行う。
・データベースについて最上位レベルの設計を行う。
・ソフトウェア結合のために暫定的なテスト要求事項及びスケジュールを定義する。

ア　ソフトウェア結合プロセス　　　　イ　ソフトウェア構築プロセス
ウ　ソフトウェア詳細設計プロセス　　エ　ソフトウェア方式設計プロセス

問48 CMMIの説明はどれか。

ア　ソフトウェア開発組織及びプロジェクトのプロセスの成熟度を評価するためのモデルである。

イ　ソフトウェア開発のプロセスモデルの一種である。

ウ　ソフトウェアを中心としたシステム開発及び取引のための共通フレームのことである。

エ　プロジェクトの成熟度に応じてソフトウェア開発の手順を定義したモデルである。

問49 ソフトウェアの品質特性のうちの保守性に影響するものはどれか。

　ア　ソフトウェアが，特定の作業に特定の利用条件でどのように利用できるかを利用者が理解しやすいかどうか。
　イ　ソフトウェアにある欠陥の診断又は故障原因の追究，及びソフトウェアの修正箇所を識別しやすいかどうか。
　ウ　ソフトウェアに潜在する障害の結果として生じる故障が発生しやすいかどうか。
　エ　ソフトウェアの機能を実行する際に，資源の量及び資源の種類を適切に使用するかどうか。

問50 エクストリームプログラミング(XP)のプラクティスとして，適切なものはどれか。

　ア　1週間の労働時間は，チームで相談して自由に決める。
　イ　ソースコードの再利用は，作成者だけが行う。
　ウ　単体テストを終えたプログラムは，すぐに結合して，結合テストを行う。
　エ　プログラミングは1人で行う。

問51 PERT図で表されるプロジェクトにおいて，プロジェクト全体の所要日数を1日短縮できる施策はどれか。

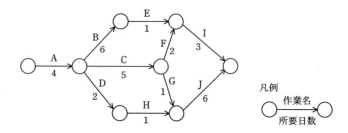

　ア　作業BとFを1日ずつ短縮する。　　イ　作業Bを1日短縮する。
　ウ　作業Iを1日短縮する。　　　　　　エ　作業Jを1日短縮する。

問52 PMBOKによれば，"アクティビティ定義"プロセスで実施するものはどれか。

　ア　作業順序，所要期間，必要な資源などから実施スケジュールを作成する。
　イ　作業を階層的に要素分解してワークパッケージを定義する。
　ウ　プロジェクトで実施する作業の相互関係を特定して文書化する。
　エ　プロジェクトの成果物を生成するために実施すべき具体的な作業を特定する。

問53　あるプログラムの設計から結合テストまでの作業について，開発工程ごとの見積工数を表1に示す。また，開発工程ごとの上級SEと初級SEの要員割当てを表2に示す。上級SEは，初級SEに比べて，プログラム作成・単体テストについて2倍の生産性を有する。表1の見積工数は，上級SEの生産性を基に算出している。

全ての開発工程に対して，上級SEを1人追加して割り当てると，この作業に要する期間は何か月短縮できるか。ここで，開発工程の期間は重複させないものとし，要員全員が1か月当たり1人月の工数を投入するものとする。

表1

開発工程	見積工数（人月）
設計	6
プログラム作成・単体テスト	12
結合テスト	12
合計	30

表2

開発工程	要員割当て（人）	
	上級 SE	初級 SE
設計	2	0
プログラム作成・単体テスト	2	2
結合テスト	2	0

ア　1　　　　　　イ　2　　　　　　ウ　3　　　　　エ　4

問54　プロジェクトマネジメントにおけるリスクの対応例のうち，PMBOKのリスク対応戦略の一つである転嫁に該当するものはどれか。

ア　あるサブプロジェクトの損失を，他のサブプロジェクトの利益と相殺する。
イ　個人情報の漏えいが起こらないように，システムテストで使用する本番データの個人情報部分はマスキングする。
ウ　損害の発生に備えて，損害賠償保険を掛ける。
エ　取引先の業績が悪化して，信用に不安があるので，新規取引を止める。

問55　JIS Q 20000-1:2020(サービスマネジメントシステム要求事項)が規定しているものはどれか。

ア　サービスの計画から運用，維持，改善までを支援する製品又はツールの仕様
イ　サービスマネジメントシステムを計画，確立，導入，運用，監視，レビュー，維持及び改善するための，サービス提供者に対する要求事項
ウ　情報セキュリティマネジメントシステムを確立し，実施し，維持し，継続的に改善するための要求事項
エ　当該規格の要求事項を適用するサービスの形態，規模及び性質

問56　プロジェクト管理においてパフォーマンス測定に使用するEVMの管理対象の組みはどれか。

ア　コスト，スケジュール　　　　イ　コスト，リスク
ウ　スケジュール，品質　　　　　エ　品質，リスク

サンプル問題

問57 システム利用者に対して付与されるアクセス権の管理状況の監査で判明した状況のうち，監査人がシステム監査報告書で報告すべき指摘事項はどれか。

ア アクセス権を付与された利用者ID・パスワードに関して，システム利用者が遵守すべき事項が規定として定められ，システム利用者に周知されていた。
イ 業務部門長によって，所属するシステム利用者に対するアクセス権の付与状況のレビューが定期的に行われていた。
ウ システム利用者に対するアクセス権の付与・変更・削除に関する管理手順が，規定として定められていた。
エ 退職・異動したシステム利用者に付与されていたアクセス権の削除・変更は，定期人事異動がある年度初めに全てまとめて行われていた。

問58 業務データのバックアップが自動取得されている場合，日次バックアップデータが継続的に取得されているかどうかをシステム監査人が検証する手続として，適切なものはどれか。

ア バックアップジョブの再実施
イ バックアップジョブの設定内容及びジョブの実行結果ログの閲覧
ウ バックアップデータからのリカバリテストの実施
エ バックアップ媒体やバックアップ装置の観察

問59 マスタファイル管理に関するシステム監査項目のうち，可用性に該当するものはどれか。

ア マスタファイルが置かれているサーバを二重化し，耐障害性の向上を図っていること
イ マスタファイルのデータを複数件まとめて検索・加工するための機能が，システムに盛り込まれていること
ウ マスタファイルのメンテナンスは，特権アカウントを付与された者だけに許されていること
エ マスタファイルへのデータ入力チェック機能が，システムに盛り込まれていること

問60 事業継続計画（BCP）について監査を実施した結果，適切な状況と判断されるものはどれか。

ア 従業員の緊急連絡先リストを作成し，最新版に更新している。
イ 重要書類は複製せずに1か所で集中保管している。
ウ 全ての業務について，優先順位なしに同一水準のBCPを策定している。
エ 平時にはBCPを従業員に非公開としている。

午前問題

問61 情報戦略の投資効果を評価するとき，利益額を分子に，投資額を分母にして算出するものはどれか。

ア　EVA　　　イ　IRR　　　ウ　NPV　　　エ　ROI

問62 共通フレーム2013によれば，システム化構想の立案で作成されるものはどれか。

ア　企業で将来的に必要となる最上位の業務機能と業務組織を表した業務の全体像
イ　業務手順やコンピュータ入出力情報など実現すべき要件
ウ　日次や月次で行う利用者業務やコンピュータ入出力作業の業務手順
エ　必要なハードウェアやソフトウェアを記述した最上位レベルのシステム方式

問63 SOAの説明はどれか。

ア　会計，人事，製造，購買，在庫管理，販売などの企業の業務プロセスを一元管理することによって，業務の効率化や経営資源の全体最適を図る手法
イ　企業の業務プロセス，システム化要求などのニーズと，ソフトウェアパッケージの機能性がどれだけ適合し，どれだけかい離しているかを分析する手法
ウ　業務プロセスの問題点を洗い出して，目標設定，実行，チェック，修正行動のマネジメントサイクルを適用し，継続的な改善を図る手法
エ　利用者の視点から各業務システムの機能を幾つかの独立した部品に分けることによって，業務プロセスとの対応付けや他のソフトウェアとの連携を容易にする手法

問64 IT投資ポートフォリオの目的はどれか。

ア　IT投資を事業別，システム別，ベンダ別，品目別などに分類して，経年推移や構成比率の変化などを分析し，投資額削減の施策を検討する。
イ　個別のIT投資案件について，情報戦略との適合性，投資額や投資効果の妥当性，投資リスクの明瞭性などの観点から投資判断を行う。
ウ　個別プロジェクトの計画，実施，完了に応じて，IT投資の事前評価，中間評価，事後評価を一貫して行い，戦略目標に対する達成度を評価する。
エ　投資リスクや投資価値の類似性で分類したカテゴリごとのIT投資について，企業レベルで最適な資源配分を行う。

問65 業務要件定義において，業務フローを記述する際に，処理の分岐や並行処理，処理の同期などを表現できる図はどれか。

ア　アクティビティ図　　　　　　イ　クラス図
ウ　状態遷移図　　　　　　　　　エ　ユースケース図

● サンプル問題

問66 定性的な評価項目を定量化するために評価点を与える方法がある。表に示す4段階評価を用いた場合，重み及び判定内容から評価されるシステム全体の目標達成度は何％となるか。

評価項目	重み	判定内容
省力化効果	5	目標どおりの効果があった
期間の短縮	8	従来と変わらない
情報の統合化	12	部分的には改善された

4段階評価点　3：目標どおり　2：ほぼ目標どおり
　　　　　　　1：部分改善　　0：変わらず

　ア　27　　　　　　イ　36　　　　　　ウ　43　　　　　　エ　52

問67 コモディティ化の説明はどれか。

　ア　革新的な発明に基づいて，従来は市場に存在しなかった製品を開発し，市場に投入すること
　イ　技術革新によって，後発製品が先発製品の市場を衰退させること
　ウ　技術の成熟などによって，他社製品との差別化が価格以外の点で困難になること
　エ　市場での価格競争を避けるために，他社製品とは異なる機能をもった製品を開発し，販売すること

問68 コアコンピタンスに該当するものはどれか。

　ア　主な事業ドメインの高い成長率
　イ　競合他社よりも効率性が高い生産システム
　ウ　参入を予定している事業分野の競合状況
　エ　収益性が高い事業分野での市場シェア

問69 A社は，ソリューションプロバイダから，顧客に対するワントゥワンマーケティングを実現する統合的なソリューションの提案を受けた。この提案が該当するソリューションとして，最も適切なものはどれか。

　ア　CRMソリューション　　　　　イ　HRMソリューション
　ウ　SCMソリューション　　　　　エ　財務管理ソリューション。

問70 プロセスイノベーションに関する記述として，適切なものはどれか。

　ア　競争を経て広く採用され，結果として事実上の標準となる。
　イ　製品の品質を向上する革新的な製造工程を開発する。
　ウ　独創的かつ高い技術を基に革新的な新製品を開発する。
　エ　半導体の製造プロセスをもっている企業に製造を委託する。

問71 ある期間の生産計画において，図の部品表で表される製品Aの需要量が10個であるとき，部品Dの正味所要量は何個か。ここで，ユニットBの在庫残が5個，部品Dの在庫残が25個あり，他の在庫残，仕掛残，注文残，引当残などはないものとする。

レベル0		レベル1		レベル2	
品名	数量（個）	品名	数量（個）	品名	数量（個）
製品A	1	ユニットB	4	部品D	3
				部品E	1
		ユニットC	1	部品D	1
				部品F	2

ア　80　　　　イ　90　　　　ウ　95　　　　エ　105

問72 ワークサンプリング法はどれか。

ア　観測回数・観測時刻を設定し，実地観測によって観測された要素作業数の比率などから，統計的理論に基づいて作業時間を見積もる。
イ　作業動作を基本動作にまで分解して，基本動作の時間標準テーブルから，構成される基本動作の時間を合計して作業時間を求める。
ウ　作業票や作業日報などから各作業の実施時間を集計し，作業ごとに平均して標準時間を求める。
エ　実際の作業動作そのものをストップウォッチで数回反復測定して，作業時間を調査する。

問73 EDIを実施するための情報表現規約で規定されるべきものはどれか。

ア　企業間の取引の契約内容　　イ　システムの運用時間
ウ　伝送制御手順　　　　　　　エ　メッセージの形式

問74 横軸にロットの不良率，縦軸にロットの合格率をとり，抜取検査でのロットの品質とその合格率との関係を表したものはどれか。

ア　OC曲線　　　　　　　　　イ　バスタブ曲線
ウ　ポアソン分布　　　　　　　エ　ワイブル分布

問75 知識創造プロセス（SECIモデル）における"表出化"はどれか。

ア　暗黙知から新たに暗黙知を得ること
イ　暗黙知から新たに形式知を得ること
ウ　形式知から新たに暗黙知を得ること
エ　形式知から新たに形式知を得ること

サンプル問題

問76 "かんばん方式"を説明したものはどれか。

ア 各作業の効率を向上させるために，仕様が統一された部品，半製品を調達する。

イ 効率よく部品調達を行うために，関連会社から部品を調達する。

ウ 中間在庫を極力減らすために，生産ラインにおいて，後工程が自工程の生産に合わせて，必要な部品を前工程から調達する。

エ より品質の高い部品を調達するために，部品の納入指定業者を複数定め，競争入札で部品を調達する。

問77 今年度のA社の販売実績と費用(固定費，変動費)を表に示す。来年度，固定費が5%上昇し，販売単価が5%低下すると予測されるとき，今年度と同じ営業利益を確保するためには，最低何台を販売する必要があるか。

販売台数	2,500 台
販売単価	200 千円
固定費	150,000 千円
変動費	100 千円／台

ア 2,575   イ 2,750   ウ 2,778   エ 2,862

問78 取得原価30万円のPCを2年間使用した後，廃棄処分し，廃棄費用2万円を現金で支払った。このときの固定資産の除却損は廃棄費用も含めて何万円か。ここで，耐用年数は4年，減価償却は定額法，定額法の償却率は0.250，残存価額は0円とする。

ア 9.5   イ 13.0   ウ 15.0   エ 17.0

問79 A社は顧客管理システムの開発を，情報システム子会社であるB社に委託し，B社は要件定義を行った上で，設計・プログラミング・テストまでを，協力会社であるC社に委託した。C社ではD社員にその作業を担当させた。このとき，開発したプログラムの著作権はどこに帰属するか。ここで，関係者の間には，著作権の帰属に関する特段の取決めはないものとする。

ア A社   イ B社   ウ C社   エ D社員

問80 ソフトウェアやデータに瑕疵がある場合に，製造物責任法の対象となるものはどれか。

ア ROM化したソフトウェアを内蔵した組込み機器

イ アプリケーションのソフトウェアパッケージ

ウ 利用者がPCにインストールしたOS

エ 利用者によってネットワークからダウンロードされたデータ

午後問題

次の**問1**は必須問題です。必ず解答してください。

問1 マルウェア対策に関する次の記述を読んで，設問1〜5に答えよ。

　T社は，社員60名の電子機器の設計開発会社であり，技術力と実績によって顧客の信頼を得ている。社内のサーバには，設計資料や調査研究資料など，営業秘密情報を含む資料が多数保管されている。
　T社の社員は，社内LANのPCからインターネット上のWebサイトにアクセスして，情報収集を日常的に行っている。ファイアウォール(以下，FWという)には，業務上必要となる最少の通信だけを許可するパケットフィルタリングルールが設定されており，社内LANからのインターネットアクセスは，DMZのプロキシサーバ経由だけが許可されている。T社の現在のLAN構成を図1に示す。

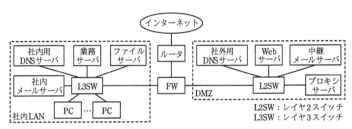

図1　T社の現在のLAN構成

　T社では，マルウェアの感染を防ぐために，PCとサーバでウイルス対策ソフトを稼働させ，情報セキュリティ運用規程にのっとり，最新のウイルス定義ファイルとセキュリティパッチを適用している。

〔マルウェア対策の見直し〕
　最近，秘密情報の流出など，情報セキュリティを損ねる予期しない事象(以下，インシデントという)による被害に関する報道が多くなっている。この状況に危機感を抱いたシステム課のM課長は，運用担当のS君に，情報セキュリティ関連のコンサルティングを委託しているY氏の支援を受けて，マルウェア対策を見直すよう指示した。
　S君から相談を受けたY氏がT社の対策状況を調査したところ，マルウェアの活動を抑止する対策が十分でないことが分かった。Y氏はS君に，特定の企業や組織内の情報を狙ったサイバー攻撃(以下，標的型攻撃という)の現状と，T社が実施すべき対策について説明した。Y氏が説明した内容を次に示す。

〔標的型攻撃の現状と対策〕
　最近，標的型攻撃の一つである｜　a　｜攻撃が増加している。｜　a　｜攻撃は，攻撃者が，攻撃対象の企業や組織が日常的に利用するWebサイトの｜　b　｜を改ざんし，Webサイトにアクセスしたで PCをマルウェアに感染させ

るものである。これを回避するには，WebブラウザやOSのセキュリティパッチを更新して，最新の状態に保つことが重要である。しかし，ゼロデイ攻撃が行われた場合は，マルウェアの感染を防止できない。

　マルウェアは，PCに侵入すると，攻撃者がマルウェアの遠隔操作に利用するサーバ（以下，攻撃サーバという）との間の通信路を確立した後，企業や組織内のサーバへの侵入を試みることが多い。サーバに侵入したマルウェアは，攻撃サーバから送られる攻撃者の指示を受け，サーバに保管された情報の窃取，破壊などを行うことがある。①マルウェアと攻撃サーバの間の通信（以下，バックドア通信という）は，HTTPで行われることが多いので，マルウェアの活動を発見するのは容易ではない。

　Y氏は，このようなマルウェアの活動を抑止するために，次の3点の対応策をS君に提案した。
・DMZに設置されているプロキシサーバとPCでの対策の実施
・ログ検査の実施
・インシデントへの対応体制の構築

〔DMZに設置されているプロキシサーバとPCでの対策の実施〕
　S君は，プロキシサーバとPCで，次の3点の対策を行うことにした。
・プロキシサーバで，遮断するWebサイトをT社が独自に設定できる　　c　　機能を新たに稼働させる。
・プロキシサーバで利用者認証を行い，攻撃サーバとの通信路の確立を困難にする。
・プロキシサーバでの利用者認証時に，②PCの利用者が入力した認証情報がマルウェアによって悪用されるのを防ぐための設定を，Webブラウザに行う。

〔ログ検査の実施〕
　S君は，ログ検査について検討し，次の対策と運用を行うことにした。
　プロキシサーバは，社内LANのPCとサーバが社外のWebサーバとの間で通信した内容をログに記録している。業務サーバ，ファイルサーバ，FWなどの機器も，ログインや操作履歴をログに記録しているので，プロキシサーバだけでなく他の機器のログも併せて検査する。③ログ検査では，複数の機器のログに記録された事象の関連性も含めて調査することから，DMZにNTP（Network Time Protocol）サーバを新規に導入し，ログ検査を行う機器でNTPクライアントを稼働させる。導入するNTPサーバは，外部の信用できるサーバから時刻を取得する。NTPサーバの導入に伴って，表1に示すパケットフィルタリングルールをFWに追加する。

表1　FW に追加するパケットフィルタリングルール

項番	送信元	宛先	サービス	動作
1	d　　 の NTP サーバ	e　 の NTP サーバ	NTP	許可
2	社内 LAN のサーバ	d　 の NTP サーバ	NTP	許可

注記　FW は，最初に受信して通過させるパケットの設定を行えば，応答パケットの通過を
　　　自動的に許可する機能をもつ。

ログ検査では，次の2点を重点的に行う。

・プロキシサーバでの利用者認証の試行が，短時間に大量に繰り返されていないかどうかを調べる。この検査によって，マルウェアによるサーバへの ___ f ___ 攻撃が行われた可能性があることを発見できる。

・セキュリティベンダやセキュリティ研究調査機関が公開した，バックドア通信の特徴に関する情報を基に，プロキシサーバのログに記録された通信内容を調べる。この検査によって，バックドア通信の痕跡を発見できることが多い。

〔インシデントへの対応体制の構築〕
　S君は，④インシデントによる情報セキュリティ被害の発生，拡大及び再発を最少化するために社内に構築すべき対応体制についてまとめた。

　以上の検討を基に，S君は，マルウェア対策の改善案をまとめてM課長に報告した。改善案は承認され，実施に移すことになった。

設問1 本文中の ___ a ___ ～ ___ c ___ ， ___ f ___ に入れる適切な字句を解答群の中から選び，記号で答えよ。

解答群
　ア　DDoS　　　　　イ　IPアドレス　　　ウ　URLフィルタリング
　エ　Webページ　　　オ　キーワードフィルタリング　　カ　総当たり
　キ　フィッシング　　ク　水飲み場型　　　ケ　レインボー

設問2 本文中の下線①の理由について，最も適切なものを解答群の中から選び，記号で答えよ。

解答群
　ア　バックドア通信の通信相手を特定する情報は，ログに記録されないから
　イ　バックドア通信の通信プロトコルは，特殊なので解析できないから
　ウ　バックドア通信は大量に行われるので，ログを保存しきれないから
　エ　バックドア通信は通常のWebサーバとの通信と区別できないから

設問3 本文中の下線②の設定内容を，25字以内で述べよ。

設問4 〔ログ検査の実施〕について，(1)，(2)に答えよ。
(1) 本文中の下線③について，NTPを稼働させなかったときに発生するおそれがある問題を，35字以内で述べよ。
(2) 表1中の ___ d ___ ， ___ e ___ に入れる適切な字句を，図1中の名称で答えよ。

設問5 本文中の下線④の対応体制について，適切なものを解答群の中から二つ選び，記号で答えよ。

● サンプル問題

解答群
　ア　インシデント発見者がインシデントの内容を報告する窓口の設置
　イ　原因究明から問題解決までを社外に頼らず独自に行う体制の構築
　ウ　社員向けの情報セキュリティ教育及び啓発活動を行う体制の構築
　エ　情報セキュリティ被害発生後の事後対応に特化した体制の構築
　オ　発生したインシデントの情報を社内外に漏らさない管理体制の構築

次の問2～問11については4問を選択してください。

問2　ブランド戦略に関する次の記述を読んで，設問1～3に答えよ。

　　X社は，冷凍食品専業メーカで，自社製品によって国民の健康に貢献するという企業理念の下で事業を進めており，来年度には創立50周年の節目を迎える。
　　電子レンジの普及時期に，X社は冷凍食品の売上高を大きく伸ばした実績がある。この売上拡大の時期から，子供から大人までを対象とした冷凍食品の品ぞろえを充実させ，消費者がX社の製品に抱いている好意的な製品イメージをブランドとして整備・育成することに取り組んできた。この取組み以降は，次に示すブランドの定義とブランド戦略の会社方針の下に，和食，洋食，米飯，うどんの製品群ごとにブランドを設定してきた。
（ブランドの定義）
・消費者に特定の製品群を識別させる製品群の名称，及び名称が付いた製品群
　そのものとする。
（ブランド戦略の会社方針）
・食品の安全性の確保（消費者に食の安心・安全を提供する集団になる。）
・製品開発力の強化（製品開発力を戦略的に企業の［　　a　　］とする。）
・ブランドエクイティの向上（無形資産のブランド価値を高める。）

〔マーケット動向と重要課題〕
　　冷凍食品の分野では業界トップのX社に対抗し，業界2番手のY社が販売シェアの拡大を狙って数年前から相次いで新製品を投入してきた。Y社は，製品戦略を立案するに当たり，景気低迷による消費者の家計への影響や多様な製品ニーズの［　　b　　］調査を行い，業界の他社製品の競合分析を行った。その上で，この調査結果・分析結果を新製品に反映させた。具体的には，大人向けに味のバリエーションを増やし，さらに，業界各社で横並びであった製品の量を減らして販売価格を下げた。X社製品は，大人向けも子供向けも同一の味と量であったことから，Y社製品が支持され，Y社は，①この製品戦略によって販売シェアを拡大させた。
　　一方，X社のL常務は，既存の冷凍食品に対する消費者のブランドイメージ調査で，X社のブランドに親しみを感じる，又は信用がおけると高い評価を得ているにもかかわらず，Y社の影響で売上高が伸び悩んでいる事態に危機感を抱いた。Y社への対抗施策として，自社のブランドが高い評価を得ている強みを生かし，Y社の製品戦略に追従せず，消費者が付加価値を認める新製品によっ

て新市場を開拓し，売上を拡大することを掲げた。

L常務は，消費者の関心が高い，健康につながる低脂質・減塩の新製品群（以下，Z製品群という）を健康志向の冷凍食品（以下，健康冷凍食品という）として売り出し，このZ製品群で新市場を開拓して売上を拡大する施策を役員会に諮り，承認を得た。この施策を成功させるには，②消費者にZ製品群を健康冷凍食品として受け入れてもらうための新たなブランド構築が，Y社への対抗上重要になると，L常務は考えた。

L常務は，ブランド資産の整備・育成を統制・管理するブランドマネージャのM課長に，Z製品群のブランド構築案の立案を指示した。M課長は[b]動向の調査や他社との競合分析の経験が豊富で，L常務の信頼を得ていた。

〔Z製品群のブランド構築案〕

M課長は，Z製品群のブランド構築案を検討するに当たり，消費者が低脂質・減塩の味をどのように評価するかについての消費者テストを実施した。Z製品群の味の評価は，材料を隠したブラインドテストでは既存の冷凍食品よりも高い評価であったが，材料を明かした場合の消費者テストでは，低脂質・減塩の健康食品は味が落ちるという先入観からか，低い評価になった。

M課長は，この味覚評価のブラインドテストの結果を重視し，健康食品に対する先入観を払拭するために，ブランド戦略の（1）ポジショニング，（2）パーソナリティ，（3）[c]の三つのテーマを検討することにした。

（1）ポジショニング

Z製品群を自社の冷凍食品体系のどこに位置付けるかについて，検討した。検討結果は，次の3点である。

・既存の冷凍食品よりも上位の高級ブランドとしてZ製品群を位置付ける。

・創業以来培った冷凍食品に対する高い製品開発力によって，既存の冷凍食品を超えるZ製品群の味を保証する。

・味の保証によって，消費者の低脂質・減塩による味のマイナスイメージを払拭し，新たな高付加価値をもつ健康冷凍食品としてZ製品群をアピールしていく。

この際に注意するのは，③自社の製品間の競合による既存の冷凍食品の売上減少であり，この対策はパーソナリティの検討でも併せて行う。

（2）パーソナリティ

Z製品群にどのような特色をもたせるかについて検討した。重視したのは，これまでの自社の製品群にはない健康志向の高級感を消費者に連想させる④ネーミングとパッケージであった。ネーミングは，既存の冷凍食品よりも高級な印象を連想させる"プレミアム"とする。パッケージは，消費者が一目でZ製品群と分かるように，形を従来の長方形型から八角形型とし，色を食欲アップにつながる暖色系とする。

（3）[c]

消費者にZ製品群が健康冷凍食品であることを，どのように認知させ，ブランドとしてどのように育てるかについて，検討した。過去に，海外ブランドの健康冷凍食品が口コミで広がりブームになったことがあったが，製品開発の継続性がなく，数年で沈静化した。

このときのブームの推進役は，ブランドに愛着をもち，製品の普及・強化につながる称賛や苦情の声を寄せる顧客（以下，ファンという）であった。

M課長は，この経緯を重視し，自社の製品開発力をアピールする活動とファンづくりの活動を具体化した。

前者として，自社の伝統と歴史が醸し出す継続的な味づくりと高い品質を反映した製品であることを強調するために，Z製品群の発売時期を創立50周年となる来年度に設定することにした。

後者として，ファンは，ブランドに対し，ブランドの強化と製品そのものの強化以外に，⑤もう一つ大きな影響力があると，M課長は考えた。ファンづくりには，ロイヤルティを高める各種施策があるが，今回はWebサイトで実現できる施策を重視した。この施策の一環として，検索連動型広告を採用する。

検索連動型広告によって，消費者を健康食品の各種情報を説明するWebサイトに導く。次に，このサイトからZ製品群を紹介するWebサイトに誘導し，Z製品群の詳細情報に加えて顧客層の投稿情報も提供する。Webサイトでは，健康食品について説明する内容からは健康食品を食べたくなるように，Z製品群を説明する内容からはZ製品群を買いたくなるように，消費者に訴求し，顧客獲得につなげる。

ファンづくりは，製品を販売して終わるのではない。ファンが投稿する料理レシピや製品評価の情報から，製品を魅力あるものにしていくことが重要である。的確な製品評価に関する情報は，製品への信頼感や安心感につながり，これがブランドの普及にもつながっていく。過去のファン層の調査結果から，ファンが自らの利用経験を誰かに伝えたい，逆に誰かの利用経験を聞きたいという声に注目した。⑥この声を実現する機能を，Z製品群について紹介するWebサイトに組み込むことを，M課長は考えた。

M課長は，ブランド構築案をL常務に説明し，承認を得て，ブランド構築の活動をスタートさせた。

設問1 本文中の ____a____ ，____c____ に入れる適切な字句を解答群の中から選び，記号で答えよ。また，____b____ に入れる適切な字句を5字以内で答えよ。

aに関する解答群
　ア　AIDMA　　　　　　　　　　イ　MOT
　ウ　インキュベータ　　　　　　エ　コアコンピタンス

cに関する解答群
　ア　ブランディング　　　　　　イ　ブランドアイデンティティ
　ウ　ブランド再生　　　　　　　エ　ブランドプロミス

設問2 〔マーケット動向と重要課題〕について，(1)，(2)に答えよ。
(1) 本文中の下線①の製品戦略について，適切な評価内容を解答群の中から選び，記号で答えよ。

解答群
　ア　X社が製品販売していない消費者市場に注目した戦略で取り組んでいる。
　イ　経営効率を重視し，X社を模倣した戦略で取り組んでいる。
　ウ　消費者市場を絞った集中化戦略で取り組んでいる。
　エ　販売経費の低減によって製品価格を下げる戦略で取り組んでいる。

(2) 本文中の下線②で，L常務がY社への対抗上から新たなブランド構築が重要であると考えた理由は何か。Y社の製品戦略に注目して35字以内で述べよ。

設問3 〔Z製品群のブランド構築案〕について，(1)～(4)に答えよ。
(1) 本文中の下線③の売上減少の原因は何か。適切なものを解答群の中から選び，記号で答えよ。

解答群
　ア　LTV　　　　　　　　　イ　PLC
　ウ　カニバリゼーション　　　エ　シナジー

(2) 本文中の下線④のネーミングとパッケージに，M課長はY社を含む他社との対抗以外でどのような役割を期待したか。25字以内で述べよ。
(3) 本文中の下線⑤で，M課長が考えたもう一つのファンの影響力とは何か。10字以内で答えよ。
(4) 本文中の下線⑥で，M課長が考えた機能とは何か。30字以内で述べよ。

問3 データ圧縮の前処理として用いられるBlock-sortingに関する次の記述を読んで，設問1～4に答えよ。

　Block-sortingは，文字列に対する可逆変換の一種である。変換後の文字列は，変換前の文字列と比較して同じ文字が多く続く傾向があるので，その後に行う圧縮処理において圧縮率を向上させることができる。
　Block-sortingは，変換処理と復元処理の二つの処理で構成される。変換処理は，入力文字列を受け取って，変換結果の文字列と，入力文字列がソート後のブロックで何行目にあるか(以下，入力文字列の行番号という)を出力する。一方，復元処理は，変換結果の文字列と入力文字列の行番号を受け取って入力文字列を出力する。
　データ圧縮におけるBlock-sortingの使用方法を図1に示す。

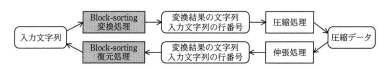

図1　データ圧縮におけるBlock-sortingの使用方法

〔Block-sortingの変換処理〕
　例として"papaya"を入力文字列としたときの変換処理を図2に示す。図2では，入力文字列を1文字左に巡回シフトすること(①)で文字列"apayap"となる。さらに，もう1文字左に巡回シフトすること(②)で文字列"payapa"となる。同様に1文字ずつ左に巡回シフトした(③～⑤)結果の文字列を縦に並べて正方形のブロック(巡回シフト後のブロック)を作成する。

● サンプル問題

次に，このブロックを行単位で辞書式順にソートし（⑥），ソート後のブロックを得る。ソート後のブロックの各行の文字列から一番右の文字を行の順に取り出して並べた文字列と，ソート後のブロックにおいて入力文字列に一致する行の行番号を変換結果とする（⑦）。

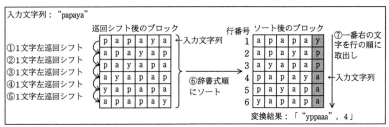

注記 ①〜⑦は処理順，1〜6は行番号を示す。

図2 Block-sorting の変換処理

〔Block-sortingの復元処理〕
図2の変換結果「"yppaaa"，4」を復元する手順を表1に示す。

表1 Block-sorting の復元手順

手順	処理	内容
1	変換結果の文字列に対して，各文字に1から順に添字を付ける。	"yppaaa" → "y(1),p(2),p(3),a(4),a(5),a(6)"
2	文字をソートする。同じ文字の場合は添字の順に並べる。	"y(1),p(2),p(3),a(4),a(5),a(6)" → "a(4),a(5),a(6),p(2),p(3),y(1)"
3	手順2でソートした文字を次の手順で並べる。 ・変換結果の行番号"4"から，ソート後の文字列"a(4),a(5),a(6),p(2),p(3),y(1)"の4番目の要素"p(2)"を取り出して並べる。 ・"p(2)"の添字が2であることから，2番目の要素"a(5)"を取り出して並べる。 ・"a(5)"の添字が5であることから5番目の要素の"p(3)"を取り出して並べる。以降，並べた要素の個数が変換結果の文字列の長さと同じになるまで，要素を取り出して並べることを繰り返す。	"p(2)" → "p(2),a(5)" → "p(2),a(5),p(3)" → "p(2),a(5),p(3),a(6)" → "p(2),a(5),p(3),a(6),y(1)" → "p(2),a(5),p(3),a(6),y(1),a(4)"
4	手順3の結果から添字を取り除く。	"p(2),a(5),p(3),a(6),y(1),a(4)" → "papaya"

〔Block-sortingの実装〕
Block-sortingのプログラムを作成するために使用する配列，関数及び変数を，表2に示す。

午後問題

サンプル問題【午後問題】

表2　使用する配列，関数及び変数

名称	種類	内容
EncodeArray[n]	配列	巡回シフト後のブロックを格納する。ブロックの1行を文字列として，配列の一つの要素に格納する。配列の添字は1から始まる。 例 `"papaya"` `"apayap"` `"payapa"` `"ayapap"` `"yapapa"` `"apapay"`
DecodeArray[2][n]	配列	復元用の文字と添字の組を格納する。配列の添字は1から始まる。 例 次の表。`"y"`:1, `"p"`:2, `"p"`:3, `"a"`:4, `"a"`:5, `"a"`:6
sort1(Array[ ])	関数	1次元配列 Array[ ]の要素を辞書式順にソートする。
sort2(Array[ ][ ])	関数	2次元配列 Array[ ][ ]を，Array[1]の要素をキーにしてソートする。 例 `"y"`:1, `"p"`:2, `"p"`:3, `"a"`:4, `"a"`:5, `"a"`:6 → `"a"`:4, `"a"`:5, `"a"`:6, `"p"`:2, `"p"`:3, `"y"`:1
rotation(String)	関数	文字列 String を1文字左に巡回シフトした結果を返す。
InputString	変数	入力文字列。この文字列の長さを "InputString の長さ" とする。他の文字列変数についても，長さを同様に表す。
BlockSortString	変数	変換結果の文字列。
Line	変数	ソート後のブロックでの入力文字列の行番号。
OutputString	変数	復元処理の出力文字列。

注記　nは入力文字列の長さを表す。

〔変換処理関数encode〕
　変換処理を実装した関数encodeのプログラムを図3に示す。

```
function encode(InputString)
  rString ← InputString
  for( i を [ ア ] から [ イ ] まで1ずつ増やす )
    EncodeArray[i] ← rString
    rString ← rotation(rString)
  endfor
  sort1(EncodeArray)
  BlockSortString を空文字列に初期化する
  for( k を [ ア ] から [ イ ] まで1ずつ増やす )
    BlockSortString の末尾に EncodeArray[k]の末尾の1文字を追加する
    if( [ ウ ] )
      Line ← k
    endif
  endfor
endfunction
```

図3　関数 encode のプログラム

〔復元処理関数decode〕
　復元処理を実装した関数decodeのプログラムを図4に示す。

● サンプル問題

```
function decode(BlockSortString, Line)
  for( i を 1 から BlockSortString の長さまで 1 ずつ増やす )
    DecodeArray[1][i] ← BlockSortString の i 文字目
    DecodeArray[2][i] ← i
  endfor
  sort2(DecodeArray)
  OutputString を空文字列に初期化する
  OutputString の末尾に    エ    に格納されている 1 文字を追加する
  n ←    オ
  while(    カ    )
    OutputString の末尾に DecodeArray[1][n]に格納されている 1 文字を追加する  ← (α)
    n ← DecodeArray[2][n]
  endwhile
endfunction
```

図4　関数 decode のプログラム

〔関数sort2(Array[ ][ ])の実装〕

　　関数decodeの処理時間は，使用する関数sort2(Array[ ][ ])の計算量に大きく依存する。処理時間を短くするためには，sort2(Array[ ][ ])の内部で計算量が少ないソートのアルゴリズムを使用して実装する必要がある。

　　処理時間の違いを確認するために複数のソートアルゴリズムを使用して関数sort2(Array[ ][ ])を実装したところ，Array[1]の要素をキーにしてクイックソート(不安定なソート)を使用した場合には復元処理の結果が入力文字列と一致しなかった。

　　この場合，sort2(Array[ ][ ])が表1の手順2を正しく実装できていないので，(β)ソートアルゴリズム，ソートキーのいずれかを見直す必要がある。

設問1　文字列 "kiseki" に対してBlock-sortingを適用して変換した結果を答えよ。変換結果は図2の記法に合わせて記述すること。

設問2　図3中の　　ア　　～　　ウ　　に入れる適切な字句を答えよ。

設問3　〔復元処理関数decode〕について，(1)，(2)に答えよ。
　　(1) 図4中の　　エ　　～　　カ　　に入れる適切な字句を答えよ。
　　(2) BlockSortStringの長さがpのとき，図4中の下線 (α) の処理の実行回数を答えよ。

設問4　本文中の下線 (β) について，ソートアルゴリズムを見直す場合とソートキーを見直す場合のそれぞれについて，どのように見直せばよいかを30字以内で述べよ。

午後問題

問4 キャンペーンサイトの構築に関する次の記述を読んで，設問1～3に答えよ。

　L社は，清涼飲料の製造販売を手掛ける中堅企業である。夏の新商品を宣伝するために，新商品の紹介やプレゼントの応募受付を行うキャンペーンサイト（以下，本システムという）を構築することになった。

〔システム基盤の選定〕
　本システムは，7～9月の3か月間だけ公開する予定である。また，プレゼントの応募を受け付けることから，特定の日時に利用が集中すると見込まれる。これらの特性に対応できるシステム基盤として，仮想化技術を用いたM社のPaaS（Platform as a Service）を選定した。M社のPaaSが提供するサービスを表1に示す。

表1　M社のPaaSが提供するサービス

サービス名称	概要	サービス料金
Webサービス	10,000 MIPS相当のCPU処理能力をもつWebサーバ	1台，1時間当たり10円 データ転送は無料
APサービス	20,000 MIPS相当のCPU処理能力をもつアプリケーション（AP）サーバ	1台，1時間当たり20円 データ転送は無料
ロードバランササービス	クライアントからのリクエストをWebサーバに均等に振り分けるサービス	無料
自動スケールサービス	WebサーバやAPサーバのCPU負荷が80％を超えない範囲で最適な台数に増減させるサービス	無料
DBサービス	40,000 MIPS相当のCPU処理能力をもつデータベース（DB）サーバ。スケールアウトやスケールアップはできない。	1台，1時間当たり50円 データ転送量1Tバイト当たり1,000円 データ保存量1Gバイト当たり，1か月50円
ストレージサービス	データ保存領域を提供するサービス	データ転送量1Tバイト当たり20円 データ保存量1Tバイト当たり，1か月2,000円

注記　1時間，1か月，1Gバイト，1Tバイトなど各単位に満たないものは全て切り上げて料金を計算する。データ転送とは，他サービスとの間のネットワークを介したデータの送受信を指す。

〔システム構成の検討〕
　本システムには，次の二つの機能がある。
　・新商品紹介機能
　　動画や写真，解説文などを用いて新商品を紹介する機能。
　・プレゼント応募受付機能
　　新商品に貼り付けたプレゼント応募シールの裏に記載されたシリアル番号と応募者の情報を受け付ける機能。
　まず，新商品紹介機能を実現するためのシステム構成について考える。この機能は，動画や写真などのコンテンツをWebブラウザへ配信する。そのために，コンテンツをストレージサービスに配置し，Webサーバを経由してWebブラウザへ配信する構成にする。

693

サンプル問題

　次に，プレゼント応募受付機能を実現するためのシステム構成について考える。この機能は，発行したシリアル番号の照合などを行い，受け付けた情報をDBサーバに保存する。DBサーバのデータを用いた動的なHTMLを配信するために，WebサーバとAPサーバを利用する。また，利用者の増減に対応するために，ロードバランササービス及び自動スケールサービスも併せて利用する。応募者の情報を暗号化する処理は，DBサーバ上にストアドプロシージャとして配置することを検討したが，①本システムの特性を考慮した結果，②APサーバ上の処理として実装することにした。

〔PaaS利用料金の試算〕
　各機能における1トランザクション当たりのシステムリソース消費量を表2に，ピークとなる9月の時間帯ごとのトランザクション数の見込みを表3に示す。

表2　1トランザクション当たりのシステムリソース消費量

サーバ名称	新商品紹介機能	プレゼント応募受付機能
Web サーバ	CPU：80 百万命令	CPU：40 百万命令
AP サーバ		CPU：80 百万命令
DB サーバ		CPU：20 百万命令 データ転送量：10k バイト

表3　9月の時間帯ごとのトランザクション数の見込み

時間帯	新商品紹介機能	プレゼント応募受付機能
18:00～22:00	800 TPS	500 TPS
それ以外	80 TPS	50 TPS

注記　TPS：1秒当たりのトランザクション数（Transactions Per Second）

　必要になるWebサーバの台数を時間帯ごとに試算する。
　Webサーバに求められる18:00～22:00の時間帯の1秒当たりの命令実行数は，二つの機能を合計すると　　a　　百万である。Webサーバ1台の能力の80％がトランザクション処理に使用できるとすると，Webサーバ1台について，トランザクション処理に使用できる1秒当たりの命令実行数は　　b　　百万である。したがって，必要なWebサーバの台数は　　c　　台である。
　同様に，その他のサーバの台数も求めることができる。
　続いて，各サービスの利用料金を試算する。
　Webサーバ及びAPサーバの料金は，求めた台数に利用時間と1時間当たりの料金を掛けることで算出できる。DBサーバは，それに加えてデータ保存量とデータ転送量に対する料金が必要になる。DBサーバの9月のデータ転送量は，1,000kバイト＝1Mバイト，1,000Mバイト＝1Gバイト，1,000Gバイト＝1Tバイトとすると，　　d　　Tバイトである。したがって，このデータ転送に掛かる料金は　　e　　円となる。

午後問題

〔システム運用開始後の問題と対策〕
　予定どおりに本システムの運用が始まり，利用者が次第に増えてきた7月下旬，新商品紹介機能の応答が遅いというクレームが多く寄せられた。各サーバのアクセスログを解析したところ，ストレージサービスからWebサーバへのコンテンツの転送に想定以上の時間を要していることが判明した。そこで，システム構成を見直し，同じコンテンツが複数回利用される場合にはストレージサービスからの転送量を削減するように③コンテンツの配信方法を変更することで，問題を回避できた。

設問1　〔システム構成の検討〕について，(1)，(2)に答えよ。
　(1) 本文中の下線①とはどのような特性か。25字以内で述べよ。
　(2) 本文中の下線②のように処理を実装することで，どのような効果が得られるか。25字以内で述べよ。

設問2　本文中の　　a　　～　　e　　に入れる適切な数値を求めよ。

設問3　本文中の下線③について，コンテンツの配信方法をどのように変更したのか。30字以内で述べよ。

問5　SDN（Software-Defined Networking）を利用したネットワーク設計に関する次の記述を読んで，設問1～4に答えよ。

　T社は，中小企業向けにIaaSを提供する会社である。国内2か所にデータセンタをもち，約100社の顧客にサービスを提供している。T社では，既存のデータセンタが手狭になってきたので，データセンタを新設することになった。
　新設するデータセンタ（以下，新データセンタという）では，複数顧客の仮想サーバを一つの物理サーバに配備するマルチテナント方式を採用する。ネットワークについても，ソフトウェアによって仮想的なネットワークを構築する技術であるSDNを用いて，顧客ごとに独立した仮想ネットワークを迅速かつ柔軟に構築することを目指している。T社ネットワークサービス部のS君が，SDNを用いた仮想ネットワークの検証を行うことになった。

〔検証対象の仮想ネットワーク〕
　検証対象は，図1に示す二つの顧客のネットワーク構成を想定した仮想ネットワークである。顧客Y，ZのLANともに，同じネットワークアドレス192.168.0.0/24が利用されている。

● サンプル問題

図1 二つの顧客のネットワーク構成

〔新データセンタの検証環境構築〕
　S君は，新データセンタに設置予定の物理L2SW，物理サーバ，SDNコントローラを利用して検証環境を構築した。S君が構築した検証環境の構成を図2に示す。各物理サーバには仮想化ソフトウェアをインストールして，複数の仮想サーバ・FWと一つの仮想L2SWを定義した。仮想サーバや仮想FWは仮想L2SWに接続し，仮想L2SWの1番ポートは物理L2SWに接続する。仮想L2SW及び物理L2SWは，SDNコントローラで定義したルールに従って，イーサネットフレーム内の送信元MACアドレスと宛先MACアドレスに応じて，イーサネットフレームをL2SWのどのポートに転送するかを制御する。

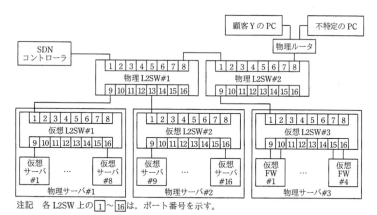

図2　S君が構築した検証環境の構成

　S君は，図1に示す二つの顧客のネットワークを図2の環境で構成するために，各顧客のサーバとFWを表1のように割り当てた。

午後問題

表1 各顧客のサーバとFWの割当て

項番	顧客	サーバ・FW	割当て先仮想サーバ・FW	割当て仮想MACアドレス
1	顧客Y	APサーバ	仮想サーバ#1	aaa
2	顧客Y	DBサーバ	仮想サーバ#9	bbb
3	顧客Y	FW	仮想FW#1	ccc（LAN側），mmm（WAN側）
4	顧客Z	Webサーバ	仮想サーバ#16	ddd
5	顧客Z	FW	仮想FW#4	eee（LAN側），nnn（WAN側）

　表1の割当てを行った図2の検証環境において，顧客YのPCから顧客YのAPサーバにアクセスする場合，FWとAPサーバの間を流れるAPサーバ向けイーサネットフレームの送信元MACアドレスは　　 a 　　，宛先MACアドレスは　　 b 　　となる。

　同一顧客のネットワーク内の機器が相互に通信できるように，物理L2SW及び仮想L2SWのネットワーク情報をSDNコントローラに設定した。物理L2SW#1の通信制御テーブルの内容を表2に示す。

　新データセンタに設置する物理L2SW及び仮想L2SWは，各ポートから入力されたイーサネットフレームに対して，通信制御テーブルの項番1から順に判定条件の評価を行い，判定条件にマッチしたルールが存在した場合には，アクションに記載された内容に従って処理を行う。

　例えば，顧客YのDBサーバからAPサーバ向けのイーサネットフレームが，物理L2SW#1の　　 c 　　番ポートに入力されると，通信制御テーブルの項番　　 d 　　のルールにマッチし，イーサネットフレームが物理L2SW#1の9番ポートに転送される。同様に仮想L2SW#1でも，MACアドレスによる通信制御が行われ，APサーバにイーサネットフレームが届く。

表2 物理L2SW#1の通信制御テーブル

項番	判定条件		アクション
	送信元MACアドレス	宛先MACアドレス	
1	aaa	bbb	Forward 13
2	aaa	ccc	Forward 8
3	bbb	aaa	Forward 9
4	bbb	ccc	Forward 8
5	ccc	aaa	Forward 9
6	ccc	bbb	Forward 13
7	ddd	eee	Forward 　 e
8	eee	ddd	Forward 　 f
9	aaa	any	Forward 8，13
10	bbb	any	Forward 8，9
11	ccc	any	Forward 9，13
12	ddd	any	Forward 8
13	eee	any	Forward 13
14	any	any	Drop

注記1 "Forward 番号"とは，指定された番号のポートにイーサネットフレームを転送することを指す。複数のポートの全てに転送する場合は，コンマ区切りで示す。
注記2 "any"とは，対象が全てのMACアドレスであることを示す。
注記3 "Drop"とは，イーサネットフレームを破棄することを示す。

● サンプル問題

　各L2SWにおいてイーサネットフレーム内のMACアドレスを用いた通信制御を行うことによって，顧客Yと顧客ZのサーバのIPアドレスが同一であっても，それぞれの顧客の通信を区別することができる。

〔物理サーバ故障時の検証〕
　S君は，物理サーバの故障に備えた仮想サーバの冗長化の検証を行うために，物理サーバ#1の故障時に，物理サーバ#1で動作していたAPサーバを物理サーバ#2に自動的に移動させる設定を行った。物理サーバ#2に移動させたAPサーバは仮想L2SW#2の2番ポートに接続する。
　また，①物理サーバ#1が故障して，APサーバの移動を完了した場合に物理L2SW及び仮想L2SWの通信制御テーブルのルールを自動的に変更する設定をSDNコントローラに行った。

　S君は，物理L2SW故障時に備えた冗長化や通信速度の検証なども行い，仮想ネットワークの検証作業を完了した。

設問1　本文中の　　a　　，　　b　　に入れる適切な字句を，表1中の字句を用いて答えよ。

設問2　本文中の　　c　　，　　d　　に入れる適切な数値を答えよ。

設問3　表2について，(1)，(2)に答えよ。
　(1)　表2中の　　e　　，　　f　　に入れる適切な字句を答えよ。
　(2)　表2中の項番9～13は，同一顧客内のサーバやFWがイーサネットフレームを用いて通信を行うために必要な情報を収集可能とするためのルールである。顧客Y，ZのサーバやFWが収集する情報とは何か。20字以内で答えよ。

設問4　本文中の下線①について，(1)，(2)に答えよ。
　(1)　物理サーバ#1の故障時，物理L2SW#1の通信制御テーブルのルールのうちAPサーバを物理サーバ#2に移動させた場合に適用されなくなるルールはどれか。表2中の項番で全て答えよ。
　(2)　物理サーバ#1の故障時，変更が必要となる物理L2SW#1の通信制御テーブルのルールはどれか。項番9，10，11以外のルールを表2中の項番で答えよ。また，変更後のアクションの内容を表2のアクションの表記に倣って答えよ。

問6　アクセスログ監査システムの構築に関する次の記述を読んで，設問1～4に答えよ。

　K社は，システム開発を請け負う中堅企業である。セキュリティ強化策の一つとして，ファイルサーバのアクセスログを管理するシステム(以下，ログ監査システムという)を構築することになった。

　現在のファイルサーバの運用について，次に整理する。

- ファイルサーバの利用者はディレクトリサーバで一元管理されている。
- 利用者には，社員，パートナ，アルバイトなどの種別がある。
- 利用者はいずれか一つの部署に所属する。
- 部署はファイルサーバを1台以上保有している。
- ファイルサーバ上のファイルへのアクセス権は，利用者やその種別，部署，操作ごとに設定される。
- 操作には，読取，作成，更新及び削除がある。
- ファイルサーバ上のファイルに対して操作を行うと，操作を行った利用者の情報や操作対象のファイルの絶対パス名，操作の内容がファイルサーバ上にアクセスログとして記録される。
- ファイルサーバのフォルダごとに社外秘や部外秘などの機密レベルが設定されている。

ログ監査システムの機能を表1に，E-R図を図1に示す。

表1 ログ監査システムの機能

機能名	機能概要
アクセスログインポート	各ファイルサーバに記録されたアクセスログにファイルサーバの情報を付与してログ監査システムに取り込む機能
非営業日利用一覧表示	非営業日にファイル操作を行った利用者，操作対象，操作元のIPアドレス，操作日時などを一覧表示する機能
部外者失敗一覧表示	他部署のファイルサーバ上のファイルへの操作のうち，その操作が失敗した利用者，操作対象，操作元のIPアドレス，操作日時などを一覧表示する機能

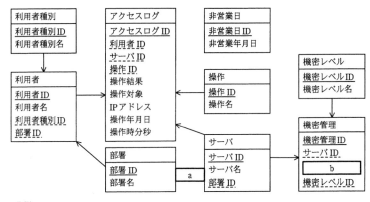

図1 ログ監査システムのE-R図

● サンプル問題

　ログ監査システムでは，E-R図のエンティティ名を表名にし，属性名を列名にして，適切なデータ型と制約で表定義した関係データベースによって，データを管理する。

　なお，外部キーには，被参照表の主キーの値かNULLが入る。

〔非営業日利用一覧表示機能の実装〕

　非営業日利用一覧表示機能で用いるSQL文を図2に示す。

　なお，非営業日表の非営業年月日列には，K社の非営業日となる年月日が格納されている。

```
SELECT AC.*
FROM アクセスログ AC
WHERE    c
  (SELECT * FROM 非営業日 NS
     WHERE            d            )
```

図2　非営業日利用一覧表示機能で用いる SQL 文

〔部外者失敗一覧表示機能の実装〕

　部外者失敗一覧表示機能で用いるSQL文を図3に示す。

　なお，アクセスログ表の操作結果列には，ファイル操作が成功した場合には'S'が，失敗した場合には'F'が入っている。

```
SELECT AC.*
FROM アクセスログ AC
  INNER JOIN 利用者 US ON AC.利用者ID = US.利用者ID
  INNER JOIN サーバ SV ON AC.サーバID = SV.サーバID
WHERE            e
AND              f
```

図3　部外者失敗一覧表示機能で用いる SQL 文

〔アクセスログインポート機能の不具合〕

　アクセスログインポート機能のシステムテストのために準備したアクセスログの一部が取り込めない，との指摘を受けた。テストで用いたアクセスログを図4に示す。このログはCSV形式であり，先頭行はヘッダ，**ア**の行は操作対象のファイルへの削除権限がない社員('USR001')が削除を試みた場合のデータ，**イ**の行はディレクトリサーバにログオンせずにファイル更新を試みた場合のデータ，**ウ**の行は存在しない利用者ID('ADMIN')を指定してファイル削除を試みた場合のデータである。

700

アクセスログ表のデータを確認したところ，　g　　の行のデータが表に存在しなかった。この問題を解消するために，①テーブル定義の一部を変更することで対応した。

```
"利用者ID","操作名","操作結果","操作対象","IPアドレス","操作日時"
'USR001','削除','F','/home/test1.txt',192.168.1.98,2015-4-1 9:30:00   ←ア
'','更新','F','/home/test2.txt',192.168.1.98,2015-4-1 10:00:00       ←イ
'ADMIN','削除','F','/home/test3.txt',192.168.1.98,2015-4-1 10:30:00   ←ウ
```
図4　テストで用いたアクセスログ

設問1　図1のE-R図中の　　a　　，　　b　　に入れる適切なエンティティ間の関連及び属性名を答え，E-R図を完成させよ。
　　　なお，エンティティ間の関連及び属性名の表記は，図1の凡例に倣うこと。

設問2　図2中の　　c　　，　　d　　に入れる適切な字句又は式を答えよ。
　　　なお，表の列名には必ずその表の別名を付けて答えよ。

設問3　図3中の　　e　　，　　f　　に入れる適切な字句又は式を答えよ。
　　　なお，表の列名には必ずその表の別名を付けて答えよ。

設問4　〔アクセスログインポート機能の不具合〕について，(1)，(2)に答えよ。
(1) 本文中の　　g　　に入れる適切な文字をア～ウの中から選んで答えよ。
　　なお，アクセスログ中の空文字('')はデータベースにNULLとしてインポートされる。
(2) 本文中の下線①の対応内容を，35字以内で述べよ。

問7　自動車用衝突被害軽減ブレーキシステムに関する次の記述を読んで，設問1～3に答えよ。

　G社は，自動車用衝突被害軽減ブレーキシステム(以下，自動ブレーキという)を開発している。自動ブレーキ装着車両は，車体の前部に設置されているミリ波レーダ装置(以下，レーダという)によって，前を走行している車両との距離を測定し，衝突のおそれがあるときにブレーキ操作を行う。
　自動ブレーキの動作環境を，図1に示す。

図1　自動ブレーキの動作環境

〔自動ブレーキの構成と動作〕
　自動ブレーキの構成を，図2に示す。

図2　自動ブレーキの構成

自動ブレーキの処理手順は次のとおりである。
① 自動ブレーキ制御部(以下, 制御部という)は, 20ミリ秒周期でレーダに測定開始信号を出力する。
② レーダは, 測定開始信号が入力されると, 前を走行している車両との距離測定を開始し, 10ミリ秒後に測定完了信号と距離データを制御部に出力する。
③ 制御部は, 測定完了信号が入力されると, 距離データを0.01m単位で読み取り, 相対速度を算出する。相対速度s(m／秒)は, 前回測定した距離$d1$(m), 今回測定した距離$d2$(m)及び経過時間(20ミリ秒)を用いて, 次の式で計算することができる。

$$s = \frac{d1 - d2}{\boxed{a}}$$

④ 制御部は, 衝突までの予測時間(以下, 予測時間という)を算出する。予測時間t(秒)は, 次の式で計算することができる。

$$t = \frac{\boxed{b}}{\boxed{c}}$$

⑤ 制御部は, 算出した予測時間によって次の処理を行う。
・予測時間が0秒以上3秒未満のとき, 制御部は警告信号を出力し, 表示パネルに警告表示を行わせる。
・予測時間が0秒以上1.5秒未満のとき, 制御部は緊急ブレーキ信号を出力して, ブレーキを作動させる。

〔制御部の構成とタイマ割込みソフトウェア〕
制御部のMCUブロック図を, 図3に示す。

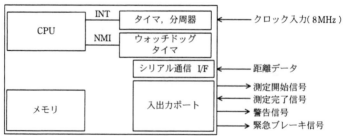

INT：割込み
NMI：ノンマスカブル割込み

図3　制御部のMCUブロック図

MCUは，クロック入力を8分周したクロックで内蔵されたタイマをダウンカウントし，カウント値が0になるとCPUに割込みを発生させる。タイマ割込みソフトウェアは，次の割込みが20ミリ秒後に発生するようにタイマのカウント値を設定する。
　タイマ割込みソフトウェアのフロー図を，図4に示す。

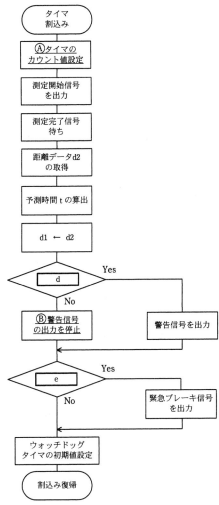

図4　タイマ割込みソフトウェアのフロー図

　自動ブレーキには安全設計が求められるので，ウォッチドッグタイマを使って，タイマ割込みソフトウェアが動作しているかを周期的に監視する。

サンプル問題

設問1 〔自動ブレーキの構成と動作〕について，（1）～（3）に答えよ。
(1) 式中の　　a　　～　　c　　に入れる適切な数値又は字句を答えよ。
(2) 相対速度sが負数になる場合の，自動ブレーキ装着車両と前を走行する車両との関係を，15字以内で述べよ。
(3) 時速18km／時で走行している自動ブレーキ装着車両の前方に停止している車両がある。このとき，ブレーキが作動してから停止するまでの走行距離を6mとすると，停止している車両の何m前で停止することができるか。答えは小数第2位を切り上げ，小数第1位まで求めよ。ここで，測定周期及び測定に掛かる時間の影響は，無視できるものとする。

設問2 図4中の処理及び条件式について，（1）～（3）に答えよ。
(1) 下線Ⓐにおいて，タイマのカウント値に設定する値を10進数で答えよ。
　　ここで，割込み発生からタイマのカウント値設定までの処理時間は，無視できるものとする。
(2) 　　d　　，　　e　　に入れる適切な条件式を解答群の中から選び，記号で答えよ。

解答群
　　ア　0秒 ≦ t < 1.5秒　　　　　イ　0秒 ≦ t < 3秒
　　ウ　1.5秒 ≦ t < 3秒　　　　　エ　t < 3秒

(3) 下線Ⓑを行わないときに発生する不具合を，20字以内で述べよ。

設問3 ウォッチドッグタイマによって割込みを発生させる間隔(ミリ秒)として適切な数値を解答群の中から選び，記号で答えよ。

解答群
　　ア　5　　　　　　　イ　15　　　　　　ウ　25

問8　アジャイル型開発に関する次の記述を読んで，設問1～4に答えよ。

　　U社は，コンビニエンスストアを全国展開する企業である。自社ブランド商品のファンを作るために，オリジナルのゲームなどが楽しめる専用のSNS(以下，本システムという)を開発することになった。
　　本システムでは，利用者を引き付け続けるために，コンテンツを頻繁にリリースしていく必要がある。そのため，ソフトウェア開発モデルとしてアジャイル型開発を採用する。

〔採用するプラクティスの検討〕
　　アジャイル型開発で用いられるチーム運営や開発プロセス，プログラミングなどの実践手法をプラクティスと呼ぶ。本システム開発における，システム要件や開発体制の特徴は次のとおりである。これに基づいて，採用するプラクティスを検討する。
・スコープの変動が激しい

テレビやコマーシャルなどの影響によって，要求の変更が頻繁に発生する。そのために，本システムの品質に責任をもち，優先順位や仕様を素早く決める役割をもつプロダクトオーナを任命する。そして，本システムの要求全体と優先順位を管理するために　　a　　を採用し，反復する一つの開発サイクル（以下，イテレーションという）において，開発対象となる要求を管理するために　　b　　を採用する。

・求められる品質が高い

　　一般消費者向けSNSという性質上，その不具合は利用者離れを引き起こしかねない。一定レベル以上の品質を保つために，継続的インテグレーション（以下，CIという）を採用する。

・チームメンバの半数のスキルが未成熟

　　アサインされたプロジェクトメンバにはアジャイル型開発のベテラン社員と，スキルが未成熟な若手社員が含まれる。チームの中で業務知識やソースコードについての知識をお互いに共有して，品質や作業効率を向上させるために，　　c　　を採用する。

　この検討結果のレビューを社内の有識者から受けたところ，チーム全体の状況を共有するために，その①作業状態を可視化した環境を作り，メンバ全員が集まって必要な情報を短い時間で共有する日次ミーティングも採用するように，との指摘を受けた。

〔開発環境の検討〕

　本システムは，不特定多数の一般消費者に対して速いレスポンスを提供するために，コンパイル型言語を用いてWebシステムとして開発する。

　想定される開発環境の構成要素を表1に示す。

表1　想定される開発環境の構成要素

要素名	概要
開発用 PC	IDE（統合開発環境）を用いて，オープンソースライブラリを活用したコーディングを行う。また，PC 内の Web/AP/DB サーバを用いて画面ごとのテストを行う。Web 及び AP サーバはオープンソースソフトウェア，DB サーバは商用のソフトウェアを使用する。
結合テスト用サーバ	結合テストで用いる Web/AP/DB サーバが稼働する。
チケット管理サーバ	プロジェクトを構成する作業などを細分化し，チケットとして管理する。チケットには，設計やプログラム作成，テストなどを計画から実行，結果まで記録するものや，バグのように発生時にその内容を記録するものなどがある。
ソースコード管理サーバ	開発されたソースコードをバージョン管理する。
Web テストサーバ	登録されたシナリオに沿って機械的に Web クライアントの操作を行う。
ビルドサーバ	プログラムをコンパイルし，モジュールを生成する。
CI サーバ	システムのビルドやテスト，モジュールの配置を自動化し，その一連の処理を継続的に行う。

注記　AP：アプリケーション，DB：データベース

表1のレビューを社内の有識者から受けたところ，開発用DBサーバは，ライセンス及び②構成管理上のメリットを考慮して，各開発用PC内ではなく，共用の開発用DBサーバを用意し，その中にスキーマを一つ作成して共有した方がよい，との指摘を受けた。また，ベテラン社員から，③開発者が一つのスキーマを共有してテストを行う際に生じる問題を避けるためのルールを決めておくとよい，とのアドバイスを受け，開発方針の中に盛り込むことにした。

〔CIサーバの実装〕

高い品質と迅速なリリースの両立のために，自動化された回帰テスト及び継続的デリバリを実現する処理をCIサーバ上に実装する。その処理手順を次に示す。

(1) ソースコード管理サーバから最新のソースコードを取得する。
(2) インターネットから最新のオープンソースライブラリを取得する。
(3)   d   に，(1) と (2) で取得したファイルをコピーして処理させて，モジュールを生成する。
(4) (3) で生成されたモジュールに，結合テスト環境に合った設定ファイルを組み込み，結合テスト用サーバに配置する。
(5) Webテストサーバに登録されているテストシナリオを実行する。
(6) (5) の実行結果を   e   に登録し，その登録した実行結果へのリンクを電子メールでプロダクトオーナとプロジェクトメンバに報告する。
(7) プロダクトオーナが (6) の報告を確認して承認すると，(3) で生成したモジュールに，本番環境に合った設定ファイルを組み込み，本番用サーバに配置する。

〔回帰テストで発生した問題〕

イテレーションを複数サイクル行い，幾つかの機能がリリースされて順調に次のイテレーションを進めていたある日，CIサーバからテストの失敗が報告された。失敗の原因を調査したところ，インターネットから取得したオープンソースライブラリのインタフェースに問題があった。最新のメジャーバージョンへのバージョンアップに伴って，インタフェースが変更されていたことが原因であった。このオープンソースライブラリのバージョン管理ポリシによると，マイナーバージョンの更新ではインタフェースは変更せず，セキュリティ及び機能上の不具合の修正だけを行う，とのことであった。

そこで，インターネットから取得するオープンソースライブラリのバージョンに④適切な条件を設定することで問題を回避することができた。

設問1 〔採用するプラクティスの検討〕について，(1)，(2)に答えよ。
(1) 本文中の　　 a 　 ～　　 c 　 に入れる適切な字句を解答群の中から選び，記号で答えよ。

解答群
　ア　アジャイルコーチ　　　　　イ　インセプションデッキ
　ウ　スプリントバックログ　　　エ　プランニングポーカー
　オ　プロダクトバックログ　　　カ　ペアプログラミング
　キ　ユーザストーリ　　　　　　ク　リファクタリング

(2) 本文中の下線①の環境を作るためのプラクティスを一つ答えよ。

設問2 〔開発環境の検討〕について，(1)，(2)に答えよ。
(1) 本文中の下線②にある，構成管理上のメリットを35字以内で述べよ。
(2) 本文中の下線③の問題を40字以内で述べよ。

設問3 〔CIサーバの実装〕について，本文中の　 d 　，　 e 　 に入れる適切な字句を表1の要素名で答えよ。

設問4 〔回帰テストで発生した問題〕中の下線④の条件とは，どのような条件か。40字以内で述べよ。

問9 プロジェクトの人的資源計画とコミュニケーション計画の策定及び実施に関する次の記述を読んで，設問1～3に答えよ。

　A社は，食品加工業を営む中堅の会社である。中長期売上目標を達成するための施策として，物流システムを再構築することを決定し，プロジェクトを立ち上げた。
　プロジェクトマネージャ(PM)には，システム部のW部長が任命された。システム部のX君は，システム部のY課長と利用部門である営業部のZ君とともに，プロジェクト運営事務局(以下，事務局という)のメンバに任命された。
　新物流システムは利用部門の意見を最大限に取り入れ，利用者の操作画面を一新するとともに，ワークフローを取り入れて業務プロセスを大きく変えようとしていた。そのため，利用部門をプロジェクトに巻き込んで一体感を生むことが必要であった。

〔人的資源計画及びコミュニケーション計画〕
　W部長と事務局は，人的資源計画及びコミュニケーション計画の立案に着手した。
　まず，人的資源計画として図1に示すプロジェクト体制図を作成した。

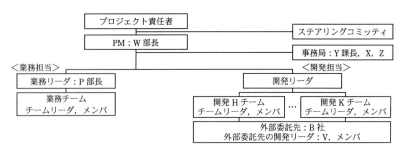

図1 物流システム再構築プロジェクトの体制図

　W部長は，プロジェクトメンバを，業務担当は①利用部門から専任で選出し，開発担当はシステム部から専任で選出してPMの配下に置いた。同時に，A社内で全体の利害調整や意思決定を行う委員会組織であるステアリングコミッティが設置された。

　本プロジェクトのステークホルダは，A社内では経営層，利用部門とシステム部，社外では原材料供給業者，卸売業者，システム開発委託先など多岐にわたった。例えば，ステアリングコミッティのメンバである営業担当役員のN常務は，本プロジェクトの活動を営業部長のP氏に一任していたのでプロジェクトへの直接の関与は少なかったが，業務プロセスの改革によって商品の納期が大幅に短縮されることを期待していたので，プロジェクトへの関心は高かった。

　A社は，詳細設計からソフトウェア結合テストまでの開発工程について，過去に取引実績があったB社と請負契約を締結した。それ以外の工程は，準委任契約とした。B社の開発リーダであるV氏は，過去にA社の大規模開発プロジェクトに携わった経験があり，A社からの信頼が厚かった。X君は，プロジェクト計画書，及び開発要員に対する要求事項を，V氏に提示した。それを受けて，B社は，A社システムの開発経験者を中心に20数名の開発要員を手配した。

　次に，事務局は，プロジェクトにおける工程ごとの　　a　　，責任及び権限を明確にするために，表1に示す責任分担のマトリックスを作成した。

表1　物流システム再構築プロジェクトの責任分担のマトリックス（抜粋）

No.	工程名	PM	業務担当	開発担当	
				A社	B社
1	要件定義	管理責任	実行責任	作業支援	作業支援
2	設計	管理責任	作業支援	実行責任	作業支援
3	開発 [1]	管理責任	−	−	実行責任
4	システムテスト	管理責任	−	実行責任	作業支援
5	ユーザ受入れテスト	管理責任	実行責任	作業支援	作業支援
6	移行	管理責任	実行責任	実行責任	作業支援

注 [1]　開発：詳細設計〜ソフトウェア結合テスト

　利用部門とシステム部は，これまでもシステム化案件に関する定例会議を開催していたが，利用部門は積極的に参加せず，コミュニケーションが十分に図

られていなかった。そこで，責任分担のマトリックスに，要件定義，ユーザ受入れテスト，移行の実行，及び設計の作業支援は，業務担当の　　a　　であることを明記した。

さらに，コミュニケーション計画の一環で，プロジェクトに対する各ステークホルダの　　b　　関係及び関与に関する情報を基に，ステークホルダ登録簿を作成した。　　b　　が対立する可能性があるステークホルダに対して，印を付けた。

〔設計工程でのコミュニケーション〕

設計工程に入り，事務局は週次開催の進捗確認会議を設定した。参加者は，W部長，事務局，P部長，業務チームリーダ，開発リーダ，H〜Kの開発チームリーダとした。事務局は，各開発チームリーダからの報告に基づき，全体の進捗状況を一覧形式でまとめた。さらに，進捗状況や課題などについて，月ごとに，プロジェクト状況報告書を作成し，ステアリングコミッティへ報告した。また，プロジェクトの管理情報は共有ファイルサーバに格納されており，ステークホルダ登録簿に設定されているアクセス権限に応じた資料の閲覧が可能であった。

X君は，初回の進捗確認会議の冒頭で，前週時点の設計書の作成の予実を提出するように，開発チームリーダに指示した。会議終了後，作業の進捗度合をどのように報告すべきか，という問合せがあった。A社では，社内のプロジェクト活動の標準化を推進中であったが，その時点では作業の進捗度合に関する正式な社内基準はなかった。X君は，過去に採用された基準の事例を調べ，活動中の他プロジェクトの事務局とも話し合った結果，次に示す基準をまとめ，この基準を採用すると結論付けた。

・作業ステータスは，設計書ごとに"作業未着手"，"作業中（設計書作成中）"，"レビュー中（レビュー及び指摘事項の対応中）"，"作業完了"の4段階で示す。
・"作業中"の進捗度合は，設計書ごとに"作成ページ数／予定ページ数"で示す。

X君は，②本プロジェクトではX君がまとめたこの基準に従って報告するように回答し，プロジェクト内に周知徹底した。

利用部門は，要件定義工程でシステムへの要求仕様についてシステム部と合意していた。しかし，設計工程に入っても，利用部門から仕様に関する質問が頻繁にあった。A社内では，利用部門との質疑応答は全て事務局で受け付け，仕分けする手順になっていて，今のところ遅滞なく運営されていた。しかし，連絡手段が電子メール，電話，対面と様々であったので，事務局はそれらを仕分けたり，電話や対面による連絡内容を文書化したりすることに多くの時間を費やしていた。さらに，必要項目が漏れていることが度々あった。その結果，事務局から開発リーダ及び開発チームリーダに質問内容を的確に伝えられなかったケースが発生していた。X君は，これらの対策として，③プロジェクトにおける質疑応答の連絡手段を電子メールに限定し，B社を含めたプロジェクトの関係者全員に周知徹底した。

〔ソフトウェア結合テスト工程でのコミュニケーション〕

ソフトウェア結合テスト実施中，X君は，Y課長から緊急の仕様変更指示を受けた。3日後に予定している次回のテスト実施までに，プログラムの変更が必

● サンプル問題

要だった。その日，B社のV氏は出張で不在だった。X君は，A社の開発リーダがB社の開発要員を招集してプログラムの変更を直接指示してもよいかと，Y課長に相談した。しかし，Y課長からは④ "B社の開発要員に，直接指示してはいけない。" と指摘されたので，プロジェクト内で定めた基準に従い，B社にプログラムの変更を指示した。B社の開発要員の速やかな対応によって，予定どおり次回のテストに進むことができた。

設問1 〔人的資源計画及びコミュニケーション計画〕について，(1) ～ (3) に答えよ。
(1) W部長が本文中の下線①のようにした狙いを，A社内のコミュニケーションの観点から30字以内で述べよ。
(2) ステアリングコミッティにおいて，重要な意思決定が円滑に行われるために，ステアリングコミッティのメンバであるN常務に適した効果の高いコミュニケーション活動を解答群の中から選び，記号で答えよ。

解答群
　　ア　共有ファイルサーバに格納されている，アクセス権限が高いステークホルダ向けのプロジェクトの管理情報を閲覧してもらう。
　　イ　週次開催の進捗確認会議への出席を依頼する。
　　ウ　適時個別の場を設け，プロジェクトの成果や状況を具体的に報告する。
　　エ　プロジェクト状況報告書を，毎月送付する。
　　オ　プロジェクトへの質問や意見が出されることを待ち，それらを受けたら，迅速かつ的確に対応する。

(3) 本文中の　　a　　，　　b　　に入れる適切な字句を答えよ。

設問2 〔設計工程でのコミュニケーション〕について，(1)，(2) に答えよ。
(1) X君が行った本文中の下線②を受けて，A社として社内プロジェクト活動の標準化推進の観点から行うべきことを40字以内で述べよ。
(2) X君は，質疑応答の連絡における問題点を解消するために，本文中の下線③のとおりにした。さらに実行すべき対策を20字以内で述べよ。

設問3 本文中の下線④について，Y課長が指摘した理由を20字以内で述べよ。

問10 　情報資産の管理に関する次の記述を読んで，設問1～3に答えよ。
　　E社は，中小企業に事務用の物品を販売している中堅の販売会社である。E社が所有する情報資産は，顧客情報，受発注情報，取引業務情報などの文書化されていない業務処理用の情報資産と，経営情報，経理情報，社員情報，文書形式で出力された業務情報などの文書化された情報資産(以下，文書資産という)とに大別される。業務処理用の情報資産は，業務用システム内で利用者ごとに　　a　　が定められ，管理されている。一方，文書資産は，ペーパレス化の全社施策の推進によって，最終的に大部分が電子化された状態で社内のファイルサーバに保管されている。これらの資産には，情報資産の機密性の分類として，"関係者限り"，"社内限り"，"公開" のいずれかの機密性区分が付与されている。

最近，同業他社で社員の不注意に起因する情報資産に関わる情報セキュリティインシデントが発生した。E社の経営企画部のF部長は，文書資産の資産管理と運用管理に関する現状調査を行い，問題点の抽出及び対応策の検討を行うようG課長に指示した。

〔文書資産の資産管理に関する現状〕
　G課長は，社内調査を行い，文書資産の資産管理の現状を次のとおり整理した。
(1) 文書資産の作成
　・社員が，PCを使用して文書化された情報（以下，文書情報という）を作成し，完成すると，文書資産として，社内の機密性区分を定めた情報セキュリティ規程を参照して機密性区分を判断し，文書資産管理者の承認を得ている。
　・文書情報を作成した社員（以下，文書情報作成者という）は，文書情報に機密性区分を記載する。"関係者限り"の場合には，文書資産管理者に許可された社員だけが業務で利用できるよう，文書情報を分類・整理して保管するファイルサーバ上の場所（以下，フォルダという）に　　 a 　　を設定し，そこに文書資産として保管している。なお，フォルダは，各部ごとに作成され，自部の許可された社員だけがアクセスできる。"社内限り"と"公開"の場合には，全社員がアクセスできるフォルダに文書資産として保管している。
(2) 文書資産の登録・変更・削除
　・文書資産は，部ごとに管理する。各部の文書資産管理者は，部長が課長の中から任命する。文書資産管理者が異動した場合には，部長が新たな文書資産管理者を任命し，異動の事実と新たな文書資産管理者名を表形式の一覧表に記録している。
　・文書情報を作成した部の文書資産管理者は，"公開"以外の機密性区分の文書資産について，自部で管理している表形式の文書資産管理台帳に，文書資産の情報（文書資産番号，文書資産名，機密性区分，文書情報作成者の情報，作成日，配付対象者の情報，四半期単位の保存期間の満了日）を登録している。
　・文書情報を作成した部の文書資産管理者は，文書情報作成者から，文書資産が変更又は削除された通知を受けると，文書資産管理台帳に，文書資産が変更又は削除された日を追記している。
　・文書資産管理者は，四半期ごとに，文書資産管理台帳に登録された文書資産のうち，保存期間が満了した全ての文書資産について，文書資産名と文書情報作成者の情報を抽出し，文書情報作成者に削除を指示している。これらの作業には，多くの手間が掛かっている。
(3) 文書資産の配付
　・文書情報作成者が，"関係者限り"の文書資産を他部に配付する場合は，その作成元の文書資産管理者に許可を受けた上で，文書資産の編集が可能なファイル形式で自社の電子メールに添付して，配付先の当該社員へ送付している。
　・文書資産を受領した社員は，自部の文書資産管理者に連絡し，許可された社員だけが利用できるよう，当該文書資産を保管するフォルダに

a を設定してもらう。

・その後，文書資産を受領した社員は， a が設定された当該フォルダに受領した文書資産を保管し，電子メールの添付ファイルを削除することとしている。

・"関係者限り"の文書資産を他部に配付する場合，作成元の文書資産管理者は，自部の文書資産管理台帳に配付対象者の情報と配付日時を追記している。

・配付元で配付対象者の情報と配付日時が管理されているので，配付先では，配付先で保管する当該文書資産の情報を文書資産管理台帳へ登録することを不要としている。

・文書情報作成者は，文書資産の削除が必要となった場合には，配付先の当該社員に削除を依頼している。

・文書資産に対する権限は，社員の役割に応じて，文書資産の運用についての規程で表1のとおりに定められている。

表1 文書資産に対する権限

	文書情報作成者	文書情報作成元の 文書資産管理者	配付先の文書資産管 理者及び当該社員	システム管理者
新規作成	○	×	×	×
変更	○	×	×	×
削除	○	△	○	○
参照	○	○	○	○

凡例 ○：有 ×：無 △：指示だけ

〔文書資産の運用管理に関する現状〕

　次に，G課長は，運用管理に関する現状を次のとおり整理した。

(1) システムでの管理

・文書資産を保管しているファイルサーバは，情報システム部が運用している。

・文書資産の b を確保するために，それらを保管しているファイルサーバは，二重化されたシステムで構成され，免震装置の上に設置されている。

・情報システム部のシステム管理者は， b を確保するために，文書資産がいつでも使用できる状態を維持するようファイルサーバを運用している。

・システム管理者がファイルサーバにログインする際には，システム管理者用IDと十分に強固なパスワードを使用している。

(2) イベントログ

・"関係者限り"に該当する文書資産の変更・参照・削除のイベントが発生すると，イベントログとして，社員ID，文書資産名，イベント発生時刻，イベント種別（変更・参照・削除）が，ファイルサーバに蓄積される。

・多大な人手が掛かるので，システム管理者が全てのイベントログを定期的に解析する作業は行わず，情報セキュリティインシデントが発生して調査が必要となった場合にだけ，情報システム部の課長からの指示によって，

イベントログの解析が実施される。
- ・イベントログの解析は，システム管理者が，解析ツールを使用して，解析ツールのマニュアルに記載されている手順に従って行う。
- ・マニュアルの記載内容は分かりやすいが，情報セキュリティインシデントの発生頻度は低く，システム管理者が作業に慣れていないので，イベントログの解析には時間を要している。
- ・システム管理者は，保存期間が満了したイベントログを消去している。イベントログの保存期間は，社内の規程で1年間と定められている。

〔問題点の抽出及び解決策の検討〕
　G課長は，現状を整理した結果から，次の（1）〜（3）の問題点を抽出した。
（1）文書資産の棚卸しが適切に実施できない。
（2）情報漏えいが発生した場合に，イベントログの解析に長時間を要する。
（3）配付された文書資産を，配付先の当該社員が，うっかりミスによって変更してしまうことで完全性が損なわれる。
　そこで，それぞれの問題点について，次の（1）〜（3）の解決策を検討した。
（1）機密性区分が"関係者限り"の文書資産を他部から配付された場合，配付先の文書資産管理者は，　　c　　する。
（2）不正アクセスの有無を特定することを目的とした，システム管理者による，全てのイベントログに対する定期的な点検作業は行わない。しかし，①対象期間と対象とする文書資産を限定した上で，システム管理者が，イベントログを解析する訓練を定期的に実施することにする。
（3）②文書資産の完全性が保たれるよう，文書情報作成者が，文書資産を配付するときの文書資産の取扱いを見直す。

〔文書資産管理システムの検討〕
　現在，各部で行っている文書資産の管理に関する業務には，多くの時間と人手が掛かっている。そこで，G課長は，文書資産の管理に関する業務を省力化するために，文書資産管理システムの導入を検討することにし，文書資産管理システムで実現する必要がある機能を取りまとめた。
- ・文書資産管理台帳への文書資産の情報の登録
- ・文書資産管理台帳での文書資産の情報の変更
- ・文書資産管理台帳からの文書資産の情報の削除
- ・参照権限者ごとの文書資産管理台帳の参照
- ・部間での文書資産の移動
- ・各部内での　　d　　
- ・部や課の統廃合時の文書資産管理台帳の引継ぎ

　文書資産管理システムを導入すると，　　e　　文書資産の一覧を容易に出力できるので，四半期ごとに，不要となった文書資産を確実に削除できるようになる。

設問1　本文中の　　a　　，　　b　　に入れる適切な字句を7字以内で答えよ。

設問2 〔問題点の抽出及び解決策の検討〕について，(1)～(3)に答えよ。
(1) 本文中の　c　に入れる適切な字句を40字以内で答えよ。
(2) 本文中の下線①とする目的を40字以内で述べよ。
(3) 本文中の下線②について，どのように見直すべきか。40字以内で述べよ。

設問3 〔文書資産管理システムの検討〕について，(1)，(2)に答えよ。
(1) 本文中の　d　に入れる適切な字句を解答群の中から選び，記号で答えよ。

解答群
　　ア　イベントログの解析　　　　イ　イベントログの収集
　　ウ　システム管理者用IDの変更　エ　社内のPCの入替え
　　オ　文書資産管理者の変更

(2) 本文中の　e　に入れる適切な字句を15字以内で答えよ。

問11 財務会計システムの運用の監査に関する次の記述を読んで，設問1～6に答えよ。

　H社は，部品メーカであり，原材料を仕入れて自社工場で製造し，主に組立てメーカに販売している。H社では，財務会計システムのコントロールの運用状況について，監査室による監査が実施されることになった。
　財務会計システムは，2年前に導入したシステムである。財務会計システムに関連する販売システム，製造システム，購買システムなど（以下，関連システムという）は，全て自社で開発したものである。財務会計システムは，関連システムからのインタフェースによる自動仕訳と手作業による仕訳入力の機能で構成されている。
　財務会計システムの処理概要を図1に示す。

図1　財務会計システムの処理概要

〔財務会計システムの予備調査〕
　監査室が，財務会計システムに関する予備調査によって入手した情報は，次のとおりである。
(1) 関連システムからのインタフェースによる自動仕訳
　① 財務会計システムには，仕訳の基礎情報となるトランザクションデータが各関連システムからインタフェースファイルとして提供される。
　② インタフェースファイルは，日次の夜間バッチ処理のインタフェース処理に取り込まれる。インタフェース処理は，必要な項目のチェックを行い，仕訳データを生成して，仕訳データファイルに格納する。

③ チェックでエラーが発見されれば，トランザクション単位でエラーデータとして，エラーファイルに格納される。財務会計システムには，エラーファイルの内容を確認できる照会画面がないので，エラーの詳細は翌日の朝に情報システム部から経理部に通知される。財務会計システムのマスタが最新でないことが原因でエラーデータが発生した場合には，財務会計システムのマスタ変更を経理部が行う。ただし，エラーとなったデータの修正が必要な場合は，経理部で対応できないので，情報システム部が対応している。

④ エラーファイル内のエラーデータは，翌日のインタフェース処理に再度取り込まれ，処理される。

なお，日次の夜間バッチ処理はジョブ数，ファイル数が多く，日によって実行ジョブも異なり，複雑である。そこで，ジョブの実行を自動化するために，ジョブ管理ツールを利用している。このジョブ管理ツールへの登録，ジョブの実行，異常メッセージの管理などは，情報システム部が行っている。

(2) 手作業による仕訳入力

手作業による仕訳入力は，仕訳の基礎となる資料に基づいて経理部の担当者が行う。ここで入力されたデータは，一旦，仮仕訳データとして仮仕訳データファイルに格納される。経理課長がシステム上で仮仕訳データの承認を行うことによって，仕訳データファイルに格納される。

なお，手作業による仕訳入力に関するアクセスは，各担当者に個別に付与されたIDに入力権限及び承認権限を設定することでコントロールされている。

(3) 月次処理

① 翌月の第7営業日までに，当月の仕訳入力業務を全て完了させている。

② 経理部は，入力された仕訳が全て承認されているかを確かめるために，　　Ⅰ　　が残っていないことを確認する。

③ 経理部は，当月の仕訳入力業務が全て完了したことを確認した後，財務会計システムで確定処理を行う。これ以降は，当月の仕訳入力ができなくなる。

(4) 財務レポート作成・出力

財務会計システムで確定した月次の財務数値を基に，数十ページの財務レポートが作成・出力され，月次の経営会議で報告される。財務レポートは，経理部が簡易ツールを操作して，出力の都度，対象データ種別，対象期間，対象科目を設定して出力される。

〔監査要点の検討〕

監査室では，財務会計システムの予備調査で入手した情報に基づいてリスクを洗い出し，監査要点について検討し，"監査要点一覧"にまとめた。その抜粋を表1に示す。

なお，財務会計システムに関するプログラムの正確性については，別途，開発・プログラム保守に関する監査を実施する計画なので，今回の監査では対象外とする。

● サンプル問題

表1　監査要点一覧（抜粋）

項番	リスク	監査要点
(1)	インタフェース処理が正常に実行されない。	①　ジョブ管理ツールに，ジョブスケジュールが適切に登録されているか。 ②　バッチジョブの実行に際しては，［　a　］され，検出された事項は全て適切に対応されているか。
(2)	正当性のない手作業入力が行われる。	①　手作業による仕訳入力及び承認は，適切であるか。特に，［　b　］の両方が一つのIDに設定されていないことに注意する。
(3)	全ての仕訳が仕訳データファイルに格納されずに確定処理が行われる。	①　経理部は，手作業による全ての仕訳入力が仕訳データファイルに反映されていることを確認しているか。 ②　情報システム部は，インタフェース処理で発生した［　c　］が全て処理されていることを確認しているか。
(4)	財務レポートが正確に，網羅的に出力されない。	①　財務レポート出力のタイミングは適切であるか。 ②　財務レポート出力の操作は，適切に行われているか。

設問1　表1中の［　a　］に入れる適切な字句を15字以内で答えよ。

設問2　表1中の［　b　］に入れる適切な字句を10字以内で答えよ。

設問3　表1項番（3）の監査要点①に対して，経理部が実施しているコントロールとして，本文中の［　Ⅰ　］に入れる適切な字句を10字以内で答えよ。

設問4　表1中の［　c　］に入れる適切な字句を10字以内で答えよ。

設問5　表1項番（4）の監査要点①について，どのようなタイミングで財務レポートを出力すべきか。適切なタイミングを10字以内で答えよ。

設問6　表1項番（4）の監査要点②について，経理部が操作時にチェックすべき項目を，三つ答えよ。

午前問題の解答・解説

サンプル問題　午前問題の解答・解説

問1
解答：エ

　2台のATM(現金自動預払機)が統合後1台になり，利用者数は両支店の利用者数の合計になるので，統合後の利用率 ρ は2倍になります。したがって，統合前の平均待ち時間(下記左式)の ρ を 2ρ で置き換えた式(下記右式)が統合後の平均待ち時間になります。

$$W_{前}=\frac{\rho}{1-\rho}\times T_s \qquad W_{後}=\frac{2\rho}{1-2\rho}\times T_s$$

問2
解答：ア

　各選択肢の文字列を見ると，いずれも最初の文字(記号)が1で，2番目の文字が2です。このことに着目し，文字1，2がどのように評価されていくのかを考えます。

　まず，最初の文字1は<R₁>と評価され，<R₁>は<B>と評価されます。次に，2番目の文字2は<R₂>と評価されるので，この時点で文字列12は<B><R₂>，さらに<A>と評価されます。

　そこで，次の3番目の文字も含めた文字列が<A>と評価されるためには，3番目の文字が<R₀>と評価される必要があり，0，3，6，9のいずれかでなければなりません。このことから，<A>と評価される，すなわち<A>から生成される文字列は，〔ア〕の123です。

問3
解答：イ

　製品100個中に10個の不良品を含むロットが合格となるのは，抽出した3個がすべて良品である場合なので，合格と判定される確率は，

$$\frac{90}{100}\times\frac{89}{99}\times\frac{88}{98}=\frac{178}{245}$$

※別解
製品100個中，良品は90個なので，次の式でも求められる。

$$\frac{{}_{90}C_3}{{}_{100}C_3}=\frac{178}{245}$$

問4
解答：ア

　ディープラーニングは，人間が自然に行う意思決定や行動などをコンピュータに学習させる機械学習の一種です。従来の機械学習とは異なり，人間の脳神経細胞(ニューロン)の回路網を模倣したニューラルネットワークを多層化し，それに大量のデータを与えることで，コンピュータ自身がデータの特徴やパターンなどを自動的に学習していきます。

※〔イ〕，〔ウ〕はデータマイニングなどに利用される手法。〔エ〕はエキスパートシステムの説明。

問5
解答：イ

　ドローンやマルチコプタなどの無人航空機に搭載され，機体を常に水平に保つ姿勢制御を行うセンサはジャイロセンサです。ジャイロセンサは，別名角速度センサとも呼ばれるセンサで，主な役割は，角速度や傾き，振動の検出です。なお，角速度とは，モノが回転する速度(回転角)

● サンプル問題

のことで，単位としては"ラジアン／秒"などが使われています。

問6   解答：イ

キーaとbが衝突するのは，aをnで割ったときの余りと，bをnで割ったときの余りが同じときです。この余りをrとすると，a，bはそれぞれ次の式で表すことができます。ここで，Q_1及びQ_2は商を表します。

$a = Q_1 \times n + r$

$b = Q_2 \times n + r$

そこで，この2つの式の差を求めると，

$a - b = (Q_1 - Q_2) \times n$

となり，$a-b$はnの倍数であることがわかります。つまり，$a-b$がnの倍数であれば，キーaとbは衝突します。

問7   解答：エ

自分自身を呼び出すことができるプログラムは，<u>再帰的</u>であるといいます。このようなプログラムを実行するときは，<u>スタック</u>に局所変数，<u>仮引数</u>及び戻り番地を格納して呼び出し，復帰するときは**LIFO(Last In First Out)**方式で格納したデータを取り出して復元する必要があります。

問8   解答：ウ

スーパスカラは，「複数のパイプラインを用い，同時に複数の命令を実行可能にすることによって，高速化を図る方式」です。〔ア〕はベクトルプロセッサ，〔イ〕はスーパパイプライン，〔エ〕はVLIWの説明です。

問9   解答：エ

Hadoop("ハドゥープ"と読む)は，大規模データの蓄積や分析を分散処理技術によって実現するソフトウェア(OSS)です。Apacheプロジェクトの元で開発が続けられています。

問10   解答：エ

投機実行は，「分岐命令の分岐先が決まる前に，あらかじめ予測した分岐先の命令の実行を開始する」ことによって，パイプラインの性能を向上させようとする技法です。

問11   解答：ウ

RAID1～5の各構成は，データ及びエラー訂正情報(冗長ビット)の書き込み方法と，その位置の組み合わせによって分類されます。

※ラジアン

弧度ともいう。1つの円において，その半径に等しい長さの弧に対する中心角を1ラジアンといい，1ラジアンは$180° / \pi$に相当する。

$$\begin{array}{r} a = Q_1 \times n + r \\ -b = Q_2 \times n + r \\ \hline a - b = (Q_1 - Q_2) \times n \end{array}$$

※〔ア〕はアウトオブオーダ実行の説明。選択肢に時々出てくる用語なので覚えておこう。

718

問12

解答：イ

サーバの処理能力を負荷状況に応じて調整する方法のうち，サーバの台数を減らすことでリソースを最適化し，無駄なコストを削減することをスケールインといいます。逆に，サーバの台数を増やすことで処理能力を向上させることをスケールアウトといいます。

※〔ア〕はスケールアウト，〔ウ〕はスケールアップ，〔エ〕はスケールダウンの説明。

問13

解答：エ

n件目の書込み（50ミリ秒）と並行して$n+1$件目のCPU処理（30ミリ秒）と$n+2$件目の読取り（40ミリ秒）を実行するので，下図に示すようにCPU処理と読取りは，書込みの時間内で完了できます。

したがって，1分（$60×10^3$ミリ秒）当たりの最大データ処理件数は，おおよそ，（$60×10^3$ミリ秒）÷50ミリ秒＝1200［件］となります。

問14

解答：エ

システムの信頼性向上の考え方の1つに，故障が発生したときに対処するのではなく，システムを構成する要素自体の品質を高めて故障そのものの発生を防ぐことで，システム全体の信頼性を向上させようという考え方があります。これをフォールトアボイダンスといいます。

〔ア〕はフェールセーフ，〔イ〕はフォールバック（縮退運転），〔ウ〕はフォールトマスキングの説明です。

問15

解答：エ

A案とB案をシステム構成図に書き換え，稼働率を求めると次のようになります。ここで，図中の□□□はノード間の経路を表します。

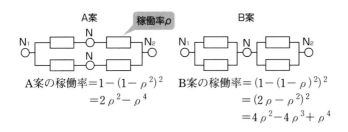

※〔公式〕
$(a+b)^2$
$=a^2+2ab+b^2$

次に，A案の稼働率とB案の稼働率の差を求めると，

$$(2\rho^2-\rho^4)-(4\rho^2-4\rho^3+\rho^4)$$
$$=-2\rho^4+4\rho^3-2\rho^2$$
$$=-2\rho^2(\rho^2-2\rho+1)$$
$$=-2\rho^2(\rho-1)^2<0$$

となり，B案の稼働率の方が常にA案よりも高いことがわかります。

※A－B＜0なら常に
A＜Bが成立。

問16
解答：ア

仮想記憶方式において，ページアウト／ページインが頻発し，スループットが急速に低下する現象をスラッシングといいます。

問17
解答：エ

ラウンドロビン方式は，実行可能待ち行列の先頭のプロセスから順にタイムクウォンタムずつ実行し，終了しないときは実行を中断して，待ち行列の末尾に戻し，次のプロセスを実行するという方式です。

〔ア〕は優先順位方式，〔イ〕はイベントドリブンプリエンプション方式，〔ウ〕は処理時間順方式の説明です。

問18
解答：イ

ファーストフィット方式に従って，読み込む領域を割り当てていくと，それぞれ次のようになります。

〔読込み順序A〕

① ② ③ ④ ⑤ ⑥ ⑦ ⑧
100 → 200 → 200解放 → 150 → 100解放 → 80 → 100 → 120

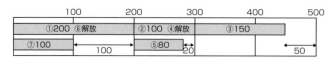

〔読込み順序B〕

① ② ③ ④ ⑤ ⑥ ⑦ ⑧
200 → 100 → 150 → 100解放 → 80 → 200解放 → 100 → 120

※オーバレイ方式
実行時に，必要なモジュールを主記憶に読込み実行する方式。

※ファーストフィット
(first-fit)方式
要求サイズ以上の大きさをもつ空き領域のうち最初に見つかったものを割り当てる方式。

読込み順序Aにおいては，最後の120kバイトのモジュールの読込が可能ですが，読込み順序Bにおいては，120kバイト以上の連続した空き領域がないため読込は不可能です。

720

午前問題の解答・解説

問19
解答：イ

あるコンピュータ上で，異なる命令形式のコンピュータで実行できる目的プログラムを生成する言語処理プログラムを，クロスコンパイラといいます。

問20
解答：エ

LPWA(Low Power, Wide Area)は，低消費電力・遠距離通信(広範囲通信)を実現する無線通信技術です。
ア：I^2C(Inter-Integrated Circut)の説明です。
イ：60GHz帯の無線通信規格は，WiGig(Wireless Gigabit)です。
ウ：電力線を通信回線に利用する技術は，PLC(Power Line Communication：電力線搬送通信)です。

問21
解答：ウ

リーク電流とは，微細化された半導体回路(LSI)内において，本来流れるはずがない場所・経路に漏れ出す電流のことで，リーク電流を低減する技術にパワーゲーティングがあります。これは，動作する必要のない(使用しない)回路への電源供給を遮断することによってリーク電流を減らすというもので，LSIの省電力制御技術の1つです。

※〔イ〕の「使用しないブロックへのクロック供給停止」を，クロックゲーティングという。

問22
解答：イ

リトルエンディアンでは，データの最下位のバイトから順に配置されるので，16進数ABCD1234は「34 12 CD AB」の順に配置されます。

0	+1	+2	+3
34	12	CD	AB

問23
解答：ア

3入力多数決回路は，3つの入力のうち2つ以上が1であるとき，1を出力する回路です。まず，真理値表と等価な論理式を求めます。この論理式は，出力Yが1になる入力(真理値表の4，6，7，8行目)の条件の論理和(加法標準形)をとることで求められるので，
$$\overline{A}\cdot B\cdot C+A\cdot\overline{B}\cdot C+A\cdot B\cdot\overline{C}+A\cdot B\cdot C$$
です。次に，この論理式に「$A\cdot B\cdot C$」を2項加え簡略化すると，
$$\overline{A}\cdot B\cdot C+A\cdot\overline{B}\cdot C+A\cdot B\cdot\overline{C}+A\cdot B\cdot C+\mathbf{A\cdot B\cdot C}+\mathbf{A\cdot B\cdot C} \quad \cdots ①$$
$$=B\cdot C\cdot(\overline{A}+A)+A\cdot C\cdot(\overline{B}+B)+A\cdot B\cdot(\overline{C}+C) \quad \cdots ②$$
$$=B\cdot C+A\cdot C+A\cdot B \quad \cdots ③$$
になります。つまり，論理式③が3入力多数決回路を表す論理式です。ここで，論理式③は，3つの論理積(AND)と2つの論理和(OR)から構成されることに着目すれば，これと等価な回路は〔ア〕だとわかります。

※式①の1項と4項をB・Cでくくり，2項と5項をA・Cでくくり，3項と6項をA・Bでくくると，式②になる。

サンプル問題【午前問題の解答・解説】

● サンプル問題

問24
解答：ウ

「W3Cで仕様が定義され，矩形や円，直線，文字列などの図形オブジェクトをXML形式で記述し，Webページでの図形描画にも使うことができる画像フォーマット」は，SVG(Scalable Vector Graphics)です。SVGは，ベクタ形式の画像フォーマットであり，拡大縮小しても輪郭が粗くならないといった特徴があります。また，XMLをベースとしているため，メモ帳などのテキストエディタでも作成ができます。

※ベクタ形式
画像を，点や線などの図形を表す数値(計算式)の集合で表現する形式。

問25
解答：ウ

アクセシビリティを考慮したWebページの設計では，年齢や身体的条件にかかわらず誰もがWebを利用することや，利用者の利用環境を考慮することが重要です。例えば，入力が必須である項目を色で強調することで視覚的によりわかり易くなりますが，視覚に障害をもつ人が音声読み上げ機能を利用してWebページを閲覧する場合，読み上げられるのはテキスト情報だけなので文字色を変えただけの情報は伝わりません。誰もが利用しやすいWebページにするためには，音声読み上げでもその情報が正しく伝えられるようテキストによる補足情報を提供する必要があります。したがって，〔ウ〕が適切な記述です。

問26
解答：ウ

抽出条件(WHERE句)が「電話番号 NOT LIKE '010%'」なので，抽出されるのは，電話番号が'010'で始まらない(先頭3文字が'010'でない)行です。このとき，電話番号がNULLの場合は"真"と評価されないので，SQL文を実行して得られるのは，B社，D社，E社の3行です。

※NULL
空値あるいは不定値という意味。例えば，列Xの値がNULLであるとき「X＝2」は不定と評価される。

問27
解答：イ

検査制約は，列に対して入力(登録)できる値の条件を指定するものです。検査制約が定義されている場合，データの挿入又は更新時にその値が検査され，条件を満たしていなければ制約違反となります。

CREATE TABLE文を見ると，「CHECK(学生番号 LIKE 'K%')」とあります。これは，「学生番号は，'K'から始まる文字列」であることを意味し，'K'から始まらない(先頭が'K'でない)学生番号は登録できません。したがって，〔イ〕のINSERT文は，学生番号に'J2002'を登録するSQL文であるため，これを実行すると検査制約違反になります。

※本問では，検査制約を表制約定義で行っているが，これを列制約定義で行うと次のようになる。
学生番号 CHAR(5)
　　PRIMARY KEY
　　CHECK(学生番号
　　　LIKE 'K%')

問28
解答：ア

埋込みSQLにおいて，問合せで得られた結果(導出表)が複数行になる場合は，得られた導出表からFETCH文を用いて1行ずつ取り出し，それを親プログラムに渡します。これをカーソル(CURSOR)処理といい，カーソルは「DECLARE CURSOR」文で宣言します。

午前問題の解答・解説

問29
解答：ウ

B$^+$木インデックスは，B$^+$木の構造を利用したインデックスです。根から節をたどっていくことで目的のデータを検索でき，大量のデータでも検索パフォーマンスが得られる，またBETWEENなどを用いた範囲指定検索に優れているという特徴があります。したがって，検索の性能改善が最も期待できる操作は〔ウ〕です。その他の選択肢は「～以外の検索」であり，結果的には全件検索に近くなるため効果は期待できません。

問30
解答：ウ

NoSQL(Not only SQL)は，データへのアクセス方法をSQLに限定しないデータベース管理システム(DBMS)の総称です。NoSQLのデータモデル(データの保存管理手法)にはいくつかありますが，その1つにキーバリュー型(KVS：Key-Value Store)があります。キーバリュー型では，1つのキーに1つのデータを結びつけて管理します。

問31
解答：イ

WebページのURLをhttp://118.151.146.137/のようにIPアドレスを使って指定するとページが表示され，http://www.jitec.ipa.go.jp/のようにドメイン名を指定すると表示されないのは，ドメイン名からIPアドレスへの変換(名前解決)に問題があります。原因の1つとしては「DNSサーバが動作していない」ことが考えられます。

※プロキシサーバは，WebサーバのIPアドレスを取得するため，DNSサーバに問い合わせて名前解決を行う。

問32
解答：エ

端末Aがフレームを送信し始めてから，端末Bがフレームを受信し終わるまでの時間は，次のとおりです。

・端末AからA側のルータへのデータ転送時間

　LANの伝送速度が10Mビット／秒，フレーム長が1,500バイトなので，

　　データ転送時間＝(1,500×8ビット)÷10Mビット／秒

　　　　　　　　　＝12,000ビット÷10,000,000ビット／秒

　　　　　　　　　＝0.0012秒＝1.2ミリ秒

・A側のルータのフレーム処理時間：0.8ミリ秒

・A側のルータからB側のルータへのデータ転送時間

　中継回線の伝送速度が1.5Mビット／秒なので，

　　データ転送時間＝(1,500×8ビット)÷1.5Mビット／秒

　　　　　　　　　＝12,000ビット÷1,500,000ビット／秒

　　　　　　　　　＝0.008秒＝8ミリ秒

・B側ルータでのフレーム処理時間：0.8ミリ秒

・B側ルータから端末Bへのデータ転送時間：1.2ミリ秒

　以上，端末Bがフレームを受信し終わるまでの時間は，

　　1.2＋0.8＋8＋0.8＋1.2＝12ミリ秒

※B側ルータから端末Bへのデータ転送時間は，端末AからA側のルータへのデータ転送時間と同じ。

問33
解答：ア

CSMA/CD方式では，伝送路使用率の増加に伴ってフレームが衝突する確率が高くなり再送が増えてきます。これにより伝送路使用率がある値（30％程度）を超えると，伝送遅延が急激に大きくなりスループットは低下します。

問34
解答：イ

ビット誤り率とは，送信したデータ量に対する発生したビット誤りの割合です。本問では，伝送速度30Mビット／秒の回線を使ってデータを連続送信したとき，平均して100秒に1回の1ビット誤りが発生したとあります。100秒間に送信できるデータ量は30M×100ビットなので，このときのビット誤り率は，次のようになります。

$$1ビット÷(30M×100ビット)$$
$$=1ビット÷(30×1,000,000×100ビット)$$
$$≒0.0333\cdots×10^{-8}$$
$$=3.33×10^{-10}$$

※ビット誤り率
単位時間当たりに発生したビット誤り数を，単位時間当たりの送信量で除算する。

問35
解答：イ

OSI基本参照モデルのネットワーク層に属するのは，ICMP（Internet Control Message Protocol）です。〔ア〕のHTTPと〔ウ〕のSMTPはアプリケーション層，〔エ〕のUDPはトランスポート層に属します。

問36
解答：イ

サブネットマスクが255.255.255.192なので，先頭から26ビット目までがネットワークアドレスです。つまり，IPアドレス172.16.255.164のホストが属するサブネットワークのアドレスは172.16.255.128であり，このサブネットワークに割り当てることができるIPアドレスは，次のとおり172.16.255.129〜172.16.255.190です。

※255.255.255.192の最後の192を2進数で表すと，11000000になる。

最後のブロック（8ビット部分）

IPアドレス	172 . 16	. 255	. **164**	**10**100100
サブネットマスク	255 . 255	. 255	. **192**	**11**000000
サブネットワークアドレス	172 . 16	. 255	. **128**	**10**000000
ホストのIPアドレス	172 . 16	. 255	. **129**	**10**000001
	. ～ .		～	～
	172 . 16	. 255	. **190**	**10**111110

※IPアドレスとサブネットマスクの論理積が，サブネットワークアドレス。
　　172. 16.255.164
AND 255.255.255.192
　　172. 16.255.128

したがって，〔イ〕の172.16.255.129が同じサブネットワークに属するホストのIPアドレスです。なお，〔ア〕の172.16.255.128はサブネットワークアドレス，〔ウ〕の172.16.255.191は下位6ビット（ホストアドレス部分）がすべて1なのでブロードキャストアドレスです。

問37 解答：イ

DNSキャッシュポイズニングは，DNS問合せに対して，本物のコンテンツサーバの回答よりも先に偽の回答を送り込み，DNSキャッシュサーバに偽の情報を覚え込ませるというDNS応答のなりすまし攻撃です。攻撃が成功すると，DNSキャッシュサーバは偽の情報を提供してしまうため，利用者は偽装されたサーバに誘導されてしまいます。

問38 解答：ア

M種類の文字を用いてn桁のパスワードを設定する場合，各桁に対してM通りの設定方法があるので，M^n個のパスワードが設定できます。

問39 解答：ア

ダークネットの観測において，送信元IPアドレスがAのSYN/ACKパケットを受信したということは，攻撃者が自身の送信元IPアドレスを未使用のIPアドレスに詐称して，IPアドレスAのサーバにTCPコネクション確立要求のSYNパケットを送信し，サーバからSYN/ACKパケットが返信されたケースと考えられます。この場合，想定できる攻撃は，IPアドレスAを攻撃先とするSYN Flood攻撃(サービス妨害攻撃)です。

〔補足〕ダークネットには，本問のような，送信元IPアドレスが詐称されたパケットへの応答パケットの他，マルウェアが攻撃対象を探すために送信するパケットなど相当数の不正パケットが送られています。このため，ダークネットを観測することで，マルウェアの活動傾向などを把握することができます。

問40 解答：ウ

JPCERT/CCは，日本の代表的(公共的)なCSIRTです。JPCERT/CCでは，コンピュータセキュリティインシデントについて，日本国内のサイトに関する報告の受付，対応の支援，発生状況の把握，手口の分析，再発防止策の検討や助言などを，技術的な立場から行っています。

ア：日本工業標準調査会(JISC)の説明です。

イ：CRYPTRECの説明です。

エ：内閣サイバーセキュリティセンター(NISC)の説明です。

問41 解答：エ

JIS Q 31000:2010は，組織におけるリスクの運用管理のための原則や枠組み，及びリスクマネジメントプロセスを規定したものです。

JIS Q 31000では，残留リスクを「リスク対応後に残るリスク」と定義し，注記事項として次の2つが記載されています。

・残留リスクには，特定されていないリスクが含まれることがある。

・残留リスクは，保有リスクとしても知られている。

※〔ウ〕は**DNSリフレクション攻撃**に分類される。この攻撃では，送信元からの問合せに対し反射的な応答を返すDNSキャッシュサーバを踏み台に利用する。具体的には，ボットと組み合わせて仕掛けられることが多く，送信元を攻撃対象に偽装した問合せを，踏み台サーバに送信し，踏み台サーバから攻撃対象へ向けて応答を送信させる。

※**CSIRT**(シーサート)
Computer Security Incident Response Team の略。企業・組織内や政府機関に設置され，コンピュータセキュリティインシデントに関する報告を受け，調査し，対応活動を行う組織の総称。

※**JIS Q 31000**(リスクマネジメント － 原則及び指針)は，ISO 31000を基に，技術的内容及び構成を変更することなく作成された日本工業規格。

問42

解答：ウ

クラウドを利用する企業と事業者の責務分担は，次のようになります。

		SaaS	PaaS	IaaS
1	アプリケーションに対するデータのアクセス制御と暗号化の設定	事業者	**利用者**	**利用者**
2	アプリケーションに対するセキュアプログラミングと脆弱性診断	事業者	**利用者**	**利用者**
3	DBMSに対する修正プログラム適用と権限設定	事業者	事業者	**利用者**
4	OSに対する修正プログラミング適用と権限設定	事業者	事業者	**利用者**
5	ハードウェアに対するアクセス制御と物理セキュリティ確保	事業者	事業者	事業者

問43

解答：イ

ポリモーフィック型マルウェアの説明として，適切なのは〔イ〕です。〔ア〕はボット，〔ウ〕はマルチプラットホーム型マルウェア，〔エ〕はステルス型マルウェアの説明です。

※〔エ〕の記述にある**ルートキット**(rootkit)とは，不正侵入の痕跡やバックドアを仕掛けた行為を隠蔽するなどの機能がパッケージ化された不正なプログラムやツールのこと。

問44

解答：エ

SPF(Sender Policy Framework)は，メール送信のなりすましを検知する手法の1つです。SMTP通信中にやり取りされるMAIL FROMコマンドで与えられた送信ドメインと，送信サーバのIPアドレスの適合性を検証することによって，送信元ドメインを詐称したなりすましメールを検知します。SPFでの検証手順は，次のとおりです。

・送信側：自ドメインのDNSサーバのSPFレコードに，正当なSMTPメールサーバのIPアドレスを登録(公開)する。
・受信側：メール受信時，MAIL FROMコマンドで与えられたアドレスのドメイン部をもとに，送信元ドメインのDNSサーバへSPFレコードを問合せ，送信側のメールサーバのIPアドレスがSPFレコードに存在するかを確認する。

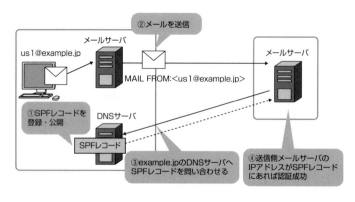

問45　解答：エ

SIEMは，ファイアウォール，IDS，IPSといったネットワーク機器や，Webサーバ，メールサーバなどの様々なサーバのログデータを一元的に管理し，分析して，セキュリティ上の脅威となる事象を発見し，通知するセキュリティシステムです。〔ア〕はIPS（Intrusion Prevention System），〔イ〕はSNMP（Simple Network Management Protocol），〔ウ〕はシスコ社のNetFlowの特徴です。

問46　解答：エ

ディレクトリトラバーサル攻撃は，Webアプリケーションの脆弱性を利用した攻撃の1つです。例えば，公開ディレクトリのパス（/A/とする）に，ユーザが入力した閲覧ファイル名を連結するアプリケーションに対して，悪意のあるユーザが「../B/ファイルB」と入力すると，アクセスファイル名は「/A/../B/ファイルB」となり，非公開ファイルにアクセスできてしまいます。

※〔ア〕はOSコマンドインジェクション，〔イ〕はSQLインジェクション，〔ウ〕はシングルサインオンにおける不正アクセスの説明。

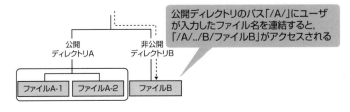

問47　解答：エ

ソフトウェア実装プロセスを構成するプロセスのうち，問題文に示されたタスクを実施するのは，ソフトウェア方式設計プロセスです。

問48　解答：ア

CMMIは，「ソフトウェア開発組織及びプロジェクトのプロセスの成熟度を評価するためのモデル」です。

問49　解答：イ

ソフトウェアの品質特性の保守性とは，「意図した保守者によって，製品又はシステムが修正することができる有効性及び効率性の度合い」のことです。〔イ〕の「ソフトウェアにある欠陥の診断又は故障原因の追究，及びソフトウェアの修正箇所を識別しやすいかどうか」は，保守性に影響を与える事象となります。なお，〔ア〕は使用性，〔ウ〕は信頼性，〔エ〕は性能効率性に影響を与える事象です。

問50　解答：ウ

XPでは，実践すべきいくつかのプラクティスが定められています。

● サンプル問題

その1つに「継続的インテグレーション」があり，ソフトウェアの統合時に発生する問題を低減するため，単体テストをパスしたらすぐに結合テストを行い問題点や改善点を早期に発見するとしています。

ア：1週間の労働時間をチームで決めるのは，「最適なペースの仕事(集中力を高めて効果を生むためには週40時間の労働が最適)」に反します。

イ：ソースコードの再利用を作成者だけに限るのは，「コードの共同所有(誰が作成したコードであっても，開発チーム全員が改善・再利用を行える)」に反します。

エ：プログラミングを1人で行うのは，「ペアプログラミング(2人のプログラマがペアとなり1つのプログラム開発を行う)」に反します。

問51　　　　　　　　　　　　　　　　　　　　　解答：エ

プロジェクト全体の所要日数を1日短縮するためには，クリティカルパス上の作業を1日短縮します。PERT図からクリティカルパスを求めると「A→C→G→J」なので，作業Jを1日短縮すれば，プロジェクト全体の所要日数を1日短縮できます。

> ※プロジェクト全体の所要日数を短縮する手法には，クラッシングとファストトラッキングがある。本問は，クラッシングにより所要日数の短縮を行う問題。

問52　　　　　　　　　　　　　　　　　　　　　解答：エ

"アクティビティ定義"は，スケジュールマネジメントのプロセスです。プロジェクト・スコープ記述書やWBSなどをもとに，WBS最下層のワークパッケージを完了するために必要な作業を，アクティビティという単位まで分解し，それをアクティビティリストに整理します。

問53　　　　　　　　　　　　　　　　　　　　　解答：エ

まず，プログラムの設計から結合テストまでの開発期間を求めます。

・設計に要する期間：見積工数が6人月，これを2人の上級SEが担当すると，開発期間は6人月÷2人＝3か月

・プログラム作成・単体テストに要する期間：見積工数が12人月，これを2人の上級SEと2人の初級SEが担当すると，初級SEの生産性は上級SEの1/2なので，開発期間は12人月÷(2人＋2人÷2)＝4か月

・結合テストに要する期間：見積工数が12人月，これを2人の上級SEが担当すると，開発期間は12人月÷2人＝6か月

　以上，全工程の開発期間は3＋4＋6＝13か月です。次に，各工程ごとに上級SEを1人追加すると，

・設計：6人月÷上級SE3人＝2か月

・プログラム作成・単体テスト：12人月÷(上級SE3人＋初級SE2人÷2)＝3か月

・結合テスト：12人月÷上級SE3人＝4か月

となり，開発期間は2＋3＋4＝9か月になるので，4か月短縮できます。

728

午前問題の解答・解説

問54　　　　　　　　　　　　　　　　　　解答：ウ

　プロジェクト目標にマイナスの影響を及ぼすリスクへの対応戦略には，回避，転嫁，軽減，受容の4つがあります。このうち転嫁に該当するのは，〔ウ〕の「損害の発生に備えて，損害賠償保険を掛ける」です。

ア：「あるサブプロジェクトの損失を，他のサブプロジェクトの利益と相殺する」は，受容に該当します。

イ：「個人情報の漏えいが起こらないように，システムテストで使用する本番データの個人情報部分はマスキングする」は，軽減に該当します。

エ：「取引先の業績が悪化して，信用に不安があるので，新規取引を止める」は，回避に該当します。

問55　　　　　　　　　　　　　　　　　　解答：イ

　JIS Q 20000は，JIS Q 20000-1とJIS Q 20000-2の2部から編成されています。このうちJIS Q 20000-1で規定しているのは，サービスマネジメントシステムを確立し，実施し，維持し，継続的に改善するための組織(サービス提供者)に対する要求事項です。

問56　　　　　　　　　　　　　　　　　　解答：ア

　EVMは，プロジェクトの進捗や作業のパフォーマンスを出来高の価値に置き換えて管理する手法です。スケジュールやコストの，計画時との差異や効率を評価します。したがって，〔ア〕が正しい組合せです。

問57　　　　　　　　　　　　　　　　　　解答：エ

　退職・異動したシステム利用者に付与されていたアクセス権は，その事象発生時，ただちに削除・変更しなければなりません。したがって，「年度初めに全てまとめて行われていた」点は指摘事項になります。

問58　　　　　　　　　　　　　　　　　　解答：イ

　システム監査人が日次バックアップデータが継続的に取得されているかどうかを検証する手続として，適切なのは「バックアップジョブの設定内容及びジョブの実行結果ログの閲覧」です。

問59　　　　　　　　　　　　　　　　　　解答：ア

　可用性とは，システムを使用したいとき，確実に使用できるという使用可能度を表す指標です。可用性の監査項目に該当するのは〔ア〕です。〔イ〕は効率性，〔ウ〕は機密性，〔エ〕は完全性に該当する項目です。

問60　　　　　　　　　　　　　　　　　　解答：ア

　事業継続計画(BCP)は，その有効性を維持するため，必要に応じて

※JIS Q 20000規格
JIS Q 20000-1：
サービスマネジメントシステム要求事項。
JIS Q 20000-2：
サービスマネジメントシステムの適用の手引き。

見直し及び更新を行う必要があり，BCPの監査は，最新性及び実効性の観点から実施されます。〔ア〕の「従業員の緊急連絡先リストを作成し，最新版に更新している」ことは，BCPが適切に維持・管理されているものと判断できます。

イ：重要書類を複製せずに1か所で集中保管した場合，その保管場所が災害にあうと重要書類を一度に失ってしまう可能性があります。

ウ：事業継続及び早期の事業再開の観点から，重要度・緊急度に応じて優先順位付けを行い段階的に復旧範囲を拡大していくことも考慮すべきです。

エ：BCPを有効に機能させるためには，平時から従業員にBCPを周知徹底し，確実に実行できるようにしておく必要があります。

問61
解答：エ

情報戦略の投資効果を評価するとき，利益額を分子に，投資額を分母にして算出するのはROI（Return On Investment：投資利益率）です。

ア：EVA（Economic Value Added）は，「税引後営業利益－投下資本×資本コスト」で算出される，経済的付加価値と呼ばれる指標です。

イ：IRR（Internal Rate of Return：内部収益率）は，NPVがゼロになる割引率のことです。

ウ：NPV（Net Present Value：正味現在価値）は，投資対象が生み出す将来のキャッシュインを現在価値に換算した合計金額から，投資額を引いた金額のことです。

※**資本コスト**
投じた資金の調達コスト（配当金，利息など）のこと。

問62
解答：ア

共通フレーム2013における，システム化構想の立案プロセスで作成されるのは，〔ア〕の「企業で将来的に必要となる最上位の業務機能と業務組織を表した業務の全体像」です。

※〔イ〕は要件定義プロセス，〔ウ〕は運用プロセス，〔エ〕はシステム開発プロセスのシステム方式設計プロセスで作成。

問63
解答：エ

SOAは，システムをサービス（部品）の組合せで構築するという設計手法なので，適切なのは〔エ〕です。〔ア〕はERP，〔イ〕はフィットギャップ分析，〔ウ〕はBPMの説明です。

問64
解答：エ

ITポートフォリオは，情報化投資のバランスを管理し全体最適を図るための手法です。IT投資ポートフォリオでは，IT投資を投資リスクや投資価値が類似するものごとに分類し，その分類単位ごとの投資割合を管理することで，例えばリスクの高い戦略的投資に重点的に投資するのか，あるいは比較的リスクの低い業務効率化投資を優先するのか，といった形で経営戦略とIT投資の整合性を図ります。

※**ITポートフォリオ**
IT投資全体の配分という観点から管理を行う「IT投資ポートフォリオ」と，個別プロジェクトの評価結果をもとに予算や人員といった資源の配分を行う「ITプロジェクトポートフォリオ」がある。

午前問題の解答・解説

問65
解答：ア

業務要件定義において，業務フローを記述する際に，処理の分岐や並行処理，処理の同期などを表現できる図は，アクティビティ図です。

問66
解答：イ

各評価項目の4段階評価点は，下表のようになります。

評価項目	重み	判定内容	4段階評価点
省力化効果	5	目標どおりの効果があった	3
期間の短縮	8	従来と変わらない	0
情報の統合化	12	部分的には改善された	1

すべての評価項目が目標どおりの効果があったときの評価点(満点)は，「$5×3+8×3+12×3=75$」で，上表から求められる評価点は，「$5×3+8×0+12×1=27$」です。したがって，目標達成度は，

$27÷75=0.36=36％$

問67
解答：ウ

コモディティ化とは，自社製品と他社類似製品の間に，機能や品質などの差がなくなり，価格以外での差別化が難しくなった状態をいいます。

問68
解答：イ

コアコンピタンスとは，他社にはまねのできない自社独自のスキルや技術など核となる能力，又は他社との差別化の源泉となる経営資源のことです。「競合他社よりも効率性の高い生産システム」は，コアコンピタンスに該当します。

問69
解答：ア

ワントゥワンマーケティングは，市場シェアの拡大(新規顧客の獲得)よりも，既存顧客との好ましい関係を維持することを重視し，長期にわたって自社製品を購入する顧客の割合を高めるというマーケティングコンセプトです。したがって，ワントゥワンマーケティングを実現する統合的なソリューションとして適切なのはCRMソリューションです。

問70
解答：イ

プロセスイノベーションとは，研究開発過程，製造過程，及び物流過程のプロセスにおける革新的な改革のことです。〔イ〕が該当します。〔ア〕はデファクトスタンダード，〔ウ〕はプロダクトイノベーション，〔エ〕はファウンドリサービスに関する記述です。ファウンドリサービスとは，半導体の受託製造を専門に行う企業(ファウンドリ)が，他社からの依頼を受けて半導体製品の製造を行うというビジネスモデルです。

※4段階評価点
3：目標どおり
2：ほぼ目標どおり
1：部分改善
0：変わらず

※**ファウンドリサービス**の類似形態にEMSがある。**EMS**は"Electronics Manufacturing Service"の略で，電子機器を対象とし，設計から製造までを専門に受託するビジネス。

サンプル問題【午前問題の解答・解説】

● サンプル問題

問71
解答：イ

製品Aを10個生産するのに必要となるユニットB，ユニットCの正味所要量は，ユニットBの在庫残5個を考慮すると，

ユニットB：$10 \times 4 - 5 = 35$［個］　　ユニットC：$10 \times 1 = 10$［個］

次に，ユニットBを35個，ユニットCを10個生産するのに必要となる部品Dの正味所要量は，在庫残25個を考慮すると，

部品D：$35 \times 3 + 10 \times 1 - 25 = 90$［個］

問72
解答：ア

ワークサンプリング法は，IEにおける代表的な作業測定方法の1つで，観測時刻をランダムに設定し，瞬間観測を何回か行い，総観測回数に対する観測された同一作業数の比率などから統計的に作業時間を見積もる方法です。したがって，〔ア〕がワークサンプリング法の説明です。なお，その他の作業測定方法には，〔イ〕のPTS法(規定時間標準法)や〔エ〕のストップウォッチ法(時間観測法)があります。

※IEとは，"Industrial Engineering：経営工学"のこと。
※ワークサンプリング法は，瞬間観測法とも呼ばれる。

問73
解答：エ

EDI(Electronic Data Interchange：電子データ交換)は，企業間の取引データを，標準化された規約に基づいて電子化し，ネットワークを介して自動的にやり取りすること(仕組み)です。EDIを実施するための情報表現規約とは，対象となる情報データのフォーマットに関する取決めなので，規定されるべきものは「メッセージの形式」です。

問74
解答：ア

横軸にロットの不良率，縦軸にロットの合格率をとり，抜取検査でのロットの品質とその合格率との関係を表したものは，OC曲線です。

問75
解答：イ

SECIモデルでは，個人がもつ暗黙的な知識は，「共同化→表出化→連結化→内面化」という4つの変換プロセスを経ることで集団や組織の共有の知識となることを示しています。"表出化"とは，「暗黙知から新たに形式知を得ること」をいいます。
ア：「暗黙知から新たに暗黙知を得ること」を共同化といいます。
ウ：「形式知から新たに暗黙知を得ること」を内面化といいます。
エ：「形式知から新たに形式知を得ること」を連結化といいます。

※SECIモデルは，「知識には暗黙知と形式知があり，これを個人や組織の間で相互に変換・移転することによって，新たな知識が創造されていく」ことを示した知識創造のプロセスモデル。

問76
解答：ウ

かんばん方式は，中間在庫を極力減らすため，「必要なものを，必要なときに，必要な量だけ生産する」というJIT(Just In Time)生産を実現するための方式で，〔ウ〕が正しい記述です。

午前問題の解答・解説

問77
解答：エ

今年度の営業利益は，次のとおりです。

営業利益＝(販売価格－変動費)×販売台数－固定費
　　　　＝(200－100)×2,500－150,000＝100,000〔千円〕

来年度，固定費が5％上昇し，販売単価が5％低下すると，

固定費＝150,000×1.05＝157,500〔千円〕
販売単価＝200×0.95＝190〔千円〕

となるので，今年度と同じ営業利益が確保できる販売台数をNとすると，

(190－100)×N－157,500＝100,000
N＝2,861.111…〔台〕

となり，最低2,862台を販売する必要があります。

問78
解答：エ

PCの取得単価は30万円で，減価償却は定額法，償却率は0.250，残存価額は0円なので，1年あたりの減価償却額は，

減価償却額＝取得原価×定額法の償却率＝30×0.250＝7.5万円

そこで，PCを2年間使用した時点での固定資産額は，

固定資産額＝30万円－7.5万円×2年＝15万円

であり，これを廃棄処分にし，廃棄費用として2万円を現金で支払ったので，固定資産の除却損は廃棄費用も含めて，

固定資産の除却損＝15万円＋2万円＝17万円

問79
解答：ウ

関係者の間に，著作権の帰属に関する特段の取決めがない場合，開発を委託したソフトウェアの著作権は，それを受託した企業に帰属します。また，法人に雇用されている社員が職務上作成したプログラムの著作権は，その法人に帰属します。したがって，本問におけるプログラムの著作権は，C社に帰属することになります。

問80
解答：ア

製造物責任法(Product Liability：PL法)は，製造物の欠陥によって身体・財産への被害が生じた場合における製造業者の損害賠償責任を定めた法律です。製造物責任法では，製造物を「製造又は加工された動産」とし，ソフトウェアやデータは無形のため製造物にあたらないとしていますが，ソフトウェアを内蔵した製品(組込み機器)は製造物責任法の対象となります。

したがって，〔ア〕のROM化したソフトウェアを内蔵した組込み機器は，製造物責任法の対象となります。

733

●　サンプル問題

サンプル問題　午後問題の解答・解説

問1　情報セキュリティ

設問1	a：ク　　b：エ　　c：ウ　　f：カ
設問2	エ
設問3	オートコンプリート機能を無効にする
設問4	(1)	各機器のログに記録された事象の時系列の把握が困難になる
	(2)	d：DMZ　　e：インターネット
設問5	ア，ウ

●設問1

空欄a：空欄aに入れる攻撃名が問われています。空欄aは，「標的型攻撃の一つ」であること，そして「攻撃対象の企業や組織が日常的に利用するWebサイトを悪用する」ことから，水飲み場型と呼ばれる攻撃です。"水飲み場型"という名称は，肉食動物がサバンナの水飲み場(池など)で獲物を待ち伏せし，獲物が水を飲みに現れたところを狙い撃ちにする行動から名付けられた攻撃名です。水飲み場型攻撃では，標的組織の従業員が頻繁にアクセスするWebサイトを改ざんし，標的組織の従業員がアクセスしたときだけウイルスなどのマルウェアを送り込んでPCに感染させます(標的組織以外からのアクセス時には何もしません)。以上，空欄aは〔**ク**〕の**水飲み場型**です。

空欄b：空欄bは，Webサイトの具体的な改ざん対象なので，〔**エ**〕の**Webページ**を入れればよいでしょう。

空欄c：「遮断するWebサイトをT社が独自に設定できる　**c**　機能」とあるので，空欄cには，閲覧を遮断するWebサイトの設定ができる機能が入ります。一般に，この機能はURLフィルタリング，あるいはWebフィルタリングと呼ばれ，不適切な(危ない)Webサイトにアクセスしようとした際に，自動的に閲覧を遮断するという機能です。したがって，空欄cには〔**ウ**〕の**URLフィルタリング**が入ります。

空欄f：「この検査によって，マルウェアによるサーバへの　**f**　攻撃が行われた可能性があることを発見できる」とあり，空欄fに入れる攻撃名が問われています。前文にある「利用者認証の試行が，短時間に大量に繰り返されていないかどうかを調べる」との記述をヒントに考えると，空欄fの攻撃は，利用者認証(ログイン)の試行を短時間に大量に試みる〔**カ**〕の**総当たり攻撃**です。

●設問2

下線①について，マルウェアの活動を発見するのが容易ではない理由が問われています。

ポイントは，「バックドア通信はHTTPで行われることが多い」との記述です。HTTPは，通常，WebブラウザとWebサーバとの通信で使用されるプロトコルです。そのため，バックドア通信がHTTPで行われた

※URLフィルタリングの種類

ホワイトリスト方式：アクセスを許可するWebサイトの一覧を登録しておき，登録されたWebサイト以外へのアクセスを禁止する。

ブラックリスト方式：アクセスを許可しないWebサイトの一覧を登録しておき，登録されたWebサイトへのアクセスを禁止する。

場合，通常のHTTP通信なのか，バックドア通信なのかの区別が難しくなります。したがって，〔エ〕の「バックドア通信は通常のWebサーバとの通信と区別できないから」が適切です。

●設問3
　下線②には「PCの利用者が入力した認証情報がマルウェアによって悪用されるのを防ぐための設定を，Webブラウザに行う」とあり，ここではその設定内容が問われています。
　下線②が含まれる項目の1つ前の項目に，「プロキシサーバで利用者認証を行い，攻撃サーバとの通信路の確立を困難にする」とありますが，これは，PC(Webブラウザ)からプロキシサーバ経由でインターネットへアクセスしたとき，プロキシサーバによる利用者認証を行えば，マルウェアはこの利用者認証を突破できず，攻撃サーバとの通信(バックドア通信)が困難になるという意味です。
　しかし，PCの利用者が入力した認証情報(利用者IDとパスワード)をマルウェアが搾取できたとすると，マルウェアはこれを悪用して利用者認証を突破してしまいます。では，PCの利用者が入力した認証情報をどのように(どこから)搾取するのでしょう。「悪用されるのを防ぐための設定をWebブラウザに行う」ことをヒントに考えると，怪しいのはWebブラウザによって保存されている認証情報です。一般のWebブラウザには，一度入力した内容を保存しておき，次に入力する際に入力候補として画面に表示してくれるといったオートコンプリート機能があります。この機能を有効にしておくと，認証情報がWebブラウザによって保存され，マルウェアに読み出されてしまう可能性があります。したがって，マルウェアによる悪用を防ぐためには，この**オートコンプリート機能を無効にする**のが有効です。

●設問4（1）
　下線③について，NTPを稼働させなかったとき，どのような問題が発生するおそれがあるのかが問われています。
　複数の機器のログに記録された事象を調査する場合，各ログに記録された時刻情報をもとに，各ログの内容を照合トレースしていく必要があります。しかし，ログに記録される時刻は，各機器がもつシステム時刻なので，この時刻が一致していなければ各ログに記録された事象の前後関係の把握が難しく，調査に手間がかかったり，事象の前後関係が正しく調査できません。そこで，各機器のシステム時刻を同期させるためにNTPを利用します。つまり，NTPを稼働させる目的は，各機器のシステム時刻を同期させるためであり，NTPを稼働させなかった場合，**各機器のログに記録された事象の時系列の把握が困難になる**おそれがあります。

※NTP（Network Time Protocol）ネットワークに接続される複数のノードにおいて，ノードがもつ時刻の同期を図るためのプロトコル。

● サンプル問題

●設問4 (2)

表1「FWに追加するパケットフィルタリングルール」の空欄d, eに入る字句が問われています。下記のポイントを参考に考えます。

> ・DMZにNTPサーバを新規に導入する。
> ・導入するNTPサーバは, 外部の信用できるサーバから時刻を取得する。
> ・ログ検査を行う機器でNTPクライアントを稼働させる。
> ・ログ検査を行う機器は, プロキシサーバ, 業務サーバ, ファイルサーバ, FWなどである。

空欄d：表1の項番2を見ると, 送信元が社内LANのサーバになっています。また図1を見ると, 社内LANには, ログ検査を行う業務サーバやファイルサーバが設置されています。このことから, これらのサーバからDMZ内に導入されるNTPサーバへの通信を許可する(通過させる)ためのフィルタリングルールが必要になることがわかります。つまり, 空欄dは**DMZ**です。

空欄e：項番1は, DMZ(空欄d)のNTPサーバから空欄eのNTPサーバへの通信を許可するためのフィルタリングルールです。DMZに導入するNTPサーバは, 外部の信用できるサーバから時刻を取得するわけですから, 空欄eは**インターネット**です。

●設問5

下線④の「インシデントによる情報セキュリティ被害の発生, 拡大及び再発を最少化するために社内に構築すべき対応体制」について, 適切なものが問われています。解答群の記述を順に吟味します。

ア：「インシデント発見者がインシデントの内容を報告する窓口の設置」は, インシデント対応として必要不可欠です。したがって, 対応体制として適切です。

イ：原因究明から問題解決まで, 自社だけでは対応できない場合も考えられます。その場合は, 外部の専門機関などの支援を受けて迅速かつ適切なインシデント対応を行う必要があるので, 対応体制として適切とはいえません。

ウ：インシデント対応を適切に行うためには, 「社員向けの情報セキュリティ教育及び啓発活動」が有効です。したがって, 対応体制として適切です。

エ：情報セキュリティ被害発生後の事後対応だけでなく, 事前対応も必要です。したがって, 対応体制として適切とはいえません。

オ：発生したインシデントの情報を, 場合によっては, ステークホルダに公開する必要があるので, 対応体制として適切とはいえません。

以上, 対応体制として適切なのは〔**ア**〕と〔**ウ**〕です。

問2 経営戦略

設問1	a:エ　b:市場　c:ア	
設問2	(1)	ウ
	(2)	Y社とは異なる高付加価値の新製品を訴求し，市場を開拓したいから
設問3	(1)	ウ
	(2)	自社の既存他製品との競合を回避する
	(3)	ブランドの普及
	(4)	顧客同士がZ製品群に関する情報を交換できる機能

●設問1

空欄a:「製品開発力を戦略的に企業の　a　とする」とあります。空欄a直前の"製品開発力を戦略的に企業の"という記述から，空欄aには，他社にはまねのできない企業独自のノウハウや技術など核となる能力を指す〔**エ**〕の**コアコンピタンス**を入れるのが適切です。

空欄b:「製品戦略を立案するに当たり，景気低迷による消費者の家計への影響や多様な製品ニーズの　b　調査を行い，業界の他社製品の競合分析を行った」とあります。

製品戦略を立案する上で，業界の他社製品の競合分析と同様，重要になるのは，消費者(顧客)がどのような製品を求めているのか，また求める傾向にあるのかという**市場**(空欄b)調査です。

空欄c:〔Z製品群のブランド構築案〕(3)の冒頭に，「消費者にZ製品群が健康冷凍食品であることを，どのように認知させ，ブランドとしてどのように育てるかについて，検討した」とあります。製品群をどのように認知させ，ブランドとしてどのように育てていくかに当たるのは，〔**ア**〕の**ブランディング**です。

※空欄aの解答群
ア：**AIDMA**は，消費者行動モデル。
イ：**MOT**(Management Of Technology)は，技術経営の意味。
ウ：**インキュベータ**は，起業に関する支援を行う事業者のこと。

●設問2 (1)

「Y社は，①この製品戦略によって販売シェアを拡大させた」という記述の前に，Y社は「大人向けに味のバリエーションを増やした」という記述と，「X社製品は，大人向けも子供向けも同一の味と量であったことから，Y社製品が支持された」という記述があります。

これらの記述から，X社が大人，子供を意識せず幅広い対象に同じような製品を投入しているのに対し，Y社では対象を大人に絞り込んでいることがわかります。したがって，①の製品戦略についての評価は，〔**ウ**〕の「消費者市場を絞った集中化戦略で取り組んでいる」が適切です。

●設問2 (2)

L常務がY社への対抗上から新たなブランド構築が重要であると考えた理由が問われています。

Y社の製品戦略は，先の設問2(1)で解答したように，消費者市場を"大人"に絞った集中化戦略です。そして，この製品戦略によってY社は，販売シェアを拡大させています。

ここで，「X社のL常務は，…(略)…。Y社への対抗施策として，自社

●サンプル問題

のブランドが高い評価を得ている強みを生かし，Y社の製品戦略に追従
せず，消費者が付加価値を認める新製品によって新市場を開拓し，売上
を拡大することを掲げた」との記述に着目します。この記述から，L常
務は，販売シェアを拡大させたY社の製品戦略を模倣・追従するのでは
なく，Y社とは異なる付加価値の新製品を市場に投入し，新たな市場を
開拓することによってY社に対抗しようと考えたことがわかります。つ
まり，L常務が，Y社への対抗上から新たなブランド構築が重要である
と考えたのは，**Y社とは異なる高付加価値の新製品を訴求し，市場を開
拓したい**からです。

●設問3（1）

　売上減少の原因は，"自社の製品間の競合"です。このように，自社
の製品間の競合により売上を奪い合う（互いをつぶしあう）ことを〔**ウ**〕
の**カニバリゼーション**といいます。

●設問3（2）

　ネーミングとパッケージに，M課長はY社を含む他社との対抗以外に
どのような役割を期待したかが問われています。

　〔Z製品群のブランド構築案〕の(1)の最後に，「この際に注意するのは，
自社の製品間の競合による既存の冷凍食品の売上減少であり，この対策
はパーソナリティの検討でも併せて行う」とあり，(2)のパーソナリ
ティには，「重視したのは，これまでの自社の製品群にはない健康志向の
高級感を消費者に連想させるネーミングとパッケージであった」とあり
ます。これらの記述から，M課長がネーミングとパッケージに期待した
のは，**自社の既存他製品との競合を回避する**という役割です。

●設問3（3）

　ブランドの強化と製品そのものの強化以外にM課長が考えた，もう一
つのファンの影響力とは何かが問われています。

　ヒントとなるのは，「過去に，海外ブランドの健康冷凍食品が口コミ
で広がりブームになったことがあった。このときのブームの推進役は，
ブランドに愛着をもち，製品の普及・強化につながる称賛や苦情の声を
寄せる顧客（以下，ファンという）であった」との記述です。つまり，M
課長が考えた，もう一つのファンの影響力とはファンによる口コミ，す
なわち**ブランドの普及**です。

●設問3（4）

　「この声を実現する機能を，Z製品群について紹介するWebサイトに
組み込むことを，M課長は考えた」とあります。"この声"とは，「ファ
ンが自らの利用経験を誰かに伝えたい，逆に誰かの利用経験を聞きたい
という声」のことです。したがって，M課長が考えた機能としては，ファ
ンすなわち**顧客同士がZ製品群に関する情報を交換できる機能**と考え
られます。

※設問3(1)の解答群
ア：**LTV**(Life Time
Value)は顧客生涯価
値。つまり，1人の顧
客が生涯(取引期間)を
通じて，企業にもたら
す利益(長期的価値)の
こと。
イ：**PLC**はプロダクト
ライフサイクルの略。
エ：**シナジー**は，"相
互作用・相乗効果"と
いう意味。

問3 プログラミング

設問1	"skkeii", 5	
設問2	ア：1	
	イ：InputStringの長さ	
	ウ：EncodeArray[k]がInputStringと同一	
設問3	(1)	エ：DecodeArray[1][Line]
		オ：DecodeArray[2][Line]
		カ：OutputStringの長さがBlockSortStringの長さより小さい
	(2)	p－1
設問4	ソート アルゴリズム	同じ文字の場合に元の順序を保持するソートを使用する
	ソートキー	2番目のソートキーにArray[2]の要素を加える

●設問1

文字列"kiseki"に対してBlock-sortingを適用して変換すると，次のようになります。

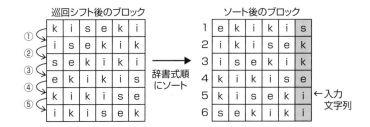

※図中の①～⑤は，1文字左巡回シフトを表す。また，巡回シフト後の文字列，
1行目：kiseki
2行目：isekik
3行目：sekiki
4行目：ekikis
5行目：kikise
6行目：ikisek
を辞書式順にソートすると，次の順になる。
ekikis
ikisek
isekik
kikise
kiseki
sekiki

ソート後のブロックから一番右の文字（網掛け部分）を行の順に取り出して並べた文字列は"skkeii"です。また，入力文字列"kiseki"に一致する行は5行目なので，変換結果は「**"skkeii"，5**」です。

●設問2

変換処理を実装した関数encodeのプログラムが問われています。

空欄ア，イ：このfor文により，入力文字列を1文字左に巡回シフトし，さらにもう1文字左に巡回シフトするという操作を繰返し，巡回シフト後のブロックを作成します。問われているのは，繰返しの条件です。

ここでのポイントは，巡回シフト後のブロックを格納する1次元配列EncodeArrayの添字は1から始まること，また，配列EncodeArrayには入力文字列の長さと同じ数の文字列（1文字左巡回シフトした文字列）が格納されることです。つまり，入力文字列の長さが6なら，EncodeArray[1]～EncodeArray[6]に1文字左巡回シフトした文字列が格納されることになります。そして，これを行うための繰返し条件は，「iを1から6まで1ずつ増やす」です。

以上，入力文字列の長さは"InputStringの長さ"と表すことがで

※EncodeArray[1]には，入力文字列(InputString)そのものが格納される。

きるので，for文の繰返し条件は，「iを1（空欄ア）からInputStringの長さ（空欄イ）まで1ずつ増やす」となります。

空欄ウ：空欄ウが含まれるfor文では，変数kを1からInputStringの長さまで1ずつ増やしながら，次の2つの処理を行っています。

①BlockSortStringの末尾にEncodeArray[k]の末尾の1文字を追加する。
　→これは，ソート後のブロックの各行の文字列から一番右の文字を行の順に取り出してBlockSortStringを作成する処理です。

②空欄ウの条件が"真"のとき，「line ← k」を行う。
　→これは，入力文字列に一致する行の行番号を変数Lineに格納する処理です。したがって空欄ウには，「EncodeArray[k]がInputStringと等しい」あるいは「EncodeArray[k]がInputStringと同一」といった条件を入れます。

※この処理で使われる配列EncodeArrayは，sort1(EncodeArray)により辞書式順にソートされている。

※空文字列に初期化されたBlockSortStringの末尾に文字"s"を追加すると，BlockSortStringは"s"となり，さらに末尾に文字"k"を追加すると"sk"となる。

● 設問3（1）
復元処理を実装した関数decodeのプログラムが問われています。復元処理の手順が示されている表1と照らし合わせると，空欄を含む部分は，手順3に該当することがわかります。

空欄エ：「OutputStringの末尾に エ に格納されている1文字を追加する」とあります。これは，手順3に記述されている「変換結果の行番号"4"から，ソート後の文字列"a(4),a(5),a(6),p(2),p(3),y(1)"の4番目の要素"p(2)"を取り出して並べる」に該当する処理です。変換結果の行番号はLineに，ソート後の文字列はDecodeArrayの1行目に格納されているので，空欄エにはDecodeArray[1][Line]が入ります。

※変換結果「yppaaa」，4」のとき，手順1により，まず下図の配列DecodeArrayを作成する。

"y"	"p"	"p"	"a"	"a"	"a"
1	2	3	4	5	6

次に，手順2（sort2）によりソートすると，左図の配列DecodeArrayになる。

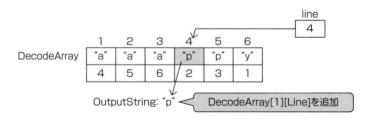

空欄オ：変数nの初期値が入ります。ここでのポイントは，この行を含む次のWhile文において，配列DecodeArrayから取り出した文字の添字を基に次の文字を取り出していることです。このことに気付けば，変数nの初期値には，**DecodeArray[2][Line]**を設定すればよいことがわかります。

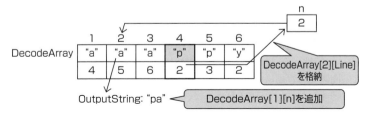

空欄カ：繰返し条件が入ります。この繰返し処理は，配列DecodeArrayから取り出し並べた要素の個数が変換結果の文字列の長さと同じになるまで繰り返されます。並べた要素の個数は"OutputStringの長さ"，変換結果の文字列の長さは"BlockSortStringの長さ"で表すことができるので，繰返し条件は，「**OutputStringの長さがBlockSortStringの長さより小さい**」とすればよいでしょう。

※OutputStringの長さは空文字列のときは0，1文字追加する毎に1ずつ増え，BlockSortStringの長さと同じになったら繰返し処理を終了する。

● 設問3 （2）

図4中の(α)の処理の実行回数が問われています。(α)は，while文の中にあるので，「OutputStringの長さがBlockSortStringの長さより小さい」間，繰り返されることになります。ここで，OutputStringの最初の1文字は，while文に入る前の処理（空欄エを含む行）で格納されることに注意すると，while文の繰返し回数は「BlockSortStringの長さ－1」となります。したがって，BlockSortStringの長さがpのときの(α)の実行回数は**p－1**回です。

● 設問4

「Array[1]の要素をキーにしてクイックソート（不安定なソート）を使用した場合には復元処理の結果が入力文字列と一致しなかった」とあります。不安定なソートとは，同じキー値をもつデータの順序がソートの前後で変わってしまうソートのことです。表1の手順2には，「同じ文字の場合は添字の順に並べる」とあります。つまり，クイックソートは不安定なソートであり，同じ文字の場合に元の順序（添字の順）に並べることができないため手順2を正しく実装できないということです。このことから，ソートアルゴリズムには安定なソートを使用すること，すなわち**同じ文字の場合に元の順序を保持するソートを使用する**必要があります。ソートキーについては，1番目のソートキーを文字（Array[1]），2番目のソートキーを添字（Array[2]）にすることで安定なソートを実現できます。したがって，ソートキーを見直す場合は，**2番目のソートキーにArray[2]の要素を加える**必要があります。

※安定なソート（整列）についてはp94を参照。

※添字の順に並べるとは，元の順序に並べること意味する。

● サンプル問題

問4　システムアーキテクチャ

設問1	(1)	特定の日時に利用が集中すると見込まれる特性
	(2)	利用者の増加に対応できる
設問2	\multicolumn{2}{l}	a：84,000　b：8,000　c：11　d：3.24　e：4,000
設問3	\multicolumn{2}{l}	コンテンツをWebサーバでキャッシュして配信する

●設問1 (1), (2)

　応募者の情報を暗号化する処理を，DBサーバ上にストアドプロシージャとして配置するのではなく，APサーバ上の処理として実装することにした理由(本システムの特性)と，得られる効果が問われています。

　ポイントとなるのは，問題文の冒頭にある「特定の日時に利用が集中すると見込まれる」という記述です。表1のDBサービスを見ると，「スケールアウトやスケールアップはできない」とあります。つまり，DBサーバでは，特定の日時に利用が集中したときの最大負荷に対応できない可能性があります。これに対してAPサーバは，「利用者の増減に対応するために，ロードバランササービス及び自動スケールサービスも併せて利用する」とあり，利用が集中する最大負荷にも柔軟に対応できます。

　以上のことから，(1)APサーバ上の処理として実装することにした理由(本システムの特性)は，**特定の日時に利用が集中すると見込まれる特性**，(2)得られる効果は，**利用が集中する最大負荷に柔軟に対応できる**あるいは，問題文の用語を引用して**利用者の増加に対応できる**とすればよいでしょう。

●設問2

　表1～3を参考に，各空欄に入れる数値を求めていきます。

空欄a：Webサーバに求められる18:00～22:00の時間帯の1秒当たりの命令実行数は，次のように計算できます。

・新商品紹介機能：1トランザクション当たりの命令数が80百万命令，1秒当たりのトランザクション数が800TPSなので，

　80百万×800＝64,000百万

・プレゼント応募受付機能：1トランザクション当たりの命令数が40百万命令，1秒当たりのトランザクション数が500TPSなので，

　40百万×500＝20,000百万

この2つの機能を合計すると，

　64,000＋20,000＝**84,000**百万

になります。

空欄b：表1のWebサービスに，「10,000MIPS相当のCPU処理能力をもつWebサーバ」と記述されています。つまり，Webサーバ1台の処理能力は10,000MIPSでありこの80％は，10,000×0.8＝8,000MIPSになります。したがって，トランザクション処理に使用できる1秒当たりの命令実行数は**8,000**百万です。

※**スケールアウト**は，サーバの台数を増やして全体としての処理能力を向上させること。一方，**スケールアップ**は，サーバ単体の処理能力を向上させること。

※表2に「1トランザクション当たりの命令数」が，また表3に「1秒当たりのトランザクション数」が記載されている。

※MIPSは，1秒間に実行できる命令数を百万(10^6)単位で表したもの。

742

空欄c：Webサーバに求められる18:00～22:00の時間帯の1秒当たりの命令実行数は84,000（空欄a）百万ですが，Webサーバ1台で処理できる1秒当たりの命令実行数は8,000（空欄b）百万です。したがって，必要なWebサーバの台数は84,000÷8,000＝10.5≒**11**台です。

空欄d：表2より，DBサーバのデータ転送量は1トランザクション当たり10kバイトです。また表3より，9月のトランザクション数は18:00～22:00の時間帯で500TPS，それ以外の時間帯で50TPSです。1時間は3,600秒，1日は24時間なので，1日当たりのデータ転送量は，

　　1日当たりのトランザクション数×10kバイト
　　＝（500TPS×（4×3600秒）＋50TPS×（20×3600秒））×10kバイト
　　＝（7,200,000＋3,600,000）×10k＝108Gバイト

になります。したがって，9月（30日間）のデータ転送量は，

　　108Gバイト×30＝3,240Gバイト＝**3.24T**バイト

です。

※TPSは1秒当たりのトランザクション数。

空欄e：表1より，DBサーバのデータ転送に掛かる料金は，1Tバイト当たり1,000円です。ここでうっかり，「9月のデータ転送量が3.24Tバイトなので，答は，3.24×1,000＝3,240円」と解答しないよう注意しましょう。表1の注記に，「1Tバイトなど各単位に満たないものは全て切り上げて料金を計算する」とあるので，3.24Tバイトは切り上げ後の4Tバイトで計算します。したがって，DBサーバのデータ転送に掛かる料金は，4×1,000＝**4,000**円です。

●設問3

コンテンツの配信方法をどのように変更したのかが問われています。現在ボトルネックになっているのは，ストレージサービスからWebサーバへのコンテンツの転送なので，この転送量を削減できるコンテンツの配信方法を考えます。ここで，「同じコンテンツが複数回利用される場合には」という記述に着目すると，Webサーバのキャッシュを利用すればよいことに気付きます。つまり，**コンテンツをWebサーバでキャッシュして配信する**ようにすれば，ストレージサービスからの転送量が削減でき，この問題を回避できます。

問5　ネットワーク

設問1	a：ccc　　b：aaa	
設問2	c：13　　d：3	
設問3	(1)	e：8　　f：13
	(2)	サーバやFWのMACアドレス
設問4	(1)	1, 3
	(2)	項番：5　　内容：Forward 13

743

● サンプル問題

●設問1

空欄a, b：顧客YのPCから顧客YのAPサーバにアクセスする場合，FW
とAPサーバの間を流れるイーサネットフレームの送信元MACアドレ
スと宛先MACアドレスが問われています。

　　顧客YのPCから顧客YのAPサーバに向けて送信されたパケットは，
物理ルータにより，顧客YのFWのWAN側インタフェース（mmm）に
転送され，FWでパケット検査が行われた後，「顧客YのFW（LAN
側）→顧客YのAPサーバ」と流れます。したがって，送信元MACアド
レスは顧客YのFW（LAN側）の**ccc**（空欄a），宛先MACアドレスは顧
客YのAPサーバの**aaa**（空欄b）です。

※ 顧客YのAPサーバ
は，仮想サーバ#1に
割り当てられ，MAC
アドレスはaaa。
顧客YのFWは，仮想
FW#1に割り当てら
れ，LAN側のMACア
ドレスはccc。

●設問2

空欄c, d：「顧客YのDBサーバからAPサーバ向けのイーサネットフレ
ームが，物理L2SW#1の　**c**　番ポートに入力されると，通信制御
テーブルの項番　**d**　のルールにマッチし，イーサネットフレーム
が物理L2SW#1の9番ポートに転送される」とあり，空欄c, dに入れ
る数値が問われています。

　　顧客YのDBサーバ（仮想サーバ#9）からのイーサネットフレームは，
物理L2SW#1の13番ポートに入力されるので，空欄cは**13**です。また，
顧客YのDBサーバのMACアドレスはbbb，APサーバのMACアドレス
はaaaですから，「bbb→aaa」のルール，すなわち項番**3**（空欄d）のル
ールにマッチします。

●設問3 (1)

空欄e：項番7のルール「ddd→eee」のアクションが問われています。
送信元dddである仮想サーバ#16は，仮想L2SW#2を経由して物理
L2SW#1に接続されています。一方，宛先eeeである仮想FW#4は，
仮想L2SW#3を経由して物理L2SW#2に接続されています。そして，
物理L2SW#1の8番ポートと物理L2SW#2の1番ポートが接続されて
います。したがって，物理L2SW#1では，13番ポートに入力された
送信元dddからのイーサネットフレームを，物理L2SW#1の8番ポー
トに転送すればよいので，アクションは「Forward 8（空欄e）」とな
ります。

※項番7は，MACアド
レスddd（仮想サーバ
#16，顧客ZのWebサ
ーバ）から，MACアド
レスeee（仮想FW#4，
顧客ZのFW）へのルー
ル。

空欄f：項番8のルール「eee→ddd」のアクションが問われています。
送信元eeeからのイーサネットフレームは，物理L2SW#2の9番ポート
に入力され，1番ポートから物理L2SW#1へ転送されます。物理
L2SW#1では，このフレームを13番ポートに転送すればよいので，ア
クションは「Forward 13（空欄f）」です。

※項番8は，MACアド
レスeee（仮想FW#4，
顧客ZのFW）から，
MACアドレスddd（仮
想サーバ#16，顧客Z
のWebサーバ）への
ルール。

●設問3 (2)

　　項番9〜13のルールによって，顧客Y, Zのサーバやファイアウォールが収集する情
報とは何かが問われています。

　　項番9〜13の宛先MACアドレスを見ると，いずれも"any"になって

います。また，表2の注記に，「"any"とは，対象が全てのMACアドレスであることを示す」とあるので，これはブロードキャスト通信です。そこで，ブロードキャストを使用して，通信を行うために必要な情報を収集すると言えば，ARPによるMACアドレスの取得です。例えば，顧客YのAPサーバがDBサーバへ通信する際には，通信に先立ってDBサーバのMACアドレスを取得する必要があります。そのためにはDBサーバのIPアドレス(192.168.0.2)を指定したARP要求パケットをブロードキャストし，DBサーバからのARP応答パケットによってMACアドレスを取得します。

以上，顧客Y，Zのサーバやからが収集する情報とは，同一顧客内の**サーバやFWのMACアドレス**です。

●設問4（1）

物理サーバ#1の故障時，APサーバを物理サーバ#2に移動させた場合について，物理L2SW#1の通信制御テーブルのルールのうち適用されなくなるルールはどれか問われています。

APサーバを物理サーバ#2に移動させると，APサーバ(aaa)とDBサーバ(bbb)との通信，すなわち「aaa→bbb」と「bbb→aaa」の通信は，同じ仮想L2SW#2内の通信となり，物理L2SW#1を経由しません。これにより，**項番1と項番3**のルールは適用されなくなります。

●設問4（2）

物理サーバ#1の故障時，変更が必要となるルール（項番9，10，11以外）と変更後のアクションが問われています。

APサーバが物理サーバ#2に移動しても，APサーバ(aaa)とFW(ccc)との通信は，物理L2SW#1を経由します。しかし，APサーバが物理サーバ#2に移動することにより，FW(ccc)から送出されたAPサーバ(aaa)へのフレームは，9番ポートではなく13番ポートに転送しなければなりません。つまり，**項番5**のアクションを「Forward 9」から「**Forward 13**」に変更する必要があります。

※例えば，項番9のアクション「Forward 8，13」は，aaa（顧客YのAPサーバ）からのイーサネットフレームを，仮想L2SW#2や仮想L2SW#3に接続されている顧客YのサーバやFWに転送（ブロードキャスト）することを示している。

※なお，項番9については，「Forward 8，13」のうち，「Forward 13」は適用されなくなるが，「Forward 8」は適用される。

問6　データベース

設問1	a：⟶　b：フォルダパス名	
設問2	c：EXISTS　d：AC.操作年月日＝NS.非営業年月日	
設問3	e：AC.操作結果='F'　f：US.部署ID<>SV.部署ID　（順不同）	
設問4	（1）	g：ウ
	（2）	アクセスログ表の利用者ID列に定義された参照制約を削除する

●設問1

空欄a：問題文中に，「部署はファイルサーバを1台以上保有している」とあります。また，"部署"と"サーバ"に共通する属性"部署ID"を見ると，"部署"エンティティの"部署ID"は主キー，"サーバ"

● サンプル問題

エンティティの“部署ID”は外部キーになっています。したがって，“部署”対“サーバ”は1対多であり，空欄aには「——→」が入ります。

空欄b：「ファイルサーバのフォルダごとに社外秘や部外秘などの機密レベルが設定されている」という記述に着目すると，“機密管理”エンティティには，フォルダを示す属性が必要であることがわかります。したがって，空欄bには「フォルダ名」あるいは「**フォルダパス名**」といった名称を入れればよいでしょう。

●設問2

非営業日利用一覧表示は，非営業日にファイル操作を行った利用者，操作対象，操作元のIPアドレスなどを一覧表示する機能です。非営業日にファイル操作を行ったかどうか，すなわち操作した日が非営業日であるかどうかは，アクセスログ表の操作年月日列の値が非営業日表の非営業年月日列に存在するかを調べることでわかります。「他の表にも存在するかどうか」を調べる場合，EXISTSを用いた相関副問合せを使えばよいので，図2のSQL文は，次のようになります。

```
SELECT AC.* FROM アクセスログ AC
    WHERE  c：EXISTS
    (SELECT  * FROM 非営業日 NS
        WHERE  d：AC.操作年月日＝NS.非営業年月日 )
```

●設問3

部外者失敗一覧表示は，他部署のファイルサーバ上のファイルへの操作のうち，その操作が失敗した利用者，操作対象，操作元のIPアドレスなどを一覧表示する機能です。図3のSQL文は，FROM句においてアクセスログ表，利用者表，サーバ表をINNER JOINで結合し導出された表から，「①他部署のファイルサーバ上のファイルへの操作」で，かつ「②操作が失敗した」データを抽出するというものです。

①は，利用者表の部署ID列とサーバ表の部署ID列を比較すれば判断できます。②は，アクセスログ表の操作結果列の値が'F'であるかで判断できます。したがって，図3のSQLのWHERE句は，次のようになります。

```
WHERE  e：AC.操作結果＝'F'  AND  f：US.部署ID<>SV.部署ID
```

●設問4 (1)，(2)

アクセスログが取り込めなかったということは，アクセスログ表にデータが挿入できなかったということです。ここで，「アクセスログ表にデータが挿入できなかった→制約違反でエラーになった」と推測できれば，利用者IDが怪しいことに気付きます。

アクセスログ表の利用者ID列は，利用者表の利用者ID列（主キー）を参照する外部キーに設定されています。このため，アクセスログの利用者IDの値が，利用者表の利用者ID列に存在しない場合は，参照制約違

※エンティティ間の対応関係は，主キー側が「1」，外部キー側が「多」。

※フォルダパス名は，主キーでも外部キーでもないので，実線下線や破線は不要。

※EXISTS，相関副問合せについてはp320を参照。

※表名に相関名（p318参照）をつけた場合，基の表名ではなく相関名を使用する。

※各表の相関名は，次のとおり。
アクセスログ表：AC
利用者表：US
サーバ表：SV

※空欄e，fは順不同。なお，アクセスログ表中のデータで，操作結果が'F'であるデータは少ないと考えられる。この場合，WHERE句の最初の条件に「AC.操作結果＝'F'」を指定して，データを絞り込めば処理時間が短縮できる。

746

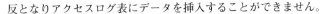

反となりアクセスログ表にデータを挿入することができません。
　したがって，(1) 取り込めなかったのは**ウ**の行のデータです。また，この問題はアクセスログ表の利用者ID列を外部キーに設定している（参照制約を定義している）ために発生する問題なので，(2) **アクセスログ表の利用者ID列に定義された参照制約を削除する**ことで解消できます。

※外部キーの値には，NULLが許されるので（p299参照），「イの行のデータ」は，参照制約違反にならない。

問7　組込みシステム開発

設問1	(1)	a:0.02　　b:d2　　c:s
	(2)	車間距離が広がっている
	(3)	1.5
設問2	(1)	20,000
	(2)	d:イ　　e:ア
	(3)	衝突を回避しても警告が止まらない
設問3	ウ	

●設問1（1）
空欄a：相対速度s（m／秒）は，「移動した距離(m)÷移動に要した時間(秒)」で算出できます。移動した距離は，「前回測定した距離－今回測定した距離」すなわち「d1－d2」です。また，移動に要した時間（経過時間）は20ミリ秒（0.02秒）なので，相対速度sは「(d2－d1)÷**0.02**（空欄a）」です。

空欄b，c：衝突までの予測時間t（秒）は，「前を走行している車両との距離(m)÷相対速度s（m／秒）」で算出できます。現時点で，前を走行している車両との距離はd2（今回測定した距離）なので，衝突までの予測時間tは「**d2**（空欄b）÷**s**（空欄c）」です。

※「距離÷時間＝速度」なので，時間は「時間＝距離÷速度」で求められる。

●設問1（2）
相対速度sが負数になるのは，d1－d2が負数，すなわち「d1＜d2」のときです。前回測定した距離d1より，今回測定した距離d2が大きいということは，**車間距離が広がっている**ことを意味します。

●設問1（3）
「時速18km／時で走行している車両の前方に停止している車両があり，ブレーキが作動してから停止するまでの走行距離が6mであるとき，停止している車両の何m前で停止できるか」が問われています。
　〔自動ブレーキの構成と動作〕の⑤に，「予測時間が0秒以上1.5秒未満のとき，制御部は緊急ブレーキ信号を出力して，ブレーキを作動させる」とあるので，衝突までの予測時間が1.5秒未満になったとき，ブレーキが作動することになります。また，時速18km／時を秒速(m／秒)に変換すると5m／秒なので，ブレーキが作動するのは，前方に停止している車両との距離が5m／秒×1.5秒＝7.5mになったときです（次ページ図参照）。したがって，停止するのは停止車両の7.5－6＝**1.5m**前です。

※18km／時
＝18000m／3600秒
＝5m／秒

747

● サンプル問題

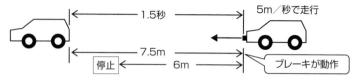

●設問2（1）

下線Ⓐにおいて，タイマに設定するカウント値が問われています。図3の後（図4の手前に），「次の割込みが20ミリ秒後に発生するようにタイマのカウント値を設定する」とあります。割込みは，カウント値が0になったとき発生するので，20ミリ秒後にカウント値が0になるカウント値（初期値）を考えればよいことになります。

ここで，クロック入力を8分周したクロックで内蔵されたタイマをダウンカウントすることに注意します。図3を見ると，クロック入力は8MHzです。これを8分周すると8MHz÷8＝1MHzなので，10^{-6}秒（10^{-3}ミリ秒）ごとにタイマをダウンカウントすることになります。したがって，20ミリ秒後にカウント値が0になるようにするためには，カウント値（初期値）を20ミリ秒÷10^{-3}ミリ秒＝**20,000**に設定する必要があります。

●設問2（2）

空欄d：空欄dが"Yes"のとき，「警告信号を出力」しています。警告信号を出力するのは，予測時間tが0秒以上3秒未満のときなので，空欄dには〔イ〕の**0秒≦t＜3秒**が入ります。

空欄e：空欄eが"Yes"のとき，「緊急ブレーキ信号を出力」しています。緊急ブレーキ信号を出力するのは，予測時間tが0秒以上1.5秒未満のときなので，空欄eには〔ア〕の**0秒≦t＜1.5秒**が入ります。

●設問2（3）

衝突までの予測時間が3秒未満なら警告信号を出力し，3秒以上なら警告信号は不要です。したがって，「警告信号が出力され，衝突を回避するため速度を落とした結果，予測時間が3秒以上になった」場合は，Ⓑにおいて「警告信号の出力を停止」する必要があり，これを行われなければ，**衝突を回避しても警告が止まらない**という不具合が発生します。

●設問3

ウォッチドッグタイマによって割込みを発生させる間隔（ミリ秒）として適切な数値が問われています。

本問では，タイマ割込みソフトウェアが動作しているかを周期的に監視するためにウォッチドッグタイマ（WDT）を使用します。監視対象であるタイマ割込みソフトウェアの動作（起動）周期は20ミリ秒であり，正常に動作していれば，WDTは初期値設定（クリア）されます。このことから，20ミリ秒経過してもWDTがクリアされなければ異常が発生していると判断できるので，WDTの割込み発生間隔は，20ミリ秒より少し多い〔ウ〕の**25ミリ秒**に設定するのが適切です。

※ブレーキが作動してから停止するまでの走行距離は6m。

※カウント値が0になると割込みが発生し，図4の「タイマ割込みソフトウェア」が動作（起動）する。

※分周とは，クロック周波数を$1/2^n$倍に下げること（p149）。

※周波数1MHzの1クロック時間は$1/10^6$秒＝10^{-6}秒

※ウォッチドッグタイマは，システムの異常や暴走などを検知するためのタイマ。規定時間内にタイマ値がリセットされなければ，ノンマスカブル割込みを発生させて，システムをリセットあるは終了させる（p138参照）。

午後問題の解答・解説

問8　アジャイル型開発

設問1	(1)	a:オ　b:ウ　c:カ
	(2)	タスクボード
設問2	(1)	DBサーバの設定やテーブル定義などの構成を一元管理できる
	(2)	自身のテストデータと他の開発者のテストデータとの見分けがつかない
設問3	d:ビルドサーバ　　e:チケット管理サーバ	
設問4	利用中のメジャーバージョンの中で最新のマイナーバージョンであること	

●設問1(1)

空欄a：本システムの要求全体と優先順位を管理するために採用するプラクティスは，〔**オ**〕の**プロダクトバックログ**です。プロダクトバックログとは，今後のリリースで実装するプロダクトのフィーチャ・機能・要求・要望・修正を，優先順位を付けて記述したものです。プロダクトオーナが，プロダクトバックログの内容や並び順(優先順位)，実施有無に責任をもちます。

空欄b：1つのイテレーションにおいて，開発対象となる要求を管理するためのプラクティスは〔**ウ**〕の**スプリントバックログ**です。スプリントバックログは，プロダクトバックログから，スプリント(イテレーション)期間分を抜き出したタスクリストです。

空欄c：業務知識やソースコードについての知識を互いに共有し，品質や作業効率を向上させるプラクティスは〔**カ**〕の**ペアプログラミング**です。

●設問1(2)

作業状態を可視化するためのプラクティスには，タスクボードやバーンダウンチャートがありますが，下線①の後述に「日次ミーティングも採用する」とあります。日次ミーティングでは，メンバが「昨日やったことは何か？」，「今日やることは何か？」を説明し，スプリントバックログの作業の進捗を検査するので，正解は**タスクボード**です。なお，タスクボードは，タスクの状態を「ToDo：未実施」，「Doing：実施中」，「Done：完了」で管理するツールです。

●設問2(1)

開発用PC内にDBサーバを用意すると，すべてのPCに対して，DBソフトウェアの設定内容，またスキーマ内のテーブル定義などを同一になるように管理しなければなりません。一方，共用の開発用DBサーバを用意すれば，これらの管理が一元化できます。したがって，解答としては「**DBサーバの設定やテーブル定義などの構成を一元管理できる**」とすればよいでしょう。

●設問2(2)

スキーマを共有するということは，データベースの中のテストデータを他の開発者と共有するということです。この場合，**自身のテストデー**

※バーンダウンチャート(p555参照)は，主に残作業量を可視化するもので，タスクボードと連動させ，イテレーション単位での進捗の見える化に使用される。

● サンプル問題

タと他の開発者のテストデータとの見分けがつかないといった問題が発生する可能性があります。したがって、このようなケースでは、何らかのルールを定め、誰が使用するテストデータなのか見分けができるようにしておく必要があります。

● 設問3

空欄d：「　d　に、(1)と(2)で取得したファイルをコピーして処理させて、モジュールを生成する」とあります。"モジュールを生成する"というキーワードから、空欄dは**ビルドサーバ**です。

空欄e：「(5)の実行結果を　e　に登録」とあります。"実行結果"をキーワードに表1を見ると、チケット管理サーバの概要に、「テストなどを計画から実行、結果まで記録」と記述されているので、空欄eは**チケット管理サーバ**です。

● 設問4

回帰テストが失敗したのは、インターネットから取得したオープンソースライブラリのインタフェースが、最新のメジャーバージョンへのバージョンアップに伴って変更されていたことが原因です。メジャーバージョンへのバージョンアップとは、大きな改良・修正を行うもので、仕様や動作要件の変更が伴います。そこで、このオープンソースライブラリのバージョン管理ポリシでは、マイナーバージョンアップではインタフェースは変更しないとしていることから、オープンソースライブラリの取得条件として、「**現在利用しているメジャーバージョンの中で最新のマイナーバージョンであること**」を設定すれば、今回のような問題は回避できます。

※**マイナーバージョンアップ**は、既存のバージョンの不具合や誤り修正、また小規模な機能追加・性能向上などを行ったもので、仕様や動作要件は維持される。バージョン番号は、現在のバージョンが「3.1」だとすると、バージョンアップ後には「3.2」となる。

メジャーバージョン番号
　　　↓
バージョン 3 . 1
　　　　　↑
マイナーバージョン番号

問9　プロジェクトマネジメント

設問1	(1)	利用部門をプロジェクトに巻き込んで一体感を生むため
	(2)	ウ
	(3)	a：役割　　b：利害
設問2	(1)	X君がまとめた基準を正式な社内基準とすべきかを検討する
	(2)	連絡が必要な項目を定める
設問3	開発工程は請負契約としたから	

● 設問1 (1)

業務担当を利用部門から専任で選出した、W部長の狙いが問われています。ヒントとなるのは、問題文の冒頭にある「新物流システムは利用部門の意見を最大限に取り入れ、…(略)…。利用部門をプロジェクトに巻き込んで一体感を生むことが必要であった」との記述です。つまり、W部長が業務担当を利用部門から専任で選出したのは、**利用部門をプロジェクトに巻き込んで一体感を生むため**です。

●設問1 (2)

　ステアリングコミッティのメンバであるN常務に適した効果の高いコミュニケーション活動が問われています。

　「ステアリングコミッティのメンバである営業担当役員のN常務は，本プロジェクトの活動を営業部長のP氏に一任していたのでプロジェクトへの直接の関与は少なかった」とありますが，ステアリングコミッティにおいて，重要な意思決定を円滑に行うためには，N常務にはプロジェクト全体の状況を正しく理解していてもらう必要があります。このことから，N常務に適した効果の高いコミュニケーション活動としては，〔ウ〕の「適時個別の場を設け，プロジェクトの成果や状況を具体的に報告する」が適切です。

ア，エ：共有ファイルサーバのプロジェクト管理情報を閲覧してもらう方法や，プロジェクト状況報告書を毎月送付する方法では，プロジェクトの状況や重要な情報が正しく伝わらない可能性があります。

イ：週次開催の進捗確認会議で把握できた，プロジェクトの進捗状況や課題などを，必要に応じて個別の場を設け報告すべきです。

オ：N常務からプロジェクトへの質問や意見が出されたとき，迅速かつ的確に対応することは重要ですが，質問や意見を待つのではなく，プロジェクト側から積極的にコミュニケーションを図るべきです。

●設問1 (3)

空欄a：責任分担マトリクス(Responsibility Assignment Matrix：RAM)は，プロジェクトの作業ごとの役割，責任，権限レベルを明示したものです。したがって，空欄aには**役割**が入ります。 ※責任分担表ともいう。

空欄b：「各ステークホルダの　**b**　関係」，「　**b**　が対立する可能性があるステークホルダ」とあります。2つ目の空欄から，空欄bには，"対立するもの"が入ると推測できます。対立するものとしては，一般に，"意見"，"利害"が考えられますが，「各ステークホルダの意見関係」では意味がとおりません。したがって，空欄bは**利害**です。

●設問2 (1)

　X君が行った本文中の下線②を受けて，A社として社内プロジェクト活動の標準化推進の観点から行うべきことが問われています。 ※下線②には，「本プロジェクトではX君がまとめたこの基準に従って報告するように回答し，プロジェクト内に周知徹底した」記述されている。

　"標準化"に関する記述を探すと，〔設計工程でのコミュニケーション〕に，「A社では，社内のプロジェクト活動の標準化を推進中であったが，その時点では作業の進捗度合に関する正式な社内基準はなかった」とあるので，作業の進捗度合に関する社内基準を整備すべきであることは明らかです。ここで，X君がまとめた基準は，過去に採用された基準の事例を調べ，活動中の他プロジェクトの事務局とも話し合いまとめたものであることを考えると，この基準を他のプロジェクトでも活用できるようにするべきです。したがって，行うべきこととしては，「X君がまとめた基準を基にして社内基準の標準化を行う」あるいは「X君がまとめ

● サンプル問題

た基準を正式な社内基準とすべきかを検討する」とすればよいでしょう。

● 設問2（2）

　質疑応答の連絡における問題点を解消するために実行すべき，下線③以外の対策が問われています。

　問題点に関しては，下線③の前方に，「連絡手段が電子メール，電話，対面と様々であった」ことによる問題点と，「必要項目が漏れていた」ことによる問題点の2つが記述されています。X君が行った，「プロジェクトにおける質疑応答の連絡手段を電子メールに限定する」という対策は，前者に対する対策です。したがって実行すべきは，「必要項目が漏れていた」ことに対する対策ということになります。

　質疑応答において連絡すべき項目の漏れをなくすためには，連絡が必要な項目をあらかじめ定め，その必要項目を含んだ連絡のための書式（フォーマット）を標準化し用いることが有効です。したがって，まず実行すべきことは，**連絡が必要な項目を定める**ことです。

● 設問3

　〔人的資源計画及びコミュニケーション計画〕に，「A社は，詳細設計からソフトウェア結合テストまでの開発工程について，過去に取引実績があったB社と請負契約を締結した」とあります。請負契約の場合，請負元の社員（B社の開発要員）は，請負元の責任者（B社のV氏）の指示に従って作業を行わなければならず，発注主（A社の開発リーダ）は，B社の開発要員に直接指示してはいけないことになっています。したがって，Y課長が下線④の指摘をしたのは，詳細設計からソフトウェア結合テストまでの**開発工程は請負契約としたから**です。

※下線③には，「プロジェクトにおける質疑応答の連絡手段を電子メールに限定し」と記述されている。

※請負契約についてはp648を参照。

※A社の開発リーダが，B社の開発要員に直接指示すると，偽装請負とみなされて違法行為になる。

問10　サービスマネジメント

設問1	a：アクセス権　　b：可用性　又は　アクセス性	
設問2	（1）	c：“関係者限り”の文書資産の情報を自部の文書資産管理台帳に登録
	（2）	システム管理者が，イベントログの解析を迅速に行えるようにするため
	（3）	文書資産の編集ができないファイル形式で配布するように改善する
設問3	（1）	d：オ
	（2）	e：保存期間が満了した

● 設問1

空欄a：問題文中に空欄aは4つありますが，このうち2つ目の空欄aの前に記述されている「文書資産管理者に許可された社員だけが業務で利用できるよう」という記述に着目します。フォルダに対し，許可された社員だけが利用できるようにする目的で設定するのはアクセス権です。したがって，空欄aには**アクセス権**が入ります。

空欄b：「文書資産の　　b　　を確保するために，それらを保管しているファイルサーバは，二重化されたシステムで構成され，免震装置の上

※3つ目の空欄に着目してもよい。

752

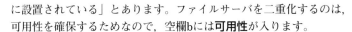

に設置されている」とあります。ファイルサーバを二重化するのは，可用性を確保するためなので，空欄bには**可用性**が入ります。

●設問2（1）

「機密性区分が"関係者限り"の文書資産を他部から配付された場合，配付先の文書資産管理者は，「　c　」する」とあります。これは，「文書資産の棚卸しが適切に実施できない」ことの解決策です。

ここでのポイントは，他部から配付された"関係者限り"の文書資産の情報を文書資産管理台帳へ登録しないことが，文書資産の棚卸しが適切に実施できない原因だということです。このことに気付けば，配付先の文書資産管理者は，**"関係者限り"の文書資産の情報を自部の文書資産管理台帳に登録**すればよいことがわかります。

●設問2（2）

解決策(2)は，「情報漏えいが発生した場合に，イベントログの解析に長時間を要する」ことの解決策です。〔文書資産の運用管理に関する現状〕の(2)を見ると，4つ目の項目に，「システム管理者が作業に慣れていないので，イベントログの解析には時間を要している」とあります。したがって，下線①とする目的は，**システム管理者が，イベントログの解析を迅速に行えるようにするため**です。

●設問2（3）

解決策(3)は，「配付された文書資産を，配付先の当該社員が，うっかりミスによって変更してしまうことで完全性が損なわれる」ことの解決策です。〔文書資産の資産管理に関する現状〕の(3)を見ると，1つ目の項目に，「文書資産の編集が可能なファイル形式で自社の電子メールに添付して，配付先の当該社員へ送付している」とあります。つまり，このようなうっかりミスが起こるのは，編集が可能なファイル形式で配布しているからなので，**文書資産の編集ができないファイル形式で配布するように改善する**といった見直しが必要です。

●設問3（1）

「各部内での「　d　」」とあるので，空欄dには，部内で行う何かの業務が入ります。そこで，"部内で行う業務"で，〔文書資産管理システムの検討〕に挙げられたシステム機能に該当しないものを探すと，〔文書資産の資産管理に関する現状〕の(2)の1つ目の項目に，「文書資産管理者が異動した場合には，異動の事実と新たな文書資産管理者名を表形式の一覧表に記録している」との記述が見つかります。つまり，空欄dを含むこの機能は，文書資産管理者の異動に関連する機能だと考えられるので，空欄dには〔オ〕の**文書資産管理者の変更**が入ります。

●設問3（2）

「文書資産管理システムを導入すると，「　e　」文書資産の一覧を容易に出力できるので，四半期ごとに，不要となった文書資産を確実に削除できるようになる」とあります。

※空欄b：試験センターでは，「アクセス性」も正解としている。

※下線①には，「対象期間と対象とする文書資産を限定した上で，システム管理者が，イベントログを解析する訓練を定期的に実施することにする」と記述されている。

● サンプル問題

　この記述から，「　e　文書資産の一覧」は，不要となった文書資産を確実に削除するために使用するものであり，"不要となった文書資産の一覧"ということになります。また，不要となった文書資産とは，〔文書資産の資産管理に関する現状〕(2)の4つ目の項目の記述から，保存期間が満了した文書資産のことです。したがって，空欄eには**保存期間が満了した**が入ります。

問11　システム監査

設問1	a：異常メッセージが監視
設問2	b：入力権限と承認権限
設問3	Ⅰ：仮仕訳データ
設問4	c：エラーデータ
設問5	確定処理後
設問6	対象データ種別，対象期間，対象科目

●設問1

　項番(1)の監査要点②：「バッチジョブの実行に際しては，　a　され，検出された事項は全て適切に対応されているか」とあります。

　バッチジョブの実行に関しては，〔財務会計システムの予備調査〕(1)の④の後に，「日次の夜間バッチ処理は複雑なので，ジョブ管理ツールを利用してジョブの実行を自動化している。ジョブ管理ツールへの登録，ジョブの実行，異常メッセージの管理などは，情報システム部が行っている」旨が記述されています。

　バッチジョブ(インタフェース処理)が正常に実行されることを担保するためには，異常メッセージをきちんと監視し，異常として検出された事項は全て適切に対応する必要があります。したがって，監査要点は，「バッチジョブの実行に際しては，**異常メッセージが監視**(空欄a)され，検出された事項は全て適切に対応されているか」となります。

※項番(1)の①，②は，「インタフェース処理が正常に実行されない」リスクに対するコントロールを確認するための監査要点。

●設問2

　項番(2)の監査要点①：「手作業による仕訳入力及び承認は，適切であるか。特に，　b　の両方が一つのIDに設定されていないことに注意する」とあります。

　IDに関しては〔財務会計システムの予備調査〕(2)に，「各担当者に個別に付与されたIDに入力権限及び承認権限を設定する」とあります。手作業による仕訳入力は経理部の担当者が行うので，経理部の担当者IDに設定されるのは入力権限です。一方，仮仕訳データの承認を行う経理課長のIDには承認権限が設定されます。そこで，1人のIDに入力権限と承認権限の両方が設定されていた場合，この人が仕訳入力して承認してしまうと，正当性のない手作業入力が行われてしまう可能性があります。　したがって，正当性のない手作業入力が行われるリスクに対す

※項番(2)の①は，「正当性のない手作業入力が行われる」リスクに対するコントロールを確認するための監査要点。

754

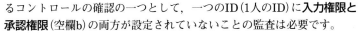

るコントロールの確認の一つとして，一つのID（1人のID）に**入力権限**と**承認権限**（空欄b）の両方が設定されていないことの監査は必要です。

●設問3

「入力された仕訳が全て承認されているかを確かめるために，| Ⅰ |が残っていないことを確認する」とあります。

〔財務会計システムの予備調査〕(2)に，「入力されたデータは，一旦，仮仕訳データとして仮仕訳データファイルに格納される。経理課長がシステム上で仮仕訳データの承認を行うことによって，仕訳データファイルに格納される」とあります。この記述から，入力された仕訳が全て承認されているかを確かめるためには，仮仕訳データファイルに**仮仕訳データ**（空欄Ⅰ）が残っていないことを確認すればよいことがわかります。

※仮仕訳データファイルに仮仕訳データが残っていれば，未承認の仕訳データがあるということ。

●設問4

項番(3)の監査要点②：「情報システム部は，インターフェース処理で発生した| c |が全て処理されていることを確認しているか」とあります。

〔財務会計システムの予備調査〕(1)の③，④には，「インタフェース処理でエラーとなったデータは，エラーファイルに格納される。エラーファイル内のエラーデータは，翌日のインタフェース処理に再度取り込まれ，処理される」旨が記述されています。したがって，確定処理までに全ての仕訳が仕訳データファイルに格納されるためには，インターフェース処理で発生した**エラーデータ**（空欄c）が全て処理されている必要があり，これを監査することで，項番(3)のリスクに対するコントロールが確認できます。

※項番(3)の①，②は，「全ての仕訳が仕訳データファイルに格納されずに確定処理が行われる」リスクに対するコントロールを確認するための監査要点。

●設問5

財務レポート出力の適切なタイミングが問われています。財務レポートに関しては，〔財務会計システムの予備調査〕(4)に，「財務会計システムで確定した月次の財務数値を基に，数十ページの財務レポートが作成・出力される」と記述されています。"財務会計システムで確定した"とは，財務会計システムで確定処理を行ったということなので，財務レポート出力の適切なタイミングは**確定処理後**です。

※確定処理前に財務レポートの出力を行うと，その後に入力された仕訳データが反映されないため，財務レポートの正確性，網羅性を確保できない。

●設問6

財務レポート出力の操作時に，チェックすべき項目が問われています。財務レポートは，経理部が簡易ツールを操作して，出力の都度，対象データ種別，対象期間，対象科目を設定して出力されます。財務レポートを正確に，網羅的に出力するためには，これらの設定を正しく行う必要があるので，操作時にチェックすべき項目は，**対象データ種別，対象期間，対象科目**の3つです。

INDEX

索引

●記号

⊕ ···················· 21
∧,∨ ················· 18,21
∩,∪ ················ 21,306
￢ ················· 18,21
$\overline{CS}$(信号) ········· 169,170
n! ···················· 99
$_nC_r$ ················· 46
O記法 ················· 93
$\overline{X}$管理図 ········· 51,627
ε ················ 32,38,60
θ(シータ)結合 ········· 308
Σ記号 ················· 26
φ ················· 16,38

●数字

0アドレス方式 ········· 136
100%ルール ··········· 550
1000BASE-T,TX ······· 387
100BASE-T2,T4,TX ····· 387
100VG-AnyLAN ······· 387
10BASE-T ············· 387
1次キャッシュ ··········· 152
1重回転 ··············· 87
2 out of 3 システム ····· 220
2次キャッシュ ··········· 152
2重回転 ··············· 87
2層クライアントサーバシステム
···················· 176
2相コミットメント制御 ···· 350
2相ロック方式 ··········· 336
2段階エディット法 ········ 530
2値セマフォ ············· 250
2ピン法 ··············· 623
2部グラフ ·············· 42
2分木 ··············· 79,82
2分探索木 ···· 84,85,86,256
2分探索法 ············ 89,90
2要素認証 ············· 447
3C分析 ··············· 605
3ウェイハンドシェイク ···· 399
3シグマ法 ············· 627
3層クライアントサーバシステム
················· 176,177
3相コミットメント制御 ···· 351
3層スキーマ ··········· 292

3つ組み ··············· 37
4P,4C ················ 608
4つ組み ··············· 37
6LoWPAN ············· 162

●A

A/Dコンバータ ········· 128
A/D変換器 ············· 128
AAAAレコード ··········· 405
ABC分析 ·············· 626
ACID特性 ············· 333
ACK番号 ·············· 398
ADPCM ··············· 28
AES ············· 440,442
AES-CCMP ··········· 442
AGP ················· 162
AH ·················· 462
AI ················ 66,67
AIDMAモデル ··········· 610
AISASモデル ··········· 610
Ajax ················ 106
ALL ················· 320
alternate key ········· 298
ALU ················· 134
AMP ················· 146
ANSI/SPARC3層スキーマ
···················· 292
ANY ·············· 320,418
ANY接続拒否機能 ········ 418
APOP ················ 400
APT ················· 465
ARP ················· 386
arp ················· 397
ARPスプーフィング ······ 464
AS ·················· 318
ASIC ················ 125
As-Isモデル ··········· 594
ASSP ················ 125
ATA,ATAPI ··········· 162
ATM ················· 414
ATM交換方式 ··········· 414
ATMセル ·············· 415
Atomicity ············ 333
auto ················ 103
AVG ················· 317
AVL木 ················ 87

Aレコード ············· 405

●B

B*木 ················· 88
B/S ················· 631
B⁺木 ·············· 88,344
B⁺木インデックス···· 88,344
BABOK ··············· 645
BAC ················· 560
Base64方式 ··········· 401
BASE特性 ········· 355,356
BCM ················· 568
BCP ················· 568
best-fit ············· 256
BETWEEN ············· 314
BI ·················· 613
BIA ················· 568
BLE ················· 162
BLOB ················ 325
Bluetooth ··········· 162
BNF記法 ·············· 34
BPM ················· 598
BPMN ················ 599
BPO ················· 599
BPR ················· 598
BRMS ················ 599
BSC ················· 611
B木 ··············· 87,88

●C

C&Cサーバ ············· 465
CA ··············· 452,455
CAB ················· 565
call by reference ······· 102
call by value ········· 102
Camellia ············· 440
candidate key ········· 298
CAPTCHA認証 ·········· 447
CAP定理 ·············· 358
CASCADE ········· 323,326
CASE ················ 321
CAW ················· 160
CCMP ················ 442
CCW ················· 159
CEP ················· 354
CG ················· 276

756

INDEX

CGM ･･････････････････616
Chainer････････････････271
CHAP ････････････445,448
CHECK ･･････････297,324
CI ･･････････････････････563
CIDR ････････････････････393
CIFS ･･････････････････191
CIO ･･････････････････････595
CIR ･･････････････････････416
CISC ･･････････････132,134
CLOSE ･････312,331,332
CMDB ･･････････････････563
CMM,CMMI ･･････････499
CMS･･･････････････････616
CNAMEレコード･･･････405
CNN ･･･････････････････68
COCOMO ･･････････････557
CODASYLモデル･･･････293
Code128 ･･･････････････645
COMMIT ･･････312,332,333
CONNECTメソッド･･････402
Cookie･･･････････････････403
CORBA ･･････････････････179
COSMIC法 ･･････････････560
COUNT ･････････････････317
CP ･･････････････････････453
CPI ･･･････････145,148,561
CPS ･･････････････････････453
CPU ･･････････････132,134
CRC ･･･････････25,410,413
CREATE ･･･････････････312
CREATE DOMAIN ･････297
CREATE INDEX･･･････345
CREATE TABLE
･･･････････････297,324,326
CREATE TRIGGER･････326
CREATE VIEW･････327,328
CRL ･･･････････････････453
CRM･･････････････････612
CROSS JOIN ･･･････････307
CRUDマトリクス ･･･････502
CRYPTREC･･･････････470
CRYPTREC暗号リスト･･･470
CSF ･･･････････････607,611
CSF分析 ･････････････････607
CSIRT ･･･････････････470
CSIRTマテリアル ･･････470
CSMA/CA ･････････････419
CSMA/CA with RTS/CTS
･･･････････････････････419
CSMA/CD ･･･････384,387
CSS ･････････････････････106

CS経営 ････････････････612
CURSOR ･････････････331
CVSS ････････････････470
CWE･･･････････････････464

●D

D/Aコンバータ ･･････････129
D/A変換器 ･･･････････････129
DA ･･･････････････････346
DAFS･････････････････231
DAS ･･･････････････････191
DAT ･･･････････････････259
DBA ･･･････････････････346
DCサーボモータ ･･･････････131
DCブラシレスモータ ･･････131
DDOS攻撃････････････465
DDR SDRAM ･･･････150
DDR2 SDRAM ･････150
DDR3 SDRAM ･････150
DDR4 SDRAM ･････150
DECLARE CURSOR
･････････････312,331,332
DEFAULT(制約) ････321,324
DELETE ･･･････312,322
DEQ ･･････････････････80
DES ･･･････････････････440
DFD ････････････････500,594
DHCP ･･･････････373,404
Dhrystone ･････････････198
DisplayPort･･･････････162
DISTINCT ･･･････313,315
DKIM ･･･････････466,485
DLCI･･･････････････････416
DMAコントローラ(DMAC)
･･･････････････････････159
DMA制御方式 ･･･････････159
DMZ ･･････････････････458
DNN ･･････････････････68
DNS ･･････････373,375,405
DNS amp攻撃･･･････465
DNSSEC･･････････････464
DNSキャッシュポイズニング
･･･････････････････407,464
DNSリフレクション攻撃
･････････････････483,725
DNSレコード･･････････405
DNSレコードラウンドロビン
･･･････････････････････406
DOA ･･･････････････････502
DoS攻撃･･････････････465
Dotyモデル ･･････557,560
DPCM ･･･････････････28

DRAM ･･･････････････150
DROP ･･････････312,322
DSP ･･･････････････････132
DTD ･･･････････････････106
DVFS･････････････････126
DVS ･･･････････････････126
DV証明書 ･･･････････････455

●E

EA ･･･････････････････594
EAC ･･････････････････561
EAI ･･･････････････････613
EAP ･･･････････････････449
EAP-MD5 ･･･････････449
EAP-TLS ･･･････････449
ebXML ･･･････････････106
ECC ･･･････････････････189
ECCメモリ ･･･････････189
Eclips ･･･････････････270
EDI ･･･････････････････615
EDMモデル ･･･････････595
EDSA認証 ･･･････････618
EEPROM ･･･････････151
EIDE ･･･････････････････162
EJB ･･･････････････････106
ElGamal ･･･････････････441
EMS ･･･････････････････731
ENQ ･･･････････････････80
ENQ/DEQ命令 ･･･････252
EOQ ･･･････････････････624
EPROM ･･･････････････151
ERP ･･･････････････････613
ERPパッケージ ･････593,613
E-R図 ･･･････････････294
E-Rモデル ･･･････290,294
ESB ･･･････････････････601
ESP ･･････････････････462
ESSID ･･･････････････418
ETL(ツール) ･･･････････352
EV SSL証明書 ･････････455
EVM ･･････････556,560
EV証明書 ･･･････････････455
EXCEPT ･････････････306
EXEC SQL ･･･････････330
EXISTS ･･････････････320
Exploit Kit ･･･････････466

●F

FAR ･･････････････････447
FC ･･････････････191,192
FCFS ･･･････････････････244
FCoE ･･････････････････192

INDEX

FC-SAN ·············191
FeRAM ·············151
FETCH ·······312,331,332
FIFO ·······80,155,261,262
FireWire ············162
first-fit············256
FIT ··············224
FLOPS ·············197
FMS ··············617
FOREIGN KEY
·············298,325,326
FPGA ··············125
FQDN ·············405
FRR ··············447
FSP ··············610
FTP ·············373,408
FULL OUTER JOIN
················310,311

●G

GARP ··············386
GETメソッド ··········402
Git ···············271
GPGPU ·············66
GPU ·········66,132,146
GRANT ·········312,329
GROUP BY ····313,316,317

●H

H.264/AVC ···········645
H.264/MPEG-4 AVC ····645
Hadoop·············192
HAVING ·······313,316,317
HAクラスタ ···········185
HDCP ·············162
HDFS ·············192
HDL ··············125
HDLC
····372,410,412,413,448
HDMI ·············162
HIDS ·············461
HPC ··············187
HPCC ···········185,187
HSTS ·············403
HTTP
·····177,373,375,401,403
HTTP over TLS ········403
HTTPS ·········375,403
HTTPパイプライン機能····436
HTTPメソッド··········401

●I

I²Cバス ·············162
IaaS ··············600
ICE ··············269
ICMP ·······373,389,397
ICMP Flood攻撃 ········465
ICMPv6 ·········394,397
ICタグ ·············617
IDE ············162,270
IDEA ·············440
IDEAL ·············598
IDS ··············461
IEEE 1394 ··········162
IEEE 802.11 ·········417
IEEE 802.11a,b,g ·····417
IEEE 802.11n,ac,ax ····417
IEEE 802.15.4 ········162
IEEE 802.1Q ·········383
IEEE 802.1X ·····443,449
IEEE 802.3········384,387
ifconfig ············397
IFPUG法 ············559
IGMP ·············391
IKE ··············462
IMAP4·········375,400
IMAPS(IMAP4s) ·····400
IN ············314,319
INNER JOIN ······309,311
INSERT ······312,321,322
INTERSECT ·········306
IoT ··············618
IP ··········372,373,388
IPC ··············249
ipconfig ············397
IPS ··············461
IP-SAN ············192
IPsec ·········394,462
IPv4 ·········388,389
IPv6 ·······388,389,394
IP-VPN ············461
IPアドレス ·······374,389
IPアドレスクラス ·······390
IPコア ·············125
IPスプーフィング ·······464
IPパケット ··········374
IPヘッダ(IPv4) ·········388
IPヘッダ(IPv6) ·····395,396
IPマスカレード ·······396
IrDA ·············162
IRR法 ·············660
ISA ··············162
is-a関係 ············508

●J

iSCSI ·········162,192
ISMS ·············469
ISMS適合性評価制度 ······469
ISO/IEC 12207 ······637
ISO/IEC 15408 ······468
ISO/IEC 15504 ······499
ISO/IEC 20000 ······562
ISO/IEC 27001 ······469
Isolation ···········333
ITF ··············645
ITIL ··············569
ITガバナンス··········595
IT投資ポートフォリオ ·····596
IT投資マネジメント·······596
ITポートフォリオ·········730
IV&V ·············532
iノード ·············273

J2EE ··············106
JANコード ··········645
JANシンボル ·········645
Java ·······103,105,106
JavaBeans ··········106
JavaScript ·········105
Java VM ···········106
Javaアプレット··········106
Java仮想マシン··········106
Javaサーブレット·········106
Javaバイトコード·········106
JCL ··············239
J-CRAT ············470
JIS Q 20000··········562
JIS Q 21500:2018·····547
JIS Q 27000·········450
JIS Q 27001,JIS Q 27002
················469
JIS Q 31000··········725
JIS X 0129-1 ·········642
JIS X 0160 ··········637
JIS X 0161 ··········643
JIS X 25010·······642,644
JIS X 5070 ··········468
JIS X 8341-1:2010 ····644
JIS X 9401:2016 ·····600
JIS Z 8521 ··········644
JIT ··············617
JOIN ·············309
JPCERT/CC ·········470
JPEG ·············645
JSON ·············105
JSP木 ·············514

INDEX

K

Kcipher-2 ·················440
Kerberos方式 ···········447
KGI ·······················611
KM ·······················613
KMS ······················613
KPI ·······················611
KVS ······················355

L

L2TP ·····················462
L4スイッチ ···············380
L7スイッチ ···············380
LAMP ·····················275
LAPP ·····················275
LCP ··················386,448
LDAP ·····················408
LEFT OUTER JOIN
 ·····················309,311
LFU ··················155,261
LIFO ·········· 80,101,155
LIKE ······················315
Linpack ··················198
Lisp ······················104
LLC副層 ··················387
LOC法 ···············557,560
LPWA ·····················162
LRU ···············155,261,262
LSB ·······················129
LSI ·······················125
lsコマンド ·················274
LTV ·······················612

M

M&A ······················602
M/M/1 ···············203,209
M/M/S ···············211,212
MAC
 ····· 374,384,387,455,483
MACアドレス ··············374
MACアドレステーブル
 ·····················376,377
MACアドレスフィルタリング
 ··························418
MAC副層 ··················387
MACフレーム ··············374
makeツール ···············267
Man-in-the-middle攻撃 ···465
MapReduce ···············192
MATLAB ···················271
MAX ······················317
MA法 ·····················123

MD5 ······················451
MDA ······················496
MDB ······················352
MIB ·······················407
MIMD ················145,146
MIME ·····················401
MIMO ·····················417
MIN ·······················317
MIPS ······················197
MISD ······················146
MISRA-C ··················268
MITB攻撃 ·················466
MLC ·······················151
MMU ······················259
MOLAP ····················353
monlist ···················465
moreコマンド ··············274
MOT ······················737
MPEG ·····················645
MPLS ·····················462
MPP ·······················146
MPU ······················132
MRP ·······················625
MTBF ·················214,216
MTTR ················214,216
MTU ······················416
MVCC ·····················337
MVCモデル ················179
MXレコード ················405

N

NAND ·········120,123,151
NAND型フラッシュメモリ
 ··························151
NAPT ·················396,431
NAS ·······················191
NAT ·······················396
NATURAL JOIN ··········308
NCP ··················386,448
netstat ···················397
NFC ·······················162
NFP ·······················153
NFS ··················179,191
NFV ·······················380
NIDS ······················461
NO ACTION ··········323,326
NOP命令 ··················144
NOR型フラッシュメモリ ···151
NoSQL ················333,355
NPV ·······················597
nslookup ·················397
NSレコード ················405

NTP ··················375,408
NTP3,NTP4 ···············408
NTP増幅攻撃 ··············465

O

OBS ······················585
OCSP ·····················453
OC曲線 ····················629
OFDM ·····················417
OLA ·······················564
OLAP ·····················353
OP25B ····················466
OPEN ···········312,331,332
OpenCV ···················271
OpenFlow ·················380
OpenPGP ··················441
ORDER BY ···········313,316
OSI基本参照モデル ·······372
OSPF ·················378,379
OSPFv3 ···················379
OSS ··················271,275
OSコマンドインジェクション
 ··························464
OtoO ······················616
OUTER JOIN ·········309,311
OV証明書 ··················455

P

P2P(PtoP) ·················357
PaaS ······················600
PAP ·······················448
part-of関係 ···············508
PBP ·······················597
PCI ·······················162
PCI Express ··············162
PCM ··················28,128
PDCA ·················469,598
PDM ··················554,617
PDPC法 ···················628
PDU ·······················407
PERT ······················552
PEST分析 ··················605
PGP ··················401,441
ping ·······················397
Ping Flood攻撃 ············465
PKI ·······················452
PLC ··················130,608
PLL ·······················149
PLM ·······················617
PL法 ······················646
PMBOK ···············548,645
PMO ······················548

759

INDEX

PM理論 ···················· 614
PoE ······················ 387
POP ······················ 80
POP3 ········· 373,375,400
POP before SMTP ······ 401
Post/Wait命令 ··········· 248
POSTメソッド ··········· 402
PPM ······················ 604
PPP ·············· 386,445,448
PPPoE ···················· 386
PPTP ···················· 462
PRIMARY KEY
········· 298,324,325,326
Prolog ··················· 104
PSK ······················ 443
PSK認証 ················· 443
PSW ················ 139,243
PUSH ···················· 80
PWM（制御） ··········· 131
Python ··················· 105
P操作 ···················· 250

●Q

QCD ···················· 639
QC七つ道具 ·············· 626
QoS ······················ 409
QRコード ················ 645

●R

R ························· 271
RA ······················· 394
RACIチャート ············ 585
RADIUS ············ 443,449
RAID ···················· 188
RAID0,1 ················· 188
RAID2,3,4,5 ············· 189
RAID6 ··················· 190
RAID01（RAID0＋1） ····· 190
RAID10（RAID1＋0） ····· 190
RAM ················ 150,585
RARP ···················· 386
RASIS ··················· 214
RC4 ··············· 440,442
REFERENCES
········· 323,324,325,326
RESTRICT ··············· 323
REVOKE ········· 312,329
RFC ······················ 565
RFI ······················ 641
RFID ···················· 617
RFM分析 ················· 610
RFP ······················ 641

RIGHT OUTER JOIN
···················· 310,311
RIP ················ 378,379
RIPng ··················· 379
RISC ···················· 133
RLO ······················ 466
RLTrap ··················· 466
RNN ······················ 68
ROE ······················ 630
ROI ······················ 630
ROLAP ··················· 353
ROLLBACK ···· 312,332,333
ROM ······················ 150
rootkit ··················· 726
route ···················· 397
RPA ······················ 599
RPC ······················ 179
RPO ······················ 338
RSA ······················ 441
RSVP ···················· 409
RSフリップフロップ ····· 124
RTO ······················ 338
RTOS ·············· 241,247
RTP ················ 408,409
RTS/CTS ················· 419

●S

S/KEY方式 ··············· 446
S/MIME ··········· 401,441
SaaS ···················· 600
SAML ···················· 447
SAN ······················ 191
SCM ······················ 613
SCSI ···················· 162
SDN ······················ 380
SDRAM ··················· 150
SECIモデル ·············· 613
SELECT ··········· 312,313
SEO ······················ 465
SEOポイズニング ········ 465
SEPT方式 ··············· 246
Servlet ················· 106
SET DEFAULT ··········· 323
SET NULL ··············· 323
SET方式 ················· 246
SFA ······················ 612
SHA-1,SHA-2,SHA-3 ···· 451
SHA-256 ················· 451
SIEM ···················· 461
SIMD ············· 145,146
SIP ················ 408,409
SIPサーバ ··············· 408

SISD ···················· 146
SI単位系 ················· 153
SLA ······················ 564
SLC ······················ 151
SLCP-JCF ··············· 637
SLM ······················ 563
SL理論 ··················· 614
SMART ··················· 564
SMIL ···················· 106
SMP ······················ 146
SMTP ········· 373,375,400
SMTP over SSL ········· 401
SMTP over TLS ········· 401
SMTP-AUTH ············· 401
Smurf攻撃 ··············· 465
SNMP ········· 373,375,407
SNMP Trap ········· 375,407
SNTP ···················· 408
SOA ······················ 601
SOAP ···················· 407
SoC ······················ 125
SPA ······················ 499
SPEC ···················· 198
SPECfp ··················· 198
SPECint ················· 198
SPF ··········· 466,485,726
SPI ······················ 561
SPOF ···················· 358
SPT方式 ················· 246
SQL ······················ 312
SQLインジェクション ····· 464
SQLデータ型 ············· 325
SQuBOK ················· 645
SRAM ········· 124,125,150
SSD ······················ 160
SSH ················ 375,408
SSID ···················· 418
SSL ······················ 454
SSL/TLS ··········· 441,454
SSL/TLSのダウングレード攻撃
···················· 465
static ··················· 103
STP ······················ 377
STP分析 ················· 608
STS分割 ················· 512
Subversion ·············· 271
SUM ······················ 317
surrogate key ··········· 299
SVC ······················ 240
SVC割込み ··············· 140
SVG ······················ 106
SWEBOK ················· 645

INDEX

SWOT分析 ･･････････ 605	●V	Zバッファ ･････････ 276
SYN Flood攻撃 ･･････ 465	VDI ･････････････････ 174	
SysML ･･･････････ 510	VDM++ ･･･････････ 534	●あ
SystemC ･･･････････ 125	VDM-SL ･･･････････ 534	アーンドバリュー ･･･････ 560
	VLAN ･･･････････････ 381	アーンドバリューマネジメント
●T	VLIW ･････････････ 144	･････････････････ 560
TAT ･･･････････････ 196	VoIP ･･･････････････ 408	アイソクロナス転送 ･･････ 161
TCB ･･･････････････ 242	VoIPゲートウェイ ････ 408,409	アウトオブオーダ実行 ･････ 144
TCO ･･･････････････ 564	VPN ･･･････････････ 461	アクセシビリティ ････ 643,644
TCP ････ 372,373,389,398	VRIO分析 ･･････････ 605	アクセス透過性 ････････ 349
TCP/IP ･･････････ 373,374	VRRP ･･･････････････ 379	アクセスポイント ････ 418,420
TCPコネクション ･････････ 399	V字モデル ･･････････ 497,498	アクチュエータ ････････ 131
TCPセグメント ･･････････ 374	V操作 ･･･････････････ 250	アクティビティ ･････ 550,637
TCPヘッダ ･･･････ 374,398		アクティビティ図 ･･･････ 511
TDM,TDMA ･････････ 385	●W	アクティビティの定義 ････ 550
Telnet ･･･････ 373,375,408	W3C ･･･････････････ 106	アクティブ／スタンバイ構成
TKIP ･･･････････････ 442	WAF ･･･････････････ 460	･････････････････ 184
TLB ･･･････････････ 260	WALプロトコル ･･････････ 341	アサーション ･･････････ 268
TLC ･･･････････････ 151	WBS ･････････ 549,550,557	アサーションチェッカ ････ 268
TLO ･･･････････････ 619	WBS辞書 ･･･････････ 550	アジャイル型開発 ･･･････ 494
TLS ･･･････････ 454,460	WCAG ･･･････････ 643	アセンブラ ･･･････････ 264
TLSアクセラレータ ････ 460	Web3層構造 ･･････････ 177	値呼出し ･･･････････ 102
TOB ･･･････････････ 607	WebDAV ･･･････････ 402	後入先出法 ･･････････ 634
To-Beモデル ･･･････ 594	Web-DB連携システム ･････ 275	アドホックモード ･････････ 420
TOF方式 ･･･････････ 131	WebSocket ･･･････ 177,403	アトリビュート ･･････ 294,296
TPC ･･･････････････ 198	Well-Knownポート ･････ 375	アドレス指定方式 ･････････ 136
TPC-A,B,D,W ･･････ 199	WEP ･･･････････････ 442	アドレス修飾 ･･･････････ 136
TPC-C,E,App,H ･････ 199	WFA ･･･････････ 594,599	アノマリー方式 ･･････････ 461
TPS ･･･････････････ 196	Whetstone ･･････････ 198	アプリケーションゲートウェイ型
TPモニタ ･･･････････ 333	Wireless USB ･･････ 161	･････････････････ 458
TQC ･･･････････････ 626	Wi-SUN ･･･････････ 162	アプリケーションサーバ ･･ 177
TQM ･･･････････････ 626	worst-fit ･･･････････ 256	アプリケーション層
TR分割 ･･･････････ 512,513	WPA ･･･････････････ 442	･･････････････ 176,372,373
TSL ･･･････････････ 250	WPA2 ･･･････････････ 442	アプレット ･･･････････ 106
TSS ･･･････････････ 245	WPA3 ･･･････････････ 442	アベイラビリティ ････ 214,215
TTL ･･････････････ 388,389	WPA-PSK ･･････････ 443	網型データベース ･･･････ 288
	WPA2-PSK ･･････････ 443	アムダールの法則 ･･･････ 147
●U		アライアンス ･････････ 602
UDP ････ 372,373,389,399	●X	あるべき姿 ･･････ 592,593
UDPヘッダ ･･･････････ 399	XBRL ･･･････････････ 630	アローダイアグラム ･･････ 552
UML ･･･････････････ 510	XML ･･･････････ 105,106	アローダイアグラム法 ････ 628
Unicode ･･･････････ 645	XOR ･･･････････････ 120	暗号資産 ････････････ 616
UNION(UNION ALL) ･････ 306	XP ･･･････････････ 495	暗合的強度 ･･････････ 517
UNIQUE ･･････ 299,324,325	XSLT ･･･････････････ 106	暗号ペイロード ････････ 462
UNIX ･･･････････ 272,274	XY理論 ･･･････････ 614	安全在庫 ････････････ 624
UPDATE ･････ 312,321,322		安全性 ･････････････ 214
URLフィルタリング ･･････ 734	●Y	安全余裕率 ･･･････････ 632
USB ･･･････････････ 161	YAGNI ･･･････････ 495	アンゾフの成長マトリクス ･･ 606
USBメモリ ･･･････････ 160	YAML ･･･････････ 105	アンチエイリアシング ･･････ 276
UTF-8 ･････････････ 645		アンリピータブルリード ････ 337
UTPケーブル ･･･････････ 387	●Z	
	ZigBee ･･･････････ 162	

761

INDEX

●い

イーサネット・・・・・・・373,384
イーサネットフレーム・・・・・・374
移行テスト・・・・・・・・・・566
委譲・・・・・・・・・・・・・509
移植性・・・・・・・・・・・・642
依存・・・・・・・・・・・・・510
依存エンティティ・・・・・・・295
一意性制約・・・・・298,324,325
位置透過性・・・・・・・・・・349
位置に対する透過性・・・・・・347
一方向性関数・・・・・・・・・445
一様分布・・・・・・・・・・・53
一貫性・・・・・・・・・・・・333
一斉移行方式・・・・・・・・・566
一斉テスト・・・・・・・・・・525
イテレーション・・・・・・・・494
イテレーション計画・・・・・・494
移動透過性・・・・・・・・・・349
移動に対する透過性・・・・・・347
移動平均法・・・・・・・・・・634
イニシエータ・・・・・・・・・239
委任契約・・・・・・・・・・・648
イノベーションのジレンマ
・・・・・・・・・・・・・・619
イベントドリブンプリエンプション方式
・・・・・・・・・・・・・・247
イベントドリブン方式・・・・・244
イベントフラグ・・・・・・・・247
意味解析・・・・・・・・36,265
入れ子ループ法・・・・・・・・349
インオーダ実行・・・・・・・・144
インキュベータ・・・・・・・・607
インクリメンタルモデル・・・・493
インサーキットエミュレータ
・・・・・・・・・・・・・・269
インシデント・・・・・・・・・567
インシデント管理・・・・・・・567
因子分析・・・・・・・・・72,73
インスタンス・・・・・・・・・507
インスペクション・・・・・・・533
インスペクタ・・・・・・・・・269
インターネット層・・・・・・・373
インタビュー法・・・・・・・・574
インタプリタ・・・・・・・・・264
インタラプト転送・・・・・・・161
インタロック・・・・・・・・・184
インテグリティ・・・・・・・・463
インデックス・・・・・・88,343
インデックスアドレス指定方式
・・・・・・・・・・・・・・137

インデックスレジスタ
・・・・・・・・・・・134,137
インバウンドマーケティング
・・・・・・・・・・・・・・610
インフラストラクチャモード
・・・・・・・・・・・・・・420
インヘリタンス・・・・・・・・507
インメモリデータベース・・・・293
インライン展開・・・・・・・・266

●う

ウィンドウサイズ・・・・・・・398
ウェアラブル生体センサ・・・・131
ウェアラブルデバイス・・・・・131
ウォークスルー・・・・・・・・532
ウォークスルー法・・・・・・・574
ウォータフォールモデル・・・・492
ウォームサイト・・・・・・・・182
ウォームスタート・・・・・・・342
ウォームスタンバイ方式・・・・181
ウォッチドッグタイマ・・・・・138
請負契約・・・・・・・・・・・648
打切り誤差・・・・・・・・・・63
内結合・・・・309,311,317,318
埋込みSQL・・・・・・・312,330
売上原価・・・・・・・・・・・635
売上総利益・・・・・・・・・・635
運用テスト・・・・・・・・・・566

●え

営業利益・・・・・・・・・・・635
エージング方式・・・・・・・・245
エキスパートシステム・・・・・105
エクストリームプログラミング
・・・・・・・・・・・・・・495
エクスプロイトキット・・・・・466
エクスプロイトコード・・・・・466
エスカレーション・・・・・・・567
エッジコンピューティング・・・618
エディットバリデーションチェック
・・・・・・・・・・・・・・527
エニーキャスト・・・・・394,395
エミュレータ・・・・・・・・・265
エミュレート・・・・・・・・・269
エラー埋込み法・・・・・・・・530
エラー訂正符号・・・・・・・・189
エルガマル暗号・・・・・・・・441
エンキュー・・・・・・・・・・80
演算装置・・・・・・・・・・・134
エンタープライズアーキテクチャ
・・・・・・・・・・・・・・594
エンティティ・・・・・・294,372

エントロピー・・・・・・・・・24

●お

オイラーグラフ(回路)・・・・・42
応答時間・・・・・・・・・・・196
オーセンティケータ・・・443,449
オーダ・・・・・・・・・・・・93
オートスケール・・・・・・・・202
オーバーライド・・・・・・・・509
オーバーロード・・・・・・・・509
オーバヘッド・・・・・・・・・196
オーバレイ方式
・・・・・・・・255,257,258
オープンAPI・・・・・・・・・615
オープンアドレス法・・・・・91,92
オープンイノベーション・・・・615
オープンソースソフトウェア
・・・・・・・・・・・・・・275
オープンデータ・・・・・・・・356
オープンリダイレクト・・・・・464
オブジェクト指向・・・・・・・506
オブジェクト指向言語・・・・・105
オブジェクト図・・・・・・・・510
オフショアアウトソーシング
・・・・・・・・・・・・・・599
オプティマイザ・・・・・・・・345
オフプレミス・・・・・・・・・601
オペレーティングシステム・・・238
オムニチャネル・・・・・・・・609
重みつきグラフ・・・・・・・・45
親言語方式・・・・・・・・・・312
オンプレミス・・・・・・・・・601
オンライントランザクション処理
・・・・・・・・・・・・・・172
オンライン分析処理・・・・・・353

●か

カーソル処理・・・・・・・・・331
カーディナリティ・・・・・・・294
カーネル・・・・・・・・238,239
カーネルプログラム法・・・・・200
カーネルモード・・・・・・・・240
ガーベジ・・・・・・・・103,255
ガーベジコレクション
・・・・・・・・・103,256,346
回帰・・・・・・・・・・・・・67
回帰係数・・・・・・・・・・・56
回帰直線・・・・・・・・・・・56
回帰テスト・・・・・・・495,527
回帰分析・・・・・・・・・・・55
回顧法・・・・・・・・・・・・644
回収期間法・・・・・・・・・・597

INDEX

階乗関数・・・・・・・・・・・・・・・・・99
回線交換方式・・・・・・・・・・・・・414
階層型データベース・・・・・・・288
概念スキーマ・・・・・・・・・・・・・293
概念設計・・・・・・・・・・・・・・・・・290
概念データモデル・・・・・・・・・290
開発規模と開発工数の関係・・・558
外部キー・・・・・・・・・・・・・298,324
外部クロック・・・・・・・・・・・・・148
外部結合・・・・・・・・・・・・・・・・・516
外部スキーマ・・・・・・・・・・・・・293
外部フラグメンテーション・・・256
外部割込み・・・・・・・・・・・・・・・140
改良挿入法・・・・・・・・・・・・・・・94
回路・・・・・・・・・・・・・・・・・・・41,42
ガウス・ジョルダン法・・・66,623
ガウスの消去法・・・・・・・・66,623
帰りがけのなぞり・・・・・・・・・・37
可監査性・・・・・・・・・・・・・・・・・574
可逆符号化方式・・・・・・・・・・・645
拡大係数行列・・・・・・・・・・・・・・65
隔離性・・・・・・・・・・・・・・・・・・・333
確率・・・・・・・・・・・・・・・・・・・・・・46
確率の加法定理・・・・・・・・・・・・47
確率の乗法定理・・・・・・・・・・・・48
確率分布・・・・・・・・・・・・・・53,210
隠れ端末問題・・・・・・・・・・・・・419
下降型構文解析法・・・・・・・・・・36
カスタムIC・・・・・・・・・・・・・・・125
寡占市場・・・・・・・・・・・・・・・・・607
仮想OS・・・・・・・・・・・・・・・・・・194
仮想アドレス・・・・・・・・・・・・・259
仮想化技術・・・・・・・・・・・・・・・193
仮想記憶方式・・・・・・・・・・・・・259
仮想通貨・・・・・・・・・・・・・・・・・615
仮想通貨マイニング・・・・・・・358
片方向リンク・・・・・・・・・・・・・・76
カタログ性能・・・・・・・・・・・・・200
合併律・・・・・・・・・・・・・・・・・・・301
稼働率・・・・・・・・214,215,216,
　　　　　219,220,221,224
カニバリゼーション・・・・・・・610
カバレージモニタ・・・・・・・・・269
カプセル化・・・・・・・・・・・・・・・506
可変区画方式・・・・・・・・・255,256
可変長方式・・・・・・・・・・・・・・・258
加法標準形・・・・・・・・・・・・・・・121
可用性・・・・・・・・・・・・・・214,463
カラム指向・・・・・・・・・・・・・・・293
カラム指向型・・・・・・・・・・・・・355
仮引数・・・・・・・・・・・・・・102,268
カルノー図・・・・・・・・・・・・・・・・22

カレントディレクトリ・・・・・・272
含意・・・・・・・・・・・・・・・・・・・・・・19
含意命題・・・・・・・・・・・・・・・18,19
環境評価基準・・・・・・・・・・・・・470
関係・・・・・・・・・・・・・・・・・・・・・296
関係演算・・・・・・・・・・・・・・・・・307
関係代数・・・・・・・・・・・・・・・・・307
関係データベース
　・・・・・・・・・・288,289,291,296
関係モデル・・・・・・・・・・・291,296
監査計画・・・・・・・・・・・・・・・・・571
監査証拠・・・・・・・・・・・・・573,574
監査証跡・・・・・・・・・・・・・・・・・574
監査調書・・・・・・・・・・・・・・・・・573
監査手続・・・・・・・・・・・・・571,573
監査報告書・・・・・・・・・・・571,573
監査モジュール法・・・・・・・・・574
関数型言語・・・・・・・・・・・・・・・104
関数従属・・・・・・・・・・・・・・・・・300
完成時総コスト予測・・・・・・・561
完成時総予算・・・・・・・・・・・・・560
間接アドレス指定方式・・・・・137
完全2分木・・・・・・・・・・・・・83,84
完全化保守・・・・・・・・・・・・・・・643
完全関数従属・・・・・・・・・300,301
完全グラフ・・・・・・・・・・・・・・・・42
完全修飾ドメイン名・・・・・・・405
完全推移的関数従属・・・・・・・301
完全性・・・・・・・・・・・・・・・・・・・463
完全外結合・・・・・・・309,310,311
ガントチャート・・・・・・・・・・・555
かんばん方式・・・・・・・・・・・・・617
管理図・・・・・・・・・・・・・・・・・・・627
関連・・・・・・・・・・・・・・・・294,510

●き

キーバリュー型・・・・・・・・・・・355
キーバリューストア・・・・・・・355
キーレンジ分割方式・・・・・・・346
記憶階層・・・・・・・・・・・・・・・・・152
記憶管理・・・・・・・・・・・・・239,255
記憶保護・・・・・・・・・・・・・・・・・259
機械学習・・・・・・・・・・・・・・・59,67
機械チェック割込み・・・・・・・140
企画プロセス・・・・・・・・・・・・・638
ギガビットイーサネット・・・387
基幹系システム・・・・・・・・・・・352
基幹系データベース・・・・・・・352
木規約・・・・・・・・・・・・・・・・・・・336
企業資源計画・・・・・・・・・・・・・613
木構造・・・・・・・・・・・・・・・・・・・・82
記号列・・・・・・・・・・・・・・・・・・・・38

疑似相関・・・・・・・・・・・・・・・・・・58
技術移転機関・・・・・・・・・・・・・619
技術のSカーブ・・・・・・・・・・・619
擬推移律・・・・・・・・・・・・・・・・・301
偽装請負・・・・・・・・・・・・・・・・・648
期待値・・・・・・・・・・・・・・・26,621
期待値原理・・・・・・・・・・・・・・・621
既知の誤り・・・・・・・・・・・・・・・567
既知のエラーDB・・・・・・・・・・567
基底アドレス指定方式
　・・・・・・・・・・・・・・・・・・・136,137
基底クラス・・・・・・・・・・・・・・・507
基底表・・・・・・・・・・・・・・・・・・・327
機能構成図・・・・・・・・・・・・・・・594
機能情報関連図・・・・・・・・・・・594
機能的強度・・・・・・・・・・・・・・・517
機能適合性・・・・・・・・・・・・・・・642
機能テスト・・・・・・・・・・・・・・・527
機能要件・・・・・・・・・・・・・・・・・640
ギブソンミックス・・・・・・・・・197
規模透過性・・・・・・・・・・・・・・・349
規模の経済・・・・・・・・・・・・・・・607
基本ソフトウェア・・・・・・・・・238
基本評価基準・・・・・・・・・・・・・470
機密性・・・・・・・・・・・・・・・・・・・463
逆行列・・・・・・・・・・・・・・・・・・・・64
逆ポーランド表記（法）
　・・・・・・・・・・・・・・・・・37,38,81
キャッシュサーバ・・・・・・・・・406
キャッシュフロー計算書・・・631
キャッシュメモリ
　・・・・・・・・・・・・・150,152,153
ギャップ分析・・・・・・・・・・・・・593
キャパシティ・・・・・・・・・・・・・564
キャパシティ管理・・・・・・・・・201
キャパシティプランニング・・・201
キャラクタスペシャルファイル
　・・・・・・・・・・・・・・・・・・・・・・・273
キャラクタ同期方式・・・・・・・412
キュー・・・・・・・・・・・・・・79,80,81
休止状態・・・・・・・・・・・・・241,283
強実体・・・・・・・・・・・・・・・・・・・295
共通演算・・・・・・・・・・・・・・・・・306
共通鍵暗号方式・・・・・・・439,440
共通機能分割・・・・・・・・・512,514
共通結合・・・・・・・・・・・・・・・・・516
共通脆弱性評価システム・・・470
共通フレーム・・・・492,497,637
業務流れ図・・・・・・・・・・・・・・・594
業務プロセスの可視化・・・・・598
業務モデル・・・・・・・592,593,639
強誘電体メモリ・・・・・・・・・・・151

763

INDEX

共有メモリ・・・・・・・・・・・・249
共有ライブラリ・・・・・・・・・267
共有ロック・・・・・・・・・・・・336
行列式・・・・・・・・・・・・・65,66
局所参照性・・・・・・・・・・・・263
局所変数・・・・・・・・・・・・・80
距離イメージセンサ・・・・・・・131
緊急保守・・・・・・・・・・・・・643

●く

クイックソート・・・・・95,96,100
空気圧式・・・・・・・・・・・・・131
空集合・・・・・・・・・・・・・・16
偶発故障期間・・・・・・・・・・・215
クエリストリング・・・・・・・・402
具象クラス・・・・・・・・・・・・509
クッキー・・・・・・・・・・・・・403
区分コード・・・・・・・・・・・・518
組・・・・・・・・・・・・・・・・296
組合せ・・・・・・・・・・・・・・46
組合せ論理回路・・・・・・・・・・120
クライアントサーバシステム
・・・・・・・・・・・・・・・・175
クライアント証明書・・・・・・・455
クラウドサービス・・・・・・・・600
クラウドソーシング・・・・・・・616
クラウドファンディング・・・616
クラス・・・・・・・・・・・・・・507
クラスA,B,C,D・・・・・・・・・390
クラス図・・・・・・・・・・・・・510
クラスタシステム・・・・・・・・185
クラスタソフトウェア・・・・・・195
クラスタ分析・・・・・・・・72,354
クラスタリング
・・・・・・・・・・67,72,92,185
クラスタリングシステム・・・・185
クラッシング・・・・・・・・・・554
グラフ・・・・・・・・・・・・40,42
グラフ指向型・・・・・・・・・・・355
グリッドコンピューティング
・・・・・・・・・・・・・・・・187
クリッピング・・・・・・・・・・276
クリティカルセクション・・・・249
クリティカルチェーン法・・・・555
クリティカルパス・・・・552,553
クリティカルパス法・・・550,554
グロースハック・・・・・・・・・610
グローバルIPアドレス・・・・391
グローバル変数・・・・・・・・・80
グローバル領域・・・・・・・・・516
クロスSWOT分析・・・・・・・606
クロス開発・・・・・・・・・・・264

クロスコンパイラ・・・・・・・・264
クロスサイトスクリプティング
・・・・・・・・・・・・・・・・465
クロック・・・・・・・・・・・・・148
クロックゲーティング・・・・・126
クロックサイクル時間・・・・・149
クロックサイクル数・・・・・・145
クロック周期・・・・・・・・・・149
クロック周波数・・・・・・・・・148
クロック発振器・・・・・・・・・149

●け

経験曲線・・・・・・・・・・・・・604
経済的発注量・・・・・・・・624,625
計算量・・・・・・・・・・・・89,93
形式言語(文法)・・・・・・・・32
形式手法・・・・・・・・・・・・・534
形式制約・・・・・・・・・・・・・323
継承・・・・・・・・・・・・・・・507
経常利益・・・・・・・・・・・・・635
計数セマフォ・・・・・・・・・・251
係数見積り・・・・・・・・・・・・557
継続的インテグレーション
・・・・・・・・・・・・・・・・495
系統図法・・・・・・・・・・・・・628
軽量プロセス・・・・・・・・・・254
経路・・・・・・・・・・・・・・・41
ゲートウェイ・・・・・・・・・・380
ゲーム理論・・・・・・・・・・・・620
桁落ち・・・・・・・・・・・・・・63
桁別コード・・・・・・・・・・・・532
結果整合性・・・・・・・・333,356
結合・・・289,308,309,317
結合テスト・・・・・・・・・・・525
結合の法則・・・・・・・・・・・・21
結束性・・・・・・・・・・・・・・516
決定木分析・・・・・・・・・・・・354
決定表・・・・・・・・・・・521,527
権威サーバ・・・・・・・・・・・406
原因結果グラフ・・・・・・519,520
原因の確率・・・・・・・・・・・・48
限界値分析・・・・・・・・519,520
限界利益(率)・・・・・・・・・633
減価償却・・・・・・・・・・・・・636
言語プロセッサ・・・・・・238,264
検査制約・・・・・・・・・・・・・324
検査特性曲線・・・・・・・・・・・629
原子性・・・・・・・・・・・・・・333
原始プログラム・・・・・・・・・264
現状評価基準・・・・・・・・・・・470
原像計算困難性・・・・・・445,489
現地調査法・・・・・・・・・・・・574

ケンドール記号・・・・・・・・・209
現物理モデル・・・・・・・・・・・501
現論理モデル・・・・・・・・・・・501

●こ

コア・・・・・・・・・・・・・・・145
コアコンピタンス・・・・・・・・602
行為規範・・・・・・・・・・571,572
公開鍵暗号方式・・・・・・440,450
公開鍵基盤・・・・・・・・・・・452
公開鍵証明書・・・・・・・・・・・452
交換の法則・・・・・・・・・・・・21
後行順・・・・・・・・・・・・38,85
後行順序木・・・・・・・・・・・・37
虹彩認証・・・・・・・・・・・・・447
交差データ・・・・・・・・・・・・295
更新時異常・・・・・・・・・・・・303
高水準言語・・・・・・・・・・・・264
構成管理・・・・・・・・・・・・・563
構成管理データベース・・・・・563
構成品目・・・・・・・・・・・・・563
構造化設計・・・・・・・・・・・・500
構造化分析(法)・・・・・500,505
構造ハザード・・・・・・・・・・・143
後退復帰・・・・・・・・・・・・・340
後置表記(法)・・・・・・・37,81
構文解析・・・・・・・・33,36,265
構文木・・・・・・・・・・・・・・36
構文規則・・・・・・・・・・・33,34
構文図・・・・・・・・・・・・35,36
構文チェッカ・・・・・・・・・・268
候補キー・・・・・・・298,299,324
コーズリレーテッドマーケティング
・・・・・・・・・・・・・・・・610
コードインスペクション・・・・533
コードオーディタ・・・・・・・・268
コード設計・・・・・・・・・・・・518
コードの共有所有・・・・・・・・495
コードレビュー・・・・・・・・・534
コールドサイト・・・・・・・・・182
コールドスタート・・・・・・・・342
コールドスタンバイ方式・・・・182
互換性・・・・・・・・・・・・・・642
顧客生涯価値・・・・・・・・・・・612
顧客ロイヤルティ・・・・・・・・612
誤検知・・・・・・・・・・・・・・461
誤差・・・・・・・・・・・・・・・63
誤差逆伝播法・・・・・・・・・・・68
誤差限界・・・・・・・・・・・・・63
故障発生数(率)・・・・・・・・217
故障率・・・・・・・・・・・217,224
故障率曲線・・・・・・・・・・・・215

INDEX

コスト効率指数・・・・・・・・・・561
コスト差異・・・・・・・・・・・・561
コストパフォーマンスベースライン
・・・・・・・・・・・・・・・・・・587
コストプラス価格設定・・・・・・609
コストベース・・・・・・・・・・・345
コストマネジメント・・・・・・・551
コストリーダシップ戦略・・・・602
固定区画方式・・・・・・・・・・・255
固定長方式・・・・・・・・・・・・258
固定費・・・・・・・・・・・・・・・632
固定比率・・・・・・・・・・・・・631
コデザイン・・・・・・・・・・・・496
コネクション型・・・・・・388,398
コネクションレス型・・・388,399
コヒーレンシ・・・・・・・・・・・154
個別プロジェクトマネジメント
・・・・・・・・・・・・・・・・・・596
コベリフィケーション・・・・・496
コマーシャルミックス・・・・・197
コミット・・・・・・・・・・・・・333
コミットメント制御・・・・・・・350
コミュニケーション図・・・・・511
コミュニティクラウド・・・・・601
コモディティ化・・・・・・・・・619
コモンクライテリア・・・・・・468
コラボレーション図・・・・・・511
コリジョン・・・・・・・・・376,384
コリジョンドメイン・・・・・・376
コンカレントエンジニアリング
・・・・・・・・・・・・・・・・・・496
コンカレント開発・・・・・・・・496
コンカレント処理・・・・・・・・243
コンソール割込み・・・・・・・・140
コンタクト管理・・・・・・・・・612
コンタクト履歴・・・・・・・・・612
コンティンジェンシ計画・・・・551
コンティンジェンシ予備・・・・551
コンティンジェンシ理論・・・・614
コンテキスト切替え・・・・・・・243
コンテキストダイアグラム・・501
コンテナ・・・・・・・・・・・・・195
コンデンサ・・・・・・・・・・・・150
コンテンツサーバ・・・・・・・・406
コントローラ層・・・・・・・・・179
コントロール転送・・・・・・・・161
コンバージョン率・・・・・・・・610
コンパイラ・・・・・・264,265,266
コンパイル・・・・・・・・・33,265
コンピテンシモデル・・・・・・614
コンピュータウイルス・・・・・456

コンピュータグラフィックス
・・・・・・・・・・・・・・・・・・276
ゴンペルツ曲線・・・・・・・・・528
コンポジション・・・・・・・・・510

●さ

サーキットレベルゲートウェイ型
・・・・・・・・・・・・・・・・・・458
サーバ仮想化・・・・・・・・・・・194
サーバコンソリデーション・・・194
サーバ証明書・・・・・・・454,455
サービスオペレーション・・・・569
サービスカタログ管理・・・・・563
サービス可用性管理・・・・・・568
サービス継続管理・・・・・・・568
サービス指向アーキテクチャ
・・・・・・・・・・・・・・・・・・601
サービスストラテジ・・・・・・569
サービスデザイン・・・・・・・・569
サービスデスク・・・・・・・・・570
サービストランジション・・・・569
サービスの計画・・・・・・・・・563
サービスの設計及び移行・・・・565
サービスの分布・・・・・・209,210
サービスの予算業務及び会計業務
・・・・・・・・・・・・・・・・・・564
サービスプログラム・・・・・・238
サービスプロフィットチェーン
・・・・・・・・・・・・・・・・・・612
サービスマネジメント・・・・・562
サービス要求管理・・・・・・・・567
サービスレベル管理・・・563,564
サービスレベル合意書・・・・・564
サーフェスモデル・・・・・・・・276
サーミスタ・・・・・・・・・・・・131
最悪適合アルゴリズム・・・・・256
再帰・・・・・・・・・・・・・・・・101
再帰関数・・・・・・・・・・・99,100
再帰的処理・・・・・・・・・・・・・80
再帰的定義・・・・・・・・・・・・・35
再帰的な問合せ・・・・・・・・・406
サイクリックグラフ・・・・・・・41
サイクロマチック数・・・・・・525
再使用可能・・・・・・・・・・・・101
最小値(最大値)選択法・・・・・94
最小二乗法・・・・・・・・・・・・・56
最初適合アルゴリズム・・・・・256
最早開始日・・・・・・・・・・・・552
最早結合点時刻・・・・・・・・・552
最大抽象出力点・・・・・・・・・512
最大抽象入力点・・・・・・・・・512
最短経路問題・・・・・・・・・・・45

最遅開始日・・・・・・・・・・・・553
最遅結合点時刻・・・・・・・・・553
最適化・・・・・・・・・・・265,266
最適適合アルゴリズム・・・・・256
サイドチャネル攻撃・・・・・・466
再入可能・・・・・・・・・・・・・101
サイバーレスキュー隊・・・・・470
再配置可能・・・・・102,136,137
最頻値・・・・・・・・・・・・・・・51
再編成・・・・・・・・・・・・・・・346
差演算・・・・・・・・・・・・・・・306
先入先出法・・・・・・・・・・・・634
差集合・・・・・・・・・・・・・・・16
サニタイジング・・・・・・・・・464
サブクラス・・・・・・・・・・・・508
サブネット・・・・・・・・・・・・392
サブネットアドレス・・・・・・392
サブネットマスク・・・・・・・・392
サブミッションポート・・・・・401
サプライチェーンマネジメント
・・・・・・・・・・・・・・・・・・613
サプリカント・・・・・・・443,449
差分バックアップ・・・・・339,340
差分プログラミング・・・・・・507
差別価格法・・・・・・・・・・・・609
差別化戦略・・・・・・・・602,603
算術木・・・・・・・・・・・・・・・36
算術論理演算装置・・・・・・・・134
参照制約・・・299,322,324,325
参照動作・・・・・・・・・・・・・323
参照呼出し・・・・・・・・・・・・102
三点見積法・・・・・・・・550,557
サンドボックス・・・・・・・・・457
散布図・・・・・・・・・・・・55,627
サンプリング・・・・・・・・・・・28
サンプリング周期・・・・・・・・28
サンプリング周波数・・・・・・・28

●し

シーケンスコード・・・・・・・518
シーケンス図・・・・・・・・・・511
シーケンス制御・・・・・・・・・130
シーケンス番号・・・・・・・・・398
シェアードエブリシング・・・・186
シェアードナッシング・・・・・186
シェアリングエコノミー・・・・616
シェーディング・・・・・・・・・276
ジェネレータ・・・・・・・・・・264
シェル・・・・・・・・・・・・・・274
シェルソート・・・・・・・・・・94
支援活動・・・・・・・・・・・・・607
時間的強度・・・・・・・・・・・・517

765

INDEX

時間的局所性・・・・・・・・・・・155
事業影響度分析・・・・・・・・・569
事業継続管理・・・・・・・・・・568
事業継続計画・・・・・・・・・・568
字句解析・・・・・・・・・33,265
字句規則・・・・・・・・・・・・・33
シグネチャ・・・・・・・・・・・457
シグネチャ方式・・・・・・・・・461
資源グラフ・・・・・・・・・・・253
次元削減・・・・・・・・・・・・67
資源平準化・・・・・・・・・・・554
思考発話法・・・・・・・・・・・644
時刻印アルゴリズム・・・・・・・337
時刻同期方式・・・・・・・・・・446
自己結合・・・・・・・・・・・・318
自己資本・・・・・・・・・・・・631
自己資本比率・・・・・・・・・・631
自己資本利益率・・・・・・・・・630
自己伝染機能・・・・・・・・・・456
自己ループ・・・・・・・・・・・42
資材所要量計画・・・・・・・・・625
資産管理・・・・・・・・・・・・563
事象応答分析・・・・・・・・・・503
辞書攻撃・・・・・・・・・・・・444
指数分布・・・・・・53,209,210
指数平滑法・・・・・・・・・・・624
システムLSI・・・・・・・・・・125
システム化計画の立案・・・・・・639
システム化構想の立案・・・・・・638
システム監査・・・・・・・571,573
システム監査基準・・・・・・571,572
システム管理基準・・・・・・571,595
システム結合テスト・・・・498,527
システム検証テスト・・・・・・・527
システム障害・・・・・・・338,341
システム適格性確認テスト
・・・・・・・・・・・・・498,527
システムテスト・・・・・・・・・498
システム統合テスト・・・・・・・527
システムの移行方式・・・・・・・566
システム方式設計・・・・・・・・498
システム要件定義・・・・・・・・498
自然結合・・・・・・・・・・・・308
自然対数の底・・・・・・・・・・53
下請代金支払遅延等防止法
・・・・・・・・・・・・・・・646
実アドレス・・・・・・・・・・・259
実アドレス空間・・・・・・・・・255
実験計画法・・・・・・・・519,521
実効アクセス時間・・・・・・・・153
実コスト・・・・・・・・・・・・560
実勢価格設定・・・・・・・・・・609

実体・・・・・・・・・・・・・・294
実引数・・・・・・・・・・・・・268
自動制御・・・・・・・・・・・・130
自動変数・・・・・・・・・・・・103
シナジー効果・・・・・・・・・・606
死の谷・・・・・・・・・・・・・619
シノニム・・・・・・・・・・90,91
指標アドレス指定方式・・・・・・137
時分割多重・・・・・・・・・・・385
次ヘッダ・・・・・・・・・395,396
資本コスト・・・・・・・・・・・730
資本利益率・・・・・・・・・・・630
シミュレーション・・・・・・・・200
シミュレータ・・・・・・・・・・265
自明な関数従属性・・・・・・・・300
指紋認証・・・・・・・・・・・・447
ジャーナルファイル・・・・・・・339
ジャイロセンサ・・・・・・・・・131
射影・・・・・・・・・・・・・・307
弱実体・・・・・・・・・・・・・295
ジャクソン法・・・・・・・512,514
ジャストインタイム・・・・・・・617
重回帰分析・・・・・・・・・・・58
収穫戦略・・・・・・・・・・・・608
集合・・・・・・・・・・・・・・16
集合演算・・・・・・・・・21,306
集合関数(集約関数)・・・・・・・317
集合の要素数・・・・・・・・・・17
従属事象・・・・・・・・・・・・48
集中管理方式・・・・・・・・・・348
集中処理システム・・・・・172,173
集中戦略・・・・・・・・・602,603
重複透過性・・・・・・・・・・・349
集約・・・・・・・・・・・508,510
集約－分解関係・・・・・・・・・508
主活動・・・・・・・・・・・・・607
主キー・・・・・・・・・298,324
主キー制約・・・・・・・・・・・298
主記憶装置・・・・・・・・150,152
縮退運転・・・・・・・・・・・・183
主成分分析・・・・・・・・・67,73
需要価格設定・・・・・・・・・・609
需要管理・・・・・・・・・・・・564
準委任契約・・・・・・・・・・・648
巡回冗長検査・・・・・・・・・・410
瞬間観測法・・・・・・・・・・・732
循環リスト・・・・・・・・・・・76
順次移行方式・・・・・・・・・・566
順序(論理)回路・・・・・・120,124
順序木・・・・・・・・・・・・・97
順序機械・・・・・・・・・・・・29
純粋リスク・・・・・・・・・・・467

順番コード・・・・・・・・・・・518
準本番環境・・・・・・・・・・・566
順列・・・・・・・・・・・・・・46
商・・・・・・・・・・・・・・・310
障害回復テスト・・・・・・・・・527
障害透過性・・・・・・・・・・・349
障害透明性・・・・・・・・・・・349
障害に対する透過性・・・・・・・347
条件付き確率・・・・・・・・・・48
条件文・・・・・・・・・18,19,20
条件網羅・・・・・・519,522,523
上昇型構文解析法・・・・・・・・36
使用性・・・・・・・・・・642,644
状態遷移関数・・・・・・・・・・30
状態遷移図(表)・・・・・・・・・503
状態マシン図・・・・・・・・・・511
衝突・・・・・・・・・・・・・・90
衝突発見困難性・・・・・・・・・489
消費者危険・・・・・・・・・・・629
消費者行動モデル・・・・・・・・609
情報隠ぺい・・・・・・・・・・・506
情報落ち・・・・・・・・・・・・63
情報系システム・・・・・・・・・352
情報源・・・・・・・・・・・・・25
情報源符号化・・・・・・・・・・25
情報システム・モデル取引・契約書
・・・・・・・・・・・・・・・641
情報システム化基本計画・・・・・592
情報システム化計画・・・・・・・592
情報システム戦略委員会・・・・・595
情報セキュリティ管理基準
・・・・・・・・・・・・・・・571
情報セキュリティポリシ・・・・・469
情報戦略・・・・・・・・・・・・592
情報提供依頼書・・・・・・・・・641
情報的強度・・・・・・・・・・・517
情報表現規約・・・・・・・・・・615
情報量・・・・・・・・・・・・・23
正味現在価値法・・・・・・・・・597
証明書失効リスト・・・・・・・・453
初期故障期間・・・・・・・・・・215
ジョブ・・・・・・・・・・・・・239
ジョブ管理・・・・・・・・・・・239
ジョブスケジューラ・・・・・・・239
ジョブ制御言語・・・・・・・・・239
処理時間順方式・・・・・・・・・246
シリアリリユーザブル・・・・・・101
シリアルATA・・・・・・・・・・162
シリアルインタフェース・・・・・161
新QC七つ道具・・・・・・・・・628
進化的モデル・・・・・・・・・・493

766

INDEX

シンクライアント端末
・・・・・・・・・・・・・・172,174
シングルサインオン・・・・・・・446
人工知能・・・・・・・・・・・・・・67
深層学習・・・・・・・・・・・・・・68
進捗率・・・・・・・・・・・・・・556
浸透価格戦略・・・・・・・・・・・608
深度バッファ・・・・・・・・・・・276
侵入検知システム・・・・・・・・461
侵入防止システム・・・・・・・・461
シンプソン法・・・・・・・・・・・62
新物理モデル・・・・・・・・・・・501
真部分集合・・・・・・・・16,300
シンプレックス法・・・・・622,623
シンプロビジョニング・・・・・・193
信頼性・・・・・・・・・・214,642
信頼度成長曲線・・・・・・・・・・528
真理値表・・・・・・・・・・・・・121
新論理モデル・・・・・・・・・・・501
親和図法・・・・・・・・・・・・・628

●す

推移確率・・・・・・・・・・49,621
推移行列・・・・・・・・・・49,621
推移的関数従属・・・・・・301,304
推移律・・・・・・・・・・・・・・301
垂直型多角化・・・・・・・・・・・606
垂直機能分散・・・・・・・174,175
垂直スケール・・・・・・・・・・・202
垂直分割・・・・・・・・・・・・・347
スイッチングハブ・・・・・・・・377
水平型多角化・・・・・・・・・・・606
水平機能分散・・・・・・・・・・・174
水平垂直パリティチェック・・・411
水平スケール・・・・・・・・・・・202
水平負荷分散・・・・・・・・・・・174
水平分割・・・・・・・・・・・・・347
推論律・・・・・・・・・・・・・・301
数値積分・・・・・・・・・・・・・62
スーパーネット化・・・・・・・・393
スーパーキー・・・・・・・・・・・298
スーパクラス・・・・・・・・・・・508
スーパコンピュータ・・・・・・・146
スーパスカラ・・・・・・・・・・・144
スーパバイザコール・・・140,240
スーパバイザプログラム・・・・239
スーパパイプライン方式・・・・141
スキーマ・・・・・・・・・292,329
スキミングプライシング・・・・608
スキャンベンジング・・・・・・・466
スクラム・・・・・・・・・・・・・494
スクラムチーム・・・・・・・・・540

スクラムマスタ・・・・・・・・・540
スクリプト言語・・・・・・・・・105
スケーラビリティ・・・・・・・・202
スケールアウト・・・・・・・・・202
スケールアップ・・・・・・・・・202
スケールイン・・・・・・・・・・・202
スケールメリット・・・・・・・・607
スケジューリング方式・・・・・244
スケジュール効率指数・・・・・561
スケジュール差異・・・・・・・・561
スケジュールマネジメント
・・・・・・・・・・・・・・・・・・550
スコープ・・・・・・・・・・・・・549
スコープのコントロール・・・549
スコープの定義・・・・・・・・・549
スコープの変更・・・・・・・・・549
スコープマネジメント・・・・・549
スタースキーマ・・・・・・353,354
スタック・・・・・・・80,81,101
スタックポインタ・・・・・・・・134
スタティック電力・・・・・・・・127
スタティックルーティング・・・378
スタブ・・・・・・・・・・・・・・526
スタベーション・・・・・・・・・245
スタンドアップミーティング
・・・・・・・・・・・・・・・・・・494
スタンバイデータベース・・・181
スタンプ結合・・・・・・・・・・・516
ステークホルダ・・・・・・・・・548
ステートチャート図・・・・・・511
ステートマシン図・・・・・・・511
ステッピングモータ・・・・・・131
ステルス機能・・・・・・・・・・・418
ストアドプログラム方式・・・135
ストアドプロシージャ・・・・・178
ストライピング・・・・・・・・・188
ストリーミング方式・・・・・・159
ストリーム暗号・・・・・・・・・440
ストレージ階層化・・・・・・・・193
ストレージ仮想化・・・・・・・・193
ストレージ自動階層化・・・・・193
スナップショット・・・・269,350
スニッフィング・・・・・・・・・444
スヌープ方式・・・・・・・・・・・156
スパイラルモデル・・・・・・・・493
スパニングツリー・・・・・・・・377
スパニングツリープロトコル
・・・・・・・・・・・・・・・・・・377
スパムメール・・・・・・・・・・・466
スプーリング・・・・・・・・・・・239
スプリント・・・・・・・・・・・・494
スプリントバックログ・・・・・494

スプリントプランニング・・・・494
スプリントレトロスペクティブ
・・・・・・・・・・・・・・・・・・494
スプリントレビュー・・・・・・494
スペシャルファイル・・・・・・273
スマーフ攻撃・・・・・・・・・・・465
スミッシング・・・・・・・・・・・464
スライス・・・・・・・・・・・・・353
スラック変数・・・・・・・・・・・622
スラッシング・・・・・・・・・・・263
スループット・・・・141,196,239
スレッド・・・106,243,253,254
スワッピング・・・・・・・・・・・258
スワップ・・・・・・・・・・・・・258
スワップアウト・・・・・・・・・258
スワップイン・・・・・・・・・・・258

●せ

正規化・・・・・・・・・・302,305
正規言語・・・・・・・・・・・・・31
正規式・・・・・・・・・・・・・・38
正規表現・・・・・・31,33,38,39
正規分布・・・・・・・・・・53,54
正規方程式・・・・・・・・・・・・56
制御結合・・・・・・・・・・・・・516
制御スタック・・・・・・・・・・・80
制御装置・・・・・・・・・・・・・134
制御ハザード・・・・・・・・・・・142
制御パステスト・・・・・・・・・524
制御フロー図・・・・・・・・・・・500
制御プログラム・・・・・・・・・238
生産者危険・・・・・・・・・・・・629
製造物責任法・・・・・・・・・・・646
正則行列・・・・・・・・・・・・・64
正則グラフ・・・・・・・・・・・・42
生存時間・・・・・・・・・388,389
静的SQL・・・・・・・・・・・・330
静的解析(テスト)ツール・・・・268
静的変数・・・・・・・・・・・・・103
静的優先順位方式・・・・・・・・245
静的ライブラリ・・・・・・・・・267
性能効率性・・・・・・・・・・・・642
性能テスト・・・・・・・・・・・・527
性能透過性・・・・・・・・・・・・349
製品品質モデル・・・・・・・・・642
声紋認証・・・・・・・・・・・・・447
制約条件・・・・・・・・・・・・・622
責任分担表・・・・・・・・・・・・585
セキュアハッシュ関数・・・・・445
セキュリティ・・・・・・463,642
セキュリティパッチ・・・・・・457
セキュリティホール・・・・・・456

767

INDEX

セキュリティホール攻撃····463
積和演算·············132
セグメント············257
セグメント方式··········259
セション層········372,373
是正処置············562
是正保守············643
接続列·············43
絶対アドレス指定方式·····137
絶対誤差············63
絶対パス名···········272
折衷テスト···········526
セットアソシアティブ方式···157
ゼネラルセマフォ········251
セマフォ·······102,250,251
セミジョイン法·········348
セルフ開発···········264
セルフコンパイラ········264
セレクタチャネル方式·····160
ゼロインサーション······412
ゼロデイ攻撃··········457
全加算器············123
漸化式·············99
線形回帰··········55,67
線形逆補間法··········61
線形計画法···········622
線形探索法·········89,90
線形リスト·········43,76
先行順·············85
センサネットワーク···126,162
前進復帰············339
全体最適化···········594
選択··············307
潜伏機能············456
全方位戦略···········603
専有(占有)ロック·······336
戦略マネジメント········596

●そ

総当たり攻撃··········444
増加テスト···········525
増加律·············301
相関係数············57
相関図·············627
相関副問合せ··········320
相関名·············318
操作性テスト··········527
送信ドメイン認証········466
相対アドレス指定方式·····137
相対誤差············63
相対誤差の限界·········63
相対パス名···········272

増分バックアップ········339
総平均法············634
層別管理············628
相変化メモリ··········151
双方向リスト(リンク)······76
ソーシャルエンジニアリング
···············466
ソースコード管理ツール····270
ソート·············94
ソートマージ結合·······349
ゾーン·············406
即時処理············247
属性············294,296
即値アドレス指定方式·····137
疎結合マルチプロセッサ····147
ソケット············274
外結合··········309,311
ソフトウェア開発モデル····492
ソフトウェア結合テスト····498
ソフトウェアコンポーネント
···············498
ソフトウェア詳細設計·····498
ソフトウェア適格性確認テスト
···············498
ソフトウェア統合テスト····525
ソフトウェアバンドル·····275
ソフトウェア方式設計·····498
ソフトウェアモニタ······199
ソフトウェアユニット·····498
ソフトウェアユニットのテスト
···············498
ソフトウェア要件定義·····498
ソフトウェアライフサイクル
···············492
ソリューション·········600
損益計算書···········630
損益分岐点···········632
損益分岐点売上高·······632

●た

ダーウィンの海·········619
ダークネット·······389,725
ターゲットリターン価格設定
···············609
ダーティリード······334,337
ターミネータ··········239
ターンアラウンドタイム····196
第1正規化(第1正規形)····302
第2正規化(第2正規形)····304
第3正規化(第3正規形)
··············304,305
第4正規形,第5正規形······305

耐久性·············333
耐久テスト···········527
対偶命題············20
ダイクストラ法·········45
台形公式············62
台形則·············62
体現ビュー···········327
退行テスト···········527
貸借対照表···········631
対称型マルチプロセッシング
···············146
対称差···········16,17
ダイス·············353
対数··············23
代替キー············298
耐タンパ性···········466
ダイナミック電力·······126
ダイナミックルーティング···378
代表値·············51
タイマ割込み··········140
タイミング攻撃·········466
タイムクウォンタム···244,245
タイムシェアリングシステム
···············245
タイムスライス方式······244
タイムスロット·········385
タイムボックス·········494
タイムマネジメント······550
代用のキー···········299
代理キー············298
ダイレクトマッピング方式···156
ダイレクトマップ方式·····156
楕円曲線暗号··········441
多角化戦略···········606
タグVLAN···········383
多元回帰分析··········58
多次元データベース······352
多重グラフ···········42
多重継承············507
多重度·············510
多重待ち行列方式·······246
多重割込み···········140
タスク··········241,637
タスク管理········239,241
タスクの状態遷移·····241,242
タスクボード·······555,556
多相性·············509
多層パーセプトロン······68
多段階契約···········641
多値従属············300
棚卸資産············634
多版同時実行制御·····334,337

768

INDEX

タブル・・・・・・・・・・・・・・・・・296
ダブルビン法・・・・・・・・・・・・623
多分木・・・・・・・・・・・・・82,87
多変量解析・・・・・・・・・・・・628
多様性・・・・・・・・・・・・・・・509
多要素認証・・・・・・・・・・・・447
単位行列・・・・・・・・・・・・・・64
単一化・・・・・・・・・・・・・・・104
単一障害点・・・・・・・・・・・・358
単一連続割当て方式・・・・・・・255
単回帰分析・・・・・・・・・・・・・55
段階の取扱い・・・・・・・・・・・567
段階的モデル・・・・・・・・・・・493
探索木・・・・・・・・・・・・・・・84
探索的テスト・・・・・・・・・・・527
単純グラフ・・・・・・・・・・・・・42
単純選択法・・・・・・・・・・・・・94
単純挿入法・・・・・・・・・94,96
単相関係数・・・・・・・・・・・・・58
単体テスト・・・・・・・・・・・・498
ダンプスターダイビング・・・・466
単方向リスト・・・・・・・・・・・76

●ち

地域分散構成・・・・・・・・・・・182
チェイン法・・・・・・・・・・・・・92
チェックサム・・・・・・・・398,399
チェックシート・・・・・・・・・・628
チェックポイント・・・・・・・・・341
チェックポイントリスタート
・・・・・・・・・・・・・・・・・・342
チェンジマネジメント・・・・・・607
遅延スロット・・・・・・・・・・・142
遅延分岐・・・・・・・・・・・・・142
知覚価値法・・・・・・・・・・・・609
逐次再使用可能・・・・・・・・・101
逐次添加法・・・・・・・・・・・・・95
知識ベース・・・・・・・・・・・・105
チップセレクト・・・・・・・169,170
チャネル・・・・・・・・・・・159,420
チャネルアドレス語・・・・・・・160
チャネル指令語・・・・・・・・・159
チャネル制御方式・・・・・・・・159
チャネルボンディング
・・・・・・・・・・・・・・・417,420
チャレンジハンドシェイク認証プロトコル
・・・・・・・・・・・・・・・・・・448
チャレンジャ戦略・・・・・・・・603
チャレンジレスポンス認証
・・・・・・・・・・・・・・・・・・444
中央サービスデスク・・・・・・・570
中央値・・・・・・・・・・・・・・・51

中間語・・・・・・・・・・・・・・・36
中間コード・・・・・・・・・36,265
中間者攻撃・・・・・・・・403,465
中間順・・・・・・・・・・・・・・・85
抽象クラス・・・・・・・・・・・・509
抽象メソッド・・・・・・・・・・・509
チューニング・・・・・・・・・・・199
チューリング機械(マシン)・・・31
朝会・・・・・・・・・・・・・・・・494
調歩同期方式・・・・・・・・・・・412
直積演算・・・・・・・・・・・・・307
直積表・・・・・・・・・・・・・・・307
直接アドレス指定方式
・・・・・・・・・・・・・・・136,137
直接制御方式・・・・・・・・・・・159
直列可能性・・・・・・・・・・・・333
著作権法・・・・・・・・・・・・・647
直交表・・・・・・・・・・・・・・・521

●つ

ツイストペアケーブル・・・・・・387
追跡プログラム・・・・・・・・・268
通信路符号化・・・・・・・・・・・25

●て

ティアダウン・・・・・・・・・・・609
提案依頼書・・・・・・・・・・・・641
ディープニューラルネットワーク
・・・・・・・・・・・・・・・・・・68
ディープラーニング・・・・・66,68
定額法・・・・・・・・・・・・・・・636
定義域・・・・・・・・・・・・・・・297
定期発注方式・・・・・・・・623,624
逓減課金方式・・・・・・・・・・・564
ディザスタリカバリ・・・・・・・182
ディザリング・・・・・・・・・・・276
デイジーチェーン・・・・・・・・162
ディジタルシグナルプロセッサ
・・・・・・・・・・・・・・・・・・132
ディジタル証明書・・・・・452,453
ディジタル署名・・・・・・450,451
ディジタルツイン・・・・・・・・618
ディジタル通貨・・・・・・・・・615
ディジタルフィルタ・・・・・・・132
ディジタルフォレンジックス
・・・・・・・・・・・・・・・・・・467
定常業務・・・・・・・・・・・・・546
定数の畳込み・・・・・・・・・・・266
ディスクアレイ・・・・・・・・・188
ディスクキャッシュ・・・・・・・152
ディスタンスベクタ型・・・・・・379
ディストリビュータ・・・・・・・275

ディスパッチ・・・・・・・・・・・242
定性的評価・・・・・・・・・・・・467
ディメンションテーブル・・・・354
デイリースクラム・・・・・・・・494
定率法・・・・・・・・・・・・・・・636
定量的評価・・・・・・・・・・・・467
定量発注方式・・・・・・・・・・・624
ディレクトリ・・・・・・・・・・・273
ディレクトリサービス・・・・・・408
ディレクトリトラバーサル攻撃
・・・・・・・・・・・・・・・464,727
ディレクトリファイル・・・・・・273
データウェアハウス・・・186,352
データ管理者・・・・・・・・・・・346
データキャッシュ・・・・・・・・152
データクレンジング・・・・・・・352
データ結合・・・・・・・・・・・・516
データコンバータ・・・・・・・・128
データサイエンティスト・・・・356
データ中心アプローチ・・・・・・502
データ中心設計・・・・・・・・・502
データディクショナリ
・・・・・・・・270,348,500,501
データディクショナリ/ディレクトリ
・・・・・・・・・・・・・・・・・・348
データハザード・・・・・・・・・143
データフローテスト・・・・・・・524
データ分析・・・・・・・・・・・・290
データベースアクセス層・・・・176
データベース管理者・・・・・・・346
データマート・・・・・・・・・・・352
データマイニング・・・・・・・・354
データモデル・・・・・・・290,593
データモデルに対する透過性
・・・・・・・・・・・・・・・・・・347
データリンク層
・・・・・・・・372,373,376,386
データレイク・・・・・・・・・・・356
デーモン・・・・・・・・・・・・・275
デーモンプロセス・・・・・・・・275
適応保守・・・・・・・・・・・・・643
デキュー・・・・・・・・・・・・・80
テクスチャマッピング・・・・・・276
テクニカルプロセス・・・・・・・638
デザインレビュー・・・・・・・・534
デシジョンテーブル・・・521,527
手順的強度・・・・・・・・・・・・517
デスクトップ仮想化・・・・・・・174
テストカバレージツール
・・・・・・・・・・・・・・269,522
テスト駆動開発・・・・・・・・・495
テストデータ生成ツール・・・・269

769

INDEX

テストデータ法・・・・・・・・・574
テストベッドツール・・・・・・269
手続・・・・・・・・・・・・・・・・102
手続型言語・・・・・・・・・・・104
デッドラインスケジューリング方式
・・・・・・・・・・・・・・・・・・247
デッドロック・・・・252,253,335
デバイスドライバ・・・・238,239
デフォルトゲートウェイ・・・・378
デフォルト制約・・・・・・321,324
デマルコ・・・・・・・・・500,505
デマンドページング・・・・・・260
デュアルシステム・・・・・・・180
デューティ比・・・・・・・・・131
デュプレックスシステム
・・・・・・・・・・・・・181,185
デルファイ法・・・・・・・・・560
電子署名法・・・・・・・・・647
伝搬・・・・・・・・・・・・・・509
テンペスト技術・・・・・・・・466

●と

ド・モルガンの法則・・・・21,121
透過性・・・・・・・・・347,349
投機実行・・・・・・・・・・・142
当期純利益・・・・・・・・・635
同期制御・・・・・・・・247,412
投機リスク・・・・・・・・・467
等結合・・・・・・・・・308,317
統合開発環境・・・・・・・・270
統合変更管理・・・・・・・・549
統合マネジメント・・・・・・・549
同時確率・・・・・・・・・・・47
同時実行制御・・・・・・・・334
導出表・・・・・・・・・307,313
投資利益率・・・・・・・・・630
同値クラス・・・・・・・・・519
同値分析(同値分割)・・・・・・519
到着順方式・・・・・・・・・244
到着の分布・・・・・・・209,210
動的SQL・・・・・・・・・・330
動的アドレス変換・・・・・・・259
動的解析(テスト)ツール・・・・268
動的再配置・・・・・・・・・256
動的ヒューリスティック法・・・457
動的優先順位方式・・・・・・・245
動的ライブラリ・・・・・・・267
導入テスト・・・・・・・・・566
等比数列・・・・・・・・・・83
トークン・・・・・・・・32,265
トークンバス方式・・・・・・・385
トークンパッシング方式・・・・385

トークンリング方式・・・・・・385
トートロジー・・・・・・・・・19
ドキュメント指向型・・・・・・355
特殊ファイル・・・・・・・・273
特性要因図・・・・・・・・・628
独立・・・・・・・・・・・・・47
独立エンティティ・・・・・・・295
独立事象・・・・・・・・・・47
独立性・・・・・・・・333,515
特化・・・・・・・・・・・・508
特権モード・・・・・・・・・240
突合・照合法・・・・・・・・574
トップダウンアプローチ・・・291
トップダウンテスト・・・・・・526
トポロジカル順序・・・・・・・41
ドメイン・・・・・・・・・・297
ドメインエンジニアリング・・497
ドメイン制約・・・・・・・・323
ドメイン名・・・・・・・・・405
ドライバ・・・・・・・・525,526
ドライブバイダウンロード攻撃
・・・・・・・・・・・・・・・466
トラフィック密度・・・・・・・204
トランザクション・・・・312,333
トランザクション障害
・・・・・・・・・・・・338,340
トランジション・・・・・・・504
トランスポート層
・・・・・・・372,373,398,399
トランスポートモード・・・・・462
トリガ・・・・・・・・244,326
ドリルダウン・・・・・・・・353
トレーサ・・・・・・・・・・268
トレンドチャート・・・・・・・556
トロイの木馬・・・・・・・・456
トンネリング手法・・・・・・・462
トンネルモード・・・・・・・462

●な

内部クロック・・・・・・・・148
内部クロック発生器・・・・・・149
内部スキーマ・・・・・・・・293
内部フラグメンテーション・・・255
内部割込み・・・・・・・・・140
内容結合・・・・・・・・・・516
七つの原則・・・・・・・・・495
ナレッジマネジメント・・・・・613
ナンス値・・・・・・・・357,358

●に

二項分布・・・・・・・・・・53
二棚法・・・・・・・・・・・623

ニッチ戦略・・・・・・・・・603
ニッチャ・・・・・・・・・・603
二分挿入法・・・・・・・・・96
二分法・・・・・・・・・・・60
ニモニックコード・・・・・・・518
入出力割込み・・・・・・・・140
ニュートン法・・・・・・・・61
ニューラルネットワーク
・・・・・・・・・・・・・68,354
認証局・・・・・・・・452,455
認証サーバ・・・・・・・443,449
認証ヘッダ・・・・・・・・・462
認知的ウォークスルー法・・・・644

●ぬ

抜取検査・・・・・・・・・・629

●ね

ネットワークアドレス・・・・・391
ネットワークアドレス部・・・・390
ネットワークインタフェース層
・・・・・・・・・・・・・・・373
ネットワーク型IDS・・・・・・461
ネットワーク型データベース
・・・・・・・・・・・・・・・288
ネットワーク層
・・・・・・372,373,378,388
ネットワーク透過性・・・・・・349
ネットワークバイトオーダ・・・138

●の

能力成熟度モデル統合・・・・・499
ノンプリエンプション方式・・・244
ノンプリエンプティブ・・・・・246
ノンマスカブル割込み
・・・・・・・・・・・・138,140

●は

バーコード・・・・・・・・・645
バージョン管理ツール・・・・・270
バースト誤り・・・・・・・・410
パーセプトロン・・・・・・・68
バーチャルサービスデスク・・・570
パーティション方式・・・・・・255
ハードウェア記述言語・・・・・125
ハードウェアモニタ・・・・・・200
ハードリアルタイムシステム
・・・・・・・・・・・・・・・247
パーミッション・・・・・・・240
バーンダウンチャート・・・・・555
バイオメトリクス認証・・・・・447
配線論理・・・・・・・・・133

770

媒体障害・・・・・・・・・・・338,339
排他制御・・・・・・・・・・・249,250
排他的論理和・・・・・・17,21,122
排他的論理和素子・・・・・120,123
配置配線・・・・・・・・・・・・・・・125
バイトオーダ・・・・・・・・・・・138
バイト順序・・・・・・・・・137,138
バイナリセマフォ・・・・・・・・・250
ハイパバイザ・・・・・・・・・・・194
ハイパフォーマンスクラスタ
・・・・・・・・・・・・・・・・・185,187
ハイパフォーマンスコンピューティング
・・・・・・・・・・・・・・・・・・・・・187
排反・・・・・・・・・・・・・・・・・・・47
パイプ・・・・・・・・・・・・・249,274
ハイプ曲線(サイクル)・・・・・・619
パイプライン処理
・・・・・・・・・・・・・133,141,143
パイプラインの深さ・・・・・・・143
パイプラインハザード・・・・・・142
パイプラインピッチ・・・・・・・143
ハイブリッドクラウド・・・・・・601
ハイブリッド方式・・・・・・・・441
バイラルマーケティング・・・・610
パイロット移行方式・・・・・・・566
バインド機構・・・・・・・・・・・464
ハウジングサービス・・・・・・・601
掃き出し法・・・・・・・・・・65,66
バグ埋込み法・・・・・・・・・・・530
バグ管理図・・・・・・・・・・・・・529
バグ曲線・・・・・・・・・・・・・・528
パケット・・・・・・・・374,414,416
パケット交換方式・・・・・374,414
パケットフィルタリング型・・・458
派遣・・・・・・・・・・・・・・・・・648
ハザード・・・・・・・・・・・・・・142
はさみうち法・・・・・・・・・・・61
パスアラウンド・・・・・・・・・・534
バスクロック・・・・・・・・・・・148
バススヌープ・・・・・・・・・・・156
バスタブ曲線・・・・・・・・・・・215
バスパワー・・・・・・・・・・・・・162
パス名・・・・・・・・・・・・・・・・272
パスワード・・・・・・・・・・・・・444
パスワードクラック・・・・・・・444
パスワード認証・・・・・・・・・・444
パスワードリスト攻撃・・・・・・466
派生開発・・・・・・・・・・・・・・541
派生クラス・・・・・・・・・・・・・507
パターンファイル・・・・・・・・457
バックアップサイト・・・・・・・182
バックアップファイル・・・・・339

バックドア・・・・・・・・・・・・・456
バックトラック・・・・・・・・・104
バックプロパゲーション・・・・・68
パッシブ方式・・・・・・・・・・・617
ハッシュインデックス・・・・・・344
ハッシュ関数
・・・・・・・・・・・90,445,451,489
ハッシュ結合・・・・・・・・・・・349
ハッシュセミジョイン法・・・・349
ハッシュ値・・・・・・・・・90,445
ハッシュ分割方式・・・・・・・・346
ハッシュ法・・・・・・・・・・・・・90
発注点・・・・・・・・・・・・・・・624
発注点方式・・・・・・・・・・・・624
発病機能・・・・・・・・・・・・・・456
バッファオーバフロー攻撃・・・464
ハニーポット・・・・・・・・・・・461
幅優先順・・・・・・・・・・・・・・84
幅優先探索・・・・・・・・・・81,84
ハブ・・・・・・・・・・・・・・・・・376
ハフマン木・・・・・・・・・・・・・26
ハフマン符号化・・・・・・・25,26
パブリッククラウド・・・・・・・601
バブルソート・・・・・・・・・・・94
ハミルトングラフ(閉路)・・・・42
ハミング符号
・・・・・・・・・25,189,410,411
パラメトリック見積り・・・・・・557
パラレルATA・・・・・・・・・・・162
パラレルインタフェース・・・・161
バランス木・・・・・・・・・・・・・87
バランスシート・・・・・・・・・・631
バランススコアカード・・・・・・611
パリティチェック・・・・・25,410
バリューチェーン分析・・・・・・607
バルクストリーム転送・・・・・・161
バルク転送・・・・・・・・・・・・・161
パルス符号変調・・・・・・・・・・28
パレート図・・・・・・・・・・・・・626
パレートの法則・・・・・・・・・・626
パワーゲーティング・・・・・・・127
範囲の経済・・・・・・・・・・・・・607
汎化・・・・・・・・・・・・・508,510
半加算器・・・・・・・・・・・・・・122
汎化―特化関係・・・・・・・・・・508
パンくずリスト・・・・・・・・・・643
反射律・・・・・・・・・・・・・・・・301
搬送波感知多重アクセス／衝突回避
・・・・・・・・・・・・・・・・・・・・・419
搬送波感知多重アクセス／衝突検出
・・・・・・・・・・・・・・・・・・・・・384

判定条件／条件網
・・・・・・・・・・・・・・・519,522,523
判定条件網羅・・・・519,522,523
番兵法・・・・・・・・・・・・・・・・89
判別分析・・・・・・・・・・・・・・・72
汎用レジスタ・・・・・・・・・・・134

●ひ

ピアレビュー・・・・・・・・・・・532
ヒープ・・・・・・・・・・・97,98,103
ヒープソート・・・・・・・・・95,97
ヒープ領域・・・・・・・・・・・・・77
非可逆符号化方式・・・・・・・・645
非機能要件・・・・・・・・・・・・・640
ビジネスインパクト分析
・・・・・・・・・・・・・・・・・568,569
ビジネスプロセス・・・・・・・・593
ビジネスモデルキャンバス・・・611
ビジネスルール管理システム
・・・・・・・・・・・・・・・・・・・・・599
ヒストグラム・・・・・・・・・・・628
ひずみゲージ・・・・・・・・・・・131
非正規化・・・・・・・・・・・・・・305
非正規形・・・・・・・・・・・・・・302
非増加テスト・・・・・・・・・・・525
非対称型マルチプロセッシング
・・・・・・・・・・・・・・・・・・・・・146
左外結合・・・・・・・・・・・309,311
ビッグエンディアン・・・・・・・138
ビッグデータ・・・・・・・・・・・355
ビッグバンテスト・・・・・・・・525
ビット誤り率・・・・・・・・・・・724
ビットの反転・・・・・・・・・・・・21
ビットマップインデックス・・・344
ヒット率・・・・・・・・・・・・・・153
否定論理積・・・・・・・・・・・・・123
否定論理積素子・・・・・・・120,123
否定論理和素子・・・・・・・・・・120
非同期方式・・・・・・・・・・・・・412
非ナル制約・・・・・・・・・・・・・324
否認防止・・・・・・・・・・・・・・450
ビヘイビア法・・・・・・・・・・・457
ビュー・・・・292,293,327,328
ビュー層・・・・・・・・・・・・・・179
ヒューリスティック評価・・・・644
表意コード・・・・・・・・・・・・・518
標準正規分布・・・・・・・・・・・・53
標準タスク法・・・・・・・・・・・557
標準値法・・・・・・・・・・・・・・557
標準偏差・・・・・・・・・・・・51,52
標的型攻撃・・・・・・・・・・・・・465
標本・・・・・・・・・・・・・・・・・・52

771

INDEX

標本化・・・・・・・・・・・・・・・ 28
標本化定理・・・・・・・・・ 28,128
標本合計・・・・・・・・・・・・・・ 54
標本調査・・・・・・・・・・・・・・ 52
標本平均・・・・・・・・・・・・・・ 54
品質管理・・・・・・・・・・・・・ 626
品質特性・・・・・・・・・・・・・ 642
品質要件・・・・・・・・・・・・・ 640

●ふ

ファーストフィット・・・・・・・ 256
ファイアウォール・・・・・・・・・ 458
ファイバチャネル・・・・・・ 191,192
ファイブフォース分析・・・・・・ 603
ファイルシステム・・・・・ 238,272
ファウンドリサービス・・・・・ 731
ファクトテーブル・・・・・・・・・ 354
ファジング・・・・・・・・・・・・・ 527
ファストトラッキング・・・・・・ 554
ファンクション層・・・・・・・・・ 176
ファンクションポイント法
・・・・・・・・・・・・・・・・557,558
ファントムリード・・・・・・・・・ 337
フィードバック制御・・・・・・・ 130
フィードバック待ち行列方式
・・・・・・・・・・・・・・・・・・・ 246
フィードフォワード制御・・・・ 130
フィッシング・・・・・・・・・・・ 464
フィットギャップ分析・・・・・・ 593
プール化・・・・・・・・・・・・・・ 193
フールプルーフ・・・・・・ 183,184
フェールオーバ・・・・・・ 183,184
フェールオーバクラスタ・・・・ 185
フェールセーフ・・・・・・・・・ 183
フェールソフト・・・・・・・・・ 183
フェールバック・・・・・・・・・ 184
フォールスネガティブ・・・・・・ 461
フォールスポジティブ・・・・・・ 461
フォールトアボイダンス・・・・ 183
フォールトトレランス・・・・・・ 183
フォールトトレラントシステム
・・・・・・・・・・・・・・・・・・・ 183
フォールトマスキング
・・・・・・・・・・・・・・・・183,184
フォールバック・・・・・・・・・ 183
フォロー・ザ・サン・・・・・・・ 570
フォロワ戦略・・・・・・・・・・・ 603
フォワードエンジニアリング
・・・・・・・・・・・・・・・・496,497
フォワードプロキシ・・・・・・・ 459
フォンノイマンボトルネック
・・・・・・・・・・・・・・・・・・・ 135

不可逆関数・・・・・・・・・・・・ 445
深さ優先順・・・・・・・・・・・・ 84
深さ優先探索・・・・・・・・ 81,84
負荷テスト・・・・・・・・・・・・ 527
負荷分散クラスタ・・・・・・・・ 185
負荷分散装置・・・・・・・・・・・ 187
複合イベント処理・・・・・・・・ 354
複合インデックス・・・・・・・・ 345
複合キー・・・・・・・・・・・・・ 302
複数条件網羅・・・・ 519,522,524
複製透過性・・・・・・・・・・・・ 349
複製に対する透過性・・・・・・ 347
輻輳・・・・・・・・・・・・・・・・ 416
副問合せ・・・・・・・・・・ 318,319
不正競争防止法・・・・・・・・・ 646
不正のトライアングル・・・・・・ 463
プッシュ戦略・・・・・・・・・・・ 610
プッシュダウンオートマトン
・・・・・・・・・・・・・・・・・・・ 31
プッシュ配信・・・・・・・・・・・ 403
フットプリンティング・・・・・・ 466
物理アドレス・・・・・・・・・・・ 259
物理設計・・・・・・・・・・ 290,292
物理層・・・・・・・・ 372,373,376
部分関数従属・・・・・・・ 300,301
部分集合・・・・・・・・・・・・・ 16
プライスライニング戦略・・・・ 609
プライベートIPアドレス ・・・ 391
プライベートクラウド・・・・・・ 601
プラグアンドプレイ・・・・・ 161,240
フラグ同期方式・・・・・・・・・ 412
フラグメンテーション・・・・・・ 255
プラスのリスク・・・・・・・・・ 551
ブラックボックステスト・・・・ 519
ブラックリスト・・・・・・・・・ 460
フラッシュメモリ・・・・・ 151,160
プラットフォーム開発・・・・・・ 496
ブランドエクステンション・・・ 609
ブランド戦略・・・・・・・・・・・ 609
ブランドバリュー・・・・・・・・ 560
プリエンプション・・・・・・・・ 242
プリエンプション方式・・・・・・ 245
プリエンプティブ・・・・・・・・ 246
ふりかえり・・・・・・・・・・・・ 494
プリコミット・・・・・・・・・・・ 351
ブリッジ・・・・・・・・・・ 376,377
フリップフロップ回路
・・・・・・・・・・・・・ 29,124,150
プリフェッチ機能・・・・・・・・ 150
プリプロセッサ・・・・・・・・・ 264
プリペアドステートメント・・・ 464
プリページング・・・・・・・・・ 260

フルアソシアティブ方式・・・ 157
ブルーオーシャン戦略・・・・・・ 603
ブルートフォース攻撃・・・・・・ 444
プル戦略・・・・・・・・・・・・・ 610
プル配信・・・・・・・・・・・・・ 403
フルバックアップ・・・・・・・・ 339
プレース・・・・・・・・・・・・・ 504
プレースホルダ・・・・・・・・・ 464
フレーム同期方式・・・・・・・・ 412
フレームリレー・・・・・・・・・ 416
ブレーンストーミング・・・・・・ 628
プレシデンスダイアグラム法
・・・・・・・・・・・・・・・・・・・ 554
プレゼンテーション層
・・・・・・・・・・・・・ 176,372,373
プレフィックス・・・・・・ 392,395
ブレンディング・・・・・・・・・ 276
フローグラフ・・・・・・・・・・・ 524
フロー制御・・・・・・・・・・・・ 416
ブロードキャスト・・・・・ 391,395
ブロードキャストアドレス・・・ 391
ブロードキャストストーム・・・ 377
ブロードキャストドメイン
・・・・・・・・・・・・・・・378,381
ブロードバンドルータ・・・・・・ 378
プロキシサーバ・・・・・・・・・ 459
プログラムカウンタ
・・・・・・・・・・・・・ 134,137,243
プログラム言語・・・・・・ 32,104
プログラムステップ法・・・・・・ 560
プログラム制御方式・・・・・・ 159
プログラムレジスタ・・・・・・・ 134
プログラム割込み・・・・・・・・ 140
プロシージャ・・・・・・・・・・・ 102
プロジェクト・・・・・・・・・・・ 546
プロジェクト・スコープ記述書
・・・・・・・・・・・・・・・・・・・ 549
プロジェクト憲章・・・・・・・・ 549
プロジェクトマネジメント・・・ 546
プロジェクトマネジメントオフィス
・・・・・・・・・・・・・・・・・・・ 548
プロセス・・・・・・・ 241,253,637
プロセスイノベーション・・・・ 619
プロセス間通信・・・・・・・・・ 249
プロセス成熟度モデル・・・・・・ 499
プロセス中心アプローチ・・・・ 502
プロセッサ・・・・・・・・・ 132,134
プロダクトイノベーション・・・ 619
プロダクトオーナ・・・・・ 494,540
プロダクトバックログ・・・・・・ 494
プロダクトバックログリファインメント
・・・・・・・・・・・・・・・・・・・ 495

プロダクトポートフォリオマネジメント
　・・・・・・・・・・・・・・・・・・・・・・604
プロダクトライフサイクル戦略
　・・・・・・・・・・・・・・・・・・・・・・608
ブロック暗号・・・・・・・・・440
ブロック状態・・・・・・・・・351
ブロックスペシャルファイル
　・・・・・・・・・・・・・・・・・・・・・・273
ブロックチェーン
　・・・・・・・・・・・・・・357,358,616
プロトコル・・・・・・・・・・・・372
プロトコルスイート・・・・・・・373
プロトコル番号・・・・・・・・・389
プロトタイプ・・・・・・・・・・・493
プロトタイプモデル・・・・・・・493
プロファイラ・・・・・・・・・・・269
分解・・・・・・・・・・・・・・・・・・508
分解能・・・・・・・・・・・・・・・128
分割統治法・・・・・・・・・・・・95
分割に対する透過性・・・・・・・347
分岐ハザード・・・・・・・・・・142
分岐網羅・・・・・・・・・522,523
分散・・・・・・・・・・・・・・・51,52
分散型台帳技術・・・・・・・・・357
分散管理方式・・・・・・・・・348
分散処理システム・・・・・173,174
分散データベース・・・・・347,350
分周・・・・・・・・・・・・・149,167
分配の法則・・・・・・・・・・・・21
文脈自由言語・・・・・・・・・・・32
文脈自由文法・・・・31,32,33,34

●へ

ペアプログラミング・・・・・・・495
平均応答時間・・・・・・・206,207
平均原価法・・・・・・・・・・・634
平均故障間隔・・・・・・・214,216
平均サービス時間・・・・・・・204
平均サービス率・・・・・・・・・204
平均修理時間・・・・・・・214,216
平均情報量・・・・・・・・・・・・24
平均滞留時間・・・・・・・・・206
平均値・・・・・・・・・・・・・51,52
平均到着間隔・・・・・・・・・204
平均到着率・・・・・・・・・・・204
平均待ち行列長・・・・・・・・206
平均待ち時間・・・・・・・・・206
平均命令実行時間・・・・・・・197
並行運用移行方式・・・・・・・566
平衡木・・・・・・・・・・・・・・・87
並行シミュレーション・・・・・・542
平衡状態・・・・・・・・・・・・207

並行透過性・・・・・・・・・・・349
ベイズの定理・・・・・・・・・・48
並列処理・・・・・・・・・・・・145
閉塞・・・・・・・・・・・・・・41,42
ペイロード・・・・・・・・・・・415
ページアウト・・・・・・・・・・260
ページイン・・・・・・・・・・・260
ページ置換えアルゴリズム
　・・・・・・・・・・・・・・・260,261
ベーシック手順・・・・・・・・413
ページテーブル・・・・・259,260
ページフォールト
　・・・・・・・・・・・140,260,262
ページフォールト割込み・・・・260
ページング方式・・・・・・・・259
ベースアドレス指定方式
　・・・・・・・・・・・・・・・136,137
ベースレジスタ・・・・・・134,137
べき集合・・・・・・・・・・・・16
ベクタ形式・・・・・・・・・・・106
ベクトル型スーパコンピュータ
　・・・・・・・・・・・・・・・・・・146
ベクトルコンピュータ・・・・・・197
ベストフィット・・・・・・・・・256
ペタバイト・・・・・・・・・・・192
ヘッダチェックサム・・・388,389
ペトリネット図・・・・・・・・・504
ペネトレーション価格戦略・・・608
ペネトレーションテスト・・・・・463
ペネトレーションテスト法・・・574
変換図・・・・・・・・・・・・・500
変更管理・・・・・・・・・・・・565
変更諮問委員会・・・・・・・・565
変更消失・・・・・・・・・・・・334
変更要求・・・・・・・・・549,565
偏差・・・・・・・・・・・・・・・51
偏相関係数・・・・・・・・・・・58
ベンチマーキング・・・・・・・607
ベンチマーク・・・・・・・・・・198
変動費(率)・・・・・・・・・・632

●ほ

ポアソン分布・・・・・53,209,210
ボイス・コッド正規形・・・・・305
法定通過・・・・・・・・・・・615
ポートVLAN・・・・・・・・・・382
ポートスキャン・・・・・・・・463
ポート番号・・・・・・・・372,374
ホーム・・・・・・・・・・・・・・90
ホームディレクトリ・・・・・・・272
ホール効果・・・・・・・・・・131
ホール素子・・・・・・・・・・131

母集団・・・・・・・・・・・・・・・52
保守性・・・・・・・・・・・214,642
ホスティングサービス・・・・・601
ホストアドレス部・・・・・・・・390
ホスト型IDS・・・・・・・・・・・461
ホスト変数・・・・・・・・・・・330
保全性・・・・・・・・・・・・・214
ボット・・・・・・・・・・・・・・465
ホットサイト・・・・・・・・・・・182
ホットスタンバイ方式・・・・・181
ボットネット・・・・・・・・・・465
ホットプラグ・・・・・・・・・・161
ホップ・リミット・・・・395,396
ホップ数・・・・・・・・・・・・379
ボトムアップアプローチ・・・・291
ボトムアップテスト・・・525,526
ボトムアップ見積法・・・・・・557
ボランタリーチェーン・・・・・609
ポリゴン・・・・・・・・・・・・276
ポリモーフィズム・・・・・・・509
ポリモーフィック型ウイルス
　・・・・・・・・・・・・・・・・・・457
ホワイトボックステスト
　・・・・・・・・・・・・・・・519,522
ホワイトリスト・・・・・・・・・460

●ま

マークアップ言語・・・・・・・105
マーケットバスケット分析・・・354
マーケティングミックス・・・・608
マージジョイン法・・・・・・・349
マージソート・・・・・・・・・95,98
マイクロカーネル・・・・・・・240
マイクロプログラム・・・133,134
マイクロプロセッサ・・・・・・132
マイナスのリスク・・・・・・・551
マイルストーン・・・・・・・・556
マクシマックス原理・・・620,621
マクシミン原理・・・・・・・・620
マクロウイルス・・・・・・・・456
マクロ環境分析・・・・・・・・605
マスカスタマイゼーション・・609
マスカブル割込み・・・・・・140
マスマーケティング・・・・・・610
待ち行列・・・・・・・・・・・203
待ちグラフ・・・・・・・・・・253
マトリックス図法・・・・・・・628
マトリックスデータ解析法・・628
魔の川・・・・・・・・・・・・・619
摩耗故障期間・・・・・・・・215
マルウェア・・・・・・・・・・466
マルウェアMirai・・・・・・・618

773

INDEX

マルコフ過程・・・・・・・・・・49,67
マルコフ決定過程・・・・・・・・・67
マルチV_{DD}・・・・・・・・・・・・126
マルチキャスト・・・390,391,395
マルチコア・・・・・・・・・・・・・145
マルチコアプロセッサ・・・・・132
マルチスレッド・・・・・・・・・254
マルチタスク・・・・・・・・・・・139
マルチプレクサチャネル方式
・・・・・・・・・・・・・・・・・・・160
マルチプログラミング・・・・・242
マルチプロセッサ・・・・・・・・146
マルチメディアオーサリングツール
・・・・・・・・・・・・・・・・・・・276
丸め誤差・・・・・・・・・・・・・・・63

●み

右外結合・・・・・・・309,310,311
水飲み場攻撃・・・・・・・・・・・465
ミスヒット・・・・・・・・・・・・・153
密結合マルチプロセッサ・・・・146
ミニスペック・・・・・・・・500,501
ミニマックス原理・・・・・・・・620
ミラーリング・・・・・・・・・・・188

●む

無限集合・・・・・・・・・・・・・・・16
無向グラフ・・・・・・・・・・・・・40
無効同値クラス・・・・519,520
矛盾式・・・・・・・・・・・・・・・・19
無線LAN・・・・・・・・・・・・・・417

●め

命題・・・・・・・・・・・・・・・・・・18
命令アドレスレジスタ・・・・・134
命令キャッシュ・・・・・・・・・152
命令実行・・・・・・・・・・・・・135
命令実行時間・・・・・・・・・・・148
命令ミックス・・・・・・・・・・・197
命令ミックス値・・・・・・・・・197
命令網羅・・・・・・・519,522,523
命令レジスタ・・・・・・・・・・・134
メールボックス・・・・・・・・・249
メジアン・・・・・・・・・・・・・・51
メソッド・・・・・・・・・・・・・・506
メタ記号(メタ文字)・・・・・・・39
メタデータ・・・・・・・・・・・・270
メタボール・・・・・・・・・・・・276
メッセージキュー・・・・・・・249
メッセージダイジェスト・・・・451
メッセージ認証符号・・・・・・455
メディアアクセス制御・・・・・384

メモリインタリーブ・・・・・・・158
メモリコンパクション・・・・・256
メモリプール・・・・・・・・・・・258
メモリプール管理方式・・・・・258
メモリリーク・・・・・・・78,103

●も

モード値・・・・・・・・・・・・・・51
モーフィング・・・・・・・・・・・276
目的関数・・・・・・・・・・・・・622
目標復旧時間・・・・・・・・・・338
目標復旧時点・・・・・・・・・・338
モジュールインタフェースチェックツール
・・・・・・・・・・・・・・・・・・・268
モジュール強度・・・・・・・・・516
モジュール結合度・・・・515,516
モジュール集積テスト技法
・・・・・・・・・・・・・・・・・・・525
モジュール分割技法・・・・・・512
モスク型・・・・・・・・・・・・・517
モックアップ・・・・・・・・・・・493
モデル層・・・・・・・・・・・・・179
モデレータ・・・・・・・・・・・・533
モニタリング・・・・・・・・・・199
モノリシックカーネル・・・・・240
模倣戦略・・・・・・・・・・・・・603
問題・・・・・・・・・・・・・・・・567
問題管理・・・・・・・・・・・・・567
モンテカルロ法・・・・・・・・・・50

●ゆ

油圧式・・・・・・・・・・・・・・131
有限オートマトン・・・・29,30,33
有限集合・・・・・・・・・・・・・・16
有効アドレス・・・・・・・・・・136
有向グラフ・・・・・・・・・・・・40
有効同値クラス・・・・・519,520
ユーザストーリ・・・・・・・・・494
ユーザビリティ・・・・・・・・・644
ユーザビリティテスト・・・・・644
ユーザモード・・・・・・・・・・240
ユースケース図・・・・・・・・・511
ユニキャスト・・・・・・・386,391
ユニキャストアドレス・・・・・395
ユニフィケーション・・・・・・104

●よ

要件定義プロセス・・・・638,640
容量・能力管理・・・・・・・・・564
予備設定分析・・・・・・・・・・551
予防保守・・・・・・・・・・・・・643

●ら

ライタ・・・・・・・・・・・・・・239
ライトスルー方式・・・・・・・154
ライトバック方式・・・・154,155
ライトバッファ・・・・・・・・・168
ライブマイグレーション・・・・195
ライブラリ・・・・・・・・・・・・266
ラインエクステンション・・・609
ラウンドトリップ開発・・・・・541
ラウンドロビンのレビュー・・・533
ラウンドロビン方式・・・187,245
ラグ・・・・・・・・・・・・・・・・554
ラジアン・・・・・・・・・・・・・718
ラジオシティ・・・・・・・・・・276
ラダー図・・・・・・・・・・・・・130
楽観的方式・・・・・・・・・・・338
ラディカルイノベーション・・・619
乱数・・・・・・・・・・・・・・・・50
ランレングス符号化・・・・・・・27

●り

リアルタイムOS・・・・・241,247
リアルタイム構造化分析・・・・500
リアルタイム処理・・・・・・・247
リーク電力・・・・・・・・・・・127
リーダ・・・・・・・・・・・・・・239
リーダ戦略・・・・・・・・・・・603
リード・・・・・・・・・・・・・・554
リーン生産方式・・・・・・・・・495
リーンソフトウェア開発・・・・495
利益・・・・・・・・・・・・・・・・633
リエンジニアリング・・・496,598
リエントラント・・・・・・・・・101
リカーシブ・・・・・・・・・・・101
リグレッションテスト・・・・・527
離散型確率分布・・・・・53,210
リスク移転・・・・・・・・・・・468
リスク回避・・・・・・・・・・・468
リスクコントロール・・・・・・468
リスク最適化・・・・・・・・・・468
リスク評価・・・・・・・・・・・467
リスクファイナンス・・・・・・468
リスク分析・・・・・・・・・・・467
リスクベース認証・・・・・・・447
リスク保有・・・・・・・・・・・468
リスクマネジメント・・・467,551
リスト・・・・・・・・・・・・・・76
リダイレクション・・・・・・・274
リップルキャリー加算器・・・・123
リテンション率・・・・・・・・・610
リトルエンディアン・・・・・・138

INDEX

リバースエンジニアリング
　‥‥‥‥‥‥‥‥496,497
リバースプロキシサーバ
　‥‥‥‥‥‥‥‥446,459
リピータ‥‥‥‥‥‥‥376
リファクタリング‥‥‥‥495
リプレイ攻撃‥‥‥‥‥466
リフレクション攻撃‥‥‥465
リフレッシュ‥‥‥‥‥150
リポジトリ‥‥‥‥270,271
リユーザブル‥‥‥‥‥101
流動比率‥‥‥‥‥‥‥631
領域評価‥‥‥‥‥‥‥517
量子化‥‥‥‥‥‥28,128
量子化誤差‥‥‥‥‥‥128
量子化ビット数‥‥‥‥‥28
利用率‥‥‥‥‥‥204,207
リリース及び展開管理‥‥565
リレーエージェント‥‥‥404
リレーショナルデータベース
　‥‥‥‥‥‥‥‥‥‥289
リレーションシップ‥‥‥294
リロケータブル‥‥102,136
リンカ‥‥‥‥‥‥‥‥266
リンク‥‥‥‥‥‥‥‥266
リンクアグリゲーション‥377
リンクステート型‥‥‥‥379
隣接行列‥‥‥‥‥‥43,44
隣接交換法‥‥‥‥‥‥94
隣接リスト‥‥‥‥‥‥‥43

●る

類推見積法‥‥‥‥550,559
ルータ‥‥‥‥‥‥‥‥378
ルーティング‥‥‥378,388
ルーティングテーブル‥‥378
ルーティングプロトコル‥379
ルートキット‥‥‥‥‥726
ルートディレクトリ‥‥‥272
ループアンローリング‥‥266
ループバックアドレス‥‥391
ルールエンジン‥‥‥‥599
ルールベース‥‥‥‥‥345

●れ

例外テスト‥‥‥‥‥‥527
レイトレーシング‥‥‥‥276
レイヤ2スイッチ‥‥‥‥377
レイヤ3スイッチ‥‥379,381
レインボー攻撃‥‥‥‥466
レジスタ‥‥‥‥‥134,152
レスポンスタイム‥‥‥‥196

列指向‥‥‥‥‥‥‥‥293
レッドオーシャン‥‥603,661
レトロスペクティブ‥‥‥494
レビュー‥‥‥‥‥‥‥532
レプリケーション‥‥‥‥350
連関エンティティ‥‥‥‥295
連関図法‥‥‥‥‥‥‥628
連係編集‥‥‥‥‥‥‥266
連結インデックス‥‥‥‥345
連結リスト‥‥‥‥‥‥‥76
連鎖法‥‥‥‥‥‥‥‥92
レンジ‥‥‥‥‥‥‥‥‥51
連想レジスタ‥‥‥‥‥260
連続型確率分布‥‥53,210
レンダリング‥‥‥‥‥‥276
連絡的強度‥‥‥‥‥‥517

●ろ

労働者派遣法‥‥‥‥‥648
ローカルサービスデスク‥570
ローカル変数‥‥‥‥‥‥80
ローダ‥‥‥‥‥‥‥‥267
ロードストアアーキテクチャ
　‥‥‥‥‥‥‥‥‥‥133
ロードバランサ‥‥‥‥‥187
ロードバランシングクラスタ
　‥‥‥‥‥‥‥‥‥‥185
ロードモジュール‥‥‥‥266
ローリングウェーブ計画法‥550
ロールアップ‥‥‥‥‥353
ロールバック‥‥‥‥‥333
ロールバック処理‥‥340,342
ロールフォワード処理
　‥‥‥‥‥‥‥‥339,342
ログインシェル‥‥‥‥‥274
ログデータ分析法‥‥‥‥644
ログファイル‥‥‥‥‥‥339
ロジスティック回帰分析‥‥59
ロジスティック曲線
　‥‥‥‥‥‥‥59,67,528
ロストアップデート‥‥‥334
ロック‥‥‥‥‥333,334,336
ロック／アンロック‥250,252
ロックの粒度‥‥‥‥‥337
ロングテール‥‥‥‥‥627
論理アドレス‥‥‥‥‥259
論理演算‥‥‥‥‥21,120
論理回路‥‥‥‥‥‥‥120
論理型言語‥‥‥‥‥‥104
論理合成‥‥‥‥‥‥‥125
論理積‥‥‥‥‥‥21,120
論理積素子‥‥‥‥120,123

論理設計‥‥‥‥‥290,291
論理素子(論理ゲート)‥‥120
論理データモデル‥‥‥‥291
論理的強度‥‥‥‥‥‥517
論理和‥‥‥‥‥‥21,120
論理和素子‥‥‥‥‥‥120

●わ

ワーキングセット‥‥‥‥263
ワークアラウンド‥‥‥‥567
ワークサンプリング法‥‥732
ワークパッケージ‥‥‥‥550
ワークフローシステム‥‥599
ワーニエ法‥‥‥‥512,514
ワーム‥‥‥‥‥‥‥‥456
ワイブル分布‥‥‥‥‥215
ワイヤードロジック‥‥‥133
ワイヤフレーム‥‥‥‥‥276
和演算‥‥‥‥‥‥‥‥306
割込み‥‥‥‥‥‥‥‥139
割込みコントローラ‥‥‥140
割込み処理ルーチン‥139,247
割込みハンドラ‥‥139,247
割引回収期間法‥‥‥‥597
ワンタイムパスワード‥‥446
ワントゥワンマーケティング
　‥‥‥‥‥‥‥‥610,612

775

●大滝 みや子（おおたき みやこ）

IT企業にて地球科学分野を中心としたソフトウェア開発に従事した後，日本工学院八王子専門学校ITスペシャリスト科の教員を経て，現在は資格対策書籍の執筆に専念するかたわら，IT企業における研修・教育を担当するなど，IT人材育成のための活動を幅広く行っている。

著書：「応用情報技術者 試験によくでる問題集【午前】」，「応用情報技術者 試験によくでる問題集【午後】」，「要点・用語早わかり 応用情報技術者 ポケット攻略本（改訂4版）」（以上，技術評論社），「かんたんアルゴリズム解法－流れ図と擬似言語（第4版）」（リックテレコム），「基本情報技術者 スピードアンサー338」（翔泳社）ほか多数。

●岡嶋 裕史（おかじま ゆうし）

中央大学大学院総合政策研究科博士後期課程修了。博士（総合政策）。富士総合研究所，関東学院大学准教授，同大学情報科学センター所長を経て，中央大学国際情報学部教授・学部長補佐。基本情報技術者試験（FE）午前試験免除制度免除対象講座管理責任者，情報処理安全確保支援士試験免除制度 学科責任者。

著書：「ネットワークスペシャリスト合格教本」「情報セキュリティマネジメント合格教本」「情報処理安全確保支援士合格教本」（技術評論社），「5G」「ブロックチェーン」（講談社），「思考からの逃走」（日本経済新聞出版社）ほか多数。

◇カバーデザイン　　　小島 トシノブ（NONdesign）
◇カバーイラスト　　　城谷 俊也
◇本文デザイン　　　　萩原 弦一郎（デジカル）
◇本文レイアウト　　　株式会社トップスタジオ

令和04年【春期】【秋期】
応用情報技術者 合格教本

2009年　1月　5日　初　版　第1刷発行
2021年　12月28日　第14版　第1刷発行

著　者　大滝 みや子，岡嶋 裕史
発行者　片岡 巌
発行所　株式会社技術評論社
　　　　東京都新宿区市谷左内町21-13
　　　　電話　03-3513-6150　販売促進部
　　　　　　　03-3513-6166　書籍編集部
印刷／製本　昭和情報プロセス株式会社

定価はカバーに表示してあります。

本書の一部または全部を著作権法の定める範囲を超え，無断で複写，複製，転載，テープ化，ファイルに落とすことを禁じます。

©2009-2021　大滝 みや子，岡嶋 裕史

造本には細心の注意を払っておりますが，万一，乱丁（ページの乱れ）や落丁（ページの抜け）がございましたら，小社販売促進部までお送りください。送料小社負担にてお取り替えいたします。

ISBN978-4-297-12467-0 C3055
Printed in Japan

●お問い合わせについて

本書に関するご質問は，FAXか書面でお願いいたします。電話での直接のお問い合わせにはお答えできませんので，あらかじめご了承ください。また，下記のWebサイトでも質問用フォームを用意しておりますので，ご利用ください。

ご質問の際には，書籍名と質問される該当ページ，返信先を明記してください。e-mailをお使いになられる方は，メールアドレスの併記をお願いいたします。ご質問の際に記載いただいた個人情報は質問の返答以外の目的には使用いたしません。

お送りいただいたご質問には，できる限り迅速にお答えするよう努力しておりますが，場合によってはお時間をいただくこともございます。なお，ご質問は，本書に記載されている内容に関するもののみとさせていただきます。

◆お問い合わせ先
〒162-0846　東京都新宿区市谷左内町21-13
株式会社技術評論社　書籍編集部
「令和04年【春期】【秋期】
　　応用情報技術者 合格教本」係
FAX：03-3513-6183
Web：https://gihyo.jp/book/